"十三五"国家重点图书出版规划项目
现代马业出版工程
中国马业协会"马上学习"出版工程重点项目

马麻醉学

——监测与急救 第2版

Equine Anesthesia

Monitoring and Emergency Therapy Second Edition

[美] 威廉·W. 缪尔（William W. Muir）
[美] 约翰·A.E. 哈贝尔（John A.E. Hubbell） 编著

高 利 肖建华 张建涛 主译

中国农业出版社
北 京

ELSEVIER

Elsevier (Singapore) Pte Ltd.
3 Killiney Road, #08-01 Winsland House I, Singapore 239519
Tel: (65) 6349-0200； Fax: (65) 6733-1817

ISBN-13: 978-1-4160-2326-5

This translation of Equine Anesthesia：Monitoring and Emergency Therapy, Second Edition by William W. Muir and John A.E. Hubbell was undertaken by China Agriculture Press Co., Ltd. and is published by arrangement with Elsevier (Singapore) Pte Ltd.
Equine Anesthesia：Monitoring and Emergency Therapy, Second Edition by William W. Muir and John A.E. Hubbell 由中国农业出版社进行翻译，并根据中国农业出版社与爱思唯尔（新加坡）私人有限公司的协议约定出版。

《马麻醉学——监测与急救》（第 2 版）（高　利　肖建华　张建涛　主译）
ISBN: 978-7-109-26407-6

丛书译委会

本书译者

主　译　高　利　肖建华　张建涛

主　审　王洪斌　李宏全　侯振中

译　者（按姓氏笔画排序）

丁　一　王　志　王　亨　尹柏双　卢德章

刘东明　刘海峰　孙　娜　杜　山　李　林

李　静　李欣然　肖建华　张　华　张金凤

张建涛　周振雷　郑家三　胡崇伟　姜　胜

姚秋成　秦宏宇　高　利　高　翔　高宇航

原著编者

Richard M. Bednarski, DVM, MS, DACVA
Associate Professor
Department of Veterinary Clinical Sciences
College of Veterinary Medicine
The Ohio State University
Columbus, Ohio
Tracheal and Nasal Intubation
Anesthetic Equipment

Lori A. Bidwell, DVM, DACVA
Head of Anesthesia
Rood & Riddle Equine Hospital
Lexington, Kentucky
Anesthetic Risk and Euthanasia

John D. Bonagura, DVM, MS, DACVIM (Cardiology, Internal Medicine)
Professor and Head of Clinical Cardiology Services
Member, Davis Heart & Lung Research Institute
Department of Veterinary Clinical Sciences
College of Veterinary Medicine
The Ohio State University
Columbus, Ohio
The Cardiovascular System

Joanne Hardy, DVM, MSc, PhD, DACVS, DACVECC
Clinical Associate Professor of Surgery
Department of Large Animal Clinical Sciences
College of Veterinary Medicine & Biomedical Sciences
Texas A&M University
College Station, Texas
Venous and Arterial Catheterization and Fluid Therapy

John A.E. Hubbell, DVM, MS, DACVA
Professor of Anesthesia
Department of Veterinary Clinical Science
College of Veterinary Medicine
The Ohio State University
Columbus, Ohio
History of Equine Anesthesia
Monitoring Anesthesia
Local Anesthetic Drugs and Techniques
Peripheral Muscle Relaxants
Considerations for Induction, Maintenance, and Recovery
Anesthetic-Associated Complications
Cardiopulmonary Resuscitation
Anesthetic Protocols and Techniques for Specific Procedures
Anesthetic Risk and Euthanasia

Carolyn L. Kerr, DVM, DVSc, PhD, DACVA
Associate Professor of Anesthesiology
Department of Clinical Studies
Ontario Veterinary College
University of Guelph
Guelph, Ontario, Canada
Oxygen Supplementation and Ventilatory Support

Phillip Lerche, BVSc, DAVCA
Assistant Professor – Clinical
Department of Veterinary Clinical Sciences
The Ohio State University
Columbus, Ohio
Perioperative Pain Management

Nora S. Matthews, DVM, DACVA
Professor and Co-Chief of Surgical Sciences
Department of Small Animal Clinical Sciences
College of Veterinary Medicine & Biomedical Sciences
Texas A&M University
College Station, Texas
Anesthesia and Analgesia for Donkeys and Mules

Wayne N. McDonell, DVM, MSc, PhD, DACVA
Professor Emeritus, Anesthesiology
Department of Clinical Studies
Ontario Veterinary College
University of Guelph
Guelph, Ontario, Canada
Oxygen Supplementation and Ventilatory Support

William W. Muir, DVM, MSc, PhD, DACVA, DACVECC
Regional Director, American Academy of Pain Management
Veterinary Clinical Pharmacology Consulting Services

Columbus, Ohio
History of Equine Anesthesia
The Cardiovascular System
Physical Restraint
Monitoring Anesthesia
Principles of Drug Disposition and Drug Interaction in Horses
Anxiolytics, Nonopioid Sedative-Analgesics, and Opioid Analgesics
Local Anesthetic Drugs and Techniques
Intravenous Anesthetic Drugs
Intravenous Anesthetic and Analgesic Adjuncts to Inhalation Anesthesia
Peripheral Muscle Relaxants
Perioperative Pain Management
Considerations for Induction, Maintenance, and Recovery
Anesthetic-Associated Complications
Cardiopulmonary Resuscitation
Anesthetic Protocols and Techniques for Specific Procedures
Anesthetic Risk and Euthanasia

James T. Robertson, DVM, DACVS
Equine Surgical Consultant
Woodland Run Equine Veterinary Facility
Grove City, Ohio
Physical Restraint
Preoperative Evaluation: General Considerations

N. Edward Robinson, BVetMed, MRCVS, PhD
Honorary Diplomate, ACVIM
Matilda R. Wilson Professor
Department of Large Animal Clinical Sciences
College of Veterinary Medicine
Michigan State University
East Lansing, Michigan
The Respiratory System

Richard A. Sams, PhD
Professor and Program Director
Florida Racing Laboratory
College of Veterinary Medicine
University of Florida
Gainesville, Florida
Principles of Drug Disposition and Drug Interaction in Horses

Colin C. Schwarzwald, Dr.med.vet., PhD, DACVIM
Assistant Professor
Section of Internal Medicine
Equine Department
Vetsuisse Faculty of the University of Zurich
Zurich, Switzerland
The Cardiovascular System

Claire Scicluna, DVM
Clinique Vétérinaire du Plessis
Chamant, France
Preoperative Evaluation: General Considerations

Roman T. Skarda, DVM, PhD, DACVA (Deceased)
Professor
Department of Veterinary Clinical Sciences
College of Veterinary Medicine
The Ohio State University
Columbus, Ohio
Local Anesthetic Drugs and Techniques

Eugene P. Steffey, VMD, PhD, DACVA
Professor Emeritus
Department of Surgical and Radiological Sciences;
Pharmacologist
K.L. Maddy Equine Analytical Chemistry Laboratory
California Animal Health and Food Safety Laboratory
University of California, Davis
Davis, California
Inhalation Anesthetics and Gases

Ann E. Wagner, DVM, MS, DACVA, DACVP
Professor, Anesthesia
Department of Clinical Sciences
College of Veterinary Medicine & Biomedical Sciences
Colorado State University
Fort Collins, Colorado
Stress Associated with Anesthesia and Surgery

Kazuto Yamashita, DVM, PhD
Professor
Department of Small Animal Clinical Sciences
School of Veterinary Medicine
Rakuno Gakuen University
Ebetsu, Hokkaido, Japan
Intravenous Anesthetic and Analgesic Adjuncts to Inhalation Anesthesia

献　词

本版献给我们的朋友，已故的Roman T. Skarda博士。Roman Skarda是我30多年的同事和朋友。Roman获得了美国兽医麻醉师学院的文凭，是一位世界公认的动物局部麻醉和区域麻醉专家，特别擅长马的局部麻醉。他在科学文献、学术专著和教材编写方面的努力付出对马医学和外科学的进步做出了不可估量的贡献。他在任何聚会上都是一个完美的艺术家、魔术师，他是我们所知道的最具有同情心、最温柔、最坚强的人，被我们深深铭记。

前言

这本书的第一版出版于1991年，其目的是“为对马手术和麻醉感兴趣的专家、兽医、技术支持人员和兽医学生提供关于马麻醉学透彻和深入的讨论”。该版本的前言指出，马麻醉实践的发展缓慢，但由于采用了改进的心肺支持监测技术和方法，包括使用血管升压剂和机械通气，使得术后疾病的发生率大幅下降。我们已经从那些对马麻醉感兴趣的著作和研究中学到了很多东西（见第1章，“不了解历史的人注定要重蹈覆辙。”——Edmund Burke）。第一版出版至今已经过去了17年。大多数原始作者已经同意重写、更新和扩展原内容，以进一步定义马麻醉这门艺术和科学。关于疼痛管理的新章节，麻醉剂，以及诱导、维持和从麻醉中恢复的技术侧重于更需要关注和需要改进的领域。它们对已知的内容提供了相对简洁的介绍，并为未来的方向提供了建议。在驴和骡的麻醉章节，还增加了马兽医遇到的马属的其他成员。

马的麻醉风险大于犬、猫和人类。死亡率数据表明，正常马因麻醉而死亡的风险在0.1%～1%。已知的导致这种风险的因素包括年龄（青年或老年易发）、麻醉持续时间较长、压力，以及急救程序，特别是绞痛。夜间的麻醉风险比白天大，但即使是最简单的麻醉程序在马身上也会增加并发症的风险。与马麻醉相关的死亡中至少有1/3是由于心脏骤停。值得注意的是，在所有死亡的马中，大约有25%是在麻醉恢复过程中受伤而死的。我们当然可以做得更好。目前所有麻醉药对心肺的影响已经确定，可靠的监测技术已经发展，并在马身上进行了研究。在我们的经验中，很少有“新”的并发症；而且大多数并发症，如果及时发现，是可以避免的。另外1/3与麻醉相关的马匹死亡归因于术后期间的骨折或肌病。麻醉恢复的目标应该是在不加重卧位后果的时间内，第一次尝试就能平静、协调地恢复站立姿势。人们提出了多种方法来实现这一目标，但没有一种方法被普遍接受。

与其他动物相比，马麻醉比较特殊，每一种麻醉都伴随着一定程度的压力。在整个麻醉过程中，需要更多关注旨在减少疼痛和压力并提高马的生活质量的程序。为此，在对所有参与马麻醉实践的人进行培训时要特别强调这一点。此外，聘用受过教育、受过训练、有经验，并最终获得认证的人员应该是实施马麻醉的先决条件。本书的第一版是献给两位马手术和麻醉的先驱：Albert Gabel博士和Robert Copelan博士。他们集中体现了马术实践科学和艺术的基础：Gabel博士的热情和好奇心，以及Copelan博士的坚持不懈（82岁仍在练习）和对完美的追求。此外，Peter Rossdale博士作为《马兽医杂志》主编，他的专注服务已成为马兽医科学卓越坚持的代名词。马麻醉的未来是明确的，也会因为具有激情、毅力、坚持和追求卓越的特质而变得更加美好，并通过敬业、警觉的马麻醉师的努力来实现。

威廉 · W. 缪尔

约翰 · A.E. 哈贝尔

致谢

我们要向俄亥俄州立大学兽医临床科学系马医学和外科部门过去和现在的兽医技术人员、实习生、住院医生和教职员工表示最诚挚的感谢。特别感谢：

Anesthesia Technical Support and Advice

Amanda English
Carl O' Brien
Renee Calvin
Deana Vonschantz(New England Equine，Dover，NH)

Review, Critique, Editing

Dr. Anja Waselau
Dr. Martin Waselau
Dr. Ashley Wiese
Dr. Yukie Ueyama
Dr. Tokiko Kushiro
Dr. Deborah Grosenbaugh
Dr. Lindsay Culp
Dr. Juliana Figueiredo
Dr. Turi Aarnes

Graphics, Illustrations, and Photographs

Marc Hardman
Jerry Harvey
Tim Vojt

Library and Editorial Assistance and Typing

Barbara Lang
Dr. Jay Harrington
Susan Kelley
Robin Bennett

目录

前言

第1章 马麻醉发展史

一、马麻醉的定义 1
二、马麻醉的发展 5
三、近代发展（1950年至今） 8
四、展望 12
参考文献 13

第2章 呼吸系统

一、肺通气 17
1. 分钟、死腔和肺泡通气 17
2. 呼吸肌 18
3. 机械通气 18
4. 肺的弹性 19
5. 肺和胸壁的相互作用 20
6. 呼吸的摩擦阻力 20
7. 气道平滑肌的麻醉效应 22
8. 动态气道压缩 22
9. 通气分布 25
10. 侧支通气与相互依赖 25
11. 体位和麻醉对肺容积和通气分布的影响 26
二、血流量 27
1. 肺循环 27
2. 血压和血管阻力 27
3. 血管阻力的被动变化 28
4. 血管舒缩调节 28
5. 肺血流量的分配 28
6. 支气管循环 30
7. 麻醉时肺血流量及其分布 30
三、气体交换 32
1. 肺泡气体成分 32
2. 扩散 34
3. 通气与血流匹配 35
4. 麻醉下通气—灌注匹配 37
5. 血气张力 38
6. 气体运输 39
7. 血红蛋白 39
8. 二氧化碳运输 41
四、控制呼吸 42
1. 呼吸中枢控制 43

2. 肺和气道受体 43
3. 化学感受器 44
4. 药物对换气的影响和呼吸的控制 45
参考文献 47

第3章 心血管系统

一、正常血管结构和功能 54
1. 心脏解剖学 54
2. 心脏电生理学 56
3. 心脏激活和心率的自主神经调节 64
4. 心脏的机械性能 66
5. 循环——中心血流动力学、外周血流和组织灌注 79
6. 血压和外周血流量的外在控制 85
7. 氧气输送、氧摄取、动静脉氧气差和氧气摄取率 88
二、心脏病的识别与处理 89
1. 马心脏病概述 89
2. 心血管功能的评估 89
3. 结构性心脏病 102
4. 心律失常 107
三、麻醉药物对心血管功能的一般影响 126
参考文献 127

第4章 麻醉和手术相关的应激

一、应激反应的标志 147
1. 皮质类固醇 147
2. 儿茶酚胺 147
3. 胰岛素及葡萄糖 147
4. 非酯化脂肪酸 148
5. 血液学和临床化学 148
二、非手术麻醉效果 150
1. 非手术全静脉麻醉（TIVA） 150
2. 无手术吸入麻醉 151
三、手术麻醉效果 152
四、低温对麻醉应激反应的影响 152
五、结论和临床相关性 153
参考文献 153

第5章 物理保定

一、笼头和缰绳 158
二、鼻捻子 160
三、抬起一只马蹄固定 162
四、柱栏 163
五、牵引不配合的马 164
六、保定马驹 165
七、诱导麻醉的保定 166
八、麻醉期间的保定 168
九、麻醉恢复期的保定 170
参考文献 172

第6章 术前评估：一般考虑

一、病史 173
二、体格检查 175
三、实验室检查 178
四、麻醉风险与身体状况 180
五、术前考虑特殊状况或疾病 180
1. 急腹症 180
2. 尿性腹膜炎 182
3. 骨科损伤 182

4. 引起失血的创伤或疾病 183
5. 上呼吸道阻塞 183
6. 怀孕 183
7. 马驹 183
六、马的麻醉和术前准备 184
参考文献 185

第7章 静脉和动脉插管及液体疗法

一、血管插管术的作用 187
二、静脉插管术 188
三、动脉插管方法 191
四、导管类型 194
1. 蝶形导管 194
2. 针上导管 194
3. 穿针导管 195
4. 导线导管 195
五、导管的材料和尺寸 195
1. 延伸装置、线圈装置、注射帽和给药装置 195
2. 液压泵 196
六、静脉或动脉插管相关并发症 196
七、液体疗法 198
八、液体类型 203
1. 用于严重低血压、低血容量和复苏的液体 204
2. 胶体 205
九、碳酸氢盐的置换 206
1. 血液成分输血疗法 206
2. 血液替代疗法 207
3. 血浆置换 208
参考文献 208

第8章 麻醉监护

一、麻醉记录 212
二、麻醉深度监护 214
1. 身体征兆 214
2. 眼征兆 215
3. 脑电图 216
4. 麻醉药物浓度监测 217
三、呼吸和心血管参数变化监测 217
1. 呼吸系统监测 218
2. 无创法（间接法）监测呼吸功能 219
3. 有创法（直接）监测呼吸功能 221
4. 心血管监测 224
5. 无创法（间接法）监测心血管功能 226
6. 有创（直接）法监护心血管功能 229
7. 其他监护技术 232
参考文献 237

第9章 马给药原则及药物相互作用

一、药物动力学 241
二、受体理论 242
三、药物分布的隔室模型 242
1. 单室模型 243
2. 多室模型 243
四、药代动力学 244
1. 消除率 244
2. 肝消除 245
3. 肾消除 248
4. 表面分布容积 249
5. 半衰期 250

6. 生物利用度 251
7. 血浆蛋白结合 252
五、药效学的概念 252
六、变量对药物的影响、药物动力学 255
1. 年龄 255
2. 体重 255
3. 性别 256
4. 品种 256
七、疾病的影响 256
1. 血流量 256
2. 固有消除率 256
3. 蛋白质结合 256
八、药物的相互作用 257
1. 对代谢的影响 257
2. 对肾消除的影响 258
3. 药物的加性和协同作用 258
九、给药途径策略 258
1. 静脉注射 258
2. 肌内和皮下注射 259
3. 口服 259
4. 局部给药 259
参考文献 260

第10章 抗焦虑药、非阿片类镇静剂镇痛药和阿片类镇痛药

一、吩噻嗪类镇静剂 265
1. 作用机制 265
2. 应用药理学 266
3. 生物分布 267
4. 临床应用和颉颃 268
5. 并发症、不良反应和毒性 268
二、丁酰苯类 270
三、苯二氮卓类 271
1. 作用机制 271
2. 应用药理学 272
3. 生物分布 272
4. 临床应用和颉颃 272
5. 并发症、不良反应和临床毒性 272
四、非阿片类镇痛药 273
1. 作用机制 274
2. 应用药理学 274
3. 生物分布 278
4. 临床应用及颉颃 278
5. 并发症、不良反应和临床毒性 281
五、阿片类镇痛药 282
1. 作用机制 283
2. 应用药理学 283
3. 生物分布 287
4. 临床应用与颉颃 287
5. 并发症、不良反应和临床毒性 288
六、镇静-催眠药物、阿片类和非阿片类药物组合 289
参考文献 290

第11章 局部麻醉药与技术

一、神经传导生理学 303
1. 神经纤维类型 304
二、局部麻醉药药理学 305
1. 作用机制 305
2. 常规属性 305
3. 局部麻醉药效能 306
4. 作用时间 306
5. 分离阻滞 306
6. 毒性 308
三、局部麻醉药药理学 308
1. 普鲁卡因 308

2. 利多卡因 309
3. 甲哌卡因 311
4. 其他局部麻醉药和可产生局部麻醉效果的药物 311
四、局麻药的增强和抑制 314
1. 血管收缩药 314
2. 透明质酸酶 315
3. pH 调节 315
4. 炎症和局部 pH 改变 316
五、适应证和局部麻醉药的选择 316
六、用于局部麻醉的设备 316
七、神经封闭 317
1. 头部局部麻醉 317
2. 四肢的麻醉 319
3. 关节内注射 323
4. 剖腹术麻醉 329
5. 尾部麻醉 331
6. 去势术 337
7. 局部麻醉治疗 337
八、并发症 340
1. 全身毒性 340
2. 局部组织毒性和神经损伤 340
3. 快速耐受性 340
参考文献 341

第 12 章 静脉麻醉药

一、静脉麻醉药 349
1. 巴比妥类药 349
2. 分离麻醉药 356
3. 中枢性肌肉松弛剂 360
4. 其他静脉麻醉药物 363
参考文献 368

第 13 章 辅助吸入麻醉的静脉麻醉药和镇痛药

一、静脉麻醉药的药物动力学和药效学 375
二、马全凭静脉麻醉技术 376
1. 适合短期麻醉（＜30min）的 TIVA 377
2. 中效麻醉的 TIVA（30 ～ 90min） 383
3. 长效的 TIVA（120min 及以上） 387
三、马静脉镇痛药与吸入麻醉药联合应用 390
四、结论 393
参考文献 393

第 14 章 气管和鼻气管插管

一、解剖学 399
二、插管的目的 402
三、气管插管并发症 403
四、术前评估 404
五、器材 405
1. 气管插管 405
2. 口腔诊视 406
3. 润滑剂 406
六、气管插管的清洗、消毒和修理 406
七、插管技术 408
八、经口气管插管 408
九、经鼻气管插管 409
十、气管造口术 410
十一、上呼吸道和口腔激光手术的注意事项 411
十二、拔除插管 411
十三、拔管后并发症 412
参考文献 413

第 15 章 吸入麻醉药和气体

一、吸入麻醉基础 **415**
二、吸入麻醉药的一般特征 **416**
1. 化学和物理特性 417
2. 最小肺泡有效浓度 418
3. 麻醉反应监测 420
三、吸入麻醉药的药代动力学 **422**
1. 麻醉剂吸收：决定麻醉剂肺泡分压的因素 422
2. 摄入的物理结果 424
3. 血液吸收 425
4. 麻醉消除 426
四、药效学：麻醉药的作用和毒性 **427**
1. 挥发性麻醉剂 428
2. 气体麻醉药——N_2O 442
五、吸入麻醉剂的微量浓度：职业暴露 **443**
参考文献 **444**

第 16 章 麻醉设备

一、医疗气体输送系统 **459**
1. 压缩气瓶和接头 460
2. 氧气发生系统 462
3. 压力调节器 463
二、麻醉机和呼吸回路的部件 **463**
1. 蒸发罐 465
2. 共同气体出口 466
3. 麻醉呼吸回路 466
4. 新鲜气体流速 472
三、马麻醉机 **472**
四、设备和呼吸回路检查 **474**
五、与麻醉机和呼吸回路有关的并发症 **475**
六、废气处理（清除）系统 **476**
七、麻醉机和呼吸回路的清洁与消毒 **478**
八、外科手术台和防护垫 **478**
1. 吊索 479
2. 水池 479
参考文献 **480**

第 17 章 补氧和辅助呼吸

一、历史原因 **483**
二、与马有关的解剖学和生理学相关的问题 **483**
1. 呼吸道 483
2. 肺的力学 484
3. 气体交换装置 484
三、补氧的适应证 **485**
四、辅助呼吸的适应证 **486**
五、设备 **490**
1. 增加吸入氧气分数（FiO_2）的方法 490
2. 机械控制通气 491
3. 分类 491
4. 控制通气模式 493
5. 呼吸机设置 494
6. 马用呼吸机 495
7. 辅助呼吸装置 498
六、呼吸机设置的基本要素 **498**
七、供氧和辅助呼吸对呼吸系统的影响 **500**
八、补氧和辅助呼吸对心血管的影响 **501**
1. 胸腔内压力变化对静脉回流和右心功能的影响 501
2. 胸腔内压力变化对左心室的影响 502
3. 改变肺容量的影响 502
4. 通气时的心率变化 503

九、辅助呼吸对脑灌流的影响 503
十、辅助呼吸的监测 503
十一、辅助呼吸的并发症 504
十二、特殊情况 507
1. 成年马匹的腹部探查 507
2. 马驹 508
总结 508
参考文献 508

第18章 驴、骡子的麻醉和镇痛

一、术前评估 513
1. 行为学差异特点 513
2. 生理学差异特点 513
3. 解剖学差异特点 514
4. 正常指标 514
5. 驴、骡子的术前镇痛 514
二、麻前给药和镇静常规程序 515
三、注射给药的诱导和全身维持麻醉 515
四、吸入维持麻醉 516
五、麻醉监测 517
六、麻醉苏醒 517
七、镇痛 518
参考文献 518

第19章 外周性肌松药

一、神经肌肉接头的生理学和药理学 521
1. 运动神经末梢正常的神经肌肉传递：乙酰胆碱的合成和释放 521
2. 运动终板：乙酰胆碱受体，动作电位的传播，收缩过程的激活 521
3. 神经肌肉传递的病理变化 522
二、神经肌肉阻滞药物的临床药理学 524
1. 神经肌肉阻滞药物的作用 524
2. 非去极化药物 524
3. 去极化药物：Ⅰ相阻滞 525
4. 去极化药物：Ⅱ期阻滞 525
5. 其他影响神经肌肉传递的化合物 525
6. 神经肌肉阻滞药物的其他作用 526
7. 神经肌肉阻滞药物对中枢神经系统的影响及胎盘传递 527
8. 神经肌肉阻滞药物的蛋白质结合、代谢和排泄 527
三、影响神经肌肉接头处兴奋传递阻滞的生理因素 528
1. 运动、温度和酸碱平衡 528
2. 电解质紊乱 528
四、逆转非去极化阻滞 528
1. 促进神经肌肉连接功能药物的作用机制 529
2. 促进性药物的自主效应 529
五、神经肌肉阻滞监测 529
1. 定量技术 529
2. 临床监测：对机械反应的评估 530
3. 关于马麻醉后监测神经肌肉阻滞的建议 531
4. 肌肉力量的临床评估 532
六、神经肌肉阻滞剂麻醉马 532
七、麻醉马使用神经肌肉促进药物的管理 533
参考文献 533

第20章 围术期疼痛管理

一、疼痛生理学 537
二、疼痛的后果 540
三、疼痛评估 540
四、治疗围术期疼痛 544

1. 镇痛疗法 545
2. 非甾体类抗炎药 545
3. 阿片类药物 548
4. α_2-肾上腺素受体激动剂 549
5. 局部麻醉剂 549
6. 其他药物 549
五、展望 550
参考文献 550

第21章 麻醉诱导、维持及苏醒的注意事项

一、诱导麻醉 558
二、维持麻醉 560
三、麻醉苏醒 561
1. 影响麻醉苏醒持续时间的因素 561
2.麻醉苏醒室设计 563
3. 辅助苏醒 570
4. 设备 570
5. 户外的麻醉苏醒 572
6. 专门设计的设施中麻醉苏醒 572
7. 充气气垫麻醉苏醒 572
8. 倾斜台麻醉苏醒 573
9. 吊索麻醉苏醒 573
10. 游泳池和皮筏系统 574
11. 矩形水池系统 574
四、结论 575
参考文献 575

第22章 麻醉并发症

一、诱导阶段 580
1. 药物管理 580
2. 镇静 581
3. 麻醉 582
4. 呼吸 582
5. 血压和组织灌注 584
二、维持阶段 584
1. 呼吸 586
2. 血压和组织灌注 587
三、恢复阶段 592
四、其他并发症 599
1. 设备 599
2. 住院和手术 599
3. 人为失误 602
参考文献 603

第23章 心肺复苏术

一、心肺衰竭的原因 611
二、心肺衰竭的诊断 612
三、马胸部按压 616
四、马的心肺复苏 618
1. 气道和呼吸 618
2. 循环 621
3. 药物 621
4. 心肺复苏及预后评估 624
参考文献 624

第24章 手术的麻醉用药方案及操作技术

一、去势术 627
二、关节镜检查 628

三、关节固定术 630
四、鼻中隔切除术 631
五、腹部探查术治疗急腹痛 633
六、眼科手术 635
七、役用马的麻醉 636
八、马驹的麻醉 638
九、马驹膀胱破裂手术的麻醉 639

第25章 麻醉风险与安乐死

一、麻醉风险 642
二、安乐死 643
三、美国兽医协会安乐死指南 644
四、用于安乐死的药物作用机制 644
五、化学安乐死方法 646
六、吸入麻醉剂 646
七、注射性药物 646
1. 巴比妥酸衍生物 647
2. 水合氯醛 647
3. 硫酸镁 648
4. 氯化钾 648
4. 水合氯醛-硫酸镁-戊巴比妥钠 648
5. 外周性肌松剂 648
6. 士的宁 648
7. 硫酸尼古丁 648
八、物理学方法安乐死 649
1. 击晕枪 649
2. 枪击法 649
3. 放血法 649
4. 电击法 649
九、证实死亡的方法 650
十、安乐死的马用于食用 650
参考文献 650

附录A 缩略语 653
附录B 药物说明 659
附录C 马麻醉及恢复情况记录 662

第 1 章 马麻醉发展史

与先辈相比，我们只是站在巨人肩膀上的小矮人。

BERNARD OF CHARTRES

那些不了解历史的人注定要重蹈覆辙。

EDMUND BURKE

都说我们总是对未发生的事情感兴趣，因为对于我们所认知的，我们认为已经了解了这些知识。但我们也有很多未知东西，也就是说有很多事物我们是不了解的。但我们还不知道哪些事物是我们未知的。纵观各国发展史，对后者的认知往往是很困难的。

DONALD H. RUMSFELD

一、马麻醉的定义

马麻醉是一门特殊的艺术和科学（表1-1）。“麻醉”一词最早见于1751年出版的Bailey编著的英语词典，其中麻醉被定义为“感觉缺失”。从历史上看，麻醉的真正意义起始于1846年10月William Morton在美国公开示范的人体外科麻醉。因为以前的成功应用并未公开（1842年3月30日Crawford Long应用乙醚从患者颈部切除肿瘤），因此这次广泛宣传应用药物能使病人免于手术疼痛的观点被确立为麻醉的开始。Bigelow说：“没有任何一次宣传能在这么短的时间内激发如此巨大和广泛的效应。外科医生、患者和科学家，每一个人都同时表示了衷心的祝贺。”最重要的是，Morton的成功预示着一个真正的手术方式的转变，如T.S.Kuhn所定义的那样，它是当时最新思想的结晶，极大地吸引了一批忠实的追随群体，同时其开创性为将来的进一步研究提供了新的方向和模式。这一思想结晶是一大批科学家共同努力的结果，这其中包括了Sir Humphrey Davy、Michael Faraday、Henry Hill Hickman、Crawford Long、Horace Wells、J.Y.Simpson、J.Priestley、John Snow（1813—1856年；被誉为第一麻醉师）等。

遗憾的是，就像1984年的George Orwell一样，Morton（和许多其他麻醉师一样）成为了“被权力篡改历史的受害者”，因为他试图为他的新发明申请专利，他几乎一贫如洗。但是这种方式的转变（思想结晶）促进了对疼痛认识的普及，在道德上形成了人和动物不应该遭受痛苦的共识。

表1-1　马麻醉史上的重要事件

时间	历史事件
15 世纪前（草药医术） 1500—1700 年（初期）	植物提取物：阿托品、鸦片、大麻 麻醉被定义为“感觉缺失” 乙醚（1540 年） 注射（静脉路径）
18 世纪（发展期）	麻醉成熟：William Morton（1846 年）在美国演示乙醚麻醉 主要的药物发展： • 外周肌肉松弛剂：箭毒（1814 年） • 吸入麻醉剂：二氧化碳（1824 年）、氧化亚氮（N_2O，1844 年）、氯仿（1845 年）、乙醚（Mayhew，1847 年） • 静脉注射药物：水合氯醛（Humbert，1875 年） • 局部麻醉药：可卡因（1885 年） • 设备：面罩、口腔气管插管、吸入麻醉装置 • 麻醉记录
1900—1950 年（成功期）	主要药物发展： • 水合氯醛（合并硫酸镁和戊巴比妥） • 巴比妥类（戊巴比妥、硫喷妥钠） • 开发局部麻醉药物和方法（普鲁卡因） • 外周肌肉松弛剂（琥珀酰胆碱） • 英国施行强制麻醉剂使用法（1919 年） 主要文献： • E.Stanton Muir，《本草医学与药学》（1904 年） • 阿托品、大麻、腐殖质、草药、氯醛、可卡因、可待因、吗啡、那可汀、海洛因、乙醇、氯仿、乙醚 • L.A.Merillat，《兽医外科原理》（1906 年） • 第一位专注于麻醉的美国外科医生 • Frederick Hobday 爵士，《动物和鸟类的麻醉》（1915 年） • 第一篇关于兽医麻醉的英文教材：介绍了麻醉前给药、疼痛缓解、局部、区域和脊髓麻醉 • J.G.Wright，《兽医麻醉》（1942 年；第 2 版，1947 年） • 大麻、水合氯醛、戊巴比妥、硫喷妥钠、氯仿、乙醚、吗啡、布洛卡平 • E.R.Frank，《兽医外科笔记》（1947 年） • 水合氯醛和硫酸镁、戊巴比妥、普鲁卡因
1950—2000 年（延续期）	艺术发展成为科学 对马进行了对照研究 主要药物发展： • 中枢肌肉松弛剂（如愈创木酚、地西泮） • 外周肌肉松弛剂（如阿曲库铵）

（续）

时间	历史事件
	• 吩噻嗪类（如丙嗪、异丙嗪） • α_2- 肾上腺素受体激动剂（如隆朋、地托咪定、美托咪定、罗米非定） • 分离麻醉剂（如氯胺酮、替来他明） • 催眠药（如异丙酚） • 吸入麻醉药（如环丙烷、甲氧基氟烷、氟烷、异氟醚、安氟烷、七氟醚、地氟醚） • 专用麻醉设备和呼吸机
1950—2000 年（延续期）	• 监护技术及设备 主要文献： • J.G. Wright,《兽医麻醉》（第 3 版，1952 年；第 4 版，1957 年） • J.G. Wright,《兽医麻醉和镇痛》（第 5 版，1961 年），此后由 L. W. Hall 和 K.W. Clarke 主编 • L.R. Soma,《兽医麻醉教材》（1971 年），第 23 章由 L.W. Hall 编写，介绍马的麻醉 • W.V. Lumb，E. Wynn Jones,《兽医麻醉》（1973 年） • C.E. Short,《兽医麻醉原理和实践》（1987 年），第 13 章，第 1 节，“马麻醉的特殊要求”；第 13 章，第 8 节，“特定条件下动物麻醉的注意事项” • W.W. Muir, J.A.E. Hubbell,《马的麻醉：监护和急救》（1991 年），第一本关于马麻醉并发症的著作 详细的麻醉记录 专用麻醉设备和呼吸机 监护技术和设备 支持床旁（point of care）快速测量的血气分析仪（如测定 pH，PO_2，PCO_2） 麻醉普遍成为兽医学校课程之一 美国（1975 年）和欧洲（1993 年）麻醉专科学院成立 信息传输（计算机网络和辅助学习）
2000 年以后	马麻醉设备的改进 计算机控制的呼吸机及呼吸监测设备的研制 美国停止使用氟烷，由异氟醚和七氟醚替代用于马的临床研究 兽医教学医院使用的先进监测技术，包括遥测和微创测定心输出量的方法 主要文献： • T. Doherty, A. Valverde, 等，《马麻醉和镇痛手册》（2006 年） • P.M. Taylor, K.W. Clarke，《马麻醉手册（第 2 版）》（2007 年）

在随后的50年里，麻醉成为了无意识的同义词，意思是对疼痛失去感觉。随着神经肌肉阻滞药物、阿片类药物、巴比妥类药物和乙醚的临床应用越来越广，Woodbridge于1957年重新定义了麻醉，认为麻醉包括四个特定部分：感觉阻滞（镇痛）、运动阻滞（肌肉放松）、意识丧失或精神阻滞（无意识）和阻断呼吸、心血管和胃肠系统的不良反应。Woodbridge认为单一药物或药物复合可以用来实现麻醉的不同部分，这一概念引发了药物复合应用的发展，并促成了“平衡麻醉”的观点。也有许多著名麻醉专家提出了不同的麻醉定义。Prys-Roberts（1987）提出麻醉应被视为“药物引起的无意识状态……病人当时不能感受到，过后也不能回忆起有害刺激”；Pinsker（1986）提出“麻痹、无意识和应激反应能力降低”；Eger（1993）“讨论了可逆

遗忘和制动”。有趣的是，在最新版的（第27版）《斯特德曼医学词典》（Stedman’s Medical Dictionary）（2005）中对麻醉的定义为：“①药物性神经功能抑制或神经功能障碍引发的感觉丧失。②麻醉学是临床专业的广义术语”。尽管增加了许多修饰语（如局部、区域、全身、外科和分离，见图1-1），但还是Woodbridge的描述更为准确。

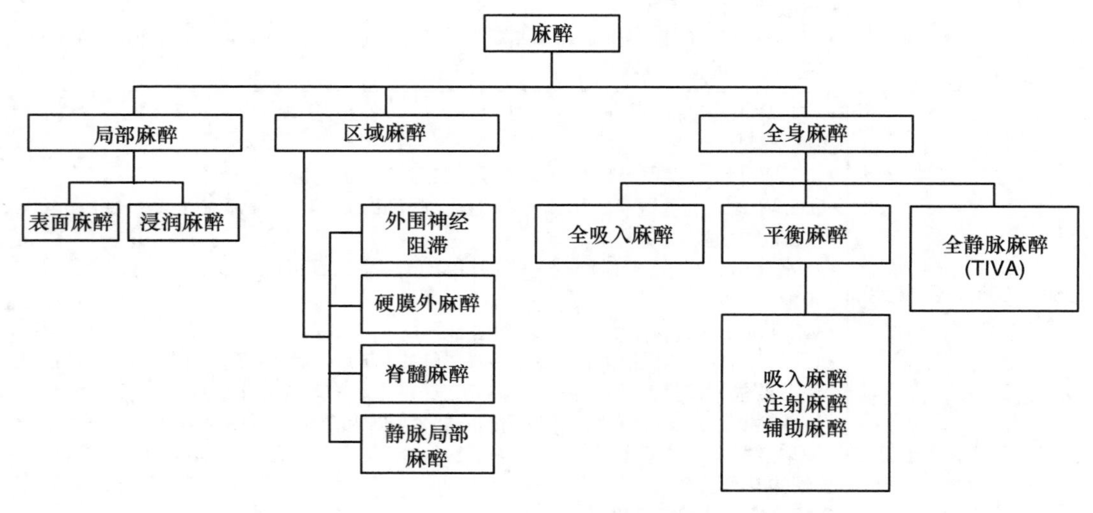

图 1-1　麻醉分类

鉴于目前对马麻醉药物的药效学（药物浓度效应）和外科手术（如骨科和腹部手术）不同需求的不断发展，麻醉定义应包含保护动物免受外科手术创伤应激，或者说有满意的后续麻醉效果，包括麻醉药物给药后能够提供长时间镇痛效果。这一观点越来越被临床所接受，《马兽医杂志》《美国兽医研究杂志》和《兽医麻醉和镇痛杂志》上发表的文章也印证了这一点。这些文章介绍了α_2-肾上腺素受体激动剂/分离麻醉药物/中枢性肌肉松弛药物联合应用于全凭静脉麻醉（TIVA）的镇静、催眠、镇痛和肌肉松弛效果；吸入麻醉剂（如异氟醚、七氟醚和地氟醚）与各种术中辅助麻醉药物（如氯胺酮、利多卡因、美托咪定和吗啡）复合麻醉；以及在麻醉前、麻醉中和麻醉后给予或输注镇痛药。马“理想”的麻醉状态（如镇静、镇痛、肌肉松弛和意识丧失）最好是通过合并或先后给予多种药物来获得意识和镇痛效应。这种“多种药物组合方式”的优势包括：①增强对麻醉有利的附加或协同作用的可能；②扩大麻醉作用范围（如镇痛和肌肉松弛）；③降低副作用或不良反应发生的可能性。这种方法的缺点包括潜在的药物相互作用的不良反应；导致更大的副作用（如心动过缓、肠梗阻或共济失调）；不良反应（如低血压和呼吸抑制）以及麻醉后苏醒期延长。要达到“最佳”的麻醉效果，马麻醉医师必须具备一定的知识和熟练应用一组能够提供上述麻醉效果的药物的能力（图1-2）。

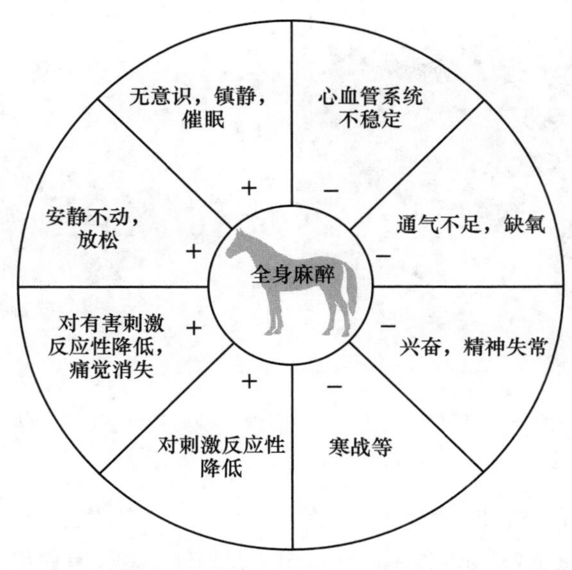

图 1-2　麻醉主要包括意识丧失（催眠）、镇痛、肌肉松弛和应激反应抑制，镇静和抑制应激反应药物经常作为麻醉前用药

二、马麻醉的发展

在19世纪，麻醉从一门艺术发展为一门科学。1824年H.H. Hickman应用二氧化碳成功实现使动物知觉丧失。但1850年以前（甚至此后的很长一段时间内），马的麻醉还是极大依赖于草药（曼陀罗草、鸦片、莨菪碱和毒芹），以及物理保定（“笨重的手工保定”），还只能算一门技术。在Morton演示麻醉（1847年）一年后，G.H.Dadd提出了马外科手术中麻醉的优越性和潜在益处，并记录在他的著作《现代马医生》（1854年）中。从这些著作中可以明显看出，对马的医疗护理很大一部分工作是由未经专业训练的人完成的。1880年Edward Mayhew出版的《马医生图谱》（The Illustrated Horse Doctor）一书中写道：“读过这本书的人不会受马夫口述的影响；可以与兽医顺利沟通，而不会表现出任何无知或偏见；在紧急情况下，可以指导未经培训的人采取必要的基本措施，防止病情恶化；而且也可以指导初学者学习。”这本书涵盖了当时所知的所有疾病，包括单纯性眼炎、跛行、黑蒙（guttae serena）、鼻脓病和口腔烫伤。多数手术采用的是物理保定而不是麻醉（图1-3）。比如对马保定的描述包括：“把马放倒、保持环境安静、压低声音交流。”动物不懂人类的语言，更不能理解文字，但是它们能够理解语言要传达的意思。虽然法国、德国、俄罗斯和美国也有在动物（包括马）应用乙醚的报道，但是Mayhew可能是最先应用的。但Mayhew对试验持怀疑态度，并发表评论：“这些试验结果并不代表乐观的前景，我们不知道动物发出的叫声是否表示其很痛苦，但对于听到这声音的人来

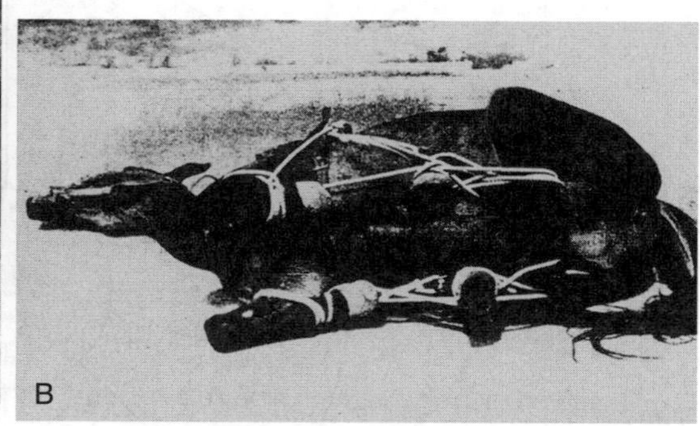

图 1-3　在吸入麻醉药和分离麻醉药开始应用之前，捆缚、挽具和绳子固定（A 和 B）是马“麻醉”的重要组成部分

说是痛苦的暗示，而且在没有证明动物不痛苦的情况下，我们必须视其为痛苦的象征……据我所知还没有试验来确定乙醚对马的作用；我也无法预测气体对马有作用……我们应该谨慎，以免错误的应用使善举变成残忍。”同时代的其他人似乎比Mayhew更乐观。同年，Percivall作为一名研究生医师和兽医师，在评论中说道：“必须承认我们从这些情况（Mayhew的试验）预测中得出的结论比其本人的更为有利。对我们来说，把试验中动物发出的声音理解为痛苦的证据是有问题的。”

在Morton试验后的一年内，“乙醚狂热”达到了顶峰，主要是因为辛普森（Simpson，1847）试验论证了氯仿与乙醚相比的优势：第一，更少的剂量也可以产生同样的效果；第二，起效更快，效果更完全，维持时间更长，很少表现出诱导期兴奋；第三，吸入时远比乙醚更令人感到愉快和愉悦；第四，因为用量少，所以成本低，如果能够普遍应用，这将是一个重要的考虑因素；第五，香味并不难闻，而且会很快变淡；第六，不需要特殊的吸入设备。然而，当时怀疑者、实用主义者和保守者也大有人在，有马外科医生发表了警告性评论（框表1-1）：“在我看来，氯仿是否能成为一种有效的马用兽药是非常值得怀疑的，因为我相信两匹患病马（两匹施行神经切除手术的马），在进入麻醉状态和从麻醉状态中恢复过来的时候，比它们从手术中恢复过来时会遭受更多的痛苦”，“我们经常在用药上自欺欺人，有时有些药物并不像我们期望的那样有效。基于此，我们对新疗法持怀疑态度是恰当的，因为新的疗法很少能够像其发明者介绍的那样有效。”1848年《兽医》杂志的一篇评论建议：“至少出于实用的目的，放弃把这种药物（氯仿）作为麻醉剂使用，让我们把注意力转到内科治疗方法上来。”而其

框表1-1　不愿改变麻醉方式的非特定原因

- 目标不明确
- 手术参与人员没有参与手术计划制订
- 来源于个人诉求原因
- 忽略工作团队工作习惯
- 麻醉方式改变缺乏有效沟通
- 对失败的恐惧
- 工作压力大
- 费用太高或预期回报估计不足
- 对目前情况似乎满意
- 对发起变革的人员缺乏尊重和信任

他的文献则建议将乙醚和氯仿作为内科药物使用（驱虫药），在19世纪50年代，马仍然是在没有麻醉的情况下进行手术。这种观点最终发生了改变，正如R. Jennings在其《马和马病》（1860年）一书中介绍："在一些大手术中，多种麻醉剂被用于镇痛，氯仿是其中效果最好的一种麻醉剂，在给药时同时给予适量的空气，则可以确保麻醉过程的安全性。乙醚对马的效果较差，不能获得满意的效果。"J.N. Nave在其《马医生实践和讲解》（1873年）中评论道："与在人类的应用一样，氯仿也可以用于马……但是我只推荐用于一些重要的手术。"A. Leotard在其《兽医手术操作手册》（1892年）指出："对于大动物，单独应用氯仿也可以获得最有效和最安全的效果"。

L.A. Merillat是最早强调麻醉重要性的美国兽医外科医生，他在《兽医手术原则》（1906）一书中指出："目前兽医外科手术麻醉是一种保定方法，而不是缓解疼痛的权宜之计，只要手术可以在物理保定的条件下实施……那么就不存在麻醉一说。"然而，Merillat撰写了30多页的关于麻醉和麻醉剂的文章，其中建议"在不久的将来，兽医会采用这种曾促进人类外科快速发展的权宜之计"。Merillat列出了马应用氯仿导致的死亡率为1/800（0.125%），这远低于近期报道的马围术期死亡率1%（1/100），即便这些手术持续时间相对较短，且主要是由身体束缚（捆缚）导致的。

1915年，Frederick Hobday出版了第一本关于兽医麻醉的英文专著。关于氯仿，Hobday认为："对于马和犬的全身麻醉，氯仿因其易用、经济和安全而成为目前最好的麻醉剂。当然，与所有有毒药物一样，氯仿也需要由有经验的麻醉师谨慎、熟练而恰当地使用"。Hobday认为，有时特别是进行复杂手术时，兽医会寻求麻醉师的帮助，"如果因为麻醉药而出现意外，那么任何手术都没有用"，"如果麻醉师不专业，那么所有人都面临一定的风险"。此外，Hobday还认为在提供安全麻醉方面还存在障碍，鼓励开发"更安全"的技术，他写道："众所周知，让一个合格的兽医师只承担麻醉师的工作，而由他的同事进行手术操作（像人类医学那样）是不现实的。因此，如果存在能够使手术在完全无痛下进行同时又能够保证动物安全的药物，那么这种药物比那些有点风险的药物会更受欢迎。"麻醉诱导期和恢复期是特殊的应激时段，他建议"在动物能够正常或稳定站立之前，特别注意不能解除捆绳或其他束缚物，否则可能会由于动物站立不稳导致其自身或人员发生意外"。马的麻醉一直在发展，但Hobday总结道："兽医外科麻醉药的发展应该更快些。"

多年后，Hall在纪念Hobday的演讲（1982）中评价了霍布迪对氯仿的推崇，"没有理由怀疑他的说法，他对数千匹马使用了氯仿而没有发生意外"。Hall继续指出，Hobday认为"发生死亡是由于用药方法而不是药物本身"，这一直以来，并且直到目前仍然是马麻醉实践中的关键问题。Hobday还指出"与犬和猫相比，氯仿对马更为安全，主要原因是大型动物的保定体位不影响肺的扩张，并且人手不会压在胸壁上"。另一个原因是在物理约束下减少了麻醉药的用量。Hobday另外一个重要贡献是引入了麻前给药的概念，麻前给药可以：①降低兴奋性；②减少麻醉药用量（提高麻醉安全性）；③缩短全麻时间；④缩短和改善麻醉恢复。

J.G. Wright称Hobday为“英国动物手术麻醉的伟大先驱”（1940），也是第一个用可卡因进行马局部麻醉的人。Wright在其编著的《兽医麻醉》一书的前四版中详细介绍了马用乙醚和氯仿麻醉的用法及安全性（1942年首次出版）。兽医麻醉技术发展缓慢有多个原因，包括普遍缺乏知识和经验、存在争议以及在1950年前大多数兽医教学机构缺乏重视。

尽管马麻醉发展缓慢（1850—1950年），但还是从应用草药和物理捆缚发展成为使动物没有痛感的科学。Smithcors（1957）对兽医麻醉学发展缓慢发表了评论，“在1850年至1950年间兽医不愿意应用全身麻醉的原因还不清楚…… 尽管麻醉学在人类医学领域取得了很大的进展，但是兽医临床教师很少将其应用到手术实践教学中…… 可能有些观点认为麻醉是不必要的，因为在这种实践中，强有力的手工操作更有用。”这些观点使我们想到了一句格言，“最容易承受的痛苦是别人的痛苦”，以及罗马作家Celsius认为外科医生的主要特点是“无情”。在人类医学中，直到1846年William Morton验证了乙醚在外科手术中的优势后这种观点才被摒弃，但在马外科中这种观点一直持续到20世纪50年代。Smithcors在其文章的结尾指出，“外科医生不管出于是以人类的感觉对待动物，还是出于安全和易于使用考虑，最近几年（20世纪40—50年代）麻醉学领域高水平技术的发展是兽医学上的一项重大进步。”

三、近代发展（1950 年至今）

在整个20世纪40年代和50年代，Wright在皇家兽医学院博蒙特医院的教学和著作为那些对动物麻醉，尤其是对马麻醉感兴趣的人提供了有关麻醉药物、麻醉原则和技术方面的良好资源。Wright在其著作中（《兽医麻醉和镇痛》第4版，1957）指出，“氯仿是马效果最好的吸入麻醉药，尽管…… 是否采用水合氯醛或印度大麻（*Cannabis indica*）做前驱麻醉，主要取决于动物体型大小，以及手术的大小和持续时间。”20世纪50年代后，大麻不再用于马，因为其“过敏以及动物（马）会表现出狂躁和疯狂乱踢的行为”。1961年Wright和Hall总结了马氯仿麻醉，“多年来氯仿一直被认为是最危险的麻醉药，然而，很多人似乎夸大了氯仿对马的危险性。”对于氯仿吸入麻醉，他们认为“只能用于躺卧的动物，当马站立时必须用绳索保定或用硫喷妥钠诱导麻醉。硫喷妥钠诱导麻醉的剂量为每200lb[†]（90.7kg）体重不超过1g……2 ～ 3min后再给予初始剂量一半的氯仿。”关于乙醚，他们认为“采用氯仿的用药方法，乙醚不能达到足以使马麻醉的浓度。”他们还指出，“麻醉效果显示，氟烷（1957年Hall用于马）是马最有效的吸入麻醉剂，其麻醉效力约是氯仿的两倍，而危险性小得多。氟烷和氯仿都会降低心输出量和血压，但过量的氟烷在导致循环衰竭前导致呼吸衰竭，而过量的氯仿会导致几乎同时发生呼吸和循环停止。”他们还认为“在停止给予麻醉药后，动物通常需要捆缚保定约30min”。

1955年，发表于《美国兽医学会杂志》和《康奈尔兽医》上的文章将琥珀酰胆碱用于

† lb，磅，为重量单位，1lb=0.4536kg。

马的麻醉。琥珀酰胆碱是一种去极化神经肌肉阻滞药物，没有麻醉或镇痛作用，静脉给药后30～60s起效，作用时间可维持2～8min。呼吸暂停通常持续1.5～2.5min，苏醒期“完全没有兴奋感”。此后1966年发表的另一篇文章指出了琥珀酰胆碱给药的“心理效应”。一些病例报告认为琥珀酰胆碱有助于马“驯服”，该文章列举了一匹4岁夸特公马在给予琥珀酰胆碱后表现为“没有攻击性、保持站立、精神沉郁”案例。尽管琥珀酰胆碱没有麻醉或镇痛作用，而且还有因系统性高血压导致动脉破裂的可能，但还是在马上应用了25年，因为其给药后可以进行一些简单的外科处理（如阉割），且其诱导和恢复期表现不比其他方法差，甚至更好。数年后短期麻醉药除了琥珀酰胆碱外，还有赛拉嗪和氯胺酮。在20世纪60年代和70年代初，Hall博士和E.P.Steffey等人对氟烷和其他吸入麻醉剂的心肺效应进行了研究，为扩大氟烷和其他吸入麻醉剂在马麻醉中的应用铺平了道路。在20世纪60年代末，愈创木酚酸甘油醚也用于马的麻醉。愈创木酚是一种中枢性骨骼肌松弛剂，具有一定的镇静作用，镇痛作用较弱甚至没有，该类药物应用时需要较大剂量，但是由于其可以减少巴比妥类催眠药物的剂量而受到欢迎，从而缓解麻醉状态下的心肺抑制，改善诱导和恢复期的状态。

20世纪70年代早期，第一种α_2-肾上腺素受体激动剂赛拉嗪被引入马临床，此后不久，采用赛拉嗪和氯胺酮进行短期麻醉。赛拉嗪具有镇静、肌肉松弛和镇痛作用，其效果优于吩噻嗪。一篇先前发表的文章认为“赛拉嗪一定会成为一种无价的马镇静剂……”赛拉嗪和氯胺酮是最早应用的一组α_2-激动、分离麻醉药，直到现在仍在应用。赛拉嗪和氯胺酮分别通过静脉给药，产生10～15min高质量麻醉，其心肺功能影响小、苏醒迅速。给药后1h内马可以站立。在过去50年马麻醉中最主要的是赛拉嗪和氯胺酮，以及之后的α_2-肾上腺素受体激动剂与氯胺酮和地西泮联合用于马的短时间静脉麻醉或吸入麻醉的诱导麻醉。

马的麻醉在20世纪70年代之前更像是艺术，随后发展成为一门强大而实用的科学。Hall在《Soma's 兽医麻醉教材》中用了20页以上的篇幅（318～343页）介绍马的麻醉。Hall认为尽管氟烷是“用于马的主要吸入麻醉剂”，但是氯仿和乙醚“在马兽医临床上仍然占有一席之地”。此时在犬猫临床普遍应用的甲氧氟烷，“马的临床麻醉师对其似乎只是研究兴趣，该药麻醉诱导缓慢、麻醉深度调整响应慢且苏醒也慢”。Hall还指出“水合氯醛是马最好的麻醉剂，已在兽医临床实践中应用多年。”愈创木酚是20世纪50年代由德国引入临床的中枢性肌肉松弛剂，在60年代由M. Whethues, R. Fritsch, K.A. Funk和U. Schatzman用于马，但是没有详细介绍。Hall在文章最后指出，“一般来说，在兽医麻醉中，对麻醉后和术后疼痛的缓解关注太少，此阶段镇痛药的使用尚需进一步的研究”。

20世纪80年代，随着监护技术的发展，发现低血压和通气不足是导致麻醉并发症的重要因素。横纹肌溶解症是马麻醉常见的严重并发症。为了防止并发症，人们设计了多种麻醉方案和辅助策略。1987年，Jackie Grandy博士和她的同事发现动脉低血压和麻醉后肌病有直接关系。Grandy证明低血压马（平均动脉压55～65mmHg*，持续3.5h）易患麻醉后肌病。当平均动脉

* mmHg，毫米汞柱，血压计量单位，1mmHg=0.133kPa。

压维持在70mmHg以上时，所有的马正常恢复。这项工作和随后的研究证实了监测和维持麻醉马动脉血压的重要性。

20世纪80年代开始，临床逐渐重视动脉血气监测，促进了关于麻醉马的通气灌注异常、通气不足和缺氧的研究。麻醉马的动脉血氧分压经常低于100mmHg这一现象，促使很多研究着力于调查缺氧的原因和有效的治疗方法，但是关于最佳通气策略或紧急干预的必要性还没有达成共识。对于一些通气不足的马（动脉二氧化碳分压超过60 ～ 70mmHg）的认识也有不同的观点，关于维持正常碳酸血症的酸碱益处和相对温和的高碳酸血症的循环益处，争论目前还在继续。

1991年出版了一部针对马的专著，其中有500多页介绍了马麻醉给药后的管理和并发症。该论著的目的是详细说明马麻醉方案的发展和应用，尽可能不再使用对马进行捆缚的方法。此后相继出版了两本关于马麻醉和镇痛的著作。这些著作都是按手册编纂，可以放在马的诊室供随时查阅，这表明人们对马临床麻醉的兴趣日益浓厚，并做了一些积极的工作。当今的计算机化，全球联网以及更新和更快的信息记录、存储和传输方法等对马麻醉的发展有着深远的影响。许多科学文献中关于马吸入麻醉剂的效果、应激反应和全静脉麻醉，以及吸入和静脉麻醉剂的药效和毒理，麻醉辅助用药和新的或改进的监护技术等知识的介绍，为从事马麻醉基础研究和应用研究的人提供了充足的参考资料（图1-4）。

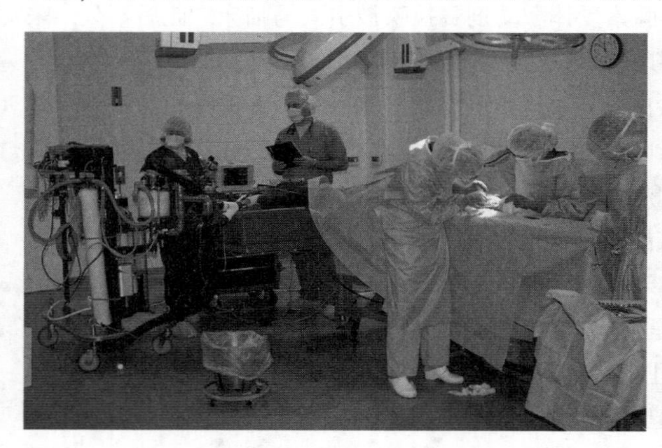

图1-4　现代马外科麻醉设施提供高度专业化的麻醉人员和设备，以确保最佳效果

一个非常重要，但是并未被充分认识到的进展就是培养了一大批精通马麻醉的人。纵观多个来源的文献资料，包括美国马从业者协会（AAEP，成立于1954年）、英国马兽医协会（BEVA，成立于1961年）以及兽医手术和麻醉相关著作和文章，可以发现在1970年之前马麻醉发展缓慢不是因为相关从业者缺乏对麻醉的作用和重要性的认知，而是缺少知识渊博且致力于马麻醉的麻醉师。1975年美国兽医麻醉学院和1993年欧洲兽医麻醉学院的成立，证明了兽医麻醉科学作为一个独立的研究领域已经得到了正式和普遍的认可。这两个学会宗旨都是传播知识、提高科学水平以及制定和维持最低护理标准，着力于为麻醉专业和技术从业人员制定兽医麻醉教学（继续教育）和培训计划。学术界鼓励和支持培训项目的发展，以更好地为专业和公众服务，并开发了为继续教育提供资源的重点研究领域。

私立专业马医院也已经开始通过聘用有强烈兴趣和经过高级训练的人来推动马麻醉科学的发展。越来越多的人认识到，一个外科医生专心致志于最佳麻醉效果，就不能全神贯注于手术。

初级麻醉师需要知道马的固有特点和麻醉后的特点，并了解麻醉药物的效果以及如何给予最好的监护。马麻醉从业人员应接受过相应的教育，并对马生理学（神经学、呼吸学、心血管学、内分泌、酸碱平衡和体液及电解质平衡）、药理学（药代动力学、药效学、毒理学和药物相互作用）、化学或物理学（蒸气压、溶解系数、离解常数、压力、流量、阻力和麻醉回路）、电子学［计算机、监护仪（心电图和脑电图）］以及急救原则和治疗（心肺复苏和休克）进行应用性理解。从业人员的自学和兽医麻醉专家的提醒极大地改善了马麻醉的后果（并发症），提高了安全性（降低死亡率），同时也提高了动物的健康状况，延长了马在麻醉状态下安全进行手术操作的时间。

马是常见动物麻醉中最具有挑战性的物种之一。这一挑战性体现在马麻醉并发症比犬和猫的并发症高两到三倍，马的麻醉死亡率（约1%）比犬猫的死亡率（约0.1%）高10倍，比人高出100倍。值得注意的是这一百分比（1%）与Lumb和Jones在1973年出版的《兽医麻醉学（第1版）》中报道的数值一样。如果加上产科和急腹症病例，马麻醉或手术相关的死亡率可达到10%以上。马如此高的死亡率促使人们开始思考原因，但兽医教学医院和私人马病诊疗机构最近（1998年）的数据显示，非心脏病/产科病例的死亡率要低得多（表1-2）。这些报告表明专业的麻醉师和专业的训练可降低麻醉死亡率。所以Robert Smith说“没有安全的麻醉药，也没有安全的麻醉技术，只有安全的麻醉师”是非常有道理的。我们无法改变马的性情和解剖结构或生理特点，但可以教育和培养熟练的麻醉师，以降低因人为失误导致的麻醉死亡率。这个问题（及失误）是当前和将来技术讨论的热点，因为失误是所有人类活动过程中不可避免的（表1-3）。人为失误是不良反应的最常见的原因，包括马麻醉相关的死亡。人为失误的原因包括缺乏知识、缺乏经验、缺乏指导、缺乏监督、自满、任务饱和和人员疲劳等（框表1-2）。药物选择、给药剂量和给药途径错误（如心内注射），加上监测不足和对复苏程序缺乏全面了解，都会显著增加人为错误相关的麻醉并发症。一项研究认为导致马麻醉死亡率高的因素有马的身体状况因素，也有麻醉师的知识、技术和经验的因素。关键问题不是避免人为失误的发生，而是如何将这种失误最小化。很多情况下导致并发症的不是第一次失误，而是第二次失误（未能认识到的失误）。人为失误始终是事故发生的主要原因，但是专业知识，以及对因果关系、能力和主要团队建设方法的正确理解可减少事故的发生。

表1-2　导致马麻醉相关并发症和死亡的原因分类

原因分类	所占比例
品种	20%～25%
药物	＜5%
仪器设备	＜5%
手术操作	＜15%
人为失误	55%～60%

框表1-2　人为失误（55%～60%）

- 缺少知识
- 缺乏经验
- 缺乏意识（监测）
- 缺乏监督
- 缺乏兴趣
- 任务饱和
- 人员疲劳

表1-3　麻醉相关问题发生的常见原因

问题	原因
人为失误	病史调查或身体检查不全面 不熟悉使用的麻醉机或麻醉药物 给药不正确（药物、剂量、途径或浓度不正确） 对病畜投入的时间或注意力不足 不能正确识别患畜应激并及时作出反应
设备故障	二氧化碳吸收剂用完 氧气用完 麻醉机或呼吸回路装配不当 气管插管不当或阻塞 蒸发器故障 单向阀或快速充氧阀故障
麻醉药物的不良反应	没有绝对安全的麻醉药 最大限度减少不良反应的方法是： 对患畜进行评估，发现潜在风险因素 熟悉不同药物的作用、副作用和禁忌证 制定针对性的麻醉方案，通常使用多种麻醉药物达到平衡麻醉的状态
动物因素	幼龄或老龄 疝痛 创伤 骨折 怀孕 全身性疾病（心血管、呼吸、肝脏或肾脏疾病） 品种倾向（高钾周期性瘫痪、骨髓软化） 全身状况不佳

四、展望

许多实际问题（如长期镇痛、低氧血症、低血压、苏醒质量、药物相关后遗症）和新问题（如免疫系统调节、细胞因子病理生理学）还需要继续研究。新思想、新药物、新技术和新设备也在不断涌现。与人类麻醉不同，马即使是进行很小的手术也需要给予药物，使其失去感觉（镇痛）或没有意识和疼痛状态下进行。虽然可能会存在异议，但麻醉的下一个重大进展取决于尚未被认识到的技术进步和分子药理学的发展。当前影响马麻醉实践的最直接问题是信息的即时性和可用性（如CABDirect、PubMed、BiosisPreviews on line ）、信息传递的全球化和基于计算机网络的教育。麻醉师在马外科手术中的作用将是毋庸置疑的，也是必需的。为消除教条主义和评估新方法，还需要继续进行研究以提供所需的定性和定量数据。

需要完成的工作还有很多。还没有理想的麻醉药物或药物组合；监护技术、实践操作和仪器设备还不够完美或不太适合用于马，应用于苏醒过程还很困难。麻醉维持和苏醒阶段仍然是

马问题多发时段，相对较高的死亡率和导致安乐死的事故（如骨折）发生率可证明这一点。改善肺换气、限制通气-灌注不平衡、确保足够的组织灌注的方法亟待发展。这些具有挑战性的问题，加上日益受到重视的疼痛预防和控制问题，在制定麻醉方案时应给予重视。

现在是激动人心的时刻；我们希望下一代马麻醉师已经做好迎接挑战的准备。马是大工业的重要组成部分，在许多人的生活中起着至关重要的作用。最后，我们来欣赏一首名为《马》的诗的节选，这首诗由Ella Wheeler Wilcox撰写，并于1927年发表在《动物的呼唤》一书中：

世界如你眼所见，
人类只起了一半的作用；
当马身如弯弓一样飞驰而去，
我们意识到了它们的作用。
人类有聪明的大脑，
尽管十分强大，
但若没马的帮助，
也无法实现那些宏伟的计划。

参考文献

Arnstein F, 1997. Catalogue of human error (review), Br J Anaesth 79: 645-656.

Belling TH, Booth NH, 1955. Studies on the pharmacology of succinylcholine chloride in the horse, J Am Vet Med Assoc 126: 37-42.

Bidwell LA, Bramlage LR, Rood WA , 2007. Equine perioperative fatalities associated with general anaesthesia at a private practice—a retrospective case series, Vet Anaesth Analg 34: 23-30.

Bigelow HJ, 1876. A history of the discovery of modern anaesthesia. In Clarke EH et al, editors: A century of American medicine 1776—1876, Brinklow, Old Hickory Bookshop, pp 175-212.

Calverley RK, Scheller M, 1992. Anaesthesia as a specialty: past, present and future. In Barash PG, Cullen BF, Stoelting EK, editors: Clinical anaesthesia, ed 2, Philadelphia, Lippincott, pp 3-33.

Caton D, 1985. The secularization of pain, Anaesthesiology 62: 493-501.

Clarke KW, Hall LW, 1969. Xylazine—a new sedative for horses and cattle, Vet Rec 85: 512-517.

Doherty T, Valverde A, 2006. Manual of equine anesthesia and analgesia, Oxford, Blackwell Publishing.

Eger EI, 1993. What is general anaesthetic action? (editorial), Anesth Analg 77: 408.

Gertsen KE, Tillotson PJ, 1968. Clinical use of glyceryl guaiacolate in the horse, Vet Med Small Anim Clin 63: 1062-1066.

Grandy JL et al, 1987. Arterial hypotension and the development of postanesthetic myopathy in halothane-anesthetized horses, Am J Vet Res 48: 192-197.

Hall LW, 1983. Equine anaesthesia: discovery and rediscovery, Equine Vet J 15: 190-195.

Hobday F, 1915. Anaesthesia and narcosis of animals and birds, London, Baillière Tindall & Cox.

Holzman RS, 1998. The legacy of Atropos, the fate who cut the thread of life, Anaesthesiology 89: 241-249.

Jackson LL, Lundvall RL, 1972. Effect of glyceryl guaiacolatethiamylal sodium solution on respiratory function and various hematologic factors of the horse, J Am Vet Med Assoc 161: 164-168.

James W, 1982. The varieties of religious experience. In A study in human nature, New York, Penguin Books, pp 297-298.

Johnston GM, 1995. The risks of the game: the confidential enquiry into perioperative equine fatalities, Br Vet J 151: 347-350.

Johnston GM, Steffey E, 1995. Confidential enquiry into perioperative equine fatalities (CEPEF), Vet Surg 24: 518-519.

Johnston GM et al, 1995. Confidential enquiry of perioperative equine fatalities (CEPEF-1): preliminary results, Equine Vet J 27: 193-200.

Jones RS, 2001. Comparative mortality in anaesthesia, Br J Anaesth 87: 813-815.

Kissin I, 1997. A concept for assessing interactions of general a naesthetics, Anesth Analg 85: 204-210.

Kuhn TS, 1996. The structure of scientific revolutions, ed 3, Chicago, The University of Chicago Press, pp 43-51.

Lumb WV, Jones EW, 1973. Veterinary anaesthesia, Philadelphia, Lea & Febiger, pp 629-631.

Mayhew E, 1880. The illustrated horse doctor, Philadelphia, Lippincott.

Mee AM, Cripps PJ, Jones RS, 1998. A retrospective study of mortality associated with general anaesthesia in horses: emergency procedures, Vet Rec 142: 307-309.

Miller RM, 1966. Psychological effects of succinylcholine chloride immobilization on the horse, Vet Med Small Anim Clin 61: 941-943.

Moens Y, 1989. Arterial-alveolar carbon dioxide tension difference and alveolar dead space in halothane-anesthetized horses, Equine Vet J 21: 282-284.

Muir WW, Hubbell JAE, 1991. Equine anesthesia: monitoring and emergency therapy, St. Louis, Mosby.

Muir WW, Skarda RT, Milne DW, 1977. Evaluation of xylazine and ketamine hydrochloride for restraint in horses, Am J Vet Res 38: 195-201.

Nyman G, Hedenstierna G, 1989. Ventilation-perfusion relationships in the anaesthetized horse, Equine Vet J 21: 274-281.

Pinsker MC, 1986. Anaesthesia: a pragmatic construct, Anesth Analg 65: 819-820.

Prys-Roberts C, 1987. Anaesthesia: a practical or impractical construct? (editorial), Br J Anaesth 59: 1341-1345.

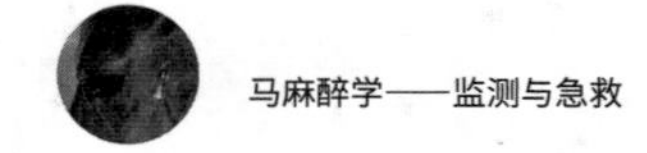

Roy JE, Prichap LS, 2005. The anesthetic cascade: a theory of how anesthesia suppresses consciousness, Anesthesiology 102: 447-471.

Smithcors JF, 1971. History of veterinary anaesthesia. In Soma LR, editor: Textbook of veterinary anaesthesia, Baltimore, Williams & Wilkins, pp 1-23.

Smithcors JF, 1957. The early use of anaesthesia in veterinary practice, Br Vet J 113: 284-291.

Soma LR, 1971. Equine Anesthesia. In Soma LR, editor: Textbook of veterinary anesthesia, Baltimore, Williams & Wilkins, pp. 318-343.

Stowe CM, 1955. The curariform effect of succinylcholine in the equine and bovine species: a preliminary report, Cornell Vet 45: 193-197.

Taylor PM, Clarke KW, 2007. Handbook of equine anaesthesia, ed 2, Edinburgh, Saunders Elsevier.

Weaver BMQ, 1988. The history of veterinary anaesthesia, Vet Hist 5: 43-57.

Wilson DV, Soma LR, 1990. Cardiopulmonary effects of positive endexpiratory pressure in anesthetized, mechanically ventilated ponies, Am J Vet Res 51: 729-734.

Woodbridge PD, 1957. Changing concepts concerning depth of anaesthesia, Anaesthesiology 18: 536-550.

Wright JG, 1942. Veterinary anaesthesia, London, Baillière Tindall & Cox, pp 1-6, 85-106, 120-129.

Wright JG, 1948. Veterinary anaesthesia, ed 2, London, Baillière Tindall & Cox, pp 85-107, 119-128.

Wright JG, 1952. Veterinary anaesthesia, ed 3, London, Baillière Tindall & Cox, pp. 160-188.

Wright JG, Hall LW, 1961. Inhalation anaesthesia in horses. In Veterinary anaesthesia and analgesia, ed 5, London, Williams & Wilkins, pp 262-281.

第 2 章
呼吸系统

要点：

1. 马独特的解剖结构、大小和体重使它在麻醉时特别容易发生肺功能障碍和气体（O_2、CO_2）交换紊乱。

2. 卧位时，尤其是背卧位（仰卧位），麻醉的马特别容易出现压迫性肺不张。

3. 所有的麻醉药物（例如，吸入麻醉）均会抑制马呼吸动力、吸气和呼气肌肉功能、通气（速率、体积）以及马对高碳酸血症和缺氧的反应。

4. 大多数麻醉剂，尤其是吸入麻醉剂，可以减弱或者消除缺氧性肺血管收缩（HPV）并且改变肺血流分布。

5. 所有的麻醉药物，尤其是吸入麻醉剂，抑制喉功能和表面活性剂的产生，降低黏液的清除率。

6. 马低血氧的主要原因有肺换气不足，通气-灌注（VA/Q）失调，心脏血液从右向左分流（Q）及弥散障碍等。

7. 如果要经历较长时间的手术过程，马可能会发生不同程度的上呼吸道阻塞（鼻腔水肿），特别是当马在术中仰卧或者保持头朝下的姿势时。

8. 麻醉引起的呼吸窘迫通常会延续到复苏期，需要严密的监测和吸氧。

健康马在麻醉时，部分是由于术前用药和麻醉药物的作用而出现呼吸系统功能减退，也有部分是由于仰卧式和保定姿势而出现功能减退。患病马被麻醉时，由于先前存在的疾病以及药物与疾病过程的相互作用，会产生额外的并发症。马解剖学和呼吸系统的生理学知识对于如何维持呼吸功能以输送氧气和清除二氧化碳至关重要。马呼吸系统功能总会被麻醉药物以及体位（仰卧位、头朝下）而改变，并且可能造成动脉血气值（PO_2、PCO_2）和氧气输送严重紊乱（参见附录A）。

一、肺通气

1. 分钟、死腔和肺泡通气

通气是指气体进出肺泡的运动。每次呼吸，潮气量（VT）和呼吸频率（f）决定了每分钟通气量（Vmin）。一匹体重约为480kg处于安静的马，f、VT、Vmin分别约为15次/min、5L（10mL/kg）和75L/min ［150mL（kg · min)］。代谢所必需的Vmin变化可以通过VT或f的变化来调节。

空气通过气道（即鼻孔、鼻腔、咽喉、气管、支气管和细支气管）进入肺泡。由于气道中不存在气体交换，又被叫作解剖死腔（图2-1)。因此每次VT的一部分包含肺泡通气（VA)、解剖死腔通气（VD)，而VA的一部分参与气体交换。VA通过与新陈代谢中所需氧气的吸入和二氧化碳清除有关的调控机制进行调节。

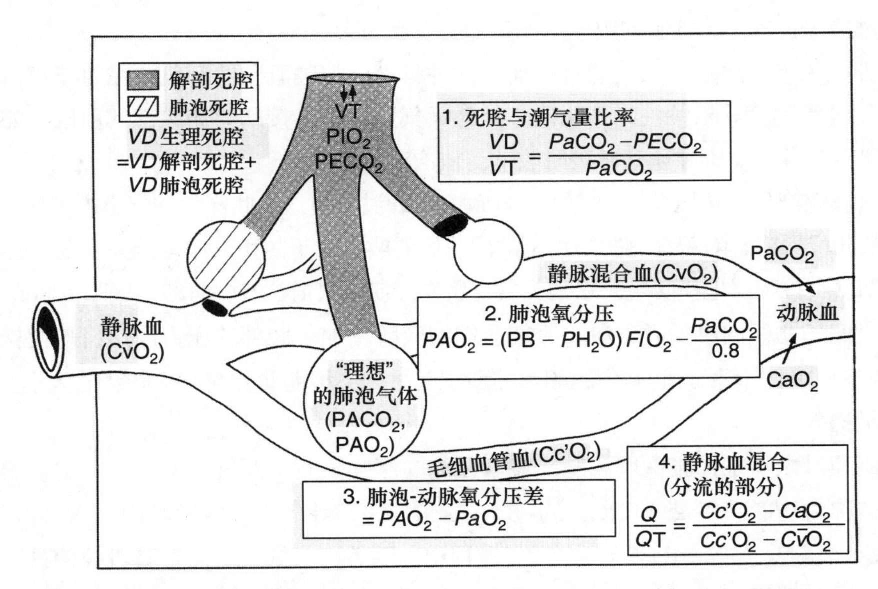

图 2-1　肺换气图，肺的解剖死腔、肺泡死腔和生理死腔以及它们之间重要的关系

$PaCO_2$，二氧化碳分压；$PECO_2$，呼出气体中二氧化碳分压；PAO_2，肺泡氧分压；PaO_2，动脉氧分压；PB，大气压力；$Cc'O_2$，毛细血管氧含量；CvO_2，静脉血氧含量；CaO_2，动脉血氧含量；FIO_2，吸入气中的氧浓度分数。

解剖死腔通气也发生在灌注不良的肺泡中，在这种情况下其不能进行气体交换。生理性死腔是指解剖死腔和肺泡死腔的总和。站立未镇静的马，生理死腔通气与Vmin的比（也称为死腔与潮气量比率，VD/VT）约为60%。

由于解剖死腔的体积是相对不变的，所以VT和呼吸频率的改变可以造成VD/VT变化。接近解剖死腔的小潮气量通气，VT较小，因此VD/VT较高。相反，运动期间VT增高，肺泡通气量增加，VD/VT降低。麻醉设备不应该增加解剖死腔体积。应避免使用过长的气管插管或者过大的面罩，因为它们会造成设备死腔。

2. 呼吸肌

通气需要动力来扩展肺部和胸腔，克服呼吸阻力。呼吸肌提供了吸气必需的动力，但是在呼气时，扩张的肺部和胸部中弹性组织提供了大部分动力。因此，大多数动物在安静时，吸气是一个主动过程，而呼气是被动的。但马例外，马甚至在安静时也有活跃的呼气阶段。如果马在麻醉期间自主呼吸，则肌肉提供驱动力；但如果控制马的通气，则呼吸机会提供推动肺部和胸腔运动的驱动力。

膈肌是主要的吸气肌。在收缩的过程中，横膈肌的穹顶被向后拉动，从而扩大胸腔。膈肌中心带动腹部内容物，升高腹压，使最后肋骨向外扩展。与任何肌肉一样，膈肌收缩效能取决于肌纤维的静止长度。麻醉过程中，当马侧卧时横膈膜被腹部内容物向前推，因此其纤维可能被拉伸超过最佳长度，而膈肌的收缩功能可能会变得较差。

肋间外肌在吸气过程中，使肋骨向前、向外移动。但膈肌和肋间肌收缩对于清醒马和麻醉马通气的促进作用，其相关性尚不明确。其他吸气肌包括连接胸骨和头部的肌肉，如胸骨舌骨肌和胸头肌等。这些肌肉在剧烈呼吸时收缩，依次牵拉胸。

吸气时胸腔产生的负压使肺部变大，导致气流通过气道，由此产生的气道内负压往往会造成外鼻孔、咽和喉塌陷。附着在这些结构上的内收肌的收缩对于防止其塌陷至关重要。α_2-肾上腺素受体激动剂（赛拉嗪、地托咪定）松弛上气道肌肉，使上气道在吸气时容易塌陷，阻碍气流。

腹部肌肉和肋间内肌是呼气肌。腹部肌肉的收缩增加了腹部的压力，这将迫使松弛的膈肌向前移动并减少胸部体积。肋间内肌的收缩通过向后向下移动肋骨来减少胸腔的大小。

3. 机械通气

呼吸肌通过做功来扩张胸壁和肺，克服气流的摩擦阻力。潮气呼出后，一定量的空气会留在肺内，被称为功能余气量（FRC；约45mL/kg）。平静呼气末，胸膜腔内压力（Ppl）大约低于大气压5cmH_2O*（−5cmH_2O）。在吸气过程中，随着胸廓的扩大，呼吸肌拉伸具有弹性的肺和胸腔，并产生通过气道的气流，Ppl下降（多为负值）5～10cmH_2O。每次呼吸时Ppl的变化由肺容积的变化（ΔV）、肺顺应性（C）、气流速度（V）、呼吸阻力（R）、加速度（a）和呼吸系统的惯性（I）来决定：

$$\Delta Ppl = \Delta V/(C) + RV + I$$

安静的马呼吸缓慢，流速低，加速度最小，呼吸肌的主要作用是克服肺部弹性。当呼吸速率增加时，流量增加，更多的动力用于产生对抗气道摩擦阻力。频率的增加通常会增加流速和加速度，从而增加惯性力，否则惯性力通常可以忽略不计。呼吸系统疾病会改变弹性和阻力，

* cmH_2O，厘米水柱，1cmH_2O=0.098kPa。

增加呼吸做功。因此，在给患有肺部疾病的马通气时，有必要使用较高的气道压力。

4. 肺的弹性

肺是弹性结构，这是因为其弹性纤维蛋白含量高，也因为肺泡内衬的黏液产生表面张力。当胸腔被打开，在肺泡内仍保留少量气体。胸膜腔压力变成大气压时，由于肺固有的弹性，肺会塌陷到最小体积，记录肺的弹性需要通过使肺膨胀并同时测量气道压力与肺周围压力（即完整动物的胸腔压力）之间的差来生成压力体积曲线。肺扩张所需的这种压力差称为跨肺压（PL）。

当吸气充盈肺时，需要高于使细支气管开放的临界压（图2-2）。在麻醉时可能也需要这个较高的临界压使肺不张的区域扩张。当细支气管开放后，肺更容易膨胀，直到在PL为大约30cmH_2O时达到肺的弹性限值。此时肺内气体的容积是总肺活量（TLC）。肺不会按照相同的压力容积曲线收缩；相比于吸气，维持给定容积仅需要较小的压力。肺弹性在吸气和呼气时的差异就是所谓的压力-容积滞后。肺仅在胎儿中和出生后几秒钟无气体，直到进行第一次呼吸。通常，当肺从FRC开始吸气时，吸入量为40% ～ 45%的TLC。然后出现很小的滞后，部分由于细支气管已经开放，并且不需要超过其临界压。然而，与清醒的动物相比，在麻醉状态下FRC降低，气道可能关闭，导致更大的压力-容积滞后。

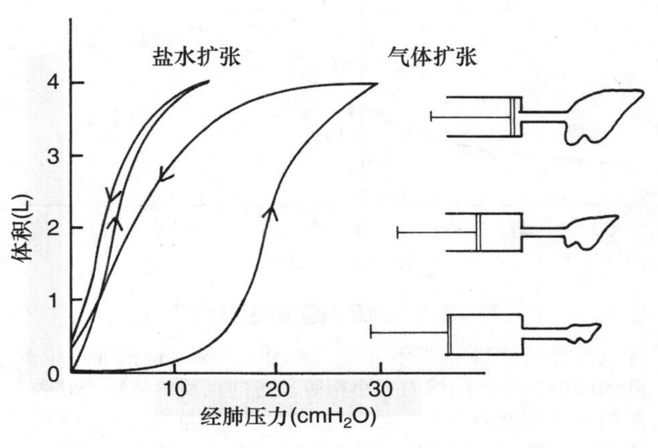

图 2-2　经肺压力

图显示的压力-容积曲线是用空气和盐水使肺膨胀扩张产生的曲线。注意由空气扩张的肺会出现压力-容积曲线的迟滞现象，而盐水扩张肺则没有迟滞现象。使用盐水扩张的肺需要的压力比使用空气扩张的肺压力要小，因为盐水扩张的肺没有表面张力。

诸如弹性蛋白和胶原蛋白之类的结缔组织有助于肺的弹性作用，但覆盖在肺泡上皮的黏液膜产生的表面张力对肺收缩力的作用也很重要。肺表面活性剂的存在阻止了肺泡在表面张力作用下塌陷，降低了肺泡内黏液的表面张力。肺表面活性物质是一种脂类和蛋白质的混合物，最常见的脂类物质是二棕榈酰磷脂酰胆碱。它产生于Ⅱ型肺泡细胞，其亲水和疏水性的部分使其黏附于肺泡壁的表面。随着肺容量的减少，肺泡表面积缩小，表面活性分子浓缩，从而减少表面张力并增强肺泡稳定性。表面活性剂中的蛋白质促进其向肺泡表面聚集，并具有抗菌特性。

清醒的动物通过每小时数次的叹息扩大肺泡表面积来活化肺泡表面活性剂。马在麻醉状态或胸腹部疼痛时不会叹息。结果，可能导致气道关闭，肺泡塌陷。此时通过规律的深呼吸替代叹息有助于防止出现肺泡塌陷。

5. 肺和胸壁的相互作用

肺和胸腔的相互作用是因为胸膜的脏层和壁层由一层薄薄的胸膜黏液紧密地联系在一起。肺、胸腔和整个呼吸系统的压力-容积曲线如图2-3所示。在TLC略低于50%时，呼吸系统处于平衡状态，肺的内在弹性回缩力与胸壁的外在回缩力相平衡。在大部分哺乳动物中，这个平衡位置是FRC；但对于总是主动呼气的马，FRC略低于平衡值。肺在FRC以下几乎没有弹性回缩力，但是胸腔可以抵抗变形，因此剩余的容积（肺在最大呼气末时的空气量）取决于肋骨可压缩的极限。高于FRC时，肺和胸壁的弹性回缩力均增加。在TLC时肺达到弹性极限，但是胸壁仍然保持顺应性。

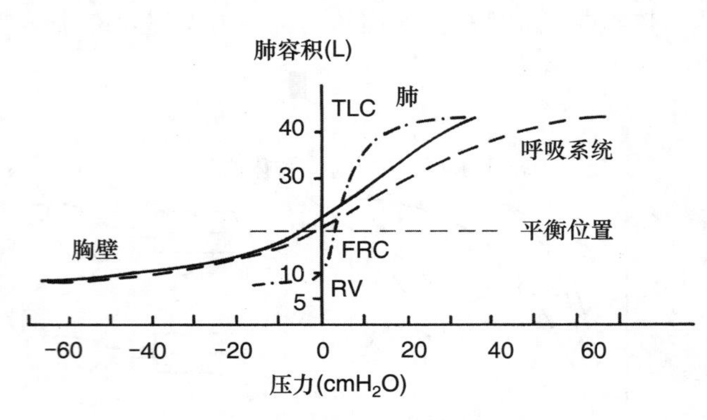

图2-3 肺和胸壁的相互作用

呼气压力-容积曲线显示了肺、胸壁和呼吸系统。在平衡位置，肺和胸壁的弹性回缩力大小相等、方向相反，故整个呼吸系统的弹性回缩力为零。对于马，功能余气量（FRC）刚好低于平衡位置。在余气量（RV）时，肺几乎没有弹性回缩力，但是胸壁能很好地对抗进一步的挤压。在全肺总量（TLC），肺压力-容积曲线几乎是水平的，表明肺达到了它的弹性限度，但是胸壁仍然是顺应的。

肺压力-容积曲线的斜率称为肺顺应性（C）。因为压力-容积曲线是非线性的，所以顺应性显然随着肺膨胀状态的变化而变化，通常在VT范围内测量顺应性。肺和胸壁结合的顺应性决定了提供充足通气所需的压力。健康的马，肺顺应性平均为1～2L/cmH_2O。如果肺顺应性低于此值（例如，由于肺水肿或肺纤维化），则需要更多的压力维持通气。动态肺顺应性（Cdyn）在潮式呼吸期间测量。肺纤维化和周围气道弥漫性梗阻也会降低Cdyn。例如，对有肺气肿的马，Cdyn低至0.25L/cmH_2O常见。

6. 呼吸的摩擦阻力

在通气期间，空气分子和气道壁之间的摩擦阻力阻碍了通过上呼吸道和气管支气管树的空气流动。鼻腔、咽、喉提供了超过50%的阻力（图2-4）。在麻醉的马，气管插管的阻力会替代上气道阻力（参阅第14章）。因此，使用与马气道尺寸相匹配的最大直径的气管插管非常必要。

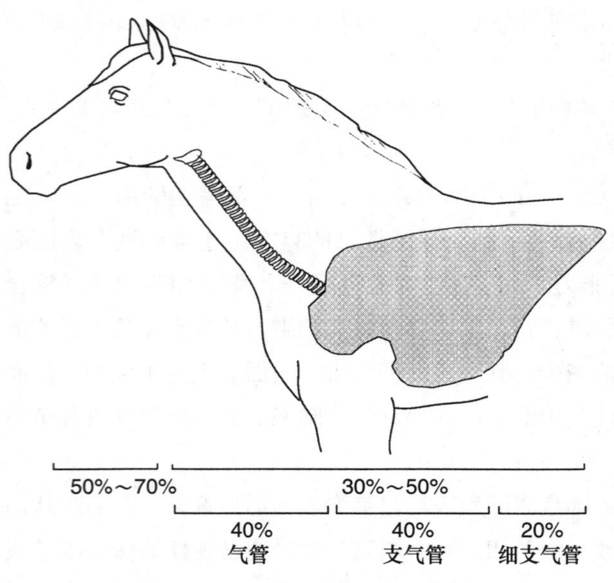

图2-4 马匹气流阻力的大致比例

马的气管支气管树有40多个分支，

内衬有分泌型纤维绒毛上皮细胞。大气道、气管和支气管由软骨支持。支气管在肺内的分支与肺动脉和较大的静脉相联合，这三种结构包含在支气管血管束中。气管支气管树较小的分支是细支气管，缺乏软骨和结缔组织鞘。肺泡包绕肺内气道，肺泡附着在支气管血管束的外层和细支气管的壁上。肺泡隔始终处于张力状态，这会在气道周围提供径向牵引力，并保持通畅。肺泡缩小隔与支气管/细支气管之间的这种相互依存关系意味着支气管/细支气管在呼气时会随着肺膨胀和缩小而扩张（图2-5）。麻醉后侧卧的马依赖性肺区的肺容量减少会导致气道过度狭窄，甚至导致一些细支气管关闭。

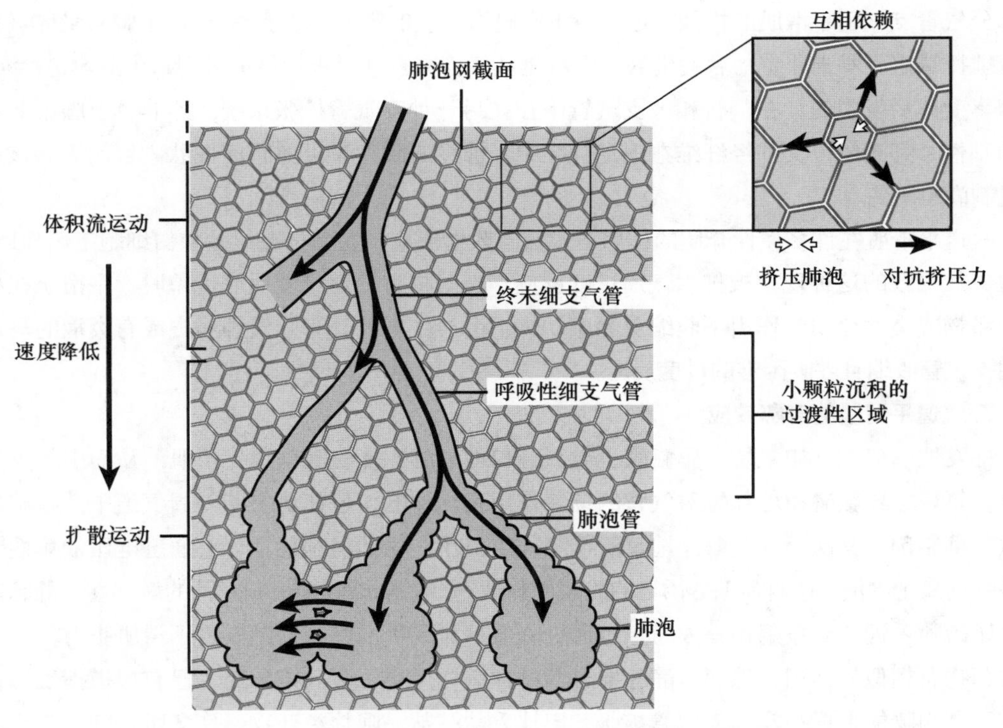

图2-5　气体从呼吸性细支气管到肺泡的正常流动

通往肺泡的小气道阻塞，通过Kohn微孔而使得气体在邻近肺泡间流通而获得代偿，由此阻止下游肺泡因阻塞而塌陷。肺泡通过共用的肺泡壁彼此连接，肺泡通过胶原蛋白和弹性蛋白与气道相连。这些连接使得力量分散在肺泡间，并在结构上相互依赖，这样单个肺泡就不容易塌陷。

气管支气管树的分枝形状和不同分支直径对气道功能有重要影响。例如，气管支气管树的横截面积在气管和支气管的前四个分支仅增加了一点，但是在肺脏边缘部分急剧增加。因此气流速度从气管到细支气管逐渐减小。在正常动物中，气体在气管和支气管的高速湍流产生了可用听诊器听到的肺音。在细支气管层低速流动的气体不产生声音。气道分枝形状不同的结果是直径大于2～5mm的气道比细支气管对气管支气管的阻力更大（图2-4）。

在正常马中，气道阻力通常小于1.2cmH_2O/（L·s），但对于患有肺气肿的马，阻力可增加到4cmH_2O/（L·s）。阻力由气道的半径和长度决定。气道长度在正常呼吸或患病期间变化很小，但是半径可以被主动或被动的力量改变。如前所述，肺膨胀时气道也随之扩张，因为气道与肺泡间隔相连，而肺泡隔的张力随肺容量的增加而增加。从气管到肺泡管的气道壁上有平滑肌。通过神经调节、循环儿茶酚胺和炎性介质的释放，平滑肌主动调节气道直径。

刺激迷走神经副交感神经会使所有气道变窄，尤其是支气管（表2-1）。尘土等刺激性物质激活黏膜下气管支气管刺激性受体，引起反射性支气管收缩，其传入经由副交感神经系统。

气管平滑肌接受交感神经调节，但马肺内气道平滑肌很少有或没有交感神经支配。因此，大部分气管支气管平滑肌的松弛是通过肾上腺髓质释放的肾上腺素激活α_2-肾上腺素受体（赛拉嗪、地托咪定、罗米非定）后发生的，而不是从气管交感神经末梢释放去甲肾上腺素激活α_2-肾上腺素受体后发生的。在气管和大支气管中存在另一种支气管扩张系统，即非肾上腺素非胆碱能抑制性神经系统，其神经纤维在迷走神经中，神经递质为NO/血管活性肽，目前激活该系统的机制尚不明确。

气道平滑肌在许多炎性介质的作用下也会有收缩反应，尤其是在组胺和白细胞三烯作用下。气道炎症导致的这种现象被称为气道过度反应。当动物有气道过度反应现象时，平滑肌在小剂量刺激物或炎性介质的作用下收缩对健康动物不会产生影响。有肺气肿病史或有炎症的马可能出现支气管收缩且呼吸困难的过度反应。

7. 气道平滑肌的麻醉效应

挥发性麻醉剂（如氟烷、异氟醚、七氟醚和地氟醚）能松弛气道平滑肌，从而引起支气管扩张。氟烷、异氟醚和地氟醚对气管的抑制作用是相似的；但在更多的外周气道中，氟烷是最有效的抑制剂，其次是异氟醚，地氟醚抑制作用最小。松弛机制包括：①通过电压依赖性钙通道抑制钙离子内流，②抑制IP3诱导的肌浆网释放钙，③降低收缩机制对钙的敏感性。静脉麻醉剂（如硫喷妥钠、氯胺酮和异丙酚）也通过降低钙流入平滑肌来抑制气道平滑肌张力。苯二氮䓬类药物有相似的作用。然而，静脉麻醉药的抑制作用小于吸入麻醉药。已有报道指出，赛拉嗪和乙酰丙嗪能造成小马的支气管扩张。巴比妥盐酸盐、阿片类药物、许多肌松剂、药物载体和心血管药物有可能使气道肥大细胞释放组胺，因此可能导致支气管痉挛。

8. 动态气道压缩

当气道周围的压力超过气道管腔内压力时就会发生动态气道压缩。由于外部气道内压力低于大气压，因此在吸气过程中外鼻孔、咽部和喉部会发生动态压缩。鼻孔、咽和喉外展肌在吸气期间的收缩对于阻止这部分区域发生塌陷是必要的。麻醉会降低外展肌的张力，并抑制其吸气期间的收缩。这可能导致未插管重度镇静或麻醉的马上呼吸道塌陷。

当胸膜腔内压超过气道内压时，在强制呼气过程中会发生胸腔内气道动态塌陷。患有阻塞性肺病的马在强制呼气时，会发生胸腔气道的动态塌陷。咳嗽是一种强迫性呼气，咳嗽时，较大的气道发生动态塌陷，气道变窄。咳嗽时通过气道狭窄部分的高速气流有助于清除异物。

表2-1　呼吸系统的自主调节

效应影响	解剖学路径	神经递质	受体	细胞内偶联	功能	说明
支气管扩张	交感神经	去甲肾上腺素	$β_2$- 肾上腺素受体	$Gα_e$：腺苷环化酶 -cAMP ↑	松弛气道平滑肌	交感神经支配气管和大支气管的气道平滑肌。去甲肾上腺素只是 $β_2$- 肾上腺素受体的弱兴奋剂
	交感神经	去甲肾上腺素	$α_2$- 肾上腺素受体		抑制支配气道平滑肌的节后神经元释放乙酰胆碱	
	交感神经：肾上腺髓质	肾上腺素	$β_2$- 肾上腺素受体	$Gα_e$：腺苷环化酶 -cAMP ↑	松弛气道平滑肌	肾上腺素是一种有效的 $β_2$- 肾上腺素受体兴奋剂
	副交感神经	乙酰胆碱	M_2 毒蕈碱	$Gα_i$：节后副交感神经腺苷酸环化酶 -cAMP ↓	抑制支配气道平滑肌的节后神经元释放乙酰胆碱	在许多气道炎症状况下，接头前 M_2 毒蕈碱受体功能失调
	iNANC	无		气道平滑肌内鸟苷酸环化酶	松弛气道平滑肌	iNANC 神经是马大部分气管支气管树的主要神经扩张机制
支气管狭窄	副交感神经	乙酰胆碱	M_3 毒蕈碱	$Gα_q$：PLC-IP_3 &DAG-Ca^{2+} ↑	收缩气道平滑肌	引起平滑肌收缩的主要自主神经系统
	eNANC	兴奋性神经肽，如物质 P	NK_1	$Gα_q$：PLC-IP_3 &DAG-Ca^{2+} ↑		增加这一系统的活动可能有助于平滑肌在某些炎症性气道疾病中的收缩
黏液分泌和黏液纤毛清除	交感神经	去甲肾上腺素	$β_2$- 肾上腺素受体	$Gα_e$：腺苷环化酶 -cAMP ↑	增加黏液分泌和黏液纤毛清除	
	交感神经：肾上腺髓质	肾上腺素	$β_2$- 肾上腺素受体	$Gα_e$：腺苷环化酶 -cAMP ↑	增加黏液分泌和黏液纤毛清除	

（续）

效应影响	解剖学路径	神经递质	受体	细胞内偶联	功能	说明
黏液分泌和黏液纤毛清除	副交感神经	乙酰胆碱	M_3 毒蕈碱	$G\alpha_q$：PLC-IP_3 &DAG-Ca^{2+} ↑	增加黏液分泌和黏液纤毛清除	
	iNANC	无		激活鸟苷酸环化酶 -cGMP ↑	松弛气道平滑肌	iNANC 神经是马大部分气管支气管树的主要神经扩张机制
	eNANC	兴奋性神经肽，如物质 P	NK_1	$G\alpha_q$：PLC-IP_3 &DAG-Ca^{2+} ↑	增加黏液分泌	
肺循环	交感神经	去甲肾上腺素	α_1- 肾上腺素受体	$G\alpha_q$：PLC-IP_3 &DAG-Ca^{2+} ↑	收缩肺血管平滑肌	降低肺循环的顺应性，但是不增加血管阻力
	副交感神经	乙酰胆碱	M_3 毒蕈碱	不清楚	松弛肺血管平滑肌	可能内皮依赖一氧化氮的释放

注：cAMP，环腺苷酸；cGMP，环鸟甘酸；DAG，二酰基甘油；$G\alpha_e$，G 蛋白 α_e；$G\alpha_i$，G 蛋白 α_i；$G\alpha_q$，G 蛋白 α_q；IP_3，肌糖 -1,4,5 三磷酸盐；M_2，乙酰胆碱 M_2 受体；NANC，非肾上腺素非胆碱（i，可诱导的；e，内皮的）；PLC，磷脂酶 C。

9. 通气分布

站立的马胸腔最上部的胸膜内压力比胸腔下部更低（图2-6）。所以肺更容易扩张，导致背侧比腹侧顺应性差。空气优先进入顺应性更高的依赖性区域，从而在站立马中形成垂直的通气梯度分布（图2-6）。然而，肺部不同区域的相对扩张只是影响通气分布的因素之一。马肺内空气分布还取决于肺局部顺应性和气道阻力（图2-7）。A区代表了有正常顺应性且气道正常的健康肺；B区代表了顺应性降低但气道正常的肺（如间质性肺炎）；C区代表了有正常顺应性但气道狭窄的肺。当给每个区域降低相同的胸腔压力时，A区和C区充盈量相同，因为它们有相同的顺应性；但是由于C区阻塞了气道，C区比A区充盈更慢。与A区一样，B区充盈迅速，但由于其顺应性降低，因此其充盈量小于A区和C区。呼吸速率增加会导致通气分布异常加剧。因为C区充盈时间长，所以当呼吸速率增加时，它没有足够时间充盈。

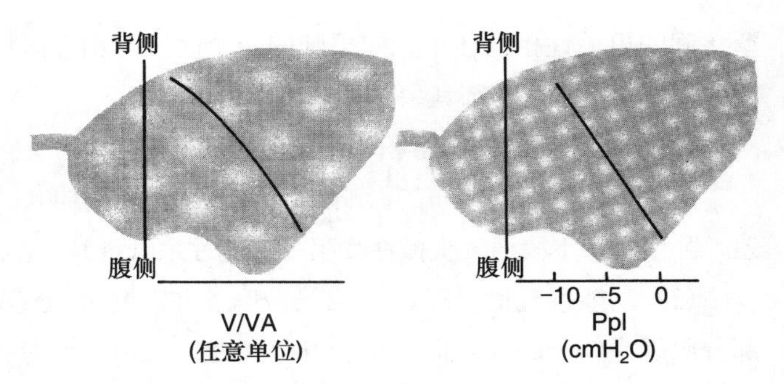

图2-6　马胸腔压力的垂直梯度函数关系（右）和通气分布（左）

胸膜压力从肺背侧增加到肺腹侧，单位肺容积（V/VA）通气量也在肺下部增加。Ppl（cmH_2O），胸膜腔内压力。

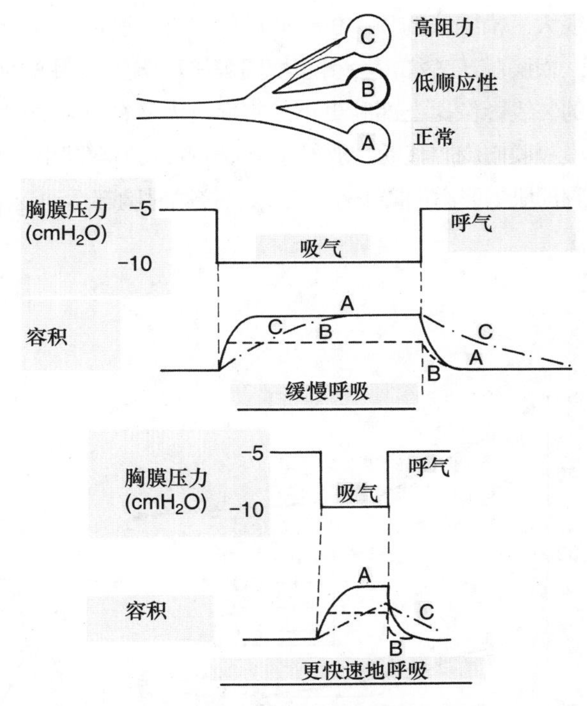

图 2-7　肺对通气分布的机械性影响

动物卧位时，尤其是仰卧位和侧卧位，由于肺容积的减少和胸腔压力梯度的变化，通气分布非常不均匀，肺容积的下降可能非常大，胸腔压力可能变得非常高，以致于依赖区域的外周气道关闭。发生气道闭合的肺容积称为闭合容积（图2-8）。

10. 侧支通气与相互依赖

侧支通气与相互依赖倾向于恢复通气分布的同质性（图2-5）。空气在邻近的肺部区域之间的侧支运动，很可能是通过吻合呼吸性细支气管来进行的，在马身上仅有少量发生。这是因为相邻的肺小叶被几乎完整的小叶间结缔组织隔膜隔开。相互依赖是指肺相邻区域间以及肺与胸壁之间的机械性相互作用。如果肺的一个区域与相邻区域通气不同步，则相邻肺组织的牵拉往往会使非同步肺区与肺其余部分的通气趋于同步。

11. 体位和麻醉对肺容积和通气分布的影响

由于体位对血流分布的影响，特别是对通气的影响，麻醉的马会出现大的肺泡-动脉氧分压差。卧位时肺下段通气机械性受阻，功能性余气量减少。这些变化的原因已有研究证实。

（1）功能余气量（FRC） 当马被麻醉并卧倒时，其功能余气量降低（图2-8）。FRC的降低部分原因是处于卧姿，但其也受麻醉药物的影响，因为麻醉剂如异氟醚比静脉麻醉药物更能降低FRC。横膈膜不同部位的透壁压力是麻醉下FRC降低的原因之一。因为腹部内容物是液体，所以腹部内压力从背侧到腹侧是增加的。相反，从背侧到腹侧的肺泡没有压力梯度，因为它们是充满空气的。因此，横膈膜压差从横膈膜背侧到腹侧是增加的。马膈肌位置在不同的姿势下也不同（图2-9）。站立马的横膈膜压差从脊柱到胸骨逐渐增加，因此横膈膜向前和向下倾斜程度很大，横膈膜的顶端位于心脏的底部。肺的很大一部分在横膈膜的背侧。当马采取侧卧姿势时，横膈膜压差梯度会引起横膈膜挤压胸腔内相邻的肺区。因此，对侧卧的马，横膈膜相邻肺区的X线影像比上部肺更小，密度更大。在背卧位时，横膈膜覆盖了肺的大部分，压力梯度导致横膈膜向胸腔移动。放射学上双肺的大小均缩小，密度增大。FRC的降低可能还有其他原因，如胸部肌肉张力的降低和与手术台接触时胸部运动受限。

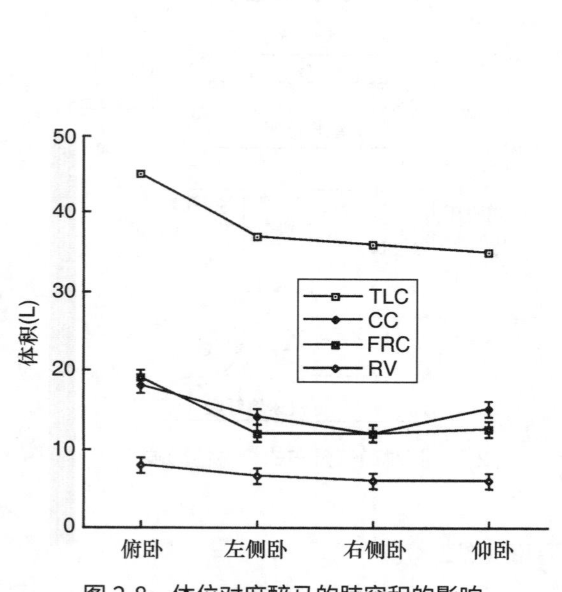

图2-8 体位对麻醉马的肺容积的影响

TLC，总肺活量；RV，余气量；CC，闭合气量。所有肺容积都因平卧而减少，但CC仅在仰卧时超过FRC。

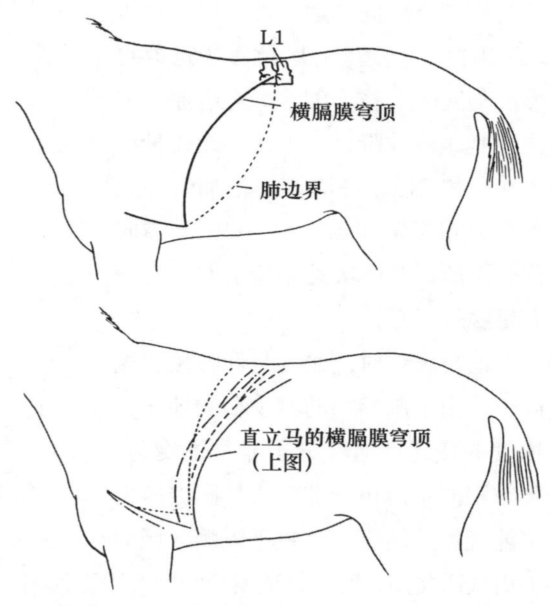

图2-9 复合线图，图示（上）站立的马的膈肌大体轮廓和（下）膈肌轮廓在麻醉和体位改变时的变化

下图：神智清醒站立（-），麻醉后俯卧（--），麻醉背侧卧（.....），麻醉后左侧卧（-·-·-）。

(2) **正压通气的影响** 自然通气的马尝试通过使用呼吸末正压（PEEP）来改善气体交换，相对来说是不成功的。PEEP作用于整个肺脏来增加FRC，但可能不会超过肺下部封闭气道的开放压力（见第17章）。麻醉马的TLC和FRC均成比例降低，这表明高达45cmH_2O的充气压力不足以补偿部分肺（可能是依赖肺区域）的闭合气道压。放射学证据也表明后者是正确的。正压通气时，上肺体积增大，但下肺体积不增大。然而将PEEP选择性作用于背卧马的尾叶相关部位可以改善气体交换，可能是因为PEEP增加了区域FRC。当将PEEP与正压通气一起作用于整个肺脏时，FRC在PEEP分别为10、20、30cmH_2O时逐渐增多。但是需要大于20cmH_2O的PEEP来改善气体交换。为了降低高频正压通气时的分流率，需要大于30cmH_2O的气道压力、高达55cmH_2O的充气压力和20cmH_2O的PEEP共同作用可以改善麻醉马驹的气体交换。这些发现均表明在麻醉的马中重新开放肺的封闭气道需要高压。

(3) **通气分布** 麻醉卧位马FRC的减少可能导致依赖区气道关闭，这在某种程度上使得通气分布不均，导致通气灌注不均和低氧血症。单次呼吸氮气冲刷曲线的Ⅲ期斜率在侧卧和仰卧的马比在俯卧麻醉的马更陡。这说明当马不俯卧时，通风分布不均匀。体位对FRC与气道开始关闭的关系的影响尚不清楚。虽然单次呼吸氮气冲刷曲线的Ⅳ期始端（从气道关闭开始）发生在侧卧肺的容积高于俯卧位，但只有当仰卧位时关闭容积才超过FRC（图2-8）。扫描技术显示，侧卧马各肺的通气-血流灌注比从上到下逐渐降低，提示依赖区通气减少。

二、血流量

肺部从两个循环获得血流。肺循环接收来自右心室的全部血液输出，灌注到肺泡毛细血管，并参与气体交换。支气管循环是体循环的一个分支，该循环中的血流为气道和肺中的其他结构提供营养物。

1. 肺循环

伴随支气管的主要肺动脉具有弹性，但与细支气管和肺泡导管相邻的较小的动脉是肌肉性的。肺动脉末端分支——肺部小动脉，由内皮和弹性层组成，通向肺毛细血管，形成肺泡间隔内广泛的血管分支网络。在安静动物身上，不是所有毛细血管都被灌注，以便当肺血流量增加时（例如，在运动期间）可以汇集到血管。肺静脉壁薄，可将血液从毛细血管输送到左心房，并为左心室储备血液。

2. 血压和血管阻力

虽然肺循环得到右心室的全部血液输出，但在零海拔地区，马的肺动脉收缩压、舒张压和平均压分别只有42、18、26mmHg。该观察结果表明，肺循环相比体循环有较低的血管阻力（参阅第3章）。肺楔压（平均8mmHg）仅略大于左心房压，表明肺静脉对血流阻力很小。肺血管阻力（PVR）的计算公式:

$$PVR=（PPA-PLA）/Q$$

式中：PPA是平均肺动脉血压，PLA是左心房血压，Q是心输出量。

肺循环中大约一半的血管阻力是前毛细血管阻力，毛细血管本身也提供相当一部分血流阻力。与体循环不同，小动脉不会提供巨大的阻力，因此肺毛细血管血流是搏动性血流。

3. 血管阻力的被动变化

血管阻力的被动变化是由肺和血管体积以及肺、血管内和间质压力的变化引起的。肺膨胀期间，肺血管阻力的变化反映了对毛细血管和大血管的作用相反。在残气量时，由于动脉和静脉狭窄，肺血管阻力较高。随着肺充盈至FRC，阻力逐渐降低，主要原因是动脉和静脉扩张。高于FRC以上的进一步充盈会增加血管阻力，主要是因为肺泡毛细血管的截面由圆形变为椭圆形。

安静马肺血管阻力低，运动时肺血流量或动脉压升高时，肺血管阻力甚至会进一步降低。增加肺动脉或左心房压力或增加血管容量，可通过扩张已经灌注的血管和利用先前未灌注的血管来降低肺血管阻力。

4. 血管舒缩调节

虽然肺动脉同时受交感神经、副交感神经支配，但这种自主神经的功能尚不明确。肺血管同时还受到神经和炎症细胞释放的多种血管扩张剂和血管收缩剂等化学介质的影响。一些介质如儿茶酚胺、缓激肽和前列腺素通过血管内皮细胞代谢，因此内皮损伤可能会改变这种作用。前列腺素对肺循环有促血管扩张作用。一氧化氮是一种肺血管扩张剂，在运动过程中会从肺内皮释放，或在某些内皮依赖性血管扩张剂（如乙酰胆碱）的影响下从肺内皮释放。服用一氧化氮或其前体——硝酸甘油可降低安静马和马驹的肺血管阻力，从而可暂时缓解肺动脉高压。

肺泡缺氧能引起肺动脉收缩，这种现象被称为缺氧性肺血管收缩（HPV），这种反应将肺血流重新分配到肺通气良好的区域。缺氧下的血管收缩反应在牛和猪中最强烈，在马中较弱，在绵羊和犬中微乎其微。这种反应在新生儿和老年动物中更加明显。在缺氧条件下，重新分配肺血流量到肺背尾区的缺氧性血管，收缩的程度也有区域性差异。缺氧引起肺动脉收缩涉及氧化和氧化还原信号传导，导致肺动脉平滑肌细胞内钙离子浓度的升高。持续缺氧时，内皮细胞信号似乎也很重要。

局部肺泡缺氧导致局部血流量减少的机制已被证实。在肺的塌陷区域不通气时，肺不张引起局部缺氧，肺塌陷和血管收缩伴随血管闭塞导致局部血流大大减少。从肺缺氧区流出的血流再分布量与缺氧区体积、肺血管压力和缺氧程度有关。麻醉药有助于抑制缺氧性肺血管收缩和血流重新分布。

5. 肺血流量的分配

直到现在，重力仍被认为是决定肺血流量分配的重要因素，并且利用肺动脉和静脉压力以及肺泡压力的经典模型来解释肺中的血流分布。曾有一位麻醉师质疑重力，他提出，在任何姿势下，马肺尾叶的尾部都会获得最大的血流量（图2-10A和B，图2-11A和B）。别的团队提出，在直立的四足动物中，肺的背尾区收到的血流量最高，这种分布在运动时更加明显，在马身上

也一样。血流的区域分布是分形的，分形维数取决于肺循环的分支模式和各种血管通路的相对阻力。然而，在血流分布中起重要作用的血管直径调控机制也存在区域差异。但重力并非不重要。在侧卧的被麻醉的马，肺动脉压低意味着肺的最高部分比肺其他相关部分血液灌注差。还需要注意的是许多麻醉剂松弛肺部血管平滑肌，这本身可能会导致阻力的改变从而改变血流分布。

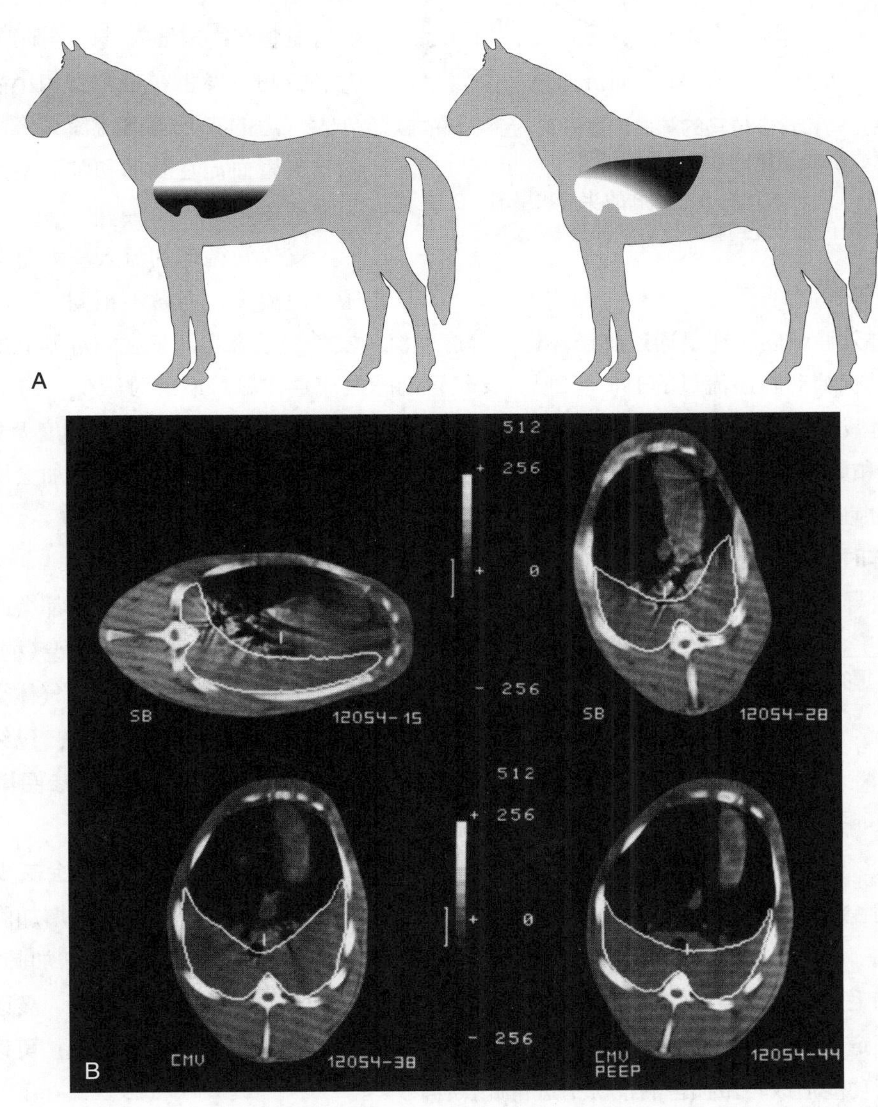

图 2-10 A. 由于重力作用，马在静息状态下肺部的血流分布如左图所示；右图是在清醒状态（或动态）下肺部的血流分布 B. 麻醉状态下一匹小马左侧卧（左上）、背侧卧（右上）、机械通气（左下）和 10cmH_2O 的呼吸末正压通气（右下）的横向计算机断层扫描图片

请注意重力依赖肺区的外观是被白线包围的大面积密集区域，还要注意胸部中间的白色区域为心脏。

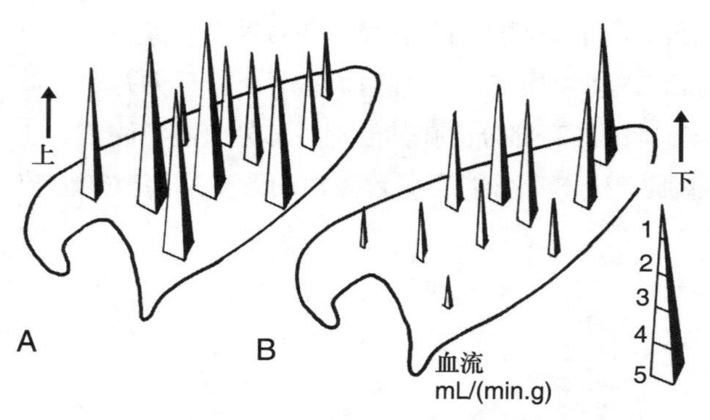

图 2-11　站立马和背卧位马的肺血流量分布。金字塔的高度表示血流量的大小

A. 在站立的马，血流被优先分配到肺的头部和尾部　B. 在背卧的马，血流被优先分配到肺的尾背侧部分

6. 支气管循环

支气管循环向气管、大血管和肺胸膜提供动脉血，它获得左心室大约2%的输出量。支气管动脉沿着气管支气管树到达终末细支气管，沿气道在支气管周围结缔组织和上皮下形成血管丛。支气管血管在终末细支气管与肺循环吻合。大多数吻合发生在毛细管和小静脉。肺外大气道的支气管血流流入奇静脉；肺内支气管血流在肺前和肺后毛细血管进入肺循环。

支气管循环的流入压力是全身动脉压，但流出压力各不相同，取决于是通过奇静脉进入静脉回流还是通过肺循环进入静脉回流。支气管动脉血流量在安静站立的马中较少，平均只有肺动脉血流量的1% ～ 2%。支气管动脉血流量在氟烷麻醉时减少（约3倍），较肺动脉血流减少程度更大，因此在背卧位时，支气管动脉血流与肺泡-动脉血流梯度无关。全身（体循环）和肺部血管床压力的改变都会影响支气管血流的大小。体循环压力增加会增大血流量，但增加肺血管压力（下游压力）会减小血流量，甚至可能使血液倒流。

7. 麻醉时肺血流量及其分布

麻醉会导致体位、肺容量、心输出量以及血管压力和阻力的变化，所有这些都会改变血流分布，从而导致通气与血流灌注不匹配（框表2-1）。心输出量的变化不仅改变了肺内血流和气体交换的分布，还会改变向组织的氧气输送。因此，已经有许多关于麻醉剂对心脏功能影响的研究（参阅第3、10、12和15章）。

框表2-1　影响肺血流分布的因素
• 心输出量 • 姿势 • 肺容量 • 血管压力和阻力 • 正压通风 • 呼气末正压（PEEP） • 低氧性肺血管收缩（HPV）

正压通气和呼气末正压（PEEP）会减少心输出量（参阅第17章）。这些生理过程通过增加胸内压来减少静脉回流到右心房。正压通气会增加肺泡压力，从而压缩肺毛细血管，增加肺血管阻力（参阅第17章，图2-12）。有时，在麻醉下，要改善氧气交换，高气道压力结合呼气末正压（PEEP）是必要的。最近的一篇研究论文指出，可以在对马驹的心血管功能造成轻微损害的情况下进行此操作。

在测定麻醉马肺血流分布之前，假设它们的氧交换不良是由于血流优先分配给通气不良的依赖肺区所致。然而，使用放射微球测量法实际测量的血流分布表明，情况并非如此。在背卧（仰卧）的马，血流优先分布到最依赖的肺区——与脊柱和膈肌相邻的膈叶（图2-10B和图2-11）。如果重力是主导力的话，这种分布是可以预期的。然而，当马处于侧卧状态时，甚至在有意识站立的马，同样的血流分布仍然存在。因此，无论动物的姿势如何，血流都是优先流向肺尾部的大部分区域。

可能影响血流量分布的因素之一是HPV，它通常会将血流重新分配到氧合程度较好的肺泡（框表2-1）。氟烷、恩氟醚和异氟醚按浓度依赖性的方式降低HPV，结果与未麻醉的动物相比，用这些药物的动物使血液从肺的低氧区域分流出去的能力要低。新型麻醉药物七氟醚和地氟醚也具有这种倾向，但这种效果并没有临床意义。一氧化氮、巴比妥酸盐和丙泊酚对缺氧性收缩的抑制作用小于卤化物。由于后者原因，当在手术中需要使肺塌陷时，丙泊酚比卤化物维持PaO_2作用要好。

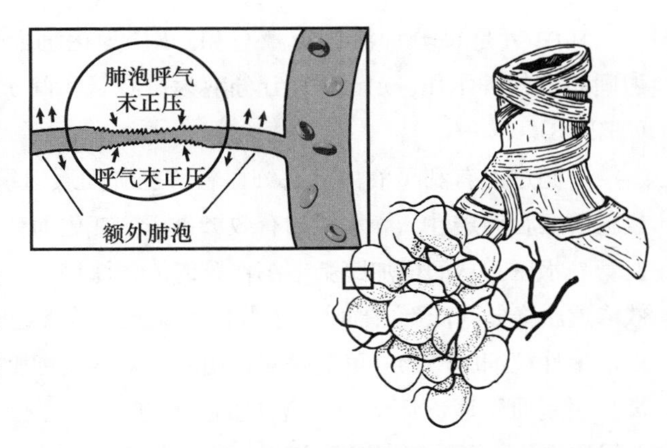

图 2-12　显示呼气末正压（PEEP）对马匹通气和毛细血管血流的影响

肺内液体交换

肺持续产生淋巴液，这是由于净流体从肺微血管系统向肺间质组织转移的结果。正常情况下，淋巴系统将液体从小动脉、毛细血管和静脉中移除的速率和肺泡中产生液体的速率相同，从而保持干燥状态。甚至对运动马匹，每分钟有5L或5L以上的液体通过肺循环转移到肺中也是如此。当淋巴管容量超载时，液体在肺间质组织内聚集，最终泄漏到肺泡内，导致肺水肿。

液体滤过通常发生在肺泡间隔“厚”的一侧的毛细血管和间质组织之间，其中在内皮和上皮基底膜之间插入了一层间质。在隔膜的“薄”侧，毛细血管内皮与肺泡上皮共享基底膜，无间质组织（图2-13）。由于肺泡上皮渗透性小于毛细血管内皮，所以除非上皮受损或间质组织中有大量液体积聚，否则液体不会渗入肺泡。

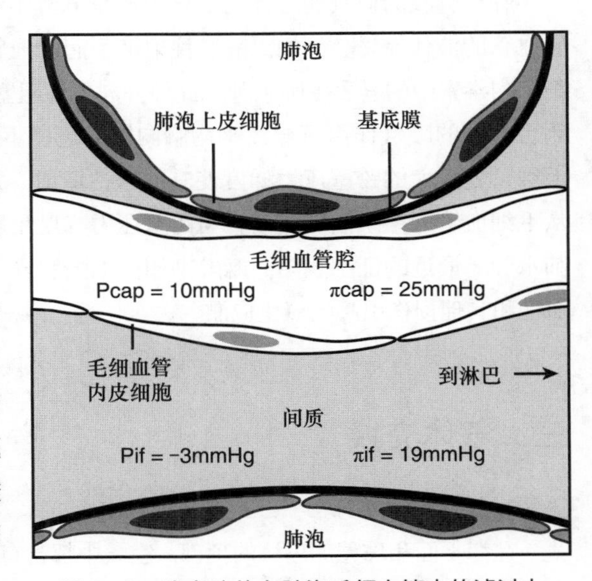

图 2-13　确定液体在肺泡毛细血管中的滤过力

Pcap，毛细管静水压；Pif，间质流体静压；πcap，毛细血管内压力；πif，间质流体。注意毛细血管一侧上皮和内皮细胞之间的共同基底膜，毛细血管另一侧较宽的间质间隙。还要注意肺泡上皮细胞和毛细血管内皮细胞之间的紧密连接。

斯塔林方程给出控制流体在内皮中运动的力的算法：

$$Qf=\mathrm{Kfc}[(P\mathrm{mv}-P\mathrm{if})-\alpha(\pi\mathrm{mv}-\pi\mathrm{if})]$$

其中Qf是每分钟流体流量总和，Kfc为毛细血管过滤系数，Pmv为微脉管静水压，Pif为间质流体静水压，πmv和πif分别为微脉管和间质胶体渗透（有效）压，α为胶体反射系数（图2-13）。

净滤过力有利于液体从毛细血管移至肺间质组织内（图2-13）。间质毛细血管中间流体流量随着血管通透性、静水压和有效渗透压的变化而变化。左心衰竭或静脉输液过量会增加毛细血管静水压，从而增加跨肺毛细血管的流体滤过，并可能导致肺水肿。肺水肿可能是由血浆有效渗透压降低（低蛋白血症）引起的，血浆有效渗透压降低可能由饥饿或静脉输液过量而引起。由于中性粒细胞产物（可能是氧自由基）对内皮细胞的影响，严重缺氧和许多肺部炎症（如肺炎）引起血管通透性增加。富含蛋白质的液体泄漏到间质组织中，使间质液有效渗透压升高，并导致水从脉管系统中渗透出来。

从毛细血管滤出的液体通过间质向淋巴管所在的血管周围和支气管周围组织移动。淋巴血管舒缩，瓣膜和肺的泵吸作用有助于液体沿淋巴管输送。淋巴管可以容纳大量增加的液体，顺应性的支气管周围和血管周围空间也能容纳液体。除非从毛细管中过滤出来的液体量大量增加，否则液体不会在肺内积聚。超过支气管周围容量后发生肺泡充血，液体可能通过肺泡上皮细胞或细支气管上皮细胞进入肺泡或细支气管。临床肺水肿的泡沫是气道内空气、水肿液和表面活性剂混合的结果。

肺和胸膜的血管通透性的变化可能是麻醉中的一个复杂的因素。脓毒症和内毒素都能增加肺血管的液体流量。例如，静脉注射液引起肺血管压力的增加，可能会引起暴露在革兰氏阴性细菌内毒素中的马发生肺水肿。此外，与气道阻塞相关的肺水肿可导致负压性肺水肿（NPPE）。闭合声门的吸气作用可导致平均胸内压的急剧下降，而所有胸内血管跨壁压力梯度都会升高。毛细管处较大的跨壁压力梯度使其通透性增加，并改变了斯塔林力。这两种变化都促进了液体从毛细血管向组织间隙流动。当跨壁压力梯度足够大时，毛细血管发生应力破坏，导致出血性肺水肿。最近的证据表明，麻醉剂如丙泊酚和异氟醚可能对肺具有保护作用，使其免受内毒素血症和其他损伤引起的氧化应激。

三、气体交换

1. 肺泡气体成分

在海平面和珠穆朗玛峰的顶部，空气中都含有21%的氧气。尽管氧气百分比相似，但登山者在珠穆朗玛峰仍处于缺氧。因为氧气比例对于气体交换而言并不重要，更确切地说，分压（也称为张力）才是重要的影响因素，身体两部分之间的分压差导致气体交换（表2-2）。

干燥、混合气体的氧分压由大气压（PB）和混合气体中的氧气浓度分数（FiO_2）决定：

$$PO_2 = PB \times FiO_2$$

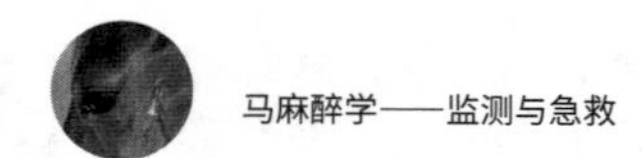

大气FiO_2为0.2，因此海平面干燥空气中的PiO_2值为160mmHg：

$$PiO_2 = 760 \times 0.21 = 160\text{mmHg}$$

在丹佛（5 280ft[*]）等高海拔城市，PB为633mmHg，因此PO_2也会变低（133mmHg）。

在吸入空气时，空气被加热至体温并被加湿。水蒸气分子的存在降低了其他气体的浓度，因此，PO_2会随着吸入空气进入人体略微降低。加湿气体的PO_2计算如下：

$$PO_2 = (PB - PH_2O) \times FiO_2$$

表2-2 海拔高度对氧分压的影响

高度（ft）	高度（m）	气压（mmHg）	PiO_2（FiO_2 = 0.21）（mmHg）	PAO_2（FiO_2 = 0.21）（mmHg）
海平面	—	760	159.6	109.6
500	153	733	156.7	106.7
1 000	305	746.3	153.9	103.9
2 000	610	706.6	148.4	98.4
3 000	915	681.2	143.1	93.1
4 000	1 220	656.3	137.8	87.8
5 000	1 526	632.5	132.8	82.8
10 000	3 050	522.7	109.8	59.8

注：FiO_2，吸入气中的氧浓度分数；PiO_2，吸入氧分压，PAO_2，肺泡氧分压。
计算PAO_2时，假定$PaCO_2$为40mmHg。当动物在高海拔地区时，它们会因缺氧而过度通气。因此$PaCO_2$随着海拔的升高而降低，会导致PAO_2升高。

其中，PH_2O是正常体温时的水蒸气分压（马匹体温在38℃时为50mmHg），FiO_2是吸入空气中氧气所占的比例。因此，呼吸道中温暖、湿润气体的PO_2是：

$$PO_2 = (760 - 50) \times 0.21 = 149\text{mmHg}$$

平均肺泡氧分压（PAO_2）可以利用肺泡气体方程式计算：

$$PAO_2 = (PB - PH_2O) \times FiO_2 - PACO_2/R$$

该等式表明，肺泡氧分压是由吸入的氧分压和氧气与二氧化碳交换决定的。呼吸交换率（R）$=\dot{V}CO_2/VO_2$（即CO_2产生量/O_2消耗量）。假设R = 0.8，FiO_2 = 0.21，$PACO_2$ = 40mmHg，PH_2O = 50mmHg，PB = 760mmHg，在海平面PAO_2平均为99mmHg。

临床应用时，肺泡气体方程中常用动脉二氧化碳分压（$PaCO_2$）来替代$PACO_2$，即：

$$PAO_2 = (PB - PH_2O) \times FiO_2 - PaCO_2/R$$

吸入空气中的二氧化碳量可以忽略不计。在肺泡内不断发生氧气和二氧化碳的交换，肺泡的二氧化碳分压（$PACO_2$）由CO_2产生量（$\dot{V}CO_2$）与肺泡通气量（VA）的关系决定：

[*] ft，英尺，为英制长度单位，1ft=30.48cm。

$$PACO_2 = K \times \dot{V}CO_2/VA$$

在临床应用中，这个等式也可以写成：$PaCO_2 = K \times \dot{V}CO_2/VA$

该等式表明，如果VCO_2增大，若要使$PACO_2$和$PaCO_2$保持恒定，则VA也必须增大。如果VA没有充分增大，则$PACO_2$和$PaCO_2$会增大。同理，如果VCO_2保持恒定，当VA减小，则$PACO_2$和$PaCO_2$会增大。肺泡气体方程表明，当$PACO_2$增加时，PAO_2会减少，反之亦然。

当在麻醉期间，使用二氧化碳监测仪监测通气时，可以利用$PACO_2$和VA之间的反比关系。二氧化碳检测仪持续测量呼出气体中二氧化碳的百分比或分压（参阅第8章），当它连接到麻醉马的气管插管时，呼气末PCO_2值可以为常规监测通气提供合理的$PACO_2$和$PaCO_2$估算值。但在紧急情况下，建议直接监测血气压力，因为通气-血流灌注不平衡可能影响呼气末-动脉二氧化碳分压差（$PETCO_2-PaCO_2gap$）。

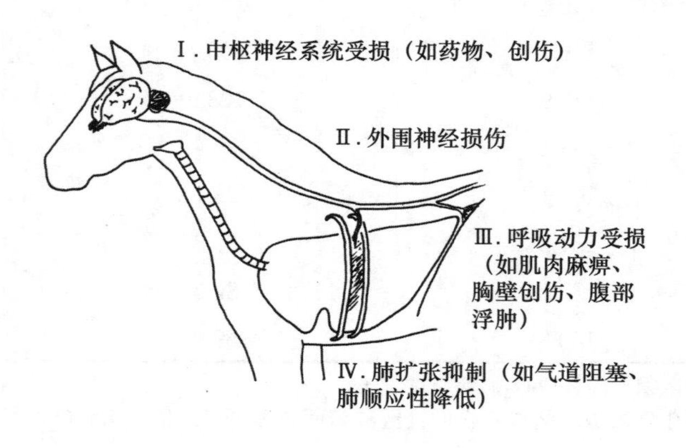

图 2-14　肺泡换气不足的原因

肺泡通气不足，与CO_2产生相关的肺泡通气量减少，使$PACO_2$（$PaCO_2$）升高，PAO_2降低。当镇定剂、镇静剂、麻醉药损伤或抑制中枢神经系统时，当有严重的气道阻塞或当胸部和呼吸肌受损时（图2-14），会出现肺泡通气不足现象。吸入麻醉药的使用通常与马的肺泡通气不足有关，因此，应始终提供正压通气。

当肺泡过度通气时，$PACO_2$（和$PaCO_2$）降低，因为通气量大于消除身体产生的CO_2所需的通气量，当通过诸如缺氧、氢离子增加或体温升高等刺激来增加通气驱动时，会发生过度换气。长期生活在高海拔地区的动物通常会过度通气，以增加氧气向肺部的输送。因此，在落基山脉诸州等地区，$PaCO_2$通常低于正常值40～45mmHg。麻醉时，过度使用呼吸机也会导致麻醉马的通气不足。

2. 扩散

吸气终末时气体的混合，以及肺泡和肺毛细血管之间、全身毛细血管和组织之间的氧气和二氧化碳的交换通过扩散进行。通过气体的物理性质、可用于扩散的表面积（A）、血气屏障的厚度（x）以及肺泡和毛细血管之间气体的驱动压力梯度（PAgas−Pcapgas）确定肺泡和血液之间的气体运动速度，计算如下：

$$VO_2=[D \times A \times (PAgas-Pcapgas)]/x$$

可用于扩散的肺泡表面积是被灌注的肺毛细血管占据的那部分表面积。当肺血管压力增加时（例如，在运动期间），由于之前未灌注的毛细血管被动员，可用于扩散的表面积增加。当肺动脉压降低时（例如，在低血容量休克期间），灌注的毛细血管的受损使可用于气体交换的表面积减少。

血气屏障在肺中的厚度小于1μm，由肺泡表面的液体和表面活性剂、上皮细胞层（通常来自Ⅰ型上皮细胞)、基底膜、可变厚度的间质层和内皮组成。为了使氧气能够与红细胞和血红蛋白接触，氧气还必须通过血浆扩散。

使气体扩散的驱动压力（$PAO_2-PcapO_2$）会随着吸气和呼气并沿着细支气管而变化。当新鲜空气输送到肺部时，PAO_2发生周期性波动。血液以低浓度PO_2进入肺部，随着血液沿着肺泡毛细血管流动，PO_2逐渐上升，肺泡氧分压（PAO_2）平均为100mmHg。而在安静动物中，进入肺部的混合静脉血的氧分压（PvO_2）约为40mmHg。60mmHg的驱动压力梯度导致氧气快速扩散到毛细管中并与血红蛋白结合。血红蛋白可以吸收氧气并有助于维持使氧气扩散的梯度。通常，平衡肺泡和毛细血管之间氧分压的时间在0.25s内，大约是血液在毛细血管中的1/3。

当马呼吸富氧混合气体时，PAO_2以及氧气运输的驱动压力会增加。例如，当马吸入的氧气浓度为100%时，PAO_2超过600mmHg，氧气扩散的驱动压力则大于500mmHg（$PaO_2 \approx FiO_2 \times 5$）。二氧化碳的溶解度是氧气的20倍，因此，二氧化碳的转移是在较小的驱动压力梯度（$PACO_2 = 40mmHg$，$PvCO_2 = 46mmHg$）下完成的，而且二氧化碳扩散失衡很少发生。

3. 通气与血流匹配

气体交换是通过肺泡中空气和血液的紧密接触实现的。通气与血流匹配（V/Q匹配）是气体交换的最重要的决定因素。通过使用多种惰性气体技术检测站立马的通气-血流灌注比（V/Q）已经证实，不论体型大小，马与其他哺乳动物一样，V/Q分布较窄（即通气与血流匹配良好）（表2-3和图2-15）。

表2-3　通气-血流灌注比（V/Q）和相关的血气异常

V/Q	条件	结果
1	V/Q 匹配	PaO_2正常
＞1	死腔间通气	PaO_2↓，$PaCO_2$↑
＜1	静脉混合血	PaO_2↓，$PaCO_2$↓或正常

麻醉和疾病导致通气和血流分布异常。这会导致V/Q不平衡，从而妨碍气体交换（图2-15，图2-16）。肺中理想的气体交换单元，其接受通气和血流的V/Q应为0.8。肺的其他区域通气量减少但能继续接受血流。这些区域被认为具有低的V/Q，从这些区域流出的血液的O_2含量低，CO_2含量高。低V/Q的临界态是右向左的分流，其V/Q为零。正常马的肺内分流分数小于1%，但是冠状和支气管静脉流出血液进入到肺部的氧合血液，可能导致总分流分数为5%。肺脏内会发生右向左分流的情况（例如，通过肺不张区域时或复杂的心脏缺陷时，如法洛四联症）。当血液通过右向左分流时，不参与气体交换，离开该肺区的血液与混合静脉血液组成相同。当这种血液与来自肺正常区域的含氧血液混合时，会引起低氧血症，其程度取决于分流血流的大小（框表2-2）。从右向左分流减慢了吸入麻醉药动脉分压的上升速度，但加快了可注射麻醉药进入全身循环的速度，从而分别减缓和加速了麻醉效果的产生。

在没有麻醉的动物中，右向左分流相对不常见，但肺部极低的V/Q区域非常常见。常见于

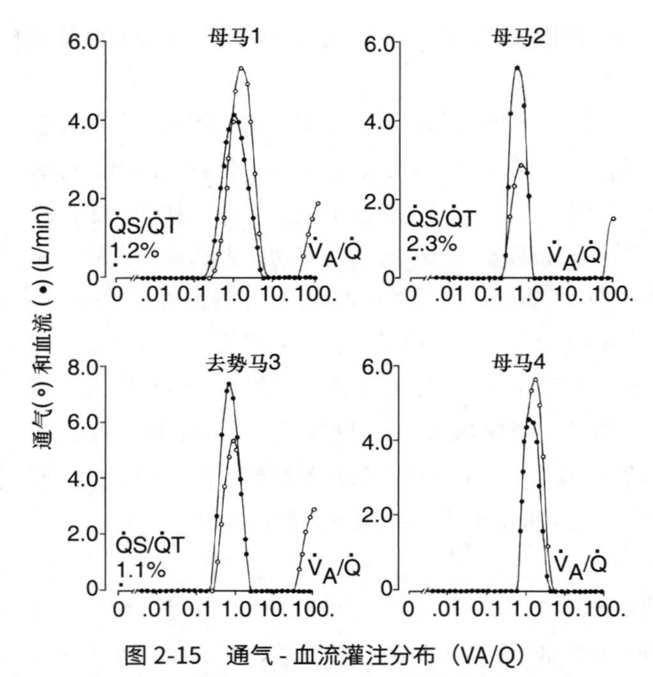

图 2-15　通气 - 血流灌注分布（VA/Q）

4 号马显示出良好的通气 - 血流灌注匹配，具有单峰分布和狭窄的基部。1、2、3 号马显示了在高 VA/Q 区域内具有附加模式的双峰 VA/Q 分布。此外，在 1、2、3 号马可以看到小分流（QS/QT）。

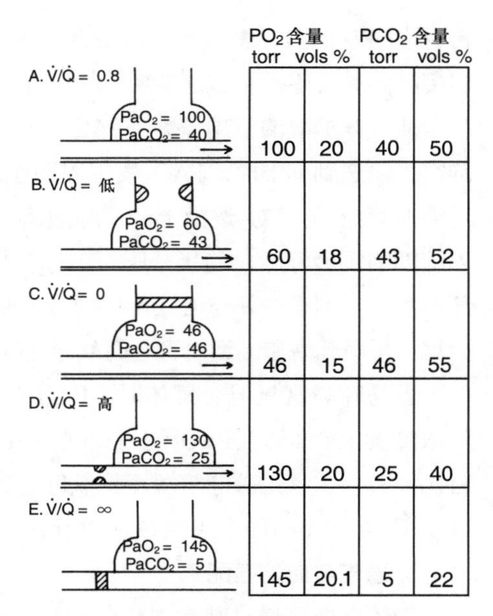

图 2-16　通气 - 血流灌注比（V/Q）对肺毛细血管血液成分的影响

A. 正常肺泡 V/Q 为 0.8，是混合的静脉和毛细血管血液　B. 气道不完全阻塞导致的低 V/Q，使得氧气含量降低和二氧化碳含量增加　C. 气道完全阻塞引起右向左分流（V/Q=0），离开肺泡的毛细血管血液与混合静脉血组成相同　D. 肺动脉不完全阻塞引起的高 V/Q，根据氧合血红蛋白解离曲线，肺动脉 CO_2 含量降低，但 O_2 含量没有增加　E. 血管完全阻塞引起肺泡死腔（V/Q = 无穷大），与肺泡相邻的毛细血管血液具有与肺泡气体相同的成分，由于无净血流过该肺泡，不参与整体气体交换。

由于黏液或支气管痉挛导致支气管或细支气管阻塞，或由于肺实质因纤维化而变硬，或当肺泡充满水肿或渗出，而导致局部通气减少时。在麻醉马，当部分依赖性肺区不能有效通气但仍然有血流经过时，可能出现低V/Q区域。当麻醉动物呼吸氧气而不是空气时，由于吸入性肺不张，其分流量会增加。

在肺的高V/Q区域，通气与血流有关。当流到局部区域的肺血流量减少时（例如，肺动脉低血压），就会发生这种情况。离开这些区域的血液具有较高的PO_2和较低的PCO_2，V/Q也相对理想。该血液的CO_2含量低，但根据氧合血红蛋白解离曲线，血氧含量仅略微增加。高V/Q的临界态存在于死腔中，其V/Q为无穷大。解剖死腔是通气道的体积，肺泡死腔指的是那些未灌注或灌注不良的肺泡。后者多发生于肺动脉压过低以致毛细血管未灌注时或血管被血栓阻塞时。通过计算死腔/潮气量比（VD/VT）（波尔方程）可以确定的通气量：

$$VD/VT = (PaCO_2 - PECO_2)/PaCO_2$$

其中$PECO_2$等于呼出的混合气体中CO_2分压。肺静脉血液含有成千上万个具有各种V/Q的独立的气体交换单位，其V/Q变化很大。该血液的PO_2和PCO_2不是简单的加权平均值，由于氧

气和二氧化碳能以化学结合和溶解的形式运输，必须要考虑总气体含量。根据高氧血红蛋白解离曲线，高V/Q区的血液中PO_2的升高不能代偿低V/Q区中降低的PO_2和氧含量。因此，V/Q不等性通常会导致低氧血症（低PaO_2）。在生理范围内CO_2解离曲线几乎呈线性，并且由于混合静脉和理想肺泡的PCO_2值仅相差约6mmHg，因此V/Q不等性通常不会导致$PaCO_2$升高。

整体V/Q不等性增加会降低PaO_2，并会使肺泡死腔、静脉混合血和肺泡-动脉氧分压差［P（A-a）O_2］增加，且通常P（A-a）O_2小于20mmHg。之所以出现这种差异，是因为即使在正常肺部也存在一定程度的V/Q不等现象，也是因为支气管和冠状动脉循环流出的静脉血液会与由肺泡排出的含氧血液混合。

4. 麻醉下通气—灌注匹配

马被麻醉时，肺泡-动脉氧分压差立即大幅增加，这反映在PaO_2的减少上，特别当马处于背卧位（仰卧）时（表2-4和图2-17）。随后，P（A-a）O_2随时间略有增加。马背卧位P（A-a）O_2大于侧卧位，而当马俯卧时P（A-a）O_2很小。当马从背卧位转向俯卧位时，气体交换立即改善，这表明肺不张并不是增大P（A-a）O_2的主要原因。然而，马处于仰卧超过2h，然后变成侧卧后，气体交换的改善最小。吸入麻醉是气体交换障碍的一个重要因素，因为单纯的卧位并不会导致低氧血症。

利用多重惰性气体技术测量麻醉马肺中V/Q的分布，表明麻醉后通过右向左分流的心输出量比例远远大于清醒马，并且仰卧位比侧卧位大。有趣的是，除了右向左分流，麻醉不会导致低V/Q区域的血流大幅增加（图2-15）。这些发现表明，麻醉过程中气体交换障碍是由于血液流向肺不通气区域，而不是流向间歇性气道闭合的区域。通过对依赖性肺区域的选择性机械通气，可以减少右向左分流。这往往证实，持续的气道闭合是分流的原因。

麻醉也与生理性死腔的增加有关，尤其是当马处于仰卧位时。与自然呼吸相比，控制通气时，生理性死腔的增加较少。

框表2-2　确定V/Q不等性和分流的大小

通过扫描技术评估通气和灌注的分布。使马吸入放射性标记的气体（氪）和静脉注射中子激活微球（如金），通过灌注扫描评估其通气分布。即使几乎同时进行通气和灌注扫描，也很难确定肺部各个区域的V/Q匹配度。

出于后一目的，开发出了多种惰性气体技术。将多种溶解度不同的气体溶解在盐水中并静脉输注。当血液通过肺部时，根据肺部不同区域的V/Q，这些气体会从溶液中不同程度析出。如果已知每种惰性气体的血气分配系数，则通过收集呼出气体，可以推导出肺V/Q的分布模型，来解释这些气体的消除和保留。这项技术为分析各种条件下V/Q的分布情况提供了许多有价值的信息，包括当马在麻醉状态下。然而，不幸的是，这项技术太过繁琐而不能应用于临床中。

可以通过让动物在100%氧气浓度中呼吸15min来确定右向左分流的幅度。它会使血液离开肺泡时处于氧气饱和状态。然后可以将分流分数计算为：

$$Qs/Qt = (Cc'O_2 - CaO_2) / (Cc'O_2 - CvO_2)$$

其中，C为动脉（a）、混合静脉（v）或肺毛细血管（c'）血液中的氧含量。$Cc'O_2$由PAO_2计算，假设血红蛋白100%饱和（图2-18）。A-aDO_2为当动物吸入纯氧时，血液的分流量。

正常肺部呼气末和动脉的PCO_2几乎相同。随着V/Q失衡的幅度增加，尤其在形成了肺泡死腔的高V/Q区域，呼气末PCO_2（$PETCO_2$）变得小于$PaCO_2$，且产生了动脉到呼气末PCO_2（$P_{a\text{-}ET}CO_2$）的梯度变化。该梯度的测量已被用于评估麻醉马匹的V/Q匹配度。

表2-4　低氧血症的来源

来源	P（A-a）O_2	PvO_2
通气不足	正常	正常
V/Q 不匹配	上升	正常
DO_2/VO_2 失衡	上升	下降

注：P（A-a）O_2，肺泡 - 动脉血氧差；DO_2，氧气输送量；PvO_2，静脉氧分压；VO_2，吸氧量。
修改自 Marino PL: The ICU Book, ed 3, Philadelphia, 2007, Lippincott Williams & Wilkins.

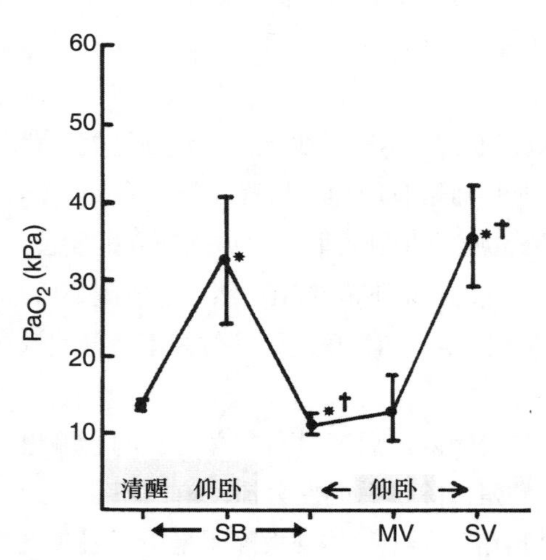

图 2-17　清醒马站立时（FiO_2 = 0.21）及侧卧位和仰卧位麻醉期间（FiO_2 > 0.92）的动脉氧分压（平均值±SEM）

SB，自发呼吸；MV，一般机械通气；SV，选择性机械通气；PEEP 20cm H_2O；*，与清醒值显著不同；†，与之前的值显著不同。

分离麻醉剂与α_2-肾上腺素受体激动剂联合使用已成为短期手术的一种常用麻醉方法。这些麻醉技术带来的气体交换问题比吸入麻醉剂少，因此，分离麻醉是非常适合临床使用。虽然有些V/Q异常与这些过程有关，但不会发生通气不足，不会发生右向左分流，没有扩散限制，并能很好地将氧气输送到组织。当麻醉马呼吸空气时，可能会出现轻微的低氧血症。虽然使用100% 的氧气会像预期的那样增加PaO_2，但这会导致右向左分流的增加，这很可能是因为依赖肺泡中纯氧的存在导致了吸收性肺不张。由于后一种原因，并且因为组织氧合是通过呼吸空气维持的，因此在使用分离麻醉方法时，可能不需要对卧位的马补充氧气。

5. 血气张力

动脉血氧分压（PaO_2）和二氧化碳分压（$PaCO_2$）是气体交换中各个过程的最终结果，并且因此受到吸入空气中的组成成分、肺泡通气性、肺泡-毛细管扩散和通气-灌注匹配程度的影响。血气张力是在动脉样本中测量的，动脉样本在无氧环境下获得并保存在冰上，直到用精确校准的血气机进行测量为止。血气张力随温度的升高而增大，因此，为了精确的结果，特别是评估气体交换，血气值应校准为正常体温下的测量结果，而不是在血气机的温度下的结果。对于常规监测，不需要温度校正（表2-5）。

表2–5　温度对PO_2、PCO_2和pH的影响

温度（℃）	PO_2（mmHg）	PCO_2（mmHg）	pH
39	91	44	7.37
37	80	40	7.40
30	51	30	7.50

清醒的马通常呼吸空气中含有20.9% 氧气（FiO_2 = 0.209），但在麻醉条件下，FiO_2经常增

加，导致PiO_2增加。大气条件造成的气压波动只会导致PiO_2的微小变化，但在海拔较高的情况下气压的降低会导致PiO_2的大幅下降（表2-2）。在评估血气张力时，必须始终考虑PiO_2因海拔高度引起的变化。

检测$PaCO_2$评估肺泡通气情况。$PaCO_2$在动物通气不足时会升高，可能高于正常值40mmHg；在通气过度时会降低。通气不足也会降低PAO_2和PaO_2；通气过度会增大。用吸入或注射麻醉药物来麻醉的马往往会出现通气不足，因为麻醉药物对呼吸中枢和呼吸肌（包括膈肌）有抑制作用，肺泡通气的变化会影响PaO_2，但在V/Q分布没有变化的情况下，P（A-a）O_2不会发生改变。

扩散异常、V/Q不匹配、以及右向左分流会妨碍氧气从肺泡转移到动脉血中，增大P（A-a）O_2，并降低PaO_2。$PaCO_2$很少因这些问题而升高，因为低氧血症刺激通气，使$PaCO_2$正常甚至低于正常水平。

FiO_2的增加会使肺正常马体内 PaO_2升高。随着V/Q的不匹配变得更加极端（特别是在右向左分流的情况下），增加 FiO_2只会适度升高PaO_2，同时P（A-a）O_2增大 。

许多麻醉药物会降低心脏输出量。当这种情况发生时，因为在持续需氧的情况下，向组织输送的氧气减少，混合静脉血液的PO_2会降低。混合静脉氧分压的降低会降低PaO_2，并增大P（A-a）O_2（即使V/Q不平衡或肺内分流比例保持不变）。这是因为含氧量低的混合静脉血液通过分流和低V/Q区域流出，并与含氧血液混合而离开肺。

6. 气体运输

当毛细血管中的血液通过肺泡时，氧气从肺泡扩散到血液中，直到分压达到平衡（即没有进一步驱动压力差）。有些氧气溶解在血浆中，但是，因为氧气难溶，所以大多数与血红蛋白结合。尽管溶解在血浆中的氧气量很小，但随着分压的增加，氧气量会直接增加。在正常的PaO_2（100mmHg）情况下，每升血液中大约溶解0.3mL的氧气。当一匹马呼吸纯氧时，PaO_2大约为600mmHg，每升血浆溶解1.8mL的氧气。

7. 血红蛋白

哺乳动物血红蛋白由四个单位分子组成，每个分子都含有一个血红素及其相关蛋白质。血红素是一种由四个吡咯加中心一个亚铁构成的原卟啉。亚铁与氧气的可逆结合与PO_2成比例。血红蛋白分子是球形的，每个血红素上都有一个氨基酸侧链，侧链的氨基酸组成及其构象极大地影响血红蛋白对氧的亲和力，并定义了不同类型的哺乳动物血红蛋白。成人血红蛋白含有两个α-氨基酸和两个β-氨基酸链。每个血红蛋白分子可以可逆地结合多达四个氧分子。氧合血红蛋白的可逆结合显示在氧合血红蛋白解离曲线中（图2-18）。

血液中的氧含量（即与血红蛋白结合的氧气）由PO_2决定（图2-18）。动脉氧含量（CaO_2）计算式如下：CaO_2=（1.39×Hb×SaO_2）+（0.003）×PaO_2。氧合血红蛋白解离曲线在PO_2高于70mmHg时，几乎是平坦的。PO_2的进一步增加几乎不增加血红蛋白的氧，可以认为血红蛋白处于氧饱和状态。当饱和时，1g血红蛋白可容纳1.36～1.39mL的氧气。因此，来自安静马

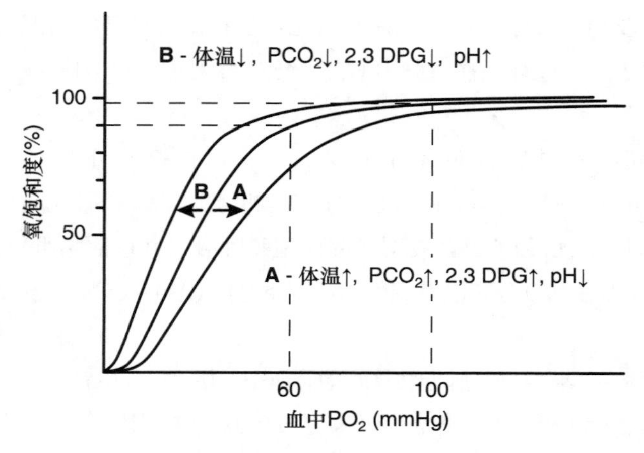

图 2-18　氧合血红蛋白解离曲线

将氧饱和度（氧合血红蛋白状态中血红蛋白的百分比）绘制为 PO_2 的函数。注意曲线为 S 形曲线。高于约 60mmHg 的 PO_2，曲线相对平坦，氧饱和度高于 90%。低于 60mmHg 的 PO_2，氧饱和度迅速下降（即氧从血红蛋白中脱离）。图中所示的 100mmHg 的 PO_2 对应于正常的肺泡 PO_2（在海平面），并且转为接近 100%的氧饱和度。使曲线向右移动的因素包括体温升高、PCO_2 增加、2,3 DPG 增加和 pH 降低。使曲线向左移动的因素包括体温降低、PCO_2 降低、2,3 DPG 降低和 pH 升高。

每分升血液中含15g血红蛋白的血液，携氧能力为21mL氧气（容积百分比）。

氧合血红蛋白解离曲线在PO_2低于60mmHg时，具有陡峭的斜率。这是从血液中释放氧气的组织氧分压（PO_2）的范围。组织PO_2根据血流量/代谢率而变化，但组织“平均”PO_2为40mmHg（与混合静脉PO_2相同）。组织PO_2为14mmHg时，血液会释放25%的氧气到组织中。PO_2低的组织代谢活跃，会从血液中获得更多氧气。剩下的与血红蛋白结合的氧气可以作为在紧急情况下使用的氧气储备。

氧合血红蛋白解离曲线也可以用血红蛋白的饱和度百分比表示。饱和度百分比是氧含量与氧容量（饱和时氧气与血红蛋白结合的量）的比率。马在海平面时，血液流出肺部，其血红蛋白含氧量超过95%。当PO_2为40mmHg时，混合静脉血液氧气饱和度为75%。脉搏血氧计很容易评估体内血红蛋白的饱和度百分比。

PO_2与氧合血红蛋白饱和度之间的关系不是固定的，而是随温度、pH和某些有机磷酸盐的浓度而变化（图2-18）。组织代谢的增加会产生热量，升高血液温度，并使氧血红蛋白解离曲线向右移动（增加P_{50}）（即血红蛋白饱和率为50%的PO_2）。这种转变促进了氧与血红蛋白的分离，并将氧气释放到组织中。相反，血液的过度冷却，如在低温中，会使解离曲线向左移动；因此，组织中的PO_2必须更低，才能从血红蛋白中释放氧气。

PCO_2的变化导致氧血红蛋白解离曲线的变化（称为玻尔效应），一部分原因是 CO_2与血红蛋白的结合，但主要原因是氢离子产生降低了pH（霍尔丹-玻尔效应：血红蛋白脱氧增加它携带H^+的能力，$H^++HbO_2 \rightleftharpoons H^+Hb+O_2$。血红蛋白对氧的亲和力随pH降低而降低或随二氧化碳浓度升高而降低）。pH的变化改变了血红蛋白的结构和氧气对血红素结合位点的结合能力（图2-19）。PCO_2的增加或pH的降低使氧合血红蛋白解离曲线向右移动，并促进氧气的释出。这些是发生在对氧需求增加的代谢活跃的组织中。

有机磷酸盐，尤其是二磷酸甘油酸盐（DPG）和三磷酸腺苷（ATP），也可以调节氧气与血红蛋白的结合。当在无氧条件下，DPG浓度高时，氧合血红蛋白解离曲线向右移动，促进氧的释出。血液在储存过程中，DPG浓度降低，在输血时会限制血液向组织释放氧气的能力。将马的血与补充腺嘌呤（CPDA-1）的柠檬酸盐-磷酸盐-葡萄糖一起保存，可以维持接受的DPG浓度。

8. 二氧化碳运输

二氧化碳以溶解在血浆中和化学结合的形式在血液中运输（图2-20）。二氧化碳在组织中产生，并沿浓度梯度扩散到血液中。当血液离开组织时，PCO_2从40mmHg上升到大约46mmHg，确切值取决于血流/代谢比。

血液中大约有5%的二氧化碳是以物理溶解的形式运输。大部分扩散到红细胞中的二氧化碳会经历两种化学反应之一。一部分与水结合形成碳酸，然后分解成碳酸氢盐和氢离子：

$$H_2O + CO_2 \rightleftharpoons H_2CO_3 \rightleftharpoons H^+ + HCO_3^-$$

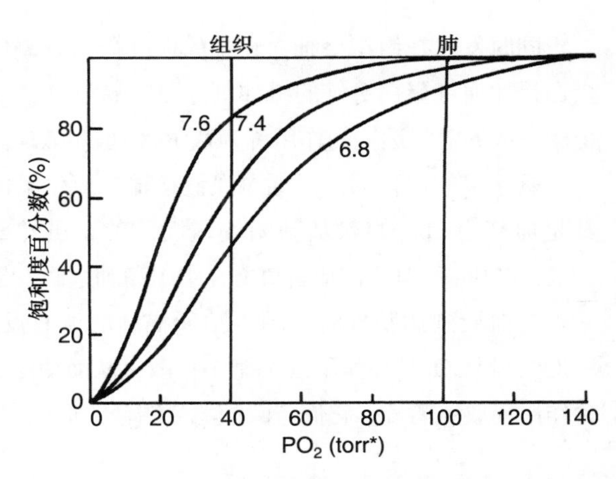

图2-19　血液pH变化对哺乳动物氧合血红蛋白解离曲线的影响

血液pH的降低使解离曲线向右移动，从而降低血红蛋白对氧的亲和力。pH的增加可以提高血红蛋白对氧的亲和力。

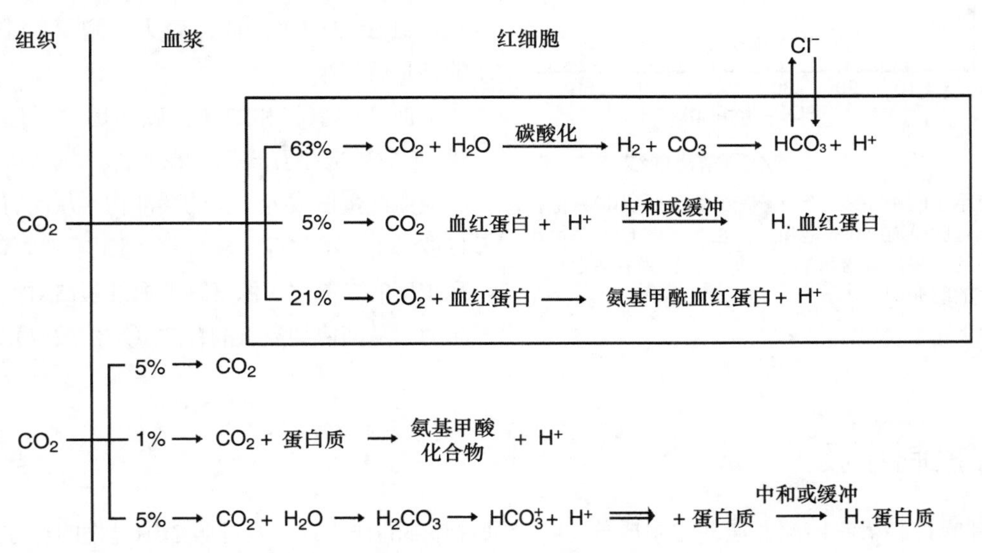

图2-20　二氧化碳进入血液的反应

二氧化碳从组织中扩散到血浆和红细胞中，发生各种反应，产生碳酸氢盐和氢离子。然后氢离子被血浆中的蛋白质和血红蛋白缓冲。在肺里，所有的反应与这个图中的显示是相反的。

这种反应也发生在血浆中，但在红细胞中碳酸酐酶的存在使二氧化碳的水合作用加快了数百倍。可逆反应保持向右进行是因为H^+被血红蛋白缓冲，并且HCO_3^-从红细胞扩散到血浆中。

* torr，压强单位，1torr ≈ 133.32Pa。

同时发生在组织毛细血管中的血红蛋白脱氧作用促进了二氧化碳进入静脉血中。脱氧血红蛋白是比血红蛋白更好的缓冲剂，更容易与H^+结合，能促进CO_2快速形成HCO_3^-，这种由二氧化碳形成的对氧运输的作用称为霍尔丹-玻尔效应。

氨基甲酸化合物，是通过血液运输二氧化碳的第二种化学组合。它是由CO_2与蛋白质（尤其是血红蛋白）的氨基基团偶联而成的。虽然氨基甲酸化合物只占血液中二氧化碳总含量15%～20%，但它们却占负责在组织和肺之间发生交换的二氧化碳总含量的20%～30%。

当血液到达肺部时，图2-20所描述的所有反应都会发生逆转。动脉血暴露于肺泡较低的PCO_2引起CO_2从血浆和红细胞中扩散，从而使图2-20所示的反应向左移动。同时血红蛋白的氧合作用释放氢离子，它们与碳酸氢盐结合，形成碳酸，然后解离释放二氧化碳。

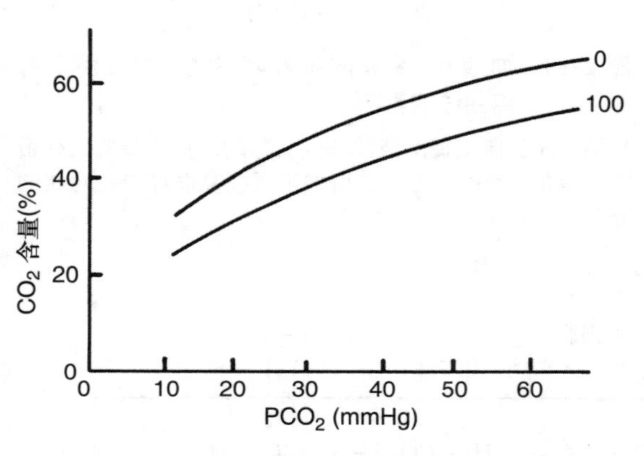

图2-21　二氧化碳解离曲线

图中显示了两条曲线：一条是完全氧合血（100%饱和），另一条是脱氧血（0%饱和）。在一定的CO_2浓度下，脱氧血的二氧化碳含量高于含氧血，因为脱氧血红蛋白是更好的缓冲剂。

血液中CO_2的含量与PCO_2的关系在二氧化碳平衡曲线中进行了描述（图2-21）。图中显示了两条曲线：一条是氧合血的曲线，另一条是脱氧血的曲线。曲线几乎是线性的，在生理范围内没有平台期：只要氢离子有缓冲能力，血液中的CO_2就会增加。显而易见，脱氧血红蛋白的缓冲能力越大，脱氧血中CO_2的含量就越高。

血液中氧气和二氧化碳的运输通过霍尔丹-玻尔效应相互作用。在肺部，氧气进入血液使血红蛋白成为不良的缓冲物，从而有助于释放CO_2（霍尔丹效应）。在组织毛细血管中，高浓度的二氧化碳浓度降低血红蛋白对氧的亲和力，从而协助氧气的释放（玻尔效应）。

四、控制呼吸

呼吸控制机制监测血液的化学成分、呼吸肌对肺部的作用，以及呼吸道中异物的存在。这些信息与其他非呼吸活动相结合，如体温调节、发声和分娩，从而产生维持气体交换的呼吸模式。

呼吸系统的反馈控制如图2-22所示。中央控制器调节呼吸肌的活动，通过收缩引起肺泡通气。肺泡通气的改变影响血气张力和pH，这可以通过化学感受器监测；信号返回到中央控制器，并对肺泡通气进行必要的调整。肺中的机械感受器监测肺的舒张程度以及气道和脉管系统的变化。呼吸肌中的肺牵张感受器监控呼吸功效。

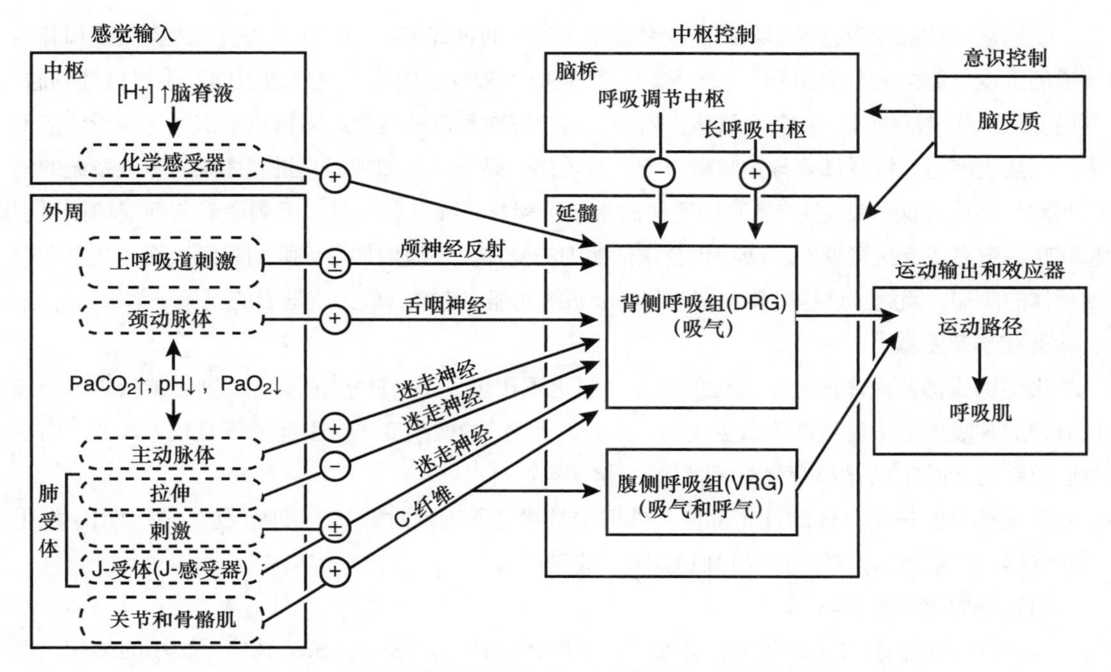

图 2-22　通气调节中感觉输入、中枢控制与运动输出的关系

来自各种传感器的信息被传送到控制中心，控制中心输出到呼吸肌。通过改变通气，呼吸肌减少传感器的干扰（负反馈）。

1. 呼吸中枢控制

呼吸节律起源于髓质，并受更高级的大脑中枢和外周受体的输入调节。在延髓内，有两组神经元激发与呼吸有关。背侧呼吸组（DRG）位于孤束核腹侧部，腹侧呼吸组（VRG）位于疑核和背侧核。DRG神经元主要在吸气时激发，VRG神经元在吸气和呼气均激发。DRG轴突通过嗅球或脊髓通路来支配真正的脊髓运动神经元（主要供应隔膜的神经元）和VRG。来自VRG的轴突传导到呼气肌和吸气辅助肌的脊髓运动神经元。麻醉药物会对中枢神经系统控制呼吸的各个方面产生剂量依赖性抑制。巴比妥酸盐、丙泊酚和新型吸入麻醉剂（异氟醚、七氟醚）是特别有效的呼吸抑制剂（参阅第12章和第15章）。

关于呼吸节律的确切神经网络尚未有充分了解，但是已经提出了几种模型。节律性呼吸似乎是由有节律性的吸气活动引起的。当化学感受器被缺氧、高碳酸血症或酸中毒激活时，吸气活动的强度会增加。吸气的终止可能是来自肺牵张感受器或中央桥脑开关输入信号的结果。

2. 肺和气道受体

已在肺内确认三种迷走神经传入受体：慢适应性肺牵张感受器受体和刺激性受体，这两者均含有有髓鞘传入纤维，以及无髓鞘轴突的C纤维。慢适应性牵张感受器受体与气管和主支气管的平滑肌有关，但与肺内气道的平滑肌关系较小。当肺膨胀时，胸内气道被拉伸，受体会受到刺激，因此受体被认为在肺膨胀时与呼吸的抑制作用有关。

快速适应性肺牵张感受器或刺激性受体是无髓鞘的神经末梢，在喉、气管、大支气管和肺内气道的上皮细胞之间均有分布。肺膨胀、支气管收缩和气管内插管对气道表面产生机械性刺激，气道变形，并激活受体。刺激性气体、粉尘、组胺释放和各种其他刺激物也会引起这些受体的反应。刺激快速适应性受体会导致咳嗽、支气管收缩、黏液分泌和呼吸亢进（即来自呼吸系统的消除刺激性物质的保护反应）。鼻腔内受体的激活引起鼻子吸气和喷气；而刺激喉和咽受体则可引起咳嗽、窒息或支气管狭窄。冷却也会激活咽内的受体。气流增加导致喉咽黏膜表面的蒸发和喉咽受体的冷却。因此，这些受体参与调节呼吸系统功能，来维持气道内适当的气流。

3. 化学感受器

化学感受器监测体内几个部位的氧、二氧化碳和氢离子（H^+）浓度。二氧化碳和氢离子在每分钟的呼吸调节中显然都比氧更重要。$PaCO_2$和H^+的微小变化会引起通气有较大改变，而在生理范围内$PaCO_2$的微小变化对呼吸几乎没有影响。

化学感受器位于身体的几个部位。外周化学感受器提供对缺氧的呼吸反应。外周和中枢化学感受器均能检测到高碳酸血症和血液中H^+的变化。

（1）外周化学感受器

颈动脉体位于颈内、外动脉分叉处，主动脉体围绕主动脉弓。颈动脉体是很小的结构，每千克血流量很高。主动脉体由迷走神经支配，颈动脉体由舌咽神经的一个分支支配。这些神经元轴突除了少数向外传出到血管，主要是传入神经冲动的（传入神经）。

当颈动脉体灌注低氧、高碳酸血症或酸中毒的血液时，颈动脉体传入神经的放电率增加。随着PCO_2的增加和pH的降低，通气量几乎呈线性增长。降低PO_2的反应是非线性的。随着PO_2从非生理性高水平的500mmHg下降到70mmHg，神经放电率和通气量会略有增加。PO_2的进一步降低会使通气量增加得更快，特别是低于60mmHg（即血红蛋白开始去饱和的PO_2；图2-23）。作为对颈动脉体的刺激，PO_2可能比氧含量更重要，因为中度贫血和一氧化碳中毒都不会增加通气量。颈动脉体有助于安静马通气驱动。马驹颈动脉体去神经化导致通气不足和不能适应高海拔环境。

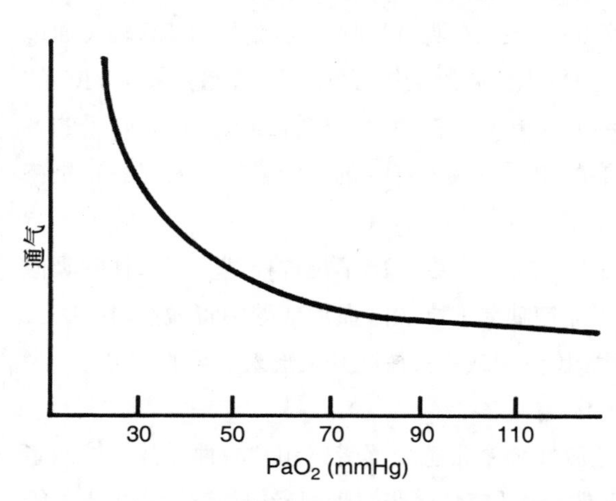

图 2-23　动脉二氧化碳分压对清醒马通气的影响

随着血氧分压的下降，通气量增加，特别是当血氧分压低于 60mmHg 时。

（2）中枢化学感受器

伴随吸入空气中二氧化碳浓度增加，马体内血液流速加快。对二氧化碳的通气反应是通过髓质化学感受器介导的。化学敏感区域在延髓的腹外侧表面、椎体外侧，以及第7至第10对以及第12对脑神经根的中部。中枢化学感受器对其所处间质组织液的pH的改变很敏感。pH升高引起通气量降低，pH降低引起通气量增加。由于中枢化学感受器浸于脑脊液（CSF）连通的脑间质液，所以通气功能的变化可由动脉血液的组成变化和脑脊液中氢离子浓度的变化引起。所有麻醉剂和镇静剂（乙酰丙嗪，α_2-肾上腺素受体激动剂）都能抑制对CO_2的通气反应，使Vmin-CO_2关系右移（图2-24）。

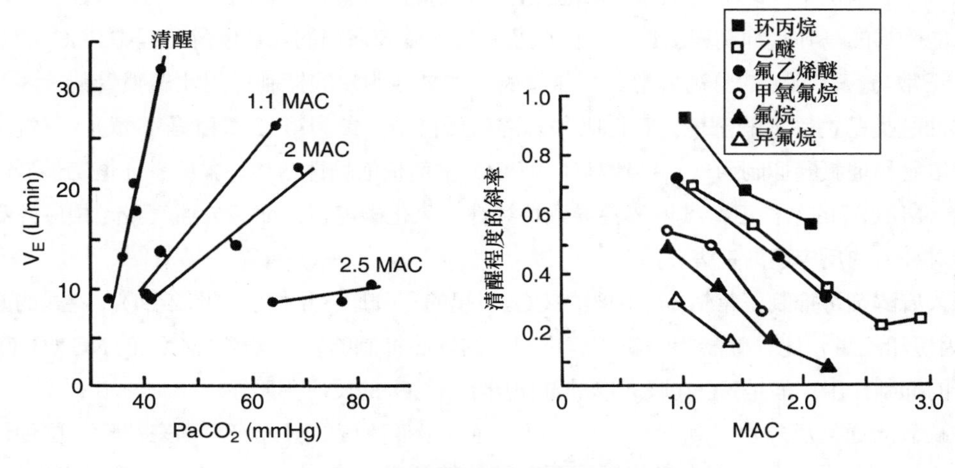

图2-24　吸入麻醉药对呼吸控制的影响

左图为增加肺泡氟烷浓度对二氧化碳通气反应的影响。随着卤代烷浓度的增加，由动脉二氧化碳分压增加引起的每分通气量（Vmin）的增加会减少。右图为增加不同麻醉剂浓度对二氧化碳反应曲线斜率的影响。所有的麻醉剂都会抑制对二氧化碳的反应，但是新的吸入剂对二氧化碳抑制作用最大。MAC，最低肺泡有效浓度。

血脑屏障将中枢化学感受器与血液隔开，血脑屏障对CO_2的通透性较强，对H^+和HCO_3^-的通透性较低。血液中PCO_2的增加能够导致中枢化学感受器区域PCO_2升高和PH降低。由于血脑屏障相对不能渗透H^+，所以脑组织液或脑脊液pH的降低并不能立即反映血液H^+浓度的急性增加。因此，由外周化学感受器可检测到H^+浓度的急剧增加。然而，脑组织液pH可能会在10～40min内随血液的变化而变化。

脑脊液和脑间质液的组成对中枢化学感受器的反应有重要影响。当脑脊液的HCO_3^-浓度减少（如发生在代谢性酸中毒时），脑脊液的缓冲能力降低。随着PCO_2的增加，脑脊液pH值下降的幅度比脑脊液缓冲能力正常时更大，因此对CO_2的通气反应比正常时更显著。相反，在代谢性碱中毒中，脑脊液HCO_3^-浓度增加，对CO_2的反应受到抑制。

4. 药物对换气的影响和呼吸的控制

术前用药和麻醉药可用于约束马和减轻疼痛，但不良反应是抑制呼吸（表2-6）。这些药物对于VT、呼吸频率和Vmin的影响已被广泛证明（图2-24）。虽然Vmin是最容易测量的用以量化药物作用的指标，但它不仅反映了药物对呼吸控制的影响，而且还反映了其对代谢率、肺和呼吸肌功能的影响。为了确定药物对呼吸控制的影响，研究人员测量了对二氧化碳、缺氧或外部负荷的影响。

（1）注射麻醉剂和吸入麻醉剂

所有注射和吸入麻醉剂均能抑制呼吸并升高PCO_2。二氧化碳潴留是由于在麻醉程度加深过程中潮气量减少和呼吸速率减慢造成的。通常，麻醉药用量增加可导致潮气量减少和呼吸频率降低。一般情况下，硫喷妥钠和丙泊酚在作为静脉注射麻醉时几乎都会产生短暂的呼吸暂停。呼吸功能受损的马呼吸抑制程度最高，因此患有慢性肺部疾病的马在麻醉过程中PCO_2的升高幅度大于正常马。低剂量的分离麻醉药（氯胺酮、替来他明）的抑制作用比硫喷妥钠、丙泊酚或愈创甘油醚类药物等镇静剂低，且比吸入麻醉药低得多（参阅第12章和第15章）。氟烷、七氟醚、异氟醚和地氟醚抑制通气，导致马体内PCO_2呈剂量依赖性增加。异氟醚在恒定最低肺泡有效浓度（MAC）的条件下持续麻醉会导致持续性二氧化碳潴留，而每分通气量无相应升高，这意味着对CO_2的反应逐渐丧失。

吸入麻醉剂可抑制正常情况下因吸入CO_2引起的每分通气量增加（图2-24）。老式的麻醉药（如环丙烷和乙醚）比异氟醚等较新的药物产生的呼吸抑制略轻。虽然1MAC的NO对CO_2反应有显著的抑制作用，但是NO在吸入麻醉剂作用下对CO_2的反应不明显。

对缺氧的通气反应也受到抑制，甚至可以通过极低浓度的吸入麻醉剂来消除。这种作用可能直接影响到颈动脉体，因为对作用于颈动脉体的呼吸兴奋剂——多沙普仑的反应也消失了。因此，给低氧血症的麻醉马增加通气是允许的。

表2-6　化学保定和麻醉药物对马呼吸变量的影响*

	f	V_t	Vmin	$PaCO_2$	呼吸中枢	低血氧反应
吸入麻醉剂	↑→↓	↓	↓	↑	敏感性↓	↓
一氧化二氮	—	↓		↑	影响极小	—
静脉麻醉剂						
巴比妥类药物	↓	↓	↓	↑	敏感性↓	↓
环己酮	↓	↓	↓	↑	敏感性↓	↓
愈创甘油醚	—↓	—↓	—↓	—↑	无变化	↓
阿片类药物						
清醒时	↓	↑	—	—		
昏迷时	↓	↓	↓	↑	阈值↑	↓
阿片受体激动剂 / 颉颃剂	—	—	—	—	阈值↑	—
镇静安定药 / 镇静剂						
吩噻嗪类药物	—	↑	≈	—	敏感性↓	↓
兴奋剂	↓	↑↓	—↓	—↑	敏感性↓	
					阈值↑	

注：↑，增加；↓，减小；—，变化很小；f，呼吸速率；$PaCO_2$，动脉二氧化碳分压；Vt，潮气量；Vmin，每分通气量；*，假设使用最低有效量。

（2）阿片类药物

大多数阿片类药物能够以剂量依赖性的方式抑制麻醉马的每分通气量。阿片类药物对呼吸的影响可能是通过靠近延髓呼吸中枢的阿片受体发挥作用的。呼吸抑制是由潮气量或者呼吸频率下降或两者兼而有之引起的。对CO_2的通气反应曲线向右移，则其反应曲线的斜率可能会减小。通气反应对低血氧的反应也可能会减弱。与吸入麻醉剂相比，临床剂量的阿片类药物对马的呼吸抑制作用可忽略不计。内源性阿片类药物似乎在呼吸控制中没有起主要作用，因为阿片类颉颃剂纳洛酮对正常动物的呼吸没有影响。然而，阿片类颉颃剂纳洛酮或纳曲酮可逆转阿片类药物引起的呼吸抑制。

（3）镇静安定药类

像吸入麻醉药和阿片类药物一样，镇静安定类药物也会抑制呼吸系统，每分通气量降低，但对二氧化碳的反应只有镇静剂量的药物才能产生最小程度的抑制。然而，麻醉剂量的巴比妥类药物能升高PCO_2并且显著地降低对CO_2的反应。乙酰丙嗪能降低马的呼吸频率，但是能增加VT，使每分通气量保持不变。乙酰丙嗪也能轻微抑制对CO_2和缺氧的反应。

α_2-肾上腺素受体激动剂赛拉嗪和地托咪定被广泛用作马的镇静剂。对正常马匹，剂量高达160μg/kg的地托咪定对呼吸频率没有影响，但可能降低患有慢性呼吸道疾病马的呼吸频率。赛拉嗪能持续降低呼吸频率，但不会导致低氧血症。

（4）肌肉松弛剂

肌肉松弛剂如愈创甘油醚和地西泮，由于它们对呼吸肌产生影响，可以抑制通气。周围神经肌肉阻滞药可引起呼吸麻痹（参阅第19章）。

参考文献

Aaronson PI et al, 2006. Hypoxic pulmonary vasoconstriction: mechanisms and controversies, J Physiol 570: 53-58.

Abe K et al, 1998. The effects of propofol, isoflurane, and sevoflurane on oxygenation and shunt fraction during one-lung ventilation, Anesth Analg 87: 1164-1169.

Amis TC, Pascoe JR, Hornof W, 1984. Topographic distribution of pulmonary ventilation and perfusion in the horse, Am J Vet Res 45: 1597-1601.

Art T, Serteyn D, Lekeux P, 1988. Effect of exercise on the partitioning of equine respiratory resistance, Equine Vet J 20: 268-273.

Baile EM, 1996. The anatomy and physiology of the bronchial circulation, J Aerosol Med 9: 1-6.

Balyasnikova IV et al, 2005. Propofol attenuates lung endothelial injury induced by ischemia-reperfusion and oxidative stress, Anesth Analg 100: 929-936.

Beadle RE, Robinson NE, Sorenson PR, 1975. Cardiopulmonary effects of positive end-expiratory pressure in anesthetized horses, Am J Vet Res 36: 1435-1438.

Benson GJ et al, 1982. Radiographic characterization of diaphragmatic excursion in halothane-anesthetized ponies: spontaneous and controlled ventilation systems, Am J Vet Res 43: 617-621.

Bernard SL et al, 1996. Minimal redistribution of pulmonary blood flow with exercise in racehorses, J Appl Physiol 81: 1062-1070.

Bisgard GE, Orr JA, Will JA, 1975. Hypoxic pulmonary hypertension in the pony, Am J Vet Res 36: 49-52.

Bisgard GE et al, 1976. Hypoventilation in ponies after carotid body denervation, J Appl Physiol 40: 184-190.

Broadstone RV et al, 1991. In vitro response of airway smooth muscle from horses with recurrent airway obstruction, Pulm Pharmacol 4: 191-202.

Broadstone RV et al, 1992. Effects of xylazine on airway function in ponies with recurrent airway obstruction, Am J Vet Res 53: 1813-1817.

Cheng EY et al, 1996. Direct relaxant effects of intravenous anesthetics on airway smooth muscle, Anesth Analg 83: 162-168.

Deffebach ME et al, 1987. The bronchial circulation. Small, but a vital attribute of the lung, Am Rev Respir Dis 135: 463-481.

Derksen FJ, Robinson NE, 1980. Esophageal and intrapleural pressures in the healthy conscious pony, Am J Vet Res 41: 1756-1761.

Derksen FJ et al, 1985. Airway reactivity in ponies with recurrent airway obstruction (heaves), J Appl Physiol 58: 598-604.

Dobson A, Gleed RD, Meyer RE, et al, 1985. Changes in blood flow distribution in equine lungs induced by anaesthesia, Q J Exp Physiol 70: 283-297.

Erickson BK, Erickson HH, Coffman JR, 1990. Pulmonary artery, aortic, and oesophageal pressure changes during high-intensity treadmill exercise in the horse: a possible relation to exerciseinduced pulmonary haemorrhage, Equine Vet J (suppl) 9: 47-52.

Fisher EW, 1961. Observations on the disturbance of respiration of cattle, horses, sheep, and dogs caused by halothane anesthesia and the changes taking place in plasma pH and plasma CO_2 content, Am J Vet Res 22: 279-286.

Gillespie JR, Tyler WS, Hall LW, 1969. Cardiopulmonary dysfunction in anesthetized, laterally recumbent horses, Am J Vet Res 30: 61-72.

Gleed RD, Dobson A, 1988. Improvement in arterial oxygen tension with change in posture in anaesthetised horses, Res Vet Sci 44: 255-259.

Gleed RD, Dobson A, Hackett RP, 1990. Pulmonary shunting by the bronchial artery in the anaesthetized horse, Q J Exp Physiol 75: 115-118.

Glenny RW, Robertson HT, 1990. Fractal properties of pulmonary blood flow: characterization of spatial heterogeneity, J Appl Physiol 69: 532-545.

Hall LW, Gillespie JR, Tyler WS, 1968. Alveolar-arterial oxygen tension differences in anaesthetized horses, Br J Anaesth 40: 560-568.

Hall LW, Trim CM, 1975. Positive end-expiratory pressure in anaesthetized spontaneously

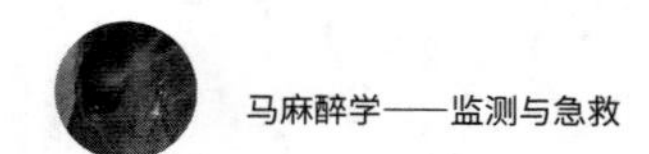

breathing horses, Br J Anaesth 47: 819-824.
Hedenstierna G et al, 1987. Ventilation-perfusion relationships in the standing horse: an inert gas elimination study, Equine Vet J 19: 514-519.
Hirshman CA, Bergman NA, 1990. Factors influencing intrapulmonary airway caliber during anesthesia, Br J Anaesth 65: 30-42.
Hlastala MP et al, 1996. Pulmonary blood flow distribution in standing horses is not dominated by gravity, J Appl Physiol 81: 1051-1061.
Hoffman AM, Mazan MR, Ellenberg S, 1998. Association between bronchoalveolar lavage cytologic features and airway reactivity in horses with a history of exercise intolerance, Am J Vet Res 59: 176-181.
Hornbein TF, 1985. Anesthetics and ventilatory control. In Covino BG et al, editors: Effects of anesthesia, Bethesda, American Physiological Society, pp. 75-90.
Hornof WJ et al, 1986. Effects of lateral recumbency on regional lung function in anesthetized horses, Am J Vet Res 47: 277-282.
Ishibe Y et al, 1993. Effect of sevoflurane on hypoxic pulmonary vasoconstriction in the perfused rabbit lung, Anesthesiology 79: 1348-1353.
Johnson DH, Hurst TS, Mayers I, 1991. Effects of halothane on hypoxic pulmonary vasoconstriction in canine atelectasis, Anesth Analg 72: 440-448.
Karzai W, Haberstroh J, Priebe HJ, 1998. Effects of desflurane and propofol on arterial oxygenation during one-lung ventilation in the pig, Acta Anaesthesiol Scand 42: 648-652.
Kerbaul F et al, 2000. Effects of sevoflurane on hypoxic pulmonary vasoconstriction in anaesthetized piglets, Br J Anaesth 85: 440-445.
Kerbaul F et al, 2001. Sub-MAC concentrations of desflurane do not inhibit hypoxic pulmonary vasoconstriction in anesthetized piglets, Can J Anaesth 48: 760-767.
Kerr CL, McDonell WN, Young SS, 2004. Cardiopulmonary effects of romifidine/ketamine or xylazine/ketamine when used for short-duration anesthesia in the horse, Can J Vet Res 68: 274-282.
Knill RL, Manninen PH, Clement JL, 1979. Ventilation and chemoreflexes during enflurane sedation and anaesthesia in man, Can Anaesth Soc J 26: 353-360.
Koenig J, McDonell W, Valverde A, 2003. Accuracy of pulse oximetry and capnography in healthy and compromised horses during spontaneous and controlled ventilation, Can J Vet Res 67: 169-174.
Koterba AM et al, 1988. Breathing strategy of the adult horse (Equus caballus) at rest, J Appl Physiol 64: 337-346.
Lesitsky MA, Davis S, Murray PA, 1998. Preservation of hypoxic pulmonary vasoconstriction during sevoflurane and desflurane anesthesia compared to the conscious state in chronically instrumented dogs, Anesthesiology 89: 1501-1508.
Lester GD, DeMarco VG, Norman WM, 1999. Effect of inhaled nitric oxide on experimentally induced pulmonary hypertension in neonatal foals, Am J Vet Res 60: 1207-1212.
Loer SA, Scheeren TW, Tarnow J, 1995. Desflurane inhibits hypoxic pulmonary

vasoconstriction in isolated rabbit lungs, Anesthesiology 83: 552-556.
Manohar M, 1995. Effects of glyceryl trinitrate (nitroglycerin) on pulmonary vascular pressures in standing thoroughbred horses, Equine Vet J 27: 275-280.
Marino PL, 2007. The ICU book, ed 3, Philadelphia, Lippincott Williams & Wilkins, 21-37.
Marntell S, Nyman G, Hedenstierna G, 2005. High inspired oxygen concentrations increase intrapulmonary shunt in anaesthetized horses, Vet Anaesth Analg 32: 338-347.
Marntell S et al, 2005. Effects of acepromazine on pulmonary gas exchange and circulation during sedation and dissociative anaesthesia in horses, Vet Anaesth Analg 32: 83-93.
Marshall BE et al, 1981. Hypoxic pulmonary vasoconstriction in dogs: effects of lung segment size and oxygen tension, J Appl Physiol 51: 1543-1551.
Mason DE, Muir WW, Olson LE, 1989. Response of equine airway smooth muscle to acetylcholine and electrical stimulation in vitro, Am J Vet Res 50: 1499-1504.
Mazzeo AJ et al, 1994. Topographical differences in the direct effects of isoflurane on airway smooth muscle, Anesth Analg 78: 948-954.
Mazzeo AJ et al, 1996. Differential effects of desflurane and halothane on peripheral airway smooth muscle, Br J Anaesth 76: 841-846.
McCashin FB, Gabel AA, 1975. Evaluation of xylazine as a sedative and preanesthetic agent in horses, Am J Vet Res 36: 1421-1429.
McDonell WN, Hall LW, 1974. Functional residual capacity in conscious and anesthetized horses, Br J Anaesth 46: 802-803.
McDonell WN, Hall LW, Jeffcott LB, 1979. Radiographic evidence of impaired pulmonary function in laterally recumbent anaesthetised horses, Equine Vet J 11: 24-32.
Mills PC, Marlin DJ, Scott CM, 1996. Pulmonary artery pressure during exercise in the horse after inhibition of nitric oxide synthase, Br Vet J 152: 119-122.
Mills PC et al, 1996. Nitric oxide and exercise in the horse, J Physiol 495: 863-874.
Milne DW, Muir WW, Skarda RT, 1975. Pulmonary arterial wedge pressures: blood gas tensions and pH in the resting horse, Am J Vet Res 36: 1431-1434.
Mitchell B, Littlejohn A, 1974. The effect of anaesthesia and posture on the exchange of respiratory gases and on the heart rate, Equine Vet J 6: 177-178.
Mudge MC, Macdonald MH, Owens SD, 2004. Comparison of 4 blood storage methods in a protocol for equine pre-operative autologous donation, Vet Surg 33: 475-486.
Muir WW, Hamlin RL, 1975. Effects of acetylpromazine on ventilatory variables in the horse, Am J Vet Res 36: 1439-1442.
Neto FJ et al, 2000. The effect of changing the mode of ventilation on the arterial-to-end-tidal CO_2 difference and physiological dead space in laterally and dorsally recumbent horses during halothane anesthesia, Vet Surg 29: 200-205.
Nyman G, Hedenstierna G, 1989. Ventilation-perfusion relationships in the anaesthetised horse, Equine Vet J 21: 274-281.
Nyman G et al, 1987. Selective mechanical ventilation of dependent lung regions in the anaesthetized horse in dorsal recumbency, Br J Anaesth 59: 1027-1034.

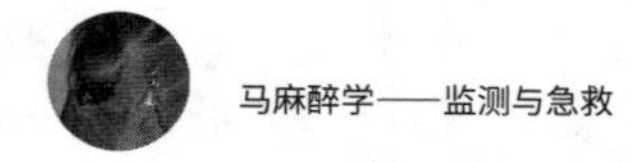

Pavlin EG, Hornbein TF, 1986. Anesthesia and control of ventilation. In Fishman AP, editor: Handbook of physiology, section 3: the respiratory system, Bethesda, American PhysiologicalSociety.

Pelletier N, Leith DE, 1995. Ventilation and carbon dioxide exchange in exercising horses: effect of inspired oxygen fraction, J Appl Physiol 78: 654-662.

Pelletier N et al, 1998. Regional differences in endothelial function in horse lungs: possible role in blood flow distribution? J Appl Physiol 85: 537-542.

Reitemeyer H, Klein HJ, Deegen E, 1986. The effect of sedatives on lung function in horses, Acta Vet Scand 82 (suppl): 111-120.

Reutershan J et al, 2006. Protective effects of isoflurane pretreatment in endotoxin-induced lung injury, Anesthesiology 104: 511-517.

Richerson GB, Boron WF, 2003. Control of ventilation. In Boron WF, Boulpaep EL, editors: Medical physiology: a cellular and molecular approach, Philadelphia, Saunders, pp 712-734.

Robinson NE, Sorenson PR, 1978. Collateral flow resistance and time constants in dog and horse lungs, J Appl Physiol 44: 63-68.

Slinger P, Scott WA, 1995. Arterial oxygenation during one-lung ventilation: a comparison of enflurane and isoflurane, Anesthesiology 82: 940-946.

Sorenson PR, Robinson NE, 1980. Postural effects on lung volumes and asynchronous ventilation in anesthetized horses, J Appl Physiol 48: 97-103.

Starr IR et al, 2005. Regional hypoxic pulmonary vasoconstriction in prone pigs, J Appl Physiol 99: 363-370.

Steffey EP et al, 1977. Body position and mode of ventilation influences arterial pH, oxygen, and carbon dioxide tensions in halothane-anesthetized horses, Am J Vet Res 38: 379-382.

Steffey EP et al, 1987. Cardiopulmonary function during 5 hours of constant-dose isoflurane in laterally recumbent, spontaneously breathing horses, J Vet Pharmacol Ther 10: 290-297.

Steffey EP et al, 2005. Effects of desflurane and mode of ventilation on cardiovascular and respiratory functions and clinicopathologic variables in horses, Am J Vet Res 66: 669-677.

Swanson CR, Muir WW, 1988. Hemodynamic and respiratory responses in halothane-anesthetized horses exposed to positive end-expiratory pressure alone and with dobutamine, Am J Vet Res 49: 539-542.

Taylor AE et al, 1997. Fluid balance. In Crystal RG et al, editors: The lung: scientific foundations, Philadelphia, Lippincott-Raven, pp 1549-1566.

Thurmon JC, Tranquilli WJ, Benson GJ, 2007. Lumb & Jones' veterinary anesthesia and analagesia, ed 4, Oxford, UK, Blackwell.

Tute AS et al, 1996. Negative pressure pulmonary edema as a postanesthetic complication associated with upper airway obstruction in a horse, Vet Surg 25: 519-523.

Vengust M et al, 2006. Transvascular fluid flux from the pulmonary vasculature at rest and during exercise in horses, J Physiol 570: 397-405.

Wagner PD et al, 1989. Mechanism of exercise-induced hypoxemia in horses, J Appl Physiol 66:

1227-1233.
Walther SM et al, 1997. Pulmonary blood flow distribution has a hilar-to-peripheral gradient in awake, prone sheep, J Appl Physiol 82: 678-685.
Walther SM et al, 1997. Pulmonary blood flow distribution in sheep: effects of anesthesia, mechanical ventilation, and change in posture, Anesthesiology 87: 335-342.
Watney GC et al, 1988. Effects of xylazine and acepromazine on bronchomotor tone of anaesthetised ponies, Equine Vet J 20: 185-188.
Wettstein D et al, 2006. Effects of an alveolar recruitment maneuver on cardiovascular and respiratory parameters during total intravenous anesthesia in ponies, Am J Vet Res 67: 152-159.
Willoughby RA, McDonnell WN, 1979. Pulmonary function testing in horses, Vet Clin North Am Large Anim Pract 1: 171-191.
Wilson DV, Soma LR, 1990. Cardiopulmonary effects of positive end-expiratory pressure in anesthetized, mechanically ventilated ponies, Am J Vet Res 51: 734-739.
Wilson DV, Suslak L, Soma LR, 1988. Effects of frequency and airway pressure on gas exchange during interrupted high-frequency, positive-pressure ventilation in ponies, Am J Vet Res 49: 1263-1269.
Wolin MS, Ahmad M, Gupte SA, 2005. Oxidant and redox signaling in vascular oxygen sensing mechanisms: basic concepts, current controversies, and potential importance of cytosolic NADPH, Am J Physiol 289: L159-L173.
Yamakage M, Namiki A, 2003. Cellular mechanisms of airway smooth muscle relaxant effects of anesthetic agents, J Anesth 17: 251-258.
Yu M et al, 1994. Inhibitory nerve distribution and mediation of NANC relaxation by nitric oxide in horse airways, J Appl Physiol 76: 339-344.

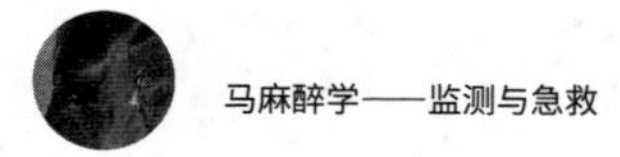

第 3 章
心血管系统

要点：

1. 心血管功能稳定是马麻醉成功的关键。

2. 心动周期显示一次心跳期间心脏的心电、机械运动和声学变化。

3. 心输出量取决于血容量、心率、心肌收缩性能、前负荷和后负荷。

4. 心脏电活动起源于右心房（窦房结），并通过心房（从右到左）传导至心室，刺激心脏有组织地、同步和连续收缩。

5. 心脏反射源于中枢神经系统（自主神经）和外周神经（压力感受器、舒张感受器），有助于调节心血管功能和维持生理稳态。

6. 心电图显示心脏的电活动，心脏超声显示心脏解剖结构的可视性图像。

7. 侧卧的马因体型和体重的原因更易发生肌肉的血液灌注不足、肌肉局部缺血，且可能发展成肌肉疾病。平均动脉血压应维持在70mmHg以上。

8. 所有用于马的注射和吸入麻醉药都会降低心输出量和动脉血压。

9. 可通过补液、抗胆碱药、抗心律失常药和α-及β-肾上腺素受体激动剂调节心律不齐（心率）、收缩力（心脏收缩力）、松弛性（心脏舒张）、运动性（心脏电传导）和动脉血压。

马的循环功能受镇静剂、镇定剂和麻醉药影响，可被其明显抑制。心血管系统的生理状态直接影响麻醉技术的选择和使用。当马血液循环受损（如出血）或循环异常（如绞痛、内毒素血症）时，通常需要镇静或麻醉。因此，麻醉前进行彻底的心血管功能的检查并确定和治疗心脏异常具有重要的临床意义（参阅第6章）。

一、正常血管结构和功能

心脏诊断技术是基于对心脏解剖结构和功能的理解，包括对心脏听诊、心电图、心脏超声和心导管插入术结果的解读。循环稳态和药物对心脏和循环的影响，取决于心脏和血管之间的解剖结构和功能的关系以及心血管综合调控机制。

心血管系统总体可以看作两个独立但相互依赖的循环：体循环和肺循环。每个循环都有自己的静脉容量、房室（AV）泵、动脉分布、改变血管阻力的机制和微循环容积（表3-1）。由于这两种循环是串联排列的，且两心室共享同一个室间隔和心包囊，因此任何一种循环的功能障碍最终都会影响另一种循环（心室相互依赖，见下文）。

1. 心脏解剖学

（1）心包 心包腔由两层心包膜折转形成：心包壁层和心包脏层（心外膜），通常含有少量液体。心包虽然不是一个重要的结构，但可以限制和保护心脏，起到防止感染的屏障作用，通过舒张和收缩的交互作用平衡左、右心室输出，限制急性房室扩张，并发挥润滑剂的作用，减小心室和周围结构之间的摩擦。心包约束性可限制心室高充盈容量或存在病理状态（如心包积液或心包缩窄，特别是右心房和心室壁薄时）的心室的扩张，增加了心室的相互依存性，限制了舒张期心室充盈。

（2）心肌和心脏腔室 心肌是组成心房和心室壁的主体，负责心脏的机械活动（图3-1）。右心房位于心脏的右前背侧，通过右房室瓣膜（三尖瓣）与右心室分开（见图3-1）。右心室的横截面呈新月形或U形，入口位于右半胸，出口（肺动脉瓣）和肺动脉位于胸部左侧（图3-1）。了解这些结构分布有助于理解临床中的心脏听诊区（胸部左侧听诊的主动脉和肺心音）和胸部成像。左心室横截面呈球形或V形，壁厚大约是右心室厚度的3倍，入口和出口被左房室瓣膜（二尖瓣）的隔膜小叶（颅叶或“前叶”）分开，二尖瓣将位于心脏左后基底部的左心房与左心室分开（图3-1）。主动脉起源于左心室出口，与室间隔前侧和二尖瓣间隔叶尾端相连，从心脏中心和靠近肺动脉的右侧伸出。房间隔和室间隔将心脏的左右两侧分开。胚胎时期中隔开口可能作为先天性缺陷持续存在；室间隔缺损是马最常见的心脏异常。

表3-1 比较体循环和肺循环的特征

特征	体循环	肺循环
静脉容量	相对较大	相对较小
动脉压	高	低
血流量（心输出量）	相同	
动脉阻力	高	低
阻力起源	小动脉	小动脉，毛细血管；左房压（高达总阻力的 1/3）

（续）

特征	体循环	肺循环
血管的神经支配	广泛存在于阻力血管（小动脉）；肾上腺素能	主要是肾上腺素能
外周血流量局部控制	区域流通之间存在差异，调节局部血流量以满足组织的代谢需求，高氧（高 PO_2）引起血管收缩	用于调节局部血流量以进行通气（通气-灌注-匹配），缺氧（低 PO_2）导致血管收缩（缺氧性肺血管收缩）

（3）心内膜和瓣膜 心内膜覆盖心腔内部，也覆盖了房室瓣和半月瓣膜，并延续成为大静脉和动脉的内皮。入口瓣膜（三尖瓣和二尖瓣）由腱索胶原、乳头肌（右心室3～5个，左心室2个）、瓣膜环和后侧心房壁（图3-1）固定。这些支持组织任何部分的破坏都会导致瓣膜功能不全。出口瓣膜（肺动脉和主动脉）本质上是三尖瓣。冠状动脉起源于主动脉窦（瓦尔萨尔瓦氏窦）。马的右冠状动脉通常占优势。

（4）脉冲形成和传导系统 心脏组织由窦房（SA）结、结间通路、房室结、希氏束、束支、神经束和浦肯野系统组成（图3-2和图3-3）。窦房结是生理起搏器。在成年马中窦房结是一个相对较大的新月形结构，位于前腔静脉和右心房结合处界沟区域的心外膜下。巴克曼氏束（房间束）起源于窦房结，负责传递窦房结的起搏脉冲，是唯一支配左心房的传导束，且是心脏心房传导系统的四条传导通路之一。心房传导束对于整个心房和房室结中快速传递电活动非常重要，特别是在酸碱和电解质（高钾血症）紊乱期间。房室结位于房中隔，靠近冠状窦口，位于或略高于室间隔三尖瓣小叶。希氏束-浦肯野系统从房室结延伸到室间隔和心室肌。除了左心室游离壁的一小部分外，马浦肯野纤维相对完全贯穿进入心室游离壁。这种解剖学特征可让马心室大部分相对快速且同步被激活（110～120ms）。

心房和心室的电激活以及随后的心室复极化引发体表电位变化，即成为P-QRS-T复合波。与其他物种相比，马心房的肌肉更多，因此马心电图（ECG）中经常观察到心房复极波（Ta波）。

（5）超微解剖学 大多数心脏组织由横纹肌细胞（心肌细胞）组成，其负责心脏的收缩功能。其余部分由特殊肌细胞（结和传导组织）、血管、神经和细胞外基质组成。相邻的心肌细胞具有紧密的端端连接，也称为闰盘，含有大的跨膜蛋白复合物，作为细胞骨架蛋白的锚定点，确保单个细胞产生的机械力能在整个心肌中传递。连接点主要位于闰盘中，确保细胞间的快速电传播，使心肌充当功能合胞体。心肌细胞的收缩单位是肌原纤维，由肌动蛋白（细丝）、肌球蛋白（粗丝）和多种调节蛋白组成，包括原肌球蛋白和肌钙蛋白复合体。肌原纤维与各种细胞骨架蛋白密切相关。后者提供空间的稳定性，传递机械力，并充当分子“传感器”，有助于细胞内信号传导。线粒体是心肌细胞中能量供应的主要来源，大量散布在肌原纤维之间，当细胞内钙负荷过多时也可起到钙缓冲作用。肌浆网（SR）由纵向小管和肌膜下池组成，作为钙储库，有助于细胞内钙循环，是兴奋激发-收缩耦合的必要基础。SR的末端池与所谓的T小管或肌纤

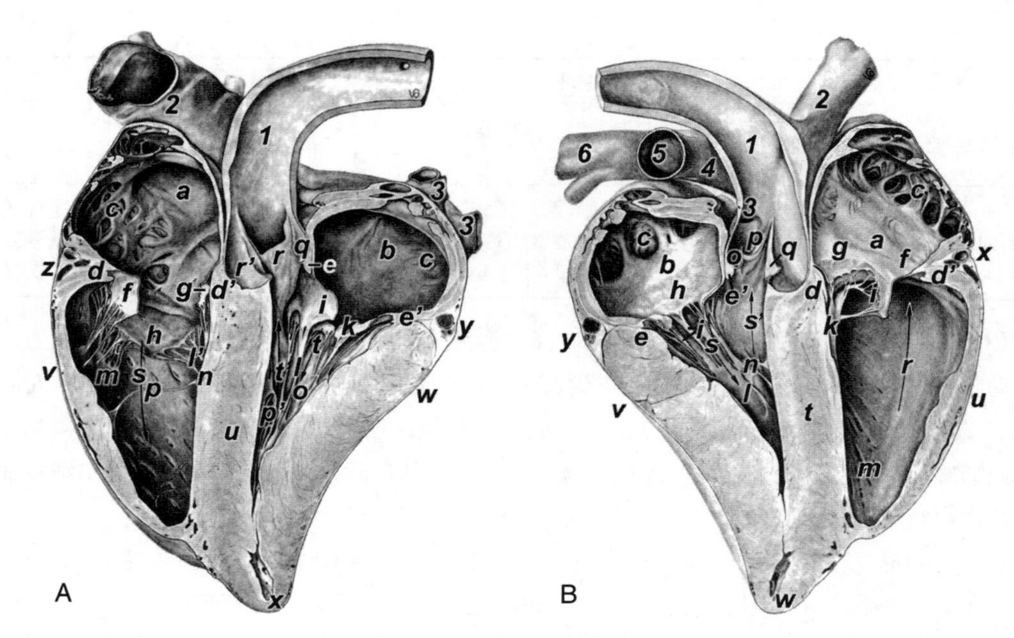

图 3-1 马心脏的矢状切面

A. 心脏的右半部分：a，右心房；b，左心房；c，梳状肌；d、d’，右房室口；e，e’，左房室口；f，顶叶尖；g，隔间瓣；h，右房室（三尖瓣）瓣膜；i，中隔尖；k，左房室（二尖瓣）顶叶尖瓣膜；l、l’，腱索；m、n，右心室乳头肌；o，左心室乳头肌；p、p’，左右心室隔缘小梁（节制索，“假腱”）；q、r、r’，主动脉瓣，位于主动脉口（d’和 e 之间）；q，左半月瓣；r，右半月瓣；r’，中隔半月瓣；s，右心室流入道；t、t’，左心室流入和流出道；u，室间隔；v，右心室游离壁；w，左心室游离壁；x，心尖；y、z，冠状动脉沟；1，主动脉弓；2，进入右心房的腔静脉；3，进入左心房的肺静脉。

B. 心脏的左半部分：a，右心房，可以见到右心耳；b，左心房，可以见到左心耳；c，梳状肌；d、d’，右房室口；e、e’，左房室口；f，顶叶尖；g，右房室（三尖瓣）隔尖瓣膜；h，左房室（二尖瓣）顶叶尖瓣膜；i、i’，腱索；k，右心室乳头肌；l，左心室乳头肌；m，心肉柱；n，隔缘小梁；o、p、q，主动脉瓣位于主动脉口（e’和 d 之间）；o，左半月瓣；p，右半月瓣；q，中隔半月瓣；r，右心室流出道；s、s’，左心室的流入和流出道；t，室间隔；u，右心室游离壁；v，左心室游离壁；w，心尖；x、y，冠状动脉沟；1，主动脉弓；2，头臂动脉干；3，左冠状动脉起源；4，主肺动脉（干）；5、6，右肺动脉和左肺动脉。注意室间隔（uA、tB）与肺动脉和主动脉流出道的关系。

维膜横向内陷紧密接触，是电激活过程中钙进入细胞的主要部位。起搏细胞和传导细胞比收缩性心肌细胞大，含有较少的肌丝，且闰盘非常突出，具有丰富的间隙连接，允许电脉冲的快速传输。

2. 心脏电生理学

心肌细胞形成一个功能性复合体，受到自然或人工起搏刺激时兴奋，并且能够传导电脉冲。心脏内的一些特定区域能够独立于外在刺激或神经输入而自发去极化和形成脉冲（自主性）。窦房结是心脏的生理起搏器（自发去极化速率最快）；如果窦房结活动受到干扰（窦性停搏）或心室冲动传导中断（三度房室阻滞），心房特殊纤维、房室结和浦肯野纤维可作为辅助性（较慢）心脏起搏器。

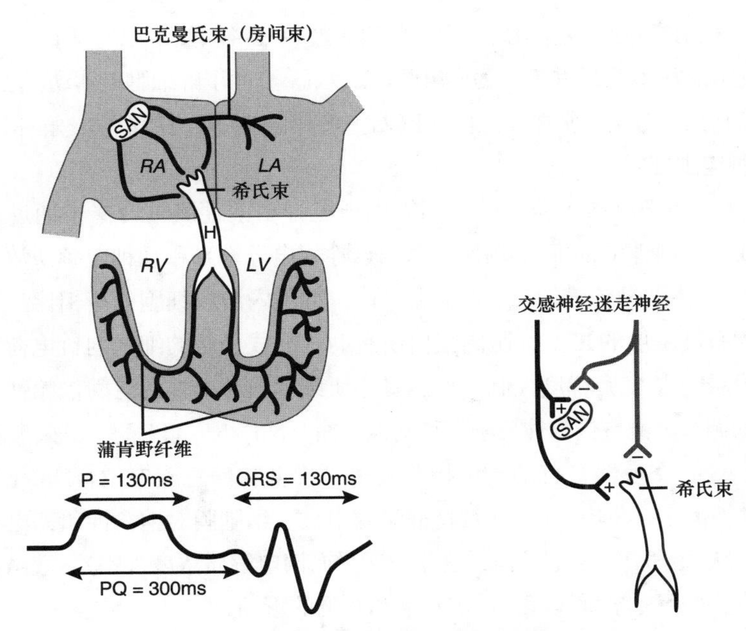

图 3-2　心脏脉冲形成和传导系统

冲动起源于窦房结（SAN），沿着右心房（RA）和左心房（LA）传播，产生 P 波。专门的结间和心房（房间束）路径有利于冲动的传导。冲动在房室交界处（房室结 + 希氏束）传导，并快速通过束支（H）和浦肯野纤维（上）。激活心室肌细胞产生 QRS 波。窦房结自律性和通过房室结传导受自主神经系统调节。

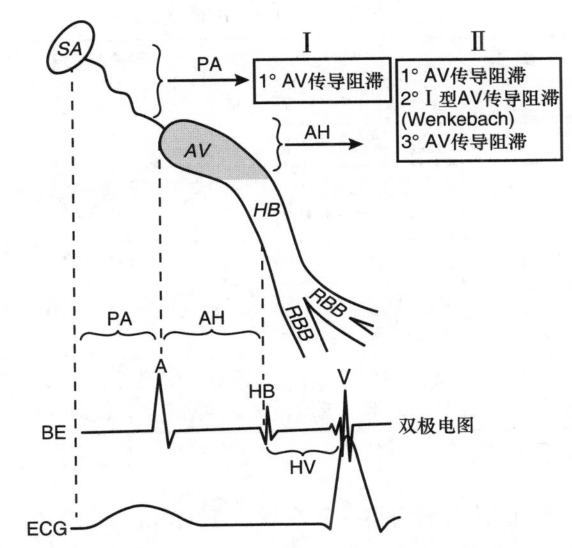

图 3-3　体表心电图、心内双极（希氏束）电图和相关解剖结构

冲动从窦房结向房室结传导。心房去极化在心电图上产生 P 波和心房（A）尖峰。去极化的电波穿过房室结（AV）、希氏束（HB）、右束（RBB）和左束（LBB）分支，最后是心室浦肯野纤维和心肌。PQ 间期可分为心房间期（PA，从窦房结到下心房）、结间期（AH，从下心房到希氏束）和结下间期（HV，从希氏束到心室）。房室（AV）传导阻滞可由心房肌传导延迟或中断（PA 间期）、房室结（AH 间期）或房室束（HV 间期）引起。

心脏电活动过程由穿过细胞膜的离子引起（表3-2、图3-4和图3-5A）。所有心肌细胞的电活动总和可以无创地在体表获得，并记录为心电图（ECG）。全面了解细胞电活动、心电脉冲产生和传播以及自主调节作用，有利于掌握马独特的ECG，并对心律失常进行识别、解释和临床治疗。

（1）正常细胞电生理学

心脏细胞电活动和细胞内电位（阴性细胞内电位）由活性膜结合离子通道、交换蛋白和泵决定，取决于心肌细胞膜的时间依赖性选择通透性（电导率）和几种电解质浓度梯度的变化（电压依赖性变化），特别是跨膜的K^+、Na^+和Ca^{2+}。细胞内液和细胞外液相比，外液含有高浓度的Na^+，内液含有高浓度的K^+。细胞内蛋白质有助于形成显著的细胞内负电荷。虽然钠流入和钾流出主要受化学（浓度）梯度控制，但也受心肌细胞膜通透性的时间依赖性和电压依赖性变化对离子通道的调节。能量依赖性离子泵和交换蛋白［Na^+-K^+-ATP酶、三磷酸腺苷（ATP）–依赖性Ca^{2+}、Na^+/Ca^{2+}交换器］有助于维持跨膜离子梯度和静息膜电位。Na^+-K^+-ATP酶泵以3∶2的比例交换钠离子（生电），以便维持静息膜电位。细胞膜对钠、钾和钙电导率的突然改变影响去极化、肌肉收缩和复极化过程。这些依次受血清电解质浓度（K^+）、酸碱状态、自主调节、心肌灌注和氧合作用、炎症过程、心脏疾病和药物的影响。

①心脏动作电位：心脏细胞动作电位通常以5个不同的时期来描述，分别为静息期（4期）、快速去极化期（0期）、快速复极初期（1期）、平台期（2期）和复极末期（3期）（表3-2、图3-4和图3-5A）。

表3-2　心脏动作电位

时期	离子	特征／解释
0期：快速去极化	Na^+	快速Na^+（I_{Na}）内流通道；决定传导速度
1期：快速的早期复极化	K^+	快速外向通道（I_{to}）
2期：平台期	Ca^{2+}	L型（I_{Ca}）通道；缓慢内向的长时间电流；心肌细胞的2期，SA和AV结细胞的4期和0期
3期：复极化	K^+	延迟整流（I_{Kr}）通道；主要外向复极化电流
4期：静息膜电位	K^+	内向整流（I_{k1}）通道；在4期保持负电位；以去极化结束；它的衰变有助于起搏器电流
4期起搏器电流	Na^+ Ca^{2+}	缓慢内向Na^+（I_f）通道；促进SA和AV结细胞T型（I_{Ca}）通道中4期的起搏器电流；快速内向电流；促进SA和AV结细胞中的相位电流

注：AV，房室结；SA，窦房结。

A.静息期（4期）：正常心肌细胞的膜在静息状态下对Na^+和Ca^{2+}的通透性相对较小，对K^+的通透性大（4期）。因此，非自律细胞的静息膜电位主要由Na^+-K^+泵的活性和内向整流性钾电流（I_{K1}或I_{Kir}）决定。由于膜两侧存在K^+的高浓度梯度以及静息时膜的高K^+电导率，导致K^+外流，直至膜两侧电位和化学力（浓度梯度）平衡。大多数心肌细胞的静息膜电位非常接近钾平衡电位，可通过能斯特（Nernst）方程式来确定，在心房和心室肌细胞以及浦肯野纤维中约为–90mV。

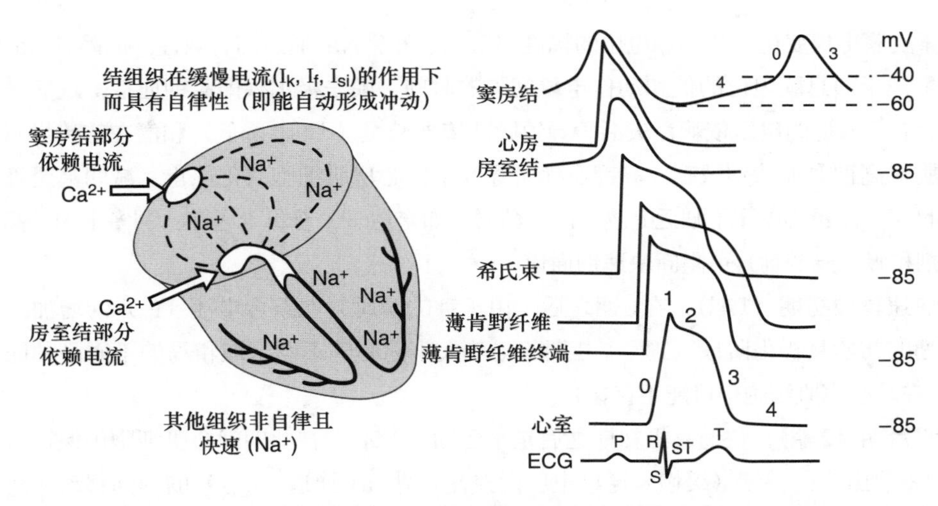

图 3-4 体表 ECG 是心脏产生的所有动作电位的代数和

由于静息膜电位为较小的负值（−60mV vs.−85mV），并且依赖于缓慢的内向（钙）电流（I_{Si} 或 $I_{Ca\text{-}L}$）的去极化，因此在 SA 和 AV 结中动作电位的传导更慢。快速钠通道的激活使心肌细胞去极化。动作电位的持续时间因心脏组织而异，部分原因是细胞不应期的不同。I_k，钾电流；I_f，起搏器（异常）电流。

B. 去极化期（0 期）：邻近细胞或人工起搏器对心脏细胞的电刺激使细胞去极化。如果去极化超过约 −55mV 的阈电位，则产生全或无电位（动作电位）。动作电位（0 期）的快速上升是由快速 Na^+ 通道的激活使 Na^+ 进入细胞（快速 Na^+ 电流：I_{Na}）。Na^+ 进入心肌细胞使细胞膜快速去极化（图 3-5A）。膜电位的变化率（dV/dt）和动作电位的幅度（mV）是电脉冲传导速度的直接

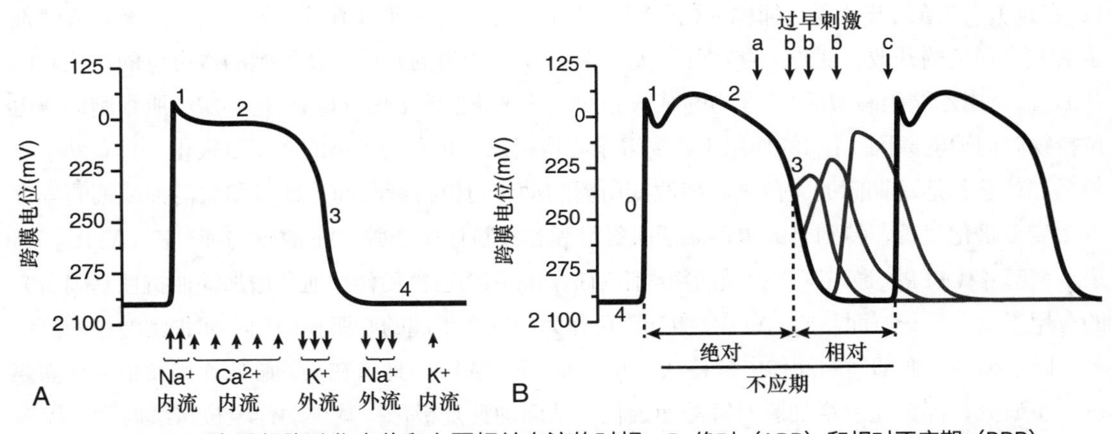

图 3-5 A. 心室肌细胞动作电位和主要相关电流的时相 B. 绝对（ARP）和相对不应期（RRP）

A 图中，初始阶段在 0 点处的电流尖峰和过冲（1）是由快速内流的 Na^+ 电流引起的，平台期（2）是由 L 型钙通道中的慢 Ca^{2+} 电流引起的，而复极期（3）则是由外流的 K^+ 电流引起的。静息电位期（4）（Na^+ 流出、K^+ 内流）由 Na^+-K^+-ATP 酶维持，钠 - 钙交换泵主要负责钙的流出。在特殊的传导系统组织中，自发去极化发生在 4 期，直到达到导致 Na^+ 通道开放的电压为止。B 图中，如果在 ARP 期间刺激，则不能激活心脏细胞，但在 RRP 期间刺激时，可以产生较小的较慢的传导电位。后一种异常电位可能与心脏传导延迟或传导阻滞和折返回路的形成有关

决定因素。膜电位变化率和动作电位的幅度都取决于静息Na^+通道的有效性，而静息Na^+通道的有效性取决于静息膜电位的值和动作电位间隔的时间。膜去极化（即高钾血症、缺氧、局部缺血）引起Na^+通道的电压依赖性失活，导致脉冲传导减慢（dV/dt降低）和潜在的传导阻滞。心房肌细胞对高钾血症特别敏感，高钾血症可导致正常心房肌细胞活化停止，减弱甚至没有有效的心房收缩，体表心电图上缺乏P波。许多药物（如奎尼丁、普鲁卡因胺、利多卡因、高剂量静脉麻醉剂和吸入麻醉剂）可阻断快速钠通道。

C.快速复极初期（1期）：在0期之后，由于钾的瞬时外向整合电流（I_{to}）的增加，发生短暂且快速的初始复极化阶段（1期）。1期的电流大小因心脏不同区域和马的不同品种而异（图3-5A）。在马心室肌细胞中可能不存在I_{to}。

D.平台期（2期）：快速复极初期之后是平台期（2期），在此期间心肌细胞仍保持去极化状态。2期主要由Ca^{2+}持续（缓慢）通过电压门控性L型Ca^{2+}通道（$I_{Ca\text{-}L}$）的内向移动所决定，膜去极化至约−40mV。$I_{Ca\text{-}L}$受晚期Na^+电流、复极化K^+电流和Na^+-Ca^{2+}交换器活性的影响，并可被Ca^{2+}通道阻滞剂（维拉帕米、地尔硫䓬、硝苯地平）阻断。2期的持续时间因心脏组织而异，在结组织和心房组织中最短，在浦肯野纤维中最长（图3-5A）。心内膜下和心外膜下心室肌的平台期持续时间也不同。平台期时Ca^{2+}进入心肌细胞，诱导心脏收缩，是心肌细胞释放内质网中储存Ca^{2+}的触发因素（钙诱导的钙释放）。通过电脉冲引发的心肌收缩被称为兴奋-收缩偶联。注射和吸入麻醉剂都会干扰$I_{Ca\text{-}L}$，导致血管舒张和心脏收缩力下降。

E.复极末期（3期）：复极化阶段（3期）恢复至静息电位。细胞膜对Na^+和Ca^{2+}的透性降低和K^+通道开放，允许细胞内K^+向细胞外流出（图3-5A）。复极化钾电流也称为延迟整流电流（I_K或I_{Kv}）。通道的开放受自律输入信号和抗心律失常药物（钾通道阻滞剂）调节，吸入麻醉剂也会减少通道的开放。此外，存在几种配体影响着K^+通道的开放以及细胞动作电位的持续时间（即I_{KAch}，由乙酰胆碱激活）。在马的某些品种，超快速整流电流（I_{Kur}）是心房心肌细胞动作电位持续时间短的原因。I_{Kur}的作用不只局限于心房组织，也有助于马的心室复极化，且有助于改善马在休息和运动期间的大范围心率改变所需的动作电位持续时间。缺氧和血清钾或钙的异常可改变复极化过程。特别是缺氧可激活肌纤维膜和线粒体中心脏ATP敏感的钾［K（ATP）］通道。调节K（ATP）通道（作为激活剂或阻断剂）的药物已被用作缺血和增加缺血抗性基础研究的有用工具。另一方面，K（ATP）激动剂可作为由缺血引起的心肌损伤和心律失常潜在的治疗剂。除了缩短缺血期间的动作电位持续时间之外，K（ATP）通道在马的临床作用和相关性需要进一步研究。高钾血症增加膜对钾的通透性，从而加速复极化，减少动作电位持续时间，缩短QT间期，并增加体表ECG上的T波振幅（T波峰值）。请注意，即使在高钾血症时，细胞内高钾（超过100mmol/L）也足以将钾排出细胞（因为细胞外钾很少超过10mmol/L）。

②不应期和动作电位持续时间：不应期用于防止心脏的快速重复或紧张性活化引发新的动作电位（即心律失常）。正常情况下，不应期取决于失活钠通道的恢复速度，与细胞动作电位持续时间密切相关。在细胞水平上，绝对不应期限定了心脏细胞不能被激发的时间，使动作电位

不能启动过早。该阶段从动作电位的开始（0期）延伸到复极化第一阶段（3期）（图3-5B）。从3期开始到4期早期的时间被称为相对不应期（RRP）。在RRP期间，部分钠通道从失活状态恢复并进入静息状态，使得正常或超常刺激可以引发电位，尽管电位微小，其特征为0期去极化缓慢且振幅较低（图3-5B）。如果传播的电脉冲是由前电位引发的，则产生脉冲的传导速度较低。然而，在整个心脏中，异常动作电位可能带来局部的异常，无法启动传导反应，因而不能通过体表ECG记录下来。早期刺激不会引起传导反应，被称为有效不应期。

在整个心肌层，心肌细胞动作电位和不应性的持续时间和分散度是心律失常发生的重要决定因素。例如，高位迷走神经活动因缩短心房动作电位持续时间以及降低不应性而易发生房颤（AF）。相反，许多抗心律失常药物（如奎尼丁、普鲁卡因酰胺）可延长动作电位、复极化（缓慢3期）和不应期，从而降低心律失常发生的可能性。注射和吸入麻醉剂可通过干扰钾电流缩短动作电位和不应期。这些作用在某些状态下能抗心律失常，但也可造成心律失常，这取决于麻醉的药物效应模式和起效时间，以及先前的心脏疾病产生的电生理异常的类型。

③结组织（窦房结，房室结）：动作电位的0期主要由SA结和AV结细胞中的慢L型钙（I_{Ca-L}）流和慢钠（I_f）流决定。较慢的0期去极化是因为结组织中的静息电位较低（较小负值），导致大多数快速Na^+通道的失活。同样，缺血性肌细胞具有较小的负电位，并且更依赖于Ca^{2+}的缓慢内流。由于电脉冲传导速度与0期动作电位的上升速度（dV/dt）有关，因此结细胞和缺血性心肌组织的电脉冲（动作电位）传导速率比正常健康心肌慢得多。心房和心室肌肉发生折返性心律失常的先决条件之一是脉冲传导缓慢。交感神经和儿茶酚胺（肾上腺素、多巴胺、多巴酚丁胺）通过增加结组织中的L型钙流加速AV结脉冲传导。高剂量静脉麻醉药物和吸入麻醉药对Ca^{2+}通道存在抑制作用，可防止窦房结和房室结产生脉冲，抑制传导。

④起搏器活动：具有固有自律活动性（自律性）的组织表现出一些不同的电生理特征，特别是在动作电位的4期。自律组织（SA结、AV结周围、浦肯野纤维网）在4期（4期去极化）表现出缓慢的、与先前的电刺激无关的自发去极化。4期舒张期去极化是由钾流的自发缓慢失活（I_{Kv}）、“异常”电流的激活（I_f、慢Na^+流）、T型Ca^{2+}流（I_{Ca-T}）以及可能基于Na^+流的离子分布（I_b）引起的（表3-2）。结节组织中缺少内向整流电流（I_{K1}）。具有最快自发去极化功能的自律组织可充当心脏起搏器。SA结具有最快的4期去极化速度，是健康马的心脏起搏器。在患病马或心脏病患马，辅助起搏器可与SA结竞争甚至取代SA结作为起搏器。自主神经张力、电解质浓度（K^+、Ca^{2+}）和药物的变化影响自发性去极化的速率。副交感神经张力的增加可降低自律性，交感神经张力增加可增强自律性（图3-6和图3-7）。细胞外钾的少量增加激活钾通道，增加复极化钾流，从而抑制起搏器活动。临床剂量的阿片类药物和α_2-肾上腺素受体激动剂可通过增加迷走神经张力减弱起搏器活动。高浓度的静脉麻醉药和吸入麻醉药可抑制起搏器活动。低浓度的麻醉剂可能会增加因麻醉、疼痛或低血压引起的交感神经张力增加，而使起搏器活跃。

④电解质稳态恢复：心脏动作电位的产生改变细胞内电解质稳态，导致细胞内钠和钙浓度增加，细胞外钾浓度小幅增加。电解质在正常细胞内和细胞外浓度的恢复和维持主要依靠各种

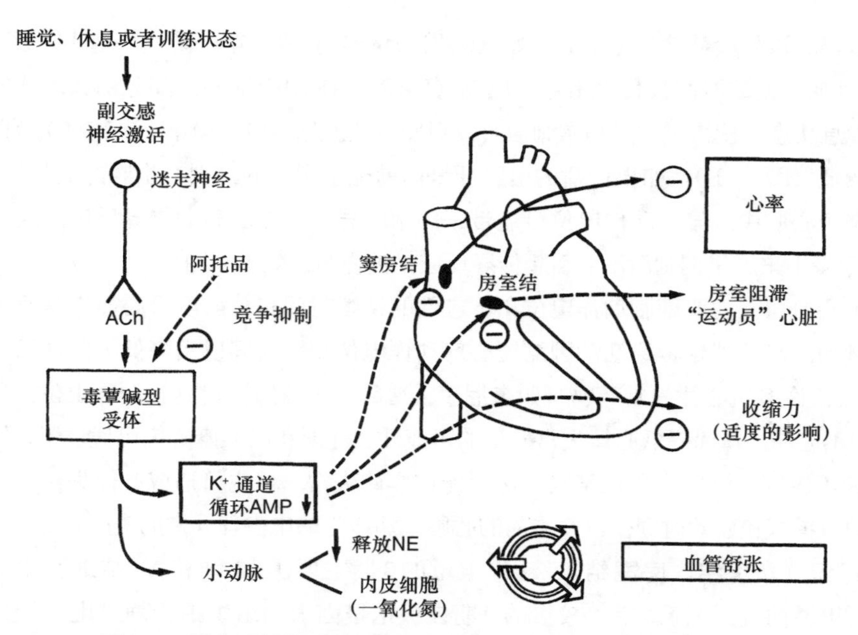

图 3-6 副交感神经系统通过 M_2 受体对心脏活动产生抑制作用

副交感神经刺激降低腺苷酸环化酶活性，开放钾通道，降低 SA 结的自律化程度，减缓房室结传导。副交感神经活动也能扩张冠状动脉，并对心室收缩力有一定的抑制作用。

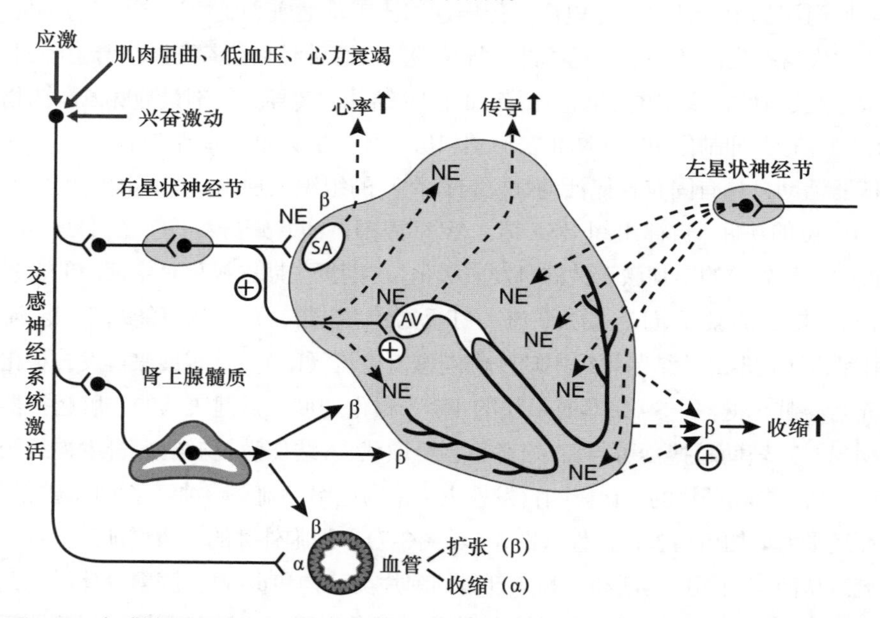

图 3-7 交感神经系统激活释放去甲肾上腺素（NE），使 cAMP 增加并激活钙通道

主要受交感神经刺激的心脏受体是 β_1- 肾上腺素能受体。血管受体是 α- 肾上腺素能（α_1，α_2）血管收缩受体和 β_2- 肾上腺素能血管舒张受体。交感神经刺激通过 AV 结和传导系统（+ 兴奋传导）增加心率和电脉冲的传导（+ 变时性）。心脏收缩力和松弛速度增加（+ 强心药；+ 舒张作用）。交感神经刺激也会增加心肌兴奋性（+ 变阈性），因此可能会增加心律失常的发生概率。

耗能泵、交换器和离子通道。钠和钾浓度梯度主要通过膜结合的Na^+-K^+-ATP酶的活动恢复。钙通过Na^+-Ca^{2+}交换器（较小部分）和Ca^{2+}泵从细胞质中移出。细胞内钙还通过肌浆网Ca^{2+}-ATP酶（SERCA）机制被肌肉内肌浆网（SER）再摄取（图3-8）。高剂量静脉麻醉药和吸入麻醉药会干扰心脏动作电位的所有阶段，最明显的是0期快速去极化、2期和3期延迟复极化，使心脏动作电位出现小三角形并减慢电脉冲的传导，出现传导阻滞，增加心律失常的风险，且使跨膜钙通量降低，导致心脏收缩力降低。

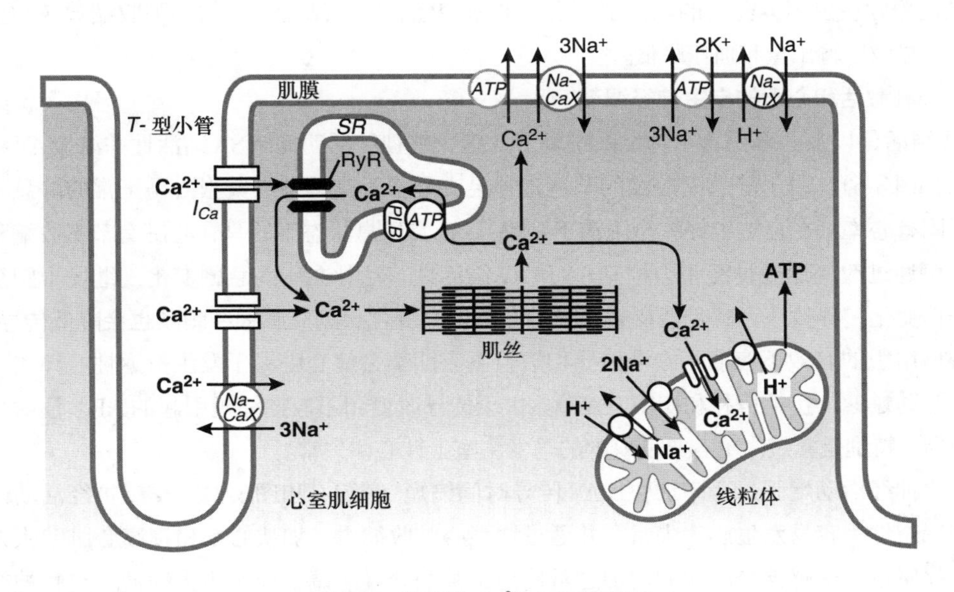

图3-8　肌浆网Ca^{2+}-ATP酶机制

心肌细胞膜的去极化打开钙（Ca^{2+}）通道，导致Ca^{2+}内流（I_{Ca}），细胞内Ca^{2+}增加。兰尼碱受体（RyR受体）触发细胞内Ca^{2+}的增加，使SR释放钙。额外的钙通过Na^+-Ca^{2+}交换器进入细胞内。细胞内Ca^{2+}的增加促进肌动蛋白-肌球蛋白相互作用和线粒体功能（氧化磷酸化）。通过将Ca^{2+}吸收到SR中来启动松弛。RyR，兰尼碱受体（钙释放通道）；SR，肌浆网；肌丝（肌动蛋白和肌球蛋白），与原肌球蛋白和肌钙蛋白复合物有关；PLB，受磷蛋白（与肌内质网Ca^{2+}-ATP酶相关）；Na-CaX，Na^+-Ca^{2+}交换器（NCX）；ATP，ATP酶；Na-HX，Na^+-H^+交换器。

⑤**心脏兴奋**：心肌内的细胞间连接，称之为间隙连接（连接子），允许离子流快速从一个细胞传递到另一个细胞。电激活（去极化）细胞刺激和去极化邻近细胞，导致电活动快速分散整个心脏，使心肌细胞成为功能性合胞体。脉冲传导取决于传导组织的活性（动作电位、离子流）和被动特性（电阻、电容），受生理调节系统（例如，自主神经兴奋性、pH和电解质、循环激素）或病理过程影响。

心脏起搏器——SA结，位于前腔静脉和右心耳的交界处，启动心肌去极化，使右心房横向收缩。特殊的心房肌细胞包含结间通路和房间束，加快脉冲横贯心房的速度（图3-2和图3-3）。脉冲通过右下心房和希氏束之间的AV结细胞时，电传导非常缓慢，且易受迷走神经传出活动的生理阻滞（图3-3）。AV结的传导延迟为协调、连续的AV收缩和有效的心脏泵血提供时间。电脉冲通过希氏束、束支和浦肯野系统的传导速度比通过心室肌细胞更快，确保心室激活过程协调一致。

心房间同步、房室同步、心室内同步和心室间同步等术语用于描述心房和心室激活和收缩的正常过程。正常的脉冲传导在使心房顺序收缩和松弛的同时激活心室，确保心脏泵血功能同步、有效。心律失常，特别是引起房室分离或心室异常激活时，可导致每搏输出量减少。大剂量或快速静脉注射麻醉药物的马，都可造成心率突然下降，结合不良的心脏收缩效应和血管扩张时，会导致心输出量和血压降低。

3. 心脏激活和心率的自主神经调节

SA结活化以及心率由自主神经系统调节。副交感神经活动抑制SA结活性并减缓AV结传导（表3-3、图3-6）。由于静息无应激的马迷走神经支配强于交感神经紧张，马正常的静息心率通常低于固有心率（在自主神经完全阻滞下观察）。正常静息状态下的马在心脏有节奏收缩和舒张基础上可通过改变迷走神经张力控制SA和AV结活性。动脉血压的急剧变化，继发于副交感神经紧张性变化，导致压力感受器反射介导的心率反向变化。副交感神经刺激也会降低传导速度，缩短心房组织的有效不应期。缓慢传导和短暂不应期都会使心脏易于发生折返性心律失常，如室上性心动过速，包括房扑和房颤（AF）。由于传导改变和不应期缩短引起的AF，注射和吸入麻醉药物，特别是氟烷，更容易使麻醉的马发生室上性心律失常。

交感神经活动增强，心率加快，AV传导时间缩短（表3-3和图3-7）。交感神经活动还可增加细胞兴奋性，容易发生心律失常，并通过增强心脏收缩力、加快心率和提高心肌壁张力来增加心肌耗氧量。交感神经活动的增加通常比迷走神经介导的调节作用更为缓慢。交感神经调节对正常静息马的心率不是十分重要，但在应激或运动期间则是主导调节因素。大多数用于镇静和麻醉的药物对自主神经兴奋性产生一定的影响，也对副交感神经或交感神经系统活动产生直接影响。α_2-肾上腺素受体激动剂、阿片类药物和低剂量的氟烷可增加副交感神经紧张性，导致窦性心动过缓、窦性阻滞或停搏、AV阻滞、AV分离（包括等频性房室分离）。

表3-3　自主神经支配的作用

组织	反应	
	副交感神经	交感神经
心脏	M_2 胆碱能受体	β_1（和 β_2）肾上腺素能受体
窦房结	心动过缓	心动过速
心房组织	收缩性下降 / 不应期缩短	收缩性增加 / 不应期缩短
房室（AV）结	传导速度降低、AV阻滞	自主性和传导速度增加
希氏束 - 浦肯野纤维	与交感神经效应相反的最小效应	自主性和传导速度增加

（续）

组织	反应	
	副交感神经	交感神经
心室肌	与交感神经效应相反的最小效应	增加收缩性、松弛性、自主性、传导速度和 O_2 消耗；不应期缩短
小动脉	M_3 胆碱能受体	α_1（和 β_2）肾上腺素能受体
冠状动脉	扩张（伴有内皮损伤的收缩）	收缩（α_1）；扩张（β_2）*
皮肤与黏膜	—	收缩（α_1）
骨骼肌	—	收缩（α_1）；扩张（β_2）*
大脑	—	收缩（α_1；轻微）
肺脏	—	收缩（α_1）＜扩张（β_2）*
腹腔脏器	—	收缩（α_1）＞扩张（β_2）†
肾脏	—	收缩（α_1）＞扩张（β_2）†
静脉	M_3 胆碱能受体	α_1 和 α_2 肾上腺素能受体
全身性静脉	—	收缩（α_1）；扩张（β_2）
支气管平滑肌	M_3 胆碱能受体	α_2 肾上腺素能受体
	支气管狭窄	支气管扩张

注：—，没有效果；*，由于局部代谢自动调节，扩张在原位处于主导地位；†，也可由特定的多巴胺能受体介导。

信号传递途径：

M_2：G_i-蛋白介导的腺苷酸环化酶抑制，环磷酸腺苷（cAMP）减少；抑制 L 型 Ca^{2+} 通道；激活 K^+ 通道。

M_3：激活磷脂酶 C（PLC），从而导致磷酸肌醇被转化成三磷酸肌醇（IP3）和二酰基甘油（DAG）。当 DAG 停留在膜附近时，IP3 扩散到细胞质中并与内质网上的受体结合，触发 Ca^{2+} 从肌浆网（SR）释放。

α_1：激活磷脂酶 C（PLC），从而导致磷酸肌醇被转化成三磷酸肌醇（IP3）和二酰基甘油（DAG）。当 DAG 停留在膜附近时，IP3 扩散到细胞质中并与内质网上的受体结合，触发 Ca^{2+} 从肌浆网（SR）释放。

β_1：G_s-蛋白介导的腺苷酸环化酶刺激，cAMP 增加；刺激 L 型 Ca^{2+} 通道，SERCA，肌钙蛋白 I，K^+ 通道和起搏器电流（I_f）。

β_2：G_i-蛋白介导的腺苷酸环化酶抑制，cAMP 降低；抑制 L 型 Ca^{2+} 通道（心脏：G_s-和 G_i-蛋白介导的作用）。

低剂量氯胺酮或替来他明会增加中枢交感神经紧张性输出，可能导致窦性心动过速。大多数其他的注射和吸入麻醉剂（硫喷妥钠、异丙酚、异氟醚、七氟醚）可抑制交感神经系统活动，导致窦性心动过缓、房室传导减慢和心室性心律迟缓。

压力感受器（压力）介导的反射在心率调节中起重要作用，主要是通过改变副交感神经紧张性来完成。班布里奇反射（静脉心脏反射）是一种压力反射，心房压力的升高导致心率增加。当血容量高于正常值时，班布里奇反射尤为重要。此外，在主动脉弓、颈外动脉和颈内动脉分叉处的压力感受器，在动脉压升高时增加副交感神经紧张性，并抑制交感神经紧张性来帮助调节动脉压，因此降低心率、全身血管阻力（SVR）和心输出量（心脏收缩力降低）。血容量降低时，动脉压力感受器反射优于班布里奇反射而占主导。班布里奇反射在有意识或麻醉马的生理相关性尚不清楚。此外，马与呼吸周期相关的心率节律性变化（呼吸性心律失常）不是非常明显。其他反射，包括化学感受器反射、心室（牵张）受体反射和血管迷走神经介导反射在正常健康马中尚未明确定义，可能在心率的调节中作用非常微小。

4. 心脏的机械性能

正常心脏激活是心脏功能正常的先决条件。心肌细胞的电兴奋必须转化为心脏收缩的机械活动。该过程通常被称为电-机械耦联或兴奋-收缩耦联。心电-机械分离（EMD）为一种病理状态，即心电兴奋不能转化为机械活动。EMD是由心肌新陈代谢和收缩元素相互作用的严重代谢紊乱引起的。临床上EMD是无脉冲电活动（PEA）的原因之一，有可能是由心肌代谢紊乱引起的，也可能不是（框表3-1）。PEA的特征是在没有可检测到的心跳或脉搏的情况下，存在可记录的（正常或异常）心脏电活动。没有可检测心跳通常是由于心率和/或节律异常、收缩力差和心室负荷异常等综合因素造成每搏输出量和心输出量不足。最常见的原因是血容量不足，麻醉剂过量同样可以引起PEA，特别是吸入麻醉剂过量，可导致PEA和EMD，也可以导致对高剂量肾上腺素（200μg/kg）的反应降低或无反应。

框表3-1　无脉冲电活动的临床原因
• 缺氧 • 血容量不足 • 外伤（失血导致低血容量） • 酸中毒 • 高钾血症 • 低糖血症 • 低钙血症 • 低钠血症 • 体温过低 • 钙颉颃剂过量 • 药品（麻醉）过量 • 心包填塞

（1）心脏兴奋-收缩耦联

兴奋-收缩耦联是心脏电活动（动作电位）转化为机械活动，使心脏收缩的过程。在动作电位的平台期，钙离子通过L型钙通道进入心肌细胞，再通过钙释放通道（钙释放通道受体，兰尼碱受体）激发储存在SR中的细胞内钙的释放（图3-8）。该过程称为钙诱导的钙释放。游离钙与调节肌钙蛋白-原肌球蛋白复合体结合。当钙与肌钙蛋白-C（TN-C）结合时，诱导调节复合物的构象发生变化，使肌钙蛋白-I（TN-I）暴露在肌动蛋白分子位点上。该位点与位于肌球蛋白头部的肌球蛋白ATP酶结合，引发收缩蛋白（肌动蛋白-肌球蛋白）跨桥循环，肌丝收缩。动作电位平台期后肌肉紧张性和收缩的发展，在动作电位的3期晚期或4期早期发生最大收缩。

心肌舒张需要把钙从细胞质中去除，一种是重新摄入到SR（通过SERCA），另一种是通过肌纤维膜［通过Na^+-Ca^{2+}交换器（NCX）和Ca^{2+}-ATP酶］排出（图3-8）。心肌舒张过程具有能量依赖性，与心肌收缩相似，依赖于充足的能量和氧气供应。

吸入麻醉剂通过干扰细胞内钙循环，降低收缩性肌丝对钙的敏感性，引起剂量依赖性心肌收缩和舒张活动。给予钙（葡萄糖酸钙、氯化钙）和儿茶酚胺（多巴酚丁胺、多巴胺），可提高肌细胞溶质中钙的浓度，增加ATP代谢量，从而减轻氟烷、异氟醚和七氟醚麻醉对马心室的功能抑制。

①心动周期（威格斯周期）：Carl J. Wiggers在20世纪初首次描述心电（ECG）和机械

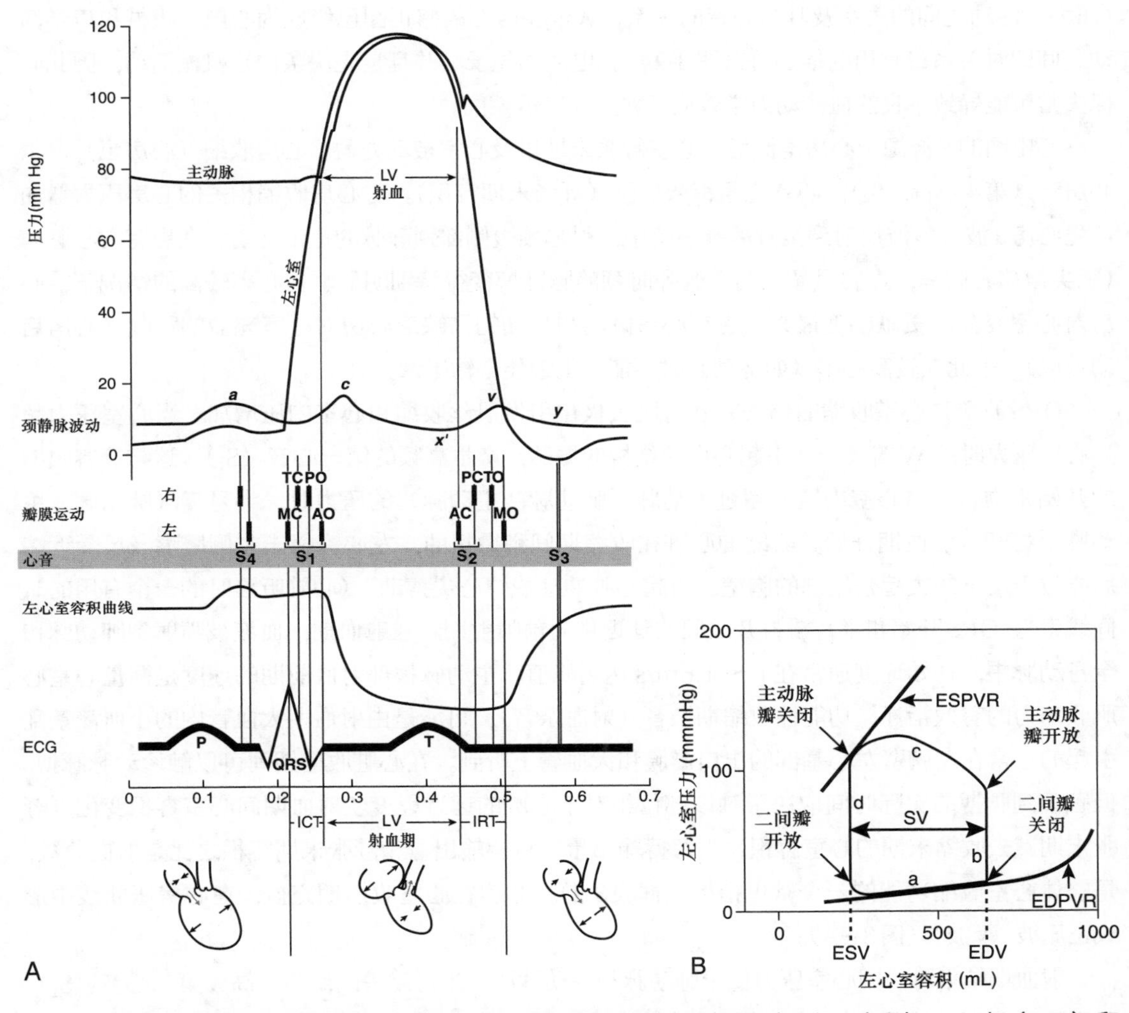

图 3-9 A. 心动周期（威格斯图）阐明了在每次心跳期间发生的机制（压力、容积）、心电（ECG）和心音之间的时间关系 B. 左心室（LV）压力 - 容积曲线示意图

A 图收缩期心室变化始于 QRS 波群，可分为等容收缩期［ICT；从二尖瓣 / 三尖瓣闭合（MC/TC）至主动脉 / 肺动脉瓣开放（AO/PO）］，心室射血期［从 AO/PO 到主动脉 / 肺动脉瓣闭合（AC/PC）］和等容舒张期［IRT；从 AC/PC 到二尖瓣 / 三尖瓣开放（MO/TO）］。在射血期间，心室容积从最大（舒张末期）收缩到最小（收缩末期）。舒张末期心室容量是心室前负荷的估计值。舒张末期和收缩末期容积之间的差异是每搏输出量，其与心脏超声中主动脉时间 - 速度曲线下的面积相关（未显示）。心房压力变化包括 a、c 和 v 波，以及 x' 和 y 下降曲线。心房收缩引起心房压力（a 波）增加，导致心室充盈的舒张末期增加。x' 波是由心室收缩引起的心房扩张产生的；v 波表示三尖瓣或二尖瓣开放前的静脉回流血量峰值；y 下降表示心房血液排空到心室（快速心室充盈）。颈静脉波与心房压力变化平行。S_1 和 S_2 心音分别由与房室瓣和半月瓣关闭相关的心血管结构的振荡引起。S_3 发生在快速心室充盈期间。S_4，或称心房音，与心房收缩期间以及由此导致的心室充盈发生的振动有关。B 图显示心室充盈（a），等容收缩（b），心室射血（c），等容舒张（d），以及相关的心脏瓣膜开启和关闭。每搏输出量（SV）由心室容积的变化决定。收缩末期压力 - 容积关系（ESPVR）的斜率反映心室收缩力，不受负荷的影响。

（压力）活动之间的关系及其与心音的关系。Wiggers图的修正图已经成为心电、机械和声学活动之间即时关系最常用的描述符（图3-9A）。电活动先于（并且是先决条件）机械活动，因此心律失常可能导致不良的血液动力学效应，尤其在麻醉期间。

心电图的P波源于心房电激活、心室舒张末期以及心室被动充盈。心房收缩（心房泵）产生心房音（第4心音，S_4），心室充盈稍微扩张（舒张末期容积）。与心房收缩相关的心房压力增加产生心房a波，该波反射到全身静脉系统中，引起颈腹侧部颈静脉的正常搏动。在患有右心脏病（三尖瓣病）的马，血容量超负荷，俯卧时颈静脉脉搏变得特别明显。在心率较高的情况下，心房对心室充盈的贡献幅度最大。患有心房颤动和扑动的马缺乏心房对心室充盈的贡献（心房启动效应），因此在较高心率（如运动）时不能产生最佳心输出量。

QRS波群是心室收缩的信号。心室肌去极化引发肌丝收缩和心室内压增加。当心室压力超过心房压力时，AV瓣关闭，引起心血管结构的振荡，产生高频的第一心音（S_1）。这与等容收缩的开始相吻合。当心室内压力超过大动脉（肺动脉、主动脉）的压力时，半月瓣（肺动脉、主动脉）打开，射血期开始。收缩的心脏在收缩期间稍微扭曲，左心室撞击左侧鹰嘴（尺骨近端后方位于皮下的突起）尾部的胸壁，引起心脏冲动或“心尖搏动”（心脏听诊时的一个有用的时间线索）。QRS开始和半月瓣打开之间的延迟称为预喷射期。在射血期，血液被喷射到肺动脉和全身动脉中，初始速度通常在1～1.6m/s达到峰值。主动脉根部射血前期的速度是衡量心室心肌收缩力的有效指标。功能性收缩期杂音（射血杂音），可能是由射血期大血管内的小血流紊乱引起的，常在左胸壁左心基部的出口瓣膜和大血管上听到。在心脏收缩期间可以触诊动脉脉搏，但触诊到脉搏的实际时间取决于触诊部位相对于心脏的远近程度。射血期间心室容积变化（舒张末期减去收缩末期的心室容积）为每搏输出量。每搏输出量和舒张末期容积之比是射血分数，是整体心室收缩功能的一个常见指标（框表3-2）。心房在心室收缩期充盈，在心房压曲线中形成正压波（v波）（图3-9A）。

射血期结束时，因心室压力低于肺动脉和主动脉压，半月瓣关闭，产生高频第二心音（S_2），并形成动脉压曲线上的切迹。马的肺动脉瓣可以比主动脉瓣关闭早或晚。不同步的瓣膜闭合可

框表3-2　血流动力学相关公式

每搏输出量*= 舒张末期容积 − 收缩末期容积
射血分数 = 每搏输出量 / 舒张末期容积
心输出量 = 每搏输出量 × 心率
心脏指数 = 心输出量 / 体表面积†
体循环血管阻力 =（平均动脉压 − 中心静脉压）/ 心输出量 × 80
肺血管阻力 =（平均肺动脉压 − 左心房压）‡/ 心输出量 × 80
血压 = 心输出量 × 血管阻力

*，每搏输出量由心率、前负荷、后负荷和收缩力决定。
†，心输出量与体重相关［mL/（min·kg）］。
‡，肺毛细血管楔压用作左心房压力的估计值。

能导致S_2心音分裂，在一些患有肺病和肺动脉高压的马中特别明显。半月瓣闭合后开始心室舒张期。心室舒张期可以分为四个阶段：等容舒张期、快速心室充盈期、心室收缩期和心房收缩期（图3-9A）。

主动脉瓣关闭至二尖瓣开放之间的时间间隔称为等容舒张期。在此阶段，心室肌张力降低，因此心室容量保持不变。心室开始舒张时，心房压力超过相应的心室压力，主动脉（AV）瓣打开，随着进入心室快速充盈期，流入的峰值速度在0.5 ～ 1m/s。此阶段心室压力仅略微升高，而心室容积曲线变化显著。心室压力和容积变化可显示为心室压力-容积曲线，可用于确定心室收缩末期压力容积关系（ESPVR），是心室收缩性与负荷无关的指标（图3-9B）。快速充盈可能与在心室入口上方胸壁的右侧或左侧清楚听到的功能性舒张初期杂音有关。快速心室充盈被断定为第三心音（S_3），是由突然停止快速充盈产生的低频振动引起的。AV瓣开放后，心房容积的减少导致心房压力降低（y波下降），这可以反映在颈静脉沟，表现为静脉塌陷。快速心室充盈之后是一段流速明显降低的低速充盈阶段（心休息期）。马由于心率缓慢，这段时间可能持续数秒，在窦性心动过缓或明显的窦性心律不齐时更为严重。心脏舒张的最后一期是心房收缩引起的心室充盈。此期在马第四心音和第一心音之间可以听到功能性收缩前期杂音（图3-10）。

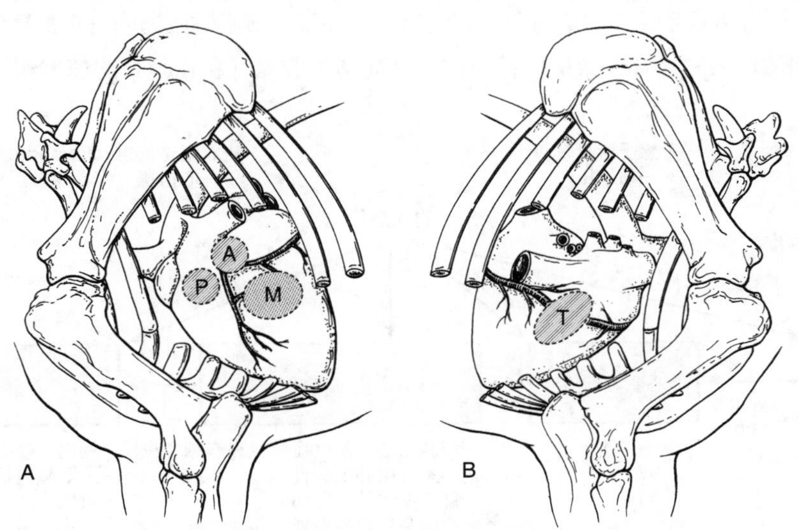

图3-10　胸腔内心脏的大小和解剖位置（A.左　B.右）

心尖（顶端区域）通常略高于鹰嘴水平线，并且可以通过触诊心尖搏动来识别。心底部（基底区域）位于肩胛骨关节水平的颅侧位置。阴影区域代表各自的瓣膜区域（P，肺动脉；A，主动脉；M，二尖瓣；T，三尖瓣）。右心房（T上方）、三尖瓣和右心室入口（流入区域，T下方）位于胸腔右侧。大多数（但不是全部）三尖瓣疾病的杂音都能在右胸壁听到，当它们向右心房（T上方）延伸时更偏背侧。右心室流出的血管突出到胸腔左侧并继续伸入肺动脉。肺动脉位于左背侧心脏基部（P上方）。因此，右心室出口的杂音（如肺下室间隔缺损的杂音）、相对肺动脉狭窄的舒张性杂音和功能性肺动脉杂音在左胸壁最易听到（P）。主动脉瓣位于胸部中央，尽管它们产生的杂音通常在左侧最响亮（A），但在任何一侧的胸腔都能听到主动脉瓣关闭不全的舒张性杂音。在左侧基底部可听到肺动脉和升主动脉产生的功能性杂音。二尖瓣关闭不全的收缩期杂音传导到心脏的左心尖，并且通常在左心室入口（M的尾端区域）听到。与心室充盈相关的功能性舒张期前杂音通常在心室入口处很明显，并可以在胸腔的任一侧听到。

②心室功能的决定因素：心室的收缩和舒张功能与心率和节律共同决定心脏泵血的能力（图3-11）。评估马心脏和循环功能的指标包括心率（HR）、心音、脉搏特征和质量、动脉血压（ABP）、心输出量（CO）、每搏输出量（SV）、射血分数（EF）、中央静脉压（CVP）、肺毛细血管楔压（PCWP）和动静脉血氧差（$C_{a-v}O_2$）。超声检查的出现，为马心血管疾病的评估、诊断和治疗增加了一种全新的方法，最先使用的超声为M型，随后是二维（2D）彩色超声波心动描记术。

心输出量（L/min）为左（或右）心室在1min内泵出的血液量，是心室每搏输出量（mL/次）和心率（次/min）的乘积。心脏指数是指心输出量除以体表面积（框表3-2）。由于缺乏对体表面积的准确估计，心输出量通常与马的体重指数相关。心输出量（CO）和平均动脉压（MAP）用于计算全身血管阻力（SVR）（SVR = MAP/CO），SVR和心输出量呈负相关（框表3-2）。

③心室收缩功能：心室收缩功能是决定每搏输出量的主要因素，取决于心肌收缩性（收缩力）、舒张（松弛性）、前负荷和后负荷（图3-11）。这些因素在正常的健康心脏中是相互关联和耦合的。心肌收缩力是心脏收缩蛋白、肌动蛋白和肌球蛋白的固有能力，可以相互影响、协同和形成收缩力。自律紧张性、前负荷和心率是生理条件下调节心脏收缩的三个最重要的机制。β-肾上腺素能刺激增强钙循环，致敏收缩蛋白，从而增加收缩（和松弛）的速率和力量。增加前

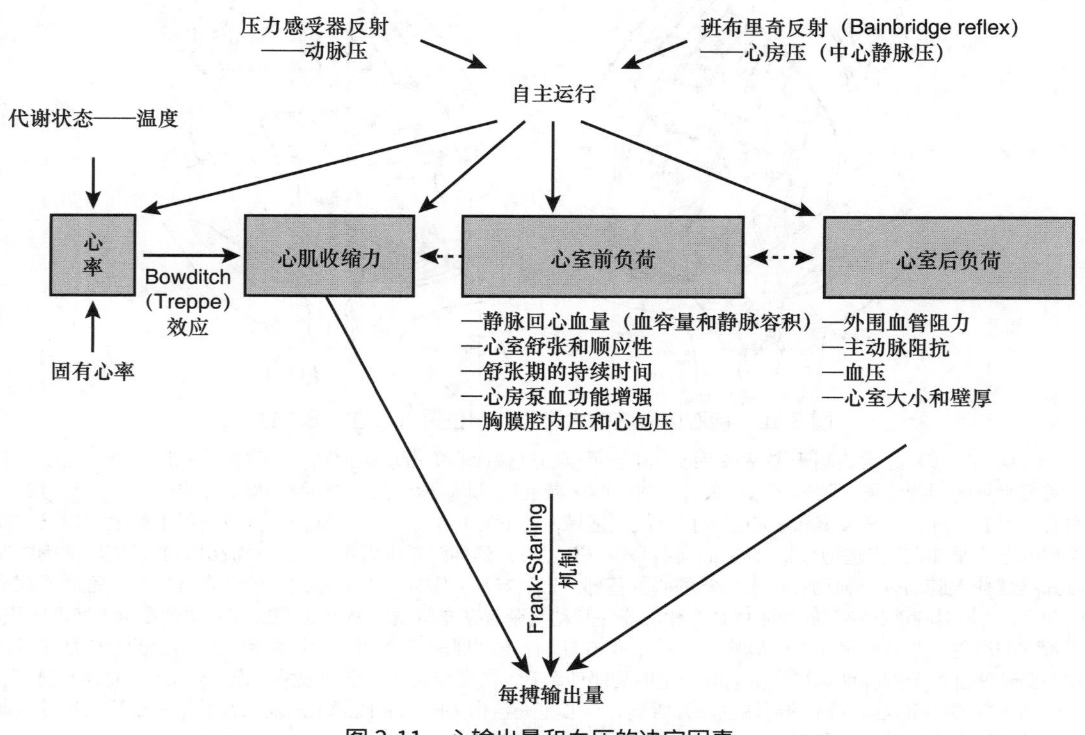

图3-11　心输出量和血压的决定因素

负荷拉伸收缩蛋白，使肌球蛋白头部对钙敏感（Frank-Starling机制）；心率的增加会产生细胞溶质钙的速率依赖性积聚（Bowditch或“Treppe”效应），有助于在生理状态下调节收缩状态（图3-11）。多巴胺、多巴酚丁胺和洋地黄糖苷通过多种机制，包括细胞内钙的增加和收缩蛋白对钙的敏感性（参阅第22章和第23章），增加心脏收缩力。相反，缺氧、代谢性酸中毒、体温过低、内毒素血症和大多数麻醉药物，都会使心肌收缩力受到抑制。

在临床环境中难以量化心肌收缩力，因为收缩力、前负荷和后负荷是相互关联的，即一个因素发生变化，其他因素也会随之改变（图3-11）。心肌收缩力是负荷依赖性的。尽管如此，尝试确定负责改变心肌收缩力和心输出量的因素还是有用的。经典的心脏收缩力侵入性指数是等容收缩期间的压力最大上升速率（$+dp/dt_{max}$；图3-12和表3-4）。通常非侵入性指数是通过心脏超声确定的（即缩短分数、射血分数、射血准备期与射血时间的比率），是强负荷依赖性的，并且通常显示整体收缩功能而不是收缩力。临床和实验环境中，还使用各种其他侵入性和非侵入性指数。

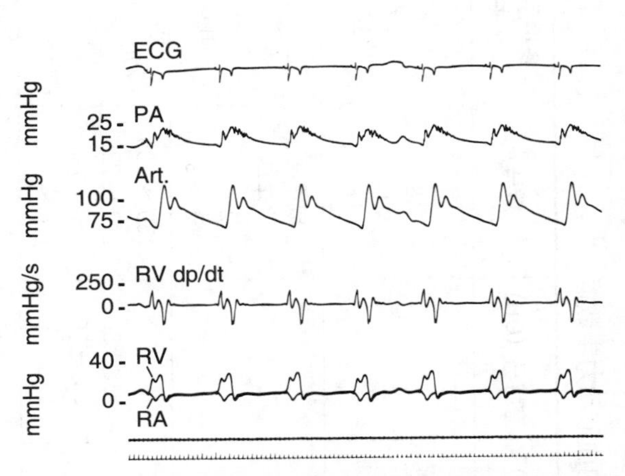

图3-12 麻醉的成年马获得的血压变化趋势及体表心电图

PA，肺动脉压；Art，全身动脉压；dp/dt，右心室压力变化率，等容收缩期出现 $+dp/dt_{max}$ 的正峰值，等容量舒张期出现 $-dp/dt_{max}$ 的负峰值；RV，右心室压力；RA，右心房压力。

心室前负荷（容积或压力）是心室收缩功能的正向决定因素，在射血前伸展心室肌丝。舒张末期心室容积与收缩期心室性能（力量或压力发展）之间的关系称之为Frank-Starling机制或Starling心脏法则。正常的心室有较强的前负荷依赖性。麻醉期间，低血容量和低静脉充盈压是心输出量减少的两个常见原因。心律失常、麻醉药物和麻前用药可增加血管顺应性，从而减少静脉回流量和心输出量（参阅第10、11和15章）。α_2-肾上腺素受体激动剂在用药早期增加静脉扩张，减少静脉回流，从而增加静脉充盈压和右心房压力。然而，α_2-肾上腺素受体激动剂的长效作用会降低心脏收缩力和减少心输出量。轻度麻醉时，有害性刺激可通过交感神经诱导的静脉收缩来增加静脉回流。相反，静脉扩张（如麻醉药过量、内毒素血症）伴发静脉血液淤积，降低心室前负荷和心输出量。心室充盈压降低通常通过静脉内输注晶体或胶体溶液来抵消（参阅第7章）。前负荷可通过测定心室舒张末期容积或大小（通过心脏超声或阻抗导管）或测量静脉充盈压（CVP）来估测。只有当心率和心室顺应性（扩张性）正常且在麻醉期间没有变化时，静脉充盈压（中心静脉、肺动脉舒张压或PCWP）可以准确测量前负荷的变化。

表 3-4　来自健康静息马匹的血液动力学数据

品种		标准种马	瑞典标准种马	纯种马（Thb）	夸特马（QH）	矮马	多种品种或无	QH 和 Thb 马驹
样本数（n）		7 15	30（20[i]）	6 9 12（7[i]） 7	5	7 8 18 5	8 39 14	2 9 4
年龄	岁	6～23 3～30	5～18	2～4 3～6 2～16 3～6	2	成年马 成年马 2～4 2～3	2～10 n/d n/d	2 小时 2 天 2 周
体重	kg	426～531 380～600	465～637	440～500 415～525 228～505 389～523	418±30 442±26	130～195 170～232 75～264 170～296	470～550 386～521 431～545	45.4±3.4 48.3±7.2 70.6±12.2
所处状态		站立、有意识、未镇静						侧卧
心率	次 /min	35±3 34±3	45±10	33[h] 42±6 39±4 37±2	47±7 43±2	56±3 49±2 58.8±23 44[h]	37±6 — —	83±14 95±18 95±10
收缩期 SBP	mmHg	118±13[a,d] —	144±17[b,e]	— — 142±11.8[b,e] 168±6[b,e]		— — 131±16[b,d]		
平均 SBP	mmHg	95±12[a,d] —	124±13[b,e]	— — 114±10.8[b,e] 133±4[b,e]	121±7[b,e] 99±5[b,e]	— — 110±10[b,d] —		95.7±17[d,c] 91.4±13.5[d,c] 100.3±6.4[d,c]

（续）

品种		标准种马	瑞典标准种马	纯种马（Thb）	夸特马（QH）	矮马	多种品种或无	QH 和 Thb 马驹
舒张期 SBP	mmHg	76±10[a,d] —	98±14[b,e]	— — 99±10.6[b,e] 116±4[b,e]		— — 86±8[b,d]		
收缩期 PAP	mmHg		45±9[b]	— — — 37±1[b]		— — 34±5[b,d] —	42±8[a] — 42±5[b]	
平均 PAP	mmHg	23±4[b] —	30±8[b]	35[b,h] — 34±5.8[b] 29±2[b]	20±4[b] 22±2[b]	— 25.3±2.1[a] 22.7±3[b,d] —	31±6[a] — 26±4[b]	40.3±6.6[c] 27.8±6.9[c] 27.4±6.0[c]
舒张期 PAP	mmHg		22±8[b]	— — — 22±2[b]		— 19±2[a] 14.5±3[b,d] —	24±6[a] — 18±4[b]	
PCWP	mmHg	— 16±4[b]					18±6[a] — 13±2[b]	7.5±3.5[c] 8.7±2.4[c] 8.1±1.4[c]
收缩期 LVP	mmHg					125±5.3[a] — — 155±9[b]		
LVEDP	mmHg	17±7[a] —				29±2.6[a] — — 12±2[b]		

（续）

品种		标准种马	瑞典标准种马	纯种马（Thb）	夸特马（QH）	矮马	多种品种或无	QH 和 Thb 马驹
LV+dp/dt_{max}	mmHg/s	1241±224[a] —				1361±161[a] — — 1600[b]		
LV−dp/dt_{max}	mmHg/s	1756±200[a] —						
LV Tau	ms	41±12[a] —						
平均 RAP	mmHg	5±3[b] —	10±4[b]			— — 5.3±1.2[a] —	8±6[a] — 6±3[b]	3.1±0.9[c] 4.1±3.3[c] 4.6±1.8[c]
收缩期 RVP	mmHg		51±9[b]	— — 59±6.9[b] —		— 35±2[a] — —	— — 46±6[b]	
平均 RVP	mmHg			— — 25±4.0[b] —	21±4[a] 21±2[b]			
RVEDP	mmHg	— 22±4.8[a]	11±6[b]	15～19[a,h] 7±6[a] 13±4.4[b]			— 6±4[b]	
RV+dp/dt_{max}	mmHg/s	— 477 ± 84[a]		— 560±120[a] — —	670±105[a] 567±14[a]			

（续）

品种		标准种马	瑞典标准种马	纯种马（Thb）	夸特马（QH）	矮马	多种品种或无	QH 和 Thb 马驹
RV−dp/dt_{max}	mmHg/s			680[a,h] 380 ± 90[a] — —				
RV Tau	ms			39±4[a] 65±10[a] —				
CO	L/min	28±4[f] —	40±11[g]	— — 32.1±7.1[g] 32.23±0.97[g]		— — 10.9±3.4[g] 21[h,g]		
CI	mL/（min·kg）	58±9[f] —	76±19[g]	— — 69±16[g] 69±3[g]			— — 72.6±8.2[f]	155.3±11.5[f] 204±35.4[f] 222.1±43.2[f]
SV	mL	854±160[f] —	864±232[g]	— — 820±158[g] 889±55[g]		— — 217±103[g] —		
SI	mL/kg	1.8±0.4[f] —	1.6±0.4[g]	— — 1.8±0.4[g] —				1.89±0.18[f] 2.06±0.27[f] 2.3±0.7[f]
SVR	dyn·s·cm^{-5}*	262.4±63.4 —	265±81	— — — 333±18		— — （807）[k] —		1027±246 723±150 497±174

（续）

品种		标准种马	瑞典标准种马	纯种马（Thb）	夸特马（QH）	矮马	多种品种或无	QH 和 Thb 马驹
PVR	dyn·s·cm^{-5}	21.2±21.0 —	68±23			— — （167）[k] —		363±59.4 167±72 104±42

注：CI，心脏指数；CO，心输出量；LV±dp/dt_{max}，左心室压力上升或下降的最大速率；LVEDP，左心室舒张末压；LVP，左心室压力；LV Tau，左心室松弛（等容舒张期）时间常数；mmHg，毫米汞柱；n，数量；PAP，肺动脉压；PCWP，肺毛细血管楔压；PVR，肺血管阻力；RAP，右心房压力；RVP，右心室压力；RVEDP，右心室舒张末期压；RV±dp/dt_{max}，右心室压力上升或下降的最大速率；RV Tau，右心室松弛（等容舒张期）时间常数；SBP，全身血压；SI，心搏指数；SV，每搏输出量；SVR，全身血管阻力。

a，高精度微型压力传感器（Millar 或类似）。

b，充液系统［肩部水平的零压力参考点（鹰嘴）］。

c，充液系统（胸正中水平的零压力参考点）。

d，主动脉压。

e，颈动脉压。

f，热稀释。

g，染料稀释（靛青）。

h，平均值来自报告的图表。

i，用于 CO 和相关参数。

k，从平均值估计（SVR = 平均 SBP×80/CO；PVR = 平均 PAP×80/CO）。

* dyn·s·cm^{-5} 是血管阻力的非法定单位，dyn 是力的非法定单位，1dyn=10^{-5}N，所以 1dyn·s·cm^{-5}=0.1kPa·s/L。

心室后负荷是用于描述抵抗血液喷射入主动脉的力的术语，与收缩期间心室壁的张力（或应力）密切相关。后负荷可以从血管阻力和电抗（刚度）的角度来考虑。计算血管阻力的标准公式（SVR = MAP/CO）不能解释血流的脉冲性质和后负荷的动态方面（主动脉的输入阻抗和刚度）的影响。但可以显示SVR，因此后负荷随动脉压增加而增高。高后负荷限制心室收缩活动并减少了每搏输出量，从而降低了心输出量。与正常心室相比，衰竭或麻醉抑制的心室对后负荷更敏感。输注血管收缩药物增加动脉血压的一个潜在缺点是会伴发左心室后负荷的增加；此类药物只能在容量负荷和心室收缩功能支持肌力不足时输注以维持压力，以及外周血管广泛扩张导致低血压（即血管低反应性、严重败血症、败血性休克）的情况下使用。相反，MAP的降低（血管扩张导致）会降低后负荷和心室壁应力，如果心室收缩力不受损害，则可能使心输出量增加。

临床上很难测量后负荷。SVR仅反映外周血管运动张力，不能充分评估血管刚度。有时SVR和后负荷在药物干预时的变化表现不一致。舒张期主动脉压以及左心室压可作为测量左心室后负荷的替代指标。心脏超声可用于评估心室的后负荷，如心室大小和壁的厚度。然而，由于在心动周期期间发生的后负荷的动态方面的影响不容易量化，因此不作为常规监测指标。

共同隔膜（室间隔）和两个心室在同一心包内的紧密解剖关系，决定了一个心室的功能直接影响另一个心室的功能。这种相互作用称为心室相互依赖性。直接相互作用是由通过室间隔力量传播和心包约束引起的。心室间的相互作用十分重要，由于心室充盈取决于对侧静脉回流和心室输出量。在安静休息和自然呼吸的马中，心室依赖性是决定每搏输出量和全身血压变化的主要因素。因此左右心室的心输出量必须相等。这些变量在马匹麻醉和机械通气过程中会发生显著变化，这些马匹一般伴有体力耗竭、心包疾病或发展为心力衰竭（参阅第17章和第22章）。

心脏瓣膜和心室隔膜的结构和功能影响心室收缩功能。二尖瓣或三尖瓣关闭不全会减少正向血流量和每搏输出量，可分别导致肺或全身静脉和肝脏瘀血。主动脉瓣狭窄（罕见）或功能不全（老年马常见）时，除非有足够的心室扩张和肥大代偿或心率增加，否则可能会严重降低心室搏出量。大多数房间隔和室间隔缺损在休息时耐受良好，然而，大的缺损会降低心室每搏输出量。

④心室舒张功能：冠状动脉灌注发生在心肌松弛、内部压力较低的舒张期。大而壁厚的心室由于顺应性差很难灌注，特别是心率升高时。舒张功能和心室充盈的影响因素包括：心室壁厚度和顺应性（舒张中后期被动心室充盈）、心房节律和机械性能（心房对心室充盈的贡献）、心率和节律（充盈时间）、交感神经活动（改善主动舒张和增加充盈压力）、静脉收缩和静脉回流（充盈和前负荷）、冠状动脉灌注（氧气和能量供应）、心包疾病（抑制心脏充盈）和胸膜内压（对抗心室充盈压）。通常，舒张功能异常的马更依赖于心率，且需要更高的充盈压力来扩张心室和维持心输出量。

心肌放松或松弛是主动的、消耗能量的过程，是细胞质中的钙重新摄入SER并通过细胞膜排出的过程（图3-8）。基于对钙循环的依赖性，心肌松弛与肌肉收缩力密切相关。交感神经刺激对心肌松弛有积极的作用。相反，缺氧、酸中毒和心脏疾病（包括心室肥大和缺血）可损害心室舒张功能。麻醉药物对马心室舒张功能的影响尚未得到系统评价。然而，已有证据表明吸入麻醉剂会损害马的右心室舒张。心肌顺应性定义为心室充盈压变化引起的心室容积变化（dV/dP）。心室顺应性的改变主要影响舒张中期至晚期的被动充盈。心肌纤维化、心室肥大、心包疾病或严重的心室扩张会降低顺应性。胸腔内压力升高（即人工呼吸和呼气终末正压）也会阻碍被动心室充盈。

心房增压泵功能或收缩功能是负责舒张末期心室充盈的，并有助于心室舒张末期扩大容积（图3-11）。挥发性麻醉药可降低心房收缩性和舒张性。心房颤动（AF）导致心房有序收缩功能的丧失，从而减少心房收缩对心室前负荷的影响、减弱心室收缩活动。心房泵功能的丧失并不十分重要，与马在安静或心率缓慢时血流动力学的恶化无关，如果没有其他心脏疾病并存，通常无临床症状。同样，在麻醉过程中只要心室率不升高，马对AF的耐受良好。麻醉期间AF偶尔急性发作可导致心室率增加和动脉血压降低。心房功能突然衰竭可导致患马发生急性血流动力学代谢失调，同时心室功能衰竭、心室舒张受损和心室顺应性降低。

几种方法可用来评估动物（包括马）的舒张期心室功能。侵入性方法包括心导管，即使用高精度导管尖端压力传感器（即Millar导管）进行检查。等容舒张时间常数（tau）和等容舒张期间压力下降的最大速率（$-dp/dt_{max}$）是最可靠和最小负荷依赖的心室舒张指数（表3-4）。评估心室顺应性和心房机械功能需要同时记录心室和心房压力以及容积随时间的变化。非侵入性方法，包括心脏超声，在临床上更适用，但不太可靠，通常更具负荷依赖性，但在马的应用尚未得到充分评估。

⑤心肌氧平衡： 心肌需氧量（MVO_2）主要由心率、心肌收缩力状态（收缩性）和后负荷（心室壁应力，受动脉血压、心室大小和壁厚影响）决定。根据Laplace’s定律，薄壁球体中的壁面应力（σ）定义为：$\sigma=\frac{p\times r}{2d}$。其中，$p$是压力，$r$是半径，$d$是壁厚。或者，壁应力可以计算为：$\sigma=p\times\sqrt[3]{v}/2d$，因为$r$是与$\sqrt[3]{v}$成正比的。心肌需氧量的常用临床指标为收缩压峰值和心率[心率收缩压乘积（RPP）]，表示心脏泵血过程对外做功的估计值（表3-5）。张力上升引起的内耗能的增加，虽然同样重要，但无法按常规量化。当心率、每搏输出量和血压没有变化时，心室扩大也可通过增加心室壁应力来增加MVO_2。心室衰竭无法维持正常的每搏输出量，引发心室前负荷和外周血管阻力的代偿性增加，来维持动脉血压；外功与内功的比率降低，心肌的氧气消耗量增加，使功效下降。通常可通过减少后负荷，增加心室前负荷，提高心肌的功效。

心肌需氧量和氧输送间的不平衡会损害心室收缩和舒张功能，并可影响心律。心肌氧输送（MDO_2）取决于冠状动脉血流和动脉氧含量。心肌中的氧摄取率非常高，增加的氧需求必须通过增加冠状动脉血流来满足。冠状动脉血流量取决于舒张期主动脉压、心脏舒张（冠状动脉灌注）时间、交感神经张力和局部代谢等因素。心室舒张期充盈压的增加使冠状动脉血流量增加。冠状血管扩张主要受局部的、非神经的控制，由代谢活动增强期间释放的各种血管扩张物质（如腺苷和一氧化氮）介导。正常冠状动脉灌注为有效自主调节，即使高心率（年轻的马高达200次/min）时也是如此；然而，如果主动脉的舒张期灌注压降低，则冠状动脉的自动调节就不会那么有效。冠状动脉血流在心室心肌、室间隔和左心室游离壁中最大。心肌紧靠心内膜层的部分最容易发生缺血性损伤，可能是ST-T压低和在正常马心动过速和低血压期间所观察到T波变化的部分原因。某些麻醉马如果同时出现低血压和心动过速的症状，则会影响冠状动脉灌注，常导致心电图ST段抬高或降低。

表3-5　心肌需氧量的计算

MVO_2 指标	特点	MVO_2 的决定因素		
		HR	心室壁应力	收缩力
HR	非侵入式、很简单	×	—	—
HR×SBP（二重积）	非侵入式、简单	×	（×）	—
HR×SBP×ET（三重积）	非侵入式、更困难（即心脏超声测定ET或SV）	×	（×）	（×）
HR×SBP×SV（压力-作功指数）	非侵入式、更困难（即心脏超声测定ET或SV）	×	（×）	（×）
压力-容积面积	侵入式；需要心导管插入术记录压力-容积环	×	×	×

注：ET，射血时间；HR，心率；MVO_2，心肌需氧量；SBP，收缩压；SV，每搏输出量；×，允许量；（×），部分允许量；—，不允许量；MVO_2的主要决定因素是心率、收缩性、心室壁应力（后负荷；前负荷）和代谢活性。

5. 循环——中心血流动力学、外周血流和组织灌注

循环分为体循环和肺循环两部分（图3-13）。左心室产生的压力将心输出血液通过大动脉、小的分支动脉、局部阻力动脉和毛细血管分布到组织。阻力动脉或小动脉控制血流分布和SVR。低压系统静脉是循环的主要血容管道。右心室将和左心室一样多的血液泵入肺动脉，但收缩压要低得多。肺脏微循环的作用是帮助营养和气体的交换。富氧的肺静脉血经左心房返回到体循环。循环功能和组织灌注的关键方面包括血容量、SVR、血压、心输出量、局部血流、功能性毛细血管密度和静脉回流（图3-9和图3-13）。

（1）中心血流动力学　血流动力学变量可通过包括动脉血压、肺动脉压和毛细血管楔压（肺动脉阻塞）、心内压、CVP、心输出量、体循环和肺循环血管阻力、动静脉血氧差和氧摄取率来测量和计算（表3-5，图3-9、图3-13及框表3-2、框表3-3）。这些变量的值取决于测量方法、马的头部和身体位置（如背卧和侧卧）以及服用镇定剂、镇静剂或麻醉药物的影响。血管内压力测量技术对于解释压力数据很重要。例如，传感器安放部位相对于心脏位置的差异（“零参考值”）可以说明马匹报告中的血流动力学值的差异。

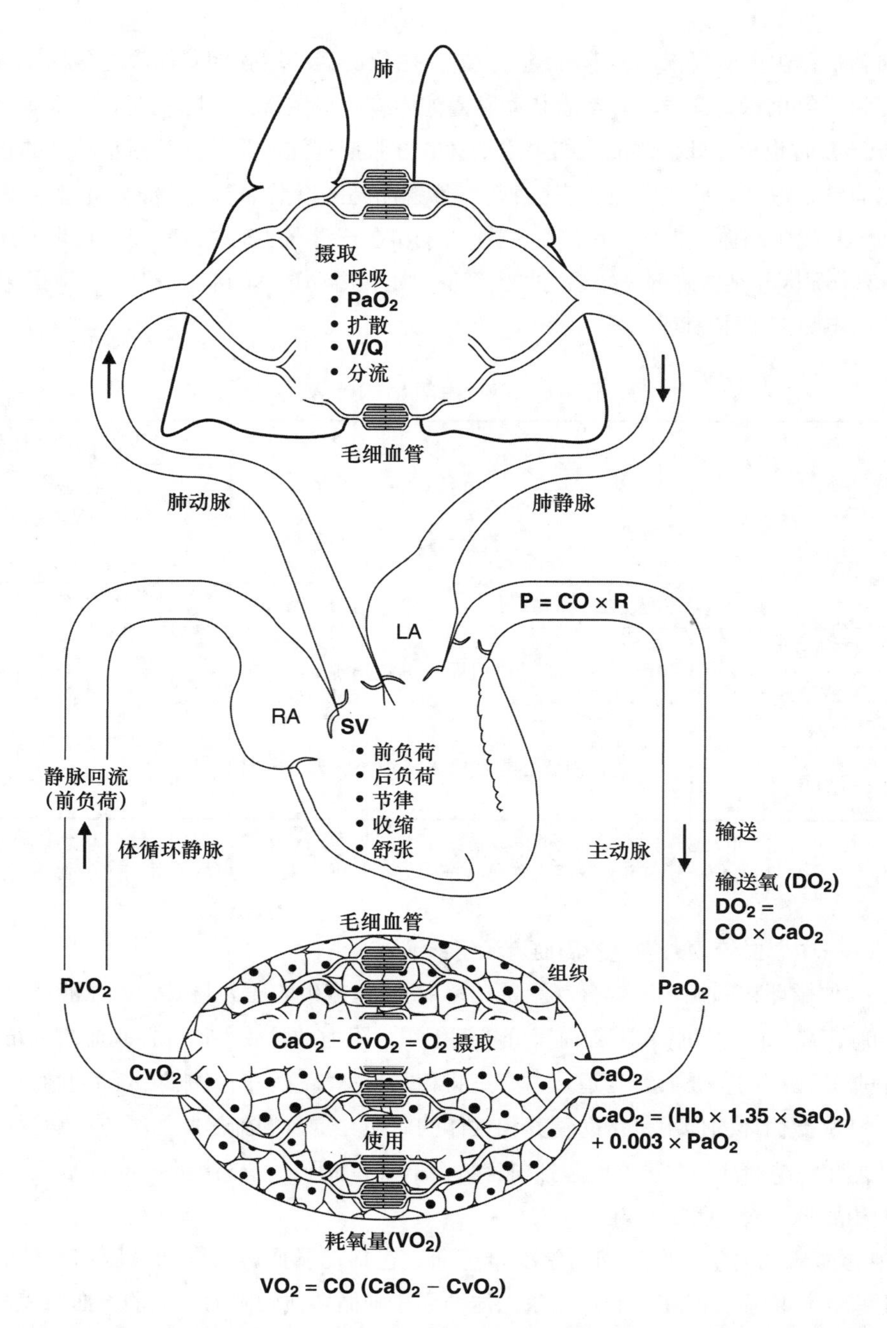

图 3-13　新陈代谢组织摄取、输送和使用氧（O_2）取决于多器官系统的综合功能，包括肺功能、心泵功能、携氧能力、血液黏稠度、血管扩张、血流的整体和局部分布以及组织代谢

V/Q，通气灌注匹配；CO，心排血量；P，压力；R，阻力；PaO_2，动脉血氧分压；PvO_2，静脉血氧分压；Hb，血红素；% Sat Hb，血红蛋白饱和度；CaO_2，动脉氧浓度；CvO_2，静脉氧浓度；DO_2，氧气输送；VO_2，氧气摄取。

（2）**体循环动脉血压**　动脉血压可以直接通过动脉穿刺或动脉插管测量，也可以使用听诊、多普勒法或示波法等多种方法间接测量（参阅第8章）。常在面动脉或跖背动脉中经由皮肤放置动脉导管用于监测麻醉效果。（参阅第7章）。间接法已成功地应用于尾中动脉压力的监测；然而，这些方法在严重低血压时相对不敏感，以及在血压迅速变化时存在滞后反应。使用间接法测量血压时，压脉带的宽度和位置对于获得准确的结果特别重要。在测量尾中动脉时，压脉带的最佳宽度约为尾巴长度的1/3～1/2。动脉脉搏波会随着测量位置的不同而变化。当平均压力相近时，由于主压力波与从外围循环折返的反射波叠加，远端动脉收缩压可能高于相应的主动脉压，而舒张压则低于相应的主动脉压。

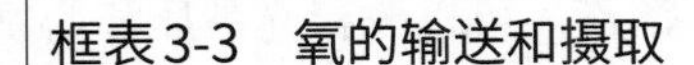

框表3-3　氧的输送和摄取

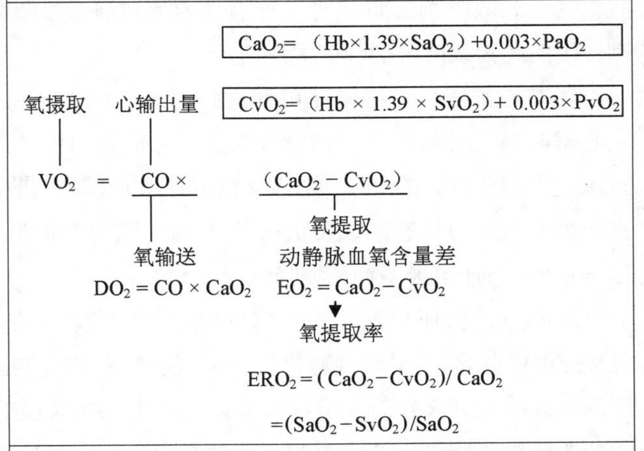

CaO_2、CvO_2*，动脉（A）和静脉（V）血氧含量；SaO_2†、SvO_2*，血红蛋白与氧饱和度％；PaO_2、PvO_2*，动脉和静脉氧分压；Hb 血红蛋白浓度。

*，最好混合静脉血样本（肺动脉）。

†，用血气分析或脉搏血氧测定法测定。

动脉血压监测包括收缩压、舒张压、平均压和脉压（图3-14）。动脉压取决于心输出量与血管阻力之间的相互作用。因此，如果血管阻力异常或随着时间的推移而变化，那么动脉压就不是一个可靠的血流指标。正常情况下，间接测量的动脉收缩压和舒张压报告值分别为111.8±13.3（平均数±SD）和67.7±13.8。动脉压的直接测定值高于间接测定值（表3-4）。如果存在正压通气或心率的周期性变化，动脉压会随着通气有轻微的波动（见第8章）。收缩压由左心室产生，并受到每搏输出量、主动脉/动脉顺应性和上一次舒张压的影响。动脉脉压为收缩压与舒张压之差，高度依赖于每搏输出量和外周小动脉的阻力。脉压是外周动脉脉搏强度的主要决定因素。心室衰竭降低脉压（低动力、弱脉搏），主动脉瓣闭锁不全或全身血管扩张导致的舒张期血流异常加大了脉压（功能亢奋，跳脉或水冲脉）。姿势对动脉压具有显著影响，因为从采食位置抬起头部必须有更高的动脉压来维持大脑恒定的水平灌注压力。尾中动脉测量的MAP变化幅度约为20mmHg，头部位置不同测得的值变化较大。

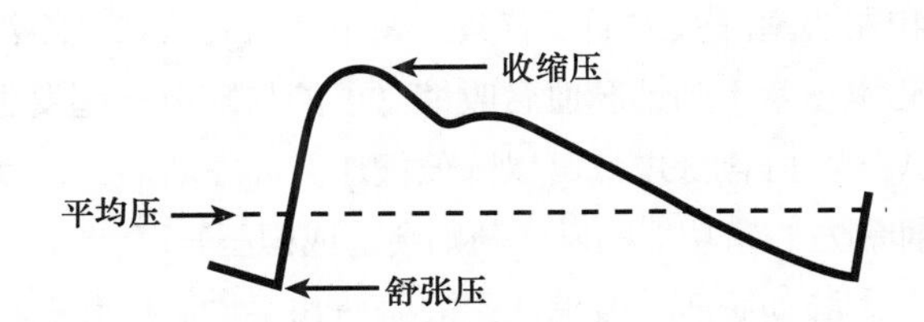

图3-14　主动脉内的脉冲压力波

脉压是最大压力（收缩压）和最小压力（舒张压）的差。平均压力大约等于舒张压加上脉压的1/3。

与收缩压相比，舒张压和平均血压能更好地评价组织的灌注压。组织灌注压可通过以下方法来提高：①晶体或胶体溶液，可以改善充盈压和心室负荷；②儿茶酚胺、多巴酚丁胺或多巴胺；③血管收缩剂，如α-肾上腺素受体激动剂（参阅第22章和第23章）。有血管扩张或心脏抑制作用的药物或麻醉剂降低灌注压。

①左心室压：左心室压可通过经颈动脉向左心室插入微型压力导管（Millar）进行测量。左心室收缩压必须超过主动脉舒张压，才能将血液从心室排出。等容收缩期间左心室压或右心室压变化的一阶导数（LV或RV + dp/dt_{max}）是心室收缩功能的常用指标，很大程度上取决于心室收缩力（肌力状态）以及负荷条件（心率、收缩前负荷、收缩后负荷；见图3-11和图3-12）。LV+dp/dt_{max}还可被多种药物降低。

左心室舒张压反映了左心室的顺应性和其排空的能力。获得的舒张压通常是舒张末期压（LVEDP），其高于早期（通常低于大气压）左心室的最小舒张压。马和矮种马的心室舒张末期压高于人或犬（表3-5）。全身麻醉会使LVEDP增加10～15mmHg。舒张末期压的升高通常表明心肌收缩力降低、心室衰竭、容量超负荷、心脏压塞（如心包疾病）或心肌受限和心室壁僵硬度增加。

②肺毛细血管楔压：可以使用气囊漂浮（Swan-Ganz）导管从颈静脉穿过右心房和右心室进入肺动脉测量肺动脉压。肺动脉的一个分支可能被阻塞，通过“楔形”的远端导管尖端测量肺毛细血管压和静脉压。肺阻塞压，也常被称为PCWP，为左心室充盈压估测值，与左心房和左心室舒张末期压有关，如果肺血管或二尖瓣没有阻塞，则与左心室舒张末期压有关。如果心率正常，肺动脉血管收缩（可能与缺氧一起发生）很小，则可以通过肺动脉舒张压来估算PCWP。血容量过低可以降低楔压，而左心衰、严重二尖瓣反流、过量输液后和超剂量麻醉药或抑制左心室功能的麻醉药则会造成楔压升高。

③肺动脉压：收缩压、舒张压和平均肺动脉压以及波形可以用测量主动脉压类似的方法来评估（表3-4和图3-12）。新生驹的平均肺动脉压较高，在出生后前2周，由于肺动脉阻力降低，平均肺动脉压明显降低（表3-4）。肺动脉压（以及心脏右侧所有其他压力）受呼吸和正压通气的显著影响（参阅第17章），正常吸气时下降，而马在接受正压通气时，肺动脉压会增加。与体循环不同的是，肺动脉压不仅取决于心输出量和肺动脉阻力，还取决于肺毛细血管下行阻力和左心房压力。肺泡缺氧和酸中毒可引起反应性肺血管收缩，升高肺压力。肺泡缺氧引起肺动脉高血压，可导致马麻醉后发生急性肺水肿。这种反应在新生马驹更为重要。马的反复气道阻塞或肺部疾病可导致缺氧性肺血管收缩，不管是否伴有血管结构的改变，都会引起不同程度的肺动脉高压。马先天性室间隔缺损引起的左向右分流，或慢性二尖瓣反流，或左心衰竭引起的结构重塑，导致肺血管阻力和肺动脉压升高。左心室衰竭必然导致继发性肺动脉高血压。

④右心室压：马的右心室压与其他动物的右心室压大体相同，但麻醉马因受体位的影响以及心室功能减弱，其右心室压通常会轻度升高（表3-4和图3-12）。右心室舒张压的病理性升高一般与心包疾病、肺动脉高压和右心室衰竭同时发生。低氧导致肺动脉高压、大的心室隔缺损和右心室血液流出阻塞（如发生增殖性心内膜炎的肺动脉瓣）时，右心室收缩压一般都会升高。

⑤**全身体循环静脉压：**中心静脉压（CVP）随马的体重变化而变化，由于右心室与全身静脉系统和右心房的直接相连，因此可对心室舒张末期压产生显著影响。中心静脉压改变会导致右心室舒张末期压发生相应改变。心房压力波包括2个或3个正波（a波来自心房收缩，有时是随三尖瓣关闭产生c波，以及心室收缩心房充盈的v波）和2个负波或"下降"波（x'下降波来自心室收缩期间三尖瓣向下移动，y'下降波来自三尖瓣打开后心房血排空到心室时的压力下降，见图3-9）。脉动随通气期的不同而变化，在麻醉期间受到正压通气的显著影响（参阅第17章）。

CVP是血容量、静脉舒张扩张、心率和心功能之间的平衡，受改变静脉平滑肌张力的药物（乙酰丙嗪降低CVP，赛拉嗪增加CVP）和体位的影响（参阅第10章和第21章）。马全身麻醉卧位时，CVP显著增加，是站立马CPV值的两倍，CVP值为20～30cmH_2O（15～22mmHg）。麻醉后侧卧的马，CVP值范围从低于大气压至约10cmH_2O（7.36mmHg）。

麻醉马仅测量一次CVP几乎没有临床价值。应密切监测CVP的动态变化（增加或减少）（参阅第8章）。CVP的变化反映了血容量、静脉扩张和容量、静脉回流、右心室收缩和舒张功能以及心率的变化。血浆容量收缩或静脉淤积降低CVP。任何原因引起的右心衰竭、心包疾病和输液过量都会增加CVP。三尖瓣反流马，x'下降波可被正c-v波所代替。

⑥**心输出量：**心输出量的测定可作为组织灌注的总体指标，并用于评估药物对血液循环的影响。心室每搏输出量或心率的变化可改变心输出量（图3-11）。据报告，安静成年马（400～500kg）的正常心输出量为28～40L/min，相当于60～80mL/（kg · min）的心脏指数（表3-4）。马驹（出生2h和2周）的心脏指数较高，为150～220mL/（kg · min）。传统上马的心输出量可通过指示剂稀释法（热稀释法、靛青稀释法、锂稀释法）和菲克法测定。锂稀释法已成功用于成年马和驹，无需进行右心导管插入。将锂稀释法与脉搏波形分析相结合，可在马麻醉过程中提供无创的连续心输出量的监测。其他测定清醒和麻醉状态下马心输出量的非侵入性方法（通常不太准确），包括经胸和经食管心脏超声。最近还报道了其他无创性技术，包括部分二氧化碳再呼吸和阻抗稀释法。这些方法的潜在优点和局限性也得到了陈述。

⑦**血管阻力：**泊肃叶定律描述了血流量、压力和血管阻力之间的关系。血流的阻力（R）由血管的半径（r）和长度（L）以及血液的黏度（η）决定。相应的流体阻力方程$R=8\eta L/\pi r^4$，表明阻力随容器半径的四次方而变化。因此，血管张力的微小改变可引起血流阻力的显著变化。

正常动物体循环和肺血管阻力不能直接测量，可通过欧姆定律的变异定律来计算（框表3-2）。心输出量通常以L/min为单位，压力以mmHg为单位。添加修正值把阻力转换为cgs（cm-g-s；dynes · s · cm^{-5}）单位（框表3-2和表3-4）。由于MAP在不同体型马非常相近，因此较小的马和矮种马总心输出量较低，血管阻力也相应较高。心输出量和血管阻力都可以通过乘以体表面积或体重（兽医中常用），来获得与体型相对应的数值（框表3-2和表3-4）。

增加全身血管阻力（SVR）的机制包括交感神经系统活性增加、肾素-血管紧张素系统的激活，以及抗利尿激素、肾上腺素或内皮素的释放。许多病理状况与SVR升高或降低有关。例如，休克可能与SVR的异常高（出血性休克）或低（败血症性休克）有关。系统性低血压通常与异常低的心输血量（出血性休克）和不常发生的高心输出量（脓毒性休克）相关。因此，中心动脉血压不应该作为心输出量或组织灌注的单一指标。干预治疗可以影响SVR。去甲肾上腺素、苯肾上腺素、抗利尿激素、多巴胺、多巴酚丁胺和氯胺酮增加血管阻力，而乙酰丙嗪、钙通道阻滞剂和吸入麻醉剂降低血管阻力。

（3）外周循环与微循环 心血管系统的主要功能是向组织输送足够的氧气，以满足各个器官在任何时间和所有代谢条件下（在生理限度内）各自的氧气需求。给组织充分供氧依赖于血液的携氧能力、通气、心肌性能、全身和肺血流动力学的高度配合，以及需要适当的外周血流分布。血管提供了将血液输送到组织的通道，分为弹性血管、阻力血管、血管括约肌、交换血管、容量血管和分流血管。大动脉为弹性血管，阻力相对较低，可将血液输送到外周小动脉。主动脉为弹性血管，具有弹性贮器作用，即将心室射血阶段血流转换为更平缓、更连续的血流输送到外周血管。大静脉既是分流血管，也是容量血管，可以储存和调动（如果收缩）大量血液，从而影响静脉血回流心脏（图3-13）。外周血管网包括小动脉（括约肌）、毛细血管（物质交换）和小静脉（容纳或储存血液），统称为微循环。毛细血管是气体、水和溶质在血管和组织间隙间扩散和过滤的场所。局部血流由小动脉（前毛细血管括约肌）控制，是体循环中主要的阻力血管。小动脉张力由中枢（主要是交感神经）刺激、血流中血管活性物质（即儿茶酚胺、血管紧张素和抗利尿激素）以及局部调节因子（代谢的、内皮的和/或肌源性因子）来调控。自主神经系统对血流的中枢调节主要在皮肤、内脏组织和静止的骨骼肌等部位；而局部因子在其他区域，如心肌、大脑、肾脏、肺脏和骨骼肌中占主导调节地位。一般来说，血流通过心脏、大脑和肾脏等重要器官（富含血管的组织）受到各种自我调节机制的严格控制，因此，在生理范围内相对独立于灌注压力。分流血管在皮肤中特别突出，在体温调节中尤为重要。

小动脉平滑肌张力调节血管直径和血流阻力，从而决定血流在毛细血管分布和动脉灌注压。在跨壁压力升高的情况下，内源肌源性活动部分参与血管基础张力的形成，而不依赖于中央神经输入，从而提供了一种独立于内皮功能的自我调节机制。高氧分压可能进一步增加血管基础张力，而氧供应的减少或代谢活动的增强（因此耗氧量增加）导致局部血管扩张和血流量增加。相反，缺氧对肺血管系统（HPV）产生强大的血管收缩作用，有助于维持最佳的血流分布和肺通气-血流灌注比（参阅第2章）。血管切变应力的增加（与血流速度和黏度成正比）可导致血管舒张和毛细血管再聚集，这可能是由于内皮释放一氧化氮所致。血液黏度和流速是毛细血管灌注的重要决定因素，组织功能性毛细血管密度是低血压和低血容量复苏过程中组织存活的主要决定因素。血液黏度主要由红细胞浓度[血细胞比容（旧称红细胞压积，缩写PCV）]、细胞间相互作用、红细胞变形能力、血浆蛋白浓度和剪切速率（流体运动相对速度）来决定。

血细胞比容和更精确的血红蛋白浓度决定了血液的携氧能力（图3-13）。通常，大多数健康马，在血细胞比容约30%情况下可以实现最大的氧气输送。大于60%的PCV会显著增加血液黏度，流向较小血管的血流量减少，从而减少氧气输送。PCV的降低通常耐受性较好，可通过降低血液黏度和外周阻力来改善微血管血流。中度至重度贫血导致外周血管扩张、交感神经激活和心输出量的代偿性增加，这些都有助于维持氧气向组织输送。

内皮细胞在调节微循环中起积极作用。一氧化氮和前列腺素是内皮细胞在多种刺激和介质作用下释放的重要血管扩张剂。其他可能在组织灌注中发挥作用的血管舒张剂包括组胺、5-羟色胺、腺苷、氢离子（pH）、二氧化碳和钾。血管收缩剂如内皮素、血管紧张素Ⅱ和血管加压素（抗利尿激素）可抵消这些影响，在肺动脉高压或充血性心力衰竭等病理状态下发挥重要作用。内皮毛细血管也通过扩散、过滤和胞吐作用交换水和溶质。流体静压和胶体渗透压在调节流体被动通过毛细血管内皮过程中的作用是由毛细管斯塔林定律描述的。流体运动（Qf）由下式确定：

$$Qf = k [(P_c + \pi_i) - (P_i + \pi_p)]$$

k是过滤常数，P_c是毛细血管静压，π_i间质胶体渗透压，P_i是间质静压，π_p是血浆胶体渗透压。毛细血管静水压（低血压、低血容量）降低能够促进细胞间液向血管内移动（自体再注入），从而在相对较短的时间内恢复大量的血管内容量。在紧急情况下给予高渗盐水或胶体，或两者同时使用，可以使血管内渗透压迅速升高，将细胞间液吸入血管间隙（自体输血）（参阅第7章）。在严重低蛋白血症的情况下，由于血浆渗透压降低和毛细血管液体损失，血管内容量可能难以维持，提示可补充胶体或血浆。

恢复和维持血管内容量和携氧能力对于维持麻醉马的血流动力学和组织灌注至关重要，因为这是控制外周血流量和血流分布的中心和局部机制。全身麻醉，特别是使用吸入麻醉剂，使MAP下降时的自我调节（代偿）反应减弱。再加上血管舒张和低血压，会导致血流分布不均、组织灌注不足、组织缺氧和乳酸酸中毒（图3-15）。

6. 血压和外周血流量的外在控制

血管舒缩中枢：延髓血管运动中枢（或血管舒缩中枢，vasomotor center）负责心脏电活动、心肌收缩和外周血管张力的中枢调节。马外周血流的中枢调节主要通过交感神经和副交感神经张力来完成。血管运动中枢兴奋活动的节律性变化是动脉压产生轻微波动的原因。

血管反射：压力感受器是位于颈动脉窦和主动脉弓中的高压牵张感受器。这些感受器对接近生理范围脉动流的剧烈变化特别敏感，但对非脉动性的持续压力变化或远远超出生理范围的压力变化则不那么敏感。压力感受器反射主要负责血压的快速、短期调节；而长期的控制依赖于肾脏的血容量和体液平衡的改变（肾素-血管紧张素-醛固酮系统）。动脉血压的升高刺激压力感受器，压力感受器将神经冲动传递到延髓血管运动中枢，引起交感神经张力的中枢抑制和副交感神经张力的增加。相反，动脉压的降低导致压力感受器反射介导的迷走神经张力的消退和交感神经的激活，导致心跳加速，改善心肌功能，增加动脉阻力和压缩静脉血容量，增加静脉回流。迷走神经活动随血压变化的波动，是改变静息状态下马心率的主要原因。正常马经常发生明显的窦性心律失常和二度AV阻滞，是由迷走神经张力调节的，并可能用以调节静息状态下马的动脉血压（图3-16）。

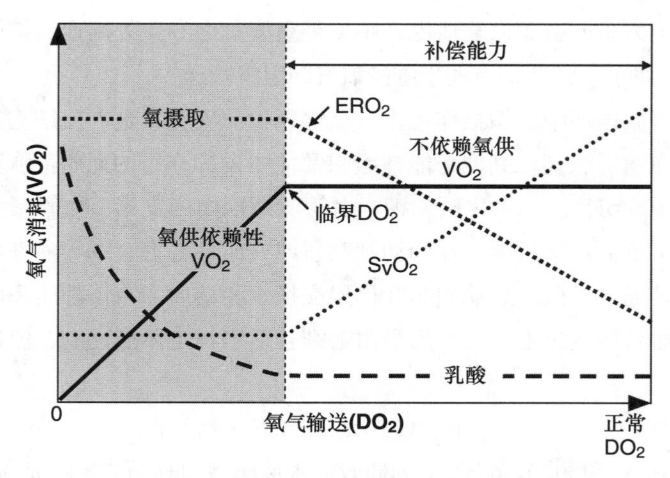

图 3-15　体循环中氧气输送（DO_2）、氧气消耗（VO_2）和氧气摄取之间的关系

组织通过增加氧气摄取来补偿 DO_2 的降低（因心输出量或动脉血氧浓度降低），从而维持 VO_2 平衡（实线）。因此，混合静脉血氧饱和度（$S\bar{v}O_2$）降低，动静脉氧差扩大，氧摄取率（ERO_2）增加。一旦超过补偿能力范围（阴影区域），VO_2 就变成血流量（DO_2）依赖性。随后便进行无氧代谢，导致乳酸和代谢性酸中毒。静脉（混合静脉）PO_2 和氧饱和度、血液 pH 和血液乳酸浓度是评估组织中氧输送和氧摄取的临床指标。

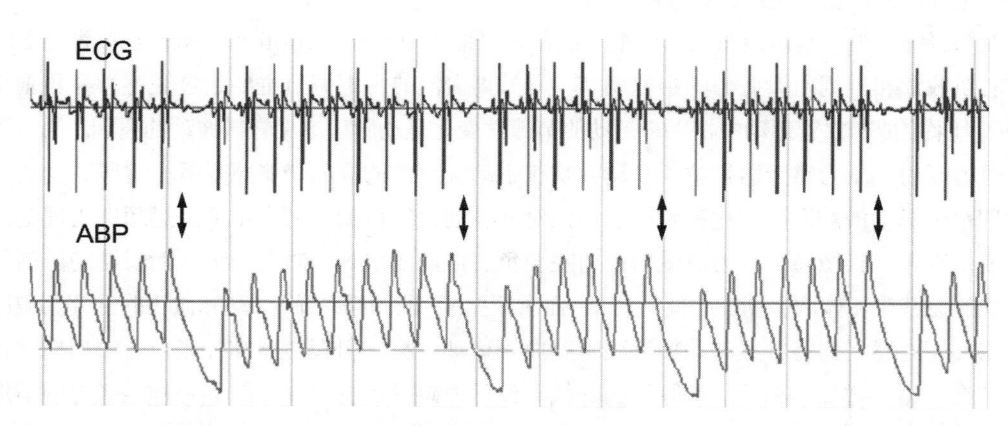

图 3-16　同时记录一匹站立、未经麻醉、心率为 30 次 /min 的马的基部 - 心尖心电图（ECG）和动脉血压（ABP）

动脉血压和压力感受器反射介导的迷走神经紧张增加引起二度 AV 阻滞（箭头：P 波不在 QRS 波之后）。迷走神经诱导的 AV 阻滞被认为是控制马血压的一种机制（连同窦性心律不齐和窦性停搏），可通过抗胆碱能药（如阿托品、格隆溴铵）来消除。

低压心肺感受器位于心房、心室和肺血管中。主要在调节血容量方面发挥作用。这些受体的刺激导致肾的血流量、尿液和心率增加（班布里奇反射），而中枢血管收缩中心受到抑制，血管紧张素、醛固酮和抗利尿激素释放减少。

化学感受器位于主动脉弓和颈动脉体，主要参与呼吸活动的调节，但也影响血管运动中枢。氧分压降低、pH降低和二氧化碳分压升高可激活化学感受器。高碳酸血症和氢离子对延髓血管运动中枢的药物敏感区的直接刺激作用被认为比化学受体介导的作用更强。可耐受的轻到中度高碳酸血症（$PaCO_2$，60～75mmHg）和酸血症可能有利于维持麻醉下马匹的心输出量和动脉灌注压。在一段时间的高碳酸血症后恢复正常可能会抑制延髓中枢的活动，并可能与血压、心输出量和血流量的恶化有关，特别是在已存在血液动力学受损的马。值得注意的是，注射的麻醉药物和可吸入的麻醉药可以抑制中枢和外周介导的急性稳态反射反应。静脉麻醉在马体内会产生轻度至中度的稳态反射抑制，而大多数稳态反射反应被吸入麻醉剂（1.3 MAC）完全消除，以达到手术麻醉水平。这一效果对高危或急诊手术病患选择麻醉技术有重要意义（参阅第24章）。

自主控制：自主神经系统广泛地支配心血管系统。自主神经系统的交感神经和副交感神经分支之间的相互作用受各种反射的调节，这些反射调节马心脏性能和血压。心脏接受来自自主神经系统的副交感神经和交感神经分支的传出信号（表3-3，图3-6和图3-7）。迷走神经支配室上组织，并可能会对近端室间隔组织产生影响。迷走神经对心率（负性变时作用）、AV传导（负性变传导作用）、兴奋性（负性变阈作用）、心肌收缩状态（负性变力作用）和心肌松弛（负性松弛作用）有抑制作用。

交感神经系统为心脏提供广泛的神经支配，产生与副交感神经系统相反的作用。β-肾上腺素受体在心脏中占主导地位。运动时心率的增加与副交感神经张力的消退（心率达110次/min以上）和交感神经传出活动的增加（心率超过110次/min）有关。α-肾上腺素受体在全身血管系统中占主导地位（表3-3和图3-7）。去甲肾上腺素、肾上腺素或其他具有α-肾上腺素能受体激动剂活性的药物（即去氧肾上腺素、多巴胺）刺激突触后α_1-肾上腺素受体，导致全身小动脉和静脉收缩。这些药物通常会增加全身动脉压和静脉回流至心脏的血量。然而，血管收缩会带来问题。例如，强烈的动脉血管收缩增加左心室后负荷，而大静脉收缩可导致静脉淤积。此外，血管张力、血管阻力和动脉压的增加并不能保证功能性毛细血管密度和组织灌注量的增加。血管α_2-肾上腺素能受体受刺激可能引起不同程度的血管收缩，这取决于血管床。强直性交感神经传出活动减少导致血管舒张，作为控制全身血压的自主反射功能。血管扩张剂β_2-肾上腺素能受体的存在具有一定的临床应用价值，马输注β_2-激动剂（地西泮）会引起正性肌力活动，且在含高密度β_2-肾上腺素能受体的循环床引起血管舒张作用。

许多血管床在乙酰胆碱作用下，或在运动、应激或代谢活动中释放局部血管扩张物质后发生相应的扩张。组胺或5-羟色胺激活相应受体引起小动脉扩张、小静脉收缩和毛细血管通透性增加。整个区域循环床突触后受体亚型，α-受体、β-受体、组胺和多巴胺能受体数量不同，血管平滑肌对局部血管扩张剂和内分泌物反应也不同。突触后受体亚型在各区域循环床上均有显著差异。大多数常见的儿茶酚胺（肾上腺素、去甲肾上腺素、多巴胺、多巴酚丁胺、去氧肾上腺素、麻黄碱、多倍沙明，参阅第22章）在马的宏观血液动力学效应已有描述，但对特定器官（脑、心脏、肝脏、肾脏、肺脏）的影响尚待确定。

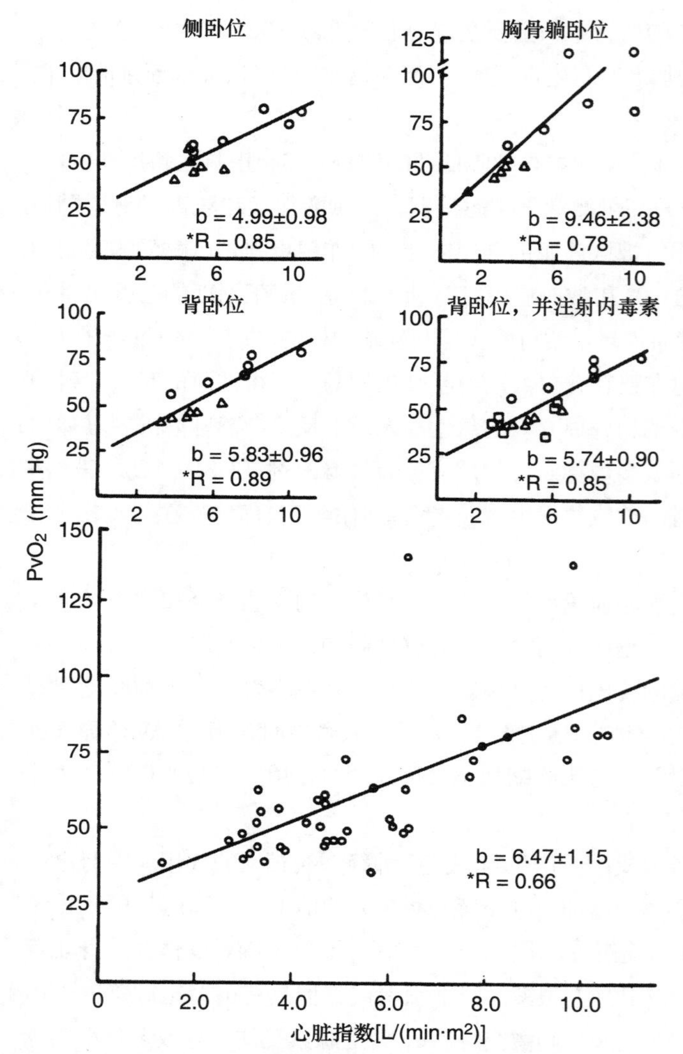

图3–17　侧卧位、胸骨躺卧位和背卧位以及注射内毒素后混合静脉 O_2 分压（PvO_2）与心脏指数的关系（上图），下方有统计的数据

注意，无论马的体位如何，PvO_2 都会随着心脏指数的降低而降低。

酸碱和电解质平衡紊乱、低氧血症、缺血，最重要的是，接触麻醉药（特别是吸入性麻醉药）会使压力感受器和化学感受器的反射减弱或消除，并减少血管对交感神经刺激的反应，从而降低恢复和维持足够组织灌注的代偿能力。如果要保持马动脉血压、心输出量和组织氧合达到最佳，就需要持续监测血液动力学状态（参阅第22章）。

7. 氧气输送、氧摄取、动静脉氧气差和氧气摄取率

组织的氧气输送（或供应）（DO_2）取决于心输出量（CO）、动脉血氧含量（CaO_2）、微循环血流动力学（功能性毛细血管密度）和血液流变特性。临床上对氧输送的评估通常局限于全局参数的估计，包括心输出量（CO）和动脉血氧含量CaO_2。CaO_2由动脉血中血红蛋白浓度（Hb）和血红蛋白饱和度（SaO_2）决定，SaO_2由动脉血氧分压（PaO_2）和氧合血红蛋白解离曲线的形状决定（见图2-18和图2-19；框表3-3和图3-13）。即使PaO_2升高，只有少量的氧气（每1mmHg下每100mL血浆溶解氧气为0.003mL），也只能在血浆中溶解和携带少量氧气。

组织的氧摄取（需求，消耗）（VO_2）可被量化为心输出量与动脉和静脉血氧含量之差的乘积，也称为动静脉氧差（Ca-vO_2）或氧摄取（EO_2）（框表3-3和图3-15）。VO_2和DO_2之间的比率也称为氧摄取率（ERO_2）（框表3-3）。ERO_2正常值通常在20%～30%（即，当SaO_2 = 100%，SvO_2 = 75%，ERO_2 =（100−75）/ 100 = 25%），随着代谢率和VO_2的增加而增加。从肺动脉导管获得的混合静脉样品比从颈静脉或外周静脉获得的样品，更适合用于评估全身氧气摄取。

心输出量减少或血氧含量减少（即贫血）导致从血液摄取氧量增加，以满足组织的氧需求量（VO_2）。结果静脉氧含量（CvO_2）、静脉血氧饱和度（SvO_2）和静脉氧分压（PvO_2）降低。因此CvO_2、SvO_2和PvO_2可用作间接的心输出量测量指标（图3-15、图3-17）。当DO_2下降到临界水平以下时（或当VO_2同时增加时），从血液中提取氧的程度不能进一步提高，组织摄氧量随氧气供应的减少而减少（氧供依赖性氧摄取，见图3-15）。由此产生的无氧代谢导致乳酸积累，引起代谢性酸中毒。最终组织缺氧和受影响组织的有限代谢会导致组织损伤和器官衰竭。临界DO_2由最大ERO_2决定，范围通常为50%～60%（当SaO_2=100%时，对应的SvO_2＜40%～50%）。

用于评估组织氧合的大多数参数（如心输出量、血压、Hb、SaO_2、SvO_2、$Ca\text{-}vO_2$和ERO_2）仅能用于估测全身氧输送和氧摄取的量，不能作为细胞内代谢实际使用氧气量的直接证据。临床上，在内毒素血症、败血症和循环休克等情况下，线粒体通过氧化磷酸化有效生成ATP的能力严重受损，氧气的使用也可能受到严重干扰。临床实践中直接评估细胞实际使用氧气量是不实现的。器官功能障碍和血液动力学恶化，如pH、碱缺乏、SvO_2、强离子间隙（SIG）和血乳酸浓度，可被用作氧输送不足的指标。

二、心脏病的识别与处理

1. 马心脏病概述

马先天性和获得性心脏病可以按解剖病变、病理生理机制和病因分类（框表3-4）。心功能障碍的病理生理机制可分为以下几类：①心肌收缩力衰竭；②血流动力学（容量或压力）超负荷；③舒张期功能障碍；④心律失常。心血管疾病可以是先天性的，也可以是后天获得性的。当心脏或血管为主要疾病时，可归类为原发性疾病；而由其他潜在的疾病（通常是全身性的）直接或间接影响心血管功能时，可归类为继发性疾病。

2. 心血管功能的评估

麻醉前应仔细检查马的心血管系统。初步评估应包括病史调查、体格检查和听诊（参阅第6章）。根据初步评估的结果，可能需要做心电图、胸部X线检查、超声波检查和临床实验室检查等。

（1）病史调查和体格检查　病史调查应包括有关马的健康状况和表现、运动能力、以前的健康问题和病症。表现不佳和体重减轻，虽然是非特异性，但通常是与心脏病和早期心力衰竭相关，即使缺乏其他临床症状的情况下也是如此。相反，表现和身体状况正常可排除严重心脏病的存在。赛马心脏杂音和某些类型的心律失常很常见，必须根据病史和体检结果进行评估；在没有其他心脏病临床症状的情况下，可能不具有临床相关性。患有严重全身性疾病的马，包括但不限于胃肠道疾病、内毒素血症或败血症，可能表现出一定程度的循环损害（例如，毛细血管再充盈时间延长）。评估马的血容状态和心血管功能决定了麻醉药物、监测技术和循环支持的选择。

框表 3-4　马心血管疾病的病因分析

先天性心脏畸形
左向右分流
　心室（最常见）和房间隔缺损
　动脉导管未闭（多于产后 72h 恢复正常）
瓣膜发育不良或闭锁（罕见）
复杂的先天性缺陷（罕见）
瓣膜性心脏病导致瓣膜功能不全
退行性疾病（中年至老年马最常见的是主动脉瓣和二尖瓣）
非细菌性瓣膜炎（有时怀疑是幼马；病因不明，可能是病毒或免疫介导的）
细菌性心内膜炎（主动脉瓣和二尖瓣最常见）
腱索破裂（突然发作的杂音和临床症状）
肺动脉高压和肺心病——继发于肺部疾病的右侧心室超负荷
原发性支气管肺疾病
急性肺泡缺氧伴继发性反应性肺动脉高压
　动脉血管收缩
　严重的酸中毒
肺血栓栓塞
心肌疾病
特发性扩张型心肌病
心肌炎
　病毒或细菌（如继发于呼吸道感染？）
心肌变性 / 坏死
　毒性损伤（如莫能菌素）
　营养缺乏（如缺硒）
　急性缺血，血栓栓塞，梗死
心肌纤维化（经常死后偶然发现）
心肌抑制
　代谢性或全身性疾病（如酸中毒、电解质紊乱、内毒素血症、败血症）
　缺氧，轻度（短暂）缺血
　给予镇静药或吸入麻醉药
心包疾病
心包炎，心包积液（心脏压塞），缩窄性心包炎
　特发性心包疾病
　　传染性（细菌）
　创伤性心包疾病
大血管的疾病
主动脉瘤，主动脉瘘
外周血管疾病
静脉血栓形成，血栓性静脉炎（最常见颈静脉）
肠系膜根部血栓形成（圆形线虫），肠系膜血栓栓塞
主动脉血栓形成
心律失常
室上性心律失常（尤其是心房扑动 / 颤动）
室性心律失常
传导紊乱（大多数是生理性的）
由酸碱和电解质紊乱引起的心律失常
与代谢紊乱有关的心律失常，内毒素血症或败血症
由心肌缺血或缺氧引起的心律失常
由自主神经失调引起的心律失常
与给药相关的心律失常
　镇静剂和镇定剂
　吸入麻醉药
　抗心律失常药
　电解质（如钾、钙）
　其他药物

体检应采用鉴别异常心肺功能、肺病或心力衰竭的方法和技术。耳朵和四肢的表面温度、皮肤肿胀、颈静脉充盈、黏膜颜色和毛细血管再充盈时间提供了关于马体液状态、外周血管灌注、血压和血管反应性的重要信息。低血压或外周血管收缩时，毛细血管再充盈时间延长；相

反，当血管扩张时可能缩短（参阅第6章）。外周性水肿可提示右心衰竭、血管闭塞、严重低蛋白血症、血管疾病或淋巴回流功能受损；而咳嗽、流鼻涕和胸腔听诊异常可能提示左心衰竭或呼吸系统疾病。

颈静脉搏动通常可在颈部1/3处观察到，是右心房压力变化的反映（图3-9）。通常在兴奋的马或交感神经张力增加的马，可观察到明显的颈静脉搏动，正常时是凹陷的。缺乏适当的颈静脉充盈与严重的血容量过低或静脉阻塞表现一致。在放置导管和静脉给药之前，必须通过仔细检查和触诊颈静脉，排除颈静脉血栓或血栓性静脉炎。心律失常、三尖瓣疾病和右心室衰竭马，可观察到异常的颈静脉搏动。

触诊面部动脉可以识别心率、心律和脉搏异常。动脉脉搏可描述为正常、低动力（弱）、高动力（跳跃或水锤脉冲）或多变脉。脉率不规则或脉搏质量明显变化提示心律失常。触诊外周脉搏波可估计脉压（收缩压和舒张压之差），虽然脉搏质量差是一个较好的低动脉压和低心率的症状，但是不能准确估测绝对压力或相应一致的血流或组织灌注情况。

听诊需要了解解剖学、生理学、病理生理学和声学物理学，是一种非常准确的心脏诊断方法。听诊马的第一个先决条件是了解听诊区域和鉴别正常心肺音（表3-6至表3-8，框表3-5，图3-10）。

表3-6　心音的判断和普遍的心杂音

听诊结果	时间°		最大强度点（valve area）*
正常心音			
第一心音（S_1）	S期开始	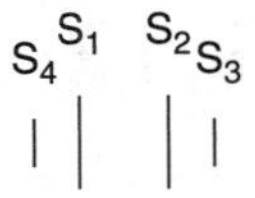 S_4 S_1 S_2 S_3	左心尖（二尖瓣）
第二心音（S_2）	S期末		左基部（主动脉瓣）
肺动脉瓣成分	S期末		左基部（肺动脉瓣）
第三心音（S_3）	D期早期		左心尖（二尖瓣）
第四（心房）心音（S_4）	D期晚期		心室入口或基部（左）
功能性杂音†			
收缩期射血杂音	S		左基部（主动脉/肺动脉瓣）
舒张期早期	D		心室入口（左/右）‡
舒张期后期（心收缩前期）	D		心室入口（左/右）‡
瓣膜回流§			
二尖瓣回流	S		左心尖（二尖瓣）
三尖瓣回流	S		右胸廓（三尖瓣）
主动脉瓣回流	S	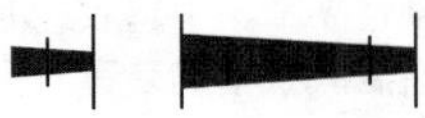	左基部（主动脉瓣）
肺动脉瓣关闭不全	D		左基部（肺动脉瓣）

（续）

听诊结果	时间°		最大强度点（valve area）*
室间隔缺损 ¶	S		右胸骨边缘 / 左心脏基底
动脉导管未闭	S+D		背部左侧基底超过肺动脉

注：° S，收缩期，S_1 和 S_2 之间的间隔；D，舒张期，S_2和 S_1 之间的间隔。

* "顶点"是指心脏的腹侧部分，是可明显感觉到心脏搏动的地方（心尖搏动，见图 3-1）；"基部"是指瓣膜（主动脉，肺动脉）上的颅骨外侧区域，此区域第二心音最强。

† 在马最常见的杂音是收缩期的射血杂音，开始于第一心音后，结束于第二心音前；舒张期杂音从第二心音延伸到第三心音；收缩期前杂音很短，跨越第四和第一心音。功能性杂音可能是音乐色调的乐性杂音。

‡ 心室入口是指覆盖心室流入区域的胸部区域。

§ 房室瓣膜功能不全的杂音通常可在受影响的瓣膜上听到，向背侧辐射，并向各自心室的顶点投射。在整个收缩期或舒张期，有些反流性杂音很明显，可延伸到第二心音（全收缩或完全收缩）或第一心音（全舒张或舒张期）；然而，晚期收缩期杂音，可能与瓣膜脱垂有关，如二尖瓣或三尖瓣关闭不全，此外，主动脉瓣关闭不全时的杂音可能并不总是完整的。

¶ 当右心室入口隔膜缺陷时，可在右胸骨边缘以上听到杂音［侧膜室间隔缺损（VSD）］；右心室出口间隔缺损（肺动脉瓣下室间隔缺损，罕见）的杂音可能在肺动脉瓣上方最响亮；在没有肺动脉瓣病变的情况下，通过肺动脉瓣的流量增加会导致左基底动脉收缩期相对狭窄的杂音；流过非常大的非限制性缺损的血流可能相对较软。

表 3-7 心杂音的原因

心脏杂音	超声心动检查、心导管检查或尸检确定病变
功能性杂音 *	无可见病变
先天性心脏病	心房或室间隔的缺陷；动脉导管未闭；三尖瓣或肺动脉瓣狭窄 / 闭锁；瓣膜狭窄；复杂的心脏畸形
二尖瓣反流 †	瓣膜退行性增厚；细菌性心内膜炎；二尖瓣脱垂入左心房；腱索破裂；扩张的、功能减退的心室（扩张型心肌病，严重的主动脉瓣关闭不全）
三尖瓣反流 †	与二尖瓣回流相同，以及由严重左心衰竭或慢性呼吸道疾病引起的肺动脉高压
主动脉瓣反流 †	瓣膜退行性增厚和 / 或脱垂；瓣膜先天性穿孔（或关闭不全）；细菌性心内膜炎 ‡；主动脉脱垂成室间隔缺损
肺动脉瓣关闭不全 †	细菌性心内膜炎 ‡；肺动脉高压

注：* 功能性杂音可能是无缘由的（未知原因）或生理性的（可疑的生理原因）；在马驹、训练有素的运动员（运动杂音）和具有高交感神经系统活性（疼痛、压力、败血症）的马，功能性杂音很常见，且还与发热、贫血有关。功能性杂音在心率较快时会更加明显。

† 在一些马中，多普勒心脏超声可识别右侧（最常见）或左侧（不常见）心瓣膜的"无声"细微或轻度反流，这可能是一个正常的现象，不具临床意义。肺功能不全通常是没有杂音的。许多（高达 30%）受过训练的运动员在三尖瓣和 / 或二尖瓣反流时，可听见杂音，但这些杂音与身体素质差或心脏病无关（通过体格检查和超声心脏检查），也不认为具有临床意义。

‡ 大的瓣膜增厚可能会导致解剖性狭窄，引起收缩期杂音，而这与瓣膜功能不全的舒张期杂音有关；正常瓣膜上血流量增加可能会产生相对性瓣膜狭窄的杂音（例如，主动脉瓣回流时，可能会出现因为每搏输出量增加而引起的收缩射血杂音）。

表3-8　心律失常的听诊

节律	典型心率（次 /min）	心音 *	听诊特征
窦性心律	26 ～ 50	S4-1-2 (3)	心率和节奏取决于自主神经紧张
窦性阻滞	＜ 26	S4-1-2 (3)	不规则，长时间停顿
窦性心动过缓	＜ 26	S4-1-2 (3)	除非发生逸搏心律（escape rhythm），否则通常是正常
窦性心动失常	26 ～ 50	S4-1-2 (3)	心率出现不规则和周期性变化，通常在 S_4-S_1 之间可变，也与二度阻滞相关
窦性心动过速	＞ 50	S4-1-2-3	通常情况下是有规律的，如果迷走神经张力也增加（例如，运动后恢复阶段），则可发展为二度房室传导阻滞（AV）
房性快速心律失常			
房性心动过速	AR：变量 † VR：＞ 30	S1-2（3）	心室规律 / 心率取决于 AV 传导顺序和交感神经张力；S_4 不同或缺失；S_1 强度可变
心房扑动 心房颤动	AR:200 ～ 300† AR:250 ～ 500† VR: ＞ 30	S1-2（3）	心室反应不规律；心室率取决于交感神经张力，但通常是正常的（30 ～ 54 次 /min）；心率持续高于 60 次 /min 表明存在潜在心脏病或心力衰竭；无 S_4；S_1 强度可变
异位连接和心室节律			
逸搏心律：交界性 逸搏心律：心室性 加速性室性自搏心律节奏（慢 VT） 室性心动过速（VT）	＞ 25 ＜ 25 60 ～ 80 ＞ 60	S1-2（3）	在异位节律期间心率通常是规律的；心率取决于机制和交感神经张力；S_4 不一致；可变强度的心音或心音分裂
房室传导阻滞			
不完全（一度，二度）	＜ 50	S4-1-2 (3) S4/S1-2 (3)	心率变化；周期性心律失常，S_4-S_1 间期发生变化；心音有变化；二度 AV 传导阻滞孤立 S_4，没有紧随的 S_1-S_2
完全（三度）	AR:28 ～ 60 VR: ＜ 25	S4/S1-2 (3)	心室逃逸节律通常是规律的；独立的心房（S_4）声音；心音强度可变
早期综合征			
室上性（心房）心室	—	早搏 S1-2	S_1 的强度可能比正常时更响更缓

注：*（），可能很明显；†，马没有确定准确的心率限制。

框表3-5　心杂音的特征
出现时间和持续时间（图 3-10 和图 3-18 以及表 3-6） 　收缩期，舒张期或连续性 　早期，中期或收缩晚期或舒张晚期 　全收缩期（S1 ～ S2），全舒张期（S2 ～ S1） 等级 　1/6 级：非常轻声，只有在安静的环境中仔细听诊，且能听到的区域具有局限性，此时声音可能不一致 　2/6 级：安静，在心音的最大强度点上听到一致的声音 　3/6 级：中等响亮，立即能听到一致声音，散布面积小 　4/6 级：响亮，心音散布范围更广，没有明显的波动感 　5/6 级：非常响亮，心音散布区域很广泛，可能会触及心前区波动感 　6/6 级：声音非常大，听诊器仅位于皮肤表面上方也能听到 最大强度点 　顶端：胸壁心脏搏动（心尖搏动）的位置，大约齐平于或略高于肘部水平线（左心室入口的腹侧区域） 　基部：肘部或稍高于颅部以上区域，肱三头肌下方（心室流出、半月瓣和大血管的区域）二尖瓣、主动脉、肺动脉、三尖瓣等区域（图 3-18） 心音散布区域 　背腹，颅尾，左右 质量 　声音频率：高音调，低音凋，混合音调 　杂音的特征：刺耳声，粗糙声，隆隆声，音乐声，鸣笛声，吹奏音

马心肺听诊正常，体格良好，运动耐受力良好，表明机能正常，不需要额外的心脏诊断。心脏听诊的诊断敏感性相当高，且大多数严重的心脏疾均可通过体检和仔细听诊检测出来。听诊应包括评估心率、心律、心音的强度和特征，以及心脏杂音或“额外声音”。马心率会剧烈迅速地变化，随自主传出神经活动和身体活动水平的不同而变化。静息状态下心率范围一般在26 ～ 48次/min，平均心率为40次/min。焦虑可能会导致静息心率突然增加，通常在几秒钟内就会增加一倍。静息状态正常马的迷走神经张力高可能出现生理性心律失常，如窦性阻滞、窦性停搏、窦性心律不齐和不完全Av传导阻滞，且平均心率可能低于30次/min。迷走神经张力降低通常可缓解心律失常，这可以通过让马快速转3 ～ 4圈或运动过后检查即可实现。持续性或复发性心律失常很容易通过心脏听诊和面部动脉脉搏触诊发现。如果运动后心律失常仍持续存在，或者听诊提示存在另一种心律失常（表3-8），则应进行心电图检查。心音的产生与心动周期的收缩和舒张密切相关，并取决于潜在的心律。因此，在评估心律时，应注意个别心音（图3-9和图3-10，图3-18）。

心脏杂音在马身上很常见，特别是年轻马。但一些杂音为心脏病的征兆。严重的心肌疾病可能导致心律失常和心脏杂音，特别是心室扩张继发二尖瓣或三尖瓣闭锁不全的晚期病例。心脏杂音特征应根据出现时间和持续时间、等级、最大强度点、辐射和性质来确定（框表3-5）。大多数杂音可以通过仔细听诊来辨别（表3-6），评估改变心率对心脏杂音的影响（即让马慢跑或转较小的圈）。评估器质性心脏杂音的临床相关性可能需要辅助检测（框表3-6）。

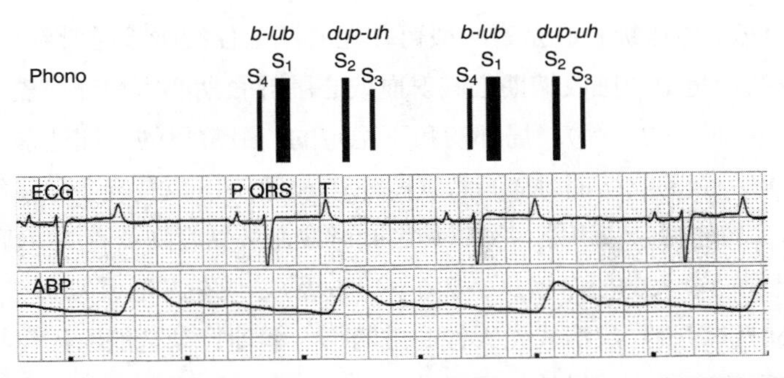

图 3-18 在横向面动脉上，记录的正常心音（Phono）与体表心电图（ECG）和动脉血压追踪（ABP）之间的相关性

S_1，第一（收缩期）心音；S_2，第二（舒张）心音；S_3，第三心音；S_4，第四（心房）心音。Phono：b（S_4）-lub（S_1）dup（S_2）-uh（S_3）描述听诊时听到的声音。注意心音相对于 ECG 和（外周）脉冲压力波的时间。

框表 3-6 马心脏病的诊断

病史 *

症状、一般病史、过去所患疾病、用药情况、体重下降量、劳役经历和运动耐受。

体格检查 *

身体状况、心率、心律、动脉和静脉脉冲、静脉扩张、黏膜颜色和毛细血管再充盈时间、皮下水肿、肺部和心脏听诊（心音，心杂音，心律）。

心电图 *

静息心电图：心率、心律、P-QRS-T 波形、P 和 QRS-T 的关联、时间间隔和心电轴。

运动和运动后心电图（运动跑台检查）†。

24h 动态心电图 †。

心脏超声

二维心脏超声：心脏结构，腔室大小和血管尺寸；瓣膜结构和运动；心房和心室的功能性收缩性；心脏病变或渗出液的鉴定；心输出量的估计。

M 型心脏超声：心室尺寸和收缩期心室功能；心脏结构和瓣膜运动；估计心输出量。

多普勒心脏超声：鉴别正常和不正常的血流；测量心内压和压力梯度；测量心输出量；评估收缩和舒张期心室功能。

胸部 X 线摄影

评价胸膜腔、肺实质、肺血管分布和心脏大小。

临床实验室检测

全血细胞计数和纤维蛋白原检测贫血和炎症。

血清生化检测，包括电解质（特别是 K^+、Mg^{2+}、Ca^{2+}），肾功能检测和用于评估心律失常的心肌酶，鉴定低心输出量（氮质血症），心肌细胞损伤的识别［CK 和 AST（非特异性）和心肌肌钙蛋白 T 或 I（特异性）］。

血清蛋白质可识别低蛋白血症和高球蛋白血症。

动脉血气分析评估肺功能（或者：脉搏血氧仪）。

静脉血气分析，以评估组织中的酸碱状态，氧气输送和氧气摄取。

血乳酸含量可检测无氧代谢相关的组织氧合不良或组织中氧应用受损等。

血栓性静脉炎或疑似心内膜炎的血液培养。

尿液分析，以确定心力衰竭或心内膜炎引起的肾损伤。

血清 / 血浆中，地高辛、奎尼丁和其他心血管药物的检测。

心导管和心血管造影 ‡

诊断异常血流和鉴别心内和血管内的异常压力。

放射性核素研究 ‡

检测异常血流或肺脏灌注，评估心室功能。

* 心脏评估中最重要的部分；† 可能需要识别阵发性心律失常；‡ 不经常进行。

轻度（隐性，1/6～2/6级）心杂音一般可在左心基部仔细听诊时听到（图3-10）。大多数隐性或生理性心脏杂音是由心脏收缩期心脏射血或心脏舒张期心室快速充盈引起的振动。这些杂音一般是柔和的（1/6～2/6级）、局部的和不稳定的。最常见的生理性杂音是在主动脉瓣和肺动脉瓣上左心基底听到的收缩期射血杂音（图3-10和图3-18以及表3-6）。舒张期杂音也很常见，特别是纯种马。功能性杂音可能与交感神经刺激或血液黏度降低有关（即与贫血有关）。没有心杂音的马若出现一个大的心杂音（>2/6～3/6级），或在左心基部以外的位置听到杂音，提示患有获得性心脏（瓣膜）疾病或先天性心脏畸形。病理性杂音的原因包括心脏瓣膜机能不全、间隔缺损、血管病变和（罕见的）瓣膜狭窄（表3-6和表3-7）。马驹在出生后3d内，因动脉导管未闭存在持续性杂音。

除了心音和传统杂音外，有时会检测到"额外声音"，值得注意。收缩期咔嚓声偶尔可在左心尖听到，可能提示二尖瓣疾病或脱垂（特别是当与收缩中期至收缩末期杂音或二尖瓣反流有关时）。心室敲击是听到巨大的心室充盈声（与S_3相关），与缩窄性心包疾病相伴。典型心包摩擦音是三相音（收缩期、舒张早期、舒张晚期），提示心包炎。心包炎和心包积液通常以心音低沉和心包摩擦音为特征，并可引起右心室衰竭，伴有颈静脉扩张和皮下水肿。

（2）心电图 心电图（ECG）是心脏随时间产生的平均动作电位的图形表示。记录整个心动周期的不同阶段，并以电压和时间来表示。时间沿x轴显示，电压沿y轴显示。通过考虑解剖上的心脏刺激，可以解释各种ECG波形（P-QRS-T）的产生。

虽然有一些改良导联（基部-心尖导联，框表3-7）专门为马而开发，但马ECG记录和解释的原理与人、犬及其他动物的很相似（图3-19A）。基部-心尖导联突出了马的P波。心电波形在心尖底部的观察虽然振幅和极性不同，但在基部-心尖导联中观察到的ECG波形在即时时间上与其他导联记录的相似（图3-19B），包括P波（心房去极化），PQ或PR间期（主要由缓慢的AV结传导引起），QRS波群（心室去极化）和ST段T波（ST-T波，心室复极化，见图3-3和图3-4，图3-20）。在马心电图的PR（P-Q）段，特别是在心率很快时（图3-19和图3-20），常发现明显心房复极波（T_a波）。一致的导联定位（如基部-心尖导联）、走纸速度（如25mm/s）和电压校准（如1cm/mV）有助于快速识别正常和异常的心电图。然后可以根据需要来调整纸张速度、电压校准（图3-21）和（选定情况下）导联，以优化记录的质量和诊断价值。应采用系统的ECG分析方法（框表3-8），并将定量测量值与正常值进行比较（表3-9）。

必须掌握正常ECG波形——P波、QRS波群和ST-T波的顺序关系，才能诊断心律失常和检测其他心电异常。这些波形的振幅和持续时间取决于许多因素，包括导联位置、马体型和年龄（表3-9）、心腔大小和电激活的模式。心电图是诊断马心律异常很好的方法，但对于检测心脏肥大，特别是轻度至中度的心脏扩大，敏感度较低。马心电图正常不能排除心脏病，且ECG无法评估心肌机械性功能。

框表 3-7　心电图导联系统

基部 - 心尖监测导联（马最常用）
[+] 左心尖上的电极（左胸，平行于鹰嘴）
[–] 右侧颈静脉沟电极
获得基部 - 心尖导联的最常用方法是将左（LA）电极置于左侧心尖，将右（RA）电极置于颈静脉沟上，并在心电图仪上选择“导联Ⅰ”。
这种导联是监测心律的首选，因为突出了 P 波。

双极导联线（爱氏导联）*
导联Ⅰ = 左前腿（LA）[+]；右前腿（RA）[–]
导联Ⅱ = 左后腿（LL）[+]；右前腿（RA）[–]
导联Ⅲ = 左后腿（LL）[+]；左前腿（LA）[–]

单极增强肢体导联（古氏导联）*
导联 aVR = 右前腿 [+]；左前腿和左后腿 [-]
导联 aVL = 左前腿 [+]；右前腿和左后腿 [–]
导联 aVF = 左后腿 [+]；右前腿和左前腿 [–]

单极心前区胸导联
[+] 选择心前部位放置电极
[–] 由左右前腿和左后腿复合电极组成的电极（Wilson central terminal）
根据监测的位置命名（V 或 C）电极。
V_{10} = 背脊上的 [+]。V_{10} 以外的心前导联不常用。

改进的正交导联系统
导联 X = 导联 I，右 [–] 到左 [+]
导联 Y = 导联 aVF，颅 [–] 到尾 [+]
导联 Z = 导联 V_{10}，腹侧 [–] 到背侧 [+]

* 正面水平导联。

框表 3-8　心电图的评估

技术方面
纸速：标准：25 或 50mm/s
校准：标准：1cm/mV
导联线：见框表 3-5

人工干扰
电，运动，抽搐，肌肉震颤，设备（呼吸机）

心率
心房和心室率

心节律
规则，有规律的不规则，不规律的不规则
心房 - 动静脉传导顺序，心室 - 心室传导
心律失常
　异常冲动形成，心肌纤维颤动或传导的异常部位或腔室
　异常冲动形成率
　异常冲动的传导
　模式或重复循环

波形和复合群
P 波：形态，持续时间，幅度，变化
PQ 间期：持续时间，变化，传导阻滞（P 波）
QRS：形态学，持续时间，振幅正水平面平均电轴
ST 段：降低或升高
T 波：形态或大小的变化
QT 间期：持续时间（参考心率）

杂波
心电交替，同步膈肌收缩

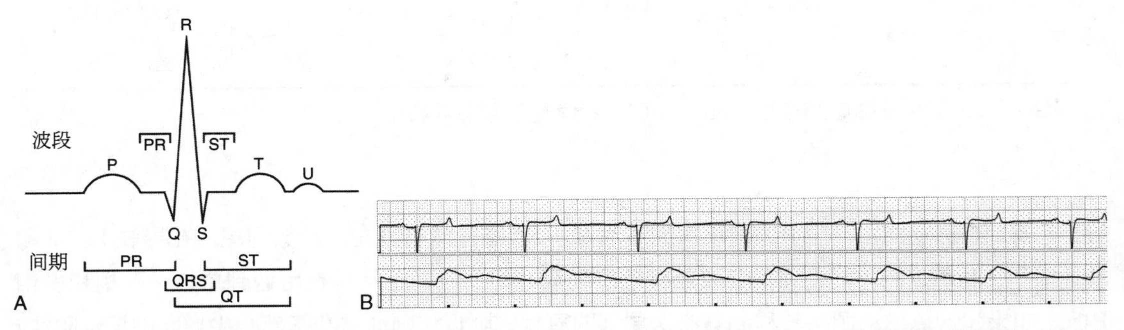

图 3-19　A. 理想的单一的正常心电图周期，可识别出波形、波段和间期　B. 将导联Ⅰ的导联（–）电极放在右颈静脉沟，导联Ⅰ的（+）电极放在左胸壁上的左室心尖区域，可获得基部 - 心尖的 ECG。定时后便出现了动脉压波形

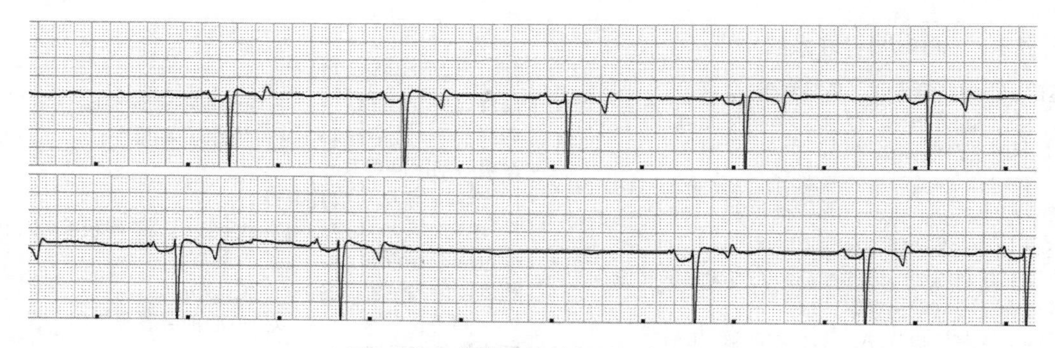

图 3-20　成熟马的基部 - 心尖 ECG

可观察到正常的双峰型 P 波。PR 区段存在明显的向下偏差，表明是心房复极（T_a 波）。

表 3-9　静息时马的正常心率和 ECG 时间间隔

体型	HR（次 /min）	PQ（ms）	QRS（ms）*	QT（ms）
成年马				
大体型	26 ～ 50	200 ～ 500	80 ～ 140	360 ～ 600
小体型、矮种马	30 ～ 54	160 ～ 320	60 ～ 120	320 ～ 560
驹				
大体型				
1 ～ 7d	100 ～ 140	100 ～ 180	50 ～ 80	200 ～ 350
14d	80 ～ 130	100 ～ 190	60 ～ 80	230 ～ 350
矮种马				
1 ～ 30d	70 ～ 145	90 ～ 130	25 ～ 70	180 ～ 370
60d	60 ～ 95	110 ～ 150	30 ～ 70	220 ～ 420
90d	50 ～ 85	130 ～ 170	50 ～ 80	310 ～ 390

注：* 由于 ST 段的正常顿挫（slur），QRS 持续时间通常难以确定。

P波：心房电激活产生P波。正常的激活源于SA结，从右到左，从头到尾，在导联Ⅰ、Ⅱ和aVF中产生正的P波。马正常的P波是有缺口或双峰的，但是正常马也可遇到单峰、双相和多相P波。如果起搏点激动源头转移到右心房尾部的冠状窦附近，则通常在基部心尖导联中记录阴性/阳性P波（冠状窦P波）。不同品种间P波形态可能不同，在马窦性心律不齐（游荡性起搏点）期间，随着迷走神经（副交感神经）张力的增加和减弱，P波形态发生变化。在心动过速时，P波缩短、峰值更大，常紧随明显的心房复极（T_a波）。这些心电图特征使马难以通过ECG鉴别心房扩大。

PQ间期：PQ间期（PR间期）表示从SA结通过AV结和希氏束-浦肯野系统的传导时间。由于静息副交感神经张力较高，马PQ间期的正常值变化很大。PQ间期持续超过500ms的马很有可能是异常的。PQ间期取决于马的体型大小，体型较小的马、矮种马和马驹的PQ间期较短（表3-9）。经常观察到心房复极波（T_a波）出现在P波末至QRS波群开始之间。马的呼吸模式和动脉血压、心率及自主神经张力的变化可以改变PQ间期的持续时间。

QRS波群：传导系统完全穿透到心室游离壁时，去极化发生的同时马的心室被激活。同时激活的心室会引起许多分散电势消失，产生高度可变的QRS波群。因此，QRS波群的正常电轴和振幅（通常为低mV）在额面导联Ⅰ，Ⅱ，Ⅲ，aV_R，aV_L和aV_F上变化很大（图3-22A）。一个显著的背向矢量会在V_{10}导联引起正的末端偏转，而常用的基部-心尖导联则表现出明显的S波（图3-20）。ST段的正常顿挫使大多数马的QRS持续时间难以确定。

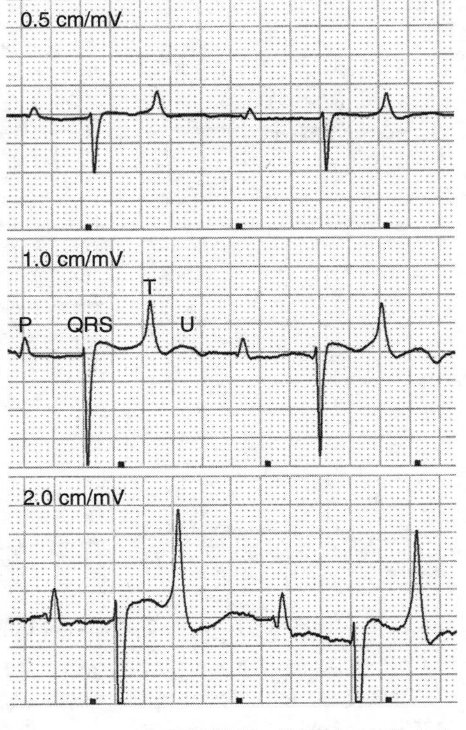

图3-21 心电图的增益（校准）决定心电信号偏转大小（基部-心尖导联）

标准校准1cm/mV（中图）可在心电图跟踪获得良好的诊断结果。增益（上图）的减少导致心电图复合波的总体尺寸减小，这可能掩盖小幅度的偏转（如P波或U波的第一个峰值）。相反，增益（下图）的增加可能通过放大基线偏差和伪影而使心电图的解释复杂化。一般情况下，心电图最初应记录在标准校准（1cm/mV），根据个别马需要调整增益。

额面（X-Y）导联（Ⅰ，Ⅱ，Ⅲ，aV_R，aV_L，aV_F）可定量计算平均电轴（MEA，"平均"去极化波）。此测定通常使用象限方向（右或左，头或尾）来报告角度或方向（导联Ⅰ=0°；Ⅱ=60°；aV_F=90°；Ⅲ=120°；aV_R=−150°；aV_L=−30°）。通过测量前导联中R波的高度（mV）选择最大阳性QRS波群的导联，可以快速估计QRS波轴的大致方向（图3-22B）。马驹和一岁马的MEA是可变的，且常常指向头侧，大多数正常马的额面电轴指向左尾侧。异常轴偏转发生于患心脏肥大、肺心病、传导紊乱和电解质失衡的马。QRS波群的构象和MEA也有助于评估心室异位引起的心室激活。QRS波群的持续时间由脉冲在心室肌中的传播速度决定。异常脉冲的形成、异常脉冲传导、患病组织中部分膜去极化、高钾血症和药物（如奎尼丁、普鲁卡因酰胺）诱导的Na^+通道阻断，可以减缓脉冲传导，并扩宽QRS波群。

ST-T波：心室的复极始于QRS波群的末端（"J点"）并且延伸到T波的末端。T波矢量通常指向左腿，导致Ⅲ导联出现正T波，在大多数静息的马，导致Ⅰ导联出现负T波或等电T波。虽

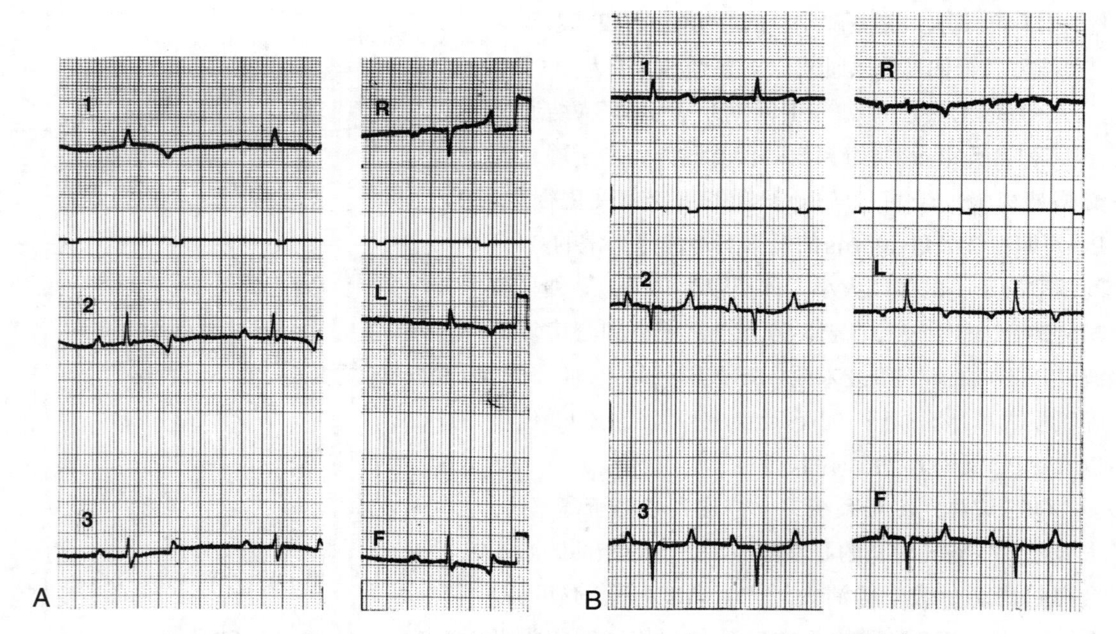

图 3-22　A. 一匹成年纯种马的正常额面导联　B. 成年纯种马的正常额面导联

A 图，额面（Ⅰ，Ⅱ，Ⅲ，aVR，aV1，aVf）导联电轴指向左侧和尾侧。纸速，25mm/s；右侧 1mV/mV 的导联校准。B 图，导联电轴指向左侧和头侧，导致导联Ⅰ和 aVL 中出现明显的 R 波。纸速，25mm/s；导联校准为 1cm/mV。

然一些作者认为ST-T的异常表明心功能障碍，但正常马在运动后或兴奋时可发生ST段异常和T波振幅增加。进行性J点或ST偏转，一般提示存在心肌缺氧或缺血；马麻醉期间T波振幅增加提示心肌缺氧或高钾血症。

QT间期：QT间期表示总的去极-复极化时间，整个心室肌中所有细胞产生的动作电位持续时间（APD）的代数和（图3-4）。成年马静息时QT间期上限约为600ms，而马驹为350～400ms（表3-9）。心率较高时QT间期缩短，并受自主神经张力变化的影响。针对各种动物的方法被用于矫正QT间期（QT_C）与心率有关的变化。虽然有些数据适用于马，但QT校正方法高度依赖于心电记录图，以确定校正公式（例如，静息ECG或24h动态ECG、运动、心脏起搏或改变自主神经兴奋性的药物干预）。因此，QT校正公式难以应用于不同的种群或品种的马。对马QT延长的诊断，常在精确检测T波末端会遇到问题，使诊断更加复杂化。

QT间期的延长是指部分（复极离散）或全部心室延迟复极。先天性（由离子通道突变引起）或获得性（药物对复极电流的影响）QT间期延长综合征（LQTS）与危及生命的心律失常和猝死有关，但马没有记录在案。然而，马体内复极电流与其他物种的相似，这表明马有可能患获得性LQTS。在其他物种中，许多延长心脏复极化（QT间期）的药物也被用于马，包括奎尼丁、普鲁卡因酰胺、氟卡尼、胺碘酮、西沙必利、甲氧氯普胺、红霉素、克拉霉素、氟康唑、复方新诺明、七氟醚和异氟醚。据报道，奎尼丁诱导马发生扭转型室性心动过速，可能与药物诱导的QT间期延长有关。此外，静息心率缓慢和低钾血症（通常与马的胃肠疾病相关）理论上会增加药物诱发心律失常的风险。因此，在给马用药之前，特别是延长QT间期的药物，仔细考虑药物潜在致心律失常作用是十分重要的。

U波：U波是一种小的低频偏转波，有时可见于T波后（图3-19A）。U波的电生理学基础和临床相关性仍存在争议，但可能与心肌细胞延迟复极化（复极离散）或心室传导系统（浦肯野网）有关。

（3）心脏超声 超声诊断用于观察心脏跳动，识别特定的心脏病变，检测异常血流模式，评估心脏病和药物治疗的血液动力学效果，以及估计心脏病的严重程度（图3-23）。临床心脏超声常被用来精确判断心脏杂音的心源意义（心脏大小、功能）。对于准备进行麻醉的马做一个常

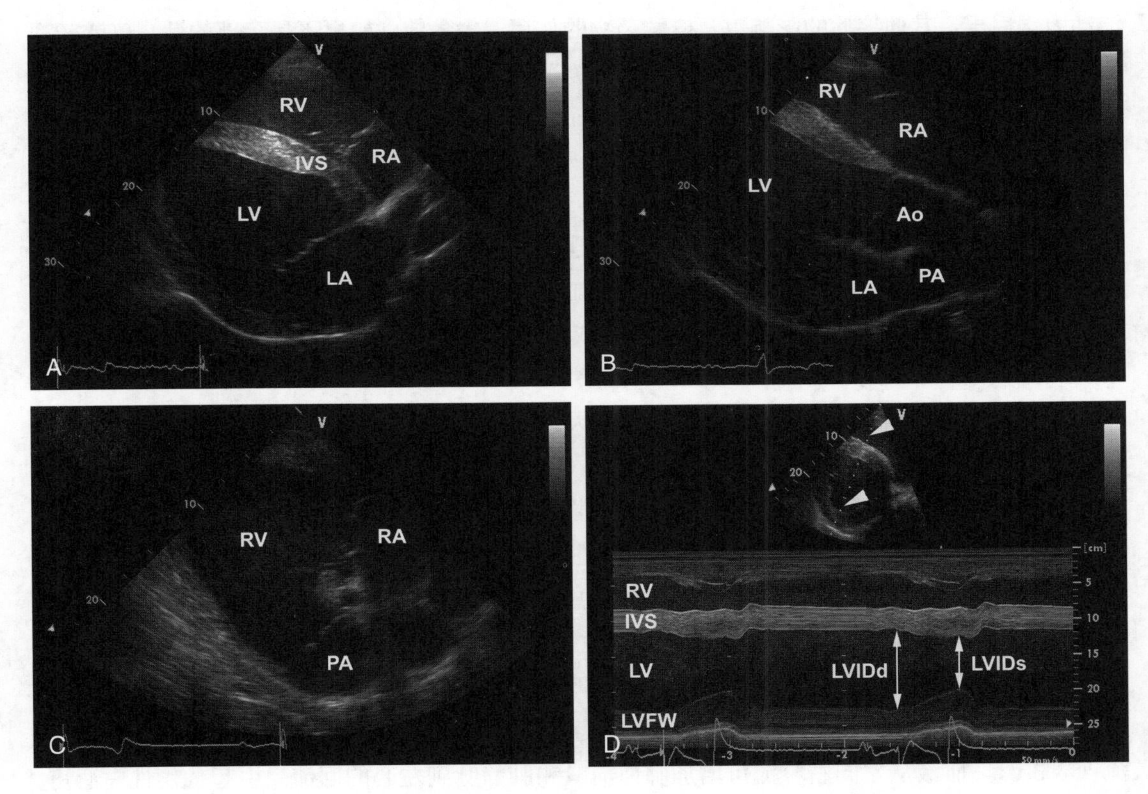

图3-23 二维心脏超声［胸部右侧（A～C）］，并同时记录ECG

A. 四腔视图。B. 左心室流出。C. 右心室流入和流出。以右胸骨旁长轴视图记录的图像允许主观评估，并心脏结构和心肌功能测量选定的心脏尺寸。心肌壁随时间（x轴）沿光标线（箭头）运动（y轴）。同时记录ECG以进行计时。这种视野允许主观评估右心室和左心室的尺寸以及左心室收缩功能，确定收缩期和舒张期的左心室尺寸，并计算左心室缩短分数（FS）［内部尺寸的变化（%）；FS =（LVIDd−LVIDs）/LVIDd×100］。后者提供了收缩期左心室功能的指标。LV，左心室；LA，左心房；RV，右心室；RA，右心房；IVS，室间隔；Ao，主动脉；PA，肺动脉；LVFW，左心室游离壁；LVIDd，舒张末期左心室内径；LVIDs，收缩峰值时的左心室内径。

规心脏超声有利于发现潜在疾病。当发现大的杂音（>2/6级）、明显的心脏肥大和异常的心室功能则提示麻醉风险增加。

心脏超声也可用于监测麻醉期间的心脏性能和血流动力学变化。经食管心脏超声（TEE）可用于评估全身麻醉成年马心输出量，并评估药物效果。主动脉血流速度时间积分（通过多普勒心脏超声测量）乘以血管面积（由二维心脏超声确定）可以提供每搏输出量的估测值。血细胞进入主动脉的速度或加速度可以间接评估左心室的收缩功能。全身麻醉增加了达到峰值速度的时间并降低了峰值速度，正性肌力药（如多巴酚丁胺）可使二者向正常转变。

对有心血管疾病迹象的马，麻醉前应仔细评估和定量评定马的心脏超声。

3. 结构性心脏病

对患有心脏病的马进行全身麻醉可能具有风险，需要仔细考虑其产生病理生理过程、血流动力学后果、其他疾病的影响以及麻醉药物的作用。大多数（如果不是全部的话）麻醉药都会产生心血管效应，在患有心血管疾病的马更为严重。马出现充血性心力衰竭的严重心血管疾病并不常见，但如果存在，往往预后不良。然而，许多进行选择性外科手术需要麻醉的马有生理性心脏杂音和轻微的心律失常，以及心脏超声图像提示有轻度到中度结构性心脏病。经过仔细评估和有目的地选择合适的麻醉药物和麻醉方法后，这些马可以安全地进行麻醉。晚期心血管功能障碍的马通常缺乏足够的心脏储备来代偿麻醉引起的抑制。因此，麻醉期间应注意维持心输出量和外周灌注，同时避免心率极快、低血容量或高血容量，或增加后负荷（外周血管收缩）。患心血管疾病的马易患急性（低血压）或隐性（低血流量）的血流动力学恶化和心律失常。所有麻醉的马都需要重点监测心血管功能指数。

（1）先天性心血管疾病　马最常见的先天性疾病是血液分流（框表3-4）。室间隔缺损（VSD），这些都是先天性缺陷。动脉导管未闭（PDA）在马驹并不常见。动脉导管对氧张力敏感，在大多数马驹出生后72～96h内发生功能性闭合。PDA的外科手术矫正是可能的，并且在出生后3～4个月内相对容易完成。其他先天性缺陷较少。复杂的先天性缺陷往往导致胎儿死亡、出生后无法存活、弱驹或出生后早期血液动力学迅速恶化。

VSD和PDA均导致全身至肺血液分流（左到右）。分流体积取决于缺损（开口）的大小、全身和肺血管的相对阻力。出生后肺血管阻力仍然相对较高，全身压力较低，限制了左向右分流。在出生后的最初几周内，由于肺血管阻力逐渐下降，全身压力升高，可能会出现明显的分流（表3-7）。血液从左向右分流可增加肺血流量和肺静脉到左心的回流，引起代偿性左心房、左心室的扩大和肥大。当分流量较大时，左侧容量严重过载，导致左心室或双心室充血性心力衰竭。肺动脉高压可继发于肺动脉血流增加、左心室衰竭和血流相关的肺血管改变。肺血管和右心室压力的升高降低了分流量，右心室工作负荷增加时保护左心免受严重的容量过载。罕见的严重肺动脉高压可导致血液逆流（右到左）和动脉低氧血症的发展（艾森曼格生理学）。

全面的病史和体检，结合心脏超声评估（二维和多普勒心脏超声）为评估畸形的血液动力学严重程度和预后提供有用的信息。当直径小于主动脉直径的1/3（大型成年马小于2.5cm），

分流峰值流速大于4m/s时，相当于从左到右压力梯度至少为64mmHg（改良伯努利方程：$v^2\times4$（$4^2\times4=64$）的VSD被称作限制性的。限制性VSD（VSD）通常具有良好的耐受性，预后良好，甚至具备良好的运动性能。

吸入麻醉（降低SVR）和正压通气（增加肺血管阻力）限制血液从左向右分流，对轻度至中度心脏病的正常马的血液动力学影响最小，而心力衰竭的马则不能很好耐受。相反，应避免SVR的大幅增加（例如交感神经张力升高）。对于所有患有心血管疾病的马，都建议连续进行动脉血压的侵入性监测。

（2）心脏瓣膜病 马最常见的心脏瓣膜病是三尖瓣、二尖瓣反流和主动脉瓣闭锁不全（表3-7）。通常由慢性、退行性瓣膜病引起，根据临床和心脏超声检查结果分为轻微（可能是生理性的）、轻度、中度和重度。瓣膜功能不全的潜在原因包括瓣膜炎、心内膜炎、腱索断裂引起的二尖瓣脱垂和（罕见的）先天性瓣膜发育不良。瓣膜功能不全最终导致心室容量超负荷、心肌耗氧量增加、心力衰竭和心输出量减少。心血管系统能够对疾病早期瓣膜功能不全的疾病产生血液动力学代偿，心室功能障碍时才出现心力衰竭的临床症状（运动不耐受、不良表现、体重减轻、腹侧水肿）。最终可能由慢性容量过载引起心肌功能障碍和充血性心力衰竭。马瓣膜性心脏病相关的麻醉风险尚不清楚，但在逻辑上与心室扩大的严重程度、心室功能受损和心律失常有关。对无症状瓣膜病的马进行小手术不太可能带来重大风险。

患有晚期瓣膜病的马心室每搏输出量、射血分数和心输出量取决于心率、心肌收缩力和后负荷。主动脉瓣闭锁不全后反流的血容量取决于舒张持续时间（由心率决定）和主动脉瓣的压力梯度（动脉血压和外周血管阻力）。对于心室功能下降的马，应尽量减少由心率变化、SVR增加和麻醉药物引起的心肌抑制。相反，使用挥发性麻醉药时适度增加心率和降低SVR，可使轻度吸入麻醉药对血流动力学的有害影响降到最低，心肌收缩性不会受到显著影响。二尖瓣反流马SVR和后负荷的降低可减少二尖瓣反流血量和心室血流量（每搏输出量）。

然而，当心室收缩力受损时，强心药如多巴胺或多巴酚丁胺可用来增加心肌收缩力。多巴胺是治疗心动过缓和低血压的首选药物；多巴酚丁胺是治疗低血压的首选药物。正性强心药应谨慎使用，因为大剂量可以产生不必要的血管收缩和心律失常效应。此外，在人工呼吸过程中应尽量减少呼吸频率，留出足够的呼吸间隔时间，以维持足够的静脉回流。补液时应仔细监测液体给药情况，以保持足够的心室充盈压力，避免液体的过载（参阅第7章和第22章）。对大多数患有瓣膜性心脏病的马，不需要侵入性监测静脉压和动脉压、心输出量，也不需要计算外周血管阻力，但对于有晚期瓣膜性疾病和心室功能受损的马，应考虑使用。

（3）心包疾病 心包疾病是罕见的，通常表现为纤维性心包炎、心包积液或缩窄性心包炎。心包疾病可能是先天性的，也可以是由细菌或病毒感染、创伤或肿瘤引起的。病理生理学心包疾病通常以心包腔内液体积聚（心包积液）导致心脏受压或心外膜、心包膜纤维化导致心脏压缩为特征。这两种情况都会损害心室舒张充盈，降低前负荷和心输出量，最终导致以右侧为主的充血性心力衰竭。临床症状的发展取决于心包积液的体积和速率、心包顺应性和积液的病因。

心包疾病的严重程度应通过心包液的临床检查和心脏超声来评估。

患心包积液的马在镇静、全身麻醉和正压通气时，会由于心动过缓、外周血管扩张、静脉回流进一步减少，以及相应的心输出量减少导致血液动力学明显恶化和低血压。麻醉前存在大量心包积液的马应进行心包穿刺。穿刺在局部麻醉超声引导下进行相对容易，且可以显著增加心输出量。如果心包积液很严重，马进行心包穿刺镇静时应监测动脉血压。严重低血压应输入抗休克剂量（40mL/kg）的晶体或胶体液体进行治疗，以增加血管容积。右心房高压可能是抵消心包积液对心室充盈的影响，并改善心输出量的必要条件。儿茶酚胺（多巴胺、多巴酚丁胺）增加心肌收缩力。心包穿刺前应禁用速尿，因利尿可减少心室充盈，引起低血压，并导致晕厥。同样的原则也适用于缩窄性心包炎患马的稳定。

（4）肺动脉高压和肺心病 马肺动脉高压可出现于二尖瓣病或慢性左心衰竭、由先天性左向右分流引起的肺血流量增加或因肺血管或实质性疾病的肺血管阻力增加之后。肺心病的特点是在没有左心室功能障碍的情况下，由肺实质或血管疾病引起的肺动脉高压，导致右心室肥大和扩张。通过肺动脉高压，并需要证据排除原发性心脏病，才能诊断为肺心病。在马中不常见。

肺动脉高压以肺动脉压力超过正常上限值10mmHg以上为特征。肺动脉压可以通过三尖瓣或肺动脉反流速度的多普勒血流成像（改良伯努利方程）进行心脏超声估算。肺动脉扩张（超过主动脉根部直径）是肺动脉高压的特异性（但不敏感）指标。心导管可侵入性测量肺动脉压和肺毛细血管楔压（PCWP），并可能有助于肺动脉高压和肺心病诊断。

肺动脉高压偶尔发生在患有严重呼吸系统疾病马驹和成年马。低肺泡氧分压是肺血管收缩的一个强而有效的触发因素（可逆的），导致肺血管阻力增加。已知缺氧是导致复发性气道阻塞的马（相对轻微）肺动脉高压的一个因素。

在发生严重呼吸道疾病时，选择性外科手术的麻醉通常会被推迟，以获得适宜治疗和肺功能改善。当患有肺动脉高压的马需要麻醉时，足够的肺泡和动脉氧合（预氧合，通气）对于减少功能性缺氧性血管收缩至关重要。通过增加吸入气中的氧浓度分数（FiO_2）和正压通气（参阅第17章），可以改善氧合作用。不建议使用N_2O，因其可能引起肺血管收缩，进一步增加肺血管阻力和肺血流量。推荐持续监测动脉血氧饱和度（如脉搏血氧测定）和潮气末CO_2浓度，以评估肺的气体输送。流体疗法旨在保持足够的充盈压力，同时避免容量过载。正性强心药可用于改善心肌功能。

（5）充血性心力衰竭 马充血性心力衰竭并不常见。大多数心脏疾病一般不会严重到导致静脉压力升高，以及肾脏钠和水的潴留，这些是充血性状态的特征。马心力衰竭相关的病理生理异常与人、犬的相似，但尚未进行广泛研究。马晚期双心室性心力衰竭的临床症状很容易识别。重要的临床表现包括心动过速、心律失常、脉搏微弱、颈静脉扩张和搏动、液体潴留（腹部皮下水肿、胸腔积液、肺水肿）、咳嗽、运动不耐受、体重减轻和体况下降。急性左心室衰竭引起肺静脉充血和肺水肿。单纯左侧充血性心力衰竭引起的肺水肿可能被误诊为肺炎。即使原发性心脏病变位于心脏左侧（如二尖瓣关闭不全），也常观察到右侧充血性心力衰竭的迹象，这是因为右心室扩张和衰竭继发于肺静脉高压和肺水肿。

虽然在诊断后常因预后不良而选择安乐死，但对于充血性心力衰竭还是可能治愈的。急性心力衰竭或慢性心力衰竭的急性恶化可用利尿剂（速尿）、正性强心药（多巴胺、多巴酚丁胺）和鼻内氧治疗（表3-10）。血管扩张剂，如动脉扩张剂——肼苯哒嗪或静脉舒张剂——硝酸甘油已在临床应用，这些药物对心力衰竭马的疗效缺乏文献记载，慢性心力衰竭的药物治疗通常限于速尿和地高辛。剂量和给药间隔根据药效、马的肾功能、电解质状态和血清地高辛浓度测量决定。可以使用血管紧张素转换酶抑制剂，虽然其作用和疗效对患有心力衰竭马的应用尚未得到广泛研究，其益处在很大程度上尚不清楚。抗心律不齐药物对某些心律失常（如室性心动过速、房颤）的治疗是有效的，但必须对可能造成的副作用和治疗效果进行权衡。抗生素用于治疗心脏感染。心包穿刺术用于心脏压塞的初步治疗，也可考虑用导管或手术引流积液。

表3-10 心脏病治疗药物

适应证	药物或疗法 *	剂量	副作用
充血性心力衰竭	速尿（呋塞米）	静脉注射0.5～2.0mg/kg，IV，间隔12h或视需要而定，通常从更高/更频繁的剂量开始，然后减少到最小有效剂量	高剂量时导致血容量过低、肾功能衰竭、电解质（Na^+、K^+、Ca^{2+}）失衡
	地高辛	静脉负荷剂量（凡使首次给药时血药浓度达到稳态水平的剂量）：0.002 2mg/kg，间隔12h，连续24～36h；PO维持用量:0.011mg/kg，间隔12h，调整至维持治疗浓度（治疗范围:0.8～1.2ng/mL，低谷水平为12～24h）	抑郁、厌食、腹痛；室上性和室性心律失常，二联律，房室（AV）传导阻滞
心源性休克、低血压	多巴酚丁胺或多巴胺	1～5μg/（kg·min），IV，连续输注	剂量依赖性的影响；血管收缩、心动过速、室性心律失常
窦性阻滞/心动过缓、严重或完全房室传导阻滞、迷走性心动过缓	阿托品或胃长宁	0.01～0.02mg/kg，IV；0.005～0.01mg/kg，IV	肠梗阻、绞痛、心动过速
	多巴酚丁胺或多巴胺	1～5μg/（kg·min），IV，持续输注	剂量依赖性血管收缩、心动过速、室性心律失常
窦性心动过速	治疗潜在的疾病		
高钾血症引起的心房停搏和心室传导障碍	0.9% NaCl	10～40mL/（kg·h），IV	
	碳酸氢钠	1～2mEq/kg，IV，输注15min	高剂量代谢性碱中毒、高钠血症、容量过载
	23%葡萄糖酸钙溶液（用5%葡萄糖稀释）	0.2～0.4U/kg，IV；6mL/kg，IV	快速给药时的促心律失常效应
	常规胰岛素和10%葡萄糖	0.1U/kg，IV；5～10mL/kg，IV	低血糖；监测血糖浓度

（续）

适应证	药物或疗法 *	剂量	副作用
心房、室上性心律失常	奎尼丁	见框表 3-10	
	普鲁卡因酰胺	见下文	
	地高辛（心室率控制）		
	地尔硫䓬［窦房（SA）/房室结依赖性室上性心动过速（SVT）的速率控制与阻断］	0.062 5mg/（kg·min），IV，每 10min 重复一次，达到 1.25mg/kg 总剂量；0.5 ～ 1.0mg/kg 以上剂量慎用	高剂量低血压、窦性心律失常及窦性停搏、房室传导阻滞、负性肌力的效果；监测心电图和血压
	心得安（速率控制和无反应 SVT）	0.03 ～ 0.16mg/kg，IV；0.38 ～ 0.78mg/kg，PO，每 8h	心动过缓、房室传导阻滞、低血压、负性肌力、心衰加重、虚弱、支气管收缩
房颤动 / 扑动	见框表 3-9		
室性心律失常	利多卡因	0.25 ～ 0.5mg/kg，IV，慢速率输注，5 ～ 10min 重复一次，总量达到 1.5mg/kg；紧随其后 0.05mg/（kg·min）连续输液	过量服用可能导致肌肉震颤、共济失调、中枢神经系统（CNS）兴奋、癫痫发作；低血压、室性心动过速、猝死
	硫酸镁（特别是尖端扭转型室性心动过速）	2 ～ 6mg/（kg·min），IV，总剂量 55（～ 100）mg/kg	过量服用可能导致中枢抑制作用、肌肉无力、颤抖、心动过缓、低血压、呼吸抑制、心脏骤停
	普鲁卡因酰胺	25 ～ 35mg/kg，PO，每 8h；1mg/（kg·min），IV 至最大剂量 20mg/kg	低血压、QRS 和 QT 延长、负性肌力、室上 / 室性心律失常
室性早搏	肾上腺素	0.01 ～ 0.05mg/kg，IV；0.1 ～ 0.5mg/kg 气管内注射	注意不同浓度：1 ∶ 1 000 = 1mg/mL 1 ∶ 10 000 = 0.1mg/mL

注：* 重新评估氧合、液体和电解质（K^+、Mg^{2+}）状态、酸碱平衡和调整麻醉水平（如果合适的话）。

充血性心力衰竭的马不能承受全身麻醉带来的风险。进行麻醉前，应进行完整体检、血液学和血液生化检查，以及胸部X线和心脏超声的特殊检查。在外科手术之前，应全面评估和稳定心室功能。衰竭心脏的特征是心肌收缩力差，前负荷储备减少，对心室后负荷的敏感性增加。如果不可避免使用全身麻醉，麻醉药物和方法选择必须以保持最佳心输出量和氧合作用为目标。氯胺酮和氯胺酮合剂对诱导和维持短时间手术有益（参阅第12、13、18章）。巴比妥类药物和挥发性麻醉剂可引起剂量依赖性心脏和呼吸抑制，应谨慎使用。虽然正压通气可能通过降低心室壁应力（后负荷）、肺充血和改善动脉氧合作用而发挥有益作用，但它可以减少低血容量或心室功能不良马的静脉回流和心输出量（参阅第17章）。液体疗法必须谨慎使用，在维持适当的前负荷的同时避免液体过载和瘀血。必要时可以使用正性强心药以增加心输出量和动脉血压，同时应避免过度使用血管收缩剂，以免增加后负荷，加重衰竭心脏工作负担。另外，必须做侵入性动脉压检测。建议直接监测心输出量、血管阻力和充盈压力（参阅第8章）。

4. 心律失常

马在安静状态下、运动时、运动后和全身麻醉时常出现心律失常，心律失常可以通过体表心电图、遥测心电图（运动期间）或24h浩特心电图（用于检测阵发性心律失常）得到可靠诊断。心电图作为一种重要的诊断工具，在麻醉前很容易获得，是麻醉前和全身麻醉期间检查的一部分。麻醉药物应用过程中出现相关的各种生理性（如AV阻滞、窦性心律失常、窦性停搏）和病理性心律失常（如心房扑动/颤动、心房和室性早搏、室性心率加快），根据其发生原因和后果以确定最合适的治疗方法。

（1）常见心律失常的电生理机制　房性和室性心律失常一般是由三种基本机制引起的：①自律性增加，②折返回路，③后去极化引起的兴奋。

自律性增加：自律性增加是由正常自律（即SA结）增强或病理状态下传导或心肌组织（即缺血所致）的异常自律引起的。交感神经系统活动增加了由4期快速去极化所引起的自律性，从而导致窦性心动过速或交界性心动过速。

折返机制：电脉冲的折返激动是导致心律失常的最重要机制之一。折返需要适当的结构和/或功能基底。正常（如AV结）或异常（如辅助路径）传导路径可以作为回路的一部分。传导速度的下降（例如，在部分去极化的缺血组织中），动作电位持续时间和不应期的缩短（如高迷走神经张力），以及心肌重量的增加（如由二尖瓣反流引起的心房扩大）容易导致折返性心律失常。此外，心肌损伤、离子通道异常或间隙连接（连接蛋白）的分布和功能的改变也能增加折返性心律失常的风险。

折返机制是造成某些形式的室上性和室性快速性心律失常的原因，包括AV结依赖性室上性心动过速、心房扑动或房颤。折返机制是慢性房颤的最重要原因（而异位活动和后去极化可能是诱发和早期持续房颤的重要因素）。室性心律失常，包括耦合心室去极化、室性心动过速和心室扑动/颤动，均可由折返引起。

触发活动：触发活动是与正常心肌细胞电活动相关的早期或晚期后去极化的结果。特征是在每两个触发节拍之间有一个固定耦合间隔。早期后去极化（EAD）发展在动作电位复极化期间（第3期），并且在慢性心率或长期暂停期间最常见。EAD可诱发室性心律失常，如尖端扭转型室性心动过速。动作电位完全复极化（第4期）后发生延迟去极化（DAD）。DAD由细胞内钙超载引起，其导致Na^{+}-Ca^{2+}交换器（NCX）激活和膜去极化。充血性心力衰竭激活NCX并触发活动。地高辛（通常是心室二联体）和某些儿茶酚胺依赖性心房和室性心动过速也可能由DAD诱发。

（2）常见的心律失常　心律失常根据其速率、节律、形态和起源部位进行诊断。目前马匹中已经发现了许多种心律失常，其中一些是生理性的，另一些则具有潜在的危险性，尤其是在麻醉期间心血管控制机制的反应可能会减弱（框表3-9）。病理性心律失常常伴有交感神经张力升高、发热、内毒素血症、败血症、低血压、电解质紊乱、酸中毒、低氧血症、胃肠道疾病或严重肺病。注射或吸入麻醉药后很少使用致心律失常药物（如地高辛、奎尼丁）或使心脏对儿茶酚胺敏感的药物（如硫代巴比妥酸盐、氟烷）。评估心律失常的两个最重要的考虑因素是血液动力学的影响（压力、心输出量、血液灌注，图3-24）和电活动失衡（心肌纤颤）的风险。

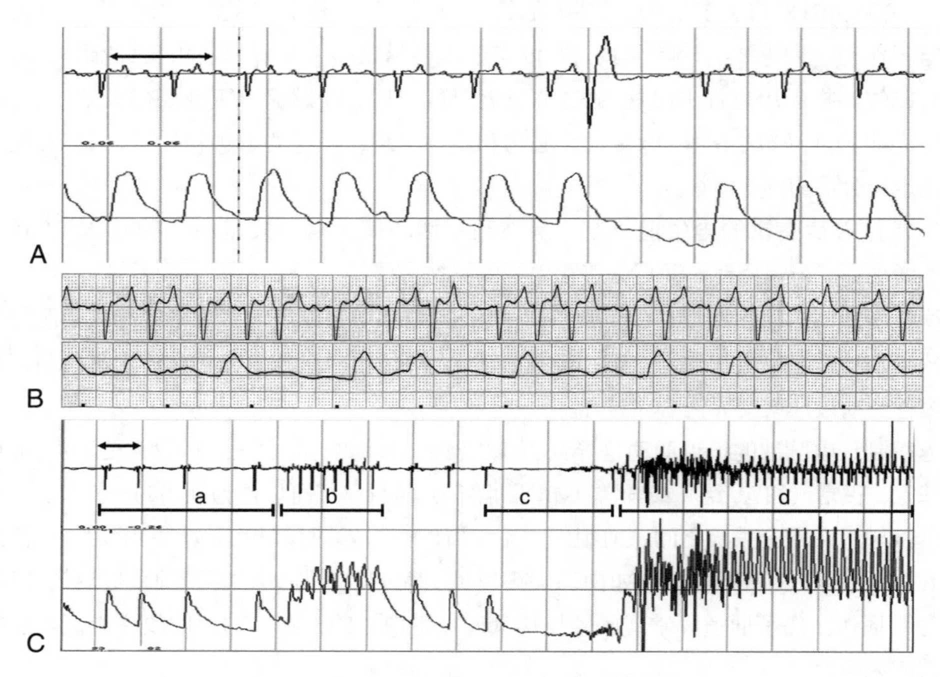

图 3-24　每组的上图为心电图，下图为动脉血压

A. 站立的、非镇静的马的室性早搏（心率 52 次 /min），早搏阻滞了随后的窦性脉冲穿过 AV 结，导致补偿性暂停（注意动脉血压的短暂下降）。B. 全麻期间心房颤动，心电图显示有规律的不规则节律，心率 102 次 /min。脉搏波的幅度随节律而变化，在 R-R 间期较短的情况下（由于心室充盈减少），脉搏波的振幅一般较小。注意并非每个 QRS 复合波都与不同的脉冲波相关联；脉冲率平均为 72 次 /min（脉冲不足）。认真监测血液动力学状态对病畜至关重要。C. 用钙通道颉颃剂地尔硫䓬治疗的站立、非镇静马的严重窦性心律失常和窦性停搏。高剂量的地尔硫䓬（静脉注射＞ 1mg/kg）可引起低血压（由于心动过缓和外周血管扩张）和严重的 SA 结和 / 或 AV 结抑制。动脉压记录显示血压对心率的强烈依赖性。心率从 17 次 /min（a）增加到 60 次 /min（b），短暂地增加血压。10s 的窦性停搏时间（c）导致动脉压急剧下降，并且马表现出严重虚弱的临床症状。强烈的反射介导的交感神经激活使心率增加至 105 次 /min（d）并在几秒钟内恢复动脉血压。这种心律失常被认为是临床相关的，应该立即应用葡萄糖酸钙、多巴酚丁胺和静脉注射液治疗。

（3）室上性节律

①窦性心律：在马可以识别出许多血流动力学上不相关的窦性心律。正常安静的马经常出现迷走神经介导的窦性心动过缓、窦性心律失常和窦性传导阻滞/停搏，但恐惧或突然的刺激可能引起迷走神经张力快速减弱，交感神经激活和窦性心动过速（图3-25和图3-26）。房室传导通常倾向于遵循窦性活动，在窦性心动过速期间，AV结传导更快，PQ间期缩短；而在渐进性窦性

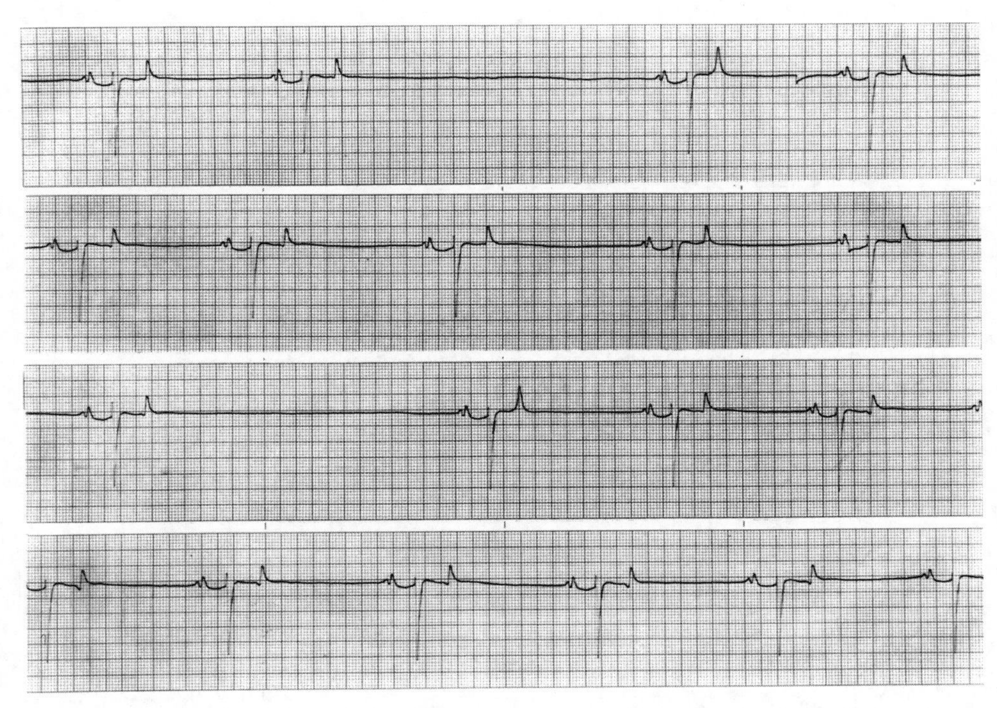

图 3-25　成年马的窦性心律失常（纸速 25mm/s，基部 - 心尖导联法）

最下面的图是用阿托品后。

心律失常期间，AV结传导减慢，PQ间期增加，并可能导致二度房室传导阻滞（图3-27）。窦性心律失常，窦性停搏和二度房室传导阻滞可能发生在正常站立、大量运动后或者在心率恢复到正常值后不久发生。

心率是心输出量和动脉血压的主要决定因素，对于麻醉的马匹必须仔细监测心窦速率和窦性心律（图3-11和图3-24C）。许多镇静剂（α_2-肾上腺素受体激动剂）、麻醉药（异氟醚、七氟醚）和一些抗心律失常药都会减缓窦房结的自律性，诱发窦性心动过缓，最终发展为窦性停搏（图3-24C和图3-27，图3-28）。麻醉药物或缺氧、腹腔内脏牵引、眼部操作、体温过低、高钾血症和颅内压增高均可降低窦房结活动性。窦性心动过缓一般是站立马的良性节律，但在镇静或麻醉期间，窦性心动过缓可能会显著降低心输出量并产生明显的低血压（图3-11）。病理性窦性心动过缓的治疗包括减少或不用麻醉药物，给予抗胆碱能药（阿托品、格隆溴铵），并输注儿茶酚胺（多巴胺、多巴酚丁胺、肾上腺素，见表3-10和图3-28）。抗胆碱能药物可能无法有效地缓解麻醉药物对SA结功能的过度抑制。输注多巴胺和多巴酚丁胺可以增加心率和动脉血压。然而，严重心动过缓的马可能需要静脉注射肾上腺素（参阅第22章和第23章）。过量使用儿茶酚胺可导致窦性心动过速、异位搏动和心室纤颤。肾上腺素仅用于急性和严重的窦性停搏（参阅第23章）。

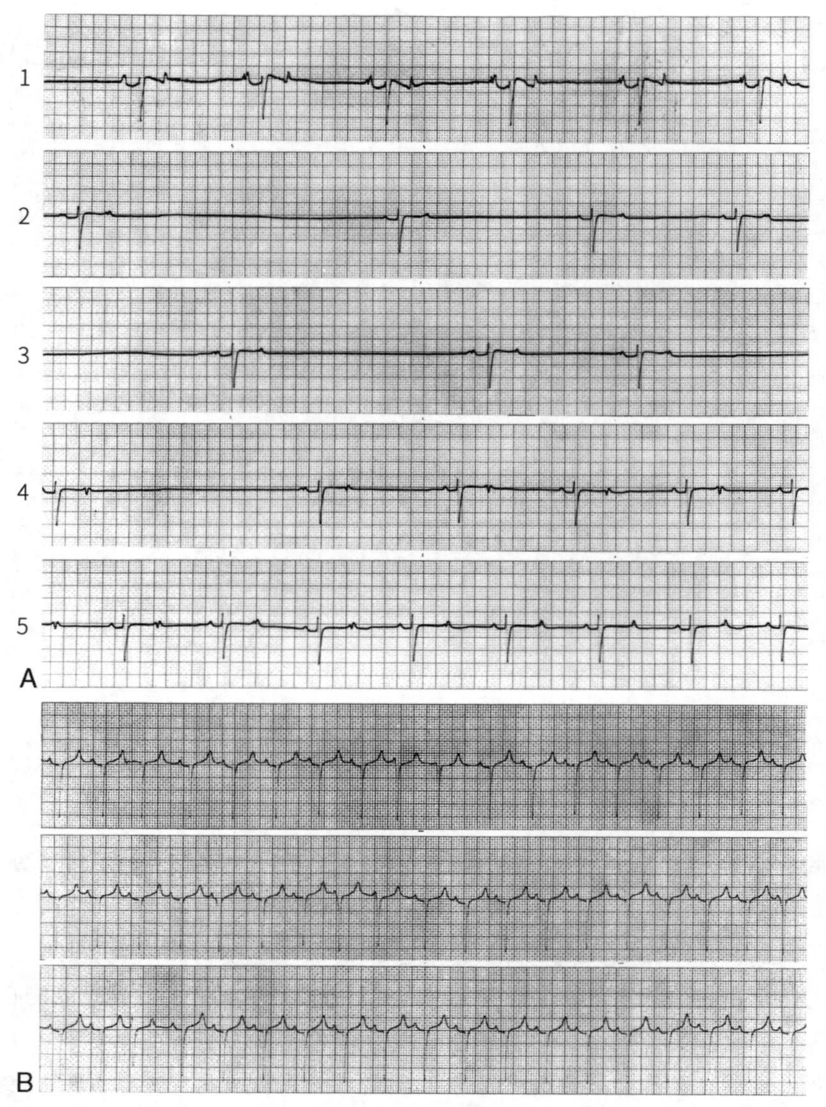

图 3-26　A. 麻醉前记录的成年马的基部 - 心尖导联正常的窦性心律（轨迹 1；25mm/s）。在全身麻醉期间发现明显的窦性心律失常和窦性心动过缓（轨迹 2 和 3），给予阿托品重建正常的窦性心律（轨迹 4 和 5）。B. 窦性心动过速。注意 P 波、PR 和 QT 间隔缩短，PR 段降低，ST-T 波升高，所有这些都是在心动过速时观察到的生理变化。

窦性心动过速在紧张、兴奋或激动的马很常见，并且与麻醉马的疼痛、低血压、血容量不足、碳酸血症、低氧血症、贫血、内毒素血症或应用过量儿茶酚胺有关。必须找出窦性心动过速的根本原因并适当处理。麻醉深度及所有药物的类型和剂量应在麻醉过程中持续评估，并在必要时进行调整。窦性心动过速很少需要特殊治疗，因为它是对应激的生理性反应（参阅第 4 章

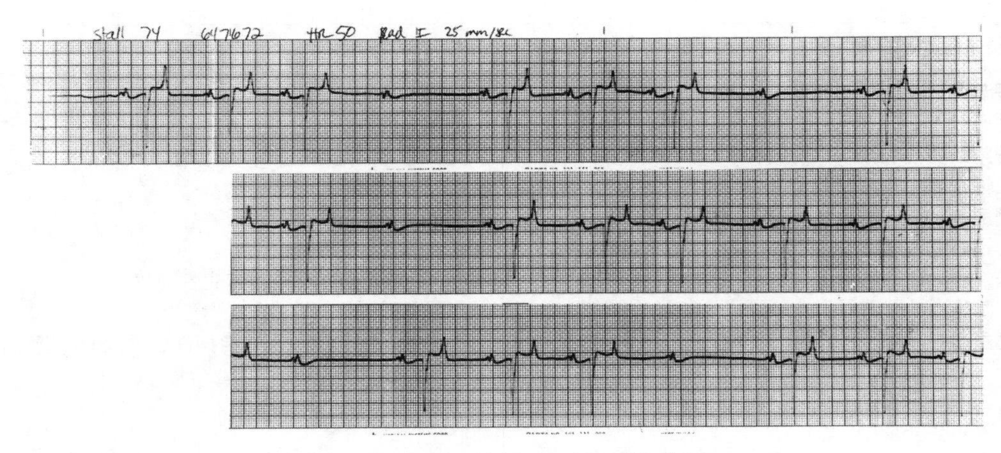

图 3-27　7 岁马基部 - 心尖导联心电图

由图可见窦性心律失常和二度 AV 阻滞。传导复合物的 PR 间隔略有变化。注意 T_a 波出现在大多数传导阻滞的 P 波之后（纸速 25mm/s）。

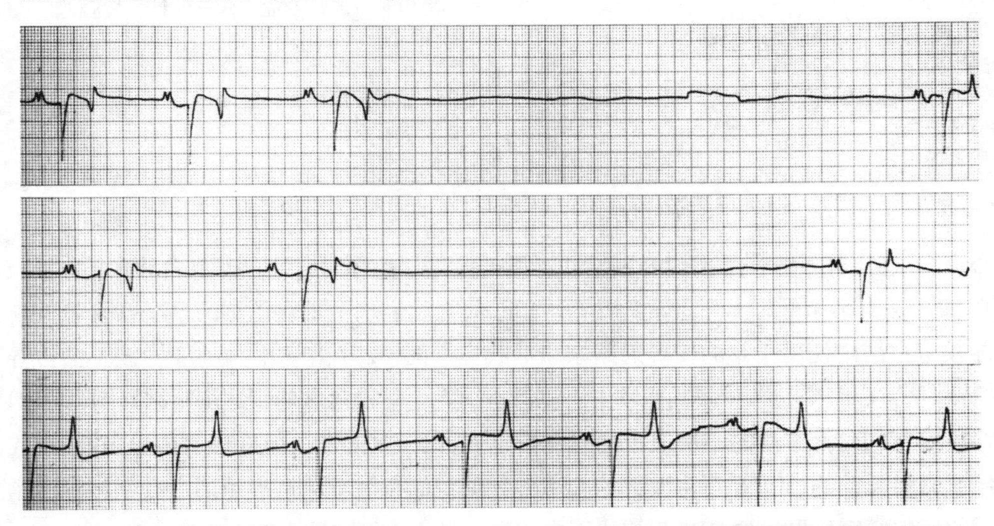

图 3-28　马的窦性停搏（上图和中间图），给予阿托品可出现正常的窦性心律（下图）

和第23章）。但由于吸入麻醉剂对压力感受器反射的抑制作用，麻醉的马无法像有意识的马那样能够增加心窦速率以应对全身性低血压。麻醉期间心率的增加，通常认为是麻醉不足、疼痛、低血压、高碳酸血症或缺氧引起的交感神经张力增加的结果。

②**房性心律失常**：起源于心房的心律失常在马很常见（框表3-9）。房性心律失常可发展为功能性疾病，或伴随瓣膜、心肌或心包结构损伤。房性心律失常可与缺氧、贫血、药物（儿茶酚胺、麻醉剂）、电解质紊乱、肺心病、发热、交感神经张力增高（加速异位起搏）、迷走神经张力增高（有利于折返机制）、自主神经失调或心房肌疾病（扩张、纤维化、炎症或缺血）有关。二尖瓣或三尖瓣关闭不全、心内膜炎、心肌炎和心脏（心房）增大容易诱发房性心律失常。

框表3-9　马的心律

生理节律
窦性心律 *
　正常的窦性心律
　窦性心律失常
　窦房结阻滞 / 停搏
　窦性心动过缓
　窦性心动过速
传导障碍 *
　房室传导阻滞
　　一度（长 PQ 或 PR 间隔）
　　二度（P 波未跟随 QRS 波群; 通常是 Mobitz Ⅰ型，Wenckebach）

病理性节律
心房节律紊乱
　心房逃逸综合征 †
　房性早搏 *
　房性心动过速，非持续性和持续性
　折返性室上性心动过速
　心房扑动，心房颤动 *
连接节律紊乱
　连接逃逸综合征 †
　　连接逃脱节律 †（结性自主心律）
　连接未成熟综合征 *
　交界性（“结性”）心动过速
　折返性室上性心动过速
心室节律紊乱
　心室逃逸综合征 †
　心室逃逸节律 †（心室自主性节律）
　室性早搏 *
　加速的室性心律（室性自搏性心动过速，慢性心室心动过速 *）
　室性心动过速
　心室扑动
　心室颤动
传导障碍
　窦房结传导阻滞（高度阻滞或持久）
　心房停顿（高钾血症引起的窦性室性心律）
　AV 阻滞
　　二度（高度阻滞或持久）
　　三度（完全性传导阻滞）
　心室传导紊乱
　　心室预激

注：* 最常见的节律和心律失常。† 逃逸综合征继发于另一种节律紊乱。

心房内（但在SA结外）出现的单纯性过早去极化，被称为房性早搏复合波。早期P波（常称为P’波）在大小和形态上与正常P波不同。P’波之后是一个相对正常的QRS-T复合波群，因为脉冲在房室结中使用正常的传导通路来激活心室（图3-29A和C）。有时P’波不会传导（阻滞），特别是当心房冲动在舒张早期发生，在房室结完全复极化之前到达房室结（图3-29B）。当它们穿过房室结时，过早的心房去极化可能被延迟（长PR间期，一度房室传导阻滞），或由于房室结或来自先前的QRS-T复合波群的心室传导组织的持续不应性导致通过心室传导异常。房性早搏的异常心室传导导致QRS-T波比正常波宽，且不典型（图3-29A和C）。在临床上，偶尔发生的房性早搏如果不经常发生是无关紧要的（例如，每分钟少于一次早搏）。频繁的房性早搏复合波表明过度应激、炎症或结构性心脏病，可能引发心房扑动/颤动。

持续性房性心律失常需要通过心电图诊断（图3-30）。房性心动过速的特征是多个快速、规则但异常的心房复合波，其特征是多个有规律的P’波，根据异位早搏的来源，可以是正波、负波或双相波（图3-30A）。当异常自律性是诱因时，房性心律失常可能表现为缓慢发作（“热身”）并抵消。房室结依赖性室上性心动过速包括限制在房室结或房室交界的折返性心动过速，或利用房室结作为折返途径的一部分。这种心律失常是典型的阵发性心律失常，其特点是突然发作和偏移。由于心房的逆行激活，P’波可以先于QRS波，也可以跟随QRS波，有时隐藏在QRS-T波中。房室结依赖性室上性心动过速在马并不常见。

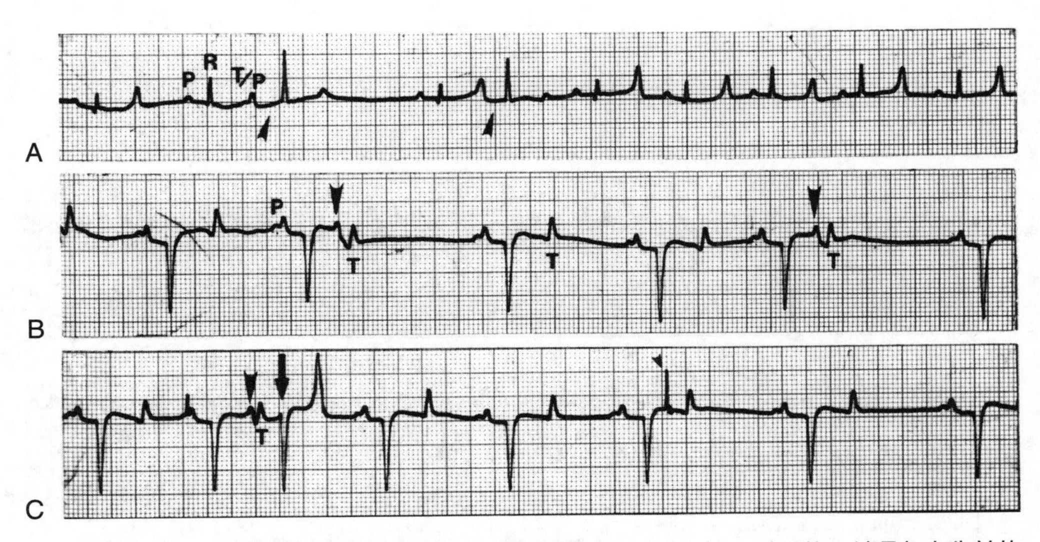

图 3-29　A. Ⅱ导联：是窦性心律失常，两个房性早搏明显（箭头）。过早的 P 波叠加在先前的窦复合波（T/P）的 T 波上。房性早搏表现为轻度 1°房室传导阻滞和心室传导异常，如变化的 QRS 复合波形态　B. 两个房性早搏（箭头）隐藏在前一个窦房结的 ST 段中，而不是通过房室结（基部 - 心尖导联）传导　C. 单个房性早搏（箭头），相关的 QRS 基本正常（大箭头），但 T 波不同，提示脉冲传导异常。肌肉抽搐伪影（小箭头）被指出，并不是一个早搏复合波（纸速：25mm/s）

心房扑动引起等电ECG中发生各种变幅的“锯齿状”周期性变化（F波；图3-30 B）。房颤的特点是没有P波和通常突出的不规则的纤颤F波（图3-30C和D；图3-31A）。心房扑动率和兴奋过程可能因马而异，产生“粗糙”（颤振）和“纤细”（纤颤）基线心电图。有时心电图显示交替的心房扑动和纤颤活动，也称为心房扑动/纤颤。在房颤发作后，早期最常观察到扑动样活动，随着时间推移发展为纤颤，提示心律失常引起的心房组织电性质的变化。心房扑动和房颤在马的治疗方式相似，有些马发生阵发性（突然发生，持续数秒至数天，并自发结束）房颤，但大多数存在持续性（治疗后才终止）或永久性（建立并且对治疗有抗性）房颤节律。偶发性房颤一词是指在没有任何潜在的心脏疾病的情况下发生的房颤，尽管可能有一些易感的危险因素，但很难被常规的诊断发现。反复发作房颤并不少见，更有可能同时出现结构性或功能性心脏病。

在有房颤的马中观察到房室结传导的周期性，房性快速心律失常通常会产生可变的房室传导模式。当房室结受到心房脉冲的快速刺激时，一些脉冲被阻断，不会进入心室。因此，心房快速性心律失常的特点通常是心房频率比心室频率更快。由于房室结不同的折射引起对房室结的不同穿透性（图3-30，图3-31A和B），因此房颤马的心室反应通常是不规则的（“有规律的不规则”）。生理性房室不应性受许多因素的影响，包括但不限于隐匿性（不完全）传导、迷走神经和交感神经张力，以及心房扑动/颤动率（图3-30E）。阿托品或奎尼丁等药物可减少迷走神经张力，并可提高心室率。相反，洋地黄、β-阻滞剂［如普萘洛尔（也称心得安）、阿替洛尔］和

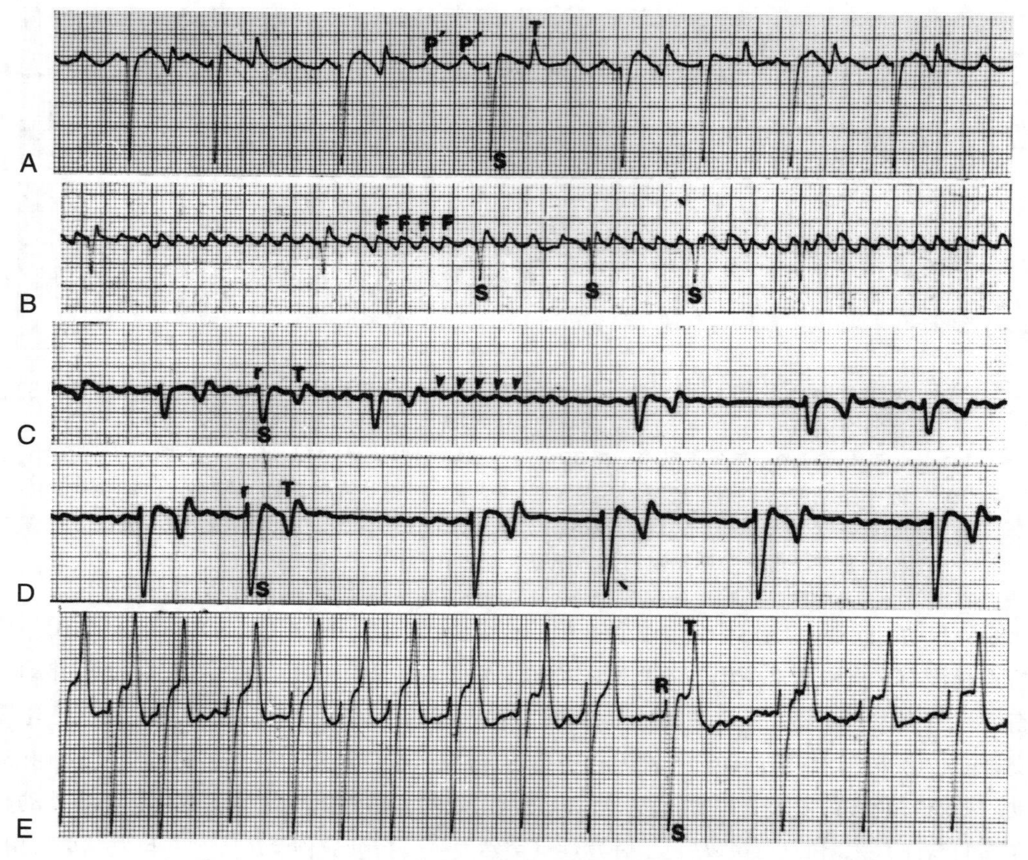

图 3-30　A.12 岁的已阉割马的房性心动过速　B.11 岁的已阉割马的心房扑动　C 和 D.7 岁雌性纯种马的主动脉瓣反流心电图　E.29 岁阿拉伯种马伴主动脉瓣和二尖瓣反流及充血性心力衰竭的心房颤动

A图，心房率约为215次/min；心室率为60次/min（以25mm/s 记录）。整个条带中有明显的P波（P’）异常，许多叠加在 QRS 和 T 复合波上。大多数异位 P 波在 AV 结中被阻断，并无法传导到心室。B 图，心房率约为 307 次 /min；心室率为 40 ～ 65 次 /min。心房活动表现为锯齿状颤动波（F），快速且以规则的间隔发生，颤动波在顽固性 AV 结中被阻断。C 和 D 图，动脉导联Ⅱ（C）和基部 - 心尖导联（D）心房颤动很明显，整个迹线中都有粗纤维波（小箭头）。心房节律不规则，混乱，快。心室反应是不规则的，这是典型的心房颤动。E 图，心室反应不规则，为 80 ～ 115 次 /min。QRS 波振幅增加，可能是左心室增大的结果。ST 段偏移表示快速心率（基部 - 心尖导联）引起的心内膜下缺血。

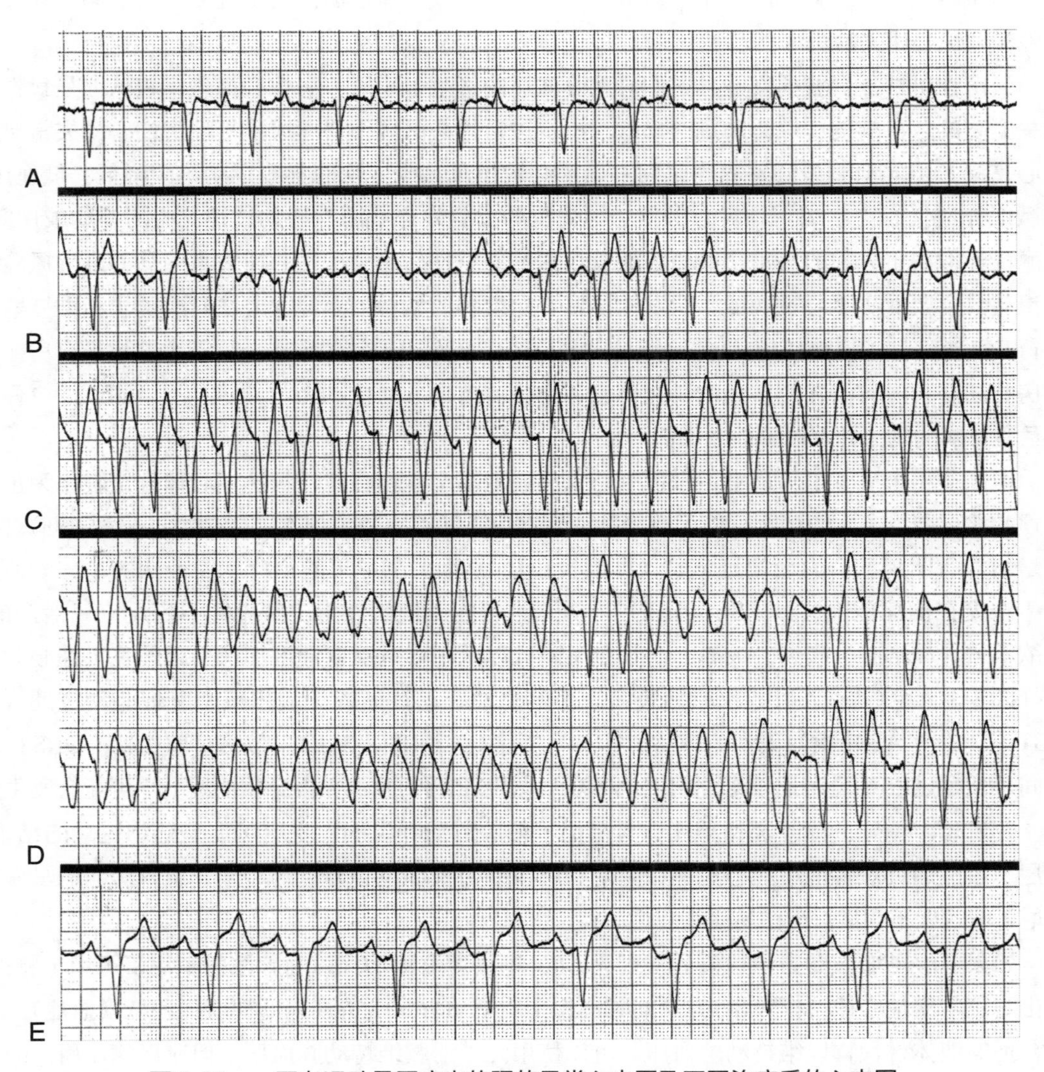

图 3-31　一匹有运动晕厥病史的骡的异常心电图及不同治疗后的心电图

A.11 岁雄性骡的心电图，有运动性晕厥病史（基部 - 心尖导联，25mm/s）。节律是心房颤动，心室率为 60 次 /min。B. 两剂硫酸奎尼丁后（22mg/kg，间隔 2h，口服），心室率增加至 90 次 /min；并且心房节律呈更规则、扑动的外观。T 波振幅的增加可能与心率增加有关。C. 第六次给予奎尼丁后心室率增加至 156 次 /min。QRS 复合波的方向、形态和持续时间与之前记录相似。T 波形态和 QT 间期的变化可能与心动过速有关。D.C 后 5min，ECG 转变为心室扑动，心室率为 186 次 /min。节律呈尖端扭转型室性心动过速，以多形性心室复合波为特征，QRS 轴呈波动状。此时，立即用碳酸氢钠、硫酸镁和乳酸林格氏液进行治疗。E.30min 后转换为窦性心律。心率仍略高于 66 次 /min。所有药物都停用，几天后痊愈。

钙通道阻断药物（如地尔硫䓬）可降低心室对心房性心律失常的反应。注射和吸入麻醉药通过影响自主神经活动和直接的电生理效应，可显著改变或缩短心肌的耐受性，使易感马容易发生房性和室性心律失常。

当房性早搏复合波偶发并且它们对动脉血压的影响很小时，房性心律失常被认为是良性和无关紧要的。持续的房性心动过速异常，提示进行性心脏病。快速或重复性房性心律失常导致高心室率，可能会减少心室充盈时间，导致心输出量减少，从而导致运动耐受降低、低血压、晕厥或充血性心力衰竭。马对心房性心律失常的反复发作（房性心动过速，心房扑动或房颤）的耐受性取决于先前的心室功能和心血管反射的完整性。患有房性心律失常的马的麻醉风险尚不清楚，主要取决于心室功能。偶发性早搏不是麻醉的禁忌证，但需要在麻醉诱导和维持期间进行ECG监测。频发性房性早搏可能是更严重的房性心律失常的预兆，尽管大多数患有房颤或心房扑动并且没有潜在心脏病的马在休息和全身麻醉期间血流动力学稳定。尽管如此，应仔细评估受影响的马，并在麻醉前考虑治疗。

地高辛和奎尼丁是马最常用于控制心室率（地高辛）和将房性快速性心律失常转化为正常窦性心律（奎尼丁）的药物。口服或静脉注射奎尼丁能够有效治疗AF（疗效83%～92%），特别是当没有明显的心力衰竭迹象时（框表3-10）。然而，奎尼丁的治疗浓度范围较小，即使奎尼丁浓度在治疗范围（2～5mg/mL）内时，也可能出现副作用。常见的不良反应包括抑郁、食欲不振、鼻水肿、腹泻、绞痛、动脉血压降低以及由心室反应速度加快引起的室上性心动过速（图3-31A至C），还可能致心律失常，引发室性心动过速或尖端扭转型室性心动过速（图3-31D）。在将AF转换为窦性心律后，QRS可能会延长（图3-31E）。与治疗前相比，QRS持续时间延长超过25%是奎尼丁毒性的一个标志（图3-32C和D）。在极少数情况下，可能会发生痉挛、荨麻疹、惊厥、蹄叶炎和猝死。与奎尼丁相关的蹄叶炎的发生更可能是药物过量的结果。奎尼丁可能通过短暂地增加心室率和降低心肌收缩力来加重心力衰竭。一些患有房颤的马使用奎尼丁的效果不明显，无法转变为窦性心律。

如果麻醉马血液动力学检测后发现为AF，则需要立即治疗，静脉注射奎尼丁可用于将AF转化为正常窦性心律（框表3-10）。同时应纠正电解质异常（特别是低钾血症和低镁血症），给予合适的液体替代物以维持动脉血压。可以使用儿茶酚胺维持动脉血压，但应谨慎使用，因为它们可能会增加AV传导，导致快速、不规则的心室反应和心脏充盈时间不足。如果马对心律失常有耐受性（维持正常的术中血流动力学），抗心律失常治疗可延迟至麻醉后期进行。

马在发生AF时可选择的其他药物和非药物治疗包括胺碘酮、氟卡尼和普鲁卡因酰胺，以及经静脉电复律。这些疗法对马的作用和安全性尚未有明确说法。患有AF或房性急性心律失常和潜在心肌疾病的马匹预后良好。

当奎尼丁无效或耐受效果不良时，尝试经静脉电复律能够作为奎尼丁治疗马的室上性心律失常和房颤的有效替代方案（图3-33）。但这种新技术在马的临床经验仍然有限，并且可能产生不良反应（肺损伤、低血压、猝死）。此外，电复律需要进行全身麻醉，还需要特殊设备和专业知识。

框表3-10 心房颤动（AF）的处理

治疗前的准备	监控
静脉导管用于建立快速静脉通路； 鼻胃管 / 经鼻给药管用于奎尼丁的给药； （遥测）ECG 用于连续监测心率、节律和传导时间； 确保充足的水合作用，纠正电解质和酸碱紊乱。	监测治疗反应和不良 / 毒性反应； 确保在奎尼丁治疗期间摄入足够的液体； 监测心力衰竭马的血清电解质和血尿素氮 / 肌酐，以及奎尼丁长期治疗期间的情况。
未发生心衰的马	**奎尼丁诱导不良反应的管理和毒性效应**
奎尼丁口服（通过鼻胃管）：22mg/kg，间隔 2h，直至①转为窦性心律，②发生不良或毒性效应，或③以 4 ～ 6mg/kg 的总剂量给药。 如果①在第四次注射后 1h 没有转化为正常窦性心律，或②马出现不良反应或毒性反应，则应测量血浆奎尼丁浓度，治疗浓度为 2 ～ 5mg/mL，毒性浓度＞5mg/mL。 在下列情况下，治疗间隔应增加到每 6h 一次：①血浆奎尼丁浓度＞ 4mg/mL，或②如果第四次给药后浓度不能测量。 每 6h 可继续治疗一次，直至：①转为窦性心律；②发生不良或毒性反应；③静脉给药总剂量累积达到 80 ～ 90g。 葡萄糖酸奎尼丁静脉注射（IV）：麻醉期间：以 1 ～ 2mg/kg 缓慢静脉推注，每 10min 推注一次直至起效，推荐总剂量不超过 8mg/kg；较高剂量可导致不良反应（低血压、心律失常）。	加速的心室率，可在治疗范围内发生： 如果速率＜ 100 次 /min，马血液动力学稳定，继续密切监测治疗；如果速率持续＞ 100 次 /min，使用地高辛（0.002 2mg/kg IV；可重复一次）；如果速率持续超过 150 次 /min 和 / 或压力很小，给予地高辛和 $NaHCO_3$（1mEq/kg IV）；其他控制心率的药物包括地尔硫䓬或普萘洛尔（表 3-10；给药至起效，监测心电图和测量血压）。 QRS 延长（＞ 25%）：毒性指征，停用奎尼丁。 严重低血压：给予去氧肾上腺素 0.1 ～ 0.2μg/（kg·min）直至起效，总剂量为 0.01mg/kg。 室性心律失常（室性心动过速，或尖端扭转型室性心动过速）：停用奎尼丁，缓慢静脉注射利多卡因（0.25 ～ 0.5mg/kg，5 ～ 10min 重复 1 次，总剂量 1.5mg/kg）和 $MgSO_4$ [2 ～ 6mg/（kg·min）直至起效，总剂量为 55 ～ 100mg/kg］。
心力衰竭的马	**替代治疗方案**
通常不尝试使用奎尼丁进行心脏复律：稳定充血性心力衰竭和控制心室率。用速尿治疗以控制水肿，用地高辛控制心率和治疗心力衰竭（表 3-10）。	普鲁卡因酰胺：可能有效，可在麻醉期间发生心房颤动时使用，剂量为 1mg/（kg · min），IV，总剂量为 20mg/kg，房颤疗效不明。 经静脉双相电复律：站立、清醒的马经静脉导管放置电极，全身麻醉下的心脏复律可用作一线治疗，也可用于先前治疗失败或对奎尼丁有不良 / 毒性反应的马。

交界性和室性心律失常：起源于房室结或房室结以下的心律失常分为交界性心律失常（房室结或房室束）和室性心律失常（心室传导组织或心肌）。确定异常脉冲的起源较为困难，但可通过仔细检查QRS波来实现。交界脉冲更可能导致一个狭窄的、相对正常的QRS复合波（图3-34）。相反，起源于心室的复合波传导异常且速度慢，导致宽的、形态异常的QRS和异常T波（图3-35和图3-36）。一些交界性心动过速可能表现异常，导致宽且奇异的QRS复合波。交界和心室异位节律可能会产生异常的心室激动模式，可能导致心室不稳定，心室扑动或颤动恶化（图3-36E）

正常心脏在房室和心室特殊组织中含有潜在的（辅助）心脏起搏点。这些潜在的起搏点的活动在窦性心动过缓或房室传导阻滞期间变得明显，从而导致逃逸复合波或逃逸节律。逃逸节

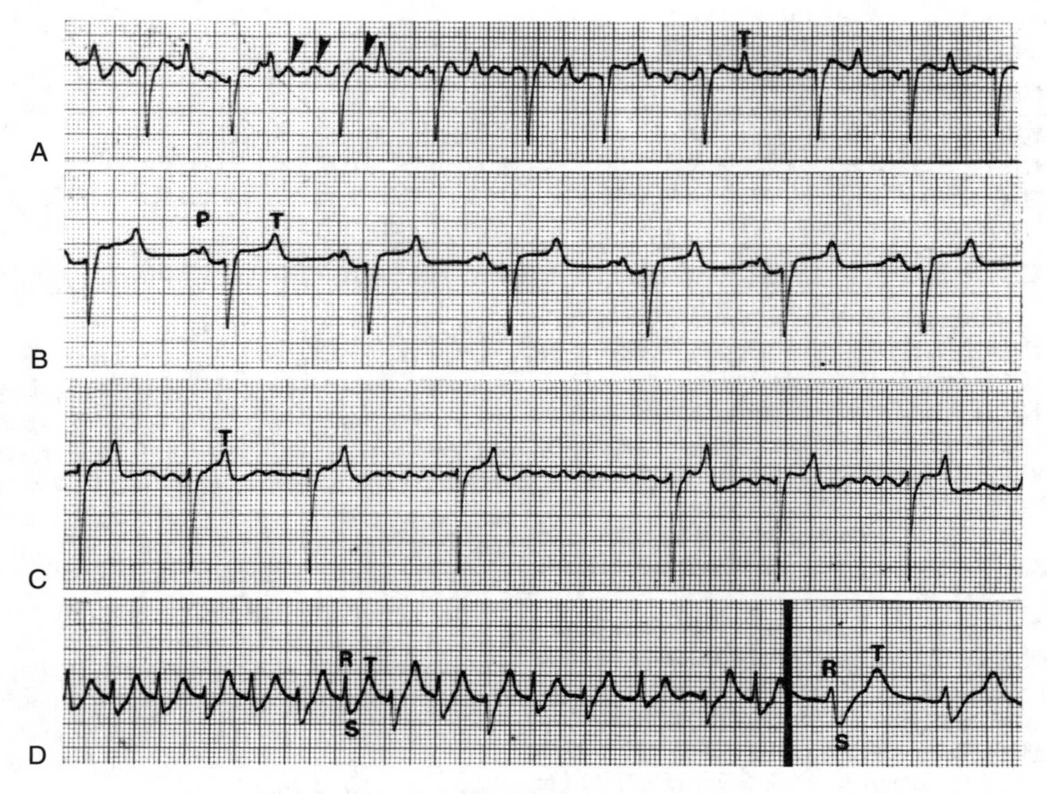

图 3-32　心房颤动及给药后的心电图

A. 一匹 6 岁的标准赛马突然出现异常心电图（基部 - 心尖导联，25mm/s）。节律是心房颤动，伴有明显的纤颤波（箭头）和不规则的心室反应。B. 给予 40g 奎尼丁后 6h 节律转换为正常的窦性心律。C. 一匹 7 岁劳役马的心房颤动，心室不规则节律，平均约为 55 次 /min。D. 给予 65g 奎尼丁后 10h，马仍处于心房颤动，但由于 AV 传导增强，心室反应增加。奎尼丁中毒表现为 QRS 复合波的扩大，不再给予奎尼丁。（C，基部 - 心尖导联；D，导联Ⅱ ECG；两者均以 25mm/s 记录，右下方黑色线条之后除外，以 50mm/s 的纸速记录。）

律的特点是心室率慢，通常在 15 ～ 25 次 /min（图 3-34B）。一般禁止使用特异性的抗心律失常药物抑制逃逸节律，因为这些节律可能是引起心室收缩的唯一的补救机制。逃逸节律的处理应针对窦性心动过缓或房室阻滞的原因。

正常的辅助起搏点偶尔可以增强，且放电的速率等于或略高于 SA 率（通常在 60 ～ 80 次 /min)。由此产生的心律通常被称为加速的特发性室性心律或慢性室性心动过速（图 3-36B）。内毒素血症、自主神经失调、酸碱紊乱和电解质异常会加重特发性室性心律发展。某些麻醉前药物（如赛拉嗪、地托咪定）和麻醉药（氟烷）联合应用可抑制 SA 功能，但可能导致窦性心动过缓，同时增强儿茶酚胺对潜伏性交界和心室起搏点的作用。室性心律通常是相当规律的，在听诊或外周脉冲触诊时可被误诊为窦性心动过速。持续的、不明原因的轻至中度心动过速提示应做心电图评估，以正确确定心律类型。大多数室性心律一般无临床意义（电生理和血流动力学），并通过适当的治疗或治疗潜在疾病自发消退。补充电解质（钾、镁）和纠正液体缺乏及酸碱紊乱有益于

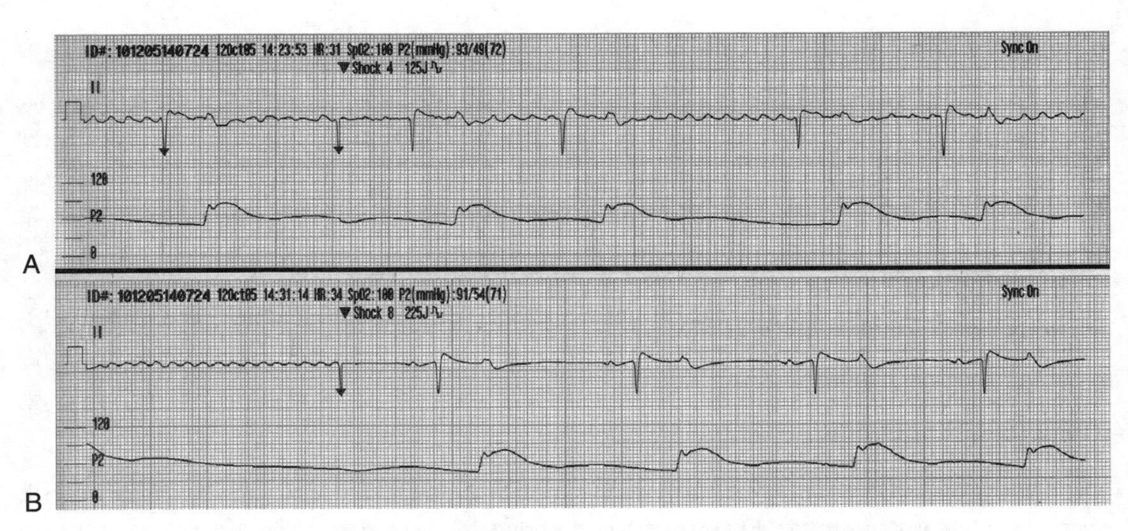

图 3-33　在全身麻醉下经静脉电复律治疗 2 岁纯种马的心房纤颤效果

图示为体表 ECG（25mm/s）和动脉血压。QRS 复合波由除颤器自动检测并用小三角标记。双相电击（顶部较大的三角形）以增加能量水平。电击的传递与 QRS 复合波同步，以避免脆弱期（T 波）并防止诱发室性心律失常。A. 能量水平为 125 J 的失败尝试。B. 能量水平在 225 J 成功心脏复律。基线 ECG 信号在休克后立即变平，恢复正常窦性心律。

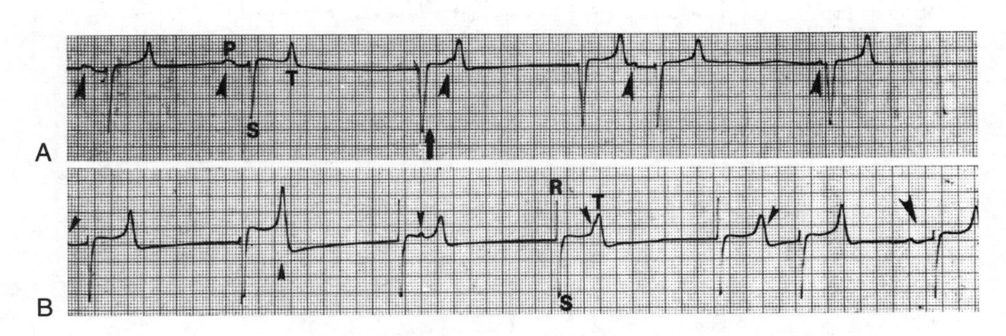

图 3-34　交界性心律失常和窦性心律失常

A. 全身麻醉下马的交界性（或高位室性）节律（注意心室激活过程的形态）。在迹线的开始处可以看到两个窦性复合波。第三，第四和最后一个 QRS-T 复合波是异位起搏点（大箭头）的结果。在整个描记过程中标记了窦性心律失常和 P 波（箭头）。一些 P 波是不传导的，因为房室交界区起搏点使 AV 组织去极化，使其难以治愈。最后的 QRS 波群虽然先于 P 波，但可能不是窦性传导脉冲，因为 PQ 间隔对于正常的 AV 传导而言太短。B. 用赛拉嗪、氟烷和氧气麻醉的马的心电图。第一、第六和最后一个 QRS 复合波是窦性波，前面是 P 波（箭头）。在最后一个复合波中记录了正常的 PQ 间隔（大箭头）。两种不同的心室波形是明显的（第二复合波与第三、第四和第五复合波）。在整个追踪过程中存在 P 波（箭头），但是不会通过 AV 交界区域传导，因为组织已被异位复合波去极化。（两图都以基部 - 心尖导联记录，25mm/s）

恢复。利多卡因治疗可作为全身麻醉术中辅助用药，或作为术后肠梗阻的积极治疗药物（参阅第22章）。

相对于下一个正常心动周期过早或提前出现的交界和心室复合波被称为交界性或室性早搏

复合波（图3-34A和图3-35A）。通常与药物（儿茶酚胺、地高辛、氟烷）、交感神经刺激、电解质紊乱（即低钾血症、低镁血症）、酸碱失调、局部缺血或炎症有关。早搏复合波可单次出现，也可连续2个或3个出现（或持续时间短）。每一次窦性节律搏动后都会以固定的时间间隔出现一个提前发生的室性早搏，称为室性早搏二联律（图3-36A）。突然发生且持续时间短的重复性室性异位搏动复合波称为非持续性或阵发性室性心动过速。持续的交界性和心室性心动过速也可能发生（图3-35C和D，图3-36C）。如果异位搏动的QRS-T波形在整个记录过程中是一致的，则称为均匀性（单形性）室性心动过速，如果出现两种或两种以上异常QRS-T波形，则称为多形性室性心动过速（图3-36D）。尖端扭转型室性心动过速是一种特殊形式的多形性室性心动过速，其特征是QRS波的方向逐渐改变，导致QRS轴的平稳波动。心室扑动和纤颤的特征是心室活动模式混乱，导致电基线的不协调波动（图3-36E）。

单独出现的心室异位复合波在常规心电图检查中常见，但室性早搏和交界性心律失常是不正常的，马偶尔出现交界性或室性早搏的临床意义很难确定。持续或重复的交界性或室性节律提示患有心脏病、全身疾病或药物引起的心律异常。如果室性心动过速是快速的（例如，180次/min

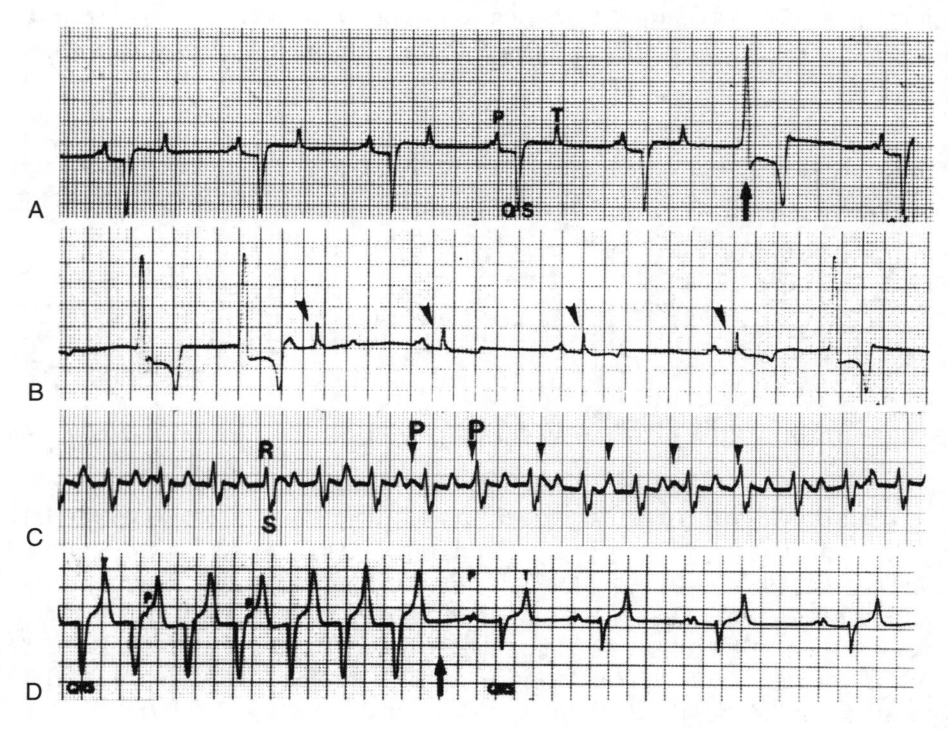

图3-35　心室复合波

A. 心室异位复合波（箭头）与窦性传导脉冲（基底-尖端导联、25mm/s）相比，宽且奇异。B. 三个心室复合波明显异位。QRS复合波比正常窦性心律的复合波大得多且宽（箭头）（导联II、25mm/s）。C. 成年马持续性室性心动过速，约为120次/min。QRS波群稍微加宽，AV分离，心房率96次/min，箭头指示P波（导联同B）。D. 一匹伴有室性心动过速的马，有一个宽而异常的QRS-T波，QRS-T复合波中埋藏有分离的P波。自发转变为正常窦性心律（箭头），出现预期的基部-心尖QRS波的形态（25mm/s）。

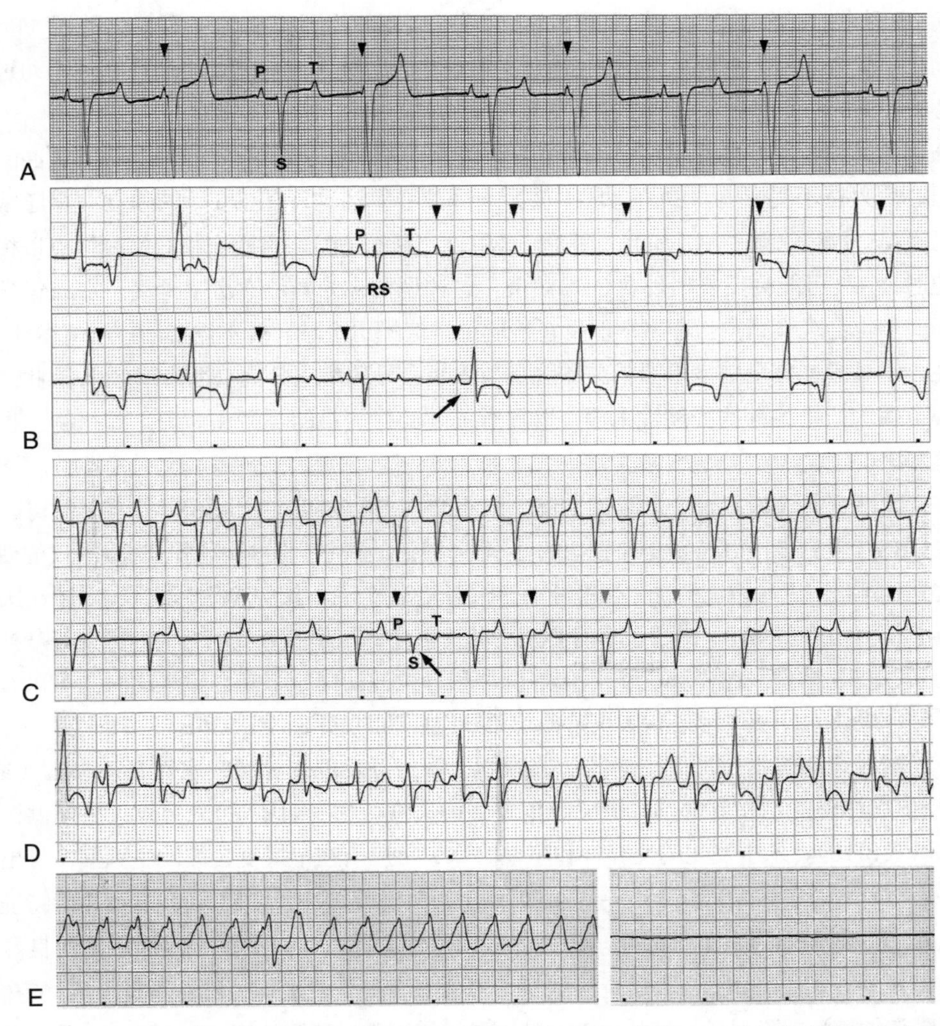

图 3-36　A.15 岁的阿拉伯母马室性早搏二联律的基部 - 心尖导联心电图　B. 从患急性腹泻和内毒素血症恢复的 18 岁阿拉伯母马的心电图　C.3 岁克莱兹代尔阉割马基部 - 心尖导联心电图　D.5 岁的克莱兹代尔种马基部 - 心尖导联心电图　E. 一个 3 周龄丹麦温血马的导联Ⅱ心电图

A 图，正常窦性搏动与稍大且更宽的心室异位搏动交替。SA 结放电不受异位搏动的影响，在异位搏动之前出现非传导 P 波（箭头）（25mm/s）。B 图，心电图显示间歇性加速的室性心律，速度为 50 次 /min，P 波间隔（箭头）。该记录表明，异位起搏点在较高的 SA 结放电速率下被抑制。只有当 SA 结放电速率低于心室起搏点的速率时，心室节律才会显现。SA 结放电不受异位节律的影响，导致 AV 分离。存在融合搏动（长箭头），它是由传导的窦性脉冲与异位心室搏动相加产生的（基部 - 心尖导联，25mm/s，电压校准 0.5cm/mV）。C 图，伴有常规心动过速，速度为 120 次 /min。QRS-T 复合波的出现使室上性心动过速和室性心动过速难以区分。然而，随着速率减慢（底部迹线），由室性心动过速引起的 AV 分离变得明显，P 波（箭头）和夺获搏动（长箭头）（25mm/s，电压校准 0.25cm/mV）。D 图，病因不明的急性心肌坏死。血清心肌肌钙蛋白 I 浓度升高（404ng/mL；正常< 0.15ng/mL）。心电图显示多形性室性心动过速，速度为 120 次 /min（25mm/s，电压校准 0.5cm/mV）。E 图，肉毒杆菌中毒，机械通气支持，节律（左）与心室搏动一致。虽然尝试进行复苏，但不久后（右）发生心脏骤停（纸速为 25mm/s）。

以上）、多形态的（多形性，包括尖端扭转），或以较短的间隔和R-on-T现象为特征（R-on-T是指在前一T波的峰值上出现过早的复合波），则室性心动过速可能危及生命。室性心动过速可发展为心室扑动或心室颤动，这些节律通常预示动物可能死亡（图3-36E）。

加速的单纯性或特发性室性心律和交界性或室性心动过速通常会干扰正常SA脉冲的房室传导，但心房兴奋不受影响。SA活动（P波）与异位心室活动（QRS-T）的独立共存通常称为房室分离（AV分离）（图3-34A和B，图3-35C和D，图3-36B）。当心房和心室起搏点以相似的速度放电时，P波可能会反复出现在QRS波群。这种现象称为异位性房室分离，在成年马吸入麻醉期间偶尔也会观察到，当心室率保持在接近正常值的水平时一般不需要治疗。值得注意的是，与窦性心动过缓或完全房室阻滞相关的逃逸节律也会导致房室分离（图3-37C）。因此，房室分离是心电图的一个纯粹的描述性术语，既没有描述心律失常的类型和病理生理机制，也没有决定治疗方法。

在持续性交界性或室性心动过速期间，阻滞的P波很常见（图3-36）。一些P波可能被掩埋在异位QRS-T复合波中（特别是在较快的心率期间），使得它们更难识别。ECG卡尺的使用有助于确定P-P间期，更易识别P波。心房冲动有时可正常传导，出现夺获搏动（capture beat）和融合搏动（fusion beat）。由于正常的心室活动发生在异位起搏点放电之前，因此夺获搏动具有正常的P-QRS-T结构（图3-36G）。当传导脉冲和异位冲动同时引起心室激动时，可以看到融合搏动。融合搏动的QRS-T形态代表正常搏动和异位搏动的总和（图3-36B）。

在马诱导或麻醉维持期间，应密切监测心电图，以发现交界性或室性心律失常（参阅第8章）。谨慎选择镇静剂和麻醉剂，避免应用致心律失常药物（如氟烷）。另外，应提供抗心律失常药物（表3-10）。术中发生的交界性和室性心律失常应当在早搏复合波发生频繁、且出现多形态（多形性）或心率较快（＞100～120次/min）时进行治疗；它们具有R-on-T的特征，一般伴发低血压。利多卡因常用于治疗马的交界性或室性心律失常。利多卡因通常耐受良好，但静脉注射剂量不应超过2mg/kg。过量的利多卡因会对麻醉马产生神经毒性不良反应（定向障碍、肌肉震颤和抽搐）或低血压。液体疗法，特别是维持正常血清钾浓度（4～5mEq/L）对有效治疗心律失常非常必要。补充镁［例如，静脉注射25～150mg/（kg · d），在多离子等渗溶液中稀释］可能是有益的。治疗剂量的镁是尖端扭转型室性心动过速的首选（表3-10）。普鲁卡因胺或奎尼丁葡萄糖酸盐可用于治疗对利多卡因和镁具有抗性的室性心律失常。这两种药物均可引起低血压和心肌收缩力降低，必须谨慎使用。在开始治疗前，应仔细考虑术前或术中抗心律失常治疗引起的风险。

偶见的单发性异位心室复合波的预后良好，特别是在没有其他心脏疾病表征的情况下。持续性交界性或室性心动过速的预后应该谨慎，特别是发生结构性心脏病或充血性心力衰竭时。多形性室性心动过速或尖端扭转型室性心动过速的预后通常较差。

传导紊乱：心脏电激活的顺序通常由心房、房室结、希氏束、束分支和浦肯野网络中的特殊传导组织决定（图3-2和图3-3）。该传导系统允许心房和心室的有序激活，从而为心脏的机械激活提供刺激。在马观察到多种电传导障碍，包括SA结出口阻滞、心房停滞（通常是由高钾血症引起）、房室（AV）传导阻滞、束支传导阻滞和未定义的心室传导紊乱（图3-37，图3-38至图3-40）。

SA结阻滞（SA结出口阻滞）是生理性的，并且与迷走神经张力升高相关。窦房结阻滞常见于窦性心动过缓和房室传导阻滞。在心电图上，正常的窦性心律被偶尔中断，无法检测到P-QRS-T波。基于体表ECG图，窦性阻滞和SA结出口阻滞之间很难进行区别，并且在马临床中意义不大。

马最常见的传导障碍是AV传导的延迟，分为一度、二度和三度（或完全性）AV传导阻滞。一度AV阻滞可延长PQ（PR）间期（表3-9），心房脉冲仍然通过AV传导系统传导并激活心室，产生QRS复合波。二度AV阻滞期间，一些P波不会传导到心室，导致部分P波后无QRS-T复合

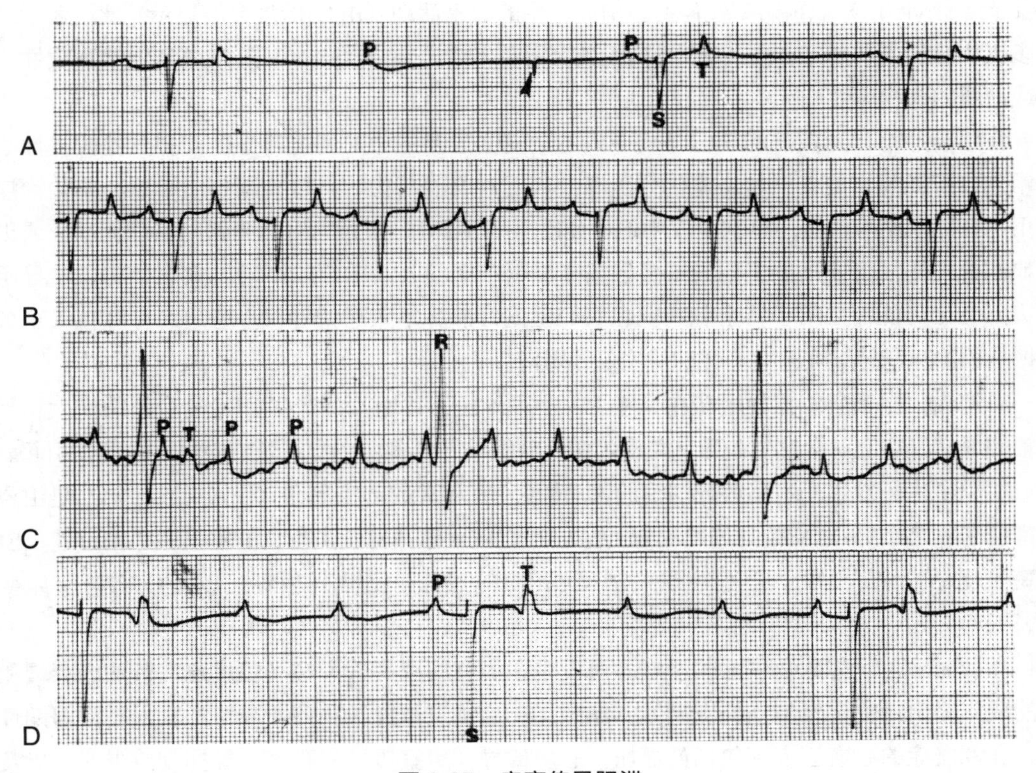

图3-37　房室传导阻滞

A.单个非传导P波明显（上迹 二度房室传导阻滞），传导性搏动的PQ间期各不相同。肌肉抽搐伪影（箭头）也很明显。B.运动后心率为63次/min，窦性心律正常，无房室传导阻滞的迹象（基部-心尖导联，25mm/s）。C.3岁夸特马三度（完全）房室阻滞，心房率快（约105次/min），P波均未传导至心室，QRS复合波广泛存在，可能来源于心室传导系统。D.心电图提示高级别、二度房室传导阻滞（多于2个的P波不传导，即阻滞）。这匹马对静脉注射阿托品没有反应。因此，房室传导阻滞可能不是由迷走神经引起的，而是由器质性心脏病引起的。这匹马后来又转为三度房室传导阻滞。

波（图3-27A）。PQ间期的缓慢延长被定义为Mobitz Ⅰ型（Wenckebach）二度AV阻滞。PQ（PR）间期在具有二度AV阻滞的马持续时间可能不同（图3-27）。在阻滞的P波之前，PQ间期固定不变，被称为Mobitz Ⅱ型二度AV阻滞。在正常或缓慢SA速率的情况下，存在两个或更多个连续QRS复合波缺失的P波的情况称为三度（或完全性）AV阻滞（图3-37D）。

一度和二度AV阻滞被认为是马的正常变化。这些心律异常通常与迷走神经张力高相关，并且在具有窦性心动过缓和窦性心律不齐的马运动后或在应用α_2-肾上腺素受体激动剂（例如，赛拉嗪、地托咪定、罗米非定）后恢复期间是常见的。通过轻度运动（转圈、慢跑、突然刺激、骑行）或通过应用迷走神经药物（如阿托品、格隆溴铵；图3-37A和B）可以消除二度AV阻滞。持续的高级别二度AV阻滞可能会导致某些马匹转为三度AV阻滞（图3-37C）。如果运动或应用溶血药物情况下二度AV阻滞仍然存在，则应怀疑结构性AV结疾病（图3-37D）。三度或完全性AV阻滞的特征在于心房和心室电活动的完全分离。必须刺激房室交界或心室发生逸搏心律（escape rhythm）以预防室性停搏。由此产生的心室活动（由QRS复合波显示）比心房活动慢得多（由P波表示），P波与QRS波群无关（图3-37C）。完全性的AV阻滞通常表示器质性心脏病或严重的药物毒性。

在患有严重代谢疾病的马或马驹中偶尔会发生危及生命的房室传导阻滞和其他缓慢性心律失常。麻醉期间二度或三度房室传导阻滞，表明对麻醉药物的直接抑制作用敏感。初始治疗应使用阿托品或格隆溴铵，特别是发生低血压时（表3-10）。如果马对抗胆碱能治疗无反应或出现明显的低血压，可能需要多巴胺或多巴酚丁胺（参阅第22章和第23章）。完全性房室传导阻滞的突然恶化可能需要给予肾上腺素或在右心室内经静脉植入起搏导线。通过经静脉植入永久性起搏导管治疗马持续性、完全性的房室传导阻滞。

心室内传导紊乱或传导阻滞在马较少，且很难进行诊断，并产生QRS复合波的扩大和平均电轴的异常。它们通常发生在患有严重代谢疾病的马匹，多由中毒或意外服用过量药物引起。

在马中也可发生心室早搏或加速的AV传导。人和犬的心室预激（preexitation）是由绕过房室结的异常心房-心室传导通路引起的，导致心室兴奋并易发生折返的室上性心动过速。ECG的特征是PQ间期极短，心室早期兴奋和QRS波初始部（δ波）模糊，以及QRS波整体变宽（图3-38）。

高钾血症是一种危及生命的疾病，可发生在患有腹膜炎的年轻马和患急性肾功能衰竭和少尿的成年马中，主要发生在休克期间，剧烈运动后，过量静脉补钾，夸特马发生高钾周期性麻痹。高钾血症的心血管表现包括低血压，心房传导、房室传导和心室传导抑制或阻滞，以及心室复极时间缩短。当血清钾浓度大于6mEq/L时，ECG变化明显；当血清钾浓度在8～10mEq/L时，ECG变化变得严重。ECG图上可见P波变宽、变平缓（图3-39和图3-40）。PQ间期延长，发生心动过缓，最终导致P波消失，心房停顿（窦房结）。随着QT间期缩短，T波可能会反转或增大（隆起），QRS复合波显著扩大表明钾的浓度接近致死浓度。如果不治疗，心律通常会恶化为心室震颤或心室纤颤。高钾血症的治疗包括纠正潜在的问题，并给予0.9% NaCl、碳酸氢钠，

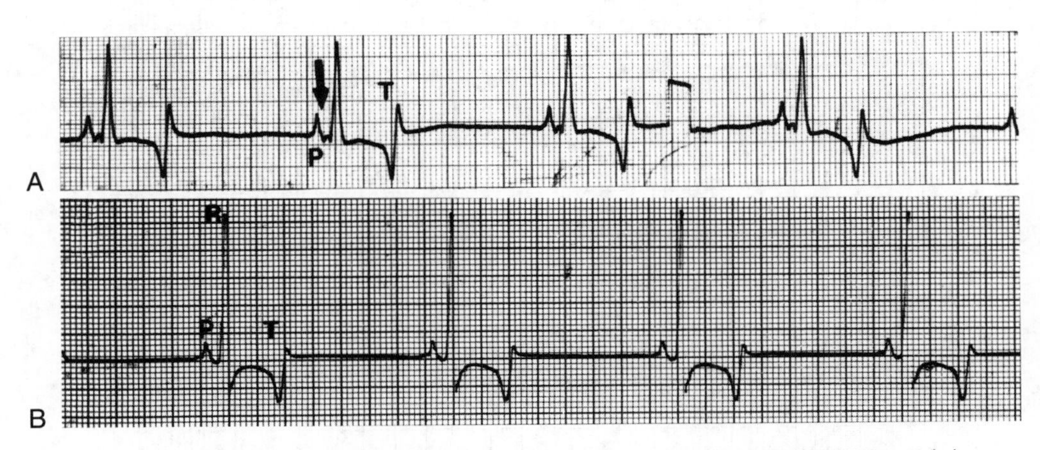

图 3-38　有心室预激的标准竞赛种马的Ⅱ导联 ECG（A）和基部 - 心尖导联 ECG（B）

窦性心律，较短的 PQ 间期（箭头）和心室的初始异常激活，表现为 PQ 段的小偏转和 QRS 波（δ 波）的模糊上升。基部 - 心尖导联显示异常的心室传导，其特征是该导联中的非典型阳性波形（通常为阴性）。PQ 间隔为 0.14 ～ 0.18s。

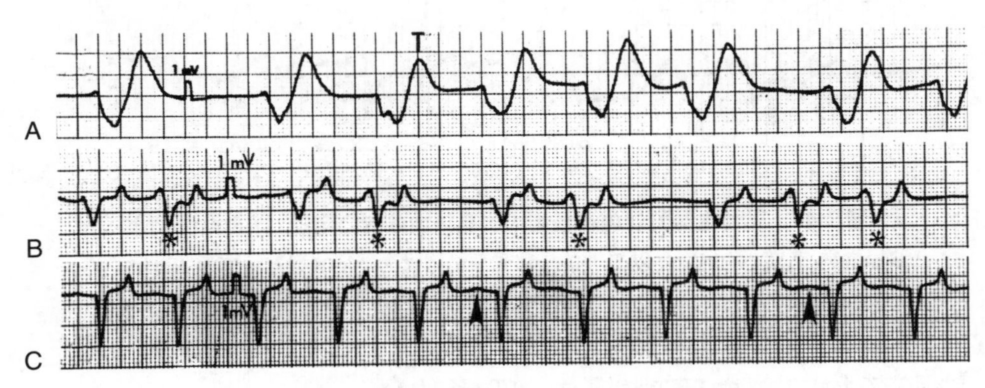

图 3-39　高钾血症引起的传导异常及治疗后的心电图

A.14 日龄小马驹患有脐尿管未闭，高钾血症导致心房停顿，心室传导紊乱（QRS 宽）和 ST-T 异常。血清钾为 9.3mmol/L，钠为 107mmol/L。静脉注射碳酸氢钠和氧疗后获得 B 和 C 的轨迹。B.ECG 显示心室传导的改善，并可能出现早搏二联律复合波（*）。C. 显示心室传导正常化，并伴有 P 波的再次出现（箭头）（基部 - 心尖导联；25mm/s）。

或 23% 葡萄糖酸钙（用 5% 葡萄糖溶液稀释）及儿茶酚胺。如果上述的治疗措施不成功，可以在治疗中加入常规胰岛素和葡萄糖（表 3-10）。

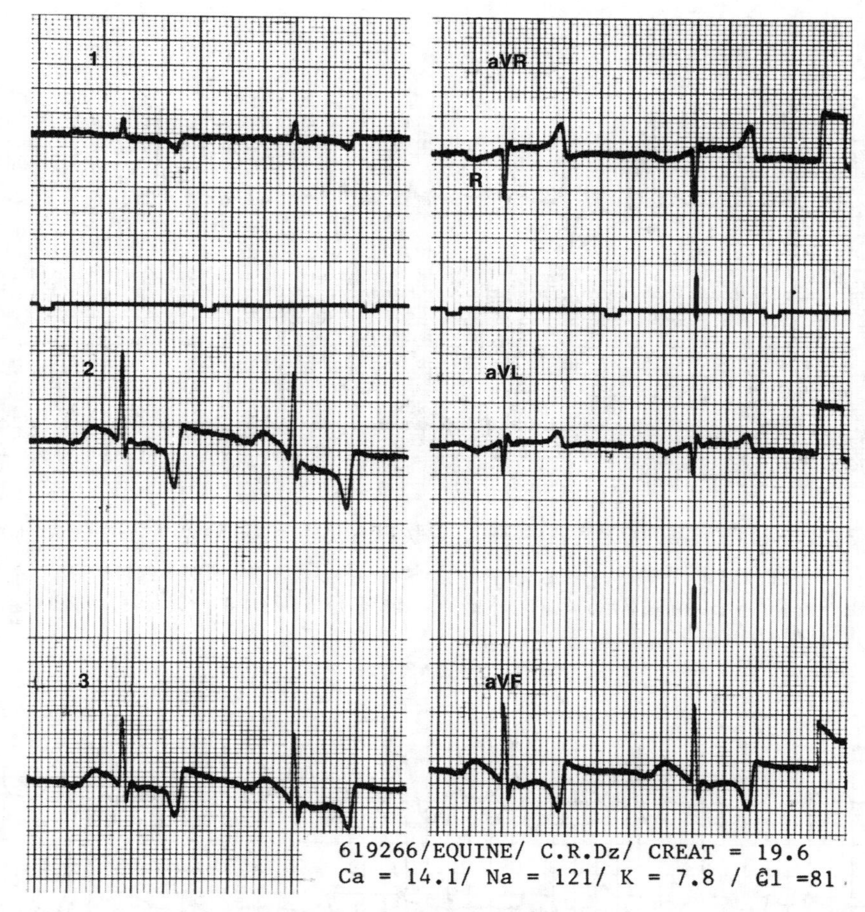

图 3-40　马慢性肾脏疾病和轻到中度高钾血症的心电图（7.8mmol/L）

P 波异常宽，ST-T 段的变化以 T 波的偏移和振幅增大为特征（记录纸速为 25mm/s）。

三、麻醉药物对心血管功能的一般影响

镇静剂、镇痛剂和麻醉药物对心血管系统和心血管功能产生深远影响（参阅第10章至第13章，第15章，第18章和第19章），但并不总是抑制心脏和血管系统的电活动和机械活动，及其调节它们的稳态机制（表3-11）。麻醉药物的心血管作用可以是直接的（即药物作用于心脏和血管组织的结果）或间接的（即通过自主神经张力、内分泌功能或血流模式的变化介导）。由于卧位、缺氧、高碳酸血症或酸中毒引起的代谢紊乱可加剧麻醉药物的作用。大多数麻醉前用药和麻醉药能够通过影响心率、心输出量、动脉血压和气体交换，来对心血管功能造成影响，很多指标已经在马进行了评估。体位、机械通气和疾病的影响都会导致组织缺血和缺氧，与其他物种相比，由于马独特的体温、解剖结构和体型大小，在麻醉过程中更有可能导致麻醉相关的发

病率和死亡率更高。

表3-11 使用产生化学抑制作用或麻醉*效果的临床相关药物的血液动力学效应

药物	心率	动脉血压	心输出量	心收缩力	其他重要的效果
镇定剂 / 镇静剂					
吩噻嗪	↑	↓	—↑	—	α_1 - 颉颃作用
α_2- 肾上腺素受体激动剂	↓	↑—↓	↓	—	迷走神经效应，呼吸抑制
阿片	↑ —	—↑	—↑	—	呼吸抑制
中枢肌肉松弛剂					
苯二氮䓬	—	—	—	—	
愈创木酚甘油醚	—	—↓	—↓	—	
静脉麻醉剂					
巴比妥酸盐	—↑↓	↓	↓	↓	呼吸抑制
环己胺类(氯胺酮、替来他明)	↑	↑	↓↑	—↓	呼吸抑制，肌肉松弛不良
吸入麻醉剂					
氟烷	—↓	↓	↓↓	↓↓	儿茶酚胺致敏
七氟醚	—↓	↓	↓	↓	呼吸抑制
异氟醚	—↓	↓	↓	↓	呼吸抑制
地氟醚	—↓	↓	↓	—↓	呼吸抑制

注：* 使用安全有效的麻醉剂量时观察到的效果。↑，增加；↓，减少；—，影响较小或没有影响。

参考文献

Aitken MM, Sanford J, 1972. Effects of tranquilizers on tachycardia induced by adrenaline in the horse, Br Vet J 128: vii-ix.

Alitalo I et al, 1986. Cardiac effects of atropine premedication in horses sedated with detomidine, Acta Vet Scand 82 (suppl): 131-136.

Amada A, Kiryu K, 1987. Atrial fibrillation in the race horse, Heart Vessels 2 (suppl): 2-6.

Amend JF et al, 1975. Hemodynamic studies in conscious domestic ponies, J Surg Res 19: 107-113.

Atkins CE, 1991. The role of noncardiac disease in the development and precipitation of heart failure, Vet Clin North Am Small Anim Pract 21: 1035-1080.

Ayala I et al, 1999. Morphology and amplitude values of the P and T waves in the electrocardiograms of Spanish-bred horses of different ages, J Vet Med Assoc 46: 225-230.

Beadle RE, Robinson NE, Sorenson PR, 1975. Cardiopulmonary effects of positive end expiratory pressure in, Am J Vet Res 36: 1435-1438.

Belenkie I, Smith ER, Tyberg JV, 2001. Ventricular interaction: from bench to bedside, Ann Med 33: 236-241.

Benamou AE, Marlin DJ, Lekeux P, 2001. Endothelin in the equine hypoxic pulmonary vasoconstrictive response to acute hypoxia, Equine Vet J 33: 345-353.

Bentz BG, Erkert RS, Blaik MA, 2002. Atrial fibrillation in horses: treatment and prognosis, Compend Contin Educ Pract Vet 24: 817-821.

Bentz BG, Erkert RS, Blaik MA, 2002. Evaluation of atrial fibrillation in horses, Compend Contin Educ Pract Vet 24: 734-738.

Bergsten G, 1974. Blood pressure, cardiac output, and blood-gas tension in the horse at rest and during exercise, Acta Vet Scand 48 (suppl): 1-88.

Bernard W et al, 1990. Pericarditis in horses: six cases (1982-1986), J Am Vet Med Assoc 196: 468-471.

Berne RM, Levy MN, 2001. Cardiovascular physiology, ed 8, St Louis, Mosby.

Bers DM, 2001. Excitation-contraction coupling and cardiac contractile force, ed 2, Dordrecht, Kluwer Academic Publishers.

Bers DM, 2002. Cardiac excitation-contraction coupling, Nature 415: 198-205.

Bertone JJ, 1988. Cardiovascular effects of hydralazine HCl administration in horses, Am J Vet Res 49: 618-621.

Birchard GF, 1997. Optimal hematocrit: theory, regulation, and implications, Am Zool 37: 65-72.

Bisgard GE, Orr JA, Will JA, 1975. Hypoxic pulmonary hypertension in the pony, Am J Vet Res 36: 49-52.

Blissitt KJ, 1999. Diagnosis and treatment of atrial fibrillation, Equine Vet Educ 11: 11-19.

Blissitt KJ, Bonagura JD, 1995. Colour flow Doppler echocardiography in horses with cardiac murmurs, Equine Vet J 19 (suppl): 82-85.

Blissitt KJ et al, 1997. Measurement of cardiac output in standing horses by Doppler echocardiography and thermodilution, Equine Vet J 29: 18-25.

Bonagura JD, 1985. Equine heart disease: an overview, Vet Clin North Am Equine Pract 1: 267-274.

Bonagura JD, Blissitt KJ, 1995. Echocardiography, Equine Vet J 19 (suppl): 5-17.

Bonagura JD, Herring DS, Welker F, 1985. Echocardiography, Vet Clin North Am Equine Pract 1: 311-333.

Bonagura JD, Miller MS, 1985 Electrocardiography. In Jones WE, editor: Equine sports medicine, Philadelphia, Lea & Febiger, pp 89-106.

Bonagura JD, Pipers FS, 1983. Diagnosis of cardiac lesions by contrast echocardiography, J Am Vet Med Assoc 182: 396-402.

Bonagura JD, Reef VB, 1998. Cardiovascular diseases. In Reed SM, Bayly WM, editors: Equine internal medicine, Philadelphia, Saunders, pp 290-370.

Bonagura JD, Reef VB, 2003.Disorders of the cardiovascular system. In Reed SM, Bayly WM,

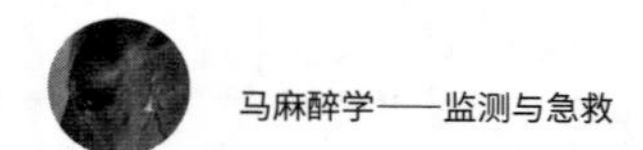

Sellon DC, editors: Equine internal medicine, ed 2, St Louis, Saunders, pp 355-459.
Boon JA, 1998. Manual of veterinary echocardiography, Baltimore, Williams & Wilkins.
Boyle NG, Weiss JN, 2001. Making QT correction simple is complicated, J Cardiovasc Electrophysiol 12: 421-423.
Brown CM, 1985. Acquired cardiovascular disease, Vet Clin North Am Equine Pract 1: 371-382.
Brown CM, Holmes JR, 1978. Haemodynamics in the horse: 2. Intracardiac, pulmonary arterial, and aortic pressures, Equine Vet J 10: 207-215.
Brown CM, Holmes JR, 1979. Assessment of myocardial function in the horse. 2. Experimental findings in resting horses, Equine Vet J 11: 248-255.
Brumbaugh GW, Thomas WP, Hodge TG, 1982. Medical management of congestive heart failure in a horse, J Am Vet Med Assoc 180: 878-883.
Buergelt CD, Wilson JH, Lombard CW, 1990. Pericarditis in horses, Compend Contin Educ Pract Vet 12: 872-877.
Buergelt CD et al, 1985. Endocarditis in six horses, Vet Pathol 22: 333-337.
Buss DD, Rwalings CA, Bisgard GE, 1975. The normal electrocardiogram of the domestic pony, J Electrocardiol 8: 167-172.
Carlsten J, 1986. Imaging of the equine heart: an angio cardiographic and echocardiographic investigation, Thesis, University of Agricultural Sciences, Uppsala, Sweden.
Carlsten J, Kvart C, Jeffcott LB, 1984. Method of selective and nonselective angiocardiography for the horse, Equine Vet J 16: 47-52.
Colucci WS, Braunwald E, 2005. Pathophysiology of heart failure. In Zipes DP et al, editors: Braunwald’ s heart disease: a textbook of cardiovascular medicine, ed 7, Philadelphia, Saunders, pp 509-538.
Constable P, Muir WW, Sisson D, 1999. Clinical assessment of left ventricular relaxation, J Vet Intern Med 13: 5-13.
Corley KT, Donaldson LL, Furr MO, 2002. Comparison of lithium dilution and thermodilution cardiac output measurements in anaesthetised neonatal foals, Equine Vet J 34: 598-601.
Corley KT et al, 2003. Cardiac output technologies with special reference to the horse, J Vet Intern Med 17: 262-272.
Cornick JL, Seahorn TL, 1990. Cardiac arrhythmias identified in horses with duodenitis/ proximal jejunitis: six cases (1985-1988), J Am Vet Med Assoc 197: 1054-1059.
Davey P, 2002. How to correct the QT interval for the effects of heart rate in clinical studies, J Pharmacol Toxicol Methods 48: 3-9.
Davis JL et al, 2002. Congestive heart failure in horses: 14 cases (1984-2001), J Am Vet Med Assoc 220: 1512-1515.
De Clercq D et al, 2006. Evaluation of the pharmacokinetics and bioavailability of intravenously and orally administered amiodarone in horses, Am J Vet Res 67: 448-454.
De Clercq D et al, 2006. Intravenous amiodarone treatment in horses with chronic atrial fibrillation, Vet J 172: 129-134.
De Luna R et al, 1995. ACE-inhibitors in the horse: renin-angiotensin-aldosterone system

evaluation after administration or ramipril (preliminary studies), Acta Med Vet 41: 41-50.

Deegen E, Reinhard HJ, 1974. Electrocardiographic time patterns in the healthy Shetland pony, Dtsch Tierarztl Wochenschr 81: 257-262.

Deem DA, Fregin GF, 1982. Atrial fibrillation in horses: a review of 106 clinical cases, with consideration of prevalence, clinical signs, and prognosis, J Am Vet Med Assoc 180: 261-265.

Detweiler DK, 1952. Electrocardiogram of the horse, Fed Proc 11: 34.

Detweiler DK, 1955. Auricular fibrillation in horses, J Am Vet Med Assoc 126: 47-50.

Dixon PM, 1978. Pulmonary artery pressures in normal horses and in horses affected with chronic obstructive pulmonary disease, Equine Vet J 10: 195-198.

Dixon PM et al, 1982. Chronic obstructive pulmonary disease anatomical cardiac studies, Equine Vet J 14: 80-82.

Drummond WH et al, 1989. Pulmonary vascular reactivity of the newborn pony foal, Equine Vet J 21: 181-185.

Dunlop CI et al, 1987. Temporal effects of halothane and isoflurane in laterally recumbent ventilated male horses, Am J Vet Res 48: 1250-1255.

Dunlop CI et al, 1991. Thermodilution estimation of cardiac output at high flows in anesthetized horses, Am J Vet Res 52: 1893-1897.

Durando MM, Reef VB, Birks EK, 2002. Right ventricular pressure dynamics during exercise: relationship to stress echocardiography, Equine Vet J 34 (suppl): 472-477.

Dyce KM, Sack WO, Wensing CJG, 2002. The cardiovascular system. In Dyce KM, Sack WO, Wensing CJG, editors: Textbook of veterinary anatomy, ed 3, Philadelphia, Elsevier Saunders, pp 217-258.

Dyer GSM, Fifer MA, 2003. Heart failure. In Lilly LS, editor: Pathophysiology of heart disease, ed 3, Philadelphia, Lippincott Williams & Wilkins, pp 211-236.

Eberly VE, Gillespie JR, Typler WS, 1964. Cardiovascular parameters in the Thoroughbred horse, Am J Vet Res 25: 1712-1716.

Ellis EJ et al, 1994. The pharmacokinetics and pharmacodynamics of procainamide in horses after intravenous administration, J Vet Pharmacol Ther 17: 265-270.

Ellis PM, 1975. The indirect measurement of arterial blood pressure in the horse, Equine Vet J 7: 22-26.

Else RW, Holmes JR, 1972. Cardiac pathology in the horse. 1. Gross pathology, Equine Vet J 4: 1-8.

Else RW, Holmes JR, 1972. Cardiac pathology in the horse. 2. Microscopic pathology, Equine Vet J 4: 57-62.

Epstein V, 1984. Relationship between potassium administration, hyperkalaemia, and the electrocardiogram: an experimental study, Equine Vet J 16: 453-456.

Finley MR et al, 2002. Expression and coassociation of ERG1, KCNQ1, and KCNE1 potassium channel proteins in horse heart, Am J Physiol Heart Circ Physiol 283: H126-H138.

Finley MR et al, 2003. Structural and functional basis for the long QT syndrome: relevance to

veterinary patients, J Vet Intern Med 17: 473-488.
Fisher EW, Dalton RG, 1961. Determination of cardiac output of cattle and horses by the injection method, Br Vet J 118: 143-151.
Franco RM et al, 1986. Study of arterial blood pressure in newborn foals using an electronic sphygmomanometer, Equine Vet J 18: 475-478.
Freestone JF et al, 1987. Idiopathic effusive pericarditis with tamponade in the horse, Equine Vet J 19: 38-42.
Fregin GF, 1982. The equine electrocardiogram with standardized body and limb positions, Cornell Vet 72: 304-324.
Fregin GF, 1985. Electrocardiography, Vet Clin North Am Equine Pract 1: 419-432.
Fritsch R, Hausmann R, 1988. Indirect blood pressure determination in the horse with the Dinamap 1255 research monitor, Tierarztl Prax 16: 373-376.
Fuchs F, Smith SH, 2001. Calcium, cross-bridges, and the Frank-Starling relationship, News Physiol Sci 16: 5-10.
Funck-Brentano C, Jaillon P, 1993. Rate-corrected QT interval: techniques and limitations, Am J Cardiol 72: 17B-22B.
Gardner SY et al, 2004. Characterization of the pharmacokinetic and pharmacodynamic properties of the angiotensinconverting enzyme inhibitor, enalapril, in horses, J Vet Intern Med 18: 231-237.
Geddes LA et al, 1977. Indirect mean blood pressure in the anesthetized pony, Am J Vet Res 38: 2055-2057.
Gehlen H, Vieht JC, Stadler P, 2003. Effects of the ACE inhibitor quinapril on echocardiographic variables in horses with mitral valve insufficiency, J Vet Med Assoc 50: 460-465.
Gelzer ARM et al, 2000. Temporal organization of atrial activity and irregular ventricular rhythm during spontaneous atrial fibrillation: an in vivo study in the horse, J Cardiovasc Electrophysiol 11: 773-784.
Gerring EL, 1984. Clinical examination of the equine heart, Equine Vet J 16: 552-555.
Giguere S et al, 2005. Cardiac output measurement by partial carbon dioxide rebreathing, 2-dimensional echocardiography, and lithium-dilution method in anesthetized neonatal foals, J Vet Intern Med 19: 737-743.
Giguere S et al, 2005. Accuracy of indirect measurement of blood pressure in neonatal foals, J Vet Intern Med 19: 571-576.
Gillespie JR, Tyler WS, Hall LW, 1969. Cardiopulmonary dysfunction in anesthetized laterally recumbent horses, Am J Vet Res 30: 61-72.
Glazier DB, Littledike ET, Cook HM, 1983. The electrocardiographic changes in experimentally induced bundle branch block, Irish Vet J 37: 71-76.
Glazier DB, Littledike ET, Evans RD, 1982. Electrocardiographic changes in induced hyperkalemia in ponies, Am J Vet Res 43: 1934-1937.
Glazier DB, Nicholson JA, Kelly WR, 1959. Atrial fibrillation in the horse, Irish Vet J 13: 47-55 .

Glen JB, 1970. Indirect blood pressure measurement in anesthetised animals, Vet Rec 87: 349-354.

Glendinning SA, 1965. The use of quinidine sulphate for the treatment of atrial fibrillation in twelve horses, Vet Rec 77: 951-960.

Goetz TE, Manohar M, 1986. Pressures in the right side of the heart and esophagus (pleura) in ponies during exercise before and after furosemide administration, Am J Vet Res 47: 270-276.

Goldstein JA, 2004. Cardiac tamponade, constrictive pericarditis, and restrictive cardiomyopathy, Curr Probl Cardiol 29: 503-567.

Grandy JL et al, 1987. Arterial hypotension and the development of postanesthetic myopathy in halothane-anesthetized horses, Am J Vet Res 48: 192-197.

Grauerholz H, Jaeschke G, 1986. Problems of measuring and interpreting the QRS duration in the ECG of the horse, Berl Munch Tierarztl Wochenschr 99: 365-369.

Grossman W, 2006. Blood flow measurement: cardiac output and vascular resistance. In Baim DS, editor: Grossman' s cardiac catheterization, angiography, and intervention, ed 7, Philadelphia, Lippincott Williams & Wilkins, pp 148-162.

Grossman W, 2006. Evaluation of systolic and diastolic function of the ventricles and myocardium. In Baim DS, editor: Grossman' s cardiac catheterization, angiography, and intervention, ed 7, Philadelphia, Lippincott Williams & Wilkins, pp 315-332.

Grossman W, 2006. Pressure measurement. In Baim DS, editor: Grossman' s cardiac catheterization, angiography, and intervention, ed 7, Philadelphia, Lippincott Williams & Wilkins, pp 133-147.

Grubb TL et al, 1999. Hemodynamic effects of ionized calcium in horses anesthetized with halothane or isoflurane, Am J Vet Res 60: 1430-1435.

Grubb TL et al, 1999. Techniques for evaluation of right ventricular relaxation rate in horses and effects of inhalant anesthetics with and without intravenous administration of calcium gluconate, Am J Vet Res 60: 872-879.

Guglielmini C et al, 2002. Use of an ACE inhibitor (ramipril) in a horse with congestive heart failure, Equine Vet Educ 14: 297-306.

Guthrie AJ et al, 1989. Sustained supraventricular tachycardia in a horse, J S Afr Vet Assoc 60: 46-47.

Guyton AC, Hall JE, 2006. Unit III: The heart. In Guyton AC, Hall JE, editors: Textbook of medical physiology, ed 11, Philadelphia, Elsevier Saunders, pp. 101-157.

Guyton AC, Hall JE, 2006. Unit IV: The circulation. In Guyton AC, Hall JE, editors: Textbook of medical physiology, ed 11, Philadelphia, Elsevier Saunders, pp 159-288.

Guyton AC, Hall JE, 2006. The autonomic nervous system and the adrenal medulla. In Guyton AC, Hall JE, editors: Textbook of medical physiology, ed 11, Philadelphia, Elsevier Saunders, pp 748-760.

Hall LW, Nigam JM, 1975. Measurement of central venous pressure in horses, Vet Rec 97: 66-69.

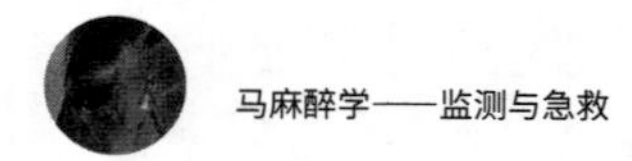

Hallowell GD, Corley KTT, 2005. Use of lithium dilution and pulse contour analysis cardiac output determination in anaesthetized horses: a clinical evaluation, Vet Anaesth Analg 32: 201-211.
Hamlin RL, Levesque MJ, Kittleson MD, 1982. Intramyocardial pressure and distribution of coronary blood flow during systole and diastole in the horse, Cardiovasc Res 16: 256-262.
Hamlin RL, Smetzer DL, Smith CR, 1964. Analysis of QRS complex recorded through a semiorthogonal lead system in the horse, Am J Physiol 207: 325-333.
Hamlin RL, Smith CR, 1965. Categorization of common domestic mammals based upon their ventricular activation process, Ann N Y Acad Sci 127: 195-203.
Hamlin RL et al, 1970. Atrial activation paths and P waves in horses, Am J Physiol 219: 306-313.
Hamlin RL et al, 1970. P wave in the electrocardiogram of the horse, Am J Vet Res 31: 1027-1031.
Hamlin RL et al, 1972. Autonomic control of heart rate in the horse, Am J Physiol 222: 976-978.
Hardman JG, Limbird LE, 2001. Goodman & Gilman' s The pharmacological basis of therapeutics, ed 10, New York, McGraw-Hill.
Hardy J, 1989. ECG of the month: hyperkalemia in a mare, J Am Vet Med Assoc 194: 356-357.
Hardy J, Robertson JT, Reed SM, 1992. Constrictive pericarditis in a mare: attempted treatment by partial pericardiectomy, Equine Vet J 24: 151-154.
Harvey RC et al, 1988. Isoflurane anesthesia for equine colic surgery: comparison with halothane anesthesia, Vet Surg 16: 184-188.
Heesch CM, 1999. Reflexes that control cardiovascular function, Am J Physiol 277: S234-S243.
Hellyer PW et al, 1989. Effects of halothane and isoflurane of baroreflex sensitivity in horses, Am J Vet Res 50: 2127-2134.
Hillidge CJ, Lees P, 1975. Cardiac output in the conscious and anaesthetised horse, Equine Vet J 7: 16-21.
Hillidge CJ, Lees P, 1977. Left ventricular systole in conscious and anesthetized horses, Am J Vet Res 38: 675-680.
Hillidge CJ, Lees P, 1977. Studies of left ventricular isotonic function in conscious and anaesthetised horse, Br Vet J 133: 446-453.
Hilwig RW, 1977. Cardiac arrhythmias in the horse, J Am Vet Med Assoc 170: 153-163.
Hodgson DS et al, 1986. Effects of spontaneous assisted and controlled ventilatory modes in anesthetized geldings, Am J Vet Res 47: 992-996.
Hoit BD, 2000. Left atrial function in health and disease, Eur Heart J 2 (suppl): K9-K16.
Holmes JR, 1982. Sir Frederick Smith Memorial Lecture: a superb transport system—the circulation, Equine Vet J 14: 267-276.
Holmes JR, Darke PGG, Else RW, 1969. Atrial fibrillation in the horse, Equine Vet J 1: 212-222.
Holmes JR, Miller PJ, 1984. Three cases of ruptured mitral valve chordae in the horse, Equine Vet J 16: 125-135.
Holmes JR, Rezakhani A, 1975. Observations on the T wave of the equine electrocardiogram,

Equine Vet J 7: 55-62.

Holmes JR et al, 1986. Paroxysmal atrial fibrillation in racehorses, Equine Vet J 18: 37-42.

Illera JC, Hamlin RL, Illera M, 1987. Unipolar thoracic electrocardiograms in which P waves of relative uniformity occur in male horses, Am J Vet Res 48: 1697-1699.

Illera JC, Illera M, Hamlin RL, 1987. Unipolar thoracic electrocardiography that induces QRS complexes of relative uniformity from male horses, Am J Vet Res 48: 1700-1702.

Johnson JH, Garner HE, Hutcheson DP, 1976. Ultrasonic measurement of arterial blood pressure in conditioned Thoroughbreds, Equine Vet J 8: 55-57.

Katz AM, 2001. Physiology of the heart, ed 3, Philadelphia, Lippincott Williams & Wilkins.

Kleber AG, Rudy Y, 2004. Basic mechanisms of cardiac impulse propagation and associated arrhythmias, Physiol Rev 84: 431-488.

Klein L, Sherman J, 1977. Effects of preanesthetic medication, anesthesia, and position of recumbency on central venous pressure in horses, J Am Vet Med Assoc 170: 216-219.

Koblik PD, Hornof WJ, 1985. Diagnostic radiology and nuclear cardiology: their use in assessment of equine cardiovascular disease, Vet Clin North Am Equine Pract 1: 289-309.

Kriz NG, Hodgson DR, Rose RJ, 2000.Prevalence and clinical importance of heart murmurs in racehorses, J Am Vet Med Assoc 216: 1441-1445.

Kumar A, Parrillo JE, 2001. Shock: classification, pathophysiology, and approach to management. In Parrillo JE, Dellinger RP, editors: Critical care medicine: principles of diagnosis and management in the adult, ed 2, St Louis, Mosby, pp 371-420.

Kvart C, 1979. An ultrasonic method for indirect blood pressure measurement in the horse, J Equine Med Surg 3: 16-23.

Landgren S, Rutqvist L, 1953. Electrocardiogram of normal cold blooded horses after work, Nord Vet Med 5: 905-914.

Lang RM et al, 1986. Systemic vascular resistance: an unreliable index of left ventricular afterload, Circulation 74: 1114-1123.

Lannek N, Rutqvist L, 1951. Normal area of variation for the electrocardiogram of horses, Nord Vet Med 3: 1094-1117.

Latshaw H et al, 1979. Indirect measurement of mean blood pressure in the normotensive and hypotensive horses, Equine Vet J 11: 191-194.

Linton RA et al, 2000. Cardiac output measured by lithium dilution, thermodilution, and transesophageal Doppler echocardiography in anesthetized horses, Am J Vet Res 61: 731-737.

Littlejohn A, Bowles F, 1980. Studies on the physiopathology of chronic obstructive pulmonary disease in the horse. Ⅱ. Right heart haemodynamics, Onderstepoort J Vet Res 47: 187-192.

Lombard CW, 1990. Cardiovascular diseases. In Koterba AM, Drummond WH, Kosch PC, editors: Equine clinical neonatology, Philadelphia, Lea & Febiger, pp 240-261.

Lombard CW et al, 1984. Blood pressure, electrocardiogram, and echocardiogram measurements in the growing pony foal, Equine Vet J 16: 342-347.

Long KJ, Bonagura JD, Darke PG, 1992. Standardised imaging technique for guided M-mode and Doppler echocardiography in the horse, Equine Vet J 24: 226-235.

Loughrey CM, Smith GL, MacEachern KE, 2004. Comparison of Ca^{2+} release and uptake characteristics of the sarcoplasmic reticulum in isolated horse and rabbit cardiomyocytes, Am J Physiol Heart Circ Physiol 287: H1149-H1159.

Machida N, Yasuda J, Too K, 1987. Auscultatory and phonocardiographic studies on the cardiovascular system of the newborn Thoroughbred foal, Jpn J Vet Res 35: 235-250.

Machida N et al, 1988. A morphological study on the obliteration processes of the ductus arteriosus in the horse, Equine Vet J 20: 249-254.

Manohar M, 1993. Pulmonary artery wedge pressure increases with high-intensity exercise in horses, Am J Vet Res 54: 142-146.

Manohar M, Bisgard GE, Bullard V, 1981. Blood flow in the hypertrophied right ventricular myocardium of unanesthetized ponies, Am J Physiol 240: H881-H888.

Manohar M, Goetz TE, 1985. Cerebral, renal, adrenal, intestinal, and pancreatic circulation in conscious ponies and during 1.0, 1.5, and 2.0 minimal alveolar concentrations of halothane-O_2 anesthesia, Am J Vet Res 46: 2492-2497.

Manohar M, Goetz TE, 1999. Pulmonary vascular pressures of strenuously exercising Thoroughbreds during intravenous infusion of nitroglycerin, Am J Vet Res 60: 1436-1440.

Manohar M, Gustafson R, Nganwa D, 1987. Skeletal muscle perfusion during prolonged 2.03% end-tidal isoflurane-O_2 anesthesia in isocapnic ponies, Am J Vet Res 48: 946-951.

Manohar M et al, 1987. Systemic distribution of blood flow in ponies during 1.45%, 1.96%, and 2.39% end-tidal isoflurane-O_2 anesthesia, Am J Vet Res 48: 1504-1510.

Marino PL, 1998. Erythrocyte transfusions. In Marino PL, editor: The ICU book, ed 2, Philadelphia, Lippincott Williams & Wilkins, pp 691-708.

Marino PL, 1998. Respiratory gas transport. In Marino PL, editor: The ICU book, ed 2, Philadelphia, Lippincott Williams & Wilkins, pp 19-31.

Marr CM, 1997. Treatment of cardiac arrhythmias and cardiac failure. In Robinson NE, editor: Current therapy in equine medicine 4, Philadelphia, Saunders, pp 250-255.

Marr CM, 1999. Cardiology of the horse, London, Saunders.

Marr CM, 1999. Heart failure. In Marr CM, editor: Cardiology of the horse, London, Saunders, pp 289-311.

Marr CM et al, 1990. Confirmation by Doppler echocardiography of valvular regurgitation in a horse with a ruptured chorda tendinea of the mitral valve, Vet Rec 127: 376-379.

Matsui K, Sugano S, 1989. Relation of intrinsic heart rate and autonomic nervous tone to resting heart rate in the young and the adult of various domestic animals, Nippon Juigaku Zasshi 51: 29-34.

Maxson AD, Reef VB, 1997. Bacterial endocarditis in horses: ten cases (1984-1995), Equine Vet J 29: 394-399.

McGuirk SM, Muir WW, Sams RA, 1981. Pharmacokinetic analysis of intravenously and orally administered quinidine in horses, Am J Vet Res 42: 938-942

McGuirk SM, Muir WW, 1985. Diagnosis and treatment of cardiac arrhythmias, Vet Clin North

Am Equine Pract 1: 353-370.
McGurrin MK, Physick-Sheard PW, Southorn E, 2003. Parachute left atrioventricular valve causing stenosis and regurgitation in a Thoroughbred foal, J Vet Intern Med 17: 579-582.
McGurrin MK et al, 2003. Transvenous electrical cardioversion in equine atrial fibrillation: technique and successful treatment of 3 horses, J Vet Intern Med 17: 715-718.
McGurrin MK et al, 2005. Transvenous electrical cardioversion of equine atrial fibrillation: technical considerations, J Vet Intern Med 19: 695-702.
McGurrin MKJ, Physick-Sheard PW, Kenney DG, 2005. How to perform transvenous electrical cardioversion in horses with atrial fibrillation, J Vet Cardiol 7: 109-119.
Meijler FL et al, 1984. Nonrandom ventricular rhythm in horses with atrial fibrillation and its significance for patients, J Am Coll Cardiol 4: 316-323.
Mellema M, 2001. Cardiac output, wedge pressure, and oxygen delivery, Vet Clin North Am Small Anim Pract 31: 1175-1205.
Miller PJ, Holmes JR, 1983. Effect of cardiac arrhythmia on left ventricular and aortic blood pressure parameters in the horse, Res Vet Sci 35: 190-199.
Miller PJ, Holmes JR, 1984. Interrelationship of some electrocardiogram amplitudes, time intervals, and respiration in the horse, Res Vet Sci 36: 370-374.
Miller PJ, Holmes JR, 1985. Observations on seven cases of mitral insufficiency in the horse, Equine Vet J 17: 181-190.
Milne DW, Muir WW, Skarda RT, 1975. Pulmonary arterial wedge pressures: blood gas tensions and pH in the resting horse, Am J Vet Res 36: 1431-1434.
Mizuno Y et al, 1994. Comparison of methods of cardiac output measurements determined by dye dilution, pulsed Doppler echocardiography, and thermodilution in horses, J Vet Med Sci 56: 1-5.
Morris DD, Fregin GF, 1982. Atrial fibrillation in horses: factors associated with response to quinidine sulfate in 77 clinical cases, Cornell Vet 72: 339-349.
Muir WW, 1990. Small volume resuscitation using hypertonic saline, Cornell Vet 80: 7-12.
Muir WW, Ⅲ, Reed SM, McGuirk SM, 1990. Treatment of atrial fibrillation in horses by intravenous administration of quinidine, J Am Vet Med Assoc 197: 1607-1610.
Muir WW, Ⅲ, Wade A, Grospitch B, 1983. Automatic noninvasive sphygmomanometry in horses, J Am Vet Med Assoc 182: 1230-1233.
Muir WW, McGuirk SM, 1983. Ventricular preexcitation in two horses, J Am Vet Med Assoc 183: 573-576.
Muir WW, McGuirk SM, 1984. Hemodynamics before and after conversion of atrial fibrillation to normal sinus rhythm in horses, J Am Vet Med Assoc 184: 965-970.
Muir WW, McGuirk SM, 1985. Pharmacology and pharmacokinetics of drugs used to treat cardiac disease in horses, Vet Clin North Am Equine Pract 1: 335-352.
Muir WW, Skarda RT, Milne DW, 1976. Estimation of cardiac output in the horse by thermodilution techniques, Am J Vet Res 37: 697-700.

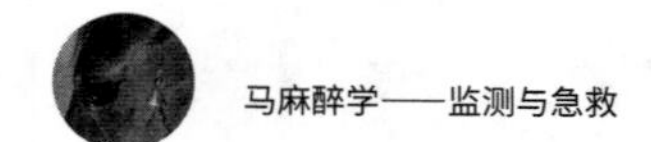

Muir WW, Wellman ML, 2003. Hemoglobin solutions and tissue oxygenation, J Vet Intern Med 17: 127-135.

Muir WW et al, 2001. Effects of enalaprilat on cardiorespiratory, hemodynamic, and hematologic variables in exercising horses, Am J Vet Res 62: 1008-1013.

Muir WW, Bonagura JD: Cardiac performance in horses during intravenous and inhalation anesthesia, unpublished observations.

Nattel S, 2002. New ideas about atrial fibrillation 50 years on, Nature 415: 219-226.

Nerbonne JM, Kass RS, 2005. Molecular physiology of cardiac repolarization, Physiol Rev 85: 1205-1253.

Nichols W et al, 1977. Input impedance of the systemic circulation in man, Circ Res 40: 451-458.

Nilsfors L, Kvart C, 1986. Preliminary report on the cardiorespiratory effects of the antagonist to detomidine, MPV-1248, Acta Vet Scand 82 (suppl): 121-129.

Nilsfors L et al, 1988. Cardiorespiratory and sedative effects of a combination of acepromazine, xylazine, and methadone in the horse, Equine Vet J 20: 364-367.

Nollet H et al, 1999. Use of right ventricular pressure increase rate to evaluate cardiac contractility in horses, Am J Vet Res 60: 1508-1512.

Nout YS et al, 2002. Indirect oscillometric and direct blood pressure measurements in anesthetized and conscious neonatal foals, J Vet Emerg Crit Care 12: 75-80.

O' Callaghan MW, 1985. Comparison of echocardiographic and autopsy measurements of cardiac dimensions in the horse, Equine Vet J 17: 361-368.

Oh JK, Seward JB, Tajik AJ, 1999. Pulmonary hypertension. In Oh JK, Seward JB, Tajik AJ, editors: The echo manual, Philadelphia, Lippincott Williams & Wilkins, pp 215-222.

Ohmura H et al, 2000. Safe and efficacious dosage of flecainide acetate for treating equine atrial fibrillation, J Vet Med Sci 62: 711-715.

Ohmura H et al, 2001. Determination of oral dosage and pharmacokinetic analysis of flecainide in horses, J Vet Med Sci 63: 511-514.

Opie LH, 2004. Electricity out of control: arrhythmias. In Opie LH, editor: The heart, ed 4, Philadelphia, Lippincott Williams & Wilkins, pp 599-623.

Opie LH, 2004. Heart physiology: from cell to circulation, ed 4, Philadelphia, Lippincott Williams & Wilkins.

Opie LH, Gersh BJ, 2005. Drugs for the heart, ed 6, Philadelphia, Saunders.

Opie LH, Perlroth MG, 2004. Ventricular function. In Opie LH, editor: Heart physiology: from cell to circulation, ed 4, Philadelphia, Lippincott Williams & Wilkins, pp 355-401.

Orr JA et al, 1975. Cardiopulmonary measurements in nonanesthetized resting normal ponies, Am J Vet Res 36: 1667-1670.

Ostlund C, Pero RW, Olsson B, 1983. Reproducibility and the influence of age on interspecimen determinations of blood pressure in the horse, Comp Biochem Physiol A 74: 11-20.

Otto CM, 2004. Textbook of clinical echocardiography, ed 3, Philadelphia, Elsevier Saunders.

Paddleford RR, Harvey RC, 1996. Anesthesia for selected diseases: cardiovascular dysfunction. In Thurmon JC, Tranquilli WJ, Benson GJ, editors: Lumb and Jones' veterinary anesthesia, ed 3, Baltimore, Williams & Wilkins, pp 766-771.

Pagel PS et al, 2003. Mechanical function of the left atrium: new insights based on analysis of pressure-volume relations and Doppler echocardiography, Anesthesiology 98: 975-994.

Parks C, Manohar M, Lundeen G, 1983. Regional myocardial blood flow and coronary vascular reserve in unanesthetized ponies during pacing-induced ventricular tachycardia, J Surg Res 35: 119-131.

Parry BW, Anderson GA, 1984. Importance of uniform cuff application for equine blood pressure measurement, Equine Vet J 16: 529-531.

Parry BW, Gay CC, McCarthy MA, 1980. Influence of head height on arterial blood pressure in standing horses, Am J Vet Res 41: 1626-1631.

Parry BW et al, 1982. Correct occlusive bladder width for indirect blood pressure measurement in horses, Am J Vet Res 43: 50-54.

Patterson DF, Detweiler DK, Glendenning SA, 1965. Heart sounds and murmurs of the normal horse, Ann N Y Acad Sci 127: 242-305.

Patteson M, 1995. Equine cardiology, Oxford, Blackwell Science.

Patteson M, Blissitt K, 1996. Evaluation of cardiac murmurs in horses 1. Clinical examination, In Pract 18: 367-373.

Patteson MW, Cripps PJ, 1993. A survey of cardiac auscultatory findings in horses, Equine Vet J 25: 409-415.

Persson SGB, Forssberg P, 1986. Exercise tolerance in Standardbred trotters with T-wave abnormalities in the electrocardiogram. In Proceedings of the Second International Conference on Equine Exercise Physiology, San Diego, pp 772-780.

Plumb DC, 1999. Veterinary drug handbook, ed 3, Ames, Iowa State University Press.

Poole-Wilson PA, Opie LH, 2005. Digitalis, acute inotropes, and inotropic dilators: acute and chronic heart failure. In Opie LH, Gersh BJ, editors: Drugs for the heart, ed 6, Philadelphia, Elsevier Saunders, pp 149-183.

Reddy VK et al, 1976. Regional coronary blood flow in ponies, Am J Vet Res 37: 1261-1265.

Reef VB, 1987. Mitral valvular insufficiency associated with ruptured chordae tendineae in three foals, J Am Vet Med Assoc 191: 329-331.

Reef VB, 1993. The significance of cardiac auscultatory findings in horses: insight into the age-old dilemma, Equine Vet J 25: 393-394.

Reef VB, 1995. Heart murmurs in horses: determining their significance with echocardiography, Equine Vet J (suppl): 71-80.

Reef VB, 1998. Cardiovascular ultrasonography. In Reef VB, editor: Equine diagnostic ultrasound, Philadelphia, Saunders, pp 215-272.

Reef VB, 1999. Arrhythmias. In Marr CM, editor: Cardiology of the horse, London, Saunders, pp 179-209.

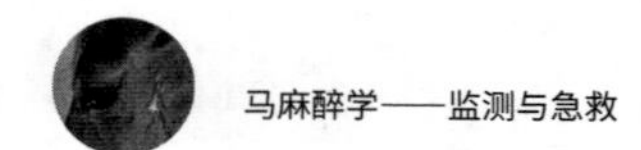

Reef VB, 2003. Cardiovascular system. In Orsini JA, Divers TJ, editors: Manual of equine emergencies: treatment and procedures, ed 2, Philadelphia, Saunders, pp 130-188.
Reef VB, Bain FT, Spencer PA, 1998. Severe mitral regurgitation in horses: clinical, echocardiographic, and pathological findings, Equine Vet J 30: 18-27.
Reef VB, Levitan CW, Spencer PA, 1988. Factors affecting prognosis and conversion in equine atrial fibrillation, J Vet Intern Med 2: 1-6.
Reef VB, Reimer JM, Spencer PA, 1995. Treatment of atrial fibrillation in horses: new perspectives, J Vet Intern Med 9: 57-67.
Reef VB, Spencer P, 1987. Echocardiographic evaluation of equine aortic insufficiency, Am J Vet Res 48: 904-909.
Reef VB, 1989. Frequency of cardiac arrhythmias and their significance in normal horses. In the Seventh American College of Veterinary Internal Medicine Forum, San Diego, pp 506-508.
Reef VB et al, 1986. Implantation of a permanent transvenous pacing catheter in a horse with complete heart block and syncope, J Am Vet Med Assoc 189: 449-452.
Reinhard HJ, Zichner M, 1970. Evaluation of telemetrically derived stress electrocardiograms of the horse using an electronic computer, Dtsch Tierarztl Wochenschr 77: 211-217.
Rhodes J, 2005. Comparative physiology of hypoxic pulmonary hypertension: historical clues from brisket disease, J Appl Physiol 98: 1092-1100.
Rich S, 2001. Pulmonary hypertension. In Braunwald E, editor: Heart disease, ed 6, Philadelphia, Saunders, pp 1908-1935.
Risberg AI, McGuirk SM, 2006. Successful conversion of equine atrial fibrillation using oral flecainide, J Vet Intern Med 20: 207-209.
Ritsema van Eck HJ, Kors JA, van Herpen G, 2005. The U wave in the electrocardiogram: a solution for a 100-year-old riddle, Cardiovasc Res 67: 256-262.
Roden DM, 2001. Cardiac membrane and action potentials. In Spooner PM, Rosen MR, editors: Foundation of cardiac arrhythmias: basic concepts and clinical approaches, New York, Marcel Dekker, pp 21-41.
Rossdale PD, 1967. Clinical studies on the newborn Thoroughbred foal. Ⅱ. Heart rate, auscultation and electrocardiogram, Br Vet J 123: 521-532.
Rudloff E, Kirby R, 1997. The critical need for colloids: administering colloids effectively, Compend Contin Educ Pract Vet 20: 27-43.
Rudloff E, Kirby R, 1997. The critical need for colloids: selecting the right colloid, Compend Contin Educ Pract Vet 19: 811-825.
Rugh KS et al, 1989. Left ventricular function and haemodynamics in ponies during exercise and recovery, Equine Vet J 21: 39-44.
Ryan N, Marr CM, McGladdery AJ, 2005. Survey of cardiac arrhythmias during submaximal and maximal exercise in Thoroughbred racehorses, Equine Vet J 37: 265-268.
Santamore WP, Gray L, 1995. Significant left-ventricular contributions to right-ventricular

systolic function—mechanism and clinical implications, Chest 107: 1134-1145.
Schertel ER, 1998. Assessment of left-ventricular function, Thorac Cardiovasc Surg 46 (suppl) 2: 248-254.
Schober KE, Kaufhold J, Kipar A, 2000. Mitral valve dysplasia in a foal, Equine Vet J 32: 170-173.
Schummer A et al, 1981. The circulatory system, the skin, and the cutaneous organs of the domestic mammals, Berlin, Verlag Paul Parey.
Schwarzwald CC, Bonagura JD, Luis-Fuentes V, 2005. Effects of diltiazem on hemodynamic variables and ventricular function in healthy horses, J Vet Intern Med 19: 703-711.
Schwarzwald CC, Hamlin RL, 2006. Normal electrocardiographic time intervals in horses of various sizes, unpublished observations.
Schwarzwald CC et al, 2006. Atrial, SA nodal, and AV nodal electrophysiology in standing horses: reference values and electrophysiologic effects of quinidine and diltiazem. In the 24th Annual Forum of the ACVIM, Louisville, Ky.
Schwarzwald CC et al, 2006. Cor pulmonale in a horse with granulomatous pneumonia, Equine Vet Educ 18: 182-187.
Senta T, Smetzer DL, Smith CR, 1970. Effects of exercise on certain electrocardiographic parameters and cardiac arrhythmias in the horse: a radiotelemetric study, Cornell Vet 60: 552-569.
Serteyn D et al, 1987. Circulatory and respiratory effects of ketamine in horses anesthetized with halothane, Can J Vet Res 51: 513-516.
Sexton WL, Erickson HH, Coffman JR, 1986. Cardiopulmonary and metabolic responses to exercise in the Quarter Horse: effects of training. In Proceedings of the Second International Conference on Equine Exercise Physiology, San Diego.
Sheridan V, Deegen E, Zeller R, 1972. Central venous pressure (CVP) measurements during halothane anaesthesia, Vet Rec 90: 149-150.
Slinker BK et al, 1982. Arterial baroreflex control of heart rate in the horse, pig, and calf, Am J Vet Res 43: 1926-1933.
Smetzer DL, Hamlin RL, Smith CR, 1970. Cardiovascular sounds. In Swenson MJ, editor: Dukes' physiology of domestic animals, ed 8, Ithaca, Comstock Publishing, pp 159-168.
Smith CR, Hamlin RL, Crocker HD, 1965. Comparative electrocardiography, Ann N Y Acad Sci 127: 155-169.
Smith CR, Smetzer DL, Hamlin RL, 1962. Normal heart sounds and heart murmurs in the horse. In Proceedings of the Eighth Annual American Association of Equine Practitioners Convention, Chicago, pp 49-64.
Spooner PM, Rosen MR, 2001. Foundations of cardiac arrhythmias: basic concepts and clinical approaches, New York, Marcel Dekker.
Spörri H, Schlatter C, 1959. Blutdruckerhöhungen im Lungen kreislauf, Schweiz Arch Tierheilkd 101: 525-541.
Staddon GE, Weaver BMG, Webb AI, 1979. Distribution of cardiac output in anaesthetised horses, Res Vet Sci 27: 38-40.

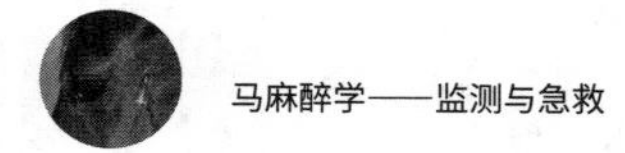

Staudacher G, 1989. Individual glycoside treatment by means of serum concentration determination in cardiac insufficiency in horses, Berl Munch Tierarztl Wochenschr 102: 1-3.

Stefanadis C, Dernellis J, Toutouzas P, 2001. A clinical appraisal of left atrial function, Eur Heart J 22: 22-36.

Steffey EP, Howland D, 1978. Cardiovascular effects of halothane in the horse, Am J Vet Res 39: 611-615.

Steffey EP, Howland D, 1980. Comparison of circulatory and respiratory effects of isoflurane and halothane anesthesia in horses, Am J Vet Res 41: 821-825.

Steffey EP, Kelly AB, Woliner MJ, 1987. Time-related responses of spontaneously breathing, laterally recumbent horses to prolonged anesthesia with halothane, Am J Vet Res 48: 952-957.

Steffey EP et al, 1985. Cardiovascular and respiratory effects of acetylpromazine and xylazine on halothane-anesthetized horses, J Vet Pharmacol Ther 8: 290-302.

Steffey EP et al, 1987. Cardiovascular and respiratory measurements in awake and isoflurane-anesthetized horses, Am J Vet Res 48: 7-12.

Stegmann GF, Littlejohn A, 1987. The effect of lateral and dorsal recumbency on cardiopulmonary function, J South Afr Vet Assoc 58: 21-27.

Stoelting RK, Dierdorf SF, 2002. Anesthesia and co-existing disease, ed 4, New York, Churchill Livingstone.

Task Force of the Working Group on Arrhythmias of the European Society of Cardiology, 1991. The Sicilian gambit: a new approach to the classification of antiarrhythmic drugs based on their actions on arrhythmogenic mechanisms. Task Force of the Working Group on Arrhythmias of the European Society of Cardiology, Circulation 84: 1831-1851.

Taylor PM, Browning AP, Harris CP, 1988. Detomidine-butorphanol sedation in equine clinical practice, Vet Rec 123: 388-390.

Thomas WP et al, 1987. Systemic and pulmonary haemodynamics in normal neonatal foals, J Reprod Fertil Suppl 35: 623-628.

Tovar P, Escabias MI, Santisteban R, 1989. Evolution of the ECG from Spanish-bred foals during the post natal stage, Res Vet Sci 46: 358-362.

Trachsel D et al, 2004. Pharmacokinetics and pharmacodynamic effects of amiodarone in plasma of ponies after single intravenous administration, Toxicol Appl Pharmacol 195: 113-125.

Trim CM, Moore JN, White NA, 1985. Cardiopulmonary effects of dopamine hydrochloride in anaesthetised horses, Equine Vet J 17: 41-44.

Van Loon G, Laevens H, Deprez P, 2001. Temporary transvenous atrial pacing in horses: threshold determination, Equine Vet J 33: 290-295.

Van Loon G et al, 2001. Dual-chamber pacemaker implantation via the cephalic vein in healthy equids, J Vet Intern Med 15: 564-571.

van Loon G et al, 2002. Implantation of a dual-chamber, rateadaptive pacemaker in a horse

with suspected sick sinus syndrome, Vet Rec 151: 541-545.
van Loon G et al, 2004. Use of intravenous flecainide in horses with naturally occurring atrial fibrillation, Equine Vet J 36: 609-614.
van Loon G et al, 2005. Transient complete atrioventricular block following transvenous electrical cardioversion of atrial fibrillation in a horse, Vet J 170: 124-127.
Wagner AE, Bednarski RM, Muir WW, 1990. Hemodynamic effects of carbon dioxide during intermittent positive-pressure ventilation in horses, Am J Vet Res 51: 1922-1929.
Wagner PC et al, 1977. Constrictive pericarditis in the horse, J Equine Med Surg 1: 242-247.
Weaver BM, Walley RV, 1975. Ventilation and cardiovascular studies during mechanical control of ventilation in horses, Equine Vet J 7: 9-15.
Weber JM et al, 1987. Cardiac output and oxygen consumption in exercising Thoroughbred horses, Am J Physiol 253: R890-R895.
Welker FH, Muir WW, 1990. An investigation of the second heart sound in the normal horse, Equine Vet J 22: 403-407.
Wetmore LA et al, 1987. Mixed venous oxygen tension as an estimate of cardiac output in anesthetized horses, Am J Vet Res 48: 971-976.
White NA, Rhode EA, 1974. Correlation of electrocardiographic findings to clinical disease in the horse, J Am Vet Med Assoc 164: 46-56.
Whitton DL, Trim CM, 1985. Use of dopamine hydrochloride during general anesthesia in the treatment of advanced atrioventricular heart block in four foals, J Am Vet Med Assoc 187: 1357-1361.
Wiggers CJ, 1923. Circulation in health and disease, ed 2, Philadelphia, Lea & Febiger.
Wilkins PA et al, 2005. Comparison of thermal dilution and electrical impedance dilution methods for measurement of cardiac output in standing and exercising horses, Am J Vet Res 66: 878-884.
Will JA, Bisgard GE, 1972. Cardiac catheterization of unanesthetized large domestic animals, J Appl Physiol 33: 400-401.
Worth LT, Reef VB, 1998. Pericarditis in horses: 18 cases (1986-1995), J Am Vet Med Assoc 212: 248-253.
Yamaya Y, Kubo K, Amada A, 1997. Relationship between atrioventricular conduction and hemodynamics during atrial pacing in horses, J Equine Sci 8: 35-38.
Yamaya Y et al, 1997. Intrinsic atrioventricular conductive function in horses with a second-degree atrioventricular block, J Vet Med Sci 59: 149-151.
Young LE, Wood JL, 2000. Effect of age and training on murmurs of atrioventricular valvular regurgitation in young Thoroughbreds, Equine Vet J 32: 195-199.
Young LE et al, 1995. Feasibility of transoesophageal echocardiography for evaluation of left ventricular performance in anaesthetised horses, Equine Vet J (suppl): 63-70.
Young LE et al, 1996. Measurement of cardiac output by transoesophageal Doppler echocardiography in anaesthetized horses: comparison with thermodilution, Br J Anaesth 77: 773-780.

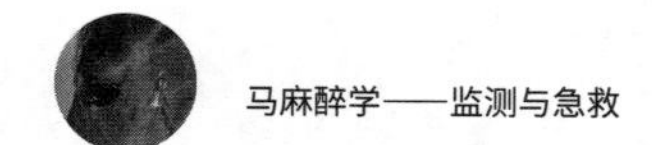

Young LE et al, 1997. Temporal effects of an infusion of dopexamine hydrochloride in horses anesthetized with halothane, Am J Vet Res 58: 516-523.
Young LE et al, 1998. Haemodynamic effects of a sixty minute infusion of dopamine hydrochloride in horses anaesthetised with halothane, Equine Vet J 30: 310-316.

第 4 章
麻醉和手术相关的应激

要点：

1. 马对麻醉和手术会表现出应激反应。

2. 对马而言，相比于吸入（异氟醚）麻醉，全静脉麻醉带来的应激更小。

3. 手术操作会增加应激反应。

4. 确定选择使用麻醉前用药，尤其是α_2-受体激动剂，可以降低应激反应。

5. 充分的镇痛并维持适当的麻醉深度，最佳的心肺功能，以及目标导向液体疗法，可降低麻醉马的应激反应。

6. 尽管应激反应对马围手术期发病率和死亡率的影响尚不明确，但极可能会导致免疫功能改变以及增加感染的风险。

动物在应对有害刺激，如物理操作、药物抑制、麻醉意外或手术创伤时，会通过各种神经、体液和代谢变化来恢复或维持机体内环境稳态。身体创伤或手术损伤导致的局部炎症反应是愈合过程的一部分。除了这种局部反应，还有一种更普遍的反应，即所谓的“应激反应”，应激反应包括各种内分泌代谢变化（图4-1）。正如Muir所强调的，“虽然通常认为应该避免应激，但应激可以使动物做好应对紧急情况的准备，应激通过激活肾上腺皮质系统来增加或重新分配血流量（战斗或逃跑），动员身体资源以获得葡萄糖和游离脂肪酸等物质，同时激活免疫系统。我们为什么要关注应激呢？虽然应激可能产生积极影响，帮助动物对外源性或内源性的有害刺激做出应答，但同时也会产生明显的神经内分泌和代谢效应，这会导致不良的血流动力学改变，限制组织中葡萄糖的供应，抑制免疫系统并延长愈合和组织恢复的时间”。换句话说，适当的应激可能是有益的，但过多的应激（痛苦）可能是有害的，并且从前一种状态到下一种状态的转变尚未明确定义（框表4-1和框表4-2）。迄今为止，尚没有发现马的应激反应和它们在围手术期发病率或死亡率之间的相关性。

对人类而言，麻醉单独带来的应激很小，血浆皮质醇的浓度变化极小就是证明。皮质醇浓

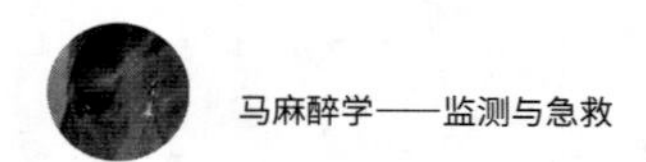

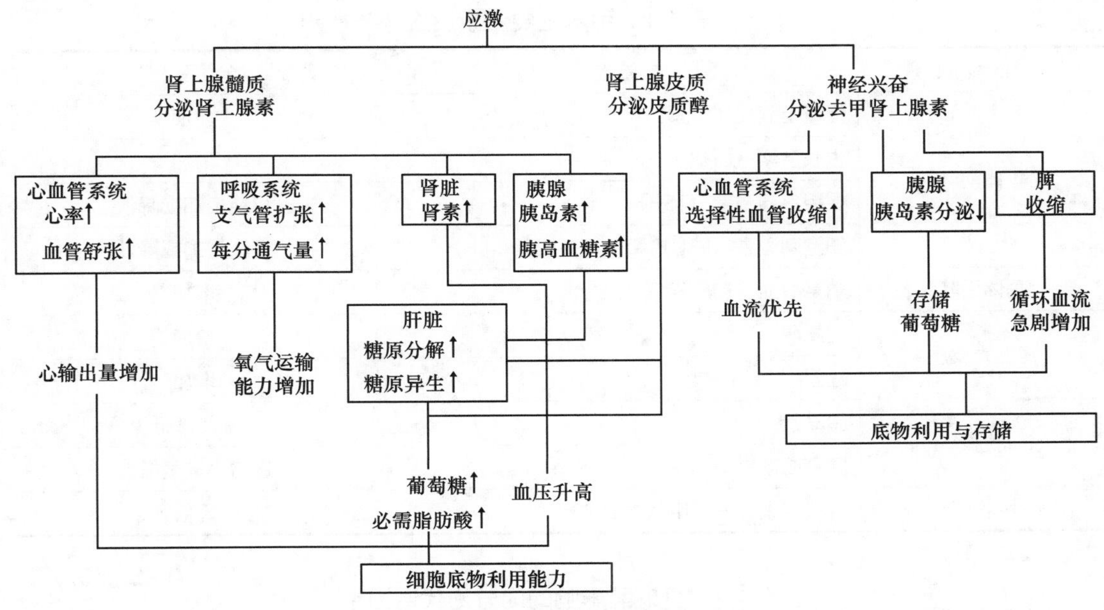

图 4-1　应激影响示意图

度随着手术而增加，并且变化的幅度和持续时间取决于手术的严重程度（表4-1）。马的表现不同，单独的吸入麻醉可显著增加血浆皮质醇浓度。小手术中，麻醉造成的应激反应对马几乎没有影响，但腹部大手术会导致血浆皮质醇浓度显著升高（表4-2）。一些研究表明，马的全静脉麻醉（TIVA）不会导致血浆皮质醇或儿茶酚胺的增加，从而推测TIVA可能有利于减轻应激反应并可能改善手术效果。麻醉药物或手术给马匹带来的应激程度很难确定，因为没有单一的指数或变量或是变量的组合能够明确或一致地定义为应激。评估应激的传统方法包括测量生理和血液生化反应指标，如心率和血浆皮质醇浓度。其他方法包括评估应激对这些功能的长期影响，如免疫、新陈代谢和生殖。

马是麻醉最具挑战性的物种之一，可能在麻醉和手术之前、期间和之后会发生重大并发症（参阅第22章）。马对麻醉药物、机械换气和手术的应激反应仍需要继续研究。

框表4-1　慢性应激反应中异常免疫反应的神经激素原因 *

- 中枢和外周（免疫）促肾上腺皮质激素释放激素（CRH）
- 中枢和外周儿茶酚胺
- 糖皮质激素
- 中枢和外周 P 物质
- 其他神经肽、神经调节物质

* 可能涉及超分泌或低渗。

框表4-2　急性反应特点

- 发热
- 粒细胞增多
- 肝中急性蛋白产生
  - C 反应蛋白
  - 纤维蛋白原
  - γ_2- 巨球蛋白
- 血清转运蛋白浓度的改变
  - 血浆铜蓝蛋白增加
  - 转铁蛋白、白蛋白、γ_2- 巨球蛋白降低
- 二价阳离子血清浓度的改变
  - 铜含量增加
  - 锌和铁降低

表4-1　手术主要激素反应

内分泌腺	激素	分泌变化
垂体前叶	促肾上腺皮质激素（ACTH）	增加
	生长激素（GH）	增加
	促甲状腺激素（TSH）	可能增加或降低
	卵泡刺激素（FSH）和黄体生成素（LH）	可能增加或降低
垂体后叶	精氨酸血管加压素（AVP）	增加
肾上腺皮质	皮质醇	增加
	醛固酮	增加
胰腺	胰岛素	经常降低
	胰高血糖素	通常小幅度增加
甲状腺	甲状腺素、三碘甲状腺氨酸	降低

表4-2　受麻醉影响的内分泌代谢因素

反应类型	抑制或促进	无重要影响	无数据
垂体	促肾上腺皮质激素（ACTH）	T_3 和 T_4	睾酮
	β-脑内啡	凝血和纤维蛋白溶解	雌二醇
	生长激素（GH）	急性蛋白	
	精氨酸血管加压素（AVP）	水和钠平衡	
	促甲状腺激素（TSH）		
	卵泡刺激素（FSH）和黄体生成素（LH）		
	催乳素		
肾上腺/肾/神经系统	皮质醇		
	醛固酮		
	肾素		
	去甲肾上腺素		
新陈代谢	高血糖和葡萄糖耐受		
	脂解作用		
	肌肉氨基酸		
	氮平衡		
	氧气消耗		
	尿钾排泄		

一、应激反应的标志

1. 皮质类固醇

血液皮质类固醇浓度的增加作为应激指标，但也存在肾上腺对应激状态无应答的情况。大多数情况下，应激会导致血浆糖皮质激素增加。糖皮质激素通过增加肝脏糖异生，抑制细胞摄取葡萄糖和增强脂质-蛋白质分解代谢来产生高血糖。这些糖皮质激素的作用可能导致酮血症、高脂血症、高氨基酸血症和代谢性酸中毒。糖皮质激素还刺激组织细胞产生脂皮质素（一种与免疫系统相互作用的肽激素，可以减少前列腺素、血栓素和白三烯的产生）并减少炎症细胞向组织迁移。T淋巴细胞、单核细胞和嗜酸性粒细胞沿着血管壁溶解或边缘化，而通常边缘化的中性粒细胞进入血液白细胞的循环池。这导致成熟中性粒细胞增多症、淋巴细胞减少症、嗜酸性粒细胞减少症和单核细胞增多症的经典应激白细胞象。循环糖皮质激素增加的长期影响可能包括伤口愈合延迟、肌肉萎缩、免疫缺陷，并且增加感染的风险。在胃肠道内，脂皮质蛋白也抑制前列腺素的生成，它可能会促进胃肠道溃疡的生成。

麻醉马血浆中糖皮质激素皮质醇的浓度差异很大，导致无法检测到明显的变化。然而，在麻醉和手术对马的应激反应的研究中，血浆皮质醇浓度经常需要测定（图4-2）。此外，还需要测定血糖和乳酸浓度（图4-3）。

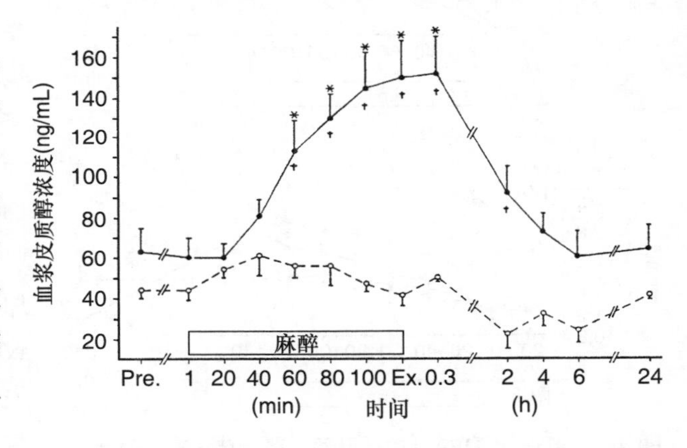

图4-2 在6匹小马使用硫喷妥钠-氟烷麻醉（·）和模拟麻醉（◦）2h内血浆皮质醇浓度（ng/mL）

*，与初始值不同，†，与模拟麻醉不同（$P < 0.05$）。

2. 儿茶酚胺

肾上腺素能反应是机体应激反应不可或缺的组成部分。基础肾上腺素能状态影响麻醉后肾上腺素能的反应，因为去甲肾上腺素升高的动物麻醉后表现为肾上腺素无变化或降低，而那些交感神经张力较低的动物在麻醉后肾上腺素升高。麻醉的副作用（高碳酸血症、低血压）和手术的副作用（疼痛、失血）可能会是血浆儿茶酚胺含量升高的原因。马体内儿茶酚胺浓度的个体差异较大，因此不容易检测到儿茶酚胺的显著升高或降低。

3. 胰岛素及葡萄糖

麻醉药对血浆胰岛素浓度有不同程度的影响。赛拉嗪会引起高血糖，是由于它通过刺激胰腺β细胞中的α_2-肾上腺素受体来抑制胰岛素的释放。多种麻醉前用药和诱导药物的组合应用会使血浆胰岛素浓度增加、降低或没有影响。食物摄入也会影响胰岛素的水平，禁食往往会抑制胰岛素的释放，然而再次饲喂会增强胰岛素的释放。

外科手术通常会导致高血糖反应，这个反应与创伤受损程度成比例，而不是麻醉药使用造

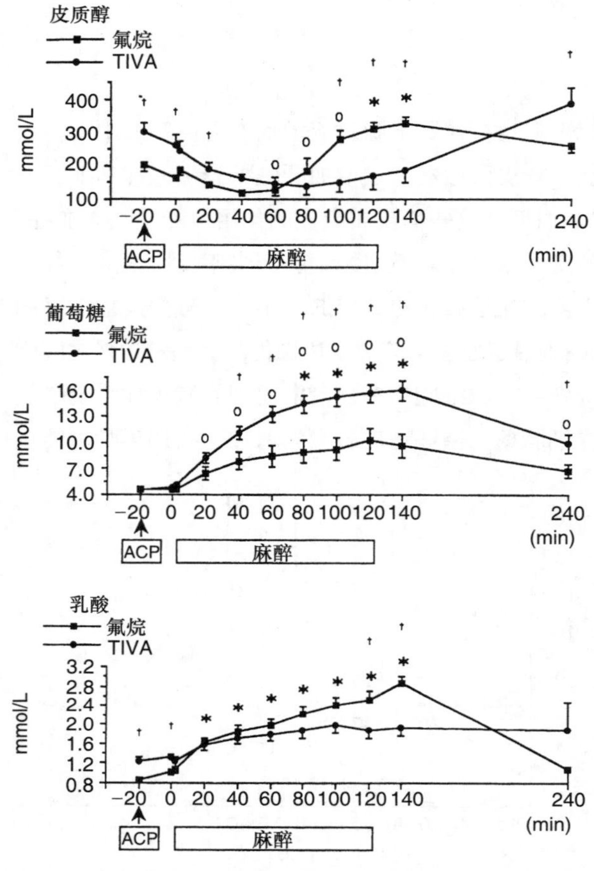

图 4-3　氟烷和 TIVA（地托咪定 - 氯胺酮 - 愈创木酚；平均值 ±SEM）麻醉期间的血浆葡萄糖、乳酸和皮质醇浓度

*，与麻醉前比，差异显著（氟烷麻醉）；°，与麻醉前比，差异显著（TIVA）；†，组间差异显著。

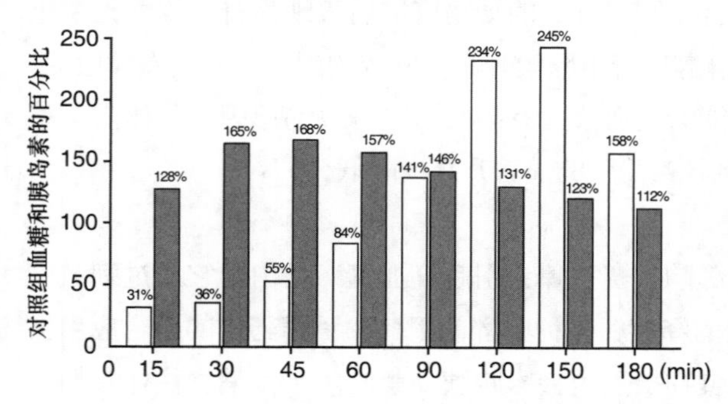

图 4-4　与静脉注射盐酸赛拉嗪的纯种马相比，对照组血糖（白色条形图）和血清胰岛素（阴影条形图）的百分比（%）

成的。马匹的高血糖反应随麻醉方案的不同而不同，可能在小马驹中更为显著。正如之前提到的，α_2-受体激动剂（如赛拉嗪）与升高血糖有关，而其他药物或药物组合可能会降低血糖（图4-4）。

4. 非酯化脂肪酸

非酯化脂肪酸（NEFAs）受与应激和兴奋相关激素改变的影响，在马匹中，脂解作用由β-肾上腺素受体介导。与痛苦或恐惧有关的交感神经活动增强，可能会导致非酯化脂肪酸升高。镇静或麻醉引起的交感神经活性下降。抑制胰岛素释放可能也会影响血浆非酯化脂肪酸。抑制胰岛素释放倾向于导致非酯化脂肪酸的增加，因为胰岛素是抗脂肪分解的。低氧血症通过抑制代谢来提高血浆非酯化脂肪酸水平。可能是为了防止马体内NEFAs的大量增加，因为在人类，NEFAs的增加可能会导致心脏病的发生（心脏收缩性降低，心律失常的发生率增加）。马术前禁食和恐惧应激都会导致NEFAs的增加，但一旦马被镇静后NEFAs就会下降，并且可能在术后即刻减少或恢复至正常水平。NEFAs增加是否会导致麻醉的马出现心脏异常尚不清楚。

5. 血液学和临床化学

麻醉后马会发生某些临床病理变化，但这些变化相对较小且可预测。在氟烷麻醉的1h和5～6h后，红细胞压积（PCV）和白细胞（WBC）总数显著增加，但在麻醉后1d恢复正常（表4-3）。与氟烷类似的异氟醚在麻醉持续时间内不会使PCV发生明显变化，但麻醉后1d WBC计数显著增加（表4-4）。血细胞这些微小的变化可能受循环儿茶酚胺或皮质醇增加的影响，这一观点得到了相应的证实，即成熟中性粒细胞和带状中性粒细胞增多，淋巴细胞和嗜酸性粒细胞减少（经典的“应激白细胞象”）。

表4-3 用氟烷麻醉的马的PCV、TP和WBC计数总结（n=6）*

	正常范围（小～大）	基值	1h	1d	2d	3～4d	7d
PCV（%）	32～53	33±6	40±4†	35±5	35±6	33±7	33±5
TP（g/dL）	5.8～8.7	7.7±0.6	8.0±0.8	8.1±0.7†	8.0±0.7	7.9±0.6	7.8±0.7
WBC（个/μL）	5 400～14 300	10 383±2 798	14 700±4 653*	14 617±2 784	14 440±2 772	11 283±4 293	9 817±3 741

注：PCV，血细胞比容；TP，血浆总蛋白；WBC，白细胞。*，所有数据均以平均值 ± 方差（SD）的形式表示。†，表示与基值差异显著。

表4-4 用异氟醚麻醉的马的PCV、TP和WBC计数总结（n=6）*

	正常范围（小～大）	基值	1h	1d	2d	3～4d	7d
PCV（%）	32～53	34±4	36±3	34±4	33±4	33±7	32±6
TP（g/dL）	5.8～8.7	7.7±0.3	7.3±0.5	7.4±0.4	7.4±0.4	7.8±0.5	7.8±0.5
WBC（个/μL）	5 400～14 300	9 808±23 474	10 033±5 857	13 033±3 626†	11 483±3 142	9 733±3 646	11 183±4 709

注：PCV，血细胞比容；TP，血浆总蛋白；WBC，白细胞。*，所有数据均以平均值 ± 方差（SD）的形式表示。†，表示与基值差异显著。

用乙酰丙嗪、硫喷妥钠和氟烷诱导麻醉后，小马的PCV下降，表明红细胞摄入脾脏时交感神经活性低。成年马在氟烷麻醉5.5h后血小板的数量和凝集力下降。血小板凝集能力在麻醉后的4d内仍然处于抑制状态，但在第7天出现高凝集性。

用氟烷、异氟醚或七氟醚麻醉时，马的肾功能出现轻微和短暂的损害。氟烷或异氟醚麻醉后1h，尿素氮、肌酐、无机磷酸盐均升高，次日恢复正常或低于正常。据推测，治疗麻醉引起的低血压，麻醉中适当的补液有助于预防这些生理变化。

麻醉后1h至4d，血清中某些酶的浓度可随时升高。平卧时麻醉引起的低血压或肌肉组织受压导致骨骼肌灌注不良，可能是马吸入麻醉后肌酸磷酸激酶和天冬氨酸氨基转移酶水平升高的原因（表4-5）。麻醉期间低氧血症可使肌酶增加。然而，用乙酰丙嗪、硫喷妥钠和氟烷麻醉的小马，肌酶无明显变化。麻醉2～5h对小马或马的肝功能影响不大，氟烷或异氟醚麻醉后胆红素排泄增强，肝源性血清酶略有升高。异氟醚对肝脏血流、胆汁酸运输和胆汁形成的影响似乎小于氟烷。

表4-5 氟烷麻醉对马肌酶的影响

	基值	1h	1d	2d	3～4d	7d
AST（U/L）						
HAL	329±107	337±92	503±30*	501±34*	631±296*	438±94
ISO	246±71	238±29	447±93*	439±116*	411±117*	370±130
SEVO	212±26	209±26	803±261*	830±249*	701±213*	ND
CPK（U/L）						
HAL	37±27	286±179*	320±159*	241±228	181±209	102±113
ISO	31±16	152±88*	394±243*	220±173*	153±218	83±52*
SEVO	227±42	941±324*	4 435±1 595*	2 392±880*	716±183*	ND
LDH（U/L）						
HAL	321±131	393±139*	744±249*	651±238*	495±179	414±158
ISO	287±118	299±94	684±462	528±312	436±124	393±279

注：AST，天冬氨酸氨基转移酶；CPK，肌酸磷酸激酶；HAL，氟烷，n=6；ISO，异氟醚，n=6；LDH，乳酸脱氢酶；ND，无数据；SEVO，七氟醚，n=5。所有数据以平均值 ± 方差的形式表示。*，表示与基值差异显著。

麻醉时间较短（1～1.5h）的马的血液和血液生化变化与麻醉时间较长（5～6h）的马相似，但在较短的麻醉期（参阅第15章）后的变化幅度和持续时间较小。每天麻醉约1h，连续麻醉3d，表现出应激白细胞象，显示出现应激（如前所述，中性粒细胞增多，淋巴细胞减少），这种情况将持续3～4d，因此可以得出结论：多次麻醉比单次短期麻醉产生的应激更严重。但是没有研究表明，健康马反复或长期麻醉对器官功能或者应激反应有临床重要的长期影响。

二、非手术麻醉效果

1. 非手术全静脉麻醉（TIVA）

用硫喷妥钠短暂麻醉并用戊巴比妥钠麻醉维持2h的小马，其应激指标没有显著增加（除了皮质醇和促肾上腺皮质激素增加，这与恢复过程中的挣扎有关），因此研究人员得出“麻醉可以在马身上实现无应激”的结论。但是在马临床麻醉，显著的呼吸抑制和不佳的恢复状态限制了单独应用短效巴比妥类药物的使用。用地托咪定、氯胺酮和愈创木酚甘油醚复合麻醉2h后，小型马体内的儿茶酚胺无变化，血浆皮质醇浓度降低。这种组合药物的恢复期虽长但无不适反应，表明它可能在临床上有用。用相同的药物可以组成类似的麻醉方案，但愈创木酚甘油醚的输注速率要低，它对儿茶酚胺没有影响，但会降低皮质醇的浓度，并能改善恢复的效果。这也鼓励研究人员进一步改进TIVA，以替代吸入麻醉（参阅第12～13章）。

为了进一步证明TIVA比吸入麻醉应激小的观点，有关研究报道，当马被TIVA麻醉（0.31%）时，与静脉注射药物并维持氟烷或异氟醚0.99%的马相比，围手术期死亡率较低。然而，大多数TIVA发生持续时间少于90min，这可能部分解释了死亡率较低的原因，因为马的死亡风险随着麻醉时间和手术时间的延长而增加。

2. 无手术吸入麻醉

许多研究报道了氟烷麻醉的激素和代谢反应。尽管应激反应的发生因术前用药和麻醉药物的类型而异，但所有患者的血浆皮质醇均有2～3倍的升高；在氟烷或异氟醚麻醉前给予乙酰丙嗪和硫喷妥钠，在40min时检测血浆皮质醇显著增加，而给予赛拉嗪和氯胺酮，皮质醇直到80min才增加，皮质醇水平约在2h时最高。用乙酰丙嗪-硫喷妥钠或赛拉嗪-氯胺酮诱导麻醉后，用异氟醚代替氟烷显然不能减轻应激反应。迄今为止，马对七氟醚或地氟醚的应激反应仍需进一步研究。

吸入麻醉导致应激反应的确切原因尚不清楚。一般认为不是麻醉剂本身的直接影响，麻醉深度的变化也不会影响应激程度。人们已经研究了各种可能的原因（框表4-3）。与TIVA相比，吸入麻醉期间低血压更常见，所以有人推测动脉血压低会引起应激反应。因此，人们已经研究了各种防治低血压的方法，包括多巴胺、多巴酚丁胺、一种改良的明胶血浆扩张剂和α_1-激动剂甲氧胺。多巴胺的低输注速率不能阻止与氟烷麻醉相关的血浆皮质醇的增加，而高输注速率则可以。低血压似乎不是应激反应的主要刺激因素，因为两组的血压是相似的。当给予氟烷麻醉的小型马多巴酚丁胺，以维持血压使其清醒时，血浆皮质醇仍然是增加的，这表明血压不是麻醉期间应激反应的唯一刺激因素。对氟烷麻醉的小马给予改良的明胶血浆扩张剂（48mL/kg），使其平均动脉血压接近麻醉前，发现与皮质醇或ACTH的显著变化无关，但该剂量的血浆扩张剂与并发症（出血时间延长）有关。在同一项研究中，较低剂量的血浆扩张剂（10mL/kg）联合输注多巴酚丁胺，皮质醇或ACTH均没有增加。在氟烷麻醉期间，给小马注射甲氧胺以维持正常的动脉血压，这可以减弱但不能阻止皮质醇浓度的增加，也表明低血压是应激的一个重要刺激因素。由于对组织灌注有影响，低血压可能在氟烷麻醉期间导致应激。

框表4-3　外科手术的系统反应

- 激活交感神经系统
- 内分泌系统“应激反应”
  - 分泌垂体激素
  - 胰岛素抵抗
- 免疫和血液学变化
  - 产生细胞因子
  - 急性期反应
  - 中性粒细胞性白细胞增多
- 淋巴细胞增殖

有人研究了低氧血症和高碳酸血症对氟烷麻醉产生的应激反应可能产生的影响。在氟烷麻醉的2h里，动脉氧分压达到40mmHg后，血糖和乳酸在20min内持续增加，但与血氧正常的马相比，皮质醇没有进一步增加。在氟烷麻醉的小马里，持续40min的高碳酸血症（动脉血二氧化碳分压约75mmHg）与低血压和乳酸性酸血症的轻微改善有关，但它们的皮质醇浓度与正常小马相似。因此，低氧血症和高碳酸血症似乎都不是吸入麻醉期间应激反应的刺激因素。

在给予氟烷麻醉2h内，输注葡萄糖一般可防止血浆皮质醇、ACTH和儿茶酚胺的增加。尽管心肺抑制与先前研究类似，但研究氟烷麻醉导致的应激反应时，应激反应的减少使人们推测新陈代谢和能量的可利用性是马应激反应的重要辅助因子。

三、手术麻醉效果

非手术期的麻醉不会引起人的应激反应，但手术确实会使皮质醇浓度增加。皮质醇增加的程度和持续时间取决于手术创伤的大小。在关节镜手术中，氟烷麻醉的马仅轻微和相对短暂地（6h）增加血浆中β-内啡肽和皮质醇。与不进行手术的麻醉相比，将颈动脉重新定位到皮下位置的手术只导致了血浆皮质醇、乳酸浓度略微增加和葡萄糖值略低（图4-5）。而小马的腹部手术使血浆皮质醇增加了10倍。一份关于氟烷麻醉的两组临床病例［因腹部（绞痛）手术而麻醉的马与因软组织或整形手术而麻醉的马比较］中血浆皮质醇水平的检测结果表明，手术步骤和外科手术干预程度严重影响应激反应。该研究中，麻醉技术的唯一区别是非腹部手术患者术前使用了乙酰丙嗪。腹部手术组术前血浆皮质醇明显高于非腹部手术组，诱导或麻醉后降低，术中轻度增加，约60h后恢复正常。腹部手术组的血浆皮质醇在开始时处于较低水平，在手术期间开始增加，尽管其中一些马具有疼痛状况，但在48h内降至正常。因此，腹部手术引起的应激反应的程度，仅略高于腹部疾病和麻醉导致的应激反应，这表明与绞痛相关的应激反应可能已经是最大的。

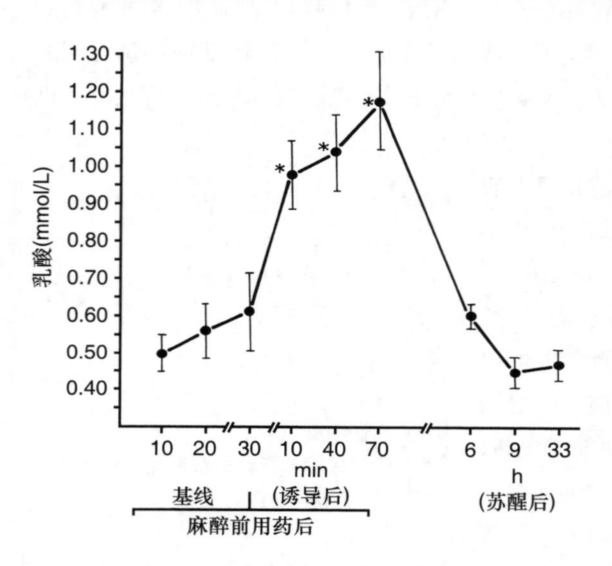

图4-5　氟烷麻醉马手术后血乳酸（mmol/L）的变化（平均±SEM）

*，与其他数值不同（$P<0.05$）。

四、低温对麻醉应激反应的影响

与其他动物一样，马在麻醉和手术过程中容易发生体温过低。没有外部加热装置，麻醉的成年马的平均核心体温以0.37℃/h的速度降低。低温对马麻醉应激反应可能的影响尚未研究，但已在人麻醉中有过研究。一些研究报道了低温可使人类患者血浆去甲肾上腺素水平升高，这可能是身体尝试收缩血管并使热量损失进一步减少。在低温期间，血浆肾上腺素可能没有变化或增加，但皮质醇浓度在体温正常的人和低温人类患者中通常没有差异。低温是否会显著改变马麻醉的应激反应仍未确定。

五、结论和临床相关性

麻醉和手术造成的马应激反应的原因是综合性的。疼痛、组织灌注和能量利用率可能是应激的重要决定性因素。需要进一步研究来确定马最佳可耐受的应激反应，并制定麻醉方案，以通过一种理想的方式调节应激反应。调节应激反应将对麻醉的发病率和潜在的死亡率产生重要影响（参阅第22章）。目前，TIVA似乎有望成为一项减轻并改善麻醉马应激反应的技术。

参考文献

Breazile JE, 1987. Physiologic basis and consequences of distress in animals, J Am Vet Med Assoc 191: 1212-1215.

Brodbelt DC, Harris J, Taylor PM, 1998. Pituitary-adrenocortical effects of methoxamine infusion on halothane anaesthetized ponies, Res Vet Sci 65: 119-123.

Chi OZ et al, 2001. Intraoperative mild hypothermia does not increase the plasma concentration of stress hormones during neurosurgery, Can J Anaesth 48: 815-818.

Clarke RSJ, 1973. Anaesthesia and carbohydrate metabolism, Br J Anaesth 45: 237-241.

Engelking L et al, 1984. Effects of isoflurane anesthesia on equine liver function, Am J Vet Res 45: 616-619.

Engelking LR et al, 1984. Effects of halothane anesthesia on equine liver function, Am J Vet Res 44: 607-615.

Frank SM et al, 1995. The catecholamine, cortisol, and hemodynamic responses to mild perioperative hypothermia—a randomized clinical trial, Anesthesiology 82: 83-93.

Frank SM et al, 1997. Adrenergic, respiratory, and cardiovascular effects of core cooling in humans, Am J Physiol Regul Integr Comp Physiol 272: R557-R565.

Frank SM et al, 2002. Threshold for adrenomedullary activation and increased cardiac work during mild core hypothermia, Clin Sci 102: 119-125.

Johnston GM et al, 2002. The confidential enquiry into perioperative equine fatalities (CEPEF): mortality results of phases 1 and 2, Vet Anaesth Analg 29: 159-170.

Lacoumenta S et al, 1986. Effects of two differing halothane concentrations on the metabolic and endocrine response to surgery, Br J Anaesth 58: 844-850.

Lees P, Mullen PA, Tavernor WD, 1973. Influence of anaesthesia with volatile agents on the equine liver, Br J Anaesth 45: 570-577.

Luna SP, Taylor PM, Wheeler MJ, 1996. Cardiorespiratory, endocrine, and metabolic changes in ponies undergoing intravenous or inhalation anaesthesia, J Vet Pharmacol Ther 19: 251-258.

Luna SPL, Taylor PM, 1995. Pituitary-adrenal activity and opioid release in ponies during thiopentone/halothane anaesthesia, Res Vet Sci 58: 35-41.

Luna SPL, Taylor PM, 2001. Cardiorespiratory and endocrine effects of endogenous opioid antagonism by naloxone in ponies anaesthetized with halothane, Res Vet Sci 70: 95-100.

Luna SPL, Taylor PM, Brearley JC, 1999. Effects of glucose infusion on the endocrine, metabolic, and cardiorespiratory responses to halothane anaesthesia of ponies, Vet Rec 145: 100-103.

Luna SPL, Taylor PM, Massone F, 1997. Midazolam and ketamine induction before halothane anaesthesia in ponies: cardiorespiratory, endocrine, and metabolic changes, J Vet Pharmacol Ther 20: 153-159.

Moberg GP, 1985. Biological response to stress: key to assessment of animal well-being? In Moberg GP, editor: Animal stress, Bethesda, American Physiological Society, pp 27-49.

Moberg GP, 1987. Problems in defining stress and distress in animals, J Am Vet Med Assoc 191: 3107-3130.

Motamed S et al, 1998. Metabolic changes during recovery in normothermic versus hypothermic patients undergoing surgery and receiving general anesthesia and epidural local agents, Anesthesiology 88: 1211-1218.

Muir WW, 1981. The equine stress response to anaesthesia, Equine Vet J 3: 302-303.

Reves JC, Knopes KD, 1989. Adrenergic component of the stress response, Anesth Report 1: 175-191.

Robertson SA, 1987. Metabolic and hormonal responses to neuroleptanalgesia (etorphine and acepromazine) in the horse, Equine Vet J 19: 214-217.

Robertson SA, 1987. Some metabolic and hormonal changes associated with general anaesthesia and surgery in the horse, Equine Vet J 19: 288-294.

Robertson SA, Malark JA, Steele CJ, 1996. Metabolic, hormonal, and hemodynamic changes during dopamine infusions in halothane anesthetized horses, Vet Anesth 25: 88-97.

Robertson SA, Steele CJ, Chen C, 1990. Metabolic and hormonal changes associated with arthroscopic surgery in the horse, Equine Vet J 22: 313-316.

Snow DH, 1979. Metabolic and physiological effects of adrenoceptor agonists and antagonists in the horse, Res Vet Sci 27: 372-378.

Steffey EP, Zinkl J, Howland D, 1979. Minimal changes in blood cell counts and biochemical values associated with prolonged isoflurane anesthesia of horses, Am J Vet Res 40: 1646-1648.

Steffey EP et al, 1980. Alterations in horse blood cell count and biochemical values after halothane anesthesia, Am J Vet Res 41: 934-939.

Steffey EP et al, 2005. Effects of sevoflurane dose and mode of ventilation on cardiopulmonary

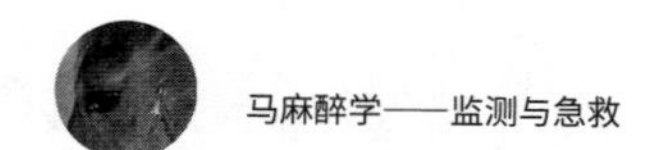

function and blood biochemical variables in horses, Am J Vet Res 66: 606-614.

Stegmann GF, Jones RS, 1998. Perioperative plasma cortisol concentration in the horse, J S Afr Vet Assoc 69: 137-142.

Stover SM et al, 1988. Hematologic and serum biochemical alterations associated with multiple halothane anesthesia exposures and minor surgical trauma in horses, Am J Vet Res 49: 236-241.

Taylor PM, 1985. Changes in plasma cortisol concentration in response to anesthesia in the horse. In Proceedings of the Second International Congress of Veterinary Anesthesiologists, Sacramento, p 165.

Taylor PM, 1985. Changes in plasma cortisol concentrations in response to anaesthesia in the horse. In Proceedings of the Second International congress of Veterinary Anesthesiologists, Sacramento, pp 165-166.

Taylor PM, 1989. Equine stress response to anaesthesia, Br J Anaesth 63: 702-709.

Taylor PM, 1990. The stress response to anaesthesia in ponies: barbiturate anaesthesia, Equine Vet J 3: 307-331.

Taylor PM, 1991. Stress response in ponies during halothane or isoflurane anaesthesia after induction with thiopentone or xylazine/ketamine, J Vet Anaesth 18: 8-14.

Taylor PM, 1991. Stress responses in ponies during halothane or isoflurane anaesthesia after induction with thiopentone or xylazine/ketamine, J Vet Anaesth 18: 8-14.

Taylor PM, 1998. Adrenocortical and metabolic responses to dobutamine infusion during halothane anaesthesia in ponies, J Vet Pharmacol Ther 21: 282-287.

Taylor PM, 1998. Effects of hypercapnia on endocrine and metabolic responses to anaesthesia in ponies, Res Vet Sci 65: 41-46.

Taylor PM, 1998. Effects of hypoxia on endocrine and metabolic responses to anaesthesia in ponies, Res Vet Sci 66: 39-44.

Taylor PM, 1998. Effects of surgery on endocrine and metabolic responses to anaesthesia in horses and ponies, Res Vet Sci 64: 133-140.

Taylor PM, 1998. Endocrine and metabolic responses to plasma volume expansion during halothane anaesthesia in ponies, J Vet Pharmacol Ther 21: 485-490.

Taylor PM, Luna SPL, 1995. Total intravenous anaesthesia in ponies using detomidine, ketamine, and guaiphenesin: pharmacokinetics, cardiopulmonary and endocrine effects, Res Vet Sci 59: 17-23.

Taylor PM, Watkins SB, 1992. Stress responses during total intravenous anaesthesia in ponies with detomidine-guaiphenesinketamine, J Vet Anaesth 19: 13-17.

Thurmon JC et al, 1982. Xylazine hydrochloride-induced hyperglycemia and hypoinsulinemia in thoroughbred horses, J Vet Pharmacol Ther 5: 241-245.

Tomasic M, 1999. Temporal changes in core body temperature in anesthetized adult horses, Am J Vet Res 60: 556-562.

Traynor C, Hall GM, 1981. Endocrine and metabolic changes during surgery: anaesthetic implications, Br J Anaesth 53: 153-160.

Wagner AE, Bednarski RM, Muir WW, 1990. Hemodynamic effects of carbon dioxide during intermittent positive-pressure ventilation in horses, Am J Vet Res 51: 1922-1929.

Whitehair KJ et al, 1996. Effects of inhalation anesthetic agents on response of horses to three hours of hypoxemia, Am J Vet Res 57: 351-360.

第 5 章
物理保定

要点

1. 物理保定和保定装置可限制运动、改变行为，便于诊疗和手术治疗。

2. 物理保定的应用不应超过必要的限度。

3. 在适当的情况下，镇静和麻醉应被认为是物理保定的首选替代方法。

4. 在尝试物理保定之前，应该制定替代计划来消除驯马师和马之间的潜在冲突。

5. 熟悉马的行为和马术可以增加主人和服务人员的信心，提高与马的互动，并有助于避免意外和伤害。

物理保定措施是日常处理马匹所必需。措施的选择是根据马的性情、年龄、大小和身体状况而定，也与操作程序、可用的设备、服务人员的资历以及可用设施的类型有关。像体格检查和肌内注射药物这样的小操作也都需要某种形式的保定。对马匹进行短暂的、相对无痛的治疗是不切实际的，因为它们可能会影响手术操作。此外，在许多情况下，某些禁忌证是不能使用镇静剂的，例如在跛行检查中用于诊断神经阻滞的区域麻醉。

马能给自己和服务人员造成严重的伤害。在任何时候都应该充分地保定它们，因为超出服务人员控制范围的意外事件可能使马受惊并危及马和训练者。主人有时可能是最有能力控制马的人。然而，出于法律规定，寻求主人的帮助是不可取的。掌握下列所述的技术对任何想与马打交道的人来说都是必要的。

马天生好奇、忧虑、易激动。它们害怕陌生的环境和人造设备。如果可能，与马的互动应该发生在马熟悉的环境中。理想情况下，选择的地点应该是安静的，没有可能危及马或服务人员的干扰或障碍。马蹄应稳固，以防止马打滑和受伤（图5-1）。

服务人员应熟悉马术，熟悉马匹，对自己的能力有信心。

最基本的保定形式，从简单地将缰绳一侧固定在笼头上，到麻醉所需的更复杂的程序，都应该掌握（保定方法有绳索、笼头、缰绳、足枷、鼻捻子、柱栏、吊带、吊索）。尽可能使用最

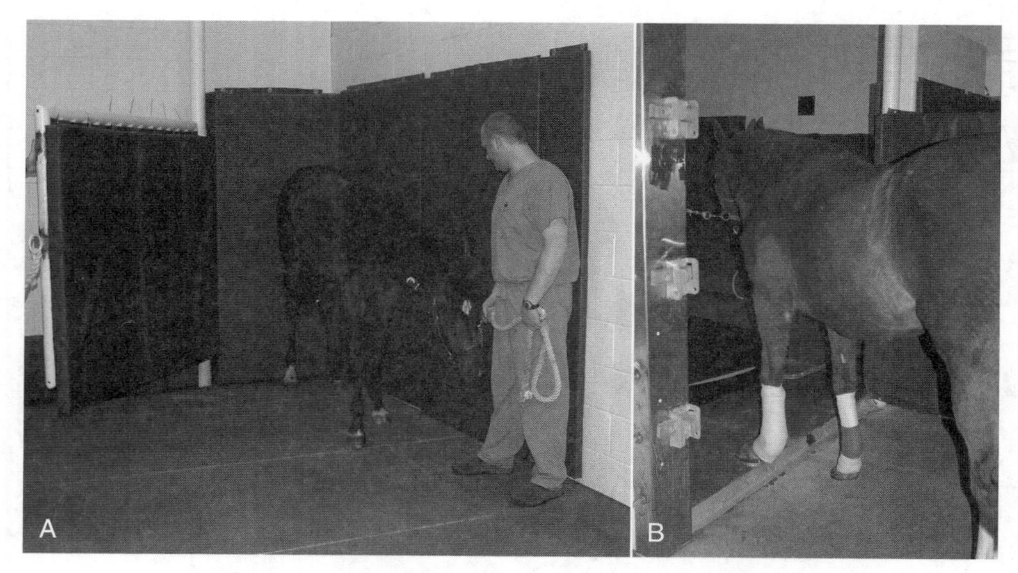

图 5-1　当与正常或服用镇静剂的马匹一起工作时，稳固马蹄是最重要的

A. 表面粗糙的走廊地板和麻醉诱导箱中坚固且可压缩的橡胶垫是理想的选择。B. 注意，在麻醉前，马已洗过澡，需要做手术的肢体已做好手术准备，并且在麻醉前已包扎好，这减少了污染和全麻时间。

少的保定是最好的管理技术，因为许多马讨厌任何形式的保定。不管使用什么技术，驯马师都应该始终保持注意力，并控制马匹。除非有禁忌证，否则在必要时应使用镇静剂，因为镇静剂可减少恐惧（参阅第10章），并使马更容易相处和合作。物理保定的目的是在不危及马匹或服务人员安全的情况下完成的预定程序。

一、笼头和缰绳

笼头和缰绳是控制马的必要设备。笼头应紧贴身体，以防止与环境中的物体在不经意间纠缠在一起，并防止笼头滑落。笼头一般由尼龙或结实的皮革制成，缰绳最好是由柔软的材料制成，不会摩擦服务人员的双手。

通常从左侧接近马匹。操作者应以平静、平和的语气与马交谈，提醒它注意自己的存在，这有助于防止“惊吓”反应。“惊吓”反应可能导致马跳跃或蹬踢。最好是靠近马的肩膀，因为这是马最不可能直接踢或击打到的地方。通常从左侧牵马，并且操作者应保持在马的左侧，除非操作者在马的右侧工作，在这种情况下，驯马师应站在与操作者相同一侧。助理应该用一个短缰绳牵马，并在整个过程中始终注意马匹和操作者。马不应该被捆绑，除非它已经习惯了，并且在任何过程中马都不应该被捆绑。为了进行检查而捆绑马会引起惊吓并增加伤害马的风险。马的主人或驯马师可以经常捆绑马，但兽医不可以。

链式缰绳的使用：在保定马时，有使用链条式缰绳的，该链条可被放置在鼻子上、下颌下面、通过嘴或放在嘴唇和牙齿之间的上门牙上（图5-2）。需要注意一点：有些马不熟悉这些形式的保定，它们的使用可能会使马变得更难以控制。

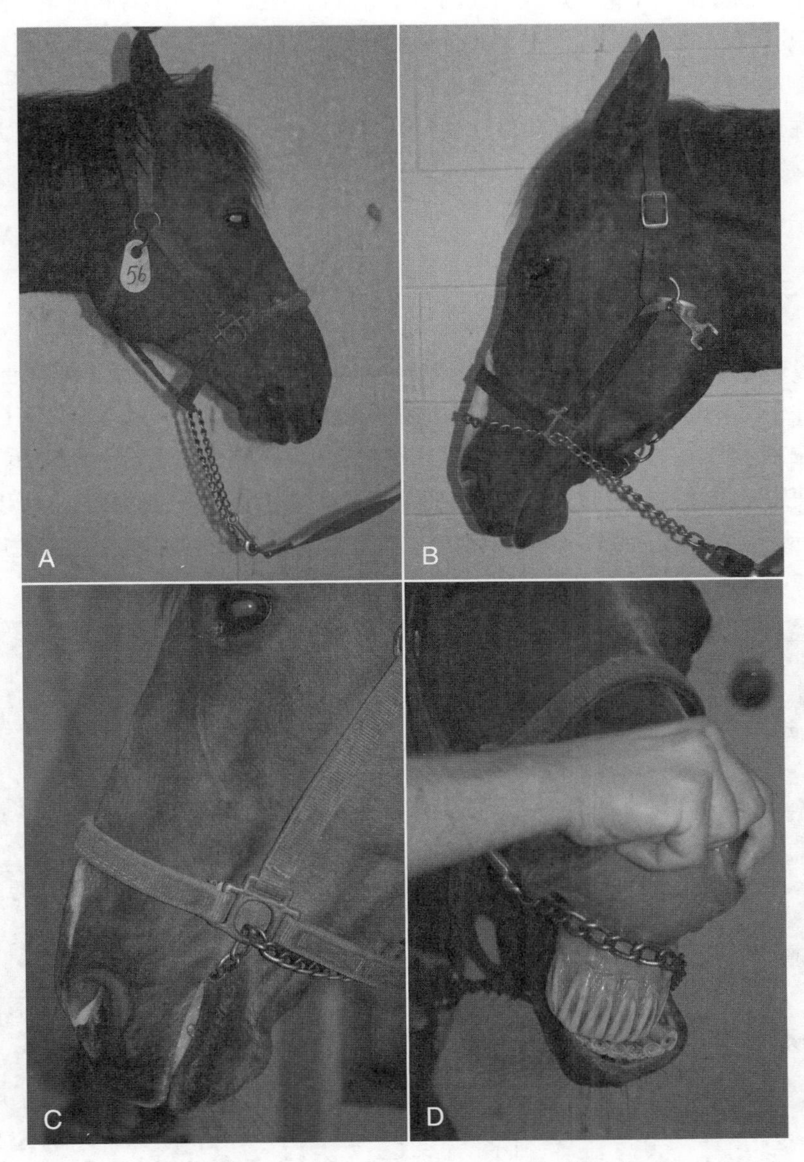

图 5–2　A. 带笼头和缰绳的马　B. 马的鼻子上有链条缰绳，链条在笼头的侧环上　C. 链条穿过嘴的马，缰绳穿过笼头的侧环，穿过嘴，并夹在笼头的对侧环上　D. 上唇链的马，链条穿过吊带的侧环，穿过上部牙龈，穿过笼头的另一侧环上

唇链或鼻链通过突然地拉扯缰绳，造成疼痛，并转移马对操作者的注意力来发挥作用。这种保定方法被用于使其摆脱疼痛。当马行为不端时，缰绳会被突然拉一下，以惩罚它做出我们不希望的行为。链条应该谨慎使用，如果使用不当，可能会伤害马。马不应该被拴在链子上。唇链和鼻链用于诱导那些不情愿进入马栏的马，麻醉诱导后，马被牵着向前走，链条放在鼻子上或唇下。只有当马试图后退时，链条才会突然拉紧。当马停下来时，压力就会释放。应注意不要对链条施加持续的压力，因为这通常会产生相反的效果，使马更有力地抵抗并逃离。鼻链和唇链只有在遇到蓄意或真正不希望发生的行为时才应该收紧。链条上持续的压力会导致持续的疼痛，使马无法区分可接受和不可接受的行为。

二、鼻捻子

大多数鼻捻子都是由一个结实的木柄制成的，木柄的末端有一个链条或绳环连接（图5-3)。所谓的“人性化的鼻捻子”是由一对短的铝制拉杆在中央铰接而成，这些拉杆可以用一根绳子将马的嘴唇拉紧，然后夹在马的笼头上（图5-3)。人性化的鼻捻子并不比传统的鼻捻子更人性化，但许多使用者更喜欢使用它。这种人性化的鼻捻子确实有其本身的优势，可以解放助手的双手。许多拒绝传统鼻捻子的马不容易识别出人性化的鼻捻子，这使得它更容易应用。

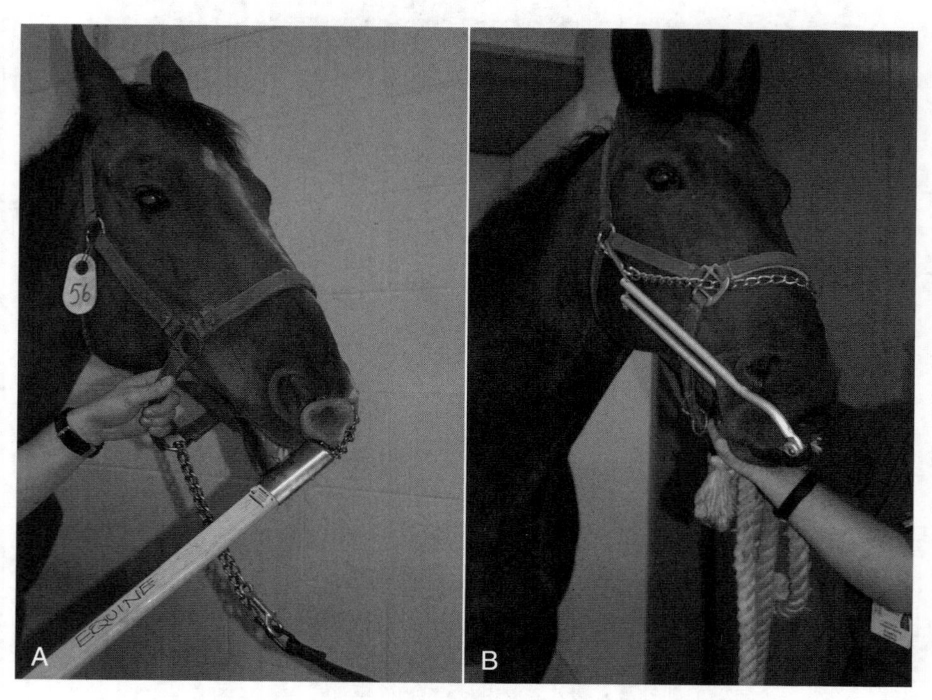

图 5-3　A. 正确应用链条鼻捻子　B. 使用人性化鼻捻子，鼻捻子也可以手持

鼻捻子是先抓住马的上唇，让链条绕着被抓住的唇的部分滑动，然后把链条扭紧来发挥作用。鼻捻子通过多种机制发挥作用。鼻捻子会引起疼痛，这可以分散马对不良刺激的注意力。此外，鼻捻子可能会刺激上唇穴位释放内啡肽。用手指轻轻拍打鼻捻子或摇晃鼻捻子会进一步分散马对手术或操作者的注意力。在需要时才能应用鼻捻子，因为它的效果会随时间而减弱。此外，驯马师不应该过度收紧链条，因为这可能会割伤马。牵马助手应保持警惕，并注意所有其他预防措施。

鼻捻子通常用于上唇，但也可用于下唇或耳朵。如果没有鼻捻子，用一个有力的手抓住嘴唇就足够了，尽管这种做法有点不安全（图5-4）。

当只需要短时间的保定时，可以使用鼻捻子固定耳和抓唇的方法。这些形式的保定通常没有用鼻捻子固定上唇有效，但对于注射、静脉穿刺、缝线拆除或短期操作需要临时保定等足够有效。这两种方法对脾气暴躁的马都有帮助，因为单靠拉链子是不够的。有必要让助手抓住一只耳朵，以使另一个人能够对一匹不安的马使用鼻捻子。

耳部的鼻捻子是通过抓住耳朵并扭转它来完成的（图5-4）。在耳朵被扭转时不应该被拉下来，因为这可能损害耳朵周围的神经。耳部的鼻捻子会引起疼痛，从而分散马的注意力。护头的马不太适合耳部的鼻捻子，因为恐惧比好处更大，这让马更难保定。肩部的鼻捻子是通过抓向肩胛骨松弛的皮肤，通过弯曲手腕将皮肤卷入拳头中来完成的（图5-4）。这项技术对年轻的马更有效。

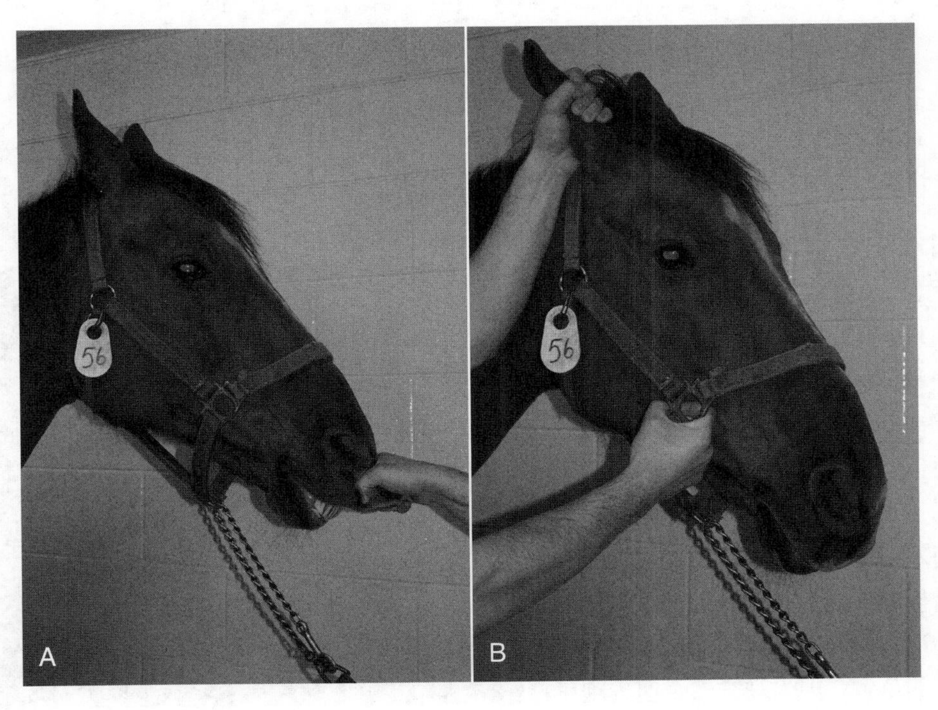

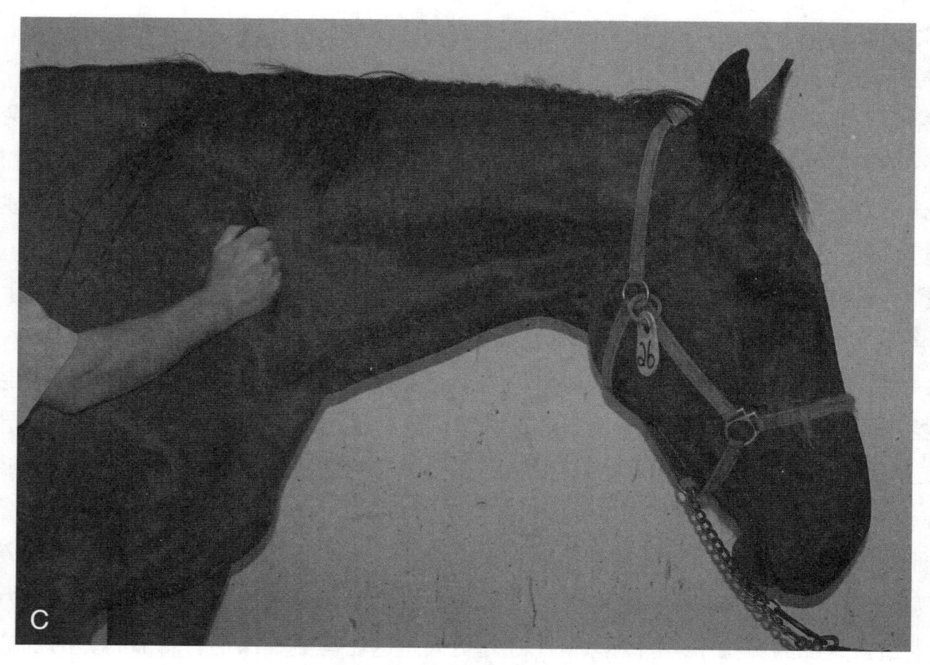

图 5–4　耳部鼻捻子

A. 在上唇用手模拟鼻捻子，嘴唇被紧紧地抓住并挤压　B. 用手扭转耳朵，扭转耳朵的前臂可以将马保持在一个适当的距离　C. 肩部用手模拟鼻捻子（注意缰绳的位置）

三、抬起一只马蹄固定

当保定马匹或者对侧肢体需要负重时，抬起一只马蹄常有帮助作用(图5-5)。这项技术可以与前面所描述的任何一种形式的保定联合使用。抬起马的前蹄或后蹄，迫使马用其他三条腿站立，并且消除了对有害刺激的逃避反应。抬蹄用于局部麻醉、小腿伤口缝合、关节穿刺术以及其他需要肢体固定的手术。抬起对侧肢或需检查的蹄取决于实际手术的情况。抬起马肢体的助手需要注意自己脚的位置，因为马突然企图逃跑可能会导致马蹄强有力地落在助手的脚上。

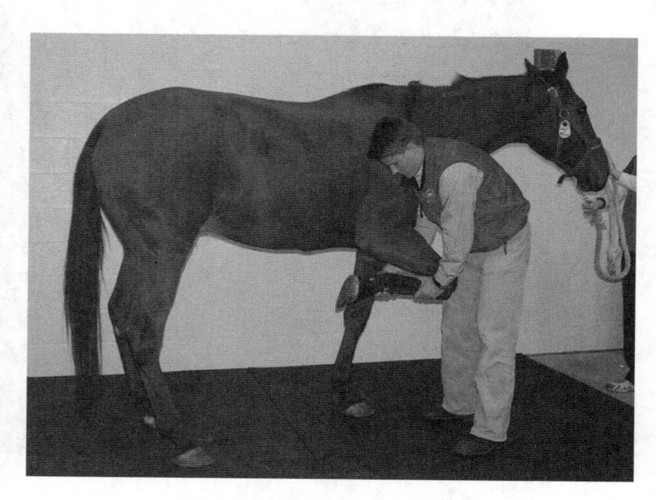

图 5–5　抬起右前蹄来固定马

四、柱栏

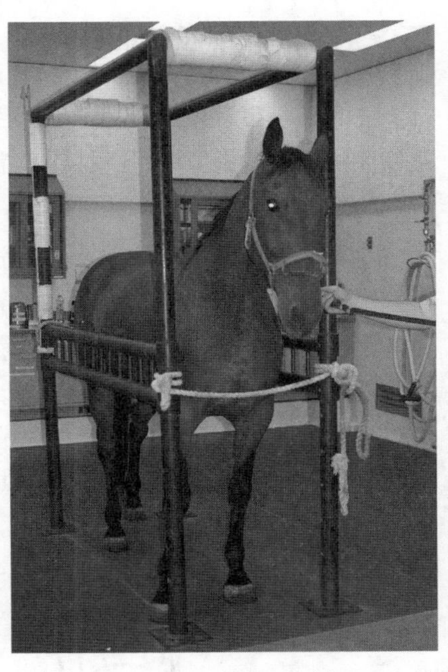
图 5-6　柱栏中的马被助手（未显示）控制住头，前面和后面的绳子被系成滑结

柱栏被用于限制马匹及固定病畜（图5-6）。柱栏限制了马的移动，但不会固定肢蹄。因此，在靠近肢蹄工作时应谨慎。马可以跳出柱栏的前面或侧面，也可以跳起来用两只后蹄踢后门。当作用于不受限制的马时，柱栏保定是存在潜在危险的。在柱栏附近工作的人应该小心，避免将胳膊或腿放于马和柱栏之间的刚性构架或门中。

如果用绳子将马围在柱栏中，它们需要将绳结系牢，如果马摔倒或者受惊，绳结可以迅速解开（滑结）。拉绳子的一个末端是解开滑结的首选（图5-7）。在整个手术中，需要一个细心的助理始终站在马头旁。柱栏的使用减少了助理的数量，但并不是否定他们的必要性。在一些马的耳朵中放入棉花使它们更容易管理。如果在柱栏中进行站立手术，马匹通常需要镇静剂和局部麻醉药配合使用（参阅第10章和第11章）。如果需要硬膜外麻醉，应在马尾上打一个能快速松开的结，绳子系在柱栏的后部，当马的后肢变的虚弱时可以提供支撑。尾巴上的绳子可以防止马摔倒。

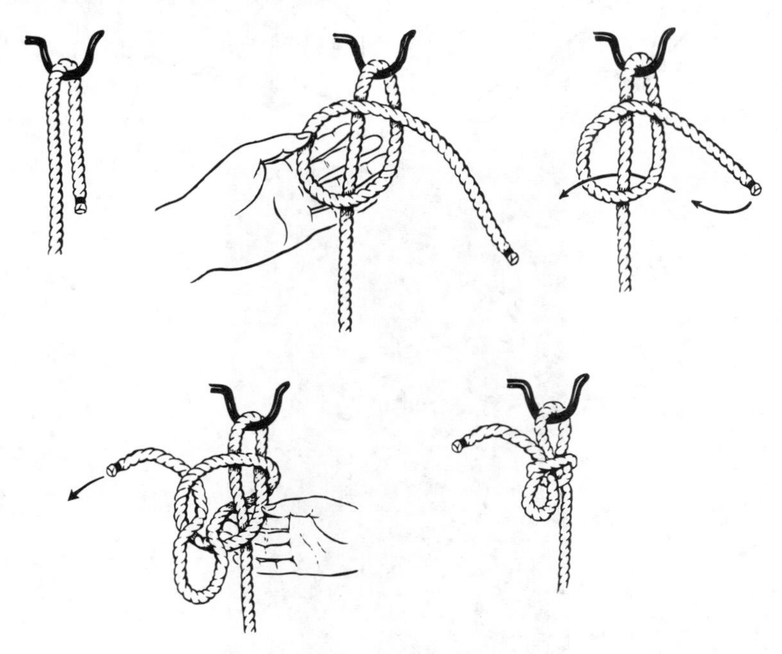
图 5-7　滑　结

当需要快速解开绳子的时候，这种结有很大作用，否则马匹将会受伤。

五、牵引不配合的马

许多马不愿意被牵引。地面颜色或纹理的改变、门、气味、声音、不熟悉的设备、香味以及密闭的空间（诱导畜栏，柱栏）都会使马匹不安。一般来说，密闭空间应该清除可能对马造成危险或者刺激的物体。通常牵引者温和的交流和行为可使患畜顺从。给马饲喂谷物，应站在马后一定距离之外，拍手、晃动扫帚或者用鞭子做手势都能使马走动。如果使用得当，使用唇链或鼻链可以达到预期的效果。许多马可能会后退到它们不希望走进去的地方，因为马的注意力会转移到牵引者的牵拉和它自己蹄的位置。

蒙上眼睛，然后绕着马转圈可以使马失去方向感，这可能会让牵引者将马带到指定的地方。可以用一条毛巾塞在笼头的两侧做成简单的眼罩（图5-8）。毛巾的放置方式应如图所示，一旦马惊慌并试图逃跑，毛巾可以被迅速取下。

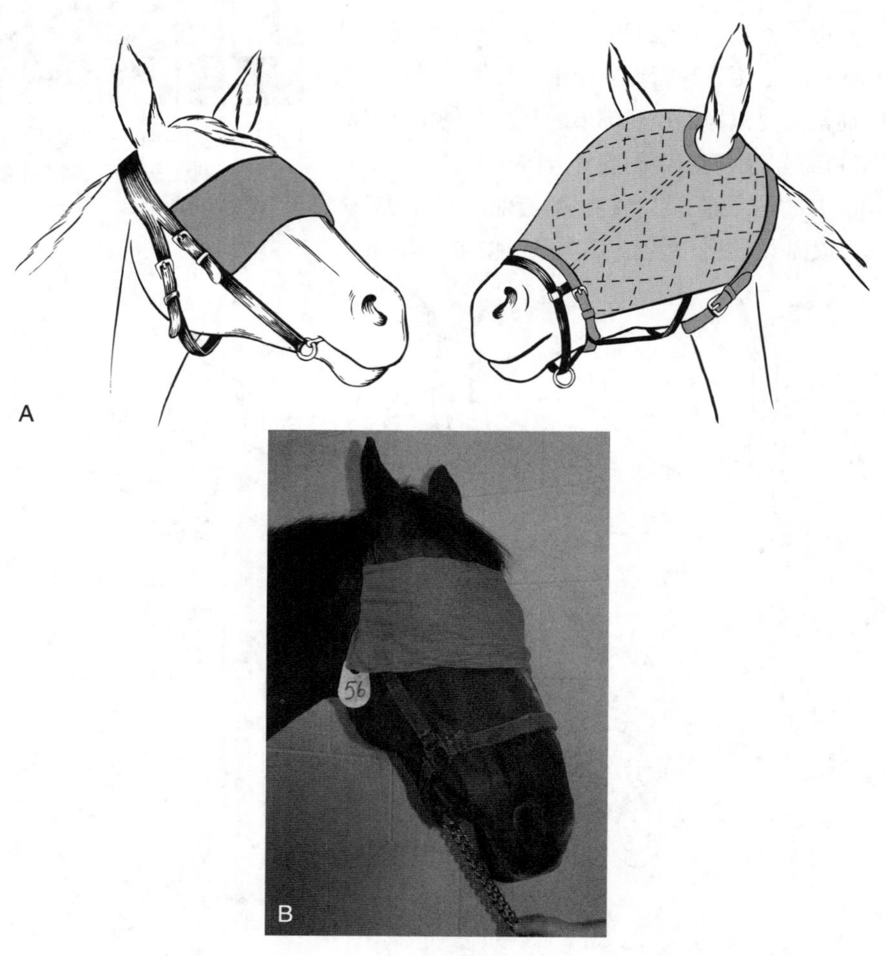

图 5-8　A. 戴眼罩的马　B. 一个毛巾做的简单眼罩，夹在笼头的边带下面

两个助手通过用胳膊围在马臀部后方并且向前推来安慰一匹不情愿的马（图5-9）。助手应小心地站在一边，只将手臂放在马的后面，以减少被踢的机会。后一种技巧是为处理那些不愿意坐下或踢腿的马，并且应在马第一次尝试失败后放弃。

图5-9 助手将马引入诱导柱栏，两只胳膊在马后方相连，同时助手们应站在马的边上

六、保定马驹

马驹通常比成年马匹更容易保定，因为它们体型较小且力量较弱。多数马驹从未受过训练，并且保定纯粹是物理保定。由于许多马驹对唇链或鼻链等没有反应，所以不会使用。

马驹可能没有佩戴笼头，对戴笼头的反应强烈。马驹在母马周围走动时被抓住。助手将一只手臂放在小马驹的脖子下，另一只手则用来抓住小马驹的尾巴。马驹尾巴在没有扭转的情况下提到背部之上（图5-10A）。一些马驹在尾巴被抓住时可能蹲着或拒绝后腿承重。这个问题可以通过减少尾巴的拉力来纠正。拉紧小马驹的肩膀很有效。抓住两只耳朵来控制马驹，用一个稳定向上的拉力来固定马驹，这与成年马匹扭转一只耳朵相似，并且助理可以将马驹脖子下的手抽出，可以进行颈静脉穿刺（图5-10B）。后一种方法是非常有效的。另一种有效的方法是抓住马驹的背部，只需要一或两只手捏住鬐甲部（图5-10C）。把非常活跃或有抵抗力的小马驹放倒进行物理保定，并在一个更安全、可控的位置上操作可能更方便（图5-10D）。

对于某些手术建议采用使马驹卧倒的保定方法。助手通过将前臂环绕马驹的脖子同时把前腿压在马驹下面使其卧倒。通过拉动小腿，操作者可以防止小马驹翻身为俯卧姿态并站立（图5-10D）。

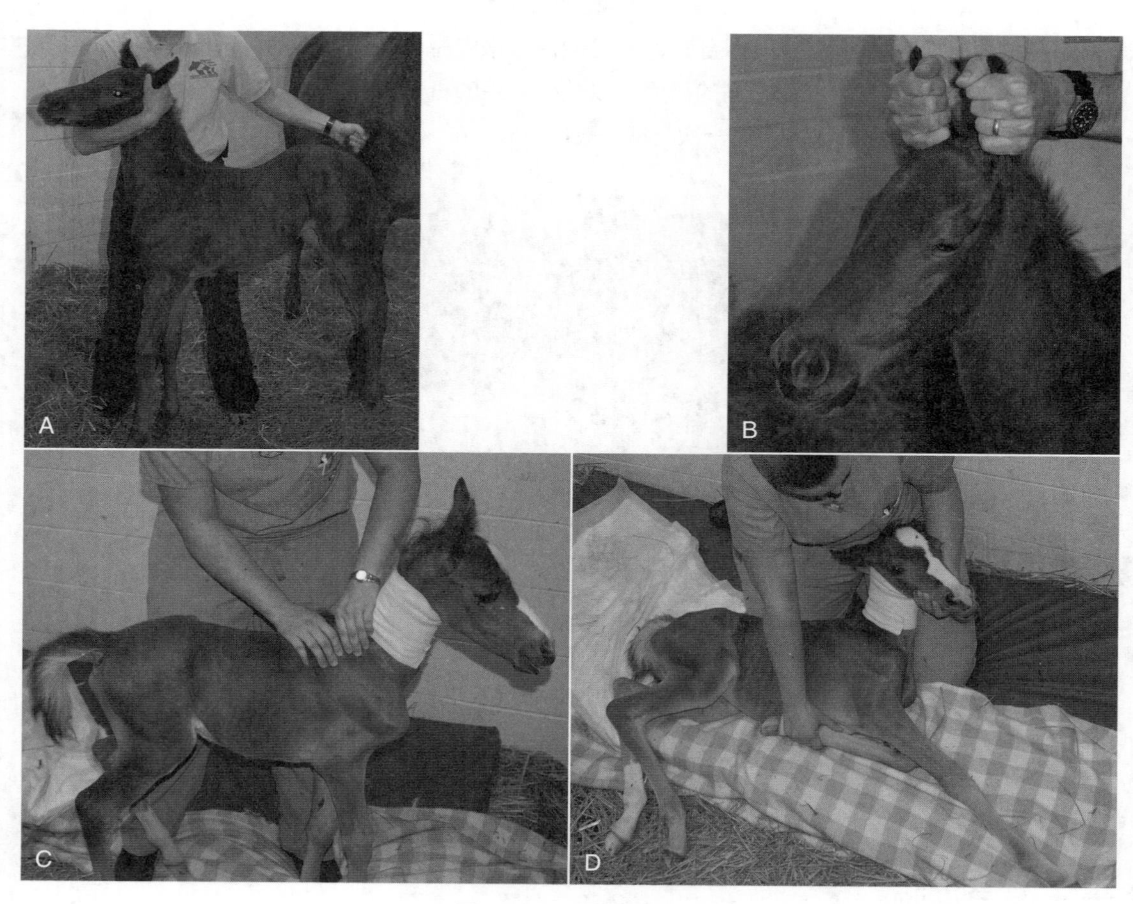

图 5-10　马驹的保定

A. 一只手抓住尾巴，另一只胳膊勒住马驹的脖子，以适当保定马驹。B. 通过抓住马驹的耳朵将其控制，两只耳朵被向上拉起。另外一个助手抓住马驹的尾巴。这与其他方法相比，保定效果更好。C. 抓住马驹的鬐甲部进行站立保定。D. 对躺着的马驹进行保定。握住小腿以免马驹翻身成俯卧姿态。另一只手扶住马驹的头。

当母马认为小马驹受到威胁时会变的兴奋和焦虑，它们通常会保护小马驹。这种保护行为可能是针对护理人员的；母马可能会意外地咬伤或踢伤护理人员。常需要一个额外的助手来保定母马，或者将母马放置在柱栏内，并且在母马的视线之内保定马驹。或者，可以在柱栏门口放置一个“马驹床”，并在母马的视线之内。这使得小马驹可以在母马能够观察的时候被保定和治疗。当小马驹从母马的视线中移走时，对母马的镇静是必要的。

七、诱导麻醉的保定

麻醉药物作用时可产生镇静、催眠、肌肉放松和镇痛作用，其作用迅速、安全并且可预测。

如果没有达到这些效果，马会伤到自己和旁观者。这种保定最好是通过一扇前面有绳子的可摆动的门来实现，以防止马向前倒下（图5-11A）。至少需要两个助手。一个助手固定马的头以保护马向前或向后跌倒或者由于诱导摇晃而伤到头部。另一个助手保持绳子在马前面，并且用身体的重量靠在门上来控制马（图5-11B）。两个助手都应该保持警惕，并注意自己和马蹄的位置。当马在跌倒时可能会受惊并用蹄踢人。如果安全措施不当，颈静脉导管可能会被保定绳牵引而脱落。助手应该注意到这一点，当马跌倒时能保证绳子被解开。

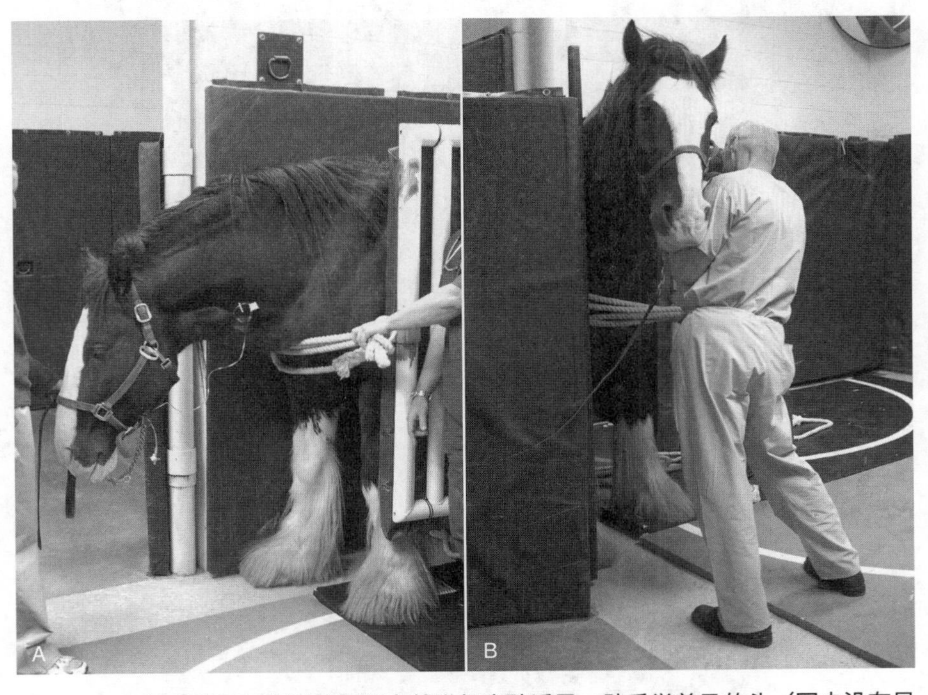

图5-11　马被一扇可以摆动的门保定着进行麻醉诱导，助手举着马的头（图中没有显示）是进行安全诱导的关键

通常短的外科手术可以在柱栏中进行（例如，胸骨甲状肌腱切除术）。应仔细检查畜栏内是否有向外凸出的物体，如眼钩或钉子头，并应将其移走。为了减少对马的损伤，应在马棚的墙上和地上铺一块防水布。使马与马棚的一面墙壁保持平行，并且当兽医给马注射麻醉药时，助手应控制住马的头部。当马因麻醉而开始跌倒时，一个助手继续控制马的头部，其他两个助手将马的身体推到墙上。通常情况下马会向后倒下并卧倒。然后将马拉到手术的位置。对一些马而言，麻醉药需要几分钟的时间才能使马达到能够允许移动的放松状态（图5-12）。在现场操作过程中，可以使用重型皮革吊带和缰绳对头部进行确实固定（图5-13）。

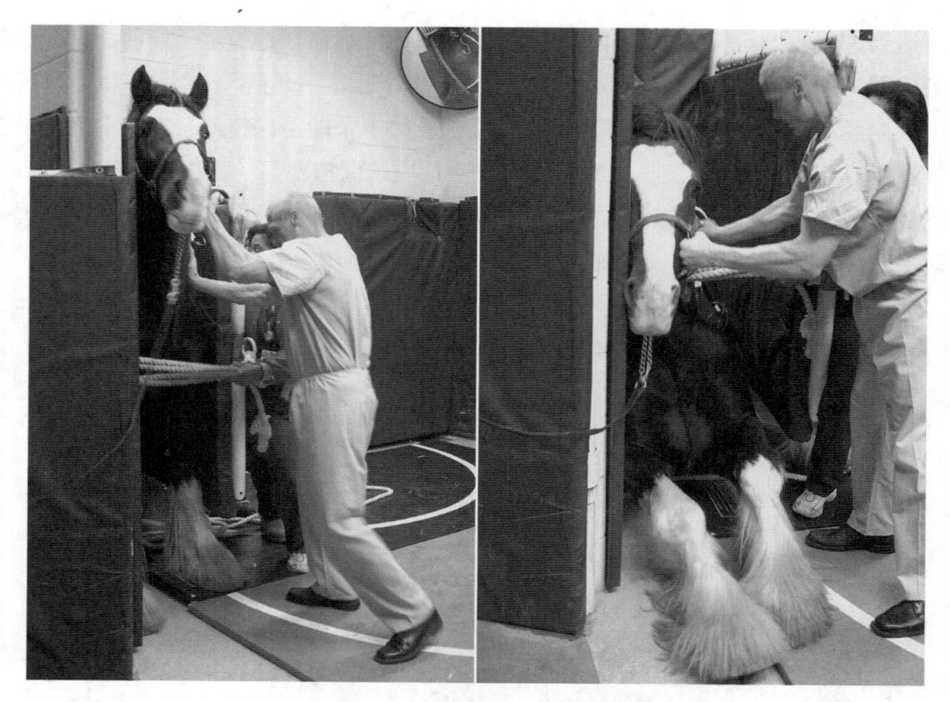

图 5-12　在摆动的门后完成诱导麻醉

侧面的助手控制着马的头，防止马向后或向前跌倒。助手握住前绳以保持马始终在门后。在马跌倒时，应松开前绳以防止静脉导管拔出。

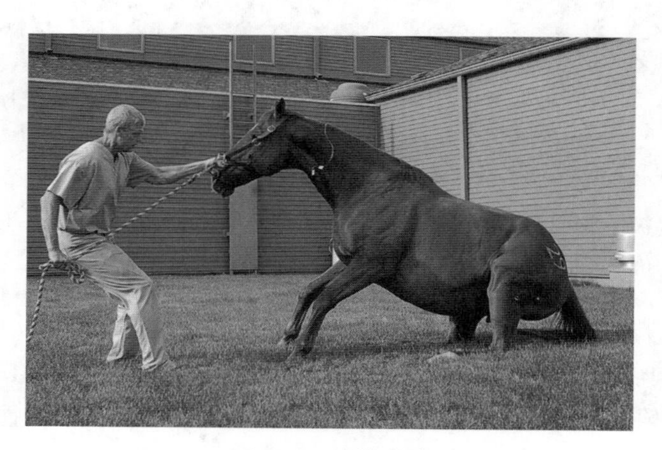

图 5-13　室外麻醉

八、麻醉期间的保定

如果麻醉深度合适，麻醉期间可能不需要保定。当马匹平卧时应取下笼头，以防止损伤面部神经。可以在马头下放一个小衬垫进一步防止面部神经的损伤（参阅第22章）。

马匹可能意外苏醒，并且其四肢呈划水样运动。绑住前肢有助于防止马伤到自己，还能防止污染手术部位（图5-14）。使用大直径软棉绳。在绳子的末端系一个假结留有一个孔，放在马身下。将假结的环套在马的每一只蹄的系部并打结（图5-14）。以这种方式绑住马，为在手术中移动马匹提供了一个额外的中部把手。注意不要将绳子系得太紧，因为这会限制呼吸。

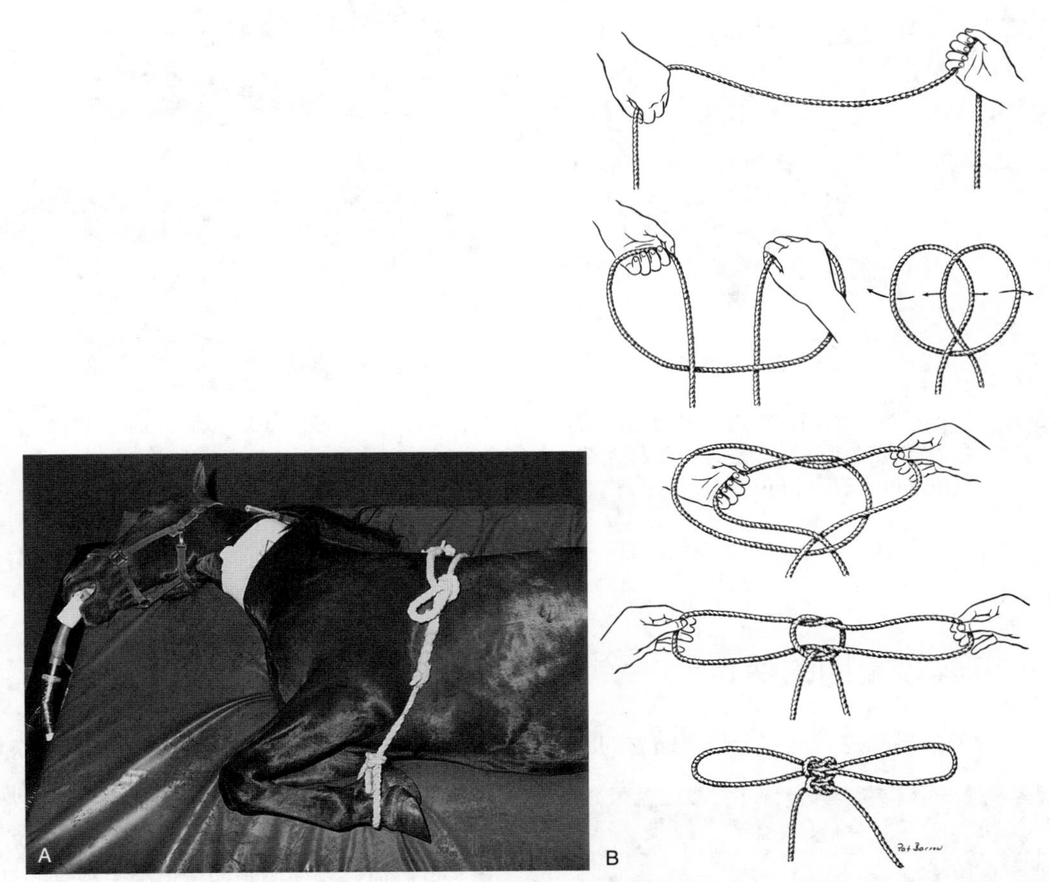

图5-14　A. 一匹麻醉的马前肢被松弛地绑住　B. 假结，前肢用假结来固定。这两个环分别放置在前蹄上并固定在腕部周围，绳子的两端被绑在马的腰上

没有必要绑住后肢。当麻醉效果不佳时，有时为了防止马后踢常会拉住后肢，并将其绑起来。但不应该这样做，因为把后肢绑成一个伸展的姿态，马会存在发生股神经麻痹的风险。侧卧位或背卧位的变化也可能需要特殊的垫料。

偶尔需要绑马的后肢，如在静脉麻醉下马的侧卧位去势术。可将上肢向前绑（图5-15），用一根长而柔软的棉绳（图5-16），在弯曲部分打上一个双头结（防滑结）。这就形成了一个双绳圈，可以通过马的头部套在马的颈部和肩部。后肢向前拉，并绑在颈部的双绳圈上。绕颈的双绳圈应该有足够的直径，使它很容易在颈上滑动，不会阻塞颈静脉或气道胸腔入口。在马静脉麻醉期间背卧位时可采取另一种方式保定。助手可以双腿跨在马胸骨上并折叠前肢压在身体下。背卧保定可进行非常短的手术（例如，胸骨甲状腺肿切除术）。操作者和助手需要清醒地意识到，即使是一只看起来麻醉确实的马也可能因为疼痛而突然将一条或两条前肢伸出来。

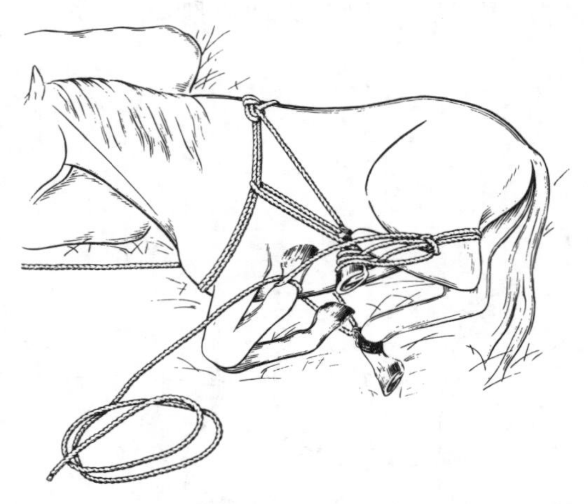

图 5-15　一匹被绑住的马，在进行去势术时将右后肢向前绑住，这是一个双称人结（bowline on a bight）

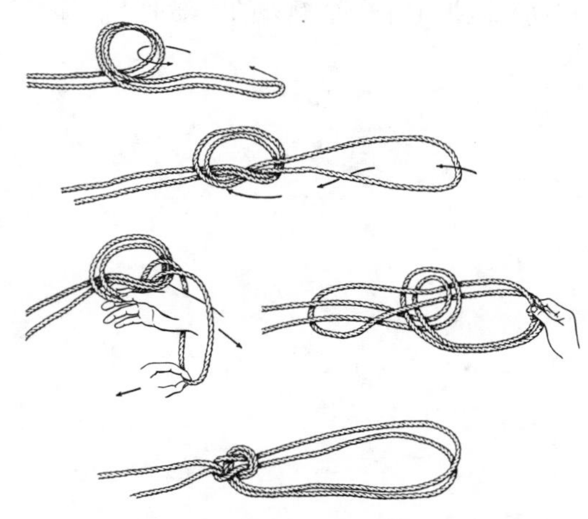

图 5-16　双称人结

这个结形成一个双绳圈，绕在马的颈部。

九、麻醉恢复期的保定

从麻醉效果减退到马完全恢复站立的时期是马最有可能受到严重伤害的时期。可以在恢复期将马的头沿着脖子向背侧转以达到短暂保定的目的（图5-17）。使用这种技术可以很容易地控制住意识尚未恢复的马。当马试图站起时，阻止马的翻滚和站立，为麻醉药的代谢提供了更多的时间，从而减轻了当马试图站立时定向障碍和共济失调的严重程度。如果恢复时地面垫料不能提供良好的摩擦力，在麻醉恢复过程中帮助马站立可以减少并发症的发生（参阅第21章）。

图 5-17　控制从麻醉中恢复的马的头部

头沿着脖子向后转，紧紧地抓住。助手的膝盖压在马的脖子上用来牢固地保定马和保持平衡。

头绳和尾绳可以用来协助马保持站立。绳子一端固定住，另一端系在尾巴上［尾结，接绳结（sheet bend knot）；图5-18］。当马被扶到站立位置，尽管柔软棉绳不太可能摩擦助手的手，也不应该将绳子缠在手腕或手臂上。头绳和尾绳通过圆环固定在恢复室高处的墙上（图5-19）。当马试图站立时，有一两个人拉着尾绳。在马能够支撑之前，绳子上的张力一直保持着支撑它的体重。

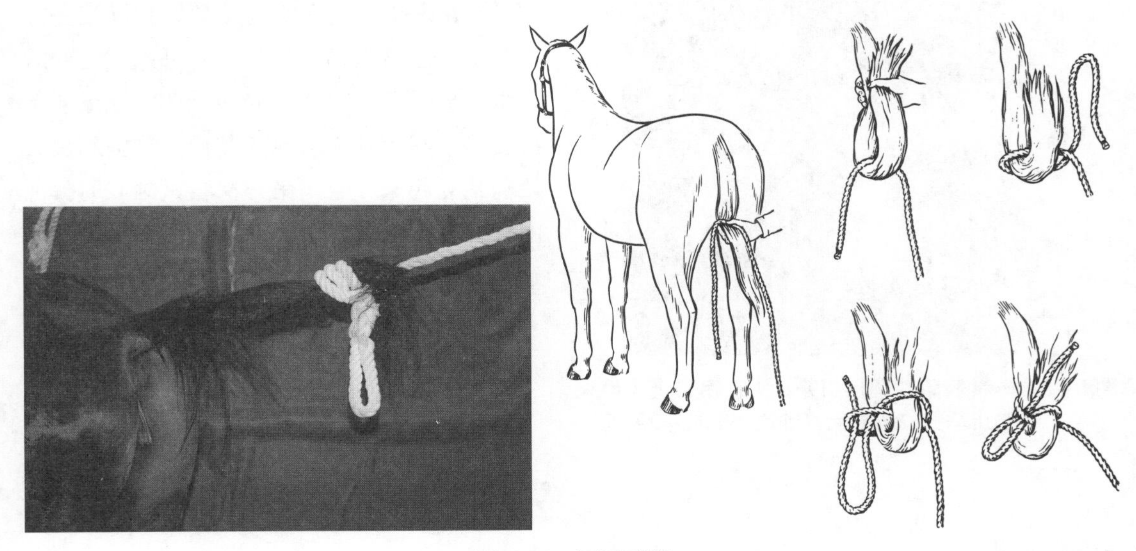

图 5-18　尾巴系绳

绳子应尽可能高地系在尾巴上，以防止滑倒。在马恢复之前需要测试绳子的安全性。

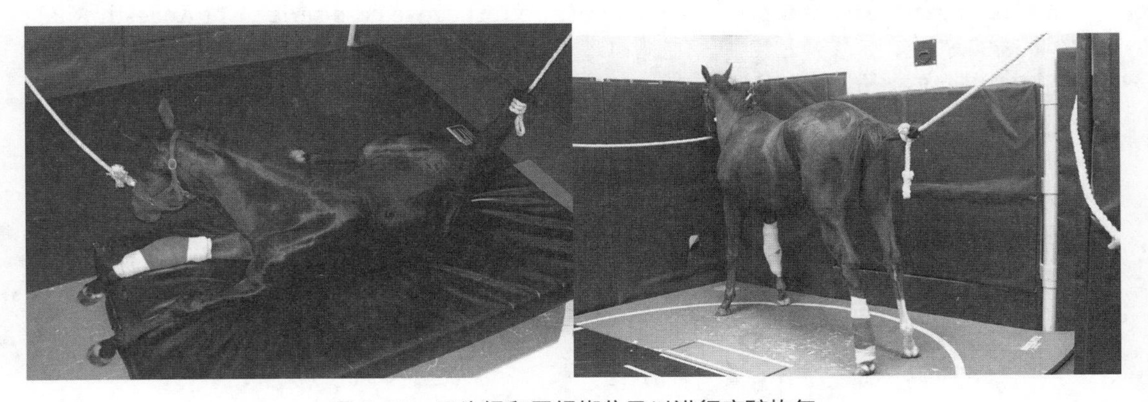

图 5-19　用头绳和尾绳绑住马以进行麻醉恢复

尾绳可保持稳定，并有助于防止马跌倒或撞在墙上。当马变为俯卧位时，必须松开头绳。在麻醉恢复的这一阶段，马需要不受限制地移动头部以保持平衡。当马面对恢复室的墙站立时，头绳逐渐收紧。如果马失去平衡时，头绳可能会被勒紧，绳子应该保留在马的身上，使马保持不动，直到马的共济失调运动幅度变小。马匹可以饮水，但不能吃东西，因为在这段时间里，食物可能会使马窒息。口笼可以附在马匹的吊带上，确保马在此期间不吃垫料或饲料（图5-20）。

进行不影响运动的时间短的手术马可以在没有帮助的情况下自行恢复。在马准备好之前，不应该鼓励它们站立。可以在它们的眼睛上放一条毛巾，让光线减弱，尽可能保持安静以减少环境对马的刺激，这些刺激会使马站立起来。当马第一次尝试站立时，毛巾就会掉下来。有时，也会用吊索帮助无法站立的马进行恢复（参阅第21章）。

图5-20　一种简单的塑料口笼，夹在吊带上，用来防止马在麻醉前后立即吃干草或稻草

参考文献

Bidwell LA, Bramlage LR, Rood WA, 2007. Equine perioperative fatalities associated with general anaesthesia at a private practice—a retrospective case series, Vet Anaesth Analg 34: 23-30.

Frank ER, 1964. Veterinary surgery, ed 7, Minneapolis, Burgess Publishing, pp 13-38.

Lagerweij E et al, 1984. The twitch in horses: a variant of acupuncture, Science 225: 1172-1174.

Leahy JR, Barrow P, 1953. Restraint of animals, ed 2, Ithaca, NY, Cornell Campus Store, pp 38-85.

Vaughn JT, Allen R, 1982. Physical and chemical restraint. In Mansmann RA, McAllister ES, Pratt PW, editors: Equine medicine and surgery, ed 3, vol 1, Santa Barbara, Ca, American Veterinary Publishers, pp 219-226.

第 6 章
术前评估：一般考虑

要点：

1. 在准备麻醉前，需要进行完整的评估和记录，包括病史、病征、体况、用药史，以及评估麻醉/手术的类型和时长。

2. 告知畜主或代理人，并与其签署同意麻醉及手术相关的风险责任书。

3. 体格检查应重点进行神经、肌肉、骨骼、心血管和呼吸功能的检查。

4. 实验室检查是辅助性方法，应结合病史和体格检查结果。术前，所有马匹均应进行血象检查，包括血细胞比容（PCV）和总蛋白。此外，应根据需要考虑进行其他辅助检查。

5. 麻醉和苏醒的评估、准备和实施应制定一套系统、标准和优化的方案（标准操作流程）。

6.“写好计划，方可实施”是一条准则，也是非常有价值的箴言。

一、病史

详细、准确的病史登记是术前评估的基本组成部分（框表6-1）。案例回顾可知，当马出现与术前存在的疾病相关的术后问题时，缺乏完整的病史记录是严重的疏漏。马的既往史和目前疾病、用药史或以前的麻醉史无从获得。畜主对马的病史知之甚少，而从驯马师或马夫获得的信息通常来自记忆，并没有相应的记录，重要的病情常被遗忘或忽视。如果某匹赛马最近被人认领收养，其病史可能缺失，或含糊不清。故当麻醉时，原有的疾病危害到马的生命或者由于麻醉和苏醒的应激，加重原来的病情，所以了解既往病史就具有重要意义（参阅第4章和第22章）。

患有慢性肺部感染或心血管疾病的马应仔细检查。通常，这些马具有不良特征的病史。肺部或心脏疾病仅仅表现为运动耐受不良或食欲减退的临床症状。虽然患支气管或肺部疾病的马一般不会造成麻醉管理的问题，但存在较高的发生术后并发症的风险，包括胸膜炎和胸膜肺炎。

框表6-1　术前注意事项
• 病史（疾病、药物、反应、手术） • 病症 • 身体状况 • 精神状态、行为 • 目前的药物治疗 • 特别注意事项（如跛、怀孕、躺卧） • 技术支持 • 设施 • 设备

患有胸膜肺炎病史的马需应用听诊器进行仔细听诊，并对胸部实施放射学和超声学检查，以确定肺实变、脓肿，以及胸膜腔积液（图6-1）。畜主和保险承担方应当了解增加的风险。如果发现马出现明显异常，且必须对其进行麻醉治疗，则应在麻醉开始前应用广谱抗生素治疗，并持续5d。如果马近期有呼吸道感染史，给予至少3周的恢复期后再考虑全身麻醉。

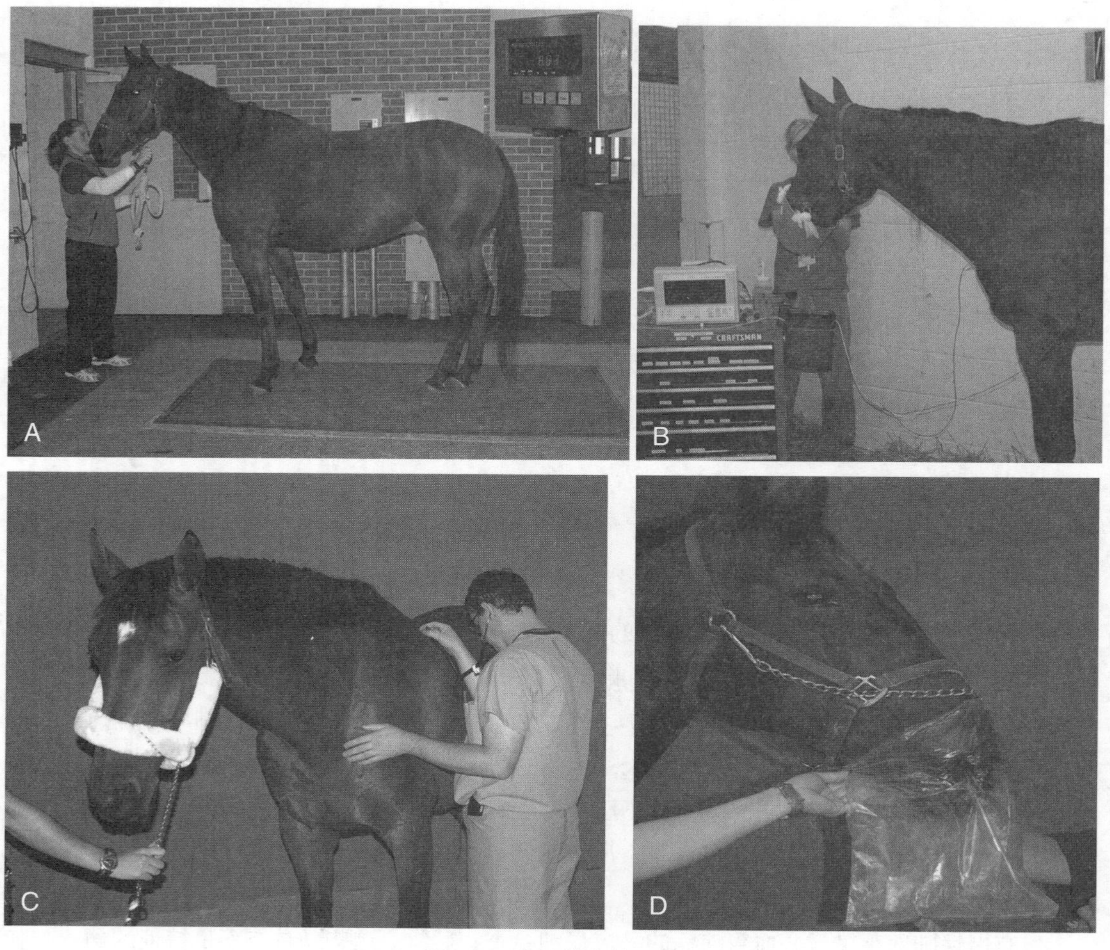

图6-1　病马的术前评估

A. 电子秤称量马的体重　B. 基部-心尖导联心电图检查　C. 心肺听诊　D. 在胸部听诊前，采用呼吸囊增大潮气量

患有心肌炎的马可能有心房或心室节律紊乱，其可增加麻醉风险。故患有心脏节律紊乱或心脏杂音病史或体征的马，应进行仔细听诊，并在术前进行心电图和超声心动检查（参阅第3章）。

患有反复劳累性横纹肌溶解症病史的马，术后发生肌炎的风险较高。术前进行血液生化检查可见肌酶、肌酐磷酸激酶和血清谷草酸转氨酶升高，这些指标有助于对该疾病进行诊断（见实验室检测）。术前给予丹曲林钠有助于预防某些马的术后肌炎。病史记录应包括既往药物治疗的相关信息，以及对药物治疗是否出现过不良反应或药物敏感性。对于马，青霉素是最有可能产生不良反应的抗生素。症状不一，从轻度（摇头、异常活跃）到重度（跌倒、癫痫）不一，甚至有可能致命。故有青霉素过敏史的马，不能给予任何形式的青霉素。应避免使用以前产生意外反应（如兴奋）的镇静剂或镇定剂。

周期性高血钾麻痹症（HYPP）是夸特马的一种罕见综合征，引起马间歇性肌无力或虚脱，其可由围手术期药物治疗和麻醉应激引起（参阅第22章）。患有HYPP的马，在麻醉前应给予药物以减少高血钾发生的概率（参阅第22章）。大多数患有HYPP的马在术前都可以通过完整的病史、血液检查确认其携带导致该疾病的缺陷基因，肌电图（EMG）分析和体外肌电研究来确诊该病。

赛马偶尔服用过比赛或表演所禁用的药物，但马的主人或驯马师不愿透露该信息。对于需要进行选择性外科手术的健康马来说，这可能没什么影响。然而，这种未知药物的作用可能会在高度紧张、疲劳或患病且必须接受紧急手术的马上产生很大的影响。假如赛马患有严重骨科创伤，并可能服用非法兴奋剂，则镇静剂和镇痛药很难发挥麻醉作用。在诱导麻醉和维持麻醉过程中，由于高浓度内源性儿茶酚胺而导致的心律不齐，以及麻醉药物的作用，这些马更易出现心血管并发症（参阅第22章）。

曾有麻醉史的马，病例和麻醉记录应该被取回，并仔细检查在麻醉诱导、维持或恢复过程中的不良反应（参阅第8章）。

二、体格检查

全身麻醉前应为马进行全面的身体检查（表6-1），包括全身系统。一定要牢记：错误主要来自漏检，而不是对疾病的无知。马身体检查最好在安静的环境中，且在马已经适应周围的环境后进行。心血管和呼吸系统应给予特别关注。记录马的体重，以便计算麻醉药的剂量（图6-1）。马的体重（框表6-2）根据马胸围、肩高和体长来估算（图6-2和图6-3）。在确定药物剂量时，必须考虑消瘦或肥胖。重型挽马往往需要较低剂量的镇静剂和麻醉药，比一般的剂量体重比要低（重型挽马性情温和）。在决定药物剂量时，也应考虑动物的性情、年龄、品种和手术方法。

表6-1　正常马和马驹的体征

	成年马	马驹
体温（℃）	37.0～38.0	37.5～38.5
脉搏（次/min）	30～45	50～70
呼吸（次/min）	8～20	15～30

框表6-2　马体重评估公式
体重（kg）= 胸围（cm）^{2}× 体长（cm）/8 717

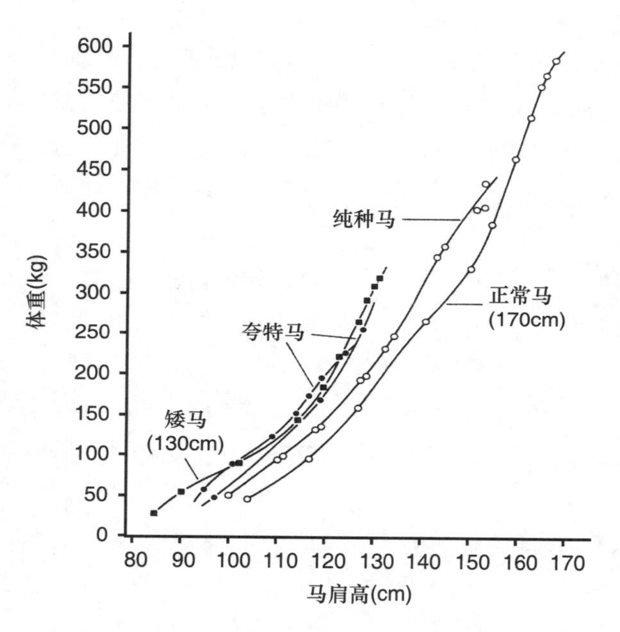

图6-2　发育正常的马和矮马的体重与马肩高的关系

体检前，首先通过视诊对马的性情、身体互动的反应，以及体况进行评估。有些马在运输前会被注射镇静剂，到达目的地后，可能会出现数小时精神沉郁。健康马通常表现为警觉，且反应灵敏，故在检查初始，马会变得紧张或不安。患病、脱水、虚弱或疼痛的马则表现为精神沉郁。在需要进行择期外科手术且精神沉郁的马匹，需要进行仔细检查，尤其要重点检查跟应激相关的可能发生的疾病（框表6-3）。

马经运输后，尤其是炎热天气进行运输，其心率常超过40次/min，体温超过101° F（38℃）。健康成年马的体温应在第二天早晨恢复正常。成年马的体温达到101° F（38℃）或更高则被认为是体温过高，应当对病畜进行重新评估并且推迟需要全身麻醉的择期手术。马驹的体温往往略高于正常成年马的体温范围（高达101.5° F或38.5℃）。

通过触诊颌面动脉搏动、观察口腔黏膜颜色、估计毛细血管再充盈时间和检查皮肤弹性，可以初步评估心血管系统。触诊颌面动脉搏动可以估计心率并提示心律是否异常。脉搏的强度与心肌收缩力、心脏瓣膜功能和脉管血容量有关。可视黏膜的颜色是血液组织灌注和携氧能力的指标。健康马的口腔黏膜应当呈粉红色并且湿润，毛细血管再充盈时间应小于2.5s。毛细血管再充盈时间延长提示血液组织灌注不良，提示心输出量下降、低血压、脉管容积减小或外周血管阻力增加。检查双侧颈静脉是否通畅。如果颈静脉难以充盈，感觉增厚或栓塞时，则不能进行静脉穿刺或留置导管。

应从胸部两侧听诊心脏，以确定心率并检测是否存在杂音或心律失常（参阅第3章）。健康成年马的心率在30～45次/min，甚至更低。麻醉前，所有马匹都应进行心电图检查，并在病历中保留有代表性的心电图（图6-1）。

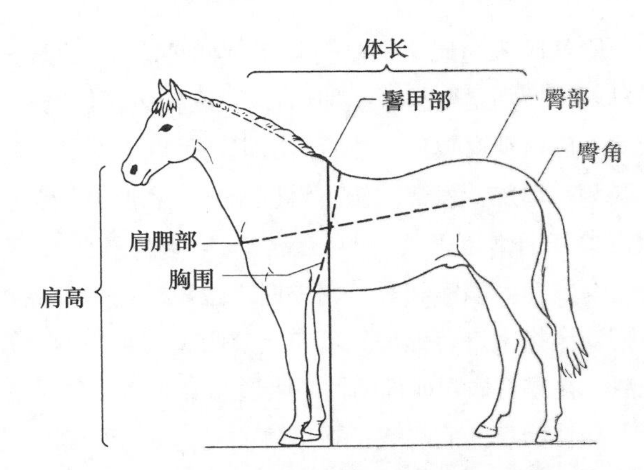

图6-3　用于估计马和矮马体重的线性身体测量

框表6-3　疾病症状
• 精神沉郁 • 休息时出汗（除非天气很热） • 休息时呼吸急促，咳嗽 • 无饮食欲 • 体重减轻 • 被毛粗乱 • 躺卧时间增加 • 躺卧姿势异常 • 表现出异常的姿势或伸展（如后肢负重增加） • 承重转移 • 不愿运动 • 正常的表现或行为改变

当马放松时，进行呼吸频率、呼吸方式和呼吸张力观察（表6-1）。麻醉时，马匹和矮马的体重、胸围和体型影响PaO_2。肺听诊最好在安静的房间或马厩中进行，并通过人工阻塞鼻孔或鼻部放置呼吸袋方法诱导马深呼吸，进行肺部听诊（图6-1）。深呼吸增加了气流的流速，加重肺音，更加容易进行呼吸音评估。在吸气时，正常的呼吸声在肺的腹侧最响亮，在膈区的部位声音最小。肺的异常声音是由肺的病理变化引起的。患有支气管肺炎或慢性阻塞性肺疾病（COPD）的马在吸气，尤其是吸气末时，可听到音调较高的喘鸣声。异常的肺音需要完整的肺部评估，以避免麻醉导致相关的肺部疾病恶化。胸膜炎会产生胸膜的摩擦音，但如果有胸膜腔积液，则无法听到呼吸音。肺实变会引起支气管音加重，这种声音与气管音相似。当马患有气管和支气管炎症时，深呼吸会引发咳嗽。若气管黏液丰富，气管听诊时可出现异常声音。如马患有气管炎，则气管压迫极易诱导咳嗽。当马咽炎发作时，外部触诊咽部也会引起咳嗽。当马患有呼吸道感染时，白细胞数和血浆纤维蛋白原浓度通常会升高。

当马肺部声音异常、肺部听诊困难或有发生胸膜肺炎或胸膜炎的病史时，在进行手术前，通常需进行胸部放射学和超声检查。X线片常被用来评估肺实质实变或者脓肿的影像学变化，并且能评估胸腔积液的程度。肺部的X线片应由有经验的人仔细评估，但也不应该过度解读。因为几乎所有的赛马，甚至是2岁的马，都有轻微的弥漫性、间质密度增加和细支气管周围浸润。诊断性超声可以用于检测胸膜液、胸膜腔纤维蛋白形成、胸膜的增厚、粘连、肺实变。如果肺脓肿延伸到肺表面，也可采用超声检查。超声扫描有助于显示肺表面小面积的肺实变，粗糙的胸膜脏面以及在无症状的马患有的低位胸腔积液，这是炎症消退过程，或是一种无法通过体检发现的活动期低度炎症。

隐性呼吸道感染的马可能出现两种临床情况：一是1岁以下的马在运输前未仔细检查；二是马匹，特别是赛马（纯种马），长途转运。长途运输的马匹应当仔细检查。如果怀疑有呼吸道疾病，应该观察数日，然后再决定是否麻醉。发生呼吸道感染的马，常可见眼鼻浆液性分泌物、呼吸频率增加、发热、颌下淋巴结病变和肺音增强。在呼吸道感染的早期，胸部放射学检查和超声检查通常是正常的。神经型马疱疹病毒（EHV-1）的暴发具有高度传染性，且通常致命。当马有发热、咳嗽和鼻分泌物时，应进行马疱疹病毒（EHV-1）感染检测，并根据不同医院的生物安全指南进行处理。若有上呼吸道感染史的马开始出现虚弱、共济失调或尿失禁时应立即隔离。在患有病毒或细菌性呼吸道感染的马，在呼吸道疾病症状完全缓解后，应至少推迟4周进行选择性治疗。病马或正在康复的马，如受到额外的麻醉和手术应激，则更易于患胸膜肺炎和胸膜炎。

有些患有慢性、细支气管感染的马，若进行全身麻醉和外科手术会加重病情，特别是在实施上呼吸道介入操作时，马匹容易误吸入血液。畜主或驯马师可能会把有呼吸道感染史或反复发作认为是“喉咙感染”，但大多数马无症状。诊断必须依据术前检查时的病史、肺及上气道听诊，以及术前内镜检查时观察气管黏液脓性渗出物。这些马偶尔在头腹侧肺野出现异常呼吸音。而异常的肺音往往较弱，尤其在马未进行深呼吸的情况下，听诊时很容易被漏检。这些马全血细胞计数（CBC）和胸片都可能显示正常。应通过气管支气管抽吸液进行细胞学和微生物学检查，其中链球菌和放线菌最常见。若细菌培养为阳性，在进行选择性麻醉前，至少需要用抗生素治疗3d。如果细菌培养结果为阴性，细胞学检查也支持该结论，则可确诊为轻度慢性阻塞性肺病（COPD，“肺气肿”），患该疾病的马不需要术前进行抗生素治疗。

年龄较大的马若患有慢性阻塞性肺病，在安静时，会表现出呼气困难，大幅度的腹式呼吸。患有慢性阻塞性肺病的马，在麻醉过程中更易出现通气/灌注（V/Q）不良的情况，导致动脉氧分压降低（PaO_2；参阅第2章）。患有COPD的母马麻醉后，可能会因为V/Q不良和张力性肺不张，出现明显的低氧血症。

三、实验室检查

所有马在全身麻醉前，应进行全血细胞计数和血浆总蛋白测定（表6-2）。由于兴奋会使脾收缩导致红细胞比容（PCV）明显升高，故应在马放松时进行采血。

表6-2 成年马正常血液数值

	正常值范围	解释
血细胞比容（%）	32～52	升高：脾萎缩、脱水 降低：贫血/失血

（续）

	正常值范围	解释
血浆总蛋白（g/dL）	6.0 ～ 8.5	升高：脱水 降低：失血，胃肠或肾脏功能丧失
纤维蛋白原（mg/dL）	100 ～ 400	增加：急性或慢性的感染，脱水
白细胞总数（个 /μL）	5 500 ～ 12 500	增加：应激，感染 减少：急性肠炎

成年温血马PCV的正常范围为32% ～ 52%，而冷血马为24% ～ 44%。慢性失血，如筛骨血肿或肠道溃疡出血会引起PCV逐渐下降。严重失血会导致心率加快和黏膜苍白。尽管因为体液（间质）重新平衡的时间不足，以及受到麻醉的影响，PCV不能准确反映急性手术失血后的失血量，但血液丢失量是可以通过PCV下降进行评估的。急性失血通常在出血后24 ～ 48h才能进行评估。

脱水的马，其PCV和总蛋白都会升高。经历严重疼痛的马会因为饮水的减少和出汗而脱水。引起阻塞的胃肠道疾病或腹泻会导致严重的体液和电解质丢失、PCV升高和酸碱平衡紊乱。在需要紧急手术的马麻醉之前，应尽可能纠正血（血液、血浆）容量不足、电解质紊乱、pH和血气（PaO_2、$PaCO_2$）异常。相比之下，一般脱水需要18 ～ 24h才能纠正。PCV应降低到50%以下，以防止血液淤滞，并在麻醉前获得充足的组织灌注。

正常马血浆总蛋白值在6 ～ 8.5g/dL。对于PCV正常的马，由于严重的炎症（腹膜炎、胸膜炎、蛋白丢失性肠病），血浆蛋白水平可能会下降到3.5g/dL以下。手术前可以使用血浆或羟乙基淀粉来增加血液胶体渗透压，持续的蛋白质损失与晶体液补液治疗（内毒素血症）相结合的情况会导致马低蛋白血症、肺水肿和通气-血流灌注比值失调。

未脱水的马，若其总蛋白浓度升高可能是由慢性感染所导致的球蛋白含量高引起。这些马通常有发热和白细胞计数升高的病史，且常见血浆纤维蛋白原升高（>300mg/dL）。患有炎症、肿瘤和创伤性疾病的马，其血浆纤维蛋白原浓度会升高。

大多数健康马的白细胞总数（白细胞象）在5 500 ～ 12 500，有时出现轻度白细胞增多、中性粒细胞增多和淋巴细胞减少，这与运输和住院所导致的应激和兴奋有关。马驹受到应激时，比成年马更易表现出白细胞增多。疼痛或受伤的马更易出现应激性的白细胞象升高。在麻醉任何马匹之前，应仔细评估超出正常白细胞计数范围之外的值或异常的差异计数。白细胞增多和明显的中性粒细胞增多可出现在发热之前，提示存在感染。白细胞减少和明显的中性粒细胞减少并出现核左移（未成熟细胞）与严重的胃肠道疾病如沙门氏菌病或内毒素血症有关。若马的白细胞计数异常或发热（> 38℃）或两者兼而有之，则应推迟择期手术。偶尔会遇到白细胞计数始终处于正常范围最低值或最高值的马。如果马没有发热，并且在反复的体检中表现健康，则重新考虑1 ～ 2d内进行手术。除非出现特征性的迹象（表6-3），否则对于健康且需要择期手

表6-3　成年马的血清生化值

检测项目	正常值
血尿素氮	10～25mg/dL
肌酐	1～2.4mg/dL
葡萄糖	70～130mg/dL
总胆红素	1～5mg/dL
胆固醇	100～189mg/dL
碱性磷酸酶	84～128U/L
血清谷草转氨酶	157～253U/L
乳酸脱氢酶	100～191U/L
肌酸激酶	97～188U/L
山梨糖醇脱氢酶	1～6U/L
钠	130～143mEq/L
氯	98～109mEq/L
钾	2.2～4.1mEq/L
钙	10.3～13.3mg/dL

注：SGOT，血清谷草转氨酶；mEq/L，毫克当量/升。

术的患畜，没有必要获取完整的术前血液化学分析。

所有患病的马都要进行常规完整的血液化学分析。对于脱水马匹，其总蛋白和血清电解质值，特别是Na、K、Cl和Ca的值，应该在麻醉前测定，因为严重的电解质紊乱会导致肌肉无力、心律失常以及麻醉过程中的酸碱紊乱，从而导致术后恢复期间的虚弱。在麻醉前，禁食至少12h的马，由于胆红素排泄减少，血浆胆红素浓度会普遍升高。

四、麻醉风险与身体状况

虽然麻醉风险、手术风险和马的身体状况相互关联，但它们是有区别的。麻醉师的知识和技能水平、使用的麻醉药类型和麻醉持续时间都是确定麻醉风险时要考虑的因素（参阅第22章）。手术风险包括麻醉风险、身体状况、外科医生的技能和手术类型。患畜应进行体况评分。一般情况下，马的身体状况与发病率和死亡率之间存在相关性（表6-4）。在制定麻醉管理和判定预后时，身体检查的评分系统十分有用。如果马实施美国麻醉师协会Ⅲ级或更高级别的麻醉，则发生意外的可能性更小（表6-4）。

表6-4　美国麻醉师学会（ASA）身体状态分级

分级	描述
Ⅰ	健康患者
Ⅱ	轻度全身性疾病：无功能限制
Ⅲ	严重全身性疾病：明确的功能限制
Ⅳ	严重的全身性疾病，通常威胁到生命
Ⅴ	无论手术与否，濒死的患畜存活期不超过24h

五、术前考虑特殊状况或疾病

1. 急腹症

患有绞窄性梗阻的急腹症是马匹麻醉风险最大的疾病之一。众多因素，包括血容量不足、

酸碱和电解质紊乱、内毒素血症、代谢性酸中毒和腹胀，都会导致严重的心血管和呼吸系统损害。

通常情况下，减轻疼痛是术前首要考虑的因素。根据需要，重复使用α_2-受体激动剂（赛拉嗪、地托咪定、罗米非定）对于疼痛的控制可能有效（参阅第10章）。赛拉嗪的镇痛作用在患有剧痛的马上只能持续10～15min。α_2-受体激动剂可能会导致动脉血压升高，随后导致低血压，二级房室传导阻滞和肠梗阻，但该药能产生安全有效的麻醉前镇痛作用，可反复给药，并且可以作为何时给出现钝性疝痛的马进行手术的指标。赛拉嗪和布托啡诺的联合使用可以提供镇痛作用，并且还是一种安全的麻醉前用药（参阅第10章）。在将患畜运抵手术场所之前，大多数疝痛马匹均接受过非甾体抗炎药（NSAID）比如氟尼辛葡甲胺的治疗。一些马接受了重复剂量或过量非甾体抗炎药，故可能无腹痛表现，但仍然会表现出精神沉郁，甚至面临绞窄性肠损伤。患有急腹症的马，如果接受多次非甾体类抗炎药物的治疗史，则需要进行血清肌酐浓度的检测，以便进行肾功能评估。

马麻醉前，应放置胃管并加以固定，进行胃减压，减轻胃扩张并防止胃破裂。减压后，诱导麻醉过程中，胃管返流和胃内容物误吸的可能性也降低。即使很少或者没有液体返流，插入的胃管内径应尽可能大，可缝至鼻孔或者与缰绳固定在一起，以确保麻醉期间不脱落。

在颈静脉内应当留置大直径的无菌静脉导管来供输液使用（参阅第7章）。术前输液治疗的目的是迅速纠正体液容量不足，使电解质和酸碱异常恢复正常。输液量由心率、黏膜颜色、毛细血管再充盈时间、PCV、血浆总蛋白和动脉血压决定（参阅第8章）。轻度至重度脱水时，PCV值为45%～60%，甚至更高，总蛋白值为7～9g/dL，甚至更高。轻度脱水时，体液丢失量约占体重的4%；严重脱水时，则占体重的10%或以上。一匹450kg体重的马，体液丢失可达18～45L。麻醉前应尝试用快速补液（电解质平衡溶液）将PCV降低到50%以下。如果总血浆蛋白降至3.5g/dL以下，应降低输液速度。

大多数有绞窄性肠梗阻的马都会出现代谢性酸中毒。虽然使血液pH恢复正常的可能性很小，但动脉pH（pHa）应维持在7.2以上。如果pHa低于7.2并伴有$PaCO_2$正常或减少，则表明存在明显的非呼吸性酸中毒，妨碍组织代谢和心肌收缩力，降低心肌对儿茶酚胺的反应（参阅第23章）。并非所有急腹症的马都患有非呼吸性代谢性酸中毒。有些马患有大结肠移位和非绞窄性大肠梗阻，而部分患有十二指肠梗阻的马可能有低氯性代谢性碱中毒。由于等渗性液体的损失，绞窄性梗阻所导致的电解质紊乱通常比较轻微。大多数急腹症患马常规均需要进行血清钠、钾、氯和钙值检测。如有可能，应测定血清总钙中的游离钙含量，以评估生物活性钙的不足。低钾血症和低钙血症均可导致麻醉状态下发生低血压和心律失常。降低严重（K^+浓度＜3mEq/L）的应在诱导麻醉前进行纠正。

马大肠膨胀会引起腹胀，导致严重的呼吸和血流动力学损害，进而压迫膈肌，导致循环障碍，静脉回流减少。麻醉前，应尽力对腹胀的马进行减压。充满气体的肠管通常是盲肠，借助听诊和叩诊可以鉴别，通过右侧腹壁插入一根6in* 14G的针进行减压。这一操作会导致肠内容物泄漏引发腹膜污染，故该操作仅限于严重臌气的紧急状态下进行。马患有严重腹胀时，除非是呼吸暂停，否则在减压前不应进行机械性通气。兽医必须准备好提供正压通气，以确保手术期间有足够的换气。

在急腹症手术前，一定要使用抗生素进行预防。肠套管针术、穿刺术、坏死肠管细菌的泄露、肠切除吻合术、肠切开术、肠减压的针穿刺、无菌操作中的破裂等都会引起腹膜污染。其他潜在败血症的部位还包括颈静脉留置的导管和术前或术中胃返流物误吸入肺。广谱抗生素对需氧和厌氧菌均有效。预防治疗常用青霉素（20 000U/kg，肌内注射）和庆大霉素（0.8mg/lb，肌内注射）。尽管庆大霉素具有潜在增强神经肌肉阻滞和抑制心血管的作用，尤其是在麻醉的马匹进行使用，但这个问题很少发生，除非麻醉中的马使用了外周神经肌肉阻滞药物（如阿曲库铵）（参阅第19章）。

2. 尿性腹膜炎

马驹的尿性腹膜炎（最常见的原因是膀胱破裂）会导致渐进性高钾、低钠、低氯和酸中毒。因为高钾血症可促进血管扩张和麻醉药物的心脏毒性，所以麻醉前或麻醉过程中可发生严重的低血压和潜在的致命性心律失常。术前应尽一切努力恢复循环血容量，纠正电解质异常（低钠血症、高钾血症），降低腹压。静脉给予NaCl提高血清钠和氯的水平，降低钾水平，同时在腹腔内置入导管或腹膜透析导管引流尿液。在马驹麻醉之前，应当明显降低血钾水平（从>7mEq/L到≤6mEq/L），可采用静脉输液中加入胰岛素和葡萄糖，来降低血清钾水平。

胸腔积液是马驹延迟治疗尿性腹膜炎的常见症状，原因可能是尿液经膈肌溢出至胸腔。胸部放射学检查有助于确定是否有明显的胸腔积液，麻醉前和麻醉中是否需要进行胸腔穿刺和引流。马驹应当放置于受控的机械换气中。

3. 骨科损伤

马经受严重的骨科创伤，如长骨骨折或其他粉碎性创伤，会产生应激和疼痛，应该使用镇静或镇痛的各种药物组合进行治疗。在麻醉诱导前和麻醉诱导期间，应尽力通过绷带、夹板或受伤肢体的固定保证骨折部位稳定。如果马的精神高度沉郁或出现休克迹象，需要进行静脉输液和给予镇痛药物，并推迟麻醉和手术整复。如果骨折部位已经足够稳定，并且在可控环境中使用适当的药物，那么无论使用何种麻醉方法（大多数骨折发生在麻醉苏醒期），在诱导麻醉期间，骨折部位进一步损伤的可能性很小（参阅第24章）。如果骨折部位于腕关节或飞节的上方，而这些部位无法塑型或使用夹板绷带，应当采用其他方法，避免卧下或摔倒在地，有利于康复。这可以通过将马悬在吊索上，或将马倚靠在倾斜的桌子上以保持站立的姿势（参阅第16章）。如这些方法能够实施，站立的术式可显著减少麻醉时间。应该尽一切努力防止马跌倒，避免压在受伤的肢体上。但在诱导麻醉过程中，马仍有可能造成飞节或腕关节上方的长骨

* in，英寸，为英制长度单位，1in=2.54cm。

应力性骨折。

骨盆粉碎性骨折的马有可能被锋利的骨碎片切断髂内动脉。虽然骨盆部放射学X线片可能有助于评估骨折，但通常是经过直肠检查进行诊断。这些马，应禁止麻醉，因为没有经过外科治疗，诱导期和苏醒期均具有很大的风险。类似的情况，如果怀疑马有脊椎骨折，但该马仍然站立，则不应进行麻醉。

4. 引起失血的创伤或疾病

需要手术的马，尚在出血，则可能会出现休克症状，需要立即补充体液，同时也需要找到合适的献血者。给马进行补液，直至马匹病情稳定。如果PCV降到20%以下，则需要配型的马匹提供4～8L的血液进行输血（参阅第7章）。严重贫血（PCV＜15%）的马，在全身麻醉下可发生组织缺氧。对于慢性失血且PCV＜15%的马，在麻醉前也应进行全血输血。

若马匹有PCV、血小板计数和血凝信息，应进行评估，是否可能出现大量失血，并进行相应的准备。术中输液可能是必需的，通过快速补液以消除低血压。2L高渗盐水（7% NaCl）和4L羟乙基淀粉有助于逆转低血压，改善血流动力学，为补充足够的血容量和输血创造时间（参阅第22章）。

5. 上呼吸道阻塞

严重的上呼吸道阻塞性疾病，能够引起动物在休息时发出喘鸣音，这类疾病在麻醉前需要进行气管造口术，以便获得充分的氧气供应。气管插管（内径至少26mm）可以在马站立时，通过气管环之间的切口插入，或诱导麻醉后，插入气管插管（参阅第14章）。在进行杓状软骨切除术或腭裂修复术等手术时，需要将气管插管从手术区域避开，但气管切开术一般是在诱导麻醉后进行。在进行鼻腔与上颌窦和额窦的手术时，常会使用Seton绷带，这会明显地阻塞气道，有必要进行气管切开术。手术前应当预测气管切开术的必要性，使用带充气囊的气管插管，以防止血液从上气道吸入。气管插管的尖端应靠近气管分支处（参阅第14章）。

6. 怀孕

由于一些麻醉的潜在风险，在母马怀孕的前3个月，可选择的麻醉方案受到限制。母马在孕期最后3个月有更大的麻醉风险，如早产或流产，这是因为在该时期，妊娠子宫重量的增加导致母体的换气和血液循环功能下降，故应采取额外的预防措施，以防止母马麻醉产生的低血压和低氧血症。平衡利弊是需要首要考虑的问题。

7. 马驹

马驹术前需要评估的项目与成年马相同。新生马驹应进行彻底的体格检查，以确定任何可能增加麻醉风险的先天性缺陷（如动脉闭锁不全、心室中隔缺失）。应评估血清IgG浓度，筛查母源抗体被动转移是否失败。血清IgG值＜800mg/dL和＜400mg/dL分别表示部分或完全性母源抗体转移失败。出现这两种情况时，均应考虑输血。同时，新生儿马驹应进行血糖测定。未经过喂养或患有败血症的马驹经常会发生低血糖。故在麻醉前，通常不要为马驹断奶。

六、马的麻醉和术前准备

框表6-4　马的麻醉和术前准备
• 禁食 6h，但不禁水 • 体格检查 • 实验室评估（PCV、TP、WBC 计数） • 心电图检查 • 卸蹄铁，洗澡，清理蹄部，冲洗口腔 • 站立手术准备（如有可能）

注：PCV，血细胞比容；TP，总蛋白；WBC，白细胞。

为成年马或马驹进行麻醉和手术准备时，在技术和医学方面，必须重视马的身体状况和参与人员的知识、技能（框表6-4）。根据马手术的不同，制定和准备个性化的程序。程序的制定，要依据实施的手术和给药方案，使用的设施、设备和参与人员。一般来说，禁食至少6h，不禁水。术前应对马进行适当的检查，洗澡，卸下蹄铁并彻底清洗蹄部（图6-4）。在给予麻醉药之前，应进行适当的梳洗、外科擦洗和包

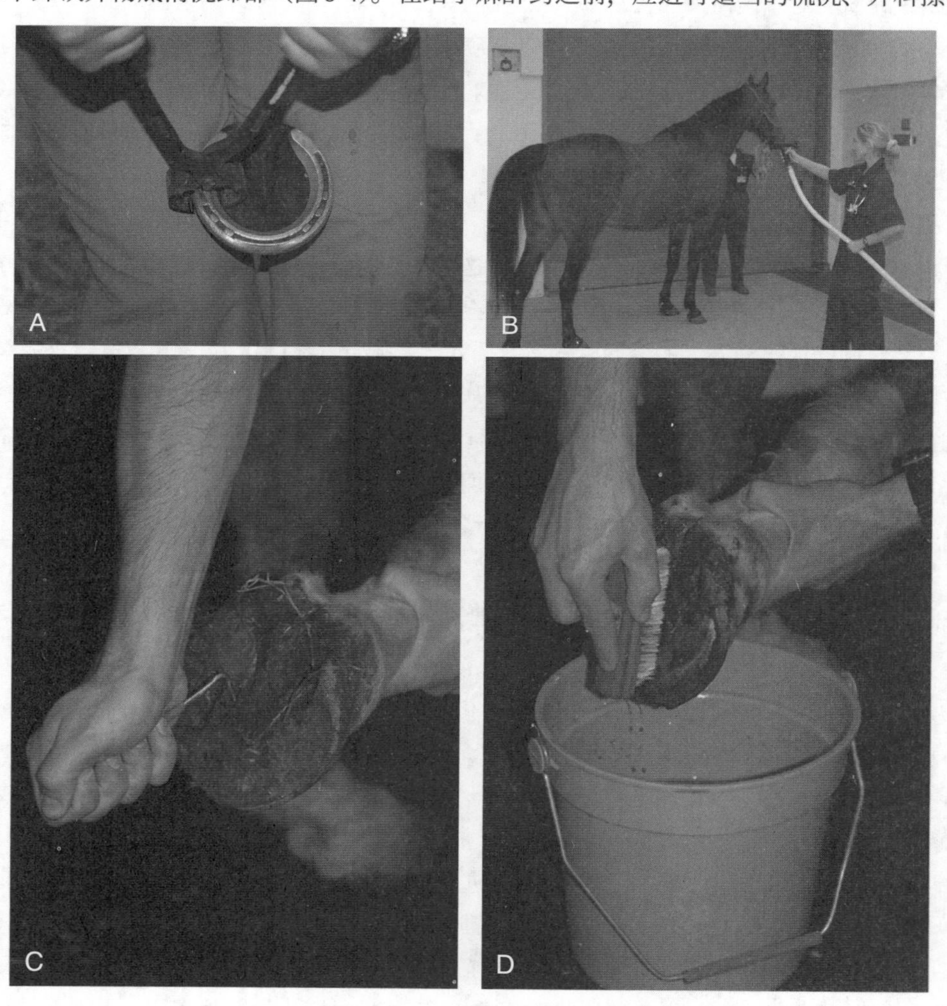

图 6-4　马的术前准备

A. 卸蹄铁，并用塑料袋包扎蹄部，以减少污染　B. 洗澡　C. 清理蹄底　D. 刷洗蹄部

扎（如果可能的话），并放置保护性的衬垫（保护性头罩、护腿套），彻底冲洗马口腔，并在无菌状态下留置和固定颈静脉导管（框表6-4、图6-5）。

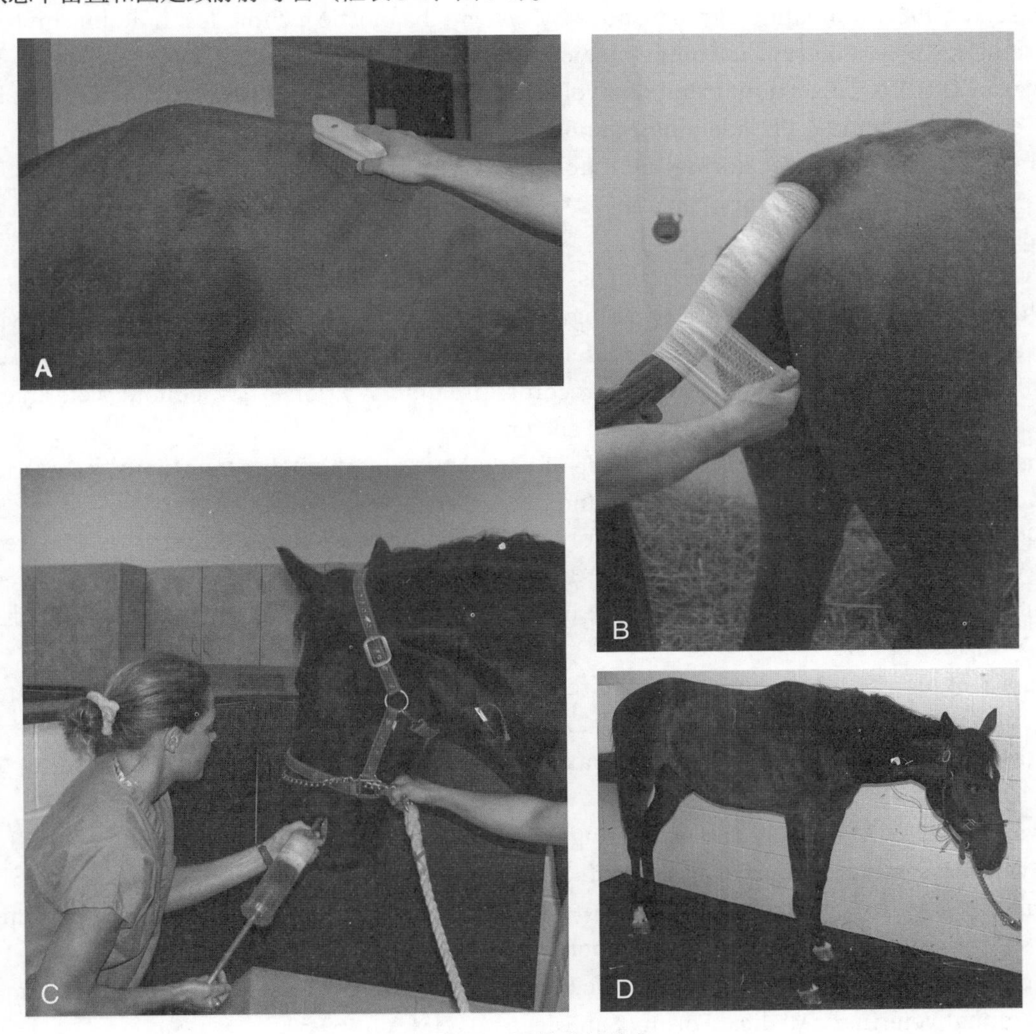

图6-5　马的术前准备

A. 刷洗马匹，去除皮屑和脱落的毛发　B. 包裹尾部　C. 用清水冲洗口腔，清除杂物　D. 留置颈静脉导管，确认并给予适当的麻醉前药物

参考文献

Becht JL, Gordon BJ, 1987. Blood and plasma therapy. In Robinson NE, editor: Current therapy in equine medicine 2, Philadelphia, Saunders.

Brobst DF, Parry BW, 1987. Normal clinical pathology data. In Robinson NE, editor: Current therapy in equine medicine 2, Philadelphia, Saunders.

Chew DJ, Carothers M, 1989. Hypercalcemia, Vet Clin North Am (Small Anim Pract) 19: 265-287.
Curtis RA et al, 1986. Lung sounds in cattle, horses, sheep, and goats, Can Vet J 27: 170-172.
Derksen FJ, 1987. Evaluation of the respiratory system: diagnostic techniques. In Robinson NE, editor: Current therapy in equine medicine 2, Philadelphia, Saunders.
Hodgson DR, 1987. Exertional rhabdomyolysis. In Robinson NE, editor: Current therapy in equine medicine 2, Philadelphia, Saunders.
Jain NC, 1986. The horse: normal hematology with comments on response to disease. In Feldman BF et al, editors: Schalm' s veterinary hematology, ed 4, Philadelphia, Lea & Febiger.
Klein L, 1985. Anesthesia for neonatal foals, Vet Clin North Am (Equine Pract) 1: 77-89.
Krehbiel JD, 1983. Normal clinical pathology data. In Robinson NE, editor: Current therapy in equine medicine, Philadelphia, Saunders.
Lumb WV, Jones EW, 1984. Statistics and records. In Lumb WV, Jones EW, editors: Veterinary anesthesia, ed 2, Philadelphia, Lea & Febiger.
Mansel JC, Clutton RE, 2008. The influence of body mass and thoracic dimensions on arterial oxygenation in anaesthetised horses and ponies, Vet Anaesth Analg 15: 392-399.
McDonell WN, 1981. General anesthesia for equine gastrointestinal and obstetric procedures, Vet Clin North Am (Large Anim Pract) 3: 163-194.
Milne J, Hewitt D, 1969. Weight of horses: improved estimate based on girth and length, Can Vet J 10: 314-317.
Moens Y et al, 1995. Distribution of inspired gas to each lung in the anaethetised horse and influence of body shape, Equine Vet J 27: 110-116.
Rantanen NW, 1986. Disease of the thorax, Vet Clin North Am (Diagnostic Ultrasound) 2: 49-66.
Reavell DG, 1999. Measuring and estimating the weight of horses with tapes, formulae, and by visual assessment, Equine Vet Educ 11: 314-317.
Schmall LM, Muir WW, Robertson JT, 1990. Hemodynamic effects of small volume hypertonic saline in experimentally induced hemorrhagic shock, Equine Vet J 22: 273-277.
Spier SJ et al, 1989. Hyperkalemic periodic paralysis in horses. In Proceedings of the Seventh Annual Veterinary Medical Forum, San Diego, ACVIM, pp 499-500.
Trim CM, 1987. Anesthesia of the horse with colic. In Robinson NE, editor: Current therapy in equine medicine 2, Philadelphia, Saunders.

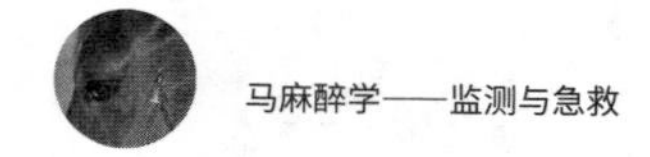

第 7 章
静脉和动脉插管及液体疗法

要点：

1. 水是机体内液体成分，大约占马体重的60%。细胞外液（约占体重的25%）由血液（占体重的7% ～ 8%）和细胞间液组成。

2. 钠是细胞外的主要阳离子，是测定渗透压的关键。

3. 氯是细胞外的主要阴离子，氯的含量通常与酸碱紊乱有关（低氯性碱中毒、高氯性酸中毒）。

4. 钾是细胞内的主要阳离子，决定细胞膜的电位。细胞外钾的增加或减少可导致骨骼肌功能异常、骨骼肌无力和心律失常。

5. 钙是肌肉收缩的关键离子，钙的含量通常会因全身麻醉而降低，特别是吸入性麻醉。

6. 葡萄糖是一种重要的能量来源，尤其是对小马驹，在长时间手术后可给予葡萄糖补充能量。

7. 总蛋白是血管内和体腔间液体的主要成分，对测定胶体渗透压至关重要。

8. 麻醉后，马的非呼吸性（代谢性）酸中毒是由低血压、心输出量减少、血流分布不均和组织灌注不良引起的。

9. 在进行全身麻醉前，每匹马都应被放置一个可靠的静脉导管。

10. 所有需要紧急手术或长时间全身麻醉的马都应被放置一个可靠的动脉导管。

11. 液体疗法应该根据马的需要，通过补水、电解质、酸碱度、总蛋白和血红蛋白进行调整。

12. 液体疗法的速度应根据马的身体状况、手术过程、麻醉时间和失血量来确定。

一、血管插管术的作用

将血管导管放置在静脉或动脉中，以便可以快速地注射液体、获取血液样本、监测血压和给药。当给药量大、需要重复注射、注射有毒性药物、需要进行药物输注或预期采集血液样本时，建议使用静脉导管。适当放置和固定的静脉导管可确保溶液不会注入到血管周围的组织，这是使用刺激性麻醉药（如硫喷妥钠）时的一个重要考虑因素。

二、静脉插管术

马可以插管的几个静脉（图7-1），特点如下：①可以触摸到；②直径大，血流速度相对较快，从而降低血栓形成的风险；③足够长，可以将多个导管连续或同时放置在同一静脉中。颈静脉较粗，很容易观察和触摸到；长期颈静脉插管后引起的血栓性静脉炎或静脉阻塞可能会妨碍颈静脉的使用。可选择头静脉、隐静脉、正中静脉和侧胸静脉进行替代；侧胸静脉可能有一些优势，它受运动的影响比其他静脉小，与颈静脉相比，侧胸静脉中的血流速度低，易发生血栓和血栓性静脉炎，而且不符合刺激性溶液插管的要求。

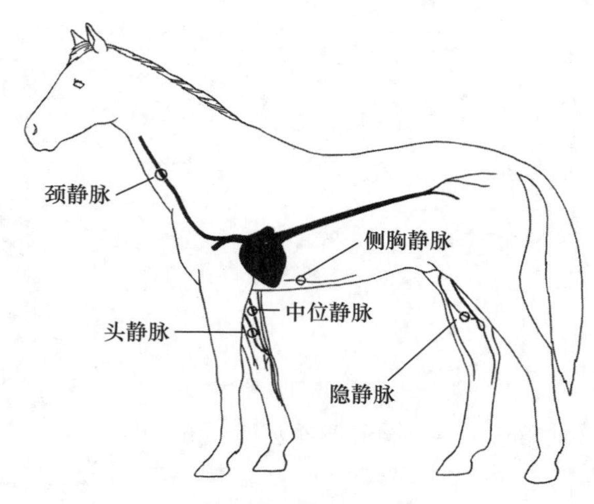

图 7-1　马常用静脉插管及位置

必须制定和严格遵循静脉导管放置操作程序，以最大限度地减少不良事件发生（参阅第22章；框表7-1和图7-2）。皮肤（$10cm^2$）应剪毛和消毒处理。如果导管有良好的保护、无菌且在静脉中停留时间很短，则无需戴无菌手套；如果导管留在静脉中超过几个小时，则应戴无菌手套；插入时应注意防止导管受到污染；用1～2mL局部麻醉剂或5%利多卡因浸润皮肤和皮下组织，可有助于将导管置入小马驹或神经紧张的马的血管内。建议使用22G或25G针进行局部浸润麻醉。

框表7-1　马静脉导管放置的步骤
1. 对血管上方 $10cm^2$ 的皮肤进行修剪。 2. 对该区域进行手术准备。 3. 皮下注射 1～2mL 局部麻醉剂或涂抹 5% 利多卡因（LMX）乳膏。 4. 戴上无菌手套（短期导管可选不戴）。 5.（可选）使用 14G 针或手术刀通过皮肤在血管上刺一个小孔或切一个小创口。 6. 保持导管无菌，取下导管帽和 / 或套管。 7. 通过阻断静脉血流，使静脉显示更明显，便于后续操作（一般由助理进行，防止操作导管的术者受到污染）。 8. 与血管成 45°角将导管和通管针穿过皮肤，在刺穿血管壁时保持这个角度，血液应该出现在导管的中心。 9. 在静脉仍被阻断的情况下，减小导管的角度，使其几乎与血管平行，并将导管和柱芯推进血管至少 5mm，以确保导管尖端在血管内。

（续）

10. 释放静脉压力（去除静脉血流阻断措施）。 11. 保持导管不动，在通管针上滑动导管，直到导管完全插入血管。移除通管针。 12. 将一个接头帽或输液延长组件连接到导管末端接口上，并用肝素化盐水冲洗导管组件。 13. 用胶水、胶带或缝线将导管固定在皮肤上。 14. 在插入导管的部位涂上抗生素软膏，用弹性绷带包扎。 15. 胶带将延长装置或给药装置的管子绑在绷带上，防止给药过程中导管受到不必要的牵引。

一旦导管穿进静脉，应将静脉导管连接到注射帽或静脉输液延长装置上，并用肝素化盐水（每毫升生理盐水中含5～10IU USP肝素钠）冲洗（参阅第6章）。肝素化生理盐水应在72h内制备、无菌处理，以尽量减少污染的可能。如果没有输入任何液体，应至少每4～6h冲洗一次静脉导管。如果使用小静脉或维持动脉的导管，建议持续缓慢输注肝素化盐水（2IU/mL，60mL/h），导管堵塞时应移除并更换导管。如强行冲洗堵塞的导管以恢复通畅可能导致栓塞物进入肺循环而阻塞血流，并可能将细菌扩散到肺部和全身。

固定导管，以尽量减少导管的移动、扭结和脱落。氰基丙烯酸酯胶水（医用组织胶）固定导管相对简单、快速。当使用胶水时，只要皮肤和导管干燥，胶水就会保持2～3d。缝合线可以穿过皮肤固定导管，减少导管的移动；“蝴蝶结”形胶带的可以放在延长装置周围（延长装置在放置胶带之前必须干燥），皮肤缝合线要穿过胶带（图7-2）。

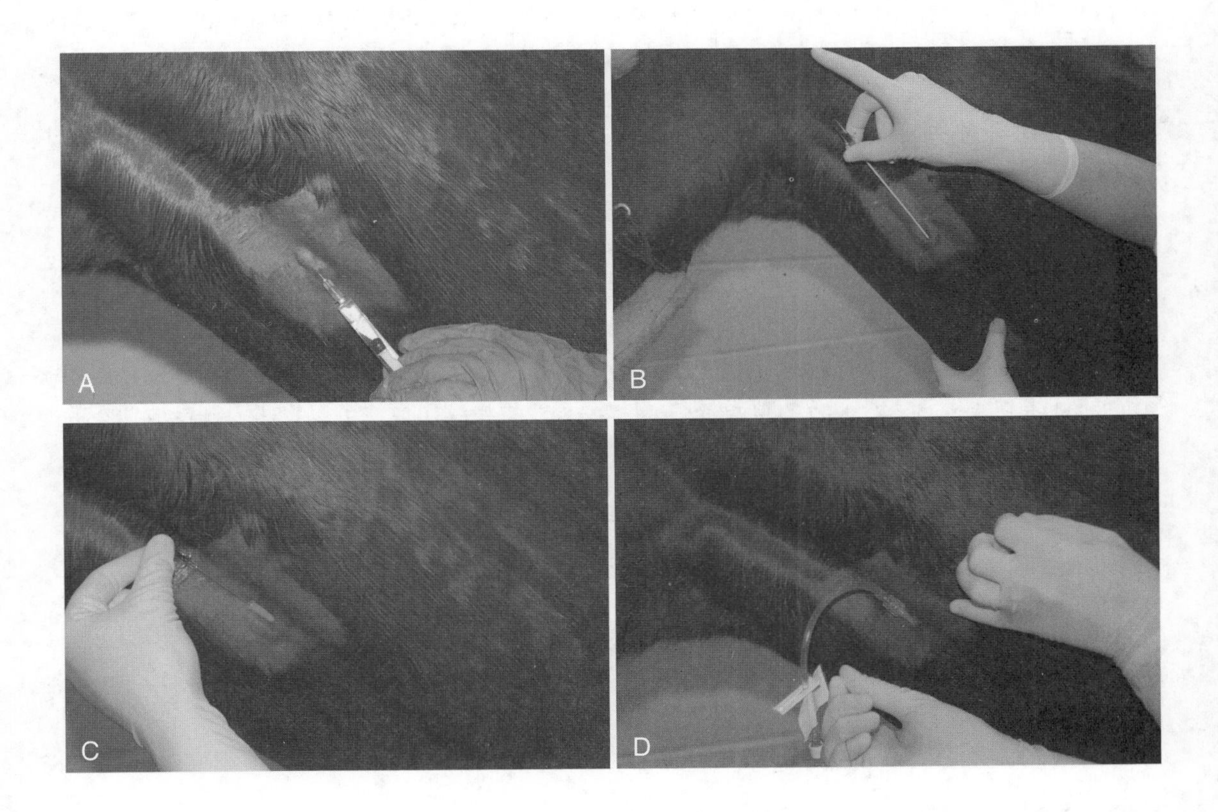

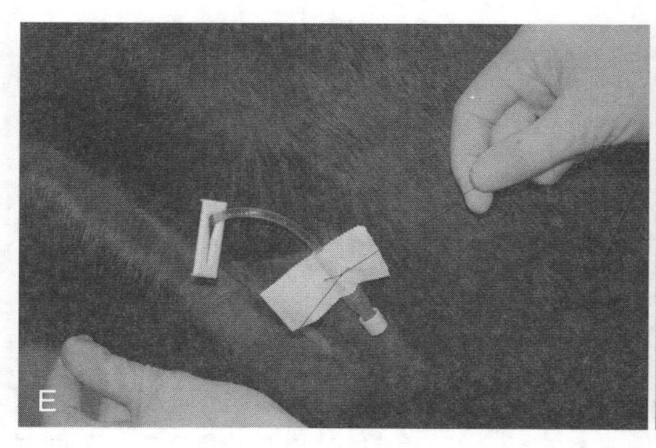
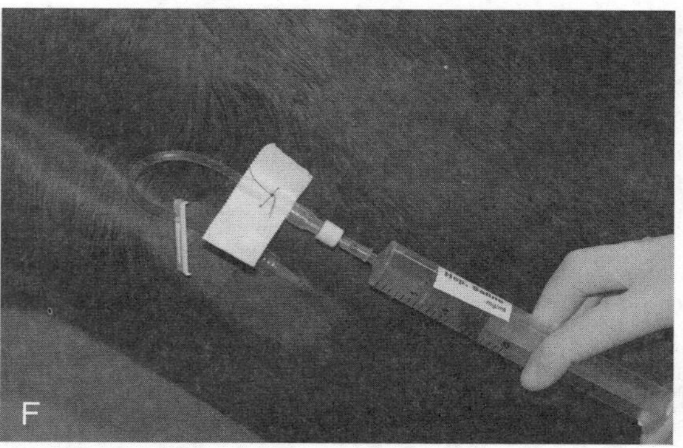

图7-2　马的颈静脉放置导管

A. 对导管置入的区域进行手术准备。B. 用左手阻断颈静脉血流，在颈静脉内放置一根针上（OTN）导管（12 ～ 14G）。C和D. 将管心针从套针导管中取出，并将短的液体延伸管连接到导管上。E和F. 在导管延伸部分（蝶形导管）周围放置1in胶带，用于将导管缝合到马体。延长管内充满无菌盐水。

一般来说，短时间卧地成年马的导管不需要包扎，这有助于在注射药物之前和注射期间检查导管，并快速识别与导管相关的问题。对于躺卧的马、摩擦导管的马或马驹建议用绷带覆盖在导管部位。在导管插入部位可涂少量抗生素软膏（如聚维酮碘或呋喃西林）。插入导管后，用无菌纱布覆盖并用弹性胶带固定。绷带应至少每天更换一次，如果弄湿或弄脏，也应更换。留置导管时间的长短取决于导管材料、导管配置和炎症临床表现。聚四氟乙烯导管适用于短期插管，应每2 ～ 3d更换一次。聚氨酯和硅橡胶导管可保留2周或更长时间。因为导线导管更灵活，所以与针上导管相比更不容易形成血栓。

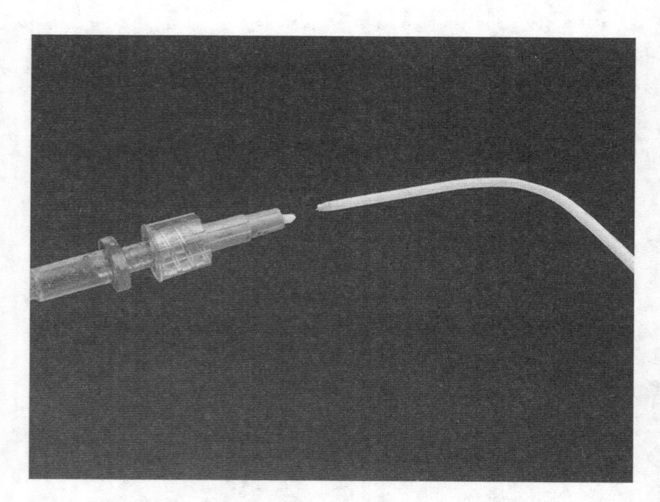

图7-3　导管拔出后的图示，显示了针头导管的常见断裂部位

导管摘除是通过切断固定缝合线并沿着与导管平行的方向拉住导管接头向外拔出。手指按压静脉穿刺部位，但如果持续出血，可以将压力绷带放置在静脉穿刺部位几个小时。如果移除过程中导管破裂（图7-3），应立即对导管插入部位下方的静脉施加压力。应通过手术取出导管，利用超声可确定导管在静脉内的位置，超声时纤维蛋白聚积层可能被误认为是实际的导管（图7-4）。

三、动脉插管方法

动脉导管用于采集动脉血样（PHa、PaO_2、$PaCO_2$），方便测量动脉血压，并使用锂稀释法测定心输出量。任何足够粗的可容纳导管的可触及的浅动脉都可以进行插管（图7-5）。面部动脉及其分支是马匹最常见的插管动脉之一，它沿着肌肉的颅缘或更多的肌肉分支一直到鼻腔外侧动脉和近侧动脉都可以使用。当马背卧位时，面部动脉最容易在穿过下颌骨腹侧的地方插管（图7-5）；马侧卧位时，通常使用面横动脉进行插管，当马头无法接近时，可对后肢的跖背动脉进行插管（图7-5）。

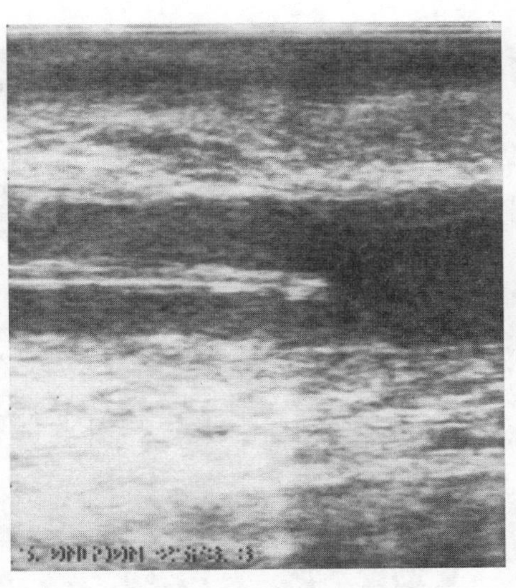

图7-4　使用7.5Mhz探头对马颈静脉进行超声检查，显示在长时间静脉插管后在导管周围形成的纤维蛋白

常规临床病例（图7-6和表7-1）使用18～20G穿针（TTN）导管或针上（OTN）导管。一般来说，针管穿入血管并要向前推进一小段距离，以确保导管

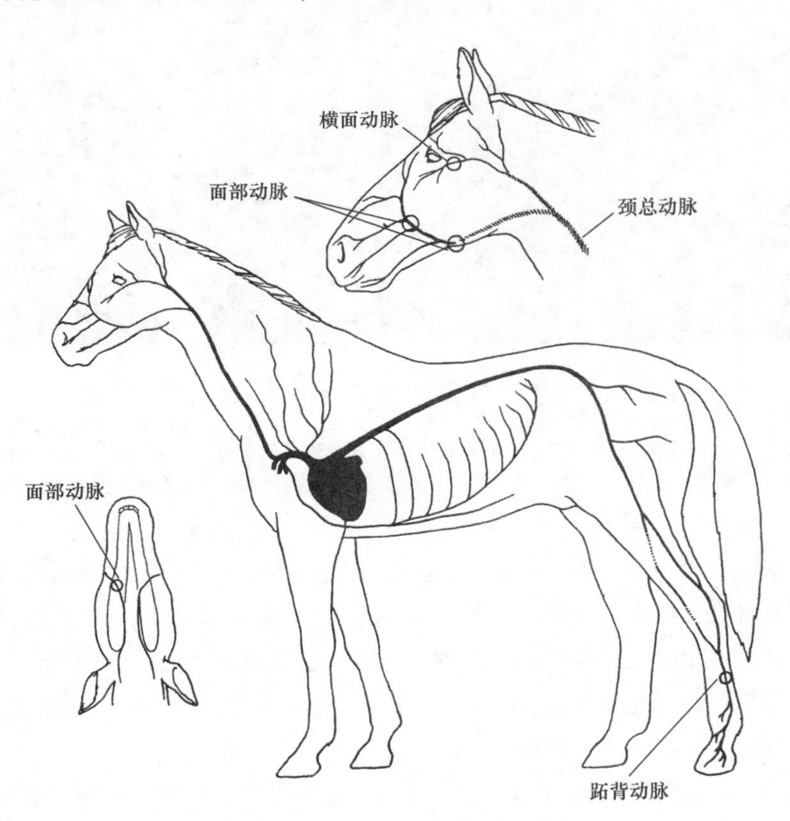

图7-5　马身上容易插管的动脉

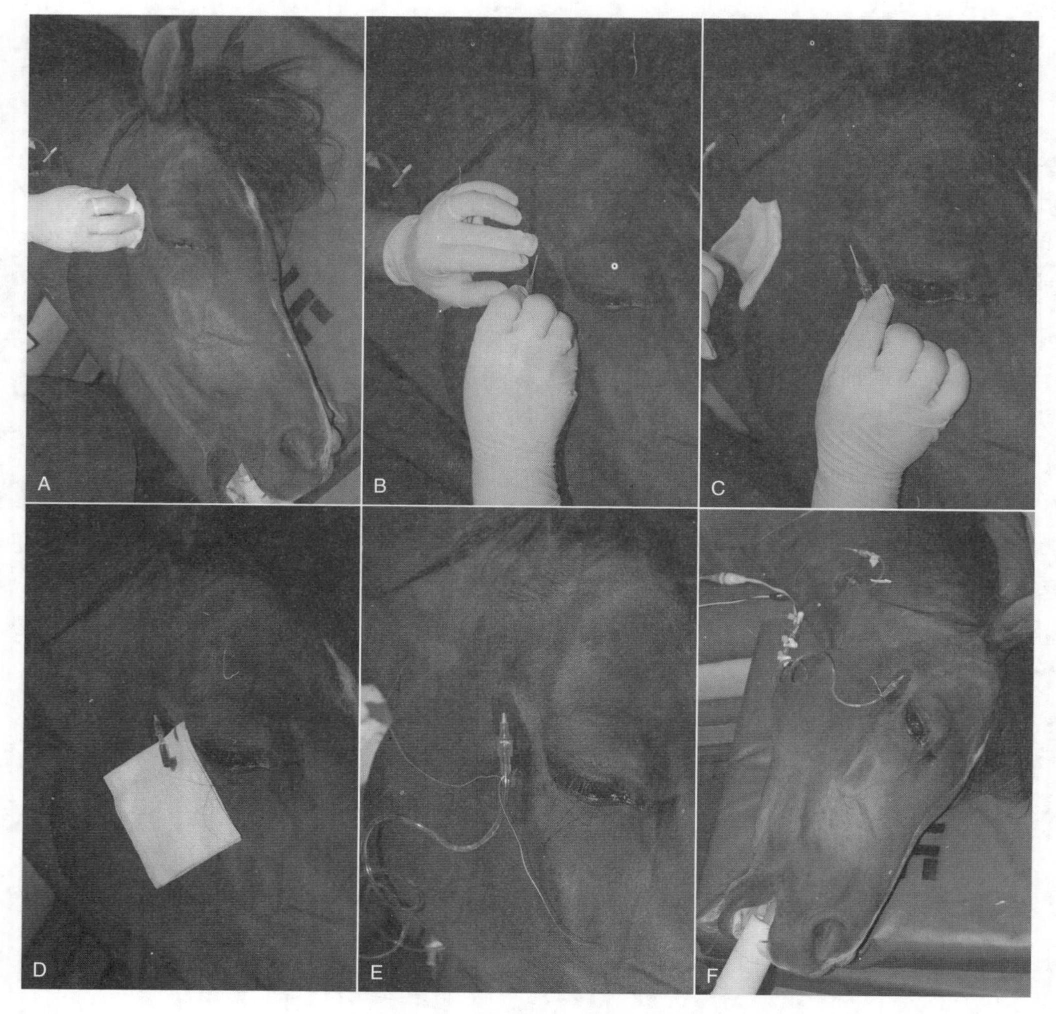

图 7-6 马面部横动脉的插管

A. 手术准备后导管放置区域。B 和 C. 面部动脉的一个分支处，放置针上（OTN）导管（20G）。D. 从 OTN 导管中取出通管针。血液回流。E 和 F. 将一个短的流体延伸管连接到导管上。在延长管中放置一个环，将导管和延长管缝合到马的面部（中间）。这有助于防止动脉导管的直接张力。延长管用无菌盐水冲洗并连接到压力传感器。

尖端进入血管腔。导管穿过针进入血管腔，直到导管末端接口到达皮肤。在导管完全穿入血管之前，保持通管针在血管中的原始位置上；过早拔出通管针可能导致导管出现毛刺、弯曲或扭结，并阻碍导管的完全插入。穿针式导管的缺点是，当从动脉中抽出针时，因为导管的直径小于穿过的孔，所以更有可能导致血肿形成。因为动脉血压高于静脉血压，动脉壁肌肉在导管周围收缩的压力保持15～30s，就会限制出血。

需要长期插入动脉导管的马、小型马或低血压马需要长时间设置动脉导管（表7-1）时首选导线（OTW）导管。使用塞尔丁格（Seldinger）技术（图7-7）插入导管。成年马长期动脉插管最常见的部位是面横动脉（图7-8）。马驹的首选部位是跖背动脉。将卷好的纱布放在导管两侧，并使用弹性黏合绷带以稳定导管。

表7-1　各种导管的优缺点

类型	优点	缺点
蝶形导管	操作简单 有设备齐全的延伸管	针头可能撕裂血管 针头可能会从血管中出来 不适合长期使用
针上（OTN）导管	可选用大直径 插入后取出针头 导管与穿刺直径相同	直径种类有限 皮肤穿刺时导管尖端可能被磨损 如果导管尖端在针头前面，针头可能会刺穿导管
穿针（TTN）导管	导管可以任意长度	直径受套管针大小限制 必须移除套管针或用防护罩覆盖 皮肤和血管中的孔大于导管直径，容易形成血肿
导线（OTW）导管	穿刺部位紧贴导管 柔韧，最适合短脖子 可放置在弯曲或塌陷的血管中 多种内腔可选 材料具有较低的血栓形成性	对技术要求高 成本高

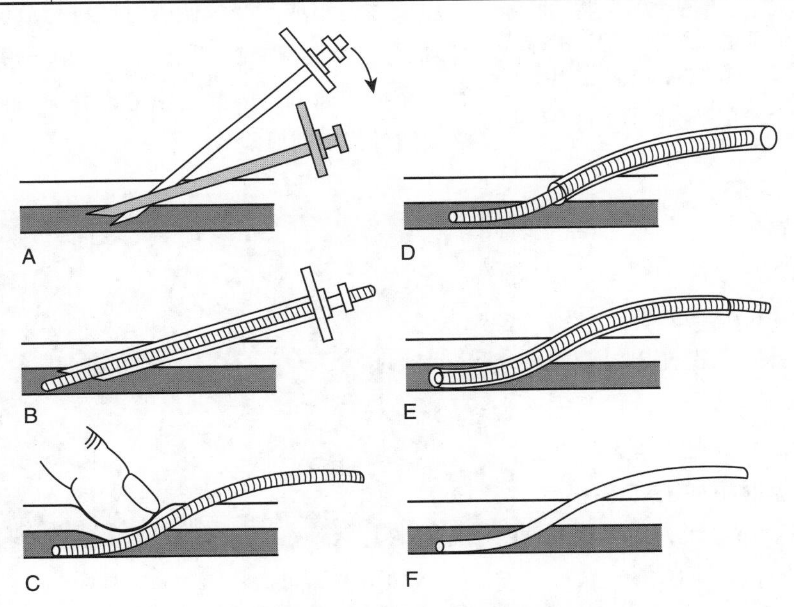

图7-7　使用塞尔丁格技术的导管放置示意图

A. 使用针头刺穿血管，确保针尖完全插入血管。B. 引导线通过针插入血管；在静脉穿刺时，使用J型线防止静脉瓣膜阻塞；动脉穿刺用软尖直线。C. 将引导线伸入血管，取出空心针；动脉穿刺后，按压血管，以防止术中出血过多。D. 将导管放置在引导线上并使其进入血管；在导管推进过程中保持导线稳定很重要；如果由于皮肤原因使导管推进时很困难，可在放置导管之前使用扩张器。E. 导管位于血管内。F. 移除引导线，并在适当的位置固定导管。

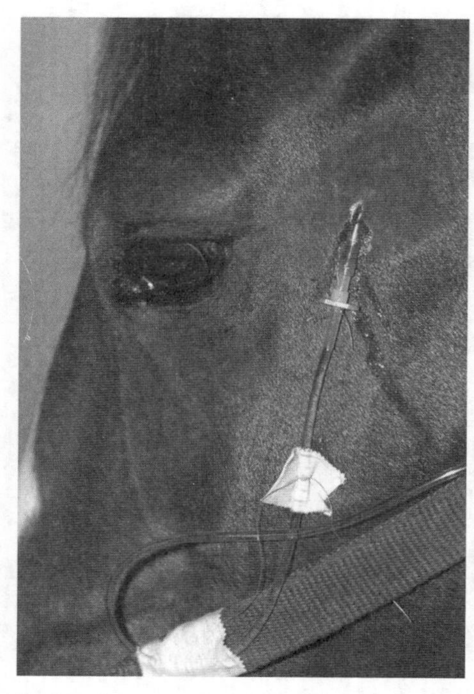

图7-8　成年、站立、清醒的马，将动脉导管置于面部横动脉中，用锂稀释法连续采集动脉血并测量心输出量

局部使用5%利多卡因乳膏有助于该方法的实施。

动脉导管可用氰基丙烯酸酯组织胶、胶带或缝线固定。与静脉导管相比，动脉导管更需要用肝素化盐水溶液冲洗。关闭冲洗旋塞，冲洗注射器柱塞上的轻微压力会阻止血液进入导管。商用自动连续冲洗装置，应特别注意保证所有连接都是安全的，防止因动脉内的高压而失血。移除导管后，应在导管插入部位施加压力按压（静脉，按压30s；动脉，按压3min），防止血肿的发生。

四、导管类型

导管类型和大小的选择取决于病患的大小和导管的用途，还应考虑各种导管类型的优缺点（表7-1）。

1. 蝶形导管

蝶形导管（图7-9）由附在针头上的蝶形翅膀和一段柔性管组成。蝶翼便于对针进行放置和固定。当穿刺部位运动受限时，蝶形导管可用于短期静脉通路。针头留在血管内；因此必须考虑刺穿血管、血管壁撕裂或意外拔出的风险。

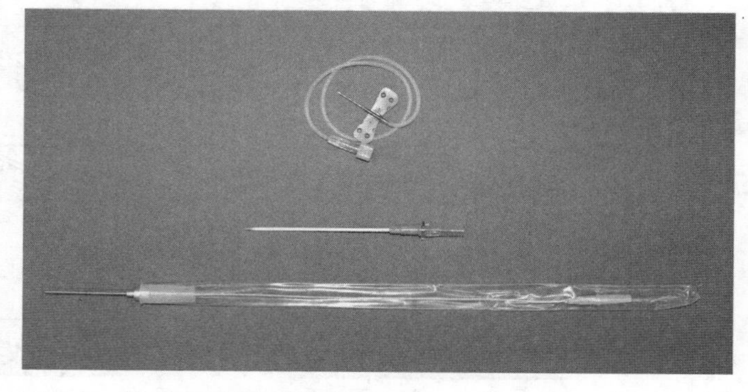

图7-9　常见用于马的导管类型有蝶形导管（上）、针上导管（中）和穿针导管（下）

2. 针上导管

针上（OTN）导管（图7-9）相对较短（通常14cm或更小）且较硬，针（通管针）略微伸出导管尖端，规格有10～22号。导管的尖端有时会在穿透皮肤时被磨损，从而使穿刺血管壁时更加困难和痛苦（表7-1）。用大针或手术刀在皮肤上开一个小孔，可以最大限度地减少对导管的损伤。不要把导管拉回到针上，因为锋利的针尖可能会切断导管。如果导管不能推进，应把针和导管作为一个整体从血管中取出。在尝试放置导管之前，应检查导管是否扭结或有其他缺陷，并用肝素化生理盐水冲洗。一旦导管成功穿入血管，就要移除针头；用无菌盐水冲洗，加盖并固定导管。

3. 穿针导管

穿针（TTN）导管（图7-9）市场有售，也可通过将聚乙烯管穿过皮下注射针（表7-2）临时组装制成。穿针导管的优点是可以制成任意长度，比大多数导管更灵活。穿针导管的主要缺点是导管直径受其穿过针头大小的限制，针头留下的孔（针头直径）大于导管直径。较大的穿刺伤口易导致导管周围血液渗漏和形成血肿（表7-1）。如果导管插入过程中出现阻力，则不应拔出穿针导管，因为针头可能会切断导管。针和导管应作为一个整体抽出，再次重复放置导管的程序。

4. 导线导管

导线（OTW）导管是由柔性聚氨酯或硅橡胶材料制成，不容易形成血栓（图7-10）。首选用于马驹和小型马的长期导管插入术。导线导管有单腔、双腔或多腔，长度也可以不同。提供导管夹，便于根据病患的大小选择不同的插入长度。使用塞尔丁格技术放置导管（图7-7）。

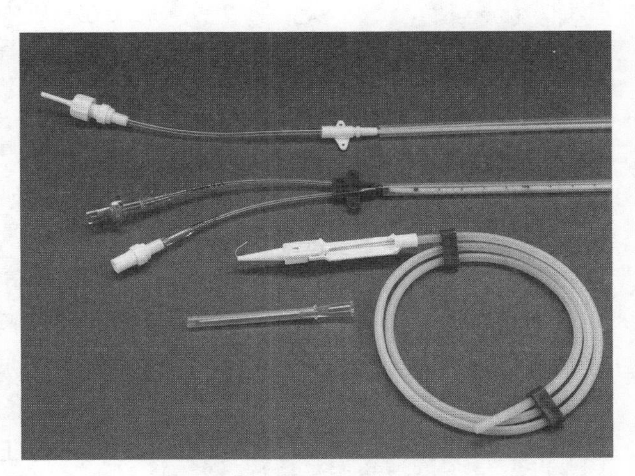

图7-10　导线导管：单腔（上）、双腔（中）、放置在保护套内的J型线（下）和插入针

五、导管的材料和尺寸

导管由多种材料制成。聚乙烯管价格便宜，具有良好的柔韧性和弹性，但容易形成血栓。聚四氟乙烯（Teflon）血栓形成率较低，但容易扭结。硅化橡胶（silastic）管具有非反应性、不易形成血栓，但它具有良好柔韧性，会在血流作用下摆动并可能发生扭结。聚氨酯具有柔韧性、抗塌陷、抗扭结特点，相对其他材料而言，无血栓形成，是目前最常用的长期导管材料。

导管大小（内径）的选择取决于血管的大小和动物的液体需求。液体流量与导管内径成正比，呈4次方关系；将直径减半将使流量降低16倍。较小的导管造成的组织损伤较小，而且允许相对不受干扰的血流通过导管。内径大的导管应用于快速注入大量液体。目前市面上最大的导管是10G（ID）。14G导管通常适合马的常规液体给药。大多数马驹的颈静脉通常用18G导管就足够了。

1. 延伸装置、线圈装置、注射帽和给药装置

导管延伸装置是用于将导管连接到液体给药管之间的连接。它们可以缝在马的皮肤上，有助于防止输液时导管被拉出血管。一些导管延伸装置含有便于静脉给药的入口。延伸装置有多种长度和直径。对于大体积液体输送，应使用大直径或高流量延长装置。对麻醉的马，最好使

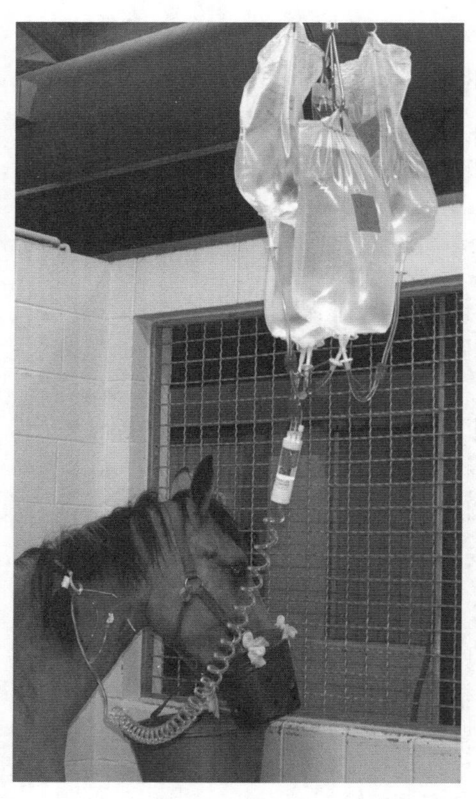

图7-11　圈栏专用的滑轮和线圈液体给药装置有助于防止马和静脉延伸管发生缠结，并允许马在圈栏中自由运动

用加长装置，这样就可以在离马较远的地方，注入液体和药物。T端口的各种配置，如双端口或三端口具有独立的注入端口，都可以使用。为防止导管断开，优先选用鲁尔锁连接（Luer-lock）。长的延伸装置用于在马厩中进行液体给药，因为它们允许马移动、躺下或进食。带有旋转钩的顶置滑轮系统可防止液体管线相互缠绕（图7-11）。

注射帽用于封闭输送药物的导管。如果液体管路断开，反流阀可防止意外抽吸或失血。无针注射帽可防止针头意外刺伤马或人。

标准给药装置可提供10、20和60滴/mL的液体，用于短期液体或药物给药。马驹线圈装置可提供15滴/mL。使用液压泵时，应注意要使用适当的液体给药装置，然后使用长螺旋延伸装置将液体连接到马身上。

2. 液压泵

校准后的液压泵便于准确输送液体或药物。大多数液压泵都会发出警报，指示管路中是否有空气、液袋是否已空，或注入液体所需的压力是否升高或过载（导管扭结或堵塞）。大多数液压泵的最大液体供给量为999mL/h，但这不能满足成年马的补液需求。副（脉动）泵每小时可输送高达40L，但必须监测，因为即使储液罐（袋）是空的，输液泵也会继续运行。当快速输液时，应使用大口径导管，以避免导管晃动造成血管内皮损伤。

表7-2　自制导管系统的导管用品*

聚乙烯管尺寸（90cm 长）	静脉穿刺针（可重复使用）	穿针管
160	14G	18G
205	12G	16G
240	10G	14G

注：* 所有这些导管都需要盖或三通旋塞。

六、静脉或动脉插管相关并发症

导管置入过程中血管壁的创伤、导管尖端的血流紊乱，以及异物（导管）进入血管，都是导致血栓形成的原因。由导管引起的颈静脉血栓性静脉炎引发的其他危险因素包括全身性疾病、低蛋白血症、小肠结肠炎、内毒素血症、大肠疾病和沙门氏菌病。马动脉插管的并发症相对较少，这是因为马动脉的血压高、血流快以及动脉导管不能长期维持。感染、动脉血栓形成和血肿形成是潜在的并发症（表7-3）。跖背动脉插管后出现骨髓炎，特别需要注意导管置入过程中无菌操作。

表7-3　导管插入术的并发症

并发症	标志	原因
血栓性静脉炎 / 感染 / 导管败血症	导管部位疼痛 肿胀 水肿 发热	准备不足 病畜卫生不良 防腐技术差 导管插入时间过长 刺激性或高渗溶液 溶液被污染 病畜免疫功能低下
静脉液体渗出皮下组织	疼痛 肿胀 水肿 输注速率降低 不回血 组织可能坏死	导管移位 人工推药 大容量输液泵的使用
致热反应	突然发热和发冷 荨麻疹 低血压 发绀	溶液或给药装置中的外来蛋白质
空气栓塞	焦虑 萎靡不振性共济失调 神经衰弱 发绀 失去意识	室内空气进入导管 加压液体瓶
失血	导管失血 内部失血	导管未加盖 过度肝素化
动脉血栓 / 闭塞	组织坏死，蜕皮	同血栓性静脉炎 / 感染 / 导管败血症
血肿	局部肿胀	撕裂或多处穿孔 高压（动脉） 意外动脉穿刺 静脉导管的放置
导管破损	拆卸过程中导管套缺失 局部肺炎 心律失常 心内膜炎	使用的针上导管太硬

七、液体疗法

成功的液体疗法是基于对机体渗透性、渗透压、张力和胶体渗透压（肿瘤学）知识的应用，这些知识与各种可用的流体以及马的体液、电解质、血液学和酸碱状态有关。需要注意的是，除了血液以外，所有市售可利用的液体和大多数马源性胶体溶液都是血液某些成分的稀释液，因此在纠正一个问题的同时，可能会加剧另一个问题。水是身体内所有液体的主要的稀释剂，是几乎所有化学反应的基本成分。水约占成年马体重的60%，新生儿高达80%（框表7-2）。

框表7-2　马体内水分百分比
成年马的细胞外液量（ECFV）约为总体重（TBW）的 20% ～ 25%，新生马驹则高达 40%。据报道，成年马体液分布的实验估计值为：全身水（TBW）为 0.67L/kg（67%），ECFV 为 0.21L/kg（21%），细胞内液量（ICFV）为 0.46（46%）（TBW=ECFV+ICFV）。新生马驹的细胞外液（间质液 + 血液）约占 TBW 的 40%，到 24 周时降至约 30%。计算流体需求量时，一般采用成年马 30%（0.3×TBW）和马驹 40%（0.4×TBW）的估算值。镇静的马血容量约占总 TBW 8%（8mL/kg），而健康马的血容量可达到 TBW 的 14%。新生马驹血容量为 TBW 的 15%，12 周后降至成年值。

根据输液的主要目标，液体疗法可分为两大类。液体疗法的一个目标是恢复和维持正常的机体水分，或者说是治疗脱水的另一种方法。许多需要紧急手术的马（创伤、疝气、撕裂伤）可能在数小时内没有足够的水供应，或者可能在疾病过程中出现严重脱水。这些马经常表现出脱水的迹象（黏膜干燥、皮肤缺乏弹性、眼睛塌陷、血细胞比容增加）。通过使用晶体液可以成功地恢复和维持正常的水合过程，晶体液主要指在水中含有不同浓度的无机盐（如Na^+、Cl^-）或小的有机分子（葡萄糖）的溶液［成年马可以以4～8mg/（kg·min）或1～2mg/（kg·min）的速率注射5%的葡萄糖，表7-4、框表7-3］。市售晶体液分为等渗、低渗或高渗，通常根据马的电解质浓度和对水的需求来选择。脱水马需要大量晶体液，以扩大循环血容量和恢复正常的水化水平。这种液体疗法（替换和维持）一般在轻度至中度脱水的马有较好的耐受性，可以长时间给予6～24h。但是对于脱水和低血容量的马，快速给予大量晶体往往会导致组织水肿（＜10%～20%的晶体在1h后留在血管中）。大量给予晶体会稀释血液成分（蛋白质、血红蛋白、血小板），使马容易发生组织缺血、缺氧和出血。中度至严重脱水或低血压的马输注胶体液更有效（＞30 000u），这些胶体能否保留在血管内，取决于它们的浓度（胶体渗透压），胶体可以从组织间吸引液体进入血管（自体输注），脱水的马体内也是如此。不同胶体在血浆体积膨胀的大小、持续时间、血流动力学（动脉血压、心输出量）、止血和血液流变学效应、产生不良影响的可能性和成本方面各不相同。目前所有可用的半合成胶体（右旋糖酐、羟乙基淀粉）都是分散的（由不同大小的分子组成），并且有可能导

框表7-3　马葡萄糖治疗
成年马以1～2mg/（kg·min）或马驹以4～8mg/（kg·min）的速度给予5%葡萄糖。

致止血功能受损，这很大程度上归因于血液稀释，但新型胶体不存在这样的问题。复苏液（胶体、血液、血液替代品）的主要目的是恢复血液量，改善组织灌注和组织供氧。胶体在恢复正常血流动力学方面比晶体更有效，给药量为［20～40mL/（kg·d）］，但应避免血管液体过载、止血功能损伤，以及血浆蛋白和血红蛋白过度稀释。有些胶体具有抗炎作用，有助于减少由于组织缺氧引起的毛细血管渗漏。分子量较小或含有较小分子的胶体可在组织中积聚，可能导致马的组织水肿或组织血流局部受损。大多数需要手术和麻醉的马联合应用晶体液［乳酸林格液：3～5mL/（kg·h）］和胶体（6%羟乙基淀粉：5～10mL/kg）更有利于恢复有效的循环血容量和维持正常的血流动力学。实际上，几乎没有证据表明，对需要择期麻醉的马（特别是紧急外科手术的马）急于给予晶体液，只不过提供了静脉通路和血流动力学的短暂改善，并诱导利尿。在停止给药60min后（每升＜100～200mL），只有低于10%～20%的晶体被保留在血管内。相比之下，胶体引起血浆体积随着时间持续增加，其影响取决于溶液的胶体渗透压。

溶质不均匀地分布在全身。钠是血浆中的主要阳离子，氯化物和碳酸氢根是主要的阴离子；蛋白质对总负电荷有作用，可提供蛋白质渗透压。白蛋白或类似大小的分子（＞30 000u）是形成膨胀压力的主要因素。细胞间质溶液顺应性强，约占细胞外液体积的75%。主要由钠、氯化物和碳酸氢盐组成，但蛋白质的浓度比血液低。由于血浆中负电荷蛋白质的浓度较高，血液中的阴离子浓度略有增加，阳离子浓度有所降低。这种差异在马身上非常小，以致于人们认为血浆中溶质的测量浓度反映了整个细胞外液中溶质的浓度。细胞内液的组成不同，主要阳离子是钾和镁，重要的阴离子是磷酸盐和蛋白质。

在大量补液的过程中，液体在不同组织间转移是一个重要问题。渗透压是指每千克溶剂溶液中渗透活性粒子的浓度（mOsm/kg）。渗透压是溶剂单位（mOsm/L）中溶质颗粒数。这两种浓度在血浆中的差别可以忽略不计，所以这两个术语经常互换使用。成年马的正常血浆渗透压在275～312mOsm/kg，品种间略有差异；正常马驹的数值较低。有效渗透压（张力）是两个组织间渗透压差产生的渗透压。蛋白质产生的渗透压，主要是白蛋白（块状压力），可以通过胶体渗透计测定其渗透压。成年马为19.2～31.3mmHg，小马驹为15～22.6mmHg。毛细血管和组织间的水和离子溶质交换发生在毛细血管水平，速度很快，在15～30min内可达到平衡。根据斯达林毛细血管定律（框表7-4），血浆和组织液之间的交换率或净过滤率由有利于过滤的力（毛细血管静水压和组织液胶体渗透压）和将液体保留在血管内的力（血浆胶体渗透压和组织液静水压）之间的平衡来控制。血浆和间质液之间的液体转移相对较快（几分钟），这取决于占优势“驱动”力和组织层的毛细血管（孔隙）。

组织间隙和细胞内间隙之间的液体交换由每个空间内渗透活性粒子的数量控制。钠是细胞外液（ECF）中最丰富的阳离子，因此是ECF大多数渗透活性粒子的来源。其他有助于ECF渗透压的渗透活性化合物是葡萄糖和尿素（框表7-5）。

渗透间隙（osmolar gap）是指测量的渗透压和计算的渗透压之间的差值。当血浆中存在未测量的溶质（如甘露醇）时，渗透间隙增大。细胞外和细胞内的液体交换相对缓慢，需要18～24h才能达到平衡。

框表7-4　斯达林毛细血管定律
净过滤 = K_f [（P_{cap} - P_{int}）- σ（π_p - π_{int}）] 式中，K_f 为过滤系数，随着可用的过滤表面积和毛细管壁的渗透性而变化；P_{cap} 和 P_{int} 分别为毛细血管和间质液内的静水压力；π_p 和 π_{int} 为血浆和间质液内的胶体渗透压；σ 为穿过毛细血管壁的蛋白质的阻力。

液体给药

脱水是指体内的溶质和水的流失。低血容量症是一种由血管内液体流失引起的脱水。这一区别很重要，因为水摄入量不足可能不会改变心率和灌注参数（毛细血管再充盈时间），但存在低血容量（参阅第6章）。脱水需要纠正，并相对缓慢地补充细胞内液（ICF），以便有时间在血浆和间质液之间发生代偿性液体转移，并随后进入细胞内。可用于估计脱水的参数包括体重、心率、黏膜颜色、皮肤弹性（皮肤张力）、四肢凉、动脉血压降低和尿量减少。有用的实验室参数包括血细胞比容（PCV）、总蛋白、肌酐浓度和尿比重。PCV和血浆总蛋白（TP）浓度的增加表明脱水引起血浆和ECF体积的减少（表7-5和表7-6）。这些变量在马之间有很大的差异，也很难解释，只有初始值可供比较：一匹马，初始PCV为40%，TP为7.5g/dL时可能是正常的；但当初始PCV和TP分别为30%和5.7g/dL时表现为严重脱水。马脾释放红细胞进入循环（交感刺激）的能力使PCV作为脱水指标的可靠性降低。血液或蛋白质损失也使其复杂化。相比之下，循环血容量的急性损失通常会改变心血管参数，其典型表现为心率加快、毛细血管再灌注时间延长、灌注不良、黏膜苍白和脉搏质量下降。低血容量可以通过快速恢复有效的循环血容量来治疗。现在测量乳酸盐是评估马组织氧合和组织灌注的常规方法，大多可由分析仪测定（参阅第8章）。如有可能，采集后应立即分析血样，以避免红细胞在体外产生乳酸；或将血液收集在含氟化物的试管中（血浆分离后），并储存在冰上。血乳酸浓度的增加通常是组织灌注不足或缺氧的结果。由于低血容量、血氧含量降低或心肌功能受损导致的血流量减少，导致高乳酸血症，组织供氧不足。线粒体功能障碍（相对低氧）引起的高代谢状态或氧利用障碍也可增加血乳酸浓度。由于肝功能不全、硫胺素缺乏或儿茶酚胺产生增加导致氨的清除不足，从而导致乳酸增加的可能性较小。成年马的正常血乳酸浓度通常小于2mmol/L；高于该值的浓度表明组织氧合不足。新生马驹（＜24h）的血乳酸浓度较高（3～5mmol/L），24h后降至成年马的范围。连续测量乳酸有助于监测整体组织灌注对液体疗法的反应。

评估马的全身电解质失衡非常困难，因为血浆电解质浓度并不总是反映全身的异常情况。血清钠浓度的增加可能是由于实际钠过量或缺水（脱水）造成的。血钾指标非常重要，因为它对心率、节律和传导有潜在的影响；但是机体总钾很难测量，因为不到2%的钾在细胞外液中（因为大多数钾都在细胞内）。值得注意的是，即使血钾水平正常或升高，患病马也可能出现全身钾缺乏。钙和镁的功能也最好通过测量离子化钙和离子化镁的浓度来评估。这些阳离子对骨骼肌和平滑肌的功能至关重要，在血管张力和肠道运动中也起着重要作用。这些低浓度的电解质经常出现在内毒素中毒的马。

表7-4 常见静脉补液的主要组成和用途

	pH	渗透压（mOsmol/L）	Na（mEq/L）	K（mEq/L）	Ca（mEq/L）	Mg（mEq/L）	Cl（mEq/L）	缓冲液（mEq/L）	适应证
5% 葡萄糖	3.5～6.5	252	—	—	—		—		原发性脱水、低血糖症
乳酸林格液	6.2～6.7	273	130	4	3	—	109	乳酸 28	日常维护与补液
乳酸林格液和5% 葡萄糖	5	525	130	4	3	—	109	乳酸 28	补液和低血糖
等渗液 A	7.4	292	140	5	—	3	98	醋酸盐 27、葡萄糖酸盐 23	补液，以肝病为特征
等渗液 148	5.5	294	140	5	—	3	98	醋酸盐 27、葡萄糖酸盐 23	补液，以肝病为特征
等渗液 56	5.5	111	40	13	—	3	40	醋酸盐 16	维持
醋酸盐 R	7.4	296	140	5	—	3	98	醋酸盐 27、葡萄糖酸盐 23	补液，以肝病为特征
醋酸盐 M	5.5	111	40	13	—	3	40	醋酸盐 16	维持
生理盐水	5.0	308	154	—	—	—	154		高钾血症、低钠血症、低氯血症
林格液	5.8～6.1	309	147	4	4.5	—	156		日常维持和补液
右旋糖酐 -40	3.5～7	高渗	154	—	—	—	154		低蛋白血症的急性治疗
右旋糖酐 -70	3～7	高渗	154	—	—	—	154		低蛋白血症的急性治疗
0.9% 盐水	3.5～7.0	高渗	154	—	—	—	154		急性治疗低蛋白血症，提高血液渗透压

（续）

	pH	渗透压（mOsmol/L）	Na（mEq/L）	K（mEq/L）	Ca（mEq/L）	Mg（mEq/L）	Cl（mEq/L）	缓冲液（mEq/L）	适应证
高渗（6% 羟乙基淀粉的 LRS 溶液）	5.9	307	143	3	5	0.9	124		急性治疗低蛋白血症，提高血液渗透压
3% NaCl	5.0	高渗	513	—	—	—	513		急性失血（参阅第 22 章）
7% NaCl	5.0	高渗	1 198	—	—	—	1 198		急性失血，休克（参阅第 22 章）

注：—，不存在。

急性（几分钟至数小时）液体给药是为了增加血管体积，以支持动脉血压和维持组织灌注。对于大多数进行常规外科择期手术的马，给予3～10mL/（kg·h）多离子“平衡”盐溶液（类似于血浆）是足够的（框表7-6）。

框表7-5　血清渗透压
ECF 渗透压 = 2 [Na^+] + 葡萄糖 /18+ 尿素 /2.8
细胞膜对尿素和钾具有渗透性，因此有效渗透压可通过以下公式计算：
ECF 渗透压 = 2 [Na^+] + 葡萄糖 /18

注：ECF，细胞外液。

表7-5　假设正常PCV为35%，总蛋白为6.5g/dL，有助于评估成年马低血容量程度

有效循环血量损失（%）	心率（次 /min）	CRT（s）	PCV/TP [%/（g/dL）]	肌酐（mg/dL）
6	40～60	2	40/7	1.5～2
8	61～80	3	45/7.5	2～3
10	81～100	4	50/8	3～4
12	＞100	＞4	＞50/8	＞4

注：CRT，毛细血管充盈时间；PCV，血细胞比容；TP，血浆总蛋白浓度。

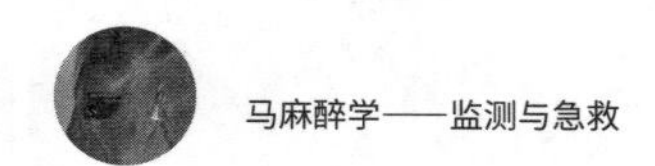

框表7-6　补液
• 初始最低液体输注速率：3～10mL/（kg·h），乳酸林格液，持续3h，然后重新评估。 • 如果出现明显低血压，则增加输注速率，20～30mL/（kg·h）。 • 最大补液量：20～40mL/kg。 • 监测血液稀释的PCV和TP。 • 如果PCV＜20%或TP＜3.5g/dL，考虑给予胶体、血浆或血液。 • 估计总失血量，每失血1mL使用3～5mL晶体溶液（除非必须输血），输液时超过初始最低液体输注速率。 • 晶体从血液（约8%体重）迅速重新分布到组织间液（15%～25%体重），大约是血容量的3倍。 • 休克治疗期间的最大液体输注速率变化很大，根据经验为90mL/（kg·h）。
注：LRS，乳酸林格溶液；PCV，血细胞比容；TP，血浆总蛋白。

八、液体类型

麻醉马给药"最佳"的选择取决于PCV、TP、电解质浓度、酸碱状态和血流动力学。第一步是选择液体；第二步是根据具体的缺乏或过量（如低钠血症/高钠血症、低钾血症/高钾血症、低钙血症/高钙血症、低镁血症/高镁血症、低血糖症和酸碱度异常）决定将使用哪些补充成分。

两种类型的晶体通常用于替代液体治疗：0.9%的盐水和平衡电解质溶液（BESs）（表7-4）。一般来说，当血清电解质和血流动力学接近正常值时，优选BESs。乳酸、醋酸盐和葡萄糖酸盐用作BESs中的碳酸氢盐的前体。乳酸在肝脏中转化为碳酸氢盐，而醋酸和葡萄糖酸在血浆和其他组织中代谢为碳酸氢盐。所有BESs都含有钾（表7-4）。生理盐水（0.9%）中含钠离子浓度（154mEq/L），但氯离子浓度（154mEq/L）比正常血浆中的氯离子浓度（105～110mEq/L）高得多。当钠离子浓度低于125mEq/L时给予生理盐水；或患有高钾血症、高钾血症性周期性瘫痪或肾功能衰竭期间，给予生理盐水以稀释钾离子。患有代谢性（非呼吸性）酸中毒的马会变成高钾血症。如果马匹不进食或不饮水，并且液体疗法持续24h以上，则需要补充钾。为避免高钾血症和相关的心血管并发症（心动过缓、肌肉无力、血管扩张、低血压），马每小时钾摄入量不应超过0.5mEq。大多数马受益于每升液体添加12mEq氯化钾（每5L袋含80mEq）。

长时间使用BESs（＞4～5d；维持液体治疗）会导致高钠血症、低钾血症、低镁血症和低钙血症。低钾血症也可能由摄入不足、利尿和胃肠道疾病发展而来。为此，应考虑应用添加钾、钙和镁的半强度BESs（表7-4）。

当因胃肠疾病而停止饮水时，补钙、钾和镁被纳入补液方案（框表7-7）。血清中离子钙（iCa）和镁（iMg）浓度较低是外科胃肠道疾病的常见现象，尤其是在有小肠或大、小结肠无绞窄性梗死，以及绞窄性或术后肠梗阻的马中。患小肠结肠炎的马也有较低的iCa和iMg，以及较低的钙清除率。钙和镁总浓度不能作为钙和镁失衡的指标，离子浓度是首选。当总蛋白较低（离子钙可能仍然正常）或马碱中毒（总钙含量低，离子钙可能正常）时，会使总钙的测量产生误差。最近，部分镁的排泄物被认为是评价马镁状况的诊断工具。补充钙和镁似乎有利于马的液体治疗（框表7-7）。一些晶体溶液，如Plasmlyth-A和normosol-R含有3mEq/L的镁，但可能不足以弥补患病马匹的损失。

1. 用于严重低血压、低血容量和复苏的液体

（1）等渗晶体

静脉注射等渗（类似于血浆）晶体，如果快速注射［40～90mL/（kg·h）］，可以暂时恢复循环容量。首选平衡电解质溶液（电解质浓度类似于血浆）（如乳酸盐或乙酸盐林格溶液）作为麻醉马的常规液体治疗，用来维持正常的血浆电解质浓度并提供基础置换。但是所有晶体都在短时间（＜30min）内分布到组织间，限制了其作为低血容量症的治疗价值。许多文献建议，由于ECF的体积至少是血液的3倍，因此应使用至少是估计失血量3倍的等渗晶体来恢复血浆体积，从理论上提高有效循环血容量。例如，如果一匹500kg的马的失血量估计为6L，则需要18L晶体，给药速率为40～80mL/(kg·h)。这一原理虽然合乎逻辑，但很少能提供足够的血流动力学或成功地恢复组织灌注。应用于严重失血（＞25mL/kg）的马时，通常会导致血液稀释（血红蛋白降低、低蛋白血症）、凝血受损和中性粒细胞活化（全身炎症反应）等现象。根据马的疾病、血流动力学、电解质和酸碱状况，低血压［收缩压（bp）＜80～90mmHg；平均bp＜50～60mmHg］或严重失血的马更适合使用胶体、胶体和晶体混合物或血液（PCV＜15%～20%）进行治疗。

（2）高渗（7.2%氯化钠）盐水

高渗（7.2%氯化钠）盐水（HS）的渗透压大约是血浆和ECF的8倍（成分：钠1 200 mOsmol/L，氯1 200mOsmol/L），可以作为快速恢复血管体积和改善血流动力学的“桥接”解决方案。高渗溶液通过从组织和细胞内重新分配液体来扩大血管体积。每升7.2%高渗盐溶液将使血浆量增加3～4.5L，并立即使动脉血压、心输出量和组织灌注立即增加，有时还会急剧增加。然而，这种效应是短暂的（马体内30～90min），因为电解质（Na^+、Cl^-）不受毛细血管壁的限制，并重新分布到组织间。最终，过量的盐和水会回到血浆中，并通过肾脏排出。由于高渗溶液的主要作用是影响液体的再分布，因此，可能仍然存在全身体液不足，需要补充。高渗溶液的作用时间与溶液的张力和分布常数成正比，后者是指心输出量。静脉注射4mL/kg的7.2%高渗溶液，在大多数马可以产生至少持续45min的血流动力学效应。通过在胶体中给予7.2%的高渗溶液可以延长这种效应。将1L 23.4%氯化钠与2L 6%羟乙基淀粉混合，以4mL/kg的量静脉注射，可制成持续有效的复苏液。

表7-6 对PCV和总蛋白指标的解读

PCV（%）	总蛋白（g/dL）	说明
增加	增加	脱水
增加	正常或降低	脾脏收缩 红细胞增多症 脱水伴低蛋白血症

（续）

PCV（%）	总蛋白（g/dL）	说明
正常	增加	水分正常伴高蛋白血症 贫血伴脱水
降低	增加	贫血伴脱水 先前存在高蛋白血症的贫血
降低	正常	正常水合作用的非失血性贫血
正常	正常	正常水合作用 脱水伴原发性贫血和低蛋白血症 急性出血 水分进入组织内引起的脱水
降低	降低	失血 贫血和低蛋白血症 水分过度流失

注：PCV，血细胞比容。

框表 7-7　钙镁疗法

- 每 5L 静脉输液中加入 50 ～ 100mL 23% 的葡萄糖酸钙，通常足以维持正常的血钙水平。在出现严重低钙血症（iCa ＜ 4mg/dL）的情况下，需要在 5L BES 中添加 500mL 葡萄糖酸钙。
- 难以治疗的低钙意味着低血镁症，建议需要同时补充镁（Mg）。
- 马匹中 Mg 元素的基本维持量估计为 13mg/（kg·d），可由 31mg/（kg·d）的 MgO、64mg/（kg·d）的 $MgCO_3$ 或 93mg/（kg·d）的 $MgSO_4$ 提供。对于严重的低镁血症患畜，需要增加补充量。
- 考虑补充镁时，应确定化合物中元素镁的浓度。
- 150mg/（kg·d）的 $MgSO_4$（0.3mL/kg 的 50% 溶液）相当于 14.5mg/（kg·d）或 1.22mEq/（kg·d）的元素 Mg，可供马的日常需求。$MgSO_4$ 可以在生理盐水、葡萄糖或平衡的多离子液体中稀释。

2. 胶体

胶体是含有分子的流体，这些分子太大（＞30 000u），无法穿过毛细管壁。一些分子最终重新分布到组织间，但速率比晶体慢得多，从而延长了血管体积膨胀的持续时间（表7-4）。羟乙基淀粉是马体内常用的血容量扩充胶体。6%羟乙基淀粉的胶体渗透压约40mmHg，而马血浆约20mmHg，每给予1L羟乙基淀粉，循环血容量会增加约1L，导致总容量增加约2L。5 ～ 10mL/kg的6%羟乙基淀粉对麻醉后的马有良好的血流动力学作用，可立即产生恢复效应，持续时间可达到18 ～ 24h。高渗生理盐水和羟乙基淀粉（4mL/kg）的联合使用比单独使用液体或晶体制剂更能产生明显和更持久的有益血流动力学效应。术前给马注射羟乙基淀粉比注射7.2%生理盐水对马心脏指数有更大的改善作用。

九、碳酸氢盐的置换

在患病的低血容量、低血压和麻醉的马，组织灌注不良和组织缺氧是非呼吸性酸中毒和乳酸（代谢性）酸中毒的最常见原因。补液应是纠正这一问题的首要手段。当代谢性酸中毒产生的酸碱度低于7.2时，马可能需要补充碳酸氢钠（框表7-8）。

大多数碳酸氢钠替代疗法的测定是基于血浆碳酸氢盐浓度（mEq/L）或碱缺失（mEq/L）和对马细胞外液量（ECFV）的估计结果［例如，500kg×0.3（30%）=15L，见框表7-2和框表7-8以及表7-6］。

麻醉期间出现急性代谢性酸中毒的马，先给予计算剂量的一半［例如，500×0.3×碱缺失（10）=150mEq×1/2 =75mEq］，并在给予剩余剂量前要进行重新评估。严重酸中毒或继续丢失碳酸氢盐（如腹泻）的马因为身体的缓冲能力已经耗尽，所以通常需要补充足量的碳酸氢钠。对患有腹泻的清醒马，口服碳酸氢钠是治疗持续性碳酸氢钠丢失的一种实用方法。碳酸氢盐可作为粉末口服：1 g $NaHCO_3$=12mEq HCO_3^-。过量使用碳酸氢盐会导致高钠血症或低钾血症，并可能导致或加重呼吸性酸中毒，因为碳酸氢盐和水会产生二氧化碳，二氧化碳可以进入脑脊液或细胞，影响中枢神经系统，并产生细胞内酸中毒。其他潜在的问题包括血浆中钙离子浓度降低和血红蛋白对氧的亲和力增加（氧合血红蛋白解离曲线左移），不利于氧合血红蛋白释放氧，用于组织代谢的氧气量减少。

1. 血液成分输血疗法

血液或血液成分输血疗法一般用于全血或其成分大量流失时（框表7-9）。手术严重创伤或患有慢性胃肠道疾病的马可能会导致血液或血浆流失，输注的红细胞在马体内存活2 ～ 4d，尽管有相容的交叉匹配，但不相容可导致过敏反应。只有在失血危及生命时才能使用全血或浓缩红细胞（即PCV低于12% ～ 15%，血红蛋白低于4 ～ 5g/dL）。当血浆TP低于3g/dL（如果出现水肿症状，则为4g/dL）或白蛋白低于1.5g/dL时，则需要血浆置换。根据失血量（脾脏收缩），急性失血6 ～ 12h后，PCV和TP可能基本不变。急性失血后输血的决定必须基于低血容量症（心率加快、血压降低、黏膜苍白）和总失血量（血容量大于20%）以及PCV和TP而定。

马的三个最重要的抗原血型是导致马驹等红细胞溶解的主要原因。虽然抗Ca抗体很常见，但它们似乎不会产生临床反应。因此，合适的马献血者应该是健康的，孝金斯试验（coggins）阴性，Aa和Qa抗原、常见的抗红细胞抗体和Ca抗原（如果可能）均为阴性。

马的血液相容性（交叉配型）最好用溶血试验而不是凝集试验来评价。主侧配血（major cross matching）和次侧配血（minor cross matching）试验可能无法证明患者输血时可能出现的所有不相容性。为避免常见的反应性血型，建议对潜在供体进行血型分型。当不能进行相容性试验时，从未输过血的同种动物是献血者的最佳选择。柠檬酸-葡萄糖（ACD）、柠檬酸-磷酸-葡萄糖（CPD）和柠檬酸-磷酸-葡萄糖-腺嘌呤（CPDA-1）是收集和储存血液的抗凝血剂。抗凝剂与全血的比例应为1 ∶ 9。市售试剂盒含有柠檬酸钠作为抗凝剂，但不能用于储存红细

胞。血液可以被收集到玻璃瓶或含有适量抗凝剂的静脉输液袋中。不应将血液收集在玻璃瓶中以保存血小板。全血或红细胞可在ACD或CPD中冷藏21d（4℃），在CPDA-1中冷藏35d。血浆可以通过离心或沉淀从红细胞中分离出来；如果不受干扰，马红细胞通常在2h内沉淀。分离出的血浆可以冷冻保存1年。

框表7-8　急性代谢性酸中毒补充碳酸氢盐的一般原则

麻醉马补充碱的一般原则：

- 注射计算量的一半 HCO_3^-，然后在12～24h内迅速注射剩余的 HCO_3^-。
- 静脉注射碳酸氢钠不应使用含钙溶液。

$$HCO_3^-\text{（mEq）}=0.3\times BW\text{（kg）}\times\text{碱缺失（mEq/L）}$$

注：12mEq HCO_3^- 1g $NaHCO_3$。

因此：

$$\frac{HCO_3^-\text{需求（mEq）}}{12}=\text{总}NaHCO_3\text{需要量（g）}$$

采血前应检查供血者的PCV和TP。血液必须无菌采集，以尽量减少细菌污染的风险。献血者颈静脉上方的区域应剪毛，手术准备，并用1～2mL的2%利多卡因局部麻醉。将一根10～12G、2～3in的针或采血套管插入颈静脉，并通过无菌管连接到装有抗凝剂的瓶子或袋子上。可以暂时阻断颈静脉远端，以促进血液收集。收集瓶或收集袋应轻轻摇动，以确保血液和抗凝剂充分混合。每3周可从供体处安全收集总体积高达20mL/kg（450kg马8～9L）的血液。

2. 血液替代疗法

只有在必要时（PCV＜15%，血红蛋白＜5g/dL），才建议全血输注以挽救马的生命，因为输注的红细胞即使交叉匹配试验表明相容性，也只能存活4～6d。在一次失血事件之后，马的PCV可以以每天0.67%的速度增加。急性失血后PCV和TP的变化在12～24h内可能无法测量。使用治疗休克剂量的晶体和/或胶体有助于恢复循环血容量，但不能恢复携氧能力（需要血红蛋白）。如果在输液过程中没有改善组织灌注，或者PCV降至＜20%，TP降至＜4.5 g/dL，则可能需要输血（框表7-9）。

框表7-9　所需血液和血浆量

应使用新鲜全血或血液替代品来治疗急性失血（失血量大于20%），并改善组织的氧气输送。

$$\text{所需供血量（mL）}=\text{受体血容量（mL）}\times\frac{\text{所需PCV}-\text{实际PCV（病马）}}{\text{供体血液PCV}}$$

一般规则是，每千克受血者体重输入2～3mL全血（假设供者的PCV为40%）将使受血者的PCV升高1%。

$$\text{所需供体血浆量（mL）}=\text{受体血浆容量（mL）}\times\frac{\text{所需TP}-\text{实际TP（病马）}}{\text{供体血浆TP}}$$

血红蛋白氧载体

氧珠蛋白（oxyglobin），一种基于血红蛋白的氧载体（HBOC），是一种戊二醛聚合牛血红蛋白溶液，已被安全地用于马以恢复其携氧能力。由于溶液的胶体性质，给予氧珠蛋白后会扩充血容量。在实验性等容性贫血的小马，以10mL/（kg·h）的速率给药15mL/kg可改善血流动力学和氧运输参数，而无不良的肾脏或凝血作用；但有报道有一匹小马在输注过程中却发生了过敏反应。氧珠蛋白的半衰期相对较短，因此患者可能需要额外的输血。

3. 血浆置换

输血前，全血或血液成分应加热至接近体温。在升温过程中，血液不应暴露在高于40℃的温度下。血浆应在温水中解冻。马血浆不应在微波炉中解冻。

应使用带有过滤器的血液给药装置来给予血液或血浆，以防止血凝块进入患者的血管系统。如果可能的话，在最初的5min内缓慢输注全血，以将输血反应的风险降至最低。如果没有出现不良症状（如低血压、皮肤疹块），可以以20mL/（kg · h）的速度输注。治疗低蛋白血症时，应以10mL/（kg · h）的速度输注血浆，以避免容量过载。

参考文献

Barr ED et al, 2005. Destructive lesions of the proximal sesamoid bones as a complication of dorsal metatarsal artery catheterization in three horses, Vet Surg 34: 159-166.

Bayly WM, Vale B, 1982. Intravenous catheterization and associated problems in the horse, Compend Contin Educ 4: S227-S237.

Belgrave RL et al, 2002. Effects of a polymerized ultrapurified bovine hemoglobin blood substitute administered to ponies with normovolemic anemia, J Vet Intern Med 16: 396-403.

Brownlow MA, Hutchins DR, 1982. The concept of osmolality: its use in the evaluation of “dehydration” in the horse, Equine Vet J 14: 106-110.

Corley KT, Donaldson L, Furr MO, 2005. Arterial lactate concentration, hospital survival, sepsis, and SIRS in critically ill neonatal foals, Equine Vet J 37: 53-59.

Corley KT et al, 2003. Cardiac output technologies with special reference to the horse, J Vet Intern Med 17: 262-272.

Dart A et al, 1992. Ionized concentration in horses with surgically managed gastrointestinal disease 147: cases (1988–1990), J Am Vet Med Assoc 201: 1244-1248.

Deem D, 1981. Complications associated with the use of intravenous catheters in large animals, Calif Vet 35: 19-24.

Dolente BA et al, 2005. Evaluation of risk factors for development of catheter-associated jugular thrombophlebitis in horses: 50 cases (1993-1998), J Am Vet Med Assoc 227: 1134-1141.

Edwards D, Brownlow M, Hutchins D, 1990. Indices of renal function: value in eight normal foals from birth to 56 days, Aust Vet J 67: 251-254.

Evans D, Golland L, 1996. Accuracy of Accusport for measurement of lactate concentrations in equine blood and plasma, Equine Vet J 28: 398-402.

Fielding CL et al, 2003. Pharmacokinetics and clinical utility of sodium bromide (NaBr) as an estimator of extracellular fluid volume in horses, J Vet Intern Med 17: 213-217.

Fielding CL et al, 2004. Use of multifrequency bioelectrical impedance analysis for estimation of total body water and extracellular and intracellular fluid volumes in horses, Am J Vet Res 65: 320-326.

Friedrich C, 2001. Lactic acidosis update for critical care clinicians, J Am Soc Nephrol 12: S15-S19.

Fulton RB, Hauptman JG, 1991. In vitro and in vivo rates of fluid flow through catheters in peripheral veins of dogs, J Am Vet Med Assoc 198: 1622-1624.

Garcia-Lopez J et al, 2001. Prevalence and prognostic importance of hypomagnesemia and hypocalcemia in the equine surgical colic patient, Am J Vet Res 62: 7-12.

Guglielminotti J et al, 2002. Osmolar gap hyponatremia in critically ill patients: evidence for the sick cell syndrome? Crit Care Med 30: 1051-1055.

Hallowell GD, Corley KT, 2006. Preoperative administration of hydroxyethyl starch or hypertonic saline to horses with colic, J Vet Intern Med 20: 980-986.

Johansson A et al, 2003. Hypomagnesemia in hospitalized horses, J Vet Intern Med 17: 860-867.

Jones PA, Tomasic M, Gentry PA, 1997. Oncotic, hemodilutional, and hemostatic effects of isotonic saline and hydroxyethyl starch solutions in clinically normal ponies, Am J Vet Res 58: 541-548.

Kallfelz FA, Whitlock RH, Schultz RD, 1978. Survival of 59 Fe-labeled erythrocytes in cross-transfused equine blood, Am J Vet Res 39: 617-620.

Malikides N et al, 2000. Haematological responses of repeated large volume blood collection in the horse, Res Vet Sci 68: 275-278.

Malikides N et al, 2001. Cardiovascular, haematological, and biochemical responses after large volume blood collection in horses, Vet J 162: 44-55.

Maxson AD et al, 1993. Use of a bovine hemoglobin preparation in the treatment of cyclic ovarian hemorrhage in a miniature horse, J Am Vet Med Assoc 203: 1308-1311.

Morris DD, 1987. Blood products in large animal medicine: a comparative account of current and future technologies, Equine Vet J 9: 272-275.

Mudge MC et al, 2004. Comparison of 4 blood storage methods in a protocol for equine pre-operative autologous donation, Vet Surg 33: 475-486.

Perkins G, Divers T, 2001. Polymerized hemoglobin therapy in a foal with neonatal isoerythrolysis, J Vet Emerg Crit Care 11: 141-143.

Persson SG, Funkquist P, Nyman G, 1996. Total blood volume in the normally performing standardbred trotter: age and sex variations, Zentralbl Veterinarmed A 43: 57-64.

Prough DS et al, 1991. Hypertonic/hyperoncotic fluid resuscitation after hemorrhagic shock in dogs, Anesth Analg 73: 738-744.

Rose B, Post T, 2000. The total body water and the plasma sodium concentration. In Rose BD, Post T: Clinical physiology of acidbase and electrolytes disorders, ed 5, New York, McGraw-Hill, pp 241-257.

Rose RJ, 1981. A physiological approach to fluid and electrolyte therapy in the horse, Equine Vet J 13: 7-14.

Runk DT et al, 2000. Measurement of plasma colloid osmotic pressure in normal thoroughbred neonatal foals, J Vet Intern Med 14: 475-478.
Schmotzer WB, 1985. Time-saving techniques for the collection, storage, and administration of equine blood and plasma, Vet Med 80: 89-94.
Silver M et al, 1987. Sympathoadrenal and other responses to hypoglycaemia in the young foal, J Reprod Fertil 35 (suppl): 607-614.
Soma LR et al, 2005. The pharmacokinetics of hemoglobin-based oxygen carrier hemoglobin glutamer-200 bovine in the horse, Anesth Analg 100: 1570-1575.
Spensley MS, Carlson GP, Harrold D, 1987. Plasma, red blood cell, total blood, and extracellular fluid volumes in healthy horse foals during growth, Am J Vet Res 48: 1703-1707.
Spurlock GH, Spurlock SL, 1987. A technique of catheterization of the lateral thoracic vein in the horse, Equine Pract 9: 33-35.
Spurlock SL et al, 1990. Long-term jugular vein catheterization in horses, J Am Vet Med Assoc 196: 425-430.
Stewart A, 2004. Magnesium disorders. In Reed S, Bayly W, Sellon D, editors: Equine internal medicine, St Louis, Saunders, pp 1365-1379.
Stewart AJ et al, 2004. Validation of diagnostic tests for determination of magnesium status in horses with reduced magnesium intake, Am J Vet Res 65: 422-430.
Toribio RE et al, 2001. Comparison of serum parathyroid hormone and ionized calcium and magnesium concentrations and fractional urinary clearance of calcium and phosphorus in healthy horses and horses with enterocolitis, Am J Vet Res 62: 938-947.
Vollmar B et al, 1994. Hypertonic hydroxyethyl starch restores hepatic microvascular perfusion in hemorrhagic shock, Am J Physiol 266: H1927-1934.
Warmerdam EP, 1998. Ultrasound corner: “pseudo-catheter-sleeve” sign in the jugular vein of a horse, Vet Radiol Ultrasound 39: 148-149.

第 8 章 麻醉监护

要点：

1. 麻醉师的监护意识和麻醉深度的控制是实现安全麻醉的关键。

2. 理想的麻醉状态不是单纯的药理学的过程，而是寻求外科手术镇静［无意识、镇痛（疼痛缓解）和肌肉松弛］之间的平衡。

3. 由于对马进行胸外心脏按压和复苏疗法效果有限，因此麻醉师能够保持警惕、是否具有安全麻醉意识，以及对临床症状能够做出及时反应和对相应刺激反应的判断是否准确对马的安全麻醉来说格外重要。

4. 麻醉师能够熟练掌握麻醉药物的药理学知识和不良反应是安全麻醉的基础。

5. 麻醉监护内容取决于病畜、诊疗过程以及预期麻醉维持时间。

6. 监护麻醉深度、呼吸频率、黏膜颜色和灌注时间，以及动脉血压非常重要。

7. 有创动脉血压监护应用于进行外科大手术的患畜或大量丢失血液的患畜。将动脉血压维持在60 ～ 70mmHg以上会降低术后并发症的发生概率。

8. 要求监护周期内（5min）的数据记录客观、准确、清楚。

9. 法律上的格言“如果不写下来，就不会发生”是麻醉记录保存的指南。

10. 没有任何一台监护设备能够替代一名理论扎实、训练有素、经验丰富、细致耐心的麻醉师。

所有动物对麻醉药物的反应都有一些不同，而马在这方面也不例外。安全麻醉的前提是根据马的生理特征和状况、手术的大小和持续时间以及麻醉师在出现异常问题之前能够发现、识别和纠正。了解产生麻醉所需合适药物及剂量（参阅第6章），与马匹麻醉相关的细微差别的识别和解读等技能是在实践和临床经验的提高的过程中学到的，并且这些技能将得到各种技术设备的印证。无论如何，均需要一位训练有素的麻醉师来识别和阐明麻醉过程中出现的各种物理、生理和技术现象，以避免并发症，防止不良后果。为达到此目的，重点放在对一些因素的评估上，这些因素表明与马生存密切相关的重要过程直接发生了变化，其中最常见的包括对中枢神经系统、心血管和呼吸功能的评估。其他器官系统功能的改变，虽然很重要（如肾脏、肝脏），但一般被认为是需要在术前或术后长期护理中重点关注的。

主观（定性）和客观（定量）数据都是用来监测（描述）麻醉的。定性数据通常是通过分类记录视觉、触觉和听觉数据获得的。例如，一匹从麻醉中恢复过来的马可能表现痛苦或放松，黏膜呈粉红色或吸气的喘鸣音和打鼾。没有一个通用的词语适用于说明上述任何一个变化，但可以对它们进行描述和分类（例如最小与最大，浅粉色与红色，安静与响亮）。定量数据可以通过间接（非侵入性）或直接（侵入性）方法获得，并被记录为数值，该数值仅受测量过程的精度和准确性的限制。

监护方法分为生理监护和设备监护。生理监护技术主要是进行生理检查，并包括对肌肉颜色和松弛度的评估，尤其是马的眼睛反射和眼部肌肉的运动情况。设备监护应运用各种设备评估多种身体状态的平衡、生理参数和麻醉深度。设备监护能够反映出生理指证在用药后的变化等重要信息。因所获数据受到技术因素的影响，并存在较大的内在变异性，所以与直接评估法比较，技术设备这种间接法来评估动物的生理功能精准度欠佳（多次重复观察则较准确），准确度（测量结果与真实值的吻合度）也欠佳。

马的麻醉监测包括对中枢神经系统、心血管和呼吸功能的综合、定性和定量评估，以获得尽可能安全的麻醉体验并确保最有利的结果。

美国兽医麻醉师学院制定了马的麻醉指南，其中包括监测水平的建议（框表8-1）。患畜的身体状况、麻醉技术的选择、麻醉操作的流程，以及最重要的麻醉预期持续时间，均是用于确定多重监测技术的关键因素。再次强调，尽管监测技术有了很大进步，但一个熟练、专注、时刻保持警惕的麻醉师仍不可替代。

框表 8-1　美国兽医麻醉师学院马的麻醉监测指南

心血管系统监测：
- 数字脉搏触诊
- 毛细血管充盈时间，黏膜颜色
- 心电图，如有显示
- 动脉血压，如有显示（强烈推荐吸入麻醉时使用）

呼吸系统监测：
- 观察或呼吸频率和节律
- 脉搏血氧测定，如有显示
- 二氧化碳测定，如有显示
- 动脉血气分析，如有显示

一、麻醉记录

麻醉记录提供了有关麻醉过程的关键信息，有助于确保兽医师执行所有正确的操作，并提供了组织麻醉程序的框架（图8-1）。基于计算机的数字记事本/图形记事本可用于记录关键数据，并可立即传输到基于计算机的医院数据存储系统（图8-2）。麻醉记录是具有法律效力的文件，是用来验证麻醉前评估是否准确并记录所用药物和设备的大致情况，也是用来记录动物的

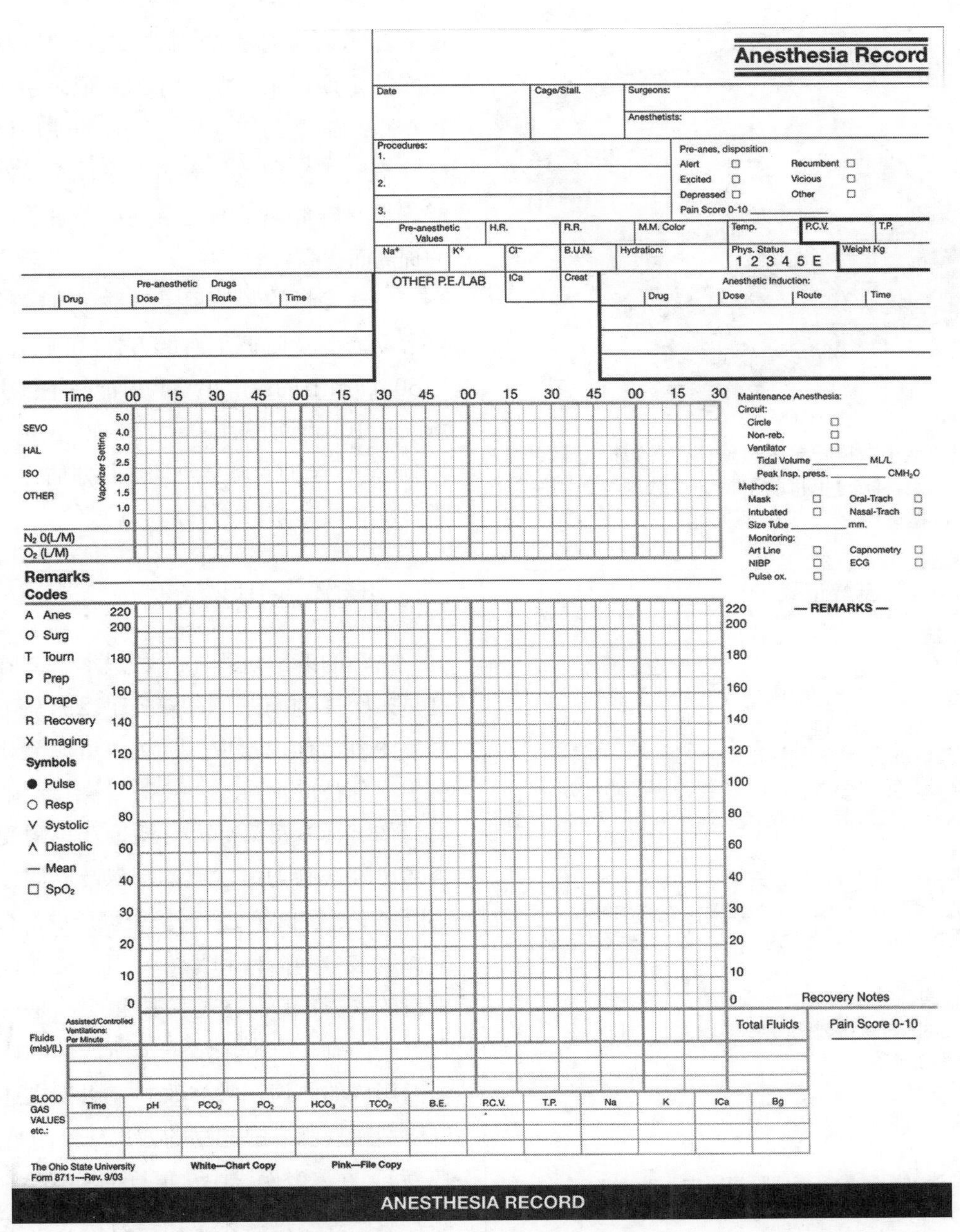

Anesthesia Record

Date | Cage/Stall. | Surgeons:
Anesthetists:

Procedures:
1.
2.
3.

Pre-anes. disposition
Alert ☐ Recumbent ☐
Excited ☐ Vicious ☐
Depressed ☐ Other ☐
Pain Score 0-10 ______

Pre-anesthetic Values	H.R.	R.R.	M.M. Color	Temp.	P.C.V.	T.P.
Na⁺	K⁺	Cl⁻	B.U.N.	Hydration:	Phys. Status 1 2 3 4 5 E	Weight Kg
OTHER P.E./LAB		ICa	Creat			

Pre-anesthetic Drugs

Drug	Dose	Route	Time

Anesthetic Induction:

Drug	Dose	Route	Time

Time 00 15 30 45 00 15 30 45 00 15 30 45 00 15 30

SEVO
HAL
ISO
OTHER

Vaporizer Setting 5.0 4.0 3.0 2.5 2.0 1.5 1.0 0

N₂ 0(L/M)
O₂ (L/M)

Maintenance Anesthesia:
Circuit:
Circle ☐
Non-reb. ☐
Ventilator ☐
Tidal Volume ______ ML/L
Peak Insp. press. ______ CMH₂O
Methods:
Mask ☐ Oral-Trach ☐
Intubated ☐ Nasal-Trach ☐
Size Tube ______ mm.
Monitoring:
Art Line ☐ Capnometry ☐
NIBP ☐ ECG ☐
Pulse ox. ☐

Remarks ______

Codes
A Anes
O Surg
T Tourn
P Prep
D Drape
R Recovery
X Imaging

Symbols
● Pulse
○ Resp
V Systolic
Λ Diastolic
— Mean
☐ SpO₂

220 200 180 160 140 120 100 80 60 40 30 20 10 0

— REMARKS —

Recovery Notes

Fluids (mls)/(L)
Assisted/Controlled Ventilations: Per Minute

Total Fluids

Pain Score 0-10

BLOOD GAS VALUES etc.:

Time	pH	PCO₂	PO₂	HCO₃	TCO₂	B.E.	P.C.V.	T.P.	Na	K	ICa	Bg

The Ohio State University
Form 8711—Rev. 9/03
White—Chart Copy
Pink—File Copy

ANESTHESIA RECORD

图8-1　涉及麻醉的关键麻醉剂、生理指标、外科操作、治疗过程等麻醉监护记录示例（附录C）

用药反应，并且麻醉记录还可以用来确定和记录一些重要事件的相关信息，比如手术开始时间，止血带放置位置和动物体位变化等。最重要的是，麻醉记录提示麻醉师定期观察、评估和记录关于马的状态的信息。麻醉记录应包含的基本信息包括患畜背景、简要病史、麻醉前检查概要、

图 8-2　电子数据记录平板使得监护数据记录更加方便，同时也有助于将记录数据导入到医院数据库中

麻醉药的给药剂量和时间，以及心率和呼吸频率的定期记录（框表 8-2）。记录手术开始和结束、辅助药物（抗生素）的使用以及静脉输液的类型和数量等重要事件是良好的麻醉习惯。麻醉记录的复杂性应随着监测水平的提高而提高（框表8-2）。

生理变量的频繁记录有助于麻醉师掌握麻醉动态，及时调整麻醉方案。例如，心率为50次/min的麻醉小马驹可能并不会引起注意，但10min前的心率为50次/min，而当为70次/min时，需要立即进行评估。

框表 8-2　麻醉记录
基本信息： • 患者身份 • 关键身体和实验室数据 • 进行的医疗或外科手术 • 麻醉药物的时间、剂量和途径 • 时间线：记录心率和呼吸频率（间隔 5min） • 吸入麻醉或麻醉时间延长（> 45min）应监测动脉血压。 • 重要事件（呼吸暂停、失血、位置变化） • 附加治疗（静脉输液、抗生素、紧急药物） • 所用的特定设备（气管内导管、监测仪、液体注射泵、通风机） 可选信息： • 动脉血压（直接或间接） • pH 和血气值 • 脉搏血氧测定值 • 终末二氧化碳张力值 • 体温 • 通气量（潮气量、峰值吸气压力、I:E 比） • 中心静脉压 • 心输出量 • 其他（如吸入麻醉浓度）

二、麻醉深度监护

在马的麻醉过程中，意识水平或麻醉深度是一个关键问题。对麻药耐受的马可能会对手术刺激作出反应，导致过度应激、活动和手术部位的污染，以及对自身和手术室人员的伤害（参阅第4章）。对麻药不耐受的马容易出现心肺功能过度抑制以及苏醒较差和心肌病变（参阅第22章）。根据历史记载，麻醉深度被分为阶段和平面，用于描述性和学术目的（表8-1）。这些阶段和平面是根据吸入剂（乙醚）麻醉浓度增加所产生的体征变化而形成的，但已被修改并应用于描述吸入麻醉剂和静脉麻醉药物的效果（参阅第12和15章）。在麻醉医学中，更复杂的麻醉深度监测方法已经发展起来。这些方法大多依赖于药物血浆监测浓度、呼气末（潮气末）吸入麻醉剂浓度或脑电图（EEG）变化。

1. 身体征兆

麻醉深度通常通过运动、眼睛的位置、眼睛的保护反射（眼睑、角膜）的抑制程度、吞咽反射的丧失、呼吸频率和深度以及对手术刺激的反应等（表8-1）身体反应征兆来评估。“轻度”

麻醉平面的其他指标包括颤抖、颈部和肩部肌肉收缩或马驹偶尔伸展肢体。充分麻醉的马通常是放松的，对手术刺激没有反应，眼睛位于腹内侧或中央，反射反应减弱（框表8-3、表8-1）。如果头部无法触及时，肛门反射（肛门受刺激时肛门括约肌收缩）是麻醉深度的一个天然的指标。肛门反射消失表明麻醉深度过深。在长时间的麻醉过程中，反射反应通常会变得更抑制，更不可靠，而神经肌肉阻滞药（阿曲库铵）和分离麻醉药（氯胺酮和替来他明）则例外。神经肌肉阻滞药物可防止运动反应，避免使用运动和反射反应来监测。使用骨骼肌松弛剂时，监测麻醉深度和神经肌肉阻滞的程度需要特殊的技术（参阅第18章）。此外，氯胺酮或替来他明可增加肌肉张力，这限制了在全凭静脉麻醉过程中将肌肉松弛和眼征兆作为麻醉深度监测的可靠指征（参阅第13章）。

2. 眼征兆

侧眼球震颤、撕裂和无刺激性眼睑闭合常在麻醉处于轻度平面时观察到，但这些反应会随着麻醉药物作用增强到外科手术平面而消失。在麻醉的"轻度"平面内眼球向腹中旋转（"向前"），随着麻醉程度的加深，眼球回到中心位置（图8-3、表8-1）。眼睑反射（刺激纤毛时闭合眼睑）和角膜反射（压力作用于角膜时闭合眼睑）是评价麻醉深度的两个关键反射。通常对眼睑刺激的反应是眼睑迅速闭合。随着麻醉药物作用的增强，眼睑反应逐渐减弱。在从注射麻醉到吸入麻醉的过渡期，用氯胺酮或替来他明诱导的马眼睑反射活跃。此外，眼睛通常位于中心位置，并且马使用分离麻醉剂后经常表现出不受刺激的眨眼、流泪和眼动活动。反射活性的逐渐降低可作为吸入麻醉效应开始起效的指征。一些马的眼睑反射明显减弱，甚至可能没有，但角膜反射始终存在。无角膜反射提示在吸入麻醉或TIVA期间，麻醉深度过深和中枢神经系统抑制。吸入麻醉剂产生的麻醉深度变化是剂量依赖性的。

表8-1　监测麻醉深度：根据Guedel分期和麻醉平面进行修改

阶段	瞳孔位置 / 大小	眼反射	呼吸 / 心率 / 血压
1（镇痛）	中央 / 小	P/C 活动	
2（兴奋）	中央（活动）/ 大	P/C 活动	不定量增加
3			
平面 1（轻度）	**内翻 / 小**	**P 轻度抑制 C 活动**	**正常或升高 偶尔吞咽**
平面 2（中度）	**内翻 / 中**	**P 抑制 C 轻度抑制**	**正常或降低 抑制**
平面 3（中度至重度）	**中央 / 中**	**P 抑制 C 抑制**	**轻微降低至适当 抑制**
平面 4（深度）	中央 / 大	P 消失 C 显著抑制	显著抑制
4 过量	中央 / 散大	P/C 消失	消失

注：P/C，眼睑 / 角膜；表中粗体表示理想麻醉深度所处阶段。

框表 8-3　麻醉深度身体指征

基本信息：
- 肌肉松弛 / 运动
- 眼睑反射
- 角膜反射
- 眼球位置
- 流泪 / 眼球震颤
- 吞咽 / 耳朵运动
- 肛门括约肌张力
- 对手术刺激的反应
- 颤抖、伸展
- 呼吸频率、心率和动脉血压不是可靠的指征，可能在外科麻醉受到抑制（第3阶段；平面2和4）

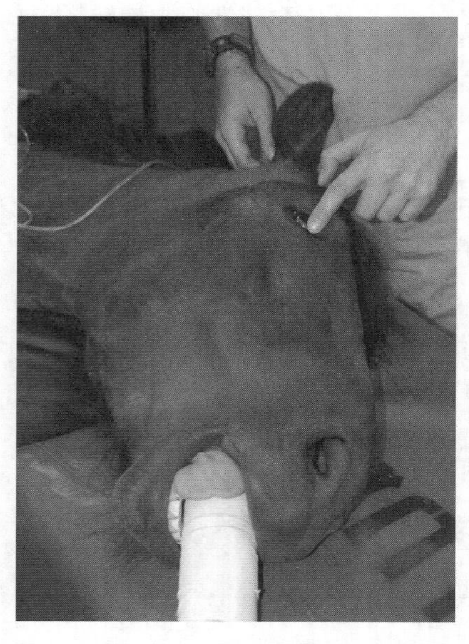

图 8-3　眼指征，包括眼睑反射和角膜反射，眼位置和疼痛也可以用于判断麻醉深度。马使用神经肌肉阻断剂和分离麻醉剂后眼睑反射和角膜反射并不可靠

评估身体体征（有目的的运动和眼部体征）作为衡量适当麻醉深度的方法在某些马身上可能存在问题。一些有目的的运动在自然状态下是无意识的本体反射。偶尔马在较轻的麻醉平面上眼部征兆出现显著抑制。反应的程度一般取决于镇痛的程度、催眠的深度以及有害刺激的类型和等级。镇痛依赖于在伤害性刺激到达脊髓背角、脑干网状结构、丘脑核和大脑皮层之前或之后，是否能通过药物诱导的痛觉（伤害性）上行通路的抑制（参阅第20章）。抑制伤害性刺激传导有助于防止大脑皮层的激活和对疼痛的意识感知。镇痛不足会导致皮质兴奋和更大的有目的的反应的可能性。因此，意识的评估是一个动态的过程，并且依赖于可将疼痛信号刺激传递至大脑的意识通路功能的完整性。所以，如果疼痛诱导的刺激足够的话，可将充分麻醉的马从明显的无意识状态中唤醒。

3. 脑电图

脑电图是对脑电生理活动的监测。脑电图波形的改变与麻醉深度的相关性差，并且由于麻醉过程中会产生大量脑电图模式的变量，脑电图本身并不被认为是麻醉深度的敏感或特异性指标。脑电图受使用麻醉剂的影响，增加麻醉剂量可产生不同的脑电图模式。计算机增强脑造影术（压缩频谱分析、快速傅立叶变换）产生的频谱已被用于开发监护设备，被提倡作为预测麻醉深度的手段。经处理的脑电图变量，如频谱边缘频率和中值频率，在临床上用于监测人体的麻醉深度。双谱指数（BIS）是一个无量纲脑电图参数，由傅立叶分析和双谱计算得出，双谱计算由一种算法得出，该算法将脑电图波形的同相程度（生物共相）、脑电图功率的大小和等电脑电图的比例联系起来。生物结合的程度与衍生的BIS（更多生物结合-更低的BIS）成反比。BIS也可作为麻醉深度的一个指标，与其他物种相似，也是马的脑灌注指数。已有学者分别在阉割前、中和后评估了异氟醚对16匹马BIS值的影响。马在麻醉前给予地托咪定和布托啡诺，随后用地托咪定、氯胺酮和地西泮。麻醉前应用地托咪定-布托啡诺后监测了BIS值，该值变化极大，潮气末异氟醚浓度介于1.4%（n=8）和1.9%（n=8）的平均BIS值与镇静马（n=16）没有显著差异。平均BIS值在异氟醚麻醉的马中呈下降趋势，测量的变异性明显小于镇静马。作者得出结论，BIS不是用于评价意识水平的良好指标，尽管可能有用，但目前很少用于临床。

4. 麻醉药物浓度监测

监测注射麻醉剂的血浆浓度或吸入麻醉药物的潮气末浓度（分压，%）可测定麻醉药物的剂量效应关系，以确保产生适当的麻醉深度（参阅第9章）。吸入麻醉剂浓度可通过分析来自气道的潮气末样本来监测（图8-4）。潮气末分压或麻醉气体浓度百分比是肺泡和大脑中麻醉气体分压的一个测量指标。潮气末样品中麻醉气体分压或百分比可通过质谱、红外或紫外吸收、硅橡胶松弛或晶体振荡等方法进行测定。镇静剂、先前存在的疾病以及麻醉剂配伍药物组分（尤其是镇痛药）的联合用药可降低维持麻醉所需的吸入麻醉剂浓度百分比（参阅第10章至第13章）。随着技术进步，未来可能会将血浆或潮气末麻醉气体浓度的监测数据与身体体征（骨骼肌张力）变化之间的关系计算出来，从而提供麻醉与药效之间关系。

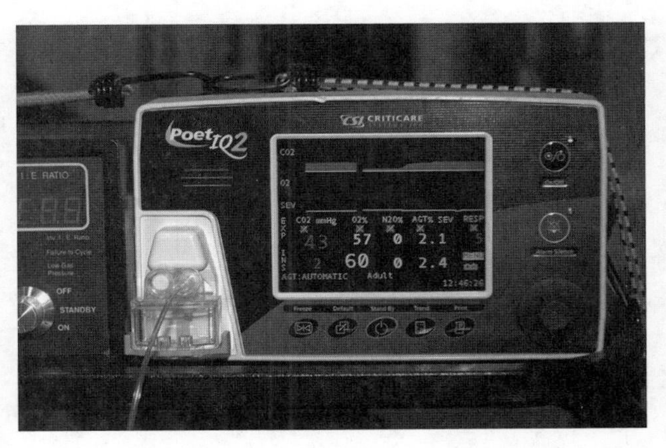

图8-4 吸入气体（CO_2，O_2，N_2O，吸入麻醉剂）浓度可连续监测

注意潮气末二氧化碳（43mmHg），七氟醚吸入浓度（2.4%）吸入60%的氧气。监测回路吸入麻醉剂浓度的能力确保蒸发器工作正常。

三、呼吸和心血管参数变化监测

马麻醉成功的主要目标是维持循环和呼吸系统适当的功能（框表8-4、框表8-5；表8-2）。这两个系统负责维持向外周组织充分输送氧合血，并清除代谢废物（参阅第2章和第3章）。组织氧合取决于氧的输送量（氧气输送；DO_2）和组织耗氧量（氧气消耗；VO_2）（图8-5）。组织中氧供求关系由五个主要因素决定，包括血红蛋白浓度、动脉血液中氧饱和血红蛋白百分比、血红蛋白对氧的亲和力、心输出量和耗氧量（图8-5）。所有这些变量或它们的决定因素都可以通过某种方式进行监测。例如，平均动脉血压值超过60～70mmHg通常表示有足够的心输出量（CO），

框表8-4 呼吸指数监测

- 呼吸频率和呼吸方式：
  - 胸腹式呼吸
  - 空气在鼻孔运动
  - 间歇性呼吸
- 呼吸深度
  - 胸壁运动幅度
  - 呼吸体积大小
  - 气囊体积改变
- 黏膜颜色
- 吸气困难
- 设备监护参数
  - 动脉血气
  - 二氧化碳参数（终末二氧化碳分压）
  - 脉搏血氧测定
  - 动脉氧含量

框表 8-5　心血管参数监测

- 生理监护：
  - 心率：听诊；脉搏触诊
  - 脉搏强度
  - 毛细血管充盈时间
  - 黏膜颜色
- 设备监护参数
  - 心电图
  - 动脉血压（直接和间接）
  - 中心静脉压
  - 心输出量
  - 脉搏血氧测定
  - 动脉血气和静脉血气
  - 心脏超声

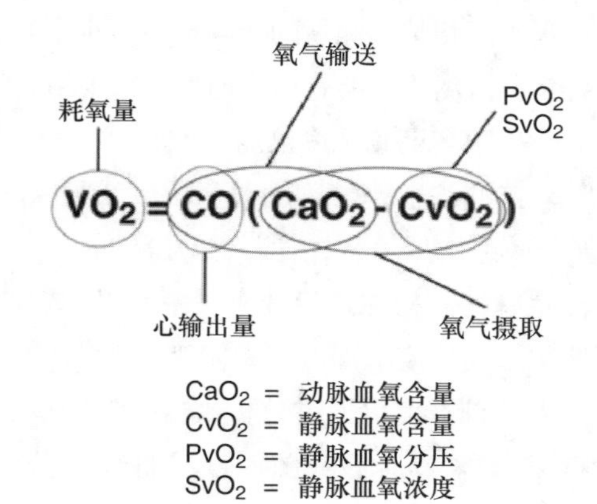

图 8-5　Fick 方程

氧消耗、心输出量、氧输送和氧提取都是 Fick 方程的组成部分。这个方程式被用来确定有氧能力和心血管系统输送和使用氧气的能力。

因为心输出量与动脉血压（ABP）直接相关（ABP=CO×全身血管阻力）。动脉血压值高于60mmHg可以降低麻醉和术后并发症的发生率，然而有些马由于全身血管阻力高，导致心输出量减少。

对呼吸系统进行监测，以确保充分的气体（O_2和CO_2）交换、血红蛋白的氧合作用及吸入麻醉时麻醉剂的应用。呼吸功能的关键组成部分是微量容积和动脉氧含量（CaO_2；参阅第2章）。每分通气量是呼吸频率（f）和潮气量（VT）的乘积。呼吸频率很容易通过观察胸壁运动和鼻孔处的空气流动来获得，或者如果使用麻醉机，通过观察气囊的体积变化来计算。潮气量不容易评估，除非呼吸气囊有刻度显示体积变化（参阅第17章）。动脉氧含量不能用物理方法来评估，但黏膜颜色可以作为血红蛋白是否携氧的主观指标。血红蛋白发生氧解离后至黏膜呈现蓝色（发绀），表明每100mL气体存在至少5g无氧（不饱和）血红蛋白。吸入的气体富含氧气可以维持氧合血红蛋白浓度在正常范围内，防止或降低发绀和低动脉氧含量。

监测心血管系统以确保足够的血流、血压和组织供氧。心血管功能最重要的组成部分是心输出量、血压和流向组织的血流分布。心输出量可以通过指标稀释技术（热稀释、吲哚菁绿、锂）来确定，尽管这种监测方式在马身上并不常用。心输出量是心率和每搏量的乘积（参阅第3章）。心率很容易确定，但每搏输出量不容易获得。动脉血压、毛细血管再灌注时间（CRT）和外周脉搏强度（脉压）的测定能够反映心输出量和组织灌注。然而，随着麻醉持续时间的延长，血流分布会发生变化，尤其是肢体的肌肉中血流的改变，因此组织灌注可能变得至关重要。

1. 呼吸系统监测

呼吸系统最初通过胸壁听诊、感觉鼻孔处的空气流动、观察胸壁或气囊运动的频率和程度以及检查黏膜的颜色（框表8-4）进行评估。受保定体位及外界杂音的干扰，安静状态下听诊马的呼吸音较为困难。成年马正常呼吸频率通常在5～15次/min，可以通过感觉鼻孔处的空气流动或观察胸腹壁起伏运动来评估（表8-2）。但是，每次呼吸过程中气体的交换量很难确定。胸壁运动表明吸入了气体，但交换的气体体积可能很小，特别是当出现腹胀时。利用通过鼻孔呼吸的空气量进行主观评估并不实用。使用吸入麻醉剂时，每次呼吸时气囊体积的变化程度是一个粗略但较好的潮气量评估指标。通过手感触麻醉机气囊的膨胀程度并观察连接到麻醉回路上的压力计，可以粗略地评估呼吸中枢抑制程度或呼吸力的大小。马在吸气时应能产生15～20cmH_2O的负压力。呼吸的频率和模式随麻醉深度和所用麻醉剂的变化而变化。麻醉过量或麻醉深度过深时，呼吸可能会减慢或停止。过度的（腹部提升）呼吸暂停（屏气）或“无呼吸”（喘气）模式表明大脑灌注不良和紧急情况。氯胺酮、替来他明和过量的愈创甘油醚能引起呼吸暂停（参阅第12章）。

表8-2　清醒马和麻醉马的常规值*

	清醒马	麻醉马
心率（次/min）	30～45（60～80）	30～45（35～60）
呼吸速率（次/min）	8～20（30～40）	6～20（自发）
毛细血管再灌时间（s）	＜2	＜2.5
温度（° F）	99.5～101.0（100.5～101.5）	
温度（°C）	36.5～38	
填充细胞体积（%）	32～50	25～45
血浆总蛋白（g/dL）	6.0～7.5	5.0～7.0
动脉 pH	7.4±0.2	7.30～7.45
$PaCO_2$（mmHg）	40±3	40～60
PaO_2（mmHg）	94±3（室内空气）	100～500（100%O_2）
碱过量（mEq/L）	0±1	0±1
潮气末 CO_2 分压（mmHg）	40～50	30～50
中心静脉压（cmH_2O）	5～10	10～25 侧卧位 5～10 背卧位
平均动脉压（mmHg）	80～120	60～70
心输出量［mL/（kg·min）］	60～80（70～90）	30～50（40～60）

发绀是呼吸功能不全的典型症状（图8-6）。然而，没有发绀并不能证明动脉氧合或动脉血气正常。如前所述，发绀的出现表明马体内每100mL气体至少存在5g未氧合（不饱和）血红蛋白。因此，贫血的马可能永远不会出现紫绀，尽管出现严重的呼吸窘迫。

2. 无创法（间接法）监测呼吸功能

二氧化碳测定：二氧化碳（CO_2）是组织代谢的副产物，通过血液返回心脏并输送到肺部，

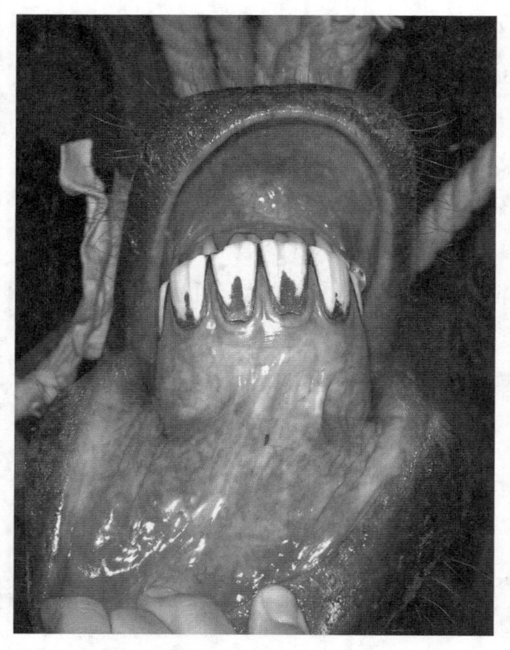

图 8-6　黏膜颜色是动脉血氧分压的一个主观指标

蓝色（发紫）的黏膜表明至少有 0.05g/mL 的无氧（不饱和）血红蛋白。

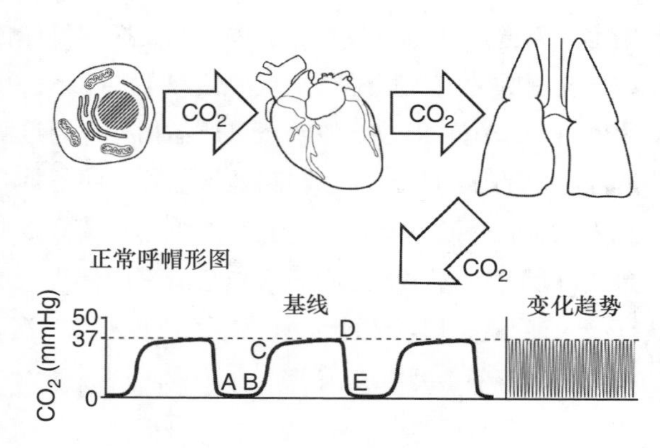

图 8-7　CO_2 变化趋势

二氧化碳（CO_2）是在组织中产生的，通过血液输送到肺部，然后呼出到大气中。呼吸过程中 CO_2 浓度的周期性变化称为帽形图，可作为动脉血 CO_2 浓度的一个指标。A-B，基线；B-C，呼气上升；C-D，呼气平台；D，潮气末浓度；D-E，激发下一次呼吸。

然后呼出到大气中（图8-7）。二氧化碳测定是测量气道中二氧化碳张力（mmHg），最常用的评估方法是测量呼气末二氧化碳分压（$ETCO_2$，mmHg）。二氧化碳测定可实时显示二氧化碳波形（图8-8）。呼出的二氧化碳张力可以连续分析，也可以在呼气结束时从气管插管中提取气体样品单独测量。理论上，呼气结束时气管插管内的二氧化碳张力应与离开肺泡（动脉血）的血液中的二氧化碳张力保持平衡。因此，通过测量$ETCO_2$可以推断出有关动脉血二氧化碳张力（$PaCO_2$）情况。$ETCO_2$用于评估通气（通气不足、换气过度）、验证气管插管位置，并确保气道和麻醉/呼吸机回路完整（图8-8）。用$ETCO_2$预测马体内$PaCO_2$的准确性有争议。$ETCO_2$比$PaCO_2$低10～15mmHg。通过比较$ETCO_2$和$PaCO_2$的初始值可以确定这一差异，但需要使用血气机。此外，通气量和体位会影响$PaCO_2$与$ETCO_2$差值的大小，并且该数值会随着麻醉时间的延长或心输出量的减少而增加。然而，对于同一匹马，$ETCO_2$和$PaCO_2$-$ETCO_2$通常是稳定的，可用于识别通气状态或通气情况的突然改变。$PaCO_2$-$ETCO_2$数值增加表明，在采样系统中存在肺泡死腔通气、肺泡排空不完全、通气灌注不匹配或泄漏（由室内空气稀释）增加等情况（表8-3；参阅第2章）。二氧化碳测定不能取代对$PaCO_2$的测量，但可以减少动脉血气样本的分析。

脉搏血氧测定：脉搏血氧计显示心率，通过测量组织发光的吸收或反射程度，并将该值与血红蛋白饱和度的导出值相关联，从而间接估计动脉血氧饱和度（SaO_2）的百分比（图8-9）。它们的功能取决于一个合理的外周脉冲（因此名称）来产生一个测量值（SpO_2值），从而作为组

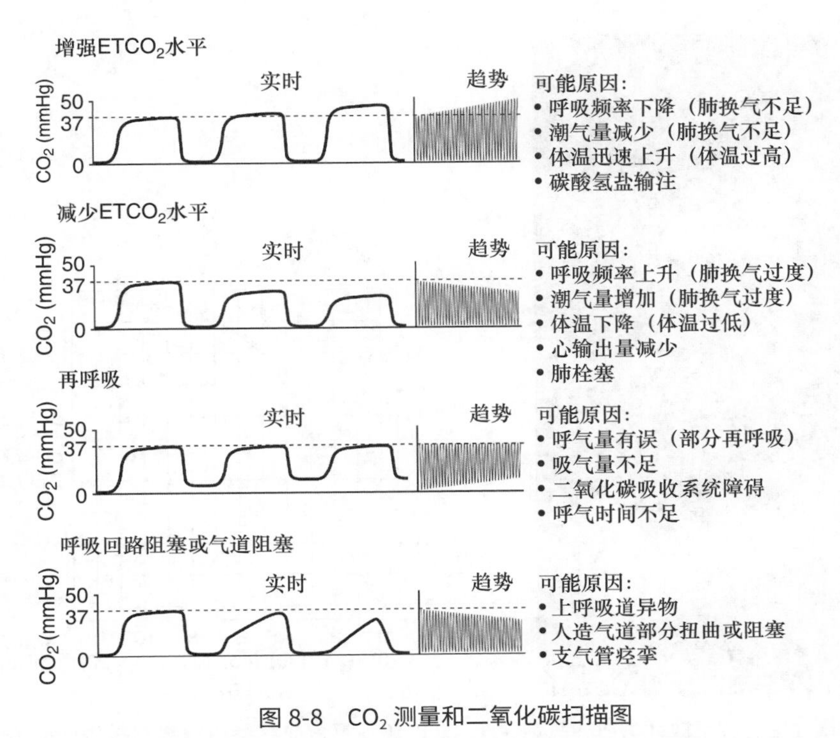

图 8-8　CO_2 测量和二氧化碳扫描图

用于检测换气不足和换气过度、气道和麻醉回路的完整性以及当与 $PaCO_2$ 结合时呼吸回路中的解剖和机械死腔。

织灌注的指数。如果血红蛋白浓度在正常范围内（＞7g/dL；表8-2、图8-10），则大于90%的SpO_2值通常表示血红蛋白饱和度足够和氧合作用充分。大多数脉搏血氧计低估了马的血红蛋白饱和度，并且随着组织灌注或饱和度的降低而使精度降低。脉搏血氧计不测量氧合指数，因为不测量血红蛋白浓度，也不评估通气的充分性（参阅第2章和CaO_2的计算）。脉搏血氧计使用容易，但是，正如建议的那样，脉搏血氧计信号取决于对外周脉搏的识别，并且由于传感器不能检测到足够的外周脉搏和血管收缩而出现信号经常丢失的情况。当外周血流量改善或探针重新定位时，信号通常会恢复。

经皮和经结膜氧测量：经皮血氧测定和表面血氧测定均可分别作为动脉和组织氧合作用的指标。但信号检测和技术问题影响了它们的临床常规应用。

3. 有创法（直接）监测呼吸功能

酸碱度和血气（PO_2，PCO_2）：测定血中血红蛋白浓度、动脉血pH和血气张力是评估通气是否充足和酸碱是否异常的标准方法。抽取动脉血样本到涂有肝素的注射器中，并将肝素与血液混合，使样本与氧气隔离，保持密封，并尽快分析。如果不立即分析，则应冷藏保存。动脉血样（PaO_2、$PaCO_2$）需在通气充分时进行评估。动脉pH的正常范围为7.30 ～ 7.45（表8-2）。维持动脉pH在正常范围内对维持组织代谢和细胞内稳态的完整性非常重要。

$PaCO_2$用于评估呼吸的充分性（通气不足、换气过度），因为它反映了二氧化碳的代谢产

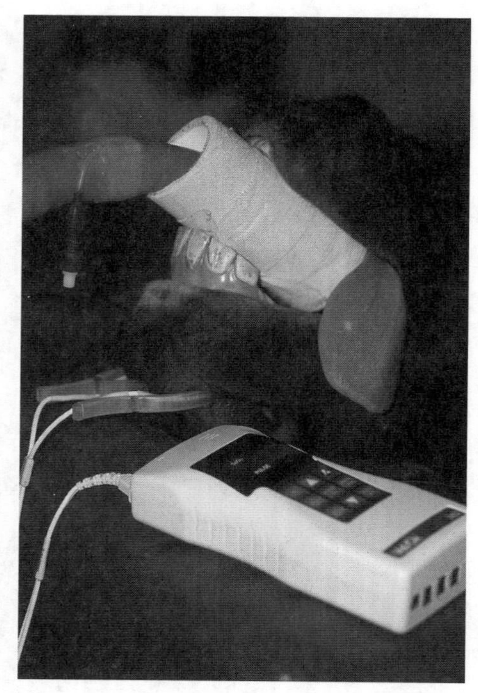

图 8-9　脉搏血氧计用于测定血红蛋白的氧饱和度（SpO_2）

它们依赖于可检测到的外周脉搏，并可提供心率数据，并作为外周灌注的一种间接测量手段。当血红蛋白浓度较低时（< 0.05g/mL），较高的 SpO_2 值并不能确保足够的 O_2 输送到组织中。

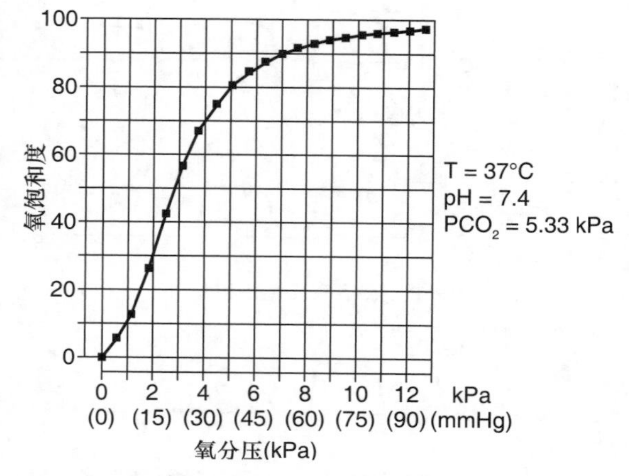

图 8-10　氧合血红蛋白解离曲线将血红蛋白饱和度（%，血红蛋白饱和度）与动脉血氧分压（PaO_2）相关联

压力通常以千帕为单位（1kPa=7.5mmHg）。

物与肺部清除二氧化碳之间的平衡（图8-7）。在麻醉过程中二氧化碳的产生通常会减少，因此 $PaCO_2$ 的变化几乎总是预示通气的变化。$PaCO_2$ 的增加表明肺泡通气量减少（通气不足），而 $PaCO_2$ 的减少则相反（通气过度；参阅第2章）。$PaCO_2$ 的正常范围为35～45mmHg（表8-2）。$PaCO_2$ 浓度增加是否有害尚存争议。$PaCO_2$（50～70mmHg）的适度增加可通过血管扩张和肾上腺素释放增加心输出量和组织血流。更显著的增加（>70～80mmHg）可导致动脉血压升高，但会对血液pH产生负影响，易引起心律失常，并增加颅内压。大多数马在 $PaCO_2$ 水平大于70～80mmHg时就开始进行人工通气，因为动脉的pH接近7.20（$PaCO_2$ 每增加10mmHg，pH降低约0.5）。人工通气能稳定并确保吸入麻醉剂的输送（参阅第17章）。

如果动脉血氧合充分，可以测定 PaO_2。氧合血红蛋白离解曲线为S形，PaO_2 与血红蛋白氧饱和度或动脉氧含量不呈直线关系；然而，大于90mmHg的 PaO_2 值一般与 SaO_2 和 SpO_2 值大于90%～100%有关（图8-10）。氧分压超过100mmHg并不显著增加血中氧含量（CaO_2），因为大部分血红蛋白已经饱和，但它们确实会导致血浆中的物理溶液中携带更多的氧气（0.3mL/100mmHg，以100mL计）。在麻醉马中，当 PaO_2 低于60mmHg时，血红蛋白的饱和度和血液中的氧含量迅速下降。考虑到麻醉期间马的大小、体重和血流动力学状态以及麻醉诱导的血流分布变化的相关问题，建议尽可能将麻醉后的马的PaO_2保持在200mmHg以上（参阅第2、3和22章）。

动脉血和静脉血的pH和血气值为评估需要手术和麻醉的急性病马的酸碱度和心肺状态的重要信息（表8-3）。各种台式机和护理设备均可用于测量pH和血气值。便携式分析仪可快速测定血气值，其精确度可以指导临床治疗（图8-11）。

表8-3　血气变化在心肺状态判断中的应用

变化	指征
↑ PAO_2-PaO_2	肺气体交换效率
↑ $PaCO_2$	通风充足
↑ $PaCO_2-ETCO_2$	死区通气；通气/灌注不匹配；麻醉回路泄漏
↓ PvO_2	心输出量
↑ $PvCO_2$	心输出量
↑ $PvCO_2-PaCO_2$	心输出量
↑ $PaCO_2-PACO_2$	通气-灌注失调
↑ $PaCO_2-PACO_2$	心输出量、动脉血压
↑ PaO_2-PvO_2	心输出量、动脉血压
↓ $PaCO_2$	心输出量

注：↑增加，↓降低。

动脉含氧量：动脉血氧含量（CaO_2）是在肝素化动脉血样厌氧采集后用血氧计测量的。动脉氧含量是与血红蛋白结合的氧和血液中物理溶液携带的氧的总和。测定CaO_2所需的设备需要经常校准，除了测量血红蛋白浓度和PaO_2所产生的数据外，几乎没有其他信息。动脉含氧量可使用以下公式计算：每100mL动脉血氧含量（mL）＝1g血红蛋白在100%氧饱和状态下能结合氧的毫升数（1.39mL/g）×100mL血液中血红蛋白含量（g）×动脉血的血氧饱和度（100%）+PaO_2×1mmHg PO_2可以溶解100mL血液中的O_2量（0.003mL/mmHg）。

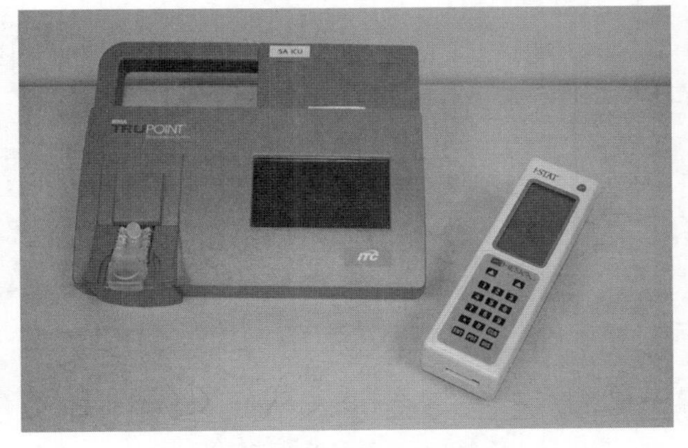

图8-11　pH和血气分析仪（ERMA Trupoint；1-Stat）
用于动脉和静脉血样的直接酸碱分析。大多数分析仪也测定电解质和乳酸值。

因此，PaO_2为100mmHg和15g饱和血红蛋白的马的100mL动脉血氧含量可能为15×1.39+100×0.003=21.15mL。需要强调的一个关键点是，CaO_2主要取决于血红蛋白浓度，而贫血的马（血红蛋白＜5～7g/dL）不管PaO_2和SpO_2值是否足够，都可能出现组织供氧不足的情况（框表8-6）。当血红蛋白氧饱和度降低时，CaO_2也降低（低PaO_2；图8-10）

框表8-6　血红蛋白浓度和吸入氧对氧含量的影响
呼吸室内空气时动脉氧含量与正常血红蛋白水平（15g/100mL）
CaO_2/100mL = 1.39mL/g × 15g × % Sat（100%）+ 0.003mL/mmHg × 100mmHg（PaO_2）=20.8 + 0.3 = 21.1mL
呼吸室空气时贫血状态下动脉氧含量（血红蛋白 =6g/100mL）
CaO_2/100mL = 1.39mL/g × 6g × % Sat（100 %）+ 0.003mL/mmHg ×100mmHg（PaO_2）=8.3 + 0.3 = 8.6mL
呼吸 100% 氧气时动脉氧含量与正常血红蛋白水平（15g/100mL）
CaO_2/100mL = 1.39mL/g × 15g × % Sat（100%）+ 0.003mL/mmHg × 500mmHg（PaO_2）=20.8 + 1.5 = 22.3mL
呼吸 100% 氧气时贫血状态下动脉氧含量（血红蛋白＝ 6g/100mL）
CaO_2/100mL = 1.39mL/g × 6g × % Sat（100 %）+ 0.003mL/mmHg × 500mmHg（PaO_2）=8.3 + 1.5 = 9.8mL

4. 心血管监测

心血管系统可通过胸腔听诊、黏膜颜色判断和CRT测定、外周脉搏的触诊等各种间接或直接测量技术进行评估（框表8-5）。

听诊可以评估心音和肺音，测定心率和心律，识别心脏杂音（参阅第3章和第5章）。侧卧马的心脏听诊经常不准确，因为心脏与胸壁的正常关系是扭曲的，特别是仰卧的马。心脏的位置和呼吸机辅助装置发出的噪音使人很难持续听到心脏的声音。

CRT和黏膜颜色提供有关血红蛋白浓度和氧合作用、外周血管张力和组织灌注的主观信息。CRT时间延长（超过2～3s）表明组织灌注不良和心输出量降低。牙龈、眼睑和外阴是可以用来评估CRT和黏膜颜色的部位。CRT会受不同麻醉药物的影响。例如，赛拉嗪和地托咪定通过引起血管收缩而增加CRT，而乙酰丙嗪通过引起血管扩张而缩短CRT。因此，尽管CRT显著延长（＞3s），但正常CRT可能不是判断组织灌注充分的可靠指标。许多麻醉药物（硫喷妥钠、

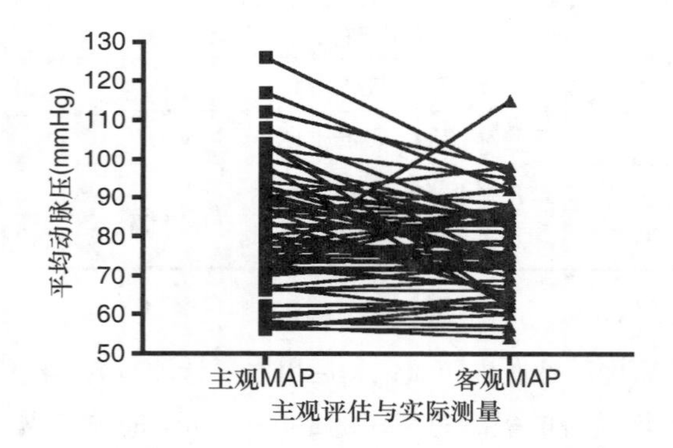

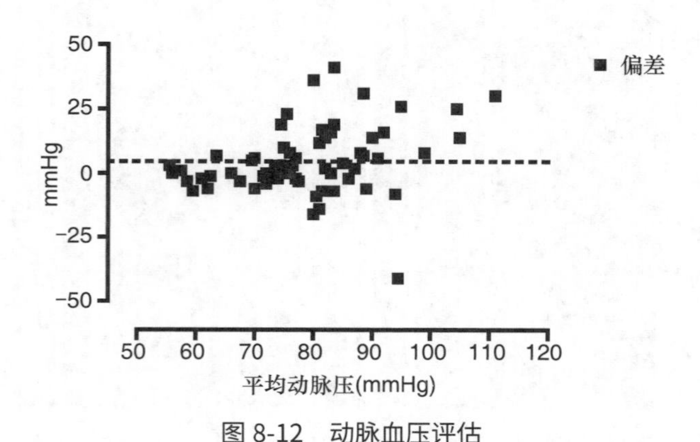

图8-12　动脉血压评估

动脉血压的评估是一项有学问的技能。随着评估者技术的提高，动脉血压的主观评估与客观测量相关（减少偏差和差异）。

异氟醚）可引起心输出量和动脉血压降低，但也可引起血管扩张从而导致麻醉早期出现黏膜粉红色和正常CRT。随着麻醉深度的增加或手术时间的延长，黏膜变得更苍白，CRT增加。黏膜的颜色是呼吸和心血管状态的指标。苍白的黏膜提示周围血管收缩或循环红细胞减少。黏膜颜色苍白与血流动力学状态不好并无关联。黏膜呈砖红色和CRT时间延长通常表明气体交换不良和血液在毛细血管内淤积。

外周动脉脉搏数字触诊仪是测定侧卧马心率和心律的可靠方法。脉搏率的下降表明麻醉药物具有抑制作用，但不能可靠地反映成年马的麻醉深度。脉搏率通常随马驹麻醉深度的增加而降低，但成年马的脉搏率在出显明显麻醉深度前，始终保持稳定。外周脉搏的触诊除了能确定脉搏率和节律外，还能对脉搏压力进行定性评估。心律不齐通常是通过触诊不同强度的不规则脉冲而发现的（图8-12）。脉压或“强度”是指动脉收缩压和舒张压（收缩舒张期）之间的差值（图8-14）。脉压并不表示灌注压，也不应该在马的麻醉中过度解释，因为麻醉药物通常会降低外周血管阻力，从而增加脉压，甚至在灌注压（平均动脉压）降低时也会增加脉压，从而提高脉搏强度。例如，异氟醚和七氟醚引起血管舒张，导致脉压升高，但灌注压力降低。即使组织灌注压力降低，数字脉搏评估也可能表明脉冲强度增加。相反，氯胺酮即使增加灌注压力，可能会导致血管收缩和脉压（收缩舒张期）降低。灌注压的数字评估（平均动脉压的评估）是一项很有价值的技术，一旦掌握，可以提供重要的、合理准确的、可能是主观的关于动脉血压的质量和大小的信息（图8-12）。与身体监测动脉血压相关的主观性质和技术错误，要求应采用更多的定量测量措施，也可直接监测马的动脉血压，特别是当马进行吸入麻醉或麻醉时间延长时。

动脉血压的定量测定是麻醉马临床治疗的关键。麻醉并发症的初始研究报告和回顾性研究均表明，平均动脉压低于60mmHg与并发症发生率增加有关，特别是术后横纹肌溶解症的发生率。动脉血压与麻醉马心输出量直接相关，但有多种因素可影响对动脉血压的测量，尤其是麻醉药对血管张力（前负荷、后负荷，参阅第3章）和心脏收缩力的影响。动脉血压可以使用多普勒或示波计间接（无创）测量，也可以使用直接法（有创）测量，利用动脉插管的进行测量（表8-4）。

表8-4　动脉血压测量方法

方法	位置	优点	缺点
袖带	桡动脉	费用低、无创	仅收缩压；非自动；高估收缩压；低血压时无效；准确度取决于袖带尺寸；使用需要培训
多普勒血压计	尾和四肢	无创；简单易用；费用相对较低；便携式，电池驱动	非自动；准确度取决于袖带尺寸；低血压时不准确；只测量收缩压
示波计	尾和四肢	易于应用；无创；自动	准确度取决于袖带尺寸； 低血压、心动过缓或心律失常时不准确
电子血压计	尾和四肢	无创	非自动；低血压时可能不准确；使用需要培训；低估收缩压和舒张压

（续）

方法	位置	优点	缺点
直接测量	面动脉	可连续获得收缩压、舒张压和平均压	侵入性（血肿的可能性）
	面横动脉	精确、可重复	导管安置需要一些技巧
	跖背动脉	自动一次到位，需要经常冲洗以保持通畅	昂贵（无液气压计除外）；感染

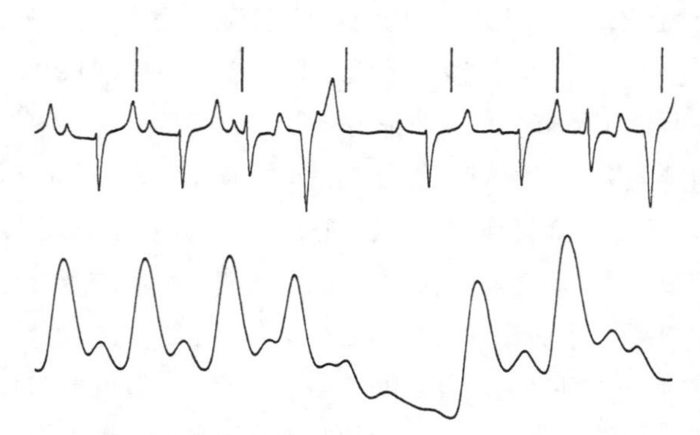

图 8-13　用氟烷麻醉的马的心电图（上）和相应的动脉压波形（下）

注意心室过早除极对动脉压脉搏和代偿性暂停的影响。

5. 无创法（间接法）监测心血管功能

（1）心电图　心电图用来评价心脏的电活动。麻醉马心电图的主要目标是确定心脏电生理的时间和形态，以确定心率和心律（图8-13和图8-14）。心电图还可用于指示心肌灌注和氧合是否足够，或是否存在电解质异常。基部-心尖导联常规用于监测麻醉马的心电图（参阅第3章）。这种导联是有用的，因为它很容易被应用，并且特征性地突出了P波，使得识别P-QRS-T时间和形态的变化更容易（参阅第3章和图8-14）。伪影会使心电

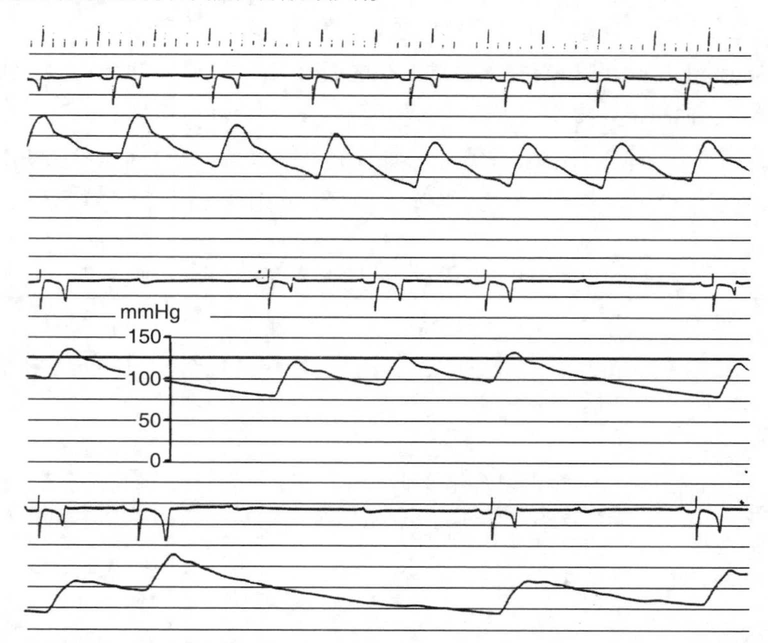

图 8-14　心电图（顶部）和相应的动脉压力波形，从马的二度房室传导阻滞（中间和底部的痕迹）

注意动脉压脉冲的缺失和 P 波被阻断后舒张压的下降。

图的评估更加困难（图8-15）。正常心电图表明心脏电活动正常，但不表明血流动力学正常或心脏收缩正常。

（2）Korotkoff动脉音 动脉血压可以通过听诊器特征来估计，当动脉血流经动脉时，压力从袖带中释放，此时听诊器可以听到特征性声音（Korotkoff音）。这种方法可用来评估马动脉收缩压的变化趋势，但这种方法严重依赖袖带宽度，且在低动脉压下不准确。这项技术相对不准确，并受到背景噪声的干扰。

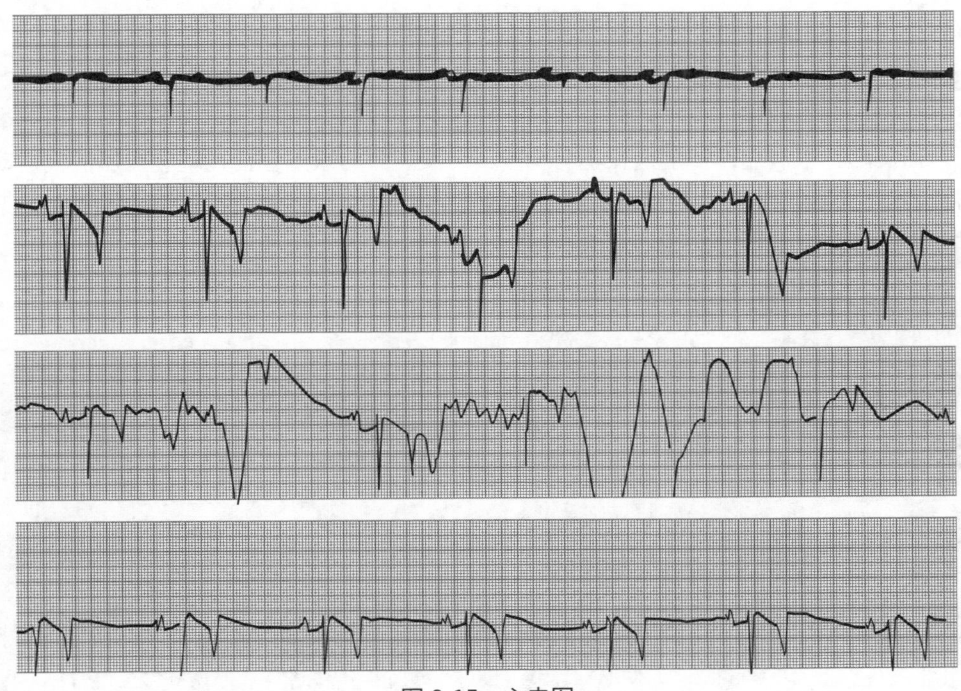

图8-15 心电图

心电图伪影：不适当的描记校准（顶部描记）；60个循环的电噪声（第二次描记）；运动伪影（第三次描记）；电偏压（直流偏移）或不正确的定位（底部描记）。

（3）多普勒超声 动脉血压可以用多普勒超声设备来评估。多普勒技术检测袖带释放压力时通过动脉的血流。该技术可精确评估动脉收缩压，但对于确定舒张动脉血压并不可靠。多普勒超声设备通过监测传输、接收和放大血液流经血管时发射频率的特征变化（多普勒频移）来检测血流。动脉收缩血压是通过将多普勒传感器置于与血压计相连的袖带远端来评估的。袖带常安放在成年马的尾部或在马驹的前肢上。先将袖带充气直到多普勒装置显示血流停止（没有声音），将袖带放气直到多普勒血压计能够检测到血流（声音返回），血压计上显示的压力记录值为动脉收缩血压值。这项技术的准确性取决于用于阻止血流的袖带宽度（袖带气囊宽度与袖带尾部周长之比为0.2～0.4）和侧卧位。袖带安放在仰卧的成年马尾部，多普勒超声测量动脉血压通常存在很大的误差。

多普勒超声设备的主要优点是易于应用和无创。多普勒超声装置不是自动测量的（它们要求兽医充气并释放袖带压力），当马仰卧时会失去准确性，当收缩压较低时测量精度也不可靠。它们对确定动脉血压的变化趋势可能有一定的价值。

（4）示波器装置 示波法测定动脉血压检测的是充气袖带中诱发的动脉搏动的强度和频率。与多普勒超声技术类似，袖带被放置在四肢周围（通常是尾部；见图8-16）。袖带充气至超过收缩压，然后缓慢释放。当袖带压力下降时，动脉压力脉动会引起袖带内的压力振荡。这些振荡叠加在下降压力曲线上。压力振荡增加，直到达到最大值，然后随着袖带压力进一步放气而减小。收缩压是在压力波动开始增大时测得的。平均动脉压取波动最大的点。舒张压估计为袖带振荡不再下降的点。大多数示波器设备也测量心率。马的理想袖带气囊宽尾围长比在0.2～0.4。增加这一比例会导致收缩压低估，而降低这一比例会导致数值被高估。大多数的示波器都是自动的，对监测趋势很有用，特别是在小马驹中。示波装置的缺点包括在动脉血压低或运动、心律失常或心动过缓时不准确。当平均动脉血压低于65mmHg时，示波装置的精确度会降低。

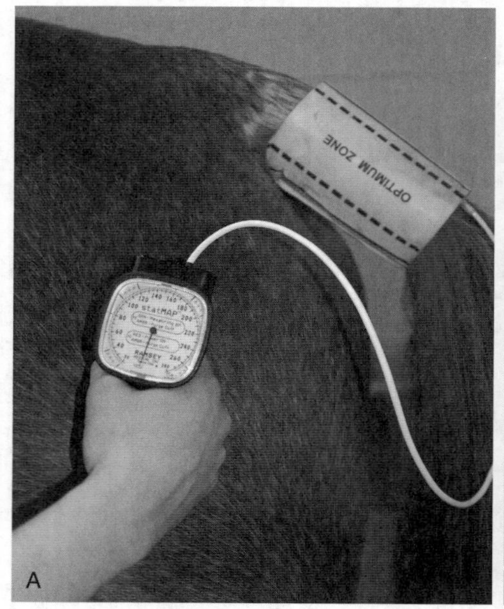

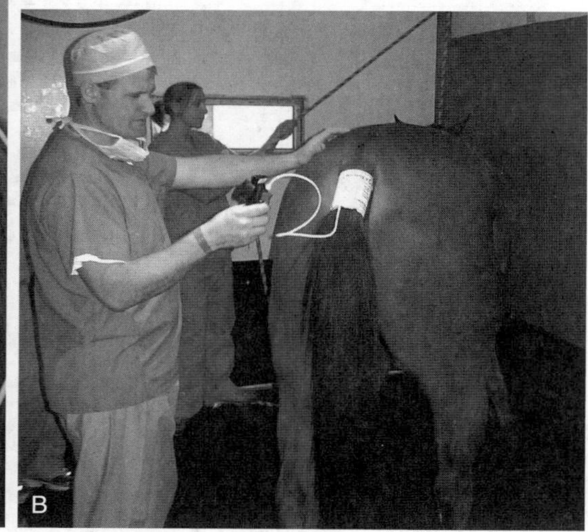

图8-16　示波法测定马动脉血压

A. 袖带安放在尾根部，充气至压力高于动脉血压　B. 当袖带放气时，充气袖带中的脉动幅度用于确定收缩压、舒张压和平均动脉压

图片所示血压计由美国拉姆齐医疗器械公司生产，图A和B由在美国Woodland市经营马兽医器材的Paul Rothaug博士惠赠。

（5）经食管多普勒超声心动图 经食管多普勒超声心动图通过确定已知横截面面积的主要血管（主动脉、肺动脉）中的血流速度，并将所获得的值乘以心率（参阅第3章），生成心输出量的无创性估测。多普勒探头通过鼻腔进入食管，直到利用二维超声心动图显示左心室流出道和主动脉的长轴图。与麻醉马的热稀释法和锂稀释法比较，通常经食管多普勒超声心动图被认为是无创的，但设备通常昂贵，并不实用。

6. 有创（直接）法监护心血管功能

（1）中心静脉压 中心静脉压力（CVP）或右心房压力是评估右侧心脏充盈压力和血管血液量的一个指标（参阅第3章）。CVP可根据心率、心肌收缩力、血容量、胸膜腔内压和每根静脉血管系统的张力而改变。此外，麻醉药物的选择和体位也会影响CVP（图8-17）。侧卧马的CVPs范围为15～25cmH$_2$O，而仰卧马的CVPs范围为5～10cmH$_2$O(参阅第3章)。除非记录了初始基线值，并且在较长时间内记录了CVP的变化，否则CVP的定期测量几乎没有临床价值。CVP测量的参考点（基点）是马站立或仰卧时的肩膀水平线或侧卧马的胸骨点。

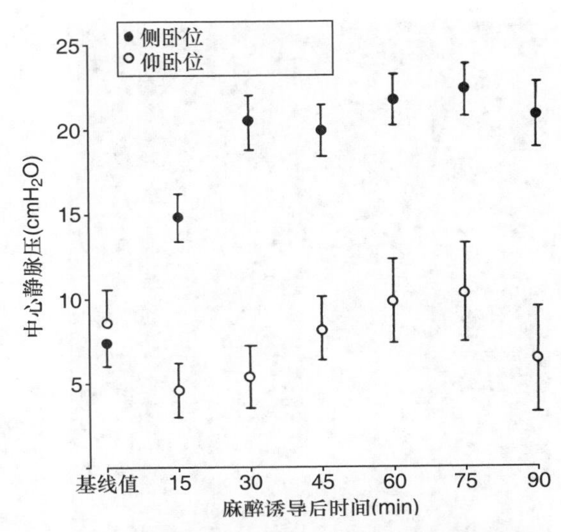

图 8-17　位于侧卧位或仰卧位的马匹的中心静脉压升高，是马匹血量变化的一个基本且常常不准确的指标

（2）动脉血压 动脉插管是测量动脉血压最准确和可靠的方法。收缩压、舒张压和平均动脉压值的测量和显示以及动脉压波形提供了有关心血管功能和状态的重要信息。为了维持动脉导管的通畅性，需要使用恒流系统或定期用肝素盐水冲洗导管（图8-18）。动脉导管也为动脉血气取样提供了方便。动脉血压的直接测量是通过动脉插管并连接压力传感装置来测量动脉血管内的压力（参阅第7章；图8-19）。动脉插管是一项技能，如果操作不当，可能导致血肿形成、感染、动脉痉挛或组织坏死；不过，如果无菌技术进行得当，这些问题在马匹中是罕见

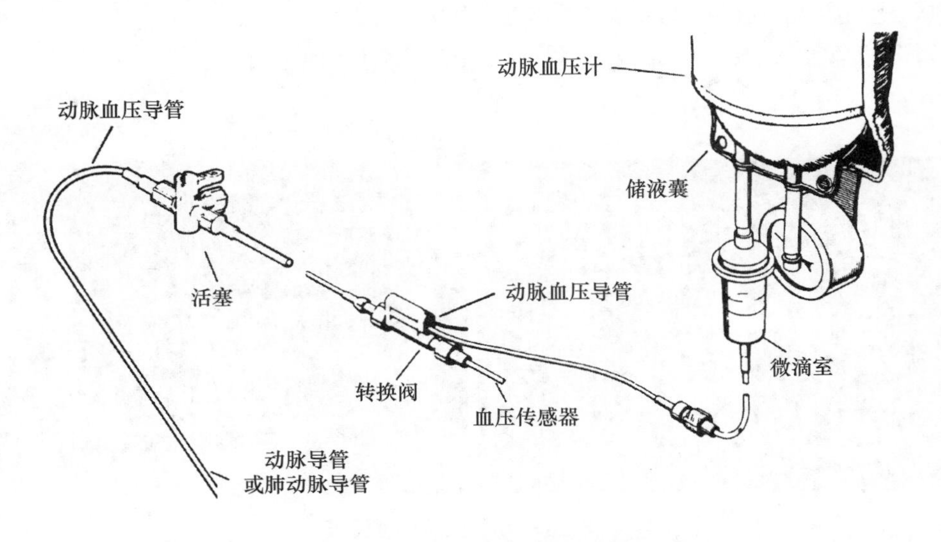

图 8-18　一种连续的动脉管路冲洗系统

可以通过一个溶液管理装置连接到血压传感器上的加压液袋来组装。许多压力传感器包括动脉冲洗阀。

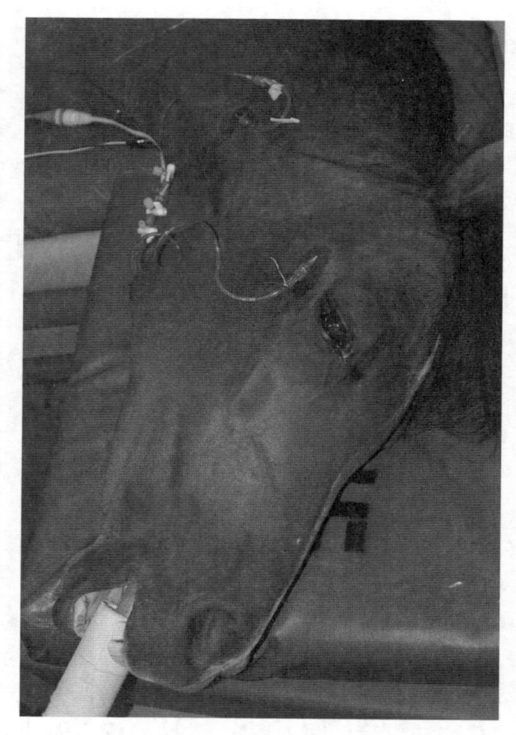

图 8-19　动脉导管经常放置在面部动脉的分支中

请注意，导管应缝合固定到皮肤上，以防止其脱落。

的。测量外周动脉插管后动脉血压的方法包括使用简单的无液气压计和带电子显示屏的压力传感器（图8-20）。

标准无液气压计价格低廉，可以通过一段硬质管子和一个三通旋塞连接到大多数导管上。硬质管道应足够长，以便压力计可以定位在心脏水平线上。三通活塞上连接充满肝素生理盐水的导管，当指针在压力计刻度盘上摆动时，通过记录指针偏转来监测平均动脉血压。液体和潜在的血液偶尔会回流到管道中，应经常用肝素生理盐水冲洗回流的血液。如果血液或液体进入压力计内部，压力计可能会被污染或损坏。可以在系统中添加一个流体捕集器，以保护无液气压计。液滴会稍微影响压力反应，但可以测量平均动脉压。

更复杂的动脉血压测量方法包括压力传感器和电子记录仪（图8-20）。动脉血压的变化使压敏性隔膜变形，从而通过隔膜改变导电性。导电率的变化幅度与动脉血压的变化成正比。收缩压和舒张压可直接测量。平均动脉血压（MAP）通常通过测量脉压曲线下的面积来计算。可以使用以下公式，利用收缩压（SAP）和舒张压（DAP）血压估算MAP：

$$(SAP-DAP)/3+DABP=MAP$$（图3-14）

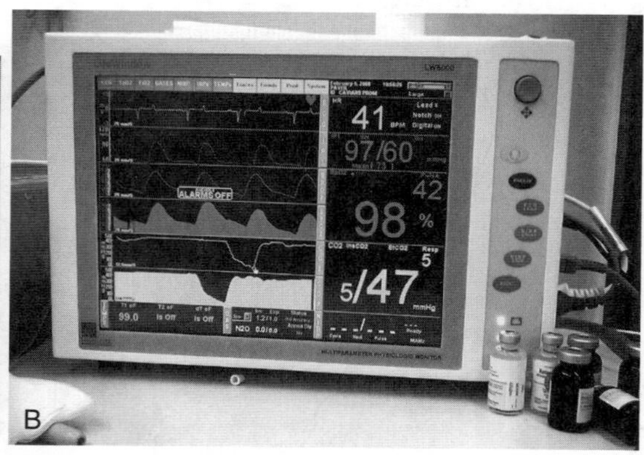

图 8-20　动脉血压测量设备

A. 多参数生理记录监视器（Datascope，Life Windows）允许同时显示和记录心电图、心率、动脉血压、SpO_2、$ETCO_2$和体温　B. 一些设备用于监测吸入气体和呼出气体（氧气、吸入麻醉剂、一氧化二氮）的浓度

压力传感器和记录仪可用于测定心率、动脉血压以及评估动脉压波形。带有数字显示的仪器会自动循环，每隔几秒更新一次信息。

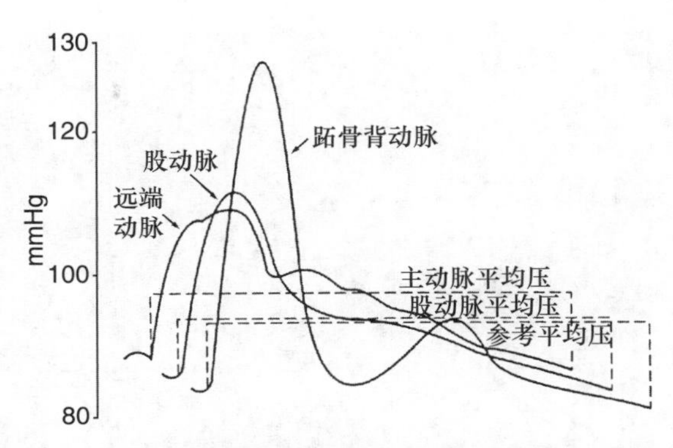

图8-21　具有代表性的动脉压波形来自远端主动脉、股动脉和跖骨背侧动脉

观察到跖骨动脉脉搏变窄，收缩压升高，舒张压和平均动脉压降低。也注意到第二个脉冲波形存在于跖背动脉。

(3) 动脉血压波形　动脉血压和动脉血压波形的主要决定因素是血管壁的扩张性（顺应性）、心搏量、心输出量、外周血管阻力以及心脏到采样点的距离（表8-5）。血容量和心率改变了这些决定因素。动脉的扩张性随着年龄的增长而降低，外周动脉的扩张性大于中央主动脉。外围脉冲波形比中央动脉搏动更陡峭，收缩峰值更高，并且更晚或没有脉搏切迹（图8-21）。当心功能和血容量正常时，由于血液的外周引流（“流出”）时间较长，心率减慢通常会导致较大的脉压（收缩舒张压）（图8-14）。心动过速产生相反的效果。在马的外周动脉记录中，经常可以观察到一个或两个额外的搏动。

动脉压波形的形状可以用于主观分析（框表8-7）。对于机械通气的马匹，动脉压波形的变化尤为明显。通常，最大收缩压发生在吸气周期的峰值，最低收缩压发生在吸气高峰后。整个呼吸循环的峰值压力和最低压力之间的差异可用作液体体积和补液液体充分性的指标（参阅第17章）。正常的动脉血压波形描述的是压力上升的瞬时起始速率（心肌变力阶段）和一个逐渐下降的过程。心脏收缩力（肌力）和血管扩张的增加通常会增加血压升高的速度。然而，外周血管扩张通常会增加脉压，导致动脉压波形迅速上升和下降。收缩力和冲程容积的减小降低了动脉压波形的上升率。急性失血（＞25mL/kg）可能会增加动脉压升高的速度，因为肌力增加可补偿失血。快速的心率使得先前关于动脉压波形的总结更难解释，但仍值得注意。动脉压波形在患畜中是可变的，但对于心血管并发症的出现和心血管功能的变化趋势提供了有价值的解读。

(4) 心输出量　心输出量可通过指示剂稀释法（温度稀释法、染料稀释法、锂稀释法）和多普勒超声技术（参阅第3章）来测定。通过热稀释来确定心输出量需要将热敏电阻探头通过导向（Swan-Ganz）导管引入颈静脉并直达心脏，直到尖端位于肺动脉（由特征性压力波形确定）。第二根导管插入颈静脉并向前推进，直到尖端位于右心房；该导管用于快速注入冰冻液体。这项技术在马驹中只需使用热敏电阻导管就可以完成，但对于成年马，由于注入的液体量很大，需要第二根导管。注入已知体积的冷冻等渗液体，并与血液混合。当血液流经心脏时，冰液的使用会改变血液的温度。温度变化由肺动脉中的热敏电阻检测。温度变化的大小和持续时间与心输出量成反比，利用特定的计算机算法分析温度变化曲线下的面积并计算出心输出量。热稀释并不困难，但需要放置第二根导管，因此不经常使用。

另外，氯化锂溶液也可以通过中心静脉导管给药。利用血浆中锂离子荧光强度和持续时间

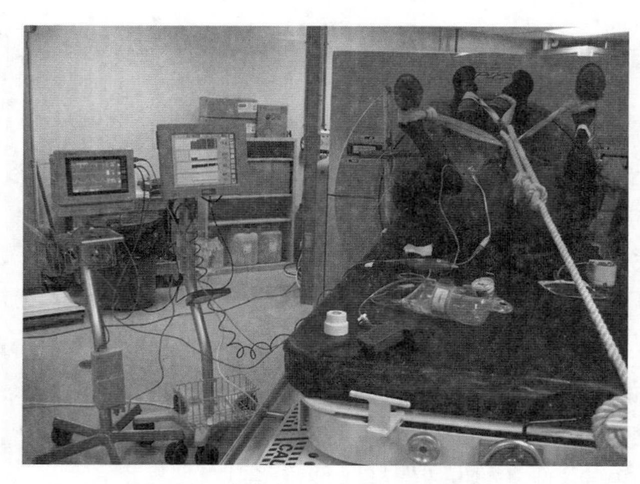

图 8-22　锂稀释法测定用七氟醚麻醉的马的心输出量

锂稀释监测器（右）可与动脉血压监测器（左）串联，通过动脉脉搏波分析持续评估心输出量的动态变化趋势。

来计算心输出量。锂稀释技术很简单，因为它可以使用颈静脉导管，以及任何外周静脉均可安置导管（不需要对肺动脉进行导管插入术）。锂稀释技术与脉搏轮廓分析相结合，可对心输出量进行连续测量（图8-22）。

7. 其他监护技术

酸碱与电解质平衡：动脉和静脉的酸碱度、血气和电解质的测量和评估，可以反映马机体的酸碱状态、外周血流和肺气体交换等有价值的信息（参阅第7章和表8-6）。PvO_2与心输出量呈正相关（PvO_2随着心输出量下降而下降，参阅第3章和图3-17）。心输出量减少（麻醉药物、循环衰竭、休克或心脏骤停）会延长毛细血管转运时间，从而产生更长的氧气交换时间和较低的PvO_2值。同样的机理也可以用来解释为什么当心输出量减少时，$PvCO_2$和$PvCO_2$-$PaCO_2$的值会增加。从组织返回心脏的血液携带着更多的二氧化碳。而通气将动脉二氧化碳分压（$PaCO_2$）维持在正常值，但静脉二氧化碳分压可能增加。在临床麻醉过程中，提倡将测量$PaCO_2$-$ETCO_2$值作为评价通气-血流灌注比值（V/Q）、心输出量和平均动脉血压的指标（表8-3）。$PaCO_2$-$ETCO_2$值随着V/Q比例失调的增加和心输出量及平均动脉血压的降低而增加。这一关系受体重的显著影响，表明与体重相关的血流分布不均与较大的卧位马、麻醉马的通气有关。同样地，当其他一切都保持不变时，$ETCO_2$的测量表明心输出量的变化。$ETCO_2$的减少表明，由于静脉回流和肺血流量的减少以及心输出量的减少，从外周组织输送的二氧化碳减少。

框表 8-7　动脉压脉冲的可视化分析

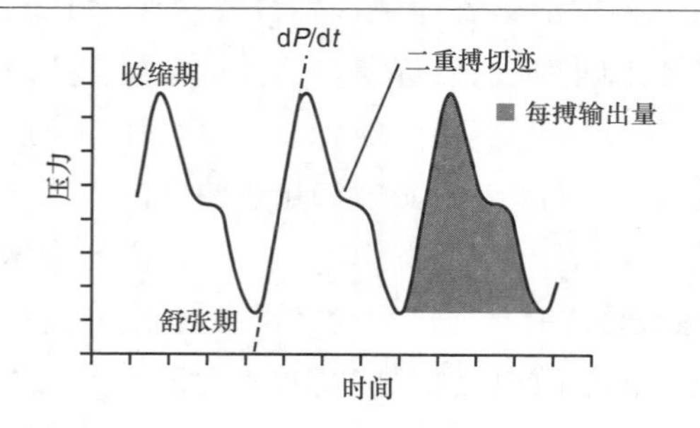

心肌收缩性

动脉脉搏压波（变力期）的上升支取决于左心室 d*P*/

全身血管阻力

低二重脉搏切迹和陡峭的降支表明快速舒张早期径流和外周血管阻力低。

心率、心律等因素对血流动力学的影响

通过了解扫描速度或纸张速度，可以立即估计心率。

心律失常可以通过比较心电图和动脉搏动波形（房性早搏或室性早搏）来识别。

心率和节律变化的血流动力学意义是动脉血压和轮廓在节率基础上的改变。

通气通过增加动脉血压来改变脉搏轮廓。

（续）

dt。陡峭的上升支通常表示左心室功能良好。 **每搏输出量** 脉压描记的收缩期射血支（容积期）下面积与每搏输出量成正比。	正压通气增加了第一个或前两个节律的潮气量，然后减少了后续节律的潮气量。 **循环血容量** 与通气有关的血压的节律变化表明血容量减少。

表 8-6　酸碱和与酸碱有关的pH、$PaCO_2$和HCO_3^-变化

		pH	$PaCO_2$	HCO_3^-	其他
未代偿	代谢性酸中毒	↓	N	↓↓	非呼吸性（代谢性）酸中毒
	代谢性碱中毒	↑	N	↑↑	非呼吸性（代谢性）碱中毒
	呼吸性酸中毒	↓	↑↑	N	严重通气障碍
	呼吸性碱中毒	↑	↓↓	N	慢性肺泡换气过度
代　偿	代谢性酸中毒	↓	↓	↓↓	非呼吸性（代谢性）酸中毒
	代谢性碱中毒	↑	↑	↑↑	非呼吸性（代谢性）碱中毒
	呼吸性酸中毒	↓	↑↑	↑	慢性通气障碍
	呼吸性碱中毒	↑	↓↓	↓	慢性肺泡换气过度

注：↑增加，↓降低，N 正常范围。

酸碱异常的准确解释是基于对动脉和静脉血液样本的评估。动脉血pH和血气用于评估肺气体交换，静脉血pH和血气用于评估组织酸碱状态。无论是获得动脉还是静脉血样，都必须了解一些基本和关键的概念。首先，酸血症或碱血症是由血液的酸碱值决定的。pH低于7.35表示酸中毒，高于7.45表示碱中毒。当$PaCO_2$值超过50mmHg时，认为存在呼吸性酸中毒。当$PaCO_2$值低于35mmHg时，出现呼吸性碱中毒。当pH低于7.35，且血浆HCO_3^-浓度低于可接受的正常值（25mEq/L）时，出现非呼吸性酸中毒。非呼吸性碱中毒是指pH高于7.45，且血浆HCO_3^-高于可接受的正常值（表8-2）。为了恢复正常的酸碱度，机体会发生代偿性变化，但主要问题可通过将酸碱度变化与呼吸或非呼吸成分相匹配来确定。例如，马动脉血pH7.2是酸血症。如果这种酸碱度变化与80mmHg的$PaCO_2$和32mEq/L的动脉碳酸氢盐浓度同时发生，则诊断为原发性呼吸性酸中毒。血浆碳酸氢盐浓度会代偿性增加，以纠正呼吸性酸中毒（使酸碱度恢复到7.35～7.45的正常范围）。在这种情况下，没有发生代偿。此外，这种酸碱度变化是可预测的，因为在理想的$PaCO_2$（40mmHg）基础上，每增加10mmHg，酸碱度理想值（7.40）将降低约0.05个单位。因此，预计80mmHg的$PaCO_2$值将产生7.20的pH（0.05×[80-40]=0.2；7.40－0.2=7.20）。如果pH出现极端值，而$PaCO_2$和动脉碳酸氢盐值均显示酸中毒，则解释为混合呼吸和代谢性酸中毒。使用这种简单的方法，大

框表 8-8　主要独立参数检测pH

强离子差值	二氧化碳（CO_2）
A_{TOT}（弱离子和）	未测阴离子

多数临床酸碱异常病例可以快速、准确地诊断，并且可以确定适当的治疗方法（表8-6）。偶尔会出现一种情况，即$PaCO_2$和碳酸氢盐值在相反的方向上发生紊乱，但pH仍在正常范围内。然后问题出现了：什么是首要问题，什么是补偿？放之四海而皆准的答案是，酸碱度变化的方向性决定了主要问题。另一种说法是，临床上的酸碱异常很少得到完全补偿，而过度补偿几乎从未发生过。应该强调的是，pH（氢离子浓度）取决于许多自变量。自变量是水的离解，更具体地说，是水的离子产物（K_w，常数），$PaCO_2$（前面讨论过），强离子差（SID），以及血浆中弱离子或缓冲液的浓度（框表8-8）。

强离子是带电粒子，在生理酸碱度下完全解离于水中，主要用阳离子（钠离子、钾离子、钙离子、镁离子）和阴离子（氯离子和乳酸根离子）表示。电荷差在正常情况下产生一个正的表观强离子差（SIDa），并被血浆中白蛋白（弱酸）和磷酸盐［强离子差异效应（SIDe）］产生的负电荷所抵消。SIDa和SIDe之间的差异称为强离子gab（SIG），当其等于零时，在40mmHg的$PaCO_2$下产生7.40的pH。SIG（SIDa≠SIDe）的存在表明存在未测量的离子，正或负取决于间隙值。未测量的离子会改变酸碱度，因为它们增加了血浆中的电荷。在几个物种中，SIG已经与疾病的严重程度和结果相关联，并且需要进一步研究作为马的预后指标。

乳酸的产生是导致麻醉马或血流动力学受损的马发生酸碱失衡的一个潜在的重要因素（参阅第7章）。乳酸是由糖酵解（糖原和葡萄糖分解为丙酮酸）形成的，而氢离子没有净变化。乳酸在血浆中的积累表明它的生成速度比代谢速度快。在缺氧、缺血和组织灌注减少期间，氧气输送受损会导致乳酸性酸中毒的发生。乳酸根是一种强离子，在解离状态下会降低SIDe。乳酸和其他强阴离子被称为未测量的阴离子，因为它们不是常规测定的。计算酸血症时的信号强度是有帮助的。信号强度增加，表明存在未测量的阴离子（通常是乳酸）。其他强离子（酮酸根）可在疾病和各种病理状态下产生，但这在马的麻醉过程中很少引起关注（表8-7）。

表8-7　独立参数对酸碱平衡的影响

独立参数	变化	推测
PCO_2	↑	呼吸性酸中毒
PCO_2	↓	呼吸性碱中毒
SIDa	↑	非呼吸性碱中毒
SIDa	↓	非呼吸性酸中毒
TP	↑	非呼吸性酸中毒
TP	↓	非呼吸性碱中毒
La^-	↑	非呼吸性酸中毒

注：↑增加，↓降低，SIDa，存在强离子差异；TP，总蛋白；La^-，乳酸盐。

大量的快捷方式和经验法则被用来简化临床酸碱度异常的解释。确定一个给定的酸碱度变化的呼吸成分可以快速估计麻醉期间患畜的状态。这一信息很有帮助，因为在麻醉的马身上，低通气和呼吸酸中毒的发生是很常见的，并且会影响到辅助或控制通气的决定。二氧化碳水化方程（$CO_2+H_2O \rightleftharpoons H_2CO_3 \rightleftharpoons H^++HCO_3^-$）表明，随着$PaCO_2$的变化，氢离子浓度必然发生变化，从而导致pH的变化。如前所述，当$PaCO_2$每增加10mmHg，超过40mmHg时，pH从理想的正常值7.4降低0.05。相反，当$PaCO_2$每降低10mmHg，低于40mmHg时，pH增加约0.1。记住这些关系可以立即测定给定酸碱度变化的呼吸成分。例如，PCO_2为60mmHg的马的酸碱度预计为7.3。当测得的pH高于或低于7.3时，应分别存在非呼吸性酸中毒或碱中毒（参阅第7章）。通常不需要对酸碱值介于7.25和7.55之间的酸碱异常进行处理。

体温：通常使用直肠温度计监测动物体温。可以使用直肠或食管热敏电阻装置。直肠中的粪便和肛门扩张可能导致直肠温度读数偏低。对体温进行监测可以掌握马代谢率及其散热能力。由于体重大，体表面积相对较低，成年马明显的体温过低是不常见的。患病或较小的马和马驹可发生体温过低，特别是当麻醉时间延长或体腔已打开时。环境温度低和体表潮湿会加剧体温下降，而体表加热对阻止体温损失有时有效。低温可降低达到既定深度麻醉所需的麻醉药剂量，并可延长恢复期。若在恢复期马出现寒颤，耗氧量会增加。麻醉后马会出现恶性高热综合征，但极为罕见（参阅第22章）。呼吸急促、心动过速和肌肉张力增加通常先于体温升高出现。

总之，如果要尽量减少麻醉的发病率和死亡率，监测麻醉和麻醉药物的后果是至关重要的（参阅第25章）。由于马的性情、体型和体重等因素的影响，马特别容易发生各种与麻醉剂有关的并发症。维持组织血流，尤其是肌肉灌注，对于麻醉后迅速而平稳地恢复至关重要。希望未来的技术发展能够允许对这一重要问题进行无创评估。为此，训练有素且经验丰富的马麻醉师必须使用所有相关且可行的物理方法和技术方法来评估和保持最佳生理参数。

表8-5　脉搏类型和动脉压波形观察

脉搏类型和波形	描述
Systolic pressure (120) Pulse pressure 1. Stroke volume 2. Arterial compliance Dicrotic notch Mean pressure (94) 1. Cardiac output 2. Peripheral resistance Diastolic pressure (80) Inotropic phase Volume displacement phase Systole　Diastole	正常动脉血压（ABP）波形：动脉压（收缩压、舒张压和平均压）和脉压（PP；ABP$_{(收缩压)}$-ABP$_{(舒张压)}$）取决于心输出量（CO）、全身血管阻力（SVR）、每搏输出量（SV）、动脉顺应性（硬度）和心率（HR）。CO减少会降低ABP，降低上升速率，延长收缩期。SVR降低增加了上升率，缩短了收缩期，脉宽减小，降低了二重脉波高度，增加了PP。SV的降低只降低了PP，而动脉顺应性的降低则增加了PP。年龄和药物（α_2-激动剂）降低了动脉顺应性
Normal, hypertensive (140) (90)	通常由CO、SV和SVR增加引起。PP增加（50）。收缩压、舒张压和平均ABP升高。收缩期速度快。二重脉波在舒张早期出现。与轻度麻醉或使用血管加压剂有关。偶尔被认为是止血带放置时对疼痛的反应

（续）

脉搏类型和波形	描述
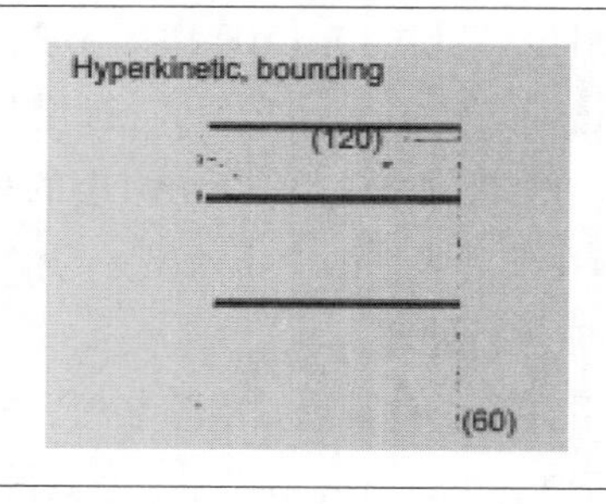	通常由 SV 升高和 SVR 降低引起。收缩压通常升高，而平均 ABP 和舒张压则降低。PP 增加（60）。上升支（收缩阶段）和下降支一样迅速。二重脉搏切迹非常低或可能无法观察到。提示由动静脉分流、发热、贫血或血管扩张剂（异丙嗪）、早期内毒素血症和败血症引起的动脉系统血液快速流出引起的脉搏亢进状态
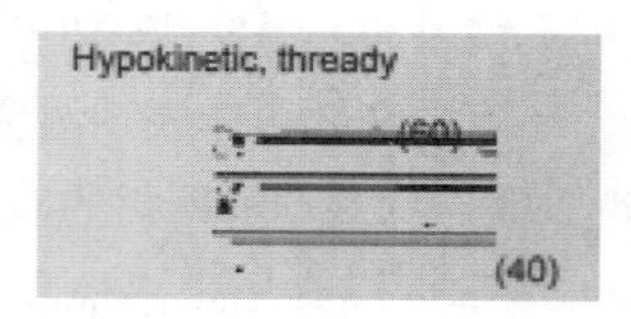	通常是由 CO 和 SV 降低和 SVR 升高引起的。收缩压、舒张压和平均 ABP 通常降低。PP 降低（20）。收缩期延长，二重脉切迹位置增高或位置正常。舒张期通常在心率增加时缩短。脉压下降表示心肌抑制（麻醉）、休克（出血、内毒素血症）或增加心率并引起外周动脉血管收缩（晚期内毒素血症）的情况
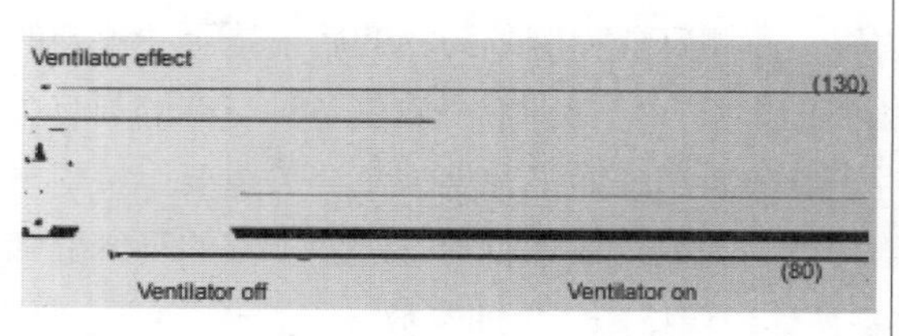	间歇性正压通气（IPPV）可减少静脉回流和一氧化碳，导致ABP降低和SVR增加。动脉压波形可能不会改变，但血压可能会降低，并且经常观察到与吸气和呼气相关的动脉压循环变化。ABP，尤其是收缩压，在吸气周期内升高，而在呼气阶段则相反。机械通气引起的ABP显著变化是液体疗法或强心的一个指标（参阅第17章）
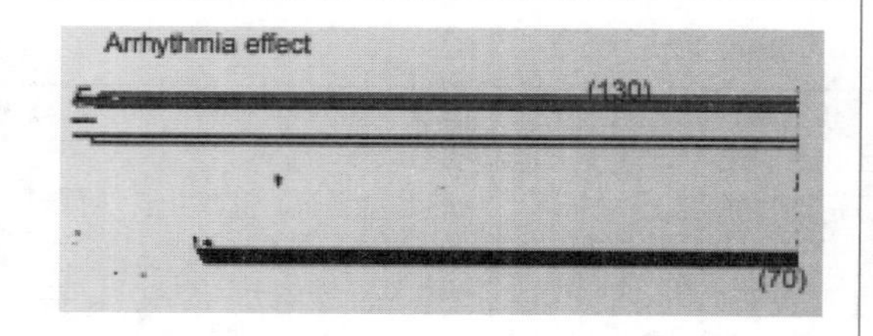	心律失常会导致心率、SV、CO 和 ABP 明显不规则。SVR 几乎总是增加。脉冲波形和 PP 随频繁的强（超动力）和弱（低动力）的外周触诊脉冲而显著变化。收缩力降低和血容量不足导致 ABP 波形变形
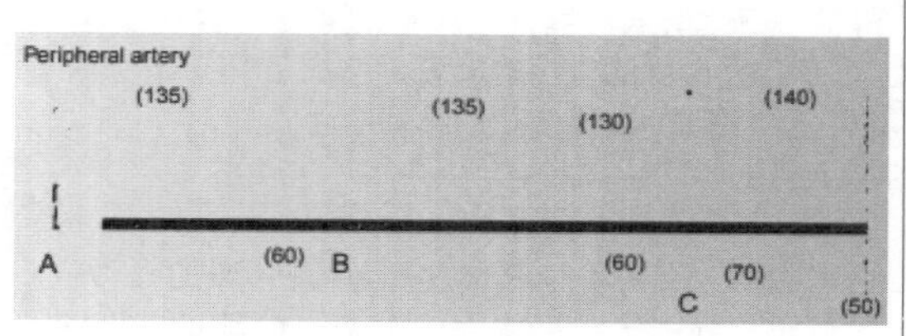	在马的动脉系统（跖背动脉，面动脉分支）较外围的小动脉中记录的脉搏波形通常具有较大的收缩压、较低的舒张压和最低的平均 ABP。与来自更大、更近端动脉的记录相比，体积位移相位被缩短，并且没有二重脉切迹。可以记录并触摸两次（A）和偶尔三次（B）脉冲。PP 和波形受相同的因素控制，这些因素改变了更多的近端脉冲，但更多地依赖于动脉顺应性和 SVR。收缩力下降（肌力不强）会降低动脉脉搏的上升率。小 SV 导致收缩峰狭窄和急骤的下压。SVR 的降低导致收缩峰狭窄，PP（90）增加，二次和三次脉冲（C）消失

参考文献

Bailey JE et al, 1994. Indirect Doppler ultrasonic measurement of arterial blood pressure results in a large measurement error in dorsally recumbent anaesthetized horses, Equine Vet J 26: 70-73.

Barr ED et al, 2005. Destructive lesions of the proximal sesamoid bones as a complication of dorsal metatarsal artery catheterization in three horses, Vet Surg 34: 159-166.

Bennett-Guerrero E et al, 2002. Comparison of arterial systolic pressure variation with other clinical parameters to predict the response to fluid challenges during cardiac surgery, Mt Sinai J Med 69: 95-100.

Bleich HL, 1989. The clinical implications of venous carbon dioxide tension, N Eng J Med 320: 1345-1346.

Clerbaux T et al, 1993. Comparative study of the oxyhaemoglobin dissociation curve of four mammals: man, dog, horse and cattle, Comp Biochem Physiol Comp Physiol 106: 687-694 .

Constable PD, 2003. Hyperchloremic acidosis: the classic example of strong ion acidosis, Anesth Analg 96: 919-922.

Corley KT et al, 2003. Cardiac output technologies with special reference to the horse, J Vet Intern Med 17: 262-272.

Cullen LK et al, 1990. Effect of high $PaCO_2$ and time on cerebrospinal fluid and intraocular pressure in halothane-anesthetized horses, Am J Vet Res 51: 300-304.

Dunlop CI et al, 1991. Thermodilution estimation of cardiac output at high flows in anesthetized horses, Am J Vet Res 52: 1893-1897.

Fritsch R, Hausmann R, 1988. Indirect blood pressure determination in the horse with the Dinamap 1255 research monitor, Tierarztl Prax 16 (4): 373-376.

Gaynor JS, Bednarski RM, Muir WW, 1993. Effect of hypercapnia on the arrhythmogenic dose of epinephrine in horses anesthetized with guaifenesin, thiamylal sodium, and halothane, Am J Vet Res 54: 315-321.

Gazmuri RJ et al, 1989. Arterial PCO_2 as an indicator of systemic perfusion during cardiopulmonary resuscitation, Crit Care Med 17: 237-240.

Geddes LA et al, 1977. Indirect mean blood pressure in the anesthetized pony, Am J Vet Res 38: 2055-2057 .

Geiser DR, Rohrbach BW, 1992. Use of end-tidal CO_2 tension to predict arterial CO_2 values in isoflurane-anesthetized equine neonates, Am J Vet Res 53: 1617-1621.

Gelman S, 2008. Venous function and central venous pressure, Anesthesiology 108: 735-748.

Giguere S et al, 2005. Accuracy of indirect measurement of blood pressure in neonatal foals, J Vet Intern Med 19: 571-576.

Grandy JL et al , 1987. Arterial hypotension and the development of postanesthetic myopathy in halothane-anesthetized horses, Am J Vet Res 48: 192-197.

Grosenbaugh DA, Gadawski JE, Muir WW, 1998. Evaluation of a portable clinical analyzer in a

veterinary hospital setting, J Am Vet Med Assoc 213: 691-694.
Haga HA, Dolvik NI, 2002. Evaluation of bispectral index as an indicator of degree of central nervous system depression in isofluraneanesthetized horses, Am J Vet Res 63: 438-442.
Hahn AW et al, 1973. Indirect measurement of arterial blood pressure in the laboratory pony, Lab Anim Sci 23: 889-893 .
Hall LW, Nigam JM, 1975.Measurement of central venous pressure in horses, Vet Rec 97: 66-69.
Hallowell GD, Corley KT, 2005. Use of lithium dilution and pulse contour analysis cardiac output determination in anaesthetized horses: a clinical evaluation, Vet Anaesth Analg 32: 201-211.
Johnson CB, Bloomfield M, Taylor PM, 2003. Effects of midazolam and sarmazenil on the equine electroencephalogram during anaesthesia with halothane in oxygen, J Vet Pharmacol Ther 26: 105-112.
Johnson JH, Garner HE, Hutcheson DP, 1976. Ultrasonic measurement of arterial blood pressure in conditioned thoroughbreds, Equine Vet J 8: 55-57.
Khanna AK et al, 1995. Cardiopulmonary effects of hypercapnia during controlled intermittent positive pressure ventilation in the horse, Can J Vet Res 59: 213-221.
Klein L, 1978. A review of 50 cases of postoperative myopathy in the horse - intrinsic and management factors affecting risk. In Proceedings of the Fourth Annual American Association of Equine Practitioners, vol 24, pp 89-94.
Klein L, Sherman J, 1977. Effects of preanesthetic medication, anesthesia, and position of recumbency on central venous pressure in horses, J Am Vet Med Assoc 170: 216-219.
Koenig J, McDonell W, Valverde A, 2003. Accuracy of pulse oximetry and capnography in healthy and compromised horses during spontaneous and controlled ventilation, Can J Vet Res 67: 169-174.
Lindsay WA et al, 1989. Induction of equine postanesthetic myositis after halothane-induced hypotension, Am J Vet Res 50: 404-410.
Linton RA et al, 2000. Cardiac output measured by lithium dilution, thermodilution, and transesophageal Doppler echocardiography in anesthetized horses, Am J Vet Res 61: 731-737.
Liu SS, 2004. Effects of bispectral index monitoring on ambulatory anesthesia, Anesthesiology 101: 311-315.
Magdesian KG et al, 2006. Changes in central venous pressure and blood lactate concentration in response to acute blood loss in horses, J Am Vet Med Assoc 229: 1458-1462.
Matthews NS, Hartke S, Allen JC, 2003. An evaluation of pulse oximeters in dogs, cats, and horses, Vet Anaesth Analg 30: 3-14 .
Matthews NS et al, 1994. Evaluation of pulse oximetry in horses surgically treated for colic, Equine Vet J 26: 114-116.
Mayerhofer I et al, 2005. Hypothermia in horses induced by general anesthesia and limiting measures, Equine Vet Educ 17: 53-56.
Miller SM, Short CE, Ekstrom PM, 1995. Quantitative electroencephalographic evaluation to

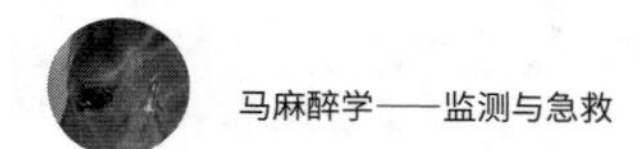

determine the quality of analgesia during anesthesia of horses for arthroscopic surgery, Am J Vet Res 56: 374-379.

Mitten LA, Hinchcliff KW, Sams R, 1995. A portable blood gas analyzer for equine venous blood. J Vet Intern Med 9: 353-356.

Mizock BA, 1987. Controversies in lactic acidosis: implications in critically ill patients, JAMA 258: 497-501.

Moens Y, 1989. Arterial-alveolar carbon dioxide tension difference and alveolar dead space in halothane anaesthetized horses, Equine Vet J 21: 282-284.

Moens Y, DeMoor A, 1981. Use of infra-red carbon dioxide analysis during general anesthesia in the horse, Equine Vet J 13: 229-234.

Moens Y, DeMoor A, 1981. Use of infra-red carbon dioxide analysis during general anesthesia in the horse, Equine Vet J 13: 229-234.

Muir WW, deMorais HAS, 2007. Acid-base physiology. In Tranquilli WJ et al, editors: Lumb & Jones veterinary anesthesia and analgesia, ed 4, Ames, Iowa, Blackwell Publishing, pp 169-182.

Muir WW, Skarda RT, Milne DW, 1976. Estimation of cardiac output in the horse by thermodilution techniques, Am J Vet Res 37: 697-700.

Muir WW, Wade A, Grospitch BS, 1983. Automatic noninvasive sphygmomanometry in horses, Am J Vet Res 182: 1230-1233 .

Murrell JC et al, 2003. Changes in the EEG during castration in horses and ponies anaesthetized with halothane, Vet Anaesth Analg 30: 138-146.

Neto FJ et al, 2000. The effect of changing the mode of ventilation on the arterial-to-end-tidal CO_2 difference and physiological dead space in laterally and dorsally recumbent horses during halothane anesthesia, Vet Surg 29: 200-205.

Otto K, Short CE, 1991. Electroencephalographic power spectrum analysis as a monitor of anesthetic depth in horses, Vet Surg 20: 362-371.

Parry BW et al, 1982. Correct occlusive bladder width for indirect blood pressure measurement in horses, Am J Vet Res 43: 50-54.

Porciello F et al ; 2004. Blood pressure measurements in dogs and horses using the oscillometric technique, Vet Res Commun 28 (supp1): 367-369.

Riebold TW, Evans AT, 1985. Blood pressure measurements in the anesthetized horse: comparison of four methods, Vet Surg 14: 332-337.

Rose RJ, 1990. Electrolytes: clinical applications, Vet Clin North Am (Equine Pract) 6: 281-294.

Schneider RK et al, 1992. A retrospective study of 192 horses affected with septic arthritis/tenosynovitis, Equine Vet J 24: 436-442.

Snyder JR et al, 1994. Surface oximetry for intraoperative assessment of colonic viability in horses, J Am Vet Med Assoc 204: 1786-1789.

Tavernier B et al, 1998. Systolic pressure variation as a guide to fluid therapy in patients with sepsis-induced hypotension, Anesthesiology 89: 1313-1321.

Taylor PM, 1981. Techniques and clinical application of arterial blood pressure measurement in the horse, Equine Vet J 13: 271-275.

Taylor PM, 1998. Effects of hypercapnia on endocrine and metabolic responses to anaesthesia in ponies, Res Vet Sci 65 (1): 41-46.

Taylor PM, 1998. Effects of hypercapnia on endocrine and metabolic responses to anaesthesia in ponies, Res Vet Sci 65: 41-46.

The American College of Veterinary Anesthesiologists guidelines of anesthetic monitoring, 1995. J Am Vet Med Assoc 206: 936-937 ; http://www.acva.org/diponly/action/Guidelines_Anesthesia_Horses_041227.htm

Tomasic M, 1999. Temporal changes in core body temperature in anesthetized adult horses, Am J Vet Res 60: 556-562.

Tomasic M, Nann LE, 1999.Comparison of peripheral and core temperatures in anesthetized horses, Am J Vet Res 60: 648-651.

Trim CM et al, 1989. A retrospective survey of anaesthesia in horses with colic, Equine Vet J 7 (suppl): 84-90.

Valverde A et al, 2007. Comparison of noninvasive cardiac output measured by use of partial carbon dioxide rebreathing or the lithium dilution method in anesthetized foals, Am J Vet Res 68: 141-147.

Wagner AE, Bednarski RM, Muir WW, 1990. Hemodynamic effects of carbon dioxide during intermittent positive-pressure ventilation in horses, Am J Vet Res 51: 1922-1929.

Warren RG, Webb AI, Kosch PC, 1984. Evaluation of transcutaneous oxygen monitoring in anaesthetized pony foals, Equine Vet J 16: 358-361.

Watney GCG, Norman WM, Schumacher JP, 1993.Accuracy of a reflectance pulse oximeter in anesthetized horses, Am J Vet Res 54: 497-501.

Webb AI, Daniel RT, Miller HS, 1985. Preliminary studies on the measurement of conjunctival oxygen tension in the foal, Am J Vet Res 46: 2566-2569.

Wetmore LA et al, 1987. Mixed venous oxygen tension as an estimate of cardiac output in anesthetized horses, Am J Vet Res 48: 971-976.

Whitehair KJ et al, 1990. Pulse oximetry in horses, Vet Surg 19: 243-248.

Young SS, Taylor PM, 1993. Factors influencing the outcome of equine anaesthesia: a review of 1314 cases, Equine Vet J 25: 147-151.

Young LE et al, 1996. Measurement of cardiac output by transoesophageal Doppler echocardiography in anaesthetized horses: comparison with thermodilution, Br J Anaesth 77: 773-780.

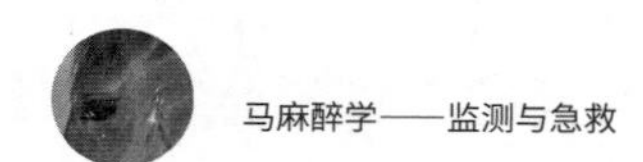

第 9 章 马给药原则及药物相互作用

要点：

1. 药物通过与受体结合起作用。受体结合的程度与受体数量、药物浓度呈S形曲线关系。

2. 药物血浆浓度与时间的关系用于确定关键药代动力学参数、消除率和分布容积。这些参数是确定消除半衰期和计算给药剂量及给药方案的依据。

3. 消除半衰期用于估计药物输注和药物消除过程中体内药物呈稳态浓度的时间。具有较长半衰期的药物，在注入之前，通常要有一个负荷量。大约90%的稳态药物血浆浓度（或消除）的药物需要3.3个半衰期。

4. 血浆浓度与反应的关系决定了药物的效力和有效性。使用半数有效剂量（ED_{50}）来比较药物效力。

5. 半数致死剂量（LD_{50}）与ED_{50}的关系决定了药物的治疗指数（LD_{50}/ED_{50}）。临床上，LD_1与ED_{99}的比值是一种相关性更强的关系。

6. 年龄、疾病及其他药物的影响导致机体对药物的不同反应。

7. 药物组合可以相互作用产生相加、半相加或协同作用。

一、药物动力学

药物动力学研究药物在体内的吸收、分布、代谢和消除速率，而药效学则研究药物浓度与药效之间的关系。对健康动物的综合药动学-药效学（PK/PD）研究可以提供对这些过程的基本了解，旨在为产生足够的血浆药物浓度的剂量方案奠定基础，以产生预期的临床或药理学作用，同时避免毒性。

此外，临床药物动力学是研究损伤或疾病对药代动力学影响的。其主要研究损伤、疾病和全麻对药物动力学参数的影响，以建立适合于患畜的剂量方案。多数麻醉药的治疗指标相对较低，因此必须非常小心地使用。麻醉药物在马体内的药代动力学变化相对较小，除非认识到这些变化并作出适当的剂量调整，否则可能导致药物发挥不了应有效果或产生药物毒性。

二、受体理论

多数药物被认为具有与受体可逆相互作用而发挥其药理作用和毒性效应，即：

（药物）+（受体）≈[药物-受体复合物]→药物的效果

药物-受体复合物的形成导致细胞反应，如释放胞内信使（例如，去甲肾上腺素释放环磷酸腺苷）或阻断离子泵（例如，局部麻醉药阻断神经细胞膜中的钠离子泵），从而产生明显的药物效应。药物效应的大小与所形成的药物-受体复合物的数量成正比。因此，药物浓度低，形成的药物受体复合物就少，发挥药物效应就小。随着药物浓度的增加，药物-受体复合物的数量增加，药物作用强度增加，直至达到最大值。药物作用的效应（监测的效果）可能远在所有受体被占据之前就达到峰值。

因此，药物浓度与受体处药物浓度呈S形函数关系。随着药物浓度的增加，其他类型的受体可能与药物分子相互作用，可能出现其他类型的药物效应或毒性反应。类似地，药物可能与不同的组织中的相同的受体相互作用，从而产生不同的效果。

虽然估计药物在受体部位的浓度或形成的药物-受体复合物的数目将有助于判断药物反应的强度，但这两个值都无法在临床患病动物中确定。但是，通常药物在血液中的浓度与药物在受体部位的浓度会达到平衡。因此，血液中一定浓度的药物与非作用药物有关，而较高浓度的药物与预期的药物作用甚至毒性有关。因此，可通过测量血液（或血浆）中药物的浓度来确定与预期临床效果相关的浓度范围。临床也发现，由于药物输送不完全或药物消除率高于正常或预期，药物无法达到足够高的浓度而导致药物不理想。高度兴奋或紧张的马可能需要比预期更大剂量的麻醉药来产生麻醉效果。此外，由于药物消除率的改变，血药浓度高于期望的临床反应可能会导致毒性。

大多数麻醉剂的治疗浓度已经确定。临床药理学的目的是调整用药方案，以达到预期的血药浓度和临床疗效。

三、药物分布的隔室模型

药物分布的隔室模型用于描述给实验动物用药后药物浓度与时间的关系。这些模型中最简单的是药物分布的单室模型，其特点是药物从血液中迅速地分布到其他组织。非蛋白结合药物在血浆和其他组织之间的平衡，使得血浆和组织中药物浓度的变化是平行进行的。许多药物广泛分布于全身，药物分布的多室模型被用来描述药物从血浆到其他组织的缓慢分布。有些药物

在某些组织中的分布非常缓慢，以至于在药物在血液和组织之间发生平衡之前，大量药物就被消除了。

1. 单室模型

单室模型（图9-1）是最简单的药物分布模型，但在麻醉药物中并不常见。静脉给药后单室模型的药物浓度变化率为：$dC_p/dt=C_p\times k$。其中dC_p/dt为药物浓度变化率，C_p为血浆药物浓度，k为消除速率常数。对该方程进行重排和积分，得到给药后任意时刻药物浓度的表达式如下：$C_p=C_p^0\exp(-kt)$。其中C_p^0为给药后即刻血浆药物浓度，exp为自然对数的底数。如果得到该表达式两边的对数，则将表达式转换为：$\ln C_p=\ln C_p^0-kt$。ln是自然对数。这个表达式非常有用，因为它表明$\ln C_p$随时间的变化曲线是线性的，斜率为k，截距为C_p^0（图9-2）。静脉注射药物浓度与时间数据的初始评估通常涉及$\ln C_p$与时间的关系图，以确定是否得到一条直线。如果这条线是直线，则推断出药物分布的单室模型。相反，在静脉给药后早期的曲度与药物分布多室模型的曲线相似。

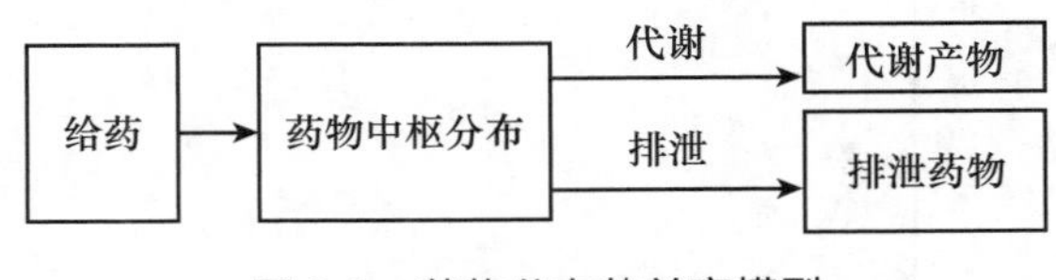

图 9-1　药物分布的单室模型

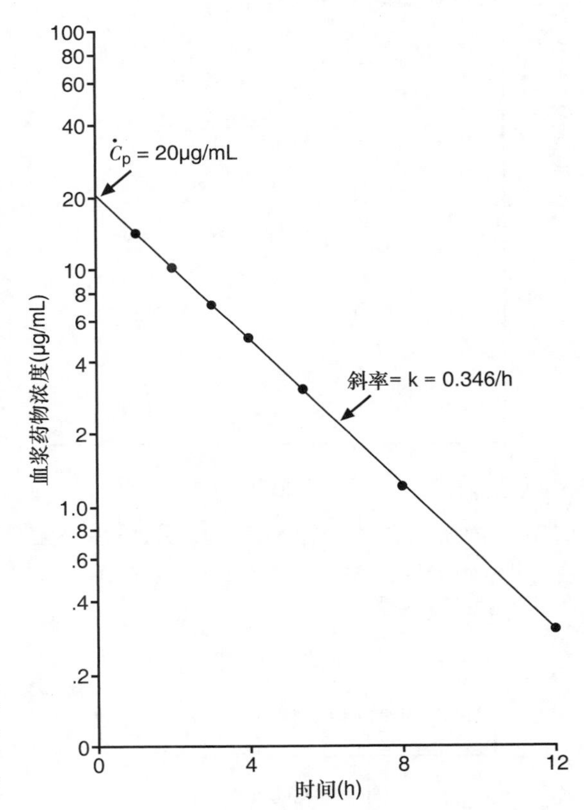

图 9-2　静脉给药后血浆药物浓度与时间的关系图

请注意，垂直轴是对数的。这幅图的线性表示单室模式。

2. 多室模型

药物从血液到其他组织的分布，在多室模型中比在单室模型中要慢。因此，$\ln C_p$随时间变化在给药后的早期是非线性的，而药物则分布在缓慢平衡的组织中（图9-3）。血浆和快速平衡的组织被认为是药物分布的多室模型中的中枢（图9-4），而缓慢平衡的组织则被认为是一个或多个外围隔室。可以识别的周边隔室的数量通常是一个，但如果药物对一个组织有亲和力，则可以是两个。该组织会缓慢地将药物释放回中央隔室。

在药物分布的二室模型中，静脉给药后血浆药物浓度的表达式如下：$C_p=A\exp(-\alpha t)+B\exp(-t)$。其中A和B是指数前项，浓度单位（例如，μg/mL）。在给药后的早期静脉药物浓度随时间变化的对数图（图9-3）是弯曲的，但在随后的时间里是线性的。药物分布末端部分的斜率为β，其反向延长线与纵坐标（0时间点）的截距为B。将得到一条新的斜率等于和截距为

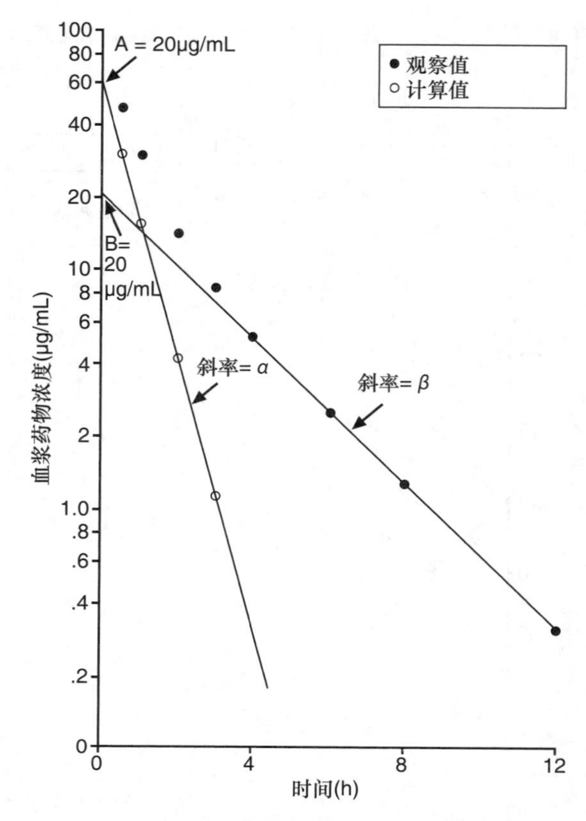

图 9-3　静脉给药血浆药物浓度与时间数据的关系图

注意纵轴是对数的。该曲线图（•）在给药后 0~4h 的曲率表明是多室模型。

A的直线。如果将每个观察时间内测定的药物浓度减去外推药物浓度得到的值与时间的对数绘制出来，将得到斜率等于α且如果观察到的药物浓度与每一观察时间的外推药物浓度之间的差异的对数是随时间的变化而绘制的。如果这条新线在给药后的早期是弯曲的，这一现象被称为羽化或曲线剥离，重复上面的做法，直到得到一条直线。

药物所需的所有药代动力学参数可直接从给药后药物浓度与时间的对数图的斜率和截距得到（即一室模型中的C_p^0和k以及双室模型中的A、B、α、β）。在多室药物模型中，药物可逆地分布到外周组织，而外周组织的药物必须回到中央室进行消除代谢和排泄。

静脉给药后第一时间血浆中药物浓度高于其他组织，为药物向其他组织分布提供驱动力。当药物从血浆中消除时，周围组织的药物扩散回血浆。

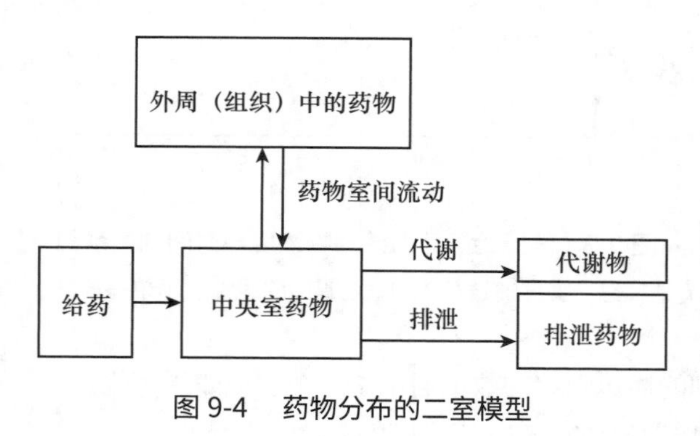

图 9-4　药物分布的二室模型

四、药代动力学

1. 消除率

消除率是身体通过新陈代谢或排泄来消除药物的能力。消除率定义为药物消除率与药物浓度之间的比例常数：药物消除率=$Cl \times C_p$。其中Cl为总消除率，C_p为血液或血浆中的药物浓度。间隙的单位和流量的单位一样，都是单位时间内的体积。因此，消除率表示单位时间内药物被完全消除的血液（或血浆）量。如药物浓度为10g/mL，消除率为100mL/min，则药物消除率为1 000g/min。由于药物从体内消除，药物浓度降低，药物消除率降低，直至最终达到零。此外，消除通常是恒定的，与药物浓度无关。

由于马的体重范围很广，所以人们习惯于通过除以动物的总重量来规范净空。例如，如果一匹体重400kg的马的净空为100mL/min，则标准净空0.25mL/（min · kg）。同样，已知体重的特定动物体内药物的总消除率是根据药物的规范消除量和该动物的总体重来计算的。因此，在一匹300kg马体内，总消除率为0.020mL/（min · kg）的药物的消除率为6mL/min。

一种药物在体内的总消除量是该药物所有单个器官消除量的总和，并与血液（或血浆）药物浓度下的面积与时间曲线成反比：总消除=剂量/AUC。式中AUC为给药至无穷时血液（或血浆）药物浓度随时间曲线下的面积。对于单室模型药物，AUC很容易计算为的C_p^0/k，对于二室模型，AUC是以A/α+B/β的形式计算的。

总消除率与AUC的关系表明，总消除率较高的药物在血液（或血浆）药物浓度随时间曲线下的面积相对较小（图9-5）。例外的是，给因疾病导致的全身消除率降低的马使用的药物，血浆药物浓度与时间曲线下的面积比给一匹正常消除率的马所使用的药物的面积要大。因此，患病的马暴露在较高的药物浓度下的时间更长，除非相应减少药物剂量，否则预期将产生更大和更持久的药物效应。

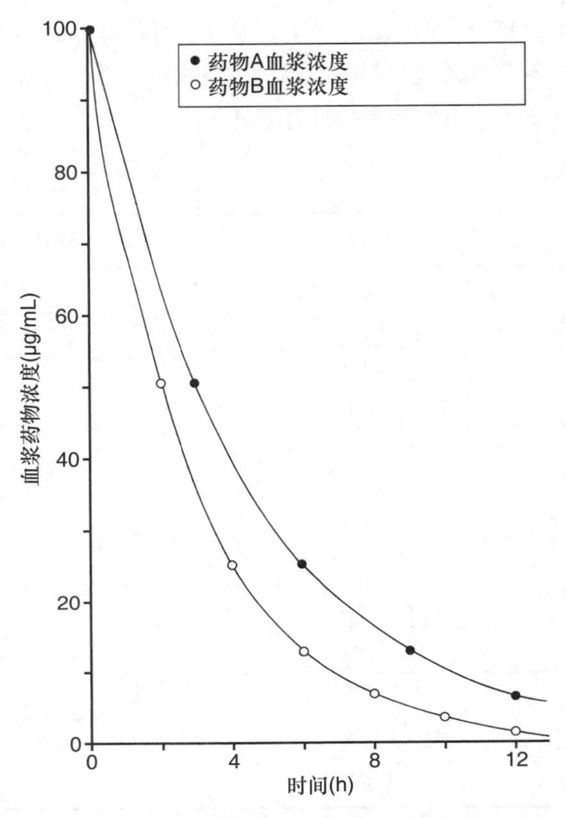

图9-5　同一剂量静脉给药后两种不同药物血浆药物浓度与时间的关系图

注意，药物B（◦）的消除速度比药物A（•）更快，而B（◦）在血浆药物浓度随时间曲线下的面积较低。

某一特定药物在各个器官的消除是血液流向该器官和药物被摄取率的乘积，是对该器官通过代谢或排泄消除药物能力的衡量。

未被器官消除的药物的摄取率为0.0，而被器官完全消除的药物的摄取率为1.0，因此任何器官对药物的消除率可以从最小值为零到等于血流量的最大值。肝和肾是马体内主要的消除器官，其最大消除量等于这些器官的血流量，分别为20～30mL/（min · kg）和约10mL/（min · kg）。消除器官的实际消除取决于多种因素，包括药物的理化性质和所涉消除过程的性质。这些因素对消除器官消除的影响将在下面关于肝和肾消除的章节中进行综述。

2. 肝消除

肝消除是由药物通过肝微粒体酶的代谢转化和药物在胆汁中的排泄而实现的。已知发生在马体内的代谢变化包括氧化、水解、还原和结合（表9-1）。通常，一种药物通过几种不同的途径同时进行代谢，导致代谢物的混合。例如，保泰松在马体内被氧化生成氧化苯基丁氮酮和羟基苯基丁氮酮。这两种代谢物的相对量取决于平行路径的相对速率。此外，初级代谢物可能经过进一步的代谢。例如，氧化、还原和水解常伴随着共轭。可待因氧化成吗啡，然后结合生成3-葡萄糖醛酸吗啡，药物代谢物的水溶性往往大于母体药物，因此，代谢物的肾消除率几乎总是大于母体药物的肾消除率。

表9-1　马的新陈代谢变化*

药物	活性代谢物	非活性代谢物
保泰松	羟布宗	
吗啡	6-葡萄糖醛酸吗啡	3-葡萄糖醛酸吗啡
布托啡诺		布托啡诺葡萄糖醛酸酯
普萘洛尔	4-羟基普萘洛尔	
异克舒令		葡萄糖醛酸异克舒令
沙丁胺醇		硫酸沙丁胺醇
乙酰丙嗪		2-（1-羟乙基）丙嗪硫氧化物
利多卡因		3-羟基利多卡因
地托咪定		羟基地托咪定
氯胺酮	去甲氯胺酮	
地西泮	奥沙西泮、替马西泮	
普鲁卡因		对氨苯甲酸

注：*分类：[O]，氧化；[R]，还原；[H]，水解；[C]，共轭。

肝消除率是肝动脉和门静脉系统的总肝血流量与肝摄取率的乘积：

$Cl_H=Q_H\times E_H$，其中Cl_H为总肝消除率，Q_H为总肝血流量，E_H为肝摄取率。肝摄取率取决于药物血浆蛋白结合情况、药物代谢酶的内在消除情况以及肝血流量：

$E_H=\{(Q_H\times f_{up}\times Cl_{int})/(Q_H+f_{up}\times Cl_{int})\}$，其中$f$为未与血浆蛋白结合的药物分子比例，$Cl_{int}$为肝酶的固有消除率。当肝脏血流量远大于血浆中未结合组分与固有消除率的乘积时，肝摄取率较低，肝消除率近似为：

$$Cl_H\approx f\times Cl_{int}$$

在低摄取条件下，肝消除率与血浆蛋白结合程度和肝药物代谢酶活性密切相关，但与肝血流量无关。因此，低摄取率药物如保泰松和茶碱的肝消除率受血浆蛋白结合和酶活性变化的影响，而不受肝血流量变化的影响。疾病状态，如炎症、肾脏疾病和慢性肝病，可能导致血浆蛋白结合的改变或肝酶活性的改变，可能影响低摄取率药物的肝消除率。此外，同时使用竞争血浆蛋白结合位点或通过抑制/刺激来改变肝酶活性的其他药物（如巴比妥酸盐诱导微粒体酶活性）也可能影响低摄取率药物的肝消除率。例如，当同时使用已知的酶抑制剂氯霉素时，保泰松的肝消除率降低了大约50%。当消除率发生重大变化时，可能需要改变剂量或给药率，以维持药物作用或避免严重的毒性风险。

对于被肝脏高度摄取的药物来说，血浆中未结合的分数和内部间隙的乘积远大于肝血流量。高摄取药物的肝消除率近似于：$Cl_H \approx Q_H$。

因此，高摄取药物的肝消除率依赖于肝血流量，但相对独立于血浆蛋白结合和肝酶活性的变化。地托咪定、氯胺酮、利多卡因、普萘洛尔、多沙普仑、芬太尼、吗啡和大部分鸦片类药物、氯霉素、异克舒林、赛拉嗪、吡拉明等都是马的肝脏高度摄取的（表9-2）。这些药物的肝消除率相对较大，占药物全身消除总量的大部分。它们的肝消除率高度依赖于肝血流量的变化，但对血浆蛋白结合和肝酶活性的变化的依赖性要小得多。由于许多药物，包括一些气体和静脉麻醉药物，都会降低肝血流量，因此，当与其他麻醉剂联合使用时，对高摄取药物的消除往往会减少。在异氟醚麻醉期间，利多卡因和芬太尼的消除率较低，可能是麻醉期间肝血流量减少所致（图9-6）。此外，普萘洛尔等显著降低肝血流量的药物也会降低自身的肝消除率，而其他高摄取的药物也会降低肝消除率。因此药物导致失效或在使用高摄取药物时，由于肝血流量的意外变化而导致的肝消除率异常，通常可以解释为毒性。调整药物剂量或给药率经常是必要的，因为肝通常是这类药物消除的主要途径。

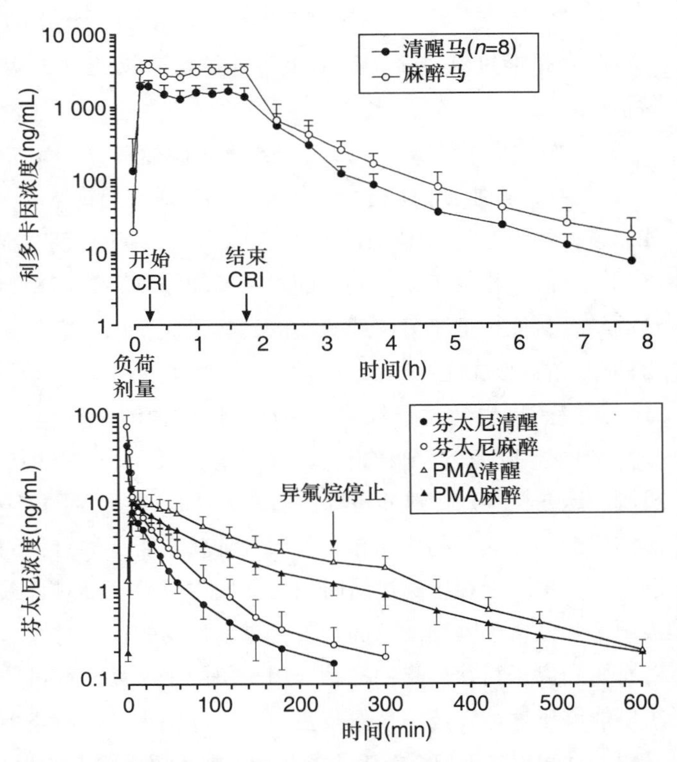

图9-6　清醒和麻醉马血浆利多卡因（顶）和芬太尼（下）浓度与时间的关系

芬太尼代谢物（PMA）也显示。注意异氟醚麻醉期间两种药物的消除率降低。

表9-2　马代表药物的肝摄取率

低	中	高
洋地黄	丹曲林	苯丙胺
保泰松	苯妥英	地西泮
苯巴比妥		多沙普仑
		普萘洛尔、喷他佐辛、利多卡因、异克舒令、普鲁卡因、乙酰丙嗪、赛拉嗪、地托咪定、氯胺酮、美索巴莫、吗啡

3. 肾消除

肾消除是消除水溶性药物和药物代谢产物的重要途径，是肾小球滤过、肾小管分泌和肾小管再吸收的净结果。

$$肾消除率=（滤过率+分泌率-吸收率）/C_p$$

药物是通过滤过肾小球血浆中未结合药物的方式从血液中移除的。因此，药物的过滤速率是：

$$药物的过滤速率=f_{up}\times C_p\times GFR$$

其中f_{up}是血浆中未结合的部分，C_P是血浆药物浓度，GFR是肾小球滤过率，正常马的肾小球滤过率约为1.92mL/（min · kg)。因此，对于广泛与血浆蛋白结合的药物，如保泰松和普萘洛尔，过滤是相对不重要的，而对茶碱和咖啡因等药物则重要，它们与马体内的血浆蛋白有少量的结合。滤过但不分泌或吸收的药物最大肾消除率等于正常马的肾小球滤过率，或相当于正常马体重的1.92mL/（min · kg)。

某些药物也通过管状分泌物从肾脏的血液中排出。从血浆中将酸（阴离子）和碱（阳离子），包括格隆溴铵、琥珀酰胆碱等季铵盐类化合物从血浆中输送到管腔中，存在着不同的分泌机制。这些机制是相对非特异性的、活跃的过程，是可饱和的，并受到竞争和非竞争性的抑制。高浓度的药物或药物代谢物可能会导致肾小管运输过程的饱和；在正常的药物剂量下，这种情况很少发生，但在用药过量时也可能发生。丙磺舒对青霉素管状分泌的竞争性抑制在临床上已被用于降低肾消除率，从而延长青霉素作用的持续时间。虽然在马的研究中已经观察到丙磺舒对有机阴离子管状分泌的抑制作用，但由于所需的剂量较高，其尚未在临床上得到应用。转运机制能够迅速地将药物从血浆蛋白中剥离出来，但血浆蛋白结合不会减少肾小管分泌。在正常马中，过滤和分泌但没有吸收的药物的最大肾消除率约为10mL/（min · kg)。

药物的再吸收是控制肾脏药物处理的第三个因素，可能也是最重要的因素。药物的管状吸收速率和程度取决于药物的理化性质（如pKa、亲脂性、分子大小)、尿pH和尿量。当尿液中药物浓度相对于血浆中药物浓度增加时，随着水的吸收，具有足够亲脂性的非离子型药物被动地从尿液中吸收。非离子化药物在血浆和尿液中的浓度在平衡状态下是相等的。由于正常休息马的尿pH为8.0～8.5，弱碱基在血浆中的离子化程度比尿液中的高，且容易被广泛吸收，因此肾消除脂溶性弱碱药物，如地托咪定、氯胺酮、赛拉嗪、吗啡等阿片类、利多卡因、乙酰丙嗪、吡拉明等，在正常休息状态下这是一种相对不重要的消除途径。此外，弱的有机酸在尿液中的电离程度比在血浆中要高，而且被吸收的可能性要小得多。因此，青霉素类、头孢菌素类、保泰松、萘普生、氟尼辛、速尿等弱有机酸的肾消除作用一般比弱有机碱更为重要。然而，由于运动、尿酸化剂的使用以及各种疾病过程（如缺血、缺氧)，尿pH的降低会导致弱碱的吸收减少、弱酸的吸收增加。

疾病或液体或利尿剂引起的尿流量增加，会降低尿和血浆之间的药物浓度梯度，一般会降低尿pH，并缩短达到平衡的时间。这些因素的净影响使酸和碱的管状吸收减少，其肾消除率增加。肾消除率增加的意义取决于肾消除率相对于总消除率的大小。如果一种药物的肾消除率通常是其全身消除率的一小部分，则在观察到总消除率发生显著变化之前，需要大幅度增加肾消除率。

4. 表面分布容积

药物的分布体积是体内药物的数量与药物的血浆浓度之间的比例常数：$V_d=X/C_p$。

其中 V_d 为分布体积，X为某一特定时间体内药物的量，C_p 为当时血浆药物浓度。换句话说，分布的体积就是药物以血浆浓度存在于全身时所占据的体积。由于药物常常被隔离或集中在某些组织中，分布的体积可能远远大于全身水的体积。例如，如果药物在体内的数量是2 000mg，血浆浓度是2g/mL，分布的体积是1 000 000mL（1 000L），超过一匹体重约500kg的成年马的总体水（总体水占体重的60%～70%，一匹500kg的马其总体水为300～350L）。为了方便起见，分布的体积通常是归一化的体重，因为可以合理地预期分布的体积会随着体重的增加而增加。在上面的例子中，体重为500kg的马的体积分布可以表示为2L/kg。

与血浆蛋白广泛结合的药物一般分布不广。因此，它们的分布体积相对较小（如0.1～0.4L/kg）。此外，血浆蛋白结合程度较低但对肌肉或脂肪组织等组织有亲和力的药物往往分布较广（如1～5L/kg）。地高辛与骨骼肌结合，硫喷妥钠具有较高的脂溶性，两者均有较高的分布量。

对于达到分布均衡后的分布体积，一个指导性的模型为：

$$V_d=V_p+\{f_{up}/f_{ut}\}\times V_t$$

式中 V_p 是血浆水的体积；f_{up} 和 f_{ut} 分别是不与血浆蛋白和组织蛋白结合的药物分子的组分；V_t=组织水的体积。分布体积等于血浆水加上不与血浆或组织蛋白结合的药物的组织水（即 f_{up} 和 f_{ut}=1），此体积为马的水总量，成年马的体重为600～700mL/kg。

如果一种药物广泛地与血浆蛋白结合（即 f_{up} 非常小），则分布的体积大约等于血浆水的体积或约50mL/kg。偶氮蓝染料被用来估计马体内的血浆体积，因为它广泛地与血浆蛋白结合，因此分布也受限于血浆体积。

与血浆蛋白结合比与组织结合更广泛的药物的体积分布在50～700mL/kg。比血浆蛋白更广泛地与组织结合的药物，其分布体积大于700mL/kg。虽然没有上限，但很少有超过10mL/kg的报告。

影响分布体积的变量包括血浆和组织水的体积，药物与血浆蛋白和组织的结合，以及血液流向组织的速率，因为流量减少会导致药物无法达到分布平衡。在血浆或组织中改变结合的药物或药物-疾病的相互作用会改变血浆或组织中的药物结合率，从而影响分布的体积。脱水或减小血液流向分布组织的速度会影响分布量。

如果已知目标血浆药物浓度，则用分布体积计算药物的负荷剂量（LD）（框表9-1）：

$$LD=C_{target}\times V_d$$

例如，体积分布为0.3L/kg、目标血浆药物浓度为1g/mL的药物的 LD 为0.3mg/kg。如果马的体重为450kg，则给药总剂量为135mg。已知或预期的正在用药的马的药物分布量的变化需要在LD中按比例变化。

5. 半衰期

药物的半衰期是将一半药物从体内消除所需的时间（框表9-2和表9-3）。虽然经常被用作药物消除过程效率的衡量标准，但半衰期取决于分体积和间隙：

$$t_{½}=0.693V_d/Cl$$

其中$t_{½}$为药物半衰期。药物的分布体积会影响药物的半衰期，因为药物必须在血液中才能进入排泄器官。分布量大的药物（如普萘洛尔和乙酰丙嗪）不像分布量小的药物（如萘普生和保泰松）那样广泛地暴露于消除器官，因此半衰期更长。如果药物的分布体积发生变化，半衰期可以在不改变器官消除率的情况下发生变化。

框表9-1　给药剂量和维持剂量的确定

负荷剂量：
$LD=C_p \times V_d$
例：如果 C_p=2μg/mL, V_d=2L/kg 则 LD=2μg/mL×2 000mL/kg=4 000μg/kg
LD = 4mg/kg
维持剂量：
$MD=C_p \times Cl$
例：C_p=2μg/mL, Cl=20mL/（kg·min） 则 MD=2 μg/mL×20mL/（kg·min）=40μg/（kg·min）
MD = 28.8mg/kg

框表9-2　药物稳定状态或药物消除时间

从体内排出药物所需时间的估计：
1× 半衰期：50% 淘汰
2× 半衰期：75% 淘汰
3× 半衰期：87.5% 淘汰
3.3× 半衰期：90% 淘汰
4× 半衰期：93.75% 淘汰
接近稳态值所需时间的估计：
1× 半衰期：50% 的稳态
2× 半衰期：75% 的稳态
3× 半衰期：87.5% 的稳态
3.3× 半衰期：90% 的稳态

表9-3　马体内药物的药动学参数实例

药物	消除率[mL/(min·kg)]	V_d（mL/kg）	$t_{½}$（min）	消除机制
乙酰丙嗪	26.3	6 600	174	代谢
丹曲林	4.35	791	129	代谢
地托咪定	6.7	740	76.5	代谢
地西泮	7.48	6 280	582	代谢
依托度酸	4.0	290	160	代谢、肾排泄
芬太尼	16.4	840	48.5	代谢
愈创木酚甘油醚	8.2	970	84.5	代谢
氯胺酮	31.1	2 722	65.8	代谢
利多卡因	52.0	2 858	39.6	代谢
哌替啶	?	?	66	代谢

（续）

药物	消除率[mL/(min·kg)]	V_d（mL/kg）	$t_{1/2}$（min）	消除机制
美索巴莫	11.7	880	60.8	代谢、肾排泄
吗啡	5.33	1 980	257	代谢
喷他佐辛	28.8	2 970	71.5	代谢
戊巴比妥	7.64	833	75.6	代谢
苯巴比妥	0.51	803	1 098	代谢
赛拉嗪	21.0	2 456	81.0	代谢

弱有机碱（如利多卡因、芬太尼、羟吗啡酮、异克舒林、地托咪定、氯胺酮）分布量大，总消除率大；弱有机酸（如氟尼辛、保泰松、速尿、氨苄西林）的分布体积较小，总消除率小。尽管在分布体积和消除率方面存在这些差异，这些临床应用于马的药物的半衰期往往很相似。

以相当于其半衰期的间隔给药，导致最大血浆药物浓度为最低血浆药物浓度的1.58倍。如果给药时间间隔相对于半衰期增加，则最大与最小血浆药物浓度之比增加。相对于半衰期而言，增加给药间隔可能导致部分给药间隔期间的毒性，而在另一部分给药间隔期间则没有效果（图9-7）。解决办法是缩短剂量之间的时间间隔；或者，如果半衰期太短，则通过持续静脉滴注给药。

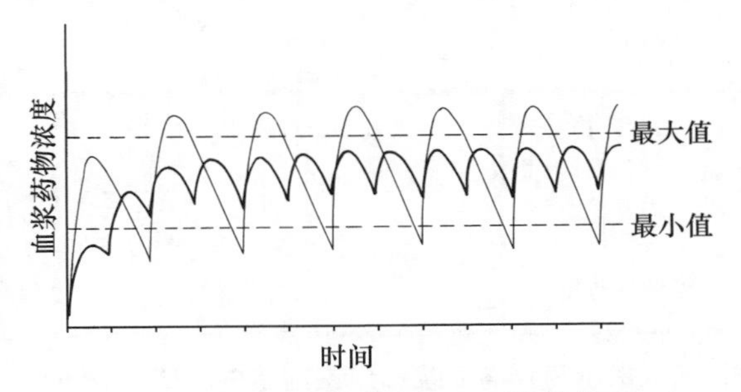

图 9-7　血浆药物浓度与时间的关系

请注意，药物浓度大于最大治疗浓度、低于最小治疗浓度时的总剂量是较少使用（浅线）的。

6. 生物利用度

药物的生物利用度是衡量药物进入体循环的速度和程度的指标。

经口服、肌内、皮下等非静脉途径给药。生物利用度是根据非静脉注射（如肌内注射、皮下注射和口服）和静脉注射药物后血浆药物浓度与时间曲线下的相对面积计算的：

$$F=\{AUC_{niv}/AUC_{iv}\}\times\{Dose_{iv}/Dose_{niv}\}$$

式中F为生物利用度范围，niv和iv分别为非静脉和静脉给药途径。肌内注射地托咪定的生物利用度已经被证明是基本完全的（图9-8）。

口服药物的生物利用度可能由于药物在胃肠道中的不完全吸收、降解或通过肠壁和肝脏的代谢而降低。对于摄取率高的药物，通过肝脏的代谢是广泛的，可以通过以下方法预测：

$$f=(1-E_H)$$

其中f是药物在通过肝脏时逃逸代谢或排泄的部分。这种效应，被称为首过效应，因为它发生在药物第一次通过肝脏时，在马身上是相当大的，所以有时口服效果不佳（如利多卡因）。而其他药物的口服剂量必须远远大于肠外剂量，才能取得临床效果（如异克舒林、吡拉明、普萘

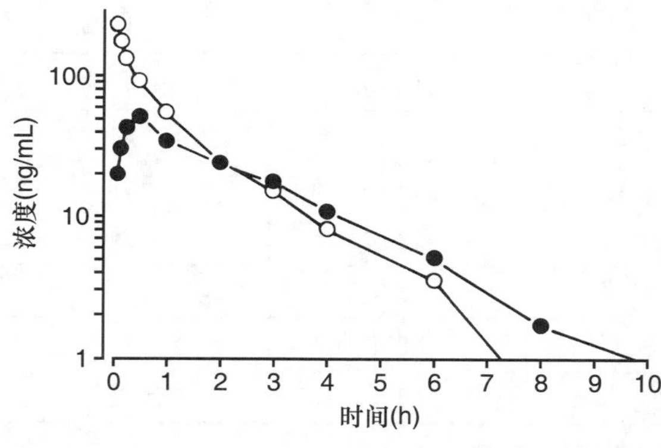

图 9-8　静脉注射（○）和肌内给药（●）后血浆地托咪定浓度与时间的关系图

各曲线下的面积几乎相等，表明肌内注射剂量基本上与完全生物利用度相等。

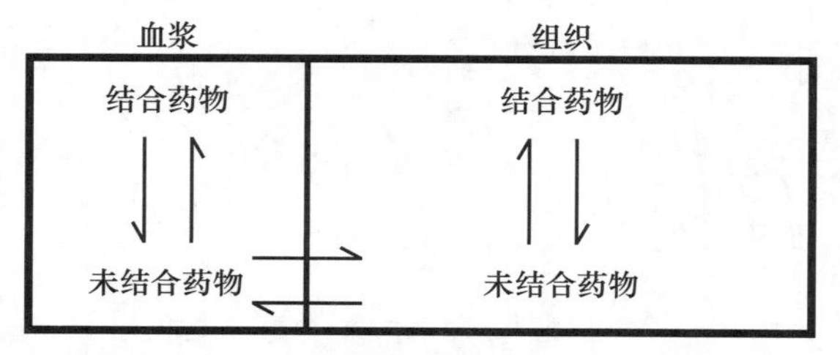

图 9-9　指示药物与血浆和组织室蛋白质结合的可逆性质的示意图

由于只有未结合药物才能通过细胞膜，血浆和组织室中未结合药物的浓度是相等的。

洛尔)。

药物的吸收速率取决于药物的理化性质、剂量形式、处方因素、给药地点和给药部位的血流量。一般来说，溶液中的药物比不溶于水的药物被吸收得更快。表面积与体积比大的，如悬浮液或快速分解的固体制剂，能促进快速吸收。此外，药物能更快地从血流速度较高的部位被吸收。例如，肾上腺素会收缩血管，从而降低注射部位的血流速度，联合使用肾上腺素可以减缓利多卡因的吸收速率。

7. 血浆蛋白结合

许多药物可逆地与血浆蛋白如白蛋白和酸性糖蛋白结合（图9-9）。只有未结合药物才能穿透细胞膜。白蛋白的数量对硫代巴比妥酸酯和苯丁氮酮等酸性药物更为重要，酸性糖蛋白对于利多卡因、氯胺酮等碱性药物更为重要。结合药物被认为是不具有药理活性的，但药物分析通常测量药物的总浓度。由于在各种肝病中白蛋白浓度降低，在这些条件下，药物结合白蛋白的比例可能降低，从而在不影响药物总浓度的情况下增加血浆中药理活性药物的浓度。

五、药效学的概念

药物浓度与药物效应的关系

许多药物的治疗作用和毒性作用都是由于药物与体内一种或多种受体可逆相互作用的结果。这些部位位于骨骼肌、肾脏、大脑、肺、心脏和其他组织中。由于这些位点不在血液中，而且全身药物浓度取决于各种因素，如血浆和组织结合，药物在受体位点的浓度通常不等于血液中药物的浓度。然而，一旦分布平衡完成，受体部位的药物浓度与血浆中的药物浓度成正比。事实上，在快速平衡的组织中，受体位点的药物浓度在分布平衡发生之前就已经达到了平衡。

因此，药物在血浆中的浓度可能与药物的疗效和毒性作用的出现有关。一般来说，高于某一数值的血浆药物浓度与治疗效果有关（图9-10）。药物效应的强度随着血浆药物浓度的增加而增加，直到达到一个平台，此时受体被认为是饱和的。如果允许血浆药物浓度增加，直到观察到毒性效应，则可确定最大治疗浓度（图9-10）。最大治疗浓度与最小治疗浓度之比称为治疗指标，是衡量药物安全性的指标（图9-11）。必须仔细确定治疗指数低的药物的剂量，才能在不产生毒性的情况下实现治疗效果。

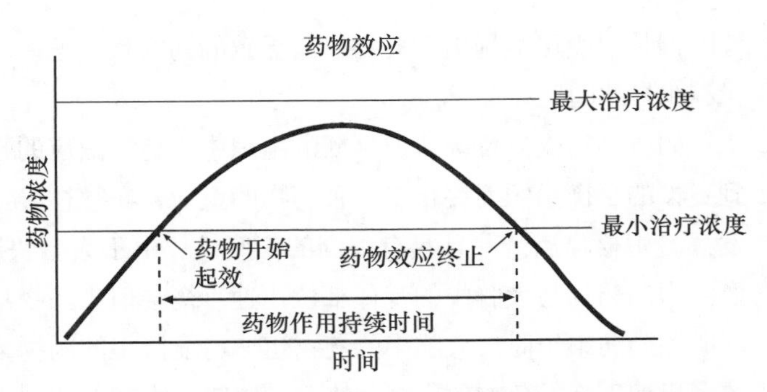

图 9-10　非静脉药物注射后血浆药物浓度与时间的关系图

表明药物效应的起效时间、药物效应的持续时间和药物效应的终止时间。

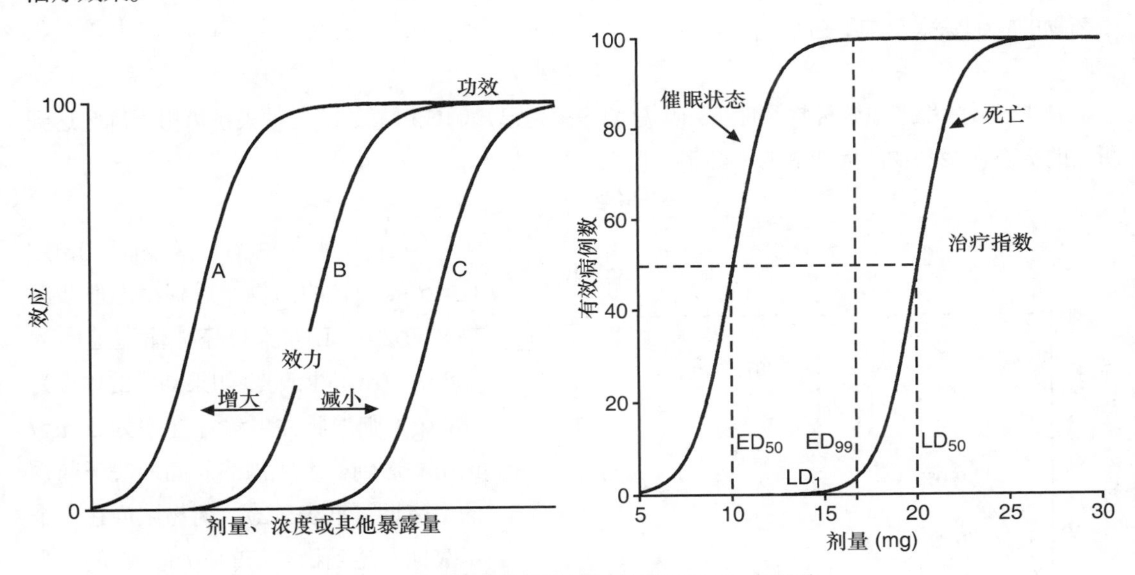

图 9-11　剂量或药物浓度与效应的关系（顶部）

浓度 - 反应曲线向左或右移动，分别减小或增大药效（药物 A 是最强的；药物 C 是最小的）。所需的半数有效剂量（ED_{50}）用于确定药物的治疗指数（LD_{50}/ED_{50}），以产生预期效果（如催眠）和半数致死剂量（LD_{50}）。LD_1/ED_{99} 是一个更有临床意义的数字。

只要血浆药物浓度保持在最小治疗浓度以上，治疗效果就会持续，除非出现耐药性。耐受可以是急性的，也可以是慢性的，可能由许多不同的因素引起，包括受体的下调或药物消除的增加。急性耐受发生在正常剂量的药物作用低于预期时，可能是药物向外周组织的分布速度加快的结果。例如，可能发生在一匹兴奋马的心输出量高于正常的情况下，导致药物更快地从中心组织分布到周围组织。当反复给马注射药物后，当药物作用强度减弱时，就会出现慢性耐受性。慢性耐受可能是由于药物暴露导致的药物代谢速率增加，或者是由反复接触药物受体的数量减少导致的。

如果药物受体位于快速平衡的组织中，药物效应的强度会减弱，药物效应会随着药物分布到更慢的平衡组织而终止。这种药物的重新分布往往导致麻醉药物的作用终止，这些麻醉药物发挥着中枢作用，并且具有很高的亲脂性。由于大脑快速灌注，高脂药物迅速穿过血脑屏障，血液中的药物与大脑中的受体部位迅速平衡。但当药物从血液中分布到不太平衡的组织，如骨骼肌和脂肪组织时，大脑中的药物迅速与血液中的药物重新建立平衡，导致药物在受体部位的浓度迅速下降，药物效应提前终止。这些药物在追加剂量时必须注意，因为早期剂量的药物在组织中存在，因此从血浆中消除药物的速度要比首次给药慢得多。

在首次剂量之上重复给予任何药物都会导致药物以一种可预测的方式积累。药物累积，直到消除药物的速率等于给药的速率。这是因为药物消除率随着药物浓度的增加而增加，且给药率是恒定的。当两种速率相等时，可获得稳定的血浆药物浓度。药物在稳定状态下的浓度取决于药物的总消除率及其给药率：

$$C_{pss}=给药率/Cl$$

其中C_{pss}为稳态血浆药物浓度。如果总消除率是已知的或可靠的，这种关系可用于确定达到所需的稳态血浆药物浓度所需的给药率（框表9-1）：

$$给药率=C_{pss}\times Cl$$

因此，对于总消除率为［30mL/（min · kg）］的药物，达到稳态血浆药物浓度2g/mL所需的静脉输注速率为［60g/（min · kg）］。如果动物的体重为400kg，则静脉注射输注速率为24mg/min。达到稳态所需的时间取决于药物的半衰期（框表9-2）。药物浓度在一个半衰期后达到稳态值的50%，在两个半衰期后达到75%，在3.3个半衰期后达到90%（图9-12）。许多临床医生以半衰期3.3倍的数值来估计达到稳态的时间，因为血浆药物浓度在稳态的90%时与处于稳态的血浆药物浓度一般没有显著差异。

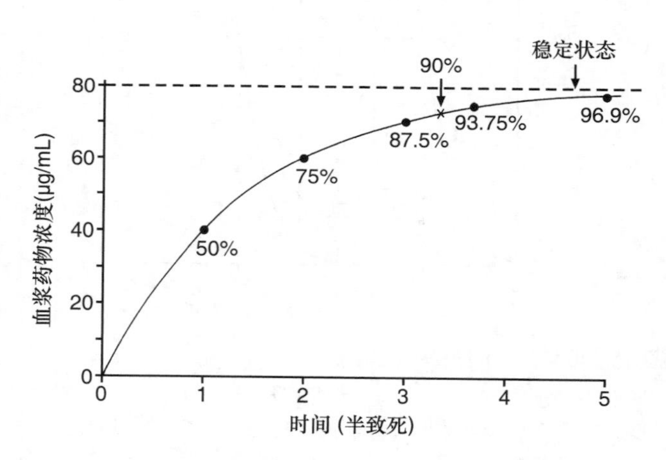

图 9-12　连续静脉输注半致死量下血浆药物浓度与时间的关系图

这种消除、稳态药物浓度和给药率之间的关系也可用于以单独剂量间隔给药的情况。此时稳态药物浓度为达到稳态后给药间隔时间内的平均药物浓度。例如，如果一种药物的总消除率估计为1mL/（min · kg），那么产生平均5μg/mL药物浓度所需的剂量就是5μg/（min · kg）。

如果这种药物的给药间隔选择6h，每6h服用剂量是1.8mg/kg（5g/min×360min=1 800g/min）。药物浓度在每次给药间隔期间升高和降低。当给药间隔为半衰期时，最大给药浓度为最小给药浓度的1.58倍。随着给药间隔相对于半衰期的增加，最大和最小药物浓度的差异增大。例如，如果给药间隔为半衰期的两倍，则在稳态下，每个给药间隔期间，最大药物浓度约为最小药物浓度的2.5倍。因此，如果药物的治疗指数相对较低，重要的是选择一个不超过半衰期的给药间隔，或者给药间隔期间的药物浓度可能在给药间隔的早期达到有毒浓度，并在间隔的后期降至无效浓度。由于这些原因，半衰期短且治疗指数低的药物通过静脉输注给药，以使药物浓度的波动最小化（如利多卡因、多巴胺、多巴酚丁胺）。

六、变量对药物的影响、药物动力学

1. 年龄

受体敏感性和药物动力学参数的年龄相关性差异影响药物反应。在新生儿中，药物从胃肠道吸收更快，血浆蛋白结合程度较低，如果药物分布在细胞外液或全身体液中，它们的分布体积更大，进入中枢神经系统速度加快，消除速度更慢。因此新生儿的剂量可能需要减少或增加，这取决于影响最大的参数。例如，胃肠道吸收增加，血浆蛋白结合程度较低，中枢神经系统渗透性增加，消除速度较慢，这些都需要减小剂量或剂量频率。此外，增加分布的体积可能需要增加剂量。这些参数达到成年动物值所需的时间取决于所涉过程的性质。红霉素在一组在1～12周之间的小马驹中的半衰期与成年马相等，表明任何肝过程的成熟都发生在出生后的第一周。新生马驹苯巴比妥的分布体积和总消除率分别为860mL/kg和0.94mL/（min·kg）。这些数值与报道的成年马的数值相似，但消除率几乎是成年马的两倍。马驹肾脏机制的成熟率显然还没有得到研究。然而，值得注意的是，与大多数成年马相比，新生马驹的尿液呈酸性。因此，新生马驹对弱碱的消除率可能高于成年马。很少有人对马的这些参数和其他参数的发展速度进行研究。

由于肾脏和肝脏的消除率随着年龄的增长都会降低，预计老龄马的药物消除速度会更慢。例如，对于纯种马，氟尼辛的总消除率随年龄的增加而下降。同样，相关参数在马匹中的下降率没有得到广泛的研究。

由于这些原因，在使用麻醉药时应谨慎，特别是在新生马驹和老马中。在确定药物反应之前，谨慎地减小这些马的剂量或给药率。

2. 体重

药物剂量一般是根据体重来表示的，因此，只要将剂量乘以马的估计重量，就可以计算出适当的剂量。这对正常大小和重量的马来说比较有效，但对于非常大的马（如重挽马）或非常小的马（如矮马和微型马）则可能效果较差，因为消除过程不会随着体重的增加而线性增加。显然，体表面积与剂量比体重的相关性更好。体表面积与体重的比值在体型较小的动物中比中比中等大小的动物大，而较大的动物的体表面积与体重的比值比中等大小的动物小。因此，如果剂量是基于体重，消除率通常在小动物中被低估，而在那些较大的动物中被高估。然而，以马的体表面积为基础的剂量估算目前还不存在。

3. 性别

对其他物种的研究表明，动物的性别有时会影响某些药物的药代动力学。这方面在马身上还没有得到广泛的研究。公马的愈创木酚甘油醚半衰期比母马的半衰期长。造成这种差异的原因尚不清楚。

4. 品种

品种差异对马药代动力学的影响在很大程度上被忽视。除了传闻纯种马和某些其他品种的马是“热血的”，因此能够更好地消除药物外，没有关于品种差异对马的药物分布的影响的报道。

七、疾病的影响

1. 血流量

疾病和其他条件影响血液流向排泄器官的速度，影响药物的消除，但对摄取程度低的药物影响最小。已知包括挥发性麻醉药在内的几种药物会降低肝脏的血流速度，从而降低被肝脏高摄取的其他药物（如芬太尼）的肝消除率。此外，由心血管疾病或服用某些药物导致的低心排血量状态可导致肝血流量大大降低，以及高摄取率药物的肝消除率降低。

2. 固有消除率

肝病或动物接触药物及其他物质会改变肝脏的内在消除能力，可能会影响肝脏摄取的药物的肝消除能力。其他情况也可能影响药物的肝消除。停饲3d时，马体内利多卡因、对乙酰氨基酚和安替比林的总消除率下降，但分布量不受影响。这些变化是这些药物的固有肝消除率降低所致，因为利多卡因是肝脏摄取率最高的药物，受影响最小。

3. 蛋白质结合

药物可逆地与血浆蛋白（主要是白蛋白和1-酸性糖蛋白）结合：

（药物）+（蛋白质）≈（药物–蛋白质）

药物分子与血浆蛋白结合的比例取决于亲和力和结合位点的数量。因此，任何降低血浆蛋白浓度的条件都会减少结合位点的数量，增加不与血浆蛋白结合的药物分子的比例。肝病、蛋白质丢失的肠病、绞痛、输液和其他情况可能导致血浆蛋白质浓度下降。给处于低蛋白状态的马服用药物，由于药物作用与血浆中未结合药物的浓度有关，而不是与药物的总浓度有关，因此药物作用的强度更大，持续时间更长。例如，接受液体注射的马在硫代巴比妥麻醉后，镇静时间通常比预期要长。有几个因素会影响生理变量，而生理变量又会影响药代动力学参数

（表9-4和表9-5）。

表9-4　影响马生理改变的几个因素

生理改变	影响生理改变因素
肝细胞酶活性	药物、植物毒素、农药、环境因素
肝血流量	心输出量、姿势、药物、疾病
肾血流量	心输出量、药物、疾病
肾排泄系统	药物、疾病
尿 pH	运动、饮食、药物、疾病
尿生成速度	液体摄入、药物、环境因素、疾病
吸收部位血流	心输出量、药物、姿势、食物、疾病
胃动力	食品、药品、疾病（结肠）、电解质

表9-5　马体内主要药动学参数与生理变量的相关性

药动学参数	独立生理指标变化
肝消除	肝血流量，药物在血液中的结合，固有的肝细胞活性
肾消除	肾血流量，血液中药物结合，主动分泌，吸收，尿 pH，尿生成量
分布量	药物在血液中的结合，药物在组织中的结合，身体成分
吸收速率常数	吸收部位血流量、胃运动率

八、药物的相互作用

1. 对代谢的影响

任何增加或降低肝微粒体酶活性的药物都可能影响其他药物的消除，尤其是在肝摄取率低或中等的情况下。氯霉素是一种肝微粒体酶抑制剂，可降低许多其他药物的代谢消除率。给马注射氯霉素可使保泰松的总消除率降低约50%。在麻醉前1h给马注射氯霉素可使睡眠时间从21.8min增加到36.0min。

有机磷杀虫剂使血浆胆碱酯酶失活，后者负责水解琥珀酰胆碱和某些其他去极化骨骼肌松弛剂。由于水解是这些药物失活和消除的主要途径，如果不发生水解或其速率降低，它们的作用就会延长。因此，对于最近接触有机磷杀虫剂的马，必须非常谨慎地使用这些药物。阿曲库铵是一种神经肌肉阻滞药物，通过酯水解和霍夫曼消除而代谢，因此，可以更安全地用于因敌百虫暴露而导致血浆胆碱酯酶活性降低的马，而不会延长神经肌肉阻滞时间。

刺激肝微粒体酶合成的巴比妥酸盐和利福平等药物被称为肝微粒体酶诱导剂。这些药物的重复使用会导致肝微粒体酶的合成，导致诱导剂和被诱导酶代谢的其他药物的清除增加。停止给予这些药物，酶活性水平恢复到预暴露值，恢复正常值所需的时间似乎不到2周。利福平能提高马匹对保泰松的总消除率，并在停止利福平治疗后15d内恢复正常值。

2. 对肾消除的影响

对肾清除率的影响药物相互作用导致消除率的显著变化在马中是罕见的。目前还没有证据表明速尿给药会使其他物质的肾消除率发生临床上的显著变化。

3. 药物的加性和协同作用

药物可加性、效应补偿和协同作用使联合用药成为可能。当一种药物的比例增加正好补偿第二种药物的比例下降时，药物组合被认为是相加性的。当低剂量的药物组合产生比预期好得多的效果时，则发生的是协同作用。

九、给药途径策略

1. 静脉注射

静脉给药途径包括在短时间内（15～60s）将溶液中的总药量直接输送到血液中。因此，药物作用的发生更为迅速，药物浓度最高，静脉给药后药物反应最大。静脉给药的生物利用度是完全的（表9-6）。

表9-6　给药途径对药物疗效的比较

给药途径	起效	强度	持续时间	生物利用度
静脉	快速	最大	最短	完全
肌内	中	中-低*	中-长*	接近完全
皮下	中	中-低*	中-长*	接近完全
局部	中-慢*	中-低*	中-长*	不确定*
口腔	最慢	最低	最长	不确定*

注：*配方因素可能对强度、持续时间和生物利用度产生大的影响。

静脉注射给药路线是将药物在溶液中的剂量直接输送到血液中，时间较长（例如，数小时），以达到和保持恒定的药物浓度。由于药物的交付速度较慢，除非给予LD，否则药物效应的出现被推迟。达到稳定状态血浆药物浓度所需的时间完全取决于药物的半衰期。在持续输注3.3个半衰期后，血浆中的药物浓度等于稳定状态值的90%（图9-12）。稳定状态浓度的实际值取决于药物的输注速率。以及它在被治疗的马体内的清除率。生物利用度是完全的，因为药物是直接注射到血液中的。

2. 肌内和皮下注射

肌内和皮下给药途径涉及各种制剂给药，包括固体进入肌肉组织或直接在皮下给药。药物从给药部位的吸收速率由药物制剂的性质、药物的理化性质、周围组织的性质以及注射部位的血液速率决定。因此，药物作用的起效可能是高度可变的，如果使用这些给药途径，药物反应的强度通常较低（表9-6）。然而，行动的持续时间可能会更长，因为从给药部位吸收缓慢且持续时间长。这些途径为制药修改商提供了许多修改药物制剂的机会，以改变吸收速率，从而修改作用的持续时间和强度。使用这些给药途径后，生物利用度不完全并不少见，这可能是药物在给药地点沉淀、制剂不良或不理想、局部生物降解或局部药物效应导致给药地点血流量减少所致。

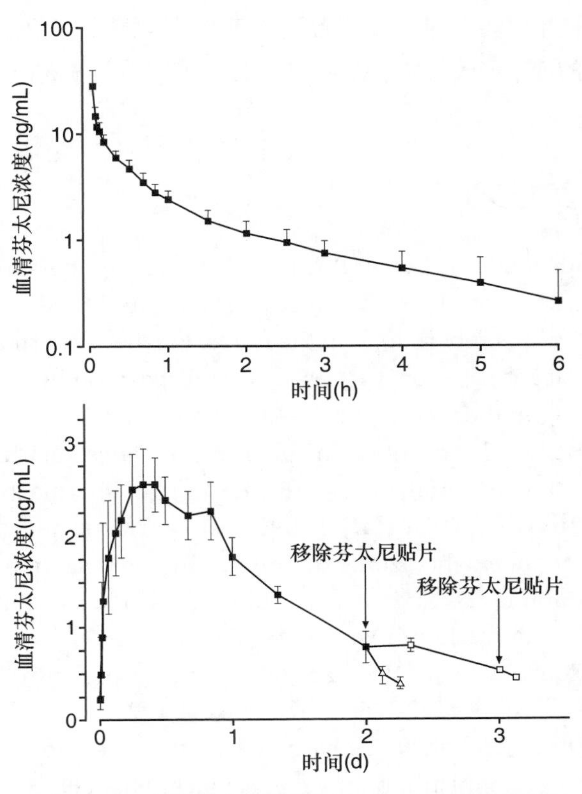

图 9-13　血清芬太尼浓度（ng/mL）与时间关系

芬太尼 2mg 静脉注射（上）和 20mg 剂量透皮给药（下）48h 后的时间曲线相比有显著性差异（$P < 0.01$）。注意，当贴片被移除时，血清浓度在 48h 迅速下降。

3. 口服

口服给药途径包括以溶液或各种固体、半固体或液体剂型口服给药。药物到全身作用之前，必须被吸收到全身循环中。因此，相对于大多数其他给药途径，药物效应的开始被推迟，药物作用的强度一般较小（表9-6）。药物作用的持续时间可能比静脉注射药物后的持续时间长。口服药物的生物利用度可能是不完全的，这是因为药物与胃肠内容物的络合作用，药物在胃肠道内容物中降解（如青霉素），由于低脂溶解度（如新霉素和其他氨基糖苷类）而吸收不良，或体积大，肠壁或肝脏的首次代谢，胃肠蠕动能力强，导致药物在被完全吸收之前就随粪便排出，以及胃肠道的血液不良（如绞痛和心血管疾病）。

4. 局部给药

局部给药是在各种制剂中配制的，这些制剂可能会影响药物供应的速度和程度。由于药物需要先溶解后才能被吸收，因此作为固体应用的药物通常比在溶液中吸收得要慢。此外，溶于油性物质中的药物在被吸收之前必须分解成水相，因此，这些药物通常比水基乳膏中的药物吸收慢。

最近，已经在马身上实验性地研究了以增量药物制剂或专性材料形式在局部施用的药物。在马身上研究了含有芬太尼的贴片，这些贴片以恒定的速率释放药物，作为人类长期镇痛药物使用（图9-13）。该产品还被研究用于治疗马内脏和躯体疼痛的临床疗效。这些产品是否以适当的速率释放药物以达到临床相关浓度仍有待确定。

参考文献

Alexander F, Collett RA, 1974. Pethidine in the horse, Res Vet Sci 17: 136-137.

Alexander F, Nicholson JD, 1968. The blood and saliva clearances of phenobarbital and pentobarbitone in the horse, Biochem Pharmacol 17: 203-210.

Baggot JD, Short CR, 1984. Drug disposition in the neonatal animal, with particular reference to the foal, Equine Vet J 16 (4): 364-367.

Ballard S et al, 1982. The pharmacokinetics, pharmacological responses, and behavioral effects of acepromazine in the horse, J Vet Pharmacol Ther 5: 21-31.

Burrows GE et al, 1989. Interactions between chloramphenicol, acepromazine, phenylbutazone, rifampin, and thiamylal in the horse, Equine Vet J 21 (1): 34-38.

Combie JD, Nugent TE, Tobin T,1983. Pharmacokinetic and protein binding of morphine in horses, Am J Vet Res 44 (5): 870-874.

Court MH et al,1987. Pharmacokinetics of dantrolene sodium in horses, J Vet Pharmacol Ther 10 (3): 218-226.

Davis JL et al,2007. Pharmacokinetics of etodolac in the horse following oral and intravenous administration, J Vet Pharmacol Ther 30: 43-48.

Davis LE, Wolff WA,1970. Pharmacokinetics and metabolism of glyceryl guaiacolate in ponies, Am J Vet Res 31: 469-473.

Duran SH et al, 1987. Pharmacokinetics of phenobarbital in the horse, Am J Vet Res 48 (5): 807-810.

Engelking LR et al, 1987. Pharmacokinetics of antipyrine, acetaminophen, and lidocaine in fed and fasted horses, J Vet Pharmacol Ther 10: 73-82.

Feary DJ et al, 2005. Influence of general anesthesia on pharmacokinetics of intravenous lidocaine infusion in horses, Am J Vet Res 66 (4): 574-580.

Garcia-Villar R et al, 1981. The pharmacokinetics of xylazine hydrochloride: an interspecific study, J Vet Pharmacol Ther 4: 87-92.

Gerken DF, Sams RA, 1985. Inhibitory effects of chloramphenicol sodium succinate on the disposition of phenylbutazone and its metabolites in the horse, J Pharmacokinet Biopharm 13 (5): 467-476.

Hildebrand SV, Hill T, Holland M, 1989. The effect of organophosphate trichlorfon on the neuromuscular blocking activity of atracurium in horses, J Vet Pharmacol Physiol 12 (3): 277-282.

Jensen RC, Fischer MC, Cwik MJ, 1990. Effect of age and training status on pharmacokinetics of flunixin meglumine in thoroughbreds, Am J Vet Res 51 (4): 591-594.

Juzwiak JS et al,1989. Effect of probenecid administration on cephapirin pharmacokinetics and concentration in mares, Am J Vet Res 50 (10): 1742-1747.

Kohn CW, Strasser SL, 1986. 24-Hour renal clearance and excretion of endogenous substances in the mare, Am J Vet Res 47 (6): 1332-1337.

Maxwell LK et al, 2003. Pharmacokinetics of fentanyl following intravenous and transdermal administration in horses, Equine Vet J 35 (5): 484-490.

Muir WW, Sams RA, Ashcraft S,1984. Pharmacologic and pharmacokinetic properties of methocarbamol in the horse, Am J Vet Res 45 (11): 2256-2260.

Muir WW et al, 1982. Pharmacodynamic and pharmacokinetic properties of diazepam in horses, Am J Vet Res 43 (10): 1756-1762.

Prescott JF, Hoover DJ, Dohoo IR,1983. Pharmacokinetics of erythromycin in foals and adult horses, J Vet Pharmacol Ther 6: 67-74.

Salonen JS et al,1987. Single-dose pharmacokinetics of detomidine in the horse and cow, J Vet Pharmacol Ther 12: 65-72.

Sanchez LC et al, 2007. Effect of fentanyl on visceral and somatic nociception in conscious horses, J Vet Intern Med 21: 1067-1075.

Shager SL et al, 2018. Additivity versus synergy: a theoretical analysis of implications for anesthetic mechanisms, Anesth Analg 107: 507-525.

Spehar AM et al, 1984. Preliminary study of the pharmacokinetics of phenobarbital in the neonatal foal, Equine Vet J 16 (4): 368-371.

Thomasy SM et al, 2004. Transdermal fentanyl combined with nonsteroidal anti-inflammatory drugs for analgesia in horses, J Vet Intern Med 18: 550-554.

Thomasy SM et al, 2006. The effects of intravenous fentanyl administration on the minimum alveolar concentration of isoflurane in horses, Br J Anaesth 97: 232-237.

Tobin T, Miller JR, 1979. The pharmacology of narcotic analgesics in the horse. I . The detection, pharmacokinetics and urinary “clearance time” of pentazocine, J Equine Med Surg 3: 191-198.

Waterman AE, Robertson SA, Lane JG, 1987. Pharmacokinetics of intravenously administered ketamine in the horse, Res Vet Sci 42: 162-166.

Wegner K, 2002. How to use fentanyl transdermal patches for analgesia in horses. In Proceedings of the American Association of Equine Practitioners, Orlando, vol 48, pp 291-294.

Wood T et al, 1990. Equine urine pH: normal population distributions and methods of acidification, Equine Vet J 22 (2): 118-121.

第 10 章
抗焦虑药、非阿片类镇静剂镇痛药和阿片类镇痛药

要点：

1. 通过镇静和镇痛药的联合应用，再辅以适当的局部麻醉和保定可以对站立马进行多种手术操作。

2. 通过低剂量应用多种药物（多模式给药）产生镇静和镇痛（神经镇痛）可能比给予大剂量的单一药物更安全、有效。

3. 麻醉前给予化学保定药物，主要是实现良好镇静和制动，使动物对环境及有害刺激反应减弱或消失，便于手术操作。

4. 充足的镇静和镇痛是马麻醉成功最重要的决定因素。

5. 乙酰丙嗪和 α_2- 肾上腺素受体激动剂是马有效的镇静和肌肉松弛药物。

6. α_2- 肾上腺素受体激动剂能产生镇静、镇痛和肌肉松弛。在麻醉之前，其间或之后使用可以增强镇静和镇痛效果，并减少对其他麻醉药物的需求。

7. 阿片类镇痛药在低剂量下可产生镇痛和轻度愉悦感；高剂量时产生兴奋、激动感，交感神经激活，增加动物活动量。

8. α_2- 肾上腺素受体激动剂和阿片类镇痛药可影响肠胃蠕动并延长排空时间，易发生肠梗阻和肠绞痛。

9. 苯二氮卓类产生的镇静作用最小，但有较好的肌肉松弛效果，对镇痛作用

框表 10-1　理想的麻醉前或围手术期药物的质量

- 起效快
- 镇静并减轻压力
- 在没有过度嗜睡或共济失调的情况下进行配合手术操作
- 产生可预测和较长的镇痛时间
- 促进快速、平稳的诱导和麻醉恢复
- 减少所需的麻醉剂量（但保持较好的麻醉效果）
- 最小化或消除不良副作用
- 可预测的麻醉效果
- 有效，易溶于水；适用范围广
- 与其他药物兼容
- 副作用或毒性低
- 可逆

无效。

10. α_2-肾上腺素受体激动剂、阿片类药物和苯二氮卓类药物可用选择性颉颃剂颉颃。

应用镇静药物和镇痛药物可提高全身麻醉的效果和安全性，减少刺激、便于手术操作（框表10-1）。为了实现良好镇静，使马匹配合各种操作，表10-1给出了临床常用镇静药物和其组合的应用及适用于不同临床情况的参考意见（表10-1）。临床没有一种药物可提供完全的镇静及镇痛作用，必须对标准化镇静和麻醉前规程加以修改，以满足每匹马的个体需求，并经常需要多种药物联合应用（多模式治疗）。

用于镇静或镇痛的多数药物都是根据其化学结构、药理作用或它们产生镇静、镇痛和肌肉松弛机制进行分类。镇静剂，如乙酰丙嗪，也称为镇定药或精神安定药，以其产生镇静（抗焦虑）和行为改变而著称。赛拉嗪等也可以产生类似的效果；而如水合氯醛和硫喷妥钠等催眠药会降低意识，诱导睡眠，并且给予大剂量时，会对伤害性刺激（即麻醉）丧失反应。由于它们具有相似的临床用途，在兽医临床中可被交替使用，使中枢神经系统（CNS）抑郁、焦虑、运动活动等减少，并处于睡眠状态。麻醉被定义为产生昏迷、麻木和睡眠的一类药物，但在指阿片类（鸦片生物碱）或类阿片药物（与鸦片有关的化合物，表10-1）时常用。大多数用作马的麻醉前的药物，除产生外周效应外，还会产生一定程度的中枢神经系统抑制。此外，多种药物组合使用可产生增效或协同效应。例如，同时使用一种非甾体抗炎药（NSAID）或α_2-肾上腺素受体激动剂和阿片类药物可产生协同镇痛作用。

表10-1　用作麻醉前药物和用于马匹化学抑制的药物的实例

药物类别	药物组	通用名称
镇静剂	氯醛衍生物	水合氯醛
	吩噻嗪类*	乙酰丙嗪
		丙嗪
	丁酰苯类*	阿扎哌隆
		氟哌利多
		氟哌啶醇
	苯二氮卓类	地西泮
		咪达唑仑
		氯玛唑仑
		唑拉西泮
非阿片类镇痛药	α_2-肾上腺素受体激动剂	赛拉嗪
		地托咪定
		罗米非定
		美托咪定
		右旋美托咪定

（续）

药物类别	药物组	通用名称
阿片类镇痛药	阿片类激动剂	吗啡
		哌替啶
		美沙酮
		氢吗啡酮
		芬太尼
		埃托啡
	阿片类药物部分激动剂	丁丙诺啡
	阿片类激动剂 / 颉颃剂	喷他佐辛
		布托啡诺
		纳布啡

注：* 也称为镇静剂或精神抑制药。

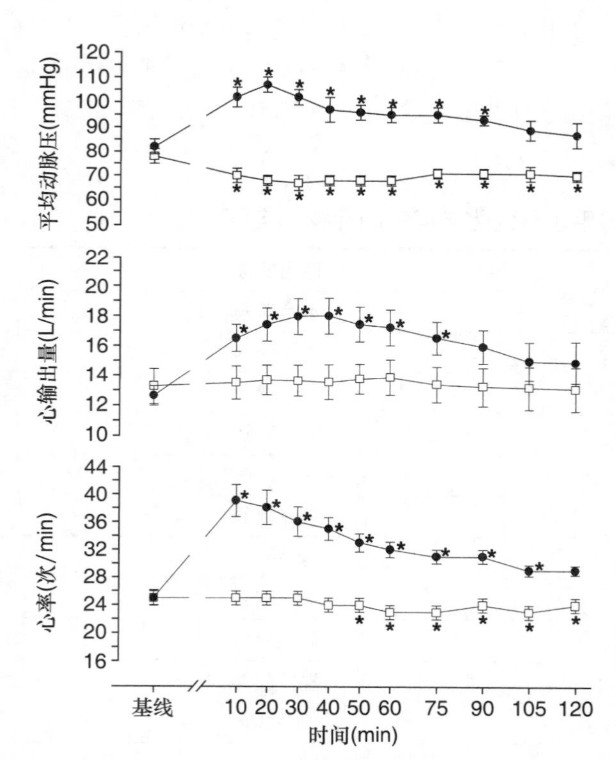

图 10-1　0.9%生理盐水和格隆溴铵（累积剂量为 5 或 7.5μg/kg，使 HR 增加＞30%）对 6 匹氟烷麻醉马 HR、CO 和 MAP 的影响

静脉输注赛拉嗪［mg/（kg·h）］。

抗胆碱能药物阿托品和格隆溴铵通常不作为麻醉前药物给马应用。抗胆碱能药物可阻断节后副交感神经（毒蕈碱受体颉颃剂）释放的乙酰胆碱作用，有助于预防迷走神经性心动过缓，减少气道分泌物，扩张支气管。抗胆碱能药物（阿托品、格隆溴铵）产生的心率增加能改善血液动力学（图10-1）。然而，由于马在诱导或维持吸入麻醉期间不会过度流涎并且很少发生临床相关的心动过缓，因此很少使用它们作为马的麻醉前药物。此外，这两种药物都能够产生肠梗阻、肠扩张和肠嵌塞。马驹和成年马在给予阿托品或格隆溴铵后出现持续长达24h的肠绞痛症状。研究表明，给予特定的毒蕈碱-2型（M_2）颉颃剂（美索曲明）可使心率、心输出量和动脉血压增加，而不影响正常的肠道运动和M_2受体功能，并提示M_2颉颃剂可提高心率、心输出量和动脉血压。这为马手术中的心动过缓提供了一种安全的解决方案。由于其肠

功能低下，应给马服用阿托品或格隆溴铵，以治疗心动过缓和缓慢性心律失常。

一、吩噻嗪类镇静剂

吩噻嗪类镇静剂包括大量化合物，它们能够改变行为，使马平静和放松，同时在发生重大事件（突然移动和巨响）或疼痛刺激时保持唤醒和回避行为。苯并噻嗪和丁丙酮具有镇静效果，没有镇痛效果，但可以增强阿片类药物和α_2-肾上腺素受体激动剂的中枢神经系统镇静和镇痛作用。它们常被成为抗精神病药物，因为它们具有镇静作用和对多巴胺（特别是D_2受体）的颉颃作用，当大剂量给药时，锥体外系效应（姿势异常、僵硬、紧张）风险增加。氯丙嗪是典型的吩噻嗪类镇静剂，是最早用于马的镇静剂之一。由于氯丙嗪的不可预测性和不良反应频发（包括兴奋、严重的共济失调和长期抑郁症），现在已不作为马的临床用药。丙酰丙嗪和异丙嗪因类似原因也逐渐被淘汰，但持续性阴茎脱垂的发生率也较高。只有丙嗪和乙酰丙嗪作为抗焦虑或麻醉前药物给马服用，而乙酰丙嗪更受欢迎。异丙嗪是一种具有苦味的黄色、无臭结晶水溶性粉末，在临床相关剂量下使用时毒性很低。注射乙酰丙嗪应保存在棕色瓶子中，以防止见光分解。静脉注射超过 20mg/kg 即超量，但不会造成死亡。乙酰丙嗪比氯丙嗪或丙嗪更有效，在静脉注射或肌内注射时，产生不良反应的可能性较小。

1. 作用机制

乙酰丙嗪和其他吩噻嗪类镇静剂通过抑制基底节和边缘系统，调节网状激活系统中的神经系统活动，产生镇静、安定并减少活动。它们的主要作用机制可能是干扰多巴胺作为突触神经递质在基底节和大脑边缘部分的作用。多巴胺是基底神经节、边缘系统和前脑部分的重要神经递质。吩噻嗪还可以改变其他儿茶酚胺的CNS活性，包括去甲肾上腺素和肾上腺素。在药理学上，这些作用具有重要的临床意义。因为吩噻嗪能抑制阿片类物质引起的兴奋和躁狂行为，已知类阿片，特别是吗啡，可增强中枢神经系统中多巴胺和去甲肾上腺素的释放，从而增加马的运动量和兴奋性。用吩噻嗪镇静剂阻断阿片诱导的多巴胺释放，为通过给予阿片类颉颃剂来抑制阿片引起兴奋提供了一种合理的替代方法，并支持长期共同使用吩噻嗪镇静剂和阿片类药物（抗精神病药）来产生可预测性高的镇静和缓解疼痛的做法。然而，大剂量的吩噻嗪可能产生锥体外系效应，主要表现为行为异常，不愿运动，轻度僵硬，肌肉震颤和不安。这些影响是由吩噻嗪干扰基底节中多巴胺的作用引起的，可能与人类帕金森病（基底节区多巴胺缺乏症）（迟发性运动障碍）相似。由吩噻嗪镇静剂产生的与多巴胺阻断有关的其他CNS作用包括抗惊厥和止吐作用，以及引发食欲不振。低剂量的吩噻嗪可能会刺激食欲。在人类中应用吩噻嗪可降低CNS癫痫发作阈值，建议在癫痫患者中避免使用它们。然而，后一种效应在马的临床相关性仍未确定。外周吩噻嗪阻断胆碱能、组胺、肾上腺素能和神经节活动。它们是α_1-受体阻断药，具有抗心律失常（奎尼丁样）、抗纤颤、退热、抗休克和低温作用。乙酰丙嗪与其他镇静催眠药、

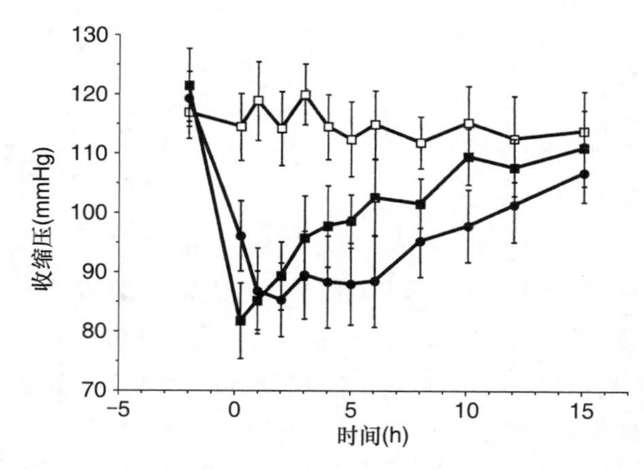

图 10-2　成年马分别肌内注射 0.15mg/kg（•）和静脉注射 0.1mg/kg（■）乙酰丙嗪对收缩压的影响，对照组（□）

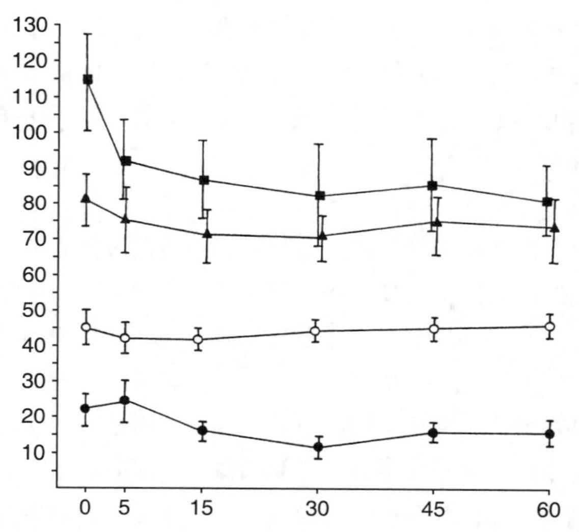

图 10-3　静脉注射 0.009mg/kg 乙酰丙嗪对成年马平均动脉压（mmHg，■）、心输出量［mL/(kg·min)，▲］、心率（次 /min，○），和呼吸频率（次 /min，●）的影响

阿片类药物和非阿片类镇痛药兼容，并经常与后者在减少剂量情况协同使用，可以产生更长时间的神经镇痛。

2. 应用药理学

吩噻嗪镇静剂通常会使马活动变得平静、冷漠和对外界刺激的反应性降低。动脉血压降低是最常见的血流动力学效应。临床应用剂量（0.05～0.1mg/kg）的乙酰丙嗪可使动脉血压下降15～20mmHg（图10-2）。由于交感神经系统活动减少，心率、心输出量和心肌收缩力略有下降或保持不变（图10-3）。动脉血压的降低呈剂量依赖性，并可能产生反射性心动过速，这种作用在焦虑或兴奋的马中尤为明显，这些马由于恐惧或应激而增加了循环中儿茶酚胺的浓度。吩噻嗪所致的低血压是由下丘脑的抑制，外周的α_1-肾上腺素受体阻断和对血管的直接血管舒张作用引起的。血管舒张和低血压可导致高血糖，原因是肾上腺髓质释放肾上腺素和皮肤热损失引起马体温过低，有些恶性高热样综合征马用吩噻嗪镇静剂治疗“发热”时部分有效。

动脉血压降低可能导致共济失调、出汗、呼吸加快和心动过速，必须静脉输液治疗以防止脱水（昏厥）。吩噻嗪类镇静剂具有与奎尼丁类似的抗心律失常和抗纤颤作用，并能抑制由硫代巴比妥酸盐和氟烷麻醉致心肌对儿茶酚胺诱导的心律失常的敏感作用。乙酰丙嗪通过增加氟烷麻醉马的每搏输出量而引起心输出量明显持续增加。所有抑制中枢神经系统的药物都能抑制呼吸，但对有意识的马来说，吩噻嗪镇静剂对动脉血气的影响微乎其微。乙酰丙嗪给药后马呼吸频率降低，但潮气量增加，每分钟通气量、pH和血气（PaO_2、$PaCO_2$）值保持不变。马呼吸中枢对$PaCO_2$升高的反应减弱（敏感性降低），表明中枢神经系统抑制。吩噻嗪与全身麻醉药联合使用可能导致马呼吸衰竭（图10-4）。

吩噻嗪镇静剂对各种器官系统，包括肠道、肝脏和肾脏都能产生影响。其减少食道和胃肠道分泌物、蠕动和蠕动音，这些因素归因于它们的CNS抑制作用和外周抗胆碱能作用。这些影响会导致食道梗阻（窒息）、胃排空延迟以及某些马的肠道排空时间延长。肝脏和肾脏血流量的减少继发于低血压，并可能延长新陈代谢时间，导致药物排出时间延长。改善这些器官的血流量可以诱导利尿，促进这些药物的消除。吩噻嗪镇静剂被认为可抑制抗利尿激素的释放或抑制肾小管中的盐和水的吸收，从而导致死亡。诱导利尿并降低同时施用的药物的尿液浓度（掩蔽效应）。它们能增加催乳素的释放，抑制发情周期，延长妊娠时间。所有这些影响在马匹中的重要性尚未研究清楚。

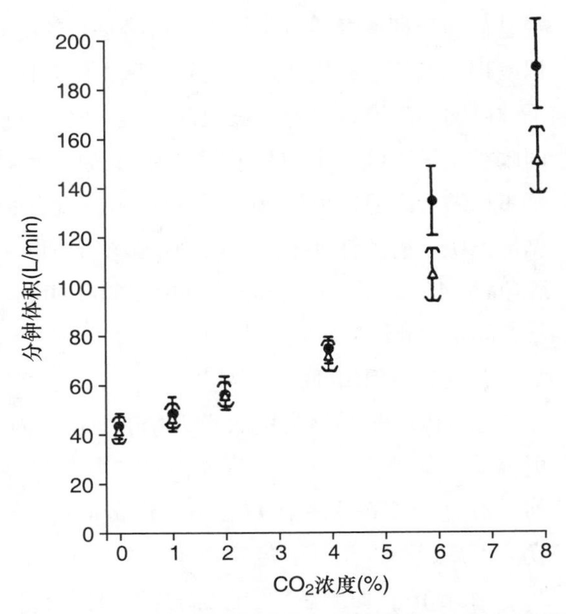

图 10-4　静脉滴注乙酰丙嗪 (•) 和 (△) (0.065mg/kg) 前后马体内 CO_2 增加的分钟容积变化

无论剂量如何，马驹、种马或骟马阴茎肌勃起或麻痹都与使用吩噻嗪镇静剂有关（图10-5）。这些反应的机制尚未确定，但具有剂量依赖性，并归因于吩噻嗪对中枢和外周肾上腺素和多巴胺受体的阻断。保守的治疗方法包括按摩以减轻水肿、将阴茎限制在包皮鞘中、冷水浴并应用镇痛药（如赛拉嗪、布托啡诺）。各种儿茶酚胺与抗胆碱药物的颉颃作用有限。静脉注射0.01～0.02mg/kg的苯扎托品可以逆转骟马的阴茎勃起。

乙酰丙嗪和其他吩噻嗪镇静剂可使马的血细胞比容减小和总蛋白浓度降低。血细胞比容变小是乙酰丙嗪药理反应最敏感的指标，其次是阴茎延长、呼吸频率下降和对运动反应。血细胞比容的变小被认为是剂量依赖性的，可能持续超过12h，可能是因为脾脏中红细胞被隔离以及组织间水分进入血管内稀释红细胞和蛋白质，脾切除术可以消除血细胞比容的减少。白细胞浓度受吩噻嗪给药的影响最小，被认为是白细胞沿血管壁的增强所致。菲噻嗪类镇静剂可降低血小板活性，延长凝血时间。

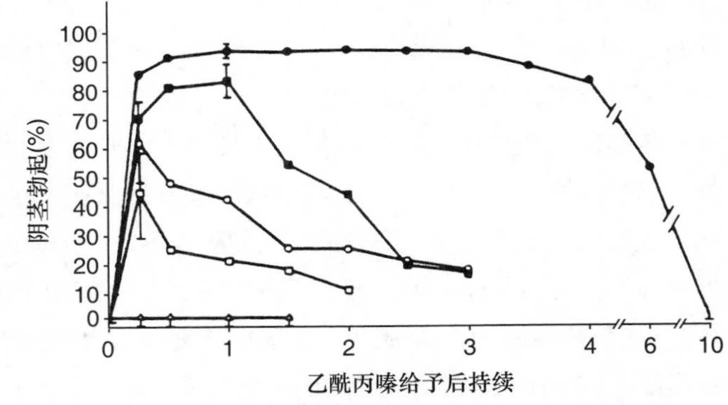

图 10-5　静脉注射乙酰丙嗪 0.4mg/kg (●)，0.1mg/kg (■)，0.04mg/kg (□)，0.01mg/kg (o) 和 0.004mg/kg (△) 对阉割术中阴茎勃起的影响

阴茎勃起绘制为最大值的百分比。

3. 生物分布

吩噻嗪镇静剂主要由肝脏代谢，代谢物通过尿液排出（参阅第9章）。

羟基化和葡萄糖醛酸氧化是大多数吩噻嗪的主要代谢途径，尽管在乙酰丙嗪给药后的尿液中可以发现大量的非共轭代谢物丙嗪亚砜。这些代谢物的药理学和临床活性尚未确定。乙酰丙嗪在马体内的消除半衰期为50～150min，但在尿液中可以发现尿代谢物超过3d。口服给药后乙酰丙嗪被迅速吸收（生物利用度约为55%），消除半衰期约为6h。对于大多数吩噻嗪类药物，血浆蛋白结合率通常大于90%，导致低蛋白血症的马的作用持续时间延长，低蛋白血症的马由于循环系统中的活性（未结合药物）浓度增加。经常使用吩噻嗪类镇静剂可刺激肝微粒体酶和细胞色素P450，可能对其他药物的代谢产生影响。推测马驹吩噻嗪类镇静剂的代谢和消除会延长，尽管尚未对此进行研究。

4. 临床应用和颉颃

乙酰丙嗪是马最常用的吩噻嗪镇静剂。丙嗪的效果较差，需要剂量较大，可预测性较差，更容易产生副作用。乙酰丙嗪相对较高的药效和较低的副作用使其成为马最佳的吩噻嗪镇静剂。给成年马静脉注射0.02～0.1mg/kg乙酰丙嗪可以使其镇静，降低其对周围环境的敏感度，不愿运动以及产生轻度的共济失调（表10-2）。通常在静脉注射后10min内，肌内注射后20～40min和口服后约1h达到药物峰值效果。阴茎松弛下垂是雄性马镇静的标志（图10-5）。镇静的马可以被轻微的疼痛刺激唤醒并可能发作。在给予临床推荐剂量后，镇静持续时间变化很大，一些马表现出轻微的效果或变得焦虑和不安，而其他马则长时间（＞6h）保持明显的镇静和共济失调。乙酰丙嗪与许多其他镇静剂、阿片类药物或非阿片类镇痛药和催眠药的作用协同，能增强其效果，尽管它几乎没有镇痛作用。经常与阿片类药物或非阿片类镇痛药物联合使用，对非活动或运动的马产生短期站立的镇静和镇痛作用。在麻醉诱导前给予乙酰丙嗪有可能降低注射或吸入麻醉药的剂量，并可能降低与马麻醉相关的发病率和死亡率。在马麻醉期间，乙酰丙嗪通常可改善血液动力学，减少PaO_2的紊乱和下降。噻嗪镇静剂不能提供足够的镇静作用，可作为氯胺酮前的单一治疗或全麻辅助用药。

目前没有已知的吩噻嗪镇静剂颉颃剂，虽然合成苯丙胺类似物、液体疗法（利尿）和增加动脉血压的药物（去氧肾上腺素）可能会提高马的意识水平并加速药物消除。

5. 并发症、不良反应和毒性

与临床常规使用乙酰丙嗪相关的最令人不安的方面是镇静不足或不可预测，缺乏镇痛活性，以及可能产生不良反应。再次给药或增加乙酰丙嗪的剂量不会改善镇静作用，并且经常会诱发低血压、更严重的共济失调和其他副作用。共济失调、低血压和反射性心动过速是最常见的副作用，可能与此有关，低血压会使马产生虚弱的感觉。目前没办法预测哪些马会发生低血压，尽管兴奋或紧张的马服用吩噻嗪镇静剂通常会产生严重的低血压。即将虚脱的马表现为大量出汗、过度呼吸、心动过速和明显的共济失调，通常在静脉注射后5min内发生。禁止使用肾上腺素，因为吩噻嗪阻断α_1-肾上腺素能受体，再加上β_2-肾上腺素受体血管舒张特性，可能导致"肾上腺素逆转"，从而引起动脉血压进一步降低。肾上腺素循环浓度（恐惧、应激）升高的焦虑或紧张的马被认为可能更容易受到吩噻嗪镇静剂的降压作用的影响。吩噻嗪引起的低血压是

有症状的，通常只需液体代替治疗（静脉注射20mL/kg），很少采取服用苯肾上腺素（一种α_1-肾上腺素受体激动剂）的方法（参阅第22章）。

表10-2　用于马化学保定的静脉注射药物*

药剂	剂量范围（mg/kg）	麻醉前使用剂量（mg/kg）
氯醛衍生物†		
水合氯醛	2.0～6.0	3.0
吩噻嗪类		
乙酰丙嗪	0.025～0.15	0.05
丙嗪	0.5～1.0	0.05
苯二氮卓类		
地西泮	0.02～0.1	0.05
咪达唑仑	0.02～0.15	0.05
苯二氮卓类颉颃剂		
氟马西尼	0.01～0.05	0.025
沙马西尼	0.025～0.1	0.04
α_2-肾上腺素受体激动剂		
赛拉嗪	0.5～1.1	0.6
地托咪定	0.005～0.02	0.005
罗米非定	0.08～0.160	0.08
美托咪定	0.005～0.02	0.005
α_2-肾上腺素受体颉颃剂		
育亨宾	0.04～0.15	0.1
妥拉苏林	2.0～6.0	4.0
阿替美唑	0.05～0.2	0.1
阿片类镇痛药		
吗啡	0.05～0.1	0.08
哌替啶	0.5～1.0	0.05
氢吗啡酮	0.01～0.03	0.02
美沙酮	0.05～0.1	0.07
布托啡诺	0.01～0.02	0.01
喷他佐辛	0.5～1.0	0.7
阿片类颉颃剂		
纳洛酮	0.01～0.05	0.025

（续）

药剂	剂量范围（mg/kg）	麻醉前使用剂量（mg/kg）
纳曲酮	0.1 ～ 1.0	0.5
纳美芬	0.5 ～ 1.0	0.5
二丙诺啡	0.02 ～ 0.05	0.03

注：* 肌内注射剂量是静脉注射剂量的两倍。† 有关说明，请参阅第 12 章。

吩噻嗪给药引起的阴茎肌麻痹导致阴茎勃起时间延长并导致突发性不育症，这些都是吩噻嗪致命的副作用（图10-5）。与其他吩噻嗪类镇静剂相比，乙酰丙嗪的这些副作用被认为较少发生，但在对价值较高的繁殖种马应用时仍应慎重考虑。在以往情况下，种马可能会在给予乙酰丙嗪后的某一天出现阴茎松弛脱垂，造成这种结果的机制尚不清楚，尽管吩噻嗪诱导的抗肾上腺素和抗多巴胺作用比较重要，治疗的目的是保护阴茎、防止或减少肿胀。阴茎不能缩回可能需要截除。这种不常见的副作用的发生率不足万分之一，所以在种马或阉割中可以使用乙酰丙嗪。

有些马在服用乙酰丙嗪后会出现严重的共济失调，它们不愿意运动，时不时地绊倒或放松后腿，就像要坐下一样，然后突然向前猛冲。这种反应可能会引发兴奋和恐惧。给予大剂量乙酰丙嗪（＜0.2mg/kg IV）的马可能表现出锥体外系效应和帕金森样症状，典型表现为肌肉僵硬、肌肉不自主抽搐和兴奋。

吩噻嗪镇静剂会加剧由外周血管扩张引起的体温过低。虽然乙酰丙嗪具有抗心律失常的特性，但它很少能引起包括心动过缓和室性心律失常在内的心律失常。吩噻嗪类药物对中枢神经系统作用是发生心律失常的原因。

吩噻嗪镇静剂可加剧有机磷农药和驱虫药的毒性。与有机磷一样，吩噻嗪镇静剂可抑制乙酰胆碱酯酶和假胆碱酯酶作用的发挥。吩噻嗪镇静剂对胆碱酯酶活性的抑制是可逆的。

给马颈动脉内注射丙嗪和乙酰丙嗪的例子已有报道。马通常会变得兴奋、虚脱，并且发展成无法控制的“划桨”活动，随后在颈动脉内给药的几秒钟内癫痫发作。治疗的目的是保护马“划桨”和控制癫痫发作。地西泮（0.01mg/kg）静脉注射，是一种有效的抗惊厥处理方法，可与硫喷妥钠共同给药以诱导麻醉。为避免药物意外注入颈动脉内，通常预先放置静脉导管。

二、丁酰苯类

丁酰苯镇静剂与吩噻嗪镇静剂效果类似，但较难预测，更容易诱发马的锥体外系副作用（表10-1）。与吩噻嗪类似，它们通过抑制网状激活系统并干扰多巴胺和去甲肾上腺素的CNS作用而产生其药理作用。丁酰苯还可以模拟γ-氨基丁酸（GABA）作用，GABA 是中枢抑制性神经递质。已经在马研究过的丁酰苯药物包括阿扎哌隆、氟哌利多、仑哌隆和氟哌啶醇。作为一类药，这些药物以其改变行为和止吐作用而闻名。它们对呼吸和心血管功能抑制最低，尽管不太明显，但低血压是由α_1-肾上腺素受体阻断引起的，与吩噻嗪类似。这可能限制了它们在术中的应用。镇静通常在静脉注射后3～5min即表现出明显效果，特点是有轻度的行为改变。有些马会发生头部和颈部下垂、下唇松弛、阴茎可能脱垂。尽管根据临床作用的持续时间，消除作用可能会延长，但丁酰苯类在马体内的代谢和消除还没有广泛研究。作为麻醉前用药可能有用，但由于缺乏可预测性，不建议对马使用丁酰苯镇静剂。低剂量（0.01mg/kg）静脉注射氟哌利多和仑哌隆的马很少或没有镇静的表现，并在超过4d的时间内拒绝进食和饮水（笔者的经验）。有些马会突然变得恐惧和恐慌，要么打滚，要么试图向后逃跑。成年马静脉注射阿扎哌隆（0.1～0.3mg/kg）后，最初有些马出汗，接着是一段时间的镇静和共济失调。其他马会出现突然的兴奋和嘶叫，然后沉郁。偶尔马会先犬坐似放松，然后突然向前冲刺，并向前翻筋斗。这种现象可能会持续很长一段时间，危及人员安全并导致马受伤。

三、苯二氮卓类

苯二氮卓类药物（地西泮、咪达唑仑、氯玛唑仑）具有抗焦虑、肌肉松弛和抗惊厥作用，并有可能加强注射和吸入麻醉药的镇静催眠作用（表10-1）。它们很少作为马的单一治疗药物使用，但与镇静剂、阿片类药物和非阿片类镇痛药联合使用，可提供额外的镇静和肌肉松弛作用，并减少维持麻醉所需的注射或吸入麻醉剂的用量。苯二氮卓类药物经常与分离麻醉剂协同给药，偶尔在术中作为全身麻醉的辅助剂，以提供额外的肌肉松弛作用。地西泮是马术中最常用的苯二氮卓衍生物。地西泮不溶于水，与丙二醇一起配制以提高溶解度。临床应用地西泮时，马体内丙二醇的含量较低。咪达唑仑是一种水溶性苯二氮卓衍生物，比地西泮更有效，作用时间更短。

1. 作用机制

苯二氮卓类药物通过与脑干网状结构和脊髓内抑制性GABA受体位点结合，产生肌肉松弛、抗惊厥、抗焦虑和催眠的作用。在整个大脑和周围组织（心、肺、肝、肾）中都有特定的苯二氮卓类化合物结合位点（BZ受体）。这些结合位点与一组调节氯离子进入细胞的离子化GABA受体有关。与巴比妥酸盐不同，苯二氮卓类药物不直接激活GABA受体，而是需要GABA才能产生作用。苯二氮卓类结合位点的鉴定和分类推动特异性竞争性苯二氮卓类颉颃剂的开发。氟吗西尼和沙马西尼是苯二氮卓类颉颃剂，与苯二氮卓类药物竞争GABA A受体产生颉颃作用（表10-2）。苯二氮卓类药物增强硫代巴比妥酸盐和其他催眠药物（异丙酚、依托咪酯）对中枢神经系统GABA受体的抑制作用。尽管有人提出这是因为增加了苯二氮卓类受体亲和力，但其作用机制尚不确定。

2. 应用药理学

地西泮、咪达唑仑和氯马唑仑对成年马的心肺变化几乎没有影响。临床剂量（0.05 ~ 0.1mg/kg）不改变呼吸频率、潮气量、pH和血气（$PaCO_2$、PaO_2）、心率、心输出量、平均动脉血压或心肌收缩力。大剂量静脉注射（0.6mg/kg）可降低呼吸频率、轻微降低动脉血压，这可能是中枢神经系统交感神经活性降低所致。中枢神经系统活性的降低也可能是地西泮对人和犬具有抗心律失常作用的原因之一。

目前还没有苯二氮卓类药物对马的肠道运动和子宫张力影响的相关研究。也没有关于对胎儿抑制的研究报道，但在分娩前给怀孕母马服用地西泮还应该慎重。地西泮能有效地抑制新环境对种马交配前性兴奋和性反应的负面影响。没有繁殖兴趣的种马在服用安定后恢复正常的性行为。最后，安定和其他苯二氮卓类药物可刺激成年马和断奶马增大食物摄入量。

3. 生物分布

苯二氮卓类药物经肝脏代谢，代谢产物通过尿液排出（参阅第9章）。在血浆中检测不到代谢物，但尿葡萄糖醛酸水解后可检测到N-去甲基安定、奥沙西泮、替马西泮和N-羟安定，表明代谢广泛（参阅第9章）。马血浆半衰期为7 ~ 22h，比可观察到的临床效果的持续时间长得多，表明重复给药可累积。马匹中地西泮的血浆蛋白结合率大于80%，怀疑是肝外代谢，但尚未有研究记录。不到1个月大的小马驹表现出新陈代谢和消除作用的延迟。

4. 临床应用和颉颃

偶尔将苯二氮卓类药物与其他镇静催眠药、阿片类药物和非阿片类镇痛药联合使用，以产生持久的抑制作用。然而，共济失调和肌肉松弛可能是明显的。因此，不鼓励这种做法，尤其是当马必须在安静的情况下移动时。地西泮具有轻微的镇静作用，使马不愿移动，目光呆滞；静脉注射0.05mg/kg时，面部、颈部和胸部肌肉震颤（表10-2）。当大于0.15mg/kg时，尽管马知道它们的周围环境并维持正常的心肺功能，但可能发生共济失调和躺卧。大剂量地西泮（0.2mg/kg）静脉注射，可产生明显的共济失调或躺卧，最长可持续50min。保持卧姿的马通常在10 ~ 20min内站立，但保持平静和轻微的共济失调2 ~ 3h。应用地西泮的马驹会保持趴卧的姿势，可容易完成一些疼痛刺激小的手术。

地西泮经常与氯胺酮协同使用，以促进麻醉诱导或辅助全身麻醉。在马驹中，它可减少29%吸入麻醉剂的用量。当地西泮与其他注射或吸入麻醉剂共同使用时，也观察到类似的结果，特别是在患病的成年马和马驹中。地西泮的CNS镇静和外周药理作用可以用特定的苯二氮卓颉颃剂——氟马西尼或沙马西尼颉颃（表10-2）。服用苯二氮卓颉颃剂可快速逆转镇静和肌肉松弛，使马恢复正常行为。给人类静脉注射氟马西尼后，有可能产生不良反应（兴奋、癫痫发作），而马没有这个问题。

5. 并发症、不良反应和临床毒性

地西泮产生镇静作用最明显，对镇痛没有效果，还可以产生明显的共济失调和躺卧。对需要站立固定手术或小的外科手术之前镇静的马，不应单独给予地西泮。一些马在静脉注射

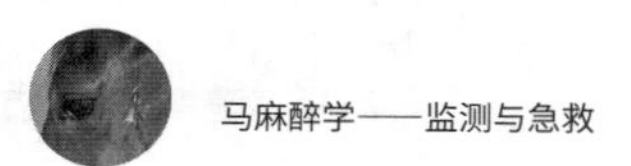

地西泮后5～10min内变得焦虑、忧虑或轻度兴奋。这种反应通常是短暂的，持续不到15min。大多数马恢复到正常行为或轻度抑郁。有些马在短时间内发生异食癖。马服用地西泮、咪达唑仑或氯马唑仑后，没有其他严重的副作用或毒性报告。

四、非阿片类镇痛药

非阿片类镇静剂-镇痛药包括许多化合物，这些化合物能产生抗焦虑、肌肉松弛和镇痛作用。赛拉嗪、地托咪定、罗米非定和美托咪定，统称为α_2-肾上腺素受体激动剂，并已在马中进行了广泛研究（表10-1）。其他α_2-肾上腺素受体激动剂，包括右美地托咪定和可乐定，已被证明可在马中产生镇静镇痛作用，但在马的临床实践中尚未普及。

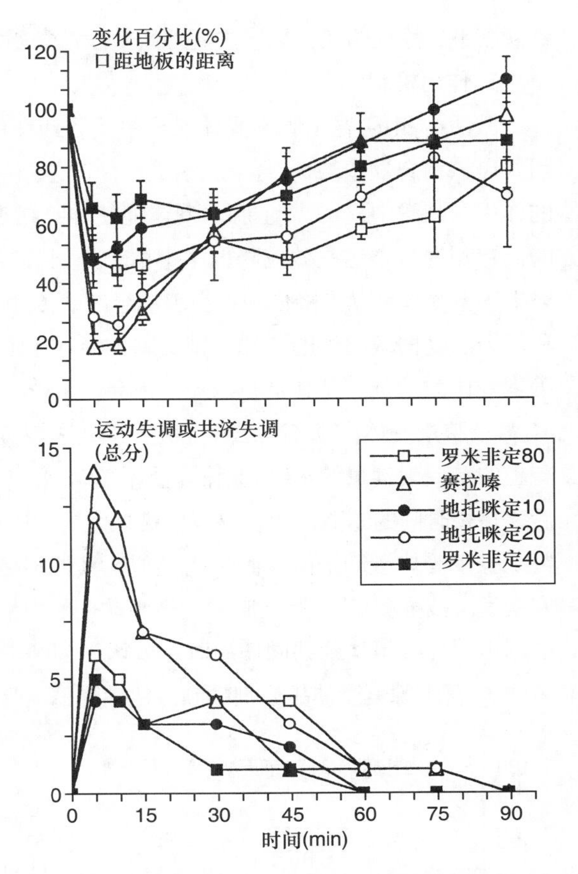

图10-6　应用赛拉嗪、地托咪定和罗米非定的马，其口距地板的距离和共济失调程度的变化百分比（%）

所有α_2-肾上腺素受体激动剂都高度溶于水，可注射用。根据α_2-肾上腺素受体的选择性（框表10-2），它们的效力有很大差异。赛拉嗪作为原型，是第一个批准用于马的α_2-肾上腺素受体激动剂。地托咪定和美托咪定的药效均高于罗米非定，这三种药物对马的药效均高于赛拉嗪。有趣的是，α_2-肾上腺素受体激动剂在镇静作用方面存在物种间差异。与马相比，奶牛和公牛需要大约其十分之一剂量的赛拉嗪就能产生镇静作用，但这两种动物都使用了类似剂量的地托咪定、美托咪定和罗米非定。α_2-肾上腺素受体激动剂具有麻醉前给药的许多优点，包括可预测性、抗焦虑、显著的镇静、昏迷和对轻度疼痛刺激反应减弱（框表10-1）。这些药物经常单独或与乙酰丙嗪或类阿片类药物联合使用，用于时程较长的手术和麻醉前用药。它们也作为镇静或镇痛辅助药物用于静脉注射和吸入麻醉，以减少其他麻醉药需求（参阅第13章）。最后，α_2-肾上腺素受体激动剂可通过硬膜外或

框表10-2　$\alpha_2:\alpha_1$选择性

药物	$\alpha_2:\alpha_1$
赛拉嗪	160 ： 1
地托咪定	260 ： 1
美托咪定	1 620 ： 1
罗米非定	340 ： 1
可乐定	220 ： 1

蛛网膜下腔途径给予，以产生局部或节段性脊髓镇痛效果（参阅第11章）。

1. 作用机制

激活α_1和α_2-肾上腺素受体能产生不同药理作用（表10-3）。α_2-肾上腺素受体激动剂通过激活蓝斑核和脊髓中的α_2-肾上腺素受体，产生镇静和镇痛作用，并增强其他镇静催眠药和麻醉药的作用。刺激中枢α_2-肾上腺素受体能使神经细胞发生超极化反应，抑制去甲肾上腺素和多巴胺的储存和释放。这些效应降低了中枢和外周神经元的放电率，引起镇静、镇痛和肌肉松弛。α_2-肾上腺素受体激动剂降低中枢交感神经冲动传递和外周交感神经张力。由于动脉血压的短暂升高和压力感受器敏感性的增加，副交感神经（迷走神经）的兴奋性最初是增加的。大多数α_2-肾上腺素受体激动剂，尤其是赛拉嗪，也会产生一定程度的α_1-肾上腺素受体激活，而更具选择性的α_2-肾上腺素受体激动剂（去甲米定、美地托咪定、右美地托咪定）则缺乏这种作用（表10-2）。有趣的是，大剂量的α_2-肾上腺素受体激动剂，包括右美地托咪定，最初产生镇静作用较小，然后才是长时间的镇静作用。该反应被认为是由中枢α_1-肾上腺素受体的激活引起的，在功能上α_2-肾上腺素受体激动剂的催眠作用类似。其他神经调节剂，包括内源性阿片类药物、嘌呤类和大麻素类，被推测是α_2-肾上腺素受体激动剂的中枢效应的重要贡献者，并且当α_2-肾上腺素受体激动剂与阿片类镇痛药共同使用时，被认为会产生协同和相加作用。α_2-肾上腺素受体激动剂可被多种α_2-肾上腺素受体颉颃剂颉颃，包括阿替美唑、妥拉苏林和育亨宾（表10-2）。

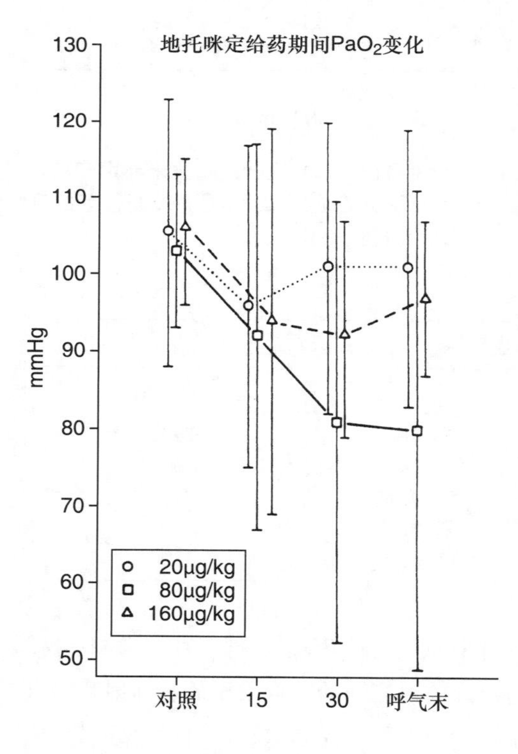

图 10-7 地托咪定对马动脉 PaO_2 的影响

2. 应用药理学

α_2-肾上腺素受体激动剂产生的镇静和肌肉松弛是可预测的。它们都能产生剂量依赖性镇静，增加马对疼痛刺激的耐受性，并抑制心肺功能。α_2-肾上腺素受体激动剂能使头部、颈部和耳朵的肌肉松弛，使头部、耳朵和嘴唇下垂（图10-6）。这些影响是集中介导的，与镇静程度密切相关，作为评估镇静深度和持续时间的客观指标已被广泛接受。剂量依赖性镇静降低了呼吸频率、潮气量和分钟体积，导致PaO_2轻度减少，$PaCO_2$增加。服用地托咪定后PaO_2的减少特别明显（图10-7）。此外，血管收缩和血流重新分布等血流动力学变化被认为是引起氧合度早期受损的原因。由于外周血管收缩和PaO_2减少，黏膜可能变成苍白色、粉红色至灰色。由于头部位置降低、喉部和鼻孔肌肉松弛，一些马可能会出现吸气力增加（腹部抬起）或开始打鼾。赛拉嗪和罗米非定的呼吸抑制作用小于美托咪定和地托咪定，对大多数有意识的马临床意义不大。

表10-3　α_1、α_2-肾上腺素受体的位置和功能

受体类型和位置	功能
	α_1
中枢神经系统	提高意识、增强活动
心	在氟烷麻醉期间增加心肌对儿茶酚胺的敏感性，并增加心脏的收缩
平滑肌肉	肌肉血管收缩
肝脏	糖原分解，糖异生
	α_2
中枢神经系统	减少去甲肾上腺素和多巴胺的释放，导致镇静和心肺抑制
交感神经末梢	抑制去甲肾上腺素的释放
胆碱能神经元	抑制
心	减少去甲肾上腺素的释放
平滑肌	血管收缩
肠道	减少产气和推进活动
胰岛细胞	抑制胰岛素释放
血小板	聚合
脂肪	抑制脂肪分解（可乐定）

α_2-肾上腺素受体激动剂可以降低肺动态顺应性。由于异常的喉部运动，呼吸可能会夸大呼吸假象，胸腔内压力会增加。地托咪定和乙酰丙嗪通过降低左侧喉软骨外展的能力显著改变喉功能；有人提出，镇静时完全失去这种能力是马喉返神经病变的早期迹象。α_2-肾上腺素受体激动剂也会使鼻翼状肌肉明显松弛，易发生上呼吸道阻塞和呼吸道喘鸣。咳嗽反射受到抑制，增加了气管中黏液或异物积聚的危险，这是马从鼻窦或喉部手术中恢复需要重要考虑的因素。当α_2-肾上腺素受体激动剂与注射和吸入麻醉剂共同给药时，它们的呼吸抑制作用增强。α_2-肾上腺素受体激动剂以其有效且显著的心血管作用而著称（图10-8）。所有α_2-肾上腺素受体激动剂都有可能产生快速和明显的心率下降，并且易发生一度和二度房室传导阻滞，偶尔也会出现三度房室传导阻滞（参阅第3章、图10-9）。马偶尔会出现明显的窦性心动过缓伴心室逃逸（参阅第3章）。静脉注射α_2-肾上腺素受体激动剂后，每博输出量保持相对不变或极小幅度降低，但心输出量（心率 × 每搏输出量）显著降低（图10-10）。心输出量的减少与心率的下降有关，可以通过给予药物（阿托品、格隆溴铵，图10-1）增加心率从而使心输出量接近正常值。服用α_2-肾上腺素受体激动剂后，心脏收缩功能没有改变，但中枢交感神经冲动的减少可以在一定情况下轻微减少心脏的收缩功能。静脉注射α_2-肾上腺素受体激动剂初期会导致动脉血压短时间内升高（10 ～ 15min），然后动脉血压降低，很少低于基线值的20%（图10-8、图10-10、图10-11）。应用地托咪定和罗米非定后，能延长动脉血压升高的时间。给马应用赛拉嗪或地托咪定，发现

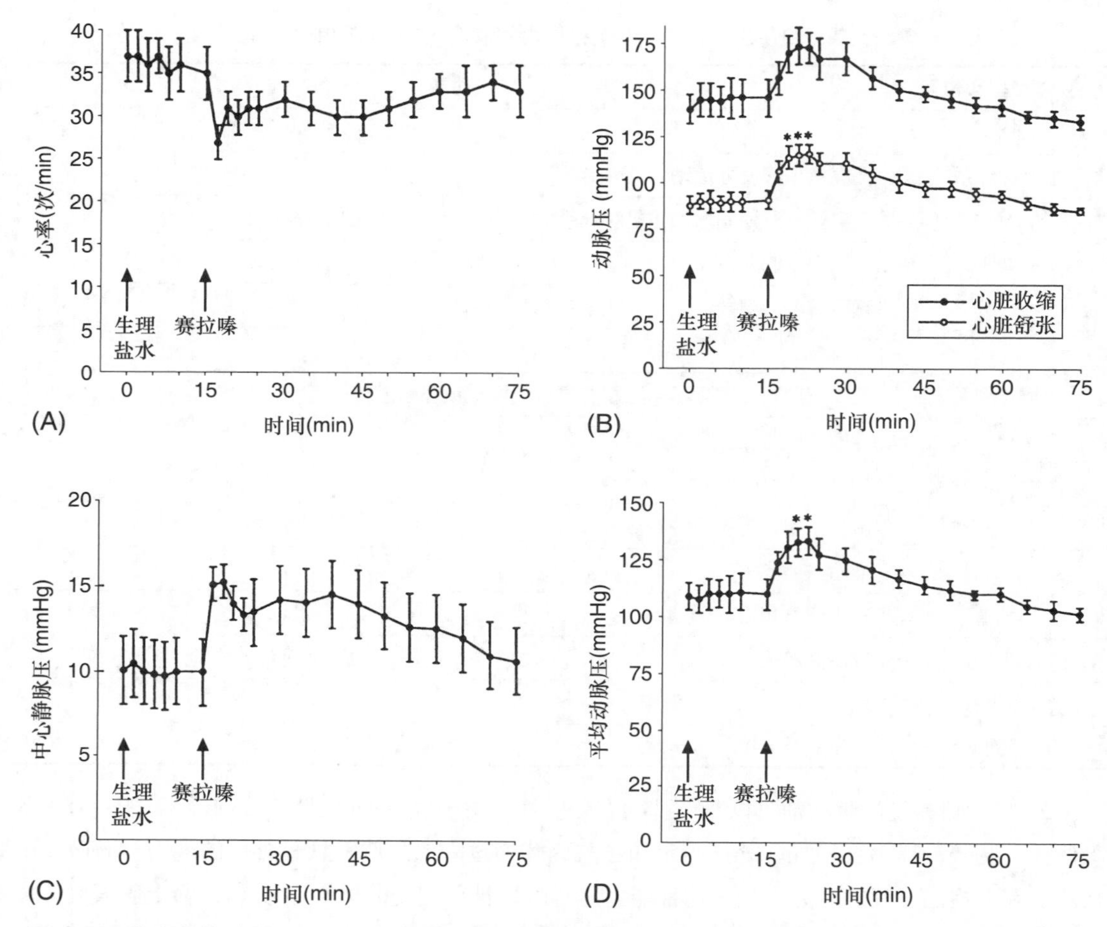

图 10-8 生理盐水（0.011mL/kg）和静脉注射赛拉嗪（1.1mg/kg）对成年马心率（A）、动脉压（B）、中心静脉压（C）和平均动脉压（D）的影响

有收缩压大于200mmHg的情况。高血压归因于血管平滑肌上α_1-和α_2-肾上腺素能受体的刺激，导致小动脉和小静脉收缩。静脉收缩会增加中心静脉压。高血压不太明显，肌内注射后可能不会发生。随后的低血压是由心动过缓和心输出量减少以及CNS交感神经冲动引起的。在存在外周血管收缩的情况下，抗胆碱能药物（阿托品、格隆溴铵）的给予可以增加心率和心输出量，导致动脉血压的大幅增加。在马中应慎重考虑抗胆碱能药物的应用，因为它有可能引起窦性心动过速，增加心肌需氧量，发生肠淤滞和嵌塞，这可能会增加老年马、虚弱马或需要手术治疗绞痛的马的发病率。

α_2-肾上腺素受体激动剂能显著降低马驹和成年马从食道到结肠的生肌电活动、推进运动和排空时间，这主要归因于对节后胆碱能活性的抑制。这些作用可在给予赛拉嗪后持续长达3h，地托咪定或罗米非定给药后持续时间更长，可通过α_2-肾上腺素受体颉颃剂颉颃。所有α_2-肾上腺素受体激动剂都可以抑制或“掩盖”腹痛的信号。在给予地托咪定后，这种作用特别明显和持

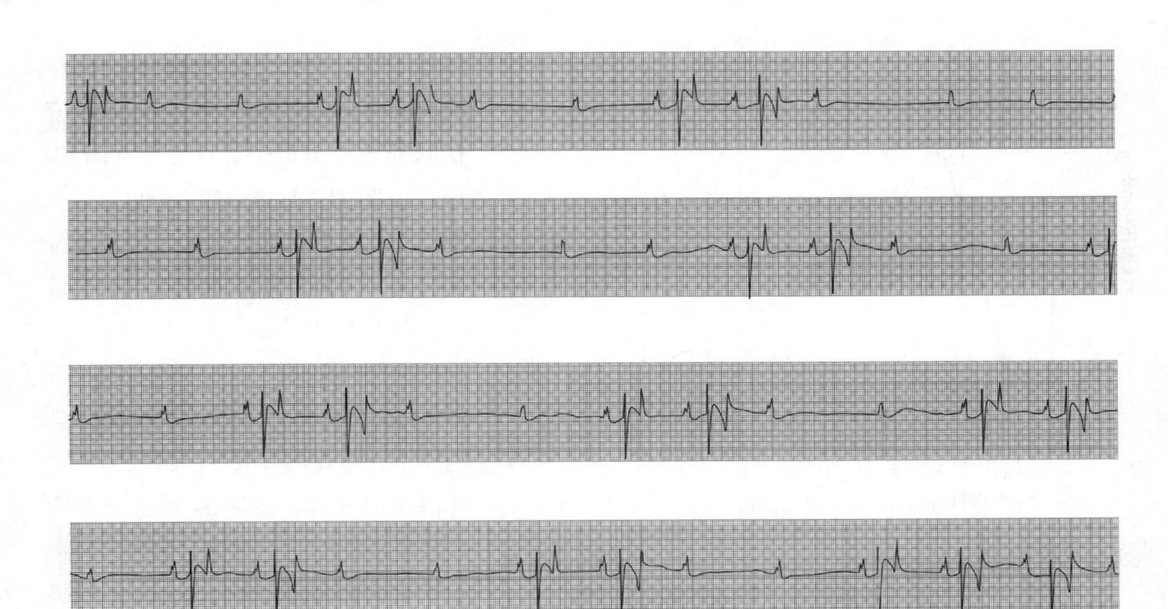

图 10-9　静脉注射赛拉嗪 1.1mg/kg 对成年马心率和心律的影响

注意一度（延长 PR 间期）和二度（P 波后，无心室复合体）房室传导阻滞程度的存在。有多个 P 波后没有心室复合体（高等级的二度房室传导阻滞）。

久（图10-12）。所有α_2-肾上腺素受体激动剂均诱导成年马的高血糖，但在马驹中则较少(图10-13)。这种作用可持续超过3h，并通过刺激位于胰腺β-细胞上的α_2-肾上腺素受体抑制胰岛素分泌。在马驹和成年马中血清葡萄糖的增加和血清胰岛素浓度的降低已有报道(图10-13)。尽管静脉注射α_2-肾上腺素受体激动剂给药后30～45min可以发生血细胞比容和总蛋白的小幅减少。但其他血液化学指标、红细胞数和白细胞数以及血小板数的变化尚未在马的对照研究中得到详细评估。

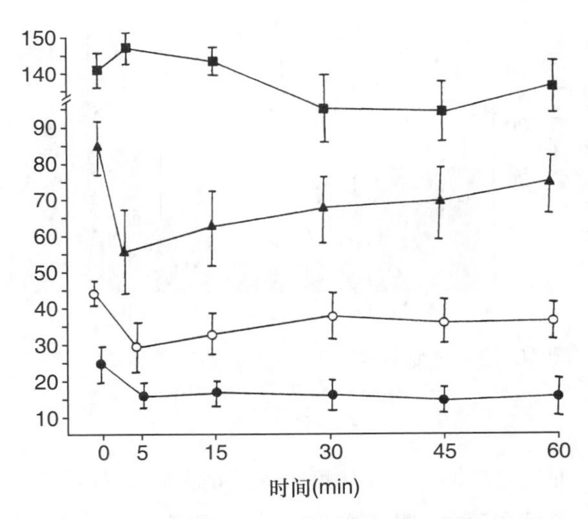

图 10-10　静脉注射赛拉嗪 1.1mg/kg 对成年马平均动脉血压（mmHg，▪），心输出量［mL/(kg·min)，▴］，心率（次 /min，o）和呼吸频率（次 /min，•）的影响

α_2-肾上腺素受体激动剂可增加马的尿量，最大排尿量出现在给药后30～60min(图10-14)。虽然最初归因于继发于高血糖的利尿作用，但是并不是所有的都能引发高血糖。应用赛拉嗪后，马驹和成年马尿比重、渗透压浓度和葡萄糖浓度下降；而钠、钾和氯的排泄增加。类似的反应，包括钠排泄的增加，主要是肾小球滤过率的增加，抑制抗利尿激素释放

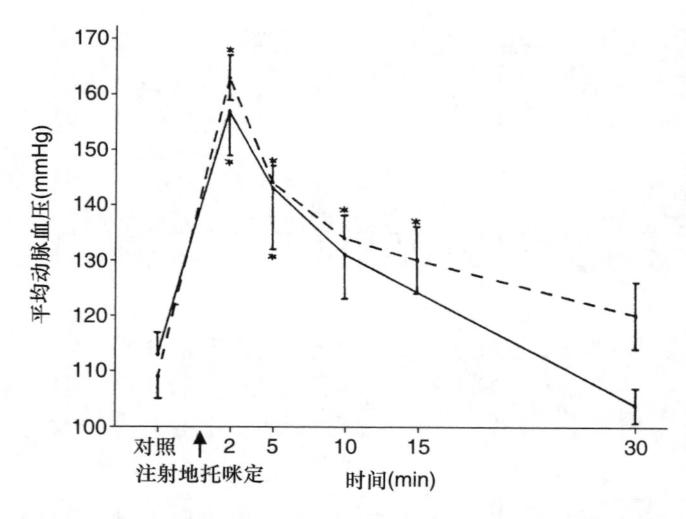

图 10-11　静脉注射 10（- -）和 20（–）μg/kg 地托咪定对 114 匹不同品种成年马平均动脉血压的影响

和肾小管反应，以及增加心钠素的释放。尿流量的增加并非微不足道，应在麻醉管理决策中加以考虑（图10-14）。在麻醉诱导之前或之后以及在手术之前放置尿道导管有助于控制膀胱膨胀，减少恢复期间的充盈。尿流量的增加与使用的α_2-肾上腺素受体激动剂的剂量和类型直接相关。同时服用α_2-肾上腺素受体激动剂可加剧马的脱水、体温调节改变，导致出汗和体温瞬时升高。使用α_2-肾上腺素受体激动剂的母马子宫张力增加，但是在怀孕的最后三个月，以3周的间隔给予地托咪定的健康怀孕母马没有出现流产发生率增加。与成年马相比，马驹能很好地耐受α_2-肾上腺素受体激动剂，血糖和血浆胰岛素浓度变化较小。镇静、卧床和体温过低是常见的，其他心肺变化也是如此。

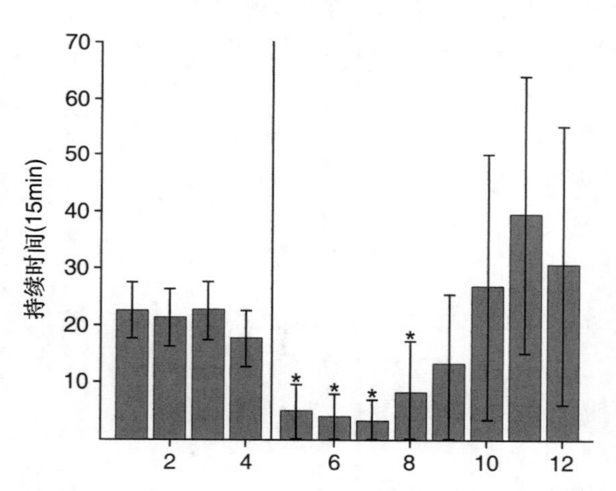

图 10-12　静脉注射 12.5μg/kg 地托咪定对 4 匹马十二指肠近端收缩率的影响

3. 生物分布

α_2-肾上腺素受体激动剂主要在肝脏中代谢，其代谢物通过尿液排出（参阅第9章）。大多数代谢物的药理活性尚不清楚。静脉给药后，由于其高亲脂性和快速进入大脑而迅速起效。静脉注射给药后3～5min和肌内注射给药后10～15min达到最大药物峰值效果。静脉注射α_2-肾上腺素受体激动剂后马的血浆半衰期，变化幅度较大，地托咪定不到1h，其他药物最长可超过1h。并且与临床上有效的镇静和镇痛作用持续时间大致相同。较快的代谢速度和较短的代谢时间表明，赛拉嗪和美托咪定在临床上可能比地托咪定或罗米非定治疗绞痛更有用，因为压力和疼痛症状在这段时间不会被“掩盖”。临床疗效持续时间表明，地托咪定和罗米非定的消除期更长。静脉注射40mg/kg的地托咪定或80～120mg/kg罗米非定可引起持续数小时的行为改变。

4. 临床应用及颉颃

α_2-肾上腺素受体激动剂的作用是可预测的，超过80%的马会按预期的效果反应。α_2-肾上腺素受体激动剂可以通过静脉注射、肌内注射和口服（PO）（舌下）给药，以促进焦虑缓解、镇静以及全身麻醉的诱导和维持（框表10-3，图10-15）。舌下含服α_2-肾上腺素受体激动剂（地托咪定60mg/kg）可产生镇静、镇痛和肌肉松弛，不愿意移动，并对周围环境失去兴趣，使马更容易配合操作，口服给药的效果预测比较困难，可能需要45min才能达到最大药物峰值效果。静脉注射或肌内注射α_2-肾上腺素受体激动剂产生比口服剂量更快速和相对更可预测的效果。大多数马在静脉注射后3～5min内表现出抑郁状态（表10-2）。它们对周围的环境漠不关心、低头、下唇松弛、伸颈（图10-6）。在服用地托咪定和罗米非定后，可出现面部水肿。面部水肿主要是由镇静后马低头时出现的静脉充血引起，因此其严重程度与头部下降的程度和持续时间相关。面部水肿通常也伴发鼻水肿常，并可能引起呼吸衰竭。有些马靠在绳子、栏杆或墙壁上，呈广踏姿势支撑站立。膝盖或后腿可能弯曲，有些马会绊倒或表现出明显的共济失调，阴茎松弛或脱出包皮外（参阅第6章）。成年马和马驹很容易受到α_2-肾上腺素受体激动剂镇静作用的影响；而循环快、兴奋或恐惧的马可能只有轻微镇静作用。服用α_2-肾上腺素受体激动剂的马可能会易受惊吓，应谨慎靠近。镇静效果明显的马可能会做出剧烈反应，如踢腿等，而不被打扰时又变得安静。有些马缺乏镇静和镇痛作用，可以联合应用α_2-肾上腺素受体激动剂和阿片类激动剂，特别是布托啡诺和乙酰丙嗪（图10-16和图10-17）。α_2-肾上腺素受体激动剂与布托啡诺或乙酰丙嗪联合应用比单独使用两种药物的疗效更佳，而不会增加不良反应或毒性作用。

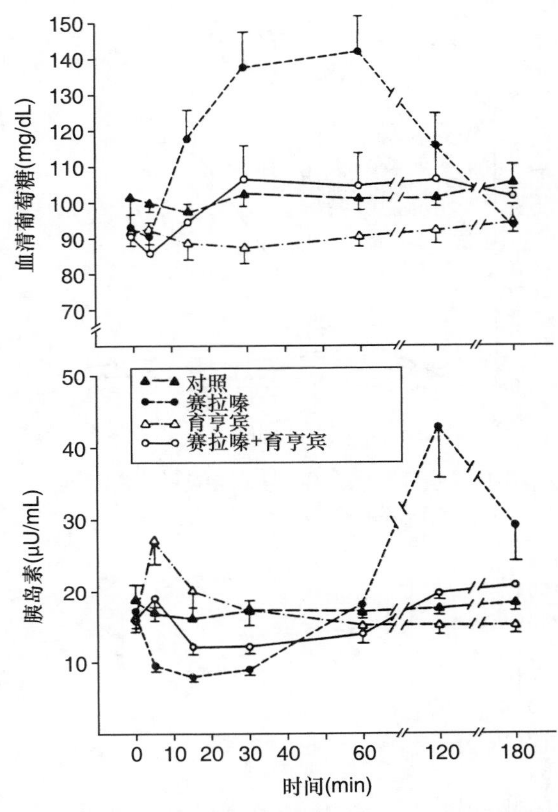

图 10-13　母马分别静脉注射 1.1mg/kg 赛拉嗪、0.125mg/kg 育亨宾和 0.125mg/kg 后 5min 给予 1.1mg/kg 赛拉嗪后胰岛素和血清葡萄糖变化

对照组给予生理盐水。血清葡萄糖（mg/dL，顶部）和血清胰岛素（μU/mL，底部）浓度，育亨宾可抑制赛拉嗪引起的血糖升高。

框表 10-3　α_2-肾上腺素受体激动剂的使用

- 抗焦虑镇静
- 镇痛（系统性、硬膜外、蛛网膜下腔）
- 放松肌肉
- 麻醉前用药
- 与其他镇静剂、镇痛剂、催眠药和分离麻醉药联合用药
- 减少注射或吸入麻醉剂的量
- 辅助吸入麻醉
- 安静和控制麻醉恢复

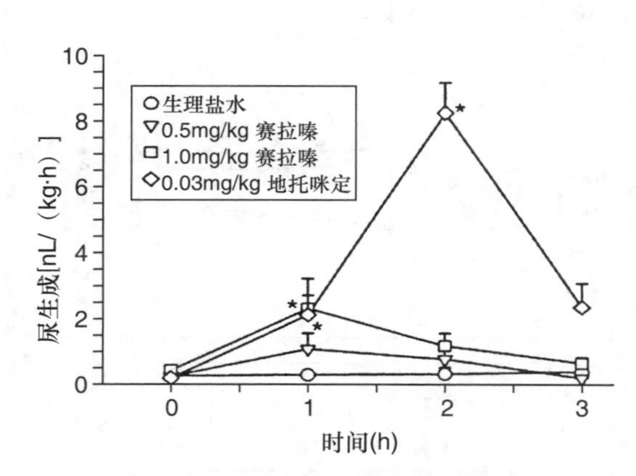

图 10-14　生理盐水、赛拉嗪和地托咪定对 6 匹成年马的尿生成的影响

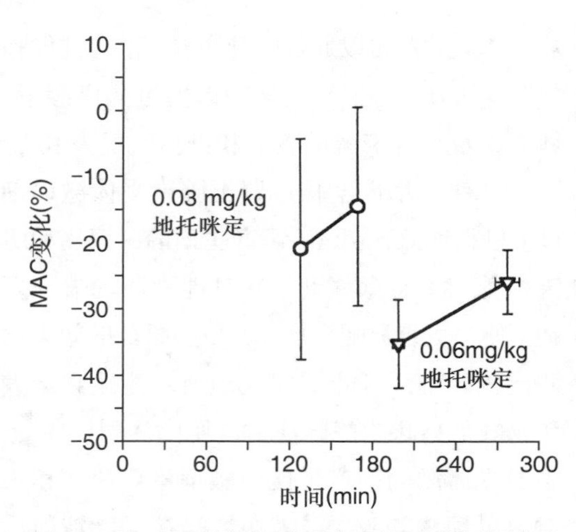

图 10-15　地托咪定对异氟醚最低肺泡浓度（MAC）的影响

注意基线（0%）值的减少。

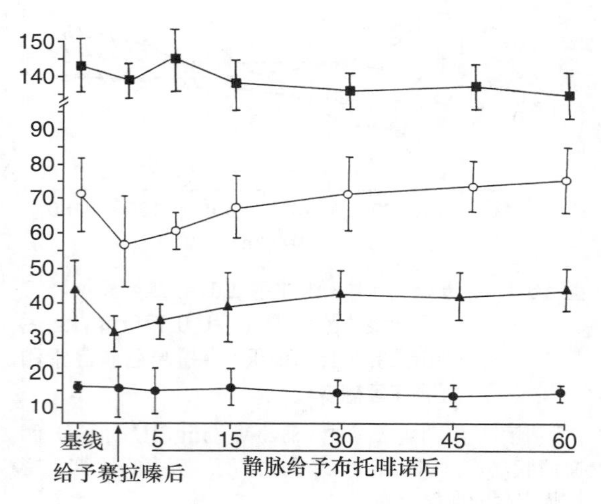

图 10-16　0.5mg/kg 赛拉嗪和 0.02mg/kg 布托啡诺对成年马平均动脉压（mmHg，■）、心输出量［mL/(kg·min)，○］、心率（次 /min，▲）和呼吸频率（次 /min，●）的影响

重复或大剂量服用α_2-肾上腺素受体激动剂可能不会增加镇静程度。额外静脉注射5.5mg/kg的赛拉嗪和500μg/kg的罗米非定不会产生更深度的镇静作用，这很可能是由于α_1-肾上腺素受体对α_2-肾上腺素受体介导作用的颉颃，也可能是α_2-受体亚型分布和α_2：α_1受体选择性结合的结果。给药后1～2h出现轻度镇静。与20μg/kg相比，静脉注射160μg/kg地托咪定后也有类似的结果，其持续时间较长，但镇静作用相似。

α_2-肾上腺素受体激动剂可以安全地给予马驹，尽管对它们的作用可能比成年马更明显。可出现呼吸抑制、心动过缓和体温过低，可能出现紫绀或苍白的黏膜，需要通气支持、辅助给氧或颉颃治疗等。在α_2-肾上腺素受体激动剂给药后，许多小马驹表现出出汗的症状，以及明显的共济失调和卧倒。在给药后60～90min可发生排尿增加。

α_2-肾上腺素受体激动剂可以硬膜外和蛛网膜下腔注射，马产生局部和节段性镇痛（参阅第11章）。硬膜外或蛛网膜下腔给药分别产生局部出汗、局部镇痛，较小程度的共济失调和镇痛持续（分别约3h和5h）。

麻醉恢复应该是一个安静、协调、平静的过程，但可能是漫长、危险和极度紧张的。在恢复过程前或恢复过程中静脉注射小剂量的α_2-肾上腺素受体激动剂可延长恢复时间，但通过减少兴奋、共济失调和应激而显著提高恢复质量，且不会产生明显的心肺问题。

α_2-肾上腺素受体颉颃剂可以快速颉颃α_2-肾上腺素受体激动剂（表10-2）。育亨宾和妥拉苏林产生作用不稳定，也能颉颃α_1-肾上腺素受体，引起某些马发生低血压。α_2-肾上腺素受体颉颃剂阿替美唑对α_2-肾上腺素受体的选择性更高，不会引起明显的低血压。α_2-肾上腺素受体阻滞剂偶尔用于对抗静脉麻醉剂对中枢神经系统的抑制作用，并加速吸入麻醉的马在预期时间内（60～90min）恢复站立或不愿意站立的恢复。或者，多沙普仑，一种中枢神经系统和呼吸的兴奋剂，可以颉颃α_2-肾上腺素受体激动剂产生的镇静作用。多沙普仑是非特异性的，但会刺激中枢神经系统的活动，包括呼吸中枢，导致处于轻度至中度镇静状态的马苏醒。

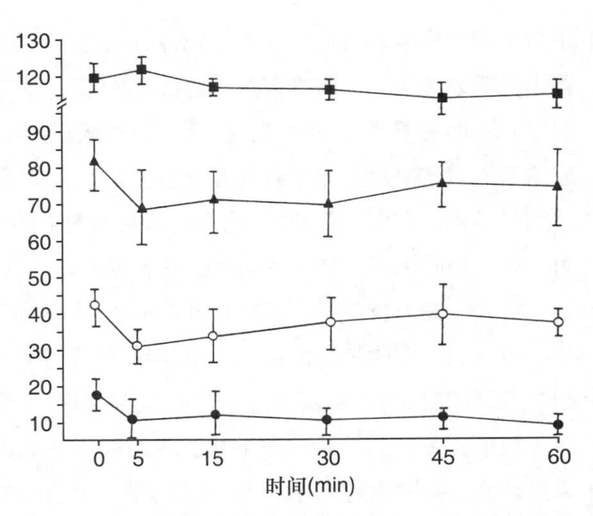

图 10-17　静脉注射赛拉嗪（0.55mg/kg）和静脉注射乙酰丙嗪（0.05mg/kg）对成年马平均动脉压（mmHg，■）、心输出量［mL/(kg·min)，▲］、心率（次/min，○）和呼吸频率（次/min，●）的影响

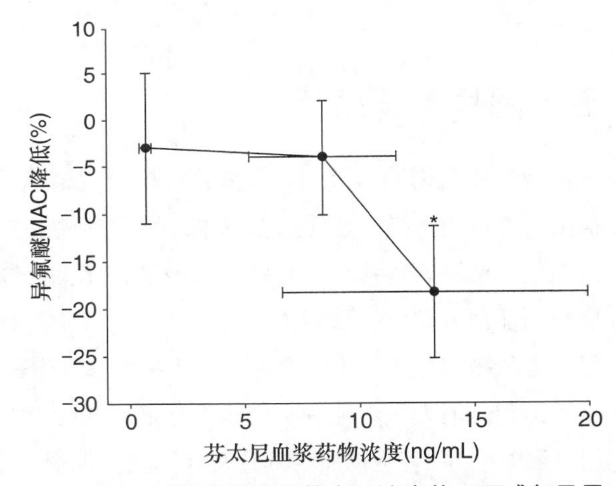

图 10-18　三种不同血浆芬太尼浓度使 8 匹成年马异氟醚 MAC 的降低百分比

5. 并发症、不良反应和临床毒性

镇静，镇痛和共济失调是使用α_2-肾上腺素受体激动剂后最常见的不良反应。通过联合应用阿片类镇痛剂或小剂量的乙酰丙嗪来改善焦虑和镇痛作用。成年马经常发生出汗、毛发直立和高血糖症，并且在静脉注射去地托咪定后更频繁和明显。排尿的体积和频率通常在给药后30～60min内增加。所有α_2-肾上腺素受体激动剂在静脉内给药后1h以上才能减少或消除胃肠动力。给药后可发生胃肠胀气和绞痛，特别是在重复给药后，一般对α_2-肾上腺素受体颉颃剂的给药有反应。尝试给予肌内注射赛拉嗪或地托咪定可产生局部炎症反应。这种反应的原因尚不清楚。在应用赛拉嗪或地托咪定之后可能发生流产，但证据不足。

应用α_2-肾上腺素受体激动剂后经常出现窦性心动过缓，一度和二度房室传导阻滞和呼吸抑制。心率低于30次/min是常见的，甚至发生低于20次/min的情况。有趣的是，静脉注射或吸入麻醉不会加重α_2-肾上腺素受体激动剂的心动过缓作用。一旦停止用药，心率通常会恢复到正常范围。麻醉马的心率小于25次/min时，应服用抗胆碱能药（阿托品、格隆溴铵），因为心输出量明显减少。呼吸抑制加上鼻翼和喉部肌肉的松弛可能导致“打鼾”，呼吸喘鸣和上呼吸道阻塞，可能需要鼻气管插管和给氧。上呼吸道阻塞在麻醉恢复期间特别需要注意，可引发兴奋、应激和不良恢复后果。治疗包括在恢复过程中放置鼻气管或气管插管（参阅第14章）。有些马，特别是马驹，在服用α_2-肾上腺素受体激动剂给药后通气不足，并且可能变成低氧血症并发生紫绀。老年马或患有呼吸系统疾病的马需要补氧。

在犬氟烷麻醉期间，赛拉嗪可以增强并增加心肌对儿茶酚胺的敏感性。这种作用可能是赛拉嗪特有的，并通过激活α_1-肾上腺素受体介导效应。马的此类研究无法再现相似的结果，这表明该发现的临床相关性可能没有意义。据报道，给有意识的马赛拉嗪、氟烷维持，由于心室颤动导致了猝死。马静脉注射地托咪定后死亡的原因是心脏致敏的同时应用增效磺胺类药物。如果意外颈动脉内注射α_2-肾上腺素受体激动剂会产生兴奋、定向障碍、共济失调、卧倒和“划桨”动作。有些马可能会癫痫发作。治疗主要是对症和支持疗法，通常包括给予抗惊厥药（地西泮）或麻醉药（硫喷妥钠）和吸氧。预先放置静脉导管可以消除这个问题（参阅第7章）。

α_2-肾上腺素受体激动剂是非常有效的CNS和呼吸抑制剂。暴露于环境中人接触能致命。过量服用赛拉嗪导致昏迷48h，需要控制通气3d。α_2-肾上腺素受体颉颃剂和控制通气可能会挽救生命。

五、阿片类镇痛药

类阿片药物通常被称为麻醉剂，这个术语也适用于任何产生睡眠效果的药物。麻醉一词最初由盖伦使用，指的是使感官麻木，导致感觉丧失或瘫痪的药物。今天，“麻醉剂”一词一般用来指任何能减轻疼痛、诱导睡眠或改变情绪的药物，但通常指从鸦片中提取的物质。阿片类药物是指任何外源性物质特异性地与各种阿片类药物受体结合的外源性物质（内源性阿片类肽和阿片类药物通过激活膜结合阿片类药物受体产生药理作用）。虽然新的阿片类受体和受体的亚型不断出现，但大多数阿片类药物都是通过激活OP_3（m）、OP_2（κ）以及OP_1（δ）实现麻醉作用（表10-4）。有些物质与阿片受体结合，但很少或不能引起激动作用；而另一些则根据剂量产生部分的激动作用或颉颃作用。阿片类激动剂、部分激动剂、阿片类激动剂颉颃剂和阿片类颉颃剂是指具有阿片类受体活性的药物。

吗啡是一种典型的阿片类激动剂。蒂巴因和吗啡是鸦片的生物碱。蒂巴因是埃托啡（M-99）的前体，据称这种药物有1 000倍吗啡或更高的镇痛效力。吗啡用于制备海洛因、阿扑吗啡和羟吗啡酮。其他不同化学结构的药物已经被生产出来，产生类似于吗啡的作用。无论来源如何，药物通常具有相似的药理作用，这是由于能够对阿片受体进行刺激或阻断（表10-4）。内源性阿片类药物（脑啡肽和内啡肽）的发现，与阿片类激动剂的许多药理学特性相同，增加了目前对疼痛机制的认识，但使阿片类颉颃剂的临床应用变得复杂。所有阿片类药物都是白色粉末，极易溶于水。阿片类药物经常与镇静催眠药结合产生神经镇痛作用。术语神经镇痛是指精神安定剂（镇静剂或镇静剂）和阿片类镇痛剂（如乙酰丙嗪/哌替啶，赛拉嗪/吗啡）的组合。

1. 作用机制

阿片类激动剂通过与饱和立体特异性阿片类受体结合产生主要的药理作用。立体特异性阿片类受体广泛分布于中枢神经系统（大脑、脊髓、自主神经系统）和周围器官，但分布不均。相关研究已经确定了四种临床相关类型的阿片受体和几种受体亚型（表10-4）。四种受体对应于药理学上定义的m、κ和δ受体，以及第四个受体，称为痛敏肽或孤啡肽FQ的新肽。阿片类激动剂可以与几种阿片受体结合，产生不同的药理活性谱，这取决于它们的受体选择性和亲和力。自主神经张力的改变和多巴胺释放或脑多巴胺受体敏感性的增加是发生外周药理效应、行为改变、增加运动活动和刻板行为的主要原因。阿片类药物的镇痛作用源于它们抑制来自脊髓背角的伤害性信息的上行传递，并通过延髓腹内侧髓质激活中脑下行疼痛控制回路。各种阿片受体与CNS和外周的其他相关受体（即α_2-肾上腺素受体）的位置、密度和重叠情况决定了它们的行为、自主性和疼痛调节作用。与其他物种相比，马具有独特的阿片受体谱和密度，并且对阿片样物质诱导的CNS刺激和运动作用敏感。

表10-4 阿片受体命名法

推荐的命名法	旧的命名法	潜在配体的例子 *
μ（MOP）	OP3	吗啡芬太尼
κ（KOP）	OP2	布托啡诺
δ（DOP）	OP1	美沙酮（？）
NOP	OP4	痛敏肽

注：DOP：δ阿片类药物；KOP：kappa阿片类药物；MOP：μ阿片类药物；NOP：痛敏肽阿片类药物。
* 阿片受体可被内源性阿片类药物（内啡肽、脑啡肽、强啡肽）激活。痛敏肽（孤啡肽FQ）是内源肽。

尽管芬太尼可以使异氟醚最低肺泡有效浓度降低18%（图10-18），但在马身上使用阿片类药物的镇静和麻醉效果仍存在争议。未来研究将致力于研发新的阿片受体，以及更具选择性的阿片受体激动剂和颉颃剂（表10-2）。螺多林、乙酮佐辛和U-50488H是一种特殊的κ激动剂，能产生镇痛和温和的镇静作用，而不会显著影响马的心肺功能或使其升高体温。在全面了解阿片类激动剂和颉颃剂的使用以及潜在滥用情况之前，需要对马进行更多的研究。

2. 应用药理学

阿片类激动剂和激动剂–颉颃剂对CNS和胃肠道产生最具临床相关的药理作用。这些影响包括镇痛、轻度镇静或兴奋、运动活动增加、呼吸调节、心血管抑制、胃肠推进运动减少和体温轻度升高（图10-19）。阿片类激动剂与α_2-肾上腺素受体激动剂或非甾体抗炎药合用可提高马的疼痛耐受性。然而，阿片类药物的相对镇痛效力和临床疗效在马中没有被明确界定，尤其是与最佳剂量和浅表、深部、内脏疼痛的相关性（表10-5、图10-20）。有证据表明阿片类药物，

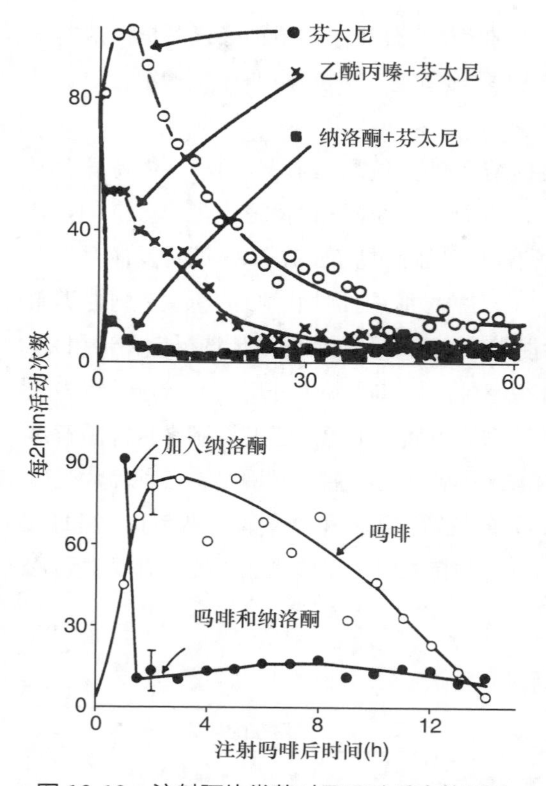

图 10-19　注射阿片类药对马运动反应的影响

注射芬太尼（0.2mg/kg 静脉注射，顶部）和吗啡（2.4mg/kg 静脉注射，底部）对马的运动反应有明显的影响，乙酰丙嗪（0.1mg/kg 静脉注射）和纳洛酮（0.015mg/kg 静脉滴注，顶部；0.02mg/kg，底部）对马的运动反应有影响。

如布托啡诺，具有更强的κ-阿片类药物作用，可能对治疗马内脏疼痛有效。布托啡诺能显著降低腹部手术后的马的血浆皮质醇浓度，并可以改善其恢复特征。它对由锐性的并刺激神经纤维的由A-δ介导的浅表疼痛产生的影响最小，但确实改变脊柱的反应过程，减轻疼痛的延迟感觉。吗啡可能是比布托啡诺更好的用于治疗浅表和深部躯体疼痛药物，但更容易使马患肠梗阻和便秘（图10-20和图10-21）。值得关注的是，低剂量的阿片类激动剂–颉颃剂和完全阿片类激动剂的临床效果很好，包括镇痛。静脉注射剂量高达0.15mg/kg的吗啡，可产生镇痛，减少麻醉剂需求，并改善氟烷麻醉马的恢复。然而，较大剂量的吗啡（＞0.25mg/kg，IV）可减少阿片类药物诱导的麻醉剂残留并有良好的恢复效果。芬太尼是一种高度选择性的μ阿片类激动剂，其镇痛效力比吗啡高100倍，可引起兴奋和对声音、触觉和环境刺激的高反应性。然而，用于临床镇痛的芬太尼注射（1～16mg/mL）并不能对躯体或内脏镇痛，只能最低限度地降低马对吸入麻醉剂需求（图10-18）。这些研究表明，与其他物种相比，阿片类药物在马中产生质量相似但数量上不同的效果，当阿片类药物以较低剂量给药或与镇静催眠药（乙酰丙嗪）或非阿片类镇痛药（赛拉嗪、地托咪定）共同给药时，镇痛作用最为明显。

表 10-5　选择阿片类激动剂和激动剂颉颃剂对马的相对镇痛作用

药物	相对效力
吗啡	1
美沙酮	1
哌替啶	0.5
羟吗啡酮	2.0
喷他佐辛	0.25
布托啡诺	2.5

（续）

药物	相对效力
纳布啡	1.0
丁丙诺啡	1.0
芬太尼	0.5 ～ 50？
赛拉嗪 *	3.5
地托咪定 *	10 ～ 15？

注：* 包括用于比较，？表示有待确认。

阿片类激动剂和激动剂－颉颃剂有可能抑制大多数物种的通气，但这种作用对于有意识或麻醉的马可能不具有临床意义。例如，低剂量的吗啡（<0.05mg/kg）会降低呼吸频率，但在静脉注射剂量大于0.1mg/kg时会诱发呼吸暂停和过度通气。类似地，其他类阿片激动剂可根据其类阿片受体的特异性和诱发兴奋的可能性改变通气状况（表10-4）。其中阿片类激动剂会降低马的呼吸速率，但通常会增加其潮气量，从而维持分钟通气量、动脉pH和血气值（PaO_2、$PaCO_2$）。阿片类激动剂的潜在呼吸抑制作用更可能发生在应用大量镇静剂和剂量不能产生中枢神经系统激动或兴奋的马身上。对深度麻醉或严重受损（患病、抑郁、虚弱）的犬和人类使用阿片类药物有可能导致呼吸频率和潮气量的降低。这种效应归因于呼吸中枢对二氧化碳的反应性降低（灵敏度降低），但尚未在马中进行彻底评估。在马全身麻醉之前或期间，辅助阿片类药物的潜在呼吸抑制作用可能与其他正常健康或中度疾病马的临床相关性很小（参阅第13章）。阿片类激动剂是有效的止咳药，可导致气管中血液、分泌物或渗出物的积聚，这对患有呼吸系统疾病或预定进行喉、鼻窦或上呼吸道手术的马来说可能是一个重要的考虑因素。

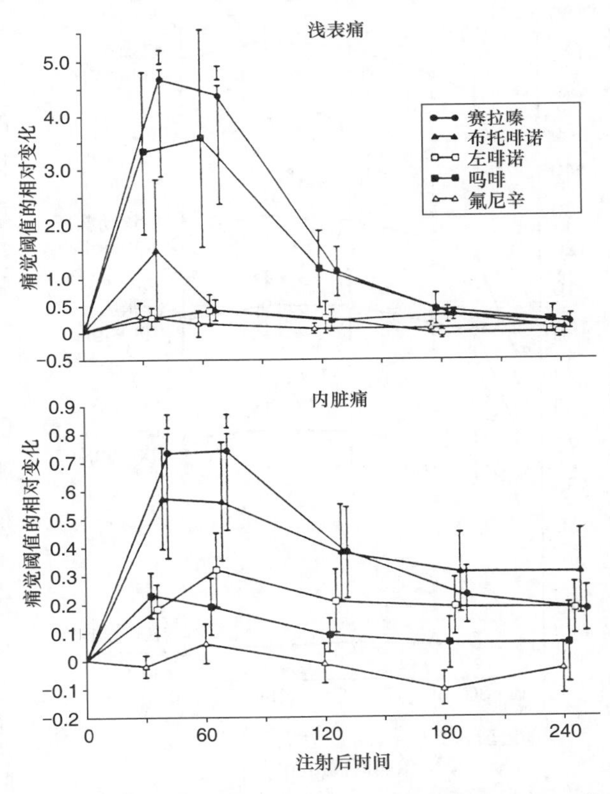

图 10-20　肌内注射 2.2mg/kg 赛拉嗪、0.66mg/kg 的吗啡、0.22mg/kg 布托啡诺、0.033mg/kg 左啡诺、2.2mg/kg 氟尼辛对成年马的影响

大多数阿片类激动剂的临床剂量不会对心率、心输出量、动脉血压或心脏收缩性产生主要

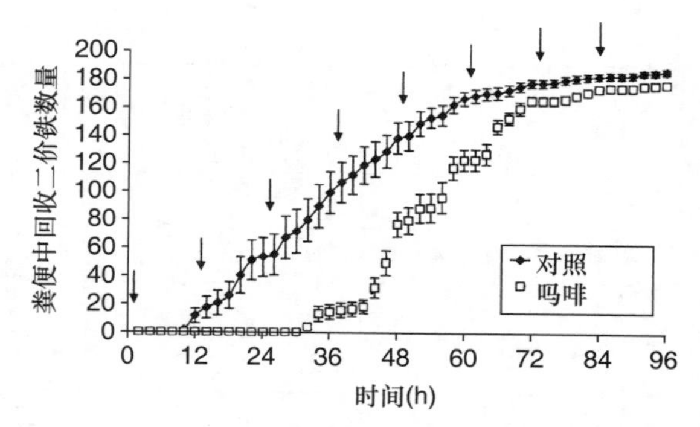

图 10-21　马灌服钡餐的恢复情况，每 12h 静脉注射吗啡 0.5mg/kg，连续注射 6d。吗啡降低了胃肠道腔内的推进动力和水分含量

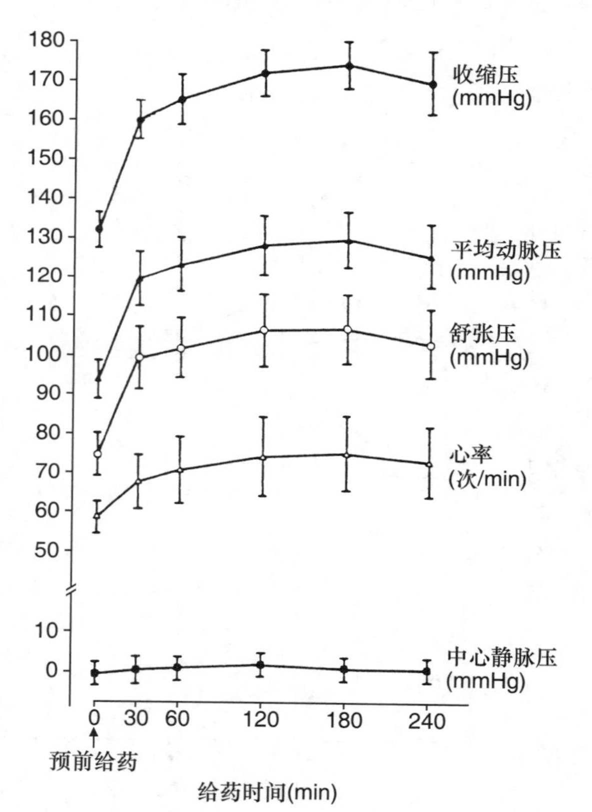

图 10-22　静脉注射 0.1mg/kg 吗啡对 6 只成年清醒马的收缩压、舒张压和平均动脉血压、中心静脉和心率的影响

影响（表10-2和图10-16、图10-22）。较大剂量的吗啡和布托啡诺在一段时间内持续增加心率和动脉血压，很可能继发于中枢神经系统兴奋作用。有趣的是，与阿片类激动剂与镇静剂和麻醉剂联合使用时潜在的呼吸抑制作用相比，阿片类激动剂药物组合不会产生显著的血流动力学变化。给镇静或麻醉过的马服用阿片类激动剂可以使心率和动脉血压略微降低。阿片类药物引起的心率下降可能是由中枢神经系统抑制和迷走神经兴奋性增加引起的。给予抗胆碱能药物（阿托品、格隆溴铵）可迅速颉颃阿片类药物诱发的心动过缓。与较低剂量阿片类药物相关的动脉血压降低，也可能是由中枢神经系统抑制和中枢交感神经兴奋性降低引起，尽管这在马中并不常见。纳洛酮能逆转阿片类药物引起的低血压，大剂量给药时，对治疗与败血症和内毒素休克相关的低血压有效，提示阿片类药物受体在这些疾病中可能发挥作用。其他可能导致阿片类药物相关低血压的机制包括外周动脉和静脉的直接血管扩张和组胺的释放。阿片类药物诱导的组胺释放在马产生低血压中的重要性以及阿片类颉颃剂的潜在治疗性抗休克作用仍有待研究。

阿片类激动剂对马胃肠道运动的影响是有争议的，其可能促进胃肠道的蠕动，也可能抑制胃肠道的蠕动。阿片类药物的特点是抑制肠系膜丛乙酰胆碱的释放，增加胃肠肌张力，减少推进性节律性收缩。肠运动亢进初始阶段通常与烦躁不安和排便有关，随后是肠道蠕动减少，肠音减弱，排便延迟和粪便干燥。阿片类药物还会增加平滑肌、括约肌张力，易引起腹部不适和便秘。这些作用并不是所有阿片类激动剂都有。布托啡诺是一种阿片类激动剂–颉颃剂，对肠道转运时间和肠音的影响最小，不会延迟治疗后第一次排便的时间或改变粪便的稠度。一项研究表明，吗啡每日两次，剂量为0.5mg/kg，可降低胃肠道腔内的推进动力和水分含量，并提示胃肠道效应可能使治疗过的马易患肠梗阻和便秘。该剂量远远超过临床推荐剂量（0.05～0.1mg/kg，1日4次）。另一项研究报告指出，与不使用阿片类药物或布托啡诺相比，应用吗啡使绞痛风险增加了4倍，尽管马数量和其他混杂因素可能影响了结果。对大量自然发病的马（包括疝气）进行的类似研究表明，包括吗啡在内的阿片类药物的临床应用可能导致胃肠道副作用的发生率增加，但也表明其他因素在决定胃肠道动力方面可能更为重要。总的来说，数据表明除布托啡诺外的阿片类激动剂治疗绞痛的效果是不可预测的，重复给予阿片类药物，可能会导致胃肠动力长期改变和胃肠功能的恢复。

阿片类激动剂和激动剂－颉颃剂在犬和人身上产生多种其他药理作用，这些作用可能也适用于马。据报道，将吗啡硬膜外给予后马会出现瘙痒症。阿片类药物诱导的抗利尿激素释放可导致抗利尿和尿潴留，但这些作用在马身上的临床相关性尚未得到评估。阿片类药物抑制应激诱导的促肾上腺皮质激素释放，抑制促卵泡激素、促黄体激素和促甲状腺激素的释放，并可延缓或抑制青年马的发情。

由于缺乏对照临床试验以及研究结果的不一致，一组研究人员得出“研究结果没有提供令人信服的客观证据来支持系统地给予阿片类药物可持续有效地减轻马疼痛”的观点。鉴于缺乏证据，并考虑到阿片类药物刺激运动和其他形式的无关兴奋行为、减少胃肠动力、减少肺泡通气（特别是与全身麻醉相关），且需要对人和马的药物滥用进行监管，笔者得出的结论是，滥用阿片类药物来缓解马的疼痛是不合理的。建议选择有益的阿片类药物进行集中客观的效果研究，以便为临床应用提供指导。

3. 生物分布

阿片类激动剂和激动剂－颉颃剂的代谢和消除是复杂的，并呈剂量相关性（参阅第9章）。目前的证据表明阿片类激动剂和激动剂－颉颃剂被肝脏广泛代谢，一些代谢物保留了母体化合物的活性，并且代谢物通过尿液排泄。血浆中一些阿片类激动剂（吗啡）的长期存在可能代表相关代谢产物、药物从组织中缓慢释放或通过肠－肝循环。大多数阿片类激动剂都没有从马的胆汁排泄的报道。吗啡、哌替啶和喷他佐辛的血浆半衰期与葡萄糖醛酸结合和未共轭代谢物的分离表明阿片类代谢物保持母体化合物的活性，所以阿片类药物的作用时间可能会延长。例如，吗啡具有相对较短的消除半衰期（40～60min），但5～6h和144h时在一些马的血浆和尿液中仍可检测到代谢物（参阅第9章）。蛋白结合是可变的，似乎与剂量无关，它的范围从20%到40%不等。这些数据表明，大多数阿片类激动剂和激动剂－颉颃剂的代谢产物具有累积的潜力，重复给药可能产生不良副作用。

4. 临床应用与颉颃

阿片类药物通常通过静脉或肌内注射给药，也可以皮下注射给药或注射到硬膜外和蛛网膜下腔（鞘内），以产生局部或节段性镇痛（表10-2和第11章）。适当剂量的吗啡（0.1mg/kg

静脉注射）可改善镇痛效果和麻醉后的恢复。芬太尼经皮内注射给药已被认为是一种相对无创的镇痛方法，可提供长达48h的镇痛，但其镇痛效果受到质疑。阿片类硬膜外或蛛网膜下腔（脊髓）注射有助于药物与脊髓背角胶状质内中阿片受体结合。药物清除率取决于脑脊液稀释、血流再分布、与神经组织结合效率及血管吸收。给成年马静脉注射低剂量的阿片类激动剂（$<$0.1mg/kg）可能会使马出现意识下降、反应降低、轻微肌肉震颤和对声音反应增强情况。一些马低头表现出适度的镇静，有的马则表现出不愿意动，似乎对周围的环境完全漠不关心。它们可能表现出汗或明显的共济失调。当阿片类药物作为单一疗法应用时，镇痛的效果变化很大且通常是不可预测的，但是联合使用α_2-肾上腺素受体激动剂或乙酰丙嗪可显著改善镇痛质量。重复或大剂量的阿片类激动剂或部分激动剂（丁丙诺啡）经常导致清醒马的高反应性、高兴奋性、排便、运动活动增强、出汗、心动过速、过度通气、发声和体温升高。这些症状可能持续很长时间，但可以通过服用阿片类颉颃剂、小剂量镇静剂或镇静催眠药来减弱或消除。

阿片类激动剂、部分激动剂和激动剂–颉颃剂在与镇静催眠药共同给药时最有效，为长时间化学保定提供额外的镇痛作用。它们可以单独给药用于治疗疼痛，包括绞痛（布托啡诺）；与α_2-肾上腺素受体激动剂联合使用；作为吸入麻醉的辅助药物使用，应严格遵守剂量建议以避免CNS兴奋效应（表10-6、第13章）。使用阿片类药物来减少吸入麻醉剂的剂量仍然存在争议，因为有证据表明其对维持麻醉所需的吸入麻醉剂浓度没有影响或影响很小。需要对马进行更多的对照研究，以确定阿片类激动剂作为麻醉辅助剂的有效性。

所有已知的阿片类激动剂和激动剂–颉颃剂都可用阿片类颉颃剂逆转（表10-2）。静脉注射纳洛酮能迅速逆转阿片类激动剂的中枢和外周效应，包括行为和心肺效应、运动活性和镇痛作用。纳洛酮还可以对抗内源性阿片类药物（脑啡肽、内啡肽），引起一些马的疼痛、不适。纳洛酮可部分逆转镇静催眠药和吸入麻醉剂产生的镇痛作用。对于术前或术中服用阿片类激动剂并表现出明显术后疼痛、麻醉后需要很长时间恢复或在恢复过程中表现出明显共济失调的马来说，后一种效果值得考虑。在这种情况下，使用具有最小镇静效果但镇痛作用强的阿片激动剂–颉颃剂（布托啡诺、丁丙诺啡）可能是更合理的选择。阿片类颉颃剂也可能抑制马的刻板行为和自残行为。静脉注射纳洛酮、纳曲酮、纳美芬和二丙诺啡（阿片类颉颃剂）一周，可以完全消除恶癖，刨地行为也被麻醉性颉颃剂所改善。

5. 并发症、不良反应和临床毒性

与阿片类激动剂和激动剂–颉颃剂临床使用相关的最常见的并发症是定向障碍、运动活动增强、对触觉和声音的高反应性以及共济失调（图10-19）。有些马看起来镇静效果很好，但可以被物理刺激或大声的噪声唤醒（惊吓）。增加麻醉剂的剂量可能会使这些反应恶化，并导致运动活动增强和体温升高。反复应用阿片类激动剂后会出现便秘和肠绞痛（图10-21），粪便变干硬。诸如刨地、失速行走或绕圈之类的刻板行为被认为是由大脑中多巴胺释放增加或多巴胺受体敏感性增加所致。大剂量的阿片类激动剂可能导致癫痫发作。导致癫痫发作的机制尚不确定，但可以通过镇静催眠药和控制通气来控制。在静脉或吸入麻醉期间大剂量（过量）使用阿片类激动剂或激动剂–颉颃剂会影响麻醉需求，并可能导致不良恢复。这些并发症中的大多数（不是全部）可以通过使用辅助血流动力学疗法（液体、多巴酚丁胺）或阿片类颉颃剂（纳洛酮，图10-19）来颉颃。已经有人提出，给予不穿过血脑屏障的阿片颉颃剂（N-甲基纳曲酮）以预防不良的胃肠道副作用而不改变CNS诱导的镇痛作用。尽管可以对表现出轻度到中度副作用的马使用镇静剂（乙酰丙嗪、α_2-肾上腺素受体激动剂），但纳洛酮常应用于有意识且接受长效阿片类激动剂（吗啡）的马。阿片类激动剂、激动剂–颉颃剂或部分激动剂对马驹的使用通常会导致其昏迷和镇痛，但尚未被广泛研究。

六、镇静-催眠药物、阿片类和非阿片类药物组合

使用阿片类药物时的效果不可预测、无法产生预期效果以及其副作用，特别是高剂量时产生的兴奋和共济失调，是阿片类药物与镇静催眠药物联合使用的主要原因（表10-6）。长期以来，人们已经认识到，马在使用乙酰丙嗪或α_2-肾上腺素受体激动剂镇静时，添加低剂量的阿片类药物可以增强镇静和镇痛的效果。几十年来，抗精神病药物（乙酰丙嗪、异丙嗪）和阿片类镇痛药物（吗啡、美沙酮、哌替啶）的联合使用在马身上一直很流行。联合用药可以减轻心肺的抑制，并减轻其副作用。将两种或三种药物联合应用于站立手术的马的镇静镇痛，其目的应是增加可预测性、增强镇痛效果、提高马和主治人员的安全性。以肌肉松弛为主要作用的药物（地西泮、咪达唑仑）对站立手术的马没有益处，因为它们不具有镇静作用，也不是止痛药，并且可以诱发共济失调。地西泮和咪达唑仑与静脉或吸入麻醉剂联合使用有助于改善肌肉松弛。临床经验表明，某些药物组合在对兴奋或暴躁的马镇静和改善镇痛方面远远优于其他药物组合。同时给予精神安定药物——乙酰丙嗪和阿片类镇痛药物（哌替啶），这是首个成功给马用作镇静镇痛的药物组合之一（“溶解鸡尾酒”）。非阿片类和阿片类镇痛药物（赛拉嗪-吗啡、赛拉嗪-布托啡诺、地托咪定-布托啡诺）的组合也被认为是神经镇痛药，并且可以产生深度镇静和镇痛作用。临床上，少剂量的镇静剂和非阿片类或阿片类镇痛药（乙酰丙嗪-赛拉嗪、乙酰丙嗪-地托咪定、赛拉嗪-吗啡）的组合比单独用药能产生更好的镇静和镇痛作用。尽管人们对降低血压的可能性提出了一些担忧，但在推荐剂量下使用时没有出现任何不良副作用（图10-17）。

含有阿片类或非阿片类镇痛作用的药物组合的一个潜在优势是，一旦出现副作用，可以部分逆转（表10-2）。如果镇静导致严重的共济失调，从而使马或护理人员易受伤，那么镇静的副作用则需要格外重视。此外，除非绝对必要，α_2-肾上腺素受体激动剂与大剂量阿片类镇痛剂联合使用时不应被颉颃。其镇静剂作用的逆转可能导致阿片相关的中枢神经系统兴奋、运动活动和高热。在马身上同时使用多种药物进行站立手术，引发了许多潜在副作用、心肺抑制和药物相互作用等。由于这些原因，不推荐不加选择或随意使用未经检验的药物组合。

表 10-6　给马使用镇静剂、非阿片类和阿片类药物组合

药物组合 *	静脉剂量（mg/kg）
镇静 - 阿片	
乙酰丙嗪 - 哌替啶	0.04/0.6
乙酰丙嗪 - 美沙酮	0.04/0.1
乙酰丙嗪 - 氢吗啡酮	0.04/0.02
乙酰丙嗪 - 布托啡诺	0.04/0.02
乙酰丙嗪 - 喷他佐辛	0.04/0.4
赛拉嗪 - 布托啡诺	0.66/0.02
赛拉嗪 - 喷他佐辛	0.66/0.4
赛拉嗪 - 丁丙诺啡	0.6/0.01
赛拉嗪 - 吗啡	0.6/0.3 ～ 0.66
镇静剂 - 非阿片类	
乙酰丙嗪 - 赛拉嗪	0.02/0.5
镇静 - 非阿片类 - 阿片	
乙酰丙嗪 - 赛拉嗪 - 布托啡诺	0.02/0.66/0.03
乙酰丙嗪 - 赛拉嗪 - 喷他佐辛	0.02/0.66/0.3
水合氯醛 - 赛拉嗪 - 吗啡	2 ～ 6/0.66/0.3 ～ 0.66

注：* 在静脉注射 2.5 ～ 5μg/kg 的剂量下，上述任何列出的药物组合中都可以用地托咪定代替赛拉嗪。

参考文献

Adams SB, Lamer CH, Masty J, 1984. Motility of the distal portion of the jejunum and pelvic flexure in ponies: effects of six drugs, Am J Vet Res 45: 795-799.

Aitken MM, Sanford J, 1972. Effects of tranquilizers on tachycardia induced by adrenaline in the horse, Br Vet J 128: Ⅷ - Ⅸ .

Alexander SPH, Mathie A, Peters JA, 2007. Guide to receptors and channels (GRAC), (2007 revision), Br J Pharmacol 150 (suppl 1): S1 -S168.

Andersen MS et al, 2006. Risk factors for colic in horses after general anaesthesia for MRI or nonabdominal surgery: absence of evidence of effect from perianaesthetic morphine, Equine Vet J 38 (4): 368-374.

Angel I, Bidet S, Langer SZ, 1988. Pharmacological characterization of the hyperglycemia induced by a 2 -adrenoceptor agonists, J Pharmacol Exp Ther 246: 1098-1103.

Aurich C, Aurich JE, Parvizi N, 2001. Opioidergic inhibition of luteinizing hormone and

prolactin release changes during pregnancy in pony mares, J Endocrinol 169 (3): 511-518.
Baldessarini RJ Tarazi FI, 2006. Pharmacotherapy of psychosis and mania. In Goodman LS, Gilman S, editors: The pharmacological basis of therapeutics, ed 11, New York, McGraw-Hill, pp 461-481.
Ballard S et al, 1982. The pharmacokinetics, pharmacological responses, and behavioral effects of acepromazine in the horse, J Vet Pharmacol Ther 5: 21-31.
Bennett RC, Steffey EP, 2002. Use of opioids for pain and anesthetic management in horses. In Mama KR, Hendrickson DA, editors: The veterinary clinics of North America (equine practice), Philadelphia, Saunders, pp 47-60.
Bettschart-Wolfensberger R et al, 1966. Physiologic effects of anesthesia induced and maintained by intravenous administration of a climazolam-ketamine combination in ponies premedicated with acepromazine and xylazine, Am J Vet Res 57 (10): 1472-1477.
Bettschart-Wolfensberger R et al, 1999. Pharmacokinetics of medetomidine in ponies and elaboration of a medetomidine infusion regime which provides a constant level of sedation, Res Vet Sci 67 (1): 41-46.
Bettschart-Wolfensberger R et al, 2005. Cardiopulmonary effects and pharmacokinetics of IV dexmedetomidine in ponies, Equine Vet J 37 (1): 60-64.
Booth NM, 1988. Psychotropic agents. In Booth NH, McDonald LE, editors: Veterinary pharmacology and therapeutics, ed 6, Ames, Ia, Iowa State University Press, pp 371-376.
Booth NM: Psychotropic agents. In Booth NH, McDonald LE, editors: Veterinary pharmacology and therapeutics, ed 6, Ames, Ia, 1988, Iowa State University Press, pp 382-385.
Boscan P et al, 2006. Evaluation of the effects of the opioid agonist morphine on gastrointestinal tract function in horses, Am J Vet Res 67 (6): 992-997.
Boscan P et al, 2006. Pharmacokinetics of the opioid antagonist N-methyl naltrexone and evaluation of its effects on gastrointestinal tract function in horses treated or not treated with morphine, Am J Vet Res 67 (6): 998-1004.
Boyer K et al, 1995. Penile hematoma in a stallion resulting in proximal penile amputation, Equine Pract 17: 8-11.
Broadstone RV et al, 1992. Effects of xylazine on airway function in ponies with recurrent airway obstruction, Am J Vet Res 53 (10): 1813-1817.
Brown RF, Houpt KA, Schryver HF, 1976. Stimulation of food intake in horses by diazepam and promazine, Pharmacol Biochem Behav 5: 495-497.
Brunson DB, Majors LJ, 1987. Comparative analgesia of xylazine, xylazine/morphine, xylazine/butorphanol, and xylazine/nalbuphine in the horse, using dental dolorimetry, Am J Vet Res 48: 1087-1091.
Bryant CE, England GC, Clarke KW, 1991. Comparison of the sedative effects of medetomidine and xylazine in horses, Vet Rec 29 (19): 421-423.
Bueno AC et al, 1999. Cardiopulmonary and sedative effects of intravenous administration of low doses of medetomidine and xylazine to adult horses, Am J Vet Res 60: 1371-1376.
Burford JH, Corley KT, 2006. Morphine-associated pruritus after single extradural

administration in a horse, Vet Anaesth Analg 33 (3): 193-198.
Carregaro AB et al, 2007. Effects of buprenorphine on nociception and spontaneous locomotor activity in horses, Am J Vet Res 68 (3): 246-250, 2007. Erratum in Am J Vet Res 68(5):523.
Carruthers SC et al, 1979. Xylazine hydrochloride (Rompun) overdose in man, Clin Toxicol 15: 281-285.
Carter SW et al, 1990. Cardiopulmonary effects of xylazine sedation in the foal, Equine Vet J 22 (6): 384-388.
Charney DS, Mihic SJ, Harris RA, 2006. Hypnotics and sedatives. In Goodman LS, Gilman S, editors: The pharmacological basis of therapeutics, ed 11, New York, McGraw-Hill, pp 401-414.
Chou CC et al, 1998. Development and use of an enzyme-linked immunosorbent assay to monitor serum and urine acepromazine concentrations in thoroughbreds and possible changes associated with exercise, Am J Vet Res 59 (5): 593-597.
Christian RG, Mills JHL, Kramer LL, 1974. Accidental intracarotid artery injection of promazine in the horse, Can Vet J 15: 29-33.
Clark L et al, 2005. Effects of perioperative morphine administration during halothane anaesthesia in horses, Vet Anaesth Analg 32: 10-15.
Clark L et al, 2008. The effects of morphine on the recovery of horses from halothane anaesthesia, Vet Anaesth Analg 35 (1): 22-29.
Clarke KW, Hall LW, 1969. "Xylazine" —a new sedative for horses and cattle, Vet Rec 85: 512-517.
Clarke KW, Paton BS, 1988. Combined use of detomidine with opiates in the horse, Equine Vet J 20: 331-334.
Combie J et al, 1979. The pharmacology of narcotic analgesics in the horse. Ⅳ. Dose- and time-response relationships for behavioral responses to morphine, meperidine, pentazocine, anileridine, methadone, and hydromorphine, J Equine Med Surg 3: 377-385.
Combie J et al, 1981. Pharmacology of narcotic analgesics in the horse: selective blockade of narcotic-induced locomotor activity, Am J Vet Res 42: 716-721.
Combie JD, Nugent TE, Tobin T, 1983. Pharmacokinetics and protein binding of morphine in horses, Am J Vet Res 44: 870-874.
Corletto F, Raisis AA, Brearley JC, 2005. Comparison of morphine and butorphanol as pre-aneaesthetic agents in combination with romifidine for field castration in ponies, Vet Anaesth Analg 32: 16-22.
Courtot D, Mouthon G, Mestries JC, 1978. The effect of acetylpromazine medication on red blood cell metabolism in the horse, Ann Rev Vet 9: 17-24.
Dalton RG, 1972. The significance of variations with activity and sedation in the hematocrit, plasma protein concentrations, and erythrocyte sedimentation rate of horses, Br Vet J 128: 439-445.
Daunt DA, Steffey EP, 2002. α_2 -Adrenergic agonists as analgesics in horses, Vet Clin North Am (Equine Pract) 18 (1): 39-46.

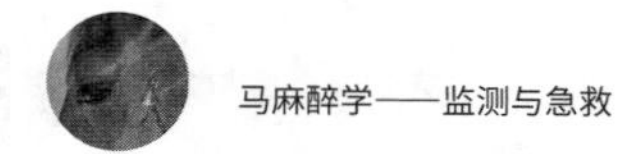

DeLuca A, Coupar IM, 1996. Insights into opioid action in the intestinal tract, Pharmacol Ther 69 (2): 103-115.

DeMoor A et al, 1978. Influence of promazine on the venous haematocrit and plasma protein concentration in the horse, Zentralbl Veterinarmed 25: 189-197.

Dirikolu L et al, 2006. Clonidine in horses: identification, detection, and clinical pharmacology, Vet Ther 7 (2): 141-155.

Dodman NH, Waterman E, 1979. Paradoxical excitement following the intravenous administration of azaperone in the horse, Equine Vet J 11: 33-35.

Dodman NH et al, 1987. Investigation into the use of narcotic antagonists in the treatment of a stereotypic behavior pattern (crib-biting) in the horse, Am J Vet Res 48: 311-319.

Dodman NH et al, 1988. Use of narcotic antagonist (nalmefene) to suppress self-mutilative behavior in a stallion, J Am Vet Med Assoc 192 (11): 1585-1586.

Doherty TJ, Geiser DR, Rohrback BW, 1997. Effect of acepromazine and butorphanol on halothane minimum alveolar concentration in ponies, Equine Vet J 29: 374-376.

Doze VA, Chen B-X, Maze M, 1989. Dexmedetomidine produces a hypnotic-anesthetic action in rats via activation of central α_2-adrenoceptors, Anesthesiology 71: 75-79.

Ducharme NG, Fubini SL, 1983. Gastrointestinal complications associated with the use of atropine in horses, J Am Vet Med Assoc 182: 229-231.

England GC, Clarke KW, 1996. α_2 -adrenoceptor agonists in the horse: a review, Br Vet J 152 (6): 641-657.

England GC, Clarke KW, Goossens L, 1992. A comparison of the sedative effects of three a 2 -adrenoceptor agonists (romifidine, detomidine and xylazine) in the horse, J Vet Pharmacol Ther 15 (2): 194-201.

Figueiredo JP et al, 2005. Sedative and analgesic effects of romifidine in horses, Int J Appl Res Vet Med 3 (3): 249-258.

Freeman SL, England GC, 1999. Comparison of sedative effects of romifidine following intravenous, intramuscular, and sublingual administration to horses, Am J Vet Res 60 (8): 954-959.

Freeman SL, England GC, 2000. Investigation of romifidine and detomidine for the clinical sedation of horses, Vet Rec 147: 507-511.

Fuentes VO, 1978. Short-term immobilization in the horse with ketamine HCl and promazine HCI considerations, Equine Vet J 10: 78-81.

Fuentes VO, 1978. Sudden death in a stallion after xylazine medication, Vet Rec 102: 106.

Gabel AA, 1963. The effects of intracarotid artery injection of drugs in domestic animals, J Am Vet Med Assoc 142: 1397-1403.

Garcia-Villar R et al, 1981. The pharmacokinetics of xylazine hydrochloride: an interspecific study, J Vet Pharmacol Ther 4: 87-92.

Gasthuys F, Vandenhende C, deMoor A, 1988. Biochemical changes in blood and urine during halothane anaesthesia with detomidine premedication in the horse, J Vet Med 35: 655-665.

Gasthuys F et al, 1987. Hyperglycaemia and diuresis during sedation with detomidine in the horse, J Vet Med 34: 641-648.

Gasthuys F et al, 1990. A preliminary study on the effects of atropine sulphate on bradycardia and heart blocks during romifidine sedation in the horse, Vet Res Commun 14: 489-502.

Gaynor JS, Bednarski RM, Muir WW, 1993. Effect of hypercapnia on the arrhythmogenic dose of epinephrine in horses anesthetized with guaifenesin, thiamylal sodium, and halothane, Am J Vet Res 54 (2): 315-321.

Gerlach AT, Dasta JF, 2007. Dexmedetomidine: an updated review, Ann Pharmacother 41 (2): 245-252.

Gerring EL, 1981. Priapism after ACP in the horse, Vet Rec 109: 64.

Gibb M, 1978. Acetylpromazine maleate, Vet Rec 102: 291.

Greene SA, Thurmon JC, 1988. Xylazine-a review of its pharmacology and use in veterinary medicine, J Vet Pharmacol Ther 11: 295-313.

Grubb TL et al, 1997. Use of yohimibine to reverse prolonged effects of xylazine hydrochloride in a horse being treated with chloramphenicol, J Am Vet Med Assoc 210: 1771-1773.

Guo TZ et al, 1991. Central α_1-adrenoceptor stimulation functionally antagonizes the hypnotic response to dexmedetomidine, an α_2 -adrenoceptor agonist, Anesthesiology 75 (2): 252-256.

Gutstein HB, Huda A, 2006. Opioid analgesics. In Goodman LS, Gilman S editors: The pharmacological basis of therapeutics, ed 11, edited by Brunton LL, Lazo JS, Parker KL. New York, McGraw-Hill, pp 547-590.

Hall LW, 1960. The effect of chlorpromazine on the cardiovascular system of the conscious horse, Vet Rec 72: 85-87.

Hashem A, Keller H. Disposition, bioavailability, and clinical efficacy of orally administered acepromazine in the horse, J Vet Pharamcol Ther 16: 359-368, 1093.

Hellyer PW et al, 2003. Comparison of opioid and a 2 -adrenergic receptor binding in horse and dog brain using radioligand autoradiography, Vet Anaesth Analg 30 (3): 172-182.

Herz A, 1983. Multiple opiate receptors and their functional significance, J Neural Transm 18 (suppl): 227-233.

Hoffman PE, 1974. Clinical evaluation of xylazine as a chemical restraining agent, sedative, and analgesic in horses, J Am Vet Med Assoc 164: 42-45.

Hubbell JA, Muir WW, 2006. Antagonism of detomidine sedation in the horse using intravenous tolazoline or atipamezole, Equine Vet J 38 (3): 238-241.

Hubbell JA et al, 1999. Cardiorespiratory and metabolic effects of xylazine, detomidine, and a combination of xylazine and acepromazine administered after exercise in horses, Am J Vet Res 60: 1271-1279.

Hubbell JA et al, 2000. Anesthetic, cardiorespiratory, and metabolic effects of four intravenous anesthetic regimens induced in horses immediately after maximal exercise, Am J Vet Res 61 (12): 1545-1552.

Jacobsen CE, 1970. Morphine-promazine: a better preanesthetic, Mod Vet Pract 51: 29-30.

Jochle W, Hamm D, 1986. Sedation and analgesia with Domosedan (detomidine hydrochloride) in horses: dose-response studies on efficacy and its duration: Domosedan symposium, Acta Vet Scand 82 (suppl): 69-84.

Johnston GM et al, 2002. The confidential enquiry into perioperative equine fatalities (CEPEF): mortality results of phases 1 and 2, Vet Anaesth Analg 29: 159-170.

Jones RS, 1963. Methylamphetamine as an antagonist of some tranquillizing drugs in the horse, Vet Rec 75: 1157-1159.

Jones RS, 1966. Penile paralysis in stallions, J Am Vet Med Assoc 149: 124.

Jones RS, 1972. A review of tranquillisation and sedation in large animals, Vet Rec 90 (22): 613-717.

Kaegi B, 1990. Anesthesia by injection of xylazine, ketamine, and the benzodiazepine derivative climazolam and the use of the benzodiazepine antagonist Ro 15-3505, Schweiz Arch Tierheilkd 132 (5): 251-257.

Kalpravidh M, 1984. Effects of butorphanol, flunixin, levorphanol, morphine, and xylazine in ponies, Am J Vet Res 45 (2): 217-223.

Kamerline SB, Harma JG, Bagwell CA, 1990. Naloxone-induced abdominal distress in the horse, Equine Vet J 22 (4): 241-243.

Kamerling S et al, 1988. Dose-related effects of the kappa agonist U-50 488H on behaviour, nociception, and autonomic response in the horse, Equine Vet J 20: 114-118.

Kamerling SG et al, 1985. Dose-related effects of fentanyl on autonomic and behavioral responses in performance horses, Gen Pharmacol 16: 253-258.

Kamerling SG et al, 1986. Dose-related effects of ethyl ketazocine on nociception, behaviour, and autonomic responses in the horse, J Pharm Pharmacol 38: 40-45.

Katila T, Oijala M, 1988. The effect of detomidine (Domosedan) on the maintenance of equine pregnancy and fetal development: ten cases, Equine Vet J 20: 323-326.

Kerr DD et al, 1972. Comparison of the effects of xylazine and acetylpromazine maleate in the horse, Am J Vet Res 33: 777-784.

Kerr DD et al, 1972. Sedative and other effects of xylazine given intravenously to horses, Am J Vet Res 33: 525-532.

Kiley-Worthington M, 1983. Stereotypes in horses, Equine Pract 5: 34-40.

Klein LV, Klide AM, 1989. Central α_2 -adrenergic and benzodiazepine agonists and their antagonists, J Zoo Wildl Med 20: 138-153.

Klein LV, Sherman J, 1977. Effects of preanesthetic medication, anesthesia, and position of recumbency on central venous pressure in horses, J Am Vet Med Assoc 170: 216-219.

Kohn CW, Muir WW, 1988. Selected aspects of the clinical pharmacology of visceral analgesics and gut motility modifying drugs in the horse, J Vet Intern Med 2: 85-91.

Kollias-Baker C, Sams R, 2002. Detection of morphine in blood and urine samples from horses administered poppy seeds and morphine sulfate orally, J Anal Toxicol 26 (2): 81-86.

Kollias-Baker CA, Court MH, Williams LL, 1993. Influence of yohimbine and tolazoline on the cardiovascular, respiratory, and sedative effects of xylazine in the horse, J Vet Pharmacol

Ther 16 (3): 350-358.

Kurz A, Sessler DI, 2003. Opioid-induced bowel dysfunction: pathophysiology and potential new therapies, Drugs 63 (7): 649-671.

Lal H, 1978. Narcotic dependence, narcotic action and dopamine receptors, Life Sci 17: 483-496.

Latimer FG et al, 2003. Cardiopulmonary, blood, and peritoneal fluid alterations associated with abdominal insufflation of carbon dioxide in standing horses, Equine Vet J 35 (3): 283-290.

Lavoie JP, Pascoe JR, Kurpershoek CJ, 1992. Effect of head and neck position on respiratory mechanics in horses sedated with xylazine, Am J Vet Res , 53 (9): 1652-1657.

Lavoie JP, Phan ST, Blais D, 1996. Effects of a combination of detomidine and butorphanol on respiratory function in horses with or without chronic obstructive pulmonary disease, Am J Vet Res 57 (5): 705-709.

Lees P, Serrano L, 1976. Effects of azaperone on cardiovascular and respiratory functions in the horse, Br J Pharmacol 56: 263-269.

Lemke KA, 2007. Anticholinergics and sedatives. In Tranquilli WJ, Thurmon JC, Grimm KA, editors: Lumb & Jones veterinary anesthesia and analgesia, ed 4, Ames, Iowa, Blackwell Publishing, pp 210-224.

Lester GD et al, 1998. Effect of α_2 -adrenergic, cholinergic, and nonsteriodal anti-inflammatory drugs on myoelectric activity of ileum, cecum, and right ventral colon and on cecal emptying of radiolabeled markers in clinically normal ponies, Am J Vet Res 59: 320-327.

Lindegaard C et al, 2007. Sedation with detomidine and acepromazine influences the endoscopic evaluation of laryngeal function in horses, Equine Vet J 39 (6): 553-556.

Liu LM et al, 2005. Subclass opioid receptors associated with the cardiovascular depression after traumatic shock and the antishock effects of its specific receptor antagonists, Shock 24 (5): 470-475.

Lowe JE, Hilfinger J, 1984. Analgesic and sedative effects of detomidine in a colic model: blind studies on efficacy and duration of effects, Proc Am Assoc Equine Pract 30: 225-234.

Lumsden JH, Valli VEO, McSherry BJ,1975. The comparison of erythrocyte and leukocyte response to epinephrine and acepromazine maleate in standardbred horses. In Proceedings of the First International Symposium on Equine Hematology, East Lansing, Michigan, pp 516-523.

Luukkanen L, Katila T, Koskinen E, 1997. Some effects of multiple administrations of detomidine during the last trimester of equine pregnancy, Equine Vet J 29 (5): 400-403.

Marntell S et al, 2005. Effects of acepromazine on pulmonary gas exchange and circulation during sedation and dissociative anaesthesia in horses, Vet Anaesth Analg 32 (2): 83-93.

Marroum PJ et al, 1994. Pharmacokinetics and pharmacodynamics of acepromazine in horses, Am J Vet Res 55 (10): 1428-1433.

Martin JE, Beck JD, 1956. Some effects of chlorpromazine hydrochloride in horses, Am J Vet Res 17: 678-686.

Matthews NS, Dollar NS, Shawley RV, 1990. Halothane-sparing of benzodiazepines in ponies, Cornell Vet 80: 259-265.

Matthews NS, Lindsay SL, 1990. Effect of low-dose butorphanol on halothane minimum alveolar concentration in ponies, Equine Vet J 22: 325-327.

Maxwell LK et al, 2003. Pharmacokinetics of fentanyl following intravenous and transdermal administration in horses, Equine Vet J 35 (5): 484-490.

McDonnell SM, Garcia MC, Kenney RM, 1987. Pharmacological manipulation of sexual behaviour in stallions, J Reprod Fertil 35 (suppl): 45-49.

Meagher DM, Tasker JB, 1972. Effects of excitement and tranquilization on the equine hemogram, Mod Vet Pract 53: 41-43.

Merrit AM, Furrow JA, Hartless CS, 1998. Effect of xylazine, detomidine, and a combination of xylazine and butorphanol on equine duodenal motility, Am J Vet Res 59: 619-623.

Mircica E et al, 2003. Problems associated with perioperative morphine in horses: a retrospective study, Vet Anaesth Analg 30 (3): 147-155.

Muir WW, 1981. Drugs used to produce standing chemical restraint in horses, Vet Clin North Am (Large Anim Pract) 3: 17-44.

Muir WW, Hamlin RL, 1975. Effects of acetylpromazine on ventilatory variables in the horse, Am J Vet Res 36: 1439-1442.

Muir WW, Mason DE, 1993.Effects of diazepam, acepromazine, detomidine, and xylazine on thiamylal anesthesia in horses, J Am Vet Med Assoc 203: 1031-1038.

Muir WW, Pipers PS, 1977. Effects of xylazine on indices of myocardial contractility in the dog, Am J Vet Res 38: 931-934.

Muir WW, Robertson JT, 1985. Visceral analgesia: effects of xylazine, butorphanol, meperidine, and pentazocine in horses, Am J Vet Res 46: 2081-2084.

Muir WW, Skarda RT, Sheehan WC, 1978. Cardiopulmonary effects of narcotic agonists and a partial agonist in horses, Am J Vet Res 39: 1632-1635.

Muir WW, Skarda RT, Sheehan WC, 1979. Hemodynamic and respiratory effects of a xylazine-acetylpromazine drug combination in horses, Am J Vet Res 40: 1518-1522.

Muir WW, Skarda RT, Sheehan WC, 1979. Hemodynamic and respiratory effects of xylazine-morphine sulfate in horses, Am J Vet Res 40: 1417-1420.

Muir WW, Werner LL, Hamlin RL, 1975. Antiarrhythmic effects of diazepam during coronary artery occlusion in dogs, Am J Vet Res 36: 1203-1206.

Muir WW, Werner LL, Hamlin RL, 1975. Effects of xylazine and acetylpromazine upon induced ventricular fibrillation in dogs anesthetized with thiamylal and halothane, Am J Vet Res 36: 1299-1303.

Muir WW, Werner LL, Hamlin RL, 1975. Effects of xylazine and acetylpromazine upon induced ventricular fibrillation in dogs anesthetized with thiamylal and halothane, Am J Vet Res 36: 1299-1303.

Muir WW et al, 1982. Pharmacodynamic and pharmacokinetic properties of diazepam in horses, Am J Vet Res 43: 1756-1762.

Muir WW et al, 2000. Comparison of four drug combinations for total intravenous anesthesia of horses undergoing surgical removal of an abdominal testis, J Am Vet Med Assoc 217 (6): 869-873.

Mysinger PW et al, 1985. Electroencephalographic patterns of clinically normal, sedated, and tranquilized newborn foals and adult horses, Am J Vet Res 46: 36-41.

Nie GJ, Pope KC, 1997. Persistent penile prolapse associated with acute blood loss and acepromazine maleate administration in a horse, Am J Vet Med Assoc 211: 587-589.

Nolan AM, Chanbers JP, Hale GJ, 1991. The cardiorespiratory effects of morphine and butorphanol in horses anaesthetized under clinical conditions, J Vet Anaesth 18: 19-24.

Norman WM, Court MH, Greenblatt DJ, 1997. Age-related changes in the pharmacokinetic disposition of diazepam in foals, Am J Vet Res 58 (8): 878-880.

Nunez E et al, 2004. Effects of α_2 -adrenergic receptor agonists on urine production in horses deprived of food and water, Am J Vet Res 65: 1342-1346.

Oijala M, Katila T, 1988. Detomidine (Domosedan) in foals: sedative and analgesic effects, Equine Vet J 20: 327-330.

Orsini JA et al, 2006. Pharmacokinetics of fentanyl delivered transdermally in healthy adult horses—variability among horses and its clinical implications, J Vet Pharmacol Ther 29 (6): 539-546.

Ossipov MH, Suarez LJ, Spaulding TC, 1988. A comparison of the antinociceptive and behavioral effects of intrathecally administered opiates, α_2 -adrenergic agonists, and local anesthetics in mice and rats, Anesth Analg 67: 616-624.

Parry BW, Anderson GA, 1983. Influence of acepromazine maleate on the equine haematocrit, J Vet Pharmacol Ther 6: 121-126.

Pascoe PJ et al, 1991. The pharmacokinetics and locomotor activity of alfentanil in the horse, J Vet Pharmacol Ther 14: 317-325.

Persson SGB, 1975. The circulatory significance of the splenic red cells pool. In Proceedings of the First International Symposium on Equine Hematology, East Lansing, Michigan, pp 303-310.

Persson SGB et al, 1973. Circulatory effects of splenectomy in the horse. I. Effect on red cell distribution and variability of haematocrit in the peripheral blood, Zentralbl Veterinarmed 20: 441-455.

Persson SGB et al, 1973. Circulatory effects of splenectomy in the horse. II. Effect of plasma volume and total circulating red cell volume, Zentralbl Veterinarmed 20: 456-468.

Proudman CJ et al, 2006. Preoperative and anaesthesia-related risk factors for mortality in equine colic cases, Vet J 171 (1): 89-97.

Raker CW, English B, 1959. Promazine—its pharmacological and clinical effects in horses, J Am Vet Med Assoc 134: 19-22.

Raker CW, Savers AC, 1959. Promazine as a preanesthetic agent in horses, J Am Vet Med Assoc 134: 23-24.

Ramsay EC et al, 2002. Serum concentrations and effects of detomidine delivered orally to

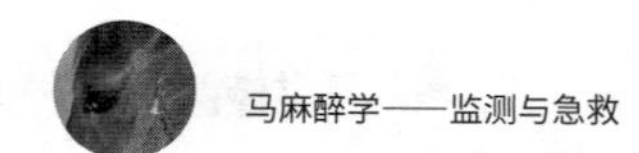

horses in three different mediums, Vet Anaesth Analg 29: 219-222.
Ramseyer B, et al, 1998. Antagonism of detomidine sedation with atipamazole in horses, J Vet Anaesth 25 (1): 47-51.
Reitemeyer H, Klein HJ, Deegen E, 1986. The effect of sedatives on lung function in horses, Acta Vet Scand 82 (suppl): 111-120.
Robertson JT, Muir WW, 1983. A new analgesic drug combination in the horse, Am J Vet Res 44: 1667-1669.
Robertson SA et al, 1990. Effects of intravenous xylazine hydrochloride on blood glucose, plasma insulin, and rectal temperature in neonatal foals, Equine Vet J 22 (1): 43-47.
Robinson EP, Natalini CC, 2002. Epidural anesthesia and analgesia in horses, Vet Clin North Am (Equine Pract) 18 (1): 61-82.
Roger T, Bardon T, Ruckebusch Y, 1994. Comparative effects of mu and kappa opiate agonists on the cecocolic motility in the pony, Can J Vet Res 58: 163-166.
Roger T, Ruckebusch Y, 1987. Colonic α_2 -adrenoceptormediated responses in the pony, J Vet Pharmacol Ther 10: 310-318.
Rutkowski JA, Ross MW, Cullen K, 1989. Effects of xylazine and/or butorphanol or neostigmine on myoelectric activity of the cecum and right ventral colon in female ponies, Am J Vet Res 50: 1096-1101.
Salonen JS, 1989. Single-dose pharmacokinetics of detomidine in the horse and cow, J Vet Pharmacol Ther 12 (1): 65-72.
Sanchez LC et al, 2007. Effect of fentanyl on visceral and somatic nociception in conscious horses, J Vet Intern Med 21 (5): 1067-1075.
Santos M et al, 2003. Effects of a 2 -adrenoceptor agonists during recovery from isoflurane anaesthesia in horses, Equine Vet J 35 (2): 170-175.
Schatzmann U et al, 1994. Effects of α_2 -agonists on intrauterine pressure and sedation in horses: comparison between detomidine, romifidine, and xylazine, Zentralbl Veterinarmed A 41 (7): 523-529.
Schmitt H, Fournadjiev G, Schmitt H, 1970. Central and peripheral effects of 2-(2,6-dimethylphenyl amino)-4-H-5,6-dihydro-1,3 thiazin (Bayer 1470) on the sympathetic system, Eur J Pharmacol 10: 230-238.
Seal US et al, 1985. Chemical immobilization and blood analysis of feral horses (Equus caballus), J Wildl Dis 21 (4): 411-416.
Sellon DC et al, 2004. Effects of continuous-rate infusion of butorphanol on physiologic and outcome variables in horses after celiotomy, J Vet Intern Med 18: 555-563.
Senior JM et al, 2004. Retrospective study of the risk factors and prevalence of colic in horses after orthopaedic surgery, Vet Rec 155 (11): 321-325.
Serrano L, Lees P, 1976. The applied pharmacology of azaperone in ponies, Res Vet Sci 20: 316-323.
Serrano L, Lees P, Hillidge CJ, 1976. Influence of azaperone/metomidate anesthesia on blood biochemistry in the horse, Br Vet J 132: 405-415.

Sharrock AG, 1982. Reversal of drug-induced priapism in a gelding by medication, Austral Vet J 58: 39-40.

Shini S, Klaus AM, Hapke HJ, 1997. Kinetics of elimination of diazepam after intravenous injection in horses, Dtsch Tierarztl Wochenschr 104 (1): 22-25.

Short CE, Grover CD, 1970. The use of doxapram hydrochloride with inhalation anesthetics in horses, part II, Vet Med (Sm Anim Clin) 65: 260-261.

Short CE et al, 1986. The use of atropine to control heart rate responses during detomidine sedation in horses, Acta Vet Scand 27: 548-559.

Singh S et al, 1997. Modification of cardiopulmonary and intestinal motility effects of xylazine with glycopyrrolate in horses, Can J Vet Res 61 (2): 99-107.

Singh S et al, 1997. The effect of glycopyrrolate on heart rate and intestinal motility in conscious horses, J Vet Anaesth 241: 14-19.

Singh VK et al, 1997. Molecular biology of opioid receptors: recent advances, Neuroimmunomodulation 4 (5-6): 285-297.

Skarda RT, Muir WW, 1999. Effects of intravenously administered yohimbine on antinociceptive, cardiorespiratory, and postural changes induced by epidural administration of detomidine hydrochloride solution to healthy mares, Am J Vet Res 60 (10): 1262-1270.

Skarda RT, Muir WW, 2003. Comparison of electroacupuncture and butorphanol on respiratory and cardiovascular effects and rectal pain threshold after controlled rectal distention in mares, Am J Vet Res 64 (2): 137-144.

Spadavecchia C et al, 2007. Effects of butorphanol on the withdrawal reflex using threshold, suprathreshold, and repeated subthreshold electrical stimuli in conscious horses, Vet Anaesth Analg 34 (1): 48-58.

Steffey EP, Eisele JH, Baggot JD, 2003. Interactions of morphine and isoflurane in horses, Am J Vet Res 64 (2): 166-175.

Steffey EP, Pascoe PJ, 2002. Detomidine reduces isoflurane anesthetic requirement (MAC) in horses, Vet Anaesth Analg 29: 223-227.

Steffey EP et al, 1985. Cardiovascular and respiratory effects of acetylpromazine and xylazine on halothane-anesthetized horses, J Vet Pharmacol Ther 8: 290-302.

Steffey EP et al, 2000. Effects of xylazine hydrochloride during isofluraneinduced anesthesia in horses, Am J Vet Res 61 (10): 1225-1231.

Stevens DR, Klemm WR, 1979. Morphine-naloxone interactions: a role for non-specific morphine excitatory effects in withdrawal, Science 205: 1379-1380.

Stick JA et al, 1987. Effects of xylazine on equine intestinal vascular resistance, motility, compliance, and oxygen consumption, Am J Vet Res 48: 198-203.

Sutton DG et al, 2002. The effects of xylazine, detomidine, and butorphanol on equine solid phase gastric emptying rate, Equine Vet J 34 (5): 486-492.

Taguchi A et al, 2001. Selective postoperative inhibition of gastrointestinal opioid receptors, N Engl J Med 345: 935-940.

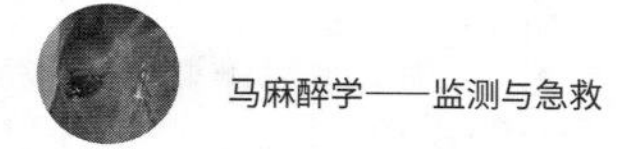

Taylor PM, 1985. Chemical restraint of the standing horse, Equine Vet J 17: 269-273.

Taylor PM, 1988. Possible potentiated sulphonamide and detomidine interactions, Vet Rec 6: 122 (6): 143.

Taylor PM, Clarke KW, 2007. Sedation and premedication: handbook of equine anaesthesia, ed 2, Philadelphia, Elsevier, pp 17-32.

Teixeira Neto FJ et al, 2004. Effects of glycopyrrolate on cardiorespiratory function in horses anesthetized with halothane and xylazine, Am J Vet Res 65: 456-463.

Teixeira Neto FJ et al, 2004. Effects of muscarinic type-2 antagonist on cardiorespiratory function and intestinal transit in horses anesthetized with halothane and xylazine, Am J Vet Res 65: 464-472.

Tham SM et al, 2005. Synergistic and additive interactions of the cannabinoid agonist CP55,940 with mu opioid receptor and α_2 -adrenoceptor agonists in acute pain models in mice, Br J Pharmacol 144 (6): 875-884.

Thomasy SM et al, 2006. The effects of IV fentanyl administration on the minimum alveolar concentration of isoflurane in horses, Br J Anaesth 97 (2): 232-237.

Thorpe DH, 1984. Opiate structure and activity—a guide to understanding the receptor, Anesth Analg 63: 143-151.

Thurmon JC et al, 1982. Xylazine hydrochloride-induced hyperglycemia and hypoinsulinemia in thoroughbred horses, J Vet Pharmacol Ther 5: 241-245.

Tobin T, Miller JR, 1979. The pharmacology of narcotic analgesics in the horse. I: The detection, pharmacokinetics, and urinary “clearance time” of pentazocine, Equine Vet J 3: 191-199.

Tobin T, Woods WE, 1979. Pharmacology review: actions of central stimulant drugs in the horse, Equine Vet J 3: 60-66.

Tobin T et al, 1979. The pharmacology of narcotic analgesics in the horse. Ⅲ. Characteristics of the locomotor effects of fentanyl and apomorphine, J Equine Med Surg 3: 284-288.

Trim CM, Hanson RR, 1986. Effects of xylazine on renal function and plasma glucose in ponies, Vet Rec 118: 65-67.

Velez LI et al, 2006. Systemic toxicity after an ocular exposure to xylazine hydrochloride, J Emerg Med 30 (4): 407-410.

Virtanen R, Ruskoaho H, Nyman L, 1985. Pharmacological evidence for the involvement of α_2 -adrenoceptors in the sedative effect of detomidine, a novel sedative-analgesic, J Vet Pharmacol Ther 8: 30-37.

Virtanen R et al, 1988. Characterization of the selectivity, specificity, and potency of medetomidine as an α_2 -adrenoceptor agonist, Eur J Pharmacol 20: 150 (1-2): 9-14.

Wagner AE, Muir WW, Hinchcliff KW, 1991. Cardiovascular effects of xylazine and detomidine in horses, Am J Vet Res 52 (5): 651-657.

Walker M, Geiser D, 1986. Effects of acetylpromazine on the hemodynamics of the equine metatarsal artery, as determined by two-dimensional real-time and pulsed Doppler ultrasonography, Am J Vet Res 47: 1075-1078.

Watson TD, Sullivan M, 1991. Effects of detomidine on equine oesophageal function as studied by contrast radiography, Vet Rec 129 (4): 67-69.

Weld JM et al, 1984. The effects of naloxone on endotoxic and hemorrhagic shock in horses, Res Commun Chem Pathol Pharmacol 44 (2): 227-238.

Wheat JD, 1966. Penile paralysis in stallions given propriopromazine, J Am Vet Med Assoc 148: 405-406.

Yamashita K et al, 1996. Antagonistic effects of atipamezole on medetomidine-induced sedation in horses, J Vet Med Sci 58 (10): 1049-1052.

Yamashita K et al, 2000. Cardiovascular effects of medetomidine, detomidine, and xylazine in horses, J Vet Med Sci 62 (10): 1025-1032.

第 11 章
局部麻醉药与技术

要点：

1. 局部麻醉药阻断感觉和运动神经活动，从而产生镇痛和导致功能丧失。

2. 局部麻醉药脂溶性越高效果越好。扩散性强的药物起效越快，蛋白结合力越大的药物作用时间越长。

3. 局部麻醉药可以在特定部位（局部阻滞）、神经附近（区域阻滞）给药，也可输注给药。

4. 局部麻醉药可产生镇痛、抗心律失常、抗休克、中枢神经系统抑制及轻度抗炎和胃肠道促进作用。

5. 局部麻醉药在肝脏中代谢，代谢物随尿液排出。麻醉对代谢和消除影响较小。

6. 局部麻醉药过量可导致心动过缓、心脏传导阻滞、低血压、神志不清、抽搐、呼吸和心脏骤停。这些效果在缺氧和酸中毒的马中更明显。

7. 局部麻醉的最佳效果在于适当药物推荐剂量在精确解剖学部位给药。

局部麻醉药用来穿透外周神经屏障并中断神经传导，从而在可预测的时间内产生可逆性麻醉（镇痛）。浸润（局部麻醉）、局部麻醉和周围神经阻滞（局部麻醉），包括尾侧硬膜外麻醉，是马中最常用的局部麻醉技术。在特殊情况下，主要采用局部麻醉（颈胸神经节阻滞、交感神经节阻滞）和中枢神经阻滞技术（蛛网膜下腔尾麻醉、节段性腰椎蛛网膜下腔麻醉）。选择局部麻醉药物和执行手术的手术人员的技术熟练程度（如渗透、区域）是发病率、药效持续时间和潜在并发症的主要决定因素（框表11-1）。大多数并发症都与药物过量和技术失败有关，尽管偶尔会发生变态反应和过敏反应。

一、神经传导生理学

生物电传导要求钠离子通过离子选择性通道来响应神经细胞的去极化。静息时，神经外钠

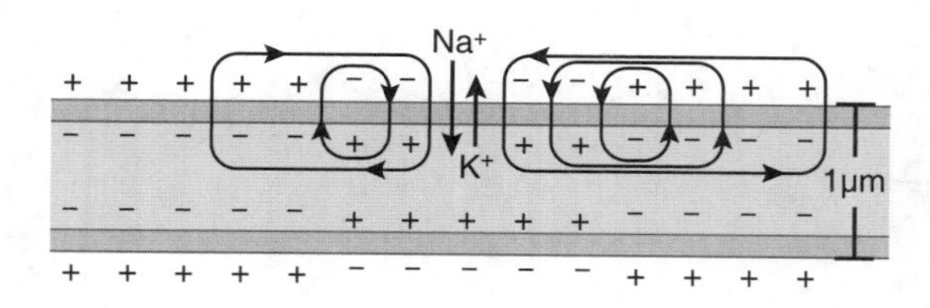

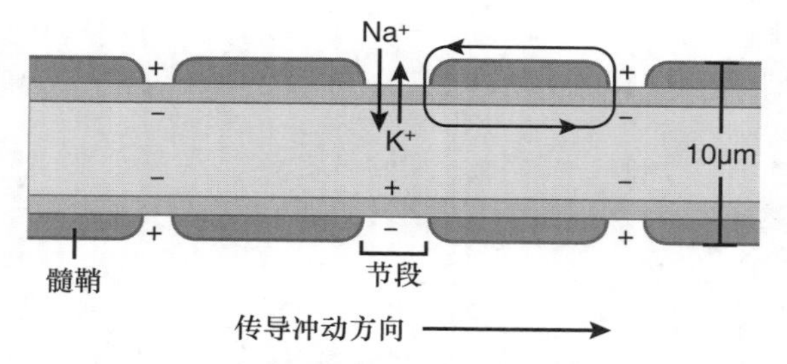

图 11-1　膜动作电位（去极化 - 复极化）

膜去极化依赖于钠离子穿过钠离子通道进入轴突，而复极化取决于钾离子离开轴突。钠钾泵（钠出，钾入）有助于恢复正常的离子浓度。

离子浓度高于神经内，存在一种称为静息膜电位（-70mV）的跨膜电位。当神经受到刺激（去极化）时，膜对钠离子的通透性短暂增加，允许钠离子通过钠选择性离子通道通过膜，该通道首先打开，然后随着膜的去极化而关闭。膜去极化也增加了膜对钾离子的通透性，钾离子在神经细胞膜内的浓度远高于在神经细胞膜外的浓度，导致钾外流和膜复极化。去极化-再极化过程产生称为动作电位的电势，其在1～2ms内完成。由去极化神经膜和相邻节段之间的动作电位产生的电位差导致电流流入相邻节段。相邻节段中的钠通道被激活，膜去极化，上述过程重复，导致动作电位沿神经膜传播（图11-1）。

1. 神经纤维类型

框表 11-1　影响局部麻醉效果的因素
• 手术部位 • 局部解剖学知识 • 医疗程序 • 程序持续时间 • 局部麻醉药的选择 • 使用的技术 • 技术的熟练度

外周神经纤维根据纤维的大小、生理功能和脉冲传递率进行分类（表11-1）。髓鞘是一个磷脂层，包围许多神经元的轴突使其绝缘。髓鞘层（或鞘层）的主要作用是脉冲沿有髓鞘神经纤维的传播速度增加。脉冲沿着无髓鞘的纤维以连续波的形式传递变慢，但在有髓鞘的纤维中，它们通过跳跃或跳跃扩散（跳跃传导）。髓鞘增加纤维的直径，并作为局部麻醉药分子的非特异性结合位点。髓鞘对局部麻醉剂是相对不可渗透的。质膜内的钠通道受体随着节间距离的增加变得越来越少，

表 11-1　神经纤维分类及阻滞顺序

神经群	神经性质				纤维类型	
	Aα	Aβ	Aγ	Aδ	B	C
功能	**躯体运动**	**触觉，压力**	**本体感受**	**疼痛，温度**	**血管构造，节前交感神经**	**疼痛，节后交感神经**
髓鞘	大量	中等	中等	少	少	无
直径（μm）	12～20	5～12	3～6	2～5	1～3	0.13～1.3
阻断优先性	5	4	3	2	1	2
阻断表象	运动功能丧失	触摸和压力感觉丧失	本体感受丧失	疼痛减弱、温度和感觉丧失	皮肤温度升高	疼痛减弱、温度和感觉丧失

轴突直径导致局部麻醉药延迟运动神经阻滞的发生。由于C纤维周围的扩散屏障比A纤维周围的扩散屏障少，而不是因为C纤维对局部麻醉剂的敏感性更高，所以无髓鞘C纤维中的局部麻醉剂阻滞速度比A纤维快。

（1）温度 体外冷却哺乳动物神经可减慢传导速度，并增加对局部麻醉抑制传播的敏感性。此外，冷的利多卡因会增加其电离常数（pKa）和质子（活性）形式的相对量，从而增强麻醉效果。另一方面，当温度从37℃降至20℃时，直接测量哺乳动物坐骨神经的利多卡因含量表明，麻醉剂总摄取量减少45%。然而，在小体积（5mL）注射前冷却局部麻醉药（5℃）不太可能增强临床区域麻醉，因为局部麻醉药被周围组织温度迅速加热，防止神经变冷。

（2）电解质 刺激频率、组织电解质浓度和局部麻醉药之间存在重要的相互作用。首先，由于激活过程中可用钠通道的数量增加，局部麻醉通过重复刺激（频率依赖性阻滞）得到增强。静息状态下只有60%的钠通道开放。这个数量在重复刺激时会增加。钙离子和镁离子在神经兴奋中起重要作用，但不直接干扰局部麻醉药的活性。增加或减少神经细胞外钙离子浓度可增加有髓纤维的兴奋性，而不会对静息膜电位产生较大影响。然而，钙对局部麻醉药阻断的神经传导的确切作用仍有争议。一项研究表明，低钙浓度可增强与频率无关和频率依赖性利多卡因阻滞，但其他研究已排除钙作为调节机制的可能性。同样，临床相关范围内血清镁浓度的变化不太可能干扰神经传导，但已知这两种离子都会影响乙酰胆碱的释放和神经肌肉接头的功能（参阅第19章）。

二、局部麻醉药药理学

1. 作用机制

局部麻醉药物通过神经细胞膜扩散，进入钠通道，并抑制钠离子流入，从而中断神经传导。

2. 常规属性

决定局部麻醉效果的化学特性包括脂溶性、解离常数、化学键和蛋白质结合力（表11-2）。局部麻醉药是由三种基本成分组成：亲脂性芳香环、中间体酯或酰胺以及末端胺（图11-2和表11-3）。它们的分类取决于中间连接体（酯与酰胺）的性质，其对化学稳定性和新陈代谢具有显著影响。大多数酯类在血浆胆碱酯酶的作用下代谢很快，在无防腐剂的贮存溶液中半衰期短。酰胺稳定较长时间，不能被胆碱酯酶水解，在肝脏中酶促生物转化。局

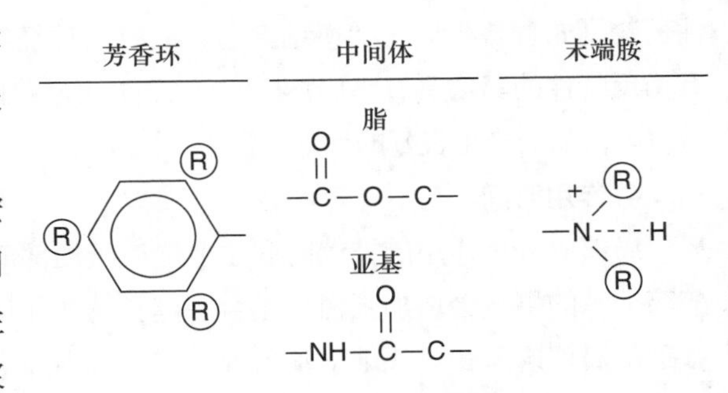

图11-2 局部麻醉药由三个主要成分组成：芳香环、中间酯或酰胺键和末端胺

R. 替代位点

部麻醉药基质配制成盐酸（HCl）盐，并且注射时以季铵或带正电荷的水溶性状态存在。四级结构不能很好地穿透神经细胞膜，使药物效应的发生时间高度依赖于转化为三级脂溶性或游离碱（不带电）结构的分子比例。通过取代芳香环也可以增强脂溶性（图11-2）。局部麻醉剂的离子常数（pKa）决定了以带电（水溶性）和不带电（脂溶性）形式存在的分子比例，并且所有局部麻醉药的分子比例都大于7.4，表明第四种（水溶性）形式在生理pH下占主导地位（表11-4）。四级（亲水性）和三级（脂溶性）形式主要通过打开的钠通道到达受体，并且与关闭的通道比打开的通道结合更强。游离碱（不带电）的形式能够通过脂质细胞膜扩散到轴浆中，在轴浆中一部分再次电离。局部麻醉药的电离形式从轴突内部扩散到钠通道（图11-3）。这些概念的临床应用表明，具有较高脂质溶解度的局部麻醉药比具有较低pKa的局部麻醉药更有效，可能更快地起效并且在发炎（较低pH）组织中有效。最后，局部麻醉药对血浆蛋白（α_1-酸性糖蛋白）的亲和力与它们结合钠通道的能力和神经阻滞的持续时间相关（表11-4）。

表11-2　局部麻醉特征及其临床意义

特征	联系	解释
脂溶性	麻醉效能	更高的脂溶性有助于药物通过神经覆盖物和细胞膜扩散，从而允许更低的剂量
电离常数	起效时间	确定在给定的pH下存在于脂溶性（不带电荷，非电离）第三分子状态中的给药剂量部分。pKa较低的局部麻醉药在三级扩散（脂溶性）状态中所占比例较大。这加速了药物起效
化学键	新陈代谢	酯类主要在血浆中被胆碱酯酶水解，酰胺主要在肝脏中进行生物转化（持续时间较长）
蛋白结合力	持续时间	血浆蛋白的亲和力也与钠通道内受体部位的蛋白质亲和力相对应，从而延长作用部位的麻醉剂存在时间和药物作用持续时间

3. 局部麻醉药效能

脂溶性程度（分配系数）与固有麻醉效力之间呈正相关（表11-2）。具有高pKa的相对不溶性药物（如普鲁卡因）缓慢地穿透大的有髓神经纤维的脂质膜，从而产生很少的传导阻滞。具有相反特性的药物具有高脂溶性和较低的pKa（如甲哌卡因），相对容易穿透Aα-神经周围的扩散屏障，从而产生良好的运动阻滞。

4. 作用时间

局部麻醉药作用的持续时间主要取决于局部麻醉的蛋白结合程度和血管活性。增加局部麻醉药分子的侧链会增加蛋白质结合并延长药物作用的持续时间。另外，利多卡因诱导的血管扩张剂使局部麻醉药更快地从注射部位清除。利多卡因的蛋白质结合更紧密，这使得利多卡因比丙胺卡因更短效。

5. 分离阻滞

小神经纤维被认为比大纤维更容易传导阻滞。对脱髓鞘神经的不同感觉的研究表明，在使

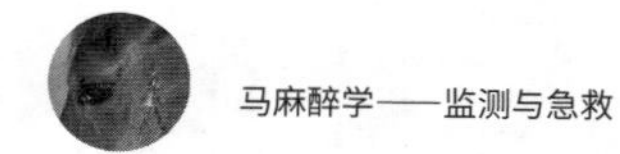

用各种局部麻醉药（如可卡因、普鲁卡因、氯洛卡因、丁卡因、利多卡因、布比卡因、依替卡因、河豚毒素、撒克逊毒素）后有不同程度的阻滞率，C纤维在Aα-纤维前被阻滞（表11-1）。然而，当神经和局部麻醉剂溶液之间产生平衡时，Aα-纤维在最低药物浓度下可被阻断；中间B纤维以较高浓度被阻断；最小且导电最慢的C纤维则需要最高的药物浓度来阻滞传导。

表11-3 局部麻醉药的名称、化学结构及临床应用

药名	商品名	化学式	主要临床应用
酯类			
可卡因		N-CH_3，$COOCH_3$，$OOCC_6H_5$，H	局部
苯唑卡因	美利卡因	H_2N—⌬—$\overset{O}{\overset{\Vert}{C}}OC_2H_5$	局部
普鲁卡因	奴佛卡因	H_2N—⌬—$COOCH_2CH_2N(CH_2CH_3)_2$	浸润，神经阻滞，硬膜外
丁卡因	潘妥卡因 盐酸阿美索卡因	$CH_3(CH_2)_3NH$—⌬—$COOCH_2CH_2N(CH_3)_2 \cdot HCl$	局部，蛛网膜下腔
酰胺类			
利多卡因	普罗卡因 利诺卡因	⌬(CH_3)(CH_3)—$NHCOCH_2N(C_2H_5)_2$	浸润，神经阻滞，关节内，硬膜外
甲哌卡因	卡波卡因	N-CH_3 哌啶—CONH—⌬(CH_3)(CH_3)	浸润，神经阻滞，关节内，硬膜外
布比卡因	麻卡因	N-$(CH_2)_3CH_3$ 哌啶—CONH—⌬(CH_3)(CH_3)	浸润，神经阻滞，硬膜外，蛛网膜下腔
罗哌卡因	耐乐品	⌬(CH_3)(CH_3)—NHCO—H 哌啶 N-C_3H_7；N-C_3H_7 哌啶 H—CONH—⌬(CH_3)(CH_3)	浸润，神经阻滞，硬膜外，蛛网膜下腔

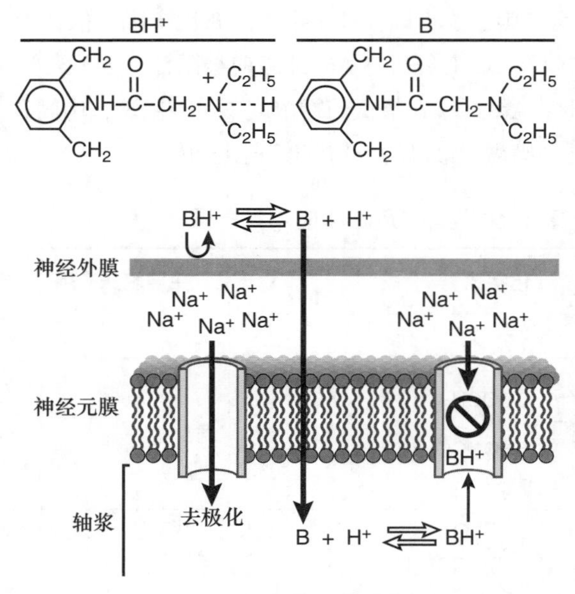

图 11-3　局部麻醉药的分离阻滞作用

注射后，局部麻醉药作为水溶性季盐（BH^+）和脂溶性叔碱（B）平衡存在。各自的比例由局部麻醉剂 pKa 决定（表 11-2）。脂溶性碱（B）穿透神经元膜并转变为季盐（BH^+），进入并阻断钠通道。

6. 毒性

局部麻醉药产生与其固有的局部麻醉效力成比例的剂量依赖性中枢神经系统（CNS）抑制（图11-4）。治疗浓度在临床上可用于治疗心律失常，以降低注射和吸入麻醉药物的需求，可以促进胃肠道的作用和治疗休克。局部麻醉药可能会加强镇静剂和阿片类药物的中枢神经系统抑制作用，并可能引起导致低血压的血管舒张。如果需要，可通过停止局部麻醉剂的输注并开始输注多巴酚丁胺来治疗低血压。较高的浓度可以诱导癫痫发作，这可能是由CNS抑制束的抑制引起的（图11-5）。马的中枢神经系统体征是罕见且自限性的，并且通常可以用低剂量的地西泮（0.05mg/kg静脉注射）来进行治疗。

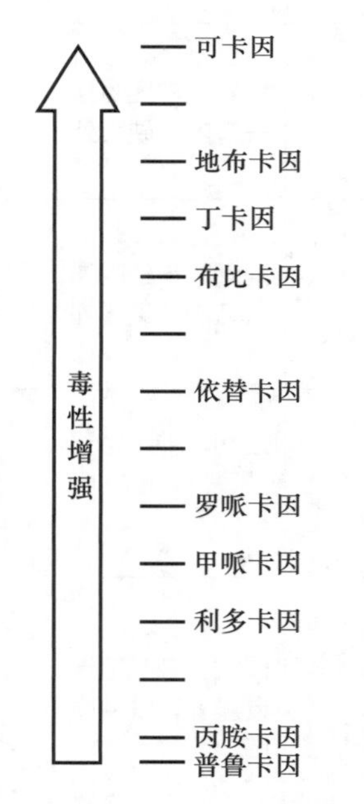

图 11-4　局部麻醉药毒性谱

三、局部麻醉药药理学

1. 普鲁卡因

药理特点：盐酸普鲁卡因（奴佛卡因）是第一种成功用于局部麻醉的合成局部麻醉剂。普鲁卡因是一种氨基苯甲酸酯，是一种相对较弱的局部麻醉剂，与其他局部麻醉药相比，具有相似的作用，但持续时间短。它被认为是用于比较局部麻醉药物的效力和毒性的原型局部麻醉剂。普鲁卡因在2%～4%的水溶液中是无刺激性的，皮下注射后可迅速起效，并且毒性远低于其他常用的局部麻醉剂。普鲁卡因通过血浆酯酶的作用在马血清中代谢为对氨基苯甲酸（PABA）和二乙氨基乙醇（DEAE）。马的滑液中有约20%的血浆普鲁卡因酯酶活性。普鲁卡因及其主要代谢产物PABA的排泄主要通过泌尿道途径排出。在马中，不到1%的剂量会以原型药物从尿液中排出；原型排出的量会根据尿液的pH而变化。

普鲁卡因在马体内的生物半衰期随给药途径而变化。静脉、肌内、皮下和关节内给予普鲁卡因后，消除半衰期分别为50min、125min、65min和95min（表11-5）。肌内注射普鲁卡因青霉素时，药剂中普鲁卡因的半衰期为10h。关节内注射后普鲁卡因，其在滑液中的生物半衰期为48min，接近静脉给药后普鲁卡因的半衰期。

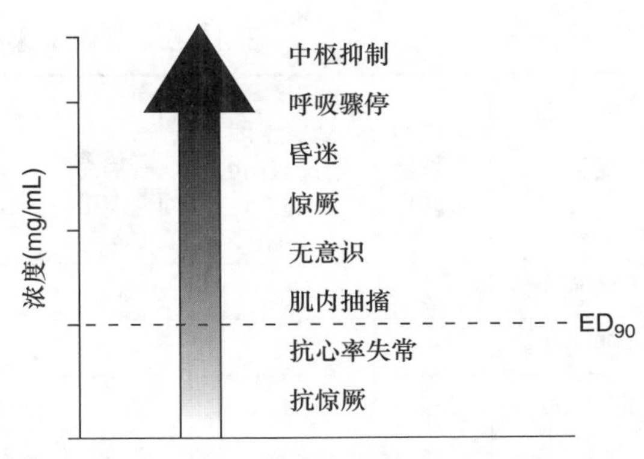

图 11-5 利多卡因的血浆浓度具有治疗和毒性作用

普鲁卡因药代动力学和行为效应已经在马中进行了广泛研究，因为其局部麻醉和中枢兴奋的作用可以缓解跛行并提高性能。临床通常将普鲁卡因与青霉素的复合制剂用于治疗，每毫升普鲁卡因青霉素G（300 000U/mL）含有123mg普鲁卡因。给予普鲁卡因青霉素的马能承受相对大量的普鲁卡因。大多数赛马比赛当局不允许在赛马的血液和尿液中检测到普鲁卡因或其代谢物。

表 11-4 常用局部麻醉药的物理、化学和生物学特性

药物	脂溶性（分派系数）	相对麻醉效力 *	pKa	起效速度	血浆蛋白结合率（%）	效应持续时间（min）
效力低、持续时间短						
普鲁卡因	0.5	1	8.9	慢	6	60 ～ 90
氯普鲁卡因	1	1	9.1	快	?	30 ～ 60
中间效力和持续时间						
利多卡因	3	2	7.7	快	65	90 ～ 180
甲哌卡因	2	2	7.6	快	75	120 ～ 180
丙胺卡因	1	2	7.7	快	55	120 ～ 240
中间效力、持续时间长						
罗哌卡因	15	6	8.1	快	95	180 ～ 360
效力高、持续时间长						
丁卡因	80	8	8.6	慢	80	180 ～ 360
布比卡因	28	8	8.1	中速	95	180 ～ 500

注：* 效力相对于普鲁卡因。

临床药理学：普鲁卡因被用于浸润麻醉和局部麻醉，可阻滞关节、腱鞘和其他结构的疼痛感知。将5mL2%的普鲁卡因溶液皮下注射至掌部和掌骨神经，从背侧注射到英国纯种马和标准竞赛用马的肩部，可在10min内产生镇痛作用，并持续90min。

表11-5　普鲁卡因在马体内的药代动力学

给药方式	测试的马数量（匹）	普鲁卡因剂量（mg/kg）		血浆普鲁卡因浓度		
			峰值浓度（ng/mL）	达到峰值浓度时间（min）	消除毒品的半衰期（$t_{\frac{1}{2}\beta}$）（min）	有中枢神经系统兴奋的马数量（匹）
静脉注射	5	2.5	1.2	1	50	5
肌内注射						
盐酸普鲁卡因	9	10	600	20	125	5
普鲁卡因青霉素	20	33 000IU/kg	280	—	600	1
皮下注射	4	3.3	400	20	65	—
关节内注射	4	0.33	24	60	95	—

如果马用盐酸普鲁卡因治疗痉挛性绞痛，可按每45.5kg（使用5%溶液）缓慢静脉注射30～40mg普鲁卡因，5～10min后可缓解疼痛，且无不良副作用。

毒性反应：在每千克体重快速静脉注射2.5mg普鲁卡因后，马表现出中枢神经系统兴奋的迹象。标志包括深度、快速和强制呼气（吹气），背部和臀部肌肉震颤，趴在地上和明显的起搏活动。在30～40s内血浆普鲁卡因浓度＞800 ng/mL时导致神经兴奋并持续4min。

过敏：马的中枢对普鲁卡因刺激作用的反应比人类敏感至少20倍。人体重复使用引起的过敏反应是由PABA导致的。尽管在其他物种中有报道，在马身上没有关于皮试导致局部和全身遍反应的报道。

2. 利多卡因

药理特点：盐酸利多卡因是第一种氨基酰胺类局部麻醉药，来源于二甲苯胺。利多卡因可能是临床实践中最常用的局部麻醉药，因为它起效快、效应持续时间适中且局部麻醉效果好（表11-4），用普鲁卡因浓度的一半左右便可产生麻醉效应。利多卡因在肝脏中高度代谢，二乙氨基己酸是主要的代谢产物。利多卡因的清除取决于肝血流速率，并且在一般吸入麻醉期间降低。有证据表明利多卡因局部麻醉期间，肺组织摄取了相当数量的利多卡因，从而降低其在动脉血液中的浓度和到达大脑的药物量。

临床药理学：1%～2%的利多卡因溶液均用于马的浸润麻醉。2%的溶液通常用于周围神经阻滞和硬膜外麻醉。此外，利多卡因可以静脉给药以降低对注射和吸入麻醉剂的需求（麻醉剂协同效果），已有应用表明，当在腹腔神经节区域给药或腹痛手术期间输注时，可以产生良好的止痛作用。利多卡因软膏、脂质体乳膏、凝胶剂、贴剂和气溶胶制剂可用于局部麻醉处理，以便在静脉导管置入喉部手术以及喉咙、气管插管和鼻气管插管之前进行表面麻醉。利多卡因贴

片已被用于保护和阻滞浅表伤口，尽管其在马中的功效需要验证，但已被应用，并可用于治疗蹄叶炎。

2%的盐酸利多卡因溶液3.5mL（140mg，总剂量0.3mg/kg）盆腔外侧足底神经浸润48h后，可在马的血浆、尿液和唾液中检测到利多卡因。注射后1h静脉血浆利多卡因的检测浓度最高，为0.2μg/mL；注射后12h和24h还可检测到利多卡因；注射后7～48h利多卡因通过尿液代谢排出。

利多卡因以1～4mg/kg的剂量给予马，不会引起其心输出量或肾血流量的显著变化，利多卡因主要由肝脏清除。在马尿液中检测到可忽略量的利多卡因（注射剂量的1.7%～2.5%）。马中利多卡因的血浆清除率［(52±11.7）mg/kg］是估计的肝血流量［22.4mL/（min · kg)］的两倍多。马禁食3d，静脉注射利多卡因（0.42mg/kg）的血浆清除率降低16%，清除率降低最可能的原因是肝脏从血液中去除利多卡因的能力降低。利多卡因在马中的表观分布容积为（798±176）mL/kg，并且不受禁食的影响。利多卡因在马血管内不会发生降解。与清醒时相比，麻醉时马血清中的利多卡因浓度升高，最有可能的原因是与麻醉相关的肝血流减少。用1%的盐酸利多卡因溶液100mL浸润颈胸（星状）神经节后，在有意识的马的动脉和静脉血浆中可检测到利多卡因。在单侧和双侧注射利多卡因15～45min后，血浆利多卡因的最大浓度为1.28μg/mL和1.42μg/mL，表明利多卡因可快速被吸收。马利多卡因的静脉血浆最大浓度与应用的利多卡因的总剂量无关，可能是因为药物的血管吸收竞争因素不同（如注射部位的血管密度、神经吸收、脂肪和纤维组织中局部麻醉的隔离）以及药物在动物间的药代动力学差异。

毒性反应：利多卡因的毒性反应最有可能在静脉给药后或静脉给药时发生。无意的快速静脉输注会马上产生严重的症状（图11-5）。CNS症状和体征的严重程度取决于给药的速度和脑细胞接触的局部麻醉药的量而不是血液中确定的浓度。心血管系统比中枢神经系统对静脉注射利多卡因的毒性作用更具抵抗力。静脉注射和输注惊厥剂量的利多卡因之间的差异可能是由输注后的首次肝脏峰浓度和更大的药物组织分布造成的。利多卡因、布比卡因和罗哌卡因在犬中的急性静脉毒性研究表明利多卡因具有最小的中枢神经系统毒性和致心律失常作用，并且在所研究的三种药物的惊厥剂量和致死剂量之间具有最高的安全范围。在以惊厥剂量给药三次后，犬呼吸停止导致死亡。用于腹腔手术中的腰椎窝浸润，成年马可安全地耐受2%的盐酸利多卡因溶液达250mL之多。

过敏：尽管已报道了一些病例，但对氨基酰胺的过敏反应极为罕见。含有防腐剂对羟基苯甲酸甲酯的利多卡因、甲哌卡因和丙胺卡因溶液，其化学结构与PABA类似，可产生过敏性皮肤反应。

3. 甲哌卡因

药理特点：甲哌卡因的局部麻醉曲线类似于利多卡因。盐酸甲哌卡因会产生深度神经阻滞，起效相对较快且持续时间适中（表11-4）。但在甲哌卡因和利多卡因之间也存在一些差异。甲哌卡因比利多卡因具有更小的血管舒张活性，但能提供稍长的持续作用时间，它在胎儿和新生儿中的代谢时间会更长。尽管甲哌卡因常用于喉部局部麻醉，但作为局部麻醉剂的效果不如利多卡因。

临床药理学：2%的甲哌卡因溶液可用于马的浸润麻醉、关节内麻醉、神经阻滞、硬膜外麻醉和蛛网膜下腔麻醉。神经阻滞后的局部注射部位水肿很少出现。甲哌卡因延长了有害热刺激对掌指关节或背侧冠状动脉带之间的刺激时间，并且还延长了局部给予掌骨和掌神经刺激后肢体的收缩时间（潜伏期）。甲哌卡因产生镇痛作用较早（＜10min），作用持续时间约为普鲁卡因的两倍（180min）。在成年马的节段性蛛网膜下，硬膜外麻醉和蛛网膜下腔麻醉以及脑脊液（CSF）麻醉期间，静脉血浆中可检测到甲哌卡因，但其不会对心血管系统产生可测量的直接的全身性影响（表11-6）。

4. 其他局部麻醉药和可产生局部麻醉效果的药物

（1）布比卡因　盐酸布比卡因（麻卡因）是一种酰胺键连接的局部麻醉药。与利多卡因和甲哌卡因相比，其效力提高2～4倍。它起效缓慢，持续时间长。布比卡因的浓度分别为0.124%、0.25%、0.5%和0.75%，可用于各种局部麻醉手术，包括浸润、周围神经阻滞、硬膜外麻醉和蛛网膜下腔麻醉。布比卡因相比利多卡因具有较高的心脏毒性，这种毒性可能会因缺氧和酸中毒而加剧。

（2）罗哌卡因　盐酸罗哌卡因是一种长效氨基酰胺局部麻醉药，它结合了布比卡因的麻醉效力和持续时间，具有较低的毒性。它与甲哌卡因、布比卡因同属一类。1%的罗哌卡因溶液的麻醉效果类似于0.75%的布比卡因溶液，被认为效力略低。它的起效时间短，而且比目前任何其他长效局部麻醉药对心脏的毒性都小。罗哌卡因脂溶性较差，比布比卡因的分布容积小，清除率高，消除半衰期更短，并经历相对较快的肝生物转化和肾清除。罗哌卡因可作为一种比布比卡因更安全的替代药物，并且已被证明在马局部麻醉（浸润、硬膜外麻醉、蛛网膜下腔麻醉）时效果持续时间较长（＞3h）。

（3）丙美卡因　盐酸丙美卡因已被美国食品和药物管理局批准用于动物的局部麻醉，是马角膜麻醉的首选外用药物。本品为含0.5% 盐酸丙美卡因（Ophthaine）的水溶液。在角膜上滴入1~3滴可在1min内产生表面麻醉，持续约15min，轻度刺激；也可用于耳道、鼻的镇痛；适用于小手术，包括缝线切除及异物移除；也可用于眼压测量和泪道导管插管前。

（4）酒精　酒精（乙醇）是一种非特异性、刺激性、相对密度低的神经溶解剂。注射后10～20min 出现局部麻醉，蛛网膜下腔除外。人在注射酒精后5～10min 出现皮肤灼痛。虽然不提倡使用酒精，但已有在马的神经周围注射酒精，产生注射部位远端（如下肢、尾部）的轴突变性破坏，作为神经切除术的替代方法的报道。酒精诱导的马尾骨神经去神经化可持续数月至一年，但如果神经破坏不完全，则在8周后可恢复部分功能。在马的硬膜外注射酒精进行封闭的神经破坏术效果和安全性尚未见报道。需要注意的是该技术的精准性差，注射过量的酒精到尾部硬膜外部空间，会导致疼痛、神经炎，或膀胱、直肠和下肢的瘫痪。

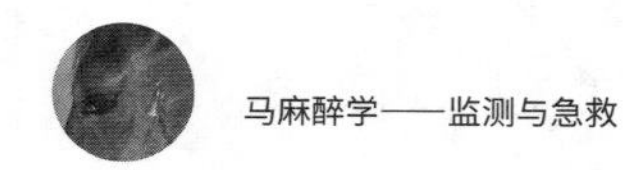

表11-6　盐酸甲哌卡因溶液（20mg/mL）对成年马的影响

注射部位	马数	甲哌卡因注射剂量（mL）	镇痛起效时间（min）	最大药物扩散范围	镇痛持续时间（min）	静脉血浆浓度		
						最高浓度（μg/mL）	止痛浓度（μg/mL）	注射后120min浓度（μg/mL）
尾硬膜外	7	4.6	21.0	S1至尾骨	102±13	0.05	0.035	0.020
（S3至S5）	7	4.1	21.4	S1至尾骨	81			
尾蛛网膜下腔	7	1.3	8.3	S1至尾骨	83±9 70	0.05	0.02	0.004
（S2至S3）	7	1.3	8.2	S1至尾骨	70		脑脊液浓度	
胸腰蛛网膜下腔（T18至L1）	10	1.5	7.5	T13至L3	47±19	—	204±160	16.8×15

（5）阿片类药物、α_2-肾上腺素受体激动剂、氯胺酮、曲马多及其化合物　各种类鸦片物质（吗啡、美沙酮、氢吗啡酮、布托啡诺）、α_2-肾上腺素受体激动剂（赛拉嗪、地托咪定、罗米非定）、分离麻醉剂（氯胺酮、替来他明/唑拉西泮）、曲马多及其组合作为镇痛药，对马进行硬膜外或蛛网膜下腔进行麻醉，用于尾部、肛门、直肠、外阴、阴道、尿道和膀胱的手术（表11-7）。这些替代药物，特别是阿片类药物相对于局部麻醉药的一个主要优势是运动阻滞（共济失调、躺卧）相对较少。如有必要，可以对α_2-肾上腺素受体激动剂和阿片类药物进行颉颃。已有应用上述药物或它们的组合以缓解疼痛的报道，可对有意识和麻醉的马进行直肠阴道瘘、直肠脱垂、卵巢切除和隐睾切除的外科矫正术，方便助产、子宫扭转校正以及各种腹腔镜手术。药理学和药代动力学在本书的其他地方叙述（参阅第9章和第10章）。

表11-7　用于马硬膜外镇痛的局部麻醉药的剂量、持续时间和不良反应*

药物或组合	剂量	起效时间	麻醉或镇痛时间	不良反应[†]
利多卡因	0.22～0.35mg/kg	5～15min	60～90min	大剂量共济失调或卧位
利多卡因（2%）+甲哌卡因（2%）	5～8mL/450kg+5～7mL/450kg	10～30min	90～120min	
罗哌卡因（0.2%）	5mL/450kg	5～10min	3～4h	轻度共济失调
布比卡因（0.5%）	0.06mg/kg	10～15min	5～6h	镇静、共济失调
赛拉嗪	0.17mg/kg	10～30min	2.5～4h	会阴水肿和出汗

（续）

药物或组合	剂量	起效时间	麻醉或镇痛时间	不良反应 †
赛拉嗪	0.25 ～ 0.3mg/kg	10 ～ 20min	3 ～ 5h	轻度共济失调
地托咪定	30 ～ 600μg/kg	10 ～ 15min	2 ～ 3h	镇静，共济失调，心血管抑郁，二度房室传导阻滞，利尿
罗米非定	80g/kg	10 ～ 20min	?	会阴镇痛不足，心动过缓
利多卡因和赛拉嗪	0.22mg/kg 和 0.17mg/kg	5 ～ 15min	5.5h	共济失调或卧位，会阴出汗
吗啡	0.1mg/kg	4 ～ 6h	8 ～ 18h	皮疹，镇静
吗啡和地托咪定	0.1mg/kg 和 10g/kg	20 ～ 30min	20 ～ 24h	镇静，共济失调
美沙酮	0.1mg/kg	15 ～ 20min	5 ～ 6h	几乎无反应
哌替啶	0.8mg/kg	5 ～ 15min	4 ～ 5h	轻度镇静和共济失调
氢吗啡酮	0.04mg/kg	15 ～ 20min	3 ～ 4h	几乎无反应
布托啡诺	0.05 ～ 0.08mg/kg	NE	NE	
布托啡诺和利多卡因	0.04mg/kg 和 0.25mg/kg	?	2.5h	后肢步态变化
曲马多 ‡	1mg/kg	30min	8 ～ 12h	
曲马多和芬太尼 §	1mg/kg 和 5g/kg	30 ～ 60min		
氯胺酮	0.5 ～ 2.0mg/kg	5 ～ 10min 镇静	30 ～ 90min	轻度共济失调
氯胺酮和吗啡 §	1mg/kg 和 0.1mg/kg	10 ～ 30min	12 ～ 18h	镇静、轻度共济失调
氯胺酮和赛拉嗪	1mg/kg 和 0.5mg/kg	5 ～ 9min	＞2h	轻度镇静、心动过缓
替来他明 / 唑拉西泮	0.5 ～ 1.0mg/kg	NE 或轻度镇痛	NE 或轻度镇痛	中度共济失调、中枢神经系统兴奋肌筋膜

注：* 临床使用的剂量可能较低，以避免潜在的并发症。† 潜在并发症少见。‡ 注射形式在美国是不可用的。§ C.Natalini，个人来信，2001 年。NE 无镇痛作用报道。

四、局麻药的增强和抑制

1. 血管收缩药

血管加压药与局部麻醉药合用产生局部血管收缩，从而提供局部止血和延迟局部麻醉药物的吸收。短效局部麻醉药（如普鲁卡因）和中药局部麻醉药（如利多卡因、甲哌卡因）可通过添加肾上腺素来延长浸润麻醉、周围神经阻滞和硬膜外麻醉的持续时间。麻醉持续时间长的局部麻醉药（如丙胺卡因、布比卡因、依替卡因、罗哌卡因）药效也因添加肾上腺素而延长，但延长时间较短。丙胺卡因较小的血管扩张作用和布比卡因及依替卡因的高脂溶性是肾上腺素作用减弱的原因，而肾上腺素延长硬膜外和蛛网膜下腔麻醉持续时间的机制尚不清楚。可能在硬膜外和蛛网膜下腔利多卡因和布比卡因中加入肾上腺素会降低局部血流，从而减缓吸收并降低全身毒性的可能性。但肾上腺素镇痛质量的改善并不能用经典的血管收缩效应推迟麻醉剂的吸收来解释。改善的原因可能是肾上腺素抑制脊髓背角大范围动态神经元的毒性激活。在人产科中使用肾上腺素进行硬膜外和蛛网膜下腔麻醉仍有争议。对马需要进行更多的研究，以确定在局部麻醉药中添加肾上腺素的潜在益处。大多数局部麻醉药都以温和的酸性盐酸盐的形式销售。向这些溶液中添加肾上腺素会降低溶液的pH和可通过轴突膜扩散的麻醉药的量，从而潜在地减慢麻醉作用的起效时间。尽管延长麻醉活性通常是可取的，但起效缓慢是不利的。含有肾上腺素的市售局部麻醉药溶液的pH比用肾上腺素新鲜制备的溶液低，并且对血管收缩的作用较小。将肾上腺素以1:80 000添加到2%的利多卡因盐酸溶液（pH 5.25）中，可提高市售2%的利多卡因溶液［含有肾上腺素1:800 000和抗氧化剂（pH 3.23）］的麻醉效力。通过向20mL局部麻醉药溶液中添加0.1mL的1:1 000的（0.1mg）肾上腺素，可制备1:200 000的肾上腺素溶液。或者，1:1 000的肾上腺素可以用不含防腐剂的生理盐水稀释。

在注射前立即提高溶液的pH，缩短了起效时间。应该注意的是，肾上腺素在pH＞7.0的溶液中可明显降低麻醉时间和有效性。任何溶液在调节pH后都应立即使用，特别是在加入肾上腺素的情况下。

2. 透明质酸酶

透明质酸酶使透明质酸分解，透明质酸是细胞间质的胶合剂或基质，不利于麻醉药的局部扩散。据报道，在利多卡因或布比卡因中添加透明质酸酶（15U/mL）可加快起效，在眼球后注射，可提供更有效的眼轮匝肌和眼外肌麻痹。添加透明质酸酶5U/mL到1%的利多卡因和肾上腺素溶液中（1:200 000），用于眼科手术（2mL 眼球后注射用于眼内麻醉，2mL用于上眼睑麻醉，4mL用于眶外面神经阻滞）不会增加犬对利多卡因的全身吸收及其脑脊液血药浓度。但是，透明质酸酶不会提高其他类型神经阻滞的局部麻醉效果。随着新型局部麻醉药的发展，其扩散能力的提高，使用透明质酸酶的必要性下降。

3. pH 调节

大多数局部麻醉药都是以弱酸性盐酸盐的形式销售，以提高溶解度。注射前每10mL局部麻醉药中添加1mEq的碳酸氢钠，将利多卡因、甲哌卡因和布比卡因的pH从4.5提高到7.2，从而加速硬膜外镇痛和麻醉起效。将局部麻醉剂的酸碱度调整到生理范围，可以增加轴突膜上游离的麻醉剂的量。将1%的利多卡因或0.25%的布比卡因HCl溶液的pH用盐酸调节为5.0或用氢氧化钠调节为7.4，对人眶下区或腹部肌内注射后的麻醉持续时间几乎没有影响。在马尾硬膜外麻醉中，将利多卡因基础制剂提高pH并未出现该药物达到预期的扩散增强效果。

4. 炎症和局部pH改变

在急性炎症组织中注射局部麻醉药后，组织酸度导致麻醉效果低于预期是公认的临床现象。注射部位的酸碱度取决于注射液的缓冲能力和组织的缓冲能力。组织的缓冲能力可能受到组织血流和影响组织血流因素的影响（例如注射压迫组织，注射剂中存在血管收缩剂）。注射pH 7.4的溶液，组织的酸碱度变化最小，但在注射pH为5.0的溶液时明显降低。含有肾上腺素的溶液造成最大且持续时间最长的pH下降，组织pH下降可能与创口附近组织缺氧坏死有关。对成年马和马驹的临床和实验研究表明，注射利多卡因-青霉素-肾上腺素混合溶液进行镇痛诊断蹄关节后的并发症，在关节内注射2%的盐酸利多卡因（0.012mg/mL）、青霉素钠（80 000U）（pH = 5.9）或氨苄西林（0.5g，pH 8.1）的盐酸肾上腺素（0.012mg/mL）后，导致慢性关节炎和关节软骨骨化，引起跛行。肾上腺素可作为利多卡因-青霉素混合物在动脉内沉淀的催化剂。需要对马进一步的研究，以评估同时用药（如肾上腺素、透明质酸酶）对炎症组织局部麻醉吸收的作用和对炎症组织的影响。

五、适应证和局部麻醉药的选择

马的局部麻醉要求取决于手术部位、手术性质和预期持续时间，马的体型、脾气、健康状况，兽医人员技术，时间和材料的经济性（框表11-1）。没有任何一种局部麻醉药能够满足所有的临床要求，2%的利多卡因和盐酸甲哌卡因溶液可产生有效的短期镇痛（表11-4）。对马使用这些药物进行局部麻醉持续1 ～ 2h。一般来说，在浸润麻醉和蛛网膜下腔麻醉中，麻醉起效迅速（在3 ～ 5min内），随后依次是小神经阻滞（5 ～ 10min）、大神经阻滞和硬膜外麻醉（10 ～ 20min）。有时会添加肾上腺素5μg/mL（1：200 000）到局部麻醉溶液中，以加快起效、延长麻醉持续时间、提高硬膜外麻醉的质量。

六、用于局部麻醉的设备

麻醉技术种类选择因不同类型手术和个人喜好而异。单独使用乙酰丙嗪、赛拉嗪和地托咪定或与吗啡、布托啡诺联合用药适用于常规方法无法制动的马匹。一些临床医生会用限位栏进一步限制马的活动，但可能对某些马有危险。应使用锋利无菌的针头、质量好的无菌注射器、无菌导管以及无菌麻醉溶液。注射位置尤其是关节、硬膜外和蛛网膜下腔的穿刺部位，应进行手术备皮，以防感染。注射前回抽以避免将药物注入所需组织之外的血管内，合适的技术可在避免并发症的情况下产生所需效果。

充气止血带可用于马的骨科手术，减少出血，从而提供一个清晰的手术术野，便于实施静脉局部麻醉。

最后，可以用自动输注装置持续地将局部麻醉剂输注到所需位置（图11-6）。这些装置有助于长时间保持恒定（稳态）的血药浓度或组织药物浓度，并有助于避免药物过量（参阅第20章）。

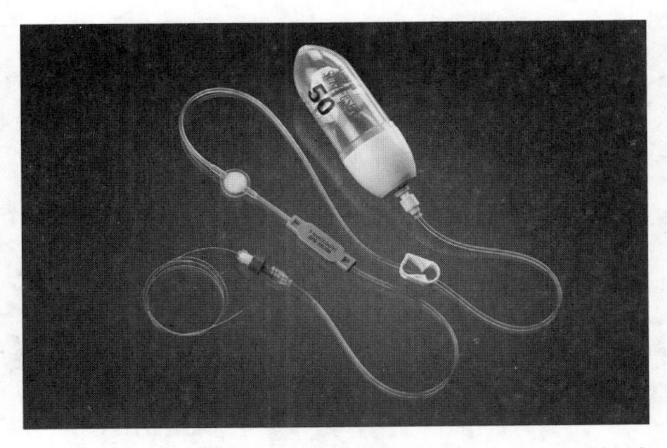

图11-6　一根带有过滤器和流速套管（mL/h）的弹性球囊储液器（Surefuser泵系统，ReCathCoLLC）

输液管与一根开孔的硬膜外导管相连，可用于将局部麻醉药持续地输送到特定部位（外周、硬膜外）。

七、神经封闭

1. 头部局部麻醉

（1）眼部神经封闭　眼睑的麻醉需要四种单独的神经：眶上神经（或额神经）、泪神经、颧神经和滑车下神经。这些神经是三叉神经（第五）颅神经的分支。眼睑运动障碍是通过对眼睑神经的背侧和腹侧分支阻滞来实现的。1.5～2.5cm、22～25G的注射针可被用于上述各神经（不含肾上腺素）的局部麻醉。

（2）上睑神经麻醉　常麻醉眶上神经（或额神经）。眶上神经的封闭足以完成全面的眼科检查。眶神经从眶上孔中通过。在内侧眼角背侧5～7cm处，用拇指和中指抓住额骨眶上突并向内侧滑动，形成一个假想三角形的中心，可以很容易地触诊到小孔。然后将2mL的局部麻醉药注射到孔内，当针头缓慢抽出时注射1mL，注射2mL 至孔上方皮下。这一过程使前额阻滞，包括中部2/3的上眼睑和耳神经的眼睑分支中间部分支配的眼睑运动（图11-7A）。其他区域的神经封闭对撕裂伤缝合或活检可能是必要的。

麻醉外眼角和外侧面的上眼睑是通过阻断泪神经来实现的。针经皮插入外眼角，沿眶背缘向中部引导（图11-7B）。然后在此部位注射2～3mL局部麻醉药；对泪腺、局部结缔组织和眶角进行麻醉。

内眼角麻醉是在滑车下神经周围注射2～3mL局部麻醉药。滑车下神经穿过靠近内眦的眶背缘或不规则的骨切迹（图11-7C）。在这个部位多注射麻醉剂也能使瞬膜、泪器官和结缔组织阻滞。

（3）下眼睑的麻醉　麻醉中2/3的下眼睑、皮肤和结缔组织是由封闭颧神经实现的。最好的方法是将食指放在颧骨弓的骨穹窿侧面和眶上部分（即边缘开始上升的位置）。针刺入手指内侧，沿骨穹窿向腹侧引导，注射3～5mL局部麻醉药进行皮下浸润麻醉（图11-7D）。

（4）眼轮匝肌的麻醉　三叉神经面部分支的末端分支之一是耳睑神经。它携带运动纤维到眼轮匝肌。耳睑神经的阻滞可以阻止眼睑的随意闭合（运动障碍），但不会使眼睑阻滞。耳睑神

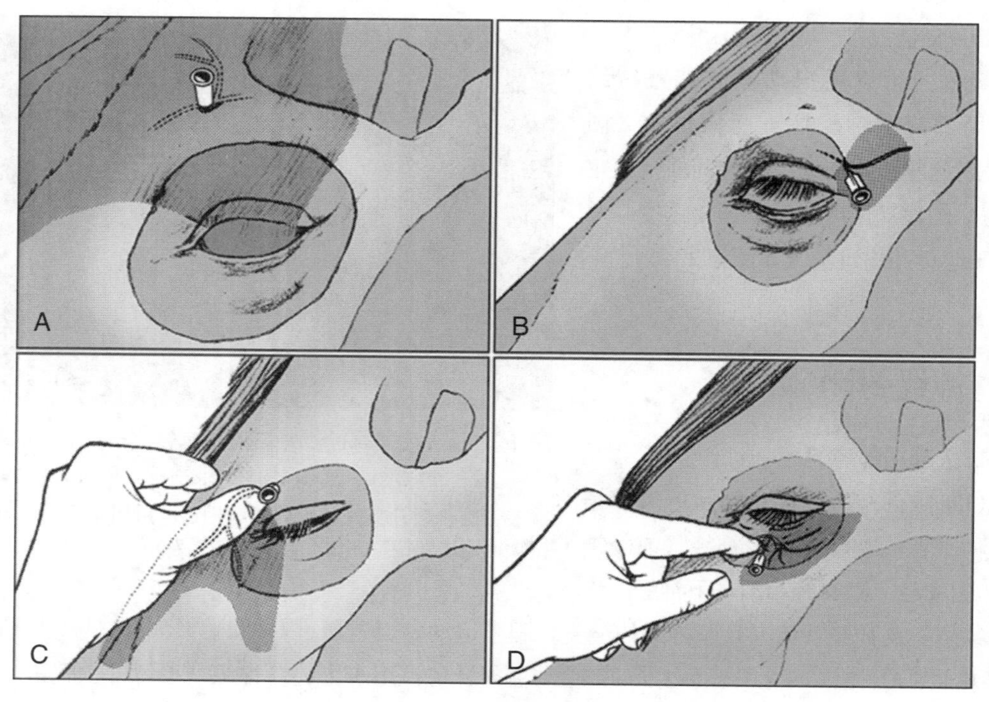

图 11-7　眼睑麻醉

A. 眶上神经（或额神经）封闭的注射针放置。点状：封闭后皮下阻滞区　B. 泪神经封闭的注射针放置。点画：封闭后皮下阻滞　C. 滑车下神经封闭的注射针放置。点画：封闭后皮下阻滞区　D. 颧神经封闭的注射针放置。点画：封闭后皮下阻滞区。

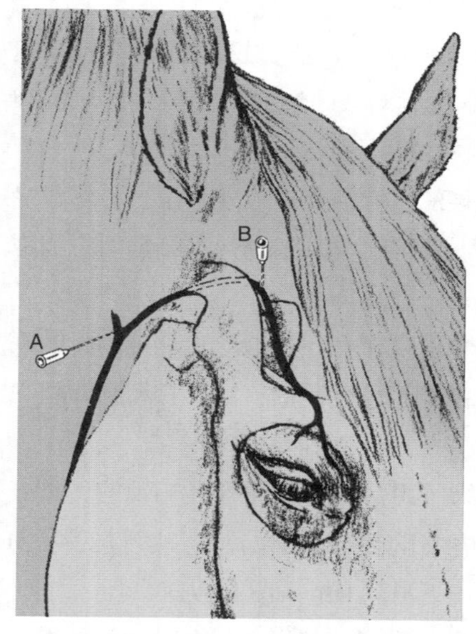

图 11-8　耳睑神经封闭的注射针放置（方法 A 和 B）

经阻滞可以检查和治疗眼睛、暂时缓解眼睑痉挛。结合局部麻醉，可移除角膜异物和进行其他小型眼部手术。有两个主要的位置可以麻醉眼睑肌肉组织：颧弓颞部的腹侧边缘的下颌骨尾侧凹陷处或颧弓的最背侧（图11-8）。将针置于每个部位筋膜下，以扇形方式注射5mL局部麻醉药。

（5）上唇和鼻的麻醉　上唇和鼻的麻醉是由封闭眶下管处的眶下神经实现的。眶下孔位于距离鼻上颌切迹和面嵴的头端的线大约一半的距离，背侧2.5cm处。将平坦的上唇提肌背侧移位后，用2.5cm、20G的针在眶下孔的骨唇处进行围神经注射（图11-9）。注射5mL的局部麻醉药可诱导从枕骨孔起整个面部前半部分麻醉。

（6）上齿和上颌骨的麻醉　5cm、20G的针插入眶下孔3.5cm处，注射5mL局部麻醉药后，可进行拔牙（至第一臼齿）、上颌窦环锯术、鼻腔顶部和接近内眦皮肤的手术。

（7）下唇的麻醉 下唇的麻醉需要使用2.5cm、22G的针注射5mL局部麻醉药于颏神经上，向颏孔的头侧进针（图11-10）。在移位唇下肌背侧加压肌腱后，颏孔的外侧边界很容易在牙间隙中间沿下颌骨水平处触诊到。

（8）下切齿和前臼齿的麻醉 7.5cm、20G的针插入颏孔（图11-10），然后进入下颌管并尽可能向腹内侧方向推进，10mL局部麻醉药足以使下齿槽神经阻滞，从而延长麻醉面积至第三前臼齿。其他涉及上颌、下颌和眼部神经阻滞的技术并非没有危险，也很少使用。

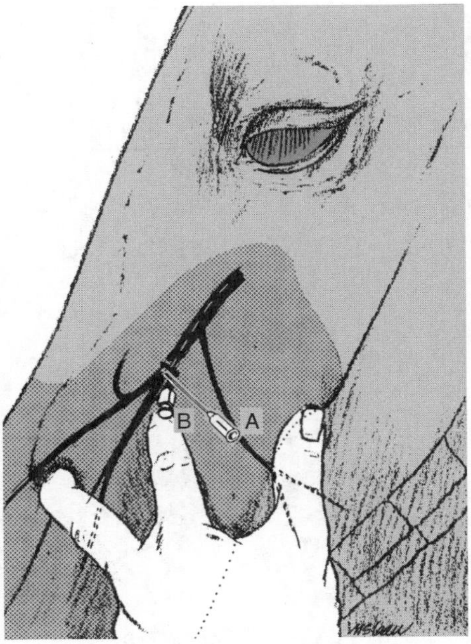

图11-9 眶下孔处（A）和眶下管内（B）眶下神经封闭的注射针放置

点画：封闭后皮下阻滞区。

2. 四肢的麻醉

区域麻醉（周围神经封闭）、关节内注射、肩胛内注射、局部浸润（环封闭）为马跛行手术部位提供麻醉，有助于马跛行的准确诊断、治疗和判断预后。

后肢神经封闭指征较前肢少，结果不一致，可能是技术问题较多，操作经验较少。一般来说，为确诊跛行问题，完整的跛行检查是必需的，其中包括观察马的休息和运动、触诊、屈曲测试和检蹄器的检测。精确定位所涉及的结构可以进行精确的临床和影像学检查，并节省时间、精力和支出。

每次注射都应使用无菌注射器、针头和局部麻醉药，并进行适当的准备。所有注射都应采用无菌技术，以防止感染。关节内注射需要外科擦洗；是否剪切注射部位可以选择；皮下注射至少需要酒精消毒。

神经封闭和关节内注射首先在神经干和关节的最远端分支上进行。检查应在近端进行，采用系统的方法尽可能多地获得诊断跛行位置的信息。针最好先从远到近的方向插入，然后将其连接到注射器上，给予局部麻醉药，并给予足够的时间以达到最佳的麻醉

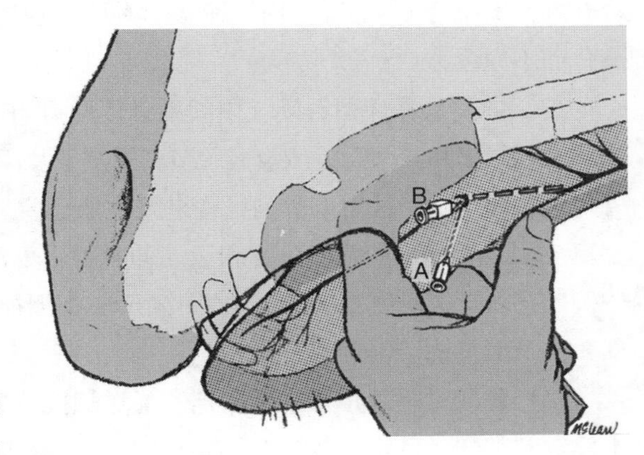

图11-10 颏孔处（A）颏神经封闭和下颌管内（B）下齿槽神经封闭的注射针放置

点画：封闭后皮下阻滞区。

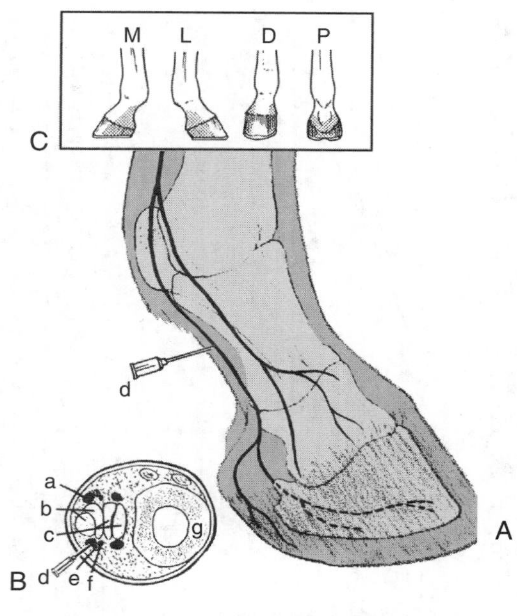

图 11-11　右前肢指掌侧神经封闭

A. 外侧面　B. 横断面（a，内侧指掌侧神经；b，指浅屈肌腱；c，指深屈肌腱；d，外侧指掌侧神经 e，静脉；f，动脉；g，第二趾骨）　C. 阻滞皮下区域（M，内侧面；L，外侧面；D，背侧面；P，掌侧面）

效果。封闭后检查最好结合趾深部按压压力、检蹄器施加压力、触诊和测试封闭远端皮肤感觉来完成。圆珠笔可用于此目的。使用局部麻醉药后，应对肢体按摩及包扎，以防止肿胀及发炎。

（1）指神经　指掌侧神经（趾足底神经）在籽骨水平向距关节处分支，形成三根指神经：前指神经、指中神经和掌指侧神经（或足底神经）。掌指侧神经及其背侧支对临床十分重要。掌指侧神经向蹄的后1/3提供感觉纤维，包括舟状骨及舟状囊，掌（足底）部分蹄，角皮层及筋、蹄叉和蹄底的皮质。指背神经（或前指神经）向前2/3蹄提供感觉纤维。中指神经不存在或非常小，不用于封闭。

（2）指掌侧（趾足底固有）神经阻滞　掌侧（或足底）神经触诊于掌（或足底）面，内侧或外侧仅触诊于指静脉和动脉。其延伸远端超过屈肌腱的边界（图11-11）。冠带和距关节之间的内侧和外侧指掌侧（趾足底固有）神经上，用2.5cm、20～25G针皮下注射大约2mL的局部麻醉药。这一过程可在腿承受重量的情况下进行，也可抬高位置进行。注射完毕5～10min后，适当的神经封闭使足后1/3（包括舟状囊）阻滞；当在蹄叉的中心1/3的部位用检蹄器检测时，感觉消失。蹄球皮肤阻滞可能由于皮肤神经分支的变化而不完全。

（3）中间系骨环型封闭　中间系骨环型封闭虽然可以实施，但在临床上并不常用。通过掌指侧神经封闭和在系骨近侧及冠关节周围皮下及深部注射5～10mL的局部麻醉药，可以实现系骨周围封闭。随后注射麻醉的结构是整个指远端，包括趾骨P1、P2、P3，冠关节和蹄关节，全部真皮层，悬韧带的背侧分支和远端伸肌腱。更常用的临床技术是阻滞指掌侧神经和指外侧及内侧的背侧支。使用2.5cm、22G针置于掌指侧神经上，将其引导至与针头长度相等的深度，注射3～5mL的局部麻醉药。

（4）背侧（基底）脊神经阻滞　通过触摸球关节的掌侧（足底）区域在近端籽骨的背侧面上感觉到掌侧（足底）神经，仅指动脉和静脉的掌侧能感觉到的。使用2.5cm、20～25G针在该部位注射3～5mL局部麻醉药（图11-12）。使掌骨指神经及其背侧支阻滞（包括整个足部、系部和远端籽骨的韧带）。可能会发生部分邻近区域的痛觉缺失。

（5）掌或足底神经阻滞　掌或足底神经可以在高位（高掌或高足底神经阻断）或低位（低

掌或低足底神经阻断）阻滞。交通支起源于近侧掌内侧（足底）神经近端。它可以触诊，因为它在浅指肌腱上方远端与掌外侧（足底）神经相连。为了获得良好的麻醉效果，必须同时注射交通支以上或以下的掌外侧和内侧（足底）神经。如果掌外侧部（足底）注射部位在交通支起点以上，掌内侧部（足底）神经注射部位在交通支起点以下，则神经冲动可绕过阻断。

必须使内侧皮前臂神经、肌皮神经的一个分支（背部区域）和尺神经的背支（背外侧区域）阻滞，以保证掌骨的全麻。

对于跖骨的完全麻醉，腓浅神经（指背侧）和胫骨神经（尾侧和尾内侧）也必须麻醉。

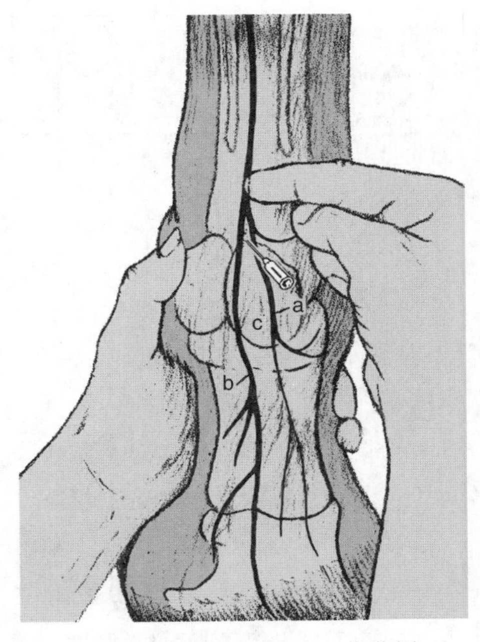

图 11–12 右前肢、尾侧（a，指背侧；b，指掌侧；c，指右侧）右侧腓肠肌神经阻断的针位

（6）低位掌（或足底）神经阻滞 除一小部分由尺神经和肌皮神经感觉纤维支配的球关节外，该术式适用于几乎所有球关节及球关节远端结构。当肢体承受重量时，使用2.5cm、20～25G的针在下列四个点（四点阻断）中注射2～3mL局部麻醉剂：掌内侧和外侧（足底）神经和掌内侧和外侧（足底）掌骨神经。掌内侧和外侧（足底）神经的麻醉是通过注射邻近肌腱和屈肌腱之间的局部神经来实现的（图11-13）。通过在悬韧带和掌骨之间注射麻醉剂，使掌骨和掌骨神经（内侧/外侧）麻醉（图11-14）。

（7）高位掌（或足底）神经阻滞 在肢体抬高或承重时，在内侧和外侧（或）神经交通支近端（或近侧）进行注射（图11-15）。将一根3.75cm、22G的针沿筋膜下刺入两侧悬韧带和深屈肌腱之间的沟中。针必须垂直于皮肤表面刺入，距腕掌关节远端4.5cm以上，以避免腕掌远侧关节的远伸和腕远侧关节的浸润。在这些部位注射5mL麻醉药可使掌骨（或跖骨）区域和远端麻醉。掌骨背侧（或跖骨）仍有感觉。

必须使另外三根神经阻滞，才能完全麻醉前肢的球关节。这些神经包括从骨下穿行的掌内侧和外侧掌神经和内侧皮前臂神经（沿指伸肌腱内侧与球关节近端运动）。通过在球关节前表面（环块）周围注射局麻药，使前肢球关节的背侧表面容易阻滞，从而使掌背神经阻滞。

为使后肢的关节完全阻滞，必须有四条额外的神经需要麻醉：足底内侧、外侧跖骨神经、内侧和外侧跖骨背神经。后肢球关节的背侧面很容易因局部麻醉剂在球关节周围皮下沉积而阻滞，从而使跖骨背神经阻滞。

（8）悬韧带阻滞 将患肢抬高，在掌侧（跖侧）指浅屈肌腱和悬韧带之间刺入3.75cm、22G针，可产生高位麻醉（图11-16）。内、外侧掌骨或跖骨神经周围注射5mL局部麻醉药后，

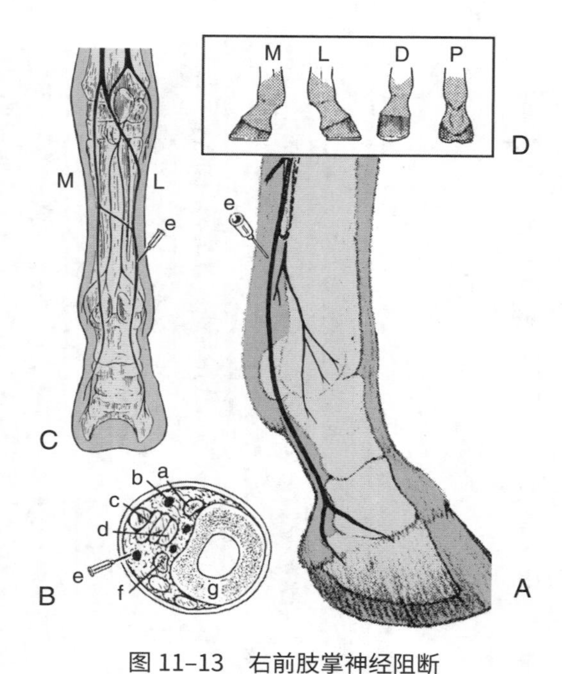

图 11–13　右前肢掌神经阻断

A. 侧面　B. 横断面（a，第二掌骨；b，掌内侧神经；c，指浅屈肌腱；d，指深屈肌腱；e，手掌外侧神经；f，第四掌骨；g，第三掌骨）　C. 掌面　D. 皮下阻滞区（M，内侧；L. 侧面；D，背侧；P，掌心面）

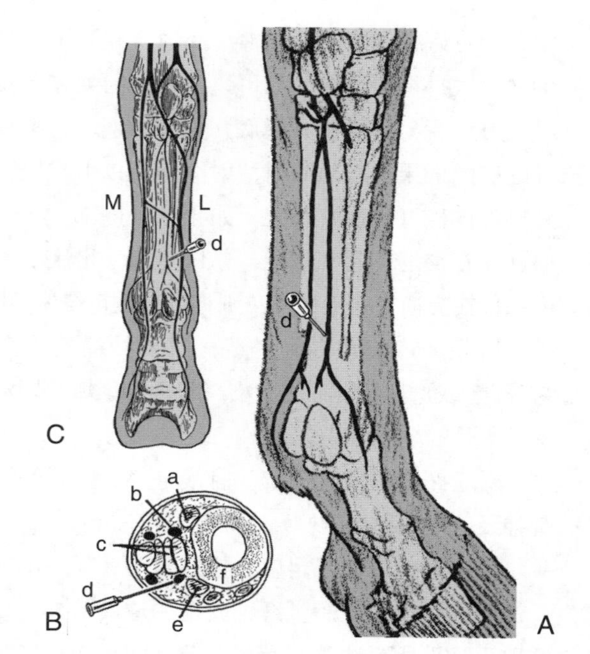

图 11-14　右前肢掌下神经阻断，将针置于掌骨外侧神经

A. 尾侧方面　B. 横截面（a，第二掌骨；b，掌内侧掌骨神经；c，深指屈肌腱；d，掌外侧掌骨神经 e. 第四掌骨；f. 第三掌骨）　C. 掌面

除麻醉掌骨（跖骨）神经尾侧及邻近掌骨（跖骨）外，还可麻醉骨间肌（悬韧带）和下翼状韧带。注射距离1.5～4.5cm时，远侧关节常发生隐性浸润。

（9）腕骨附近的神经阻滞　必须麻醉三个神经才能阻滞腕骨和前肢远端：正中神经、尺神经和肌皮神经的分支。正中神经在距肘关节腹侧5cm的前肢内侧阻滞，方法是通过在桡骨后缘和桡骨内屈肌腹部刺入3.75cm、20～22G针，并在胸肌后表面深层注射10mL麻醉药（图11-17）。

尺神经阻滞的方法是在尺侧腕屈肌和尺侧肌外侧附近腕骨10cm处，刺入2.5cm、22G针，5mL的麻醉剂注入筋膜下1.5cm深处（图11-18）。

内侧皮前臂神经是肌皮神经的一个分支，在肘部和腕关节之间的前肢前内侧刺入2.5cm、22G针，注入10mL麻醉药，使其阻滞（图11-19）。

（10）距跗骨近端的神经阻滞　必须阻滞胫神经、隐神经、腓浅神经（腓浅神经）和腓深神经（深腓神经），才能从远距离麻醉后肢。

胫神经阻滞，在肢内侧筋膜下腓肠肌和指浅指屈肌腱之间，距跗骨约10cm处，当肢体部分弯曲时（图11-20），刺入2.5cm、22G针，注射20mL的局部麻醉药（图11-20）。除前外侧区

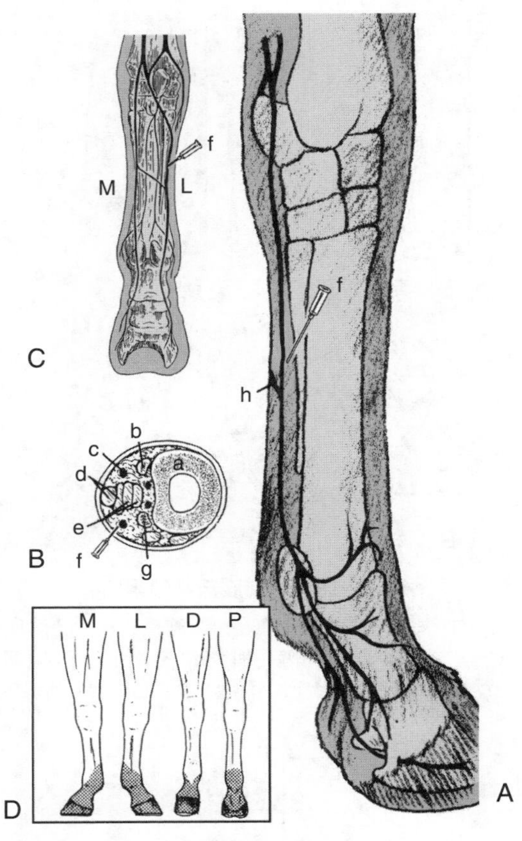

图 11-15　右侧高位神经阻断

针入外侧神经。A. 尾侧面　B. 横断面（a，第三骨；b，第二骨；c，内侧神经；d，指浅肌腱；e，指深肌腱；f，外侧神经；g，第四骨；h，交通支）　C. 相关方面　D. 邻近区（M，内侧；L，侧方；D，背侧；P，近侧）

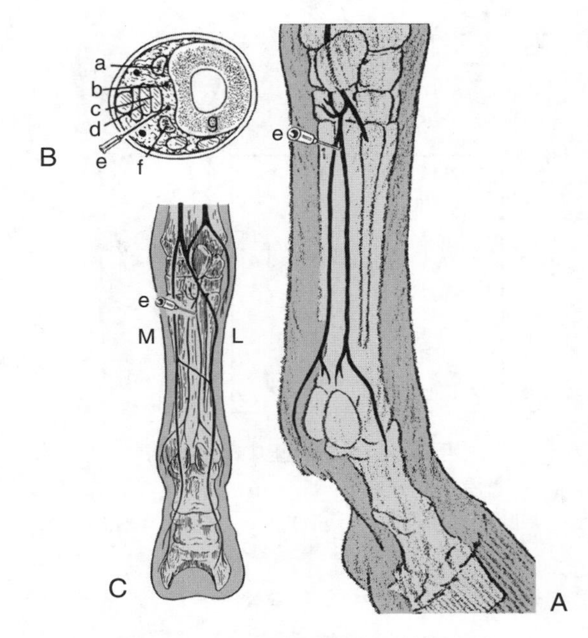

图 11-16　右前肢近端掌骨神经阻滞

将针置于掌骨外侧神经。A. 尾侧面　B. 横截面（a，第二掌骨；b，掌内侧掌骨神经；c，悬吊韧带；d，副韧带；e，掌内侧掌骨神经；f，第四掌骨；g，第三掌骨）　C. 手掌面

外，可对跖骨后区和大部分足部进行麻醉。完全麻醉可能需要跖骨背侧的环状阻滞。

隐神经阻滞，在内侧隐静脉近端的胫骨关节，刺入2.5cm、22G针，注射5mL局部麻醉药（图11-21）。有时神经由两个主干管组成，一个延伸至近端，另一个延伸至内侧隐静脉的尾端。在这种情况下，最好在静脉两侧注射麻醉药。大腿内侧和部分跖骨区域将被麻醉。

腓浅神经和腓深神经可以同时阻滞（图11-22）。在胫骨外踝近端10cm处的长趾伸肌和外侧趾伸肌之间刺入3.75cm、22G针。首先将10mL局部麻醉药注射到神经的浅表分支周围。然后将针再推进2～3cm，穿透深筋膜并在深处神经分支上注射15mL麻醉药。应使跗前外侧区、跖骨区及跗骨关节囊阻滞。

3. 关节内注射

（1）蹄-冠关节阻滞　蹄-冠关节阻滞在冠层近端，在大约2cm的外侧与骨的垂直中心，刺

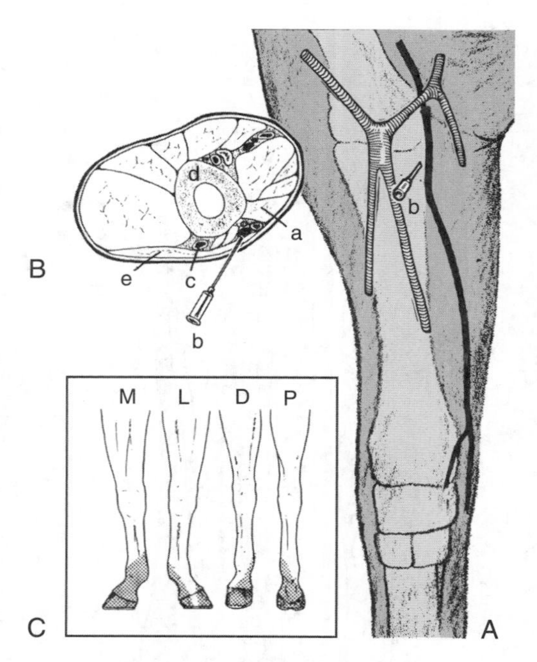

图 11-17　右侧正中神经阻滞

A. 尾侧面　B. 横断面（a，中缝肌；b，正中神经 c, 静脉；d. 桡骨；e，浅肌）　C. 皮肤区（M，内侧；L，侧卧；D，背侧；P，掌侧）

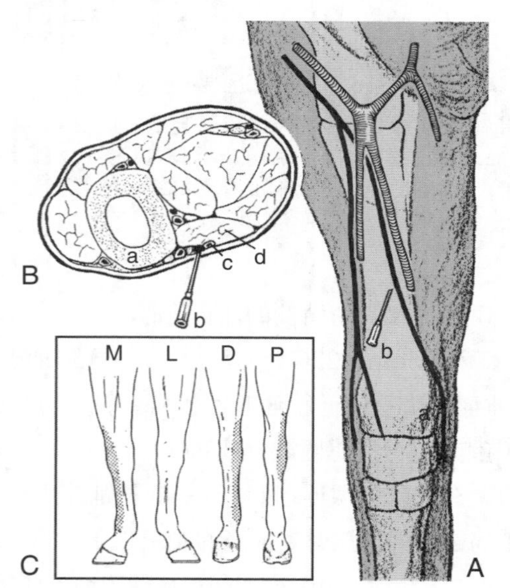

图 11-19　右前肢内侧皮前臂神经阻滞

A. 前内侧面　B. 横截面［a，桡骨；b，内侧皮前臂神经（肌皮神经分支）；c，头静脉；d，内侧腕桡肌］　C. 阻滞皮肤区（M，内侧；L，外侧；D，背部；P，掌侧）

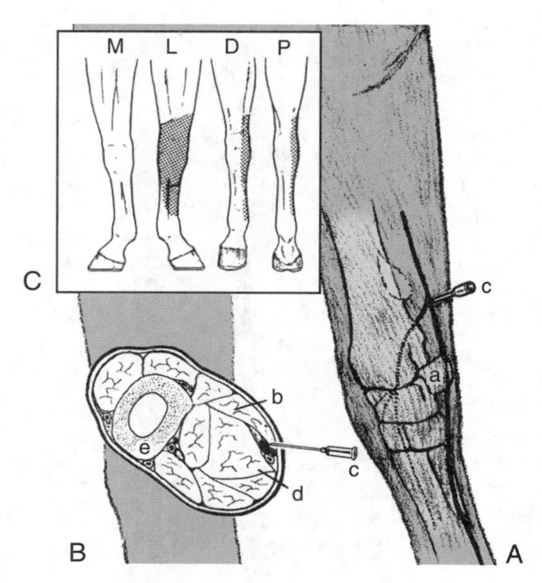

图 11-18　右前肢尺神经阻断

A. 内侧面　B. 横截面（a，副腕骨；b，尺侧肌 c，尺神经；d, 尺侧腕屈肌；e，桡骨）　C. 阻滞皮肤区（M，内侧；L，外侧；D，背部；P，掌侧）

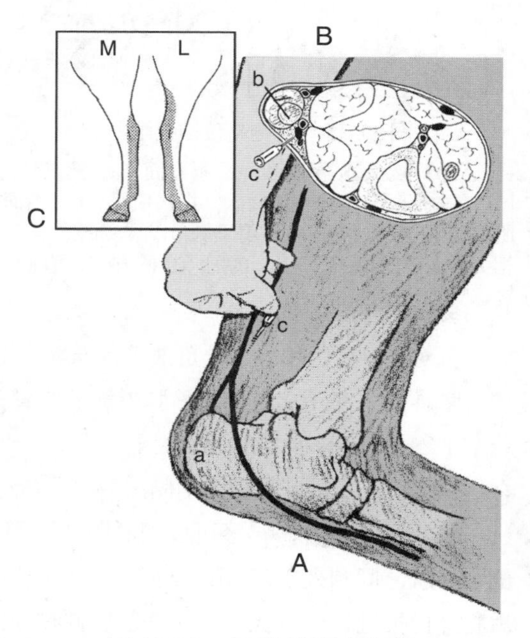

图 11-20　左后肢胫神经阻滞

A. 内侧面　B. 横截面（a，跗；b，腓肠肌和趾浅屈肌腱；c，胫神经）　C. 阻滞皮肤区域（M，内侧面；L，外侧面）

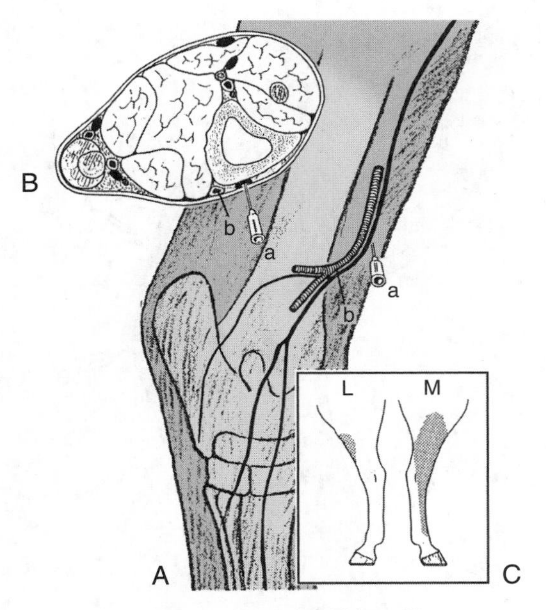

图 11-21　左后肢隐神经阻滞

A. 尾侧面　B. 横截面（a，隐神经；b，内侧隐静脉）
C. 阻滞皮肤区域（L，外侧面；M，内侧面）

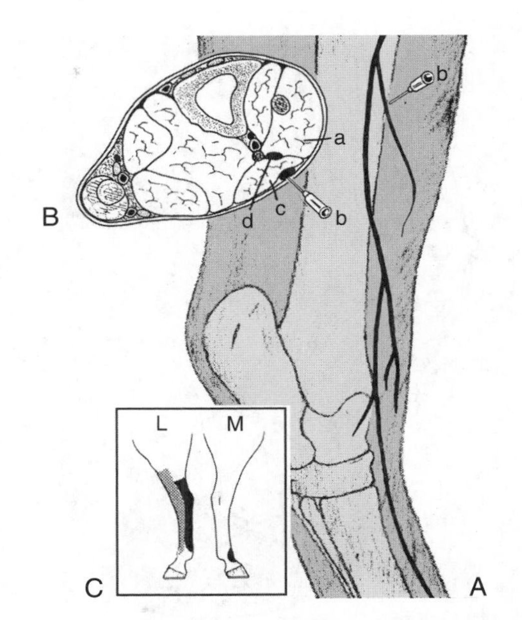

图 11-22　右后肢浅表和深腓神经阻滞

A. 后方外侧　B. 横截面（a，屈浅伸肌；b，腓浅神经；c，侧向屈浅伸肌；d，深腓神经）　C. 麻醉区域

点状：浅腓神经阻滞区域；片状：深腓神经阻滞区域（L，侧面；M，内侧）。

入一个长5cm、20G针，针头倾斜朝向肌腱进入（图11-23）。进入蹄-冠关节囊的深度约为2.5cm。可成功注射5～10mL局部麻醉药（P2-P3），最终药物到达舟状囊。因为蹄-冠关节和舟状囊不直接相通，所以舟状囊的麻醉是通过局部麻醉药由悬吊韧带扩散到舟状囊。此过程最好在站立时进行。

（2）关节内筋膜阻滞（系-冠关节阻滞）　系-冠关节（P1-P2）阻滞在第一指骨的远端。第一指骨远端的内侧和外侧隆起在这个部位很容易触及。在内侧或外侧系骨中线，针从插入点指向中线，刺入2.5～3.75cm、20G针，深度约2.5cm（图11-23）注射5～8mL局部麻醉药使系-冠关节阻滞。

（3）球关节阻滞　球关节是常见而且易于注射的关节之一。球关节内阻滞用2.5cm、20G针刺入外侧掌骨远端，刺入至外侧悬韧带背侧与掌骨之间，刺入深度0.5～1.5cm（图11-23）。此关节是由悬韧带施与第三掌骨以及内侧悬韧带的拉力得到扩张，然后注射5～10mL局部麻醉药麻醉球关节和籽骨。

（4）腕关节内阻滞　桡关节和腕骨间关节是两种最常见的腕关节注射。腕掌关节和腕骨间关节相通，因此不需要分别穿刺。当腕骨弯曲时，在桡侧腕伸肌肌腱的内侧和外侧可以触诊到关节凹陷。刺入2.5cm、22G针，进入每个关节，注射5～10mL局部麻醉药（图11-24）。

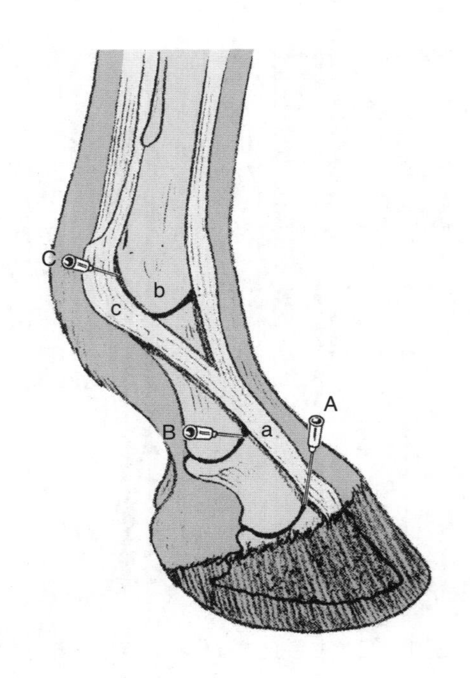

图 11-23　针定位于蹄 - 冠关节（A）、（B）系 - 蹄关节（B）和球关节（C）

a，屈浅伸肌腱；b，第三掌骨的远端；c，环状韧带。

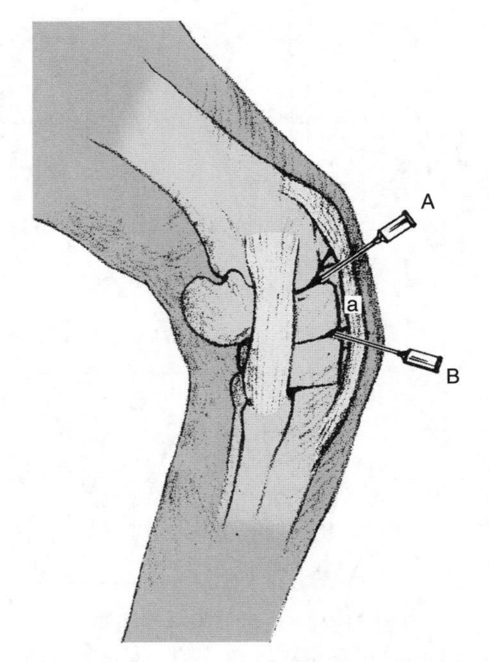

图 11-24　针定位于桡关节（A）和尺关节（B）

a，伸肌桡侧肌腱。

（5）肘关节内阻滞　肘关节很少阻滞，它通常不是跛行的原因。在肱骨外侧髁和肘关节外侧副韧带前缘之间刺入5cm、18G针（图11-25），反复屈曲肘关节可以方便定位。针头从肘关节微向尾内侧进入，深度为3～4cm，注射20mL局部麻醉药。

（6）肱二头肌囊阻滞　用5cm、18G针从肱二头肌肌腱下方穿刺诱导阻滞，在肱骨外侧结节可触及的前隆突的腹侧4cm和后侧1.5cm处。然后，针沿肱骨的背内侧方向前进5cm，以穿透囊（图11-26）。

（7）肩关节内阻滞　由于肩关节相对较深从而难以进入。必须避免肢体运动或肌肉收缩折弯穿刺针。肩胛肱骨关节位于肱骨外侧结节前部和后部可触及的突出之间（图11-26）。用7.5～12.5cm、18G脊髓穿刺针，在凹处前部2.5cm处刺入，并将其引导到水平平面上，向对侧肘关节的后内侧方向推进。为了方便液体流入或吸出滑液，刺入深度可达10cm。常常需要15～30mL或更大量的麻醉药（利多卡因）。在一些马中，肩关节与肱二头肌囊相连通，因此在肩关节中注入局部麻醉药可以改善肱二头肌囊相关的跛行。

（8）楔囊阻滞　在楔肌腱（胫骨前肌内侧支肌腱）和跗骨内侧髁之间（图11-27），用2.5cm、22G针刺入楔囊内，至少注射10mL局部麻醉药，20min后发挥最大药效。

（9）跗跖关节内阻滞　使用局部麻醉药使远端关节髁间和跗跖关节麻醉可改善与早期飞节

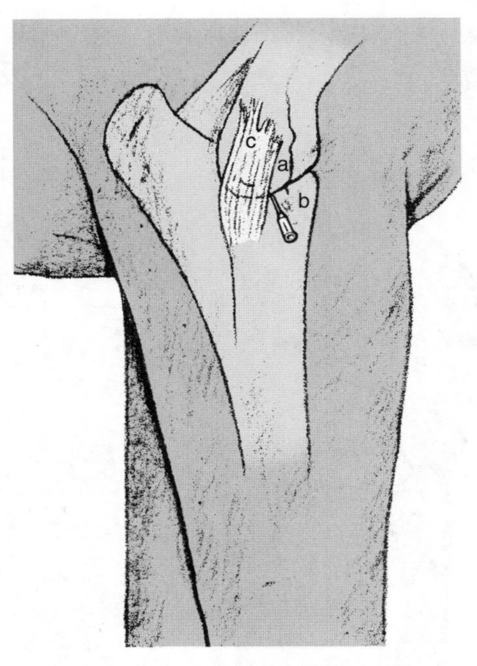

图 11-25　针定位于右前肢肘关节

a，肱骨外侧髁；b，桡骨粗隆；c，外侧韧带。

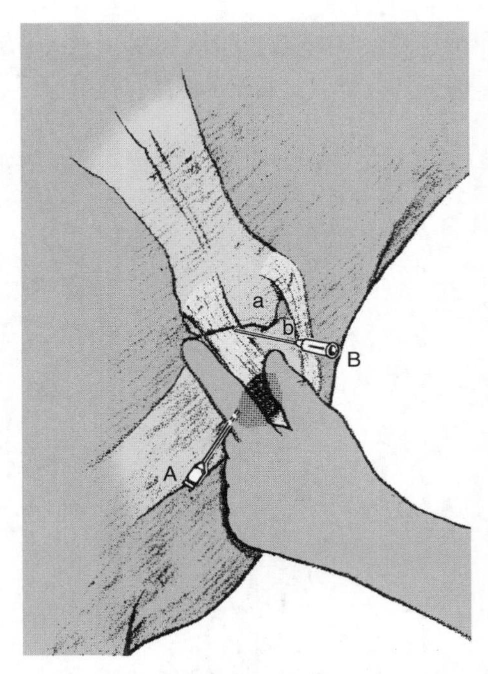

图 11-26　针定位于肱二头肌囊（A）和右前肢肩关节（B）

a，肱二头肌腱；b，肱骨外侧结节的前部。

内肿相关的跛行。在X线下诊断，如果确定不是骨质增生性骨关节炎，跗跖关节很容易从飞节外侧头部的后外侧进入（第四跖骨；图11-28）。用2.5cm、18G针先注射5mL麻醉药，然后再注射3～4mL麻醉药引起高压，确保末梢跗关节内的腔隙相通。

也可以用2.5cm、22G针进入关节内，针头与跗骨内侧面上的楔肌腱腹侧皮肤成直角，注入约6mL局部麻醉药。踝间远端关节和跖关节之间连通的结构存在个体差异。可以在两个关节中都放置一个针，通过将麻醉药注射之后观察另一个针是否有局部麻醉药流来确定是否连通。但是，两个关节应在不同部位注射局部麻醉药，以确保两者都麻醉。

（10）胫骨关节内阻滞　胫骨关节是所有马关节中最容易注射的。在隐静脉的内侧或外侧，胫骨远端的内侧踝处，用2.5cm、20G针向腹侧刺入2～3cm诱

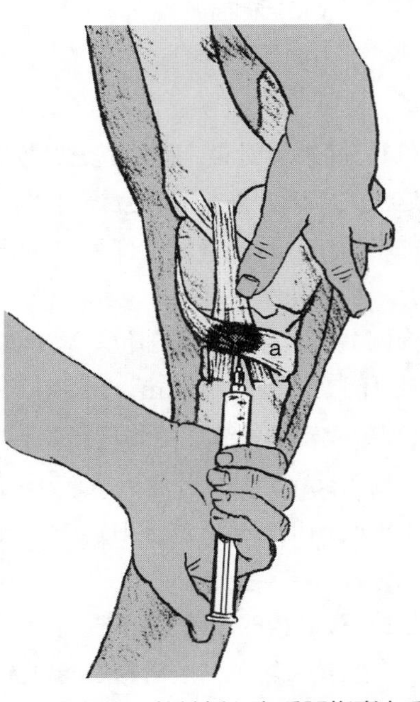

图 11-27　将针插入右后腿楔囊右后腿

a，楔肌腱。

导胫骨关节内阻滞（图11-29）。该关节囊薄位置在浅表，易于观察。将针轻微向飞节的前内侧方向插入至小于2cm的深度，注射10～20mL局部麻醉药。

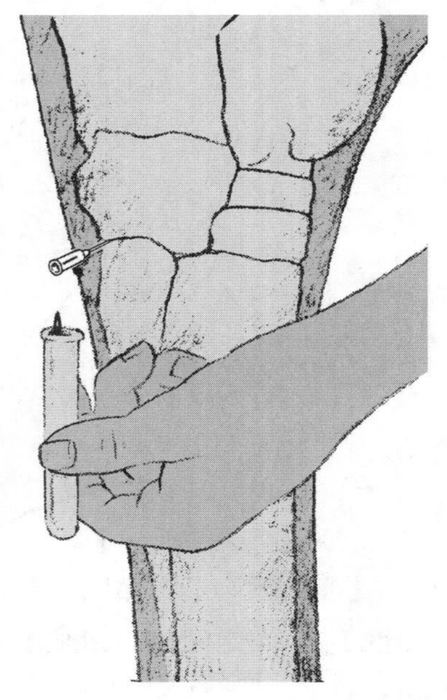

图11-28　针刺位点于右后肢跗跖关节后侧面

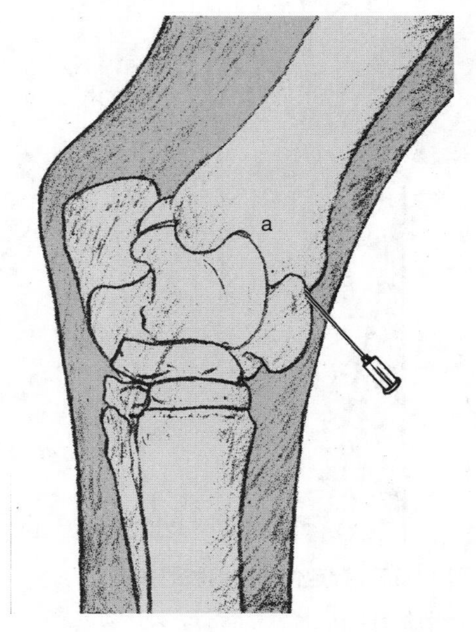

图11-29　将针置入左后肢胫骨关节的内侧面

a，内踝。

（11）膝关节阻滞　膝关节是后肢最大的关节，它由包围股骨、髌骨的关节囊组成。大多数马的这些关节囊互通。这种互通可以在发生骨关节炎时被阻塞，需要将局部麻醉药注射到每个单独的小囊中。从胫骨嵴中部和内侧髌韧带之间的胫骨嵴背侧进入股骨髌骨囊是最容易的（图11-30）。髌骨外侧韧带和外侧副韧带之间（图11-30）可以进入股骨外侧关节囊。一些临床医生选择内侧关节囊作为注射部位。这个囊位于髌骨内侧韧带和胫骨韧带背侧之间，胫骨近端背内侧边缘（图11-30）。用5cm、18G针可以穿透关节囊并将局部麻醉药注入每个囊中。

（12）大转子关节囊阻滞（髋关节）　大转子囊位于股骨大转子的前嵴与臀中肌之间的髋关节面。用7.5cm、18G针刺入大转子前嵴3～5cm的腹侧，并引导其向后和向内（图11-31），刺入3～6cm的深度。将注射器连接到针上，并持续抽吸。滑液恢复后注射10～15mL局部麻醉药。

（13）关节内的股骨头阻滞　髋关节是最难进入的关节。关节内髋股阻滞的几种变化已有描述。在股骨大转子的前后隆之间刺入一个15cm、14～16G脊髓穿刺针，沿股骨颈向前内侧方向推进，直至穿透关节囊（图11-31）。手持针头靠近皮肤穿透部位时，必须施加相当大的力将针刺入皮肤。或者可以先用大号的针（3.75cm、14G）穿透皮肤，再通过该针孔插入更细

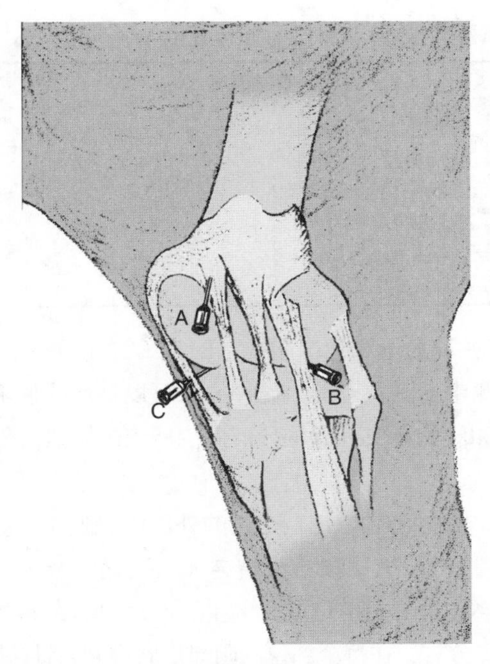

图 11–30　将针置入股膝关节囊（A）外侧股胫关节囊（B）和后膝关节内侧股胫关节囊（C）

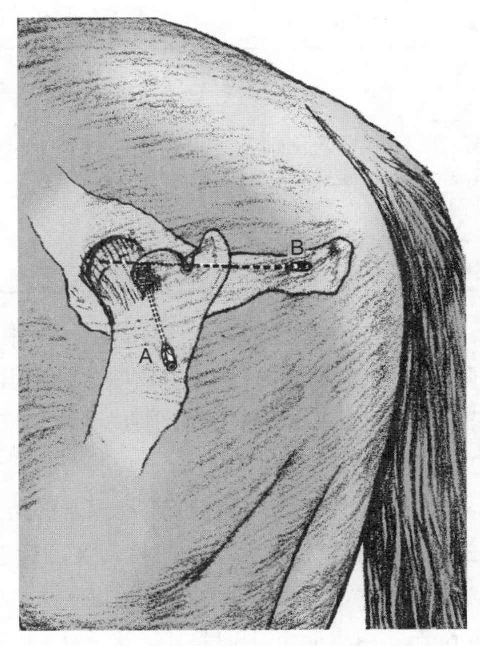

图 11–31　将针置入转子囊（A）和髋股关节（B）

（15cm、18G）和更易弯曲的针。在滑液可以恢复到可吸出状态时，注射30～50mL局部麻醉药。至少需要30min才能达到最佳的麻醉效果，在这之前可以评估跛行的改善效果。

4. 剖腹术麻醉

本书叙述四种不同诱导站立马的腰椎旁和腹壁的诱导麻醉技术：①浸润麻醉；②腰部椎旁注射麻醉；③节段性腰背硬膜下麻醉；④胸腰椎蛛网膜下腔麻醉（表11-8）。这些技术中的任何一种都可用于外科手术，例如剖腹探查术、肠活检、卵巢切除术、子宫扭转手术、剖宫产、胚胎移植、腹隐睾症阉割和开胸手术。

（1）浸润麻醉　切口线（线性阻滞）的简单浸润可能是最简单且最常用的用于马侧腹的麻醉技术。使用2.5cm、20G或更小的针头多次皮下注射1mL局部麻醉药，间隔1～2cm。当针插入阻滞的皮肤边缘时，应缓慢且连续地注射。10～15mL的麻醉药足够阻滞皮肤和皮下通路。深部浸润肌肉层和腹膜壁应使用7.5～10cm、18G针和50～150mL麻醉药，具体取决于要阻滞的区域。成年马（500kg）线性阻滞的安全耐受量为250mL 2%的利多卡因盐酸溶液，相当于5g。麻醉开始起效需要10～15min。与其他技术相比，线性阻滞的优点是易于管理和不需要特殊设备。局部浸润麻醉的缺点包括正常组织解剖结构改变、麻醉不完全（特别是腹膜）、腹壁深层肌肉松弛不完全、腹腔注入大量麻醉药后的毒性反应、麻醉药量大及所需时间长等。

表 11-8　马的胸部镇痛技术

技术	阻滞区域
胸腰椎旁	第 18 胸椎至第 2 腰椎
节段性胸腰椎蛛网膜下腔	第 12 胸椎至第 3 腰椎
节段性胸腰椎硬膜外	第 12 胸椎至第 3 腰椎
骶管硬膜外	第 2 荐椎至尾椎
持续骶管硬膜外麻醉	第 2 荐椎至尾椎
持续骶管蛛网膜下腔麻醉	第 2 荐椎至尾椎

(2) 腰部椎旁注射麻醉　使最后一节胸椎（T18）和第一和第二腰椎（L1和L2）的脊神经背侧和腹侧分支阻滞来诱导对皮肤、肌肉组织和腹侧中部区域麻醉，这种方法可以替代线性阻滞。T18到L2脊神经在椎间孔侧向分支，形成背侧和腹侧分支。背侧分支向内侧支配腰肌，外侧支支配上腰椎旁窝的皮肤。

通过在三个部位注射10mL局部麻醉药，使背侧脊神经T18、L1和L2的外侧皮支阻滞：最后一根肋骨的尾侧缘和第一腰椎横突的远端之间（T18）、第一和第二横突（L1）之间及第二和第三横突（L2）之间。皮下注射距中线（腰椎）约10cm（图11-32）。注射点之间的距离为3～6cm。用7.5cm、18G针刺入T18、L1和L2的腹侧分支。在每个部位的阻滞皮肤中刺入针头，直到腹膜被刺穿。当空气进入针管时，针头插入无阻力和轻微的吸力表明针已进入腹膜。应将针尖拔出至腹膜后注射15mL局部麻醉药（图11-32）。拔针时再注射5mL局部麻醉药。椎旁阻滞成功后，常见的表现为侧腹的选择性同侧麻醉（T18皮肤区）、侧腹下端到大腿外侧麻醉（L1皮肤区）、大腿上端到膝关节外侧麻醉（L2皮肤区）。

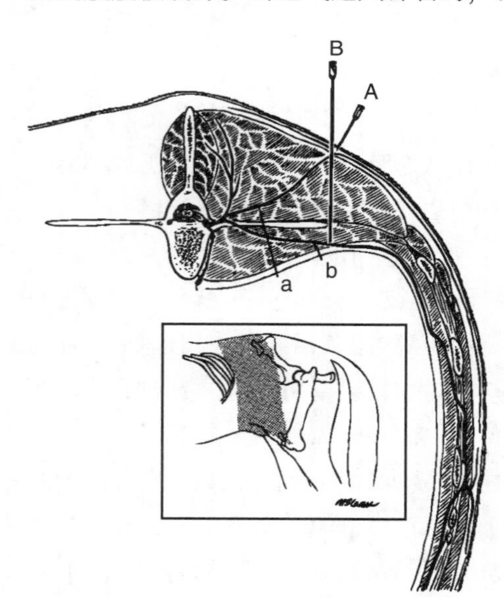

图 11-32　椎旁神经阻滞的针头的放置

A. 椎间孔处第一腰椎横切面的颅骨视图（a，背分支；b，第 1 腰椎神经腹侧分支）
B. 阻断第 18 胸椎，第 1 腰椎和第 2 腰椎神经后的皮下阻滞区

与浸润麻醉相比，椎旁麻醉具有麻醉药量小、麻醉区域广且均匀、肌肉松弛及手术伤口边缘没有局部麻醉药，最大限度地减少水肿、血肿和对愈合干扰的可能性。椎旁阻滞的缺点包括在实施上有一定困难性，尤其是在无法辨别注射点或脊神经以不同路径分布时，而且第三腰椎神经的运动纤维会分布到股骨和坐骨神经，因此第三腰椎神经的意外阻滞会导致盆腔肢体运动失控。

(3) 节段性腰背侧硬膜外麻醉　节段性腰背硬膜外麻醉在技术上有一定困难，并且需要使用单向尖头脊椎穿刺针和硬导管 - 管芯针装置来从腰骶部向T18—L1硬膜外腔插入导管。在放置恰当的导管中注射4mL

局部麻醉药，足以使邻近的脊神经T18—L2阻滞；整个侧腹区域的麻醉在注射后10～20min起效，可以持续50～100min。由于腰部位导管频繁扭动和卷曲，随后向股神经和坐骨神经扩散局部麻醉剂，导致盆腔肢体功能丧失，因此该技术不实用或不适用于非医院环境使用。

(4) 胸腰椎蛛网膜下腔麻醉 胸腰椎蛛网膜下腔麻醉是用于马麻醉最快、控制最好的手术麻醉，但是需要特殊的设备和无菌技术。将一根带有管芯针且斜面指向颅侧17.5cm、17G Huber Tuohy穿刺针（无菌），插入腰骶（L6—S1）椎间隙的蛛网膜下腔。这个间隙位于骶骨结节前端和背中线的连线下方1～2cm处。通过在臀区的最高点用手指向皮肤施加压力，可以触摸第六腰椎（L6）和第二荐椎（S2）的背侧棘突之间的凹陷。直肠触诊腹侧腰骶部的隆起可定位L6—S1椎间隙。在棘突间（L6—S1）韧带附近的皮肤和胸腰筋膜注射5mL局部麻醉药，以帮助马减少穿刺过程中的疼痛。针尖沿着垂直于脊髓的中间平面刺入，直至进入蛛网膜下腔，拔出针芯，抽出2～3mL脑脊液（图11-33）。针头从一根80～100cm长的带有不锈钢弹簧的导管穿过，并前进大约60cm到胸中区域。将针头从导管中取出，移除弹簧导管，并将23G针头和三通阀连接到导管上。将导管拉出适当距离，使其尖端位于T18—L1（图11-33）。通过触摸腰椎棘突（L6—L1）之间的凹陷和逐渐将手指向前移动到第十八胸椎（T18）后面来定位T18—L1椎间隙。以约0.5mL/min的速率通过导管注射小剂量（1.5～2mL）的局部麻醉药。脑脊液用于从导管中去除剩余的局部麻醉药。在注射2%的甲哌卡因盐酸溶液后，从T14—L3的双侧节段性麻醉在注射后5～10min开始起效，并持续30～60min。根据需要，以30min的间隔分次推注0.5mL麻醉剂，可以容易地维持手术麻醉。由于药物吸收进入体循环而不是在脑脊液中水解，麻醉持续的时间由蛛网膜下腔麻醉药浓度（如甲哌卡因）的下降决定。

与腰背硬膜外麻醉相比，胸腰椎蛛网膜下腔麻醉的优点包括：简单、麻醉药在神经根处聚集、麻醉起效快速、生理紊乱程度最小以及用于维持麻醉的药量小；缺点包括：可能会损伤脊髓圆锥、导管会在蛛网膜下腔中扭结和卷曲、失去对骨盆四肢的运动控制、药量过量或是在放错位置的导管中注射适当剂量后出现血液动力学障碍以及操作过程污染而导致脓毒血症及脑膜炎。

5. 尾部麻醉

尾部硬膜外麻醉、连续尾侧硬膜外麻醉和尾侧蛛网膜下麻醉是在不损失后肢运动功能的情况下诱导马的盆腔内脏和生殖器局部麻醉技术。使用适当的技术使尾部和最后三对骶神经麻醉。所涉及的神经包括尾部（控制尾巴）、尾部直肠（肛门褶皱、尾部基部、尾骨和肛提肌）、中直肠（会阴、阴囊和外阴）、阴部（阴茎和外阴）及前后臀部（臀部和大腿的外侧和后面，图11-34）。感觉纤维阻滞会导致尾巴皮肤、骶中区、肛门、会阴、外阴和大腿后侧的感觉丧失(图11-34)。阻断源自脊髓的第二、第三和第四骶骨段的副交感神经纤维导致直肠、远端结肠、膀胱和生殖器官的松弛和扩张。阻塞运动纤维导致尾部松弛和腹部收缩消除，并可能导致后肢无力（表11-9)。建议采用硬膜外麻醉和尾状蛛网膜下腔麻醉技术，以控制难产时会阴、肛门、直肠和阴道的刺激引起的疼痛和直肠张力，并可进行矫正子宫扭转、胎儿切割和各种产科操作。

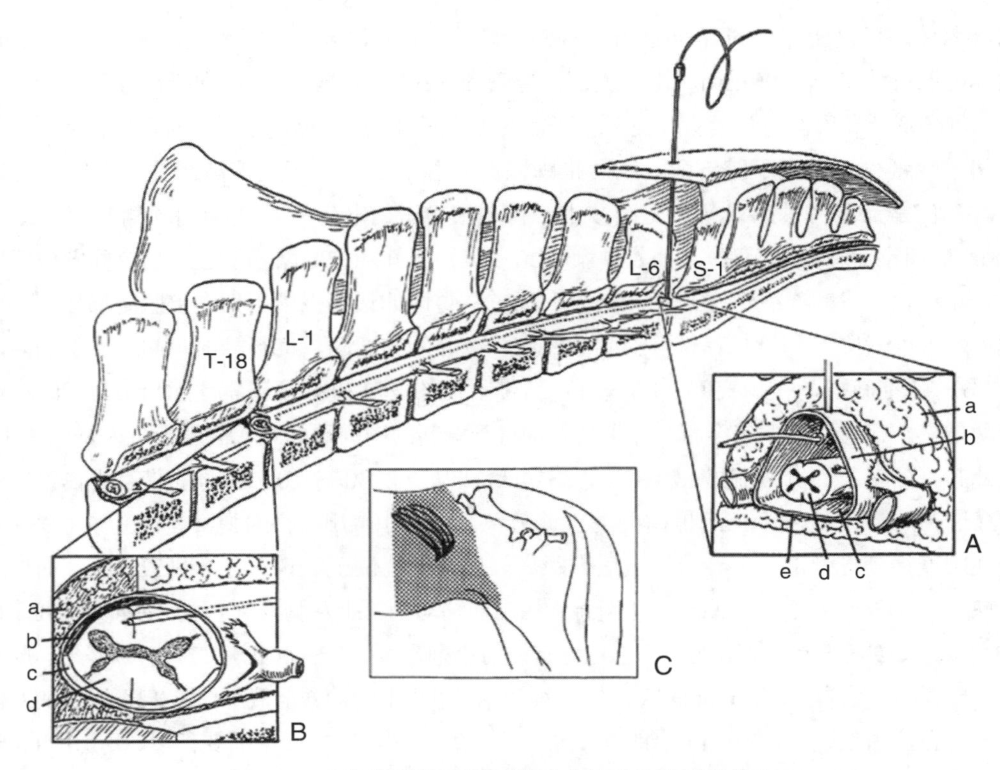

图 11-33 胸腰段蛛网膜下腔镇痛的针头和导管放置

胸腰椎和骶椎的颅侧和左外侧

A. 腰骶部蛛网膜下腔针头的放置 B. 在胸腰椎蛛网膜下腔放置导管尖端 C. 分段阻滞后皮下阻滞区域

a，有脂肪和结缔组织的硬膜外间隙；b，硬脑膜；c，蛛网膜；d，脊髓；e，有脑脊液的蛛网膜下腔。

这些技术通常用于外科手术，例如，直肠阴道瘘修补术、直肠脱垂手术、卡斯利克关闭术、尿道造口术、截肢以及肛门、会阴、外阴和膀胱手术。

对于脾气暴躁的马，通常在硬膜外和蛛网膜下腔注射之前使用镇静剂和镇静剂组合。α_2-肾上腺素受体激动剂会增加马的尿量，这通常会导致外科手术过程中的排尿。

（1）尾部硬膜外麻醉 尾部硬膜外麻醉常用于马，因为它简单且便宜，不需要复杂的设备。在马中，该技术最初应用是在1925年。

尾硬膜外麻醉的注射部位是第一个尾椎间隙（Co1—Co2），被认为是骶骨第一个明显的中线凹陷（表11-9）。当尾部升高和降低时，Co1—Co2间隙通常可以作为骶骨尾部的第一活动关节。第一个尾椎通常与骶骨融合，第二个可自由移动；因此，Co1—Co2是针头放置的位置（图11-34）。对于肥胖或状态良好的马来说，Co1—Co2间隙可能更难以触诊，但它通常位于尾巴弯曲处最具棱角的部分，距离第一根尾毛根部或尾部褶皱5～7cm。应该使用适当的约束，并应该允许马直立、臀部对称。

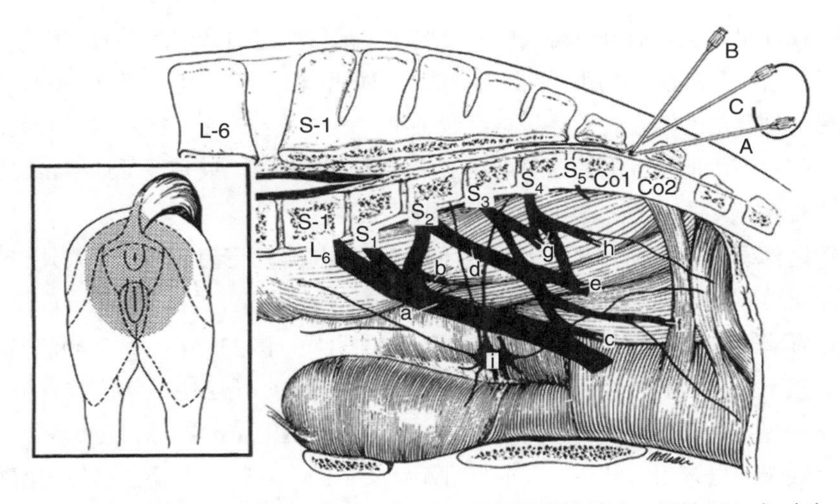

图 11-34　右侧，针头放置（A 和 B）用于尾部硬膜外镇痛。导管置入术（C）用于硬膜外持续镇痛。显示第六腰椎腹侧支（L6）和骶神经 1（S1）至 5（S5）

母马盆腔脏器的神经供应：a，坐骨神经；b，臀尾神经；c，尾股；d，阴部；e，会阴；f，阴部；g，直肠尾神经；h，皮神经；I，盆腔丛；左侧，尾状阻滞后阻滞皮下有点状斑点。

用一个5～7cm、18G脊椎穿刺针，插入到尾骨间隙的中心，与水平面成约30°角，直到它触及椎管的底部（图11-34）。针头针座可以填充等渗盐水溶液或麻醉药溶液，并稍微抽出，直到因硬膜外压力低于大气压而从针头吸出溶液。当针尖进入硬膜外腔时，通常会听到吮吸声。从皮肤表面到神经管的深度在3～7cm，这取决于马的大小和状况。硬膜外腔内注射3～5mL空气缺乏阻力，没有抽吸血，进一步确保了针的正确放置。或者，脊椎穿刺针可以插入Co1—Co2空间的中心，与臀部的一般轮廓成直角（图11-34）。首先将针在正中平面腹侧引导至椎管底部，然后撤回约0.5cm以避免注射到椎间盘或韧带底部。

注射麻醉药的量取决于局部麻醉药的类型、马的大小和体型以及所需的区域麻醉程度。对于性成熟的450kg的母马（0.26～0.35mL/kg），可能需要总共6～8mL 2%的利多卡因盐酸溶液或其等量溶液来麻醉肛门、会阴、直肠、外阴、阴道、尿道和膀胱。还有其他可接受的剂量，可以实现从脊髓节段S1到尾骨的麻醉，从而产生盆腔内脏和生殖器的镇痛并且不会导致成年马共济失调：10～12mL 2%的普鲁卡因盐酸溶液、5～7mL 5%的普鲁卡因盐酸溶液、5～7mL 2%的甲哌卡因盐酸溶液、3～5mL 5%的己卡因HCl溶液和0.17mg/kg的赛拉嗪稀释于10mL 0.9%的氯化钠溶液中。最大阻滞效果应在10～30min内显现，在此期间不建议重新开始。如果针留在原位并且连接了注射帽，则可以施用额外剂量的麻醉药。麻醉持续时间与剂量相关，5%的普鲁卡因和2%的利多卡因可持续60～90min，5%的己卡因和2%的甲哌卡因可持续90～120min，赛拉嗪可持续180～240min。注射技术不当、解剖异常或先前硬膜外注射引起的粘连是尾侧硬膜外麻醉失败的一些重要原因。过量会引起后肢共济失调或运动阻滞，卧地不起及兴奋引起等副作用。后肢无力的马应该用尾带支撑60～90min或直到完全恢复后肢控制。另一种严重的潜在并发症是神经管感染，通过适当的无菌技术可以避免；脊髓和脊髓膜的创伤几乎是不可能的，因为这些结构的末端是注射部位。只有尾骨神经和细的尾丝保留在针刺部位的椎管内，并且这些结构不容易被损伤。

（2）**连续尾部硬膜外麻醉** 通过上述两种方法之一将导管无菌地置于硬膜外腔中，可以实现马连续尾部硬膜外麻醉。一根10.2cm、18G带柄的薄壁Tuohy针插入Co1—Co2间隙的中线上，同时以更简单的方法以大约45°的角度向臀部方向引导（图11-34），针头向前推进，直到针头通道阻力突然下降，表明刺穿了弓状韧带进入椎管。注入10mL空气不应该有阻力。市场上可买到的91.8cm、20G硬膜外导管，带刻度标记和针头（Allison Park，PA; www.recathco.com）或医用级无菌导管引入针头，向前推进距针尖2.5～4cm的距离，当导管留在适当位置时可将针从导管移除。将导管适配器放置在导管的远端，用作注射口。然后在1min内给予所需量的麻醉药溶液（4～8mL）。注射器应更换为导管帽，以防止注射之间无意中给药。

另外（更难的方法）将19.5cm、17G Huber尖的Tuohy针无菌地插入腰骶（L6—S1）椎间隙的硬膜外腔（图11-35）。成年马的针刺深度范围为11～14cm。用不锈钢弹簧导向器加固的导管穿入针头10～20cm。这将让导管尖端置于骶骨后部的（S3—S5）硬膜外腔。然后在去除Huber针和导丝器后注射4～5mL局部麻醉药。

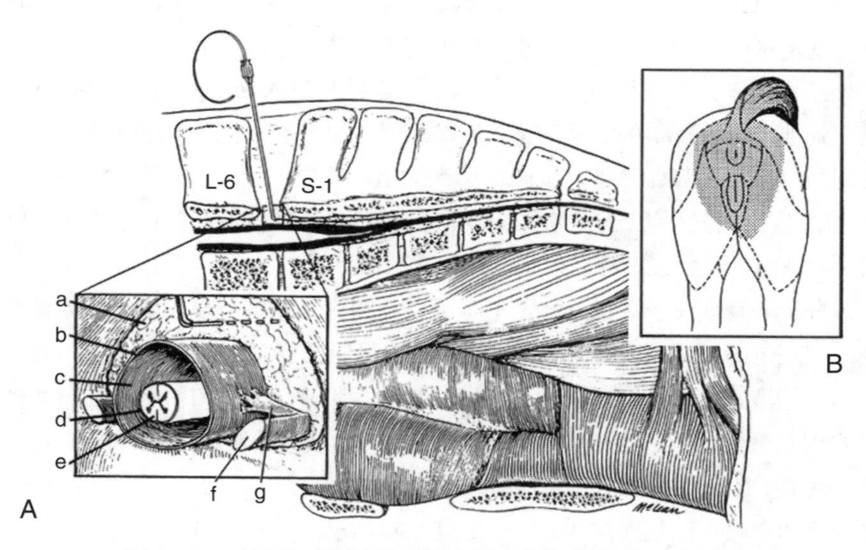

图11-35 针置入腰骶部硬膜外间隙及骶部硬膜外间隙插管

A. 第五骶骨［第五骶骨横断位于椎间孔位置，显示椎管内结构的关系：a，硬膜外间隙与脂肪和结缔组织；b，硬脑膜；c，蛛网膜；d，软膜；e，脊髓；f，第一骶骨（S1）；g，第二骶骨（S2）脊神经］ B. 尾部阻滞后脱敏（尾部阻滞后脱敏皮下区有点状斑点）

与针穿刺技术相比，导管技术的优点在于导管尖部位于阴部和盆腔神经根处，从而减少尾部麻醉所需要的麻药剂量；该技术还可以用于手术过程中重复少量给药，同时马尾发射性朝向背侧，易于手术固定及手术视野暴露；单次穿刺还可能减少由重复硬膜外阻滞引起的硬膜外间隙纤维化。但套管针穿刺技术在控制病菌感染及设备成本方面仍存在不足，导管并发症包括扭结、卷曲和纤维蛋白堵塞。新型的导管设计避免了这些问题。如果必须要知道导管位置，利用X线技术还可以对导管进行定位。随着新型长效局部麻醉药、阿片类麻醉药和α_2-肾上腺素受体激动剂的不断研发，将有利于使用硬膜外导管延长术后镇痛时间或缓解里急后重的情况。

（3）连续尾侧蛛网膜下麻醉 马腰骶骨蛛网膜下腔麻醉和马尾蛛网膜下腔颅部麻醉首次提出是1901年。穿刺注射将麻醉药注入腰骶骨蛛网膜下腔并不适用，也不容易在野外实施，因为它能麻醉盆腔四肢、骨盆侧翼及腹部的后部。利用套管针穿刺进行连续尾蛛网膜下麻醉在保证动物后肢功能的同时，还避免了针穿刺麻醉带来的问题（表11-9）。具体方法如下：首先，使用19.5cm、17G Huber针头的定向针在腰荐（L6—S1）椎间隙处，斜口朝向尾侧刺入蛛网膜下腔（图11-36），手术过程中保证无菌。如前所述，通过触诊骨骼标志物定位腰骶椎间隙，若拔出针芯或注射器缓慢抽吸时有脑脊液流出，则穿刺成功。取一根30cm长的不锈钢弹簧导向器加固的聚乙烯导管（外径0.625mm），穿过针头，向荐椎中心区域推进15～25cm。

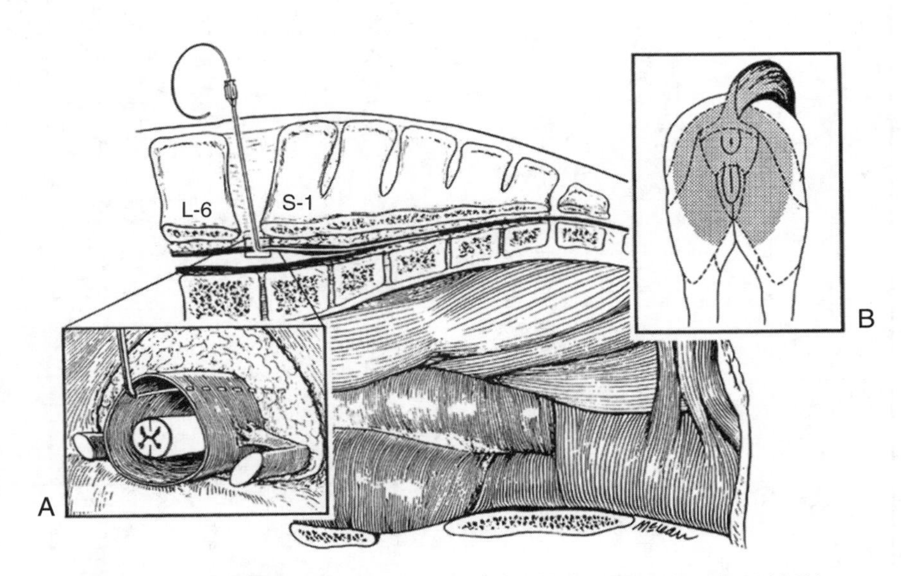

图11-36 腰荐椎蛛网膜下腔（含脑脊液）穿刺和荐椎蛛网膜下腔插管

A. 第一荐椎横切面的颅远侧视图 B. 标出部分为尾部阻滞后的皮下阻滞区域
A和B结构与图10-35的A和B中的结构相似。

表 11-9　神经解剖学和尾侧硬膜外镇痛的效果

脊髓节段	神经	分支	提供的结构				
			感觉部位	运动肌	副交感神经	交感神经	行为
尾骨	马尾	—	大多数肛门和尾巴之间的尾巴和皮肤	尾椎肌	—	—	
S5	尾部直肠（痔疮）	—	肛门区，尾褶，尾巴	尾骨肌，提上肌和外肌	尾部直肠神经纤维	—	过度交感神经刺激引起的肛肠区域紧张
S4 和 S5	中直肠	会阴神经，尾部阴囊神经，阴唇神经	会阴，后臀，阴囊沿其尾部，外阴不包括阴蒂		骨盆神经，腹下神经丛	—	松弛膀胱（不包括括约肌），远端结肠，直肠，生殖器官
S4、S3 和 S2	阴部	阴茎背神经，深会阴神经	阴茎（阴茎海绵体和海绵体），阴蒂和外阴	会阴肌，坐骨直肠窝筋膜，外阴收缩肌	—	阴茎肌肉牵开器	阴茎脱垂，外阴和阴道放松
腰骶神经丛							
S2 和 S1	尾部臀肌	尾部皮肤股神经	臀部和大腿的外侧及后侧表面	臀部的扩展			松弛膀胱和膀胱括约肌，远端结肠，直肠，生殖器官
S1,L6 和 L5	臀前肌		大腿外侧	屈肌和臀部外展肌		内脏腰神经（部分）	
S1,L6 和 L5	坐骨		中胫骨区域	髋部屈肌和外展肌，膝关节屈肌（部分），飞节和深沟伸肌			共济失调，后躯的指关节

导管前端不能超过蛛网膜下腔末端（通常在第三荐椎间隙）。成年马，从皮肤表面到蛛网膜下腔穿刺点的距离为10～15cm，从腰骶到蛛网膜下腔末端的距离为8～12cm。吸取1～2mL的脑脊液后，以约0.5mL/min的速率注射1.5～2mL 2%的盐酸甲哌卡因溶液或等量溶液。双侧尾部麻醉范围从脊髓S2至尾骨需要5～12min，麻醉持续时间为20～80min。每30min或根据需要给药，0.5mL/次，较易维持手术麻醉效果。

蛛网膜下腔麻醉使用1/3的硬膜外给药剂量可以达到相同的麻醉程度，且麻醉起效时间快两倍，同时，蛛网膜下腔内的脊神经根没有被保护性硬脑膜覆盖，避免了因硬膜外间隙隔膜或硬膜外脂肪引起的麻醉剂分散不充分或麻醉不完全，作用时间为硬膜外麻醉的一半。但蛛网膜下腔麻醉操作困难，针头或导管对脊髓圆锥和神经纤维存在潜在损伤，麻醉后肌炎发病率较高，所以在实践中的应用受到了限制。

6. 去势术

去势术是马科动物最常见的外科手术之一。可通过站立或侧卧位马的精索或睾丸中注射局部麻醉药来完成麻醉。

精索经皮麻醉：使用2.5cm、20G穿刺针尽可能在靠近腹股沟外环精索部位穿刺。以扇形方式注射20～30mL 2%的盐酸利多卡因溶液，避免刺穿精索动脉和静脉。阴囊皮肤切口处皮下注射5～10mL麻醉药浸润阻滞。睾丸内麻醉：采用6.25cm、18G穿刺针垂直快速插入阴囊紧绷的表皮，并注射20～30mL 2%的盐酸利多卡因溶液（图11-37）。同时切口周围阴囊组织应使用5～10mL麻醉药局部浸润。重复这些步骤，使对侧睾丸和阴囊阻滞。尽管麻醉药通过淋巴循环能迅速从睾丸扩散到精索（90s内），但10min后麻醉效果最佳。全身麻醉常用于横卧去势。

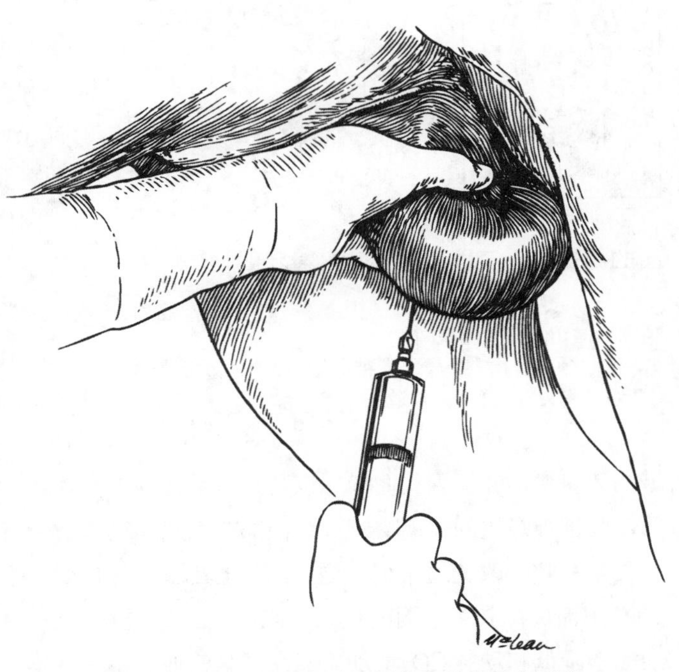

图11-37　马站立保定时右侧睾丸药物注射部位

7. 局部麻醉治疗

交感神经的局部浸润麻醉能有效缓解血管收缩和疼痛。马交感神经系统的颈胸（星状）神经节和腰椎旁交感神经节可在不影响体感功能的情况下局部麻醉。

（1）颈胸（星状）神经节阻滞　马颈胸神经节（CTG）局部浸润麻醉能有效阻断局部血管

反射性痉挛及头、颈、胸肢疼痛。马CTG阻滞已被证明是特发性肩跛、桡神经麻痹、头颈湿疹，以及各种前腿肌肉、关节和肌腱鞘疾病的一种治疗手段。单次神经节阻滞对急性疾病有效果，而慢性疾病则需要两到三次阻滞才能取得良好效果。在马的头部和气管旁进行CTG局部浸润麻醉是一个相对安全的过程。手术过程中保证马两侧胸肢承重一致。皮肤穿刺点位于颈静脉和颈动脉背侧颈静脉沟内肱骨中间结节背侧12～17cm处。该区域进行手术清洗后，注射2～3mL麻醉药进行局部浸润麻醉。用一根25cm、16G穿刺针插入阻滞部位，水平或向后倾斜5°，直至针尖触碰到第七颈椎横突或其椎体，注射2～3mL麻醉剂（图11-38），穿刺深度在11～15cm，取决于颈长肌的厚度和弹性。针穿刺进入皮肤后，首先拔出5～10cm，使其尖端转向外侧和腹侧，从而绕过第七颈椎到达第一和第二肋骨关节（图11-38）。此时针尖距皮肤表面15～20cm，如果注射器回吸时未见空气、血液或脊髓液，麻醉药注射没有阻力且阻滞有效，则表明穿刺针放置正确。在该部位注射约50mL 1%的盐酸利多卡因溶液（利多卡因），针拔出6～10cm后，再注射50mL利多卡因。CTG阻滞导致同侧皮下温度升高（最高3℃）；头部、颈部和胸肢大量出汗；同侧霍纳氏综合征（Horner综合征：如上睑下垂、瞳孔缩小和同侧喉麻痹）。这些症状在注射后10～15min出现，持续时间超过75min。皮肤温度的升高与肌肉和皮肤的血管血流量增加（血管舒张）有关。出汗增加是由血液供应增加引起的，并因此导致了该区域的热量增加、汗腺代谢增加以及兴奋引起的中枢刺激。霍纳氏综合征是由CTG或第八颈椎和第二胸椎神经之间腹侧交感神经根部的交感神经通路中断引起的。马单侧CTG阻滞引起的血液动力学和呼吸改变通常很轻微。马的心率、心输出量、主动脉血压和总外周阻力都良好；单侧CTG阻滞后，利多卡因的最大血浆浓度是最低的（0.4～1.3μg/mL）。迷走神经抑制导致呼吸速频率降低和动脉CO_2增加。然而，马的通气不足并不足以引起显著的呼吸性酸中毒或低氧血症。短暂的臂丛神经和喉返神经麻痹以及胸腔穿刺导致的气胸是马双侧CTG阻滞的潜在重要并发症。

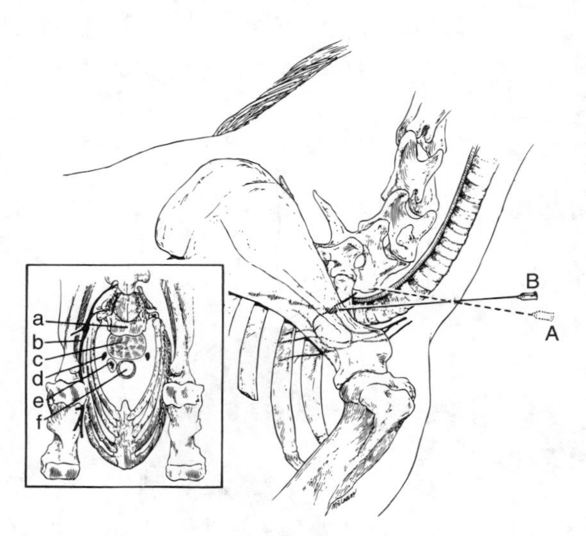

图11-38　第七颈椎（A）、颈胸（星状）神经节（右侧）穿刺

插图：横切面的颅侧视图。
a，第七颈椎；b，第八颈椎神经腹支；c，颈长肌；d，右颈胸神经节；e，食道；f，气管。

（2）腰椎旁交感神经节阻滞　用局部麻醉药溶液对马的腰交感神经节浸润，可用于肌炎、骨膜炎、髋关节炎、腓骨和阴茎神经麻痹的治疗。腰交感神经干位于第二腰椎和第三腰椎（L2和L3）的横突之间，在其棘突外侧约15cm处。其他可能的穿刺部位位于第十八胸椎和第一腰椎之间、第一和第二、第三和第四腰椎之间，由于第四和第五腰椎之间的间隙非常窄，所以不在第四和第五腰椎之间进行穿刺。穿刺部位（L2和L3之间）保证无菌，用2～3mL局部麻醉药浸润。用一个带有标记的25cm、16G针穿透皮肤并向前推进，直到其尖端接触L2或L3的横突。该标记用于记录针刺深度为15～20cm（图11-39，A）。将针部分抽出然后重新插入使其尖端离开横突并定位于横韧带（角度α）。将针头撤回到皮下区域并以α角度插入，与垂直方向成大概45°计算距离，该距离等于标记（皮肤穿刺）与针尖之间的距离再加上5～8cm（图11-39，B）。在抽吸后缓慢注射约100mL 1%的利多卡因盐酸溶液，以确保针尖未进入腹膜或血液。麻醉药在交感神经干周围的组织和头尾两侧的两个部分扩散。交感神经阻滞表现为皮肤和皮下温度升高以及10min内同侧骨盆肢体大量出汗。腰椎躯体神经不应该通过使用这种技术阻滞，因此，感觉和运动神经不会被麻醉。非镇静马能耐受单侧腰交感神经节阻滞（ULSG阻滞）。在ULSG阻滞期间马的心率和血压增加以维持心输出量和全身动脉血压。如图11-39所示，在ULSG阻滞期间马的呼吸速率降低，但从正常的动脉血气分压（PO_2，$PaCO_2$）和pH可以看出，其肺泡通气量仍然充足。潜在的并发症有刺穿血管，进而导致血肿、血管内注射、腹腔穿刺及针头断裂。

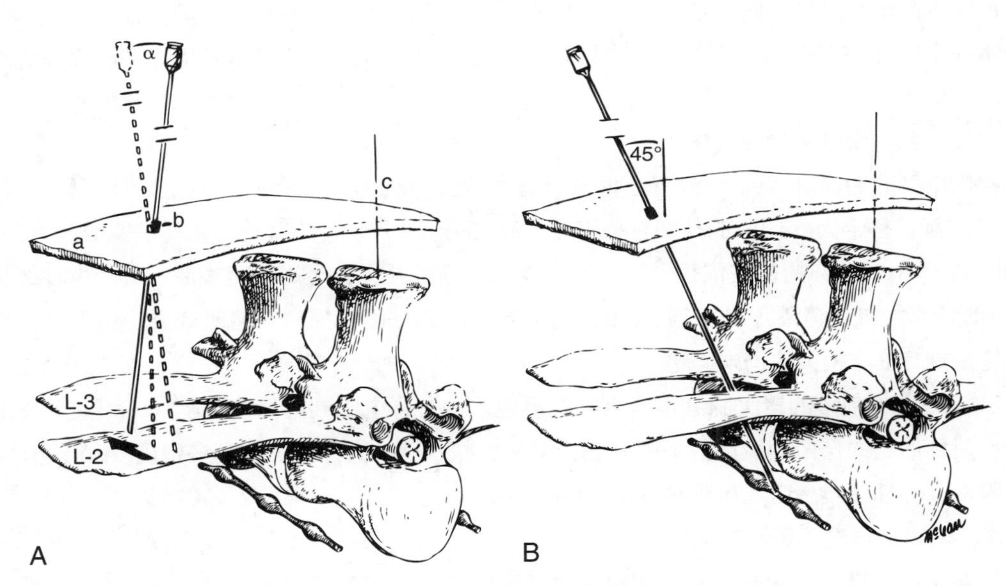

图11-39　针置于腰交感神经干

A. 针尖在横向过程中　B. 右神经节链

a，皮肤；b，标记；c，中线。

八、并发症

出现局部麻醉和局部麻醉相关的并发症可能与用药、患畜准备不充分、设备差和技术不熟练有关（框表11-2）。局部麻醉药在尾侧硬膜外给药后可发生共济失调和躺卧。给马硬膜外给予吗啡和地托咪定后会发生严重瘙痒。理想的做法是在手术过程中补充镇静剂或麻醉-镇静剂组合来补充局部和区域麻醉（参阅第10章）。适当地保定马并使用柔软的一次性针和带有管芯针的脊髓穿刺针，注射后的反应和断针的可能性很小，可以进一步降低风险。一次性针头和注射器为无菌区域麻醉提供了可靠性。马主人和训练师应遵循竞赛马的药物规则，因为许多药物可在血浆和尿液中检测到。

框表 11-2　与局部或局部镇痛技术相关的潜在并发症
• 部分或不完全的镇痛作用 • 神经毒性和长期神经阻滞 • 过敏性皮肤反应 • 局部感染 • 意外血管内注射和使用过量 • 硬膜外给药后肌肉痉挛，共济失调或卧倒昏昏欲睡 • 镇静 • 大剂量后的激动和兴奋

1. 全身毒性

当过量或偶然的血管内注射导致大量的局部麻醉药进入血液时，可能发生全身毒性，对马驹的风险远高于成年马（图11-5）。严格遵守安全剂量和频繁的抽吸测试可减少血管内注射的风险。苯佐卡因盐酸可在犬中产生高铁血红蛋白血症，但尚未报道苯佐卡因诱导马的高铁血红蛋白血症。

2. 局部组织毒性和神经损伤

常规浓度的局部麻醉药不应产生神经损伤。试验研究表明，低效和高效酯局部麻醉药（3%的盐酸2-氯普鲁卡因、10%的盐酸普鲁卡因、1%的盐酸丁卡因）以及酰胺局部麻醉药（2%的盐酸甲哌卡因、1.5%的盐酸依替卡因）均可渗透神经鞘并在神经周围聚集后48h产生神经损伤（例如轴突变性和脱髓鞘）。临床上使用的局部麻醉药的浓度可损害骨骼肌纤维，但是这一发现在马是否具有临床相关性仍未确定。

1：200 000剂量的肾上腺素不具有神经毒性。含有肾上腺素的局部麻醉药不可在薄皮的纯种马和阿拉伯马的伤口边缘注射，因为它会引起皮肤脱落。同样，盐酸利多卡因（20mg/mL）、肾上腺素（0.012mg/mL）和青霉素钠（800 000U）的混合剂不得注入马的蹄关节。由于骨化关节炎，其可能导致不可逆的跛行。

如果使用适当的无菌技术并且避免注射到污染区域，就会避免因为感染引起的并发症。虽然在穿刺部位发生轻微的炎症反应，但不会存在神经轴突内和周围的严重感染。局部感染发病率低的麻醉可能与局麻药的抗菌活性有关。“钩”针可能会导致神经和神经干的创伤。

3. 快速耐受性

对局部麻醉药的快速耐受或急性耐受定义为在重复使用等剂量的麻醉剂后，持续时间、节段扩散或局部阻滞强度降低。各种局部麻醉药，包括可卡因、普鲁卡因、丁卡因、利多卡因、

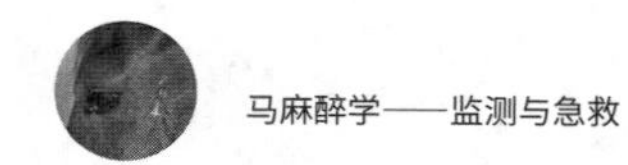

利多卡因-CO_2、甲哌卡因、布比卡因、依替卡因和地布卡因，可通过增加剂量，以达到表面麻醉、传导阻滞、脊髓或硬膜外麻醉、麻醉和臂丛神经阻滞期间的维持效果。快速耐受的潜在机制尚不清楚。对局部麻醉药物分布和吸收的改变可能在快速耐受的发展中起作用。局部麻醉药的结构（酯与酰胺）、药理学性质（短效与长效）、技术、给药方式（连续间歇对比）和药效学过程（受体部位的有效性）与快速耐受无关。已有相关研究表明，时间和生理节律对疼痛作用的影响导致快速耐受的发生（假性快速耐药反应）。

参考文献

Adams OR, 1974. Lameness in horses, ed 3, Philadelphia, Lea & Febiger, pp 91-112.

Akerman B, Sandberg R, Covino BG, 1986. Local anesthetic efficacy of LEA 103—an experimental xylidide agent, Anesthesiology 65 (3A): A217.

Aldrete JA, Johnson DA, 1970. Evaluation of intracutaneous testing for investigation of allergy to local anesthetic agents, Anesth Analg (Cleve) 49: 173-175.

Arthur GR et al, 1986. Acute IV toxicity of LEA-103, a new local anesthetic, compared to lidocaine and bupivacaine in the awake dog, Anesthesiology 65:(3A): A182.

Becker DE, Reed KL, 2006. Essentials of local anesthetic pharmacology, Anesth Prog 53: 98-109.

Bertler A et al, 1978. In vivo lung uptake of lidocaine in pigs, Acta Anaesth Scand 22: 530-536.

Bidwell LA, Wilson DV, Caron JP, 2007. Lack of systemic absorption of lidocaine from 5% patches placed on horses, Vet Anaesth Analg 34 (6): 443-446.

Bolz W, 1930. Ein weiterer Beitrag zur Leitungsanästhesie am Kopf des Pferdes, Berl Tierarztl Wochenschr 46: 529-530.

Bramlage LR, Gabel AA, Hackett RA, 1980. Avulsion fractures of the origin of the suspensory ligament in the horse, J Am Vet Med Assoc 176: 1004-1010.

Bressou C, Cliza S, 1931. Contribution a létude de l' anesthésie dentaire chez le cheval et chez le chien, Rec Med Vet 107: 129-134.

Brose WG, Cohen SE, 1988. Epidural lidocaine for cesarean section: minimum effective epinephrine concentration, Anesth Analg 67: S23.

Brown DT, Beamish D, Wildsmith JAW, 1981. Allergic reaction to an amide local anesthetic, Br J Anaesth 53: 435-437.

Brown MP, Valko K, 1980. A technique for intraarticular injection of the equine tarso-metatarsal joint, Vet Med Small Anim Clin 75: 265-270.

Buckley FP, Neto GD, Fink BR, 1985. Acid and alkaline solutions of local anesthetics: duration of nerve block and tissue pH, Anesth Analg 64: 477-482.

Burford JH, Corley KT, 1994. Morphine-associated pruritus after single extradural administration in a horse, Vet Anaesth Analg 55 (5): 670-680.

Burm AG et al, 1986. Epidural anesthesia with lidocaine and bupivacaine: effects of epinephrine on the plasma concentration profiles, Anesth Analg 65: 1281-1284.
Butterworth JF et al, 1989. Cooling lidocaine from room temperature to 5° (neither hastens nor improves median nerve block), Anesth Analg 68: S45.
Chopin JB, Wright JD, 1995. Complication after the use of a combination of lignocaine and xylazine for epidural anaesthesia in a mare, Aust Vet J 79 (2): 354-355.
Colbern GT, 1984. The use of diagnostic nerve block procedures on horses, Compend Contin Educ 6 (10): 611-619.
Collins JG et al, 1984. Spinally administered epinephrine suppresses noxiously evoked activity of WDR neurons in the dorsal horn of the spinal cord, Anesthesiology 60: 269-275.
Colter SB, 1988. Electromyographic detection and evaluation of tail alterations in show ring horses. In Proceedings of the Sixth Annual Veterinary Medicine Forum, Denver, ACVIM, pp 421-423.
Courtney KR, Kendig JJ, Cohen EN, 1978. Frequency dependent conduction block: the role of nerve impulse pattern in local anesthetic potency, Anesthesiology 48: 111-117.
Courtot D, 1979. Elimination of lignocaine in the horse, Ir Vet J 33 (12): 205-208, 215.
Covino BG, 1986. Pharmacology of local anaesthetic agents, Br J Anaesth 58: 701-716.
deJong RH, 1970. Physiology and pharmacology of local anesthesia, Springfield, Il, Charles C Thomas.
DeRossi R et al, 2004. Perineal analgesia and hemodynamic effects of the epidural administration of meperidine or hyperbaric bupivacaine in conscious horses, Can Vet J 45 (1): 42-47.
Derossi R et al, 2005. 0.05% versus racemic 0.5% bupivacaine for caudal epidural analgesia in horses, J Vet Pharmacol Ther 28 (3): 293-297.
Doherty TJ, Frazier DL, 1998. Effect of intravenous lidocaine on halothane minimum alveolar concentration in ponies, Equine Vet J 30 (4): 300-303.
Dyson S, 1986. Diagnostic technique in the investigation of shoulder lameness, Equine Vet J 18: 25-28.
Dyson S, 1986. Problems associated with the interpretation of results of regional and intraarticular anaesthesia in the horse, Vet Rec 12: 419-422.
Eckenhoff JE, Kirby CK, 1951. The use of hyaluronidase in regional nerve blocks, Anesthesiology 12: 27-32.
Edwards JF, 1930. Regional anaesthesia of the head of the horse: an up-to-date survey, Vet Rec 10: 873-975.
Eeckhout AVP, 1921. Un procédé pratique pour obtenir l' anesthésie compléte des dents molaires supérieures chez le cheval, Ann Med Vet 66: 10-14.
Engelking LR et al, 1985. Pharmacokinetics of antipyrine, acetaminophen, and lidocaine in fed and fasted horses, J Vet Pharmacol Ther 10: 73-82.
Evans JA, Lambert MBT, 1974. Estimation of procaine in urine of horses, Vet Rec 95: 316-318.
Fankenhaeuser B, 1960. Quantitative description of sodium currents in myelinated nerve

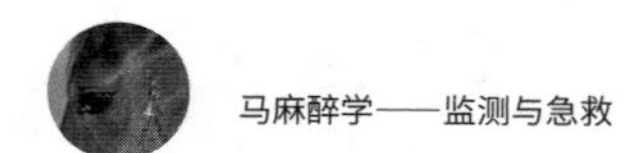

fibers of xenopus laevis, J Physiol (Lond), 151: 491-501.

Feary DJ et al, 2005. Influence of general anesthesia on pharmacokinetics of intravenous lidocaine infusion in horses, Am J Vet Res 66 (4): 574-580.

Fikes LW, Lin HC, Thurmon JC, 1989. A preliminary comparison of lidocaine and xylazine as epidural analgesics in ponies, Vet Surg 18 (1): 85-86.

Firth EC, 1978. Horner' s syndrome in the horse: experimental induction and a case report, Equine Vet J 10 (1): 9-13.

Ford TS, Ross MW, Orsini PG, 1988. Communication and boundaries of the middle carpal and carpometacarpal joints in horses, Am J Vet Res 49: 2161-2164.

Ford TS, Ross MW, Orsini PG, 1989. A comparison of methods for proximal palmar metacarpal analgesia in horses, Vet Surg 18 (2): 146-150.

Franz DN, Perry RS, 1974. Mechanisms of differential block among single myelinated and non-myelinated axons of procaine, J Physiol (Lond) 236: 193-210.

Ganidagli S et al, 2004. Comparison of ropivacaine with a combination of ropivacaine and fentanyl for the caudal epidural anesthesia of mares, Vet Rec 154 (11): 329-332.

Gray BW et al, 1980. Clinical approach to determine the contribution of the palmar and palmar metacarpal nerves to the innervation of the equine fetlock joint, Am J Vet Res 41: 940-943.

Greene EM, Cooper RC, 1984. Continuous caudal epidural anesthesia in the horse, J Am Vet Med Assoc 184: 971-974.

Greene SA, Thurmon JC, 1985. Epidural analgesia and sedation for selected equine surgeries, Equine Pract 7: 14-19.

Grosenbaugh DA, Skarda RT, Muir WW, 1999. Caudal regional anaesthesia in horses, Equine Vet Ed 11 (2): 98-105.

Haga HA et al, 2006. Effect of intratesticular injection of lidocaine on cardiovascular responses to castration in isoflurane-anesthetized stallions, Am J Vet Res 67 (3): 403-408.

Haitjema H, Gibson KT, 2001. Severe pruritus associated with epidural morphine and detomidine in a horse, Aust Vet J 79 (4): 248-250.

Hay RC, Yonezawa T, Derrick WS, 1959. Control of intractable pain in advanced cancer by subarachnoid alcohol block, JAMA 169: 1315-1320.

Heavner JE, 1981. Local anesthetics, Vet Clin North Am (Large Anim Pract) 3 (1): 209-221.

Hodgkin AL, Huxley AF, 1952. A quantitative description of membrane current and its application to conduction and excitation in nerve, J Physiol (Lond) 117: 500-544.

Hudson R, 1930. Local anaesthesia, Vet Rec 2: 1053-1054.

In Cousins MJ, Brindenbaugh PO, editors, 1980. Neural blockade in clinical anesthesia and pain management, Philadelphia, JB Lippincott.

Kalichman MW, Powell HC, Myers RR, 1986. Neurotoxicity of local anesthetics in rat sciatic nerve, Anesthesiology 65 (3A): A188.

Kamerling SG et al, 1985. Differential effects of phenylbutazone and local anesthetics on nociception in the equine, Eur J Pharmacol 107: 35-41.

Lansdowne JL et al, 2005. Epidural migration of new methylene blue in 0.9% sodium chloride solution or 2% mepivacaine solution following injection into the first intercoccygeal space in foal cadavers and anesthetized foals undergoing laparoscopy, Am J Vet Res 66 (8): 1324-1329.

LeBlanc PH et al, 1988. Epidural injection of xylazine for perineal analgesia in horses, J Am Vet Med Assoc 193: 1405-1408.

Leicht CH, Carlson JA, 1986. Prolongation of lidocaine spinal anesthesia with epinephrine and phenylephrine, Anesth Analg 65: 365-369.

Lichtenstrn G, 1911. Die Verwendung von Tropakokain in der tierärztlichen Chirurgie mit besonderer Berücksichtigung hinsichtlich seiner Verwendbarkeit in der Augapfelinfiltration beim Pferde, Münch Tierarztl Wochenschr 55: 337-359.

Lipfert P, 1989. Tachyphylaxie von Lokalanaesthetika. Der Anesthesist, Reg Anaesth 38: 13-20.

Liu P, Feldman HS, Covino BG, 1980. Acute cardiovascular toxicity of lidocaine, bupivacaine, and etidocaine in anesthetized, ventilated dogs, Anesthesiology 53: S231.

Liu P, Feldman HS, Covino BG, 1981. Comparative CNS and cardiovascular toxicity of various local anesthetic agents, Anesthesiology 55 (3): A156.

Lloyd KCK, Stover JM, Pascoe JR, 1988. A technique for catheterization of the equine antebrachiocarpal joint, Am J Vet Res 49: 658-662.

Lowe JE, Dougherty R, 1972. Castration of horses and ponies by a primary closure method, Am Vet Med Assoc 160: 183-185.

Ludmore I et al, 1989. Retrobulbar block: effect of hyaluronidase on lidocaine systemic absorption and CSF diffusion in dogs, Anesth Analg 68: S65.

Mac Kellar JC, 1967. Procaine hydrochloride in the treatment of spasmodic colic in horses, Vet Rec 80: 44-47.

Maes A et al, 2007. Determination of lidocaine and its two N-desethylated metabolites in dog and horse plasma by high-performance liquid chromatography combined with electrospray ionization tandem mass spectrometry, J Chromatogr B Analyt Technol Biomed Life Sci 852 (1-2): 180-187.

Malone E et al, 2006. Intravenous continuous infusion of lidocaine for treatment of equine ileus, Vet Surg 35: 60-66.

Manning JP, St. Clair LE, 1976. Palpebral frontal and zygomatic nerve blocks for examination of the equine eye, Vet Med 71: 187-189.

Martin CA et al, 2003. Outcome of epidural catheterization for delivery of analgesics in horses: 43 cases (1998-2001), J Am Vet Med Assoc 222 (10): 1394-1398.

Merideth RE, Wolf ED, 1981. Ophthalmic examination and therapeutic techniques in the horse, Compend Contin Educ 3 (11): S426-433.

Meyer-Jones L, 1951. Miscellaneous observations on the clinical effects of injecting solutions and suspensions of procaine hydrochloride into domestic animals, Vet Med 45: 435-437.

Moore DC, 1950. An evaluation of hyaluronidase in local and nerve block analgesia: a review of 519 cases, Anesthesiology 11: 470-484.

Muir WW, 1981. Drugs used to produce standing chemical restraint in horses, Vet Clin North

Am (Large Anim Pract) 3 (1): 17-44.
Natalini CC, Linardi RL, 2006. Analgesic effects of epidural administration of hydromorphone in horses, Am J Vet Res 67 (1): 11-15.
Nicoll JM et al, 1986.Retrobulbar anesthesia: the role of hyaluronidase, Anesth Analg 65: 1324-1328.
Nuñez E et al, 2004. Effects of alpha 2 -adrenergic receptor agonists on urine production in horses deprived of food and water, Am J Vet Res 65 (10): 1342-1346.
Nyrop KA et al, 1983. The role of diagnostic nerve blocks in the equine lameness examination, Compend Contin Educ 5 (12): 669-676.
Olbrich VH, Mosing M, 2003. A comparison of the analgesic effects of caudal epidural methadone and lidocaine in the horse, Vet Anaesth Analg 30 (3): 156-164.
Ordidge RM, Gerring EL, 1984. Regional analgesia of the distal limb, Equine Vet J 16 (2): 147-149.
Owen DW, 1973. Local nerve blocks. In Proceedings of the Ninth Annual Meeting of the American Association of Equine Practitioners, pp 152-156.
Rijkenhuizen ABM, 1984. Complications following the diagnostic anesthesia of the coffin joint in horses. In Proceedings of the 15th European Society of Veterinary Surgeons Congress, Bern, Switzerland, Klinik für Nutztiere und Pferde, pp 7-13.
Ritchie JM, Cohn PJ, Dripps RD, 1970. Cocaine, procaine, and other synthetic local anesthetics. In Goodman LS, Gilman A, editors: The pharmacological basis of therapeutics, ed 4, New York, Macmillan, p 371.
Robinson EP, Natalini CC, 2002. Epidural anesthesia and analgesia in horses, Vet Clin North Am (Equine Pract) 18 (1): 61-82.
Rosenberg PH, Heavner JE, 1980. Temperature-dependent nerveblocking action of lidocaine and halothane, Acta Anesth Scand 24: 314-320.
Rubin LF, 1964. Auriculopalpebral nerve block as an adjunct to the diagnosis and treatment of ocular inflammation in the horse, J Am Vet Med Assoc 144: 1387-1388.
Sack WO, 1975. Nerve distribution in the metacarpus and front digit of the horse, J Am Vet Med Assoc 167: 298-305.
Sack WO, 1981. Distal intertarsal and tarsometatarsal joints in the horse: communication and injection sites, J Am Vet Med Assoc 179: 355-359.
Saito HS et al, 1984. Interactions of lidocaine and calcium in blocking the compound action potential of frog sciatic nerve, Anesthesiology 60: 205-208.
Sanchez V, Arthur R, Strichartz GR, 1987. Fundamental properties of local anesthetics. I. The dependence of lidocaine’ s ionization and octanol: buffer partitioning on solvent and temperature, Anesth Analg 66: 159-165.
Sandler GA, Scott EA, 1980. Vascular responses in equine thoracic limb during and after pneumatic tourniquet application, Am J Vet Res 41: 648-649.
Schelling CG, Klein LV, 1985. Comparison of carbonated lidocaine and lidocaine hydrochloride for caudal epidural analgesia in horses, Am J Vet Res 46: 1375-1377.
Schönberg F, 1927. Anatomische Grundlagen für die Leitungsanästhesie der Zahnnerven beim

Pferde, Berl Tierärztl Wochenschr 43: 1-3.
Scott DB, 1986. Toxic effects of local anesthetic agents on the central nervous system, Br J Anesth 58: 732-735.
Sissen AJ, Covino BG, Gregus J, 1980. Differential sensitivities of mammalian nerve fibers to local anesthetic agents, Anesthesiology 53: 467-474.
Skarda RT, 1982. Practical regional anesthesia. In Mansmann RA, McAllister ES, Pratt PW, editors: Equine medicine and surgery, ed 3, vol 1, Santa Barbara, Ca, American Veterinary Publications, pp 229-238.
Skarda RT, 1982. Practical regional anesthesia. In Mansmann RA, McAllister ES, Pratt PW, editors: Equine medicine, ed 3, vol 1, Santa Barbara, Ca, American Veterinary Publications, pp 239-245.
Skarda RT, Muir WW, 1982. Segmental thoracolumbar spinal (subarachnoid) analgesia in conscious horses, Am J Vet Res 43: 2121-2128.
Skarda RT, Muir WW, 1983. Continuous caudal epidural and subarachnoid anesthesia in mares: a comparative study, Am J Vet Res 44: 2290-2298.
Skarda RT, Muir WW, 1983. Segmental epidural and subarachnoid analgesia in horses: a comparative study, Am J Vet Res 44: 1870-1876.
Skarda RT, Muir WW, 2003. Analgesic, behavioural, and hemodynamic and respiratory effects of midsacral subarachnoidally administered ropivacaine hydrochloride in mares, Vet Anaesth Analg (1): 37-50.
Skarda RT, Muir WW, Couri D, 1987. Plasma lidocaine concentrations in conscious horses after cervicothoracic (stellate) ganglion block with 1% lidocaine HCl solution, Am J Vet Res 48: 1092-1097.
Skarda RT, Muir WW, Hubbell JA, 1985. Paravertebral lumbar sympathetic ganglion block in the horse. In Proceedings of the Second International Congress of Veterinary Anesthesia, Santa Barbara, Ca, Veterinary Practice Publishing Co, p 160.
Skarda RT, Muir WW, Ibrahim AL, 1984. Plasma mepivacaine concentrations after caudal epidural and subarachnoid injection in the horse: comparative study, Am J Vet Res 45: 1967-1971.
Skarda RT, Muir WW, Ibrahim AL, 1985. Spinal fluid concentrations of mepivacaine in horses and procaine in cows after thoracolumbar subarachnoid analgesia, Am J Vet Res 46: 1020-1024.
Skarda RT, Tranquilli WJ, 2007. Selected anesthetic and analgesic techniques. In Tranquilli WJ, Thurmon JC, Grim KA: Lumb & Jones veterinary anesthesia and analgesia, ed 4, Blackwell Publishing, pp 561-681.
Skarda RT et al, 1986. Cervicothoracic (stellate) ganglion block in conscious horses, Am J Vet Res 47 (1): 21-26.
Smith JS, Mayhew IG, 1977. Horner' s syndrome in large animals, Cornell Vet 65: 529-542.
Stashak TS, 1986. Diagnosis of lameness. In Stashak TS, editor: Adams' lameness in horses, Philadelphia, Lea and Febiger, pp 139-142, 659-661.

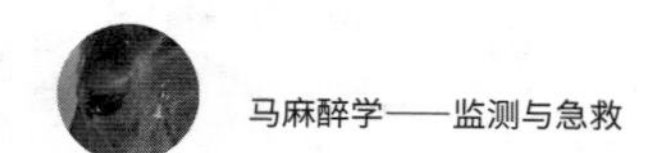

Strichartz GR, 1976. Molecular mechanisms of nerve block by local anesthetics, Anesthesiology 45: 421-441.

Sysel AM et al, 1997. Systemic and local effects associated with longterm sepidural catheterization and morphine-detomidine administration in horses, Vet Surg 26 (2): 141-149.

Thomas RD, Behbehani MM, Coyle DE, 1986. Cardiovascular toxicity of local anesthetics: an alternative hypothesis, Anesth Analg 65: 444-450.

Tobin T et al, 1977. Pharmacology of procaine in the horse: pharmacokinetics and behavioral effects, Am J Vet Res 38: 637-647.

Tobin T et al, 1976. Pharmacology of procaine in the horse: procaine esterase properties of equine plasma and synovial fluid, Am J Vet Res 37: 1165-1170.

Van Kruiningen JH, 1963. Practical techniques for making injections into joints and bursae of the horse, J Am Vet Med Assoc 143: 1079-1083.

Wagman IH, deJong RH, Prince DA, 1967. Effects of lidocaine on the central nervous system, Anesthesiology 28: 155-172.

Wennberg E et al, 1982. Effects of commercial (pH 3.5) and freshly prepared (pH 6.5) lidocaine adrenaline solutions on tissue pH, Acta Anaesthesiol Scand 26: 524-527.

Wheat JD, Jones K, 1981. Selected techniques of regional anesthesia, Vet Clin North Am (Large Anim Pract) 3 (1): 223-246.

Wildsmith JA, 1986. Peripheral nerve and local anesthetic drugs, Br J Anesth 58: 692-700.

Wintzer HJ, 1981. Pharmacokinetics of procaine injected into the hock joint of the horse, Equine Vet J 13: 68-69.

Wittman F, Morgenroth H, 1928. Untersuchungen über die Leitungsanästhesie des Nervus infraorbitalis und des Nervus mandibularis bei Zahn-und Kieferoperationen. Festschrift für Eugen Fröhner, Stuttgart, Verlag Von Ferdinand Enke, pp 384-399.

Worthman RP, 1982. Diagnostic anesthetic injections. In Mansmann RA, McAllister ES, Pratt PW, editors: Equine medicine and surgery, ed 3, Santa Barbara, Ca, American Veterinary Publications, pp 947-952.

Yagiela JA et al, 1981. Comparison of myotoxic effects of lidocaine with epinephrine in rats and humans, Anesth Analg 60: 471-480.

第 12 章
静脉麻醉药

要点：

1. 静脉麻醉药用于麻醉的诱导和维持，并作为吸入麻醉的辅助用药。

2. 马全凭静脉麻醉（TIVA）可能比吸入麻醉更安全，且产生的应激更小。

3. 将硫喷妥钠和异丙酚作为单剂使用时，可快速起效且麻醉作用快速消除。这两种药物都能引起意识消失（催眠），产生极好的肌肉松弛作用，并可导致呼吸抑制或呼吸暂停。如果没有足够的镇静和肌肉松弛，就不能给马使用。

4. 氯胺酮和替来他明是苯环己哌啶的衍生物，能产生一种以肌肉松弛不良（全身僵直）为特征，催眠与镇痛相分离的状态。如果没有足够的镇静和肌肉松弛，不能给马使用。

5. 愈创木酚甘油醚是一种很好的肌肉松弛剂，但对马来说是一种效果很差的麻醉剂。它只能用于马的肌肉松弛，或与催眠药物联合使用才能产生全身麻醉作用。

6. 水合氯醛是一种长效催眠剂，对马能产生明显和持久的镇静作用。

7. 不允许单独使用琥珀酰胆碱对马进行化学保定。

8. 长时间（＞3h）给马静脉注射麻醉药物（硫喷妥钠、氯胺酮、愈创木酚甘油醚）可导致药物蓄积以及苏醒时间延长。

9. 较差的血液动力学功能、低蛋白血症、酸中毒和电解质紊乱可能会使静脉麻醉药的作用增强。

静脉麻醉药和静脉麻醉技术通常用于持续时间较短的手术操作或吸入麻醉的诱导。理想的静脉麻醉药或药物的组合应该能够产生安全、有效、无副作用的麻醉。主要优点是在紧急情况发生时，麻醉药物的作用能够被逆转或颉颃。麻醉药可产生平稳、无兴奋的肌肉松弛作用且马在侧卧位时无心肺功能抑制，自我平衡反射保持不变，血液和血生化指标保持在正常范围内。麻醉维持过程中，在对中枢神经系统（CNS）没有过度抑制的情况下，可产生很好的肌肉松弛和镇痛作用。重要器官、肌肉和内脏的血液供应良好。苏醒阶段以意识迅速恢复为主，镇痛和肌肉力量能缓慢恢复而没有应激或兴奋。马可以在极少或没有帮助的情况下站立。

心肺功能会受到侧卧或“背卧”（仰卧）（参阅第2、3和17章）体位的影响。对于体型较大或超重、有腹胀、低血容量和低血压的马，体位对心肺的不利影响更为明显。随着时间的推移和麻醉药物的应用，这种情况会变得更严重。大多数静脉麻醉药作为麻醉前用药使用时会对心肺功能产生影响（参阅第10章）。中枢性肌肉松弛剂（苯二氮卓类药物、愈创木酚甘油醚）与阿片类激动剂（吗啡、哌替啶）、阿片类激动剂–颉颃剂（布托啡诺、喷他佐辛）或α_2-受体激动剂（赛拉嗪、地托咪定、罗米非定、美托咪定）联合使用，可产生良好的肌肉松弛和镇痛效果，但也会加重某些马的心肺功能抑制。添加催眠类药物或任何能增强中枢神经系统抑制剂（巴比妥类药物、异丙酚甾体类麻醉药）或干扰大脑电活动的药物（分离性麻醉剂：氯胺酮、替来他明），能进一步抑制或破坏中枢神经系统对心肺功能、自体平衡反射、组织灌注和氧合作用的调节。

未来理想的麻醉药物将是一种可注射的麻醉药的组合，能够长时间使用（输注）而不产生副作用。这样的药物具有较高的安全范围，能产生可预测的效果，对动物应激较小（参阅第4章）；一旦得到逆转，能让马保持正常和舒适（框表12-1）。

框表 12-1　理想静脉麻醉药的特点

- 水溶性高
- 无组织毒性
- 快速起效
- 良好的镇痛和肌肉松弛作用
- 无副作用
- 效果可预测
- 作用时间与剂量有关
- 快速平稳苏醒且无共济失调
- 作用可逆
- 能持续镇痛
- 能抗焦虑 / 减少应激

一、静脉麻醉药

用于马的静脉麻醉药相对较少。这与物种、安全性、经济和技术因素有关。大型马有时易受惊吓及不配合相关操作及护理可能后果很严重。麻醉前用药或药物的联合应用，可减少但不能消除马全身麻醉的诸多问题（参阅第10章）。巴比妥类药物、分离麻醉药和中枢性肌肉松弛剂常应用于马。α_2-肾上腺素受体激动剂、苯二氮卓类药物与分离麻醉药的联合应用的辅助药物，成为短时间（＜10～15min）手术、诱导长时间静脉麻醉或吸入麻醉的常规做法（参阅第13章）。

1. 巴比妥类药

巴比妥类药用于马的短时麻醉。50多年来，这类药经常作为马匹镇静和短效麻醉剂及抗惊厥药使用，现已被中枢性肌肉松弛剂（安定、咪达唑仑）与分离性麻醉剂（氯胺酮）的药物组合所取代（参阅第13章和第18章）。化学结构的微小差异使得巴比妥类药的起效时间、持续时间和临床作用有明显差异（表12-1）。一般根据作用持续时间对它们进行分类。只有超短效巴比妥类药物作为单一药物，常规用于马的麻醉诱导、维持或补充麻醉。长效巴比妥类药物（戊巴比妥、苯巴比妥）被用作镇静剂或与其他化合物（水合氯醛、硫酸镁）联合使用，用于深度镇静、麻醉或癫痫的控制。硫戊巴比妥和硫喷妥钠是超短效的硫代巴比妥类药物，具有相似的药理学、药代动力学和药效学特性。目前只有硫喷妥钠被用于马临床。戊巴比妥是一种短效麻醉剂，美索比妥是一种超短效麻醉剂，它们都是巴比妥酸氧酯，很少作为静脉或吸入麻醉的辅助用药。静脉注射大剂量戊巴比妥可引起明显的心肺抑制和长时间、不协调、有应激的苏醒。而美索比妥可使肌肉收缩，产生明显的兴奋作用和癫痫作用，尤其对镇静不良的马。所有的巴比妥类药物都是弱酸性的，并以钠（Na^+）盐的形式存在，它们易溶于水，但不稳定，暴露在空气、热或光照下会分解。例如，戊巴比妥由20%的丙二醇、10%的乙醇和2%的苯甲醇合成。戊巴比妥钠溶液的pH在10.5～11.5。硫喷妥钠是一种粉末状物质，加入足够的水或生理盐水就可得到所需要的浓度。在理想条件下，硫喷妥钠的最长储存时间约为2周，但建议在使用前即刻配制，并在48h内用完。长时间（超过48h）保存的硫喷妥钠溶液会逐渐失去活性，这取决于存储条件。在阴凉黑暗的地方储存稀溶液（小于10%）可以延长保质期。所有巴比妥酸盐溶液都是碱性的；大部分pH都大于10。如果硫喷妥钠的稀溶液出现小片状物或混浊，则表明有污染或是碱性降低导致的沉淀。加入1～2mL的氢氧化钠有助于恢复碱性，可使溶液变澄清。

巴比妥类药是一种催眠剂，能使马无法唤醒、意识消失。它们能导致严重的中枢神经系统、心血管系统，尤其是呼吸系统的抑制。巴比妥类药物经常被用于安乐死方案中（参阅第25章）。如果使用得当，它们可以提供安全和廉价的短时麻醉。巴比妥类药物是一种很好的肌肉松弛剂，而且也是其他注射性麻醉剂的良好辅助药物或吸入麻醉剂的补充药物。

表12-1　用于马匹麻醉的巴比妥类药

药物	分类	pH	起效时间（s）	持续时间（min）	安全限度（%）*
戊巴比妥钠	短效	10～11	30～60	45～90	50～70
美索比妥	超短效	10～11.5	10～30	3～10	30～50
硫喷妥钠	超短效	10～11	20～30	5～15	30～50
硫代巴比妥	超短效	10～11	20～30	5～15	30～50

注：* 表示麻醉剂量与最小致死剂量的百分比。

（1）作用机制　巴比妥类药对中枢神经系统能产生一系列的抑制作用，从轻微的镇静和催眠到全身麻醉以至完全的大脑皮层抑制和死亡，还可降低脑的代谢率和耗氧量。这些效应是由于巴比妥类药可使细胞膜上各种离子的导电率降低（Na^+、K^+、Ca^{2+}）或升高（Cl^-）所产生的，进而导致大脑和脑干各部分网状激活系统的选择性抑制和多突触反应。突触前和突触后的神经传递受到抑制。巴比妥类药能增强和模拟γ-氨基丁酸（GABA）在GABA A受体上的作用，从而增加中枢神经系统内多个位点的氯离子流动，导致细胞膜超极化，兴奋阈值增加，CNS电活性降低。这些药理作用类似于添加了巴比妥类药的苯二氮卓类药物。血清中高浓度的巴比妥类药可激活中枢神经系统的氯离子通道，而不受GABA的影响，从而进一步增强其镇静作用。巴比妥类药能够降低兴奋性神经递质的传递，包括突触后膜的谷氨酸和乙酰胆碱，它们能产生很好的肌肉松弛作用，并能增强神经肌肉阻滞药物的外周效应。巴比妥类药还能抑制植物性神经节内的神经传导和体内平衡反射机制，这可能是快速给药后产生低血压的部分原因。血浆中低浓度的巴比妥类药会引发马狂躁和兴奋，导致应激和痛觉过敏。

(2) 应用药理学 巴比妥酸盐可对所有器官系统功能产生剂量依赖性的抑制作用。这些作用直接来源于它们对细胞膜离子交换作用的抑制、中枢神经系统的抑制，以及造成细胞代谢活性的降低。这些作用的强度取决于给药速度、总的给药剂量、马的全身状态、麻醉前给药以及与其他药物的联合应用情况。例如，给一匹未充分镇静的马静脉注射看似适当剂量的硫喷妥钠，可能会导致其短暂的兴奋、心动过速、过度换气、高血压、出汗、肌肉收缩、不随意的肌肉运动以及“划桨”运动。麻醉剂量的巴比妥酸盐能降低中枢神经系统中神经冲动的传导，导致脑代谢率和耗氧量下降。

临床上，巴比妥酸盐以能产生剂量依赖性的呼吸抑制而著称。口服巴比妥酸盐后呼吸速率和潮气量均降低。呼吸暂停（1～2min）较常见。巴比妥酸盐会抑制呼吸中枢对动脉CO_2浓度升高做出的反应（降低中枢神经系统对CO_2感应的阈值和敏感性），并降低氧合（PaO_2）作用。中枢神经系统的抑制以及胸壁扩张肌的松弛，会导致功能余气量降低。据报道，喉痉挛和支气管收缩在许多较小的物种中都有发生，但在马中未见报道。呼吸抑制的最终结果是肺换气不足和呼吸性酸中毒的形成。如果呼吸抑制非常严重（呼吸暂停）或持续时间较长，氧分压可能会降至60mmHg以下，从而导致低氧血症、无氧代谢和乳酸中毒。

巴比妥酸盐可产生显著的剂量依赖性心血管抑制。一般给马静脉注射一种超短效的巴比妥类药作为术前用药，正常健康的马会产生轻微的血流动力学变化。但是，快速静脉注射硫喷妥钠可使心率增加，动脉血压、静脉回流和心脏收缩力降低（图12-1）。每搏输出量和心输出量通常会减少，而周围血管阻力保持不变或增加。这些变化的范围通常在基线值的10%～25%，如果快速给予全部剂量的药物，这些变化可能会增大。一匹已给予麻醉前药物、其他麻醉剂或因疾病而呈现明显抑郁的马，如果再给予大剂量的硫喷妥钠，所有血流动力学参数值均会降低50%或更多。血流量与心输出量成比例减少，但无巴比妥类药对马心输出量分布的影响的研究报道。硫喷妥类药（硫喷妥钠、硫代巴比妥）可引起心动过缓和室性心律不齐，特别是在氟烷存在的情况下，它们能使犬和人的心肌对儿茶酚胺引起心律不齐的作用变得敏感。实验或临床证据在马尚未证实这一结果，但在静脉注射硫喷妥钠后会出现心动过缓。巴比妥类药麻醉对马室性心律不齐（包括心室颤动）发生率的影响尚不清楚。

巴比妥酸盐对马的其他器官、系统的药理作用尚不完全清楚，总的来说，它们的作用与在其他物种中产生的作用基本相似。因此，巴比妥酸盐诱导的心输出量的减少会导致脑、肝、肾和骨骼肌血流量的减少。这些变化加上巴比妥酸盐引起的细胞代谢、神经内分泌功能和肌电活动的抑制，通常会使耗氧量与供氧量之间的比例不会发生变化或得到改善（器官保存效应），因

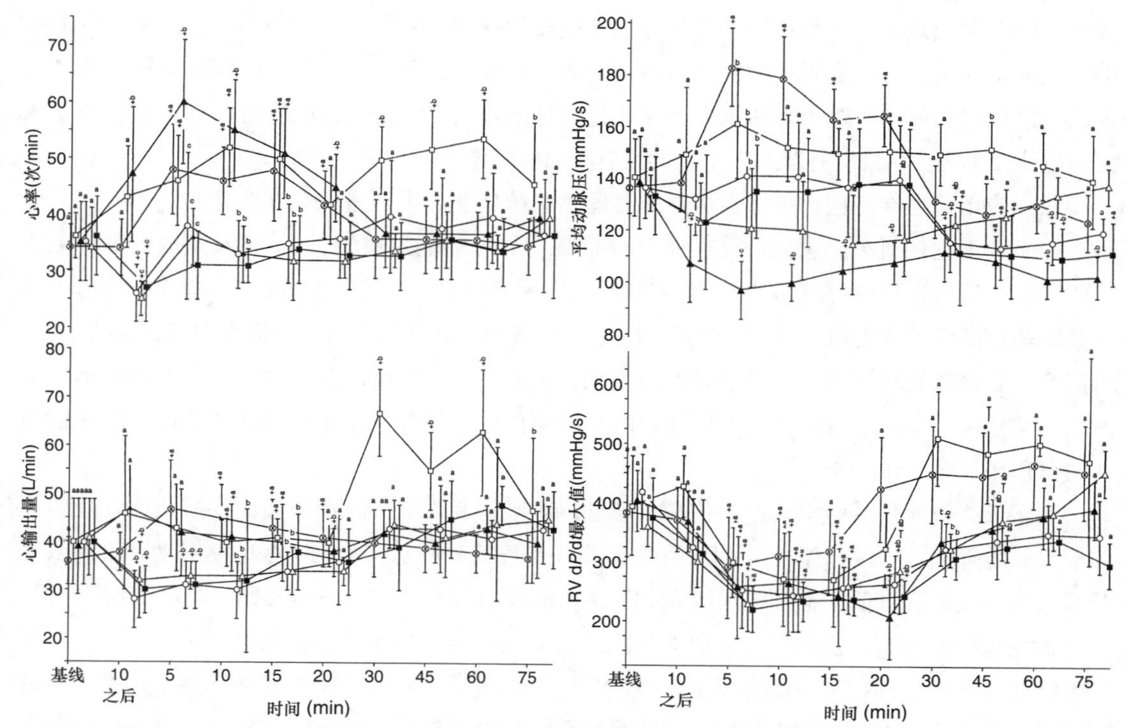

图 12-1 硫代巴比妥［10mg/kg，IV；（X）］和在硫代巴比妥之前使用安定［0.1mg/kg，IV；(□)］、乙酰丙嗪［0.1mg/kg，IV；（▲）］、地托咪定［10μg/kg，IV（○）］和赛拉嗪［0.5mg/kg，IV（△），以及 1mg/kg，IV（■）］对成年马匹心率、心输出量、平均动脉压和右心室（RV）d*P*/d*t* 的影响

+，$P < 0.05$ 与基线值的差异；a~d，$P < 0.05$ 组间差异。

此只会造成短暂的器官功能损害。虽然巴比妥酸盐对母马子宫平滑肌活动的影响尚未见报道，但在孕马中已观察到用硫代巴比妥诱导麻醉，氟烷或异氟醚维持麻醉对子宫的影响很小。血浆中麻醉剂量的巴比妥酸盐浓度会导致胎儿呼吸抑制以及新生仔畜的呼吸停止。理论上，戊巴比妥钠的作用比硫喷妥钠的作用更显著。由于新生马驹肝微粒体酶的功能未得到充分发挥，其血浆中巴比妥酸盐的清除时间会延长。巴比妥酸盐对马的各种血液学和血生化指标影响的变化性很大，但通常与血细胞比容的较小变化、白细胞减少、高血糖、呼吸性酸中毒和低氧血症的发生有关（参阅第3章；表12-2）。

表 12–2 硫喷妥钠对马血液学和血液生化指标的影响

	麻醉前数值	麻醉后时间（min）			统计学差异
		5	15	25	
白细胞计数（个 /mm³）	9 700	7 800	7 500	6 100	!
血细胞比容（%）	32	31	30.5	31	

（续）

	麻醉前数值	麻醉后时间（min）			统计学差异
		5	15	25	
血糖（%）	82.1	85.0	91.2	103.1	!
动脉血 O_2 含量（%）	19.2	19.0	18.2	18.4	！！
静脉血 O_2 含量（%）	14.3	13.5	13.0	12.8	！！
动脉血（pH）	7.39	7.31	7.21	35.8	!

注：！ 硫喷妥钠给药前后 1% 的差异有统计学意义；！！ 硫喷妥钠给药前后 5% 的差异有统计学意义（参阅第 4 章）。

（3）体内代谢　巴比妥酸盐在马体内的代谢和消除规律还缺乏系统研究，但与其他物种相比不存在明显的差异（参阅第9章）。巴比妥酸盐是巴比妥酸的钠盐。硫喷妥钠中硫原子取代了氧原子，显著增强了硫喷妥钠的组织穿透性（脂溶性），从而产生起效迅速、持续时间短的特性。静脉注射后，巴比妥酸盐类麻醉剂的快速解离，取决于它们的电离常数（pKa；有50%电离同时有50%未电离时的pH）、血液的pH以及血浆蛋白（主要是白蛋白）的结合度。硫喷妥钠在马血浆中分布迅速，初始分布的半衰期为2～4min，然后是10～20min的缓慢再分布期，消除半衰期为1.5～2.5h。戊巴比妥（3～5h）和苯巴比妥（大约10h）。巴比妥酸盐必须处于非蛋白结合、未电离（非极性）的状态才能透过血脑屏障，产生镇静或麻醉作用。注射剂量的很大一部分在生理pH（7.35～7.45）下处于非电离状态。在全身性酸中毒过程中，大量的巴比妥酸盐未发生解离，从而增强巴比妥酸盐的作用。某些药物（保泰松、阿司匹林）或疾病（肝、肾）可降低硫喷妥钠的血浆蛋白结合度，进一步增强药物作用。因此，药物的脂溶性、血浆的pH和血浆蛋白结合程度对巴比妥类药的反应快慢、作用强度和持续时间具有重要的临床意义。巴比妥类药物对低血压、酸中毒和低蛋白血症的马有明显和持久的反应。此外，脱水或休克的马会通过集中血容量来进行补偿，从而将血液重新分配到更重要的器官，如大脑、心脏、肝脏和肾脏。这种代偿反应降低了药物的分布体积，延长了初始再分布的半衰期，从而导致了中枢神经系统和心肺功能抑制的增强。

超短效巴比妥酸盐从高灌注组织（如大脑、心脏、肺）向灌注良好的瘦肉组织（如肌肉）的再分布是药物作用持续时间超短的原因。美索比妥可在血浆和肝脏中再分配并迅速代谢。硫喷妥钠在瘦肉组织（肌肉、皮肤）中的再分配导致血浆浓度迅速下降。在临床上，硫代巴比妥、硫喷妥钠在骨骼肌的再分配与临床作用时间（如意识的恢复和麻醉的苏醒）密切相关。然而，脂肪组织中的再分配在终末消除阶段起着重要作用，并能影响意识恢复正常和麻醉苏醒的速度。巴比妥酸盐相对较长时间的消除在马中具有重要的临床意义，因为频繁、重复给药可导致药物蓄积和血浆浓度的逐渐升高。硫喷妥钠的总剂量越大，麻醉和苏醒的时间就越依赖于肝脏代谢和肾脏的排泄。硫喷妥钠的总累积量超过15～20mg/kg，常会导致较长时间和令人不满意的苏醒效果。低血容量或酸中毒（脱水、出血、休克）的马血容量分布减少，因此需要总量较低的麻醉药。年龄、健康水平、性别和怀孕对药物消除的影响尚未在马中进行研究。

据报道，人类对硫代巴比妥类药物的麻醉作用具有急性“耐受性”，这在马中也是一个潜在的问题。硫代巴比妥的初始剂量决定了马意识恢复的血浆浓度。如果大剂量注射用于麻醉诱导，则可能需要更大剂量的药物来维持麻醉。这种现象的机制尚不清楚，但它与临床是相关的，因为这可能导致需要大剂量的硫代巴比妥来维持麻醉，产生过度的心肺抑制和苏醒时间明显延长，这种现象的机制尚不清楚，但它与临床相关。

（4）临床应用与颉颃 除试验外，戊巴比妥和美索比妥很少用于马的全身麻醉（表12-3）。戊巴比妥能产生较长时间的麻醉作用，并会导致肺通气不足、低血压和苏醒时间延长，且苏醒期有运动不协调、多次尝试站立、应激或兴奋现象。戊巴比妥、水合氯醛和硫酸镁的联合使用被用于马和牛的镇静和麻醉。这种组合可产生良好的镇静和肌肉松弛，但是催眠、镇痛和苏醒效果较差。硫喷妥钠（4%～10%的溶液）用于马的短期麻醉、吸入麻醉的诱导，并作为成年马和马驹注射或吸入麻醉的补充用药（表12-3）。硫喷妥钠麻醉诱导和苏醒都会出现兴奋、挣扎和运动不协调。应适当应用麻醉前药物，在诱导和麻醉苏醒过程中，应该由训练有素、经验丰富的助手来控制马的头部。

表12-3 静脉注射巴比妥酸盐用于马的诱导、维持麻醉或作为麻醉辅助用药的剂量

药物	诱导剂量*	维持剂量†	辅助剂量
硫喷妥钠	5～8mg/kg	10～15mg/kg	0.2～0.5mg/kg
硫代巴比妥	4～6mg/kg	10～15mg/kg	0.2～0.5mg/kg
美索比妥	2～5mg/kg	NR	NR
戊巴比妥	NR	15～25mg/kg	1～3mg/kg

注：NR，不推荐；*假设有麻醉前用药；†麻醉用的唯一药物。

适当给予麻醉前药物的马在静脉注射硫喷妥钠后10～20s内开始肌肉松弛。真正肌肉松弛和倒下的标志通常是马的头部可以抬起、肌肉有收缩或呼吸加深。未充分镇定或镇静的马可能会出现全身肌肉震颤或前肢伸肌僵直。有些马会突然跃起并试图向后翻滚。在这个阶段，熟练的技术辅助以及足枷、门板或大门是有用的（参阅第5章和第16章）。一旦平卧，大多数马会出现通气不足或呼吸暂停，持续时间15～20s。长时间的呼吸暂停（2～3min）也会发生，需要用物理刺激来触发呼吸，如扭转耳根、捏肛门，或对胸壁施加短暂的按压。麻醉时间短（5～10min），通常很快恢复到站立姿势，与大剂量的镇痛没有关系，但可能会出现不协调。恢复期可能伴随着肢体“划桨”运动，并在尝试站立之前从一侧向另一侧翻滚。反复使用硫喷妥来维持麻醉可引起药物蓄积，导致苏醒时间延长。马会多次尝试站立，并需要协助。麻醉前用药的选择和剂量对麻醉诱导和维持所需的硫喷妥钠剂量、诱导和苏醒的质量以及麻醉持续时间均有重要的影响。在诱导前10～20min给予乙酰丙嗪或α_2-受体激动剂，可减少诱导麻醉所需硫喷妥钠的剂量，并能提供额外的肌肉松弛和镇痛（赛拉嗪、地托咪定、罗米非定、美托咪

定)，延长麻醉持续时间，且有助于平稳苏醒。

硫喷妥钠常与其他静脉药物（愈创木酚甘油醚、氯胺酮、替来他明-唑拉西泮、水合氯醛）联合用于加强催眠和肌肉松弛效果，或配合吸入麻醉用于提供额外的催眠和肌肉松弛作用，增强麻醉维持时间（表12-4）。对于年老、衰弱、脱水、患病（贫血）和处于休克的马，巴比妥酸盐对中枢神经系统的抑制作用能持续较长时间。代谢性酸中毒会延长麻醉作用的持续时间（见本章前面的生物学性质）。可以通过利尿和碱化尿液来促进巴比妥酸盐的消除。通过给予10～20mL/kg的静脉液体、速尿（0.5～1.0mg/kg，IV）和碳酸氢钠（0.5～1.0mg/kg，IV）来完成。应用硫喷妥钠后出现呼吸暂停的马应进行人工或机械通气，并定期评估pH和血气直到完全恢复（参阅第17章）。在苏醒的后期静脉注射0.2～0.5mg/kg的多沙普仑可增加呼吸速率、潮气量以及促进意识清醒，这可能会加快某些马的苏醒。静脉注射0.1mg/kg的育亨宾可缩短戊巴比妥麻醉矮马的苏醒期。后两种缩短苏醒期的方法在临床上不推荐使用，因为它们可能会导致马过早地尝试站立和共济失调。

表12-4　硫喷妥钠和静脉麻醉药在马中的使用剂量

药物	剂量	作用时间（min）	站立时间（min）
愈创木酚甘油醚 *	75～100mg/kg（10% 的愈创木酚甘油醚溶液）	10～20	30～50
愈创木酚甘油醚 / 硫喷妥钠	1～2g 硫喷妥钠加入 5% 的愈创木酚甘油醚溶液中	15～30	15～30
赛拉嗪 / 氯胺酮 †	（0.5～1.0mg/kg）/（1.7～2.2mg/kg）	10～15	0～35
水合氯醛 / 硫喷妥钠 †	100～150mg/kg（用于共济失调）	15～25	60～90

注：* 假定已有麻醉前用药；† 硫喷妥钠（3～5mg/kg）可适当调整剂量；硫代巴比妥类药物不能与氯胺酮或水合氯醛混合。

（5）并发症副作用和毒性　与静脉注射巴比妥类药相关的最常见的并发症是不可预测的或者是药物作用不足以及呼吸暂停。药物作用不足或效果不能令人满意，可能是由于给药剂量不足、使用了已失去活性的硫喷妥钠稀溶液、对镇静剂的反应不当或不充分、注射缓慢或意外注射到了血管周围。

缓慢注射美索比妥或硫喷妥钠效果较差，特别是对镇静不良或兴奋的马。美索比妥代谢迅速，硫代巴比妥酸盐在兴奋的马体内会迅速重新分布到肌肉中，从而降低了输送到中枢神经系统的药物浓度。给药总时间不得超过20s。如果药物在30s内未发挥作用，可能被意外注射到了血管周围。为了达到预期的效果（见上文），需要快速或单次注射美索比妥或硫喷妥钠，如果不使用静脉导管，则可能会导致大量药物沉积在血管周围。可以通过使用固定牢固的粗的（14G）静脉导管来避免（参阅第7章）。若发生药物的意外注射，应将大量（2～4L）生理盐水或平衡电解质溶液注入血管周围组织，以减少组织坏死并防止脓肿的形成。局部液体稀释和静脉注射非甾体抗炎药有助于防止皮肤坏死和脱落。

严重和潜在危及生命的副作用是肺通气不足和呼吸暂停。短暂的呼吸暂停通常立即发生，可在短时间的低潮气量呼吸后发生。肺通气不足和呼吸暂停的持续时间与药物浓度、注射速率和给药总剂量直接相关。即使给药剂量很低，快速注射浓溶液（10%）也会导致呼吸暂停。即使黏膜颜色和血压正常，呼吸暂停的时间不应超过2min。治疗则应先畅通气道并开始控制通气（参阅第17章和第22章）。

硫代巴比妥麻醉后苏醒时间延长，一般多见于血容量减少、低蛋白血症、有酸中毒的马（见前文）及年龄小于6周龄的马驹。重复或大剂量的硫喷妥钠（＞15mg/kg，IV）也会延长苏醒时间。这种反应是由反复给药导致药物代谢的延迟或药物蓄积所造成的。苏醒的质量也随硫喷妥钠剂量的增加而下降。小于6周的马驹微粒体酶药物代谢能力还没有发育成熟，所以苏醒时间也较长。

快速静脉注射或意外的过量注射美索比妥或硫喷妥钠，会导致室性心律不齐、心血管衰竭和死亡。致死剂量直接随溶液浓度、给药总剂量和给药速度不同而发生变化。硫代巴比妥钠给药后发生的急性心肺衰竭是一种心血管急症，应立即实施心肺复苏程序（参阅第23章）。巴比妥酸盐能增强其他所有麻醉药的中枢神经系统抑制作用，延长肌肉松弛时间，并延缓依赖于肝脏代谢药物的清除。巴比妥酸盐与苯二氮卓类药有协同作用（参阅第10章）

2. 分离麻醉药

分离麻醉药包括苯环己哌啶、氯胺酮和替来他明。“分离”这个词是从人类麻醉中演化而来的，人在注射氯胺酮后会有一种身体与环境分离的感觉。

只有氯胺酮在马中得到了广泛的应用，因为它能产生短时间的化学保定并能诱导吸入麻醉。替来他明可与苯二氮卓类药唑拉西泮联合使用。分离麻醉药以能产生全身僵直（塑性或蜡状僵硬）、肌肉松弛不良和不同程度的镇痛能力而著称。它们与镇静-催眠药、肌肉松弛剂和镇痛药联合应用，可产生短时间的麻醉或用于吸入麻醉之前的诱导麻醉。氯胺酮和替来他明是白色粉末，易溶于水，市面上销售的是外消旋的混合物。氯胺酮溶液可稳定几个月。虽然替来他明可能会发生颜色变化且溶液效力降低，但至少能稳定10～14d。氯胺酮和替来他明都不适合单独用于麻醉诱导或作为马的唯一麻醉药物。给马静脉注射后随即会出现伸肌僵硬、呈犬坐姿势、肌肉极度痉挛和震颤、盲目运动、面部表情兴奋、大量出汗并且偶尔会抽搐。一些马对正常的刺激反应强烈，变得无法控制，必须用巴比妥酸盐或大剂量地西泮进行抑制。

（1）作用机制 氯胺酮和其他分离麻醉药的作用机制是复杂的，尚不完全清楚。分离麻醉药在不阻断脑干或脊髓通路的情况下减少或改变感觉的输入。分离麻醉药对中枢神经系统的抑制主要在丘脑和相关的疼痛中枢，在网状结构中最少，但皮质下区域和海马体则会被激活。分离麻醉药在中枢神经系统中与N-甲基-D-天冬氨酸（NMDA）受体的相互作用可能是其产生全身麻醉和镇痛的主要机制。氯胺酮和替来他明还可与中枢神经系统中的阿片类受体相互作用而产生镇痛作用，并抑制脊髓背角大范围的神经元活动。分离麻醉药可使海马体随机放电而诱发癫痫，但有趣的是它可提高其他已知惊厥的发作阈值。这些发现与临床的相关性尚不确定。现已知氯胺酮会干扰和作用于多种中枢神经递质，包括5-羟色胺、多巴胺和GABA。大脑中5-羟色胺和多巴胺浓度的增加会引起马的兴奋和活动增加，部分原因可能是氯胺酮的肌肉松弛作用不佳。氯胺酮还会降低GABA的摄取，增加神经元细胞膜氯离子的流动，使神经细胞超极化并降低其反应性。最后，氯胺酮产生复杂的副交感神经效应，导致多种全身反应，包括心动过速和肠道运动减弱。

（2）应用药理学 氯胺酮和替来他明/唑拉西泮不能单独用于马的麻醉，但可单独用于补充麻醉。它们产生剂量依赖性的药理作用，与已报道的巴比妥酸盐或其他催眠药相比，其镇静剂作用相对较小。虽然有些马有呼吸暂停（屏气）和分钟通气量减少的趋势，但临床剂量不会严重影响肺的换气。动脉血$PaCO_2$仍在正常范围内，而PaO_2通常会降低。体位（卧位）和换气-灌注不失调的发展对血气值的影响可能更为重要。氯胺酮给药后咽、喉反射仍然活跃，经鼻或口进行气管内插管比硫喷妥钠麻醉要困难。气道阻力在人体内会降低，在马体内应该也是这样。辅助或控制通气在一些马上可能很难完成，因为在吸气阶段肌肉松弛不佳，并且有呼吸抵抗。静脉注射氯胺酮或替来他明后，由于中枢神经系统中交感神经的兴奋增加，心率、心输出量、动脉血压和体温可能会升高。注射氯胺酮后，马的去甲肾上腺素和肾上腺素的血液浓度升高。外周血管阻力不变或增加，随着心率增加，心肌耗氧量显著增加。

氯胺酮可引起心肌直接抑制，但临床剂量很少产生这种作用，一般会使心率、动脉血压和心输出量增加。静脉注射氯胺酮后，马偶尔会出现心率超过60次/min的情况，二度房室传导阻滞以及周期性的心室去极化。分离性麻醉药可增加脑部血流、代谢率和颅内压，因此对于头部有外伤或未确诊的患有中枢神经系统疾病的马应禁用分离性麻醉药。给其他正常的马静脉注射氯胺酮需要脊髓造影确定正常才可以。马使用分离麻醉药时，尽管角膜镇痛作用可能很深，但流泪、眼和眼睑反射较为明显，需要使用角膜润滑剂来防止其干燥。眼压可能升高，但一般临床意义不大。氯胺酮能迅速穿过胎盘，对新生马驹产生中枢神经系统效应及呼吸抑制。

（3）体内代谢 现以测定了氯胺酮及其两种主要代谢物（去甲氯胺酮、双氢氯胺酮）在马、骡和驴体内的代谢和消除情况。这些研究表明，氯胺酮在肝脏中被广泛代谢，单次静脉注射后麻醉的苏醒几乎完全是迅速和广泛再分布造成的（参阅第9章）。此外，在马中，超过50%的氯胺酮是与蛋白质相结合。快速初始再分布的时间范围为2～3min，然后是42～70min的缓慢消除阶段。最后，在麻醉苏醒后，马体内残留的未代谢氯胺酮多达初始剂量的40%。去甲氯胺酮是主要的代谢物。这些规律除了可预测单次给药后的苏醒速度以外，还具有重要的临床意义。肝脏或肾脏功能的损坏一般不会显著影响氯胺酮单次给药后的作用时间。反复给药或输注可导致药物的蓄积、延长消除时间以及相应的苏醒时间延长。然而，相对较低剂量［0.5mg/(kg·h)］的氯胺酮持续5～6h给清醒的马健康输注是安全的且没有明显副作用的。静脉注射2.2mg/kg氯胺酮，其作用时间约为10min，但重复给药时可延长至20min以上。重复给药或低蛋白血症可延长麻醉时间，而且在苏醒过程中也容易产生副作用。氯胺酮的生物学特性尚未在马驹中进行过研究，但根据对其肝脏代谢能力的了解和临床经验，普遍认为其消除作用与成年马类似。给马驹静脉注射低剂量的赛拉嗪-氯胺酮，其麻醉时间为15～30min。在注射氯胺酮之前或同时使用α_2-受体激动剂可延长其代谢和消除时间。

（4）临床应用和颉颃 氯胺酮和替来他明在临床上与镇静催眠药、肌松剂和镇痛药联合使用，用于短期静脉麻醉或吸入麻醉的诱导（表12-5）。它们也作为全身麻醉的辅助用药，以增加麻醉深度并提供更大程度的镇痛。虽然已有替来他明-氯胺酮-地托咪定联合用于野马的镇静和制动的实验，但不推荐将氯胺酮和替来他明进行肌内注射，因为它们吸收时间长、效果难以预料、苏醒效果差。α_2-肾上腺素受体激动剂、愈创木酚甘油醚或苯二氮卓类药物（地西泮、咪达唑仑）可在氯胺酮之前或与氯胺酮一起使用，进行短时间静脉麻醉（参阅第13章）。在马驹中，已有关于单次静脉注射或持续输注赛拉嗪-愈创木酚甘油醚-氯胺酮用于持续2h手术操作的报道（参阅第13章）。该药物组合是将250mg的赛拉嗪和500mg的氯胺酮混合在含有25g愈创木酚甘油醚的500mL 5%葡萄糖溶液中，以0.05mL/（kg·min）的速度给药。成功使用氯胺酮或替来他明的关键是将它们用于已有适当镇静的马，而不能用于镇静不足或易兴奋的马。这意味着在静脉注射氯胺酮或替来他明之前，所有马都应该给予适当的镇定、镇静和肌肉松弛。

表12-5 氯胺酮在马中的静脉注射

药物	剂量	持续时间（min）
赛拉嗪、氯胺酮	1.1mg/kg、1.5～2mg/kg	5～15
地托咪定、氯胺酮	5～15μg/kg、1.5～2mg/kg	10～25
愈创木酚甘油醚、氯胺酮	25～50mg/kg、1.5～2mg/kg	15～25
赛拉嗪、愈创木酚甘油醚、氯胺酮	0.5～1mg/kg、15～25mg/kg、1.5～2mg/kg	20～30
地西泮、赛拉嗪、氯胺酮	0.01～0.02mg/kg、0.5～1mg/kg、1.5～2mg/kg	10～20
赛拉嗪、地西泮、氯胺酮*	0.3～0.5mg/kg、0.1mg/kg、1.5～2mg/kg	15～20
氯胺酮（作为麻醉辅助用药）	0.1～0.5mg/kg	—
替来他明/唑拉西泮（作为麻醉辅助用药）	0.1～0.5mg/kg	—
赛拉嗪、替来他明/唑拉西泮	0.5～1.0mg/kg、0.5～1.0mg/kg	10～20

注：*地西泮-氯胺酮同时注射。经常使用其他α_2-激动剂替代赛拉嗪。

静脉注射α_2-肾上腺素受体激动剂，2～5min后注射氯胺酮（1.5～2mg/kg，IV），可安静、平稳、无兴奋地诱导马进行趴卧，随后是侧卧（图12-2，表12-5）。α_2-肾上腺素受体激动剂可产生明显的镇静、肌肉松弛作用。大多数马都会有一定程度的共济失调，呈四肢广踏，颈部伸直，头部下垂，下唇松弛（参阅第11章）。一些马在静脉注射氯胺酮20～30s内出现明显的共济失调和不愿活动，在趴卧之前呈犬坐姿势，或者是后肢无力倒向一边。在麻醉诱导阶段，由经验丰富的人控制马的头部是非常必要的。斜到趴卧位的马可能不愿意侧卧几秒钟。一旦卧倒，许多马在呼气时会有噪音。注射氯胺酮或替来他明以后，咽、喉反射仍然明显，使得经鼻腔或口腔进行气管内插管比硫喷妥钠麻醉下更困难，但也能完成。眼睛和眼睑的反射明显，不能用来判断麻醉深度。眼压维持不变或稍微有升高。侧眼球震颤和眼球旋转运动是常见的。呼吸最初可能会有短暂的抑制，血流动力学变化保持在正常范围内或略有升高。血糖可能会升高。当使用地托咪定作为麻醉前药物时，动脉血压可能升高。麻醉时间短，5～15min不等，这取决于马的年龄、对α_2-肾上腺素受体激动剂的反应以及手术刺激的严重程度。苏醒通常是平稳的，在试图站立之前，协助其滚到胸卧位。大多数马在注射α_2-肾上腺素受体激动剂-氯胺酮后，15～25min内无需辅助即可站立。催眠药、肌肉松弛剂或镇痛药与氯胺酮的药物组合可产生类似的效果，但诱导质量可能会得到改善，恢复时间会延长。氯胺酮单独或与镇静剂或催眠剂联合使用或替来他明重复小剂量给药，有时可作为静脉麻醉方法的补充或吸入麻醉的辅助（参阅第13章）。小剂量地西泮或咪达唑仑、α_2-肾上腺素受体激动剂、硫代巴比妥或硫代巴比妥-愈创木酚甘油醚的组合可用于加强麻醉效果或延长麻醉时间，能与氯胺酮同时使用，且不容易出现难以苏醒或狂躁苏醒的情况（表12-5）。笔者做了一个统计，为了延长麻醉时间，曾有马接受了多达9次的赛拉嗪-氯胺酮补充注射，结果发现马的苏醒效果差。

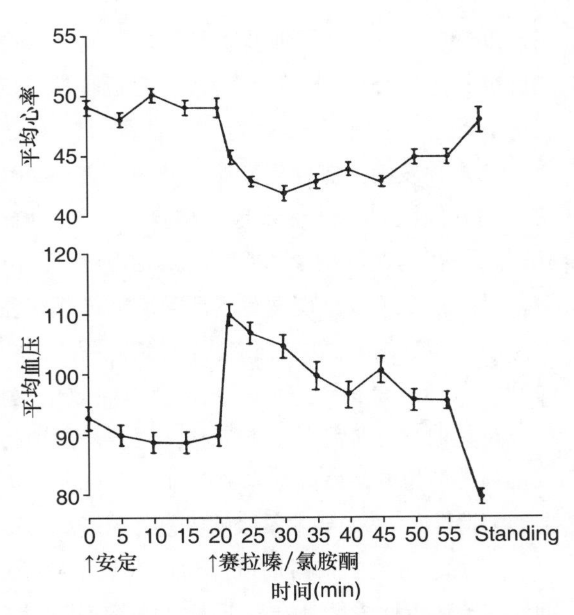

图12-2 赛拉嗪（1.1mg/kg，IV）和氯胺酮（2.2mg/kg，IV）对预先使用安定（0.22mg/kg，IV）的马和矮种马平均心率和平均动脉压的影响

没有特定的颉颃剂能逆转氯胺酮对中枢神经系统的作用。α_2-肾上腺素受体激动剂与氯胺酮联合使用后，禁止早期使用α_2–颉颃剂（育亨宾、妥拉唑林、阿替美唑），除非是紧急情况。对肾上腺素受体激动剂的过早逆转可能导致兴奋、多次站立失败、明显的共济失调、对声音和运动的反应性增高、大量出汗、心动过速、过度通气和体温升高。这些都是半昏迷、不协调的马由于恐惧而引起交感神经活动增强的表现。然而，α_2-肾上腺素受体激动剂-氯胺酮联合使用20～30min后，再使用α_2-肾上腺素受体激动剂颉颃剂通常就不会有不良反应，且有助于加快苏醒，直至站立。可以应用中枢神经系统兴奋剂4-氨基吡啶来缩短赛拉嗪-氯胺酮麻醉马的苏醒时间。虽然存在短暂的共济失调和感觉过敏，但静脉注射0.2mg/kg的4-氨基吡啶可使总苏醒时间缩短50%以上，并且不产生兴奋作用。呼吸中枢兴奋剂多沙普仑可用于紧急情况

下启动呼吸，但不用于加速苏醒，因为它有兴奋作用。虽然不推荐常规使用，但可以给长时间躺卧的马应用颉颃剂（阿替美唑、妥拉唑林）。苏醒时间超过60min的马给予阿替美唑（50～100mg/kg）可立即恢复站立。

（5）并发症、副作用和临床毒性 静脉注射氯胺酮或替来他明/唑拉西泮（替来他明）最常见的并发症是不能达到足够的麻醉深度，麻醉效果持续时间短，以及在苏醒期出现兴奋或狂躁。一些马在注射氯胺酮后表现出轻微反应或无反应，而另一些马则会出现短暂的共济失调、呈犬坐姿势或出现短暂的严重肌肉震颤和痉挛。这些反应不太可能发生在已深度镇静的马上，但可能会由无意中将药物注射到血管周围、药物活性丧失或药物快速再分布而引起。麻醉时间缩短通常是由于麻醉不充分、镇痛效果差和手术刺激所致。在苏醒阶段发生的兴奋和狂躁以及其他交感神经激活的症状，主要是由镇静不足或过度刺激（噪声、过度活动或强光）造成。额外剂量的氯胺酮通常并不能改善麻醉效果，但可以延长药物的消除时间（见本章前面的生物学特性），从而导致紧张的恢复。氯胺酮与α_2-肾上腺素受体激动剂合用时，剂量为原剂量的1/4～1/2，为延长麻醉时间，合用次数不应超过1次或2次。兴奋的马可以通过服用安定或小剂量的硫代巴比妥使其安静下来。联合应用愈创木酚甘油醚和硫喷妥钠可作为麻醉的辅助用药，延长α_2-肾上腺素受体激动剂-氯胺酮麻醉的持续时间，并可使苏醒阶段变得平稳。

氯胺酮或替来他明能使一些马产生明显的通气量减少和短暂的呼吸暂停，可能会导致高碳血症和低氧血症，需要机械控制通气或使用呼吸兴奋剂（参阅第17章）。大剂量的分离麻醉药可直接引起心肌抑制，并能引发心肌衰竭，从而导致低血压和肺水肿。低血压和低心输出量应使用多巴胺或多巴酚丁胺治疗（参阅第22章）。在马中未见其他严重并发症的报道。

3. 中枢性肌肉松弛剂

中枢性肌肉松弛剂（愈创木酚甘油醚、地西泮、咪达唑仑）常与硫代巴比妥类药物及分离麻醉药联合应用，以增强马的静脉麻醉效果。愈创木酚甘油醚是一种苦味的白色粉末，可溶于水、0.9%的生理盐水或5%的葡萄糖溶液中。临床上使用的浓度从5%到15%不等，需要经常加热以防止沉淀。配制好以后，大多数溶液在室温下可以稳定1周。除了与渗透压有关以外，选择稀溶液似乎没有其他的优点。10%（100mg/mL）的愈创木酚甘油醚溶液在水中的渗透压为242mOsm/kg，相当于马血浆的渗透压（280～310mOsm/kg）。愈创木酚甘油醚浓度超过15%就很难保持溶液状态，而且可能会引起溶血、血红蛋白尿和荨麻疹。意外的将其注射到血管周围，可引起组织损伤，引起炎症反应、组织肿胀和血栓性静脉炎。让成年马倒卧，需要大剂量（800～1 500mL）的愈创木酚甘油醚稀溶液（5%），因此需要使用粗的静脉导管进行快速输注（压力袋）。能使马倒卧（100～150mg/kg）的愈创木酚甘油醚剂量是产生心肺功能并发症所需剂量的20%～30%。

（1）作用机制 愈创木酚甘油醚是一种作用于中枢的骨骼肌松弛剂，通过与大脑和脊髓中受GABA激活的特定抑制性神经递质受体位点结合，产生苯二氮卓类药物的类似的作用，不是麻醉剂，而是选择性地阻滞脊髓、网状结构和大脑皮层下区域的多突触反射，在需要马卧倒时使用，它会产生镇静-催眠作用，虽然镇痛强度很小，但也会有作用。愈创木酚甘油醚的一个显著特点是能在不影响呼吸的情况下抑制脊髓中间神经元神经冲动的传导。常与硫喷妥钠或氯胺酮联合使用，用于TIVA（全凭静脉麻醉）或马吸入麻醉的诱导（参阅第13章）。

（2）应用药理学 临床剂量的愈创木酚甘油醚对呼吸速率、心率、肺动脉压和心输出量的影响相对较小。静脉给予愈创木酚甘油醚之后，可使平均动脉血压降低，并使外周血管阻力增加，但变化都不大（图12-3）。心脏收缩力不受抑制，卧倒后可略有增加。动脉二氧化碳分压保持不变，麻醉诱导侧卧以后动脉血氧分压（PaO_2）会瞬间降低（5min）。导致后一种结果的机制不太可能是严重的呼吸抑制，因为在给予愈创木酚甘油醚后，马仍保持站立状态，血气变化极小（图12-4）。持续输注愈创木酚甘油醚可引起呼吸抑制，导致呼吸性酸中毒。愈创木酚甘油醚对心输出量向脑、肝、肾和骨骼肌分布的影响在马中尚未有研究，但据猜测它们仍然保持相对正常。如果使用低于溶血剂量的愈创木酚甘油醚，它就不会导致血液生化和血液学指标的改变。

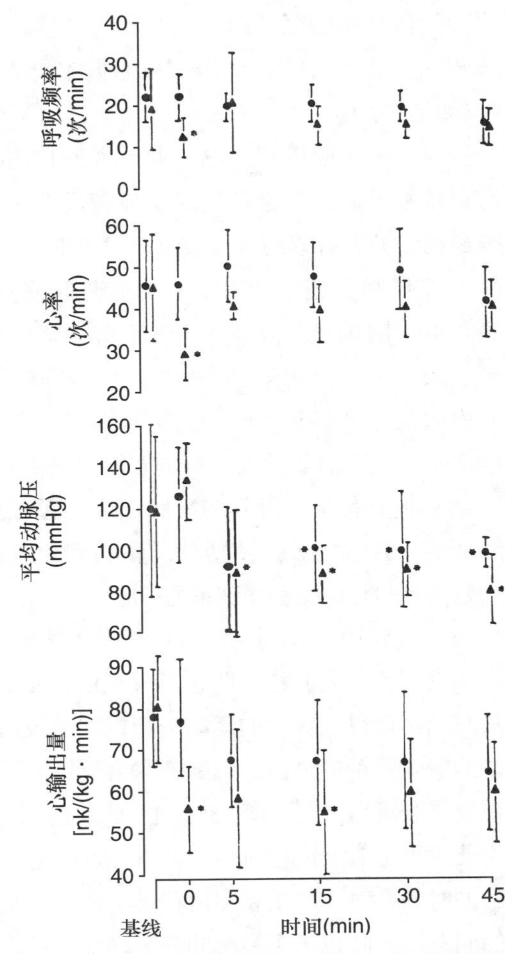

图12-3 愈创木酚甘油醚［大约125mg/kg，IV（●）］和赛拉嗪（1.1mg/kg，IV）-愈创木［80mg/kg，IV（▲）］对成年马匹心肺功能的影响（$P<0.05$与基线比较）

愈创木酚甘油醚常与各种镇静催眠药（赛拉嗪、地托咪定、硫喷妥钠、氯胺酮）或吸入麻醉药共同使用，以使动物倒卧和麻醉。据报道，给予戊巴比妥钠诱导麻醉前注射愈创木酚甘油醚，可导致呼吸暂停的发生率为33%。当氯胺酮与愈创木酚甘油醚混合并同时给药直至马卧倒，可避免这一问题的发生。愈创木酚甘油醚可穿过胎盘屏障，能达到母体循环浓度的近30%。然而，这些马驹并没有表现出明显的受抑制症状，对其身体处理反应良好。愈创木酚甘油醚不会使母马早产或流产。关于愈创木酚甘油醚对马子宫张力影响的研究尚未见报道。

（3）体内代谢 愈创木酚甘油醚由肝脏代谢，与葡萄糖醛酸苷结合后经尿液排出（参阅第9章）。儿茶酚是其代谢过程中的一种中间体，但不产生全身效应。静脉注射愈创木酚甘油醚会经历一个快速的平衡期，需要5～10min，然后是一个较长的消除阶段。在矮马和马中的研究表明，血浆的半衰期为60～80min。雌性马半衰期短于公马和矮马，而驴的半衰期则较长，因为它们的清除率较低。给一些马和驴持续输注该药2～3h，可能需要4～8h它们才能站立（参阅第9章）。

（4）临床应用和颉颃 愈创木酚甘油醚可以单独使用，但最常见的是与硫代巴比妥类药物和分离麻醉药（氯胺酮、替来他明/唑拉西泮）联合使用，用于马的短时间麻醉、吸入麻醉的诱导，并作为全身麻醉的辅助用药（表12-6，参阅第13章）。愈创木酚甘油醚引起马卧倒与硫代巴比妥类药物或分离麻醉药不同，它需要较大的剂量才能使马倒卧，因此必须要有一个可靠的静脉通道，通过持续给药，直至倒卧。使矮种马和马倒卧所需的愈创木酚甘油醚平均剂量为100～150mg/kg。用5%或10%的溶液按照以上剂量，需要持续给药3～5min。大部分马在给予愈创木酚甘油醚时会逐渐变得沉郁并出现共济失调，这时需要限制其活动，同时注意防止意外跌倒以及静脉导管的脱落。给予75～100mg/kg的剂量以后，马开始出现最大程度的运动失调以及前肢屈曲。使用麻醉前药物或将愈创木酚甘油醚与较小剂量的硫喷妥钠或分离性麻醉药联合使用，可最大限度地缩短共济失调的时间。在给予硫代巴比妥或氯胺酮后，在15～30s内马会发生倒卧，并可能会伴随短暂的肺换气不足。后一种方法的主要优点是能缩短马的共济失调时间，免去了静脉输液装置（解放了一名助手），还可预测马倒卧的时间。对于严重衰弱或精神沉郁的马来说，短暂的肺换气不足和呼吸暂停是需要重点关注的问题，同时也说明持续的静脉输注是首选的方法，从而避免药物的单次注射。给予愈创木酚甘油醚后，全身松弛的马仍然保留相对灵敏的眼睑、角膜和吞咽反射，但颈部和喉部肌肉均已松弛，所以气管插管会很容易。随着剂量的增加，镇静和镇痛作用得到改善，四肢、腹部和颈部的骨骼肌也变得松弛。

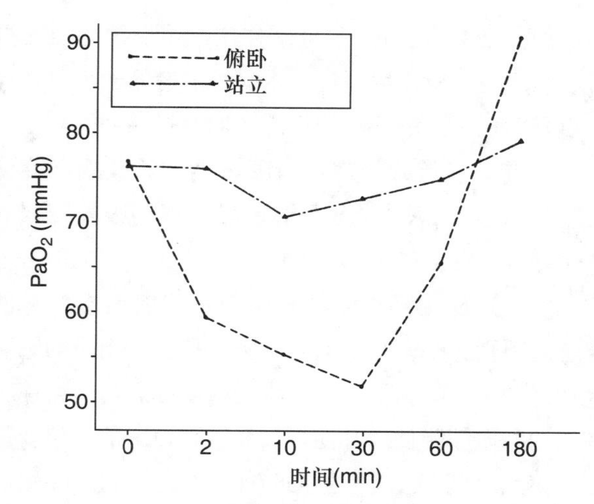

图12-4 愈创木酚甘油醚（100mg/kg，IV）对马动脉氧分压（PaO_2，mmHg）的影响

表12-6 最初为牧场的马开发的静脉麻醉药物组合

药物	剂量	持续时间（min）
愈创木酚甘油醚*，硫喷妥钠；硫代巴比妥	1～3g的任一种硫代巴比妥酸与愈创木酚甘油醚混合作用	15～25
2g硫代巴比妥钠加到5%愈创木酚甘油醚中	0.02mL/（kg·min）用于维持	——
愈创木酚甘油醚	75～100mg/kg可达到共济失调	10～20
硫喷妥钠	4～8mg/kg，3～6mg/kg	

（续）

药物	剂量	持续时间（min）
愈创木酚甘油醚	75～100mg/kg 可达到共济失调	15～20
氯胺酮	1.5～2.2mg/kg	
250mg 赛拉嗪；500mg 氯胺酮加到 5% 愈创木酚甘油醚中	1.1mL/kg 诱导，0.05mL/（kg·min）维持	—
愈创木酚甘油醚	75～100mg/kg 可达到共济失调	10～20
替来他明 / 唑拉西泮	0.5～1.0mg/kg	

注：* 愈创木酚甘油醚溶于无菌水中制成 5% 或 10% 的溶液。

愈创木酚甘油醚麻醉后的苏醒是一个渐进的过程，但通常比较平稳。将马安置在一个安静的、地面平坦的室内，马通常滚动到趴卧位，并尝试一两次站立。有些马在苏醒过程中可能会变得兴奋或紧张，需要额外的镇静或帮助才能站立。愈创木酚甘油醚可与所有已知的麻醉前用药和麻醉药用于马的麻醉。愈创木酚甘油醚不是镇痛药，需要额外的镇痛药来减少手术刺激造成的疼痛。

（5）并发症、副作用和毒性 目前还没有已知的愈创木酚甘油醚的颉颃剂。除了意外注射到血管周围可导致血栓性静脉炎和溶血外，还没有其他严重并发症的报道。给马注射10%～15%的愈创木酚甘油醚溶液有时可观察到荨麻疹（图12-5）。这是在注射新配制的和商业化的溶液之后发生的。作用机制尚不明确。静脉注射大量愈创木酚甘油醚会导致呼吸加深或呼吸暂停和低血压。不规则的呼吸以及呼吸暂停是药物过量的表现，并且常发生在心血管衰竭之前。低血压的发生一般是由心动过缓和心脏收缩力下降所引起的。多巴胺或多巴酚丁胺可用于增加心肌收缩力、心输出量和动脉血压（参阅第22章）。

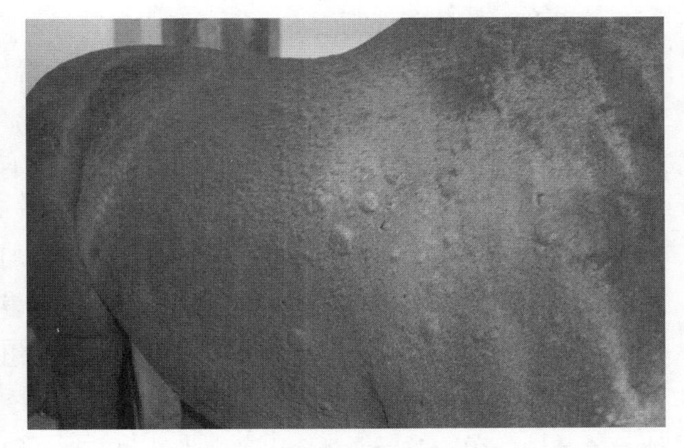

图 12-5 给一匹成年纯种马注射含 10% 愈创木酚甘油醚的 5% 葡萄糖溶液时产生的荨麻疹

4. 其他静脉麻醉药物

现有多种药物，其中包括去极化神经肌肉阻断剂、催眠剂、甾体类麻醉剂和神经镇痛剂等，已被用于马的化学保定或短时间麻醉。开发和测试每一种药物及其用药方法的目标都是看其能否产生安全、有效的短时间制动或麻醉（参阅第13章）。

水合氯醛

水合氯醛是一种应用范围较广的镇静催眠类药物。在美国，它已不再作为兽用产品进行销售，但可以从药店获得口服和静脉制剂。水合氯醛是一种优良的镇静剂，具有较长的作用时间，目前作为马和牛的一种廉价的安乐死药物（参阅第25章）。它由氯醛（三氯乙醛）和水混合制成，是一种半透明的晶体，暴露在空气中会挥发。这种药具有高渗透性，有芳香气味，味道苦、辛辣。水合氯醛易溶于水（0.25mL水可以溶解1g）。水合氯醛已作为一种抗惊厥药、一般镇静剂和麻醉剂给马使用。由于该药物对胃黏膜有刺激作用，因此不推荐口服给药（尽管仍然经常给牛使用）。

麻醉剂量的水合氯醛（125～250mg/kg，IV）可抑制大脑、呼吸和血管舒缩中枢，此剂量约为最低致死剂量的70%～80%。这些效应，再加上相对较差的镇痛活性，是水合氯醛不再推荐用于马匹静脉麻醉的主要原因。

（1）作用机制 水合氯醛是一种优良的镇静催眠药物，但镇痛和麻醉效果较差。增加镇静剂量（50～120mg/kg，IV）会导致大脑的进行性抑制。在较低的镇静剂量下可产生抗胆碱酯酶作用，并可使反射活动增强。逐渐增加剂量，运动和感觉反应没有明显的下降，这可能在临床具有一定的意义。麻醉剂量的水合氯醛可对大脑和延髓中枢产生抑制作用，导致肌肉松弛、轻度镇痛和心肺功能抑制。水合氯醛对中枢神经系统作用与饮酒类似，直至产生昏睡和麻醉。事实上，从水合氯醛麻醉中恢复过来的马似乎也会经历“宿醉”的影响。

（2）应用药理学 镇静剂量的水合氯醛对正常马的肌肉张力、每分钟通气量、动脉血压或心输出量的影响很小。在静脉注射水合氯醛后的10～15min内，呼吸频率和心率会增加、外周血管阻力降低。麻醉剂量的水合氯醛可使呼吸频率和潮气量降低，从而导致肺换气不足（$PaCO_2$升高），虽然心输出量普遍会下降，但心率和动脉血压仍保持在正常范围内。在水合氯醛麻醉过程中，体位对心输出量的影响尚不清楚。更大麻醉剂量的水合氯醛可使心率、心脏收缩力（收缩力）降低以及血管舒张，导致低血压和组织灌注减少。已观察到在水合氯醛诱导麻醉过程中马出现突然死亡的情况，病因尚不清楚，怀疑可能是低血压和室性心律不齐导致的。水合氯醛镇静和麻醉后，马会出现室上性和室性心律不齐。笔者认为水合氯醛麻醉容易使马发生心房扑动和纤颤，因此建议将该药物作为研究这些心律不齐的实验素材。水合氯醛可产生抗胆碱酯酶效应，这可能会使心房的不应性降低，从而会增加室上性心律不齐发生的可能性。目前尚不清楚水合氯醛是否能增加心肌对儿茶酚胺的敏感性。

水合氯醛对其他器官系统（肺、肾、肠道）的影响源自动脉血压和血流量的变化。麻醉剂量的水合氯醛会导致长时间的胃肠道活力下降，并可导致怀孕母马早产和流产。水合氯醛能迅速穿过胎盘，导致胎儿抑制。

（3）体内代谢 水合氯醛经肝脏代谢成三氯乙醇和三氯乙酸（参阅第9章）。未代谢三氯乙醇可出现在唾液中，在尿液中以尿氯酸（三氯乙醇-葡萄糖醛酸）的形式排出。尿液中的尿氯酸对糖呈假阳性反应。只有水合氯醛和三氯乙醇能产生催眠作用。静脉注射水合氯醛后达到峰效

应的时间为5～10min不等。这种延迟效应产生的原因尚不清楚，但可能与它转化为三氯乙醇以及通过血脑屏障相对较慢有关。对马的研究表明，水合氯醛的血浆半衰期小于30min，三氯乙醇的半衰期较长，为1～2h。这可能是马从镇静或麻醉剂量的水合氯醛麻醉中苏醒时间较长的原因。

（4）临床应用和颉颃 虽然水合氯醛应用范围广泛，而且被认为是非常安全的，但目前在美国还没有面向兽医销售的产品。它可以渐进性（产生作用）产生轻度镇静，而不出现共济失调。特别兴奋的马、种马和幼马需要更大的剂量。增加剂量会产生进行性的中枢神经系统抑制，导致昏迷和共济失调。水合氯醛可在注射丙嗪或乙酰丙嗪后使用，并与硫代巴比妥类药物联合使用，配合使用足枷或铸造马用于阉割或简单外科手术的短期麻醉（表12-7）。这种方法的镇痛效果很差，所以不再推荐使用。过去一般以水合氯醛分别与硫酸镁（2∶1和1∶1混合物）及戊巴比妥联合使用，以增强肌肉松弛和催眠效果。目前逆转水合氯醛作用的机制尚无报道。输液和利尿可促进药物的消除。水合氯醛可用水溶解制成12%的溶液（120mg/mL）用于安乐死。

表12-7　水合氯醛在马的静脉应用

药物	剂量（mg/kg）
水合氯醛	
轻度镇静-催眠	5～10
中度镇静-催眠	20～50
深度镇静-催眠	50～75
麻醉*	150～250
药物联合用于倒卧†	
水合氯醛、硫喷妥钠	100、1.5～2.0
水合氯醛、氯胺酮	100、1.5～2.0
丙嗪、7%三氯乙醛、硫喷妥钠	0.6～0.8、20～40、5～7
乙酰丙嗪、7%三氯乙醛、硫喷妥钠	0.04～0.08、20～40、2～4
赛拉嗪、7%三氯乙醛、硫喷妥钠	0.4～0.6、20～40、1～2

注：*不推荐；† 需要使用足枷或铸造马具和麻醉前用药。

（5）并发症、副作用和毒性 低剂量的水合氯醛是安全的。它的主要缺点以及在马手术中不再使用的主要原因是它的作用时间太长，有些马单次使用后可在长达8h内表现为进食困难和轻度共济失调。水合氯醛镇静催眠后苏醒期的延长表现为“宿醉”现象。如果不被打扰，大多数马可保持安静并且不愿意移动。水合氯醛被意外注射到血管周围或皮下，可导致坏死、疼痛、肿胀和蜕皮。有报道称使用镇静剂量的水合氯醛后，偶尔会发生心房扑动、纤颤和猝死，但原因尚不清楚。水合氯醛可引起母马流产。麻醉剂量的水合氯醛可产生明显的心肺功能抑制，导致呼吸停止、严重的心动过缓以及肌电图偏离而导致死亡。

①埃托啡/乙酰丙嗪。埃托啡（一种强效阿片类药物）和乙酰丙嗪（一种吩噻嗪镇静剂）的组合已被认为是一种方便的安定镇痛剂，可用于马的简单小手术操作（表12-8）。美国仅批准埃托啡及其颉颃剂双丙诺啡用于野生和外来动物的制动。禁止给成年马静脉注射埃托啡，因为可致严重的伸肌僵直和交感神经放电。大量出汗、心动过速、高血压、体温过高以及不规则的呼吸会产生高碳酸血症和低氧血症。自20世纪60年代末以来，在英国销售的是含有2.25mg/mL埃托啡（制动剂）和10mg/mL乙酰丙嗪的复合药物。这种药物组合的优点是使用较小剂量就可产生制动和倒卧，其"麻醉状态"能够随时被双丙诺啡逆转，并且能在术中提供深度镇痛。静脉注射这种药物组合，马可在60s内卧倒。在制动后可能会发生痉挛性僵直、明显的肌肉自发性收缩、肌肉震颤以及一种类似于强直性抽搐的状态，这容易让人联想起单独使用埃托啡时的状态。有趣的是，剂量不准确，尤其是较低的剂量，更有可能诱发这种早期反应。在这之后是一个持续时间可变、更大程度的松弛状态；但僵直、肌肉震颤、出汗、瞳孔放大和心动过速会一直持续在整个制动过程。肌肉震颤使精确的外科手术操作变得困难，公马可能会出现阴茎充血以及心肌收缩力、心输出量、外周血管阻力和心肌耗氧量增加。心律不齐也很常见。最显著的变化是肺换气的减少，常常导致PaO_2值小于45mmHg。双丙诺啡可在30s内逆转制动和镇痛作用。马通常会翻滚到俯卧位后很快站立。埃托啡-乙酰丙嗪联合用药的缺点远远大于优点，包括：A.呼吸抑制导致低氧血症和发绀；B.高血压和心律失常；C.较差的肌肉松弛效果和肌肉痉挛；D.埃托啡的肝肠循环可导致马匹兴奋、盲目行走，并在给药长达4h后再次出现；E.从制动状态逆转或恢复后行为会发生变化；F.给予双丙诺啡后镇痛作用也发生逆转；G.较小的剂量对人体是致命的，因此在使用过程中必须非常谨慎，如果发生意外注射，应使用纳洛酮解救。除了这些问题，也有关于埃托啡-乙酰丙嗪联合用药没有任何效果、大量鼻出血、厌食（持续48h）、勃起功能障碍、呼吸抑制、心脏骤停，以及静脉给药后突然死亡的报道。

表12-8　通常不用于马匹制动或麻醉的静脉注射药物

药物	剂量	持续时间	副作用
琥珀酰胆碱*	0.0 8mg/kg	1～3min	交感神经激活、疼痛、呼吸暂停
埃托啡/乙酰丙嗪*	100μg/kg	直到颉颃	低血氧、肌肉痉挛、效果不足、厌食、异常勃起、重新制动、突然死亡、对人类可致命
双丙诺啡（颉颃剂）	30μg/kg		肌肉痉挛、震颤、出汗、兴奋、过度兴奋
阿扎哌隆/美托咪酯†	0.2mg/kg或3～5mg/kg	5～10min	

注：*不再用于野外制动。†在美国还没有。

②**丙泊酚**。丙泊酚在人、犬和猫上是一种很受欢迎的静脉麻醉药。虽然异丙酚在化学结构上与超短效催眠麻醉药硫喷妥钠、美索比妥和依托咪酯不同，但作用机制类似（它通过与在脊髓和椎上部位GABA A受体的b亚基结合，增强GABA诱导的氯离子流动）。异丙酚是一种良好的催眠剂和肌肉松弛剂，在麻醉诱导过程中可最大限度地减少应激反应，并具有抗癫痫和止吐的特性。其分布广泛、清除速度快、蓄积有限，可在麻醉后快速苏醒，而且残留最少。这些特性使得几位作者研究了它作为单剂注射、间歇注射或作为平衡麻醉或作为TIVA输注的一部分在马中的使用情况。麻醉诱导过程中可引起呼吸抑制和呼吸暂停，在吸入麻醉维持过程也可产生呼吸抑制，这可能限制了异丙酚在马手术中的普遍使用。

异丙酚在马体内的药代动力学、药效学和临床效果与它在其他物种中观察到情况相似，包括起效快、麻醉时间短和苏醒快。诱导剂量的丙泊酚在初期可导致低血压和呼吸抑制，并可引发兴奋。从麻醉中苏醒迅速、平稳，表现出良好的肌张力和最小的共济失调。异丙酚不太可能取代目前的麻醉诱导技术或维持麻醉方式（α_2-肾上腺素受体激动剂-氯胺酮，安定-氯胺酮），因为异丙酚在诱导麻醉过程中会出现不可预测的行为学反应，尤其是在马匹仰卧时，可能会发生肺换气不足、呼吸暂停和低PaO_2；但作为吸入麻醉的辅助用药，它可能有用。有人认为异丙酚的镇静作用可能与诱导方法的选择有关，适当剂量的异丙酚［约6mg/（kg·h)］联合美托咪啶［3.5μg/（kg·h)］输注可提供稳定的麻醉，并且在不发生低血氧的情况下可迅速苏醒（参阅第13章）。在将异丙酚推荐用作静脉麻醉剂之前，还需要对患有自然疾病的马进行更多的研究。

③**美托咪酯、依托咪酯、阿法沙龙/阿法多龙**。各种短效、非巴比妥类静脉麻醉药（美托咪酯、依托咪酯、阿法沙龙/阿法多龙）最初是用于人类，但现在已经在马的短时间麻醉或吸入麻醉的诱导中使用。这些化合物在马中的潜在优势是它们具有催眠作用、作用时间相对较短（10～15min），并能维持心肺功能接近正常。但它们在临床应用过程中通常需要在麻醉前使用镇静剂和肌肉松弛剂，或通过联合用药来提高麻醉质量、延长麻醉效果或获得平静的苏醒效果。美托咪酯、依托咪酯以及阿法沙龙/阿法多龙，在麻醉诱导过程中会导致出汗、肌肉震颤、肢体和头部的不自主运动；在苏醒过程中会出现兴奋和惊厥，需要再次镇静或麻醉（硫代巴比妥类、氯胺酮）。非兴奋的马苏醒得较快，并且对听觉或视觉刺激过敏。阿法沙龙/阿法多龙能产生短时间（5～10min）麻醉，其特点是诱导时兴奋，平卧后肌肉松弛较差并且有肌肉痉挛，苏醒时对听觉和视觉刺激过敏。虽然使用麻醉前药物α_2-肾上腺素受体激动剂以后，这些反应会得到纠正，但仍然会发生。

马静脉麻醉药的安全性和质量的提高依赖于可逆、受体特异性镇痛剂和短效、无蓄积作用的催眠剂以及温和或短效肌肉松弛剂的联合使用。理想的马短期静脉麻醉药尚未开发出来，但持续的临床研究已改善麻醉效果。

参考文献

Abass BT et al, 1994. Pharmacokinetics of thiopentone in the horse, J Vet Pharmacol Ther 17 (5): 331-338.

Akpokodje JU, Akusu MO, Osuagwu AIA, 1986. Abortion of twins following chloral hydrate anaesthesia in a mare, Vet Rec 118: 306.

Alexander F, Horner MW, Moss MS, 1967. The salivary secretion and clearance in the horse of chloral hydrate and its metabolites, Biochem Pharmacol 16: 1305-1311.

Alexander F, Nicholson JD, 1968. The blood and saliva clearances of phenobarbitone and pentobarbitone in the horse, Biochem Pharmacol 17: 203-210.

Allen WE, 1986. Equine abortion and chloral hydrate, Vet Rec 118 (14): 407.

Bennett RC et al, 1998. Comparison of detomidine/ketamine and guaiphenesin/thiopentone for induction of anaesthesia in horses maintained with halothane, Vet Rec 142: 541-545.

Bennett RC et al, 1998. Comparison of detomidine/ketamine and guaiphenesin/thiopentone for induction of anaesthesia in horses maintained with halothane, Vet Rec 142 (20): 541-545.

Benson GJ, Thurmon JC, 1990. Intravenous anesthesia, Vet Clin North Am (Equine Pract) 6 (3): 513-528.

Berger FM, Hubbard CV, Ludwig BJ, 1953. Hemolytic action of water soluble compounds related to mephenesin, Proc Soc Exp Biol Med 82: 232-235.

Bettschart-Wolfensberger R et al, 2001. Cardiopulmonary effects of prolonged anesthesia via propofol-medetomidine infusion in ponies, Am J Vet Res 62 (9): 1428-1435.

Bettschart-Wolfensberger R et al, 2001. Infusion of a combination of propofol and medetomidine for long-term anesthesia in ponies, Am J Vet Res 62 (4): 500-507.

Bettschart-Wolfensberger R et al, 2005. Total intravenous anaesthesia in horses using medetomidine and propofol, Vet Anaesth Analg 32 (6): 348-354.

Brook D, 1974. Fatality after revivon, Vet Rec 84: 476-477.

Butera ST et al, 1978. Diazepam/xylazine/ketamine combination for short-term anesthesia in the horse, Vet Med (Small Anim Clin) 73: 490-499.

Butera ST et al, 1980. Xylazine/sodium thiopental combination for short-term anesthesia in the horse, Vet Med (Small Anim Clin) 5: 765-769.

Clarke KW, Taylor PM, Watkins SB, 1986. Detomidine/ketamine anaesthesia in the horse, Acta Vet Scand 82: 167-179.

Clayton-Jones DG, 1974. Fatality after revivon, Vet Rec 84: 477.

Crispin SM, 1981. Methods of equine general anaesthesia in clinical practice, Equine Vet J 13: 19-26.

Daunt DA, 1992. Actions of isoflurane and halothane in pregnant mares, J Am Vet Med Assoc 201 (9): 1367-1374.

Davis LE, Wolff WA, 1970. Pharmacokinetics and metabolism of glyceryl guaiacolate in ponies, Am J Vet Res 31 (3): 469-473.

Detweiler DK, 1952. Experimental and clinical observations on auricular fibrillation in horses. In Proceedings of the Annual Meeting of the American Veterinary Medical Association, Atlantic City, NJ, pp 119-129.
Dickson LR et al, 1990. Jugular thrombophlebitis resulting from an anaesthetic induction technique in the horse, Equine Vet J 22 (3): 177-179.
Dundee JW, Price HL, Dripps RD, 1956. Acute tolerance to thiopentone in man, Br J Anaesth 28: 344-352.
Ellis RG et al, 1977. Intravenously administered xylazine and ketamine HCl for anesthesia in horses, J Equine Med Surg 1: 259-265.
Evans DJ, 1974. Anaesthesia and revivon, Vet Rec 95: 70-71.
Fielding CL et al, 2006. Pharmacokinetics and clinical effects of a subanesthetic continuous rate infusion of ketamine in awake horses, Am J Vet Res 67 (9): 1484-1490.
Fisher RJ, 1984. A field trial of ketamine anaesthesia in the horse, Equine Vet J 16: 176-179.
Flaherty D et al, 1997. A pharmacodynamic study of propofol or propofol and ketamine infusions in ponies undergoing surgery, Res Vet Sci 62 (2): 179-184.
Frias AF et al, 2003. Evaluation of different doses of propofol in xylazine pre-medicated horses, Vet Anaesth Analg 30 (4): 193-201.
Funk KA, 1970. Glyceryl guaiacolate: a centrally acting muscle relaxant, Equine Vet J 2: 173-178.
Funk KA, 1973. Glyceryl guaiacolate: some effects and indications in horses, Equine Vet J 5: 15-19.
Gabel AA, 1962. Promazine, chloral hydrate, and ultra-shortacting barbiturate anesthesia in horses, J Am Vet Med Assoc 15 (140): 564-571.
Gabel AA, Hamlin R, Smith CR, 1964. Effects of promazine and chloral hydrate on the cardiovascular system of the horse, Am J Vet Res 25: 1151-1158.
Gangl M et al, 2001. Comparison of thiopentone/guaifenesin, ketamine/guaifenesin, and ketamine/midazolam for the induction of horses to be anaesthetised with isoflurane, Vet Rec 149 (5): 147-151.
Garner HE, Rosborough JP, Amend JF, 1972. Effects of glyceryl guaiacolate on certain serum, plasma, and cellular parameters in ponies, Vet Med Small Anim Clin 67 (4): 408-412.
Gaynor JS, Bednarski RM, Muir WW, 1992. Effect of xylazine on the arrhythmogenic dose of epinephrine in thiamylal/halothaneanesthetized horses, Am J Vet Res 53 (12): 2350-2354.
Gaynor JS, Bednarski RM, Muir WW, 1993. Effect of hypercapnia on the arrhythmogenic dose of epinephrine in horses anesthetized with guaifenesin, thiamylal sodium, and halothane, Am J Vet Res 54 (2): 315-321.
Geiser DR, 1983. Practical equine injectable anesthesia, J Am Vet Med Assoc 182: 547-577.
Grandy JL, McDonell WN, 1980. Evaluation of concentrated solutions of guaifenesin for equine anesthesia, J Am Vet Med Assoc 176 (7): 619-622.
Grandy JL, McDonell WN, 1980. Evaluation of concentrated solutions of guaifenesin for equine anesthesia, J Am Vet Med Assoc 176 (7): 619-622.
Greene SA et al, 1986. Cardiopulmonary effects of continuous intravenous infusion of guaifenesin, ketamine, and xylazine in ponies, Am J Vet Res 47: 2364-2367.

Hall LW, Taylor PM, 1981. Clinical trial of xylazine with ketamine in equine anaesthesia, Vet Rec 108: 489-493.

Herschl MA, Trim CM, Mahaffey EA, 1992. Effects of 5% and 10% guaifenesin infusion on equine vascular endothelium, Vet Surg 21 (6): 494-497.

Hillidge CJ, 1970. The use of immobilon, Vet Rec 87: 669.

Hillidge CJ, Lees P, 1974. Fatality after revivon, Vet Rec 84: 476.

Hillidge CJ, Lees P, Serrano L, 1973. Investigations of azaperone/metomidate anaesthesia in the horse, Vet Rec 93: 307-311.

Hillidge CJ et al, 1974. Influence of acepromazine/etorphine and azaperone/metomidate on serum enzyme activities in the horse, Res Vet Sci 17: 395-397.

Hubbell JA, Muir WW, Sams RA, 1980. Guaifenesin: cardiopulmonary effects and plasma concentrations in horses, Am J Vet Res 41 (11): 1751-1755.

Hubbell JAE, Bednarski RM, Muir WW, 1989. Xylazine and tiletamine-zolazepam anesthesia in horses, Am J Vet Res 50 (5): 737-742.

Jenkins JT et al, 1972. The use of etorphine-acepromazine (analgesic-tranquilizer) mixtures in horses, Vet Rec 90: 207-210.

Jones EW, Johnson L, Heinze CD, 1960. Thiopental sodium anesthesia in the horse: a rapid induction technique, J Am Vet Med Assoc 137: 119-122, Jul 15.

Jones RS, 1968. The effects of the extravascular injection of thiopentone in the horse, Br Vet J 124: 72-77.

Jones RS et al, 1992. Euthanasia of horses, Vet Rec 13: 130 (24): 544.

Jurd R, Arras M, Lambert S, Drexster B, 2003. General anesthetic actions in vivo strongly attenuate by a point mutation in the GABA A receptor beta3 subunit, FASEB J 17: 250-252.

Kaka JS, Klavano PA, Hayton WL, 1979. Pharmacokinetics of ketamine in the horse, Am J Vet Res 40 (7): 978-981 .

Ketelaars HC, van Dieten JS, Lagerweij E, 1979. Guaiacol glyceryl ether study in horses and ponies. 1. The pharmacokinetics after a single IV injection, Berl Munch Tierarztl Wochenschr 92 (11): 211-214.

Kitzman JV et al, 1984. Antagonism of xylazine and ketamine anesthesia by 4-aminopyridine and yohimbine in geldings, Am J Vet Res 45: 875-879.

Klein L, 1985. Anesthesia for neonatal foals, Vet Clin North Am (Equine Pract) 1 (1): 77-89.

Knobloch M et al, 2006. Antinociceptive effects, metabolism, and disposition of ketamine in ponies under target-controlled drug infusion, Toxicol Appl Pharmacol 216 (3): 373-386.

Král E, 1974. Anesthesia using a mixture of chloral hydrate, magnesium sulfate, and pentobarbital in horses, Vet Med (Praha) 19 (2): 157-164.

Kushiro T et al, 2005. Anesthetic and cardiovascular effects of balanced anesthesia using constant rate infusion of midazolamketamine-medetomidine with inhalation of oxygen-sevoflurane (MKM-OS anesthesia) in horses, J Vet Med Sci 67 (4): 379-384.

Lakin CNS, 1974. Anaesthesia and revivon, Vet Rec 94: 555-556.

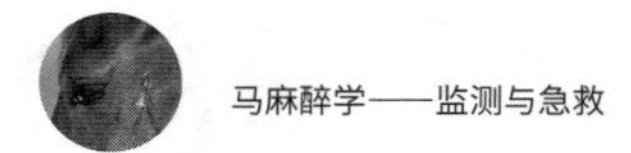

Lankveld DP et al, 2006. Pharmacodynamic effects and pharmacokinetic profile of a long-term continuous rate infusion of racemic ketamine in healthy conscious horses, J Vet Pharmacol Ther 29 (6): 477-488.

Luna SP, Taylor PM, Massone F, 1997. Midazolam and ketamine induction before halothane anaesthesia in ponies: cardiorespiratory, endocrine and metabolic changes, J Vet Pharmacol Ther 20 (2): 153-159.

Luna SP, Taylor PM, Wheeler MJ, 1996. Cardiorespiratory, endocrine, and metabolic changes in ponies undergoing intravenous or inhalation anaesthesia, J Vet Pharmacol Ther 19 (4): 251-258.

Mama KR, Steffey EP, Pascoe PJ, 1995. Evaluation of propofol as a general anesthetic for horses, Vet Surg 24 (2): 188-194.

Mama KR, Steffey EP, Pascoe PJ, 1996. Evaluation of propofol for general anesthesia in premedicated horses, Am J Vet Res 57 (4): 512-516.

Matthews NS et al, 1994. Pharmacokinetics of ketamine in mules and mammoth asses premedicated with xylazine, Equine Vet J 26 (3): 241-243.

Matthews NS et al, 1997. Pharmacokinetics and cardiopulmonary effects of guaifenesin in donkeys, J Vet Pharmacol Ther 20 (6): 442-446.

Matthews NS et al, 1999. Detomidine-propofol anesthesia for abdominal surgery in horses, Vet Surg 28 (3): 196-201.

Matthews NS et al ; 1993. Urticarial response during anesthesia in a horse, Equine Vet J 25 (6): 555-556.

McCarty JE, Trim CM, Ferguson D, 1990. Prolongation of anesthesia with xylazine, ketamine, and guaifenesin in horses: 64 cases (1986-1989), J Am Vet Med Assoc 197: 1646-1650.

McGrath CJ, Easley KJ, Rowe MV, 1982. Anesthesia of horses under field conditions, Vet Med Small Anim Clin 77: 1643-1646.

McGruder JP, Hsu WH, 1985. Antagonism of xylazine-pentobarbital anesthesia by yohimbine in ponies, Am J Vet Res 46: 1276-1281.

Mitchell RJ, 1970. The use of immobilon, Vet Rec 87: 600.

Mori K et al, 1971. A neurophysiologic study of ketamine anesthesia in the cat, Anesthesiology 35: 373-383.

Mostert JW, Metz J, 1963. Observations on the hemolytic activity of guaiacol glycerol ether, Br J Anaesth 35: 461-464.

Muir WW, 1977. Thiobarbiturate-induced dysrhythmias: the role of heart rate and autonomic imbalance, Am J Vet Res 38 (9): 1377-1381.

Muir WW, Gadawski JE, Grosenbaugh DA, 1999. Cardiorespiratory effects of a tiletamine/zolazepam-ketamine-detomidine combination in horses, Am J Vet Res 60 (6): 770-774.

Muir WW, Mason DE, 1993. Effects of diazepam, acepromazine, detomidine, and xylazine on thiamylal anesthesia in horses, J Am Vet Med Assoc 203 (7): 1031-1038.

Muir WW, Sams R, 1992. Effects of ketamine infusion on halothane minimal alveolar concentration in horses, Am J Vet Res 53 (10): 1802-1806.

Muir WW, Skarda RT, Milne DW, 1977. Evaluation of xylazine and ketamine hydrochloride for anesthesia in horses, Am J Vet Res 38: 195-201.

Muir WW, Skarda RT, Sheehan W, 1978. Evaluation of xylazine, guaifenesin, and ketamine

hydrochloride for restraint in horses, Am J Vet Res 39: 1274-1278.
Muir WW et al, 1979. Evaluation of thiamylal, guaifenesin, and ketamine hydrochloride combinations administered prior to halothane anesthesia in horses, J Equine Med Surg 3: 178-184.
Muir WW: Unpublished observations.
Nolan A et al, 1996. Simultaneous infusions of propofol and ketamine in ponies premedicated with detomidine: a pharmacokinetic study, Res Vet Sci 60 (3): 262-266.
Nolan A et al, 1996. Simultaneous infusions of propofol and ketamine in ponies premedicated with detomidine: a pharmacokinetic study, Res Vet Sci 60 (3): 262-266.
Nolan AM, Hall LW, 1985. Total intravenous anaesthesia in the horse with propofol, Equine Vet J 17 (5): 394-398.
O' Scanaill T, 1981. Pentobarbitone sodium as an anaesthetic in the horse, Vet Rec 109: 125.
Ohta M et al, 2004. Propofol-ketamine anesthesia for internal fixation of fractures in Racehorses, J Vet Med Sci 66 (11): 1433-1436.
Oku K et al, 2006. Cardiovascular effects of continuous propofol infusion in horses, J Vet Med Sci 68 (8): 773-778.
Reimer JM, Sweeney RW, 1992. Pharmacokinetics of phenobarbital after repeated oral administration in normal horses, J Vet Pharmacol Ther 15 (3): 301-304.
Reves JG et al, 2005. Intravenous nonopioid anesthetics. In Ronald D, editor: Goodman and Gilman' s the pharmacological basis of therapeutics, ed 6, New York, Macmillan, pp 346-347.
Saidman LJ, 1974. Uptake, distribution, and elimination of barbiturates. In Eger EI, editor: Anesthetic uptake and action, Baltimore, Williams & Wilkins, p 272.
Sampson JH, 1974. Fatality after revivon, Vet Rec 84: 477.
Schatzman U ; 1974. The induction of general anaesthesia in the horse with glyceryl guaiacolate: comparison when used alone and with sodium thiamylal (Surital), Equine Vet J 6 (4): 164-169.
Schatzmann U et al, 1978. An investigation of the action and haemolytic effect of glyceryl guaiacolate in the horse, Equine Vet J 10: 224-228.
Schlarmann B et al, 1973. Clinical pharmacology of an etorphineacepromazine preparation: experiments in dogs and horses, Am J Vet Res 34: 411-415.
Schmidt-Oechtering GU, 1989. Anesthesia of horses with xylazine and ketamine: anesthesia of foals, Tierarztl Prax 17 (4): 388-393.
Schneider J, Stief E, 1987. The behavior of specific parameters of acid-base balance, heart rate, and depth of anesthesia during chloral hydrate anesthesia and chloral hydrate-My 301 anesthesia in horses, Arch Exp Veterinarmed 41 (2): 276-284.
Short CE, Tracy CH, Sanders E, 1989. Investigating xylazine's utility when used with Telazol in equine anesthesia, Vet Med 84: 228-233.
Silva R et al, 2007. Clinical inquiries: is guaifenesin safe during pregnancy？ J Fam Pract 56 (8): 669-670.
Smith I et al, 1994. Propofol: an update on its clinical use, Anesthesiology 81 (4): 1005-1043.
Spehar AM et al, 1984. Preliminary study on the pharmacokinetics of phenobarbital in the

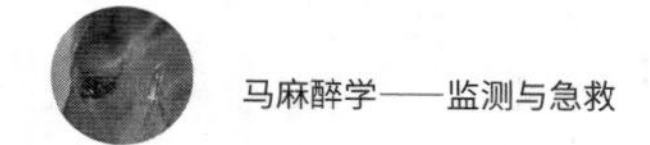

neonatal foal, Equine Vet J 16 : 368-371.
Spehar AM et al, 1984. Preliminary study on the pharmacokinetics of phenobarbital in the neonatal foal, Equine Vet J 16 (4) : 368-371.
Stockman MJR, 1970. The use of immobilon, Vet Rec 87: 518-519.
Tavernor WD, 1970. The influence of guaiacol glycerol ether on cardiovascular and respiratory function in the horse, Res Vet Sci 11 (1): 91-93.
Tavernor WD, Lees P, 1970. The influence of thiopentone and suxamethonium on cardiovascular and respiratory function in the horse, Res Vet Sci 2: 45-53.
Taylor P, 1983 Field anaesthesia in the horse, In Pract 5 Vet Rec (suppl): 112-119.
Taylor PF, 1963. Thiopentone anaesthesia in horses, Aust Vet J 39: 122-125.
Taylor PM, 1989. Equine stress responses to anaesthesia, Br J Anaesth 63 (6): 702-709.
Taylor PM, 1990. The stress response to anaesthesia in ponies: barbiturate anaesthesia, Equine Vet J 22 (5): 307-312.
Taylor PM et al, 1995. Total intravenous anaesthesia in ponies using detomidine, ketamine, and guaiphenesin: pharmacokinetics, cardiopulmonary and endocrine effects, Res Vet Sci 59 (1): 17-23.
Taylor PM et al, 1998. Cardiovascular effects of surgical castration during anaesthesia maintained with halothane or infusion of detomidine, ketamine, and guaifenesin in ponies, Equine Vet J 30 (4): 304-309.
Tranquilli WJ et al, 1984. Hyperglycemia and hypoinsulinemia during xylazine-ketamine anesthesia in Thoroughbred Horses, Am J Vet Res 45: 11-14.
Trim CM, Adams JG, Hovda LR, 1987. Failure of ketamine to induce anesthesia in two horses, J Am Vet Med Assoc 190: 201-202.
Trim CM, Colbern GT, Martin CL, 1985. Effect of xylazine and ketamine on intraocular pressure in horses, Vet Rec 117: 442-443.
Truitt EB, Patterson RB, 1957. Comparative haemolytic activity of mephenesin, guaiacol glycerol ether, and methocarbamol in vitro and in vivo, Proc Soc Exp Biol Med 95: 422-428.
Turner DM, Davis PE, 1969. Cardiac failure in a horse during chloral hydrate-chloroform anaesthesia, Aust Vet J 45: 423-426.
Tyagi RPS et al, 1964. Effects of thiopental sodium (pentothal sodium) anesthesia on the horse, Cornell Vet 54: 584-602.
Umar MA et al, 2006. Evaluation of total intravenous anesthesia with propofol or ketamine-medetomidine-propofol combination in horses, J Am Vet Med Assoc 228 (8): 1221-1227.
Visser E, Schug SA, 2006. The role of ketamine in pain management, Biomed Pharmacother 60 (7): 341-348.
Waterman AE, Robertson SA, Lane JG, 1987. Pharmacokinetics of intravenously administered ketamine in the horse, Res Vet Sci 42 (2): 162-166.
Wernette KM et al, 1986. Doxapram: cardiopulmonary effects in the horse, Am J Vet Res 47 (6): 1360-1362.

第 13 章
辅助吸入麻醉的静脉麻醉药和镇痛药

要点：

1. 静脉麻醉药物的联合使用可产生良好的短期或长期麻醉效果，并可作为吸入麻醉的诱导麻醉。

2. 全凭静脉麻醉可能比吸入麻醉更安全，应激更小。通过吸氧可进一步提高安全性。

3. 静脉给予镇痛剂可减少吸入麻醉药的用量。

4. 全凭静脉麻醉和静脉给予镇痛剂对心血管的抑制比吸入麻醉要小。

5. 长期使用多种静脉麻醉药可能导致药物积累、药物相互作用并导致苏醒时间延长。

静脉麻醉药及麻醉技术是马全身麻醉的主要方法。对于马外科医生来说，采用静脉药物诱导和维持全身麻醉（例如全凭静脉麻醉，TIVA）与吸入麻醉相比有许多潜在的优势。使用TIVA降低了设备成本、供氧需求以及高压氧气瓶的潜在危险（参阅第16章）。此外，TIVA可避免外科医生暴露于挥发性麻醉药物环境对身体可能造成的各种危害。将地托咪定、氯胺酮和愈创木酚甘油醚混合通过TIVA与吸入氟烷相比，TIVA对动物的心血管功能抑制小，且降低内分泌应激反应（图13-1至图13-3）。将异丙酚和舒芬太尼以TIVA的方式用于人，与七氟醚吸入麻醉相比，TIVA可减少促炎性细胞因子（如IL-2、IL-6、IL-8、IL-12、TNF-α、干扰素-γ）和抗炎性细胞因子（IL-10、IL-1受体激动剂、转化生长因子-β）的产生。有研究发现，氯胺酮可抑制脂多糖诱导马巨噬细胞分泌TNF-α和IL-6。这些研究表明TIVA对麻醉和手术引起的内分泌和炎症反应产生有利的影响。

马TIVA的一个主要问题是麻醉作用时间长及药物的累积效应，进而导致苏醒时间延长。吸入麻醉比TIVA可控性更好，更适合长时间的麻醉（＞60～90min），无论动物是否有潜在的血管扩张、低血压以及心输出量减少（参阅第15章），马吸入麻醉时通过静脉给予镇痛剂或镇静剂可以减少吸入麻醉药的用量，并能减少术中及术后动物的疼痛。多种可静脉给予的镇痛剂（IVAAs），如利多卡因、氯胺酮、美托咪定等可与吸入麻醉药联合使用，能够更好地麻醉诱导和

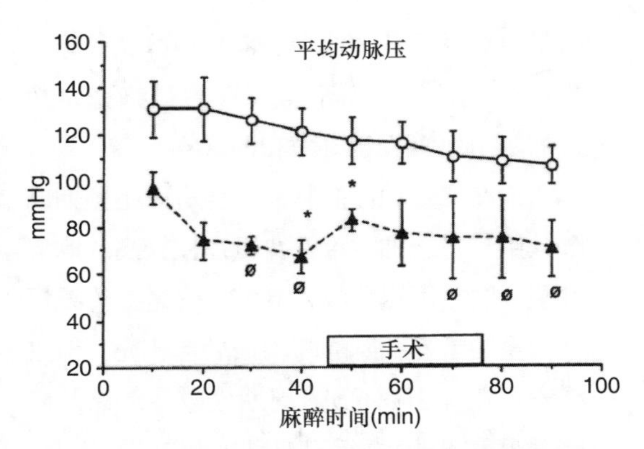

图 13-1　16 匹矮马分别采用地托咪定 / 氯胺酮 / 愈创木酚甘油醚（DKG）（○）和氟烷（HAL）（▲）进行麻醉，手术中监测记录动脉血压（平均值 ±SD）

DKG 组随着时间变化血压变化不明显。HAL 组多个时间点血压显著低于 10min 时血压值（ø 标记）。DKG 组所有时间点血压值能显著高于 HAL 组。HAL 组只在 40 ～ 50min 血压值呈现显著升高（* 标记）。

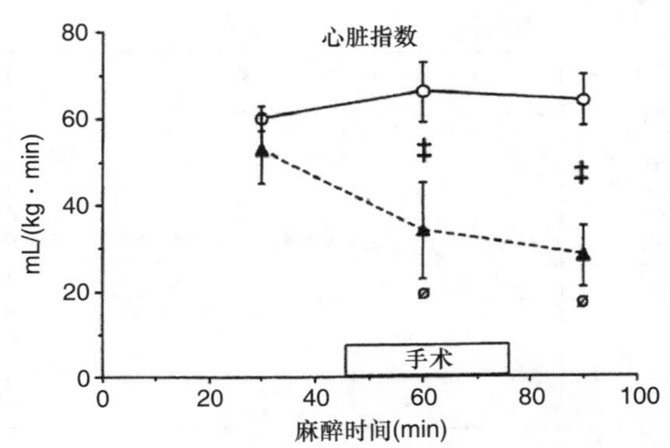

图 13-2　16 匹矮马分别采用地托咪定 / 氯胺酮 / 愈创木酚甘油醚（DKG）（○）和氟烷（HAL）（▲）进行麻醉，手术中监测记录心脏指数（平均值 ±SD）

DKG 组随时间变化不显著。HAL 组自 30min 显著下降（ø 标记）。DKG 组与 HAL 组数值差异显著（‡ 标记）。

维持麻醉，同时减少吸入麻醉药的用量，并改善心血管功能。TIVA 和 IVAA 与吸入麻醉药联合应用比单独应用吸入麻醉药更安全、更有效。

一、静脉麻醉药的药物动力学和药效学

静脉给药后产生的镇痛和麻醉效应与药物的血浆浓度（Cp）有关，根据药物的药代动力学参数（消除率、分布容积、半衰期）可以预测药物的血浆浓度（参阅第九章和表 13-1）。快速（15 ～ 60s）静脉给药可产生较高的 Cp 值，麻醉药起效快，镇痛效果好，但药物反应也较大。通过较慢速度给药来维持 TIVA 或 IVAAs，可能需要很长时间（min；h）才能达到并维持恒定的 Cp，并且经常在此之前已经达到了药物的最高使用剂量。麻醉和镇痛起效时间由于药物缓慢注入而延长（图 13-4）。输注过程中达到稳定的 Cp 值所需的

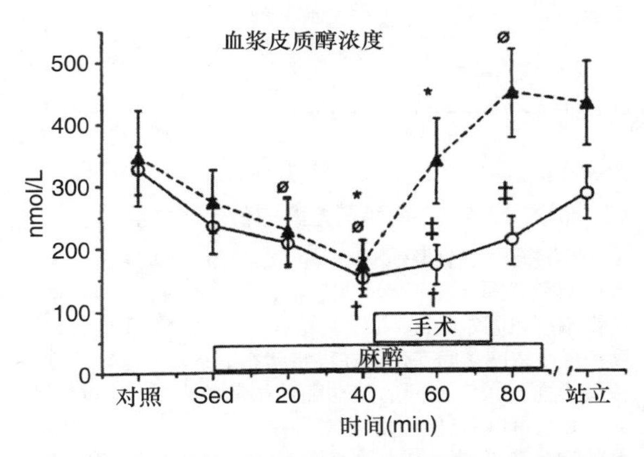

图 13-3　16 匹矮马分别采用地托咪定 / 氯胺酮 / 愈创木酚甘油醚（DKG）（○）和氟烷（HAL）（▲）进行麻醉，手术中监测记录血浆中皮质醇浓度（平均值 ± SD）

HAL 组 ø 标记点与对照组有显著差异。HAL 组 40min 到 60min 呈现显著增加（* 标记）。DKG 组 † 标记点与对照组有显著差异。DKG 组与 HAL 组数值差异显著（‡ 标记）。

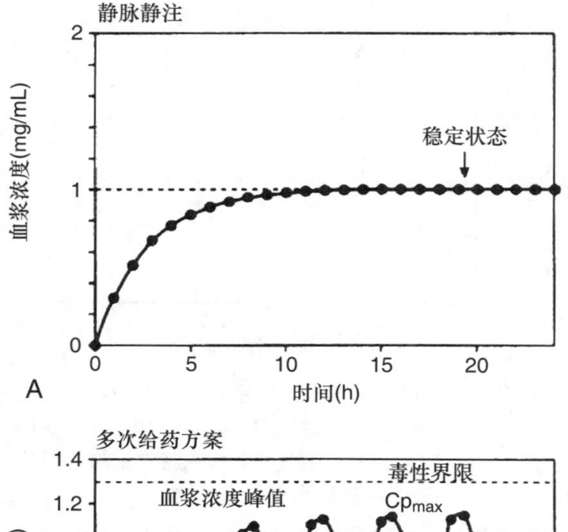

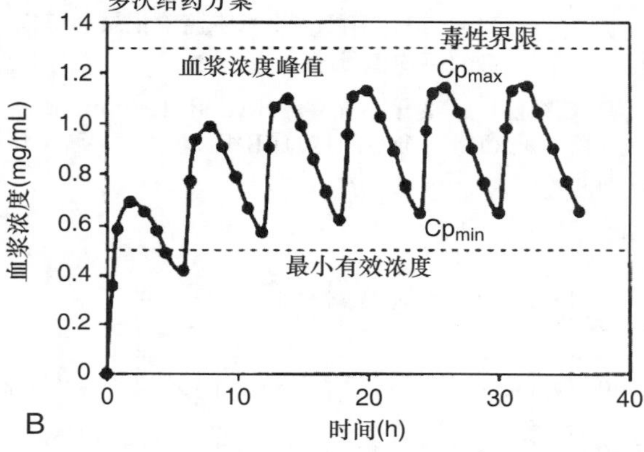

图 13-4　不同给药方案的药效动力学

A. 连续静脉注射药物达到一个稳定值，可以通过其半衰期预测（即 3.3 个半衰期后稳定值的 90%）　B. 当药物浓度以固定的间隔（h）给药，血浆浓度在最大浓度和最小浓度之间变化。在稳定状态下，最大血浆浓度和最小血浆浓度之间的波动随着给药间隔的增加而增加，并且可以通过药物的半衰期来预测。当给药间隔等于药物半衰期时，最大血浆浓度等于最小血浆浓度的两倍

时间可以通过药物的半衰期来估算。静脉药物的Cp值等于3.3个半衰期后最终稳定数值的90%（参阅第九章和图13-4）。

连续变量输注静脉麻醉药可产生预期麻醉效果，是一种实用性、可控性较高的麻醉方法，同时可辅助吸入麻醉，这是对传统恒定增量给予静脉麻醉药的拓展与补充，但这样不可避免引起Cp值周期性改变，以及麻醉深度和心肺功能的波动变化（图13-4）。根据药代动力学数据确定初始剂量、“速效剂量”和输注剂量，并通过负荷剂量达到预期效果（催眠、镇痛、肌肉松弛）。速效剂量可以迅速达到有效的Cp。该方法类似于在吸入麻醉初期给予高浓度吸入麻醉药，以加速麻醉初始阶段吸入麻醉药对中枢神经系统（CNS）的抑制作用。较低的速效量一般需要更大的输注剂量来达到并维持麻醉效果。然后再减少药物的输注量，使药物Cp维持在“疗效浓度”内（最低有效浓度-毒性浓度），并避免药物相关副作用（图13-4）。TIVA的给药剂量是根据马的心肺状态和机体对手术刺激的反应而决定的。随时间的推移，维持机体内药物Cp的输注量完全取决于药物的消除速率（消除率）。因此，维持机体内药物Cp所需的输注剂量随着输注时间而降低，所以要适当调整以达到最佳的麻醉效果和心肺功能。

二、马全凭静脉麻醉技术

由于药物累积效应、药物消除时间长短以及成本等问题，马TIVA技术受到了影响。许多TIVA药物都是长效的且具有累积效应。因此通过长时间给予静脉药物以延长麻醉时间可能会导致苏醒缓慢。理想的TIVA药物药代动力学参数特征，应该是药物本身及其活性代谢物在长

时间输入马体内都不会有累积作用。目前TIVA技术可以分为三类：①适合于阉割等短期手术（＜30min）且苏醒迅速；②适合于中等时间长度的手术（＜90min）；③用于更长时间的手术（几个小时）。

1. 适合短期麻醉（＜30min）的TIVA

可通过间断性增加静脉注射药物达到持续10～15min的麻醉。短期麻醉最常用的药物组合是α_2-肾上腺素受体激动剂（赛拉嗪、地托咪定、美托咪定、罗米非定）和分离麻醉药（氯胺酮、舒泰）或者巴比妥类（硫喷妥纳）。中枢性肌肉松弛剂（愈创木酚甘油醚、苯二氮卓类：地西泮、咪达唑仑）经常与氯胺酮和硫喷妥纳一起使用，以确保顺利诱导麻醉。分离麻醉药替来他明与苯二氮类镇定剂唑拉西泮1 ：1组合也可用于诱导麻醉（参阅第10章）。布托啡诺是一种阿片类激动–颉颃剂，常与α_2-肾上腺素受体激动剂联合使用，以加强手术镇痛效果。

用于马短期麻醉的注射药物组合通常包括镇痛药物（α_2-肾上腺素受体激动剂、阿片类药物、分离麻醉药）、肌肉松弛剂（愈创木酚甘油醚、地西泮、咪达唑仑）和催眠药（硫喷妥钠，表13-1）。小剂量的硫喷妥钠（0.5～1mg/kg，IV）可延长由硫喷妥钠和α_2-肾上腺素受体激动剂诱导麻醉的时间。大剂量的硫喷妥钠（＞10mg/kg），即使是渐进性增大给药剂量，也可能是安全的，但会延长苏醒时间。给予氯胺酮（0.5～1mg/kg，IV）可延长α_2-肾上腺受体激动剂和氯胺酮诱导麻醉的时间；但是肌肉松弛性会比较差，而且如果镇静不足，会引起中枢神经产生不良的兴奋效应。

（1）赛拉嗪-氯胺酮 静脉注射赛拉嗪（1.1mg/kg），3～5min后再静脉注射氯胺酮（2.2mg/kg），大多数马都能平稳、安静、无兴奋地倒卧。赛拉嗪能够产生明显的镇静、镇痛和肌肉松弛效果。同时多数马会出现颈和头部低下、下唇下垂、共济失调（参阅第10章）。在静脉注射氯胺酮20～30s内，马通常会出现头部低垂靠至胸骨前头而呈犬坐姿势。有些马后腿变虚弱后会左右摇晃。诱导麻醉（从静脉内给药到倒卧的时间）相对较短，为30～45s，但比静脉注射硫喷妥钠后的时间要长，很可能是脑吸收药物的差异所致（硫代巴比妥盐是高度脂溶性的）。需要特别注意的是，有经验的兽医会在诱导麻醉期间控制住马的头部。头部倾斜到俯卧站姿的马可以通过外力在几秒钟内转为侧卧体位。一旦躺下，多数马会发出呻吟。此时咽部和喉部反射仍较活跃，经鼻腔或口腔放置气管插管较为困难，但可以完成。可以通过注射苯二氮卓类药物（地西泮0.01～0.05mg/kg，IV）与氯胺酮共同诱导（而不是单独使用氯胺酮）改善骨骼肌松弛程度，可能会出现呼吸抑制，这时眼球和眼睑反射存在，眼压维持不变或仅出现轻微增加，经常出现眼球水平性震颤和眼球运动，不能用于判断麻醉深度。当马侧卧并有自主呼吸时，会出现短暂性呼吸抑制（$PaCO_2$在40～50mmHg），而动脉血氧分压可能会降低到60mmHg。血液动力学相关数值保持或出现轻度升高，血糖升高。麻醉持续时间很短，为5～15min，这取决于马的年龄和对赛拉嗪的反应程度以及手术的刺激程度。苏醒期通常比较平静，从马向胸骨卧位翻转开始，然后试图站立，大多数马在使用氯胺酮注射后15～25min内可以不需要辅助就能站立。

表13-1　用于马全身静脉麻醉的镇静剂、麻醉剂和镇痛剂在马体内的药代动力学参数

药物	房室模型	消除半衰期（min）	表观分布体积（L/kg）	全身清除率［mL/（kg·min）］
乙酰丙嗪	二室模型 二室模型	185 52 ～ 149	6.6 2.87 ～ 6.57	49.2 19.6 ～ 170.8
愈创木酚甘油醚	一室模型	88 ～ 128	0.77 ～ 0.82	4.3 ～ 6.4
地西泮	二室模型	450 ～ 792	1.98 ～ 2.25	1.9 ～ 3.4
赛拉嗪	二室模型	50	2.46	21.0
地托咪定	二室模型	71	0.74	7.1
美托咪定	二室模型	51	1.10	66.7
氨胺酮				
氯胺酮和赛拉嗪	二室模型	42	1.63	26.6
氯胺酮和赛拉嗪	二室模型	66	2.72	31.1
氯胺酮和异丙酚	二室模型	90	1.43	23.9
氯胺酮恒速输注	二室模型			
硫喷妥钠				
硫喷妥纳和氟烷	三室模型	147	0.74	3.53
硫喷妥钠和异氟醚	三室模型	222	1.13	3.64
硫代巴比妥	二室模型	312	3.14	5.9
异丙酚				
异丙酚和氯胺酮	三室模型	69	0.89	33.1
吗啡	三室模型	3377	7.95*	0.79*
芬太尼	三室模型	130	0.68	5.9
芬太尼苏醒期	三室模型	60	0.37	9.2
芬太尼和异氟醚	三室模型	68	0.26	6.3
阿芬太尼				
阿芬太尼苏醒期	二室模型	22	0.45	14.1
阿芬太尼和氟烷	二室模型	56	1.2	14.0
阿芬太尼和异氟醚	二室模型	68	1.37	13.6
布托啡诺				
阿芬太尼静脉射	二室模型	44	1.25	21.0
阿芬太尼恒速输注	非室模型	34	1.10	18.5
利多卡因输注				
利多卡因输注苏醒期	非室模型	79	0.79	29
利多卡因和七氟醚	非室模型	54	0.40	15
利多卡因输注手术中	非室模型	65	0.70	25

注：* 原始数据的粗略估计。

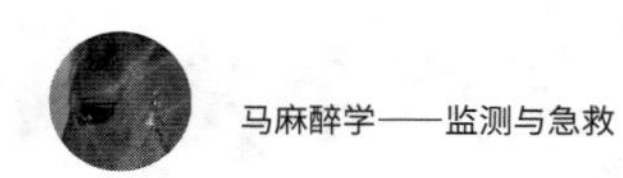

在必要时，重复小剂量的氯胺酮和赛拉嗪注射，可延长马的麻醉持续时间。研究表明，成年马1~7次静脉注射赛拉嗪［(0.31±0.07) mg/kg］-氯胺酮［(0.68±0.20) mg/kg］可以延长麻醉持续时间。从诱导麻醉到第1次补充赛拉嗪-氯胺酮注射的时间为（13±4）min，补充注射的间隔时间为（12±4）min。与未接受补充剂量的马（约30min）相比，给予两次或更多次补充的马，到最后一次注射后麻醉时间明显延长（> 50min）。

(2) 赛拉嗪-布托啡诺-氯胺酮 静脉注射赛拉嗪（1.1mg/kg）和布托啡诺（0.04mg/kg），然后在3～5min内注射氯胺酮（2.2mg/kg），通常会产生快速和平稳的诱导麻醉。麻醉时间短，持续5～15min。在麻醉早期阶段，呼吸次数可能会短暂下降。$PaCO_2$维持在40～50mmHg，在动物躺卧和自主呼吸期间PaO_2降至60mmHg，类似于赛拉嗪-氯胺酮联合用药。血液动力学参数保持在正常范围内。麻醉后的苏醒情况一般较好，大多数马在注射氯胺酮后30min内无需辅助就能站立。

(3) 赛拉嗪-地西泮-氯胺酮 静脉注射赛拉嗪（1.1mg/kg）3～5min后，氯胺酮（2.2mg/kg）与地西泮（0.04mg/kg）一起静脉注射，可促进肌肉松弛，产生平稳、安静、无兴奋的诱导麻醉。与赛拉嗪-氯胺酮相比，肌肉松弛得到改善，麻醉时间略有增加（约15min），血液动力学参数保持在正常范围内（图13-5、图13-6），自主呼吸时PaO_2降低到60mmHg（图13-7），类似于赛拉嗪-氯胺酮联合用药。大多数马用药后35min内尝试行走，同时伴随出现轻微的共济失调。

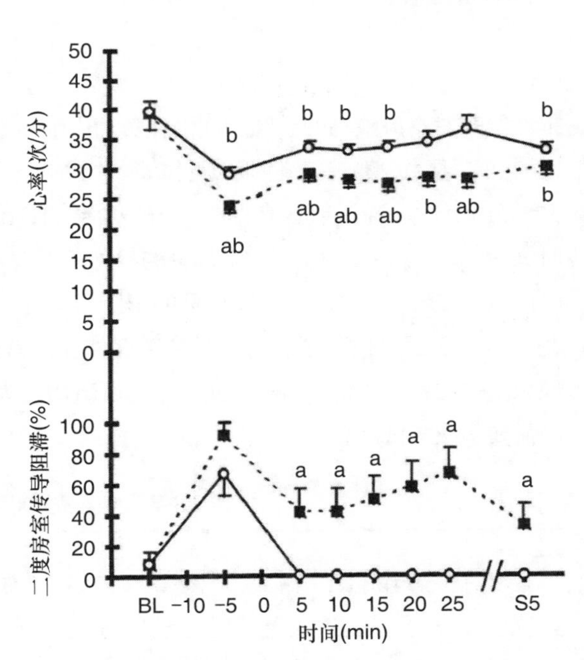

图13-5 用药前（基线，BL）、用药5min后、追加地西泮-氯胺酮（5～25min）、站立5min后的心率（平均±SEM）和二度房室传导阻滞的百分比

罗米非定组（■）和赛拉嗪组（○）之间的差异（$P < 0.05$）用a来标记，用药组相对于基线值的差异用b表示

(4) 赛拉嗪-愈创木酚甘油醚-氯胺酮 通过静脉内注射赛拉嗪（1.1mg/kg）可以产生镇静效果。3～5min后，将5%或10%的愈创木酚甘油醚溶液注入颈静脉，直至马出现明显的共济失调（35～50mg/kg）。联合静脉注射氯胺酮（2.2mg/kg）可产生平稳、安静及无兴奋的诱导麻醉。麻醉期间心肺抑制很小，苏醒期间平稳、无惊厥，完全苏醒时间在40～60min。这种技术类似于使用赛拉嗪-地西泮，但可获得足够的肌肉松弛效果，因为愈创木酚甘油醚可以在使用氯胺酮之前起效。另外，在1 000mL 10%的愈创木酚甘油醚溶液中加入1～2g氯胺酮，输注直到动物倒地躺卧。这种方案比静脉给予地西泮-氯胺酮诱导时间更长，但可以减轻静脉

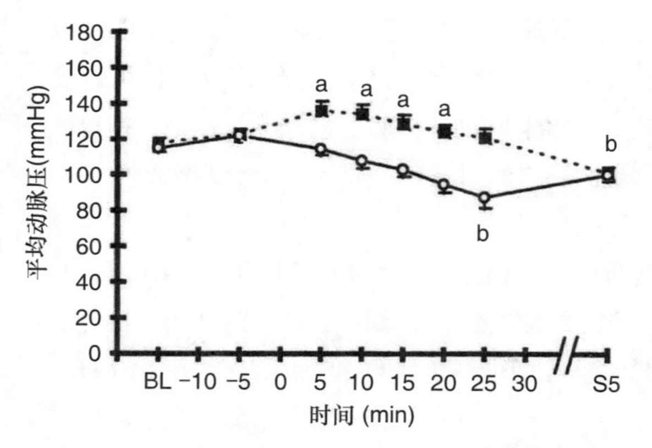

图 13-6　用药前（基线，BL）分别用赛拉嗪和罗米非定，5min 后给予地西泮 - 氯胺酮（5 ～ 25min），站立 5min 后的平均动脉血压

罗米非定 - 地西泮 - 氯胺酮组（■）和赛拉嗪 / 地西泮 / 氯胺酮组（○）之间的差异用 a 表示，用药组相对于基线的差异用 b 表示。

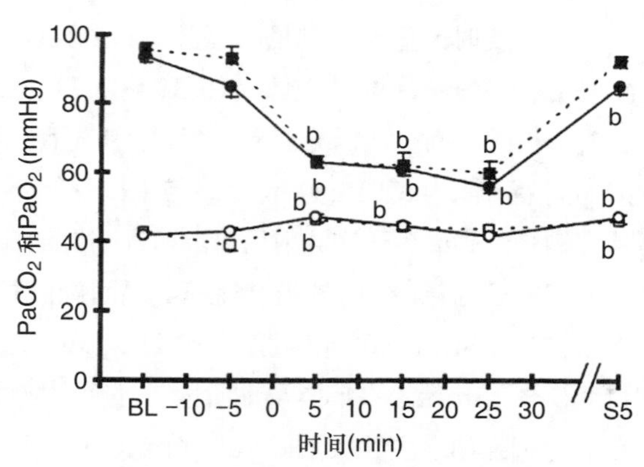

图 13-7　用药前（基线，BL）分别用罗米非定（正方形）和赛拉嗪（圆形），5min 给予地西泮 - 氯胺酮（5 ～ 25min），站立 5min 后的动脉血二氧化碳分压（开放符号）和动脉血氧气分压（闭合符号）（平均 ±SEM）

罗米非定 / 地西泮 / 氯胺酮（■，□）和赛拉嗪 / 地西泮 / 氯胺酮（●，○）之间的差异不明显，用药实验组相对于基线值的差异用 b 表示（$P < 0.05$）。

推注给药对高风险马的心肺功能潜在负面影响。

（5）**赛拉嗪-替来他明-唑拉西泮**　静脉注射赛拉嗪（1.1g/kg）产生镇静效果，在 3 ～ 5min 后静脉注射替来他明 - 唑拉西泮（1.1mg/kg）。麻醉诱导与氯胺酮相似，但麻醉持续时间较长（15 ～ 20min）。大剂量的静脉注射替来他明 - 唑拉西泮（1.65mg/kg）可以延长麻醉时间（表 13-2）。对机体生理指标的影响与其他药物组合相似，PaO_2 降低到 60mmHg，$PaCO_2$ 在 40 ～ 50mmHg。血液动力学参数保持在正常范围内。苏醒效果通常令人满意，但有时也不理想。在注射替来他明 - 唑拉西泮后 35min 内，大多数马可以在没有辅助情况下站立，但是有些马需要多次尝试站立。

表 13-2　全程静脉麻醉用于短期手术

药物组合	静脉给药剂量	平均麻醉持续时间或侧卧位（min）	站立的平均时间（min）
赛拉嗪 + 氯胺酮	1.1mg/kg+2.2mg/kg	30，15，20，＜ 15，23	31，18，33，23，26
赛拉嗪 + 布托啡啉 + 氯胺酮	1.1mg/kg+0.04mg/kg+2.2mg/kg	＜ 15	24
赛拉嗪 + 愈创木酚甘油醚 + 氯胺酮	1.1mg/kg+35 ～ 55mg/kg（共济失调）+2.2mg/kg	23	40

（续）

药物组合	静脉给药剂量	平均麻醉持续时间或侧卧位（min）	站立的平均时间（min）
赛拉嗪 + 地西泮 + 氯胺酮	1.1mg/kg+0.04mg/kg+2.2mg/kg	16	32
赛拉嗪 + 替来他明 - 唑拉西泮	1.1mg/kg+1.1mg/kg	＜20，15	32，31
地托咪定 + 氯胺酮	20μg/kg+2.2mg/kg	15	27
地托咪定 + 布托啡喏 + 氯胺酮	20μg/kg+0.04mg/kg +2.2mg/kg	15	36
罗米非定 + 地西泮 + 氯胺酮	100μg/kg+0.04mg/kg +2.2mg/kg	21	44
赛拉嗪 + 硫喷妥钠	1.1mg/kg+5.5mg/kg	46，25	47，31
赛拉嗪 + 硫代巴比妥钠	1.0mg/kg+6.0mg/kg	38	50
赛拉嗪 + 美索比妥	1.1mg/kg+2.8mg/kg	33，25	34，28
赛拉嗪 + 愈创木酚甘油醚 + 硫喷妥钠	1.1mg/kg+ 出现共济失调 +5mg/kg		34 ～ 40
赛拉嗪 + 异丙酚	1mg/kg+4mg/kg	30	33
赛拉嗪 + 咪达唑仑 + 异丙酚	1mg/kg+0.02mg/kg +3mg/kg	26	35
地托咪定 + 异丙酚	15μg/kg+4mg/kg	33	41

（6）地托咪定-氯胺酮 静脉注射地托咪定（20μg/kg）3 ～ 5min后，静脉注射氯胺酮2.2mg/kg可以快速、顺利地诱导动物呈现俯卧站立姿势和侧卧位。诱导麻醉效果不是很好，有时需要对某些马注射硫喷妥钠。麻醉维持时间较短，持续5 ～ 15min。研究发现地托咪定-氯胺酮组的动脉血压高于赛拉嗪-氯胺酮组（图13-8）。对机体呼吸抑制情况与氯胺酮组相似。在侧卧位保持自主呼吸时动物$PaCO_2$降低到60mmHg，$PaCO_2$维持在40 ～ 50mmHg。地托咪定-氯胺酮组的麻醉苏醒情况不如赛拉嗪-氯胺酮组的麻醉苏醒情况好。有些马会在苏醒期表现出肢体不协调或兴奋的情况。大多数马在使用氯胺酮后30 ～ 35min内都能站立。可能是由于持续血管收缩和持续的镇静、共济失调和肌肉无力造成机体动脉血压升高往往恢复不佳。这些都是地托咪定引起的长期心肺抑郁所致（图13-8）。

（7）地托咪定-布托啡诺-氯胺酮 静脉注射地托咪定（20mg/kg）和布托啡诺（0.04mg/kg），3 ～ 5min后再注射氯胺酮（2.2mg/kg），通常诱导平稳，麻醉维持时间较短，大约持续15min，但一些马在诱导麻醉时可能会出现明显的共济失调。动物侧卧保持自主呼吸时，$PaCO_2$下降至60mmHg，$PaCO_2$维持在40 ～ 50mmHg。血液动力学参数保持在正常范围内，苏醒效果令人满意，但没有赛拉嗪-布托啡诺-氯胺酮的苏醒那么稳定。马在苏醒过程中可能表现出一些共济失调现象，大多数马在使用氯胺酮后40 ～ 60min可站立。

（8）罗米非定-地西泮-氯胺酮 静脉注射罗米非定（100mg/kg）3 ～ 5min后，静脉注射氯胺酮（2.2mg/kg）和地西泮（0.04mg/kg）可产生平稳、安静、无兴奋的诱导麻醉，罗米非定-地西泮-氯胺酮联合用药组的麻醉持续时间（15 ～ 20min）长于赛拉嗪-地西泮-氯胺酮联合

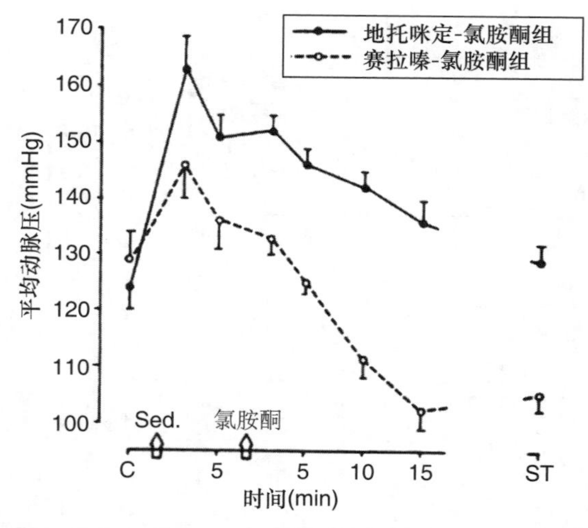

图13-8　给马和矮马静脉注射赛拉嗪（O；1.1mg/kg）-氯胺酮（2.2mg/kg）和静脉注射地托咪定（●；20μg/kg）-氯胺酮（2.2mg/kg）后平均动脉压的比较

用药组。仅补充氯胺酮，麻醉时间可安全延长30min，对苏醒无不良影响。使用罗米非定-地西泮-氯胺酮麻醉后马的动脉血压比使用赛拉嗪-地西泮-氯胺酮的高，且二度房室传导阻滞发生率高于赛拉嗪-地西泮-氯胺酮联合用药（图18-6）。自主呼吸时PaO_2降至60mmHg（图13-7）。大多数马在没有辅助情况下会在50～60min内第一次尝试站立，站立时有轻度共济失调。罗米非定-地西泮-氯胺酮联合用药是避免麻醉诱导和苏醒过程中肌肉僵硬或震颤的关键。

（9）赛拉嗪-硫喷妥钠、赛拉嗪-硫美妥、赛拉嗪-美索比妥　静脉注射4%～10%的硫喷妥钠溶液（5～8mg/kg）可使马产生短期（5～15min）全身麻醉。巴比妥类药物（硫喷妥钠、硫美妥、美索比妥）根据个人使用习惯选择。有人认为硫喷妥钠副作用和不良反应较少。这些超短期起效的巴比妥类药物可通过快速静脉注射（单次快速注射），以加快诱导麻醉的同时避免挣扎，并可减少不随意肌活动和诱导期间的运动。诱导速度较快（10～20s），苏醒过程相对平稳。苏醒阶段兴奋、挣扎和共济失调都与麻醉速度有关。在用超效的巴比妥类药物诱导麻醉马时，适当的麻醉前给药是必不可少的，大多数马不需要增加巴比妥类药物的剂量。在麻醉诱导和苏醒的过程中，需要训练有素、经验丰富的人员来控制马头。对大多数马，静脉注射赛拉嗪（1.1mg/kg）3～5min后，再给静脉注射硫喷妥钠（5～8mg/kg，IV）或硫美妥（4～6mg/kg，IV），可快速、平稳地诱导麻醉。经过适当麻醉前给药的马在静脉注射硫喷妥钠后15～20s内肌肉开始松弛。但经常会出现短暂的呼吸暂停和通气不足，而深呼吸通常是肌肉充分松弛的信号。未被充分镇静的马会出现全身肌肉挛缩和前腿伸肌僵硬，或可能会在仰卧后起立，并会向后跌倒，四肢划动，当发生这种情况时，熟练、有经验的辅助尤为重要。呼吸暂停的持续时间一般为15～20s，但最长可达3min，可能需要物理刺激（扭耳根、捏肛门、对胸壁施加短暂按压）来帮助恢复呼吸。麻醉时间短（5～10min），无明显镇痛作用。苏醒到站立姿势通常很快，但可能会发生共济失调。马站立时可能需要辅助（参阅第21章）。马在尝试站立之前，经常表现出肢体运动、“划桨”和翻滚等现象。反复使用硫喷妥钠维持麻醉可导致药物累积，导致麻醉苏醒期延长和共济失调，马可能需要多次尝试站立并需要辅助保定。

静脉注射赛拉嗪（1.1mg/kg）3～5min后再给美索比妥（2～5mg/kg），通常诱导平稳、迅速。麻醉诱导的质量取决于麻醉前的镇静效果。麻醉诱导和侧卧情况与使用硫喷妥钠相似。呼吸节律常不正常，毕奥呼吸（深呼吸并呼吸暂停）会频繁发生。麻醉持续约5min，马通常在给药后20～30min开始尝试站立。苏醒过程通常平稳、无兴奋现象。

（10）赛拉嗪-愈创木酚甘油醚-硫喷妥钠 静脉注射赛拉嗪（1.1mg/kg），然后在3～5min内静脉注射5%或10%的愈创木酚甘油醚溶液，直到马出现明显的共济失调，然后再静脉注射硫喷妥钠（5mg/kg），能产生快速平稳的诱导麻醉。诱导麻醉也可以通过恒速输注愈创木酚甘油醚-硫喷妥钠合剂来实现，将1g硫喷妥钠加入500mL 5%的愈创木酚甘油醚溶液中配制而成。动物镇静不足或对药物不敏感可引起应激或恐慌。这些情况下可能需要静脉注射小剂量的硫喷妥钠（0.5～1mg/kg）来加速诱导麻醉。使用这种方法的马会在30～40min内苏醒，如果使用高剂量的愈创木酚甘油醚，会持续出现肌无力。

（11）赛拉嗪-异丙酚、地托咪定-异丙酚、赛拉嗪-咪达唑仑-异丙酚 静脉注射异丙酚（4mg/kg）用于短期麻醉，无需麻醉前用药就可产生短时间麻醉，苏醒迅速、平稳。然而侧卧的过渡较为缓慢，常见四肢划动。在麻醉过程中心动过速（心率60～80次/min），静脉注射赛拉嗪（1mg/kg）或地托咪定（15mg/kg）可防止心动过速和提高诱导麻醉质量，但不能阻止异丙酚不良反应，包括肺通气不足和呼吸暂停。静脉注射赛拉嗪（1mg/kg）和咪达唑仑（0.04mg/kg）可减少四肢划动，但肌肉抽搐和震颤仍然是异丙酚诱导麻醉的不良特征。侧卧并自主呼吸时，$PaCO_2$陡降至60mmHg，$PaCO_2$一般维持在40～50mmHg。血液动力学参数保持在正常范围内。

2. 中效麻醉的 TIVA（30～90min）

α_2-肾上腺素受体激动剂、分离麻醉药和作用于中枢的肌肉松弛剂的不同组合可使需要麻醉维持30min以上的外科手术得以进行（表13-3），这些复合麻醉药可以一次性静脉给药，然后根据需要间隔一段时间重复给药，也可以持续输注。使用愈创木酚甘油醚-氯胺酮-赛拉嗪用于马的麻醉诱导和维持（复合输注）的研究始于1978年，并于1986年开始推广。这项技术在使用不同的肾上腺素受体激动剂以及水溶性苯二氮卓类药物进行改良后，可以安全地给马进行90min的手术。

表13-3　全凭静脉麻醉在中期手术中的应用

方案	麻醉前用药方案	诱导麻醉	维持麻醉
KD/KX	赛拉嗪 1.1mg/kg 布托啡诺 0.04mg/kg，IV	氯胺酮 2.2mg/kg 地西泮 0.06mg/kg，IV	静脉注射氯胺酮 0.25mg/kg 和赛拉嗪 0.25mg/kg（如有需要，重复以上步骤以维持麻醉）
TZKD	赛拉嗪 1.1mg/kg 布托啡诺 0.04mg/kg，IV	TZKD 合剂 0.007mL/kg，IV	静脉注射 TZKD 合剂 0.002mL/kg（如有需要，重复以上步骤以维持麻醉） TZKD 合剂由 4mL 氯胺酮（100mg/mL）和 1mL 地托咪定（10mg/mL）加入未稀释的替来他明-唑拉西泮 5mL 配制而成
GKX（三重滴注）	赛拉嗪 1.1mg/kg，IV 单独或联合布托啡诺 0.04mg/kg，IV	氯胺酮 2.2mg/kg，IV 或滴注 GKX 合剂（1.1mL/kg）	GKX 合剂 1.5mL/（kg·h），CRI（滴注速率的暂时增加，直到运动停止） GKX 合剂由 2.5mL 的赛拉嗪（100mg/mL）和 5mL 的氯胺酮（100mg/mL）加入 500mL 5% 的愈创木酚甘油醚配制而成

（续）

方案	麻醉前用药方案	诱导麻醉	维持麻醉
GKD	地托咪定 20μg/kg，IV	氯胺酮 2mg/kg，IV	GKD 合剂 0.6～0.8mL/（kg·h）。CRI、GKD 合剂由愈创木酚甘油醚（100g/mL）、氯胺酮（4mg/mL）和地托咪定（40μg/mL）配制而成
CK	乙酰丙嗪 mg/kg 赛拉嗪 1mg/kg，IV	氯胺酮 2mg/kg，IV	CK 的滴注速率：氯马唑仑 0.4mg/（kg·h）和氯胺酮 6mg/（kg·h）。停止 CK 滴注 20min 后，可用沙马西尼 0.04mg/kg 静脉注射可进行颉颃
GKR	罗米非定 100μg/kg，IV	氯胺酮 2.2mg/kg，IV	GKR 滴注速率：愈创木酚甘油醚 100mg/（kg·h）氯胺酮 6.6mg/（kg·h）罗米非定（82.5μg/mL）
MKM	美托咪定 5μg/kg，IV	氯胺酮 2.5mg/kg 咪达唑仑 0.04mg/kg，IV	MKM 合剂 0.1mL/kg/h 恒速滴注的 MKM 合剂由 8mL 咪达唑仑（5mg/mL）、20mL 氯胺酮（100mg/mL），和 5mL 美托咪定（1mg/mL）混合，经生理盐水调至 50mL 配制而成

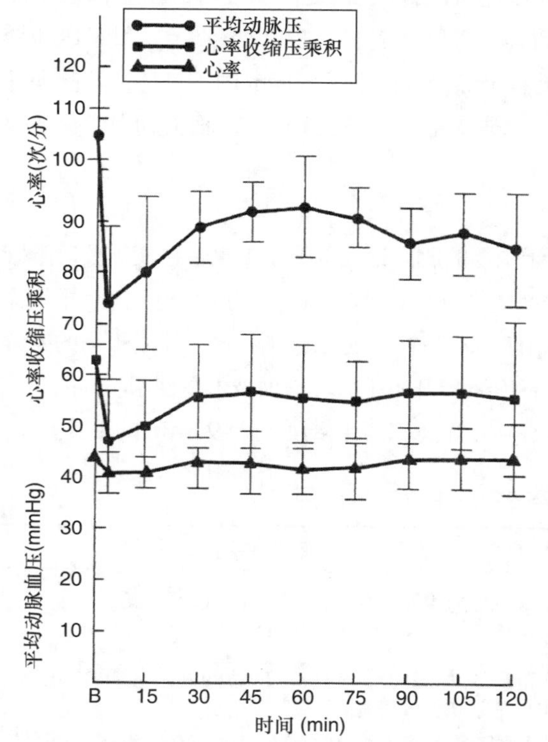

图 13–9　使用愈创木酚甘油醚、氯胺酮和赛拉嗪复合麻醉（分别在 5% 葡萄糖溶液中设置为 50mg/mL、1mg/mL 和 0.5mg/mL），以 1.1 mL/kg 静脉注射后，再以 2.75mL/（kg·h）的速度持续静脉滴注，同时自主呼吸氧气。观察麻醉期间对心率、心率收缩压乘积（RPP；平均值 ±SD）的影响

α_2-肾上腺素受体激动剂、分离麻醉药和中枢性肌肉松驰剂使马产生最小程度的心血管抑制和中度肺通气不足（$PaCO_2$ 50～60mmHg，图13-9至图13-11）。麻醉期间缺氧可能发生于麻醉室内自主呼吸的马，对于进行TIVA复合输注且需要维持中等麻醉时间手术的马，建议补充氧气以防止缺氧。

（1）氯胺酮-地西泮/氯胺酮-赛拉嗪　静脉注射赛拉嗪（1.1mg/kg）、或联合布托啡诺（0.02mg/kg），10～15min之后静脉注射氯胺酮（2.2mg/kg）和地西泮（0.06mg/kg）（KD），可根据需要反复静脉注射氯胺酮（0.25mg/kg）和赛拉嗪（0.25mg/kg）（KX）。使用赛拉嗪-布托啡诺能产生良好的镇静和镇痛作用，并能减少对动物的保定。赛拉嗪-布托啡诺静脉注射后，静脉注射KD，能使大多数马诱导麻醉时安静、无应激和兴奋现象。

患有隐睾的马要求用3～5倍剂量的KX来维持麻醉［（38±10）min］，手术时长在（21±4）min。某些马对手术的刺激会有反应，因此需要运用复合麻醉或吸入麻醉。在

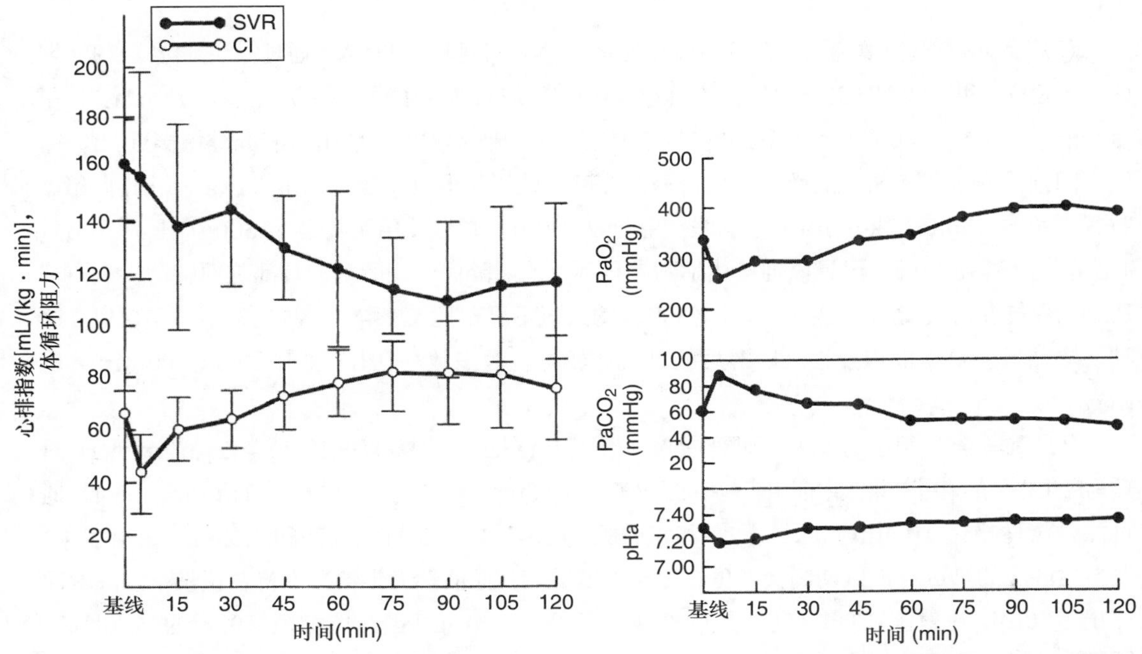

图 13-10　使用愈创木酚甘油醚、氯胺酮和赛拉嗪复合麻醉（分别在 5% 葡萄糖溶液中配置为 50mg/mL、1mg /mL 和 0.5mg/mL），以 1.1mL/kg 静脉注射后，再以 2.75mL/（kg·h）的速度持续静脉滴注，同时自主呼吸氧气，观察麻醉期间对心排指数（CI）与体循环阻力（SVR；平均偏差）的影响

图 13-11　愈创木酚甘油醚、氯胺酮和赛拉嗪复合麻醉（分别在 5% 葡萄糖溶液中设置为 50mg/mL、1mg /mL 和 0.5mg/mL）矮马，以 1.1mL/kg 静脉注射后，再以 2.75mL/（kg·h）的速度持续静脉滴注，同时自主呼吸氧气，观察麻醉期间对血气值的影响

马自主呼吸100%纯氧时，机体不会发生严重的组织缺氧和肺通气不足。血液动力学参数保持在正常范围之内。苏醒过程平稳无异常，并且马通常在停止给药后（18±6）min内尝试站立。

（2）替来他明-唑拉西泮-氯胺酮-地托咪定　静脉注射赛拉嗪（1.1mg/kg）和布托啡诺（0.02mg/kg）。10～15min后静脉注射替来他明-唑拉西泮（0.67mg/kg）、氯胺酮（0.53mg/kg）、地托咪定（13μg/kg），简称TZKD。维持麻醉，根据需要静脉注射替来他明-唑拉西泮（0.22mg/kg）、氯胺酮（0.18mg/kg）、地托咪定（4μg/kg）。TZKD的配置方法如下：4mL的氯胺酮（100mg/mL）和1mL的地托咪定（10mg/mL），一起注入未使用的5mL替来他明-唑拉西泮瓶中。这种联合用药按0.007mL/kg进行诱导麻醉、0.002mL/kg用于维持麻醉。静脉注射TZKD后可让大部分马进入平稳、平静和无兴奋性的状态。隐睾手术［手术时间（20±5）min］的马需要追加3～4次给药，以保证维持麻醉时间［(41±9）min］。麻醉过程中动脉血压维持在正常水平之内，自主呼吸纯氧的马不会发生组织缺氧和肺换气不足。但是，苏醒过程较慢，停止给药后（15±8）min尝试站立，需要平均（3.7±5.5）min才能站立。这种TZKD合剂也被用于肌内注射来镇静和麻醉野生的和凶猛的马。

（3）氯胺酮-赛拉嗪输注 氯胺酮和赛拉嗪（KX）可对马的TIVA。通过输注赛拉嗪［35μg/（kg·min）］和氯胺酮［90～150μg/（kg·min）］，或者赛拉嗪［35～70μg/（kg·min）］和氯胺酮［120～150μg/(kg·min)］，在纯氧通气下，麻醉效果接近1h，麻醉维持接近1h。输注不同剂量赛拉嗪和氯胺酮都可以取得满意的麻醉效果，但赛拉嗪［70μg/（kg·min）］和氯胺酮［90～150μg/（kg·min）］的联合用药效果最好。单独使用氯胺酮［150μg/（kg·min）］心血管功能指标最好，但是该剂量达不到外科手术的麻醉深度。所有的马都需要辅助供氧，其$PaCO_2$保持在可接受的范围内。使用KX产生的血氧不足和吸入麻醉所产生的血氧不足相似，这种现象凸显了供氧的重要性。麻醉后的苏醒比较好。大多数马在KX注射后45～90min可以站立。

（4）氯马唑仑-氯胺酮输注 静脉注射氯胺酮（2mg/kg），再静脉注射氯马唑仑（0.2mg/kg）对矮马产生平稳的麻醉效果，术前用药包括乙酰丙嗪（0.03mg/kg，IV）和赛拉嗪（1mg/kg，IV）。通过注射氯马唑仑［0.4mg/（kg·h）］和氯胺酮［6mg/（kg·h）］能使麻醉维持120min以上。在自主呼吸的马进行供氧期间会发生轻度至中度缺氧。血液动力学参数维持在正常范围。输注停止后20min注射苯-氮卓类药物颉颃剂沙马西尼（0.04mg/kg），能缩短麻醉后的苏醒时间。矮马在注射沙马西尼后平均（7.2±6）min站立，但是6匹矮马中有2匹苏醒效果不佳。

（5）愈创木酚甘油醚-氯胺酮-赛拉嗪输注 通过三种药混合滴注的方法可以对镇静后的马进行诱导和麻醉维持。愈创木酚甘油醚（50mg/mL）、氯胺酮（1mg/mL）和赛拉嗪（0.5mg/mL）的混合（GKX）可产生镇静效果，然后输注混合剂［1～1.5mL/（kg·h）］来维持麻醉。输注速度根据维持麻醉效果进行调节。这种混合剂是将2.5mL的赛拉嗪（100mg/mL）和5mL的氯胺酮（100mg/mL）加到500mL含有5%的愈创木酚甘油醚（50mg/mL）中。对于大部分马，这种GKX需要在注射赛拉嗪（1.1mg/kg）和布托啡诺（0.04mg/kg）产生镇静效果之后输注。麻醉期间血液动力学参数维持在正常范围内。自主呼吸纯氧的马不会发生组织缺氧和肺换气不足。苏醒效果良好，并且在停止给药后平均（12±5）min尝试站立，马经常在第一次尝试站立后便能成功起立。从长时间超过60min的，苏醒所需的时间可能超过1h。

先静脉注射赛拉嗪（1.1mg/kg）和氯胺酮（2.2mg/kg）后，然后静脉输注GKX混合剂(50mg/mL的愈创木酚甘油醚、1mg/mL的氯胺酮和0.5mg/mL的赛拉嗪混合），输注速度2.75mL/（kg·h）［愈创木酚甘油醚137.5mg/（kg·h）、氯胺酮2.75mg/（kg·h）、赛拉嗪1.375mg/（kg·h）］，可以维持60～90min的良好麻醉效果。对心肺压力值最小（图13-9至图13-11）。

分别应用赛拉嗪（1.1mg/kg）和氯胺酮（2mg/kg）、地托咪定（20μg/kg）和氯胺酮(1mg/kg)、赛拉嗪（1mg/kg）和硫喷妥钠（5.5mg/kg）或地托咪定（20μg/kg）和硫喷妥钠(5.5mg/kg）进行诱导麻醉。通过注射愈创木酚甘油醚（100mg/mL）、氯胺酮（2mg/mL）、赛拉嗪（1mg/mL）维持麻醉，而评估GKX的临床效果，结果表明麻醉维持时间平均为65min(范围在51～95min)，并且平均输注速度是1.1mL/（kg·h）［范围在1～1.4mL/（kg·h）］。

此方法对36匹马的麻醉效果良好，其中两匹马在喉部手术中出现喉反射，并且输注会产生利尿效果（α-受体激动剂介导；参阅第10章），因此不建议在泌尿生殖道手术中使用。自主呼吸纯氧的马不会发生组织缺氧和肺通气不足，血液动力学参数维持在正常范围内。大多数马苏醒良好，并且在输注结束后动物站立所需平均时长为38min（范围在30.5 ～ 46.5min）。

（6）愈创木酚甘油醚-氯胺酮-地托咪定输注 GKD麻醉技术与氟烷麻醉进行比较，GKD用于TIVA对心血管和呼吸系统的影响比吸入麻醉小（图13-1至图13-3）。

通过注射愈创木酚甘油醚（100mg/mL）、氯胺酮（4mg/mL）、地托咪定（40μg/mL）能使外科麻醉维持90min，最开始以0.8mL/（kg · h）的速度注射60min，之后以0.6mL/（kg · h）的速度维持30min。麻醉诱导用地托咪定（20μg/kg）和氯胺酮（2mg/kg），并供给氧气。在不影响手术的情况下，GKD混合药剂对于心肺功能的影响小于氟烷吸入麻醉。苏醒过程良好，马可以在停止给药后平均（46±30）min内站立。

（7）愈创木酚甘油醚-氯胺酮-罗米非定输注 愈创木酚甘油醚-氯胺酮-罗米非定三药组合（GKR），进行静脉输注，麻醉前静脉注射罗米非定（100μg/kg），再静脉注射氯胺酮（2.2mg/kg）进行诱导麻醉。愈创木酚甘油醚（50mg/kg）在诱导麻醉后迅速注入体内，之后持续静脉输注罗米非定［82.5μg/（kg · h）］、氯胺酮［6.6mg/（kg · h）］和愈创木酚甘油醚［100mg/（kg · h）］。45min后罗米非定和氯胺酮的输注剂量保持不变，愈创木酚甘油醚的输注剂量降至50mg/（kg · h）。麻醉期间自主呼吸纯氧。有研究对马静脉输注GKR与氟烷吸入麻醉进行比较，发现GKR全凭静脉注射在整个麻醉过程中所表现的心肺功能影响优于氟烷吸入麻醉。

（8）咪达唑仑-氯胺酮-美托咪定输注 麻醉前静脉注射美托咪定（5μg/kg），再静脉注射氯胺酮（2mg/kg）和咪达唑仑（0.04mg/kg），可产生平稳的诱导麻醉。对马进行阉割时，可用咪达唑仑（5μg/kg）、氯胺酮（40mg/kg）、美托咪定（0.1mg/mL）进行全凭静脉注射维持。这种混合剂（MKM）是将8mL的咪达唑仑（5mg/mL）、20mL的氯胺酮（100mg/mL）、5mL的美托咪定（1mg/mL）与生理盐水混合成50mL的溶液。可用这种MKM混合剂以（0.091±0.021）mL/（kg · h）的速度进行注射。麻醉苏醒良好，并且马在停止给药后平均（33±13）min站立。

MKM［0.1mL/（kg · h）］对能自主呼吸的马输注60min，其间自主呼吸$PaCO_2$ 50mmHg、PaO_2 60mmHg。血液动力学参数保持在正常范围内。麻醉后苏醒效果可接受，马在停止给药后平均（59±22）min内站立。吸氧可防止自主呼吸的马出现血氧不足。

3. 长效的TIVA（120min及以上）

异丙酚作为唯一的纯静脉麻醉药，研究表明它没有累积性，可以用于延长全凭静脉麻醉的时间。马麻醉前静脉注射赛拉嗪（0.5mg/kg），然后快速输注异丙酚诱导麻醉后，再用异丙酚以0.2mg/（kg · min）的速度输注，麻醉维持效果良好。然而，异丙酚是一种对机体影响较大的麻醉药，在进行麻醉手术时，它会引起严重的呼吸抑制和中度的心血管系统抑制（参阅第12章，图13-12至图13-15）。

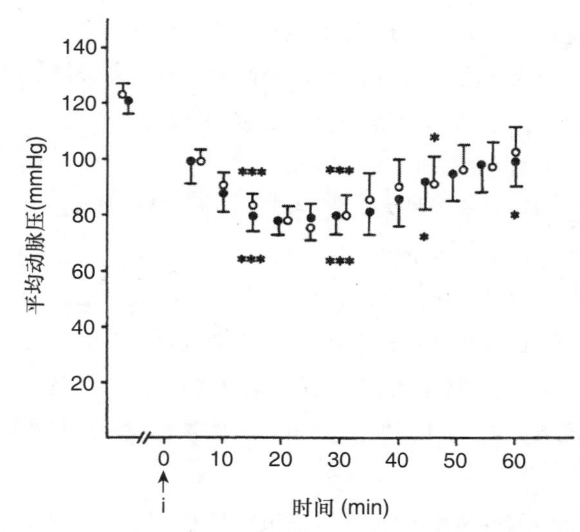

图 13-12　丙泊酚不同输注速度对平均动脉压的影响（mmHg；平均值 ±SEM；$n=6$）

诱导前为对照组。○表示 0.15mg/（kg·min）；●表示 0.2mg/（kg·min）。* $P<0.05$；*** $P<0.001$。

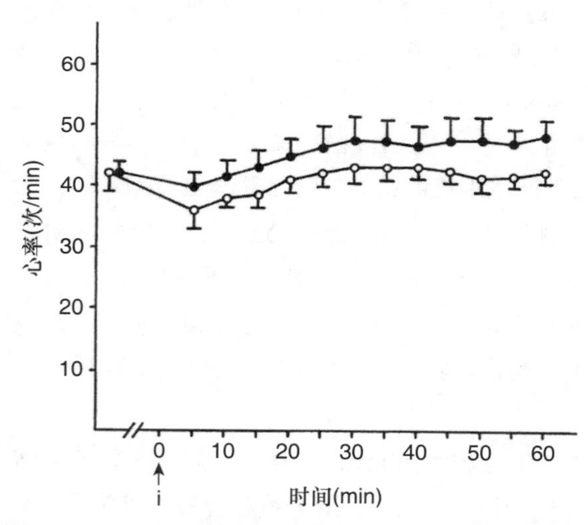

图 13-13　丙泊酚不同输注速度对心率的影响（平均值 ±SEM；$n=6$）

诱导前为对照组。○表示 0.15mg/（kg·min）；●表示 0.2mg/（kg·min）。

异丙酚是一种不含防腐剂的脂类制剂，以10mg/mL的浓度商业化制备。马的麻醉诱导和维持需要大量的异丙酚（150～300mL），使用成本较高。麻醉诱导的效果是不可预测的（见TIVA的麻醉技术：赛拉嗪-异丙酚，地托咪定-异丙酚或赛拉嗪-咪达唑仑-异丙酚，在本章前面）。对改进的异丙酚微乳制剂与市面上销售的马用异丙酚制剂的麻醉效果进行比较，两者麻醉效果相似，但微乳制备工艺具有较低的生产成本和较高药物浓度的特点。作为马的唯一纯静脉麻醉剂，异丙酚是一种效果一般的麻醉药，因为它的镇痛能力差、需要的量大、成本高，并产生严重的呼吸抑制。

最小输注速率（MIR）是一种静脉麻醉药的半数有效剂量（ED_{50}），用于防止在手术刺激下活动。MIR的概念在吸入麻醉药方面不如MAC有用，因为静脉麻醉药的药代动力学在马之间差异很大。此外，与MAC不同，MIR可能更依赖于时间变量。目前在人类医学中用于确定MIR的方法是确定预防50%的患者对手术刺激产生明显反应所需的Cp（Cp_{50}）。异丙酚马的MIR值为0.14～0.20mg/（kg · min）。由于在马的常规手术中没有可行的方法实时估计血浆药物浓度，因此调整给药率以防止95%的马对手术产生刺激反应（ED_{95}）更为有效，矮马和马的异丙酚ED_{95}可能大于0.28mg/（kg · min），并可能产生显著的临床心肺抑制效应。许多研究通过提供镇痛和进一步镇静来减少异丙酚用药剂量（表13-4）。多项研究表明，异丙酚与赛拉嗪（1mg/kg）或地托咪定（15μg/kg）联合使用其MIR值可以降低到（0.10±0.02）～（0.18±0.04）mg/（kg · min）范围内（图13-14、图13-15）。

基于此，有待进一步研究，以确定异丙酚是否足以为可通过补充镇静或镇痛的马提供安全和有效的手术麻醉。

表 13-4　异丙酚全凭静脉输注麻醉在外科手术中的应用

方案	术前用药（IV）	诱导（IV）	维持（异丙酚输注速率）
异丙酚单独输注	赛拉嗪 0.5mg/kg	异丙酚 2mg/kg	0.28mg/（kg·min），1 匹矮马
	地托咪定 15μg/kg	异丙酚 2mg/kg	0.18mg/（kg·min），12 匹马
	地托咪定 20μg/kg	氯胺酮 2mg/kg	0.33mg/（kg·min），4 匹矮马
	美托咪定 5μg/kg	咪达唑仑 0.04mg/kg 氯胺酮 2.5mg/kg	0.22mg/（kg·min），6 匹马
氯胺酮 - 异丙酚输注	地托咪定 20μg/kg	氯胺酮 2mg/kg	氯胺酮　2.4mg/（kg·h） 异丙酚　0.12mg/（kg·min），4 匹马
	赛拉嗪 1mg/kg 咪达唑仑 0.05mg/kg	异丙酚 3mg/kg	氯胺酮　3mg/（kg·h）， 异丙酚　0.16mg/（kg·min），7 匹马
美托咪定 - 异丙酚输注	美托咪定 7μg/kg	氯胺酮 2mg/kg	美托咪定 3.5μg/（kg·h） 异丙酚　0.10-0.11mg/（kg·h），50 匹马
氯胺酮 - 美托咪定 - 异丙酚输注	美托咪定 5μg/kg	氯胺酮 2.5mg/kg 咪达唑仑 0.04mg/kg	氯胺酮　1mg/（kg·h） 美托咪定　1.25μg/（kg·h） 异丙酚　0.14mg/（kg·h），6 匹马

（1）氯胺酮-异丙酚静脉输注　氯胺酮可显著降低矮马麻醉对异丙酚的需求量。矮马麻醉时可以先注射地托咪定（20μg/kg），然后注射氯胺酮（2.2mg/kg），再用异丙酚（0.33±0.05）mg/（kg · min）单独输注或异丙酚（12±0.01）mg/（kg · min）复合氯胺酮［2.4mg/（kg · h）］输注维持麻醉。

先用赛拉嗪（1mg/kg）和咪达唑仑（0.05mg/kg）静脉注射，然后静脉注射异丙酚（3mg/kg）对7匹纯种马进行诱导麻醉。使用氯胺酮［3mg/（kg · h）］和异丙酚（0.16±0.02）mg/（kg · h）进行静脉输注。麻醉维持时间（124±11）min（范围是112～140min），用于修复第一指骨或第三掌骨的纵向骨折，麻醉期间心血管系统无明显异常，但所有马需要正压通气。其中5匹马苏醒良好，2匹马苏醒一般。停止异丙酚注后，马站立时间为（70±23）min。

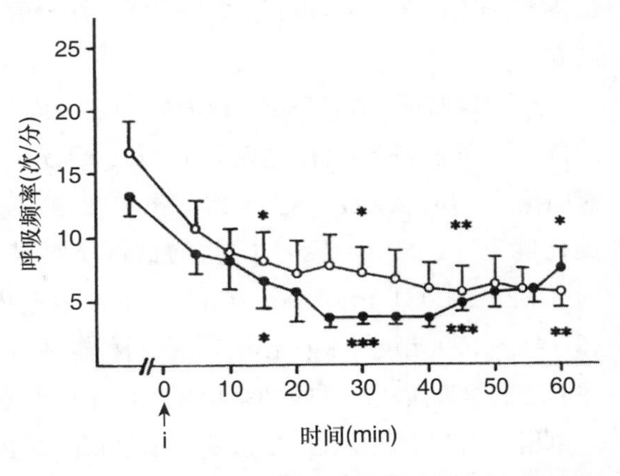

图 13-14　两次不同的丙泊酚输注速度对呼吸频率的影响（平均值 ±SEM；$n = 6$）

诱导前为对照组。○表示 0.15mg/（kg·min）；●表示 0.2mg/（kg·min）。* $P < 0.05$；*** $P < 0.001$

（2）美托咪定-异丙酚输注　同时输注美托咪定［3.5μg/（kg · h）］和异丙酚可显著降低矮马

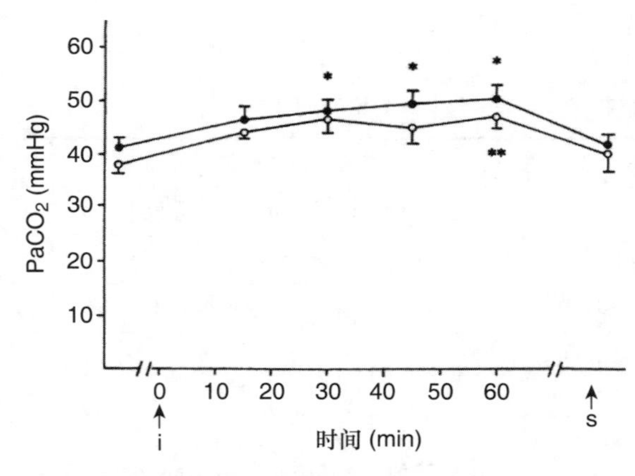

图 13-15　两次不同的丙泊酚输注速度对 CO_2 分压的影响（mmHg；平均值 ±SEM；$n=6$）

诱导前为对照组。○表示 0.15mg/（kg·min）；●表示 0.2mg/（kg·min）。$*P<0.05$；$***P<0.001$。

中异丙酚的MIR［0.06～0.1mg/（kg·min）］。静脉注射美托咪定（7μg/kg）和氯胺酮（2mg/kg）诱导麻醉，然后用美托咪定［3.5μg/（kg·min）］和异丙酚［0.89～1mg/（kg·h）］麻醉维持4h，对马的心肺功能和麻醉质量进行评估。诱导麻醉效果很好，马对疼痛刺激的反应小。心肺功能保持在可接受的范围内。矮马停药后平均（31±10）min苏醒，只需一两次尝试就能站立。

麻醉前静脉注射美托咪定（7μg/kg），然后静脉注射氯胺酮（2mg/kg）进行麻醉诱导，再用美托咪定［3.5μg/（kg·h）］和异丙酚［0.1～0.11mg/（kg·min）］维持麻醉。使用这种药物组合，已用于多种外科手术（矫形、皮肤、择期腹部手术），麻醉维持时间在46～225min。对心血管系统抑制效应可以接受，通常术中不需要纠正血压。但是，大多数马都需要正压通气。麻醉苏醒过程较好，在麻醉停药后平均（42±20）min（12～98min）内站立。

（3）氯胺酮-美托咪定-异丙酚输注　同时输注氯胺酮和美托咪定可显著降低对异丙酚的需求。静脉注射美托咪定（5μg/kg），3～5min后静脉注射咪达唑仑（0.04mg/kg）和氯胺酮（2.5mg/kg）产生麻醉，再单独输注异丙酚或联合输注氯胺酮［1mg/（kg·h）］和美托咪定［1.25μg/（kg·h）］的情况下维持1.5～4h。单独使用异丙酚的平均输注速度为（0.22±0.03）mg/（kg·min），而联合氯胺酮和美托咪定时异丙酚输注的平均输注速度为（0.14±0.02）mg/（kg·min）。在两种输注方式下，心率和动脉血压保持在可接受的范围内。在麻醉的早期阶段，呼吸抑制和呼吸暂停导致通气不足和缺氧较常见。大多数马需要正压通气。与单用异丙酚输注相比，氯胺酮-美托咪定-异丙酚输注能够提供令人满意的麻醉和更好的苏醒效果。单独用异丙酚麻醉，停止给药后马平均在（87±36）～（132±31）min内站立；用氯胺酮-美托咪定-异丙酚麻醉，停止给药后平均在（62±10）～（92±21）min内站立。

三、马静脉镇痛药与吸入麻醉药联合应用

通常用挥发性吸入麻醉药进行吸入麻醉用于长时间的马的手术。吸入性麻醉药引起与剂量相关的心肺抑制，这导致马麻醉死亡率高（参阅第22章）。镇痛药的联合给药可能通过提供镇痛

或改变意识来减少维持麻醉所需的吸入麻醉药的剂量。静脉注射阿片类药物（如IVAA）、氯胺酮、α_2-肾上腺素受体激动剂、利多卡因或α_2-肾上腺素受体激动剂、氯胺酮和中枢作用肌肉松弛剂已在马吸入麻醉中被应用。

(1) 阿片类药物输注 给予阿片类药物可提供围手术期镇痛，改善血流动力学，并最大限度地减少吸入麻醉药的需求。然而，一些研究表明，吗啡和阿芬太尼并不能持续降低马吸入麻醉药的MAC。但是有些研究指出，在用氟烷麻醉的马匹中，没有发现吗啡［0.15mg/kg静脉注射，随后0.1mg/（kg·h）输注］对择期手术有显著的积极效果。但手术麻醉质量较好，对吸入麻醉药物的需求降低，血流动力学或通气功能无明显变化。芬太尼可降低马吸入麻醉药的MAC，但与其他物种相比，降低幅度较小。例如，芬太尼输注产生的Cp为13ng/mL时，马体内异氟醚MAC降低18%（参阅第10章）。芬太尼静脉输注血液内Cp值为6～14ng/mL时，人、犬和猪的异氟醚MAC分别降低了82%、53%和25%。因此需要进一步的研究来确定马对阿片类药物降低MAC影响及其原理。

(2) 氯胺酮输注 氯胺酮经常被用作马吸入麻醉的辅助药物。氯胺酮Cp大于1mg/mL时会降低氟烷的MAC，并产生有益的血流动力学效应。MAC降低的程度与氯胺酮Cp平方根呈线性关系。在氯胺酮Cp为（10.8±2.7）μg/mL时MAC降低值达最大值37%（图13-16）。氯胺酮输注和氟烷MAC减少期间心输出量显著增加（图13-17）。氯胺酮的Cp约为1μg/mL，是氯胺酮输注的最低目标值。

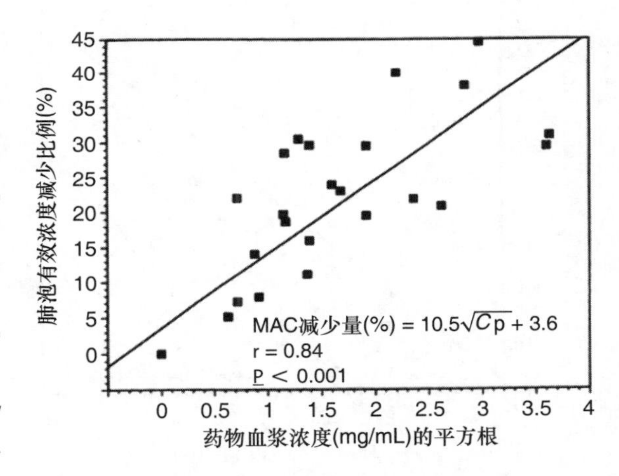

图13-16 马氟烷MAC的降低与Cp平方根（▪）的关系

(3) 美托咪定输注 美托咪定［3.5μg/（kg·h）］可降低矮马地氟醚的MAC，同时可诱导产生麻醉。静脉注射美托咪定（7μg/kg）和氯胺酮（2mg/kg）诱导麻醉。美托咪定可使地氟醚MAC的范围降低5.3%～7.6%。在整个麻醉过程中，心肺功能保持稳定。停用地氟醚后，矮马苏醒后站立的时间平均为5.8～26min，苏醒过程良好或极好。

(4) 利多卡因输注 利多卡因输注可增强马的镇痛，减少吸入性麻醉需求并改善胃肠蠕动。利多卡因静脉输注可以使矮马吸入麻醉药的MAC呈剂量依赖性降低，还可能通过镇痛和抗炎作用降低术后肠梗阻的发生率（图13-18）。先静脉注射利多卡因（2mg/kg），然后静脉输注3mg/（kg·h），直到麻醉结束，可能会增加马的共济失调和延长苏醒时间。手术结束前30min停止利多卡因输注可降低Cp，并降低利多卡因可能对苏醒产生的任何不良影响。

正在研究的包括阿片类药物、局部麻醉药和分离麻醉药的各种药物组合作为马的IVAAs。这些研究的主要目的是在手术期间和手术后改善镇痛效果并减少吸入或注射麻醉药的使用量，

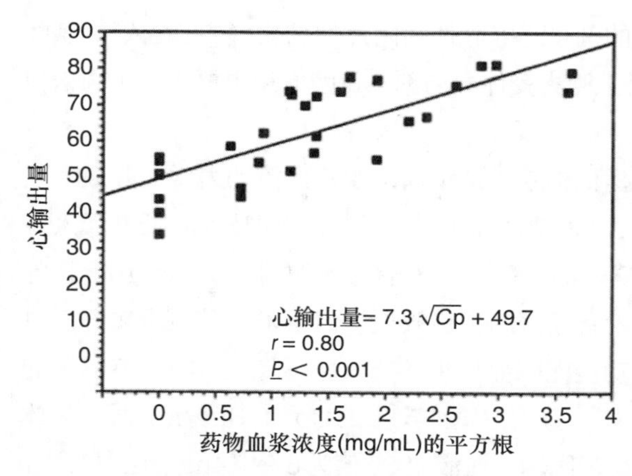

图 13-17 马静脉输注氯胺酮体内 Cp 平方根（■）与心输出量的关系

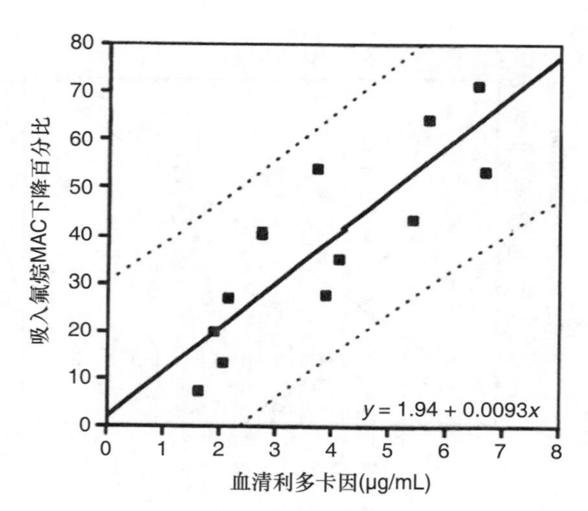

图 13-18 血清利多卡因浓度与氟烷 MAC 含量下降百分比的相关性（r=0.86，P ＜ 0.000 3）

所有的实验数据均在线性关系方程式函数的 95% 的置信区间（虚线）内。

提供更安全的麻醉效果。一些常见的小动物药物组合已被用于成年马，以补充吸入麻醉在软组织或骨科手术中镇痛效果。研究已表明吗啡［0.1mg/（kg · h）］-利多卡因［3mg/（kg · h）］-氯胺酮（MLK）［1.5mg/(kg · h)］含或不含美托咪定［20μg/（kg · h）；MLK］可以减少50%的吸入麻醉药的需求，同时可改善血流动力学。马麻醉后苏醒良好。需要更多的研究来明确这些药物的药理作用范围和实效性，以进一步提高马全身麻醉的质量。

（5）吸入麻醉期间同时输注愈创木酚甘油醚-氯胺酮-赛拉嗪、愈创木酚甘油醚-氯胺酮-美托咪定或咪达唑仑-氯胺酮-美托咪定 外科手术的麻醉可以通过α_2-肾上腺素受体激动剂、氯胺酮和中枢性肌肉松弛剂（三种药物混合输注，参阅本章前面的中期手术的TIVA）来实现。三种药物混合滴注［愈创木酚甘油醚30mg/（kg · h）、氯胺酮1.2mg/（kg · h）、赛拉嗪0.3mg/（kg · h），慢的输注速度就可降低吸入麻醉药剂量。GKX的输注使维持手术麻醉所需的七氟醚的量减少了62%。低剂量输注愈创木酚甘油醚［25mg/（kg · h）］-氯胺酮［1mg/（kg · h）］-美托咪定［1.25μg/（kg · h）］和咪达唑仑［0.02mg/（kg · h）］-氯胺酮［1mg/（kg · h）］-美托咪定［1.25μg/（kg · h）］组合也对用七氟醚麻醉的马有显著的镇痛和辅助麻醉效果，分别将七氟醚需求量减少了50%和60%。与单独吸入七氟醚相比，将这些药物组合作为IVAAs与七氟醚吸入麻醉配合，产生更好的麻醉诱导和维持阶段，同时改善心血管功能，减少麻醉完成后站立所需的尝试次数。

四、结论

马匹麻醉药物使用因人而异，并根据马的生理、体型和身体状况调整。为所有马开发和提供一种或两种预定的麻醉方案是可行的，可减少麻醉出错的机会；但是，这些方案必须为麻醉期间和麻醉后提供足够的镇静和镇痛效果，麻醉方案必须尽可能改善心肺功能，同时为患病或严重受损的马提供足够的手术镇痛。TIVA和IVAAs联合吸入麻醉应用可降低吸入麻醉药物的使用量，可进一步提高马的麻醉安全性和有效性。

参考文献

Abass BT et al, 1994. Pharmacokinetics of thiopentone in horses, J Vet Pharmacol Ther 17: 331-338.

Ballard S et al, 1982. The pharmacokinetics, pharmacological responses, and behavioral effects of acepromazine in the horse, J Vet Pharmacol Ther 5: 21-31.

Bettschart-Wolfensberger R et al, 1996. Physiologic effects of anesthesia induced and maintained by intravenous administration of a climazolam-ketamine combination in ponies premedicated with acepromazine and xylazine, Am J Vet Res 57: 1472-1477.

Bettschart-Wolfensberger R et al, 1999. Pharmacokinetics of medetomidine in ponies and elaboration of a medetomidine infusion regime which provides a constant level of sedation, Res Vet Sci 67: 41-46.

Bettschart-Wolfensberger R et al, 2001. Cardiopulmonary effects of prolonged anesthesia via propofol-medetomidine infusion in ponies, Am J Vet Res 62: 1428-1435.

Bettschart-Wolfensberger R et al, 2001. Infusion of a combination of propofol and medetomidine for long-term anesthesia in ponies, Am J Vet Res 62: 500-507.

Bettschart-Wolfensberger R et al, 2001. Minimal alveolar concentration of desflurane in combination with an infusion of medetomidine for the anaesthesia of ponies, Vet Rec 148: 264-267.

Bettschart-Wolfensberger R et al, 2003. Medetomidine-ketamine anaesthesia induction followed by medetomidine-propofol in ponies: infusion rates and cardiopulmonary side effects, Equine Vet J 35: 308-313.

Bettschart-Wolfensberger R et al, 2005. Total intravenous anaesthesia in horses using medetomidine and propofol, Vet Anaesth Analg 32: 348-354.

Boscan P et al, 2006. Comparison of high (5%) and low (1%) concentrations of micellar microemulsion propofol formulations with a standard (1%) lipid emulsion in horses, Am J Vet Res 67: 1476-1483.

Brianceau P et al, 2002. Intravenous lidocaine and small-intestine size, abdominal fluid and outcome after colic surgery in horse, J Vet Intern Med 16: 736-741.

Brouwer GJ, Hall LW, Kuchel TR, 1980. Intravenous anaesthesia in horses after xylazine premedication, Vet Rec 107: 241-245.

Butera ST et al, 1980. Xylazine/sodium thiopental combination for short-term anesthesia in the horse, Vet Med Small Anim Clin 75: 765-770.

Clark L et al, 2005. Effects of perioperative morphine administration during halothane anaesthesia in horses, Vet Anaesth Analg 32: 10-15.

Clarke KW, Taylor PM, Watkins SB, 1986. Detomidine/ketamine anaesthesia in the horse, Acta Vet Scand 82 (suppl): 167-179.

Clarke KW et al, 1996. Desflurane anaesthesia in the horse: minimum alveolar concentration following induction of anaesthesia with xylazine and ketamine, J Vet Anaesth 23: 56-59.

Combie JD, Nugent TE, Tobin T, 1983. Pharmacokinetics and protein binding of morphine in horses, Am J Vet Res 44: 870-874.

Cuvelliez S et al, 1995. Intravenous anesthesia in the horse: comparison of xylazine-ketamine and xylazine-tiletamine-zolazepam combinations, Can Vet J 36: 613-618.

Dizitiki TB, Hellebrekers LJ, van Dijik P, 2003. Effects of intravenous lidocaine on isoflurane concentration, physiological parameters, metabolic parameters, and stress-related hormones in horses undergoing surgery, J Vet Med A Physiol Pathol Clin Med 50: 190-195.

Doherty TJ, Frazier DL, 1998. Effect of intravenous lidocaine on halothane MAC in ponies, Equine Vet J 30: 340-343.

Dzitiki TB, Hellebrekers LJ, van Dijk P, 2003. Effects of intravenous lidocaine on isoflurane concentration, physiological parameters, metabolic parameters, and stress-related hormones in horses undergoing surgery, J Vet Med A Physiol Pathol Clin Med 50: 190-195.

El Azab SR et al, 2002. Effect of VIMA with sevoflurane versus TIVA with propofol or midazolam-sufentanil on the cytokine response during CABG surgery, Eur J Anaesthesiol 19: 276-282.

Feary DJ et al, 2005. Influence of gastrointestinal tract disease on pharmacokinetics of lidocaine after intravenous infusion in anesthetized horses, Am J Vet Res 66: 574-580.

Feary DJ et al, 2005. Influence of general anesthesia on pharmacokinetics of intravenous lidocaine infusion in horses, Am J Vet Res 66: 574-580.

Fielding CL et al, 2006. Pharmacokinetics and clinical effects of a subanesthetic continuous rate infusion of ketamine in awake horses, Am J Vet Res 67: 1484-1490.

Flaherty D et al, 1997. A pharmacodynamic study of propofol or propofol and ketamine infusions in ponies undergoing surgery, Res Vet Sci 62: 179-184.

Frias AF et al, 2003. Evaluation of different doses of propofol in xylazine pre-medicated horses, Vet Anaesth Analg 30: 193-201.

Garcia-Villar R et al, 1981. The pharmacokinetics of xylazine hydrochloride: an interspecific study, J Vet Pharmacol Ther 4: 87-92.

Greene SA et al, 1986. Cardiopulmonary effects of continuous intravenous infusion of guaifenesin, ketamine, and xylazine in ponies, Am J Vet Res 47: 2364-2367.

Grosenbaugh DA, Muir WW, 1998. Cardiorespiratory effects of sevoflurane, isoflurane, and halothane anesthesia in horses, Am J Vet Res 59: 101-106.

Hall LW, Taylor PM, 1981. Clinical trial of xylazine with ketamine in equine anaesthesia,

Vet Rec 108: 489-493.
Hellyer PW et al, 2001. Effects of diazepam and flumazenil on minimum alveolar concentration for dogs anesthetized with isoflurane or a combination of isoflurane and fentanyl, Am J Vet Res 62: 555-560.
Hubbell JA, Bednarski RM, Muir WW, 1989. Xylazine and tiletamine-zolazepam anesthesia in horses, Am J Vet Res 50: 737-742.
Jochle W, Hamm D, 1986. Sedation and analgesia with Dormosedan (detomidine hydrochloride) in horses: dose response studies on efficacy and its duration, Acta Vet Scand 82 (suppl): 69-84.
Johnston GM et al, 1995. Confidential enquiry into perioperative equine fatalities (CEPEF-1): preliminary results, Equine Vet J 27: 193-200.
Kaka JS, Klavano PA, Hayton WL, 1979. Pharmacokinetics of ketamine in the horse, Am J Vet Res 40: 978-981.
Katayama Y et al, 2007. Minimum infusion rate of propofol in horses, Jpn J Vet Anesth Surg 38 (suppl 1): in press.
Kerr CL, McDonell WN, Young SS, 1996. A comparison of romifidine and xylazine when used with diazepam/ketamine for short-duration anesthesia in the horse, Can Vet J 37: 601-609.
Kushiro T et al, 2005. Anesthetic and cardiovascular effects of balanced anesthesia using constant rate infusion of midazolamketamine-medetomidine with inhalation of oxygen-sevoflurane (MKM-OS anesthesia) in horses, J Vet Med Sci 67: 379-384.
Lankveld DP et al, 2005. Ketamine inhibits LPS-induced tumor necrosis factor-a and interleukin-6 in an equine macrophage cell line, Vet Res 36: 257-262.
Luna SP, Taylor PM, Bloomfield M, 1997. Endocrine changes in cerebrospinal fluid, pituitary effluent, and peripheral plasma of anesthetized ponies, Am J Vet Res 58: 765-770.
Luna SP, Taylor PM, Wheeler MJ, 1996. Cardiorespiratory, endocrine, and metabolic changes in ponies undergoing intravenous or inhalation anaesthesia, J Vet Pharmacol Ther 19: 251-258.
Mama KR, Steffey EP, Pascoe PJ, 1995. Evaluation of propofol as a general anesthetic for horses, Vet Surg 24: 188-194.
Mama KR, Steffey EP, Pascoe PJ, 1996. Evaluation of propofol for general anesthesia in premedicated horses, Am J Vet Res 57: 512-516.
Mama KR et al, 2005. Evaluation of xylazine and ketamine for total intravenous anesthesia in horses, Am J Vet Res 66: 1002-1007.
Marroum PJ et al, 1994. Pharmacokinetics and pharmacodynamics of acepromazine in horses, Am J Vet Res 55: 1428-1433.
Matthews NS et al, 1991. A comparison of injectable anesthetic combinations in horses, Vet Surg 20: 268-273.
Matthews NS et al, 1997. Pharmacokinetics and cardiopulmonary effects of guaifenesin in donkeys, J Vet Pharmacol Ther 20: 442-446.
Matthews NS et al, 1999. Detomidine-propofol anesthesia for abdominal surgery in horses, Vet

Surg 28: 196-201.
Maxwell LK et al, 2003. Pharmacokinetics of fentanyl following intravenous and transdermal administration in horses, Equine Vet J 35: 484-490.
McCarty JE, Trim CM, Ferguson D, 1990. Prolongation of anesthesia with xylazine, ketamine, and guaifenesin in horses: 64 cases (1986-1989), J Am Vet Med Assoc 197: 1646-1650.
McEwan AI et al, 1993. Isoflurane minimum alveolar concentration reduction by fentanyl, Anesthesiology 78: 864-869.
McMurphy RM et al, 2002. Comparison of the cardiopulmonary effects of anesthesia maintained by continuous infusion of romifidine, guaifenesin, and ketamine with anesthesia maintained by inhalation of halothane in horses, Am J Vet Res 63: 1655-1661.
Moon PF et al, 1995. Effect of fentanyl on the minimum alveolar concentration of isoflurane in swine, Anesthesiology 83: 535-542.
Muir WW, Gadawski JE, Grosenbaugh DA, 1999. Cardiorespiratory effects of a tiletamine/zolazepam-ketamine-detomidine combination in horses, Am J Vet Res 60: 770-774.
Muir WW, Mason DE, 1993. Effects of diazepam, acepromazine, detomidine, and xylazine on thiamylal anesthesia in horses, J Am Vet Med Assoc 203: 1031-1038.
Muir WW, Sams R, 1992. Effects of ketamine infusion on halothane minimal alveolar concentration in horses, Am J Vet Res 53: 1802-1806.
Muir WW, Sams RA Pharmacologic principles and pain: pharmacokinetics and pharmacodynamics. In Gaynor JS, Muir WW, editors, 2002: Handbook of veterinary pain management, St Louis, Mosby, p. 111-141.
Muir WW, Skarda RT, Milne DW, 1977. Evaluation of xylazine and ketamine hydrochloride for anesthesia in horses, Am J Vet Res 38: 195-201.
Muir WW, Skarda RT, Sheehan W, 1978. Evaluation of xylazine, guaifenesin, and ketamine hydrochloride for restraint in horses, Am J Vet Res 39: 1274-1278.
Muir WW et al, 2000. Comparison of four drug combinations for total intravenous anesthesia of horses undergoing surgical removal of an abdominal testis, J Am Vet Med Assoc 217: 869-873.
Murrell JC et al, 2005. Investigation of the EEG effects of intravenous lidocaine during halothane anesthesia in ponies, Vet Anaesth Analg 32: 212-221.
Nellgard P et al, 1996. Small-bowel obstruction and the effects of lidocaine, atropine, and hexamethonium on inflammation and fluid losses, Acta Anaesthesiol Scand 40: 287-292.
Nolan A et al, 1996. Simultaneous infusions of propofol and ketamine in ponies premedicated with detomidine: a pharmacokinetic study, Res Vet Sci 60: 262-266.
Nolan AM, Hall LW, 1985. Total intravenous anaesthesia in the horse with propofol, Equine Vet J 17: 394-398.
Ohta M et al, 2004. Propofol-ketamine anesthesia for internal fixation of fractures in Racehorses, J Vet Med Sci 66: 1433-1436.
Oku K et al, 2003. Clinical observations during induction and recovery of xylazine-midazolam-propofol anesthesia in horses, J Vet Med Sci 65: 805-808.

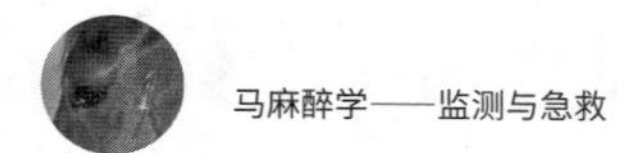

Oku K et al, 2005. The minimum infusion rate (MIR) of propofol for total intravenous anesthesia after premedication with xylazine in horses, J Vet Med Sci 67: 569-575.

Oku K et al, 2006. Cardiovascular effects of continuous propofol infusion in horses, J Vet Med Sci 68: 773-778.

Pascoe PJ et al, 1991. The pharmacokinetics and locomotor activity of alfentanil in the horse, J Vet Pharmacol Ther 14: 317-325.

Pascoe PJ et al, 1993. Evaluation of the effect of alfentanil on the minimum alveolar concentration of halothane in horses, Am J Vet Res 54: 1327-1332.

Robertson SA et al, 2005. Effect of systemic lidocaine on visceral and somatic nociception in conscious horses, Equine Vet J 37: 122-127.

Salonen JS et al, 1989. Single-dose pharmacokinetics of detomidine in the horse and cow, J Vet Pharmacol Ther 12: 65-72.

Schneemlich CE, Bank U, 2001. Release of pro- and antiinflammatory cytokines during different anesthesia procedures, Anaesthesiol Reanim 26: 4-10.

Sellon DC et al, 2001. Pharmacokinetics and adverse effects of butorphanol administered by single intravenous injection or continuous intravenous infusion in horses, Am J Vet Res 62: 183-189.

Shini S, Klaus AM, Hapke HJ, 1997. Kinetics of elimination of diazepam after intravenous injection in horses, Dtsch Tierartztl Wochenschr 104: 22-25.

Steffey EP, Eisele JH, Baggot JD, 2003. Interactions of morphine and isoflurane in horses, Am J Vet Res 64: 166-175.

Steffey EP, Howland D, 1978. Cardiovascular effects of halothane in the horses, Am J Vet Res 39: 611-615.

Steffey EP, Howland D, 1980. Comparison of circulatory and respiratory effects of isoflurane and halothane anesthesia in horses, Am J Vet Res 41: 821-825.

Taylor PM et al, 1992. Physiological effects of total intravenous surgical anesthesia using guaifenesin-ketamine-detomidine in horses, J Vet Anaesth 19: 24-31.

Taylor PM et al, 1995. Total intravenous anaesthesia in ponies using detomidine, ketamine, and guaiphenesin: pharmacokinetics, cardiopulmonary and endocrine effects, Res Vet Sci 59: 17-23.

Taylor PM et al, 1998. Cardiovascular effects of surgical castration during anaesthesia maintained with halothane or infusion of detomidine, ketamine, and guaifenesin in ponies, Equine Vet J 30: 304-309.

Tendillo FJ et al, 1997. Anesthetic potency of desflurane in the horse: determination of the minimum alveolar concentration, Vet Surg 26: 354-357.

Thomasy SM et al, 2006. The effects of intravenous fentanyl administration on the minimum alveolar concentration of isoflurane in horses, Br J Anaesth 97: 232-237.

Thomasy SM et al, 2007. Influence of general anaesthesia on the pharmacokinetics of intravenous fentanyl and its primary metabolite in horses, Equine Vet J 39: 54-58.

Tranquilli WJ et al, 1984. Hyperglycemia and hypoinsulinemia during xylazine-ketamine

anesthesia in Thoroughbred Horses, Am J Vet Res 45: 11-14.
Trim CM, Colbern GT, Martin CL, 1985. Effect of xylazine and ketamine on intraocular pressure in horses, Vet Rec 117: 442-443.
Umar MA et al, 2006. Evaluation of total intravenous anesthesia with propofol or ketamine-medetomidine-propofol combination in horses, J Am Vet Med Assoc 228: 1221-1227.
Umar MA et al, 2007. Evaluation of cardiovascular effects of total intravenous anesthesia with propofol or a combination of ketamine-medetomidine-propofol in horses, Am J Vet Res 68: 121-127.
Valverde A et al, 2005. Effect of a constant rate infusion of lidocaine on the quality of recovery from sevoflurane or isoflurane general anaesthesia in horses, Equine Vet J 37: 559-564.
Wagner AE, Muir WW, Hinchcliff KW, 1991. Cardiovascular effects of xylazine and detomidine in horses, Am J Vet Res 52: 651-657.
Waterman AE, Robertson SA, Lane JG, 1987. Pharmacokinetics of intravenously administered ketamine in the horse, Res Vet Sci 42: 162-166.
Watkins SB et al, 1987. A clinical trial of three anaesthetic regimens for the castration of ponies, Vet Rec 120: 274-276.
Yamashita K et al, 1997. Combination of continuous intravenous infusion anesthesia of guaifenesin-ketamine-xylazine and sevoflurane anesthesia in horses, J Jpn Vet Med Assoc 50: 645-648.
Yamashita K et al, 2000. Cardiovascular effects of medetomidine, detomidine, and xylazine in horses, J Vet Med Sci 62: 1025-1032.
Yamashita K et al, 2000. Combination of continuous infusion using a mixture of guaifenesin-ketamine-medetomidine and sevoflurane anesthesia in horses, J Vet Med Sci 62: 229-235.
Yamashita K et al, 2002. Infusion of guaifenesin, ketamine, and medetomidine in combination with inhalation of sevoflurane versus inhalation of sevoflurane alone for anesthesia of horses, J Am Vet Med Assoc 221: 1150-1155.
Yamashita K et al, 2007. Anesthetic and cardiopulmonary effects of total intravenous anesthesia using a midazolam, ketamine, and medetomidine drug combination in horses, J Vet Med Sci 69: 7-13.
Young DB et al, 1994. Effects of phenylbutazone on thiamylal disposition and anesthesia in ponies, J Vet Pharmacol Ther 17: 389-393.
Young LE et al, 1993. Clinical evaluation of an infusion of xylazine, guaifenesin, and ketamine for maintenance of anaesthesia in horses, Equine Vet J 25: 115-119.

第 14 章
气管和鼻气管插管

要点：

1. 鼻是马的呼吸器官，一旦发生堵塞，则必须进行气管切开术。
2. 实现麻醉的首要条件是保持气道通畅。
3. 气管插管是维持气管通畅和减少误吸最可靠的方法。
4. 气管插管很容易经口腔采用“盲插法”插入。
5. 气管插管应由无刺激反应性的材料制成。
6. 在清洗气管插管时必须非常小心，以免在清洗或随后使用过程中刺激、损伤上呼吸道系统或气管黏膜。
7. 有些马在苏醒期间可能需要放置鼻气管或气管插管，以减少或避免在苏醒期间上呼吸道阻塞而导致缺氧。
8. 苏醒期发生上呼吸道阻塞是严重事件，这时需要进行鼻气管插管或是进行气管切开并插入呼吸管。

鼻是马的呼吸气管。放置气管插管（气管插管）对于保持呼吸道通畅、有效输送氧气和吸入麻醉药以及辅助或控制通气是必不可少的。气管插管是指通过鼻、口或气管切开术将一根气管插管插入气管以确保气管通畅。1880年，苏格兰内科医生威廉 · 麦克文爵士首次使用气管插管。然而，直到20世纪50年代，随着大动物吸入麻醉输送设备的发展和氟烷麻醉的引入，马的气管插管才成为常规技术。1950年以前吸入麻醉常使用面罩或吸入器（乙醚、氯仿）进行药物的输送。

一、解剖学

鼻腔开始于外鼻孔，并与咽尾部相连。外鼻孔的外形呈椭圆形，每个鼻孔都被鼻翼褶皱分为背侧和腹侧。马鼻翼皱褶的收缩是由犬齿肌、鼻翼部肌和鼻唇肌提肌共同完成的，在镇静剂，尤其是α_2-肾上腺素受体激动剂的作用下会使肌肉松弛而使马发生上呼吸道阻塞。背侧隔室向尾部延伸形成一个盲囊，止于鼻骨与上颌骨前突的交界处。腹室与鼻腔相通。鼻腔由两个鼻甲分为三个鼻道（图14-1）。腹侧鼻道是鼻腔与咽部最直接的连接通道。鼻甲骨血管丰富，鼻道小，这就易导致鼻甲骨因插管不当而出血，鼻道易于因长时间插管水肿（仰卧位，头朝下）而阻塞。

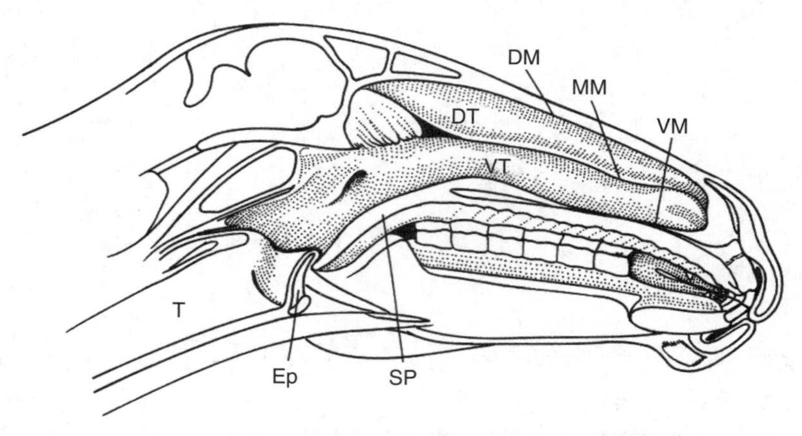

图 14-1　头部矢状切面

DM，上鼻道；DT，上鼻甲；Ep，会厌；VT，下鼻甲；MM，中鼻道；SP，软腭；VM，下鼻道；T，气管腔。

当头部和颈部处于正常的稍微弯曲的位置时，喉大部分位于下颌支的颅部。喉部的长轴是水平的，头部处于这个位置。喉大部分位于下颌支的后缘及头部和颈部的延伸部分。喉背侧与咽和食道的起点相连，侧面被咽腔所包围。它通过舌骨间接附着在舌根。

喉头的骨架由五块软骨构成。环状软骨、甲状软骨和会厌软骨是单个的；杓状软骨是成对的。甲状软骨位于最外侧。在前端，甲状软骨突出可在外部触诊摸到。后缘与环状软骨相连。甲状软骨和环状软骨的腹侧由环甲韧带相连，起到稳定作用。在进行喉切开术时需要切开此韧带。成对的杓状软骨位于甲状软骨内侧，且在甲状软骨与环状软骨中间。杓状软骨的后缘与环状软骨相连。声带韧带前缘附着于甲状软骨，后方附着于杓状软骨。这些由声带覆盖的韧带构成了声门（图14-2）。会厌软骨的顶端薄而柔韧，它的底部附着在甲状软骨上。会厌软骨的顶端通常位于软腭后缘的背侧，这就是马通常不能进行口腔呼吸的原因。然而，会厌在麻醉苏醒期间可能会移位，导致上呼吸道阻塞和典型的呼气杂音。

喉部的外侧肌肉起着外展、内收或拉紧声带的作用，从而调节声门的直径。成对的环杓肌是唯一的声带外展肌。它附着在同侧杓状软骨的肌突上。当它收缩时，它将杓状肌向外旋转并扩张声门。

喉部黏膜是声带尾部鳞状细胞上皮结构，而声带则是假复层柱状上皮结构。声带黏膜是声门内侧的皱褶（心室皱褶），心室皱褶的尾部是喉小囊的开口（图14-2）。声带位于这些开口的尾部，而这些开口之间的裂隙被称为声门裂。由于声带韧带上没有黏膜下层组织，所以声带呈白色。声门是喉部最狭窄的部分。咽喉疾病会扭曲正常的解剖结构，并导致插管困难（图14-3至图14-7）。

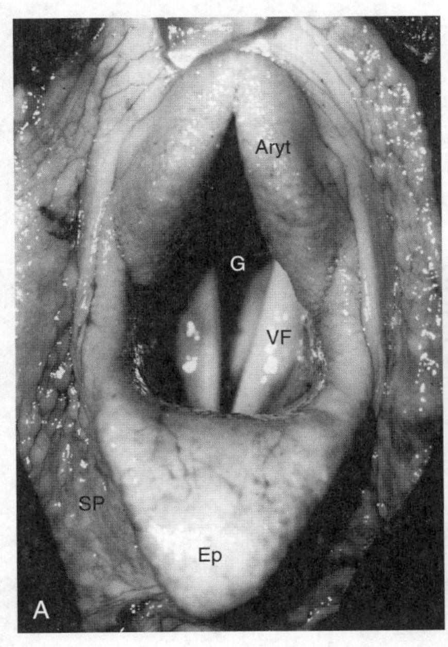

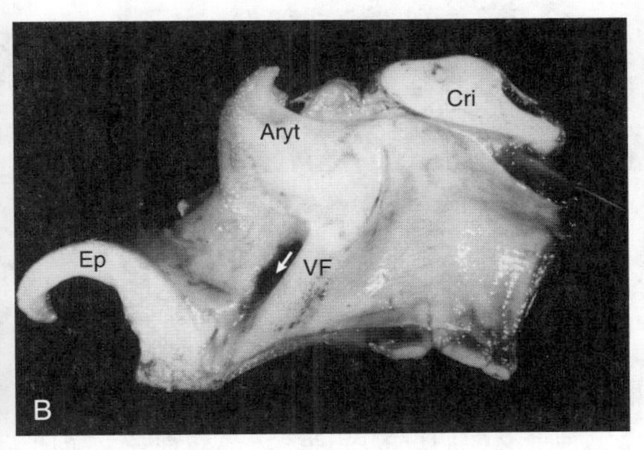

图 14-2　喉及其相关结构

A. 正面图　B. 矢状切面

Aryt，左侧杓状软骨；Cri，环状软骨；Ep，会厌　G，声门；SP，软腭；VF，左声带。箭头所指为通向右喉小囊。

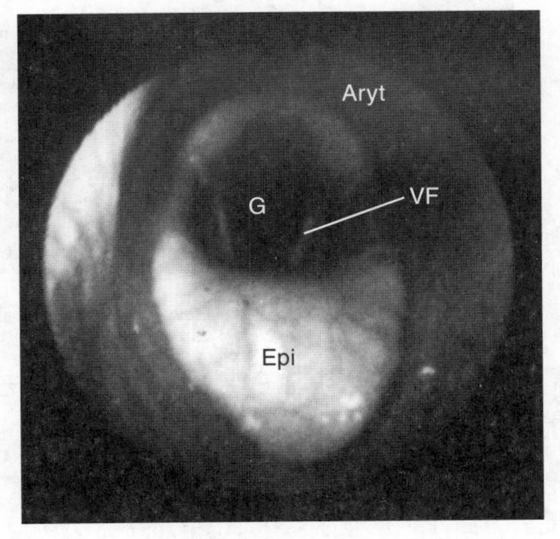

图 14-3　内镜下观察正常喉部杓状软骨外展情况

内窥镜经由下鼻道插入咽部。软腭位于正常位置，并伸向会厌的腹侧

G，声门；VF，声带；Aryt，杓状软骨；Epi，会厌软骨。

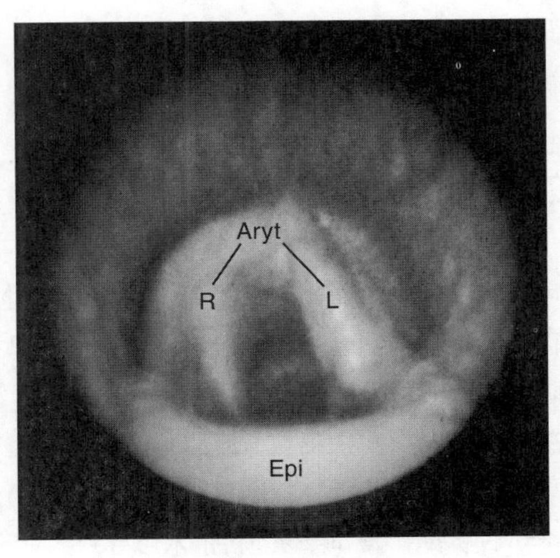

图 14-4　左侧喉偏瘫

注意，右杓状肌是外展的，而左杓状肌不是

Aryt，右（R）和左（L）杓状软骨；Epi，会厌软骨。

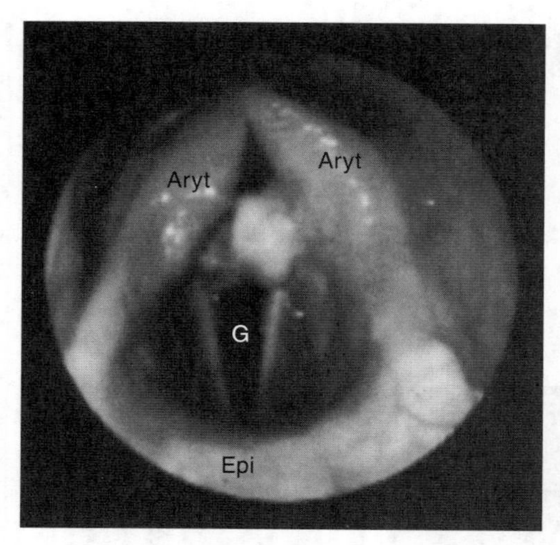

图 14-5　内镜下观察正常喉部杓状软骨外展情况

内窥镜经由下鼻道插入咽部。软腭位于正常位置，并伸向会厌的腹侧

G，声门；Epi，会厌软骨；Aryt，杓状软骨。

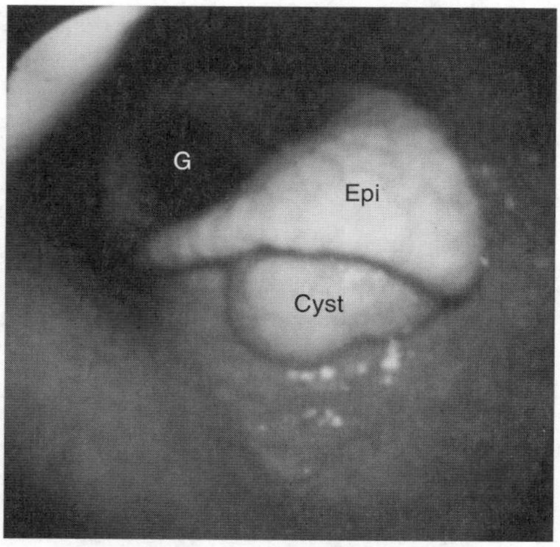

图 14-6　会厌下囊肿

G，声门；Epi，会厌软骨；Cyst，囊肿。

成对的迷走神经为喉部的感觉神经和运动神经。感觉神经支配通过颅喉神经，运动神经支配通过喉返神经，除了环甲肌，其由颅喉神经支配。气管插管可能损伤喉内神经，导致拔管后喉运动功能障碍（轻瘫、麻痹），除非更换气管内插管或将气管切开，否则可能危及生命。

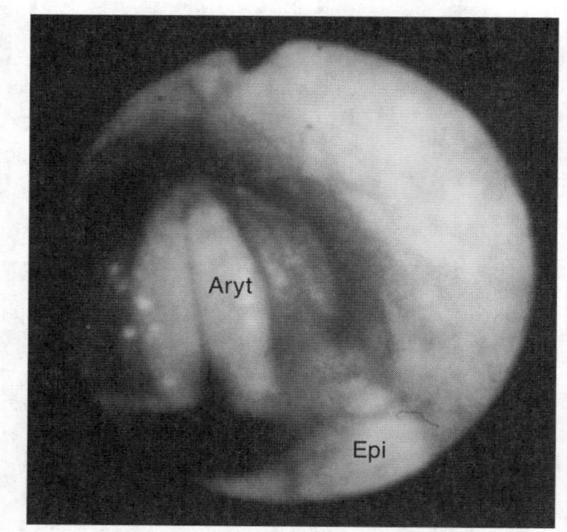

图 14-7（右）　正常的喉部，杓状软骨收缩状态。有时杓状软骨被气管插管碰到会内收。这时就无法进行气管插管

Aryt，杓状软骨；Epi，会厌软骨。

二、插管的目的

气管插管有许多有用的功能（框表14-1）。它可以确保呼吸道通畅。在吸入或注射麻醉时，喉部正常的保护性闭合反射被阻断。正确的气管插管可防止口腔液体、血液和外科冲洗液的吸入。正常情况下，马很少发生反流。麻醉状态下，用鼻胃管的马会出现反流现象，特别是胃肠手术时。鼻腔、鼻窦、咽喉囊、咽和喉的外科手术可导致大量出血。此外，滴注到这些手术区域中的灌洗液增加了喉部积聚的液体量，气管插管套囊充气有助于防止异物吸入。

马在发生如喉偏瘫或软骨炎、鼻外伤、呼吸道占位性病变等疾病时，气管插管可保持呼吸道畅通（图14-4至图14-7）。麻醉引起的呼吸抑制降低了马克服上述异常引起的呼吸道阻力增加的能力，气管插管可最大限度地减少呼吸道阻力的增加。

气管插管术有助于吸入麻醉药的使用。吸入麻醉剂的有效传输需要密封性好的输送设备。密封性面罩难以固定和保持。宽松的面罩会使面罩周围的空气被吸入，影响吸入麻醉药的输送进而增加吸入麻醉效果的不可预测性。

框表14-1　气管插管的原因
1. 确保呼吸道通畅； 2. 防止误吸； 3. 减少呼吸道阻力； 4. 便于吸入麻醉剂的使用； 5. 便于辅助或控制通气； 6. 便于清洁气管； 7. 控制或清除废气； 8. 在呼吸道或口腔接受激光治疗时，保持呼吸道可控。

密封性好的无泄漏气管插管可以防止麻醉气体泄漏到环境中，工作人员即使吸入微量的麻醉气体也会对身体健康造成危害，并可能产生不必要的法律分歧。当使用不带套囊的气管插管时，其废气浓度明显高于使用带套囊的气管插管时的浓度。

气管插管有助于辅助和控制通气。通过面罩辅助或控制通气可导致食管和胃内气体积聚。当通过面罩的正压通气使上呼吸道压力大于25cmH_2O时，会迫使空气通过松弛的环咽括约肌，导致气体在胃内积聚。

三、气管插管并发症

气管插管是一种侵入性操作，虽然其利远大于弊，但也并非没有风险。在人医方面有许多文献记载关于气管插管并发症的案例，尽管关于马并发症的报道很少，但发病率可能很高。一项研究显示，38匹马进行“常规”插管后均出现了上呼吸道病变。大多数报道的并发症与口腔、鼻道、喉和气管的黏膜损伤有关（框表14-2）。气管黏膜和喉黏膜损伤是最常见的并发症，发生病变的位置为气管插管和黏膜接触的部位（图14-8）。病变包括水肿、瘀斑性出血和上皮脱落。这些并发症通常在拔管后7d内消失，并不会造成永久性损伤。鼻气管插管也会有类似的并发症报道。有趣的是，插管失败次数与喉部创伤之间并没有相关性。

如果气管插管的套囊压力超过毛细血管灌注压力（20～30mmHg），就会发生气管缺血性损伤。大于50mmHg的压力持续约15min将会破坏上皮细胞，使基底膜暴露。但由于气管套囊顺应性的差异，套囊内部压力并不是总能准确反映对气管黏膜的压力。使用常规的马气管插管封堵呼吸道所需的内压应在

框表14-2　马气管插管并发症的报道
病变部位 1. 会厌和杓状软骨上的喉部血肿（1例）； 2. 舌肿胀（1例）； 3. 咽部穿孔（1例）； 4. 会厌的损伤和后倾（9匹马中3匹发病）； 5. 鼻气管插管黏膜损伤（7匹马中5匹发病），鼻窦，杓状软骨；气管，咽后隐窝，声带，咽鼓管囊入口，右侧喉部偏瘫； 6. 喉、气管黏膜损伤（38匹马均发病）； 7. 喉部局部麻痹或麻痹。

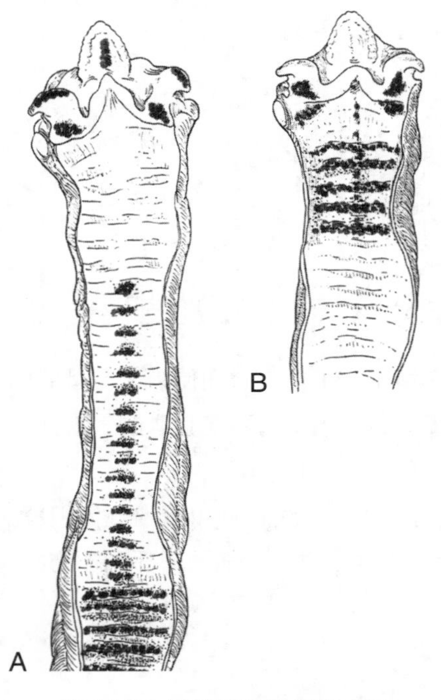

图 14-8　接触区和损伤模式图

A. 套管插管造成的损伤　B. 科尔型套管造成的损伤

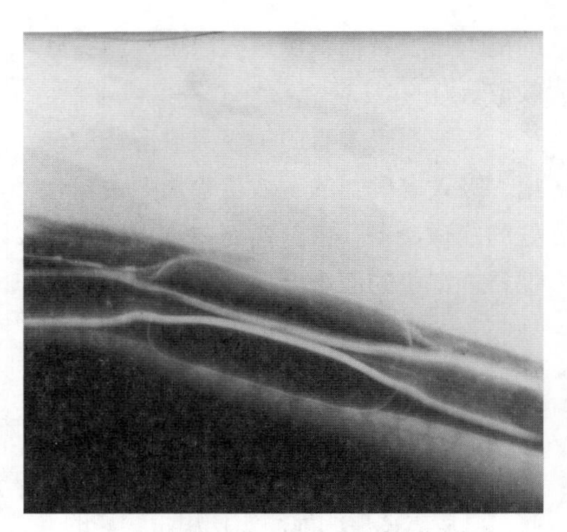
图 14-9　套囊过度充气的 X 光照片

59 ～ 73mmHg。

与气管插管相关的其他并发症包括由血液或黏液引起的气管阻塞以及由于套囊过度膨胀或颈部过度弯曲导致气管内壁向内压缩（图14-9）。插管的Y形部分可能会意外断开，尤其是当连接处被手术创巾盖住的时候。马驹和矮马在进行气管插管时，会使插管插入支气管中。因此，为避免这种情况的发生，在对短颈马或马驹进行插管时，应事先评估好插管插入的长度。颈部腹侧的屈曲可能导致气管插管的远端在向气管尾部移动时进入支气管中。在进行需要头部极度屈曲的操作时，如颈部造影，要注意上述情况。

四、术前评估

麻醉前评估应考虑解剖、病理和外科问题，这些将会对插管的路径（鼻和口腔）产生影响。要对外鼻孔的气体流出情况进行评估，尤其是要进行鼻气管插管时。当堵住一侧鼻孔时，气流可以通过另一侧鼻孔。触诊和视诊鼻骨畸变可提示骨折、肿瘤或鼻窦炎。应对喉部和气管进行触诊检查，以发现任何明显的解剖缺陷，如喉部肌肉萎缩、气管软骨环的损伤或塌陷。对于任何怀疑有问题异常情况，都应该进行内窥镜评估。

某些外科手术，用鼻气管插管比用口腔插管方便。其中包括下颌骨骨折的修复，一些颊部牙齿损伤颊部黏膜的齿病、口腔激光手术和其他口腔手术。有创伤性杓状肌麻痹或软骨炎病史的马可能难以插管（图14-4至图14-6）。较小的气管插管应该是可行的，因为此时喉部内径可能会缩小。直径较小但较适宜的气管插管有助于在不拔管的情况下进行心室球囊切除术。

五、器材

1. 气管插管

成年马用气管插管较长，直径较大。体重在40～50kg以下的马驹所使用的气管插管通常比类似的犬用气管插管要长（图14-10和图14-11）。气管插管由橡胶、聚氯乙烯塑料或硅树脂制成（表14-1）。橡胶管抗弯性能差，易引起组织反应，经热灭菌后易破损。医用级硅胶非常稳定，可以加热消毒而不会变质。硅树脂管韧性好，易弯曲。聚氯乙烯具有较好的硬度，在体温下能顺应上呼吸道的解剖形态。大多数聚氯乙烯材料相对无组织刺激性。因为聚氯乙烯不耐热，所以不推荐使用加热灭菌。带有I.T.、F-29或Z-79标志的管子已经通过测试，发现无组织毒性。目前用于马的气管插管不带有这个标志，因此插管材料的反应性是未知的。

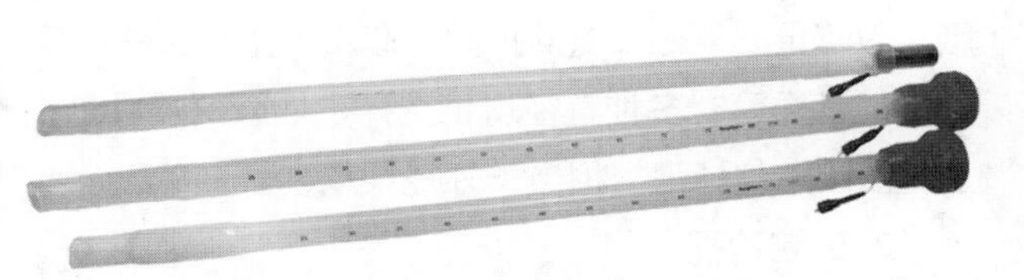

图14-10　用于成年马的气管插管（22~30mm）

注意用于连接Y形部分的不同连接器。

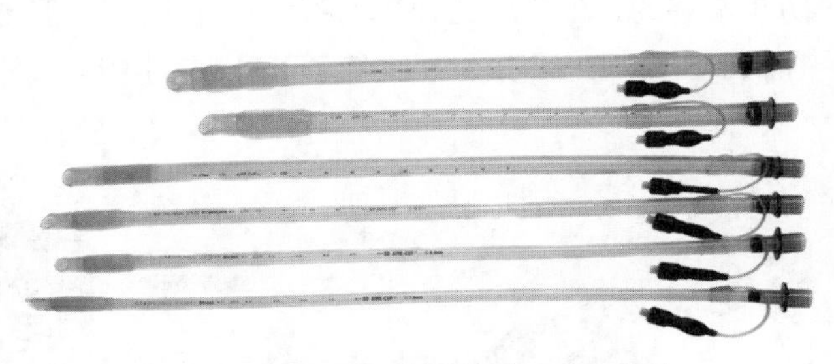

图14-11　马驹气管插管（10~22mm）

表14-1　可用于马的气管插管

厂商	插管材料	套囊	尺寸（内径，mm）
史密斯医疗 / 赛极威股份有限公司·瓦克夏公司，威斯康星州	硅树脂	低容量	14～30
史密斯医疗 / 赛极威股份有限公司·瓦克夏公司，威斯康星州	硅树脂	低容量	马驹系列鼻气管插管：7～14
Jorvet,Loveland 有限公司	橡胶	低容量	长至 16

气管插管的套囊可封闭插管与气管壁之间的空间，有助于减少或防止插管周围液体的误吸及空气和麻醉气体的泄漏。套囊充气后可以使插管位于气管的中心，这样就避免插管的尖端伤到气管黏膜。气管插管套囊分为低残气量（高压）和高残气量（低压）两种。高残气量套囊通常较少引起气管损伤，因为它们在较低的腔内压下封闭气管。然而，缺乏相关数据。与低压套囊的短期插管相比，适当高压充气套囊的短期（数小时）插管造成的损伤更大。正确的套囊充气指的是在吸气正压峰值（20～30mmHg）时，将套囊充气至气管密封以防止空气泄漏。低容量高压套囊气管插管，如马常用的气管插管，对气管壁的压力小于实际测量内压值；而高容量低压套囊插管施加给气管壁的压力接近于气管腔内压力。用于测量高容量低压套囊内压的装

置，对于评估马气管导管对气管壁施加的压力是无效的（图14-12）。套囊-气管壁的接触压力在20～30cmH_2O时足以密封呼吸道并可防止黏膜损伤。如果在麻醉气体混合物中加入一氧化二氮，为防止一氧化二氮的扩散对套囊产生过大的内压，则应在麻醉过程中经常调整套囊充气量。

气管插管有多种直径可供选择。插管的尺寸是指管内径或外径毫米表示（表14-1）。有些管子用法国单位标记，相当于外径乘以3。

2. 口腔诊视

有各种各样的器械可用来保持颌骨打开以便进行检查或口腔插管。可在上颊和下颊牙之间插入齿楔。有一种更经济、更容易使用的设备是直径5cm、长10cm、用弹性绷带包裹以防止滑移的PVC管。这种PVC管可插在上、下门牙之间。气管插管可通过管子上的孔插入（图14-13）。直径小于3cm的管子可用于较小的马和马驹。

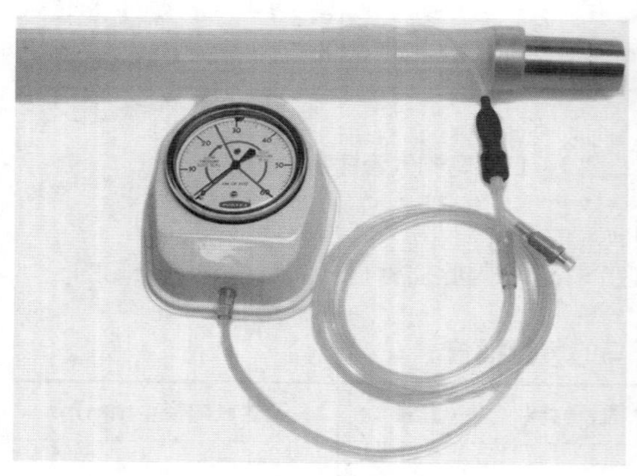

图14-12　腔内压力测量计

图14-13　插管开口设备

从左至右分别为：直径5cm的PVC管；用胶带缠绕PVC管，以增加门牙之间的摩擦力；拜耳开口器。

3. 润滑剂

可在气管插管上涂抹各种润滑剂以便于插管的插入（表14-2）。水或水溶性凝胶也适宜做润滑剂。含有局麻药的凝胶并不适宜，因其可能增加插管后刺激的发生率。有一种含有局部麻醉药（利多卡因）的凝胶可用于鼻腔最初几厘米的插管，它有利于清醒状态下的马进行鼻气管插管。

六、气管插管的清洗、消毒和修理

马的气管插管很贵，而且不是一次性的。使用后应进行清洁消毒，防止交叉感染。硅胶树脂是唯一能承受蒸气高压的气管插管材料，使用时，应遵循制造商关于温度和接触时间的建议。

消毒通常最容易用肥皂和化学消毒剂来完成（表14-2）。

插管使用后，应立即将其管道内的分泌物和渗出物冲洗干净，如不能及时冲洗，应将其浸泡在水和清洁剂溶液中，以防止有机物干燥。有机物质的存在会妨碍化学消毒，因此应该彻底清洗管道内外。在清除大的污染物后，气管插管可以浸泡在消毒溶液中，如戊二醛，进一步减少交叉感染的机会。然后应彻底冲洗气管插管，并将其干燥。气管插管上的化学消毒剂如未充分冲洗，可引起组织反应。戊二醛是唯一一种具有杀灭细菌、孢子菌、真菌和病毒的消毒剂。气管插管应在消毒剂溶液中浸泡至少10min。

表14-2　气管插管润滑剂和清洁消毒剂

润滑剂	附注
水	有效润滑口腔气管插管
无菌水溶性凝胶	适用于经口或经鼻气管插管
含有利多卡因的水溶性凝胶	促进清醒状态下的动物气管插管
清洁消毒剂	
药剂	**抗菌谱**
肥皂和洗涤剂	用于去除大的污染物
洗必泰	革兰氏（+）菌，革兰氏（–）菌；病毒；无芽孢菌
戊二醛	革兰氏（+）菌，革兰氏（–）菌；病毒；芽孢菌
酒精	革兰氏（+）菌，革兰氏（–）菌；病毒；无芽孢菌

环氧乙烷气体消毒可用于对不能进行蒸气高压消毒的器械，但建议该方法为最后的消毒手段。环氧乙烷能穿透缝隙，有效杀死所有微生物。该气体对人体具有危害性，因此，使用该气体时应安装完善的排气系统。急性影响包括对呼吸系统和眼睛的刺激，可引起抽筋和抽搐。已知的环氧乙烷的慢性影响包括呼吸道感染、贫血和行为改变。除非使用商用充气机，否则，气管插管在暴露于环氧乙烷后，应至少充气7d并再次使用。充气不充分会导致严重的喉气管炎，这主要是由环氧乙烷和水反应产生的乙二醇引起的。

马气管插管的套囊非常脆弱，锋利的颊齿易使其撕裂。目前，市面上有一种元件可替代受损的马气管插管套囊（赛极威股份有限公司·瓦克夏公司，威斯康星州）。更换过程可参照制造商的使用手册，操作相对简单。

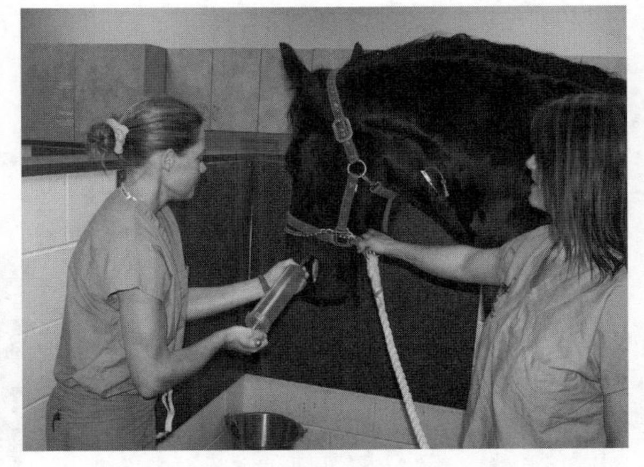

图14-14　将装满水的注射器插入脸颊囊内，冲洗口腔内的食物残渣

七、插管技术

麻醉前应对马的上呼吸道和口腔进行检查和评估。麻醉诱导前应用水彻底冲洗马的口腔（参阅第6章）。即使马有几个小时没有进食，仍会有可能残留食物于颊部和牙齿之间。将大剂量注射器或水管插入颊齿外侧，让水流直接冲洗颊部区（图14-14）。口腔两侧都要进行冲洗，直到流出物中没有食物残渣为止。

八、经口气管插管

应选择最大直径且插入时不用过度用力地插管（表14-3）。插管插入前应对套囊进行充气，以检查其是否漏气；然后将套囊内气体放掉。要有足够深度的麻醉，以使咬肌松弛，并能顺利插入口腔镜（图14-15）。马的头部和颈部应呈伸展状态，使口腔与喉部和气管在一条线上（图14-16）。马的舌头通过齿间隙拉出。润滑后的气管插管通过口腔插入咽部，同时小心避开颊部牙齿。插管的凹面先接触到上腭。当管子的尖端进入咽部时，将其旋转大约180°，同时管子继续进入并通过喉部。

表14-3　气管插管的建议尺寸

体重（kg）	套管、内径（mm）	
	口腔	鼻
＞450	26～30	18～22
200～400	22～26	14～16
100～250	16～22	12～14
＜100	10～14	7～11

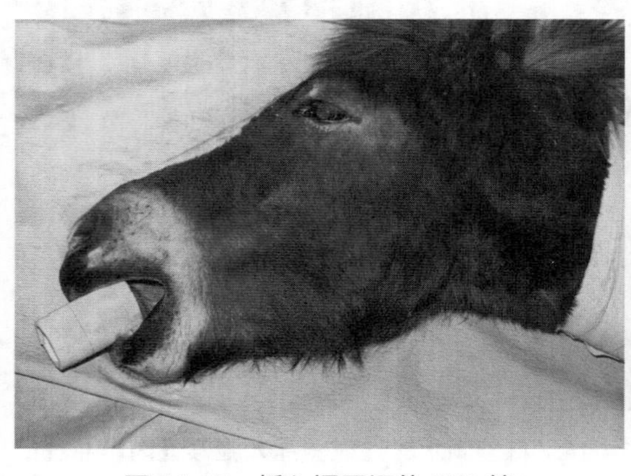

图14-15　插入门牙间的PVC管

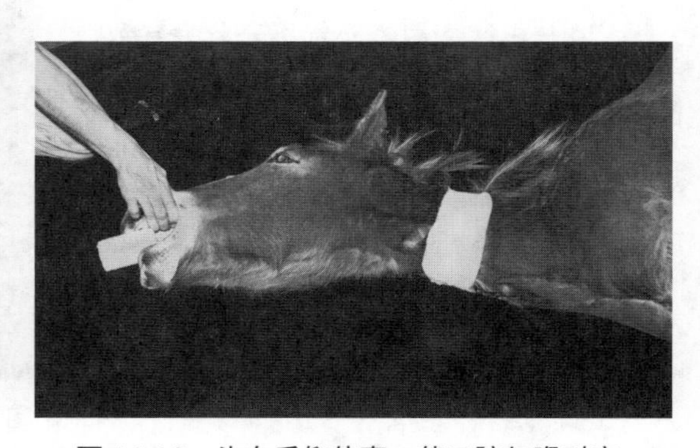

图14-16　头向后仰伸直，使口腔与喉对齐

可能需要进行多次尝试后才能将插管插入进喉部（图14-17）。无法顺利插入插管，可能是由于在插管插入通过咽壁和食道引起反射反应，再进一步进入时受到喉部垂直运动的阻力（图14-18）。当感觉到阻力无法插入时，应将导管抽回10cm，旋转90～180°再插入，直到能将插管顺利插入并通过喉部。插管困难时，可用小胃管或是长的内窥镜作为引导（图14-19）。胃管应先插入喉部，然后将其作为引导用探针再插入插管。

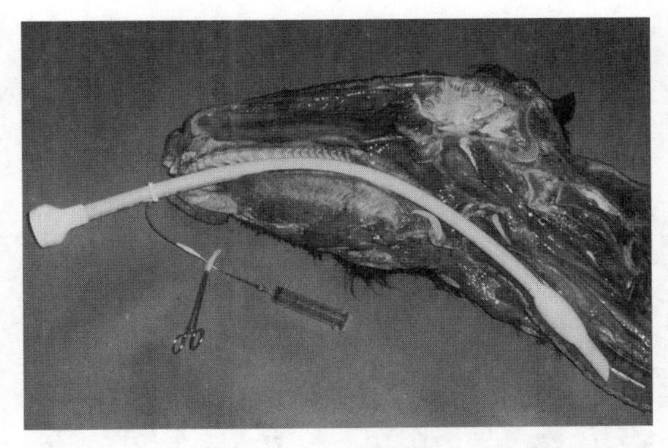

图14-17　头部和颈部矢状切面显示管的正确位置

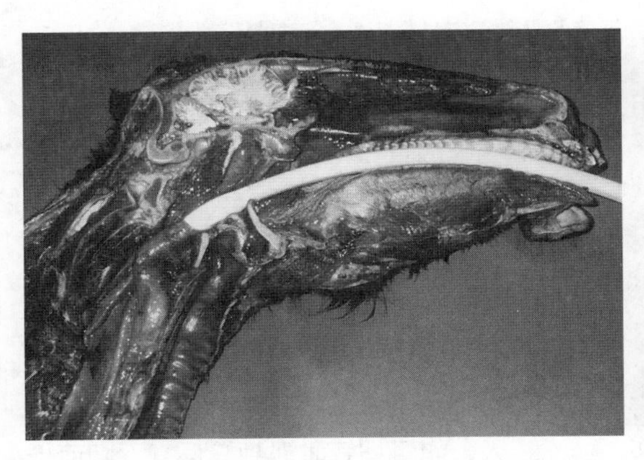

图14-18　头部和颈部矢状切面显示插管插入食道

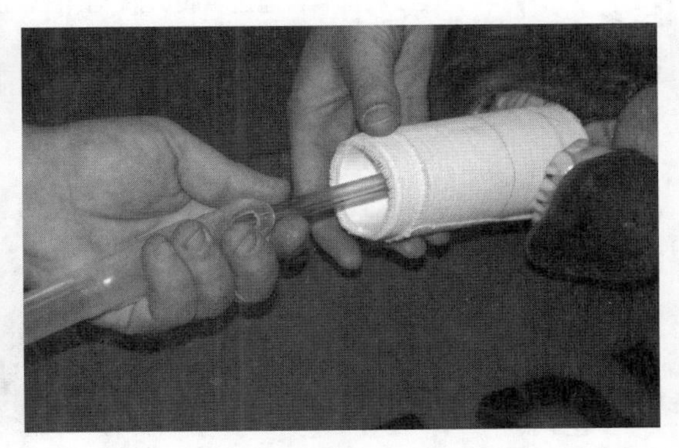

图14-19　胃管作为导管引导气管插管进入喉部

如果气管插管插入正确，在马自主呼吸或胸部受压时，可在气管插管末端检测到气流。在正确插入气管插管的情况下，还可观察到水蒸气在气管插管内表面凝结。当肺被加压至20～30cmH_2O时，套囊充入空气以密封气道。通过将患畜插管末端与呼吸回路Y端连接，并挤压呼吸囊或是呼吸机风箱，以使呼吸回路的内压达到20～30cmH_2O。通过听从鼻孔呼出的气流，检测吸入麻醉剂的气味和无法维持呼吸道正压力等情况来检测是否泄露。

九、经鼻气管插管

清醒状态下和麻醉状态下的马均可进行鼻气管插管（图14-20A）。清醒状态下对小马驹进行插管对它的麻醉诱导是非常有帮助的，尤其是吸入麻醉剂为异氟醚或七氟醚时（图14-20B）。无挣扎，诱导通常在2～3min内就可完成。

鼻气管插管比口腔气管插管的直径要小（表14-3）。该技术与通过鼻腔插入胃管是相同的。鼻气管插管的尖端应事先润滑好，引导插管尖部沿着鼻腹道侧插入，并经鼻孔向腹内侧插入。

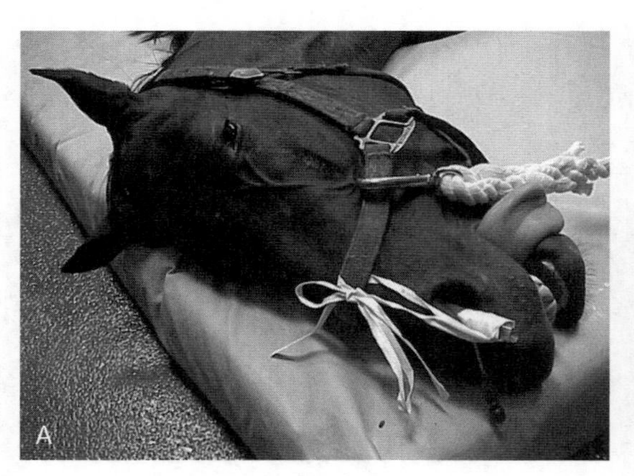

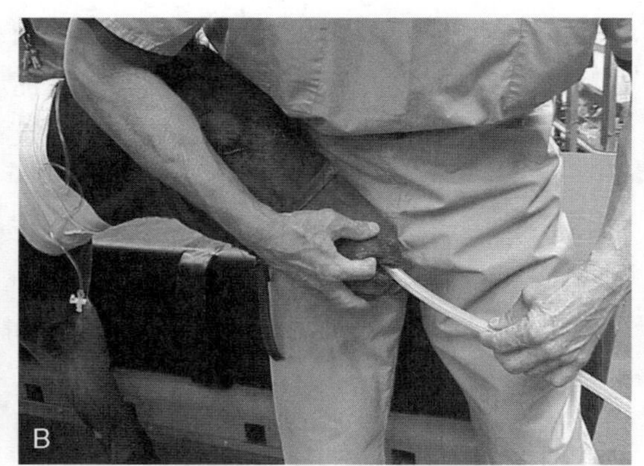

图 14-20　经鼻气管插管

A. 气管插管通过鼻腹道插入喉部　B. 镇静的马驹很容易进行鼻气管插管

插管应缓慢并轻柔地插入咽部。如在鼻腔内受阻，则应停止插入。插管在鼻腔内的阻力可提示插管的直径过大，或是插管没有进入鼻腹道。一旦插管进入咽部，插管过程就与经口腔的气管插管相似。如果马在清醒状态下进行插管，可能会由于其吞咽导致插管进入食道。这时应将插管回抽几厘米，然后再进行插入。如果插管时遇到马反复吞咽而插管不能进行，则可尝试用另外一个鼻孔进行插管，有时效果会更好。鼻气管插管会增加相对较小的呼吸道呼吸阻力。如果插管所增加的呼吸阻力造成呼吸困难，则应更换一个直径更大的插管。

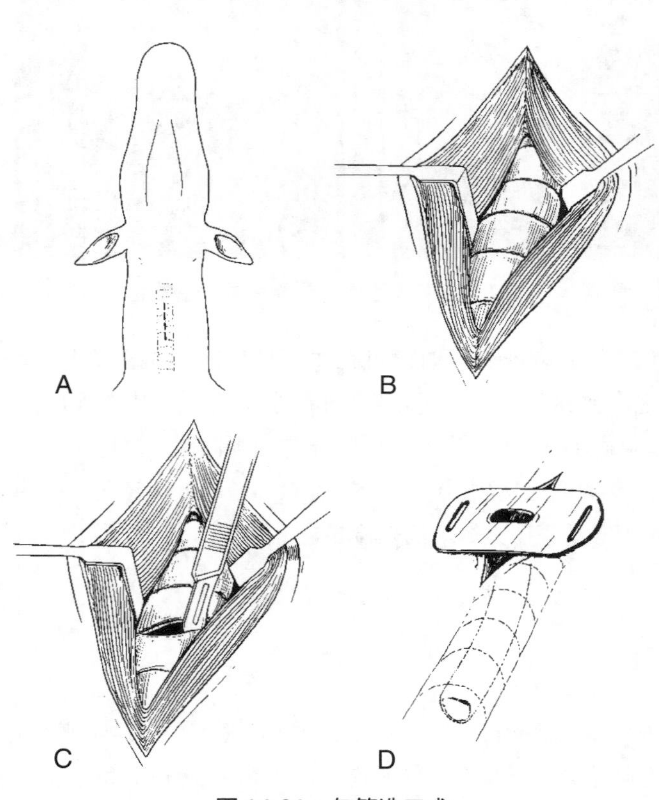

图 14-21　气管造口术

A. 纵向 10-12cm 腹中线切口　B. 气管环暴露　C. 气管环之间的横向切口。切口是气管周长的 1/3 到 1/2　D. 正确的插管定位

十、气管造口术

气管造口术是上呼吸道阻塞的一种紧急手术，或是作为一种为方便其他外科手术而开展的选择性手术（图 14-21）。在进行气管切开术时应进行术前准备，并在马清醒状态下且是非

紧急情况下，对手术部位注入2%的利多卡因。

应在头骨1/3和颈中部1/3交界处作一长10～12cm的腹中线切口。覆盖在气管上的肌肉组织很薄，很容易分离，可以触摸到气管环。分别分离肌肉和筋膜，直至暴露气管环。用10G手术刀在两个气管环之间作横向切口。以气管腹侧为中心，环状切开气管的1/3至1/2。听到吸气的声音表示进入气管腔。用剪刀或镊子扩大气管环间的切口，并插入气管或气管造口插管。可以使用标准的马气管插管，但应注意避免损伤气管黏膜或支气管。由于在气管环间插入气管插管有一定难度并存在潜在的创伤，气管切开插管的口径尺寸应小于经口气管插管所选择的尺寸（图14-22）。

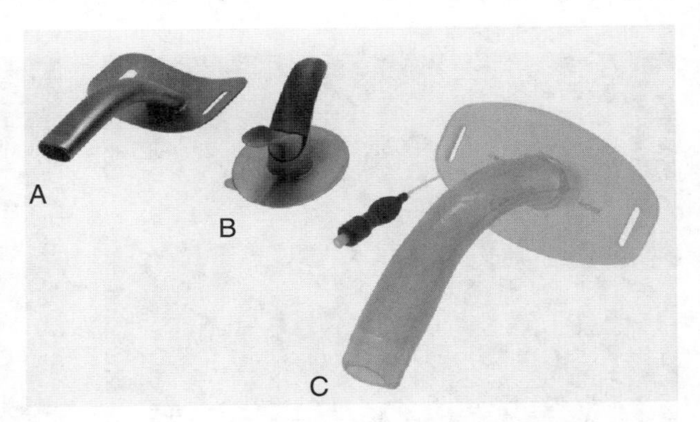

图 14-22　气管造口管

A. 定制的不锈钢J形管（不可商购）　B. 自持管（Jorvet,Loveland 有限公司）　C. 硅胶J形管（赛极威股份有限公司·瓦克夏公司）

十一、上呼吸道和口腔激光手术的注意事项

使用激光进行软腭、杓状软骨、会厌和喉部的上呼吸道手术已变得越来越普遍。安全的经口腔插管操作，应将下呼吸道和手术部位进行隔离，以保证氧气和麻醉气体的输送，同时防止因激光灼烧组织引起的烟雾误吸。手术过程中，如激光不慎与气管插管接触，会将插管烧损，而激光与插管内的氧气接触后，将会引起呼吸道着火。目前还没有对于激光是安全的气管插管供马使用。靠近套囊的气管插管外壁可以用铝制胶带（3M No.425 1 in的铝胶带）或是湿润的卷轴纱布来屏蔽激光。虽然硅树脂或橡胶制成的插管可以在室内空气中点燃，但40%的吸入氧浓度（FiO_2）可以用来降低呼吸道着火的风险，并可提供足量的氧气供给。可用氮气或氦气来降低吸入氧浓度。60%氦气/40%氧气混合气体可以消除气管插管屏蔽的需求。

十二、拔除插管

拔除插管是一个相对简单的程序。在马苏醒出现吞咽反射后，应首先将气管插管的套囊进行排空，并小心地取出气管插管。吞咽表明有能力保护呼吸道不受异物的侵害。当马从麻醉状态中苏醒时，轻轻地移动插管，常会有效刺激吞咽反射。气管插管可以一直放置到马站立起来为止（图14-23）。这对于马发生鼻甲水肿或其他原因引起上气道阻塞是有好处的。马在长时间麻醉并呈仰卧状态时，其头部如果低于心脏水平线，则易发生鼻呼吸道堵塞。另外，在气管插管取出之前，可以在复苏前替代性地将一根小的气管插管插入喉部。气管插管应用胶带或纱布固定在马的笼头上，以避免插管吸入呼吸道（图14-24）。

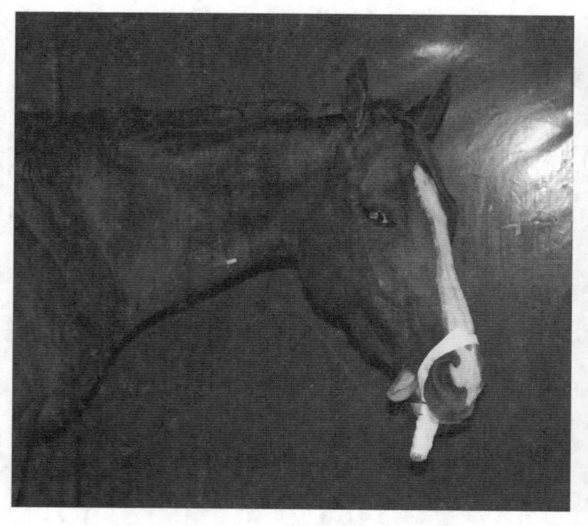
图14-23 口腔气管插管一直保持到苏醒站立姿势

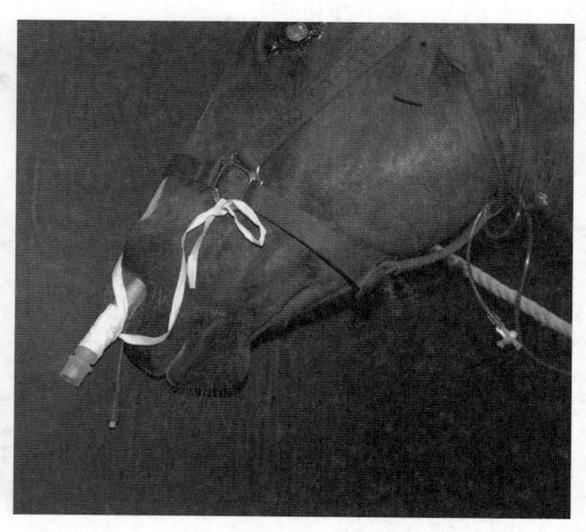
图14-24 鼻气管插管一直保持到苏醒站立姿势

十三、拔管后并发症

马麻醉后会出现鼻水肿。大多数马在仰卧时出现水肿，水肿的程度各不相同。拔管后鼻塞可导致明显的上呼吸道阻塞。上呼吸道阻塞会导致响亮的吸气鼾声。大多数马拔管后水肿很快消失，不需要治疗，但有时可能严重到造成需要治疗的功能性障碍。可以重新插上插管，并让马带着管子站在原地。另外，可选择30～40cm长的软塑料管，马驹用的气管插管或是专门设计的鼻插管（赛极威股份有限公司·瓦克夏公司，威斯康星州）插入一个或两个鼻孔，以疏通水肿。插管的两侧放入苯肾上腺素（10mL，0.15%溶液），并将这些苯肾上腺素沿着整个导管腹侧沉积下来，这样可以减少苏醒期对插入鼻管的需求。拔管后上呼吸道阻塞的其他不太常见的原因包括会厌上方（背侧）的软腭背侧移位。吸气时软腭进入喉，会厌移位导致呼吸道阻塞。软腭移位很容易通过诱导吞咽纠正。吞咽可以通过温和地操作喉部或重新插入气管插管来诱导。

马偶尔会因杓状肌麻痹而表现出呼吸道阻塞的症状，原因尚不清楚，但可能需要气管造口术。喉麻痹可能发生，一般在几个小时至几天内消失。通常伴随着巨大的尖锐噪音和夸张的吸气动作（腹部提升）。应迅速插入更小号的鼻插管。如果不能放置鼻气管插管，应进行气管造口术。一旦马因缺氧变得无法控制身体，除非其因缺氧而倒下，否则将无法进行气管造口术。缺氧或负压可引起肺水肿。

参考文献

Abrahamsen EJ et al, 1990. Bilateral arytenoid cartilage paralysis after inhalation anesthesia in a horse, J Am Vet Med Assoc 197: 1363-1365.

Belani KG, Preidkalns J, 1977. An epidemic of pseudomembranous laryngotracheitis: complications following extubation, Anesthesiology 47: 530-531.

Bernhard WN et al, 1979. Adjustment of intracuff pressure to prevent aspiration, Anesthesiology 50: 363-366.

Brock KA, 1985. Pharyngeal trauma from endotracheal intubation in a colt, J Am Vet Med Assoc 187: 944-946.

Dodman NH, Koblik PD, Court MH, 1986. Retroversion of the epiglottis as a complication of endotracheal intubation in the horse: a pilot study, Vet Surg 15: 275-278.

Dorsch JA, Dorsch SE, 1999. Understanding anesthesia equipment, ed 4, Baltimore, Williams & Wilkins.

Driessen B, Nann L, Klein L, 2003. Use of a helium/oxygen carrier gas mixture for inhalation anesthesia during laser surgery in the airway of the horse, In Steffey EP, editor: Recent advances in anesthetic management of large domestic animals: International Veterinary Information Service, www.ivis.org, Ithaca, NY.

Driessen B et al, 2003. Hazards associated with laser surgery in the airway of the horse: implications for the anesthetic management. In Steffey EP, editor: Recent advances in anesthetic management of large domestic animals: International Veterinary Information Service, www.ivis.org, Ithaca, NY.

Hall LW, 1957. Bromochlorotrifluorethane (Fluothane): a new volatile anesthetic agent, Vet Rec 69: 615-617.

Heath RB et al, 1989. Laryngotracheal lesions following routine orotracheal intubation in the horse, Equine Vet J 21: 434-437.

Holland M et al, 1986. Laryngotracheal injury associated with nasotracheal intubation in the horse, J Am Vet Med Assoc 189: 1447-1450.

Lewis FR, Schlobohm RM, Thomas AN, 1978. Prevention of complications from prolonged tracheal intubation, Am J Surg 135: 452-457.

Loeser EA et al, 1983. The influence of endotracheal tube cuff design and cuff lubrication on postoperative sore throat, Anesthesiology 58: 376-379.

Lukasik VM et al, 1997. Intranasal phenylephrine reduces postanesthetic upper airway obstruction in horses, Equine Vet J 29: 236-238.

Macewen W, 1880. Clinical observations on the introduction of tracheal tubes by the mouth instead of performing tracheotomy or laryngotomy, Br Med J 2: 163-165.

Nordin U, 1977. The trachea and cuff-induced tracheal injury, Acta Otolaryngol (Stockh) 7 (suppl 345): 7-69.

Paddleford RR, 1987. Anesthetic waste gases and your health. In Short CE, editor: Principles

and practice of veterinary anesthesia, Baltimore, Williams & Wilkins.
Raeder JC, Borchgrevink PC, Sellevold OM, 1985. Tracheal tube cuff pressures: the effects of different gas mixtures, Anaesthesia 40: 444-447.
Riebold TW, Goble DO, Geiser DR, 1982. Large animal anesthesia, principles and techniques, Ames, Iowa State Press.
Robinson E, 1986. Radiographic assessment of laryngeal reflexes in ketamine-anesthetized cats, Am J Vet Res 47: 1569-1572.
Sisson S, Grossman JD, 1953. The respiratory system. In The anatomy of the domestic animals, Philadelphia, Saunders.
Stedman's Medical Dictionary, 2000. ed. 27, Baltimore, Lippincott Williams & Wilkins, p 918.
Tomasic M, Mann L, Soma L, 1997. Effects of sedation, anesthesia, and endotracheal intubation on respiratory mechanics in adult horses, Am J Vet Res 58: 641-646.
Touzot-Jourde G, Stedman N, Trim CM, 2005. The effects of two endotracheal tube cuff inflation pressures on liquid aspiration and tracheal wall damage in horses, Vet Anaesth Analg 32: 23-29.
Trim CM, 1984. Complications associated with the use of the cuffless endotracheal tube in the horse, J Am Vet Med Assoc 185: 541-542 .
Webb AI, 1984. Nasal intubation in the foal, J Am Vet Med Assoc 185: 48-51.
Whitcher CE, Cohen EN, Trudell JR, 1971. Chronic exposure to anesthetic gases in the operating room, Anesthesiology 35: 348-353.

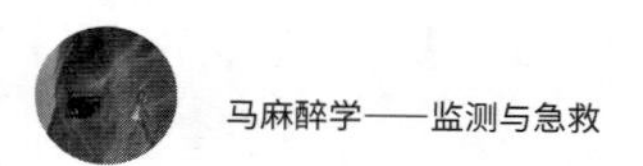

第 15 章
吸入麻醉药和气体

要点：

1. 吸入麻醉药的给药系统是肺。通气会使肺部吸入气体或蒸发的浓度发生迅速的变化。

2. 吸入麻醉药的摄取主要取决于通气量、吸入药物的血液溶解度、心输出量以及吸入麻醉药在静脉血和肺泡之间的分压差（血气分配系数）。

3. 组织是麻醉药的储存库。组织摄取取决于组织溶解度和组织血流量。富含血管的组织（如脑、心脏、肝脏）、肌肉组织（如骨骼肌）和脂肪组织的血液分布变化影响吸入麻醉药的摄取。

4. 吸入麻醉药能产生与剂量相关的心肺抑制，导致心输出量、动脉血压、组织灌注和组织氧合下降。

5. 吸入麻醉药抑制代偿反应，尤其是马动脉血压的压力感受器反射控制。

6. 一氧化氮气体对马的价值有限，因为它的效力低且有可能导致低氧血症，并会出现腹胀和肠梗阻。

7. 吸入麻醉气体异氟醚、七氟醚和地氟醚体内新陈代谢最少。

8. 采用清除微量吸入麻醉气体的方法，以限制人员的暴露。

一、吸入麻醉基础

主要或完全由气体或挥发性药物的控制给药而产生的全身麻醉通常称为吸入麻醉。吸入麻醉药是一组药物，它们本身或与其他类型的药物结合，通过未知的机制产生全身麻醉。本章将吸入麻醉药分为三组。第一组（重点）由氟烷、异氟醚、地氟醚和七氟醚组成（根据北美临床实践的历史介绍列出）。异氟醚是目前最常用的马吸入麻醉剂；氟烷是使用时间最长的麻醉剂，从1957年开始就应用于临床。七氟醚最近在北美的商业市场中占有显著的份额，并已取代氟烷成为包括马在内的动物第二种最常用的吸入麻醉剂。第二组仅包括氧化二氮（N_2O），一种储存在钢瓶内的气体（参阅第16章）。由于其对马麻醉的作用有限，且有一些相对独特的物理特性，临床应用时需要仔细评估其优缺点。第三组为挥发性液体，如氯仿、乙醚、甲氧基氟烷和安氟醚（异氟醚的一种化学异构体）。这些药物不再应用于马的麻醉，尤其在北美；因此，它们只具有历史意义，本章中只偶尔被简要提及（主要用于对比）。对于这些药物的开发和临床应用有较大兴趣的读者，请参阅本篇内容的较早版本或其他更广泛物种覆盖的兽医麻醉的文献早期版本。

50多年来，吸入麻醉药在马麻醉管理中发挥了重要的作用。它们被广泛认为降低了发病率和死亡率，特别是在临床情况下，包括生理受损的患畜和需要长期或复杂麻醉的管理程序。

现代吸入麻醉药很受欢迎，因为它们是在马身上产生全身麻醉最可控的方法。中枢神经系统（CNS）的抑制程序（即麻醉深度）和其他重要器官的功能很容易通过改变吸入气体中麻醉剂的分压或浓度来调节。最新的技术还允许对吸入和呼出的麻醉药浓度（分压）进行精确的呼吸监测，从而确保吸入麻醉剂浓度的准确性。不需要解毒剂，直接毒性或其他不良反应的发生率很低。

吸入麻醉药的给药通常需要使用特殊的输送设备或机器，这虽然增加了麻醉药管理的成本和复杂性，但为马提供了额外的健康相关益处（参阅第16章）。例如，该设备包括一个新鲜气体储存袋或风箱和一个氧气源。通过观察麻醉机储气袋的潮气量，可以更容易地定量患畜的呼吸频率和潮气量（单位：mL，参阅第16章）。正压通气是通过手动或机械控制压缩同一个容器来实现的。因为全身麻醉和横卧会降低马给动脉血液充氧的能力，所以使用麻醉机给马的吸入气体补充氧气是一个特别突出的优势。

尽管它们总体上很优秀，但所有现代吸入麻醉药都会发生副作用。例如，它们都抑制循环和呼吸系统的功能。它们被降解的一些产物是有毒的。因此，寻找理想的吸入麻醉药的探索仍然在继续（框表15-1）。

框表15-1　马理想吸入麻醉药特点

- 保质期稳定，不含防腐剂
- 不易燃
- 与现有的设备兼容
- 在环境条件下容易气化
- 血液溶解度低，可促进麻醉深度的快速变化，强效麻醉剂（即低吸入浓度的麻醉）
- 对呼吸道无刺激
- 无心肺抑制作用
- 与儿茶酚胺及其他血管活性药物兼容
- 非代谢性
- 骨骼肌松弛
- 持续镇痛作用
- 无肝、肾毒性
- 快速、可控、恢复平稳
- 物美价廉（代理商和代理商交付）

二、吸入麻醉药的一般特征

吸入麻醉的基本目标是使马不动，缓解疼痛，并为手术或其他与健康改善相关的程序提供最佳条件。要做到这一点，必须在中枢神经系统（大脑和脊髓）中达到并保持最佳的麻醉分压。吸入麻醉药的分子性质及其理化性质是决定其作用和给药安全的重要因素。

1. 化学和物理特性

吸入麻醉药的物理和化学性质决定了制造商如何提供药物，控制麻醉剂的给药方法，并影响患畜对药物吸收和消除（表15-1）。简要回顾一下这些特性可能会有所帮助，特别是根据理想的麻醉药来考虑每一个特性（框表15-1）。例如，早期的吸入麻醉药是易燃的，容易引起爆炸。随着手术室中电子设备使用的增加，不可燃麻醉药的开发成为强制性的。卤素（尤其是氟）化学的进步使卤化醚和碳氢化合物的合成成为可能，这两种物质都是强效且不可燃的。不幸的是，卤素离子，尤其是氟化物，对一些组织（如肾）是有毒的，并且如果母体化合物在体外或体内（或两者）降解，则是非常令人担忧的。

表 15-1　现代吸入麻醉药的一些化学和物理特性

药物	地氟醚	氟烷	异氟醚	七氟醚	一氧化二氮
商品名	优宁	氟烷	活宁	七氟醚	N_2O
分子式	CHF_2-O_2-$CHFCF_3$	$CF_3CHClBr$	CHF_2-O-$CHClCF_3$	CH_2F-O-CH$(CF_3)_2$	N_2O
分子量	168	197	185	200	44
沸点（° C）	23.5	50	49	59	
蒸气压（20°C，mmHg）	664	244	240	160	
蒸发浓度（20°C，%）	87	32	32	21	100
20°C下每毫升液体的蒸发量	210	227	195	183	
防腐剂	否	是	否	否	否
碱石灰吸潮的稳定性	稳定	稳定	稳定	不稳定	稳定
溶解度 *					
血：气	0.5	2.4	1.4	0.7	0.5
油：气	19	224	98	47	1.4
橡胶：气	16	120	62	31	1.2

注：* 人体血液和橄榄油在 37°C和室温下的分配系数。

理想的吸入麻醉药在环境温度下很容易蒸发。也就是说，挥发性药物的蒸气压必须足以在气相中提供足够的分子，以在环境条件下产生麻醉。在其他条件相同的情况下，蒸气压越高，输送给患畜的药物浓度越高。当代挥发性液体具备这一理想的特性。然而一氧化二氮（N_2O）虽然可以以较高的浓度输送，但是它在压力下是作为气体储存的，与挥发性液体相比，这使得储存操作变得复杂。

现在的吸入麻醉药有很长的保质期，并且大多数不会被防腐剂或分解物污染。除了氟烷，现代吸入麻醉药不需要添加到液体麻醉剂中来延长保质期。然而，异氟醚、地氟醚和七氟醚与麻醉药输送装置的二氧化碳吸收剂［特别是巴拉莱姆（因此在美国不再上市销售）和钠石灰或碱石灰］发生反应，并在不同程度上降解为有毒物质。这种降解产生热量和分解产物，包括化合物A（七氟醚）和一氧化碳（CO）（地氟醚和异氟醚）。最近的二氧化碳吸附剂（Amsorb，SodasorbLF）已经被特别配制来抑制麻醉气体（CO、化合物A）的降解，同时保持其二氧化碳吸收效率。

吸入麻醉药的溶解度（表15-1）通常用分配系数（PC）表示。分配系数描述了特定麻醉药的两种溶剂（如血液和气体）单位体积相对容量（即平衡后两相之间麻醉药浓度的比值）。因为溶解度对温度很敏感，所以在相似温度下比较PC是很重要的，最好是体温（通常为37℃）作为背景。应该记住，麻醉蒸气和气体，以及呼吸气体、氧气和二氧化碳，根据压力梯度在两相之间平衡。在平衡状态下，两个阶段中麻醉药的分压是相同的，但是两个阶段中的浓度可能显著不同。因此，当两个阶段中的分压相等时，分配系数描述了两个阶段中麻醉药体积差异的大小。例如，考虑一种麻醉剂X在血液：气体（空气）PC为2.5。在这种情况下，PC表明在平衡状态下，该麻醉药在血液中的浓度是气相中的2.5倍，而两种状态下麻醉药的分压是相同的。或者，考虑一种麻醉剂Y，其PC为0.5。麻醉剂Y的PC值表明麻醉剂在血液中的溶解度仅为空气中的一半。比较麻醉剂X和麻醉剂Y的PC值，显然麻醉剂X比麻醉剂Y更易溶于血液（大约是麻醉剂Y的5倍）。本例中的临床相关性是，在其他条件相同的情况下，麻醉剂Y的诱导速度更快，因为较高的PC与较慢的麻醉诱导有关。如表15-1所示，麻醉剂X为氟烷，麻醉剂Y为地氟醚（或N_2O）。在评价吸入麻醉药的临床应用时，至少还有两种常用的PC：油：气和橡胶：气PC值（表15-1）。油：气PC（血：气PC）与麻醉效力呈反比，并描述了脂质对麻醉的作用能力。橡胶：气PC是有用的，因为它描述了橡胶吸收麻醉药的程度。麻醉药进入橡胶（或麻醉药输送装置的其他材料）中会延迟向患畜输送麻醉药。组织溶解度也很重要，但为了简单起见没有在表15-1中列出或者讨论。吸入麻醉药在马体内的特殊组织溶解度是可用的。

2. 最小肺泡有效浓度

麻醉药的给药剂量与其产生的效果大小之间的关系是麻醉效力的一种表现。评估麻醉效力的尝试由来已久，中枢神经系统抑制（不敏感）的适当表达是必要的，因为有明显的需求要比较等剂量的不同麻醉药对重要脏器功能的影响。1963年，马克尔和埃格尔描述了吸入麻醉药的主要麻醉强度指标：最小肺泡浓度（MAC）。

MAC是吸入麻醉药最小肺泡浓度，它可以阻止骨骼肌对有害刺激做出有目的的运动（框表15-2）。MAC对应于ED（即半数有效麻醉浓度），即一半动物被麻醉，一半没有被麻醉的剂量。至少在人类中，对应于95%麻醉剂（ED_{95}）的剂量可能比MAC高40%。必须强调的是，MAC是最小肺泡有效浓度，而不是吸入麻醉药浓度或特定蒸发器刻度盘设定所代表的浓度。

同样重要的是，MAC是以1个大气压的百分比来定义，因此代表肺泡麻醉药分压。空气或氧气中麻醉药的浓度与其分压成正比：分压/总压力×100=体积浓度%（如空气）。

麻醉药在气体以外的介质（即血液或组织）中的浓度是其在该介质中的溶解度和分压的乘积。因此，与气相不同，血液或组织

框表15-2　最小肺泡浓度（MAC）
• 吸入麻醉药的肺泡末浓度，在50%的患畜中，该浓度可阻止患畜在疼痛刺激下做出有目的的剧烈运动
• 吸入麻醉药相对效力的指标

中的分压和浓度不应互换使用。张力这个术语有时与分压同义。假设在足够长的时间后，肺泡气体与动脉麻醉药分压与动脉血液和大脑麻醉药分压之间存在平衡，那么MAC应代表麻醉药在其作用部位（中枢神经系统）的分压。对后一点的理解（即对麻醉药分压的关注）是必要的，因为给定的麻醉药分压可能导致不同身体部位（如气体、血液、脂质）的麻醉药浓度不同。此外，尽管麻醉药在麻醉诱导期的分压不应变化，但肺泡浓度会随着环境压力（如海拔）的变化而变化。在相同麻醉条件下，高原的肺泡浓度高于海平面。

最后，重要的也是需要记住的，在试验条件下，在没有其他药物的条件下，以及在临床上使用吸入麻醉药的常见情况下，可以在健康动物体内测定MAC，这可能会改变对麻醉的要求。

在健康成年马中测定的最大允许呼吸浓度值在吸入麻醉药中是不同的（表15-2)。如前所述，氟烷是最有效的现代吸入药物（0.9%的最小允许吸入浓度），而N_2O是最无效的（在环境条件下，单独使用N_2O不可能对健康马进行全身麻醉）。还要注意，0.9%的氟烷提供的麻醉水平与1.3%的异氟烷相当。

表15-2　健康成年马肺泡最小浓度与其可用麻醉浓度的比较

药品	MAC*	有效的释放浓度（容积，%）†	
		诱发	维持
氟烷	0.91～1.05	3～5	1～3
异氟醚	1.31～1.64	3～5	1～3.5
七氟醚	2.31～2.84	4～6	2.5～5
地氟醚	7.02～8.06	9～12	7～9
N_2O	205	60	50

注：* 容积（%），取决于马的大小；† 实际浓度差别很大，这取决于临床情况和伴随的额外麻醉和/或辅助药物。

等效剂量（例如，在平均空气质量浓度下的等效浓度）可用于比较吸入麻醉药对重要器官功能的影响。这一概念将在本章后面的药物效果对比中讨论。在这方面，麻醉剂量被定义为最大允许剂量的倍数（例如，最大允许剂量的1.0、1.5、2.0倍）。

请记住，超过1.0倍MAC的麻醉水平对所有手术患畜产生制动是必要的。虽然1.0倍平均麻醉剂量有助于比较麻醉效果，但它代表的平均麻醉水平较低，并且不能为大于约50%的患畜提供足够的麻醉。另一方面，2.0倍MAC是一种深度麻醉，对于多数患畜中可能代表麻醉过量。作为指南，大多数患畜需要在1.2～1.4倍MAC或更小的麻醉剂量能达到足够的手术麻醉水平，特别是考虑到临床麻醉期间通常会同时服用多种麻醉辅助药物。

单个物种的MAC的变异通常较小，且不受性别、麻醉持续时间、$PaCO_2$变化（10～90mmHg)、代谢性碱中毒或酸中毒、PaO_2变化（40～500mmHg)、中度贫血或低血压等因素的影响。然而，许多药物相关的生理因素会影响MAC，有些增加、有些减少麻醉需求（即MAC)。

框表15-3 影响吸入麻醉需要量的因素（最小肺泡浓度）	
增加	体温过高（42°C） 高钠血症 引起中枢神经系统兴奋的药物（如苯丙胺类、麻黄素）
无变化	麻醉时间 高钾血症、低钾血症 性别 $PaCO_2$（15~95mmHg） PaO_2 ＞ 40mmHg 动脉血压＞ 50mmHg 代谢性酸碱变化
降低	体温过低 低钠血症 怀孕 PaO_2 ＜ 40mmHg $PaCO_2$ ＞ 95mmHg AP ＜ 50mmHg 年龄增加
注：引起中枢神经系统抑制的药物（如麻醉前用药、注射麻醉药、其他吸入麻醉药，见第 11 章和第 12 章）。	

众所周知，对犬和人类的很多研究中描述的各种影响因素都影响MAC（框表15-3）。这些因素也会对马的MAC产生类似的影响。

3. 麻醉反应监测

必须监测马对麻醉的反应，以最大限度地降低手术过程中唤醒的可能性，并避免麻醉过量和死亡。有两种基本方法来可以提供恰当的麻醉深度。首先，可以施用应当产生期望效果的一定剂量的麻醉药（即MAC的倍数），这种方法的缺点是，一些马在麻醉管理过程中暴露在过量的麻醉药下，不良副作用（包括死亡）的发生率增加。这是因为马对麻醉药和有害刺激的敏感度不同。此外，在给定麻醉药剂量下，抑制程度变化很大，因为在手术过程中，有害（手术）刺激的强度和持续时间是不同的。或者，另一种方法是麻醉师完善自身的临床麻醉技能，在吸入麻醉的情况下，根据马对有害刺激的反应，辅助输注其他麻醉药，以减少吸入麻醉药的用量。

在通常的临床实践中，上一段提到的两种方法都是用来达到和保持适当的麻醉深度。首先，根据使用的药物和患畜的情况，给予预定的麻醉剂量（蒸发器的刻度盘设置或吸入或呼气末浓度）。随后，根据马对手术刺激的反应反复观察，对剂量进行微调。在手术过程中尽量减少麻醉药的使用量。麻醉师宁可对马的麻醉深度不足，也不要麻醉过度。吸入麻醉药量可以减少，并通过同时应用镇痛剂来辅助增强效果（如α_2-激动剂、氯胺酮，参阅第18章）。

从有意识到完全手术麻醉的转变最初是由盖德尔描述的。他定义了麻醉的四个阶段（清醒、谵妄、手术麻醉、延髓抑制），并描述了瞳孔改变、眼球运动和呼吸变化，这是多年来用于评估未经药物治疗的人类病人的乙醚麻醉深度。第三阶段手术麻醉，又分为四个阶段，以呼吸抑制、循环保护性反射和肌肉张力为特征。这些与动物相关的麻醉阶段和平面在本书其他地方也有所描述。物种、当代麻醉药和麻醉实践之间的差异如此之大，以至于今天没有类似的统一体系适用所有麻醉个体。然而，评估患畜的生理反应对麻醉剂量要求很重要，并且适用于马（框表15-4）。使用不同阶段来评定麻醉药剂量，主要是通过识别麻醉药引起的中枢神经系统抑制和伤害性刺激唤醒之间的关系。刺激的强度是可变的，并且任意地分级为强或弱。皮肤切开和肠、神经和卵巢牵拉代表强刺激；而肠缝合和关节镜手术通常是弱刺激。

框表 15-4　麻醉深度临床评估中应考虑的有用变量	
心血管系统	心率和心律 * 动脉血压 † 黏膜颜色 毛细血管再充盈时间
呼吸系统	呼吸速率 † 通气量（潮气和分钟通气）* 呼吸的特征 † 动脉或潮气末二氧化碳分压 †
肌肉	是否存在有目的的运动 † 颤抖或战栗 * 肌肉张力
眼	眼睛的位置或眼睛的运动 † 瞳孔大小 瞳孔对光的反应 眼睑反射 角膜反射 流泪 *
其他因素	体温 喉反射 * 吞咽 † 出汗 * 排尿 * 肛门括约肌状态
注：马麻醉深度评估的特异性：* 中度；† 高。	

出于实用目的，马被认为有三种手术麻醉水平：轻度、适中、深度。尽管个体情况可能会有所不同，并取决于多种因素，但用氯胺酮麻醉诱导和吸入麻醉维持的方案麻醉的麻醉前马的特点是可以确定的（表15-3）。

表 15-3　马在三种全身麻醉水平下的一些一般特征 *

变量	麻醉水平		
	过轻	充足	过深
心率	28～36	28～36	＜28
动脉血压（收缩压）	＞100	90～120	＜90
呼吸频率	＞8	4～8	＜4
呼吸特征	不规则	规则	规则或不规则
动脉 CO_2 分压	＜50	50～70	＞70

（续）

变量	麻醉水平		
	过轻	充足	过深
眼位置	眼球震颤	“神志恍惚”	中心固定
眼睑反射	+	±	—
角膜反射	+	+	±
流泪	+	±	—
有目的的肌肉运动	+	—	—
吞咽	+	—	—
出汗	+	—	—

注：* 成年马自主呼吸原因被推测为预先施用 α_2- 肾上腺素受体激动剂；麻醉是由苯二氮平和氯胺酮诱导的，可能包括愈创木酚；麻醉是由氧气携带挥发性麻醉药来维持的。

三、吸入麻醉药的药代动力学

吸入麻醉药的确切作用机制尚不清楚。然而，很明显，其作用部位在大脑，最近发现在脊髓中也有作用。吸入麻醉药的药代动力学不限于向肺部输送麻醉药、进入体循环、分配到大脑（和其他组织）和消除。吸入麻醉药，如呼吸气体（如O_2和CO_2），在分压梯度上从高压区“下移”到低压区（图15-1）。为了达到理想的麻醉效果，需要使中枢神经系统中达到临界麻醉分压。通过控制输送到麻醉机的麻醉药分压，在麻醉机和中枢神经系统之间建立一个梯度。随着时间的推移，中枢神经系统麻醉药分压与动脉麻醉药分压平衡，动脉麻醉药分压与肺泡麻醉药分压平衡。因此，肺泡麻醉张力对达到和维持麻醉水平至关重要；它还决定了体内其他部位药物的剂量。因此，肺泡麻醉张力的测量成为监测麻醉剂量的可靠方法。在麻醉恢复期间，吸入的麻醉药被减少到零，从而发生梯度的逆转，并且当麻醉分压基本为零时，麻醉药沿着梯度从中枢神经系统向血液、肺泡和大气移动。

1. 麻醉剂吸收：决定麻醉剂肺泡分压的因素

框表 15-5　影响肺泡吸收和清除的因素

- 吸入浓度
- 通气
- 溶解度
- 心输出量
- 肺泡 - 混合静脉的分压差
- 组织吸收
- 组织容量和组织血流量

肺泡麻醉张力是指麻醉药输入（即输送至肺泡）和在肺部摄取（通过血液）之间的一种平衡（框表15-5）。

输送至肺泡：向肺泡输送麻醉药的剂量和速率取决于吸入的浓度和肺泡通气量。增加吸入浓度（如增加蒸发器刻度盘的设置）和补充肺泡通气（如控制机械通气）增加了麻醉药的输送并导

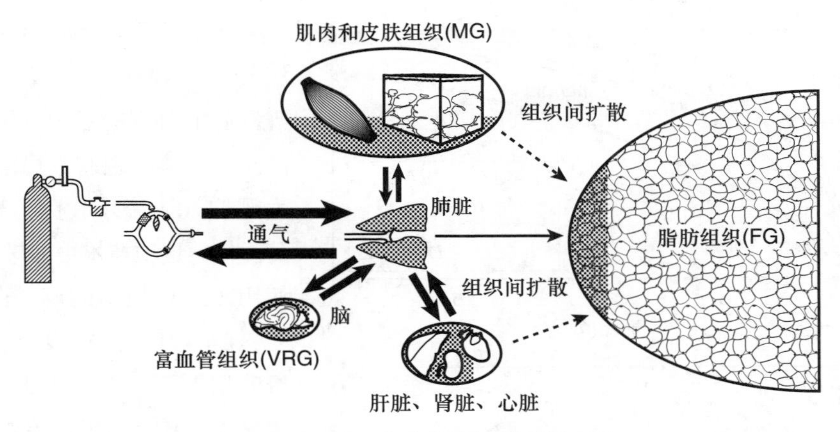

图 15-1　吸入麻醉药的输送系统是肺

充分的通气和心输出量决定了三个主要组织的麻醉输出：肌肉组织（MG）、脂肪组织（FG）、富血管组织（VRG）。每克组织血流量最高的有心脏、肝脏、肾脏和大脑。较粗的箭头（如VRG）表示更大的血流量和更大的药物分布量。FG每克组织的血流量最低（细箭头），但由于其对吸入麻醉药的亲和力（组织/血分配系数）比其他组织（VRG、MG）高得多，因此可作为麻醉药存储库。随着麻醉时间的延长，吸入麻醉药越来越多地被FG（FG阴影区）吸收。在延长麻醉过程中发挥作用，此外，吸入麻醉药被转移（组织间扩散）到FG（间断线）。很少有吸入麻醉药会因为新陈代谢而丢失。在短时间麻醉（< 60min）中，MG或FG吸入麻醉药用量较少，导致麻醉后恢复较快，与吸入麻醉药相关的药物效应（定向障碍、抑制、虚弱、共济失调）持续时间较短。

致肺泡麻醉药张力升高，这反过来导致更快速地麻醉诱导。相反，吸入分压降低或通气减少则会降低肺泡麻醉药分压，并减缓麻醉诱导。

用于向成年马输送吸入麻醉药的设备特性显著影响吸入浓度的发展和变化，进而影响肺部麻醉药（和氧气）的上升幅度和速度（参阅第16章）。

麻醉输送设备　马的体型大、需要分钟通气量大和气体流速快等对麻醉药输送装置提出了一些特殊要求（参阅第16章）。例如，在临床条件下，为了安全管理成年马的吸入麻醉，往复式或常规循环呼吸回路是必需的。大型动物麻醉机（LAAM）通常包括一个循环呼吸回路（呼吸回路由大口径管道组成）、一个至少为20L的重复呼吸或储气囊、一个容量约为6L的二氧化碳吸收罐。这与人类或犬、猫的麻醉管理系统明显不同，后者的内部气体总量较小，为5～7L。LAAM内大容积气体稀释麻醉气体（输送，即来自蒸发器的浓度），并延迟了输送和吸入麻醉分压之间的平衡时间。因此平衡时间取决于回路的气体体积和向回路输送麻醉药的速率（即新鲜气体流入量）。麻醉药在很大程度上可溶于LAAM的某些成分（如橡胶、钠石灰、塑料，表15-1）。因此，取决于LAAM各部分的组成和这些材料对麻醉药的吸收程度，所输送麻醉药的“表观”稀释体积可能会进一步受到影响。

为了将大麻醉回路的影响和达到所需吸入浓度的潜在延迟降至最低，麻醉师应：①避免过量的麻醉药输送和二氧化碳吸收剂的使用；②限制回路中橡胶制品的数量，优先考虑麻醉药不易溶解的材料；③在可能的情况下，限制再呼吸囊体积和呼吸回路中大型软管的长度。

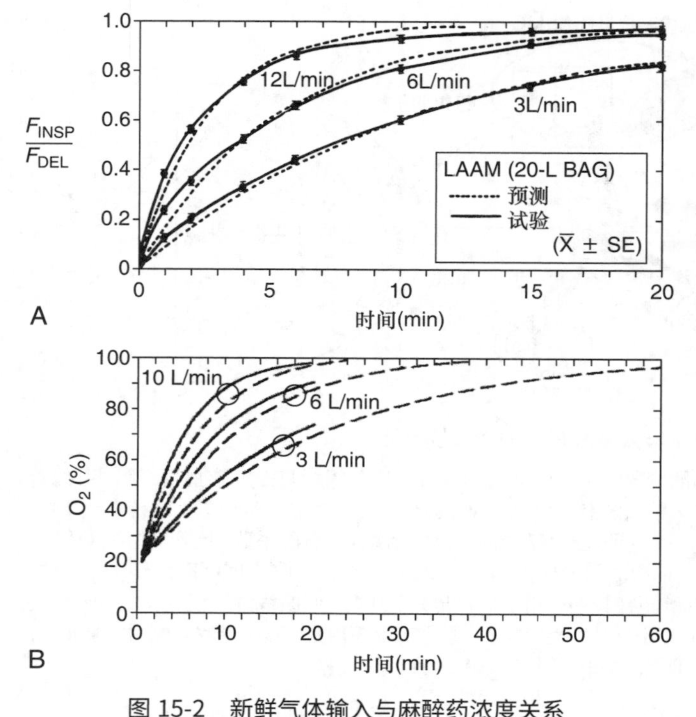

图 15-2　新鲜气体输入与麻醉药浓度关系

A. 在新鲜气体流入速度为 3L/min、6L/min 和 12L/min 时，32L 大型动物麻醉机（LAAM）中吸入的氟烷浓度增加到恒定输送浓度（F_{insp} / F_{del}）的速率　B. 测量（实线）和预测（虚线）氧气（O_2）浓度增长率，大型动物循环麻醉系统，40L 呼吸囊和新鲜氧气以 3L/min、6L/min 和 10L/min 的速度时间◯表示新鲜 O_2 开始流入。

或者，可以使用大的新鲜气体流入速率来减少吸入氧气上升速率和麻醉肺泡分压的延迟（图15-2）。然而，这种策略也有其局限性，首先，大量的气体流入浪费了载体和麻醉药，使得这项技术更加昂贵，尤其是使用了两种最新的麻醉药地氟醚和七氟醚。其次，在没有废气清除设备的情况下，手术室工作人员不希望暴露于更高浓度的麻醉药环境中。再次，在流速大于10L/min的情况下，许多正常工作的精密、试剂专用的气化器的麻醉输出可能低于所指的浓度（尤其是在较高的刻度盘设置下，如3%或更高）；并且蒸发器输出随着时间进一步降低。其结果是，吸入麻醉药的浓度实际上可能会降低（对于给定的蒸发器刻度盘设置）。成年马的临床折中方案是在麻醉前10 ～ 15min使用8 ～ 10L/min的新鲜气体流入（这种操作也加速了呼吸回路的脱氮，空气中氮气占80%，并进而加速吸入氧气浓度的增加），然后根据临床情况将流速减少到3 ～ 6L/min。

2. 摄入的物理结果

在进一步检查影响从肺泡中清除麻醉药的因素之前，重要的是确定影响麻醉药浓度的两个物理结果：浓度效应和第二气体效应。这两个因素影响吸气浓度上升速率，而不是吸气浓度上限或绝对量级。

（1）浓度效应　增加吸入浓度可加快肺泡浓度的上升速率，这种现象通常称为浓度效应，由肺泡通气的增加引起的，它将麻醉药集中在肺泡中。

（2）第二气体效应　当两种麻醉药同时应用时，会产生第二气体效应。它尤其是与两种气体中的一种（即第一气体）浓度很高有关。由于高浓度（即从肺中逸出的压力梯度大），血液从肺中大量吸收第一气体的同时加速第二气体浓度的上升速率。这种现象是由产生浓度效应的两个相同因素引起：麻醉药吸收引起的浓缩作用和肺泡通气的增加。当考虑使用第二气体吸入麻醉药时，联合应用 N_2O 在临床上是最重要的。

这两种效应对马的麻醉管理的影响是值得怀疑的。LAAM的影响可能会减弱或阻止对成年马麻醉管理的任何实际影响。这些效应对于马驹的麻醉管理的临床意义不大，因为马驹的呼吸回路较小，而且在麻醉的前5～10min吸收足够多的N_2O，从而产生可察觉的第二气体效应。但即使这种解释也没有提供临床相关性的有力证据。

3. 血液吸收

血液从肺部摄取麻醉药由三个因素决定：麻醉药的溶解度（即药物的血/气PC值），心输出量以及肺泡通气和静脉血中麻醉药分压差（即麻醉分子运动的室间梯度）。

在这一点上，重新关注主要目标可能有帮助，即在大脑中实现最佳的麻醉药分压。同样值得注意的是，大脑（和其他身体组织）倾向于平衡动脉血带给它的麻醉药分压，而动脉血液麻醉药分压与肺泡麻醉药分压［即肺泡分压＞动脉分压＞脑（中枢神经系统）分压］平衡。因此，维持最佳的肺泡麻醉分压是控制和反映大脑中麻醉分压的可靠方法。

麻醉药从肺部顺利地转移到血液是麻醉诱导所必需的。麻醉药的有效转移可能受到扩散阻碍或通气与肺血流匹配不当的影响。在正常情况下，肺泡毛细血管膜对吸入麻醉药的扩散无阻碍作用。然而，即使在正常马吸入麻醉期间，也经常存在通气和血流分布不均的情况。肺内分流或分流效应（如灌注不通气的肺泡）往往会减缓麻醉诱导，因为分流血液不含麻醉药，并稀释通气肺泡与血流相匹配的血液中麻醉药分压（参阅第2章）。

肺泡和静脉血之间的高压梯度促进了从肺部去除麻醉药，从而降低了肺泡麻醉药的分压。在其他条件相同的情况下（包括相似且恒定的吸入麻醉药分压），具有相对高血液/气体压力（即PC，高度血液溶解）促进了血液和肺泡之间产生较大的压力梯度，从而倾向于维持麻醉药物的较低麻醉药肺泡分压，并延迟大脑麻醉药分压的升高。同样，心输出量会影响麻醉药摄取。心输出量增加（如兴奋的患畜或对高强度手术刺激有反应的患畜）增加了单位时间内与肺泡相匹配的血液量，并导致更快摄取。因此，肺泡麻醉药分压和麻醉诱导的上升速度减慢。低心输出量（如休克时发生的）减少了肺的摄取，肺泡分压更快增加。由于血液吸收的药物大部分分布在中枢神经系统（富含血管的组织），麻醉诱导更加迅速。维持低静脉血液麻醉分压可延长麻醉状态。对于给定的肺泡麻醉分压，静脉分压的大小反映组织的摄取。组织摄取反过来又受类似于从肺摄取的因素制约：组织中麻醉药溶解度（即组织/血液PC）、组织（即局部）血流量以及动脉血液和组织之间的麻醉药分压差（即室间转移梯度）。例如，导致肌肉血流增加的情况（如兴奋、运动、应激）可能会延迟达到足够的肺泡麻醉药分压，因为有大量的组织储存麻醉药，延迟了足够的脑麻醉水平。

三个因素可以进一步影响动脉–静脉麻醉药分压梯度的大小：皮肤上的损失、进入封闭气体空间损失及新陈代谢。这些都不是临床麻醉过程中影响麻醉吸收或肺泡麻醉药分压升高的主要因素。麻醉药发生经皮运动，但数量很少。然而，其他两个因素在麻醉药摄取和管理中发挥作用，将在后面的章节中讨论。

总结 **了解决定肺泡麻醉药分压快速上升的因素对于熟练、有效地控制吸入麻醉非常重要。**

促进肺泡麻醉药分压增加的因素有助于改善全身麻醉控制，并与增加肺泡输送和减少从肺泡麻醉中清除麻醉药有关。增加输送是通过增加麻醉药的吸入张力和增加通气（肺泡）分钟量来实现的。肺泡清除减少与麻醉药溶解度、心输出量或肺泡-静脉麻醉药分压梯度降低有关。

4. 麻醉消除

许多调节肺泡麻醉药分压下降率（即从麻醉中恢复）的因素与先前讨论的上升速率（即麻醉诱导）的因素相同，包括肺泡通气量、麻醉药溶解度和心输出量（框表15-5）。

随气体呼出后，肺泡麻醉药分压迅速下降。最初的下降（前几分钟）是非常迅速的，与功能残气量的冲蚀和通气有关。一般来说，长时间的肺泡通气加速了这种下降，而低的肺泡通气量（低通气）延迟了麻醉从体内去除和恢复的速度。在这一点上必须强调的是，每分钟肺泡通气量是操作术语，呼吸频率和有效呼吸量（即潮气量减去死空间容积）决定了每分钟肺泡通气量。呼吸频率的增加或减少本身并不意味着肺泡通气量的增加或减少（参阅第2章）。

（1）冲刷 当通气将麻醉药从肺泡中清除时，在肺动脉血液（即从组织回流的静脉血）和肺泡之间形成麻醉药分压的梯度。这种梯度促进了麻醉药物从血液到肺泡的运动，而这种室间交换反过来又阻碍了通气降低肺泡麻醉药用量的效果。影响的大小又与麻醉药的溶解度有关（即血气PC)。血液可溶性较高的药物如氟烷的减缓作用（即延迟恢复）较大，七氟醚减缓作用较小，血液可溶性较低的药物如N_2O和地氟烷的减缓作用最小。这是因为对于可溶性药物来说，对于给定的分压，血液中的麻醉药（即更多的麻醉药物）要多得多，并且血液充当更大的麻醉药贮库。因此，在所有其他因素相同的情况下，随着可溶性药物的增加，麻醉药肺泡分压下降得更慢。

尽管吸入麻醉的恢复速度在很大程度上取决于药物在血液中的溶解度，但血液清除麻醉药也与麻醉药浓度和持续时间有关。在这方面麻醉恢复不同于诱导。麻醉药在组织中的积累和储存随着麻醉药剂量和时间的不同而不同。因此，在麻醉结束时，组织会不同程度地存在麻醉药的平衡。如果大量吸入的麻醉药溶解在血液和其他组织中（即可溶性麻醉药），它们充当维持肺泡分压的贮库（当分压梯度反向以促进麻醉药在麻醉结束时清除），结果是复苏放缓。因此，在其他变量不变的情况下，预计氟烷的恢复时间比异氟醚长。组织和血液之间麻醉药的不完全平衡使得肺泡麻醉剂分压下降得最快。因此，短时间吸入麻醉药后的恢复时间比长时间吸入（更多的组织积累）的恢复时间短。(图15-1)。

患畜呼吸回路可能进一步限制恢复速率。在麻醉诱导过程中，在成年马的麻醉管理中通常使用的回路的体积是特别和重要的。如果患畜在麻醉结束时没有与回路断开连接，恢复会因现有回路气体中存在大量的麻醉药、先前呼出的麻醉药的再呼吸以及从橡胶和回路的其他部件中重新吸入麻醉药而延迟。(表15-1)。如果有特殊原因，患畜必须在麻醉药输送结束时继续从回路呼吸（对患畜和工作人员来说是一个需要着重考虑的安全因素），恢复时间是值得关注的问题，可以采取加速药物从麻醉回路中损失的操作。即用纯氧冲洗“冲洗阀”系统几次，为潮气呼吸保持小但足够的再呼吸袋尺寸，并且增加新鲜气体流入。

(2) 扩散性缺氧 在包含N_2O在内的麻醉恢复过程中，大量N_2O进入肺部可能导致一种称为扩散缺氧的情况。在讨论马的麻醉管理时，尤其值得关注（参见本章后面的气体麻醉药——N_2O）。

(3) 生物转化 吸入麻醉药具有化学惰性且对体内生物转化（新陈代谢）具有抗性的错误观念已被打破，现在人们认识到吸入麻醉药会经历不同程度的新陈代谢（表15-4）。生物转化主要发生在肝脏，但也有少量发生在肺、肾和肠道。

代谢水平足够低，不会影响麻醉诱导率，但对可溶性较强的麻醉药物如氟烷的麻醉恢复影响较小（缩短）。七氟醚的代谢（尤其是异氟醚和地氟醚的代谢）太小而不能在这方面产生重要影响（表15-4）。然而，更具实际和临床意义的是生物降解和可能具有全身毒性的代谢产物之间的关系。本章后面将进行更深入的讨论。

表15-4 吸入麻醉药在人体中的生物转化*

麻醉药	麻醉药作为代谢物恢复	主要代谢产物
氟烷	20～25	三氟乙酸
		氯
		溴
		（三氟氯乙烷，氯二氟乙烯，氟）†
七氟醚	3	六氟异丙醇
		氟
异氟醚	0.17	三氟乙酸
		三氟乙醛
		三氟乙酰氯
地氟醚	0.02	三氟乙酸
		氟
		CO_2
		水
N_2O	0.004	N_2
		灭活蛋氨酸合成酶
		降低钴胺（维生素B_{12}）

注：* 马的新陈代谢模式相似，† 还原性代谢。

四、药效学：麻醉药的作用和毒性

吸入麻醉药对器官系统的作用实际上是伴随全身麻醉的副作用（表15-5）。安全进行马的全身麻醉，需要了解这些特性。吸入药物对循环系统、呼吸系统和其他生命支持系统的影响可能是普遍的（即大多数或所有药物共有），也可能是一种药物更具体或更显著的影响。

表 15-5　氟烷、异氟醚、七氟醚和地氟醚的特征比较总结

化学稳定性	[D] *	＞I	＞S	＞H
血液溶解度	H	＞I	＞S	＞[D]
MAC	D	＞S	＞I	＞[H]
循环抑制 †	H	＞I	≥S	=[D]
儿茶酚胺致节律障碍	H	＞[I]	=[S]	=[D]
呼吸抑制	D	≥S	≥I	=S（2.3%）
吸入剂呼吸暂停剂量	D（11%）‡	＞[H]（2.6%）	＞I（2.3%）	=S（2.3%）
肌肉松弛	[D]	＞[H]（2.6%）	≥[I]	＞H
新陈代谢	H	＞S	＞I	＞[D]
癫痫发作	S	＞[D]	=[I]	=[H]

注：D，地氟醚；H，氟烷；I，异氟醚；S，七氟醚。* 括号表示期望的优势。† 在受控通风条件下。‡ 需要进一步调查。

氟烷、异氟醚、地氟醚和七氟醚等挥发性药物（以历史顺序排列）的性质已被广泛讨论，因为它们是目前应用于马的麻醉药物，并且提供了来自实验室和临床研究的具体数据。在可能的情况下，重点关注健康、年轻的成年马接触已知吸入性药物的肺泡浓度的数据。来自自主呼吸马的测量结果是比较吸入麻醉药作用的基础，因为这种情况更普遍地模仿了一般的临床实践。外科患畜的反应可能与实验室条件下的数据不同，因为其他变量（如手术、失血、疼痛）会混淆临床环境中的解释。疾病、手术刺激、辅助药物治疗、年龄限制、麻醉持续时间、间歇性正压通气（IPPV）和血管内液量改变等共同因素的影响必须考虑，并在了解马研究的具体信息时加以提及。

1. 挥发性麻醉剂

（1）氟烷

①对心血管功能的影响。氟烷导致成年马、马驹和其他物种的剂量相关的心血管功能抑制。

心输出量：与清醒、未镇静或轻度镇静的马相比，氟烷导致心输出量减少；这种下降的程度与肺泡吸入氟烷浓度有关（图15-3）。心输出量通常会减少，因为心脏的每搏输出量会减少。在体和离体实验表明，氟烷降低了心肌收缩力。

在吸入麻醉期间，马的心率通常会发生微小变化（可能是增加）或根本不变（图15-3）。麻醉剂量的极限值可能存在不同程度的增加或减少。

氟烷可能会增加心脏的自律性。据报道，氟烷麻醉的马会出现自发性心律失常，但临床和实验室经验表明它们的总体发病率较低。内源性因素或注射儿茶酚胺可能会引起心房特别是心

室异常放电，但氟烷对儿茶酚胺的致敏作用在马身上可能无临床意义。儿茶酚胺的分泌增加可能是由手术刺激、麻醉不足或通气不足引起动脉CO_2分压（$PaCO_2$）升高所致。有时在手术期间注射肾上腺素以帮助控制局部组织出血或作为复苏治疗的一部分。尽管马的心律失常通常是罕见且良性的，但在心脏病、低血压和电解质异常等其他因素存在情况下，它们可能很重要。

高碳酸血症或拟交感神经药物（如麻黄碱、去甲肾上腺素、去氧肾上腺素、多巴胺和多巴酚丁胺）也会增加氟烷麻醉期间心律失常的发生。这些药物通常用于增加血压和改善循环系统功能，但临床剂量的麻黄碱和去氧肾上腺素可降低室性心律失常的发生率，伴有绞痛、内毒素

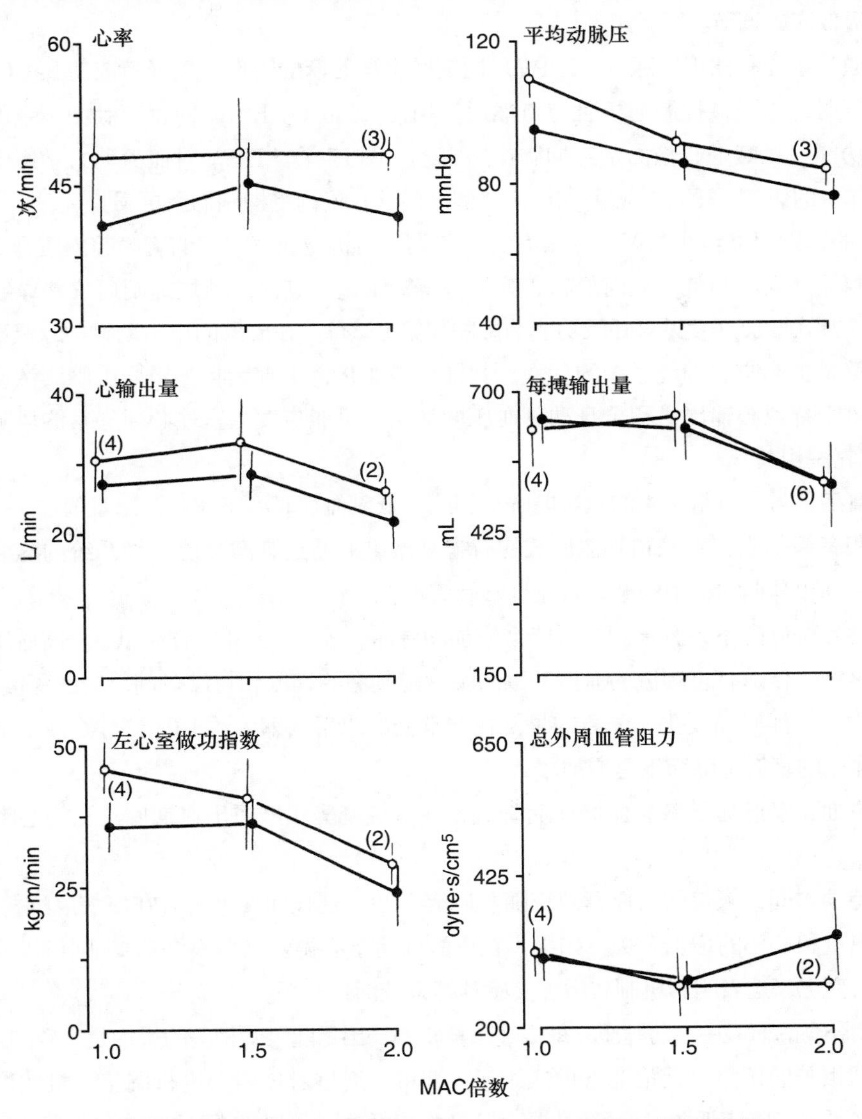

图 15-3　异氟醚（○）和氟烷（●）对 5 匹马自主通气的影响

在等剂量（即等 MAC 倍数）下，异氟醚和氟烷之间没有显著差异。马数量少于 5 匹。

血症或休克的马发病率升高。

压力感受器反射是全身动脉压稳态的短期中枢机制。压力感受器检测到动脉压的急剧下降或升高，可能导致心率的升高或下降。成年马压力感受器反射的敏感性对吸入麻醉药特别敏感，而氟烷对马的压力感受器反射有明显抑制作用。

全身动脉压：氟烷降低动脉压。减少的程度与肺泡麻醉药浓度直接相关（图15-3）。随着肺泡氟烷浓度的增加，动脉压的降低与心输出量的减少有关，因为总血管阻力变化不大或可能增加。

②呼吸效应的调节。

控制通气：控制性正压通气（IPPV）通常用于马的麻醉管理，以维持或使$PaCO_2$正常。机械控制通气时，当机械控制通气且与自然通气相比，$PaCO_2$正常时，相等肺泡剂量的氟烷对马循环系统功能（尤其是心输出量）抑制作用更大（图15-4）。IPPV对血流动力学影响程度可能进一步受体位的影响［即，与侧卧相比，背侧（仰卧）位马受抑制作用更强］。

IPPV的影响可能至少与两个因素有关。首先，由机械通气引起的胸膜腔内压升高会抑制血液（静脉回流）回流心脏，从而限制心脏的每搏输出量。其次，氟烷抑制通气并导致$PaCO_2$以剂量相关的方式增加（参见对呼吸功能的影响和第17章）。在麻醉的正常动物中，高碳酸血症的净效应通常是提高交感神经系统的活性，其证据是血浆肾上腺素和去甲肾上腺素浓度增加。这种情况反过来导致心输出量和全身动脉血压增加，但可能与发生室性心律失常的风险增加有关(特别是与氟烷相关)。

低血氧症：与含氧量正常的氟烷麻醉马相比，低氧血症时心率和心输出量增加。

手术和有害刺激：手术和其他形式的有害刺激可能通过刺激交感神经系统的疼痛或应激来改变氟烷在马和其他物种中的循环效应（参阅第4章）。

在轻度氟烷麻醉下，有害刺激可能会增加动脉压（即1.2 ～ 1.5倍MAC）。高血压的发生可能伴随着疼痛。伴随有害刺激的血压升高的幅度随刺激的程度和持续时间、麻醉深度的增加和/或辅助药物（下浮）而变化。矛盾的是，在非常低的水平（即大约1.0倍MAC或更低）时，偶尔会出现血压的轻微下降而不是增加。

严重失血：动脉压随着失血增加而降低。在氟烷麻醉和严重出血期间，马的心率不会发生显著变化。

麻醉持续时间：氟烷的心血管效应随着麻醉时间的延长而变化。人在氟烷麻醉持续5 ～ 6h时与心输出量和心率的增加有关。如果人在麻醉前给予心得安（普萘洛尔），则可以预防这些与时间相关的变化，这表明其机制与增加交感神经系统活性有关。

在对侧卧马的研究中，动脉压、每搏输出量和心输出量随时间相关的增加是一致的（图15-5）。注意与时间相关的调整，无论通气模式如何，都可以通过身体姿势进行调整。虽然这些心血管功能的变化可能与临床无关（麻醉时间不超过2h或更短），但在解释马的氟烷研究结果时，必须考虑这些变化。

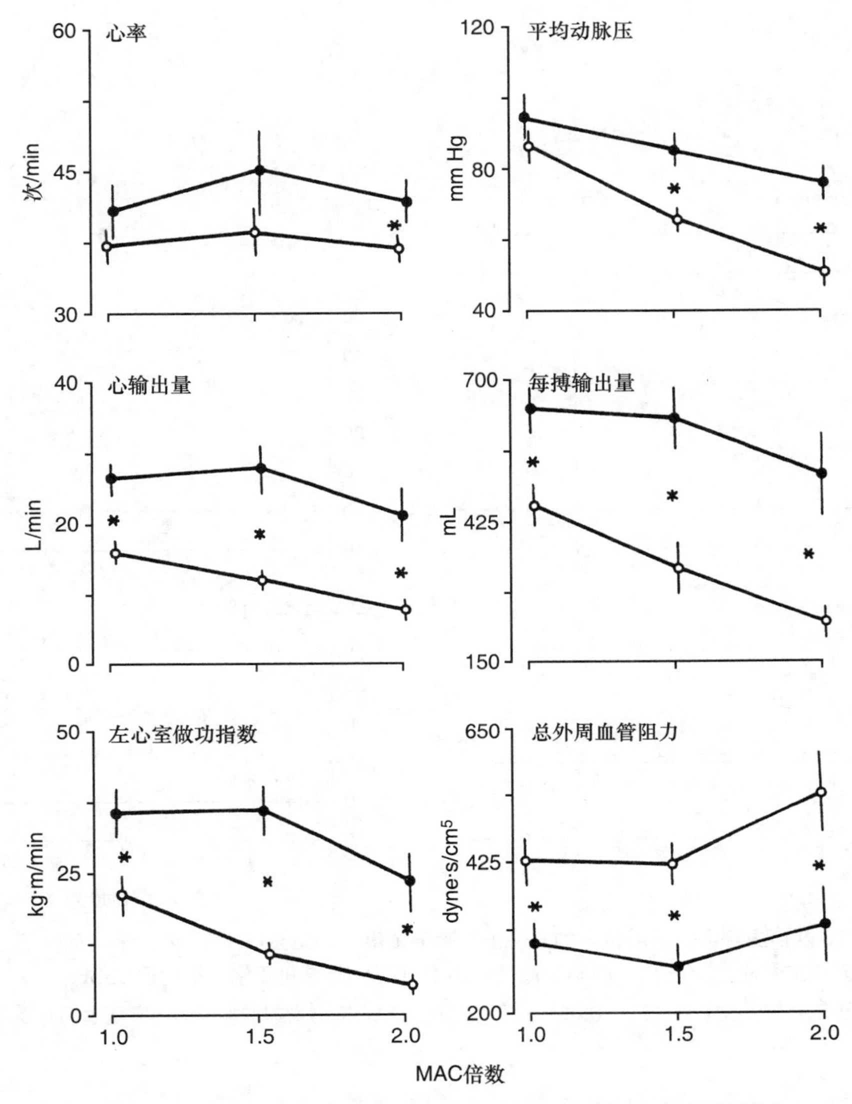

图 15-4　氟烷在自主（●）和控制（○）通气过程中对 5 匹马的影响

平均值 ±SE 表示。MAC，马最小肺泡浓度。＊表示 $P < 0.05$。注意自然通气期间外周血管阻力降低，心输出量和每搏输出量增加。

共存药物：先前或同时进行的药物治疗可通过改变麻醉药物需求（即MAC）或药物的特定心血管作用影响心血管功能。例如，乙酰丙嗪和赛拉嗪等药物通常在麻醉诱导前使用，以产生镇静作用（参阅第10章）。它们可能会不同程度地降低MAC，但也有直接的心血管效应。因此，它们可能会降低动脉压，超过单独使用氟烷的预期效果。这两种注射药物的作用机制不同，包括心输出量（赛拉嗪）的降低与总外周血管阻力（即用乙酰丙嗪扩张血管）的减少。麻醉镇痛剂的使用可能有助于减少维持麻醉所需的吸入麻醉药用量，从而在改善镇痛的同时改善血流的力学。

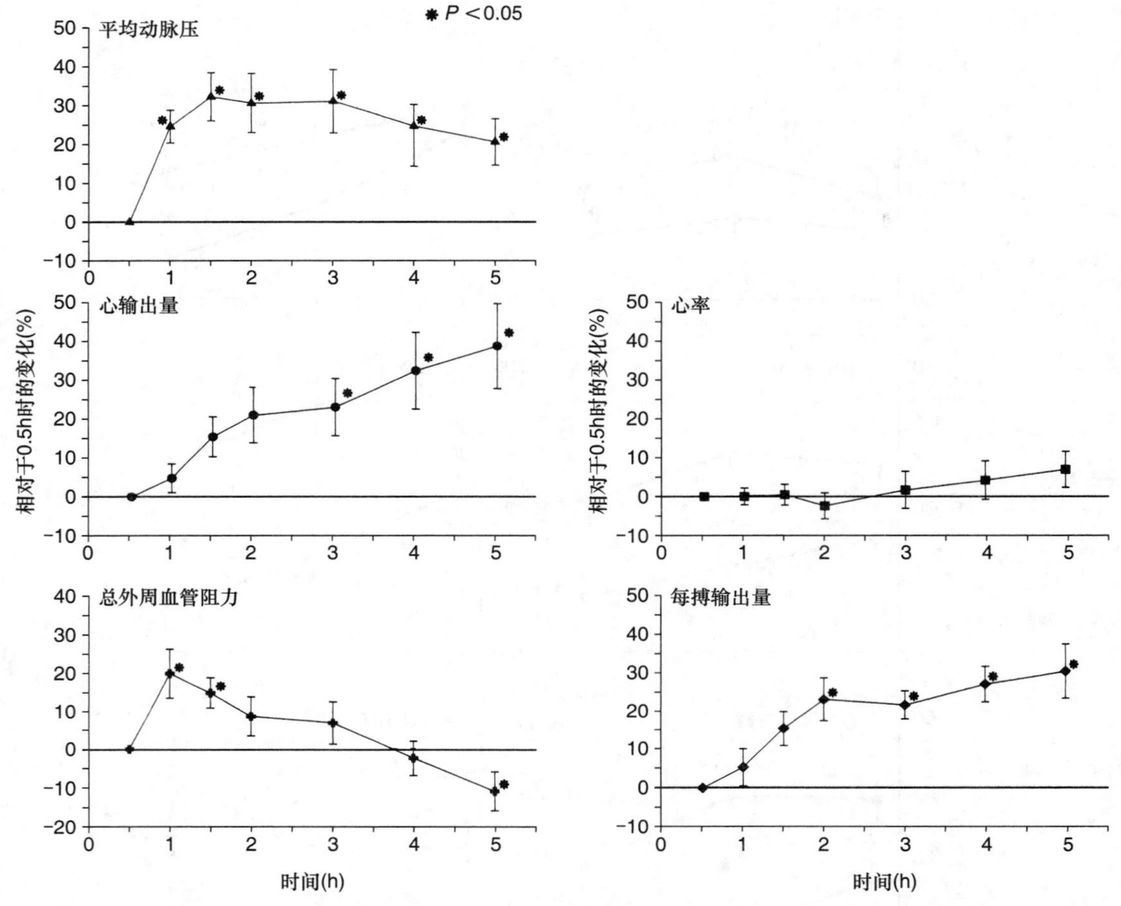

图 15-5　在 10 匹自主呼吸，侧卧位马的氟烷恒定肺泡浓度（1.06%）在 5h 内，平均动脉压、心输出量、总外周血管阻力（左）、心率及每搏输出量（右）随时间变化（平均值 ±SE）

* 表示与 0.5h 值有显著性差异（$P < 0.05$）。平均动脉压和心输出量的增加，而心率几乎没有变化。

麻醉诱导药物，如硫喷妥钠和愈创木酚甘油醚也干扰氟烷的主要作用，并可能加重心血管抑制作用（参阅第十二章）。相反，拟交感神经药如麻黄碱、多巴胺、多巴酚丁胺和去氧肾上腺素的存在减轻了由氟烷引起的循环系统抑制，并且临床上常用于治疗动脉性低血压（参阅22章和23章）。同时使用阿片类药物，如吗啡（包括芬太尼），可提高心率和/或全身动脉压。

③对呼吸功能的影响。

麻醉剂量：氟烷和其他吸入麻醉药引起呼吸系统功能剂量相关性抑制，其特征是动脉血中 CO_2 分压增加（图15-6）和氧合能力下降。后一种效应表现为肺泡气体和动脉血中氧分压差的增大，也可能是低氧血症。对于给定剂量的氟烷，马的这种抑制程度明显大于包括人类在内的其他通常研究物种（图15-7），尽管当个体清醒和用药时这些物种的血气值相似。

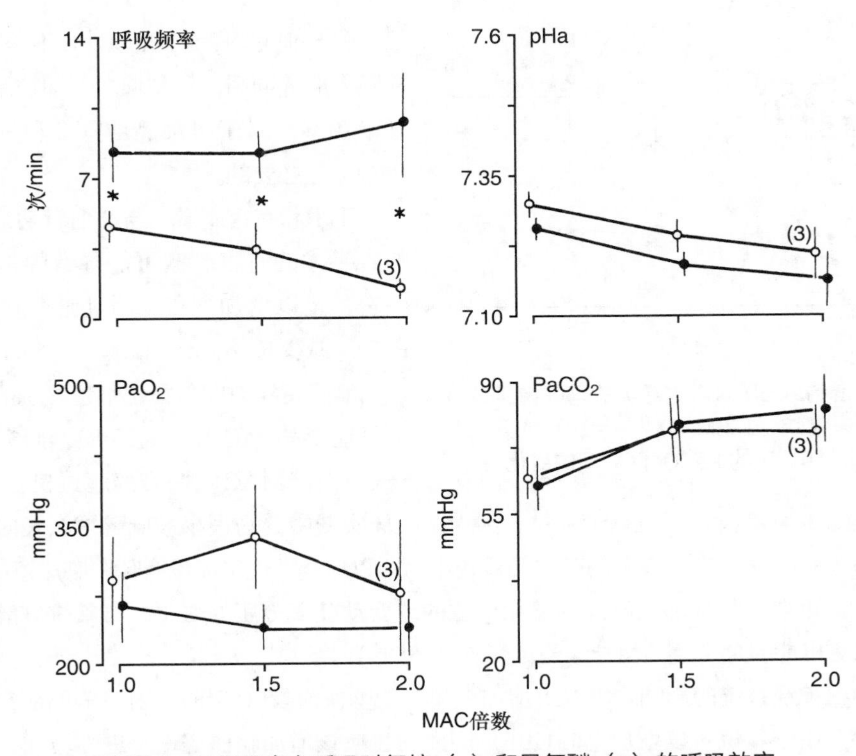

图 15-6 5 匹马自主呼吸时氟烷（●）和异氟醚（○）的呼吸效应

（）表示平均值 ±SE，如果观测值小于 5，则用括号表示。氟烷麻醉与异氟醚麻醉观察到的结果差异性显著（$P < 0.05$）。

与清醒状态相比，氟烷轻度麻醉与呼吸频率降低有关。当麻醉药剂量从1.0倍MAC增加到2.0倍MAC时，呼吸频率下降的幅度不会明显改变或可能略有增加（图15-6）。潮气量在同一范围内呈下降趋势。呼吸频率在深度麻醉时下降（即大于2.0倍MAC）。马自主呼吸停止至少1min时氟烷的平均肺泡浓度（即呼吸暂停浓度）为2.4%或2.6%平均空气质量浓度（表15-5）。

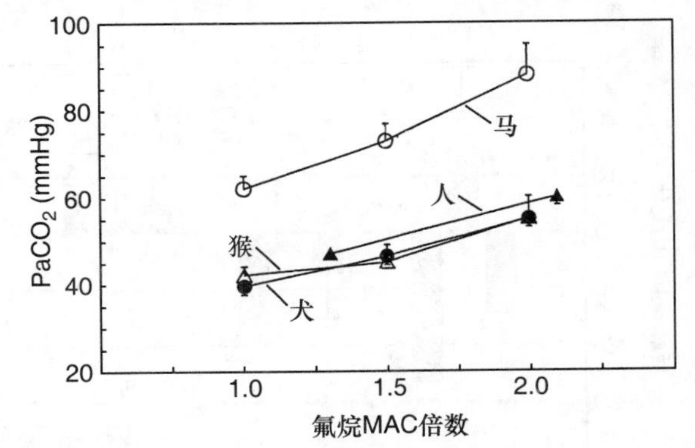

图 15-7 在氟烷 - 氧气麻醉期间健康的犬、马、人和猴自主呼吸的动脉二氧化碳分压（平均值 ±SE）

麻醉水平表示为每个物种的 MAC 倍数。

④通气反应方式的改进。

呼吸模式：为了补偿氟烷引起的呼吸抑制，通气经常通过机械手段来辅助或控制（参阅第十七章）。马调节自己的呼吸速度，麻醉师在辅助通气过程中确定马的潮气量。因此，辅助通气可以提高血液氧合效率（从而提高动脉氧分压，PaO_2）并使呼吸功能

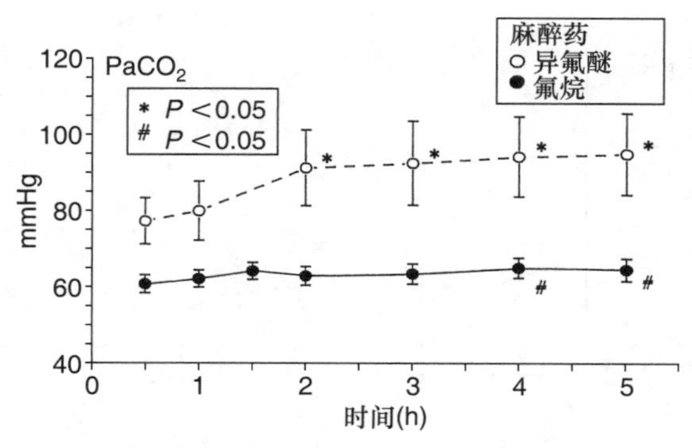

图 15-8 麻醉持续 5h 的自主呼吸的马在持续的潮气末氟烷（1.2 MAC）（n=10）或异氟醚（n=10）下的 $PaCO_2$ 随时间的变化

最小化，但它对降低 $PaCO_2$ 并不是特别有效。在吸入麻醉期间，控制通气（即控制潮气量和呼吸频率）对于可预测地降低和维持正常的 $PaCO_2$ 是必要的。

手术和有害刺激：与心血管功能一样，伴随着手术的有害刺激可能导致中枢神经系统兴奋，足以增加通气。增加通气可能足以使 $PaCO_2$ 减少 5 ～ 10mmHg。

麻醉持续时间：恒定剂量氟烷的持续时间也可能影响 $PaCO_2$（图 15-8）。研究结果表明马在 1.2 倍 MAC 氟烷麻醉超过 5h，随着时间的推移，$PaCO_2$ 可能会升高几毫米汞柱。因为在临床实践中，马很少被麻醉这么长时间，而且在报道的马研究中发现的 $PaCO_2$ 的变化相对较小，所以这一发现可能没有什么临床意义。

临床上更重要的是伴随长时间麻醉和体位的改变动脉氧分压的变化。与氟烷麻醉相比，动脉氧合受损更可能与全身麻醉及身体姿势有关（参阅第二章）。

⑤对中枢神经系统的影响。氟烷可增加人和犬的脑血流量（CBF）。对马驹的研究也显示出类似的结果。由于氟烷可以增加马的 CBF，因此它也应该增加脑血容量，进而增加该物种的脑脊液压力（颅内压，ICP）。考虑到全身麻醉时头部位置相对于正常清醒状态以及头部与心脏之间存在较大的流体静力学梯度压差，这对马尤其有害。$PaCO_2$ 的增加会增加氟烷麻醉马的 ICP。

关于麻醉人类患者的神经学监测有相当多的调查，因此在马的麻醉管理中考虑在人类中应用这一目的是可以理解的。马对氟烷麻醉（和其他麻醉药）的脑电图反应各不相同。所有麻醉药都不会产生与麻醉药剂量变化相同模式的脑电图（EEG）变化（原始或加工后的）。麻醉前和麻醉期间使用的麻醉辅助药物进一步干扰脑电图的记录并做出解释。然而，一些通用脑电图模式是一致的。一般来说，吸入麻醉药物影响脑电图波形的频率（以周期/s表示，Hz）和振幅（以微伏表示，μV）。与被氟烷麻醉马的清醒状态相比，脑电波的频率变得更大、更慢，结果与人类相似。随着氟烷浓度的增加，脑电图波形变化进一步减慢。在临床上，心血管毒性剂量过量的情况下，脑电图波变平（等电脑电图）。

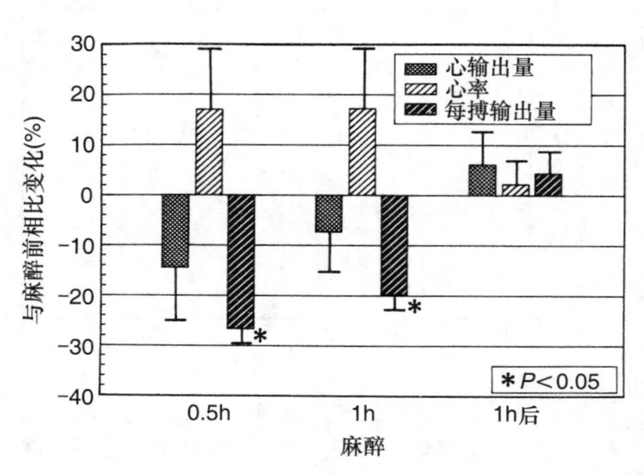

图 15-9 7 匹马心输出量的变化（平均值 ±SE）及其与 1.2 倍 MAC 异氟醚麻醉相关的决定因素

对肝脏及其功能的影响：与大多数吸

入麻醉药一样，氟烷会导致肝功能下降，这可能与剂量有关。器官血流量减少会加剧肝毒性。

一项针对犬的研究表明，氟烷明显抑制肝脏的药物代谢能力。减少药物在肝脏内的清除会导致药物（如芬太尼）在麻醉期间的延迟清除或血浆药物浓度的增加。延长或提高某些药物的血浆浓度具有严重的毒性影响，特别是如果患畜的身体状况已经明显受损。麻醉结束后不久，肝功能通常会恢复正常，除非病情严重到足以引起直接毒性。

目前所有吸入麻醉药都能对实验动物造成肝毒性。损伤的证据可能有所不同，从血浆中肝酶的水平轻微升高到罕见的暴发性肝衰竭（特别是在人类中），都有发生。肝损伤最常见的是小叶中心坏死，氟烷的发生率最高。

在马身上很少报告过氟烷引起的肝毒性。成年马和马驹的实验室和临床研究表明，与氟烷麻醉相关的肝功能和肝细胞完整性有改变。用氟烷麻醉超过3h的马比多次短暂暴露的马更容易发生血清肝酶（如转氨酶，山梨糖醇脱氢酶）水平的升高。氟烷短时间麻醉（即＜1.5h），预计血清肝酶将轻微增加或不增加。

同时缺氧或先前诱导肝药物代谢酶可能会增加麻醉后肝功能障碍的风险。特别对大鼠以及马驹的研究中，结果显示，同时缺氧或先前诱导肝药物酶可能会增加麻醉后出现肝功能阻碍的风险。

⑥对肾脏及其功能的影响。吸入麻醉药会抑制肾血流量、肾小球滤过率和尿生成量。当麻醉停止时，效果迅速逆转。在实验室和临床条件下氟烷麻醉的马驹和成年马的研究发现相似的反应。在1.0倍MAC氟烷麻醉下，马驹的肾血流量较清醒时减少36%左右。肾血流量随着肺麻醉药剂量的增加而逐渐减少（如2.0倍MAC时减少73%）。

在氟烷（和异氟醚）麻醉后，血清尿素氮、肌酐和无机磷酸盐持续升高。减少麻醉药剂量、暴露时间和同时输注多离子晶体液或两者，都可减少麻醉相关的损伤程度。

麻醉诱导的肾（和/或肝）功能的降低可延长或提高某些药物的血浆浓度。虽然有证据表明在应用氟烷麻醉的马中存在这种问题，但这种影响更广泛地与全身麻醉有关，而不是与特定的吸入药物相关。

⑦其他影响。

恶心高热：恶性高热（MH）是一种潜在的危及生命的遗传药理学肌病，常见于易感猪和人类患者。据报道，这种情况也会发生在马身上。MH的特点是通过不同的药物和麻醉技术（通常包括氟烷）麻醉的人体温迅速上升（参阅第22章）。氟烷被认为是当今吸入麻醉药中最有效的触发药物。这种综合征被描述为恶性，因为它迅速发展到不可逆。

血液成分的变化：使用氟烷麻醉马的几项研究的结果表明，麻醉前后的血清电解质浓度或红细胞和白细胞的定量评估（即全血细胞计数）没有临床上重要的变化。麻醉后，葡萄糖经常会立即升高（参阅第4章）。在氟烷麻醉后长达1～2d内还会出现轻度白细胞增多（即条带和成熟的嗜中性粒细胞数增加）。这些短暂的变化被认为与临床无关。

氟烷麻醉与血小板数量和功能暂时的轻微降低有关（有统计学意义）。在使用氟烷的0.8h内血小板数量下降，但血小板数量在麻醉恢复后24h内恢复正常。血小板聚集在麻醉期间和麻醉后4d内明显减少。这些发现被认为对健康的马没有临床影响。

生物转化：20%～25%的氟烷经生物转化（表15-4），主要发生在肝脏；其余的通过呼吸系统（大部分）和其他途径被清除。主要代谢物是三氟乙酸，在尿液中被排出。氯离子、溴离子和少量的氟离子也被清除。据报道，氟烷增加了马驹和成年马的血浆溴浓度。

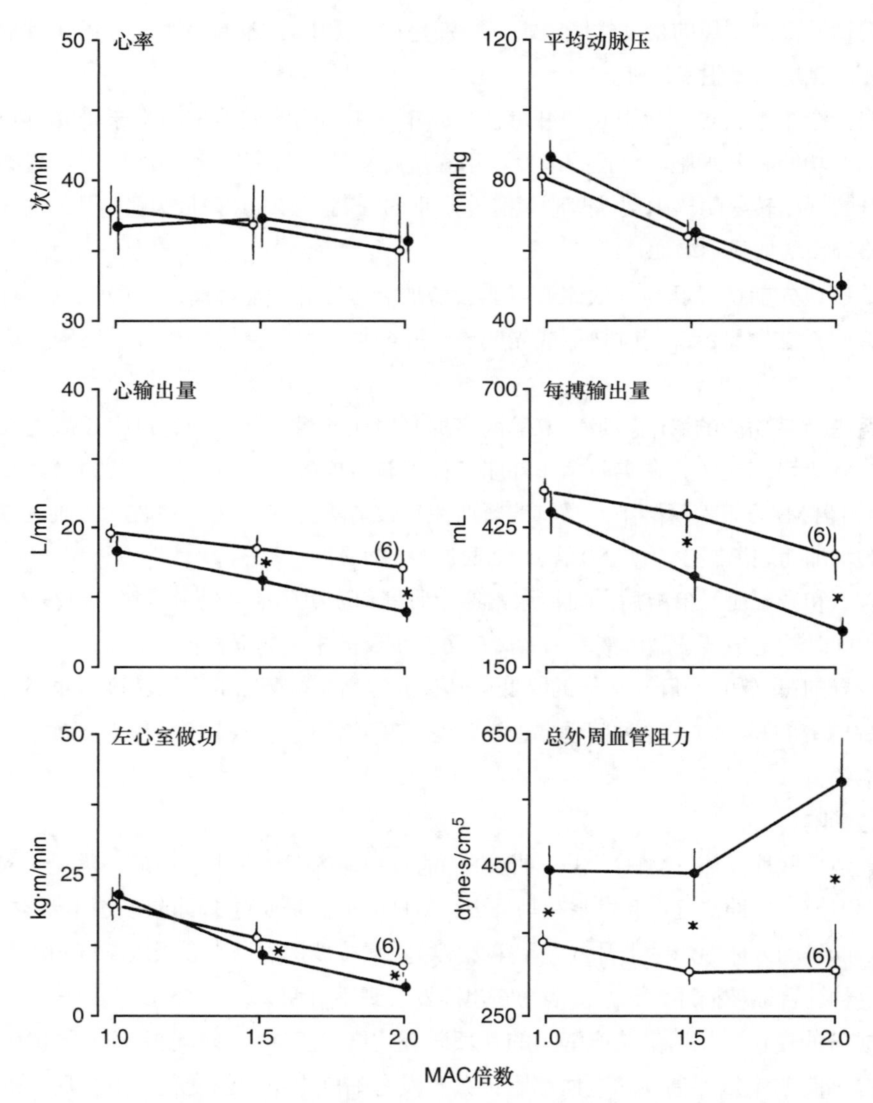

图 15-10　7 匹马在控制通气和恒定 $PaCO_2$ 过程中，氟烷（•）和异氟醚（○）在等效浓度（即 MAC 倍数）下观察的结果

差异性显著（$P < 0.05$，由*表示）。平均值 ±SE；括号中表示观察次数（如果不是 7），MAC 是马体内每种药物的最小肺泡浓度。

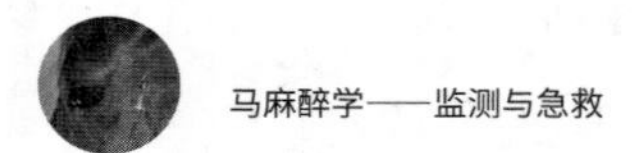

（2）异氟醚

①对心血管功能的影响。异氟醚以剂量相关的方式抑制马的心血管功能。异氟醚影响程度与氟烷相似，但在麻醉的手术阶段则不太明显。对包括马在内的多种物种的研究表明，与氟烷相比，异氟醚具有更高的心血管安全性。

对未用药的自主呼吸马的研究表明，1.2倍MAC异氟醚的剂量不会显著改变清醒状态下的心输出量，因为心率增加抵消了每搏输出量的减少。此外，异氟醚降低心室后负荷（总外周血管阻力随时间而减少，图15-3、图15-9）。心率的增加是异氟醚的一个特点，并且在马驹的研究中也有发现。

与自主呼吸的马相比，给异氟醚麻醉的马机械通气会损害其心血管功能。在异氟醚麻醉的马身上进行类似的研究表明，在机械通气过程中，心输出量的降低程度要低于氟烷麻醉的马（图15-10）。随着麻醉药剂量的增加，异氟醚对心输出量的这种保护作用更大。

异氟醚降低平均动脉压（图15-11）。动脉血压下降的幅度与麻醉药剂量有关，成年马和马驹等剂量的异氟醚和氟烷效果相似。然而，对机械通气的马驹研究表明，异氟醚可以更大程度地降低平均动脉压。在异氟醚麻醉期间，注射血管活性物质（儿茶酚胺）后心律失常的发生率显著降低。

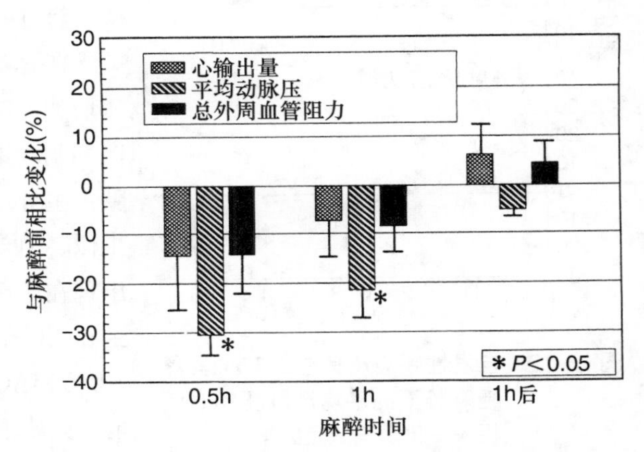

图15-11　7匹马平均动脉压的变化（平均值 ±SE）及其与1.2倍MAC异氟醚麻醉相关的决定因素

异氟醚麻醉的持续时间会影响马的心血管变化幅度。与基线值相比，在长时间的恒定剂量麻醉下，平均动脉压和心输出量随时间增加而增加（图15-12）。然而，相关的手术和麻醉辅助药物可能会改变这种时间反应。

麻醉后肌病是全身麻醉的潜在并发症，至少部分原因是麻醉和仰卧时血压和血流不足引起的缺血性肌肉损伤。因此，保持肌肉血流量充足具有重要意义。异氟醚麻醉增加人体肌肉灌注。对马的肌肉血流的研究是有限且矛盾的，但迄今为止的研究结果普遍支持这样的观点。异氟醚与氟烷一样，减少骨骼肌血流量（与清醒状况相比）以及异氟醚和氟烷对骨骼肌血流量的影响之间差异性较小。然而，最近报道的研究表明，与氟烷相比，异氟醚麻醉时微血管和全身肌肉血流量高于氟烷。

②对呼吸系统功能的影响。异氟醚和氟烷一样，会抑制呼吸系统功能，导致高碳酸血症（图15-6）。抑制的程度与剂量和时间有关，至少等于或大于氟烷的抑制程度（图15-6和图15-8）。控制通气可以避免过度的高碳酸血症。

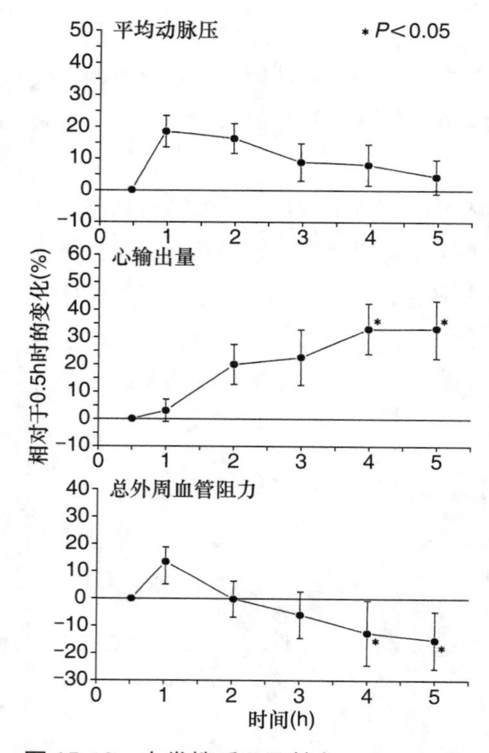

图 15-12 自发性呼吸及其在 1.57% 异氟醚麻醉下的平均动脉压的时间相关变化及其决定因素

*表示与 0.5h 时相比。

异氟醚麻醉呼吸的特点是呼吸频率低、潮气量大、吸气流量大、咳嗽和呼吸停止，经常出现在急性接触异氟醚的人身上，但在马身上并不常见。早前发现，引起马呼吸暂停至少60s的平均异氟醚浓度为3.2%（或约2.3倍MAC）。这个数值表明异氟醚是比氟烷更有效的呼吸抑制剂。

③对中枢神经系统的影响。异氟醚麻醉与CBF和ICP的增加有关，与人类相似，就像在马驹和成年马身上使用氟烷麻醉一样。增加与剂量、通气模式和身体姿势进一步相关。

在异氟醚亚麻醉水平下，人脑电图活动频率和电压增加。随着剂量的增加，电活动的频率变慢，脑电图抑制周期从1.5倍MAC开始。2.0倍MAC时，电沉默占主导地位。异氟醚对马的脑电图的影响与人类的相似。但与马或人的氟烷麻醉不同，脑电图暴发抑制出现在更高麻醉剂量下（人类1.5倍MAC，电沉默发生在2.0倍MAC左右）。在临床相关的氟烷剂量（即2.0倍MAC或更低）下未发现暴发抑制。手术刺激可能改变或不改变脑电图的模式。

④对其他器官的影响。

肝脏：对包括马在内的多种动物的研究表明，异氟醚不太可能损伤肝脏。麻醉期间低氧血症可导致肝损害血清标记物增加，但低于氟烷麻醉马期间的血清指标。

肾脏：异氟醚可逆地减少马和其他物种的肾血流量和尿生成量。这些影响的程度与氟烷麻醉中观察到的相似。

异氟醚的分子稳定性使产生有毒代谢物（如氟化物离子）的可能性降至最低，这可能导致肾脏损害（表15-4）。生物降解释放的氟化物量不足以引起肾细胞损伤。

血液：在马的长时间异氟醚麻醉后24h，总白细胞和未成熟及成熟的中性粒细胞数量增加。这些变化与氟烷麻醉后发生的变化相似，并且与全身生理应激症状相适应。与氟烷类似，异氟醚麻醉可暂时减少马的循环血小板数量和功能，但这些影响很小且短暂。

生物转化：异氟醚的生物转化小于其他挥发性麻醉剂的生物转化（表15-4）。异氟醚麻醉期间和麻醉后，人类和大鼠血清氟水平的小幅升高证明了对生物降解的抗性。成年马代谢异氟醚到氟离子的速度与人类相似。另一方面，临床暴露于异氟醚后，马驹血清氟水平无明显变化。

麻醉诱导与恢复：与氟烷相比，异氟醚的血液溶解度较低，有利于更快速地麻醉诱导和恢复。异氟醚对马驹和小马的麻醉诱导和恢复速度与氟烷相当，而且往往比氟烷更快。马驹通常在恢复早期就会处于警戒状态，而复苏通常被认为“更快”。

临床判断成年马从异氟醚中恢复的质量比马驹更不稳定。氟烷麻醉整体恢复较好，而异氟醚相对不理想，这些报道损害了对异氟醚临床作用的良好评价。在恢复期间应用α_2-肾上腺素受体激动剂可以改善恢复质量，但延长恢复时间。虽然用任何麻醉技术都不能保证从麻醉中顺利恢复。因为没有任何麻醉技术能够保证麻醉后的平稳恢复，所以要谨慎地考虑异氟醚在可能复杂的情况下或在某些外科手术（如长骨骨折）后对马恢复的影响。

(3) 地氟醚 地氟醚在20世纪60年代首次被合成，但在1992年才用于临床。尽管已有多年的历史，但关于地氟醚作用的信息是有限的。它在结构上与异氟醚有关（表15-1），但在一些值得注意的和临床重要方面与异氟醚不同。首先，地氟醚的蒸气压曲线较陡，在室温下（22.8℃）沸腾。这些特性使得地氟醚无法从常用的蒸发器中输送。环境温度的变化会导致地氟醚浓度出现临床上不可接受的波动。其次，它是当代挥发性麻醉药中溶解性最低的，类似于N_2O，因此提供了所有当前可用的挥发性麻醉药中最快速的麻醉吸收和恢复。第三，它对马的麻醉效力只有异氟醚的1/6左右，从而大大限制了吸入氧气的浓度；即使在海平面上，对马的影响也不是微不足道的。

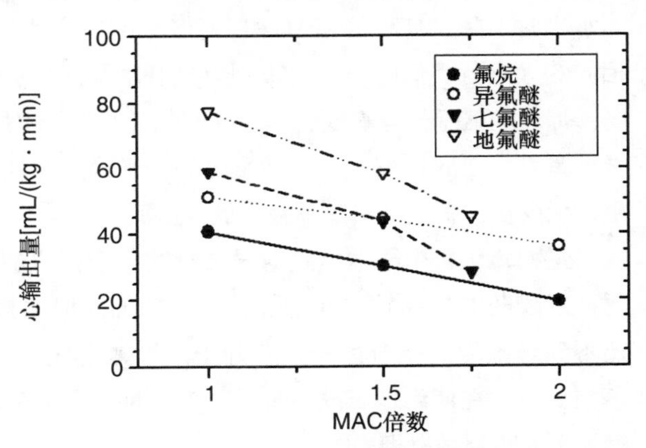

图 15-13 4 种现代吸入麻醉药肺泡剂量（以 MAC 的倍数表示）对成年马控制通气时心输出量（以体重为指标）的影响

绘制的数据集来自实验室类似的研究报告。注意氟烷、地氟醚、异氟醚、七氟醚在临床相关麻醉浓度下的作用（＜1.5倍 MAC）。

①对心血管功能的影响。人类志愿者和动物的实验室研究表明，地氟醚的心血管效应在质量上与异氟醚相似，异氟醚比氟烷抑制作用更小。在没有相关药物的混杂作用的情况下，来自马的现有信息表明，地氟醚以剂量相关的方式降低血压和心输出量。然而，当地氟醚的效果与七氟醚和异氟醚相比时，地氟醚在1.0～1.5倍MAC的剂量范围内抑制作用较小（图15-13）。实际上，自主呼吸的马每千克心输出量的数值接近于清醒马的数值。在地氟醚（和七氟醚）麻醉期间，未用药的马心率往往较高，并随着剂量的增加而增加。地氟醚比氟烷引起心律失常较低，与异氟醚相似。如前所述，对于氟烷和异氟醚，IPPV增加了地氟醚的抑制作用；然而，地氟醚的剂量和IPPV的联合抑制作用小于其他吸入麻醉药，包括七氟醚（至少剂量小于1.5倍MAC时）。1.5倍MAC以上的地氟醚似乎失去其血液动力学优势，成为心血管抑制剂，等于或可能大于其他挥发性麻醉剂。

②对呼吸系统功能的影响。地氟醚是成年马和马驹的一种有效的呼吸抑制剂。地氟醚麻醉

期间的呼吸抑制大于人类在类似条件下对其他挥发性药物的反应，这可通过$PaCO_2$从正常值升高的程度来判断。马的呼吸抑制与氟烷或异氟醚引起的呼吸抑制一样严重或更大。与氟烷相比，地氟醚对马的呼吸频率有明显的抑制作用，但与异氟醚和七氟醚相似。4次/min或更低的呼吸频率是常见的。地氟醚是一种温和的呼吸道刺激物，在麻醉诱导过程中会引起咳嗽或暂停呼吸。迄今为止的经验表明，这与马驹或成年马无关（笔者的经验）。

③对其他器官的影响。

肝脏：地氟醚的生物降解水平低，良好的血流动力学（特别是临床麻醉水平下持续的心输出量）和麻醉后从体内快速消除可预测肝脏安全性（表15-4）。这一结论得到了包括马在内的人类和动物的研究的支持。

与清醒状态相比，地氟醚能增加犬的肝动脉血流量。肝总血流量略有下降，但仅在麻醉最深水平时下降（1.75倍MAC和2.0倍MAC），因为肝门静脉血流量下降。在异氟醚麻醉期间对相同的犬进行类似的研究，未观察到肝动脉或总肝血流量的差异。假定犬的血流量结果适用于马，那么地氟醚与异氟醚一样，在低氧条件下与氟烷相比，更不可能对肝脏有损伤。

肾脏：与异氟醚一样，地氟醚的分子稳定性使其产生氟离子等肾脏毒性代谢物的可能性较小。至少在犬中，地氟醚不会降低肾血流量。

生物转化：由于地氟醚与异氟醚的结构相似性，其有可能以异氟醚的方式被代谢。虽然这两种麻醉药的生物转化在定性上是相似的，但地氟醚的分解数量较少，从对人类的研究来看，还不到异氟醚的十分之一。实际上，地氟醚比任何其他现代挥发性麻醉药更能抵抗生物降解（表15-4）。在使用地氟醚麻醉前、麻醉期间和麻醉后从马的血清中检测到的无机氟化物水平与对人类的研究结果相当。

尽管地氟醚在体内降解最少，但在干燥的CO_2吸附剂（如苏打石灰）的存在下，地氟醚可降解生成CO（以及低水平的异氟醚、七氟醚和氟烷，后两种几乎可以忽略不计）。报告的损伤很少见，但麻醉人群中报告有CO水平异常，最高水平与地氟醚麻醉有关。当使用新配制的CO_2吸附剂时（SodasorbLF，Amsorb），地氟醚产生的CO可以忽略不计。目前还没有关于马麻醉回路中释放地氟醚的CO浓度的报告，尽管在给马注射异氟醚期间，CO浓度有所增加。在马临床使用地氟醚期间，碳氧血红蛋白不会改变（笔者经验）。然而，在这些情况下，成年马的新鲜气体流量大于4L/min。在长期麻醉管理过程中，新鲜气体流量的降低可能会产生不同的结果。

麻醉诱导与恢复：地氟醚在血液中的溶解度低，这预示着与其他挥发性麻醉药相比，它可以在相当的麻醉深度和持续时间内提供最快速和最完全的恢复。对大鼠和人类的研究结果支持了这个结论，对成年马和马驹的有限数据也是如此。

（4）七氟醚　七氟醚合成于20世纪70年代初，其特性于1975年首次被报道。但直到20世纪80年代，日本和美国（1995年）才将其应用于临床人类患者。七氟醚的血液溶解度小于异氟醚，但高于地氟醚（表15-1），并且在常用的CO_2吸附剂（例如，碱石灰和钡石灰）存在下，它在麻醉呼吸回路中能够降解为化合物A（大鼠中的肾毒素）（表15-2）。对马的研究还没有证明化合物A具有明显的麻醉回路浓度，低剂量的存在在临床上被认为是无关紧要的。此外，如果使用SodasorbLF和Amsorb作为CO_2吸附剂，化合物A的生产可能是无足轻重的。

①对心血管功能的影响。七氟醚的心血管作用在定性和定量上与异氟醚相似，包括马驹和成年马。七氟醚对心血管功能的损害可能比异氟醚在1.5倍MAC以上剂量下更大（图15-13），尽管一项临床研究表明，七氟醚麻醉比异氟醚需要少的血液动力学支持。与七氟醚麻醉的马的自发通气条件相比，IPPV对降低血流动力学的影响至少在1~1.5倍MAC剂量下与异氟醚相似(图15-13)。与其他吸入麻醉药一样，七氟醚麻醉的持续时间会改变其心血管效应。七氟醚不会增加心脏的心律失常，并且肾上腺素的致心律失常剂量至少在用异氟醚和七氟醚麻醉的犬和猫中是相似的。还没有关于马的可比研究结果的报道。

②对呼吸系统功能的影响。七氟醚麻醉的马呼吸频率较低且发生高碳酸血症。呼吸抑制的程度呈剂量依赖性，类似于异氟醚麻醉成年马和马驹在1.5倍MAC或以下麻醉时的抑制作用。在较大剂量下，七氟醚作为呼吸抑制剂的效力相对于其他挥发性药物在马体内的效力仍未确定，但至少相当于类似条件下的异氟醚麻醉情况。

③对其他器官的影响。

肝脏：挥发性麻醉药对肝血流的影响已在多种物种中进行了评估。由于心输出量减少，大多数麻醉药会降低肝门静脉血流量。肝血流量可能会略有增加，但通常不足以阻止总肝流量的减少。氟烷麻醉下肝血流量最低，七氟醚或异氟醚麻醉下肝血流量仅略有下降。关于吸入麻醉药对马肝血流量影响的类似研究尚未见报道。

给没有接受手术并在实验室条件下研究的马应用七氟醚，在血液生化分析物中没有产生表明肝细胞损伤的重要的麻醉药特异性变化。同样，对麻醉时间异常延长（18h）的马的血液检测和肝脏组织病理学分析，没有明显的肝细胞损伤证据。

肾脏：吸入麻醉药对正常肾脏生理有不同程度的改变。与其他药物一样，七氟醚可能会降低肾血流量和肾小球滤过率，从而减少尿量生成。

吸入麻醉药代谢后释放的无机氟化物可能有肾毒性。最值得注意的是当人类应用和代谢吸入麻醉药甲氧氟烷后产生的肾毒性。人血清氟化物肾毒性阈值通常被认为是50μmol/L。

七氟醚在肝脏中被分解，在这个过程中释放出无机氟化物（表15-4）。然而，没有证据表明七氟醚麻醉后人体肾脏组织学或功能有明显变化。同样，已经检测到马在长时间麻醉期间和之后血清无机氟化物浓度接近或超过肾毒性水平（鼠和人），但未见损伤报告。目前关于甲氧氟烷而不是七氟醚产生氟离子损害人类肾脏的观点涉及两个问题：①甲氧氟烷相对于七氟醚的溶解度更高，氟离子暴露时间更长；②与七氟醚不同，甲氧氟烷的降解发生在肾脏中，推测高的肾脏内氟化物产生局部毒性。根据新报告的数据，又提出了另一个假设：与氟化物一起，在甲氧氟烷降解期间产生了一种共毒性代谢物（二氯乙酸），但在七氟醚麻醉（或其他麻醉剂）期间则不产生。该副产物造成甲氧氟烷的肾毒性。因此，尽管两种麻醉药在血清氟化物水平上有相似之处，但这种情况可以解释其毒性结果的差异。

由于CO_2（特别是干燥的）吸附剂降解七氟醚会产生另一种肾毒性物质化合物A，因此关于七氟醚对患有肾脏疾病的马或与肾毒性共同因素相关的肾脏影响的注意似乎是必要的。在临床实践中达到大鼠肾毒性化合物A的浓度阈值。为了确认化合物A可能对肾脏造成的损害，七氟醚的包装标签警告医生调整吸入浓度和新鲜气体流速，以最大限度地减少暴露（即流速为1～2L/min新鲜气体流入的情况下，人类患者的暴露量不应超过2.0倍MAC）。不建议新鲜气体流量小于1L/min。然而，七氟醚麻醉过程中化合物A的产生是否与马临床有关仍值得怀疑；如前所述，较新的CO_2吸附剂已经使这个问题成为学术问题。

目前还没有关于七氟醚麻醉人或动物肾毒性的临床报道。在发生肾脏相关变化的情况下，这些变化是短暂的，并且与长期暴露相关，这意味着总暴露量（即时间和浓度，而不仅仅是浓度重要）。无论如何，有人建议七氟醚不用于肾功能受损的患者。

生物转化：与所有氟化挥发性麻醉药一样，七氟醚在肝脏中被脱氟（表15-4）。通过预先使用苯巴比妥等药物诱导微粒体酶来增加七氟醚的脱氟作用。用七氟醚麻醉的马血清氟离子浓度与在相似条件下的人的相似，并且长期暴露可超过50μmol/L。

麻醉诱导与恢复：用七氟醚麻醉的马没有表现出呼吸道刺激的症状，比如咳嗽。在静脉注射药物麻醉诱导后，过渡到七氟醚麻醉在定性特征上是不显著的。尽管与异氟醚相比，七氟醚的血液溶解度较低，有利于更快的麻醉诱导，但在没有其他药物的情况下，这两种药物麻醉诱导的时间是相似的。麻醉呼吸回路各组成部分的体积、蒸发罐的设置以及进入呼吸回路的新鲜气体的流入量是除药物物理特性外的麻醉诱导时间的重要调节因素。

全身麻醉的快速恢复通常被认为是马麻醉管理的主要目标，以促进安全恢复到清醒、站立状态和心肺稳定性。对大鼠的研究结果表明，与具有较高溶解度的吸入麻醉药相比，低血液溶解度有助于从麻醉中更快速地恢复。因此，七氟醚的恢复速度比异氟醚快，但比地氟醚慢。麻醉剂量和麻醉时间也是影响大鼠和人麻醉恢复速度的重要因素（即，在其他条件相同的情况下，麻醉时间越短或麻醉剂量越低或两者兼有，则恢复时间越短）。对没有辅助药物麻醉的马中进行的不同但相似的研究结果的比较提供了间接证据，表明这些相同的结果也适用于马。然而，在对6只马驹麻醉2h左右的研究中，异氟醚和七氟醚的恢复特性没有差异。相反，在一项60匹役用马的临床试验中，七氟醚麻醉后的恢复速度比氟烷和异氟醚更快、更可控、更平稳。

大多数研究（实验室和临床）报告马麻醉后复苏的吸入麻醉管理计划，该计划包括用于麻醉诱导的辅助药物、以补充麻醉维持和/或麻醉恢复之前或期间，试图在药理学促进从平卧到站立的平稳、无创伤性的过渡。一些报道应用了七氟醚和辅助药物的经验。其他研究旨在比较七氟醚麻醉方案和异氟醚麻醉方案对马的麻醉恢复效果。总而言之，这些研究报告包括了大量不同的临床或准临床情况，在这些情况下，从七氟醚麻醉中恢复的马通常会经历平稳、安全的恢复。表面上看，七氟醚麻醉的恢复时间与异氟醚麻醉相当，而且往往更快。

2. 气体麻醉药——N_2O

N_2O经常用作强效挥发性麻醉药的载体或静脉注射药物的补充剂。它对人类的有益作用是

快速麻醉诱导和恢复，最小的循环系统抑制，并减少同时使用更有效麻醉药数量（导致心血管系统和其他器官系统的抑制程度减少）。最新的证据表明，N_2O的镇痛作用本质上是阿片类药物，可能涉及N-甲基-D-天冬氨酸（NMDA）受体的阻断（参阅第20章）。

在马的麻醉管理中，N_2O的价值低于在人类的麻醉管理中，因为它在马的麻醉效力仅为人类的一半（表15-2）。其对马的药效有限，必须使用高浓度的N_2O，理想情况下为50%～75%，以提供至少最低限制的麻醉效果。因此，同时吸入的O_2浓度在50%～25%。，与只使用O_2作为挥发性麻醉药载体这一普遍做法相比，它的使用增加了马低氧血症的风险。如果患者在N_2O呼吸后突然被允许呼吸空气，那么缺氧是麻醉终止时的另一个问题。大量的N_2O（由于其在血液中的溶解度相对较低）的消除，特别是在最初的几分钟内，会稀释肺泡内O_2的浓度，从而可能导致低氧血症（即扩散性缺氧）。

最后，血液中的N_2O的高分压及其低血液：气体PC（表15-2）使其易于扩散到含有气体空间的空气中。由于氮的溶解度较小和N_2O的转移较多，因此这些空间的体积增加。常见的后果是胃肠道胀气、肠梗阻和腹胀。

临床上在马的麻醉管理中使用N_2O不如在人或小动物中效果明显。根据目前的信息，除了它在马驹中的使用（甚至在这种情况下，理论上的优势是模棱两可的）之外，在马中使用N_2O的总体缺点通常超过它可能提供的任何微小优势。吸入麻醉药对马驹麻醉诱导可能有一定的促进作用。在N_2O麻醉诱导的早期阶段和使用第二种强效吸入麻醉药（例如异氟醚）早期，肺部大量吸收N_2O，从而增加了第二种麻醉气体（第二气体效应）肺泡浓度的上升速度。这可能会稍微加快麻醉诱导。

五、吸入麻醉剂的微量浓度：职业暴露

吸入性麻醉药通常用于外科手术的马。其中一些气体进入手术室的空气中，使手术室工作人员面临长期暴露于低浓度的吸入麻醉气体的风险。这是值得关注的，因为人类的流行病学研究和动物的实验室研究表明，长期暴露于微量麻醉药可能会对健康造成危害，与胎儿死亡、自然流产、出生缺陷或癌症有关。但数据仍然模棱两可，即使在今天，也不存在长期接触微量麻醉药和人类健康问题之间确定的因果关系。尽管仍有争议，但人员暴露应降至最低。输送给患者的麻醉药浓度通常以每单位体积为基础，以1个大气压的百分比来报告。（例如，马异氟醚麻醉的MAC为1.3%）。另一方面，麻醉废气的报告通常以百万分之几（ppm）为单位报告。在这种情况下，1.3%的异氟醚相当于$13\ 000\times10^{-6}$。美国国家职业安全与健康研究所（NIOSH）建议，N_2O和卤化麻醉药的最大接触量分别为25×10^{-6}和2×10^{-6}。这些水平非常低，在适当通风的现代马医院的手术室环境中很容易实现。马的手术室必然是相对较大的，有较大的入口和良好的通风，支持大房间换气。此外，与小动物或人类病人的管理相比，对马实施麻醉对手术室

污染的影响较小。例如，通过面罩吸入麻醉诱导，将新鲜气体输送到小患者麻醉输送回路，以及使用N_2O是小动物和人类的护理标准。

减少和控制麻醉剂暴露水平低于NIOSH推荐标准的方法包括清理气体/蒸气溢泄漏源，麻醉区域的充分通风，以及使用废麻醉气体清除和处置系统（参阅第16章）。经常监测麻醉气体/蒸发浓度具有明显的价值，特别是在高使用率的区域，因为推荐的暴露阈值低于大多数人可以识别的浓度。最后，教育接触吸入麻醉药的人员是有价值的，因为这使他们意识到潜在的问题和控制暴露水平的方法。

参考文献

Abrahamsen E et al, 1989. Tourniquet-induced hypotension in horses, J Am Vet Med Assoc 194: 386-388.

Aida H et al, 1994. Determination of the minimum alveolar concentration (MAC) and physical response to sevoflurane inhalation in horses, J Vet Med Sci 56: 1161-1165.

Aida H et al, 1996. Cardiovascular and pulmonary effects of sevoflurane anesthesia in horses, Vet Surg 25: 164-170.

Aida H et al, 2000. Use of sevoflurane for anesthetic management of horses during thoracotomy, Am J Vet Res 61: 1430-1437.

Aleman M et al, 2004. Association of a mutation in the ryanodine receptor 1 gene with equine malignant hyperthermia, Muscle Nerve 30: 356-365.

Aleman M et al, 2005. Malignant hyperthermia in a horse anesthetized with halothane, J Vet Intern Med 19: 363-367.

Antognini JF, Carstens E, Raines DE, 2003. Neural mechanisms of anesthesia, Totowa, NJ, Humana Press.

Antognini JF, Schwartz K, 1993. Exaggerated anesthetic requirements in the preferentially anesthetized brain, Anesthesiology 79: 1244-1249.

Artru AA, 1983. Relationship between cerebral blood volume and CSF pressure during anesthesia with halothane or enflurane in dogs, Anesthesiology 58: 533-539.

Auer JA, Amend JF, Granier HE, et al, 1979. Electroencephalographic response during volatile anesthesia in domestic ponies: a comparative study of isoflurane, enflurane, methoxyflurane, and halothane, J Equine Med Surg 3: 130-134.

Auer JA et al, 1978. Recovery from anaesthesia in ponies: a comparative study of the effects of isoflurane, enflurane, methoxyflurane, and halothane, Equine Vet J 10: 18-23.

Bahlman SH et al, 1972. The cardiovascular effects of halothane in man during spontaneous ventilation, Anesthesiology 36: 494-502.

Bennett RC et al, 2004. Influence of morphine sulfate on the halothane sparing effect of xylazine hydrochloride in horses, Am J Vet Res 65: 519-526.

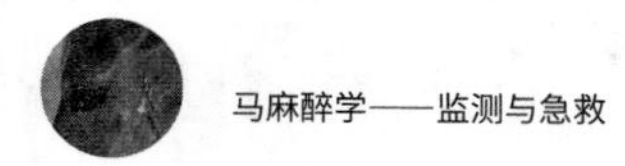

Bernard JM et al, 1990. Effects of sevoflurane and isoflurane on cardiac and coronary dynamics in chronically instrumented dogs, Anesthesiology 72: 659-662.

Berry PD, Sessler DI, Larson MD, 1999. Severe carbon monoxide poisoning during desflurane anesthesia, Anesthesiology 90: 613-616.

Brosnan RJ, Imai A, Steffey EP, 2001. Quantification of dose-dependent respiratory depression in isoflurane-anesthetized horses, Vet Anaesth Analg 29: 104.

Brosnan RJ et al, 2001. Intracranial and cerebral perfusion pressures in awake versus isoflurane-anesthetized horses. In Proceedings of the American College of Veterinary Anesthesia, New Orleans, p 36.

Brosnan RJ et al, 2002. Direct measurement of intracranial pressure in adult horses, Am J Vet Res 63: 1252-1256.

Brosnan RJ et al, 2002. Effects of body position on intracranial and cerebral perfusion pressures in isoflurane-anesthetized horses, J Appl Physiol 92: 2542-2546.

Brosnan RJ et al, 2003. Effects of duration of isoflurane anesthesia and mode of ventilation on intracranial and cerebral perfusion pressures in horses, Am J Vet Res 64: 1444-1448.

Brosnan RJ et al, 2003. Effects of ventilation and isoflurane endtidal concentration on intracranial and cerebral perfusion pressures in horses, Am J Vet Res 64: 21-25.

Carpenter RL et al, 1986. The extent of metabolism of inhaled anesthetics in humans, Anesthesiology 65: 201-206.

Carpenter RL et al, 1987. Does the duration of anesthetic administration affect the pharmacokinetics or metabolism of inhaled anesthetics in humans?, Anesth Analg 66: 1-8.

Cascorbi HF, Blake DA, Helrich M, 1970. Differences in the biotransformation of halothane in man, Anesthesiology 32: 119-123.

Clark DL, Hosick EC, Neigh JL, 1973. Neural effects of isoflurane (Forane) in man, Anesthesiology 39: 261-270.

Clarke KW et al, 1996. Cardiopulmonary effects of desflurane in ponies, after induction of anaesthesia with xylazine and ketamine, Vet Rec 139: 180-185.

Cohen EN et al, 1974. Occupational disease among operating room personnel: a national study, Anesthesiology 41: 321-340.

Cook TL et al, 1975. A comparison of renal effects and metabolism of sevoflurane and methoxyflurane in enzyme-induced rats, Anesth Analg 54: 829-835.

Croinin DF, Shorten GD, 2002. Anesthesia and renal disease, Curr Opin Anaesth 15: 359-363.

Cullen LK et al, 1990. Effect of high $PaCO_2$ and time on cerebrospinal fluid and intraocular pressure in halothane-anesthetized horses, Am J Vet Res 51: 300-304.

de Moor A et al, 1978. Increased plasma bromide concentration in the horse after halothane anesthesia, Am J Vet Res 39: 1624-1626.

deJong RH, Eger EI II, 1975. MAC expanded: AD50 and AD95 values of common inhalation anesthetics in man, Anesthesiology 42: 408-419.

Dodam JR et al, 1999. Inhaled carbon monoxide concentration during halothane or isoflurane

anesthesia in horses, Vet Surg 28: 506-512.
Doherty TJ, Geiser DR, Rohrbach BW, 1997. Effect of acepromazine and butorphanol on halothane minimum alveolar concentration in ponies, Equine Vet J 29: 374-376.
Donaldson LL, Trostle SS, White NA, 1998. Cardiopulmonary changes associated with abdominal insufflation of carbon dioxide in mechanically ventilated, dorsally recumbent, halothaneanaesthetised horses, Equine Vet J 30: 144-151.
Donaldson LL et al, 2000. The recovery of horses from inhalant anesthesia: a comparison of halothane and isoflurane, Vet Surg 29: 92-101.
Dorsch JA, Dorsch SE, 1999. Understanding anesthesia equipment, ed 4, Baltimore, Williams & Wilkins.
Driessen B et al, 2002. Serum fluoride concentrations, biochemical and histopathological changes associated with prolonged sevoflurane anaesthesia in horses, J Vet Med Assoc 49: 337-347.
Driessen B et al, 2006. Differences in need for hemodynamic support in horses anesthetized with sevoflurane as compared to isoflurane, Vet Anaesth Analg 33: 356-367.
Duke T et al, 2006. Clinical observations surrounding an increased incidence of postanesthetic myopathy in halothane-anesthetized horses, Vet Anaesth Analg 33: 122-127.
Dunlop CI et al, 1987. Temporal effects of halothane and isoflurane in laterally recumbent ventilated male horses, Am J Vet Res 48: 1250-1255.
Dunlop CI et al, 1990. Cardiopulmonary effects of isoflurane and halothane in spontaneously ventilating foals, Vet Surg 19: 315.
Dunlop CI et al, 1991. Comparative cardiopulmonary effects of halothane and isoflurane between adult horses and foals. In Proceedings of the Fourth International Congress of Veterinary Anesthesia, Utrecht, Netherlands, p 128.
Durongphongtorn S et al, 2006. Comparison of hemodynamic, clinicopathologic, and gastrointestinal motility effects and recovery characteristics of anesthesia with isoflurane and halothane in horses undergoing arthroscopic surgery, Am J Vet Res 67: 32-42.
Dyson DH, Pascoe PJ, 1990. Influence of preinduction methoxamine, lactated Ringer solution, hypertonic saline solution infusion, or postinduction dobutamine infusion on anesthetic-induced hypotension in horses, Am J Vet Res 51: 17-21.
Eberly VE et al, 1968. Cardiovascular values in the horse during halothane anesthesia, Am J Vet Res 29: 305-314.
Ebert TJ, Harkin CP, Muzi M, 1995. Cardiovascular responses to sevoflurane: a review, Anesth Analg 81: S11-S22.
Edner A, Nyman G, Essen-Gustavsson B, 2005. The effects of spontaneous and mechanical ventilation on central cardiovascular function and peripheral perfusion during isoflurane anaesthesia in horses, Vet Anaesth Analg 32: 136-146.
Eger EI, II, 2005. Uptake and distribution. In Miller RD, editor: Miller’ s anesthesia, ed 6, Philadelphia, Elsevier, Churchill Livingstone, pp 131-153.
Eger EI, II, Eisenkraft JB, Weiskopf RB, 2003. The pharmacology of inhaled anesthetics,

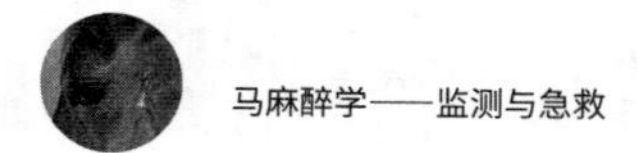

ed 2, San Francisco, Dannemiller Memorial Educational Foundation.
Eger EI, II, Johnson BH, 1987. Rates of awakening from anesthesia with I-653, halothane, isoflurane, and sevoflurane: a test of the effect of anesthetic concentration and duration in rats, Anesth Analg 66: 977-983.
Eger EI et al, 1988. The effect of anesthetic duration on kinetic and recovery characteristics of desflurane versus sevoflurane, and on the kinetic characteristics of compound A, in volunteers, Anesth Analg 86: 414-421.
Eger EI et al, 2006. Contrasting roles of the N-methyl-D-aspartate receptor in production of immobilization by conventional and aromatic anesthetics, Anesth Analg 102: 1397-1406.
Eger EI II, 1963. Effect of inspired anesthetic concentration on the rate of rise of alveolar concentration, Anesthesiology 24: 153-157.
Eger EI II, 1974. Anesthetic uptake and action, Baltimore, Williams & Wilkins.
Eger EI II, 1985. Isoflurane (Forane): a compendium and reference, ed 2, Madison, Anaquest.
Eger EI II, 1985. Nitrous oxide/N_2O, ed 1, New York, Elsevier.
Eger EI II, 1994. New inhaled anesthetics, Anesthesiology 80: 906-922.
Eger EI II, Stevens WC, Cromwell TH, 1971. The electroencephalogram in man anesthetized with Forane, Anesthesiology 35: 504-508.
Eger EI II et al, 1970. Cardiovascular effects of halothane in man, Anesthesiology 32: 396-409.
Eger EI II et al, 1972. Surgical stimulation antagonizes the respiratory depression produced by Forane, Anesthesiology 36: 544-549.
Eger EI II et al, 1987. Studies of the toxicity of I-653, halothane, and isoflurane in enzyme-induced, hypoxic rats, Anesth Analg 66: 1227-1230.
Eger EI II. Desflurane (Suprane): a compendium and reference, Rutherford Healthpress Publishing Group.
Emmanouil DE, Quock RM, 2007. Advances in understanding the actions of nitrous oxide, Anesth Prog 54: 9-18.
Engelking LR et al, 1984. Effects of halothane anesthesia on equine liver function, Am J Vet Res 45: 607-615.
Engelking LR et al, 1984. Effects of isoflurane anesthesia on equine liver function, Am J Vet Res 45: 616.
Epstein RM et al, 1964. Influence of the concentration effect on the uptake of anesthetic mixtures: the second gas effect, Anesthesiology 25: 364-371.
Fang ZX et al, 1995. Carbon monoxide production from degradation of desflurane, enflurane, isoflurane, halothane, and sevoflurane by soda lime and baralyme, Anesth Analg 80: 1187-1193.
Farber NE, Pagel PS, Warltier DC, 2005. Pulmonary pharmacology. In Miller RD, editor: Miller’ s anesthesia, ed 6, Philadelphia, Elsevier Churchill Livingstone, pp 155-189.
Feary DJ et al, 2005. Influence of general anesthesia on pharmacokinetics of intravenous lidocaine infusion in horses, Am J Vet Res 66: 574-580.

Fink BR, 1955. Diffusion anoxia, Anesthesiology 16: 511-519.

Flemming DC, Johnstone RE, 1977. Recognition thresholds for diethyl ether and halothane, Anesthesiology 46: 68-69.

France CJ et al, 1974. Ventilatory effects of isoflurane (Forane) or halothane when combined with morphine, nitrous oxide, and surgery, Br J Anaesth 46: 117-120.

Frink EJ Jr et al, 1992. The effects of sevoflurane, halothane, enflurane, and isoflurane on hepatic blood flow and oxygenation in chronically instrumented greyhound dogs, Anesthesiology 76: 85-90.

Gaynor JS, Bednarski RM, Muir WW III, 1993. Effect of hypercapnia on the arrhythmogenic dose of epinephrine in horses anesthetized with guaifenesin, thiamylal sodium, and halothane, Am J Vet Res 54: 315-321.

Gelman S, 1987. General anesthesia and hepatic circulation, Can J Physiol Pharmacol 65: 1762-1779.

Ghouri AF, Bodner M, White PF, 1991. Recovery profile after desflurane nitrous oxide versus isoflurane nitrous oxide in outpatients, Anesthesiology 74: 419-424.

Gillespie JR, Tyler WS, Hall LW, 1969. Cardiopulmonary dysfunction in anesthetized, laterally recumbent horses, Am J Vet Res 30: 61-72.

Goetz TE et al, 1988. Isoflurane anesthesia at 1.1, 1.5, or 1.8 MAC does not increase equine skeletal muscle perfusion. In Third Equine Colic Research Symposium, Athens, Greece, p 48.

Goetz TE et al, 1989. A study of the effect of isoflurane anaesthesia on equine skeletal muscle perfusion, Equine Vet J 7: S133-S137.

Gonsowski CT et al, 1994. Toxicity of compound A in rats: effect of a 3-hour administration, Anesthesiology 80: 556-565.

Gonsowski CT et al, 1994. Toxicity of compound A in rats: effect of increasing duration of administration, Anesthesiology 80: 566-573.

Gopinath C, Ford EJ, 1976. The influence of hepatic microsomal aminopyrine demethylase activity on halothane hepatotoxicity in the horse, J Pathol 119: 105-112.

Gopinath C, Jones RS, Ford EJH, 1970. The effect of repeated administration of halothane on the liver of the horse, J Pathol 102: 107-114.

Grabow J, Anslow RO, Spalatin J, 1969. Electroencephalographic recordings with multicontact depth probes in a horse, Am J Vet Res 30: 1239-1243.

Grandy JL et al, 1987. Arterial hypotension and the development of postanesthetic myopathy in halothane-anesthetized horses, Am J Vet Res 48: 192-197.

Grandy JL et al, 1989. Cardiopulmonary effects of ephedrine in halothane-anesthetized horses, J Vet Pharmacol Ther 12: 389-396.

Grosenbaugh DA, Muir WW III, 1998. Cardiorespiratory effects of sevoflurane, isoflurane, and halothane anesthesia in horses, Am J Vet Res 59: 101-106.

Guedel AE, 1927. Stages of anesthesia and reclassification of the signs of anesthesia, Anesth Analg 6: 157-162.

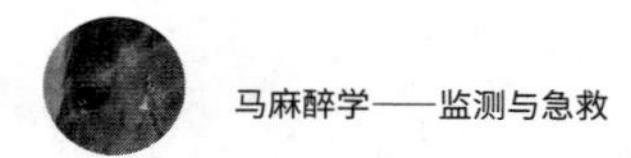

Haga HA, Dolvik NI, 2003. Electroencephalographic and cardiovascular variables as nociceptive indicators in isoflurane-anaesthetized horses, Vet Anaesth Analg 32: 128-135.
Hall LW, 1971. Disturbances of cardiopulmonary function in anesthetized horses, Equine Vet J 3: 95-98.
Hall LW, 1971. Wright' s veterinary anaesthesia and analgesia, ed 7, London, Baillière Tindall.
Hall LW, Clarke KW, 1983. Veterinary anaesthesia, ed 8, London, Baillière Tindall.
Hall LW, Gillespie JR, Tyler WS, 1968. Alveolar-arterial oxygen tension differences in anesthetized horses, Br J Anaesth 40: 560-568.
Hayashi Y et al, 1988. Arrhythmogenic threshold of epinephrine during sevoflurane, enflurane, and isoflurane anesthesia in dogs, Anesthesiology 69: 145-147.
Hellyer PW et al, 1989. The effects of halothane and isoflurane on baroreflex sensitivity in the horse, Am J Vet Res 50: 2127-2134.
Hikasa Y, Takase K, Ogasawara S, 1994. Sevoflurane and oxygen anaesthesia following administration of atropine-xylazineguaifenesin-thiopental in spontaneously breathing horses, J Vet Med Assoc 41: 700-708.
Hikasa Y et al, 1996. Ventricular arrhythmogenic dose of adrenaline during sevoflurane, isoflurane, and halothane anaesthesia either with or without ketamine or thiopentone in cats, Res Vet Sci 60: 134-137.
Hodgson DS et al, 1985. Alteration in breathing patterns of horses during halothane and isoflurane anesthetic induction. In Grandy J et al, editors: Proceedings of the Second International Congress of Veterinary Anesthesia, Santa Barbara, Ca, Veterinary Practice Publishing Co.; pp 195-196.
Hodgson DS et al, 1985. Ventilatory effects of isoflurane anesthesia in horses, Vet Surg 14: 74.
Hodgson DS et al, 1986. Effects of spontaneous, assisted, and controlled ventilation in halothane-anesthetized geldings, Am J Vet Res 47: 992-996.
Hodgson DS et al, 1990. Cardiopulmonary effects of isoflurane in foals, Vet Surg 19: 316.
Holaday DA, Rudofsky S, Treuhaft PS, 1970. The metabolic degradation of methoxyflurane in man, Anesthesiology 33: 579-593.
Holaday DA, Smith FR, 1981. Clinical characteristics and biotransformation of sevoflurane in healthy human volunteers, Anesthesiology 54: 100-106.
Holaday DA et al, 1975. Resistance of isoflurane to biotransformation in man, Anesthesiology 43: 325-332.
Holmes MA et al, 1990. Hepatocellular integrity in swine after prolonged desflurane (I- 653) and isoflurane anesthesia: evaluation of plasma alanine aminotransferase activity, Anesth Analg 71: 249-253.
Hong K et al, 1980. Metabolism of nitrous oxide by human and rat intestinal contents, Anesthesiology 52: 16-19.
Hubbell JAE, Muir WW III, Sams RA, 1980. Guaifenesin: cardiopulmonary effects and plasma concentrations in horses, Am J Vet Res 41: 1751-1755.

Joas TA, Stevens WC, 1971. Comparison of the arrhythmic doses of epinephrine during Forane, halothane, and fluroxene anesthesia in dogs, Anesthesiology 35: 48-53.

Johnson CB, Taylor PM, 1998. Comparison of the effects of halothane, isoflurane, and methoxyflurane on the electroencephalogram of the horse, Br J Anaesth 81: 748-753.

Johnson CB, Young SS, Taylor PM, 1994. Analysis of the frequency spectrum of the equine electroencephalogram during halothane anaesthesia, Res Vet Sci 56: 373-378.

Johnston GM et al, 2004. Is isoflurane safer than halothane in equine anaesthesia? Results from a prospective multicentre randomised controlled trial, Equine Vet J 36: 64-71.

Johnston RR, Eger EI, II, Wilson C, 1976. A comparative interaction of epinephrine with enflurane, isoflurane, and halothane in man, Anesth Analg 55: 709-712.

Jones RM, 1990. Desflurane and sevoflurane: inhalation anaesthetics for this decade?, Br J Anaesth 65: 527-536.

Jones RM et al, 1990. Biotransformation and hepato-renal function in volunteers after exposure to desflurane (I-653), Br J Anaesth 64: 482-487.

Kelly AB, Steffey EP, McNeal D, 1985. Isoflurane anesthesia effects equine platelets, Proc Fed Am Soc Exp Biol 44: 1644.

Kelly AB et al, 1985. Comparative hemostatic effects of halothane and isoflurane anesthesia in the horse. In Grandy J et al, editors: Proceedings of the Second International Congress of Veterinary Anesthesia, Santa Barbara, Veterinary Practice Publishing Co.; pp 65-66.

Kelly AB et al, 1985. Immediate and long-term effects of halothane anesthesia on equine platelet function, J Vet Pharmacol Ther 8: 284-289.

Khanna AK et al, 1995. Cardiopulmonary effects of hypercapnia during controlled intermittent positive-pressure ventilation in the horse, Can J Vet Res 59: 213-221.

Kharasch ED, 1995. Biotransformation of sevoflurane, Anesth Analg 81: S27-S38.

Kharasch ED, Hankins DC, Thummel KE, 1995. Human kidney methoxyflurane and sevoflurane metabolism-intrarenal fluoride production as a possible mechanism of methoxyflurane nephrotoxicity, Anesthesiology 82: 689-699.

Kharasch ED et al, 2006. New insights into the mechanism of methoxyflurane nephrotoxicity and implications for anesthetic development (Part 1), Anesthesiology 105: 726-736.

Kharasch ED et al, 2006. New insights into the mechanism of methoxyflurane nephrotoxicity and implications for anesthetic development (Part 2), Anesthesiology 105: 737-745.

Klein L, 1979. A review of 50 cases of postoperative myopathy in the horse—intrinsic and management factors affecting risk, In Proceedings of the American Association of Equine Practitioners, Miami Beach, Florida, pp 89-94.

Klein L et al, 1989. Postanesthetic equine myopathy suggestive of malignant hyperthermia: a case report, Vet Surg 18: 479-482.

Klein LV, 1975. Case report a hot horse, Vet Anesth 2: 41-42.

Koblin DD, 2005. Mechanisms of action. In Miller RD, editor: Miller' s anesthesia, ed 6,

Philadelphia, Elsevier Churchill Livingstone, pp 105-130.
Kronen PW, 2005. Anesthetic management of the horse: inhalation anesthesia. In Steffey EP, editor: Recent advances in anesthetic management of large domestic animals (International Veterinary Information Services Website). January 31, 2003. Accessed September 13, 2005, from http://www. ivis.org/advances/Steffey_Anesthesia/kronen/chapter_frm. asp?LA=1.
Kushiro T et al, 2005. Anesthetic and cardiovascular effects of balanced anesthesia using constant rate infusion of midazolam-ketamine-medetomidine with inhalation of oxygensevoflurane (MKM-OS anesthesia) in horses, J Vet Med Sci 67: 379-384.
Lecky JH, 1980. Anesthetic pollution in the operating room: a notice to operating room personnel, Anesthesiology 52: 157-159.
Lee YHL, Clarke KW, Alibhai HIK, 1988. effects of the intramuscular blood flow and cardiopulmonary function of anesthetised ponies of changing from halothane to isoflurane maintenance and vice versa, Vet Rec 143: 629-633.
Lees P, Mullen PA, Tavernor WD, 1973. Influence of anaesthesia with volatile agents on the equine liver, Br J Anaesth 45: 570-578.
Lees P, Tavernor WD, 1970. Influence of halothane and catecholamines on heart rate and rhythm in the horse, Br J Pharmacol 39: 149-159.
Lindsay WA, McDonell W, Bignell W, 1980. Equine postanesthetic forelimb lameness: intracompartmental muscle pressure changes and biochemical pattern, Am J Vet Res 41: 1919-1924.
Lindsay WA et al, 1989. Induction of equine postanesthetic myositis after halothane-induced hypotension, Am J Vet Res 50: 404-410.
Linton RA et al, 2000. Cardiac output measured by lithium dilution, thermodilution, and transesophageal Doppler echocardiography in anesthetized horses, Am J Vet Res 61: 731-737.
Lowe HJ, Ernst EA, 1981. The quantitative practice of anesthesia: use of closed circuit, ed 1, Baltimore, Williams & Wilkins.
Lumb WV, Jones EW, 1984. Veterinary anesthesia, ed 2, Philadelphia, Lea & Febiger.
Lumb WV, Jones EW, 1973.Veterinary anesthesia, Philadelphia, Lea & Febiger.
Mahla ME, Black S, Cucchiara RF, 2005. Neurologic monitoring. In Miller RD, editor: Miller' s anesthesia, ed 6, Philadelphia, Elsevier Churchill Livingstone, pp 1511-1550.
Manley SV, Kelly AB, Hodgson D, 1983. Malignant hyperthermialike reactions in three anesthetized horses, J Am Vet Med Assoc 183: 85-89.
Manley SV, McDonell WF, 1980. Recommendations for reduction of anesthetic gas pollution, J Am Vet Med Assoc 176: 519-524.
Manohar M, Goetz TE, 1985. Cerebral, renal, adrenal, intestinal, and pancreatic circulation in conscious ponies and during 1.0, 1.5, and 2.0 minimal alveolar concentrations of halothane-O_2 anesthesia, Am J Vet Res 46: 2492-2498.
Manohar M, Gustafson R, Nganwa D, 1987. Skeletal muscle perfusion during prolonged 2.03%

end-tidal isoflurane-O_2 anesthesia in isocapnic ponies, Am J Vet Res 48: 946-951.
Manohar M, Parks CM, 1984. Porcine systemic and regional organ blood flow during 1.0 and 1.5 minimum alveolar concentrations of sevoflurane anesthesia without and with 50% nitrous oxide, J Pharmacol Exp Ther 231: 640-648.
Manohar M et al, 1987. Systemic distribution of blood flow in ponies during 1.45%, 1.96%, and 2.39% end-tidal isoflurane O_2 anesthesia, Am J Vet Res 48: 1504-1511.
Mapleson WW, Korman B, 1999. The second gas effect is a valid concept, Anesth Analg 89: 1326.
Martin JL Jr, Njoku DB, 2005. Metabolism and toxicity of modern inhaled anesthetics. In Miller RD, editor: Miller' s anesthesia, ed 6, Philadelphia, Elsevier Churchill Livingstone, pp 231-272.
Matthews NS et al, 1998. Recovery from sevoflurane anesthesia in horses: comparison to isoflurane and effect of postmedication with xylazine, Vet Surg 27: 480-485.
Matthews NS et al, 1999. Sevoflurane anaesthesia in clinical equine cases: maintenance and recovery, J Vet Anaesth 26: 13-17.
Mazze RI, 1992. The safety of sevoflurane in humans, Anesthesiology 77: 1062-1063.
Mazze RI, Jamison R, 1995. Renal effects of sevoflurane, Anesthesiology 83: 443-445.
Mazze RI, Trudell JR, Cousins MJ, 1971. Methoxyflurane metabolism and renal dysfunction: clinical correlation in man, Anesthesiology 35: 247-252.
McMurphy RM, Blissitt KJ, 1999. Effects of controlled ventilation on indices of ventricular function in halothane-anesthetized horses, Vet Surg 28: 130.
Merin RG et al, 1991. Comparison of the effects of isoflurane and desflurane on cardiovascular dynamics and regional blood flow in the chronically instrumented dog, Anesthesiology 74: 568-574.
Merkel G, Eger EI II, 1963. A comparative study of halothane and halopropane anesthesia: including method for determining equipotency, Anesthesiology 24: 346-357.
Miller EDJ, Greene NM, 1990. Waking up to desflurane: the anesthetic for the 90s?, Anesth Analg 70: 1-2.
Moens Y, de Moor A, 1981. Diffusion of nitrous oxide into the intestinal lumen of ponies during halothane-nitrous oxide anesthesia, Am J Vet Res 42: 1750-1753.
Muir WW et al, 1979. Evaluation of thiamylal, guaifenesin, and ketamine hydrochloride combinations administered prior to halothane anesthesia in horses, J Equine Med Surg 3: 178-184.
Muir WW III, Skarda RT, Sheehan W, 1979. Hemodynamics and respiratory effects of a xylazine-acetylpromazine drug combination in horses, Am J Vet Res 40: 1518-1522.
Muir WW III, Wagner AE, Hinchcliff KW, 1992. Cardiorespiratory and MAC reducing effects of α_2 adrenoreceptor agonists in horses. In Short CE, Vanpoznak A, editors: Animal pain, New York, Churchill Livingstone, pp 201-212.
Murrell JC et al, 2003. Changes in the EEG during castration in-horses and ponies anaesthetized with halothane, Vet Anaesth Analg 30: 138-146.

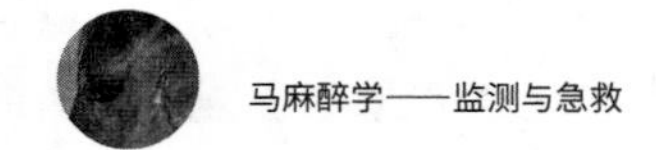

National Institute for Occupational Safety and Health, 1977. Criteria for a recommended standard: occupational exposure to waste anesthetic gases and vapors, Washington, DC, DHEW (NIOSH), Report No 77-140.

Nyman G, Funkquist B, Kvart C, 1988. Postural effects on blood gas tension, blood pressure, heart rate, ECG, and respiratory rate during prolonged anaesthesia in the horse, J Vet Med 35: 54-62.

O' Connor CJ, Rothenberg DM, Tuman KJ, 2005. Anesthesia and the hepatobiliary system. In Miller RD, editor: Miller' s anesthesia, ed 6, Philadelphia, Elsevier Churchill Livingstone, pp 2209-2229.

Ohta M et al, 2000. Anesthetic management with sevoflurane and oxygen for orthopedic surgeries in Racehorses, J Vet Med Sci 62: 1017-1020.

Otto KA et al, 1996. Differences in quantitated electroencephalographic variables during surgical stimulation of horses anesthetized with isoflurane, Vet Surg 25: 249-255.

Pagel PS et al, 2005. Cardiovascular pharmacology. In Miller RD, editor: Miller' s anesthesia, ed 6, Philadelphia, Elsevier Churchill Livingstone, pp 191-229.

Pascoe PJ, McDonell WN, Fox AE, 1985. Hypotensive potential of supplemental guaiphenesin doses during halothane anesthesia in the horse. In Grandy J et al, editors: Proceedings of the Second International Congress of Veterinary Anesthesia, Santa Barbara, Veterinary Practice Publishing Co., pp 61-62.

Patel PM, Drummond JC, 2005. Cerebral physiology and the effects of anesthetics and techniques. In Miller RD, editor: Miller' s anesthesia, ed 6, Philadelphia, Elsevier Churchill Livingstone, pp 813-857.

Paterson GM, Hulands GH, Nunn JF, 1969. Evolution of a new halothane vaporizer: the Cyprane Fluotec Mark 3, Br J Anaesth 41: 109-119.

Pearson MRB, Weaver BMQ, Staddon GE, 1985. The influence of tissue solubility on the perfusion distribution of inhaled anesthetics. In Grandy J et al, editors: Proceedings of the Second International Congress of Veterinary Anesthesia, Santa Barbara, Veterinary Practice Publishing, Co.; pp 101-102.

Price HL et al, 1970. Evidence for b-receptor activation produced by halothane in man, Anesthesiology 32: 389-395.

Quasha AL, Eger EI II, Tinker JH, 1980. Determination and applications of MAC, Anesthesiology 53: 315-334.

Raisis AL, 2005. Skeletal muscle blood flow in anaesthetized horses. Part II: effects of anaesthetics and vasoactive agents, Vet Anaesth Analg 32: 331-337.

Raisis AL et al, 2000. Measurements of hind limb blood flow recorded using Doppler ultrasound during administration of vasoactive agents in halothane-anesthetized horses, Vet Radiol Ultrasound 41: 64-72.

Raisis AL et al, 2005. The effects of halothane and isoflurane on cardiovascular function in laterally recumbent horses, Br J Anaesth 95: 317-325.

Rampil IJ, 1994. Anesthetic potency is not altered after hypothermic spinal cord transection in

rats, Anesthesiology 80: 606-610.
Rampil IJ, Mason P, Singh H, 1993. Anesthetic potency (MAC) is independent of forebrain structures in the rat, Anesthesiology 78: 707-712.
Read MR et al, 2002. Cardiopulmonary effects and induction and recovery characteristics of isoflurane and sevoflurane in foals, J Am Vet Med Assoc 221: 393-398.
Rehder K et al, 1967. Halothane biotransformation in man: a quantitative study, Anesthesiology 28: 711-715.
Reilly CS et al, 1985. The effect of halothane on drug disposition: contribution of changes in intrinsic drug metabolizing capacity and hepatic blood flow, Anesthesiology 63: 70-76.
Rice SA, Steffey EP, 1985. Metabolism of halothane and isoflurane in horses, Vet Surg 14: 76.
Roberts SL, Gilbert M, Tinker JH, 1987. Isoflurane has a greater margin of safety than halothane in swine with and without major surgery or critical coronary stenosis, Anesth Analg 66: 485-492.
Roizen MF, Horrigan RW, Frazer BM, 1981. Anesthetic doses blocking adrenergic (stress) and cardiovascular responses to incision—MAC BAR, Anesthesiology 54: 390-398.
Rose JA, Rose EM, Peterson PR, 1988. Clinical experience with isoflurane anesthesia in foals and adult horses, Proc Am AssocEquine Pract 34: 555-561.
Rubin E, Miller KW, Roth SH, 2006. Molecular and cellular mechanisms of alcohol and anesthetics, New York, The New York Academy of Sciences.
Santos M et al, 2005. Cardiovascular effects of desflurane in horses, Vet Anaesth Analg 32: 355-359 .
Serteyn D et al, 1987. Measurements of muscular microcirculation by laser Doppler flowmetry in isoflurane and halothane anaesthetised horses, Vet Rec 121: 324-326.
Short CE, 1987. Principles and practice of veterinary anesthesia, Baltimore, Williams & Wilkins.
Smith CM et al, 1988. Effects of halothane anesthesia on the clearance of gentamicin sulfate in horses, Am J Vet Res 49: 19-22.
Solano AM, Brosnan RJ, Steffey EP, 2005. Rate of change of oxygen concentration for a large animal circle anesthetic system, Am J Vet Res 66: 1675-1678.
Soma LR, 1971. Textbook of veterinary anesthesia, Baltimore , Williams & Wilkins.
Sonntag H et al, 1978. Left ventricular function in conscious man during halothane anesthesia, Anesthesiology 48: 320-324.
Steffey EP, 1982. Circulatory effects of inhalation anaesthetics in dogs and horses, Proc Assoc Vet Anaesth Gr Britain Ireland 10: S82-S98.
Steffey EP, Berry JD, 1977. Flow rates for an intermittent positive pressure breathing-anesthetic delivery apparatus for horses, Am J Vet Res 38: 685-687.
Steffey EP, Eisele JH, Baggot JD, 2003. Interactions of morphine and isoflurane in horses, Am J Vet Res 64: 166-175.
Steffey EP, Farver TB, Woliner MJ, 1984. Circulatory and respiratory effects of methoxyflurane

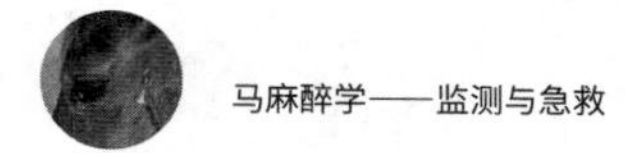

in dogs: comparison of halothane, Am J Vet Res 45: 2574-2579.
Steffey EP, Howland D Jr, 1980. Comparison of circulatory and respiratory effects of isoflurane and halothane anesthesia in horses, Am J Vet Res 41: 821-825.
Steffey EP, Howland D Jr, 1978. Potency of halothane-N2O in the horse, Am J Vet Res 39: 1141-1146.
Steffey EP, Howland DJ, 1977. The rate of change of halothane concentration in a large animal circle anesthetic system, Am J Vet Res 38: 1993-1996.
Steffey EP, Howland DJ, 1978. Cardiovascular effects of halothane in the horse, Am J Vet Res 39: 611-615.
Steffey EP, Kelly AB, Woliner MJ, 1987. Time-related responses of spontaneously breathing, laterally recumbent horses to prolonged anesthesia with halothane, Am J Vet Res 48: 952-957.
Steffey EP, Pascoe PJ, 2000. Xylazine blunts the cardiovascular but not the respiratory response induced by noxious stimulation in isoflurane-anesthetized horses. In Proceedings of the Seventh International Congress of Veterinary Anesthesia, Bern, Switzerland, p 55.
Steffey EP, Pascoe PJ, Woliner MJ, et al, 2000. Effects of xylazine hydrochloride during isoflurane-induced anesthesia in horses, Am J Vet Res 61: 1225-1231.
Steffey EP, Willits N, Woliner M, 1992. Hemodynamic and respiratory responses to variable arterial partial pressure of oxygen in halothane-anesthetized horses during spontaneous and controlled ventilation, Am J Vet Res 53: 1850-1858.
Steffey EP, Woliner M, Howland D, 1982. Evaluation of an isoflurane vaporizer: the Cyprane Fortec, Anesth Analg 61: 457-464.
Steffey EP, Woliner MJ, Dunlop C, 1990. Effects of 5 hours of constant 1.2 MAC halothane in sternally recumbent, spontaneously breathing horses, Equine Vet J 22: 433-436.
Steffey EP, Woliner MJ, Howland D, 1983. Accuracy of isoflurane delivery by halothane-specific vaporizers, Am J Vet Res 44: 1071-1078.
Steffey EP, Zinkl J, Howland DJ, 1979. Minimal changes in blood cell counts and biochemical values associated with prolonged isoflurane anesthesia of horses, Am J Vet Res 40: 1646-1648.
Steffey EP et al, 1974. Cardiovascular effect of halothane in the stump-tailed macaque during spontaneous and controlled ventilation, Am J Vet Res 35: 1315-1319.
Steffey EP et al, 1975. Circulatory effects of halothane and halothane-nitrous oxide anesthesia in the dog: spontaneous ventilation, Am J Vet Res 36: 197-200.
Steffey EP et al, 1977. Enflurane, halothane, and isoflurane potency in horses, Am J Vet Res 38: 1037-1039.
Steffey EP et al, 1979. Nitrous oxide increases the accumulation rate and decreases the uptake of bowel gases, Anesth Analg 58: 405-408.
Steffey EP et al, 1980. Alterations in horse blood cell count and biochemical values after halothane anesthesia, Am J Vet Res 41: 934-939.
Steffey EP et al, 1985. Cardiovascular and respiratory effects of acetylpromazine and xylazine

on halothane-anesthetized horses, J Vet Pharmacol Ther 8: 290-302.
Steffey EP et al, 1987. Cardiopulmonary function during 5 hours of constant-dose isoflurane in laterally recumbent, spontaneously breathing horses, J Vet Pharmacol Ther 10: 290-297.
Steffey EP et al, 1987. Cardiovascular and respiratory measurements in awake and isoflurane-anesthetized horses, Am J Vet Res 48: 7-12.
Steffey EP et al, 1990. Effect of body posture on cardiopulmonary function in horses during 5 hours of constant-dose halothane anesthesia, Am J Vet Res 51: 11-16.
Steffey EP et al, 1991. Clinical investigations of halothane and isoflurane for induction and maintenance of foal anesthesia, J Vet Pharmacol Ther 14: 300-309.
Steffey EP et al, 2002. A laboratory study of horses recovering from desflurane and isoflurane anaesthesia, Vet Anaesth Analg 29: 90.
Steffey EP et al, 2005. Effects of desflurane and mode of ventilation on cardiovascular and respiratory functions and clinicopathologic variables in horses, Am J Vet Res 66: 669-677.
Steffey EP et al, 2977. Body position and mode of ventilation influences arterial pH, oxygen, and carbon dioxide tensions in halothane-anesthetized horses, Am J Vet Res 38: 379-382.
Stegmann GF, Littlejohn A, 1987. The effect of lateral and dorsal recumbency on cardiopulmonary function in the anaesthetised horse, J S Afr Vet Assoc 58: 21-29.
Stevens WC et al, 1971. The cardiovascular effects of a new inhalation anesthetic, Forane, in human volunteers at constant arterial carbon dioxide tension, Anesthesiology 35: 8-16.
Stier A et al, 1964. Urinary excretion of bromide in halothane anesthesia, Anesth Analg 43: 723-728.
Stoelting RK, Eger EI II, 1969. An additional explanation for the second gas effect: a concentrating effort, Anesthesiology 30: 273-277.
Stoelting RK, Eger EI II, 1969. Percutaneous loss of nitrous oxide, cyclopropane, ether, and halothane in man, Anesthesiology 30: 278-283.
Stover SM et al, 1988. Hematologic and biochemical values associated with multiple halothane anesthesias and minor surgical trauma of horses, Am J Vet Res 49: 236-241.
Sugai N, Shimosato S, Etsten BE, 1968. Effect of halothane on forcevelocity relations and dynamic stiffness of isolated heart muscle, Anesthesiology 29: 267-274.
Sutton TS et al, 1991. Fluoride metabolites after prolonged exposure of volunteers and patients to desflurane, Anesth Analg 73: 180-185.
Swanson CR et al, 1985. Hemodynamic responses in halothaneanesthetized horses given infusions of dopamine or dobutamine, Am J Vet Res 46: 365-371.
Targ AG, Yasuda N, Eger EI II, 1989. Solubility of I-653, sevoflurane, isoflurane, and halothane in plastics and rubber composing a conventional anesthetic circuit, Anesth Analg 69: 218-225.
Taylor PM, Watkins SB, 1984. Isoflurane in the horse, J Assoc Vet Anaesth Gr Britain Ireland 12: 191-195.
Tendillo FJ et al, 1997. Anesthetic potency of desflurane in the horse: determination of the minimum alveolar concentration, Vet Surg 26: 354-357.

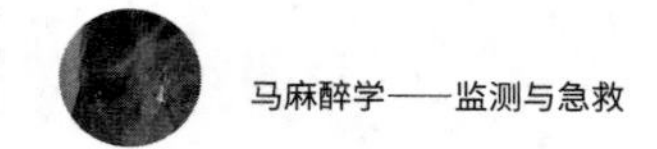

Thomasy SM et al, 2006. The effects of intravenous fentanyl administration on the minimum alveolar concentration of isoflurane in horses, Br J Anaesth 97: 232-237.
Thomasy SM et al, 2007. Influence of general anesthesia on the pharmacokinetics of intravenous fentanyl and its primary metabolite in horses, Equine Vet J 39: 54-58.
Trim CM, Mason J, 1973. Post-anaesthetic forelimb lameness in horses, Equine Vet J 5: 71-76.
Tucker WK, Rackstein AD, Munson ES, 1974. Comparison of arrhythmic doses of adrenaline, metaraminol, ephedrine, and phenylephrine, during isoflurane and halothane anesthesia in dogs, Br J Anaesth 46: 392-396.
Valverde A et al, 2005. Effect of a constant rate infusion of lidocaine on the quality of recovery from sevoflurane or isoflurane general anaesthesia in horses, Equine Vet J 37: 559-564.
Van Dyke R, 1973. Biotransformation of volatile anaesthetics with special emphasis on the role of metabolism in the toxicity of anaesthetics, Can Anaesth Soc J 20: 21-33.
Van Dyke RA, Chenoweth MB, Van Poznak A, 1964. Metabolism of volatile anesthetics. I. Conversion in vivo of several anesthetics to $14CO_2$ and chloride, Biochem Pharmacol 13: 1239-1247.
Vasko KA, 1962. Preliminary report on the effects of halothane on cardiac action and blood pressure in the horse, Am J Vet Res 23: 248-250.
Wagner AE, Bednarski RM, Muir WW III, 1990. Hemodynamic effects of carbon dioxide during intermittent positive-pressure ventilation in horses, Am J Vet Res 51: 1922-1929.
Wagner AE et al, 1992. Hemodynamic function during neurectomy in halothane-anesthetized horses with or without constant dose detomidine infusion, Vet Surg 21: 248-256.
Waldron-Mease E et al, 1981. Malignant hyperthermia in a halothane-anesthetized horse, J Am Vet Med Assoc 179: 896-898.
Wallin RF et al, 1975. Sevoflurane: a new inhalational anesthetic agent, Anesth Analg 54: 758-766.
Warltier DC, Pagel PS, 1992. Cardiovascular and respiratory actions of desflurane: is desflurane different from isoflurane? Anesth Analg 75: S17-S31.
Weaver BMQ, Webb AI, 1981. Tissue composition and halothane solubility in the horse, Br J Anaesth 53: 487- 493.
Weaver BMQ et al, 1988. Muscle perfusion during isoflurane anesthesia. In Proceedings of the International Congress of Veterinary Anesthesia, Brisbane, Australia, p 3.
Webb AI, 1985. The effect of species differences in the uptake and distribution of inhalant anesthetic agents. In Grandy J et al, editors: Proceedings of the Second International Congress of Veterinary Anesthesia, Santa Barbara, Veterinary Practice Publishing Co ; pp. 27-32.
Webb AI, Weaver BMQ, 1981. Solubility of halothane in equine tissues at 37°C , Br J Anaesth 53: 479-486.
Weiskopf RB et al, 1988. Cardiovascular effects of I-653 in swine, Anesthesiology 69: 303-309.
Weiskopf RB et al, 1989. Cardiovascular safety and actions of high concentrations of I-653 and

isoflurane in swine, Anesthesiology 70: 793-799.

Weiskopf RB et al, 1989. Epinephrine-induced premature ventricular contractions and changes in arterial blood pressure and heart rate during I-653, isoflurane, and halothane anesthesia in swine, Anesthesiology 70: 293-298.

Weiskopf RB et al, 1991. Cardiovascular actions of desflurane in normocarbic volunteers, Anesth Analg 73: 143-156.

Whitcher C, 1975. Development and evaluation of methods for the elimination of waste anesthetic gases and vapors in hospitals, Washington, DC, DHEW Publications, Report No 75-137.

Whitehair KJ et al, 1993. Recovery of horses from inhalation anesthesia, Am J Vet Res 54: 1693-1702.

Whitehair KJ et al, 1996. Effects of inhalation anesthetic agents on response of horses to 3 hours of hypoxemia, Am J Vet Res 57: 351-360.

Wilson DV, Rondenay Y, Shance PU, 2003. The cardiopulmonary effects of severe blood loss in anesthetized horses, Vet Anaesth Analg 30: 81-87.

Wilson WC, Benumof JL, 2005. Respiratory physiology and respiratory function during anesthesia. In Miller RD, editor: Miller’ s anesthesia, ed 6, Philadelphia, Elsevier Churchill Livingstone, pp 679-722.

Wolff WA, Lumb WV, Ramsay MK, 1967. Effects of halothane and chloroform anesthesia on the equine liver, Am J Vet Res 28: 1363-1372.

Wollman H et al, 1964. Cerebral circulation of man during halothane anesthesia: effects of hypocarbia and d -tubocurarine, Anesthesiology 25: 180-184.

Yamanaka T et al, 2001. Time-related changes of the cardiovascular system during maintenance anesthesia with sevoflurane and isoflurane in horses, J Vet Med Sci 63: 527-532.

Yamashita K et al, 2000. Combination of continuous intravenous infusion using a mixture of guaifenesin-ketamine-medetomidine and sevoflurane anesthesia in horses, J Vet Med Sci 62: 229-235.

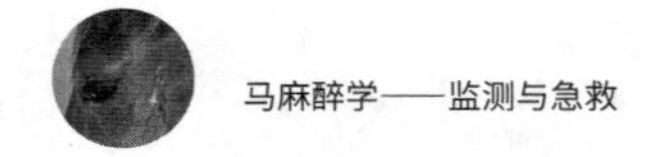

第 16 章
麻醉设备

要点：

1. 虽然马的短时间麻醉可以使用最少的设备，但也应该具有支持呼吸和血液动力学的设备。

2. 输液泵和麻醉机的作用分别是控制注射麻醉剂的药量和吸入麻醉。

3. 大多数吸入麻醉剂的蒸发罐都应该具有保温和流量补偿功能，并且在吸入麻醉中，能够在大流量的气流条件下准确控制吸入麻醉药物的挥发浓度。

4. 许多马用麻醉机都配有呼吸机。麻醉呼吸机都有上升或下降风箱（呼气时上升、呼气时下降）（见第17章）。

5. 体重不足200kg的马可以使用标准的小型动物麻醉机进行吸入麻醉。然而，体型较大的马则需要大容量的呼吸回路，以减少呼吸阻力，同时也应该用大容量的呼吸囊。

6. 所有操作人员都应接受如何安全使用流量计、压缩气瓶和气体供应压力系统的培训。

7. 应该监测二氧化碳吸收废气的时间，成年马匹为6 ～ 8h。

8. 每次在使用麻醉机前应检查其气密性（加压至30cmH_2O）。

每次使用后，所有的设备、呼吸回路软管和Y形接口都应清洗和干燥。

马匹麻醉所需设备要求由麻醉技术决定。注射器、针头和输液设备是现场麻醉技术所需的设备，这些仅限于使用可注射药物。但是，在发生麻醉并发症时可能需要气管插管和给氧设备。长时间麻醉（超过1h）多采用吸入麻醉。给予吸入麻醉药需要熟悉各种复杂的设备。静脉导管、注射器、输液泵、呼吸机和病畜监护设备在其他章节也有介绍（见第7、第8和第17章）。

一、医疗气体输送系统

氧气、氧化亚氮或空气可以通过管道系统从压缩气瓶、压缩机（空气、氧气）或远程气源直接输送到麻醉机。

1. 压缩气瓶和接头

压缩气瓶是最常用的医疗储气设备，所有常用的气体都有适用的气体钢瓶（表16-1）。气瓶相对便宜，便于携带，并且有各种大小可供选择。与麻醉设备一起使用的气瓶分为E、G和H 3种，它们的常用颜色或者尺寸都不一样（表16-1）。气瓶采用针式阀（请参阅以下各段），以确保与麻醉设备的调节或悬杆轭式阀正确连接。大型G和H气瓶有特定的螺纹和阀杆尺寸，以确保正确连接。如果处理不当，压缩气瓶就会存在潜在危险。有报道称，由于压缩气瓶的储存和

表16-1　压缩气体

		气缸规格（L，1个标准大气压）			
		E	G	H	
气瓶种类	颜色	（10cm×75cm）	（20cm×138cm）	（23cm×138cm）	填充压力（psi）
氧气	绿色（美国）、黑色瓶体，白色头部（英国）	655	5 290	6 910	2 200
氧化亚氮	蓝色	1 590	12 110	14 520	750

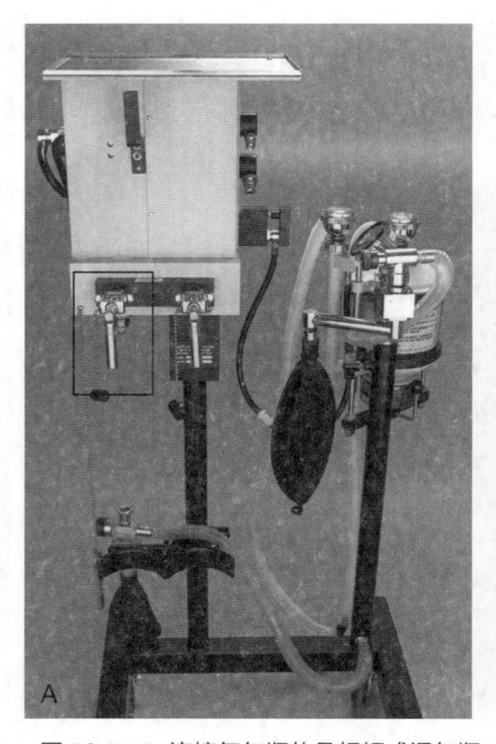

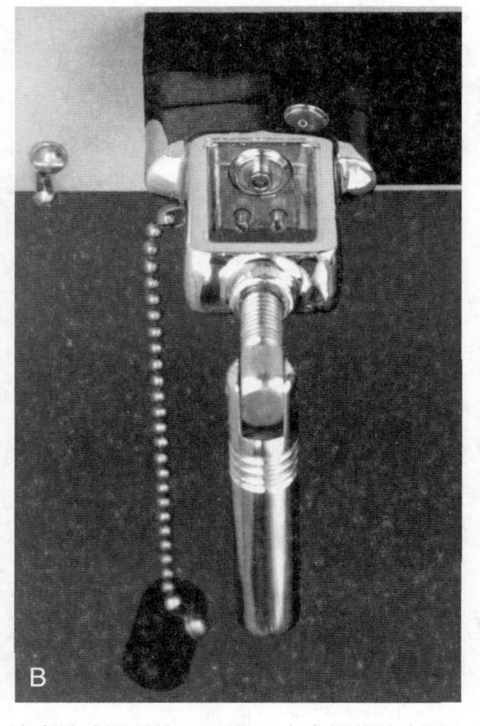

图16-1　A. 连接氧气瓶的悬杆轭式阀气瓶，注意针式阀系统　B. 图A中方框的放大图

搬运不当，曾发生过严重事故。大型气瓶应该始终被固定在墙上或一个稳定的底座上，它们需要运输时，必须固定在专门为运输气瓶而设计的移动手推车上。小型气瓶在运输时应该垂直放置，并用手紧紧地握住阀体。

当使用气体时，完全充满气体（如氧气）的钢瓶会发生压力下降。压力下降与气瓶内剩余的气体量成正比。了解气瓶的压力、容量（表16-1）和气体的流量，就可以计算出气体剩余输出的时间。例如，一个500psi的G瓶（约占满气瓶的25%）含有约1 300L的氧气，并将以5L/min的速度持续供氧260min。氧化亚氮气瓶部分是液体，部分是气体，直到所有的液体都挥发出来，它们的压力才会开始下降。确定气瓶内氧化亚氮残留量的唯一方法是称量气瓶，并将其与气瓶充满时的重量进行比较。在标准温度和压力（0℃；1atm = 14.7 psi）下，充盈的氧化亚氮E型气瓶含有1 590L气体。大多数小型动物麻醉机都配有悬杆轭式阀，用于将小的E型气瓶连接到麻醉机上。这些悬杆轭式阀有连接针式阀系统，针式阀位于特定气瓶的特定位置（图16-1）。大型G型或H型气瓶可以通过高压传输管道单独连接到麻醉设备上，使用直径指数安全系统专用气体连接头（图16-2）或轭式阀连接器，该连接器可安装针式悬杆轭式阀上（图16-3）。

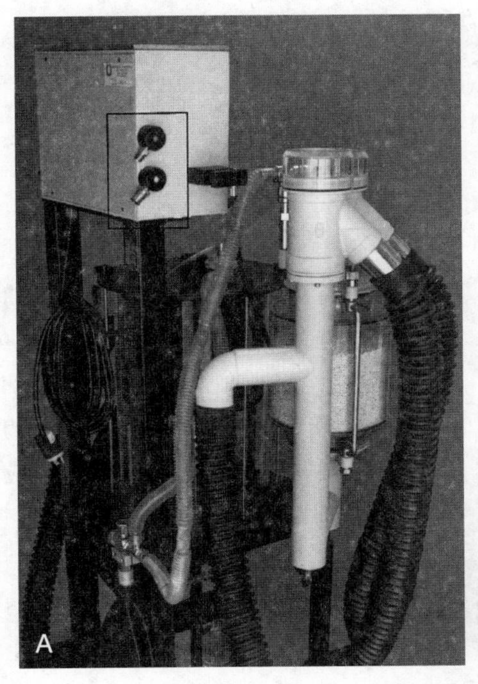

图16-2　A. 氧气和氧化亚氮高压软管连接直径指标安全系统（请注意这两个连接的不同配置）　B. 图A中方框的放大图

用于中心医院供气系统的G型或H型气瓶连接到一个集合管上，该集合管将多个气瓶连接到医院供气管道（图16-4）。当主管组压力达到预定的低压（通常低于50psi）时，大多数集合

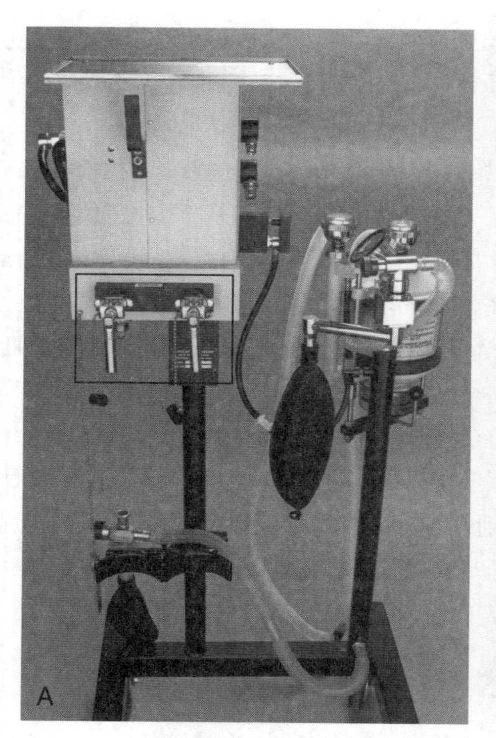

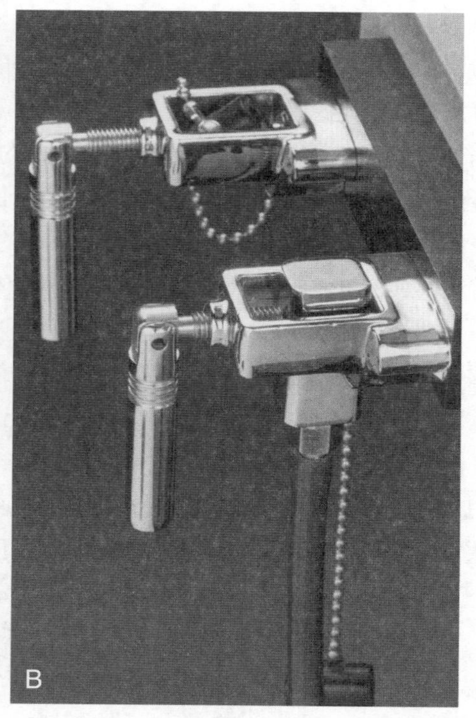

图 16-3　A. 轭式阀连接器，用于将高压输氧软管连接到没有安装直径指数安全系统配件的麻醉机　B. 图 A 中方框的放大图

图 16-4　用于将多个压缩气瓶连接到压力调节器和普通气体管路的集合管，这是一个输送氮气的系统

管都有触发报警和自动切换到辅助管组的功能。中心医院的供气系统应在供应医院各个区域的管道中设置一个切断阀，这有助于隔离泄漏的和需要修复的管道，而不需要关闭整个医院的气体供应。

2. 氧气发生系统

氧气发生系统作为氧气瓶的替代品，可以安装在兽医院（图16-5），其可以不断产生氧气，但需要消耗电力。有多种尺寸的氧气浓缩装置可供选择，其输送能力足以满足马的麻醉需要。这些装置使用一系列分子筛（沸石）吸附氮，分子筛能够不断再生其浓缩氧能力，可产生90%～95%的氧气；但是，输出的氧可能低至73%，建议经常使用氧气分析仪检查系统。

液态氧：氧气可以液化并储存在−148℃的隔热钢瓶中（图16-6）。$1ft^3$液氧在20℃下可产生$860ft^3$（24 000L）气态氧。这种储氧方式比含气钢瓶更经济，但如果不经常使用，因为液态氧的蒸发会造成氧损失，反而产生费用更大。供应商可提供不同尺寸的液氧气瓶。

图16-5　图中氧气发生器能产生22L/min的氧气

图16-6　液态氧气瓶输送系统（注意维持氧气罐的供应，以连接多种支持系统）

3. 压力调节器

压力调节器能调整氧气瓶内的压力，使其维持在一个预先设定的水平，通常是在50～60psi（340～400kPa），不论压力改变多少都能维持气体的持续流动。许多小动物麻醉设备都需要压力调节器。它们通常是动物医院气体供应管的整体构件之一，或者能够独立连接在气瓶上。压力调节器有特定的构件，以匹配出气阀门出口及特定的气瓶。有些压力调节器具有固定的输出压力，而另一些压力调节器允许调整输出压力。独立的压力调节器通常配有2个压力表，1个显示气瓶压力，另1个显示输出管道内的压力。内置在麻醉机中的压力调节表通常只显示连接气瓶内的压力。

二、麻醉机和呼吸回路的部件

麻醉机和呼吸回路可用于控制氧气及麻醉气体的输送，并能从呼气中吸收CO_2。不同的麻醉机和呼吸回路的外观差别很大，尽管配置不同，但是大多数机器都具有相同的部件。

氧气故障—安全系统　大多数商品化的麻醉机配有一个阀门或报警器，用于防止O_2供应失败时空气或N_2O（如果使用）通过麻醉机输送。即使是将充足的O_2正确地连接到了设备上，也不能阻止含氧量低的混合气体的输送。例如，即使O_2流量计处于关闭状态，只要医院的供氧设备连接到机器上，或者氧气瓶打开，也可以通过调节 N_2O 流量计将 N_2O 输送到呼吸回路。虽然 N_2O 通常不用于马，但是在麻醉过程中也应监测 O_2 流量计，防止意外地输送低氧混合物。

流量计 流量计可控制和显示气体流速（L/min），不同的气体使用不同的流量计（图16-7）。大多数麻醉设备使用的流量计是由控制旋钮阀（彩色且可调控）、锥形玻璃管（内部刻有表示气体流速的数字刻度）以及浮子（漂浮在锥形管内以显示当前的气体流速）组成。当旋钮打开时，气体流入锥形管中，浮子在玻璃管内上升，直到浮子重力与进入玻璃管底部气体的浮力相平衡。气体流入得越多，浮子上升得就越高。气体在浮子和玻璃管的空隙中流动，从流量计的顶端流出，输送到蒸发罐或新鲜气体的排放口中。

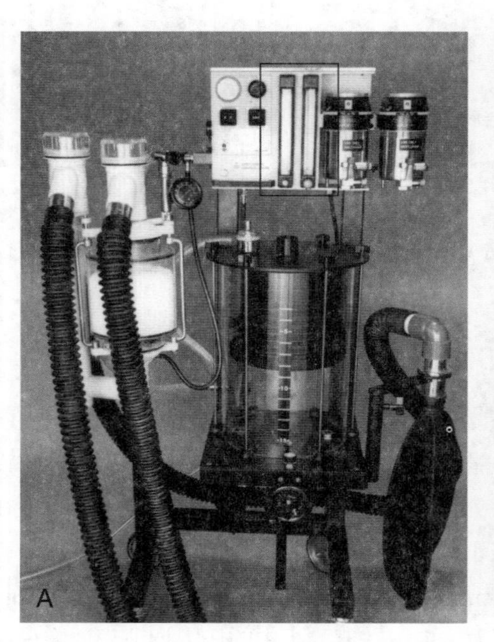

图 16-7 A. O_2 和 NO 流量表，气体流量值是浮子最宽部位相对应的刻度（在本图中为球的中心） B. 是图 A 中方框的放大图

不同的流量计应用于不同的气体，所以流量计只能使用于所规定的气体。这是因为不同气体的物理特性不同，气体的黏度和密度影响着流速。气体密度也会因海拔的不同而不同。在高海拔地区，当使用高流量时，流量计所输送的气体比刻度表所示的要多，因此在高海拔地区使用，应咨询厂家进行校准。

氧气冲洗阀 氧气冲洗阀是氧气不经过蒸发罐，直接将氧气以相应的流速输送到呼吸循环回路中。大多数氧气冲洗阀输送的氧气流量为35 ～ 75L/min。氧气冲洗阀在开启后会用100%氧气填满麻醉循环回路，稀释麻醉气体的浓度。

1. 蒸发罐

无论进入蒸发罐的气体流速是多少，麻醉蒸发罐都能将液态吸入麻醉剂变为气态。(图16-8和图16-9)，现代蒸发罐（精密设备）都能够精确地提供确切的气体浓度。液态麻醉分子持续地离开液体表面，转换成气态形式。当离开液面的分子与重新进入蒸发罐内的液体分子相等时达到平衡，达到平衡时的压力称为饱和蒸气压，该状态是给定温度下所能达到的最高局部压力。麻醉蒸发罐中吸入麻醉剂饱和蒸气压决定了麻醉气体在给定温度下所能达到的最大浓度。多数吸入麻醉剂的饱和蒸气压会在密闭容器（如麻醉蒸发罐中）迅速达到。蒸气压随温度的变化而变化，加热麻醉剂会使更多的分子挥发成气态，从而增加蒸气压。反之，冷却麻醉气体会减少蒸气压。

图 16-8　异氟醚蒸发罐

如果在给定温度下，饱和蒸气压（分压）除以大气压，就能够计算最大浓度的吸入麻醉剂（饱和吸入麻醉气体浓度），并以体积百分比的形式显示。例如，如果药物X的饱和蒸气压在20℃时为240mmHg，在760mmHg（1atm）大气压下，药物X的饱和蒸气压浓度为240/760 = 32%。为了达到安全的输送浓度，现代蒸发罐会在其内部分离载气（氧气或来自流量计中混合氧气的气体），使一部分转移到汽化室，与饱和麻醉气体结合。离开汽化室的饱和蒸汽被蒸发罐旁路的载气部分稀释，结果存在于蒸发罐的最终浓度（如异氟醚为1% ～ 5%）与操作者设置的刻度设置相匹配（图16-10）。

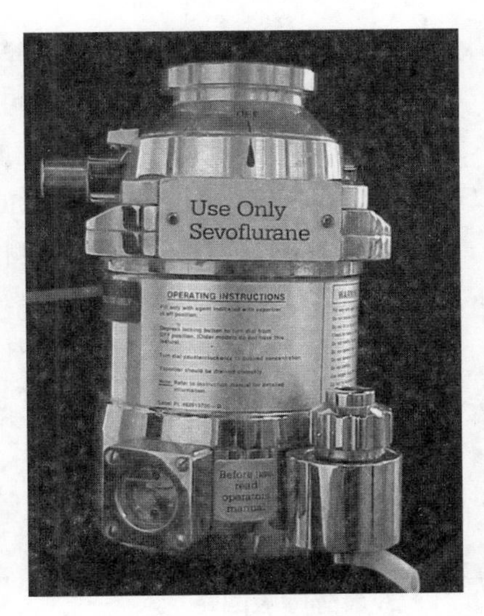

图 16-9　七氟醚蒸发罐

随着汽化的进行，汽化室内的麻醉剂冷却（汽化热），从环境外摄取热量以抵消温度的冷却。蒸发罐的设计通常为了尽量减少由汽化引起的麻醉剂温度的降低。麻醉蒸发罐由导热材料制成，这样才能迅速将热量从环境传导到液体，因此温度变化缓慢（比热是指将1g物质升高1℃所需的热量）。蒸发罐通常由铜或黄铜制成，这两种材料具有高比热和热导率，可将温度升高降至最低。除非对蒸发罐进行温度补偿，否则汽化后的温度下降和环境温度的变化会影响麻醉药液温度和蒸发罐的输出。大多数蒸发罐都有一个内部恒温结构，通过恒温结构自动调节流量，允许更多或更少的蒸汽离开汽化室或旁路室。现代蒸发罐提供恒定的已知蒸汽浓度，与温度波动无关。不同蒸发罐用于实现蒸汽精确输送的具体方法。

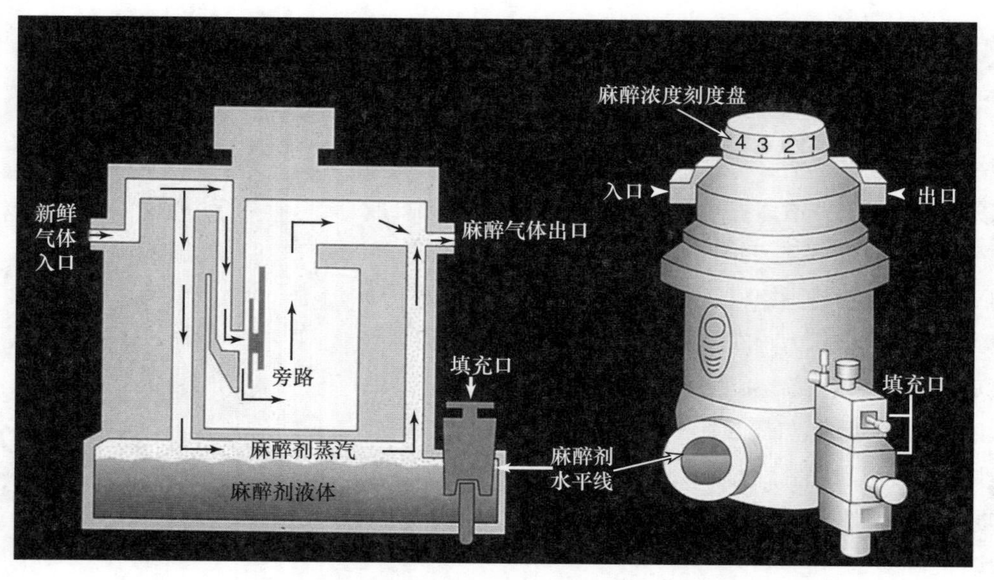

图 16-10 “精密”蒸发罐控制输送浓度的方法

有多种蒸发罐可用于马的麻醉，大多数蒸发罐只能使用一种特定的吸入麻醉剂，也具有流量和温度补偿。当氧气流速在300mL/min至10L/min时，麻醉剂浓度的输出通常是恒定的。使用前应查阅用户手册，以确定温度和流量补偿的限度。

每隔1～3年或当蒸发罐提供的麻醉浓度有问题时，应将蒸发罐从机器上取下、清洗并重新校准。大多数蒸发罐不应倾斜或侧放，因为这样会导致液体麻醉剂溢出到蒸发罐旁路出口，致使高浓度麻醉剂被输送到呼吸回路，导致危险。出现上述情况，应该排空蒸发罐，使高流量的氧气流经蒸发罐，直到在蒸发罐出口检测不到麻醉剂蒸汽为止。

2. 共同气体出口

共同气体的出口将来自流量计和蒸发罐的气体输送到麻醉呼吸回路。该出口通常配有标准的15mm内径接口（图16-11），它与连接到麻醉呼吸回路的一根管道相连，输送新鲜的载气（即氧气）和麻醉气体。

3. 麻醉呼吸回路

呼吸回路将氧气和麻醉气体从共同气体出口输送到病畜体内，并除去病畜呼出的气体（框表16-1）。呼吸回路有很多分类方法，术语可能会被混淆。呼出的气体部分被再呼吸到（呼出气体减去二氧化碳）呼吸回路，使用单向阀单向地将气体通过二氧化碳吸收罐后输送回马体内（图16-12）。或者，使用无阀门的往复呼吸系统，气体通过二氧化碳吸收罐呼出到储气囊中，然后在吸气过程中通过吸收罐再吸入（图16-13）。大多数分类系统将这些回路称为“半闭合”或“闭合”回路。两个回路之间的区别是指是否暴露在大气中以及限压阀的安置位置。闭合系统使用的新鲜气体流量刚好等于马的每分钟耗氧量，因此，这些回路可以完全“闭合”（关闭限压

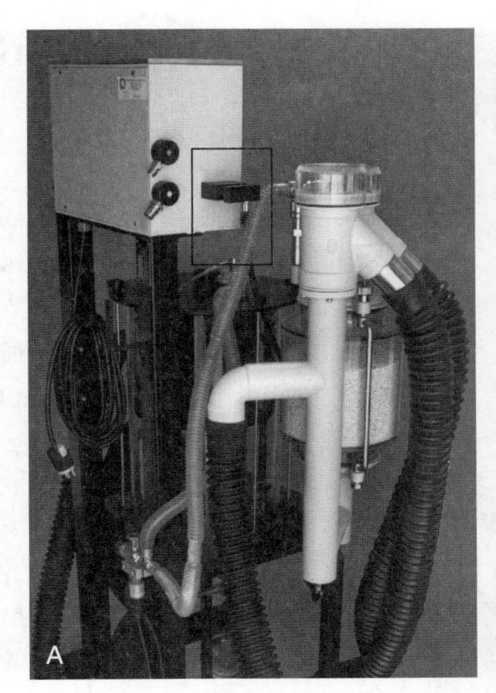

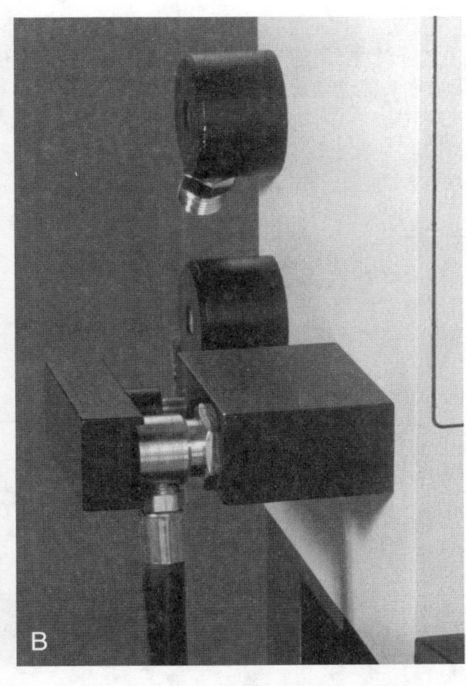

图 16-11　A. 这个 15mm 的共同气体出口将气体从流量计和蒸发罐输送到呼吸回路（请注意保护盖，以防止意外断开）　B. 是图 A 中方框的放大图

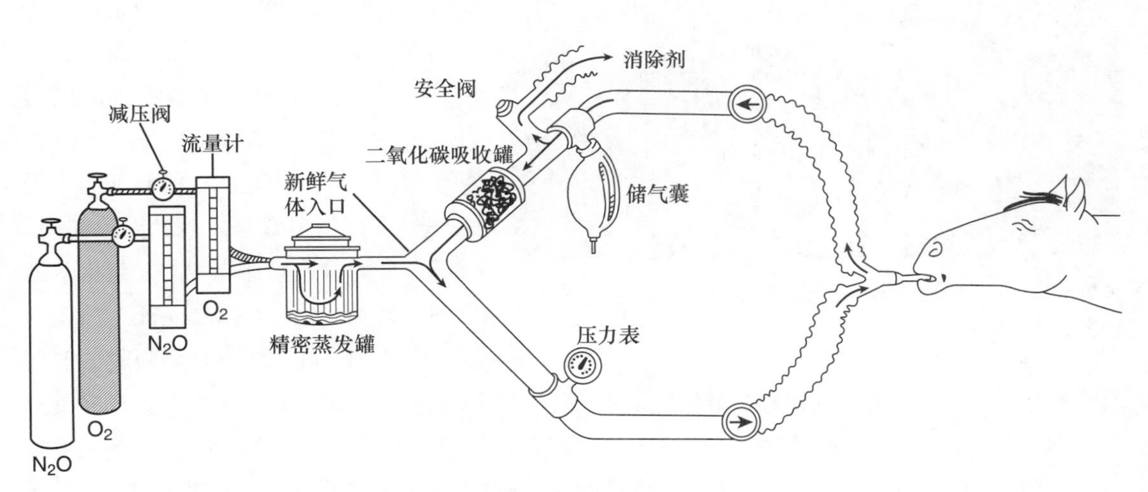

图 16-12　循环再呼吸回路元件的模式

阀）。半封闭式系统使用的新鲜气体流量大于马的每分钟耗氧量，因此，限压阀保持开放状态，以排出多余的气体。根据新鲜气体流量的不同，循环系统和往复系统都可以作为闭合或半闭合呼吸系统使用。这些系统都有相同的组件：二氧化碳吸收罐、限压阀和储气囊。此外，循环系

框表 16-1　适合马匹的吸入麻醉设备的要求

- 氧气供应和氧气流量计能够提供的流速至少 10L/min
- 有氧气冲洗阀
- 有精确刻度的蒸发罐
- 至少等于气管直径的宽口径呼吸回路管道；循环回路应配有单向阀
- 限压阀（安全阀）
- 二氧化碳吸收罐
- 储气囊足够大，可以辅助或控制呼吸
- 合适的低死腔气管导管

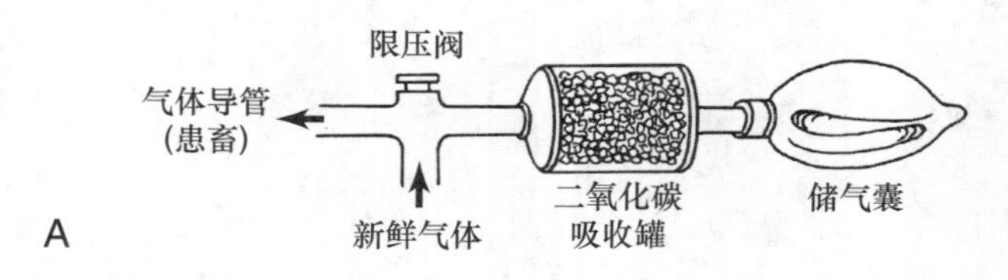

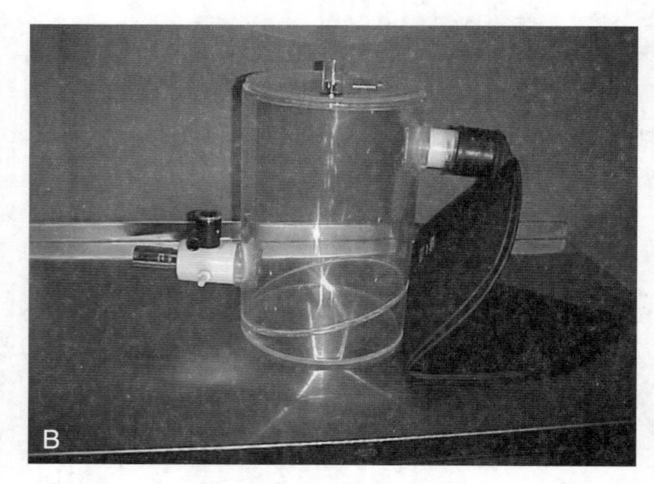

图 16-13　A. 往复式再呼吸回路的示意图　B. 往复式再呼吸装置

统使用单向阀、Y形接头和波纹式呼吸软管。循环和往复呼吸回路有各自的优点和缺点（表16-2）。

这些特征存在于大多数现代马匹的吸入麻醉机中。用于人类或小型动物的机器也有类似的部件，其可用于体重不足200kg的马。

二氧化碳吸收罐　二氧化碳通过化学反应被吸收。Na、K、Ba和$Ca(OH)_2$与二氧化碳和H_2O反应生成相应的碳酸盐，这些吸收材料存放在塑料或金属罐中。大多数吸收材料含有至少75%的$Ca(OH)_2$、14% ～ 19%的H_2O，此外，不同制造商的商品还可以使用少量NaOH或KOH作为活化剂。使用活化剂可产生化合物A（七氟醚）、一氧化碳（地氟醚＞异氟醚＞七氟醚）和其他分解化合物，这些化合物是有害的，特别是在干燥的吸收剂中。七氟醚降解产生H_2已被证明是有害的。不含活化剂（NaOH和KOH）的吸收剂不会产生这种现象。到目前为止，还没有证据表明这些分解产物可致马发病。无论如何，最好不使用含这些活化剂的二氧化碳吸收剂（如Amsorb、Sodasorb LF）。

吸收剂从呼出的气体中吸收二氧化碳，产生化学反应，并在此过程中产生热量和水分。每吸收1mol 二氧化碳，大约产生13700cal的热量。然而，当含有钡的干燥吸收剂与七氟醚反应时，吸收剂的温度超过200℃，因此，吸收剂不能含有$Ba(OH)_2$。产热是检验吸收剂活性的一种粗略方法。发挥作用的吸收罐摸起来感觉是温暖的，在二氧化碳耗尽后，它可以在很长一段时间内保持温暖。往复式回路中的吸收罐由于其放置位置靠近患畜气道而使通过肺部的热量损失达到最小。使用相对较高的新鲜气体流速和具有高导热性材料（如钢或黄铜）的吸收罐有助于防止温度升高。一项关于马的研究未能证明在使用往复式系统90min麻醉期间内体温升高。当忘记关闭氧气流量计或大量吸收剂暴露在干燥的室内空气中时，吸收剂会变干。回路温度升高会使呼吸回路内发生爆炸和火灾。

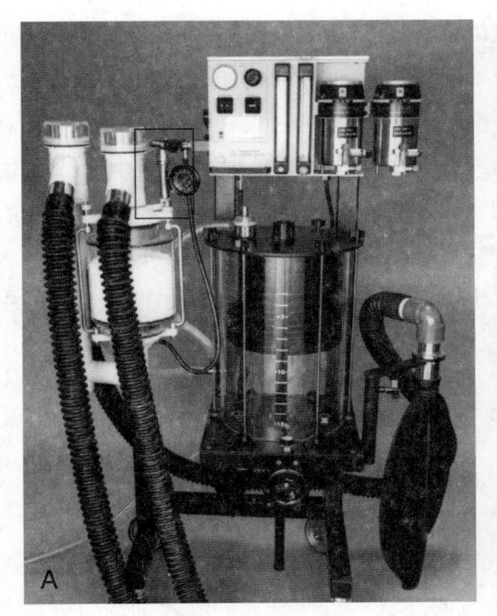

图 16-14　A. 一个连接废气清除系统的可调限压阀（安全阀）　B. A 图方框内的放大图

表 16-2　往复和循环呼吸回路的比较

往复式呼吸回路	循环式呼吸回路
结构相对简单，坚固耐用	结构相对复杂和昂贵
容易拆卸清洗	拆卸相对困难
易于运输	不易运输
对给定的新鲜气体流量，麻醉浓度变化相对较快	对给定的新鲜气体流量，麻醉浓度变化相对较慢
气管导管附近产生的热量过多	整个回路温度相对均匀
可能会吸入碱性吸收剂粉尘	吸入碱性吸收剂粉尘的机会最小
使用起来比较笨拙	使用长软管连接气管导管很容易
死腔增长相对较快	死腔保持不变

随着吸收过程的进行，二氧化碳罐内吸收剂的碱性含量降低，吸收颗粒内pH敏感的颜色指示器指示吸收剂的消耗程度。吸收罐入口处的颜色变化最大，并且从吸收罐的中心向罐壁呈抛物线扩散，其对气流的阻力最小。颜色变化越大，吸收剂耗竭越彻底。吸收剂30min内不使用，其具有一定程度的再生，指示剂会恢复到原来颜色。如果吸收剂重新投入使用，指示剂颜色变化就会迅速返回。

吸收剂是不会再生的（如Sodasorb LF），其过期颗粒的颜色变化是永久性的。吸收剂的更换时间因马匹大小、马个体CO_2的产生量（代谢率）、新鲜气体流速、吸收罐的大小以及吸收罐在呼吸回路中的位置而变化。决定何时更换二氧化碳吸收剂的最佳方法是监测吸入气体中的CO_2含量。CO_2浓度不断增加通常表明CO_2吸收剂耗尽或吸收剂在吸收罐形成通道而不起作用。如果没有卡伯计情况下，应注意吸收剂的颜色变化和使用时间。一个装有5kg吸收剂的吸收罐在麻醉6～8h内可以保持活性（假设马的体重为450kg，氧气流速为5L/min）。理想情况下，当吸收罐尺寸足够大，且装有CO_2吸收剂时，容器内的气体空间等于患畜的潮气量（约10mL/kg）。当填充4～8目大小颗粒的吸收剂时，吸收罐内的空气体积应为吸收罐体积的48%～55%。因此为了达到最佳效率，对于450kg的马，容器容积应大约为10L。许多大型动物（LA）商用吸收罐的容积为5L。适合小型动物或人类使用的吸收罐容量通常为1 500～3 000mL，足以用于重达200kg的马。在往复式呼吸回路中，吸收罐尺寸最关键，因为随着时间的推移，回路中的CO_2含量逐渐增加，这是由于死腔（CO_2吸收性耗尽）逐渐增加的结果。往复式呼吸回路中的吸收罐太大会使呼出的气体集中在患畜附近的区域，从而导致吸收剂快速耗尽和死腔的增加。吸收罐太小会使一些气体在呼气时通过吸收罐，这些气体在呼吸暂停时不与吸收剂接触，在吸入过程中，这些气体通过吸收罐被吸回来，一些CO_2吸收不完全，可能被再呼吸。

在向吸收罐内装吸收剂时，应轻轻敲打或搅拌吸收罐，以便装入的吸收剂均匀分布，防止呼出的气体优先通过吸收罐的离散区域，CO_2吸收不完全，重新进入呼吸回路，会被再次吸入。装入的吸收剂也不能太紧，太紧容易使吸收剂颗粒粉碎，增加腐蚀性的粉尘量。应在吸收罐的入口处留有一个小的空间，以确保气体能均匀地流过吸收剂表面。

储气囊 储气囊（呼吸囊）对呼吸系统容积变化有缓冲作用，并且可以辅助和控制呼吸，也可以观察自主呼吸状态。理想情况下，储气囊的最大体积是潮气量的5～10倍[450kg×10mL/kg=4500×5=22500（22.5L）]，成年马使用的储气囊通常为15～30L，小型动物麻醉设备上连接的5L储气囊适用于体重小于200kg的动物。

限压阀（安全阀） 限压阀主要作用是从呼吸回路中排出气体，控制呼吸回路内部压力。新鲜气流的流速越大，通过限压阀的气体就越多。除非在辅助或机械通气期间（呼吸机）的情况下，否则当新鲜气流量超过马的耗氧量时，限压阀应该始终保持开放。在机械通气期间，限压阀能自动“开放”（呼气）和“关闭”（吸气）（参阅第17章）。呼吸回路中过量的气体通过废气清除系统排放到大气中。大多数限压阀都可以手动调节，以改变排气系统内部的压力。当压力达到0.5～1.5cmH_2O时，且限压阀处于开放状态，呼吸回路内的气体从回路中排出。限压阀通常配有一个收集装置，通过一根软管将废气引导至气体净化系统（图16-14）。

在往复式呼吸回路系统中，限压阀位于气管导管连接处附近，但当马头部覆盖外科手术创巾时，显得十分不方便。限压阀可以位于循环呼吸回路的多个位置，当位于Y形接头处时，自主呼吸过程中，由于CO_2含量相对较高的肺泡气从限压阀排出，因此，可以最大限度地节省CO_2吸收剂。在循环呼吸回路中，限压阀位于患畜和吸收罐之间（图16-14），这个位置也可以通过排出一些肺泡气体来增加吸收剂使用时间。

单向阀 循环呼吸回路内有两个单向阀，维持气流的单向运动，使气流通过一根呼吸软单

向流向患马，通过另一根呼吸软管单向从马身体内呼出，这可以最大限度的减少尚未到达吸收罐的呼出气体再重新吸入。单向阀材质轻，因此当单向阀覆有呼出气体内的水分时，它们不会粘住，其通常被一个透明的圆顶状塑料盖罩住，可以直接用眼观察到阀门活动。

呼吸软管 呼吸软管由轻质塑料或橡胶制成，呈波纹状，可防止扭结和湍流。气体流动阻力与软管半径的四次方成反比，因此，直径较大的管道比直径较小的管道气流阻力小。直径等于或大于马气管的呼吸软管可用于麻醉时间大于1h的手术。4种不同直径的马麻醉呼吸回路气流阻力测量结果表明，管道直径为37mm回路的气流阻力高于管道直径为50mm回路的。有趣的是，当使用直径为22mm（成人）的呼吸软管给马进行1h的吸入麻醉时，在自主呼吸期间，成年马（平均体重=454kg）动脉中CO_2浓度正常。这些小直径呼吸管增加的阻力被增加的呼吸功抵消。大多数大型动物使用的呼吸回路软管的内径约为50mm，这比大多数马气管的直径大。

在正压通气过程中，呼吸软管会膨胀（顺应性），从而减少输送到肺部的容积，这部分被称为无用的通气。对于马的呼吸回路，这种无用的通气没有被量化，而对于22mm的橡胶软管，它的值是1～4mL/cmH_2O；对于直径为50mm的软管，这个值为50～70mL/cmH_2O，这在成年马身上可能是无关紧要的。

Y形接口 Y形接口将循环回路的吸气软管和呼气软管连接到面罩或气管导管上。

有些Y形接口还有一个限压阀（见上文）和单向阀，由于机械故障的频率较高，因此不推荐使用。使用塑料或金属接口将气管导管连接到Y形接口（图16-15），另外，一些气管导管有柔软的接头，连接到Y形接口上（图16-16）。

图16-15 塑料或金属套管将气管导管连接到Y形接口上

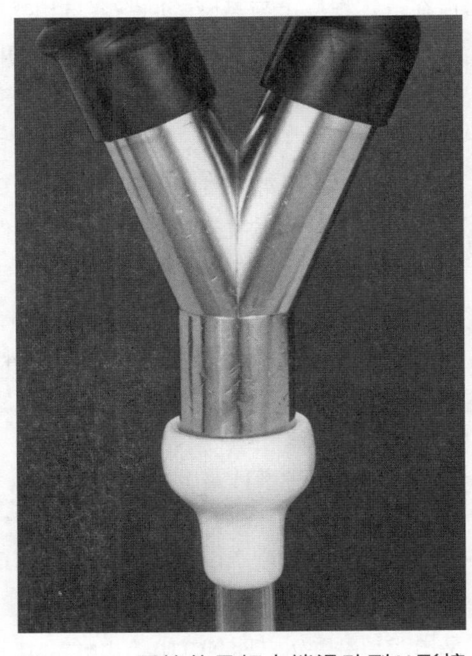

图16-16 导管的柔韧末端滑动到Y形接口上

表16-3　商业化的马麻醉机

制造商	特性
钠德拉，特尔福德	Narkovet E2：安装在带轮子的架上的循环系统。不再制造 Large Animal Control Center：带呼吸机的循环系统。不再制造
JD 医疗	LAVC 2000 CM：带呼吸机的循环系统。存在许多变体，可定制
Matrx 医疗公司	VML：带轮子的架上的循环系统；没有连接呼吸机
史密斯医疗 PM 公司	LDS 3000 麻醉机：带有可选推车和呼吸机的循环系统
Mallard 医疗公司	型号 2800C：大型动物循环和带上升波纹管的集成微处理器控制的呼吸机 型号 2800CP：大型和小型动物循环和带上升波纹管的集成微处理器控制的呼吸机
维特兰医疗销售服务有限公司	VetlandLAS 4000：具有修复的纳德拉呼吸机相类似 Dragar 的循环

4. 新鲜气体流速

循环和往复式呼吸回路都可以使用相对较低的新鲜气体流速进行操作，从而节约麻醉气体。氧气流速等于马的每分钟耗氧量［10× 体重（kg）$^{3/4}$］或者大约每千克体重2.2mL，可最大限度地减少麻醉气体量和废气清除量，这被认为是低流量系统。这种系统在马身上的应用已有叙述。低流量氧气的缺点是，相对较低的新鲜气体流速和传统的蒸发罐可以推迟或阻止呼吸回路内达到诱导麻醉的麻醉药浓度，此外，麻醉回路内的麻醉药物浓度不能迅速发生改变，这些缺点在一定程度上与马麻醉回路容量和马的肺容量相对较大有关。与马的最小耗氧量相等的流速也许更适合用于往复式呼吸回路，它的回路体积比循环呼吸回路小。在一个标准的32L大型动物循环呼吸回路系统中，当氧气流量为3、6和12L/min时，达到吸入氟烷浓度为63%变化所需的时间分别为10.7min、5.3min和2.7min（参阅第15章和图15-2），成年马与呼吸回路的连接显著阻止了麻醉浓度的增加（时间常数更长）。对于呼吸回路中氧气浓度的变化速率，已经证明了类似的时间常数。呼吸回路中的部件（呼吸软管、储气囊）也会减慢麻醉浓度的上升速度。因此，在麻醉诱导后的前10 ～ 15min，马循环呼吸回路的氧气流速应调整为8 ～ 12L/min。然后，在麻醉维持阶段，流量可以减少到大于或等于闭合回路流量的值。马往复式呼吸回路系统的推荐氧气流速与循环呼吸回路系统相似。

三、马麻醉机

有多种麻醉输送设备可用于向马输送吸入麻醉药物（表16-3，图16-17至图16-21；参阅第17章），大多数设备都有一个循环系统和循环系统外的蒸发罐，有些设备配有呼吸机。此前一种常用的马麻醉机（如North American Drager大型动物麻醉机）已不再生产。然而，使用的设备可定期应用，合格的麻醉保养人员应在使用前检查使用过的机器。

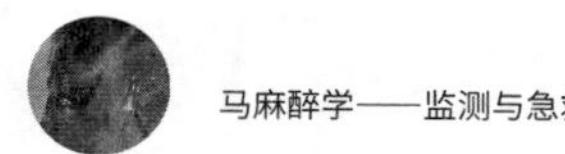

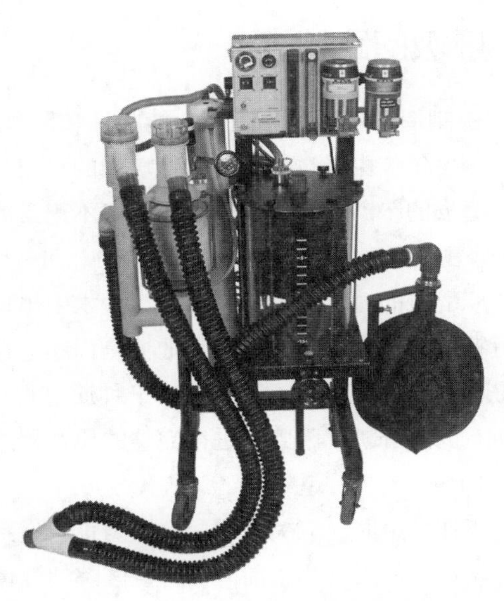

图 16-17 带呼吸机的纳德拉麻醉机

图 16-18 Smith Medical/Surgivet 大型动物麻醉机与呼吸机

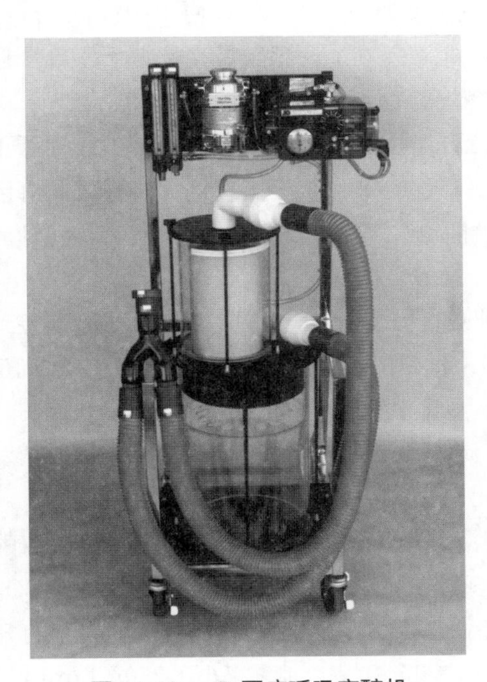

图 16-19 JD 医疗呼吸麻醉机

该机器适用于马驹，注意波纹管后较小的吸收罐和金属板。

图 16-20 Mallard 医用大型动物呼吸麻醉机

四、设备和呼吸回路检查

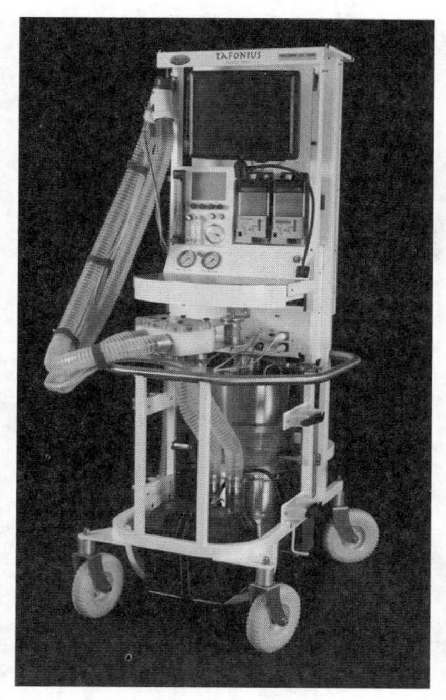

图 16-21　具有整体监控功能的 Tafonius 呼吸机和麻醉机

新麻醉机应由制造商安装，并进行功能验证和测试。理想情况下，至少每年应由受过制造商专业培训的员工对设备维护一次。磨损的垫圈、漏水的软管和功能不正常的限压阀等都可以修复或更换。

每天应检查麻醉机的功能是否正常，以减少术中出现意外。每天执行特定的机器检查程序，其他检查程序应在每次麻醉操作前进行（框表16-2）。由于没有一种通用的检查程序适用于所有的麻醉机，因此在进行完整的检查程序时，应参阅使用手册。

一天的麻醉工作结束时，应关闭钢瓶，以防止管道系统泄漏致使气体耗尽。每天的手术前，应检查医院的气体供应，以确保其含有足够的气体完成当天的手术。打开气瓶，管道系统内的压力应在50～65psi。所需的气体量随手术时间、新鲜气体流速和所用设备类型而变化。例如，一台装有呼吸机、可调节为450kg马使用的NA Drager大型动物麻醉机，会在1～2h内消耗一个G型气瓶（5 300L）中所有氧气。如果使用氧气发生装置，应检查氧气瓶备用系统。

开/关流量计，检查浮子在流量计管内是否平稳上升，验证氧气故障安全系统的功能是否正常。打开所有进入麻醉机和流量计的气体，然后关闭氧气供应源（断开连接），使氧气压力降至零，如果其他气体的流量计降至零，故障保险装置就能正常工作，当打开氧气源时，流量计应恢复到原来的设置。

任何连接处都可能发生泄漏，可以按照用户手册进行检测。一般检查包括将压力计连接到共同气体出口，慢慢打开氧气流量计（打开蒸发罐），直到仪表上显示出30cmH_2O的压力值。关闭流量，注意压力降至20cmH_2O所需的时间，这至少需要10s。

填充满蒸发罐，填充后注意要将填充口盖拧紧。当蒸发罐和流量计处于关闭位置时，蒸发罐应该始终处于充满状态。

呼吸回路　在使用前每台麻醉机都应该进行“泄漏试验”。将呼吸软管和储气囊连接到麻醉机上，并关闭限压阀。堵住Y形接口，启动氧气冲洗阀，呼吸回路内的压力应升至30cmH_2O。如果呼吸回路无泄漏，压力不应该下降。如果压力下降，说明呼吸回路会出现泄漏。通过打开氧气流量计，观察压力不再下降时的气体流量，就可以得知泄漏率。泄漏率小于250mL/min是可以接受的。相对大体积的马呼吸回路可能需要相当大的时间间隔，其中Y形接口被遮挡以检测相对小的泄漏。最常见的泄漏点是设备连接处、旧橡胶制品（呼吸软管、储气囊）的裂缝、单向阀盖连接件松动，或者二氧化碳吸收罐密封不当（由垫圈磨损或垫圈与吸收罐之间的吸收剂碎屑引起）。

应验证麻醉呼吸机风箱的完整性。当呼吸机风箱上升后，封闭呼吸机风箱下降的出口，风箱如果没有泄漏，就不会下降。风箱上的孔允许气体从周围密闭的空间进入呼吸系统，导致高于预期的气道压力。应通过旋转氧气冲洗阀和堵塞连接呼吸机及呼吸回路的软管上升风箱。应遵循制造商的说明书，因为并非所有呼吸机都能按照上述的方法进行泄漏检测。

眼观检查单向阀，并检验其功能。吸气阀故障可导致呼出气体的再重新吸入和严重的高碳酸血症。当通过Y形接口向呼吸回路吹气时，呼气阀应该开放。在患畜的呼吸周期中，如果没有观察到吸气阀的正确运动，就很难保证其完整性，必要时应更换二氧化碳吸收剂。此前讨论过更换吸收剂的标准。

五、与麻醉机和呼吸回路有关的并发症

麻醉前确认麻醉机的功能（框表16-2），有助于防止与麻醉机和呼吸回路故障相关的术中并发症。但是，操作人员仍可能发生错误（参阅第1章；表16-4）。系统警示有助于识别与麻醉机和呼吸回路有关的问题。

框表16-2　麻醉机和呼吸回路功能检查

- 检查机器组件
  - 关闭流量计
  - 关闭蒸发罐，填充，关闭加注口盖
  - 正确填充二氧化碳吸收罐 †
  - 确保存在单向阀 †
- 确认充足的氧气供应
  - 检查气瓶压力或打开氧气发生器
  - 将机器连接到医院供应气站或单个气瓶
  - 关闭气瓶，并通过观察压力表检查高压泄漏 †
  - 重新开放氧气供应
- 测试流量计
  - 确保浮子完全下降到零，并且能平稳上升 †
  - 关闭流量计
- 检查呼吸回路
  - 保证正确和紧密连接
  - 封闭Y形接口，关闭限压阀，将回路加压至30cmH_2O，检查是否有泄漏（速率＜250mL/min）
  - 打开限压阀，并验证限压阀是否正常
- 检查呼吸机
  - 必要时连接电源
  - 将呼吸机风箱连接到呼吸回路
  - 将呼吸机处于开启位置，关闭限压阀，堵塞Y形接口，在达到峰值前中断，如果无泄漏，风箱不会下降

（续）

• 检查废气清除系统 • 确认输出管正确连接到限压阀 † • 打开真空泵 • 确定活性炭吸收罐没有耗尽

注：* 应根据所使用的特定设备修改此通用麻醉设备检查程序；
† 如果麻醉设备在白天重复使用，则需要在当天的第一个病例使用之前执行这些程序。

表 16-4 常见的与麻醉机和呼吸回路有关的并发症

临床症状	可能的原因
麻醉深度不当	蒸发罐 * 1. 蒸发罐空 2. 蒸发罐关闭 3. 蒸发罐没有校准 4. 蒸发罐里装错药 呼吸回路 † 1. 呼吸软管泄漏 2. 储气囊泄漏 3. 气管导管套囊或接头处泄漏 4. 二氧化碳吸收罐周围的泄漏
呼吸回路压力不足	1. 如前所述的泄漏 2. 废气清除系统对限压阀施加过多的真空抽力 3. 流量计关闭 4. 氧气供应不足
呼吸回路压力过大	1. 废气清除系统的真空抽力太低 2. 限压阀关闭或调节不当
呼吸模式异常或 $PaCO_2$ 过多	1. 二氧化碳吸收剂耗尽或通道化 2. 吸收罐太小或填充不充分（特别是在往复式呼吸系统中） 3. 单向阀卡在开放位置或不存在 4. 呼吸回路压力不足时列出的相同因素

注：* 有了这些，患畜可能显得麻醉程度太轻或太深；
† 有了这些，患畜会显得麻醉程度太轻。

六、废气处理（清除）系统

手术人员暴露于微量浓度的麻醉气体中是需要考虑的一个问题。吸入微量麻醉气体会导致人体头痛、认知和运动功能受损、致癌、流产、先天性异常、肝肾功能不全和不孕症。虽然未有证据证实长期接触微量吸入麻醉气体与毒性之间存在联系，但也应采取预防措施，以减少

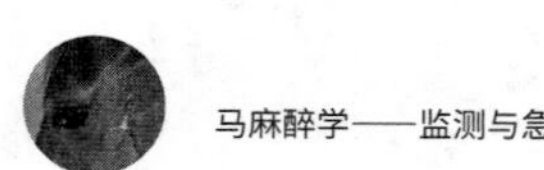

接触微量麻醉气体。在麻醉前与麻醉中，尤其是在马与麻醉机断开连接的恢复期间，手术室人员会暴露于麻醉气体中。只有在麻醉的所有阶段都限制吸入麻醉气体的浓度，才能确保有限的接触。

麻醉蒸发罐应在通风良好的房间内填充满。在麻醉诱导前填充蒸发罐，而不是在手术期间填充，以避免手术室人员接触麻醉剂。使用特殊的填充麻醉剂设备填充，可以在蒸发罐充满时减少麻醉剂污染。应测试麻醉系统的泄漏情况，并在通风良好的恢复室中进行麻醉复苏。看护马复苏的人员不应靠近气管导管，在恢复室中，吸入麻醉气体浓度较高，尤其气管导管1m内的浓度最大。

麻醉机应配备废气清除系统，将从限压阀逸出的气体输送到较远的地方。气体清除装置通过专门配置的收集装置连接到限压阀（图16-14）。大多数清除装置（图16-22）包含：①输送管，连接限压阀输出气体；②接口，防止在清除和呼吸系统内产生过多的负压或正压；③主动（真空）或被动清除系统（参阅第16章）。气体清除系统所有组件都可在市场上买到。大多数商品配备有产生负压的真空泵。也可以使用各种自制设备，自制废气清除系统通常使用被动方法清除，通过连接到限压阀的软管直接清除气体并：①通过墙壁到达室外；②连接便携壁式空调的进气口；③连接到室内通风进气管，必须通过再循环进入通风系统；④连接到活性炭罐。活性炭罐（图16-23）在相对较低的新鲜气体流速下有效，但在通常用于成年马匹的新鲜气体流量较高时无效，它们被迅速耗尽，而且不能清除N_2O。

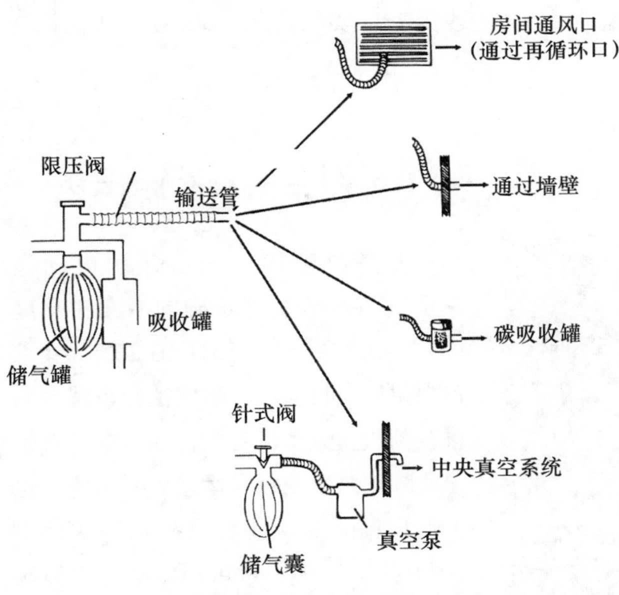

图16-22　各种气体清除系统

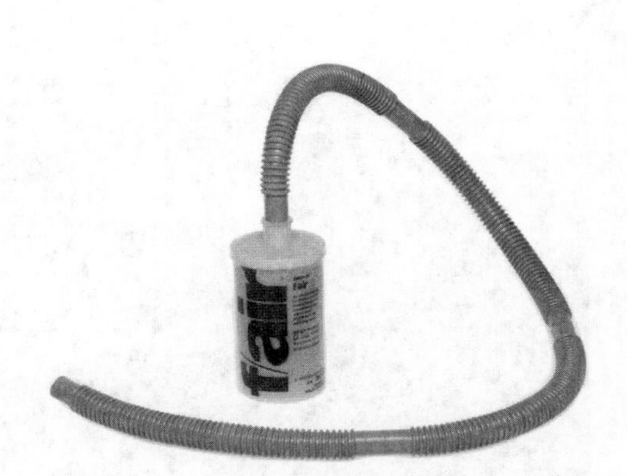

图16-23　二氧化碳吸收罐用于从限压阀被动收集废气。软管的游离端连接到限压阀

七、麻醉机和呼吸回路的清洁与消毒

由于麻醉呼吸回路的微生物污染，而致使随后使用同一个呼吸回路感染马的情况很少见，一些研究记录显示，麻醉机和呼吸回路不能传播微生物，然而，有报告称微生物可通过呼吸回路传播。马麻醉设备由于体积大而难以消毒。呼吸回路中容易拆卸的部分（如储气囊、波纹软管、Y形接口和通气软管）可以拆卸后清洁（通过手、洗碗机或高压灭菌器），并且在每次使用后可以晾干。如果每天进行多次手术，可以多备几个塑料或橡胶管。塑料或橡胶制品气管导管应在温和的洗涤剂溶液中清洗，并冲洗干净，以去除污垢、黏液、血液和其他颗粒物质。这些物品可以浸泡在消毒剂溶液消毒或灭菌，如戊二醛中（洗涤和漂洗后），再次用水漂洗，然后使其干燥。戊二醛是唯一具有杀菌、杀孢子、杀真菌和杀病毒剂的消毒剂，其使用必须遵循制造商提供的使用说明。

更换吸收剂时，应将吸收罐擦干，拆下单向阀擦干，并在一天结束时风干。圆顶阀盖可以在机器上拿下，放置过夜，以促进回路的蒸发干燥。如果怀疑呼吸回路受到污染，应清洁和消毒呼吸回路的固定部分，包括吸收罐、单向阀和限压阀。

应使用布和温和的清洁剂溶液或专用的喷雾清洁剂擦拭麻醉机外部。参阅用户手册以确定哪些清洁剂不会损坏设备表面。

麻醉设备，尤其是气管插管，应避免气体灭菌。经环氧乙烷灭菌的气管导管通风不当可导致呼吸道烧伤，所以其暴露于室内空气通风的时间应至少为7d，实际通风时间取决于灭菌物品的成分。

八、外科手术台和防护垫

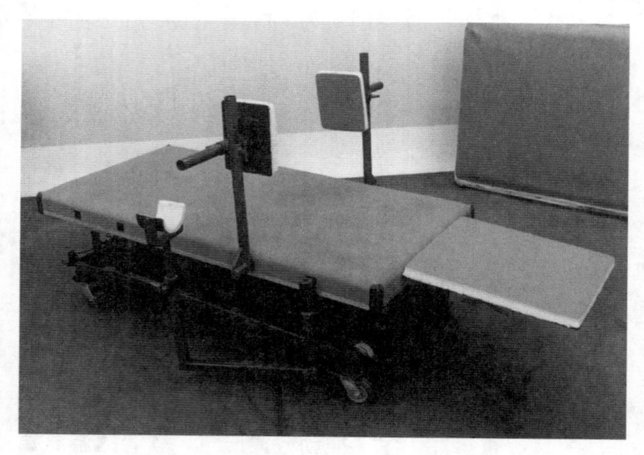

图 16-24　便携式液压操作台，带有可拆卸的头部和腿部支撑

大多数现代手术台使用电动液压系统将马放置在正确的平面和高度（表16-5、图16-24和图16-25）。手术台由耐用、易清洁、耐腐蚀和可移动的材料制成。大多数手术台通常安装有轮子或脚轮，以便将马运送到手术室，也可使用高架起重机将马吊到手术台上（图16-26）。手术台可以定制，以适应各种诱导技术和设施规格。可移动的手术台可用于远程或野外手术。可充气的手术台，可将马提升到合适的高度，并

且可以放气使马返回地面。手术台应配备头部和腿部支撑物（图16-24和图16-25）。这些支撑物可以相对容易地将马固定在仰卧位或侧卧位，并且避免对四肢肌肉群、关节突出部位和神经干的过度压力。应始终使用衬垫材料来保护马不与硬表面直接接触。各种防护垫装置（框表16-3），如泡沫、空气和水，可以用于防护垫的填充材料。最便宜的防护垫是在压力点（臀部和肩部）下插入部分充气的汽车轮胎内胎。理想情况下，马的重量应均匀分布，并且防护垫应覆盖整个手术台与马的接触面。防护垫应该轻便、便携，并且覆盖需清洗的表面，以便可以将它们从手术台中取出，进行清洁和储存。应准备各种尺寸的防护垫，以便协助固定马。

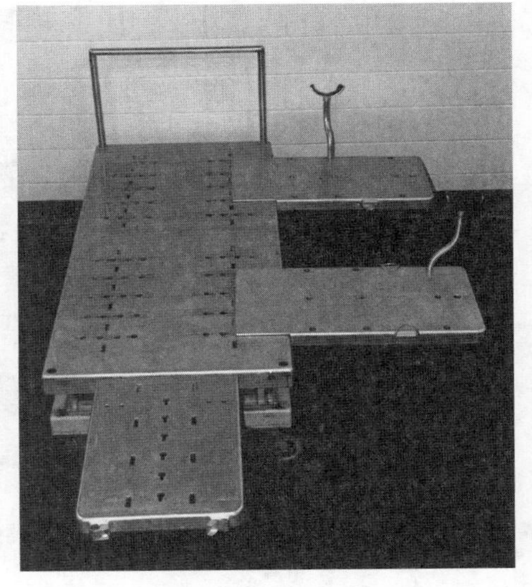

图16-25　便携式液压操作台，可拆卸，可调节头部和腿部的支撑

表16-5　手术台

制造商	特性
Shanks 医疗设备有限公司	马手术台：液压剪式升降机；表面涂有乙烯基的大尺寸金属；头部和腿部支撑 液压倾斜工作台：可拆卸轮子；从垂直倾斜到水平
Kimzey 加工厂	液压剪式升降机；不锈钢结构；头部和腿部支撑
Snell 斯内尔有限公司	气动升降机；聚氨酯涂层织物；便携式，适合现场使用

1. 吊索

安装在高架起重机或平衡架上的吊索，可用于辅助马麻醉复苏（参阅第21章）。它们有助于在全身麻醉复苏期间保持马站立的姿势，必须对使用吊索的人员进行技术培训和经验传授。

框表16-3　保护垫制造商
花花公子产品公司 Shanks 医疗设备有限公司

2. 水池

骨骼损伤是导致马在麻醉复苏中实施安乐死的主要原因（参阅第21章）。使用水池的原理是在马试图站立时减少对其四肢的压力。水池可用于辅助马的麻醉复苏。将马用吊索运送到水池，并通过吊索或专门设计的筏式浮选装置将马吊在水池中，直至马完全苏醒。

马在运送到水池的过程中必须服用大量镇静剂或麻醉剂，以控制马的头部。人员必须经过培训，经验丰富，并且至少有一个人一直和马在一起。一个2.6m深、1.2m宽、3.7m长的带有液压操作地板的水池用于麻醉后马匹的复苏，证明其是安全和实用的。水池可以配备喷气式滑行装置，以提供漩涡效果。

图 16-26 使用高架起重机和腿索将马举到手术台上

参考文献

Baxter GM, Adams JE, Johnson JJ, 1991. Severe hypercarbia resulting from inspiratory valve malfunction in two anesthetized horses, J Am Vet Med Assoc 198: 123.

Compressed Gas Association, 2002. Oxygen CGA G-4, ed 9, New York, Compressed Gas Association.

Compressed Gas Association, 2006. Characteristics and safe handling of medical gases, CGA Pamphlet P-2, ed 9, New York, Compressed Gas Association.

Compressed Gas Association, 2006. Safe handling of compressed gases in containers, CGA Pamphlet P-1, ed 10, New York, Compressed Gas Association.

Dodam JR et al, 1999. Inhaled carbon monoxide concentration during halothane or isoflurane anesthesia in horses, Vet Surg 28: 506-511.

Dorsch JA, Dorsch SE, 1999. Understanding anesthesia equipment, ed 4, Baltimore, Williams and Wilkins.

du Moulin GC, Saubermann AJ, 1977. The anesthesia machine and circle system are not likely to be sources of bacterial contamination, Anesthesiology 47: 353-358.

Elam JO, 1958. The design of circle absorbers, Anesthesiology 19: 99-100.

Fang Z et al, 1995. Carbon monoxide production from degradation of desflurane, enflurane, isoflurane, halothane, and sevoflurane by soda lime and Baralyme, Anesth Analg 80: 1187-1193.

Hartsfield SM, 1987. Machines and breathing systems for administration of inhalation anesthetics. In Short CE, editor: Principles and practice of veterinary anesthesia, Baltimore, Williams & Wilkins, pp 395-418.

Klein LV, 1989. An unusual cause of increasing airway pressure during anesthesia, Vet Surg 3: 239-242.

Langevin PB, Rand KH, Layon JA, 1999. The potential for dissemination of mycobacterium tuberculosis through the anesthesia breathing circuit, Chest 115: 4 ; 1107- 1114.

Milligan JE, 1982. Waste anesthetic gas concentrations in a veterinary recovery room, J Am Vet Med Assoc 181: 1540-1542.

Mushin WW et al, 1980. Automatic ventilation of the lungs, ed 3, Oxford, Blackwell Scientific Publications.

Nunn JF, Ezi-Ashi TI, 1961. The respiratory effects of resistance to breathing in anesthetized man, Anesthesiology 22: 174-185.

Olson KN et al, 1993. Closed circuit liquid injection isoflurane anesthesia in the horse, Vet Surg 22: 73-78.

Purchase IFH, 1965. Function tests on four large animal anaesthetic circuits, Vet Rec 77: 913-919.

Rex MAE, 1972. Apparatus available for equine anaesthesia, Aust Vet 148: 283-287.

Richter MC et al, 2001. Cardiopulmonary function in horse during anesthetic recovery in a hydropool, Am J Vet Res 62 (12): 1903-1910.

Riebold TW, Coble DO, Geiser DR, 1995. In Riebold TW, Geiser DR, Goble DO, editors, Large animal anesthesia: principles and technique, Ames, Iowa State University Press, p 69.

Short CE, 1970. Evaluation of closed, semiclosed, and nonrebreathing inhalation anesthesia systems in the horse, J Am Vet Med Assoc 157: 1500-1503.

Shuhaiber S et al, 2002. A prospective-controlled study of pregnant veterinary staff exposed to inhaled anesthetics and x-rays, Int J Occup Med Environ Health 15: 363-373.

Solano AM, Brosnan RJ, Steffey DP, 2005.Rate of change of oxygen concentration for a large animal circle anesthetic system, Am J Vet Res 66: 10.

Steffey EP, Hodgson DS, Kupershoek C, 1984. Monitoring oxygen concentrating devices (letter to the editor), J Am Vet Med Assoc 184: 626-638.

Steffey EP, Howland D, 1977. Rate of change of halothane concentration in a large animal circle anesthetic system, Am J Vet Res 38: 1993-1996.

Sullivan EK et al, 2002. Use of a pool-raft system for recovery of horses from general anesthesia: 393 horses (1984-2000), J Am Vet Med Assoc 221 (7): 1014-1018.

Taylor EL et al, 2005. Use of the Anderson sling suspension system for recovery of horses from general anesthesia, Vet Surg 34: 559-564.

Ten Pas RH, Brown ES, Elam JO, 1958. Carbon dioxide absorption, Anesthesiology 19: 231-239.

Thurmon JC, Benson GJ, 1981. Inhalation anesthetic delivery equipment and its maintenance, Vet Clin North Am (Large Anim Pract) 3(1): 73-96.

Webb AI, Warren RG, 1982. Hazards and precautions associated with the use of compressed gases, J Am Vet Med Assoc 181: 1491-1495.

第 17 章
补氧和辅助呼吸

要点：

1. 全身麻醉可显著改变马匹的肺功能、肺血流和气体交换（PO_2，PCO_2）。

2. 全身麻醉需要单独补氧，以使大多数麻醉马匹保持足够的PaO_2。

3. 全身麻醉期间马匹常出现通气不足，可通过控制通气来解决。

4. 控制通气有助于确保吸入麻醉药的充分输送（给药系统是肺），从而提高马匹长时间深度麻醉的安全性。

5. 控制通气对于呼吸系统和心血管系统的影响有利有弊。过高或长时间的吸气压力会造成肺气压伤，减少静脉回流、心输出量和动脉血压。

6. 呼吸麻醉期间，血液容量减少（血容量过低）、心脏功能不全和心输出量减少会造成动脉收缩压明显波动（收缩压变化）。

7. 马匹麻醉用呼吸机的容量和/或压力有限。有针对性的通气可保证充足潮气量和每分通气量。

马匹在全身麻醉和仰卧后生理指标变化幅度较大。典型变化包括动脉氧分压（PaO_2）降低和心输出量减少，因此，组织供氧减少，在某些情况下可能无法满足组织的需求。通气不足和随之发生的动脉二氧化碳分压增加（$PaCO_2$）是大多数麻醉方案的常见后果。不幸的是，特殊类型的呼吸功能障碍对麻醉马匹发病率或死亡率的影响尚无相关资料。尽管缺乏统计数据，但大多数研究人员都认为某些情况下补氧和辅助呼吸可以改善马匹的O_2输送和CO_2从体内排出。例如，仰卧位麻醉的马匹可能需要通过补氧和辅助呼吸以获得和维持可接受的PaO_2水平。辅助呼吸通常用于控制$PaCO_2$水平，达到恒定的呼气末吸入药物浓度，使接受吸入麻醉药物治疗的马匹产生稳定的麻醉水平。关于马匹辅助呼吸的适当目标以及实现这些目标的最佳方法仍存在相当大的争议，尤其是最佳的吸入氧气浓度（FiO_2），通气-灌注不匹配和肺不张的重要性，以及肺不张区域复张的最佳方法都是当前亟须解决的问题。

一、历史原因

为改善胸内手术合并脊髓灰质炎流行，人类发明出病患呼吸机。尽管胸腔内手术很少在马身上进行，但自20世纪60年代后期以来，人们认识到马的呼吸功能障碍与马麻醉、躺卧和保定体位有关。麻醉马匹低氧血症、通气不足和通气-灌注不匹配可进行鉴别诊断后，掀起了呼吸麻醉机的研究热潮。20世纪60年代和70年代，人用麻醉设备被改进用于马匹。这些最早的呼吸机采用“桶内呼吸囊”设计，伯德呼吸机控制气流进入桶内并压迫桶内的再呼吸囊。压迫呼吸囊使囊内的气体进入马匹肺部。这种压缩再呼吸囊的机械方法的基本设计理念目前仍用于所有的马用麻醉呼吸机中。

二、与马有关的解剖学和生理学相关的问题

1. 呼吸道

与犬猫不同，马只能用鼻子呼吸。幸运的是，它们的鼻气道较大，这使它们在诱导和维持麻醉期间或短时间内侧卧保定时通常不易发生气道阻塞。然而，如果麻醉并长时间（＞1h）仰卧保定时，静脉瘀血和水肿会导致鼻道部分或完全阻塞，尤其是当头部低于身体时。因此建议装置气管插管以保持气道开张，并促进氧气的输送和/或建立辅助呼吸。即使在马匹的浅麻醉状态下，经鼻插管术或经口插管术也很容易完成。

清醒状态下的马，潮气量（VT），即吸气和呼气的气体量为10～13mL/kg。生理死腔（包括解剖学和肺泡死腔）约为5mL/kg，死腔与VT之比约为50%。相比于其他物种（如犬和人），马的生理死腔与潮气量之比较大。对麻醉马匹给予更大通气量（5～6mL/kg）的辅助呼吸显得特别重要，因为低通气量是其他物种推荐的通气量，马需要较大的通气量才能达到类似程度的肺泡通气（图17-1）。麻醉并仰卧后，生理死腔会立刻增大，而且自主呼吸马匹的生理死腔还可能会随麻醉时间的推移继续增大，尤其是在仰卧保定时。这可能是通气-灌注不匹配和肺右向左血管分流引起的。心输出量和肺容积的减少，肺/胸壁力学的改变以及重力对肺血流的作用都是导致上述变化的因素。控制通气对马匹死腔的影

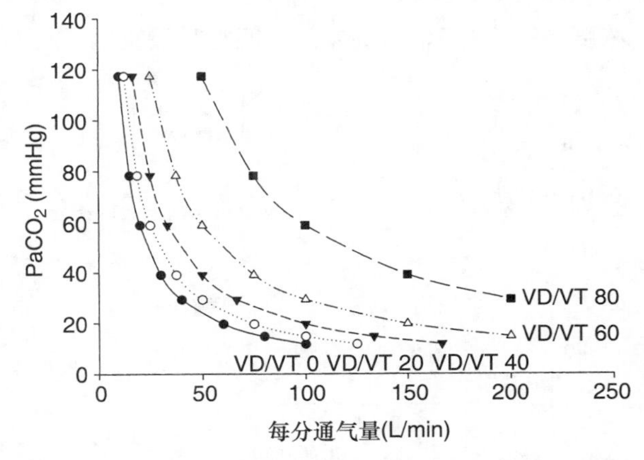

图17-1 当死腔与VT比率（VD/VT）从0到80%增加时，$PaCO_2$（mmHg）和每分通气量（L/min）的关系。清醒状态马匹VD/VT约为50%。更大的VT通常造成更低VD/VT比率，从而降低想要达到的$PaCO_2$水平而需要的每分通气量

响很可能与其他物种类似。例如，自主呼吸马匹的肺泡死腔会随着控制通气的建立而增加或减少。一般而言，使用低室性心动过速或需要较大气道压力的策略更可能导致吸入气体通气死腔百分比相对较大或肺泡死腔实际增加。

2. 肺的力学

自主呼吸期间，吸气肌群运动，胸腔内产生负压使肺扩张。自主呼吸马匹正常的最大经肺压约为5cmH_2O（参阅第2章）。目前使用的所有呼吸机都采用正压来扩张肺部。麻醉状态下健康马匹的气道和大气压力之间的吸气峰值压力（PIP）（如经肺动脉压）为20～35cmH_2O，以输送10～15mL/kg的VT。麻醉状态下侧卧马匹与自主呼吸站立的马匹经肺动脉压的主要区别来自胸壁和横膈膜的影响。尤其是当使用正压通气（PPV）时，施加在肺部的压力必须也能同时扩张胸壁和横膈膜。马匹需要的正常PIP值也与其他物种（如犬或猫等）的要求明显不同。例如，后者需要12～15cmH_2O的PIP才能提供10～15mL/kg的VT。通过扩张胸壁和横膈膜来扩大胸腔所需的力的变化是造成这些差异的原因。

3. 气体交换装置

总的来说，麻醉和仰卧位的马匹产生的生理变化与其他物种发生的变化相似，但仍存在一些显著差异。例如，在同等吸入浓度下，自主呼吸的马的呼吸抑制程度和由此导致的CO_2浓度增加相对高于犬。同样，以恒定呼气末浓度给予吸入麻醉剂时，自主呼吸马匹的PaCO_2通常随时间增加而增加，但犬的PaCO_2水平通常保持不变。由于这些原因，当吸入麻醉的持续时间预计超过60min时，马通常需要使用通气支持。

麻醉状态下，马匹和小动物之间最显著的差异之一是马匹PaO_2会大幅度下降且肺泡动脉氧梯度增加。在正常条件下，基于肺泡内气体预测方程，一只动物的PaO_2应约为吸入氧气浓度（%）的5倍。例如，一匹在呼吸室内（21%的氧含量）清醒站立马匹，测得的PaO_2为

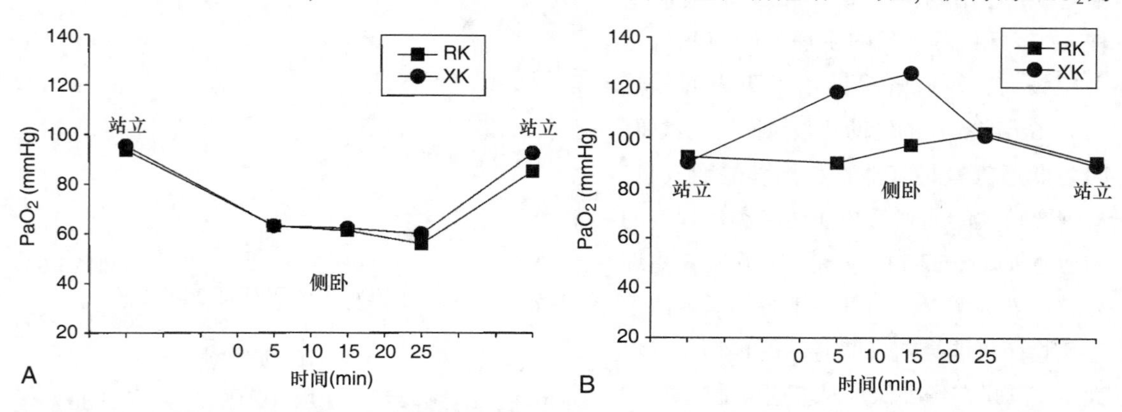

图 17-2 A. 健康马静脉注射麻醉剂和呼吸室内空气动脉氧分压（PaO_2）的典型变化。注意两种麻醉方案［罗米非定/地西泮/氯胺酮（RK）与赛拉嗪/地西泮/氯胺酮（XK）］的相似之处。还应注意在整个侧卧位期间PaO_2值一直低（约60mmHg），在马站立后不久恢复到接近正常水平的PaO_2值 B. 维持静脉麻醉时，将鼻气管插管至气管中段，以15L/min供氧，PaO_2值（＞90mmHg）

90～100mmHg（5×20%）。如果呼吸100%氧气（5×100%）时，PaO_2值应接近或超过500mmHg。相比之下，全身麻醉状态下马匹呼吸室空气的正常氧气水平为55～70mmHg，显著低于使用类似方案麻醉的其他物种。尽管马匹PaO_2值通常处于200～300mmHg内，但即使吸入氧气的浓度接近100%，吸入麻醉期间马匹PaO_2值也可低至50～60mmHg。肺塌陷引起的总体通气-灌注不匹配、肺泡不张和肺内血管分流是造成麻醉状态下马匹PaO_2低于预期的主要原因。为了解决PaO_2值降低的问题，治疗主要致力于两种途径。第一种是增加吸入的FiO_2；第二种是针对减轻肺不张和因此引发的肺内分流的通气策略。

尽管诸多因素更倾向于降低马匹肺内气体交换的效率，但远端气道和肺泡（科恩孔）中连通通道的存在为肺中提供侧支通气，虽然科恩孔在健康马匹有效气体交换中可能并未发挥较大作用，但其可能有助于维持肺部膨胀状态，虽然很难延长膨胀时间（增加时间常数；参阅第2章）。

三、补氧的适应证

具体地说，补氧是增加患畜吸入气体的氧气分数（FiO_2），可使自主呼吸马匹或马驹的$PaCO_2$值达到可接受水平，但PaO_2值却低于60mmHg（框表17-1）。临床上，如果不进行血气分析，很难确定马的氧气状态，除非情况非常严重而且存在发绀。只要可能就应该补充吸入的氧气，并密切监测马匹的通气情况。PaO_2张力通常降至55～70mmHg，但是联合应用α_2-肾上腺素受体激动剂、肌肉松弛剂（苯二氮卓或愈创木酚甘油醚）和分离性麻醉剂（氯胺酮；图17-2，A）麻醉，在呼吸室内空气（21%氧含量）的马体内，其$PaCO_2$张力保持在35～45mmHg的正常范围内。60mmHg的PaO_2虽然很低，但仍能使90%的血红蛋白氧合，因此此时氧气的供应是足够的（参阅第2章）。然而，如果马匹通气不足（f＜4，VT＜10mL/kg），动脉和肺泡的CO_2浓度增加，PaO_2进一步下降，很可能发展为低氧血症。总之，通气-灌注不匹配和较低的PaO_2可消耗麻醉马氧气供应的大部分安全储备。补氧可降低通气不足对肺泡氧含量的影响，改善动

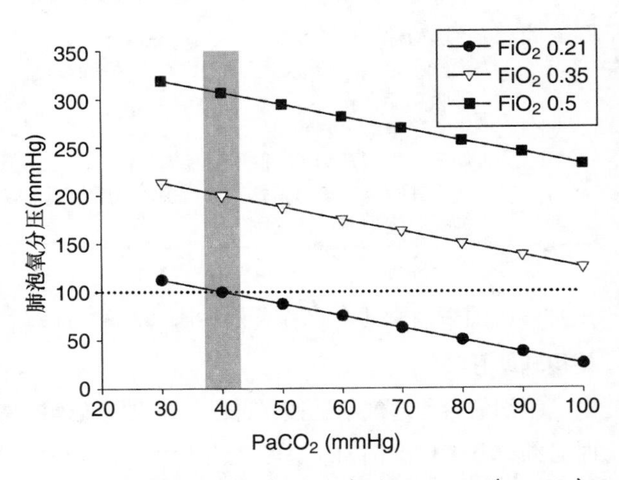

图17-3　肺泡氧分压（mmHg）与$PaCO_2$（mmHg）的比值与不同吸入氧浓度分数（FiO_2）之间的关系（FiO_2=0.21=2 1%）

FiO_2从0.21（室内空气；λ）增加到0.35（▽），最后增加到0.5 0（■），肺泡PaO_2从100mmHg增加到300mmHg■以上（$PaCO_2$=40mmHg；阴影区）。

脉内氧合作用（图17-2，B）。通气不足（CO_2浓度）显著影响不同吸入氧气浓度下自主呼吸麻醉马匹的肺泡氧分压（图17-3）。随着吸入氧气的增加，动脉血氧浓度的改善程度取决于通气-灌注不匹配程度和肺血管的分流程度（表17-1）。麻醉后的健康马匹在侧卧或仰卧保定时的血管分流程度分别在15%～25%变化。即使吸入氧气浓度低至40%，也可以观察到在这种分流程度下补氧对PaO_2的好处。不幸的是，某些病理情况会产生足够大的右向左分流（如50%），从而低通气甚至高通气补氧效果微乎其微。

导致氧气输送障碍进而导致不良后果的确切PaO_2值取决于多种因素，包括动物的体型、心输出量、血红蛋白含量和缺氧持续时间。但一般情况下，如果PaO_2低于60mmHg，即建议补氧。马的PaO_2值为60mmHg，相当于血氧饱和度约为93%，通常被认为是可以接受的最低限度，因为低于这个水平的PaO_2的小幅下降可导致血氧饱和度和动脉血氧含量的巨大变化。

四、辅助呼吸的适应证

辅助呼吸的适应证包括出现呼吸暂停、中度至重度高碳酸血症、出现吸入氧含量增加情况下的低氧血症和/或过度呼吸（框表17-1）。辅助呼吸的主要目的是使患畜更好地从肺部排出二氧化碳（通气），并将氧气输送至肺泡。除了改善通气和潜在的氧合作用外，建立辅助呼吸还能通过增加肺泡通气来加快肺泡内吸入麻醉药浓度变化的速度，有助于采用吸入麻醉维持麻醉深度的改变。使用辅助呼吸也更容易维持稳定的吸入麻醉水平（吸入麻醉剂的药物传递系统是肺）。当应用神经肌肉阻滞剂或外科介入治疗胸腔疾病（膈疝修补术、开胸术和胸腔镜检查）时，都必须使用辅助呼吸。

框表17-1　补氧和通气的适应证

补氧	低氧血症，氧分压＜60mmHg；Hb＜5g/dL
通气	呼吸暂停（低氧血症）PaO_2＜60mmHg 通气不足（高碳酸血症）$PaCO_2$＞70mmHg 呼吸功能下降 建立稳定吸入麻醉 便于手术（开胸术，胸腔镜检查） 使用独特体位进行特殊的外科手术（腹腔镜，取胎术） 神经肌肉阻滞药物使用

组织氧合和通气不是独立过程，建立以改善提高动脉血氧或二氧化碳浓度为目的的控制通气时必须一并考虑。例如，马匹心输出量和肺内分流分数可以显著改变供氧和/或控制通气对随后的动脉血氧分压的影响。建立PPV可以不同程度地影响患畜的心输出量、肺内血管阻力和肺内血管分流。控制通气与血液动力学状态之间的相互关系强调了评估通气影响的重要性，并应在为重病马匹建立辅助呼吸之前考虑（图17-4）。例如，为患有肠梗阻（绞痛）和严重腹胀（臌胀）的马建立间歇正压通气（IPPV）可使心输出量和动脉血压降低到令人无法接受的低值。除非给马匹做肠道减压或开腹术，否则不应启动IPPV，从而减少对腹腔和膈肌的压力，促进静脉回流。

表17-1　肺内分流量和多种不同吸入氧气浓度（FiO_2）的PaO_2（mmHg）预测分流比例

		分流比例（%）			
		5%	10%	20%	50%
FiO_2	21%	110	100	90	45
	50%	240	180	100	50
	100%	600	500	290	55

尽管麻醉马匹呼吸暂停的临床发病率尚未有统计资料，但许多研究调查已表明，注射麻醉和吸入麻醉剂均具有剂量依赖性呼吸抑制。正如上文中提到的，肺换气不足和窒息对患畜氧合能力的影响取决于吸入氧气分数（FiO_2）。通气不足和呼吸暂停导致肺泡低氧分压，并因此在1～2min内发生低氧血症。相反，当马匹因吸入高氧气分数（FiO_2）处于高肺泡氧分压时，呼吸暂停期间PaO_2通常能在可接受范围内保持至少5min（图17-5）。此外，假设基础代谢率正常，且不考虑FiO_2，$PaCO_2$浓度在呼吸暂停期间每分钟上升3～6mmHg。因此，当确实发生呼吸暂停时，几分钟内就需要正压通气支持，以防止$PaCO_2$水平快速上升。

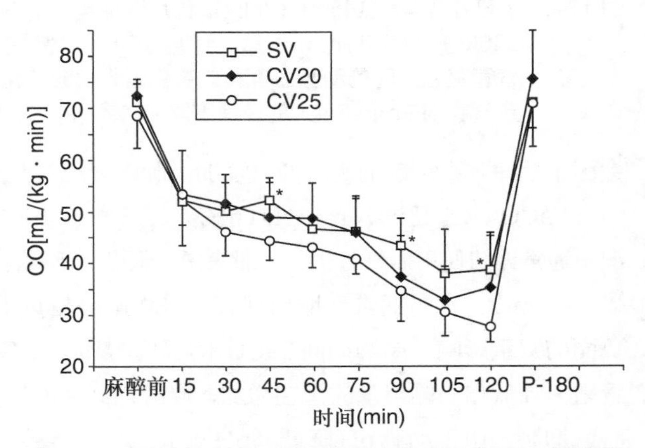

图17-4　七匹纯种母马用赛拉嗪—咪达唑仑—氯胺酮麻醉后用含氟烷的氧气维持麻醉的心输出量（CO）的连续变化

麻醉前和自主呼吸SV（□），控制通气（CV）的吸入峰值分别为20（◆）和25（○）cmH_2O的心输出量。$*P < 0.05$ SV

通过呼吸机或供氧辅助装置调整VT和呼吸比率，很容易将马匹的$PaCO_2$水平调整至目标水平。虽然为无症状患马提供通气支持是有益的，但麻醉马可接受$PaCO_2$水平的最佳范围仍存在争议。有报道称，在用氟烷、异氟醚、七氟醚或地氟醚维持麻醉的手术期间，自主呼吸的健康马匹的$PaCO_2$水平的正常范围为60～80mmHg。仰卧位马匹的高碳酸血症程度通常高于侧卧位的马匹，并随着麻醉持续时间而增加。静脉输注麻醉药物，马匹的呼吸抑制程度可变，同时一些作者报道称其$PaCO_2$水平与使用吸入麻醉药的相似；而另一部分人则报道称注射麻醉剂的呼吸抑制程度较少。

全身麻醉状态下马匹的高碳酸血症主要是麻醉药对主要呼吸中枢抑制作用的结果。这种抑制表现为马匹的呼吸频率和/或VT降低。呼吸频率和VT可随着麻醉方案的改变而异。例如，用异氟醚维持麻醉马匹的呼吸频率可能下降更大，但其$PaCO_2$水平与使用等量氟烷维持麻醉的马相似。全麻下体位变化引起的呼吸功增加可能导致肺换气不足和通气灌注不匹配。为了便于手术矫正脊柱不稳，仰卧保定且两前肢沿身体两侧向后拉的马匹通常会出现过度换气，通常，即

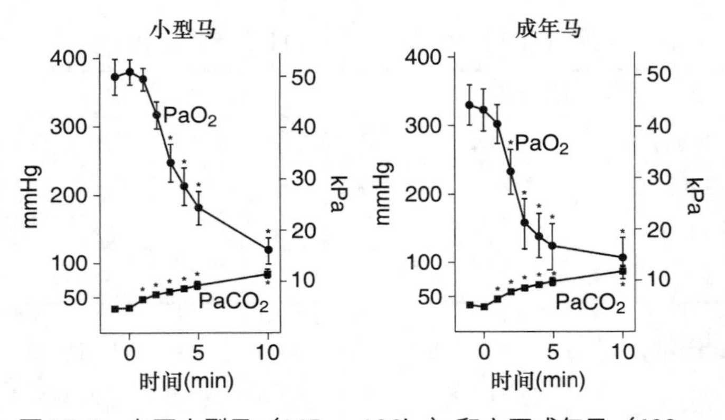

图 17-5　六匹小型马（145 ～ 186kg）和六匹成年马（409 ～ 586kg）以 15L/min 供氧，作用 10min（胸腔入口气管窒息）时的动脉血氧和二氧化碳张力的变化。注意气腹前 3min PaO_2 的快速下降

使呼吸100％的氧气，也可能出现$PaCO_2$显著升高和PaO_2显著降低（＜100mmHg）。全身麻醉剂对呼吸中枢的影响是全身麻醉期间马匹$PaCO_2$水平增加的主要原因，也是防止或减少呼吸频率或VT的正常代偿性变化的主要原因。这一结论得到观察者的支持，即清醒状态下侧卧和仰卧的小型马/马匹$PaCO_2$是正常的。同样，肺内分流并不会由于肺泡通气代偿性增加而导致清醒马匹的高碳酸血症，而麻醉马则不会因中枢性呼吸抑制而出现通气增加，肺内分流对麻醉马匹的高碳酸血症贡献不大。

$PaCO_2$水平超过70mmHg（pH＜7.25～7.20）时应考虑控制通气。在野外甚至常规实践情况下通常无法使用血气分析。一般来说，假设基础代谢率正常，如果马匹呼吸频率降低到4次/min以下，$PaCO_2$水平通常会增加到75 ～ 80mmHg以上。$PaCO_2$增加可对心血管系统产生积极和负面的双重影响。麻醉期间$PaCO_2$的轻度增加（$PaCO_2$=40 ～ 70mmHg）可导致血管舒张、血管阻力降低和心输出量的潜在增加。麻醉期间$PaCO_2$的大幅增加（$PaCO_2$＞70mmHg）会导致心肌抑制，由于动脉pH降低（pH＜7.20）而导致细胞稳态和酶功能受损，以及由于交感神经激活和循环儿茶酚胺水平升高导致的心律失常风险增加（框表17-2）。$PaCO_2$升高对离体心脏有直接的心肌抑制作用，轻度至中度的高碳酸血症在健康动物中具有间接的兴奋和舒张心血管的作用。因此，高碳酸血症可能有助于抵消一些用于维持全身麻醉药物的负面心血管效应。

一旦做出控制通气的决定，至少在健康马匹上不建议以患畜体内血碳酸为目标来设置呼吸机。允许$PaCO_2$高于正常的基本原理是将PPV对心血管的直接抑制作用最小化并保持$PaCO_2$中度增加对心血管系统的间接兴奋作用。调查评估PPV的血液动力学效应和研究评估$PaCO_2$水平增加对控制通气麻醉马匹的血液动力学参数作用的结果支持该方法。例如，使用PPV策略麻醉的马匹，其$PaCO_2$值达到35 ～ 45mmHg，平均动脉血压和心输出量远小于通气时间短、$PaCO_2$更高的马，此外，在试验条件下马匹用恒定每分通气量，并通过改变吸入二氧化碳浓度调整$PaCO_2$，会出现中度水平的高碳酸血症（$PaCO_2$≈80mmHg），从而增加全身动脉血压和心输出量，同时心率保持在基线水平（图17-6）。与血碳酸正常或$PaCO_2$低于正常水平相比，$PaCO_2$升高，麻醉结束时更易快速恢复自主呼吸。

自主呼吸的马及PaO_2值低于80mmHg的马可能会从辅助呼吸中获益。不同于$PaCO_2$值，获得特定的PaO_2值并不容易完成。如果在麻醉诱导后立即控制通气，与在诱导麻醉后自主呼吸一段时间（＞30min）相比，其PaO_2通常维持在更高水平。本书的几位作者也证明了马匹从自主呼吸向控制通气转变时PaO_2得到明显改善；但另一些作者持不同意见，有些马匹未见改善，有些马匹实际上出现PaO_2降低。最关键的是，一旦出现低氧血症，氧合作用的改善与控制通气不一致。例如，在一项预测性临床试验中，只有50%的自主呼吸并仰卧保定的低氧血症马匹随着控制通气的建立，PaO_2有所改善。一旦马肺部出现严重的肺不张，使用传统的通气策略很难使肺部这些区域复张。使用包括呼气末正压（PEEP）和强心剂的通气策略已被证明可以改善氧气水平。然而，目前尚不清楚这种策略是否能改善低氧马的氧合状态。同样，最近一项对小型马的调查研究表明，通过逐步增加PEEP的策略增加肺复张可以改善氧合作用。复张策略是将PIP增加至45、50和55cmH_2O，同时将PEEP维持在20cm H_2O。作者认为尽管这项技术尚未在血氧过低的马匹中进行测试，但这种复张策略产生的心血管不良反应是可接受的。还有人建议这种复张策略需在麻醉早期（＜30min）进行，因为一旦出现低氧血症，控制通气可能无法改善马的氧合作用。从全身麻醉和仰卧开始时进行控制通气会导致PaO_2增大，使低氧血症的发病率降低，特别是希望延长麻醉时间的情况下。目前尚不清楚这项建议是否应根据所用麻醉方案的类型（即吸入麻醉与注射麻醉或注射麻醉与吸入麻醉联合使用）加以修改。

虽然很少有临床测量，但可以假设在麻醉期间马匹呼吸压力会增加。例如，由于气道直径而必须使用小号气管插管或为了便于手术进入咽或喉而选择性使用小号气管插管时，呼吸压力增加可能会显著增加临床上通气不足的风险。同样，马的构造、保定（包括四肢的保定）、腹内压的增加［或是因某些类型的绞痛

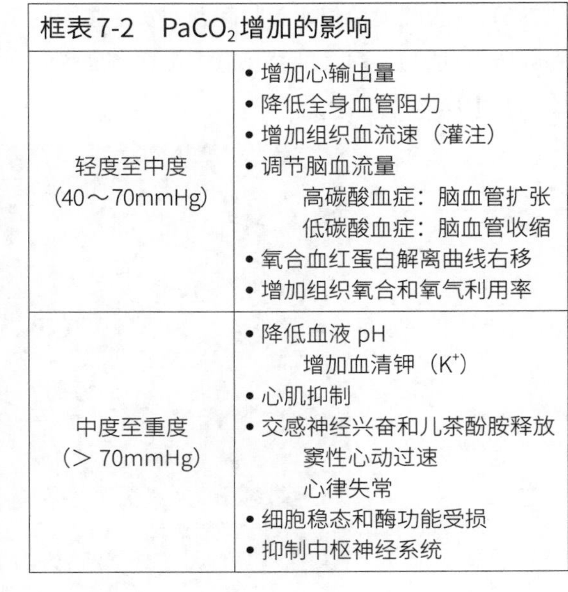

框表7-2 $PaCO_2$增加的影响	
轻度至中度（40～70mmHg）	• 增加心输出量 • 降低全身血管阻力 • 增加组织血流速（灌注） • 调节脑血流量 高碳酸血症：脑血管扩张 低碳酸血症：脑血管收缩 • 氧合血红蛋白解离曲线右移 • 增加组织氧合和氧气利用率
中度至重度（＞70mmHg）	• 降低血液 pH 增加血清钾（K^+） • 心肌抑制 • 交感神经兴奋和儿茶酚胺释放 窦性心动过速 心律失常 • 细胞稳态和酶功能受损 • 抑制中枢神经系统

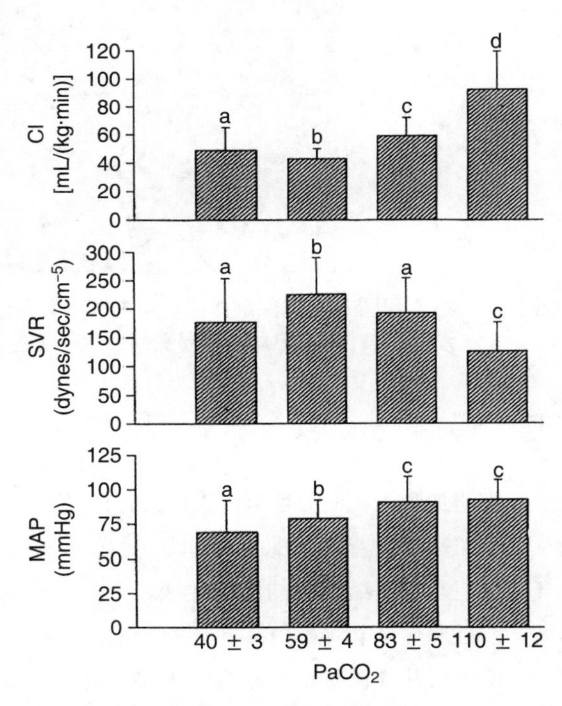

图17-6 $PaCO_2$升高对8匹体重在425～550kg之间的成年马匹的心脏指数（CI）、全身血管阻力（SVR）和平均动脉血压（MAP）的影响。以相同字母（a～d）组内差异不显著；$P < 0.05$

(臌胀)]、腹腔镜检查或腹腔问题而发生腹腔内压力增加及因胸腔和横膈膜的顺应性降低而增加呼吸压力（图17-7）。推荐在麻醉早期考虑控制通气，必要时密切监测血流动力学状态（动脉血压）并予以支持。

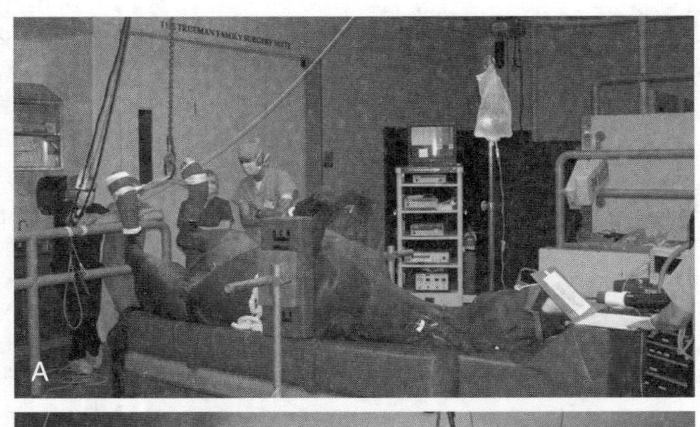

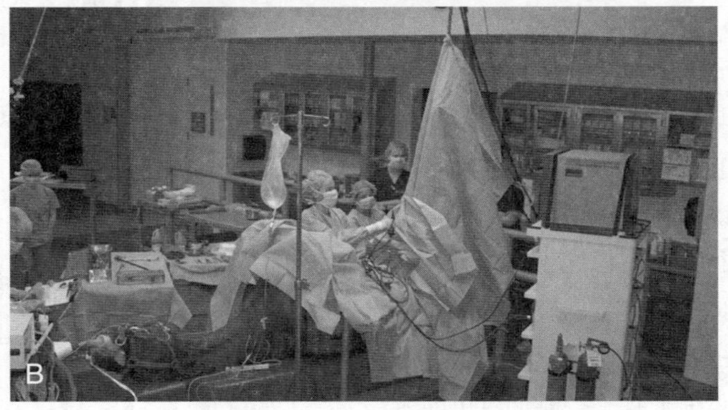

图 17-7　图 A 和图 B 马的保定体位对肺内气体交换有显著影响。腹腔镜手术马仰卧并后躯抬高，向腹腔注入二氧化碳（B），容易受到通气—灌注不匹配、低氧血症和高碳酸血症的影响

五、设备

1. 增加吸入氧气分数（FiO_2）的方法

增加FiO_2需要氧气来源和输氧方法。医院最常用的是贮存液态或压缩氧气的氧气罐或大型气瓶，但贮存压缩氧气的小型便携式气瓶更适用于户外。为了安全高效地从气罐或气瓶中输送氧气，必须有一个附着在氧源上并降低从罐内逸出氧气压力的减压阀（参阅第16章）。

使氧气从氧源输送到动物有很多不同的选择。用于最大化吸入氧气含量的最高效系统是经口或经鼻腔将气管插管插入患畜体内，并与具有氧气供应控制功能和二氧化碳清除系统的麻醉机连接。如果气道是密闭的，较高的氧气流速可在10～15min内使标准大型动物麻醉呼吸回路内的氧气浓度超过90%（参阅第15章）。如果不能或不想进行气管插管，可将麻醉呼吸回路与面罩连接后置于马或马驹的口鼻上，但这对大多数成年马术中并不能很好耐受。供氧面罩大多数情况下仅限马驹使用，用于使用注射麻醉剂进行诱导麻醉之前或在联合应用吸入麻醉药期间的预给氧。

氧气的来源可以起始于柔软的氧气管道和定值阀门。定值阀门与经口或经鼻气管插管相匹配。定值阀门可导致随自主呼吸输送的FiO_2增加，但主要用于提供辅助或控制呼吸。定值阀门可增加气道阻力，在自主呼吸期间不应留在原位。当麻醉终止，马匹从辅助呼吸向自主呼吸转变时，它常用于提供IPPV。

鼻、咽、气管内或经气管通气均可用于增加FiO_2，氧气通过连接到流速计、调节器和氧气来源的各种长度的弹性软管输送。动物呼吸道内空气混合供应的氧气，使肺泡氧气含量的范围为30%～70%。通常，氧气输送至气道末梢越远，特定氧气流速下FiO_2的增加幅度越大。注射麻醉状态下自主呼吸侧卧的马匹，气管内供氧气（15L/min）会导致PaO_2值类似于或高于站立自主呼吸的马。目前尚未开展马匹在气管插管末端处接受输送的不同FiO_2值的对照研究。使用氧气流速为15L/min方法通气仍然依常规做法，因其对通气障碍患畜的PaO_2有潜在益处。

2. 机械控制通气

呼吸机可以是独立的单元，也可以与麻醉机集成为一个设备。重症监护呼吸机（包括高频呼吸机）是为长期辅助呼吸而设计，通常作为可提供吸入气体加湿和控制吸入氧气浓度（%）。麻醉呼吸机通常设计成与吸入麻醉给药系统匹配，是完整的或易于麻醉环路套装（参阅第16章）。大多数为马匹设计的呼吸机可与麻醉机合并，但目前市售的小动物用呼吸机，体重高达80kg的马驹也可使用。麻醉呼吸机是机械化设备，尽管有时很复杂，但可代替手动挤压麻醉呼吸回路储气囊。换句话说，机械呼吸机扮演着挤压呼吸囊或螺纹管机械手的角色。马驹使用麻醉呼吸机的相关信息与成年马的相似。

3. 分类

呼吸机通常根据主要控制变量分为两大类，即限制、预设变量或目标变量。这两类包括容量限制和压力限制，指的是能为患畜提供VT或由呼吸机在患畜呼吸回路内产生PIP（框表17-3）。其他可控变量和能够影响目标体积或压力值的变量包括吸入气体流速（限定流速）以及吸气和呼气的持续时间（定时）。可用于描述呼吸机的附加特点，包括其动力来源、驱动器、循环装置和螺纹管类型。

框表17-3　马用呼吸机的常见模式

压力限制	• 压力控制通气（速率和体积可控） 设定预定压力；时间触发，循环时间，压力限制；也被称为间歇性正压通气 • 压力支持（辅助）通气 设定预定压力；患畜触发，压力受限的控制通气
容量限制	• 可控辅助呼吸（速率和体积可控） 预定速率和体积 • 辅助可控辅助呼吸 患畜触发，预定潮气量 • 间歇性强制通气 自主呼吸；以预定潮气量输送的强制定时呼吸

注意：多种马用呼吸机可以在容量可控定量模式下操作。

（1）主要控制（限制、预设或目标）变量　如上文提到的，大多数麻醉呼吸机被描述为定容或定压呼吸机，而且正是这个变量决定了提供呼吸时可获得的最大体积或压力。特别是对于定量呼吸机，输送给患畜的VT是预设的，而在定压呼吸机中，操作者设置的是PIP。如上文提到的，吸入气体流速、吸气持续时间、吸气：呼气比（I ： E比），和/或呼吸时间都可能会影响两种呼吸机实现VT或PIP目标。吸入气体流速和吸气持续时间通过许多定量呼吸机间接控制VT。此外，在体积预设的通气机中，呼吸机上设定的VT可能与输送给患畜的实际VT不同，这是因为呼吸回路的顺应性变化，新鲜气体进入呼吸回路的速率（流速计设置）或存在泄漏。使用定压呼吸机输出的体积可能会有所不同，取决于预设的PIP，患畜呼吸系统和呼吸回路的顺应性和阻力以及压力传感器的位置。

（2）动力来源 驱动辅助呼吸机的动力来源是电力或压缩气体。大多数用于为马匹通气的呼吸机使用电力和压缩气体的混合能源；然而，两种老式呼吸机［北美德格尔大型动物麻醉机和JD医疗（参阅第16章）］只使用压缩气体，因此当电力不可用时它们更受青睐。

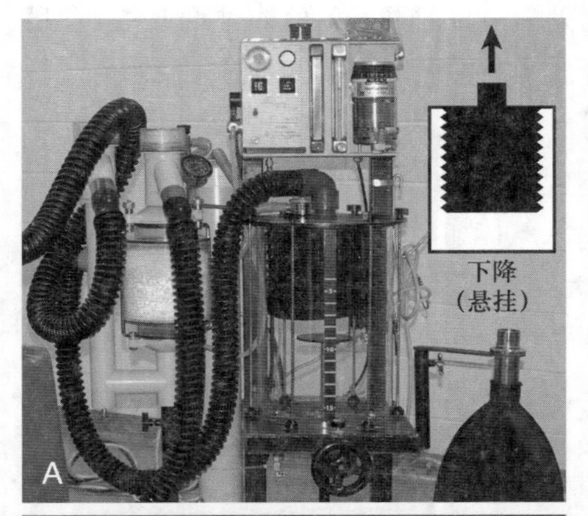

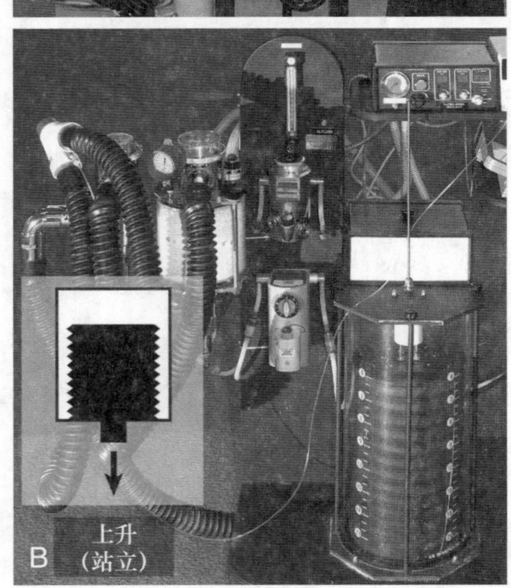

图 17-8 螺纹管类型

A. 下降（悬挂）螺纹管在呼气期间下降
B. 上升（站立）螺纹管在呼气期间上升

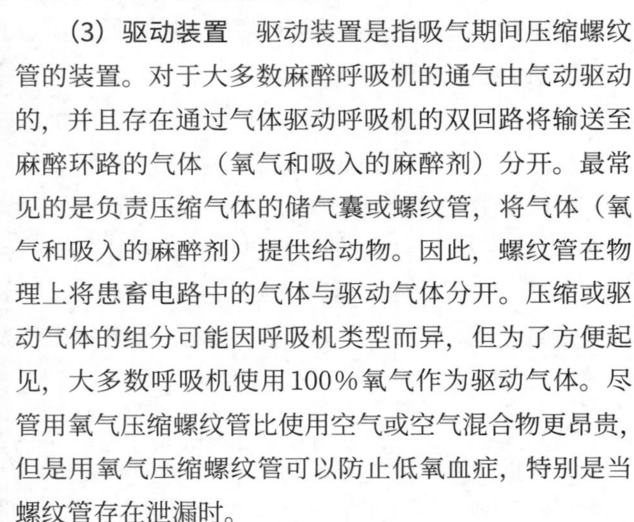

（3）驱动装置 驱动装置是指吸气期间压缩螺纹管的装置。对于大多数麻醉呼吸机的通气由气动驱动的，并且存在通过气体驱动呼吸机的双回路将输送至麻醉环路的气体（氧气和吸入的麻醉剂）分开。最常见的是负责压缩气体的储气囊或螺纹管，将气体（氧气和吸入的麻醉剂）提供给动物。因此，螺纹管在物理上将患畜电路中的气体与驱动气体分开。压缩或驱动气体的组分可能因呼吸机类型而异，但为了方便起见，大多数呼吸机使用100%氧气作为驱动气体。尽管用氧气压缩螺纹管比使用空气或空气混合物更昂贵，但是用氧气压缩螺纹管可以防止低氧血症，特别是当螺纹管存在泄漏时。

（4）循环机制 大多数马用麻醉呼吸机在控制模式（速率和体积/压力预设）下使用，因此根据时间循环进行。即呼吸机设定为预设的每分钟呼吸次数和VT；不管马匹自身呼吸如何努力，都启动吸气，以输送预设的体积或压力（框表17-3）。

（5）螺纹管类型 螺纹管是通过通气循环呼气阶段的螺纹管运动方向描述（图17-8）。当螺纹管在吸气期间下降并在呼气期间上升时，这类螺纹管被称为站立或上升螺纹管。除非呼吸机具有在呼气期间调节螺纹管外罩内的压力系统，上升螺纹管由于螺纹管的重量原因通常具有PEEP作用。螺纹管在吸气期间上升，在呼气期间下降成为下降或悬挂螺纹管。大多数新型呼吸机常配备升压风箱。相比之下，即使回路中存在泄漏，呼吸机下降或悬挂螺纹管在吸气期间继续上升并在呼气期间继续下降，都被认为是安全的。

（6）上升螺纹管呼吸机的操作原理 如之前所述，呼吸机从本质上是手动挤压麻醉呼吸回路储气囊的机械替代品。大多数当前市售马用呼吸机在再呼吸囊接头处（即用呼吸机的连接软管代替呼吸囊）与呼吸回路连接。在启动正压呼吸之前必须关闭麻醉呼吸回路上泄压阀（泄气）。回路中积累的过量气体（体积）由呼吸机内置的压力释放阀控制。随着呼吸开始，在经典气动驱动，双回路容积或压力预设的呼吸机的容器中对螺纹管的外部施加压力。驱动气体进入螺纹管周围的空间，随着螺纹管内的压力增加，呼吸机的压力释放阀关闭；并且螺纹管压缩，迫使螺纹管内的预设体积的气体进入麻醉机呼吸回路和马匹。呼吸结束时，螺纹管腔内的压力降至零；患畜呼出的气体重新充满螺纹管；压力释放阀开放，消除患畜呼吸回路内的全部多余气体。如果使用吸入麻醉，清除软管应连接到呼吸机上的减压阀（大多数呼吸机配备有这一装置）。位于麻醉剂再呼吸回路中或连接到螺纹管的压力测量装置（如正-负压力计）有助于确保输送给动物的PIP不会过大，螺纹管中的压力归零，且呼气时所需的PEEP水平（如0～15cmH_2O）也不会过大。

4. 控制通气模式

目前为成年马提供通气支持的所有方法都使用正压来扩张肺部并促进气体交换。因此，下文中描述的通气模式都被认为是正压通气模式。

（1）间歇性正压通气 为自主呼吸患畜定期性递送正压呼吸称为IPPV。IPPV可通过泄压阀（泄气阀）关闭时手动向麻醉机的再呼吸袋施加压力或通过使用机械呼吸机或供气阀间歇性输送正压呼吸来完成。这种方法通常被认为对需要长时间维持每分通气量的患畜是不合适的。麻醉期间IPPV偶尔用于“叹气”或使肺最大程度膨胀以复张肺部的不张区域。尚不清楚这种技术对马的价值。IPPV还用于麻醉期结束时患畜与麻醉机断开情况下使用。

（2）辅助通气 呼吸启动后呼吸机响应并输送预设体积或压力气体。呼吸速率由马匹而不是VT确定。由于控制通气最常用于预防通气不足，且辅助通气既不能保证固定的每钟通气量的输送，也不能将$PaCO_2$水平降低到所需水平，因此全身麻醉期间的马匹很少使用辅助通气。

（3）机械控制通气（连续或常规强制通气） 控制通气［连续或常规强制通气（CMV）］时，呼吸机被设定为以预设频率（呼吸频率）输送一定体积的气体（如VT），而不依赖于患畜的吸气努力。这是在马匹麻醉期间使用的最常见的辅助呼吸类型。呼吸机设定为输送目标VT（mL）或PIP（mmHg或cmH_2O），具体取决于所用呼吸机的特殊设计（参阅第16章）。通常调节通气设置以达到目标$PaCO_2$（50～70mmHg）。手动通气（物理挤压呼吸囊）或使用供气阀也都可用于提供控制通气。然而，后面这些技术很麻烦且在提供适当的每分通气方面不可靠或不能始终如一。当采用手控通气模式时，在手术水平麻醉并提供足够的每分通气量期间，马匹很少开始通气努力。尽管使用了呼吸机，但是当PaO_2值降至60～80mmHg以下或机器故障

导致马匹 $PaCO_2$ 增加时例外。

5. 呼吸机设置

目前已制造了多种不同的马用呼吸机，许多仍在使用中的旧型号不再市售。虽然基本原理在设计时仍然保持一致，但它们的设计和操作者可调整的具体特征存在相当大的差异。

（1）潮气量 VT是一次呼吸时呼入或呼出的气体量。螺纹管体积的调整决定了在给定呼吸周期内，通过容积定向呼吸器（参阅第16章）能输送到呼吸回路的气体最大体积或VT。操作者还必须调节吸气流速和/或吸气时间来优化吸气期间的气体输送。使用定压呼吸机（参阅第16章）时，PIP决定传递的VT。达到峰值压力取决于操作者设置足够的吸气流速和吸气时间。离开机械呼吸机并参与气体交换的实际气体量受到通气回路、机械死腔和马匹生理死腔的影响。通常，麻醉期间的马匹更宜采用更低的呼吸频率和更大的VT。推荐成年马匹VT的范围为12～16mL/kg（表17-2）。

表17-2　成年马和马驹的推荐通气设置

	成年马	小马驹（＜3月龄）
潮气量（mL/kg）	12～15	10～12
呼吸频率（次/min）	6～8	8～10
吸气：呼气	1：2或1：3	1：3
吸气时间（s）	2～3	2
峰值吸气压力（cmH_2O）	20～30	12～15

（2）频率或呼吸频率 频率或呼吸频率调整决定了每分钟呼吸周期数。6～8次/min的呼吸速率，12～16mL/kg的VT，产生 $PaCO_2$ 的范围通常为45～60mmHg。

（3）吸气流速 吸气流速调节进入储气囊或螺纹管腔的每单位时间的气体体积，从而决定气体离开储气袋并进入马匹的速率（mL/s）。大多数呼吸机所需的最小吸气流速为0.5～1L/（kg · min），大型动物呼吸机能够以400～600L/min的速度输送。吸气流速通常设定为足够高的值，操作者只需调节吸气时间即可。

（4）吸气时间 吸气时间是指吸气气流开始和结束之间的时间。自主呼吸马匹的吸气时间通常为2～3s，正压呼吸机在相同的2～3s时间内调整，以提供VT（表17-2）。吸气流速可以影响和限制吸气时间，特别是给更大的马通气时。例如，不足3s，调节呼吸机输送200L/min（约3.3L/s）的吸气流速不能为低于800kg的马（15mL/kg）输送12L的VT。（3.3L/s×3s=9.9L）。大多数呼吸机上可以调节吸气流速，且需要将其增加至超过250L/min（约4L/s），以在不到3s的时间内提供所需的VT（12L）。

（5）吸气：呼气比 目前大多数市售呼吸机允许操作者控制吸气和呼气相对时间，又称为I：E比。操作者可以在某些呼吸机上设置I：E比，或通过调节吸气流速，吸气时间和呼吸频率间接设定I：E比。跨物种使用呼吸机的传统规则是呼气阶段应该是吸气阶段长度的2倍（I：E比至少为1：2），以便在呼气阶段为肺部充分放气和静脉回心血量提供时间。相对较长的吸气时间（例如，I ∶ E比为1 ∶ 1～1 ∶ 1.5）会导致肺不张区域的复张、肺区的低顺应性或较慢的时间常数（参阅第2章）。然而，吸气时间越长导致胸内压增加的时间越长从而血流动力学恢复的可能性越慢。马匹I ∶ E比最初应设定为1 ∶ 2～1 ∶ 3，再根据气体交换（PaO_2和$PaCO_2$）和血液动力学监测（动脉血压、心输出量；表17-2）进行调整。

框表 17-4　呼气末正压的效果（PEEP）

- 保持、稳定和复张肺单位
- 增加功能性肺活量
- 减少分流分数
- 改善动脉氧合作用（PaO_2）
- 增加中心静脉压
- 减少静脉回流、心输出量和动脉血压
- 增加颅内压
- 可能有助于因使用不当引起的肺部气压伤

（6）呼气末正压　PEEP是指呼气结束时呼气机保持在呼吸回路内的正压。PEEP可用于控制和辅助通气。上升螺纹管呼吸机通常会导致固定的PEEP（站立；见图17-8），因为螺纹管的重量会阻碍患畜呼气。然而，一些呼吸机含有可将呼气末压力降低到零的机械装置。PEEP用于肺不张区域的复张和改善氧合作用（框表17-4）。一些重症监护呼吸机上可特别调节并以cmH_2O为单位显示PEEP的量。PEEP的正常值范围为5～15cmH_2O，但马匹可能需要更高的PEEP值来达到需要的肺改变。这些更高的PEEP值可以改善动脉氧合作用，但会减少静脉回流和心输出量，除非使用适当的液体治疗和强心剂（肌醇，见图17-9）。目前准确控制PEEP不是马用机械呼吸机的代表性特色，PEEP常通过可记录整个呼吸周期的回路内压力的压力计来估算。

（7）吸气压力峰值　吸气末呼吸回路内的峰值压力（PIP）与输送的VT（潮气量）直接相关。为马匹提供12～16mL/kg的VT所需的PIP在马体内变化较大，且取决于马匹的保定、身体状况、腹胀程度和肺的顺应性。典型PIP值为20cmH_2O，侧卧马匹的PIP值为25～35cmH_2O，这个值在仰卧马匹中是足够的。腹胀马匹所需的PIP值可能超过55cmH_2O。一般情况下PIP值不应超过30cmH_2O。大于40cmH_2O对正常的马肺可能有害。

（8）呼气时间　从一次吸气结束到另一次吸气开始之前的时间被称为呼气时间。在一些呼吸机上，该变量用于设定呼吸频率（两次呼吸之间的时间）。需要足够的呼气时间（I ∶ E≥1 ∶ 2）以彻底呼气并避免气体残留在肺内。

（9）吸气敏感度　患畜在吸气期间产生临界值负压可以触发呼吸机启动正压呼吸，称为吸气灵敏度。能够以辅助模式使用的压力-定向呼吸机可能具有此特色。CMV不使用吸气灵敏度或吸气力度。

6. 马用呼吸机

（1）容量定向呼吸机

马拉德大型动物呼吸机　现有几种不同型号的马拉德大型动物呼吸机（如2800、2800B、2800C）；可是它们在设计上都是相似的（即它们都是以体积定向双回路呼吸机）。操作者调节吸气流速（10～600L/min）和吸气时间从而在2～3s内达到所需的VT，这可以通过肉眼可见的螺纹管组件外部“L”的刻度来估算。马拉德呼吸机采用电子控制，并由气动驱动系统提供

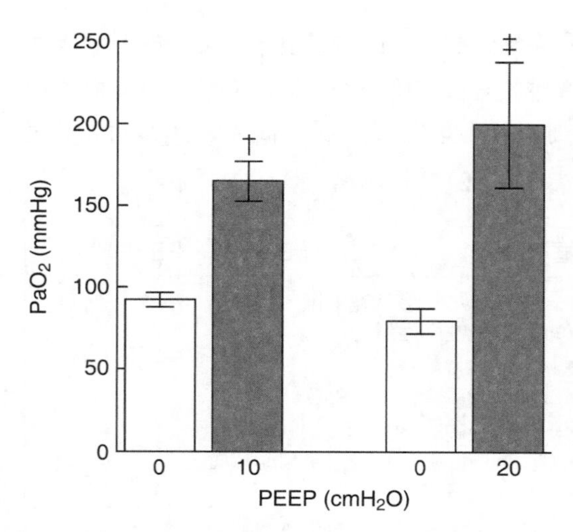

图 17-9　三种水平的呼吸末正压（PEEP）（0、10、20cmH$_2$O）对疝手术马匹 PaO$_2$ 的影响

电子和气动共同驱动；它们被设计成仅在控制模式下提供通气。气动驱动装置需要40～60b/inc（psi）的氧气驱动压力，或者调节空气作为驱动气体。它们是带有上升（直立）螺纹管的时间循环呼吸机（图17-8）。由于螺纹管的设计，当呼吸机连接到麻醉系统且处于待机或关闭模式时，马匹能够以呼吸功增加幅度最小的方式进行自主呼吸。2800型和2800B型的螺纹管容量为21L，而2800C型螺纹管容量为18L。可调设置包括关机/待机/开机按钮，呼吸频率，吸气流速和吸气时间按钮。吸气压力可以从位于螺纹管顶部的正-负压力计获得。使用前设置和泄漏测试期间，应将呼吸机置于待机模式。呼吸频率可以在2～15次/min调节。吸气流速可以拨至低、中或高范围，但这些设置并未提供有关特定流速的更多详细信息。对于成年马匹，吸气流速应调整到中等或高的范围，且应调节吸气时间以达到所需的VT。I：E是根据呼吸频率和吸气时间计算出来，不是直接调节，而是显示估算数字。机器上有PEEP调节旋钮，但它不是为了设置预定PEEP而设计的。相反，该控制元件通过调节可在呼气时于螺纹管腔内产生负压的气动真空泵，将PEEP设置从大约5cmH$_2$O自然发生的PEEP水平（由于上升螺纹管设计）调整到大气压（0PEEP）。不管通气设置如何，呼吸机上的手动按钮还是能允许呼吸交替。这个按钮可在停电时用于提供通气。螺纹管底部的接口软管连接到循环系统再呼吸囊的底部。软管设计成在螺纹管组件的底部处断开，从而优化液体的排出和螺纹管内部的干燥。螺纹管顶部的“释放”装置的作用是在不使用时将螺纹管保持在充分充气的状态，有助于螺纹管组件内部的干燥。当呼吸机连接到循环系统时，打开“释放”装置，呼吸回路上有一个封闭的Y形管和一个封闭的安全（排气）阀，用于检测回路和呼吸机的泄漏。马拉德呼吸机比其他马用呼吸机更安静。可以购买到MRI-兼容型号。

Surgivet DHV 1000LA呼吸机　DHV 1000LA呼吸机是一种定向容量双回路呼吸机。它采用电控，电力和气动双驱动，并通过下降（悬挂）螺纹管进行时间循环。可通过调整螺纹管的尺寸手动调节最大输出量。操作者可调节吸气流速和吸气时间来控制VT。DHV 1000LA呼吸机专为控制通气设计的。控制设置包括一个开关、每分呼吸次数、吸气时间和吸气流速。PIP也是在呼吸机外壳上显示，可以购买到MRI-兼容型号。

Drager大型动物呼吸机　与Narkovet E大型动物系统一起上市的Drager AV呼吸机是第一台可用的Drager大型动物呼吸机。随后的Drager AV-E型呼吸机是与Narkovet E-2大型动物系统一起上市的。虽然目前这两种呼吸机均未完善，但均已经投入使用。两种呼吸机都是定量双回路呼吸机，均设计用于自动通气模式。它们均为电子控制，能源为电子和气动两种。螺纹管是气动驱动的，与下行（悬挂）螺纹管进行时间循环。通过调节螺纹管下降的程度，手动改变螺纹管的尺寸（4～15L）来调节最大输出量（参阅第16章）。这是通过位于螺纹管前盖上方的旋转装置完成的，该装置又反过来调节螺纹管止动板。其他设置包括开关、频率和吸气流速。在Drager AV呼吸机中，I：E比率设置为1：2，而在Drager AV-E呼吸机中，I：E比率可以在1：1到1：4.5范围内调节。呼吸机通过从呼吸囊安装系统分离下来的呼吸软管在螺纹管组件顶部接入回路。要干燥螺纹管内部，必须拆下螺纹管外壳的顶部并手动干燥。

Alpha 400　Alpha 400（法国）是一种专为马匹设计的循环系统麻醉机和电控体积-循环呼吸机。麻醉机和呼吸机可通过压缩空气或氧气提供驱动。在控制或辅助模式下以及自主通气期间均可操作呼吸机。操作者不受呼吸的影响，决定潮气量、通气频率和每分通气量。触发吸气所必需的负压（辅助模式）由操作员确定。吸气气道压力峰值（1～60cmH_2O）和吸气触发压力（-1～20cmH_2O），每分通气量（15～78L）和呼吸频率（3～20次）都可以调节。在麻醉过程中可以轻松更改这些设置。吸气、呼气和平均气道压力、每分通气量、和呼吸频率以数字方式显示。通过调节PEEP阀可实施PEEP（呼气末正压通气）。Alpha 400可移动，高度可调（100～140cm）。螺纹管（10L或25L尺寸）位于有刻度的有机玻璃罐中。螺纹管左侧有一个水蒸气收集器和一个手动排气压力安全阀。4个吸收罐（每个1kg）分别位于再呼吸回路的4个角上。

（2）压力循环呼吸机

JD医疗LAV-3000和LAV-2000 呼吸机　LAV-3000是一种独立呼吸机，LAV-2000是一种带有大型动物麻醉回路的呼吸机。二者都是带有双回路设计的压力-预设呼吸机。因此，在呼吸机上设置吸气压力，可控制输送的VT。下降（悬挂）螺纹管是气动驱动，带有7只鸟呼吸机的改进标志（参阅第16章）。最初为人类应用而制造的马牌呼吸机，经过改造，在吸气时使气体作用于螺纹管外壳，迫使螺纹管上升。接口软管手动连接到螺纹管的顶部；而且与Drager和Surgivet机器一样，干燥和清洁时都需要拆卸。这些呼吸机可用于辅助、控制或辅助控制模式。控制设置包括吸气压力（5～65cmH_2O）、吸气流速（0～450L/min）、呼气时间（5～15s）和吸气灵敏度（-0.5～-5cmH_2O）。与历史上最初使用的“Bagin-a-box”呼吸机不同，LAV-3000和LAV-2000呼吸机的设计允许根据螺纹管运动与刻度的对比肉眼估计VT。它们还被设计为允许在呼气时自动释放螺纹管中的过量气体。大多数国产系统没有此功能，易造成呼气压力（PEEP）过大。

（3）容量或压力-循环呼吸机

史密斯呼吸器LA 2100　LA 2100史密斯呼吸器（荷兰）是体积-循环压力限制的老式“史密斯”机械呼吸机。PIP（峰值压力）可以通过螺纹管底部的呼出气体手动阀控制。它有压缩气体操作，设计成有轮子而易于移动的独立单元。LA 2100史密斯呼吸器可以连接到任何现有的循环麻醉系统，并提供控制或辅助通气。在辅助和控制模式下，前面板都允许对包括每分通气量、

VT和呼吸频率的通气参数进行设置。通过增加空气吹入的阻力，I ：E比率可在1 ：2～1 ：5之间调节。还有一种选择是在呼气结束时应用坚持呼吸以维持肺内正压。麻醉师可控制该功能的时间和压力。螺纹管位于大塑料前盖的旁边；因此，启动机器需要检查VT和适当的机器操作。麻醉废气需要通过19mm管从机器中排除。

清洁时必须打开整个系统面板，这在实践中不易实现。

Tafonius（风神）呼吸机 Tafonius（Hollowell EMC）是一款完全计算化的大型动物麻醉机，具有完整的监测体积或压力循环呼吸机。电子设备可直接控制呼吸气体的运动。消除了气动驱动力层和全部驱动耗气量。Tafonius使用线性驱动器移动活塞来响应操作员的设置和压力反馈信号。线性驱动器在外观上类似于液压活塞；调整电机可以高度精确地控制它。线性驱动器能够将活塞移动一段距离，转换为高达20L的VT，分辨率为50mL。活塞能以任何速度移动并将速度转化为吸气流速。目前的设计可以提供1 200L/min的峰值气道压力控制在80cmH_2O的峰值。这种通过患畜两侧气管内测的气道压力的反馈对体积和流速进行控制，使机器能产生所需的吸气和呼气波形，适用于任何体型的马匹。

7. 辅助呼吸装置

供气阀 供气阀由设计用于经供氧软管连接到压缩氧气源（氧气瓶）和连接到气管插管近端的专用阀门组成。大多数供气阀都配有不同尺寸的适配器，以便与一系列气管插管尺寸相匹配；然而，紧急情况下该阀门可以连接到胃管（当作气管插管使用）。它允许以160～280L/min的流速控制氧气输送。实际达到的流速取决于供气压力和特定的阀门设计。供气阀需要一个供应压力为50～80psi的氧气源，压力越大，流速越高。操作者手动按下触发按钮或传感器检测到在吸气期间产生的气道负压均可启动氧气流。当马匹停止吸气或操作者打开触发按钮时，氧气流速终止。供气阀可用于IPPV（间歇正压通气）或CMV（另外一种间歇性正压通气）。在上述两种情况下，都可以改善马匹$PaCO_2$和PaO_2。根据胸廓运动程度和被动呼吸的持续时间使用供气阀给予正压呼吸时，可估算输送的VT。该系统的呼气是被动的；但通过供气阀的呼气阻力明显增加。因此，建议在吸气结束时将供气阀与气管插管断开，以允许无阻碍呼气。呼吸阻力也限制了在自主呼吸马匹使用供气阀，因为增加的呼吸阻力导致$PaCO_2$增加。已尝试改进供气阀以降低呼吸压力；然而，目前还没有一种能在不降低吸入氧气分数的同时产生足够的吸气流速还能最小化呼吸阻力的可用模式。

六、呼吸机设置的基本要素

无论如何设计，在准备使用呼吸机时都应遵循大体相同的原则（框表17-5）。马匹麻醉前，麻醉机器连接电源和氧气瓶，测试呼吸回路和麻醉机是否漏气，麻醉系统应连接到供气系统上。麻醉剂输送系统应该配有呼吸回路和再呼吸囊，以及进行压力测试。简而言之，这包括密封患

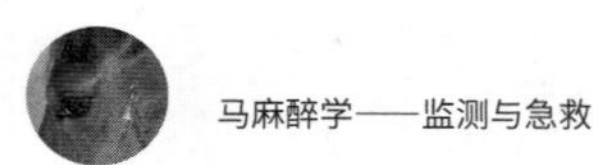

畜端的呼吸回路（在Y形件适配器处）、关闭泄压（排气）阀，并使用氧气冲洗阀或氧气流速计加压使回路压力达20cmH_2O（框表17-5）。

框表17-5　使用呼吸机的准备工作

- 连接呼吸机电源
- 连接气动驱动气体
- 将软管接口连接至麻醉机
- 关闭麻醉机上的压力释放阀
- 将排除废气软管连接至废气净化口处
- 为个别患畜设置通气控制刻度
- 麻醉机和呼吸机的“泄露测试”

理想情况下，没有额外的氧气通过冲洗阀或流速计进入回路时，此压力应至少保持30s。如果回路内压力降低，则应打开新鲜气体流以确定维持回路压力20cmH_2O所需的最小流速。新鲜气体流速小于200mL/min时是可以接受的。其次是麻醉机的压力测试，关闭减压阀，废气排除软管应从减压阀换接到呼吸机上的废气排出口，取下呼吸囊，呼吸机接口软管连接到呼吸囊底部接口（也可以测试呼吸机的泄漏）。任何一种系统泄漏都会使呼吸机在适当的时间内提供适当体积的PIP（峰值压力），如果正在使用吸入麻醉药，很可能会导致室内污染。呼吸回路可以在Y形件上处密封（气管插管接头的连接部位），设置具有上升（站立）螺纹管的呼吸机时使用氧气冲洗阀填充螺纹管。当螺纹管充满并且氧气流入停止时，螺纹管应保持完全充气。带有下降（悬挂）螺纹管的呼吸机可以通过将再呼吸囊连接到Y形件上进行压力测试，使用冲氧阀填充部分囊体，然后启动呼吸机（图17-8）。在Y形件上将足够的VT充入囊内，以在吸气末产生至少10～20cmH_2O的回路压力。如果系统没有泄漏，重复给予正压呼吸时峰值压力应保持恒定。类似的系统设置也可以测试定压呼吸机。

连接电源（电气和气动），驱动气体和废气排除系统，完成呼吸机压力测试后，应在呼吸机启动前调节相关参数。设置不当可能导致肺损伤和/或血液动力学的过度抑制。推荐的控制通气设置应根据马体型（VT），观察到的呼吸频率和胸廓扩张程度，或使用头部造影或动脉血气分析（表17-2）。

在诱导麻醉并与麻醉系统连接后，马匹可立即进行控制通气。用经口气管插管或经鼻气管插管固定和密封气道后，可连接至麻醉呼吸回路；启动机械通气，假设系统已经如上文所述进行了泄漏测试和设置。或者，控制通气开始前可以先将马匹与麻醉机相连并允许其自主呼吸，并检查呼吸机的气体供应和供电情况。患畜呼吸回路上的呼吸囊应该清空并连接到废气净化系统中，并应由呼吸机螺纹管中发出的软管接口替代呼吸囊。关闭减压阀，并将废气净化软管连接到呼吸机。由于全身麻醉对马匹具有呼吸抑制作用，因此在开始控制通气时通常无须使用神经肌肉阻滞药来防止患畜-呼吸机相互作用（患畜与呼吸机对抗或呛咳）。如果马匹的$PaCO_2$保持在60mmHg以下，假设氧合作用充分，马匹很少自主呼吸。

通过减少VT和/或通气速率的通气设置，可解除马匹和呼吸机的连接（恢复自主通气），从而增加$PaCO_2$。$PaCO_2$升高会刺激马匹与麻醉机断开前就开始自主呼吸。一般情况下，一旦麻醉药物给药停止并因此降低呼吸抑制程度，可以轻松地实现自主呼吸的恢复。另一种方法为突然关闭呼吸机，将再呼吸囊重新连接到麻醉回路，以削减的频率（2～3次/min）手动给予间歇性正压呼吸，直至恢复通气。与缓慢停止通气和在与麻醉机断开之前自发呼吸的马匹相比，突然停止通气（产生短暂的呼吸暂停期）的马匹$PaCO_2$更高。两组马的动脉血气水平在5min内基本相同。突然停止通气前继续通气的马匹约5min内开始呼吸。如果采取后一种方法解除马匹的控制通气，马匹在5～6min内没有恢复呼吸，麻醉师应该准备再次启动PPV，推荐使用脉搏血氧仪监测低氧血症。

七、供氧和辅助呼吸对呼吸系统的影响

成年马卧倒保定，导致PaO_2持续降低，这是由于肺体积减小，通气-灌注不匹配以及肺内血液分流增加所致。自主呼吸或控制通气麻醉马匹吸入气体中氧气的补充（增加FiO_2）能始终增加PaO_2和动脉血氧含量（CaO_2）。由于低PaO_2对呼吸中枢的刺激作用，自然呼吸的马在补氧过程中$PaCO_2$也略有增加。由于通气-灌注不匹配和肺内分流，PaO_2的增加与FiO_2不成正比。尽管如此，PaO_2值常增加并导致氧饱和度（SpO_2）超过95%。据报道，施行吸入麻醉并呼吸氧气（＞90%）的马，PaO_2随时间的推移保持稳定。侧卧保定的自主呼吸马PaO_2＞90%，而仰卧马匹PaO_2随着时间的推移而降低。肺不张和通气-灌注不匹配是造成FiO_2升高时PaO_2进行性下降和肺分流分数增加的原因。用吸入麻醉剂“冲洗”肺泡内氮气（80%的室内空气）可增加FiO_2值；用易吸收的气体（氧气）代替氮气很可能导致分流分数随时间的增加而增加。肺泡中的氮气因不易被血液吸收而通常有一定的保护（“夹板”）作用。试验也证实，导致麻醉自主呼吸的马匹FiO_2＞85%的氧气补充会增加肺内分流的程度。一旦自主呼吸的马匹发生肺不张，除非使用一些肺泡复张方法，否则即便回到较低FiO_2后，肺不张仍可能持续存在（框表17-6）。在麻醉早期机械通气可通过减少气道闭合和肺不张的发展，使分流发生率低于自主呼吸马匹。不同于自主呼吸的马匹，除非发生腹胀，否则随着时间的推移辅助呼吸的马匹氧合作用与分流程度仍能保持恒定。

框表17-6　马匹肺膨胀不全的复张

- 在100%氧气吸入麻醉期间，当PaO_2＜60mmHg时，应尽早开始复张策略
- 监测动脉血压和收缩期动脉血压变化
- 必要时给予液体并支持动脉血压
- 具体的复张策略包括：
  - 每隔30s增加5cmH_2O的PEEP至25cmH_2O
  - 30～45cmH_2O的PIP保持15~30s
  - 30～45cmH_2O的PIP保持15~30s，同时保持10~20cmH_2O的PEEP
  - 以45、50和55cmH_2O逐步增加PIP，同时PEEP保持在10～20cmH_2O

目前尚未确定自主呼吸或通气对成年马提供最佳氧合作用（PaO_2）同时使肺不张进程最小化的最佳FiO_2。不幸的是，如果没有血气分析，很难准确评估马匹的氧气状态。供给室内空气（如0.21 FiO_2）导致动脉氧水平较低可能影响到某些马匹的组织供氧；因此，对于长时间吸入麻醉或全身静脉麻醉，推荐使用至少30%～50%的FiO_2。大多数使用吸入麻醉的马匹从麻醉机中获得超过90%的氧气。有趣的是，在分离麻醉前约30min给予乙酰丙嗪（0.035mg/kg，IM）

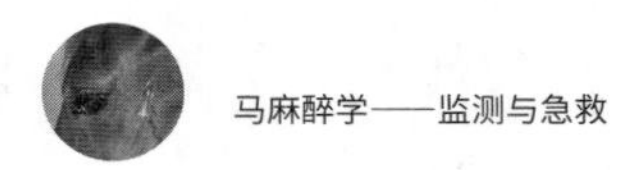

可改善侧卧的自主呼吸马匹的血流动力学和动脉氧合作用。

八、补氧和辅助呼吸对心血管的影响

控制性正压通气可导致心输出量、全身动脉血压和供氧量减少。这些变化的大小取决于马的健康状况、使用的通气策略和马的血容量（框表17-7）。一些研究表明，长达90min时间内，CMV对健康马匹心输出量、每搏输出量或氧气输送没有显著影响。机械通气对心血管的负面影响部分是通过降低二氧化碳水平间接产生的。控制通气通过改变胸内压直接影响心血管功能。吸气时的正压可减少静脉回流、改变肺容量、肺血流分布量和自主神经张力的分布（图17-10）。到目前为止，对心血管性能的直接和间接影响的相对重要性还没有确定。PPV期间胸内压变化对右心室表现的影响可能是影响心血管功能的主要因素。无论何种原因，只要在马匹中建立PPV（IPPV或CMV），就应该预见到心输出量、动脉血压和氧气输送降低的可能性，推荐监测通气马匹的血压，并在必要时给予强心剂。

框表17-7　辅助呼吸的不良后果
• 心输出量减少（静脉回流减少，心脏压迫） • 动脉血压降低（MAP=CO×SVR） • 肺表面活性物质失活（肺部僵硬） • 气压伤：肺内高压引起的肺损伤导致局部肺扩张大量增加，并引起间质性肺气肿，空气栓塞 • 容积伤：增加肺泡 - 毛细血管通透性；高肺容量通气引起的水肿 • 肺不张伤：低潮气量通气后反复开张 / 闭合肺部单位引起的肺损伤 • 生物伤：受损或患病肺的通气引起炎症细胞的激活和细胞因子的释放

1. 胸腔内压力变化对静脉回流和右心功能的影响

在吸气和自主通气期间，胸腔内压通常会降低。全身静脉回流取决于外周静脉（如胸腔外静脉）和右心房（如胸腔内静脉）之间的压力梯度。自主吸气时血液流入胸腔和右心房（静脉回流）增加。假设心脏收缩功能正常（Starling效应），右心室前负荷和每搏输出量增加。相反，吸气和PPV时胸内压力增加，从而减少静脉回流至右心房。右心室前负荷和右心室每搏输出量减少，可能导致心输出量和动脉血压降低（图17-10）。平均气道压力和平均胸内压是决定PPV对右心室前负荷和心输出量影响的关键因素。最小化PIP、PEEP和吸气持续时间的通气策略可减少通气对右心室功能的影响。

大多数马控制通气策略已被证明会影响心血管功能。定向压力通气模式中PIP调至20cmH_2O，较25cmH_2O能减少心血管功能改变。后者的$PaCO_2$显著降低，这可能是血液动力学结果差异的原因之一。PEEP值在5～30cmH_2O对心输出量、全身动脉压和氧气输送有负面影响。这些后来的调查结果表明，平均胸内压升高引起的静脉回流受阻是导致麻醉马匹心输出量减少的原因。

马匹的血容量状态影响着对控制通气的反应。具体而言，PPV在有或没有PEEP时在低血容

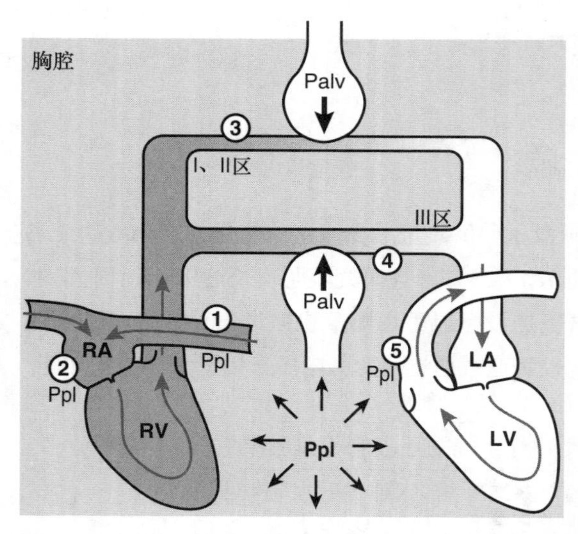

图 17-10　①控制通气和胸膜内压（Ppl）升高对静脉回心血量的影响　②右心房压力　③肺毛细血管（右心室后负荷）　④毛细血管血容量　⑤主动脉血容量（左心室后负荷）

控制通气增加右动脉压力和右心室后负荷，将血液从肺毛细血管挤向左心室，减少左心室后负荷。机械通气吸气期间静脉回流和右心室输出量减少导致呼气期间左心室充盈和输出减少，引起等血容量马匹单次机械通气收缩压的轻微变化。收缩压变化（SPV）与血容量状态相关，在低血容量的马匹更明显。适当的液体治疗有助于减少 SPV。

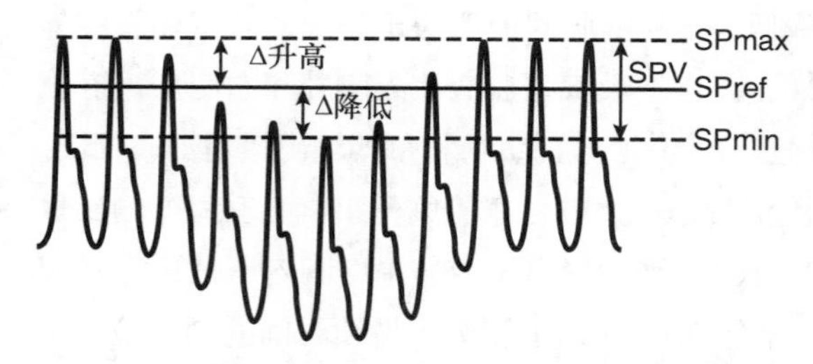

图 17-11　机械通气时动脉收缩压（SP）和收缩压（SPV）的变化。机械吸气和呼气期间测得的最大（SPmax）和最小（SPmin）。与呼气末收缩压（SPref）相比，收缩压升高（Δ 上升）和降低（Δ 下降）应小于10mmHg。即使动脉收缩压和心率相对正常，但大的 SPV 和更重要的大的 Δ 下降（＞ 10mmHg）仍表明血容量过低

量或血管舒张（内毒素或脓毒性）的马匹中比在正常的血容量马中的负面影响更大。

由于胸腔内压力的增加压迫前后腔静脉和右心房，吸气期间静脉回流和右心室前负荷增加。右心室后负荷增加是因为吸气期间肺毛细血管被肺泡中产生的压力压缩，导致右心室射血减少。吸气期间右心室输出减少导致呼气后期左心室充盈减少、心跳次数减少。麻醉前应尝试稳定和恢复血容量，并尽量减少PPV对右心室功能的影响。或者，如果马匹被麻醉且PPV的心血管效应很严重（IPPV时动脉压值的大周期性变化），则应给予液体，并给予强心剂（图17-11）。

2. 胸腔内压力变化对左心室的影响

胸内压的变化通过左心室后负荷的改变影响左心室，其与胸内主动脉的跨壁压力成比例。自主通气期间，吸气时胸腔内压力降低，跨壁主动脉压力增加且左心室后负荷也因此增加。PPV时胸内压增加，跨壁主动脉压力减少且后负荷也因此降低。由于PPV期间左心室后负荷减少和血液被挤出肺毛细血管造成左心室前负荷增加，导致吸气期间每搏输出量增加。与长时间呼气暂停或呼吸暂停（SPref）相比，单次机械呼吸期间收缩压（SP）的大周期变化（Δ 上升；Δ 下降）表明血容量不足或心室功能不良，需要液体或强心剂（图17-10和17-11）。在正常心肌收缩力和血容量的马中与PPV相关的左右心室后负荷和收缩压变化（SPV）变化不大（SPV＜10～15mmHg），导致的每搏输出量和心输出量的变化最小。

3. 改变肺容量的影响

肺血管阻力是右心室后负荷的主要决定因素。肺血管阻力由肺泡和肺泡外血管的张力共同决定，并随着肺容量的变化而变化。总肺血管阻力在功能性余气量时（FRC）最低，随

着FRC增加或减少而增加（参阅第2章）。肺容量减少至正常FRC以下会增加肺血管阻力。同样，如果肺容量远高于FRC，使用高PEEP和大VT的通气策略时，可能发生肺血管阻力增加。如果在接近正常肺容量的情况下进行正压通气，则对健康马匹肺血管阻力对右心室输出的影响可能不具有临床意义。

4. 通气时的心率变化

由于迷走神经张力减弱，在吸气和自发通气期间心率增加。呼吸过程中迷走神经张力的周期性波动可能是窦性心律失常的原因（参阅第3章）。当肺部过度充气或VT使用过量时，迷走神经张力增加，心率趋于降低。当马匹使用正常VT时，不太可能出现心率降低的情况；但非常大的呼吸或叹息可能会触发这种反射。

九、辅助呼吸对脑灌流的影响

全身麻醉通过改变脑灌注压（CPP）和/或颅内压（ICP）大幅减少颅内血液供应。这些变化的后果尚未表明对健康马匹有任何可检测的临床意义。不当的麻醉处理会降低脑灌注，导致脑缺血或颅内压升高后发生脑疝，从而对马的颅内病理结果产生不利影响。CPP是平均动脉血压（MAP）和ICP二者的一种函数关系。CPP= MAP−ICP。ICP由颅内容积决定，颅内容积由颅内组织，脑脊液和血液组成。麻醉可通过改变脑血流量改变MAP和/或ICP来改变CPP和ICP。脑血流量还取决于$PaCO_2$，PaO_2和ICP。这些变量与脑血流的相关性很复杂，且可能随时间而变化。正压通气通过其对$PaCO_2$、MAP和静脉回流的影响间接影响CPP和ICP。具体而言，通过将$PaCO_2$维持在正常范围内，二氧化碳对脑血管系统的血管舒张作用降低，并且脑血流量和ICP的增加降低。由于MAP继发于麻醉或通气诱导的心输出量降低，PPV期间CPP可能降低。采用高平均气道压力的通气策略，例如，使用高PEEP或延长吸气时间的模式，对CPP具有更大的负面影响，因此应避免在CPP降低的患畜中使用。或者，延长呼气时间可以改善大脑的静脉回流，从而增加CPP。

十、辅助呼吸的监测

在建立和维护PPV期间，马匹监测应包括评估患畜的通气量（$PaCO_2$）、氧合作用（$PaCO_2$）、气道峰值压力（PIP）以及心率和动脉血压等血流动力学变量。应经常评估麻醉深度（参阅第8章）。

用供气阀施行IPPV时，观察胸廓扩张程度和呼吸频率可能是肺泡通气充分与否的唯一指标。使用推荐的呼吸频率和VT或PIP（表17-2）通常能为仰卧的健康马匹提供充分的肺泡通气。但是也存在相当大的变数，并且某些马匹可能出现通气不足或过度通气。测定$PaCO_2$可以最准确地评估肺泡通气的充分性。如果没有血气分析，测量呼气末二氧化碳（$ETCO_2$）是一种可行的替代方法。全身麻醉期间，成年马匹的$ETCO_2$比$PaCO_2$水平低5～12mmHg。患有通气-灌注不匹配和肺内分流的马匹会出现较大差异。尽管随着时间的推移准确性可能会降低，$ETCO_2$可用于跟踪健康马匹和马驹的肺泡通气趋势。受解剖死腔通气的影响，$ETCO_2$作为自主通气期间的成年马匹的$PaCO_2$指标相对不准确，特别是对受伤的动物。

通过测定PaO_2，可以最准确地评估成年马匹氧合作用（参阅第8章）。不幸的是，这可能并不总是可行的。肉眼评估黏膜颜色或脉搏血氧计（SpO_2）有助于评估血红蛋白氧饱和度。将大多数人的标准舌头探头用于成年马匹的舌头探头测得SpO_2常低于实际值。由于血红蛋白氧饱和度的数值范围很小，SpO_2和SaO_2之间的微小差异可能导致重要的治疗决策偏离（参阅第2章）。因此，解释SpO_2读数时应特别谨慎，特别是贫血马匹以及当脉搏血计不能准确评估心率时。个别监测器的准确性和可靠性存在相当大的变化，并且可能发生无法获得准确读数的情况。

目前市售的麻醉机和呼吸机都可以通过观察呼吸回路内压力计上的PIP和PEEP来监控气道压力。PEEP为零时，正常马匹的PIP值范围为20～25cmH_2O；然而存在极大变化，取决于马匹体位和腹胀程度。例如，腹胀可能需要超过50cmH_2O的PIP值才能提供10mL/kg的VT。除非通气变量发生变化，否则麻醉期健康马匹的PIP和PEEP应全程保持相对稳定。首次启动控制通气时，监测心率和心律、动脉血压和毛细血管灌注极为重要。

十一、辅助呼吸的并发症

与健康马或马驹的IPPV相关的最常见的副作用与使用正压使肺膨胀引起的心血管影响有关。如果PIP升高，吸气或呼气时间延长，且麻醉深度保持恒定，可预见血压和心输出量减少。延长吸气时间或者给予过度VT时，可见血容量不足或血管扩张马匹血压明显降低（图17-11）。

正压通气很少引起健康马匹的肺损伤；如果给予最大程度的VT（＞30～40mL/kg），则更有可能出现肺损伤。肺体积过度膨胀引起的肺损伤被称为容积损伤。吸气压力过度引起的肺损伤被称为肺气压伤。不管何种原因（体积或压力），气道或肺的损伤很大程度上与马匹之前存在肺损伤或由肺顺应性或肺不张的局部差异导致的疾病有关。由于肺损伤的异质模式，一小部分具有顺应性或可充气的肺可能接受全部或大部分给予的VT。由于肺过度拉伸以及在肺塌陷和充气部位交界处产生的剪切力而发生容积伤或气压伤。尽管存在通气-灌注不匹配或肺不张，但目前尚未表明使用标准VT通气（12～15mL/kg）会导致之前未发生肺损伤的正常马匹出现肺损伤。即使是患有慢性阻塞性肺病或慢性肺气肿的马匹也是如此。一项研究表明，IPPV可增加从自主呼吸的麻醉马匹的依赖肺区采集到的支气管肺泡灌洗液内嗜中性粒细胞和蛋白质含量的百分比；但此研究缺乏对照，所报告也是短期内变化。有必要进一步研究给予不同通气策略（PIP，FiO_2）的马匹炎症反应的差异。

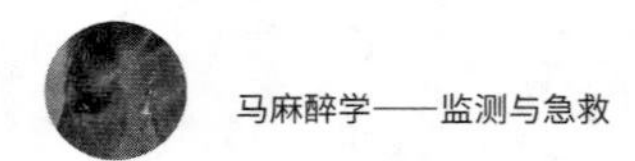

长时间暴露于氧气会导致肺损伤。然而，即使当FiO_2＞90%时，氧气暴露小于8～12h也不太可能发生。如果将FiO_2保持在60%以下，即使需要延长氧疗（例如，在患有呼吸衰竭的马驹中），肺氧毒性也不太可能促进肺损伤进程。呼吸机相关性肺炎是人类长时间通气支持的最常见并发症之一，对于需要长时间通气支持马驹也可能是一个风险因素。如果进行设备的适当维护和保养，给予常规PPV导致健康马匹发生肺炎的风险很低（参阅第16章）。麻醉和PPV可以促进之前患细菌性肺炎马匹肺损伤进程和肺炎的扩散。必须针对个体考虑PPV的优缺点。患病马匹使用后，呼吸机螺纹管和麻醉管道系统也必须彻底清洁和消毒（参阅第16章）。

虽然与气管插管相关的并发症很少见，但马匹的并发症已有报道，包括气管黏膜损伤、杓状软骨麻痹、咽部穿孔和会厌逆行性翻转（参阅第22章）。气管插管期间可能发生一些对杓状软骨的黏膜损伤；但目前尚未确定这种黏膜损伤的临床意义（参阅第14章）。通过监测和维持气管内充气压力（约80cmH_2O）可以使气管黏膜损伤最小化。所有病例中患畜都应采用适当的保定体位、气管插管尺寸和插管技术，使咽部创伤和呼吸机相关并发症最小化（参阅第14章）。

与操作者相关的错误或机械故障可能导致呼吸机发生故障。虽然设计和原理相对简单，但呼吸机和CMV的有效使用需要基本的呼吸知识和PPV应用于马匹的实践经验。没有经验的人员进行马匹通气可能造成容积或气压伤、通气不足或过度通气以及心血管疾病的危害。呼吸机的典型故障包括但不限于泄漏、螺纹管故障和呼吸阀堵塞（表17-3和表17-4）。

表17-3　解决与定量呼吸机有关的问题

故障	可能原因	措施
上升的螺纹管未填充	与气管插管断开连接 螺纹管或麻醉机泄漏 氧气流速不足［＜3mL/（kg·min）］ 患畜“用力拉”呼吸机	检查所有的连接处 确认压力释放阀（排气阀）已关闭 检查气管插管套囊 检查氧流计，必要时增大氧流 评估患畜的通气效果；如果“用力拉”呼吸机，关注马情况 呼吸机调整靠近手术台 必要时检查并关闭排水阀
吸气时间长	通气流速设置不正确；吸气流速低，吸气时间长；驱动螺纹管的气源压力不足	检查吸气流速是否充足 如果需要的话，缩短吸气时间； 检查I：E设置 检查呼吸频率设置 检查驱动螺纹管的气源压力
吸气时间短	呼吸机设置不正确（由高I：E设置导致吸气时间不足，通过快速吸气补偿）	检查I：E设置 增加（延长）吸气时间 通过检查呼吸频率设置 检查适当的VT 检查吸气流速

（续）

故障	可能原因	措施
吸气末停止	呼吸机设置（I ：E 比为 1 ：1～1 ：4 的低速率）	检查 I ：E 比 增加呼吸频率
患畜“用力拉”呼吸机	呼吸机设置不当导致高碳酸血症 碱石灰失效或麻醉机单向阀门故障 麻醉深度不足（疼痛） 低氧血症	检查呼吸机设置 评估通气是否充分；如果不充分，重新调整 VT 或频率 评估患畜麻醉深度；如果不足，加深麻醉水平 评估病人的氧合情况；如果低氧，调整呼吸机设置或重新保定马 检查碱石灰和单向阀功能
无法给予适当 VT	呼吸机设置错误	检查适当的吸气流速 检查适当的吸气时间（速率和 I ：E 比） 检查适当的体积预设
气道压力过大	呼吸机设置错误 呼吸系统（肺、胸廓和 / 或横膈膜）的顺应性低（僵硬等） 气道或气管插管阻塞（扭结、凝块、黏液）	检查 VT 设置（如不要过大） 考虑腹腔压力，尽可能消除 考虑气胸并进行相应治疗 考虑主要的肺部疾病并调整呼吸频率和 VT 检查气道或呼吸回路中是否完全或不全阻塞

表 17-4　解决与定压呼吸机有关的问题

故障	可能原因	措施
吸气时间长	螺纹管或麻醉机泄露 呼吸机设置不正确; 吸气流速，I ：E 比，呼吸频率不当； 驱动螺纹管的气源压力不当	检查所有连接，气道密封性和压力释放阀 检查吸气流速是否充足 检查 I ：E 比设置 检查呼吸频率 检查驱动螺纹管的气源压力
吸气时间短	阻塞 呼吸系统顺应性降低 呼吸机设置不正确	检查所有管道是否扭结 检查气管插管是否阻塞 考虑腹腔压力：尽可能消除 考虑气胸并进行相应治疗 检查吸气压力峰值设置
患畜“用力拉”呼吸机	呼吸机设置不当导致的高碳酸血症 碱石灰失效或麻醉机单向阀门故障 麻醉深度不足（疼痛） 低氧血症	检查呼吸机设置 评估通气是否充分；如果不充分，增加 VT 或频率 评估患畜麻醉深度；如果不足，加深麻醉水平 治疗疼痛 评估患畜氧合作用；如果血氧过低，调整呼吸机设置或重新保定患畜 检查碱石灰和单向阀门功能

十二、特殊情况

控制通气有助于维持正常血气和吸入麻醉药物的输送，从而有助于稳定维持麻醉阶段。控制通气还有助于眼科和整形外科手术过程中神经肌肉阻滞药物的使用（参阅第19章）。

1. 成年马匹的腹部探查

需要麻醉并进行腹部手术（绞痛、剖腹产）的马匹在呼吸和血液动力学状态方面差异极大。呼吸功的增加和明显的呼吸损害在麻醉前的一些马可能是明显的，其次是极度腹胀。麻醉的持续时间可能会延长（90min），且马匹通常仰卧保定。这些因素保证了产生麻醉效果后使用氧气补充和通气支持，并使用气管导管固定气道。

很多马匹在诱导麻醉前得益于供氧；然而，实现时有技术难度，且记录从开始侧卧后马匹的预氧合对PaO_2的有益效果的研究有限。腹部膨胀和肿胀会损害通气并显著减少侧卧马匹的静脉回流。由于腹胀导致横膈肌的向前推压引发胸廓顺应性降低的马匹，可能需要给予10mL/kg，VT使PIP值达到50～60cmH_2O。应允许患有过度腹胀（肿胀、臌气）马匹自主呼吸并进行针刺或麻醉，应在PPV开始前开腹以避免腹部和胸腔内压力增加对心输出量和动脉血压的综合负面影响。一旦腹胀（压力）降低或手术开腹，就可以开始通气，从而消除腹内压。使用定量呼吸机时，应以I：E为1：3给予10～12mL/kg的初始VT，将PPV的潜在负面影响降至最低，特别是血容量不足的马匹（图17-11）。该策略的目标是提供足够的通气增加吸入氧气和100%血红蛋白饱和度，将平均气道和胸腔内压力和血流动力学抑制降至最低。PPV产生的PIP取决于VT和吸气流量、气道阻力；最最重要的是肺顺应性。吸入麻醉和PPV时，甚至是在测量血压之前。可能需要强心剂［例如，多巴酚丁胺1～2μg/（kg·min)］，一旦获得血液动力学和动脉血气变量可用，就可以调整通气设置。除非存在明显的代谢性（非呼吸性）酸中毒，否则最佳$PaCO_2$通常在50～60mmHg。急腹症马匹的中度至重度低氧血症并不少见。幸运的是，腹部减压常可以在不调整呼吸机设置的情况下立即改善氧合作用。虽然“叹气”的马匹“间歇性大VT呼吸”（25～30mL/kg）可以改善正常马匹的氧合作用，但这项策略和其他复张技术可能会在肠切开术或空腔器官减压后复张肺不张部分（框表17-6）。通常可通过将呼吸频率降低至2～3次/min，并保持几分钟，同时将VT增加至25～30mL/kg，并将I：E比调节至1：3或1：4来实现。“叹气”之后，将VT、频率和I：E比恢复到之前的设置。

据报道，使用PEEP可显著提高需要手术治疗疝痛马匹的PaO_2值；然而，并未评估整体组织氧输送量（图17-9）。尽管如此，使用PEEP或复张策略可能是一种可行的治疗方案，对于血流动力学稳定的血氧过低的马，在腹部减压后可能仍然存在低氧血症。恢复期间将马匹从仰卧转变为侧卧可有助于通气-灌注不匹配和肺内分流最小化。侧卧马匹恢复时应保持与手术期间相同的保定体位。将马匹翻转至另一侧以促进恢复可能造成肺功能的进一步损害。恢复自主通气时补氧应遵循PPV支持原则。

2. 马驹

低氧血症和/或呼吸衰竭的马驹可能需要补充氧气和/或辅助呼吸。幸运的是，为人类设计的重症监护呼吸机可用于需要长期辅助呼吸的马驹，以治疗患有神经系统疾病、败血症或原发性呼吸系统疾病的马驹。

膀胱破裂修复或切除感染脐部等紧急手术可能必须在出生后的最初几周进行全身麻醉。马驹可能患有，也可能没有原发性呼吸道疾病。麻醉前应检查马驹的呼吸系统是否存在继发性或并发性呼吸系统疾病或感染。马驹具有适应性非常好的胸壁，这使得它们在全身麻醉和侧卧时易于降低FRC。它们的耗氧量和呼吸功也大于成年马匹，并且它们的心血管稳定性保护机制不发达，呼吸困难可能因腹胀进一步增加。马驹可能更容易出现呼吸肌疲劳和/或麻醉药物引起的呼吸抑制。通常需要补充氧气和/或辅助呼吸。马驹发生低氧血症应该引起重视，应在诱导麻醉前进行补氧。虽然最初推荐的呼吸频率和VT不同，但PPV的目标与成年马匹的相似（表17-2）。胸壁顺应性增加导致PIP降低。马驹通常患有动脉导管未闭，在出生后的头几天内常伴有轻微的左向右血液分流。低氧血症，肺不张和平均气道压力较高会增加肺血管阻力，从而造成血液右向左分流并降低氧合作用。PIP值较高马驹的氧合作用意外减少可能表明血液通过动脉导管右向左分流。如果发生这种情况，应采用最小化PIP和更高的呼吸频率的策略。

总结

马匹的控制通气可改善气体（PaO_2、$PaCO_2$）的交换，确保吸入麻醉药的给予，提供更稳定的吸入麻醉水平，有助于马匹手术的保定和神经肌肉阻滞药物的使用，还能作为监测血容量（血容量不足）的间接方法。如果使用得当，控制通气对血液动力学的影响无关紧要，且易于通过液体疗法和药理治疗进行改善。

参考文献

Abrahamsen E J et al, 1990. Bilateral arytenoid cartilage paralysis after inhalation anesthesia in a horse, J Am Vet Med Assoc 197: 1363-1365.

Akca O, 2006. Optimizing the intraoperative management of carbon dioxide concentration, Curr Opin Anaesthesiol 19: 19-25.

Blaze C A, Robinson N E, 1987. Apneic oxygenation in anesthetized ponies and horses, Vet Res Commun 11: 281-291.

Brosnan R J et al, 2003. Effects of duration of isoflurane anesthesia and mode of ventilation on intracranial and cerebral perfusion pressures in horses, Am J Vet Res 64: 1444-1448.

Cuvelliez S G et al, 1990. Cardiovascular and respiratory effects of inspired oxygen fraction in

halothane-anesthetized horses, Am J Vet Res 51: 1226-1231.
Day T K et al, 1995. Blood gas values during intermittent positivepressure ventilation and spontaneous ventilation in 160 anesthetized horses positioned in lateral or dorsal recumbency, Vet Surg 24: 266-276.
Dobson A et al, 1985. Changes in blood flow distribution in equine lungs induced by anaesthesia, Q J Exp Physiol 70: 283-297.
Edner A, Nyman G, Essen-Gustavesson B, 2005. The effects of spontaneous and mechanical ventilation on central cardiovascular function and peripheral perfusion during isoflurane anaesthesia in horses, Vet Anaesth Analg 32: 136-146.
Gallivan G J, McDonell W N, Forrest JB, 1989. Comparative ventilation and gas exchange in the horse and the cow, Res Vet Sci 46: 331-336.
Geiser D R, Rohrbach B W, 1992. Use of end-tidal CO 2 tension to predict arterial CO 2 values in isoflurane-anesthetized equine neonates, Am J Vet Res 53: 1617-1621.
Gleed R D, Dobson A, 1988. Improvement in arterial oxygen tension with change in posture in anaesthetised horses, Res Vet Sci 44: 255-259.
Hall L W, 1971. Disturbances of cardiopulmonary function in anesthetized horses, Equine Vet J 3: 95-98.
Hall LW, 1984. Cardiovascular and pulmonary effects of recumbency in two conscious ponies, Equine Vet J 16: 89-92.
Hartsfield SM, 1996. Airway management and ventilation. In Thurman JC, Tranquilli WJ, Benson GJ, editors: Lumb and Jones' veterinary anesthesia, Baltimore, Williams & Wilkins.
Heath RB et al, 1989. Laryngotracheal lesions following routine orotracheal intubation in the horse, Equine Vet J 21: 434-437.
Hodgson DS et al, 1986. Effects of spontaneous, assisted, and controlled modes in halothane-anesthetized geldings, Am J Vet Res 47: 992-996.
Ito S, Hobo S, Kasashima Y, 2003. Bronchoalveolar lavage fluid findings in the atelectatic regions of anesthetized horses, J Vet Med Sci 65: 1011-1013.
Johnson CB, Adma EN, Taylor PM, 1994. Evaluation of a modification of the Hudson demand valve in ventilation and spontaneously breathing horses, Vet Rec 135: 569-572.
Kerr CL, McDonell WN, Young SS, 1996. A comparison of romifidine and xylazine when used with diazepam/ketamine for shortduration anesthesia in the horse, Can Vet J 37: 601-609.
Kerr CL, McDonell WN, Young SS, 2004. Cardiopulmonary effects of romifidine/ketamine or xylazine/ketamine when used for short-duration anesthesia in the horse, Can J Vet Res 68: 274-282.
Khanna AK et al, 1995. Cardiopulmonary effects of hypercapnia during controlled intermittent positive-pressure ventilation in the horse, Can J Vet Res 59: 213-221.
Koenig J, McDonnell W, Valverde A, 2003. Accuracy of pulse oximetry and capnography in healthy and compromised horses during spontaneous and controlled ventilation, Can J Vet Res 67: 169-174.
Marntell S, Nyman G, Hedenstierna G, 2005. High inspired oxygen concentrations increase

intrapulmonary shunt in anaesthetized horses, Vet Anaesth Analg 32: 338-347.
Marntell S et al, 2005. Effects of acepromazine on pulmonary gas exchange and circulation during sedation and dissociative anaesthesia in horses, Anesth Analg 32: 83-93.
Mason DE, Muir WW, Wade A, 1987. Arterial blood gas tensions in the horse during recovery from anesthesia, J Am Vet Med Assoc 190: 989-994.
Matthews NS, Hartke S, Allen JC Jr, 2003. An evaluation of pulse oximeters in dogs, cats, and horses, Vet Anaesth Analg 30: 3-14.
Michard F, 2005. Changes in arterial pressure during mechanical ventilation, Anesthesiology 103: 419-428.
Mizuno Y et al, 1994. Cardiovascular effects of intermittent positivepressure ventilation in the anesthetized horse, J Vet Med Sci 56: 39-44.
Moens Y, 1989. Arterial-alveolar carbon dioxide tension difference and alveolar dead space in halothane-anaesthetised horses, Equine Vet J 21: 282-284.
Moens Y et al, 1995. Distribution of inspired gas to each lung in the anaesthetized horse and influence of body shape, Equine Vet J: 27: 110-116.
Neto FJT et al, 2000. The effect of changing the mode of ventilation on the arterial-to-end-tidal CO 2 difference and physiological dead space in laterally and dorsally recumbent horses during halothane anesthesia, Vet Surg 29: 200-205.
Nyman C et al, 1987. Selective mechanical ventilation of dependent lung regions in the anaesthetized horse in dorsal recumbency, Br J Anaesth 59: 1027-1034.
Nyman G, Henenstierna G, 1989. Ventilation-perfusion relationship in the anaesthetised horse, Equine Vet J 21: 274-281.
Nyman G et al, 1990. Atelectasis causes gas exchange impairment in the anaesthetised horse, Equine Vet J 22: 317-324.
Palmer JE, 2005. Ventilatory support of the critically ill foal, Vet Clin North Am (Equine Pract) 21: 457-486.
Slutsky AS, 1999. Lung injury caused by mechanical ventilation, Chest 116: 9S-15S.
Steffey EP, Berry JD, 1977. Flow rates from an intermittent positivepressure breathing-anesthetic delivery apparatus for horses, Am J Vet Res 38: 685-687.
Steffey EP et al, 1977. Body position and mode of ventilation influences arterial pH, oxygen, and carbon dioxide tensions in halothane-anesthetized horses, Am J Vet Res 38: 379-382.
Steffey EP et al, 1987. Cardiopulmonary function during 5 hours of constant-dose isoflurane in laterally recumbent, spontaneously breathing horses, J Vet Pharmacol Ther 10: 290-297.
Steffey EP et al, 2005. Effects of desflurane and mode of ventilation on cardiovascular and respiratory functions and clinicopathologic variables in horses, Am J Vet Res 66: 669-677.
Steffey EP et al, 2005. Effects of sevoflurane dose and mode of ventilation on cardiopulmonary function and blood biochemical variables in horses, Am J Vet Res 66: 606-614.
Swanson CR, Muir WW, 1988. Hemodynamic and respiratory responses in halothane-anesthetized horses exposed to positive end-expiratory pressure alone and with dobutamine, Am J Vet Res 49: 539-542.

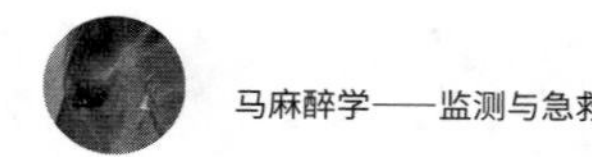

Taylor PM et al, 1995. Total intravenous anaesthesia in ponies using detomidine, ketamine, and guaiphenesin: pharmacokinetics, cardiopulmonary and endocrine effects, Res Vet Sci 59: 17-23.

Thurmon JC, Benson GJ, 1981. Inhalation anesthetic delivery equipment and its maintenance, Vet Clin North Am (Large Anim Pract) 3: 73-96.

Thurmon JC, Menhusen MJ, Hartsfield SM, 1975. A multivolume ventilator-bellows and air compressor for use with a Bird Mark IX respirator in large animal inhalation anesthesia, Vet Anesthesiol 2: 34-39.

Touozot-Jouorde G, Stedman NL, Trim CM, 2005. The effects of two endotracheal tube cuff inflation pressures on liquid aspiration and tracheal wall damage in horses, Vet Anaesth Analg 32: 23-29.

Wagner AE, Bednarski RM, Muir Ⅲ WM, 1990. Hemodynamic effects of carbon dioxide during intermittent positive-pressure ventilation in horses, Am J Vet Res 51: 1922-1929.

Watney GCG, Watkins SB, Hall LW, 1985. Effects of a demand valve on pulmonary ventilation in spontaneously breathing, anaesthetised horses, Vet Rec 117: 358-362.

Wettstein D et al, 2006. Effects of an alveolar recruitment maneuver on cardiovascular and respiratory parameters during total intravenous anesthesia in ponies, Am J Vet Res 67: 152-159.

Wilson DV, McFeely AM, 1991. Positive end-expiratory pressure during colic surgery in horses: 74 cases (1986-1988), J Am Vet Med Assoc 199: 917-921.

Wilson DV, Soma LR, 1990. Cardiopulmonary effects of positive end-expiratory pressure in anesthetized, mechanically ventilated ponies, Am J Vet Res 51: 734-739.

Wright BD, Hildebrand SV, 2001. An evaluation of apnea or spontaneous ventilation in early recovery following mechanical ventilation in the anesthetized horse, J Vet Anaesth Analg 28: 26-33.

第 18 章
驴、骡子的麻醉和镇痛

要点：

1. 驴、骡子与其他马属动物相比，具有独特的解剖学、生理学和行为学特点，而且这些特点会影响麻醉管理。

2. 很多驴子和骡子都很顽固，不愿意移动，尤其是在镇静后。

3. 驴的痛觉忍受力强，会掩饰疼痛，直至疼痛变得很严重。

4. 与马相比，驴对麻醉与镇痛药物的代谢速度是不同的，使用药物的剂量与间隔次数需要相应调整。

5. 驴、骡子的麻醉监测与马是有区别的，血压与呼吸方式的密切监测更有指示意义。

图 18-1　非洲野驴是驴的祖先

马骡子是公驴和母马繁殖产生。骡子（图中靠后）较驴（图中靠前）体格要大，骡子与马具有相似的特征，多用于家畜。

与马相比，驴、骡子具有独特的特点。骡子的行为更加多变，骡子的不同行为特点和体型特征多取决于其母本（例如，阿拉伯母马生出来的骡子与其他母马生的骡子不同）。驴（驴子）是马属（*Equusasinus*）中的一种。在美国，驴是根据大小注册的。小型驴的肩隆不到34in，标准驴的肩隆尺寸为34~54in，而大型驴的肩隆大于54in。马骡子是由公驴和母马繁殖产生，而驴骡子是由公马与母驴繁殖产生，但是马骡子和驴骡子从肉眼上很难区分（图18-1）。尽管驴和骡子都长着长耳朵，但骡子表现出更多马的特征（如更精致头部特征），并且有类似于马的尾巴。驴的尾形态与奶牛更相似，尾巴末端只有一绺毛发。

在北美，从20世纪初开始，驴和骡子仅用于农业生产，驴用于保卫绵羊、山羊和犊牛免受野生动物的侵害；相反，骡子用于伐木和农业工作。后来驴和骡子用于娱乐活动（骑乘、驾乘和竞走），并成为宠物。驴、骡子的主人逐渐频繁地参与地区和国家的俱乐部和组织，并进行沟通和交流（框表18-1）。美国成为世界上最大的骡子生产国。驴、骡子通过出口逐渐使用于多种方面，用于运输货物、农产品、水和能源；用于耕作；用于除草；用于娱乐活动。据估计（联合国粮农组织家畜生产与健康部门），全世界约有5000万的驴和骡子用于上述活动。有一些组织（框表18-1）为驴和骡子提供兽医服务，并收集了一些实用的相关资料。

框表18-1　服务于驴和骡子的组织机构
美国驴骡子协会（ADMS），P.O.Box 1210 lewisvile，Tx 75667 加拿大驴骡子协会，加拿大家畜数据公司，2417 Holly Lane Ottawa，Ontario，CANADA KIV OM7 驴保护协会，Sidmouth Devon，Ex10 ONU UNITED KINGDOM

一、术前评估

1. 行为学差异特点

驴最明显的行为学特点是较难管理和调教，当遇到新鲜敏感事物时，做出与马一样的反应，它们通常会变得更平静、更适应（因此它们以固执著称）。因此让驴完成如运货和拖车的工作需要一定耐心。驴很难在人为驱使下完成工作，而鼻捻子在保定驴时往往无效（部分原因是鼻捻子容易滑脱）。将驴的笼头安全地拴在稳定而结实的物体上可有效控制住驴。骡子比驴子更难对付（除非训练有素），而且因为它们体型较大，所以更危险。强烈建议对付未调教过的骡子时，需要有经验的骡子调教人员。在没有警告的情况下，骡子和驴都可能会攻击人。

驴和骡子对疼痛较为迟钝，会让疼痛评估变得困难。很可能它们比不经意的观察和身体检查所显示的更虚弱或更疼痛。所以会有驴、骡子不会发生疝痛的传言，当然这种说法并不真实。正是由于驴和骡子属于疼痛迟钝型，较轻的阵发性疝痛较难发现。在进行处置和手术前，驴和骡子始终表现很平静，这会造成严重的麻醉风险（参阅第22章）。

2. 生理学差异特点

驴和马之间具有许多生理学差异性。驴更易适应沙漠环境，马在脱水状态下常表现出血细胞比容升高，而驴较少发生（除非脱水程度达到30%）。因此通过血细胞比容来评估是否中度脱水不准确。尽管驴有一定抗病性，但是当驴发生厌食时，更容易发生高脂血症，所有食欲不振的驴都会出现甘油三酯升高。此外，骡驹较马驹更易发生新生驹溶血症。未有关于骡子的高钾性周期瘫痪的报道，在非正式报道中，有此种缺陷的阳性母马不会生出此缺陷的骡子。

3. 解剖学差异特点

与麻醉有关的解剖学差异特点有：①面动脉分支解剖特点使得动脉留置针有些困难。②驴的颈静脉与马的位置相同，但驴的颈皮肌呈带状，且皮肤部位较厚。因此，刺入颈静脉的针头时，刺入角度需要更加垂直，这一点与给牛放置颈静脉插管相似；此时可通过使用颈部绳套，通过提拉颈部使颈静脉怒张。

4．正常指标

正常指标如体温、呼吸和心率与马有轻微差异。驴不耐热，在炎热季节或活动后，驴的体温升高幅度要比预想的大。心率变化与马相似，当其他指示（如外观表现）无法反映出应激时，这种心率变化也是疼痛和应激的良好指标。在正常休息状态下，驴的呼吸频率较马高，20 ～ 30 次/min 是正常的。

正式发布的驴、骡子血液学和生化指标与马仅有轻微差异，马的正常指标不可用于评估驴和骡子的状况。一些正常指标尚未得到确认，如一些青年驴和骡子的血浆蛋白水平和促肾上腺皮质激素值，使得一些疾病（如被动免疫失败或库兴氏综合征）无法确诊。

5. 驴、骡子的术前镇痛

术前镇痛对驴和骡子特别重要，尤其是在疼痛（如骨科）情况下，需要强调的是，由于疼痛不易发现，且药物的代谢水平尚未完全搞清，所以驴很容易发生疼痛管理不当。不提供适当的术前镇痛可导致麻醉药物意外超量，可在诱导麻醉后导致心血管虚脱。这种情况与剧烈疼痛的马或患有慢性疼痛的马（如慢性椎板炎）相似，但更常见；但是，由于马的剧烈疼痛很容易被发现，因此发生这种情况的可能性较小。驴需要更高剂量的非甾体抗炎药物或更短的给药间隔，以达到与马相似程度的镇痛，因为它们比马代谢药物的速度更快（表18-1），尤其是小型驴，它们代谢氟尼辛比标准驴更快。

表18-1　驴和骡子镇痛药物建议使用剂量和次数

药物	剂量（mg/kg），给药途径	给药次数	
		驴	骡子
保泰松	4.4，IV，PO	bid~tid	bid
维达洛芬	1.0，PO	bid	NA *
氟尼辛	1.1，IV	tid	NA
卡洛芬	0.7，IV，PO	间隔 24h 给药	NA
美洛昔康	0.6，IV	bid~tid	NA
丁丙诺啡	0.003 ～ 0.006，IV+	NA	NA
纳布啡	0.1，IV	NA	NA

注：bid：2 次 /d；IV：静脉给药；NA：不适用；PO：口服；tid：3 次 /d，∗：无药物代谢动力学数据；+：需与其他镇静剂合用。

二、麻前给药和镇静常规程序

所有用于马的麻前药物和镇静药物都可以用于驴和骡子，而且效果较好（参阅第10、12、13章）。一般来说，骡子需要比驴和马多50%的药物才能达到足够镇静的作用，驴、骡子可以用与马相同的药物或它们的组合来完成镇静（乙酰丙嗪+赛拉嗪，赛拉嗪+布托啡诺）。对于一些未调教过的、兴奋或凶猛的野马、驴和骡子可加大使用剂量（加大2～3倍）或混合给药（表18-1）。给药方式可以影响给药剂量，一般来说，皮下给药的剂量应是肌内注射剂量的2倍。对于未调教或凶猛的驴、骡子都需要注意，在镇静后要提防咬人和踢人现象。给驴注射赛拉嗪麻前给药，很少发生倒卧现象；尽管没有出现倒卧，但是当驴出现共济失调时还是应该人为将驴放倒。对驴进行诱导麻醉时，可进行俯卧保定。

三、注射给药的诱导和全身维持麻醉

诱导和维持麻醉是否可以平稳进行，要选择适合的镇静方案。被提倡用于诱导和维持麻醉的注射药物见表18-2。注射α_2-受体激动剂进行镇静后，再使用氯胺酮给药是一种容易接受的方案，但是在此方法中，驴和骡子的代谢速度较马要快。由于较快的代谢速度以及较快的药物分布，要求使用更高的药物剂量，且增加给药次数（给药间隔时间缩短，参阅第9章）。赛拉嗪和氯胺酮配合给马使用的方案，在迷你驴上很难达到同样的手术维持时间，这一点尤为重要。如果重复使用氯胺酮给药（单次给药或持续静脉给药）不能实现，在后续的临床操作阶段需要进行利多卡因局部麻醉，以保证足够的镇痛效果。在赛拉嗪-氯胺酮给药基础上，再使用布托啡诺给药，可有效增强镇痛效果并延长麻醉时间。

驴愈创木酚甘油醚-氯胺酮-赛拉嗪的混合麻醉

对驴进行愈创木酚甘油醚-氯胺酮-赛拉嗪（GKX）联合给药，可使驴产生平稳的诱导和维持麻醉效果。赛拉嗪（1.1mg/kg，静脉给药）或等效剂量的α_2-受体激动剂麻醉前给药通常可以产生较好的镇静效果。在1L 5%愈创木酚甘油醚的溶液中加入2g氯胺酮和500mg赛拉嗪，快速输注（自然重力流速），一旦驴出现躺卧，输液速度降至1mL/（kg · h）（根据眼征、呼吸速率和呼吸方式进行判断）。由于驴对愈创木酚甘油醚较为敏感而出现呼吸抑制效果，与马的浓度相比（1g/L），驴使用更高浓度的氯胺酮比较合适。对骡子来说，可先注射赛拉嗪（1.6mg/kg，IV），再注射氯胺酮（2.2mg/kg，IV），最后使用GKX静脉给药。

对驴和骡子单独使用硫喷妥钠，或硫喷妥钠-愈创木酚甘油醚联合给药可产生较好的麻醉效果；但是需要注意的是，当麻醉效果产生和生物半衰期变长时，需要减少愈创木酚甘油醚的给药量。

驴和骡子还可以使用的药物有替来他明-唑拉西泮（商品名：舒泰），此种药物可产生麻醉时间略长，并推荐在迷你驴上使用。在使用赛拉嗪镇静后，可使用丙泊酚对驴进行诱导麻醉，但丙泊酚可导致呼吸暂停和低氧血症，所以不推荐使用此种药物，除非有气管插管或供氧装置。

表 18-2 驴、骡子诱导麻醉或注射麻醉时的麻前药物和麻醉药物

药物	驴的剂量（mg/kg，IV）	骡子的剂量（mg/kg，IV）
麻前药物		
赛拉嗪	0.6 ～ 1.0	1.0 ～ 1.6
地托咪定	0.005 ～ 0.02	0.01 ～ 0.03
罗米非定	0.1	0.15
布托菲诺	0.02 ～ 0.04	0.02 ～ 0.04
地西泮	0.03	0.03
乙酰丙嗪	0.05	0.05 ～ 0.1
咪达唑仑	0.06	0.06
诱导麻醉剂		
氯胺酮	2.2*	2.2*
硫喷妥钠	5.0	5.0
替来他明 - 唑拉西泮	1.1	1.1
愈创木酚甘油醚	20 ～ 35，与氯胺酮或硫喷妥钠合用	20 ～ 35，与氯胺酮或硫喷妥钠合用
异丙酚	2.2	NA+
维持麻醉药物		
异丙酚	0.2 ～ 0.3mg/（kg·min）	NA
愈创木酚甘油醚 - 氯胺酮 - 赛拉嗪 ‡	1.1mL/（kg·h）	1 ～ 2mL/（kg·h）
愈创木酚甘油醚 - 硫喷妥钠 §	监护呼吸变化直至“药物起效”	

*：药物代谢比马快，要求给药间隔时间更短；+：无可参考信息；‡：50mg/mL；2mg/mL；0.5mg/mL
§：50mg/mL；3mg/mL。

四、吸入维持麻醉

气管插管和吸入维持麻醉是驴和骡子手术的首选。驴和骡子的气管插管技术与马相同，有时可能需要使用微小一点的气管插管，特别是当麻醉深度不足以产生插管所需肌肉松弛时。如果有必要，可以额外注射麻醉药物，优选硫喷妥钠，以加深麻醉。迷你驴（具有矮小特征）可能会有气管发育不良和气道异常，这一点与迷你马相似。

驴的氟烷和异氟醚最低肺泡有效浓度（MAC）与马相似。驴和骡子的七氟醚MAC尚未确

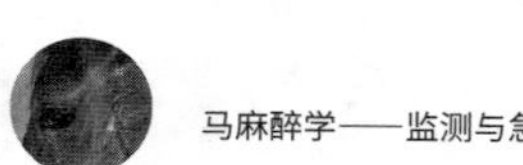

定，但临床经验表明可以使用同样的蒸发器设置。驴和骡子的麻醉监护程序和技术与马相似（详见“麻醉监护”）。

作者观察到很多驴按照吸入全身麻醉方案，完成诱导麻醉后出现严重的心动过缓和明显的低血压，注射抗胆碱药物和正性肌力药物可颉颃此种症状。由于在手术前未发现疼痛，且未采取足够的镇痛措施，一些驴可能产生一种明显的交感肾上腺性反应，这些驴会出现疼痛性跛行（如“三条腿站立”跛行、严重蹄叶炎）。

五、麻醉监测

驴、骡子的麻醉监测与马只有细微的差别。与马相似，眼症变化（眼球震颤、角膜反射、眼睑反射、眼球转动）十分有用，但有时驴的可靠性较低。推荐进行直接或间接动脉压测定，对麻醉深度进行判定时，病畜稍微有所缓解，血压就会回升，血压的变化较眼症变化更直接。当放置动脉留置针时，由于驴和骡子的皮肤较厚，针头需要完全刺入，以防止留置针推入时发生“卷边”。面动脉分支、跖动脉背侧支及耳动脉是放置动脉留置针的最佳部位。

低血压（平均动脉压低于60mmHg）的处置方法与马相似，在可控范围内降低麻醉深度，增加静脉给药量，注射收缩性药物，直至血压恢复至正常范围（参阅第22章）。浅麻醉和中度麻醉的驴、骡子不会出现血细胞比容的升高，因此兽医不会以血细胞比容变化作为输液的参考。

应仔细观察呼吸频率和呼吸方式，驴的正常呼吸频率要比马高，但在疼痛性手术时可能会出现屏气。当无意识的“叹气”表现增多时，提示需要稍微降低麻醉深度。

与马相比，驴的肌肉群要小，麻醉后较少出现肌炎。骡子会出现肌炎和肌病，尤其是使役骡子发病率更高。需要适当对身体表面和浅表神经（如面神经和桡神经）进行保护性垫衬护理（参阅第21章）。

如果没有对驴做气管插管，一定要确保气道通畅，合理保定头部，防止较厚的鼻腔组织扭转或阻塞气道。矫正头部相对于颈部的位置或放置鼻插管通常可以减轻吸气噪声。

六、麻醉苏醒

马在麻醉苏醒时偶尔会出现癫狂表现，而驴通常表现平静（参阅第21章）。苏醒期间需要进行镇痛。驴在苏醒期会安静地躺卧，直到其恢复至俯卧体位并能够自行站立起来；如果协调性没有完全恢复，驴会试着尝试站立起来，但可能又会倒下。在苏醒期一般不需要对驴进行人为辅助站立，驴经常会尝试先用后肢站立（如同奶牛），或者先用后腿单膝站立。骡子在苏醒期的症状表现不一，往往需要助手保护头部和用尾绳协助，这一点同马相似。

七、镇痛

用于马镇痛的方法同样可用于驴和骡子，但是使用剂量和间隔时间需要调整，疼痛评估需要反复进行（表18-1）。目前尚无芬太尼透皮贴剂在驴和骡子上的有效性数据。虽然芬太尼通过透皮途径在马体内迅速达到浓度，但驴的皮肤较厚，可能会抑制芬太尼的吸收，并产生皮肤部位吸收速率的差异（例如，颈部的厚筋膜层可能会阻止吸收）。局部麻醉药和镇痛药硬膜外给药十分有效，为尾部区域的手术提供麻醉或为术后疼痛提供镇痛方面非常有用（参阅第11章）。驴、骡子和马的硬膜外麻醉和椎管内麻醉技术没有差异。

总之，尽管可以试着去按照马的镇痛方案去治疗驴和骡子，但在生理学、行为学和对麻醉药物的反应方面都有细微的差别，需要考虑这些因素并制订合理的、应激较小的麻醉方案。

参考文献

Hubbell J A E et al, 2000. Anesthetic, cardiorespiratory, and metabolic effects of four intravenous anesthetic regimens induced in horses immediately after maximal exercise, Am J Vet Res 61: 1545-1552.

Matthews N S, Taylor T S, Sullivan J A, 2002. A comparison of three combinations of injectable anesthetics in miniature donkeys, Vet Anaesth Analg 29: 36-42.

Matthews N S et al, 1994. Pharmacokinetics of ketamine in mules and mammoth asses premedicated with xylazine, Equine Vet J 26: 241-243.

Matthews N S et al, 1996. Pharmacokinetics and pharmacodynamics of guaifenesin in donkeys, Vet Surg 25: 184.

Mercer D E, Matthews N S, 1996. Minimum alveolar concentrations of halothane and isoflurane in donkeys and MAC-sparing effect of butorphanol. In Proceedings of the Fifteenth PanVet Congress, Campo Grande, Brazil.

Mori E et al, 2003. Reference values on serum biochemical parameters of Brazilian donkey breed, J Equine Vet Sci 23: 358-364.

Shoukry M, Seleh M, Fouad K, 1975. Epidural anaesthesia in donkeys, Vet Rec 97: 450-452.

Sobti V K, Dhiman N, Singh K I, 1996. Ultrasonography of normal palmar metacarpal soft tissues in donkeys, Indian J Vet Surg 17: 37-38.

Taylor T S, Matthews N S, Blanchard T L, 2001. Introduction to donkeys in the US: elementary assology, N Engl J Large Anim Health 1: 21-28.

Terkawi A, Tabbaa D, Al-Omari Y, 2002. Estimation of normal haematology values of local donkeys in Syria. In Proceedings of the Fourth Colloquium on Working Equines, Hama, Syria.

Traub-Dargatz J L, 1995. Neonatal isoerythrolysis in mule foals, J Am Vet Med Assoc 206: 67-70.

Watson T D G et al, 1990. An investigation of the relationships between body condition and

plasma lipid and lipoprotein concentrations in 24 donkeys, Vet Rec 127: 498-500.
Yousef MR, 1979. The burro: a new backyard pet: its physiology and survival, Calif Vet 33: 31-34.
Zinkl JG et al, 1990. Reference ranges and the influence of age and sex on hematologic and serum biochemical values in donkeys, Am J Vet Res 51: 408-413.

第 19 章
外周性肌松药

要点：

1. 神经肌肉阻滞药（肌松药）能够产生肌肉松弛或麻痹作用，可以用于一些特殊的手术操作（眼科、胸科、骨科）。

2. 肌松药不能产生镇静、催眠或镇痛作用，用药后马的意识保持清醒能感受周围事物。

3. 在使用肌松药时，要考虑到窒息的风险。应该保证能及时进行人工通气。另外，肌张力的缺失可能引起体温过低。

4. 在使用肌松药时很难检测麻醉深度，遇到有害刺激时，动物的呼吸肌功能和反射减弱甚至消失。因此要注重监测动脉血气（PaO_2、$PaCO_2$）。

5. 残留的肌松药也能引起呼吸抑制和肌无力。非去极化神经肌肉阻滞药物能够被乙酰胆碱酯酶抑制剂颉颃。

6. 使用抗胆碱能药物能使乙酰胆碱类抑制剂的不良反应降到最低。

7. 病重、沉郁、脱水、肥胖、老年或有肌无力综合征病史（捆缚性肌病、高钾型周期性麻痹、碳水化合物蓄积性肌病）的马，应慎重使用肌松药。

在人的麻醉中，神经肌肉阻滞药（肌松药）常用于松弛喉部和骨骼肌，使气管插管和手术操作更容易进行。对马属动物来说，肌松药常用于精细的眼科手术（白内障的超声乳化、白内障吸除术），骨折复位、腹内压升高时的肌紧张，另外因为心血管系统不稳定，禁止麻醉较深。腹部侧切时需要良好的肌松药（如卵巢颗粒细胞瘤切除术）。对于马，有时麻醉时所表现的特征不明显，此时可选用肌松药对马进行控制。目前有许多种新型肌松药处于研发过程中，研发的目标是使其作用时间短且可预测、累积效应及心血管不良反应较少等。此外还需要研究这些肌松药对马神经肌肉和心血管的作用。临床上，可以用一些相对便宜的仪器对动物进行监测，进而调节使用剂量，确保在动物苏醒前恢复肌肉功能。当使用肌松药时，额外进行临床即时性的血气分析，也可以进一步提高用药的安全性。

尽管肌松药存在多种潜在的优势，但对马使用肌松药目前仍多限于大学和专科医院，应用受限的原因有多方面。对马而言，即使吞咽反射仍然存在的情况下，气管插管依然比较容易完成。将动脉二氧化碳分压维持在55～60mmHg以下，大多数马的通气都能得到有效地控制。由于使用肌松药后肌肉麻痹，眼睑和眼球反射消失，麻醉深度更难监测。此外，即使马已经恢复了意识或者能感受到有害刺激，但是由于其肌肉仍处于松弛状态，因此不能做出反应。值得注意的是：麻醉后复苏期间，马由卧倒恢复到站立状态需要有足够的肌肉力量（参阅21章）。总体来说，肌松药在马身上使用可能仍然有限。琥珀酰胆碱（去极化肌松药）是一种曾经被广泛且粗放使用的药物，常用于对清醒状态马进行阉割的保定，这种原始的做法目前已经被摒弃，取而代之的是更安全、更人道的方法（参阅12章）。

一、神经肌肉接头的生理学和药理学

1. 运动神经末梢正常的神经肌肉传递：乙酰胆碱的合成和释放

运动神经末梢是代谢活跃的结构，含有高密度的线粒体、膜离子通道、离子交换系统，以及胆碱能和肾上腺素能受体。活性胆碱摄取系统和细胞内乙酰转胆碱转移酶保证了乙酰胆碱的合成。一些合成的乙酰胆碱被包装到称为囊泡的小膜结合结构中。这些囊泡含有数千个分子的乙酰胆碱“量子”，通常集中在被称为活性区的细胞膜增厚的区域（图19-1）。运动神经末梢的乙酰胆碱包裹物代表容易释放的部分。钙离子通过离子特异性通道或在Na/Ca反向转运系统的辅助下，于动作电位峰值时进入细胞（当运动终板去极化时）。环磷腺苷酸可增强钙内流，进而导致含乙酰胆碱的囊泡与细胞膜结合，以及乙酰胆碱释放到突触间隙中。它的释放机制尚不完全清楚，但它对细胞外钙离子浓度的变化敏感，并且还受到进入细胞钙离子总量的影响。当膜复极化时，钙进入和释放过程通过来自运动神经的钾流出而终止。在持续的神经肌肉活动中，释放所需的额外乙酰胆碱从运动神经末梢内的储备中被调动。释放的乙酰胆碱与运动神经末梢上的胆碱能受体的结合可以起到这种动员的刺激作用。

2. 运动终板：乙酰胆碱受体，动作电位的传播，收缩过程的激活

运动端板上的乙酰胆碱受体沿肌膜上次级裂隙的褶皱肩部集中。受体由五个亚基蛋白组成，形成具有中心孔离子通道的圆柱体。每个受体单元具有两个乙酰胆碱结合位点。当两种受体结合乙酰胆碱时，发生运动终板的去极化，引起通道复合体的构象变化，通道打开使正向离子向内流动（图19-2）。乙酰胆碱酯酶也与接头后膜紧密相关，无论是在褶皱上还是在裂隙中。胆碱能受体集中在正常骨骼肌的肌纤维膜的运动终板区域。当运动终板去极化时，动作电位传播到相邻肌纤维膜中的电压敏感钠通道。去极化波通过T小管进入细胞内部到达肌浆网，触发细胞内钙的释放，从而激活收缩机制（图19-1）。乙酰胆碱迅速离开结合后受体并被乙酰胆碱酯酶降解。随后运动终板复极化，并且收缩过程失活。当短暂的神经动作电位到达运动神经末梢，乙

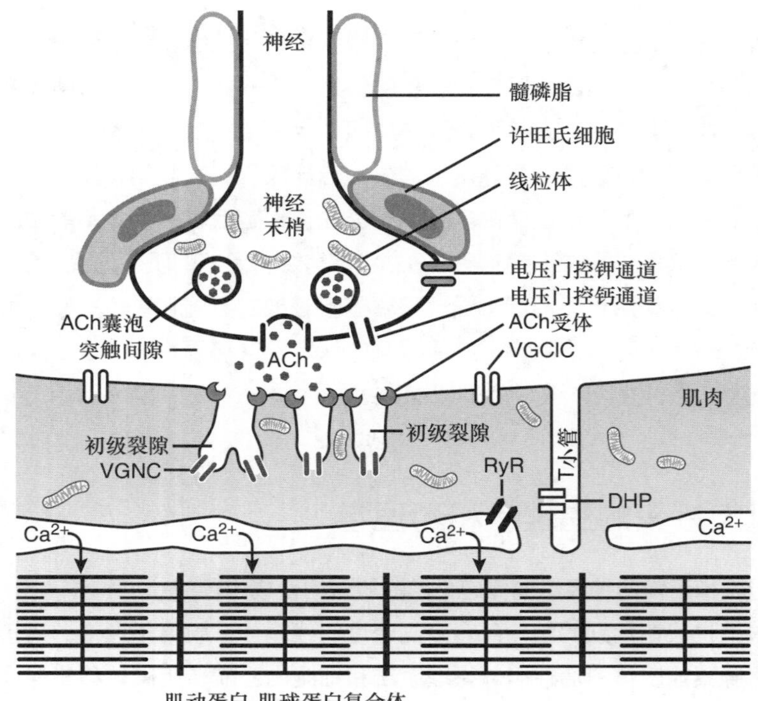

图 19-1　神经肌肉接头的示意图

在运动神经末梢的“活性区”附近聚集了乙酰胆碱（ACh）囊泡。在突触间隙中，ACh 受体主要聚集在肌膜的运动终板区域中的突触褶皱的顶部。电压门控（VG）钾（K）、钠（N）、氯（CL）和钙（Ca）通道调节 ACh 释放和跨膜离子通量。由 ACh 与 ACh 受体相互作用引发的膜去极化，打开 VGNC，导致膜去极化 T 小管中的二氢吡啶（DHP）受体和肌浆网中的理阿诺碱碱受体（RyR）的活化。DHP-RyR 受体激活释放大量钙，导致肌肉收缩（兴奋性收缩偶联）。

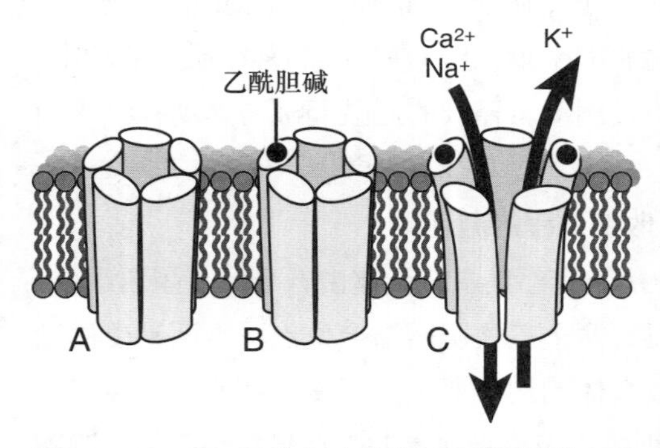

图 19-2　ACh- 受体复合物与运动终板膜中非特异性阳离子通道的构象状态的关系的示意图。当两种乙酰胆碱受体结合激动剂分子时，离子载体复合物被激活，允许正离子流动

A. 无效　B. 一个 ACh 分子的结合不会激活
C. 两个 ACh 分子的结合则激活通道

酰胆碱连续暴发释放，首先从容易释放的部分释放，然后从储存中释放。在正常动物中，可供释放的乙酰胆碱的数量和运动终板上乙酰胆碱受体的数量都有很大范围；受体的数量远远超过终板去极化所需的数量。因此，神经的去极化总是导致运动单元中所有的纤维收缩，而乙酰胆碱和受体则是有剩余的。

3. 神经肌肉传递的病理变化

神经肌肉传递可因之前某些传递过程的改变而受阻。在使用神经肌肉阻滞药前，必须考虑马的品种、年龄、性别、营养状况、肝肾功能、血钾浓度、血糖、酸碱状况、体温以及是否同时使用神经肌肉阻滞增强药物等因素（如氨基糖苷类抗生素）（框表19-1）。某些引起马肌无力综合征的病理状况，会增强神经肌肉阻滞药的作用效果和作用时间。

框表 19–1　影响神经肌肉传递的因素

- 酸碱状态（如酸中毒）
- 电解质失衡（如低钾血症、高钾血症、低钙血症）
- 药物（框表 19-2）
- 温度（如体温过低）
- 肌肉疾病（如肌病、高钾周期性瘫痪）
- 神经系统疾病（如马原生动物脊髓炎、颈椎不稳）
- 肝、肾功能

(1) 通道病　离子细胞膜通道病变，是人类神经肌肉疾病的主要原因，如高钾周期性瘫痪（Hypp；电压门控Na^+通道）和恶性高热（配体门控Ca^{2+}通道）等，而这些肌肉病可增强和延长神经肌肉阻滞药的作用。突变的Na^+通道会产生持续的Na^+电流，并延长膜去极化的时间，而神经肌肉阻滞药可使细胞膜产生持久的去极化作用。Hypp是一种常染色体显性遗传疾病，肌肉释放出的钾会降低跨膜梯度，降低膜静息电位。当静息电位过低时，不能触发动作电位，因此肌肉不能收缩。Hypp可能在麻醉期间的任何环节发作，但最常发生在诱导或麻醉复苏过程中。临床症状由压力引起且反复发作，其特征是肌肉痉挛、流口水、第三眼睑下垂和呼吸喘鸣。Hypp的心血管并发症（心动过缓，心脏骤停）需要立即治疗（参阅第22章）。恶性高热是一种以细胞钙循环异常为特征的肌肉病。使肌肉挛缩，产热急剧增加，体温迅速升高。琥珀酰胆碱和氟烷麻醉是目前公认的人和猪恶性高热的触发药物。在关于麻醉马体内恶性高热样反应的病例报告中，临床麻醉后肌病和/或血清肌酐激酶水平大幅度升高。作者观察到注射琥珀酰胆碱的6匹氟烷麻醉的小马中，有4匹出现了高热，4匹中有2匹出现肌肉僵硬和长时间的肌束震颤。小马术后存活，未见肌肉损伤。这种影响在临床上很危险。NMBDs对有肌肉紊乱史的马的影响尚不清楚。无论如何，对肌肉紊乱的马避免使用NMBDs，特别是琥珀酰胆碱。

(2) 肉毒杆菌中毒　肉毒杆菌毒素与运动神经末梢结合，阻止了乙酰胆碱的释放，引起肌肉麻痹，神经系统破坏。会出现头晕、呼吸困难和肌肉乏力等症状。在肉毒杆菌中毒的早期，抗毒素可使毒素失活，但在毒素与其受体发生不可逆的结合并进入运动神经末梢之后，抗毒素将不再发挥作用。毒素的结合还与自发的神经肌肉活动及是否使用药物有关，如通常增强神经肌肉传递的新斯的明，可以加速毒素的结合。这些药物可以暂时增强肌肉强度，但最终可能使病情恶化。

(3) 有机磷中毒和其他毒素　有机磷酸酯抑制胆碱酯酶，并导致乙酰胆碱在神经肌肉连接头处积聚，其最初会引起过度的肌肉活动（震颤、肌束震颤），但随后由于胆碱能受体脱敏而导致瘫痪。有机磷中毒多因呼吸麻痹而死亡。有机磷能增强NMBDs的作用，但之前使用三氯苯（敌百虫）驱虫，并不会影响麻醉马时阿曲库铵的使用剂量以及该药作用的时间。河豚毒素（河豚）和蛤毒素（赤潮贝类）可以特异性阻滞兴奋细胞膜中的钠通道，阻止神经和肌肉动作电位的传递。

二、神经肌肉阻滞药物的临床药理学

1. 神经肌肉阻滞药物的作用

所有NMBDs都是大型亲水分子，至少含有一个季铵盐基，其模拟乙酰胆碱的受体结合位点。一般可将其分为两组，即去极化药物和非去极化药物（表19-1）。非去极化的NMBDs（如阿曲库铵）竞争与乙酰胆碱受体结合，从而抑制膜去极化产生肌肉麻痹。通过增加或减少运动终板处的乙酰胆碱浓度，可以克服或加强非去极化NMBD效应。去极化药物（如琥珀酰胆碱）能与骨骼肌烟碱样受体结合，起到类似于神经递质乙酰胆碱的作用并产生运动终板的去极化，导致短暂的肌束震颤（即肌肉收缩），膜超极化，动作电位产生失效。

表19-1　马的神经肌肉阻滞剂和促进药物的剂量要求

药物	剂量（μg/kg）	作用时间（min）	不良反应
非去极化阻滞药			
阿曲库铵	50～100，CRI：(0.1±0.4) mg/(kg·h)	28	心血管效应
潘库溴胺	82±7.3	20～35	心率过快 室性心律失常 高血压
罗库溴铵	200	45	心律和血压稍升高
去极化阻滞药			
琥珀酰胆碱	100，CRI：2 200/h	4～5	血钾过高 颅内压和眼内压升高 肌痛 心律失常
促进性药物			
新斯的明	30～50，递增剂量：15～30，间隔5min		毒蕈碱作用：心动过缓、低血压、流涎、腹泻、呼吸道分泌物增加、胃肠蠕动增加
腾喜龙	500～1 000 缓慢（超过60min） 递增剂量：250～500，间隔3min		不良反应最小： 动脉血压升高 不需要使用抗胆碱能药物治疗

注：CRI：持续输注。

2. 非去极化药物

非去极化NMBDs与运动终板上的乙酰胆碱受体结合，阻滞了乙酰胆碱的进入。这种竞争性的结合抑制了乙酰胆碱的作用，阻止非特异性阳离子通道的开放，并因此阻止了肌肉收缩，从而导致肌肉张力降低。随着肌肉中药物浓度的增加，注射大剂量的非去极化NMBDs会导致肌肉收缩力量逐渐丧失。在单个运动终板处，阻滞70%～75%的受体就可以使该纤维中的收缩能力

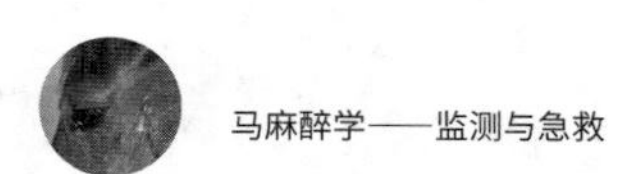

失活，因为通过剩余通道的离子流产生的电流，不足以进行去极化。随着更多纤维的失活直至完全麻痹。非去极化NMBDs的作用与乙酰胆碱具有一定的竞争性。在部分麻痹期间，增加突触间隙中乙酰胆碱的量（通过抑制乙酰胆碱酯酶或重复刺激运动神经）可使肌肉力量部分程度地恢复。额外的乙酰胆碱取代了一些受体的非去极化NMBDs。非去极化的NMBDs也与运动神经末梢结合，从而干扰乙酰胆碱的动员。在外源性快速神经刺激或动物自主活动期间，可以看到阻滞药物的突触前效应，在这种情况下，最初的肌肉收缩很强烈，但随着时间的推移，乙酰胆碱释放失败，肌肉力量逐渐减弱。

3. 去极化药物：Ⅰ期阻滞

与非去极化药物相比，去极化阻滞药物的作用机制更为复杂。琥珀胆碱与突触后乙酰胆碱受体结合，最初起激动剂的作用，打开离子通道，使运动终板去极化。骨骼肌麻痹之前先发生肌束震颤，肌束震颤首先出现在马的颈部与肩部，然后发展到躯干和后肢。肌束震颤是由乙酰胆碱释放引起的运动单元不协调收缩的结果，而乙酰胆碱的释放又是由突触前膜对运动神经的刺激引起的。去极化NMBD的效应取决于它们从突触间隙清除的速度。相邻肌膜的钠通道（门控）活性决定于电压和时间。静止时，依赖于电压的阀门关闭，而依赖于时间的阀门打开。电压依赖性阀门对运动终板去极化做出反应后开放，并且离子流继续，直到依赖时间的阀门闭合为止。在依赖电压阀门复极化之前，依赖时间阀门不能重新打开。在运动终板上持续存在去极化电流（由于存在去极化阻滞剂），可以防止依赖电压阀门关闭；从而使周围肌区保持不敏感状态。因此，去极化药物麻痹Ⅰ期是运动终板持续去极化，导致邻近肌膜失活。临床上，琥珀酰胆碱的使用剂量使其只能实现Ⅰ期阻滞。Ⅰ期阻滞的终止决定于琥珀酰胆碱的代谢和随后运动终板的复极化。

4. 去极化药物：Ⅱ期阻滞

阻滞的特征随时间而变化，大剂量琥珀酰胆碱、重复较小的剂量或输液会导致去极化阻滞变得更像非去极化阻滞。Ⅱ期阻滞尚不完全清楚，可能涉及多种因素，包括离子通道阻滞、受体脱敏、运动神经末梢和终板膜的离子失衡。消退发生于重复神经刺激Ⅱ期阻滞。胆碱酯酶抑制剂Ⅱ期阻滞的发展及其可逆性随药物剂量的不同而不同。

5. 其他影响神经肌肉传递的化合物

临床采用药理学方法来研究某些毒素和试验药物对神经肌肉传递作用的影响。α-银环蛇毒素和麦角毒素可以不可逆阻滞接头后胆碱受体。甲氧苄铵、地塞米松和Vesamicol［中文名：D-(+)-2-(4-苯基哌啶基）环己醇］可以阻滞离子通道。拟胆碱能阻滞胆碱的摄入和乙酰胆碱的合成。拉特罗毒素可以阻止乙酰胆碱进入囊泡。4-氨基吡啶能够引起钾离子回流时间延长，钙离子进入神经末梢增加，乙酰胆碱释放增加（框表19-2）。临床上使用的许多药物，如抗生素、抗癫痫药（巴比妥类药物）、利尿剂（速尿）、局麻药（利多卡因）、钙离子通道阻滞剂（地尔硫䓬）和麻醉剂（异氟醚、七氟醚、异丙酚），都能影响细胞膜通道（钠泵、钙泵）或细胞内生化作用的分子机制，从而加强对神经肌肉的阻滞作用，延长肌肉松弛时间。氨基糖苷类抗生素、

框表19-2　可能干扰神经肌肉传递的药物实例		
挥发性可注射麻醉剂		
• 异氟醚	• 七氟醚	• 地氟醚
• 巴比妥酸盐	• 氯胺酮	• 异丙酚
抗生素		
• 多黏菌素B	• 庆大霉素	• 土霉素
静脉局部麻醉药		
• 利多卡因		
Ca^{2+} 通道阻滞剂		
• 地尔硫䓬		
利尿剂		
• 速尿		

多黏菌素B、林可霉素、四环素类也能够加强非去极化神经肌肉的阻滞。氨基糖苷类抗生素（如庆大霉素）能够抑制接头前膜乙酰胆碱的释放，降低接头后膜受体对乙酰胆碱的敏感性。四环素类抗生素（如土霉素）可以降低接头后膜受体对乙酰胆碱的敏感性。目前还没有有关头孢菌素和无钾青霉素对神经肌肉发挥作用的报道。吸入麻醉剂和注射麻醉剂都可增强神经肌肉阻滞药物的效果，尽管这种效果更多地取决于马的健康状况，而非添加剂或药物的协同作用（麻醉风险，参阅第6章）。用氟烷进行麻醉的马在注射阿曲库铵后，肌颤强度可减少到基础值的40%，在注射庆大霉素7min内，肌颤强度可进一步减弱。庆大霉素可使75%肌颤恢复时间进一步延长，但在临床上并不明显。乙酰胆碱酯酶抑制剂（依酚氯铵，又名滕喜龙）和钙离子可以部分颉颃抗生素对神经肌肉接头的影响。

6. 神经肌肉阻滞药物的其他作用

（1）非除极化药物对自主神经的影响　过量注射神经肌肉阻滞药物，将会影响自主神经节。临床表现的特点和强弱随药物和麻醉方式的变化而不同。通常情况下，临床剂量麻醉马匹时，泮库溴铵、加拉碘铵、甲筒箭毒、阿曲库铵、罗库溴铵对心血管系统的影响最小。

（2）琥珀酰胆碱的作用　由于琥珀酰胆碱的结构与乙酰胆碱相似，所以琥珀酰胆碱能使自主神经节和神经节后副交感神经的胆碱能受体去极化。琥珀酰胆碱对离体心脏和骨骼肌都有作用。在使用低浓度的琥珀酰胆碱（与乙酰胆碱类似）后可以观察到负性肌力和变时效应，在使用高浓度或者长时间暴露之后会观察到更明显效果。氟烷麻醉马时，琥珀酰胆碱临床使用剂量对心血管也会产生一定的影响，通常可以引起血压升高和短暂的心率升高。控制通气时，心率和动脉血压的升高没有自主通气时明显。自然呼吸麻醉的马，在注射琥珀酰胆碱后可导致2～4min的呼吸暂停，并偶尔伴有心动过缓、游走心律和窦性停搏（压力感受器反射对高血压的反应）等症状。

在马清醒或用硫喷妥钠麻醉时，给予琥珀酰胆碱会发生高血压（收缩压超过400mmHg）和心动过速伴有室性早搏等症状。对于清醒状态的马而言，这些症状部分程度上是由于在交感神经节中、低氧、碳酸过多的情况下琥珀酰胆碱去极化作用的结果，但它们更有可能是由肌肉麻痹和无法保持站立、呼吸或运动的极端压力造成的。在使用琥珀酰胆碱后或者机体松弛恢复后，可能立即发生死亡，造成这种情况的其中一个病因被认为是心血管损伤。

（3）组胺释放　对于人类，右旋筒箭毒碱和美维库铵能导致组胺的释放。当给马使用阿曲库铵或罗库溴铵时，这种情况在临床上很少或者几乎不出现。当给马使用神经肌肉阻滞药时，不会出现组胺释放的临床症状。

(4) **钾释放** 琥珀酰胆碱注射液可使正常马血清中的钾含量轻度至中度升高，但不会出现高钾血症的临床症状。当患者遭受烧伤、挤压伤、脊髓和周围神经损伤，或者发生一些神经肌肉疾病时，琥珀酰胆碱能促进钾的释放（偶尔会导致心血管骤停）。琥珀酰胆碱对眼压、眼外肌的影响具有正性作用，且由多种神经支配。琥珀酰胆碱可延长眼外肌的收缩。麻醉后的人和马注射琥珀酰胆碱后，眼压会有短暂的升高。在患者眼睛正常的情况下，眼压升高对临床影响不大，但对有角膜撕裂伤或其他损伤的马匹在临床上十分危险。对于马而言，这种潜在的严重并发症还未见报道，但是马有不稳定的眼损伤时，应该避免给予琥珀酰胆碱。非去极化阻滞药物不会增加眼压。

(5) **肌痛和肌红蛋白尿** 琥珀酰胆碱给药后，人很容易出现肌肉疼痛的症状。术后肌痛的发生率与严重程度之间的关系仍存在争议。目前尚不清楚马是否会出现肌痛。给临床或亚临床程度的肌病患者服用琥珀酰胆碱后，肌红蛋白会大量释放。给予琥珀胆碱后，用氟烷正常麻醉的马，并没有发生肌红蛋白尿。与未给予琥珀胆碱的马相比，血浆肌酶浓度也没有增加。

7. 神经肌肉阻滞药物对中枢神经系统的影响及胎盘传递

神经肌肉阻滞药物（NMBDs）具有中枢神经系统效应，且有很强的亲水性，能向胎盘转运，少量药物可能会在很低浓度下穿过血脑屏障和胎盘屏障。泮库溴铵的给药降低了人体对氟烷的需求。这种降低可能是麻痹时，肌梭传入神经对中枢神经系统（CNS）刺激的减少所致，而不是对中枢神经系统的直接影响。其他研究表明，非去极化松弛剂对中枢神经系统没有影响。氟烷麻醉的犬，以阿曲库铵最高剂量5倍给药后，脑电图上显示出苏醒的迹象，这是由劳丹素（N-甲基罂粟碱）导致的。

对于怀孕的猫和雪貂，有时使用泮库溴铵、筒箭毒碱、加拉碘铵和琥珀胆碱的剂量远远超过完全阻滞（100%）的剂量，但对胎儿产生的影响非常小。泮库溴铵和阿曲库铵的胎盘转运已在人体内得到证明，其在血液中的浓度很低，并且不具有临床上的相关性。尚未对马NMBDs的胎盘转运进行研究。给予妊娠母马正常临床剂量的阿曲库铵不会对胎儿产生临床影响（作者的经验）。

8. 神经肌肉阻滞药物的蛋白质结合、代谢和排泄

(1) **非去极化药物** 除泮库溴铵外，其余的非去极化药物都会与血浆蛋白发生明显的结合。在理论上，改变血浆蛋白结合（肝和肾功能不全）的一些疾病，可能会改变NMBDs生物利用度，但其影响可能是不可预测的。阿曲库铵是马最常用的非去极化阻滞剂。它有两个不经肾、肝的消除途径。因此在肾和肝衰竭中，阿曲库铵的消除不会受到影响。它被非特异性血浆酯酶水解，在生理pH和温度下不稳定，并且在注射后自发降解（霍夫曼消除）。对于麻醉的马，另外给予阿曲库铵时，阿曲库铵产生的神经肌肉阻滞具有剂量依赖性；但它不会累积；而且如果马存在伪胆碱酯酶活性受损，也不会延长神经肌肉阻滞作用。加拉碘铵和筒箭毒碱几乎全部由肾脏排出，因此在肾衰竭患者体内，其持续作用时间会更长且不可预测。由于在麻醉期间肾血流量减少和清除率降低，因此在健康氟烷麻醉的马，加拉碘铵的作用可持续2 ～ 3h。肾脏也是泮库溴铵及其代谢物的主要排除器官，对肾衰竭马的作用可能会延长。筒箭毒碱和维库溴铵通常不用于马的神经肌肉阻滞。

（2）**去极化神经肌肉阻滞药物** 琥珀酰胆碱是一种去极化神经肌肉阻滞药。其作用时长与血浆胆碱酯酶（假性胆碱酯酶）的浓度及功能密切相关。注射的大部分药物在到达神经肌肉接头之前就被水解了。正常的马在注射一次麻痹剂量的琥珀酰胆碱后，在5～15min就会完全恢复神经肌肉兴奋传递的功能（表19-1）。呼吸麻痹可持续30～120s。给成年马和幼马饲喂含有有机磷化合物的驱虫药时，几周之内其假性胆碱酯酶的活性会降低，从而增强和延长琥珀酰胆碱的作用。延长其药效具有临床意义：如不能及时进行机械通气，可能导致死亡。但存在一些无法预测的风险，有时长时间的麻醉可能会导致眼内压升高、高体温、电解质和酸碱平衡紊乱等不良反应，阻碍了琥珀酰胆碱作为神经肌肉阻滞药在马临床上的应用。

三、影响神经肌肉接头处兴奋传递阻滞的生理因素

1. 运动、温度和酸碱平衡

大多数体温、酸碱平衡和电解质浓度改变对神经肌肉接头处兴奋传递阻滞影响的报道都是不确定的，尚未形成定论。对马而言，运动不会改变其对非去极化神经肌肉阻滞药的反应。高碳酸血症（二氧化碳浓度动脉分压超过50mmHg）可能会阻碍非去极化神经肌肉阻滞药的逆转。应保持正压通气，直至达到充分的逆转。

2. 电解质紊乱

（1）镁 血浆中镁离子浓度过高，可减少运动神经末梢释放乙酰胆碱，从而使神经肌肉接头突触后膜胆碱能受体对乙酰胆碱的敏感性降低，肌肉收缩力也会下降。临床上，静脉注射镁离子会引起肌肉松弛。如果口服了大剂量含镁离子的泻药，血浆中镁离子的浓度可能会显著增加。

（2）钙 低钙血症时，乙酰胆碱的释放会受到影响。全身肌肉可能出现肌无力，但由于神经和肌膜去极化阈值降低，机体会出现震颤和破伤风性痉挛。给予钙离子可在一定程度上颉颃氨基糖苷类抗生素或镁离子引起的非去极化阻滞。

（3）钾 体外研究结果表明，细胞外钾离子的急性升高可部分颉颃非去极化阻滞，而急性钾离子降低可增强阻滞作用。钾离子的改变对慢性疾病状态下神经肌肉兴奋传递阻滞的影响是不可预测的。

四、逆转非去极化阻滞

非去极化阻滞药物与运动终板受体结合，乙酰胆碱会与非去极化阻滞药物竞争。增加突触

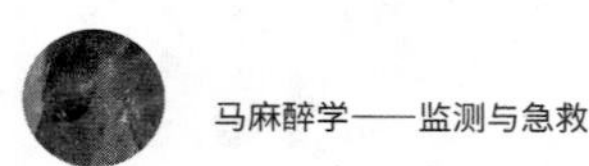

间隙中乙酰胆碱的浓度有利于其与受体的相互作用，取代非去极化的NMBD神经肌肉阻滞药并恢复神经肌肉功能

1. 促进神经肌肉连接功能药物的作用机制

释放到突触间隙的乙酰胆碱被乙酰胆碱酯酶迅速水解，并再吸收至突触前神经末梢，因此它只短暂停留于运动终板上。依酚氯铵、新斯的明和吡斯的明是乙酰胆碱酯酶抑制剂，具有颉颃非去极化阻滞药物的作用。依酚氯铵仅与乙酰胆碱酯酶形成离子键和氢键，而新斯的明和吡斯的明通过酶水解，留下氨基甲酰基。依酚氯铵作用较短，但与新斯的明和吡斯的明一样有效。4-氨基吡啶可颉颃非去极化的NMBD神经肌肉阻滞药，在运动神经末梢去极化过程中，它在突触前起着减少钾离子外流的作用，延长动作电位，促进钙离子进入突触前神经末梢。虽然4-氨基吡啶已被证明与胆碱酯酶抑制剂有协同作用，以颉颃非去极化和抗生素诱导的神经肌肉阻滞，但尚未商品化。当给予清醒的动物和人类时，4-氨基吡啶产生明显的外周和中枢神经兴奋效应，且具剂量相关性。

2. 促进性药物的自主效应

胆碱酯酶抑制剂对自主毒蕈碱胆碱能位点有影响。迷走神经效应占主导地位，如果在逆转神经肌肉阻滞前未使用抗胆碱能药物（如阿托品、甘草酸），就会引发明显的心动过缓。对氟烷麻醉的马使用新斯的明，每隔7min增加10～20mg/kg的剂量，对心率和血压几乎没有影响，除非使用了抗胆碱能药物，否则会增加呼吸道分泌物和胃肠动力。静脉注射0.5～1mg/kg的依酚氯铵后，通常动脉血压会升高。

五、神经肌肉阻滞监测

需要监测的指标包括：完成预定的外科手术、需要确定何时可达足够神经肌肉阻滞深度、何时需要给予额外的NMBD、何时恢复足够的神经肌肉功能保证充分的呼吸、何时马肌肉力量可恢复到足以站立，目前主要采取的手段是神经刺激并观察临床症状。

1. 定量技术

通常可以通过机械设备或者电子设备两种方式来进行神经肌肉功能的检测。两种方法都可以对周围神经的电刺激以及肌肉对于刺激做出的反应进行评估。在进行试验的过程中，往往通过力学位移传感器或者张力测量器对机械反应进行测量。测量等距张力时，需要对肢体进行固定。电子监测系统是通过使用固定于运动终板的电极，来测量电刺激诱发的肌肉复合动作电位。该系统用于测量马的等距刺激后肢时所产生的后肢扭力，但该设备对于常规临床应用来说过于笨重。而另一种监测马的唇缘抽搐反应的系统应用起来则更加简单。用这样的方式监测的马复合肌肉动作电位的优点是在收集数据的方面不必采用如此复杂设备固定肢体就能对抽搐张力进行测量和记录。还有一种电极可以黏合在皮肤上，从而进行刺激和记录。对电刺激的响应与机

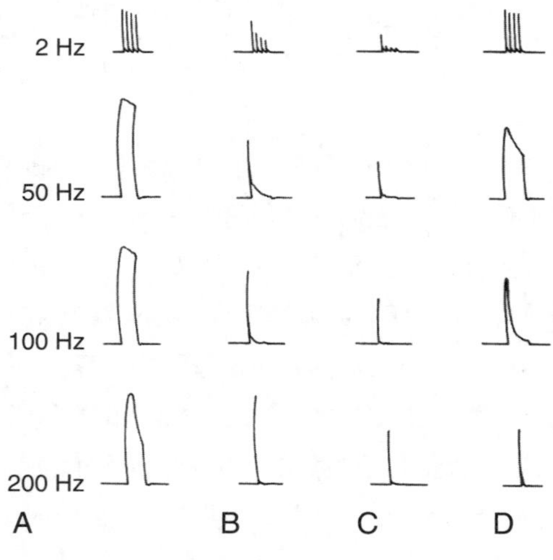

图 19-3 异氟醚麻醉的马对不同频率的腓神经电刺激的机械反应

A. 神经肌肉阻滞之前，在100Hz超高频率刺激下可以很好地保持张力 B. 低剂量的潘库溴胺阻滞下，抽搐张力（2Hz时的第一次响应）与A组相比下降25%，并且在2Hz时明显衰减（机械响应的幅度减小）。在强直刺激下，初始诱发的张力被抑制并且明显减退 C. 超剂量的潘库溴胺，在2Hz刺激期间，抽搐张力减弱了约60%；第三次和第四次的反应几乎看不到 D. 局部恢复，在2Hz刺激时，抽搐张力和反应是正常的，但在强制刺激期间仍然存在减退的现象

械性抽搐具有很高的相关性，但是这种电极忽略了皮肤本身存在的松弛性，因此可能未检测到残余松弛。

2. 临床监测：对机械反应的评估

通常，通过观察临床环境中对神经刺激的机械反应进行评估（图19-3）。神经肌肉阻滞程度的评估，取决于该技术所能够表现的神经肌肉阻滞的水平及操作者识别电位变化的能力。

（1）肌肉对肌肉阻滞药物的敏感性 一般来说，对于神经肌肉阻滞药物，躯干肌肉比四肢肌肉具有更强的耐受性。马的面部肌肉比四肢肌肉具有更强的耐受性。因此，如果面部肌肉的肌松程度作为使用剂量的指标，那四肢肌肉的阻滞程度就会过深，从而导致神经肌肉阻滞药物的使用过量。另外，过量使用时，残留药物的神经肌肉阻滞作用及机体对其产生的抵抗作用难以检测。在马体内，这两种作用尚未进行充分的研究。

（2）神经刺激的反应 当肌肉对单一的神经刺激无法明显的收缩反应时，说明神经传递被100%阻滞了。通过反复注射非去极化的肌肉阻滞剂，以维持100%的神经肌肉阻滞时，可能会导致神经突触后膜持久反应和部分肌肉阻滞失效；因此应该避免完全的瘫痪。一般来说，对于大部分的外科操作而言，75%～85%的神经肌肉阻滞程度已经足够。但是很难通过对肌肉单次收缩的观察和触诊来确定局部阻滞的程度。在比较阻滞效果时，必须进行最基本的张力测试，但是通过这些测试很难发现细微的差别。在非去极化阻滞的恢复和逆转期间，即使定量测量，肌肉对于单次刺激的收缩反应（以0.1Hz或更低的频率递送的刺激）也很难发现存在的差别。而当单次刺激收缩试验检测不到阻滞时，神经肌肉功能就可能已经出现明显损伤（图19-3）。骨骼肌对4个成串刺激（T4）产生的反应非常敏感，可以作为骨骼肌功能完整性和临床肌松是否充分的指标。首先输出4个成串电刺激（2Hz），观察到由此产生的肌肉收缩，这4次肌肉收缩是在没有阻滞的情况下产生的。然后在使用阻滞药物的情况下进行同样的电刺激，T4反应出现衰退，这是非去极化神经肌肉阻滞剂产生的典型效应，随着阻滞效果的增强，衰退逐渐明显（图19-4）。T4刺激期间第四和第三反应的消失能很好地说明肌肉达到了75%～85%的收缩抑制（图19-4）。在T4测试中，药物的阻滞作用随时间衰退。T4衰退率（第四反应期强度与第一反应期强度的比值）恢复到70%或者更高，是描述临床病人神经肌肉功能恢复的重要指标。但是很难发现收缩强度的差异。因此，T4反应作为维持肌肉阻滞的指标是可行的，但作为恢复指标时可能会产生误导。琥珀酰胆碱Ⅰ期阻滞时，T4反应平缓，继发Ⅱ期阻滞时，T4反应减弱。与T4刺激相比，强直刺激时的衰退程度小，因此T4反应作为指标可以更加容易得通过观察和触诊获取。刺激的频率越高，局部肌肉对阻滞药物的敏感性越高。在相同剂量的阻滞剂作用下，当50Hz刺激能够产生持续反应时，100Hz的刺激还可以观察到明显的衰退（图19-3）。神经肌肉阻滞剂抑制剂可以部分消除其作用。

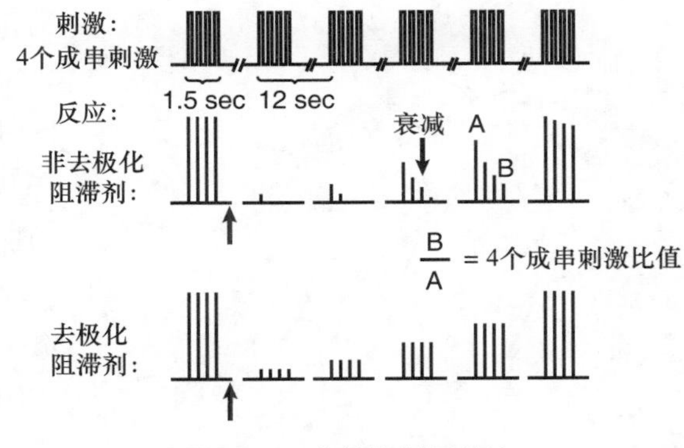

图19-4　收缩抑制百分比

4个序列衰减率（2Hz刺激期间第四反应强度与第一反应的比值，B/A），4个成串刺激强度（在2Hz的4次刺激后的反应数）之间的关系（上图和中图）。非去极化阻滞剂（中图）和第一阶段去极化阻滞期间（下图）对2Hz的4个成串刺激反应。

3. 关于马麻醉后监测神经肌肉阻滞的建议

（1）位点和刺激率　在实施NMBD之前，为了方便以后进行比较，应先观察到对神经刺激的反应，以确保神经可以定位，且刺激器功能正常。马的腓神经和面神经分布较浅，可以通过触诊发现。腓神经是首选，因为它更准确地反映了躯干肌肉的功能。定位髌骨韧带中点，沿胫骨平台外侧边缘横向移动，直至摸到腓骨头，即可识别腓神经（图19-5）。沿着成年马腓骨远端移动手指，可以检测到离近端8～10cm的腓神经。面神经仅在眼睛的腹侧容易触诊到（图19-6）。应该提供具有2Hz、50Hz和100Hz功能的刺激器。负电极直接置于神经上方，正电极置于离负电极几厘米的位置。刺激强度不断地增加，直到检测不到肌肉抽搐强度进一步增加为止。

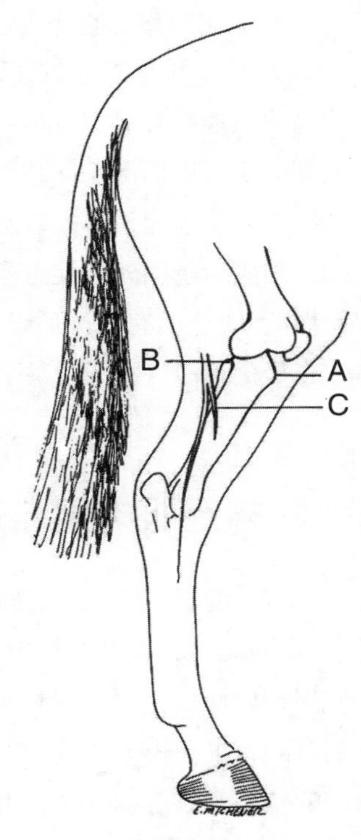

图19-5　马腓神经的皮下定位

A. 胫骨结节　B. 腓骨头　C. 指伸肌的神经运动支，当它穿过腓骨干时，可以被触诊到

（2）监测标准　腓神经　T4反应（没有第四反应或同时缺乏第三反应和第四反应）及放松程度的临床表征，可以用来判定病畜的神经肌肉阻滞情况。在维库溴铵（竞争性非去极化肌松药）作用开始时和丁二酰胆碱（琥珀胆碱）I期阻滞时不发生T4消退；因此，在使用这些药物时，必须根据抽搐或强直的强度来估计阻滞情况。把再次出现第三次或第四次抽搐作为一个指标，如果需要维持神经肌肉阻滞，则需要额外剂量的NMBD。若抽搐或强直性力量明显增加，则表明需要更多的药物。此时可以施用大约初始剂量的1/4或输注NMBD。输液也可用于维持琥珀胆碱阻滞。如果仍然处于完全麻痹状态（100%），则不应对用药颉颃非去极化神经肌肉阻滞。如果发生了部分自主恢复，此时药物颉颃作用是最有效的，T4的四种反应

图 19-6　马面部神经的皮下定位

为了避免直接的肌肉刺激，活动电极应该放置在眼睛外侧眼角的水平处（A）。

均存在即可证明。在施用腾喜龙或新斯的明后，应以3min和5min的间隔重复50Hz的5s强直刺激，同时观察反应。当强直在50Hz得以维持时，估计在100Hz时会衰减（TOF），同时给予额外的颉颃药物（新斯的明）直至不再发生改善。

（3）监测标准　面神经　如果面神经受到刺激，必须使用不同的监测标准。面部肌肉对神经肌肉阻滞具有抗性，并且在给药后消退过程非常缓慢。通常可以在神经肌肉阻滞开始时发现初始强制性张力的明显降低（阈值降低）。这个参数连同临床标准（如自发肢体运动减弱、腹肌松弛）一起，可用于检测神经肌肉阻滞。在逆转期间，通常可以在100Hz刺激面部神经时几乎完全消退。

4. 肌肉力量的临床评估

吸气力可通过阻塞气囊颈部，观察自主呼吸时麻醉呼吸回路上的压力进行估算。轻度麻醉的马应该能够在吸气期间产生至少15cmH_2O的负压。选择性地可以闭塞气管内导管，在自主呼吸期间主观地估测肋间和膈肌功能。在恢复时观察到马有肌肉无力的迹象：例如，无法保持眼睑紧闭，无法抬起头部，以及在试图站立时肌肉震颤。如果认为虚弱是由残留的非去极化阻滞引起的，则应给予额外的促进药物。尽管使用了适当剂量的颉颃剂（1mg/kg的腾喜龙或50mg/kg的新斯的明），但有麻醉后无力的其他原因时，应仔细评估患者的病史和病情。过量的颉颃剂可导致去极化阻滞（肌无力甚至麻痹现象）。

六、神经肌肉阻滞剂麻醉马

在注射NMBD之前，应始终提供正压通气（参阅第17章）。由于没有骨骼肌反射，应该给予充分的麻醉。NMBD应该滴定给予所需的剂量，因为马匹中的松弛剂需求可能存在显著变化。应施用初始测试剂量［导致80%～90%阻滞剂量的50%左右（表19-1)］，并评估效应。每次注射剂量的效果在3min时几乎达到最大值，可以确定额外剂量药物的需求量（图19-7）。可以使用相同的技术观察T4对手持刺激器的响应，但是衰减比抽搐抑制稍微慢一些。尽管不像张力记录那样准确，临床上通过T4衰减的观察结果定量非去极化NMB的使用是足够可靠的。阿曲库铵是麻醉马最常用的NMBD。它以静脉推注或输液方式给药。阿曲库铵（0.05～0.1mg/kg）在静脉内给药后5min内产生最大效果，通常在给药后15min内恢复，随后的剂量应按原始剂量的50%给药。如果需要更长的麻醉持续时间，可以通过输注给予阿曲库铵，0.1～0.4mg/（kg · h)。肌肉力量通常在停止输注后20min内恢复。新斯的明或腾喜龙的给药可以治疗残留的无力（表19-1)。

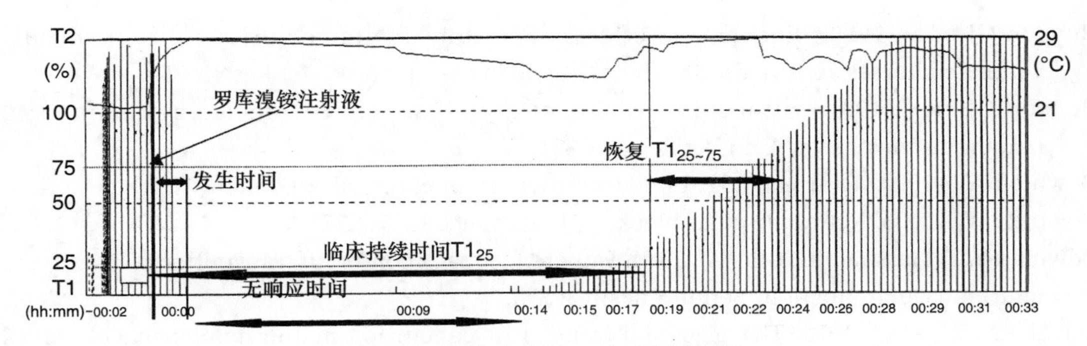

图 19-7　4 个成串（TOF）刺激的图示

记录 0.4mg/kg 罗库溴铵（竞争性非去极化肌松药）对一匹马的作用，记录在监测 TOF 的记忆卡上，说明所测得的药效学参数。上面的细线表示皮肤温度（左边轴上的刻度）。无反应的临床持续时间和恢复到基线（基准）肌肉收缩强度的 25%~75%。

七、麻醉马使用神经肌肉促进药物的管理

在进行药物颉颃之前，应该考虑机体存在一定程度的自发性恢复（即在T4刺激或呼吸运动期间出现的4次抽搐），因为过量的颉颃剂可能加强神经肌肉阻滞作用（表19-1）。可间隔3min增加滕喜龙（250～500mg/kg）的剂量或间隔5min增加新斯的明（15～30mg/kg）的剂量，以获得最佳逆转（表19-1）。如果担心心动过缓，气道分泌物或胃肠动力过度，应在首次新斯的明给药前给予阿托品（10～20mg/kg，IV）或格隆溴铵（5～10mg/kg，IV）。应保持神经肌肉监测，直到确定最佳逆转。虽然滕喜龙和新斯的明增量给药引起的心血管抑制在马很少见，但在抗胆碱酯酶药物治疗期间，应继续监测心电图和动脉血压（参阅第8章）。可以使用阿托品或格隆溴铵治疗伴有明显心动过缓性低血压。如果抗胆碱药无效，应静脉注射麻黄碱（20～40mg/kg）、多巴胺［1～5mg/(kg · min)］或肾上腺素（6～8mg/kg）（参阅第22章）。

参考文献

Aida H et al, 2000. Use of sevoflurane for anesthetic management of horses during thoracotomy, Am J Vet Res 61: 1430.

Auer U, Uray C, Mosing M, 2007. Observations on the muscle relaxant rocuronium bromide in the horse—a dose-response study, Vet Anaesth Analg 34: 75.

Benson GJ et al, 1979. Physiologic effects of succinylcholine chloride in mechanically ventilated horses anesthetized with halothane in oxygen, Am J Vet Res 40: 1411.

Benson GJ et al, 1980. Biochemical effects of succinylcholine chloride in mechanically ventilated horses anesthetized with halothane in oxygen, Am J Vet Res 41: 754.
Benson GJ et al, 1981. Intraocular tension of the horse: effects of succinylcholine and halothane anesthesia, Am J Vet Res 42: 1831.
Bowman WC, 1990. Pharmacology of neuromuscular function, ed 2, London, Wright.
Bowman WC, 2006. Neuromuscular block, Br J Pharmaco l 147: S277.
Bowman WC, Marshall IG, Gibb AJ, 1984. Is there feedback control of transmitter release at the neuromuscular junction? Semin Anesth 3: 275.
Duvaldestin P et al, 1978. The placental transfer of pancuronium and its pharmacokinetics during caesarian section, Acta Anaesth Scand 22: 327.
Evans CA, Waud DR, 1973. Do maternally administered neuromuscular blocking agents interfere with fetal neuromuscular transmission? Anesth Analg 52: 548.
Flynn PJ, Frank M, Hughes R, 1984. Use of atracurium in caesarean section, Br J Anaesth 56: 599.
Forbes AR, Cohen NG, Eger EI, 1979. Pancuronium reduces halothane requirement in man, Anesth Analg 58: 497.
Galey FD, 2001. Botulism in the horse, Vet Clin North Am (Equine Pract) 17: 579.
Hildebrand SV, Arpin D, 1988. Neuromuscular and cardiovascular effects of atracurium administered to healthy horses anesthetized with halothane, Am J Vet Res 49: 1066.
Hildebrand SV, Hill T, 1989. Effects of atracurium administered by continuous intravenous infusion in halothane-anesthetized horses, Am J Vet Res 50: 2124.
Hildebrand SV, Hill T, 1994. Interaction of gentamycin and atracurium in anaesthetized horse, Equine Vet J 26: 209.
Hildebrand SV, Hill T, Holland M, 1989. The effect of the organophosphate trichlorphon on the neuromuscular blocking activity of atracurium in halothane-anesthetized horses, J Vet Pharmacol Ther 12: 277.
Hildebrand SV, Howitt GA, 1983. Succinylcholine infusion associated with hyperthermia in ponies anesthetized with halothane, Am J Vet Res 44: 2280.
Hildebrand SV, Howitt GA, 1984. Antagonism of pancuronium neuromuscular blockade in halothane-anesthetized ponies using neostigmine and edrophonium, Am J Vet Res 45: 2276.
Hildebrand SV et al, 1989. Clinical use of the neuromuscular blocking agents atracurium and pancuronium for equine anesthesia, J Am Vet Med Assoc 195: 212.
Jones RS, Prentice DE, 1976. A technique for the investigation of the action of drugs on the neuromuscular junction in the intact horse, Br Vet J 132: 226.
Klein L et al, 1983. Cumulative dose responses to gallamine, pancuronium, and neostigmine in halothane-anesthetized horses: neuromuscular and cardiovascular effects, Am J Vet Res 44: 786.
Klein L et al, 1983. Mechanical responses to peroneal nerve stimulation in halothane-anesthetized horses in the absence of neuromuscular blockade and during partial nondepolarizing blockage, Am J Vet Res 44: 783.

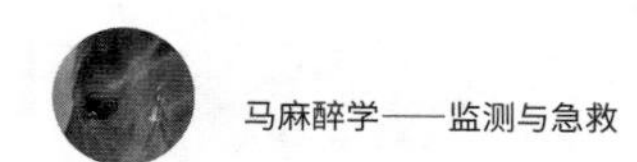

Klein LV, Hopkins J, Rosenberg H, 1983. Different relationship of train-of-four to twitch and tetanus for vecuronium, pancuronium, and gallamine, Anesthesiology 59: A275.
Klen L, Hopkins J, 1981. Behavioral and cardiorespiratory responses to 4-aminopyridine in healthy awake horses, Am J Vet Res 42: 1655.
Lakskn LH, Loomis LN, Steel JD, 1959. Muscular relaxants and cardiovascular damage: with special reference to succinylcholine chloride, Aust Vet J 35 (6): 269-275.
Lanier WL, Milde JH, Michenfelder JD, 1985. The cerebral effects of pancuronium and atracurium in halothane-anesthetized dogs, Anesthesiology 63: 589.
Lees P, Travenor WD, 1969. The influence of suxamethonium on cardiovascular and respiratory function in the anesthetized horse, Br J Pharmacol 36: 116.
Manley SV, Kelly AB, Hodgson D, 1983. Malignant hyperthermialike reactions in three anesthetized horses, J Am Vet Med Assoc 183: 85.
Manley SV et al, 1983. Cardiovascular and neuromuscular effects of pancuronium bromide in the pony, Am J Vet Res 44: 1349.
Martinez EA, 2002. Neuromuscular blocking drugs, Vet Clin North Am (Equine Pract) 18: 181.
Naguib M, Lien C, 2005. Pharmacology of muscle relaxants and their antagonists. In Miller RD, editor: Miller' s anesthesia, ed 6, Philadelphia, Elsevier Churchill Livingstone, pp 481-572.
Naguib M et al, 1995. Histamine-release haemodynamic changes produced by rocuronium, vecuronium, mivacurium, atracurium, and tubocurarine, Br J Anaesth 75: 588.
Naguib M et al, 2002. Advances in neurobiology of the neuromuscular junction, Anesthesiology 96: 202-231.
Naylor JM, 1997. Hyperkalemic periodic paralysis, Vet Clin North Am (Equine Pract) 13: 129 .
Naylor JM et al, 1999. Hyperkalemic periodic paralysis in homozygous and heterozygous horses: a co-dominant genetic condition, Equine Vet J 31: 153-159.
Payne JP, Hughes R, Azawi SA, 1980. Neuromuscular blockade by neostigmine in anaesthetized man, Br J Anaesth 52: 69.
Prior C, Marshall IG, Parsons SM, 1992. The pharmacology of vesamicol: an inhibitor of the vesicular acetylcholine transporter, Gen Pharmacol 23: 1017.
Riedesel DH, Hildebrand SV, 1985. Unusual response following use of succinylcholine in a horse anesthetized with halothane, J Am Vet Med Assoc 187: 507.
Saint DA, 1989. The effects of 4-aminopyridine and tetraethylammonium on the kinetics of transmitter release at the mammalian neuromuscular synapse, Can J Physiol Pharmacol 67: 1045.
Senior JM et al, 2001. Clinical use of atracurium in horses undergoing ophthalmic surgery, Vet Anaesth Analg 28: 207.
Travenor WD, Lees P, 1970. The influence of thiopentone and succinylcholine on cardiovascular and respiratory functions in the horse, Res Vet Sci 11: 45.
Waldron-Mease E, Klein LV, Rosenberg H, 1981. Malignant hyperthermia in a halothane-

anesthetized horse, J Am Vet Med Assoc 179: 896.
White DA et al, 1992. Determination of sensitivity to metocurine in exercised horses, Am J Vet Res 53: 757.
Zinn RS, Gabel AA, Heath RB, 1970. Effects of succinylcholine and promazine on the cardiovascular and respiratory systems of horses, J Am Vet Med Assoc 157: 1495.

第 20 章
围术期疼痛管理

要点：

1. 疼痛是对伤害性刺激的正常反应，是用作保护和维持身体完整性的分级自我调节系统。
2. 疼痛会可产生有害的结果，如生理、神经体液、代谢及免疫学的一些效应。
3. 病理性疼痛会产生应激和痛苦，降低马的生活质量，并导致发病率和死亡率增加。
4. 对马的疼痛管理中超前镇痛法和复合麻醉法是有效方法。
5. 每个兽医都应该通过评估并治疗马的疼痛来“减轻动物的痛苦”。

马疼痛的识别、评估和治疗应该是每一次马术训练的基本目标。对病理性疼痛机制的理解，以及识别、评估（主观、客观）和治疗疼痛的方法和技术，都在不断发展，从而提高了马的生活质量（QOL）。教育的增加和疼痛负面后果重要性的强调正在重塑马兽医对疼痛在马健康重要性的态度。马麻醉师的主要责任是以最安全的方式进行催眠（无意识）、肌肉放松和止痛。额外的目标是任何手术事件之前、之中和之后减轻压力和疼痛（参阅第4章）。

无论是由自然发病（如扭伤、组织创伤、感染、胃肠道阻塞）引起，还是由手术（如阉割、关节镜检查、骨折修复、腹部手术）引起，疼痛都可能产生严重的行为、生理、神经体液、代谢及免疫影响，如果不治疗，这些影响将是有害的（参阅第4章）。事实上，如果急性疼痛得不到解决，它可能会发展为慢性疼痛，导致状态不佳、体重减轻和感染增加，这种疾病现在被认为是“疾病综合征”。因此，在整个麻醉和围术期，每一位马兽医都有义务识别、评估和减轻马疼痛。

一、疼痛生理学

疼痛可以被定义为“一种不愉快的感觉和情感体验（一种感知），它引起保护性运动行为，导致本能的躲避，并能够改变物种特有的行为，包括社会行为。”因此，疼痛是一种复杂的体验，对每只动物来说都是不同的，它们可能已经进化成一个分级的体内平衡系统来保护和维持身体的完整性。疼痛检查包括检测神经系统的组织损伤（伤害感受）、对疼痛的有意识感知行为反应或变化以及不适，如果任其发展，最终可能导致极度的痛苦。

疼痛的神经生理学作用是产生保护动物免受组织损伤的信号，对伤害性刺激的感知被称为伤害感受。伤害感受包括五个过程：转换、传递、调节、投射和感知（图20-1）。伤害刺激被“疼痛感受器”感知并转换成电信号，并通过小直径、高阈的A-δ（Aδ）和C感觉神经纤维传递

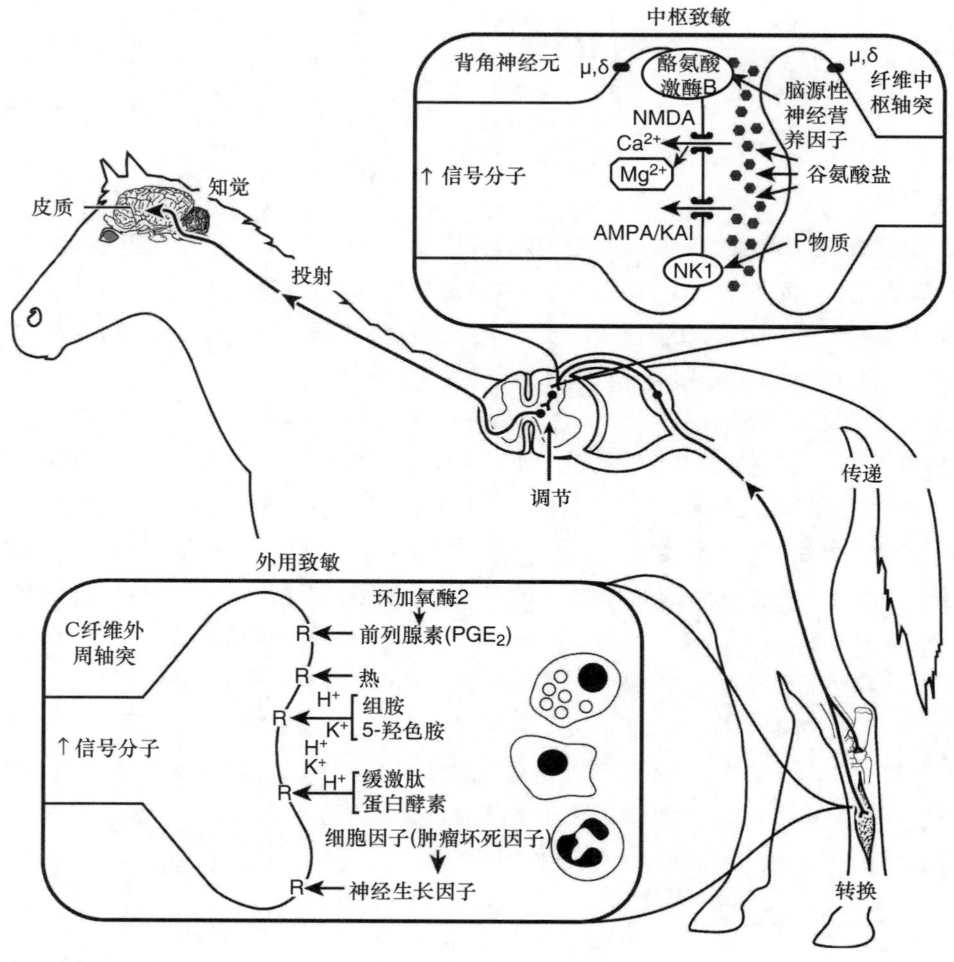

图 20-1 伤害感受过程

有害刺激（热、机械、化学）被转换为电位（动作电位），传递到脊髓，被调节后投射到大脑（知觉）。谷氨酸是脊髓背角的主要兴奋性神经递质，通常激活α-氨基-3-羟基-5-异噁唑丙酸（AMPA）和红藻氨酸（KAI）受体。组织损伤和炎症降低伤害感受器的阈值并激活“沉默的”伤害感受器，引起外周致敏和痛觉过敏。持续的伤害性刺激激活脊髓中的N-甲基-D-天冬氨酸（NMDA）和神经激肽（NK1）受体，导致中枢致敏和继发性痛觉过敏。

到脊髓。这些感受冲动在脊髓背角受到调节（抑制或放大）并传递（投射）到大脑，在那里它们被感知并引发生理和行为反应。

框表 20-1　用于描述疼痛的术语
疼痛：与实际或潜在的组织损伤或类似损伤相关的不愉快的感觉或情绪体验。 1. 有害刺激：潜在的足够强度的危险或明显造成组织损伤的刺激（机械、化学、热）。 2. 伤害感受：通过疼痛感受器（伤害感受器）传递疼痛，传播有害（痛苦）刺激；包括转换、传输、调制、投射和感知。 3. 外周致敏：周围神经末梢的兴奋性和反应性增加。 4. 中枢致敏：脊髓中神经元的兴奋性和反应性增加。 5. 痛觉过敏：不管是在受伤部位（原发）还是在周围未受损组织（继发性），对通常疼痛的有害刺激的反应（超敏反应）增加。 6. 感觉过敏：对刺激的敏感性增加。 7. 痛觉过度：对疼痛性刺激过度的疼痛感觉。 8. 异常性疼痛：由无痛（无毒）刺激产生的疼痛。 9. 预先镇痛：在产生疼痛之前通过给予镇痛药来预防或使疼痛最小化，或者如果已经存在疼痛则引入有害刺激（手术）；先发性镇痛的目的是在疼痛发作之前提供治疗干预，以预防或最小化中枢神经系统对有害刺激的反应。 10. 复合治疗：通过不同的作用机制给予多种药物以产生预期的（镇痛）效果。

持续时间短的疼痛（组织损伤很小或没有损伤）称为生理性疼痛。急性疼痛会引发自发、间断的和相对“静态的”行为和神经内分泌的反应，其特征是基本的刺激反应模式。相比之下，病理性或临床性疼痛通常是由组织的物理损伤引起，但在没有伤害性刺激（自发性疼痛）、对正常无害的刺激（异常性疼痛）的反应或对伤害性刺激（痛觉过敏）的过度反应时会出现。病理性疼痛通常根据机制、持续时间（急性的数小时，慢性的数天至数年）和严重程度进行分类。持续的疼痛可以引发神经生物学过程，这些过程可能会变成动态并增强（神经可塑性）神经系统的反应（表 20-1）。

炎症和神经损伤产生类似的组织特异性激活和致敏物质，不只包括组胺、血清素、缓激肽、白三烯、前列腺素、白细胞介素（IL）、中性粒细胞-趋化性肽、神经生长因子、三磷酸腺苷、P物质（一种神经肽）、H^+和K^+。这些介质结合形成“致敏汤”，激活功能性和非活动性的伤害感受器，降低（敏化）周围神经末梢的激活阈值，导致外周敏化（图 20-1）。初级痛觉过敏是外周致敏的直接结果（框表 20-1）。此外，由激活的外周感觉传入物释放的神经递质和促炎细胞因子（肿瘤坏死因子、氧化亚氮、IL-1、IL-6、三磷酸腺苷）可以刺激中枢神经系统（CNS、免疫-信号联络）中的神经胶质细胞（星形胶质细胞、小胶质细胞），与重复和持续的伤害性输入相结合，分别负责背角感觉神经元的激活和持续时间的加和（结束）。结束涉及背角 N-甲基-D-天冬氨酸（NMDA）和速激肽受体的激活有关，并导致中枢敏化和过度的疼痛反应状态，该状态可持续数小时至数天，超过最初的有害刺激（图 20-1）。中枢敏化可能是在远离原发性损伤区域的部位对有害或无害刺激过敏的原因（继发性痛觉过敏）。

二、疼痛的后果

未经治疗的疼痛会引起交感神经-肾上腺通路的激活，导致皮质醇、去甲肾上腺素和肾上腺素的升高以及胰岛素分泌减少（参阅第4章、表20-1）。直接的结果是血管收缩、心肌功能增加和心肌耗氧量增加。血流减少，因此输送到肠道和肾脏的氧气减少，类似于逃跑或战斗的反应，而骨骼肌血流量增加。如果任其发展，这些交感神经肾上腺—血流动力学会加速分解代谢状态，增加发病率和死亡率。疼痛的马躲在畜栏后面，对食物不感兴趣、忧虑不安或不愿意移动，社交活动较少所有这些因素和其他因素都表示应激水平的增加和潜在的痛苦，生活质量下降。明显疼痛或烦躁的马通常需要更高剂量的镇静剂和麻醉药（参阅第21章）。增加药物剂量使马面临药物相关不良反应和毒性增加的风险，导致围术期发病率和死亡率升高。

表20-1　未经治疗的疼痛后果

作用	结果
外周致敏	原发性痛觉过敏
中央致敏	继发性痛觉过敏；异常性疼痛
交感神经刺激	心动过速，呼吸急促；外周血管收缩；心肌功能增强；心肌氧消耗增加；腹部器官的血流量（氧气输送）减少
神经内分泌	促肾上腺皮质激素释放；皮质醇↑；去甲肾上腺素↑；肾上腺素↑；胰岛素↓
应激	食欲↓；失眠；免疫抑制；生活质量↓
麻醉	药物需求和风险↑

三、疼痛评估

虽然在评估马的疼痛时常常会参考类似的且已有的相关物种的特异性指标和生理反应（框表20-2），但疼痛是一种多方面的、复杂的体验，对每种动物来说都是特定的，相关马行为变化的信息、来源包括马主人、驯马师或管理人员，详尽的病史和体格检查可以提供重要的细节，而这些在医院环境或马厩内可能不会被注意到。

单一指标不能作为疼痛的诊断病征。疼痛的后果应通过对行为学和生理学的共同评价来得出结论（表20-1、框表20-2）。马的疼痛识别和评估是一项具有挑战性的工作，它依赖于对马的正常行为和生理的透彻了解，因为马在医院的行为可能与在家时不同。在不熟悉的环境中或在陌生人面前可能会掩饰。远程摄像机或单向窗口在评估马的行为时非常有用。疼痛反应可能不同，取决于品种和年龄。役马被认为比纯种马和阿拉伯马等“热血”品种更坚忍。年轻的马和小马驹通常比成年马更容易表现出痛苦的症状。

生理反应可能有助于检测疼痛，尽管一些疼痛的患病动物，特别是慢性疼痛的患病动物，

表现的生理变化可能很少或没有变化（表20-1）。例如，心率增加和心率变异性降低与急性中重度疼痛（蹄叶炎、骨折、绞痛）有关。一项关于跗关节诱发的马疼痛试验研究表明，多因素复合疼痛量表（CPS）与无创性动脉血压及皮质醇之间呈正相关。

疼痛相关行为的评估应遵循系统的方法。应首先完成对马的一定距离观察，以避免可能的遮蔽行为。疼痛相关的行为包括但不限于异常的姿势或头部运动、运动减少、经常站在马厩后、踩踏或刨地、紧张、沉郁或抑郁（框表20-3）。腹痛的指标包括嘶叫、打滚、踢腹和四肢伸展。远距离观察之后应该是对马安静的观察。评估以口头交流进行，疼痛中的马匹不愿与人交流，对观察者的声音也没有反应。一个常见的反应是马待在马厩，忽视它周围的环境。最后一步是进行身体检查，通常从不会引起疼痛反应（如爱抚或抚摸）的身体刺激开始，然后进行身体操作和对疼痛部位更积极的触诊，这可能要控制马的头部、颈部或四肢。使用冯·弗雷细丝的定量感觉测试（QST）蹄测试器以及热刺激和机械也可以帮助识别和量化马的局部或全身疼痛。

框表 20-2　疼痛指标、应激指标及幸福指标

- 态度
- 行为
- 姿势
- 活动
- 表现
- 食欲
- 表情
- 与人的互动
- 对动作的回应
- 愿意工作

框表 20-3　马疼痛的行为指标

- 焦躁不安，焦虑不安（急性：中度 / 重度）
- 沉闷和抑郁（慢性：中度）
- 僵直站立和不愿移动
- 没有互动，站在畜栏后面
- 目光呆滞和鼻孔扩张
- 攻击自己的马驹
- 攻击饲养者及其他马
- 发声（深呻吟，咕噜声）
- 降低头架
- 翻滚
- 踢腹部
- 侧视
- 拉伸
- 在四肢间转移承重
- 肢蹄保护
- 体重分布异常
- 指向，悬吊和旋转四肢
- 异常运动
- 拱背
- 摇头
- 行为异常
- 饮食改变；厌食症，食物不振

疼痛评估工具

针对马疾病（骨科、急腹症、蹄叶炎）疼痛评估（疼痛评分）的工具正在开发中。各种描述性的、分类的、数字的、视觉模拟和QST标度系统，已经被评估并用于量化马的疼痛。这些工具大多数都需要验证，且加强对观察者或评估者的培训对于获得有意义的结果至关重要。

疼痛评估量表最简单的类型是口头评分和描述性评估（框表20-4）。这些量表易于使用，可以快速完成，并提供对马的疼痛的主观评估，但通常不够客观（定量）来评估细微的变化。视觉模拟量表（VAS）为评估马的疼痛提供了一种半客观评分方法（图20-2）。评估者在100mm线上放置一个时间标记（通常是一个X）；极左边代表无痛，极右边可以想象为最大疼痛。一匹患有严重绞痛的马正在猛烈地摔倒，并伤害自己和相关人员，这可能是在视觉模拟量表最右侧的一个例子。除了简单之外，模拟量表的主要优势在于它能够跟踪趋势，前提是由同一人对疼痛进行评估。

数值评分量表按类别列出参数，这些参数的分值与复合疼痛量表（CPS）开发的每个特定标准相关。没有一个数字尺度可以涵盖所有可能的疼痛相关参数；因此，通常只选择那些具有最高特异性和敏感性的标准（表20-2）。添加个人得分以提供总疼痛评分，用于指导和评估疼痛疗法。一般来说，较高的数值表明疼痛增加和镇痛需求增加。用于评估马疼痛的多因素数值评分疼痛量表有可能提供更敏感和定量的方法来评估疼痛，尽管有证据表明疼痛必须减少25%～50%才能与临床相关。

框表20-4　疼痛描述性
• 不痛 • 轻度疼痛 • 中度疼痛 • 严重的疼痛

当镇痛治疗有效时，疼痛评分降低，前提是评价方法灵敏而全面，足以检测变化。根据疼痛机制、起源和持续时间的CPS有助于评估疼痛并制定治疗方案。疼痛可能是炎症性、神经性、肿瘤性或特发性的；可能是来源于身体表面的（如皮肤）或深层的（如骨、肌腱、韧带）或内脏（如胸膜炎、腹膜炎、绞痛）；可能是急性的或慢性的。躯体疼痛和内脏疼痛可能同时存在（如患有急性绞痛的马同时患慢性骨关节炎）。评估的频率和合理的止痛治疗取决于疼痛的位置、严重程度和持续时间。接受大手术的马（如长骨骨折、绞痛）可能需要经常评估，而对患有慢性疼痛的马可能不需要频繁评估。与急性疼痛相关的行为通常会随着有效的疼痛管理而减少，逐渐恢复到正常行为表现。这些马通常会变得更愿意互动，开始更频繁地进食和舒适地休息，以及做出更正常的姿势和运动，并且更愿意与护理者互动。这样做的目的是减少疼痛评分，并通过这样做改善马的生活质量，但要完全消除动物所遭受的疼痛是几乎不可能的。所有疼痛治疗计划的目的是改善马的生活质量，QOL量表与CPS一起使用可以保持每匹马都能获得最佳的生理、心理状态和社会福利（框表20-5）。

框表20-5　五个基本福利
• 免于口渴、饥饿和营养不良 • 免于痛苦 • 免于疼痛、伤害和疾病 • 正常行为的自由表达 • 免于恐惧和痛苦

表20-2　马疼痛多因素综合评分

参数	标　准	评分
生理指标		
心率	超出正常范围的10%以内	0
	超出11%～30%	1
	超出31%～50%	2
	超出50%	3
呼吸频率	超出正常范围的10%以内	0
	超出11%～30%	1

（续）

参数	标准	评分
呼吸频率	超出 31%～50%	2
	超出 50%	3
消化音	正常的运动	0
	动力下降	1
	动力不足	2
	没有动力	3
肛温	超出正常值 0.5°C内	0
	超出正常值 1°C内	1
	超出正常值 1.5°C内	2
	超出正常值 2°C内	3
	对人的回应	
互动	警惕周围人	0
	对听觉刺激有强烈反应	1
	对视觉刺激有强烈反应	2
	昏迷，虚脱，对听觉刺激无反应	3
触诊反应	没有反应	0
	反应温和	1
	抵抗触诊	2
	强烈抵抗	3
	行　为	
行为举止	欢快的、耷拉头和耳朵，不抵抗移动	0
	欢快的、警觉、偶有头部动作，不抵抗移动	1
	不安，竖起耳朵，面部表情异常，瞳孔放大	2
	兴奋，持续移动，异常的面部表情	3
出汗	没有	0
	触感潮湿	1
	触感湿润	2
	触感湿润，可见汗珠，出汗过多，汗珠从马身上流下来	3
踢腹	安静地站着，不踢腿	0
	偶尔踢腿（1～2 次 /5min）	1
	频繁踢腿（3～4 次 /5min）	2
	过度踢腿（>4 次 /5min），偶尔尝试躺下并翻滚	3

（续）

参数	标　　准	评分
以蹄刨地	安静地站着，不刨地	0
	偶尔刨地（1 ～ 2 次 /5min）	1
	频繁刨地（3 ～ 4 次 /5min）	2
	过多地刨地（＞ 4 次 /5min）	3
姿势（体重分布、舒适度）	安静地站着，正常地行走	0
	可能有体重变化，轻微的肌肉震颤	1
	不能承重，重量分布异常	2
	虚脱，肌肉震颤	3
头部移动	没有不适的迹象，头部经常是直的	0
	间歇性横向 / 垂直头部运动，偶尔回头顾腹（1 ～ 2 次 /5min），卷唇（1 ～ 2 次 /5min）	1
	偶尔快速横向 / 垂直头部移动，频繁回头顾腹（3 ～ 4 次 /5min），卷唇（3 ～ 4 次 /5min）	2
	头部连续运动，过度回头顾腹（＞ 4 次 /5min），嘴唇卷曲（＞ 4 次 /5min）	3
食欲	爱吃干草	0
	犹豫着吃干草	1
	对干草不感兴趣，吃得很少或把干草带到嘴里但不咀嚼或吞咽	2
	既不感兴趣，也不吃干草	3
总分		39

四、治疗围术期疼痛

预防性和多模式镇痛是两个关键的治疗概念，它们是从评价镇痛疗法疗效的研究中发展出来的（框表20-1）。多种机制、受体和介质参与伤害感受过程，并负责外周和中枢敏化的发展。围术期疼痛管理应在手术前开始。镇痛剂可以单独使用（如非甾体抗炎药，NSAID）或作为用药前的一种成分（例如，α_2-肾上腺素受体激动剂、阿片类药物）。超前镇痛的好处是减少麻醉维持和恢复阶段的药物需求。手术前疼痛的马在术后也会疼痛，应该根据手术后疼痛的预期严重程度进行治疗。对于疼痛且需要进行非紧急手术的马，诊断后应尽快使用止痛药，以改善其生活质量，促进麻醉的诱导、维持和恢复。应制订一个复合用药计划，将针对疼痛潜在机制的药物纳入其中。复合用药通常会减少药物组合中每种药物的剂量，从而降低不良反应或毒性概率。许多镇痛药物组合（非甾体抗炎药/类阿片，α_2-肾上腺素受体激动剂/类阿片）在一起时具有叠加或超叠加（协同）效应。当药物具有协同作用时，两种或两种以上药物的结合可以产生更好的镇痛效果，并可能使剂量减少，从而降低不良反应发生的可能性。即使镇静剂（如乙酰丙嗪）没有确定的镇痛效果，联合使用镇静剂和镇痛剂也能增强镇痛效果。预防性和多复合镇痛可减少术中麻醉药物需求，从而降低麻醉风险。也可能会减少术后镇痛需求，同时降低死亡和中枢致敏的可能性。

1. 镇痛疗法

已有许多方法被用来治疗马的疼痛。镇痛疗法包括药理疗法、营养神经疗法和许多所谓的辅助疗法（如针灸、脊椎按摩、物理、超声波、冲击波疗法等）。在清醒和麻醉的马疼痛模型中，已经客观地评估了其中一些疗法（通常是药物疗法），但对于自然发病的评估较少。在马的围术期疼痛治疗中，已证明包括非甾体抗炎药、α_2-肾上腺素受体激动剂、阿片类药物和局部麻醉剂药都是有效的止痛药。这些药物最常用的方式是静脉注射、肌内注射或口服，但可以通过输液注射、硬膜外注射、脊髓注射和局部注射（表20-3至表20-5）。其他种类的药物单独使用或作为上述药物的辅助药物时可能有用，但它们的疗效不能确定，尚缺乏用于支持疗效的客观证据。这些药物包括分离麻醉剂、抗惊厥药和镇静剂（表20-3）。由于围术期和外科手术的严重性和更急性的性质，这里重点介绍用于治疗马匹疼痛的药理方法（皮质类固醇除外）。

2. 非甾体类抗炎药

非甾体抗炎药是相对较弱的止痛药，然而它们是非常有效的炎症抑制剂，减少有害刺激的转导，从而有助于防止外周过敏。非甾体抗炎药抑制环氧化酶（COX），环氧化酶将花生四烯酸代谢为前列腺素。前列腺素负责各种体内平衡（内务）过程，特别是涉及维持正常胃肠、生殖、肾脏和眼科的功能。有两种重要的COX同工酶，其重要性因组织而异（肠道、肾脏、骨骼肌、大脑）。COX-1存在于大多数组织，而COX-2只存在于某些组织（肾脏、生殖器官、眼睛）。特别是当组织损伤和炎症发生时能诱导COX-2。镇痛作用与COX-1的抵制尤其是COX-2的抑制有关。尽管大多数非甾体抗炎药同时抑制COX-1和COX-2，但是各个非甾体抗炎药的COX-1：COX-2抑制作用差异很大。某些NSAID在马匹中对COX-1的选择性更高（阿司匹林、保泰松、维达芬）。对COX-2选择性（卡洛芬、美洛昔康、地拉考昔）或特异性（非罗考昔）较高的药物，不太可能延迟肠屏障功能并引起胃肠道溃疡；但是，所有NSAIDs都有可能具有肾毒性。给患有凝血障碍或肾脏、肝脏或胃肠道疾病的马服用NSAID时应谨慎。NSAID除了具有外周活性外，在中枢神经系统中也表现出活性。它们通常在马的围术期，来减少手术引起的炎症（保泰松、酮洛芬、氟尼辛葡胺），或在大肠杆菌相关内毒素血症（氟尼辛葡甲胺）的情况下发挥其有益作用。理论上，对抑制COX-2有更高选择性的非甾体抗炎药对治疗急性炎症引起的疼痛尤其有效，一些证据表明同时使用两种非甾体抗炎药（“叠加”）比单独使用一种非甾体抗炎药更有效。脂肪氧合酶和脂肪氧合酶抑制剂对马发炎和疼痛治疗中的作用尚需进一步研究。

表20-3　马应用镇痛药

药品	静脉给药剂量（mg/kg）	给药间隔
	消炎药	
皮质类固醇激素		
氢化可的松琥珀酸钠	1～4	
异烟酸地塞米松	0.015～0.050	
甲基强的松龙	0.1～0.5	
强的松龙	0.25～1	
非甾体类药物		
苯基丁氮酮	2.2～4.4	2次/d或1次/d
氟尼辛	1.1	2次/d或1次/d
酮洛芬	2.2	2次/d或1次/d
卡洛芬	0.5	2次/d或1次/d
	阿片类药物	
布托啡诺	0.01～0.04	
丁丙诺啡	0.01～0.04	
吗啡	0.05～0.1	
美沙酮	0.05～0.1	
哌替啶	0.2～1	
芬太尼	0.01～0.1	
	α_2-肾上腺素受体激动剂	
赛拉嗪	0.5～1	
代托米丁	0.03～0.04	
美托咪定	0.01～0.02	
罗米非定	0.04～0.08	
	神经镇痛药*	
异丙嗪	0.05～1	
布托啡诺或	0.05～0.1	
丁丙诺啡	0.005～0.01	
异丙嗪	0.02～0.05	
赛拉嗪	0.2～0.5	
布托啡诺	0.01～0.05	
赛拉嗪	0.1	

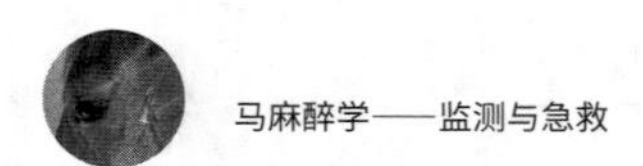

（续）

药品	静脉给药剂量（mg/kg）	给药间隔
吗啡	0.1 ～ 0.5	
其他		
加巴喷丁	2 ～ 5mg/kg，po	2 次 /d
曲马多	1 ～ 2	2 次 /d

注：可使用替代 α_2- 肾上腺素受体激动剂。po：口服。* 较大剂量的阿片类药物必须使用 α_2- 肾上腺素受体激动剂（参阅第 10 章）。

表 20-4　马应用镇痛药的剂量和给药速度

药品	给药剂量（mg/kg）	给药速度［mg/（kg·h）］	不良反应
利多卡因	1.3 ～ 2	1.5 ～ 3	肌肉震颤
布托啡诺	0.01 ～ 0.02	0.01 ～ 0.02	排便↓
芬太尼	0.002 ～ 0.005	0.005 ～ 0.01	活动能力↑
地托咪定	0.005 ～ 0.01	0.01 ～ 0.03	共济失调；镇静
美托咪定	0.005 ～ 0.01	0.01 ～ 0.03	共济失调；镇静
氯胺酮	100 ～ 200	5.0 ～ 1.0	肌肉震颤；活动能力↑，不安

表 20-5　马的硬膜外给药及药物剂量

药品	剂量（mg/kg）	途径	镇痛时间
局部麻醉剂			
盐酸甲哌卡因	0.20	s3-4，s4-5（CE）	1 ～ 1.5h
	0.14 ～ 0.25	s2-3、s3-4、s4-5（CE）	1.5 ～ 2h
盐酸甲哌卡因	0.06	s2-3（CSA）	20 ～ 80min
	0.05 ～ 0.08	s2-3（CSA）	1 ～ 1.5h
盐酸利多卡因	0.16 ～ 0.22	Co1-2（CE）	30 ～ 60min
	0.22 ～ 0.44		1 ～ 2.5h
	0.45		2 ～ 3h
盐酸利多卡因	0.28 ～ 0.37	S3-4，S4-5（CE）	1.5 ～ 3h
α_2- 肾上腺素受体激动剂			
甲苯噻	0.03 ～ 0.35	Co1-2（CE）	3 ～ 5h
盐酸地托咪定	0.06	S4-5（CE）	2 ～ 3h

（续）

药品	剂量（mg/kg）	途径	镇痛时间
阿片类药物			
吗啡	0.05 ～ 0.10	Co1-2（CE）	8 ～ 16h
美沙酮	0.1	Co1-2（CE）	2 ～ 3h
哌替啶	0.8	Co1-2（CE）	4 ～ 6h
分离麻醉剂			
氯胺酮	0.1 ～ 2.0	Co1-2（CE）	30min 至 1.5h
联合用药			
利多卡因 + 赛拉嗪	0.22 +0.17	Co1-2（CE）	5.5h
利多卡因 + 布托啡诺	0.25 +0.04	Co1-2（CE）	2.5h
吗啡 + 地托咪定	0.20+0.03	S1-L6（CE）	＞ 6h
吗啡 + 罗咪定	0.1+（0.03～0.06）	Co1-2（CE）	1.5h
曲马多 + 芬太尼	1.0 +0.005	Co1-2（CE）	12 ～ 16h
氯胺酮 + 吗啡	1.0 +0.1	Co1-2（CE）	12 ～ 18h
氯胺酮 + 赛拉嗪	1.0 +0.5	Co1-2（CE）	2 ～ 3h

注：CE 表示骶尾部硬膜外麻醉；CSA 表示尾骶硬膜外麻醉。

3. 阿片类药物

阿片类根据其激活的阿片类受体亚型（μ、κ、δ）及其激活程度进行分类。μ类阿片受体激动剂（吗啡、芬太尼、哌替啶、美沙酮）通常被认为产生最有效的镇痛作用，但可能更容易诱发不必要的副作用。κ-激动剂/μ-颉颃剂药物（布托啡诺）可能没有为躯体疼痛提供镇痛的效力，但被认为是极好的内脏镇痛药。阿片受体集中在大脑和脊髓背角，也在马的滑膜中发现。因此，阿片类激动剂药物有可能抑制疼痛感（脑）和中枢敏化（背角）并产生局部镇痛作用（周围）。阿片类药物（尤其是μ激动剂）除了提供镇痛和兴奋外，如果短时间内反复服用，还可以产生交感刺激、肠梗阻、便秘、绞痛、尿潴留和中枢神经系统刺激。在单次大剂量阿片类药物后观察到阿片类药物引起的兴奋，其特征是出汗、瞳孔散大、焦虑和自发运动活动增加（在畜栏内来回踱步）（参阅第10章）。这些不良反应可以通过同时服用镇静药如乙酰丙嗪或α_2-肾上腺素受体激动剂来控制或预防。有害的不良反应、药物许可、阿片类药物滥用的可能性，以及缺乏对自然发病马匹产生镇痛的证据，导致大多数阿片类药物在马身上的疗效和临床应用存在相当大的争议，至少在作为单一阿片类药物使用时是如此。例如，芬太尼是一种短效μ阿片类激动剂，推荐用于治疗马的疼痛，可经皮给药或贴剂（参阅第9章，第10章）。然而，在马中产生效果一致且临床有效的镇痛效果所需的芬太尼药物血浆浓度仍然是推测性的，并且尚未在马中确定。此外，关于其他物种中阿片类药物诱导的痛觉过敏的报道，使人们对阿片类药物对马的临床疗效产生怀疑，至少在作为单一疗法治疗疼痛时是这样。无论如何，推荐通过静脉注射或输液布托啡诺治疗内脏疼痛（表20-4）。众所周知，镇静剂和阿片类药物（或神经安定止痛剂）的组合会产生更好的临床镇痛效果，允许进行长时间手术，从而避免马全身麻醉固有的风险（表20-3）。最后，阿片类药物（吗啡、美沙酮）和氯胺酮［0.5～1mg/（kg·h）］的联合用药已被证明可增强镇痛效果，降低阿片类药物对人体的不良反应。对患有急性或慢性疼痛马匹，阿片类药物镇痛效果的检测和验证仍需继续研究，并可通过使用适当的剂量、阿片类药物轮换、添加辅助药物或将阿片类药物与现有的NMD受体颉颃剂结合来部分实现。

4. α_2-肾上腺素受体激动剂

α_2-肾上腺素受体激动剂（赛拉嗪、地托咪定、美托咪定、罗米非定）通过激活中枢和外周的α_2-肾上腺素受体产生镇静、肌松和镇痛作用。α_2-肾上腺素受体激动剂的麻醉和镇痛作用显著，正是由于这些原因，它们通常用于中度至重度疼痛的马，以及麻醉的所有阶段（诱导、维持、恢复）（参阅第10、13、21章）。α_2-肾上腺素受体激动剂可降低吸入麻醉药的用量，并且它们通过恒速输注给药已经被用作全身麻醉的辅助手段（表20-4；第13章）。α_2-肾上腺素受体激动剂对心血管系统有较大影响，通常会引起缓慢性心律失常，包括二度房室传导阻滞、初始高血压，最终随着中枢神经系统抑制降低交感神经输出而出现低血压（参阅第10章）。也可能发生呼吸抑制，如果马的头下垂，这种情况会加剧。对于已存在上呼吸道杂音的马匹，应小心谨慎地进行深度镇静，因为上呼吸道和咽部肌肉的放松，以及鼻孔和鼻腔的阻塞可能导致呼吸阻塞。与阿片类药物一样，α_2-肾上腺素受体激动剂会导致肠道动力下降，这可能导致术后膨胀和绞痛，过度镇静可能导致严重的共济失调。其他不良反应包括利尿和一些马的意外攻击性。频繁使用α_2-肾上腺素受体激动剂可以掩盖疼痛的临床症状，如果疼痛是外科手术的决定因素，建议减少剂量。育亨宾、妥拉苏林和阿替美唑是α_2-肾上腺素受体颉颃剂，可用于逆转α_2-肾上腺素受体的作用（参阅第10章）。α_2-肾上腺素受体颉颃剂对术后肠梗阻的治疗特别有效。兴奋是α_2-肾上腺素受体激动剂逆转的潜在不良反应。

5. 局部麻醉剂

局部麻醉剂（利多卡因、布比卡因、甲哌卡因、罗哌卡因）可以阻断钠通道，从而减少外周和脊髓中神经冲动的转导和传递（参阅第11章）。传统上，局部麻醉剂是局部（角膜）、局域（神经阻滞）、区域性（椎旁阻滞、线性阻滞）或硬膜外用药；由于可能产生焦虑或恐慌反应，所以不能使马丧失后躯的运动控制能力。静脉注射利多卡因可减少内脏和躯体疼痛刺激，减少吸入麻醉剂需求，增强术后胃肠活性。应避免大剂量静脉注射（即2mg/kg利多卡因）或快速输注局部麻醉剂，这可导致马低血压和心律失常（参阅第11章）。过量使用会产生中枢神经系统毒性，症状从躁动、共济失调到癫痫大发作。

6. 其他药物

为减轻动物疼痛，临床对镇痛药物颉颃剂的研究为确定这些药物潜在治疗靶点提供了可能。目前经研究了马非传统的药理学疗法，包括分离麻醉剂（氯胺酮、替来他明），可乐定，加巴喷丁、曲马多和辣椒素。虽然合理，但其有效性的证据很少，而且在某些情况下（曲马多口服生物利用度较差）没有科学研究支持。已知一些药物具有麻醉或类似麻醉作用，当以显著减少的剂量或通过输注给药时，这些药物可能是有价值的。例如，已知氯胺酮具有NMDA受体颉颃剂性质，有助于降低中枢敏化，从而为患有严重或慢性疼痛的马提供镇痛作用。上述药物联合给药（多模式镇痛）试图通过抑制更广泛的疼痛发生机制，产生更大的镇痛效果（参阅第13章）。

五、展望

在有充分的证据支持某一特定疗法的有效性之前，理论往往会转化为实践。虽然新的镇痛药和疗法不断出现，但大多数用于马镇痛的功效尚待证实。使用阿片类药物缓解马的疼痛，并不能提供有力的证据。除了非甾体抗炎药在普通马身上的广泛使用，马的其他疼痛治疗还处于起步阶段。对自然疼痛的马缺乏基于证据的、双盲的、随机对照试验（RCTS）的研究；对马疼痛和疼痛治疗相关认识不足仍需改进。令人欣慰的是，我们见证了关于自然疼痛马的疼痛评估工具和治疗方法的研究成果的发表。希望目前的治疗方法和干细胞研究以及基因治疗的未来发展，能提供有效的止痛方式。与此同时，如果要对马进行疼痛治疗，需要从临床相关的RCT调查中获得更多证据。

参考文献

Alvarez CBG et al, 2008. Effect of chiropractic manipulations on the kinematics of back and limbs in horses with clinically diagnosed back problems, Equine Vet J 40: 153-159.

Anil SS, Anil L, Deen J, 2002. Challenges of pain assessment in domestic animals, J Vet Med Assoc 220: 313-319.

Ashley FH, Waterman-Pearson AE, Whay HR, 2005. Behavioral assessment of pain in horses and donkeys: application to clinical practice and future studies, Equine Vet J 37: 565-575.

Backstrom KC et al, 2004. Response of induced bone defects in horses to collagen matrix containing the human parathyroid hormone gene, Am J Vet Res 65 (9): 1223-1232.

Becker DE, Reed KL, 2006. Essentials of local anesthetic pharmacology, Anesth Prog 53: 98-109.

Bennett RC, Steffey EP, 2002. Use of opioids for pain and anesthetic management in horses, Vet Clin Equine 18: 47-60.

Bennett RC et al, 2004. Influence of morphine sulfate on the halothane sparing effect of xylazine hydrochloride in horses, Am J Vet Res 65 (4): 519-526.

Bidwell LA, Wilson DV, Caron JP, 2007. Lack of systemic absorption of lidocaine from 5% patches placed on horses, Vet Anaesth Analg 34 (6): 443-446.

Brianceau P et al, 2002. Intravenous lidocaine and small-intestinal size, abdominal fluid, and outcome after colic surgery in horses, J Vet Intern Med 16: 736-741.
Bussières G et al, 2008. Development of a composite orthopaedic pain scale in horses, Res Vet Sci 85: 294-306.
Cepeda MS et al, 2003. What decline in pain intensity is meaningful to patients with acute pain? Pain 105: 151-157.
Cooper JJ, Mason GJ, 1998. The identification of abnormal behaviour and behavioural problems in stabled horses and their relationship to horse welfare: a comparative review, Equine Vet J 27 (suppl): 5-9.
Corletto F, Raisis AA, Brearley JC, 2005. Comparison of morphine and butorphanol as preanaesthetic agents in combination with romifidine for field castration in ponies, Vet Anaesth Analg 32: 16-22.
Craig AD, 2003. Interoception: the sense of the physiological condition of the body, Curr Opin Neurobiol 13: 500-505.
Davis JL, Posner LP, Elce E, 2007. Gabapentin for the treatment of neuropathic pain in a pregnant horse, J Am Vet Med Assoc 231: 755-758.
Doherty TJ, Frazier DL, 1998. Effect of intravenous lidocaine on halothane minimum alveolar concentration in ponies, Equine Vet J 30: 300.
Doria RGS et al, 2008. Comparative study of epidural xylazine or clonidine in horses, Vet Anaesth Analg 35: 166-172.
Doucet MY et al, 2008. Comparison of efficacy and safety of paste formulations of firocoxib and phenylbutazone in horses with naturally occurring osteoarthritis, J Am Vet Med Assoc 1 ; 232 (1): 91-97.
England GCW, Clarke KW, 1996. Alpha 2 -adrenoceptor agonists in the horse: a review, Br Vet J 152: 641-657.
Fielding CL et al, 2006. Pharmacokinetics and clinical effects of a subanesthetic continuous rate infusion of ketamine in awake horses, Am J Vet Res 67: 1484-1490.
Flemming R, 2002. Nontraditional approaches to pain management, Vet Clin Equine 18: 83-105.
Freary DJ et al, 2005. Influence of general anesthesia on pharmacokinetics of intravenous lidocaine infusion in horses, Am J Vet Res 66: 574-580.
Frisbie DD, McIlwraith CW, 2000. Evaluation of gene therapy as a treatment for equine traumatic arthritis and osteoarthritis, Clin Orthop Relat Res 379 (suppl): S273-S287.
Gomez De Segura IA et al, 1998. Epidural injection of ketamine for perineal analgesia in the horse, Vet Surg 27: 384-391.
Goodrich LR, Nixon AJ, 2006. Medical treatment of osteoarthritis in the horse: a review, Vet J 171: 51-69.
Grosenbaugh DA, Skarda RT, Muir WW, 1999. Caudal regional anaesthesia in horses, Equine Vet Educ 11: 98-105.

Grubb TL et al, 1997. Use of yohimbine to reverse prolonged effects of xylazine hydrochloride in a horse being treated with chloramphenicol, J Am Vet Med Assoc 210: 1771.
Harkins JD, Corney JM, Tobin T, 1993. Clinical use and characteristics of the corticosteroids, Vet Clin Equine 9: 543-562.
Harkins JD et al, 1995. A review of the pharmacology, pharmacokinetics, and regulatory control in the US of local anesthetics in the horse, J Vet Pharmacol Ther 18: 397.
Harkins JD et al, 1996. Determination of highest no effect dose (HNED) for local anaesthetic responses to procaine, cocaine, bupivacaine, and benzocaine, Equine Vet J 28: 30-37.
Haussler KK, 1999. Chiropractic evaluation and management, Vet Clin Equine 15: 195-209.
Haussler KK, Erb HN, 2006. Pressure algometry for the detection of induced back pain in horses: a preliminary study, Equine Vet J 38: 76-81.
Haussler KK, Erb HN, 2006.Mechanical nociceptive thresholds in the axial skeleton on horses, Equine Vet J 38: 70-75.
Higgins AJ, Lees P, 1984. Tissue-cage model for the collection of inflammatory exudates in ponies, Res Vet Sci 36: 284-289.
Kamerling S, 1989. Narcotic analgesics, their detection and pain measurement in the horse: a review, Equine Vet J 21: 4-12.
Kamerling SG, Cravens WMT, Bagwell CA, 1988. Dose-related effects of detomidine on autonomic responses in the horse, J Auton Pharmacol 8: 241.
Karanikolas M, Swarm RA, 2000. Current trends in perioperative pain management, Anesthesiol Clin North America 18 (3): 575-599.
Keegan KG et al, 2008. Effectiveness of administration of phenylbutazone alone or concurrent administration of phenylbutazone and flunixin meglumine to alleviate lameness in horses, Am J Vet Res 69: 167-173.
Kehlet H, Woolf CJ, 2006. Persistent postsurgical pain: risk factors and prevention, Lancet 367: 1618-1625.
Kissin, 2005. Preemptive analgesia at the crossroad, Anesth Analg 100: 754-756.
Kong VKF, Irwin MG, 2007. Gabapentin: a multimodal perioperative drug? Br J Anaesth 99: 775-786.
Lankveld DPK et al, 2006. Pharmacodynamic effects and pharmacokinetic profile of a long-term continuous-rate infusion of racemic ketamine in healthy conscious horses, J Vet Pharmacol Ther 29: 477-488.
Lees P et al, 2004. Pharmacodynamics and pharmacokinetics of nonsteroidal antiinflammatory drugs in species of veterinary interest, J Vet Pharmacol Ther 27 (6): 479-490.
Lerche P, Muir WW, 2008. Pain management in horses and cattle. In Gaynor JS, Muir WW, editors: Handbook of veterinary pain management, ed 2, St Louis, Mosby, pp 437-466.
Lopez-Sanroman FJ et al, 2003. Evaluation of the local analgesic effect of ketamine in the palmer digital nerve block at the base of the proximal sesamoid (abaxial sesamoid block)

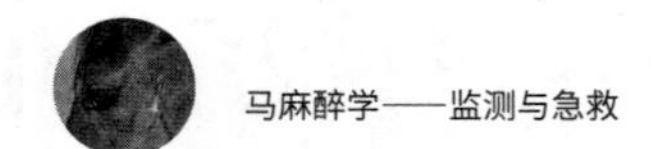

in horses, Am J Vet Res 64: 475-478.
Lowe JE, Hilfiger J, 1986. Analgesic and sedative effects of detomidine compared to xylazine in a colic model using IV and IM routes of administration, Acta Vet Scand 82: 85-95.
MacAllister CG et al, 1993. Comparison of adverse effects of phenylbutazone, flunixin meglumine, and ketoprofen in horses, J Am Vet Med Assoc 202: 71-77.
Mao J, 2008. Opioid-induced hyperalgesia, Pain: Clin Updates 16 (2): 1-4.
Maxwell LK et al, 2003. Pharmacokinetics of fentanyl following intravenous and transdermal administration in horses, Equine Vet J 35: 484-490.
Merritt AM, Burrows JA, Hartless CS, 1998. Effect of xylazine, detomidine, and a combination of xylazine and butorphanol on equine duodenal motility, Am J Vet Res 59: 619-623.
Mich PM, Hellyer PW, 2008. Objective, categorical methods for assessing pain and analgesia. In Gaynor JS, Muir WW, editors: Handbook of veterinary pain management, ed 2, St Louis, Mosby, pp 78-109.
Moberg GP, 1987. Problems in defining stress and distress in animals, J Am Vet Med Assoc 191 (10): 1207-1211.
Moore JN, 1989. Nonsteroidal antiinflammatory drug therapy for endotoxemia—we' re doing the right thing, aren' t we? Compendium 11: 741.
Muir WW, 1998. Anaesthesia and pain management in horses, Equine Vet Educ 10: 335-340.
Muir WW, 2004. Recognizing and treating pain in horses. In Reed SM, Bayly WM, editors: Equine internal medicine, ed 2, Philadelphia, Saunders, pp 1529-1541.
Muir WW, 2008. Pain and stress. In Gaynor JS, Muir WW, editors: Handbook of veterinary pain management, ed 2, St Louis, Mosby.
Muir WW, Robertson JT, 1981. Visceral analgesia: effects of xylazine, butorphanol, meperidine, and pentazocine in horses, Am J Vet Res 42: 1523.
Muir WW, Sams RA, 1992. Effects of ketamine infusion on halothane minimal alveolar concentration in horses, Am J Vet Res 53: 1802-1806.
Muir WW, Skarda RT, Sheehan WC, 1979. Hemodynamic and respiratory effects of xylazine-morphine sulfate in horses, Am J Vet Res 40 (10): 1417-1420.
Muir WW, Woolf CJ, 2001. Mechanisms of pain and their therapeutic implications, J Am Vet Med Assoc 219: 1346-1356.
Oku K et al, 2005. The minimum infusion rate (MIR) of propofol for total intravenous anesthesia after premedication with xylazine in horses, J Vet Med Sci 67: 569-575.
Orsini JA et al, 2006. Pharmacokinetics of fentanyl delivered transdermally in healthy adult horses—variability among horses and its clinical implications, J Vet Pharamcol Ther 29: 539-546.
Owens JG et al, 1995. Effects of ketoprofen and phenylbutazone on chronic hoof pain and lameness in the horse, Equine Vet J 27: 296-300.
Pippi NL, Lumb WV, 1979. Objective tests of analgesic drugs in ponies, Am J Vet Res 40: 1082-1086.

Pozzi A, Muir WW, Traverso F, 2006. Prevention of central sensitization and pain by N-methyl-D-aspartate receptor antagonists, J Am Vet Med Assoc 228 (1): 53-60.
Price J, Welsh EM, Waran NK, 2003. Preliminary evaluation of a behavior-based system for assessment of post-operative pain in horses following arthroscopic surgery, Vet Anesth Analg 30: 124-137.
Price J et al, 2002. Pilot epidemiological study of attitudes towards pain in horses, Vet Rec 151 (19): 570-575.
Pritchett LC et al, 2003. Identification of potential physiological and behavioral indicators of postoperative pain in horses after exploratory celiotomy for colic, Appl Anim Behav Sci 80: 31-43.
Raekallio M, Taylor PM, Bennett RC, 1997. Preliminary investigations of pain and analgesia assessment in horses administered phenylbutazone or placebo after arthroscopic surgery, Vet Surg 26: 150-155.
Rédua MA et al, 2005. The preemptive effect of epidural ketamine on wound sensitivity in horses tested by using Von Frey filaments, Vet Anaesth Analg 32: 30-39.
Rietmann TR et al, 2004. The association between heart rate, heart rate variability, endocrine and behavioural pain measures in horses suffering from laminitis, J Am Vet Med Assoc 51: 218-225.
Robertson JT, Muir WW, 1983. A new analgesic drug combination in the horse, Am J Vet Res 44: 1667-1669.
Robertson SA et al, 2005. Effect of systemic lidocaine on visceral and somatic nociception in conscious horses, Equine Vet J 37: 122-127.
Robinson EP, Natalini CC, 2002. Epidural anesthesia and analgesia in horses, Vet Clin North Am (Equine Pract) 18 (1): 61-82.
Rollin BE, 2006. Euthanasia and quality of life, J Am Vet Med Assoc 228: 1014-1016.
Samad TA, Sapirstein A, Woolf CJ, 2002. Prostanoids and pain: unraveling mechanisms and revealing therapeutic targets, Trends Mol Med 8 (8): 390-396.
Sanchez LC et al, 2007. Effect of fentanyl on visceral and somatic nociception in conscious horses, J Vet Intern Med 21 (5): 1067-1075.
Schatzman U et al, 2001. Analgesic effect of butorphanol and levomethadone in detomidine-sedated horses, J Vet Med A Physiol Pathol Clin Med 48: 337-342.
Seino KK et al, 2003. Effects of topical perineural capsaicin in a reversible model of equine foot lameness, J Vet Intern Med 17: 563-566.
Sellon DC et al, 2001. Pharmacokinetics and adverse effects of butorphanol administered by single intravenous injection or continuous intravenous infusion in horses, Am J Vet Res 62: 183-189.
Sellon DC et al, 2004. Effects of continuous rate intravenous infusion of butorphanol on physiologic and outcome variables in horses after celiotomy, J Vet Intern Med 18: 555-563 .
Sheehy JG et al, 2001. Evaluation of opioid receptors in synovial membranes of horses, Am J

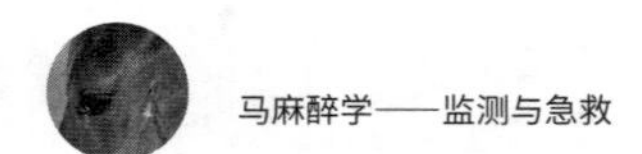

Vet Res 62: 1408-1412.
Shilo Y et al, 2005. Pharmacokinetics of tramadol in horses after intravenous, intramuscular, and oral administration, J Vet Pharmacol Ther 31: 60-65.
Skarda RT, Muir WW, 2003. Comparison of electroacupuncture and butorphanol on respiratory and cardiovascular effects and rectal pain threshold after controlled rectal distention in mares, Am J Vet Res 64: 137-144.
Spadavecchia C et al, 2002. Quantitative assessment of nociception in horses by use of the nociceptive withdrawal reflex evoked by transcutaneous electrical stimulation, Am J Vet Res 63: 1551-1556.
Spadavecchia C et al, 2003. Comparison of nociceptive withdrawal reflexes and recruitment curves between the forelimbs and hind limbs in conscious horses, Am J Vet Res 64: 700-707.
Spadavecchia C et al, 2004. Investigation of the facilitation of the nociceptive withdrawal reflex evoked by repeated transcutaneous electrical stimulations as a measure of temporal summation in conscious horses, Am J Vet Res 64: 901-908.
Spadavecchia C et al, 2007. Effects of butorphanol on the withdrawal reflex using threshold, suprathreshold, and repeated subthreshold electrical stimuli in conscious horses, Vet Anaesth Analg 34: 48-58.
Sullivan KA, Hill AE, Haussler KK, 2008. The effects of chiropractic massage and phenylbutazone on spinal mechanical nociceptive thresholds in horses without clinical signs, Equine Vet J 40: 14-20.
Thomasy SM et al, 2004. Transdermal fentanyl combined with nonsteroidal antiinflammatory drugs for analgesia in horses, J Vet Intern Med 18: 550-554.
Tomlinson JE et al, 2004. Effects of flunixin meglumine or etodolac treatment on mucosal recovery of equine jejunum after ischemia, Am J Vet Res 65: 761-769.
Vinuela-Fernandez I et al, 2007. Pain mechanisms and their implication for the management of pain in farm and companion animals, Vet J 174: 227-239.
Watkins LR, Maier SF, 2005. Immune regulation of the central nervous system functions: form sickness responses to pathological pain, J Intern Med 257: 139-155.
Whiteside JB, Wildsmith JAW, 2001. Developments in local anaesthetic drugs, Br J Anaesth 87: 27-35.
Wiseman-Orr ML et al, 2008. Quality of life issues. In Gaynor JS, Muir WW, editors: Handbook of veterinary pain management, ed 2, St Louis, Mosby, pp 578-587.
Wolf L, 2002. The role of complementary techniques in managing musculoskeletal pain in performance horses, Vet Clin Equine 18: 107-115.
Woolf CJ, 2007. Central sensitization: uncovering the relation between pain and plasticity, Anesthesiology 106 (4): 864-867.
Woolf CJ, Ma Q, 2007. Nociceptors—noxious stimulus detectors, Neuron 55 (3): 353-364.
Woolf CJ, Max MB, 2001. Mechanism-based pain diagnosis: issues for analgesic drug

development, Anesthesiology 95 (1): 241-249.

Woolf CJ, Salter MW, 2000. Neuronal plasticity: increasing the gain in pain, Science 288: 1765.

Xie H, Colahan P, Oh EA, 2005. Evaluation of electroacupuncture treatment of horses with signs of chronic thoracolumbar pain, J Am Vet Met Assoc 227: 281-286.

第 21 章
麻醉诱导、维持及苏醒的注意事项

要点：

1. 马应用镇静剂会显著影响麻醉诱导的效果，应在麻醉前使用镇静剂。

2. 使用镇静剂后效果不理想的马，应对其重新评估，必要时采取再次镇静。

3. 对马进行保定、添加衬垫材料、科学利用吊带和监测，以尽量减少肌肉和神经损伤与麻痹。

4. 在马意识苏醒前，麻醉诱导期和维持期发生的并发症可能并不明确。

5. 苏醒期是麻醉最不可控的阶段。

6. 苏醒不应仓促进行，应提供安静环境，让马逐渐从无意识状态过渡到清醒状态。

7. 苏醒期的目标是使马初次尝试站立时足够有力和活动协调。

8. 应用头垫、腿套、特殊地板、床垫、空气垫、头尾绳索、游泳池和吊索对苏醒期马进行辅助并防止损伤。

9. 有些马可能需要供氧，应用镇静剂，或经鼻咽、鼻气管或气管插管以改善苏醒质量。

马的麻醉包括五步（框表21-1）。第一步为马的麻醉与手术前评估和准备。这一步可能需要/不需要给予抗焦虑药（乙酰丙嗪）或镇静剂（α_2-肾上腺素受体激动剂）来完成所需的操作（参阅第6章）。第二步包括麻醉前药物的评估，包括镇静剂和镇痛药（参阅第10章和第20章）。第三步是注射麻醉药，产生（从站立到卧位转变）全身麻醉（诱导期；参阅12章和第13章）。第四步为放置衬垫材料、保定、给予维持麻醉药物和随时监测（麻醉维持期；参阅第7章、第8章、第14章和第15章）。第五步为结束给药、实施确保平稳苏醒的程序（从卧位转为站立），以及个体化的麻醉后医疗护理（参阅第22章）。一般认为，麻醉影响可长达7d，一旦马能够通过轻微的辅助实现站立和行走，即认为其已从麻醉中完全苏醒。麻醉诱导、维持及苏醒在很大程度上

框表 21-1　马麻醉步骤
1. 评估，术前准备
2. 麻醉前药物的评估
3. 诱导麻醉
4. 维持麻醉
5. 麻醉苏醒

取决于麻醉前对马的全面评估和充分的准备。通常情况下，对健康马麻醉前应制订一套预定的、系统的、标准化的麻醉方案。野外手术麻醉可根据马的行为、体况和病史、手术程序（复杂性、持续时间）、设施和技术水平来调整麻醉方案。已有经验表明，使用标准的麻醉方案并减少麻醉时间，可降低马全身麻醉的相关风险（参阅第6章）。熟悉标准（特定）麻醉方案还可提高对潜在并发症的预估，并找到补救治疗的方法，从而降低出现不良后果的可能性。对于精神沉郁、虚弱、生病、高度紧张或有剧痛表现的马，需要对麻醉方案进行修改（参阅第4章、第6章、第20章和第22章）。例如，在检查后，给予抗生素和非甾体类抗炎药，并用α_2-肾上腺素能受体激动剂镇静，大多数正常健康的马可以通过给予地西泮-氯胺酮联合用药安全地诱导进入全身麻醉状态（参阅第13章）。

应设计能降低风险的马的麻醉诱导、维持、苏醒方案。常规应用和记录可修改的标准化监测和麻醉程序（参阅第8章和第24章）。确保马的健康状况，关键是要精确记录发病率和死亡率（参阅第6章和表6-4）。

一、诱导麻醉

诱导马进行全身麻醉是麻醉过程中最可控和最平稳的阶段。正常健康的马通常对镇静剂反应良好，必要时在诱导麻醉前对马复合应用其他药物（如地西泮、愈创木酚甘油醚）以使其充分镇静，便于保定。马对镇静剂给药的反应（行为、身体、生理）是决定麻醉诱导质量的主要因素（参阅第6章和第10章）。如马对镇静剂反应不良，在制订替代方案之前，不应对马进行麻醉。在应用α_2-肾上腺素能受体激动剂后仍然焦虑或兴奋的马，可能对麻醉剂反应较差或不充分，需要合用其他麻醉药物（如安定-氯胺酮、硫喷妥钠）以限制其活动，但也因此增加药物相关不良反应的可能性。

某些必需麻醉或需要立刻麻醉的情况（如绞痛、难产、严重创伤），应尽力采取措施使其生理指标正常，将应激降到最低，如缓解疼痛。对于情况紧急和高危妊娠的马，应尽量缩短从诊断到手术的时间。在这些情况下，采用静脉滴注（起效快）合用愈创木酚油醚的麻醉诱导方案是最佳的（参阅第12章、第13章和第24章）。

辅助马躺卧的四种最常用的方法有自由摔倒、将马推向墙壁、将马挤在墙壁和大门之间或门后面和将马固定到倾斜手术台（图21-1）。这四种方法都可用于辅助诱导麻醉，但如果马严重跛行（三足）、危险或有攻击性，则不建议采用第一种方法。即使马自身条件允许自己趴卧方式，在没有辅助的情况下也有可能因动作不协调而发生意外，如将头撞在地上或倒退，均会增加肢体骨折和头部创伤的可能性。马的头部应始终由经验丰富的工作人员控制，以最大限度地减少在麻醉诱导期间马头部的创伤，并确保达到侧卧位（图21-2）。对马的诱导麻醉，优先选择门板挤压的方法（当可用时）。门板挤压的方法最大限度地减少了马的运动，保护了马和工作人

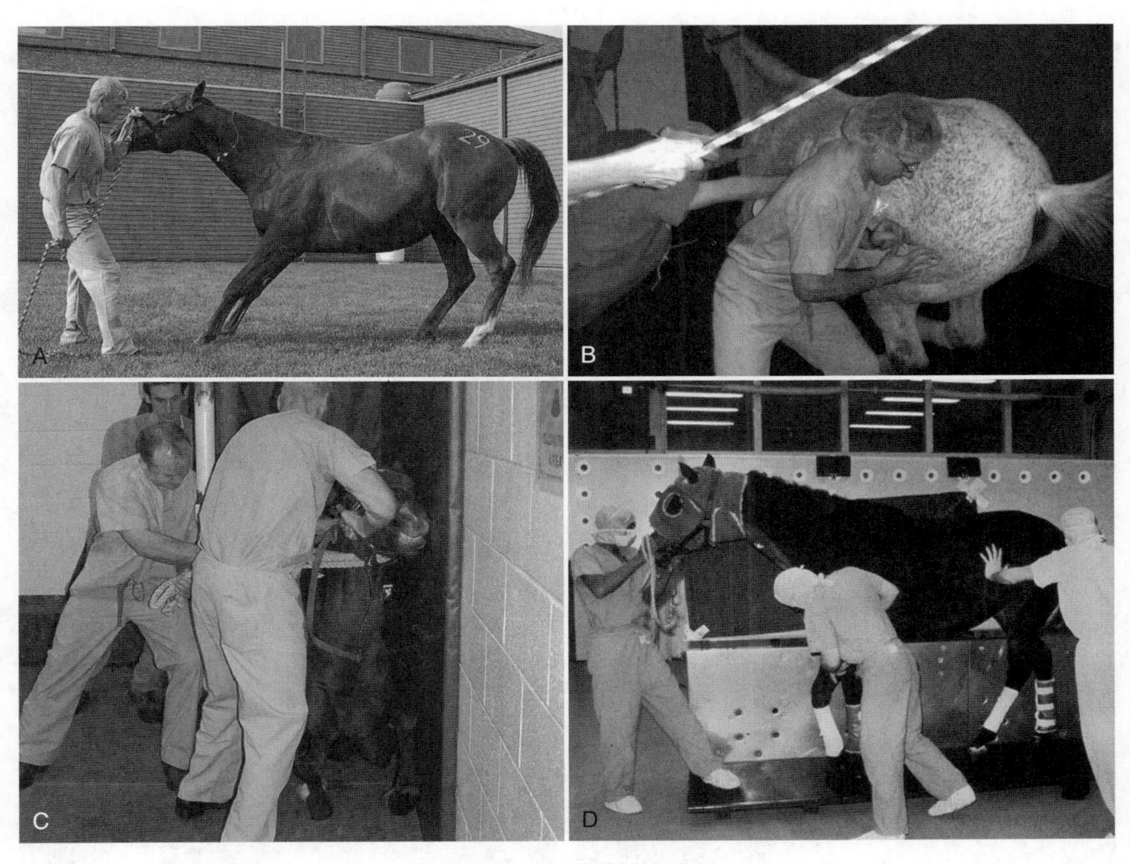

图 21-1　马的躺卧方法

A. 自由摔倒　B. 推向墙壁　C. 挤在门后面　D. 将马固定在倾斜手术台　以上四种方法均要求助手始终保持对马头部的控制。

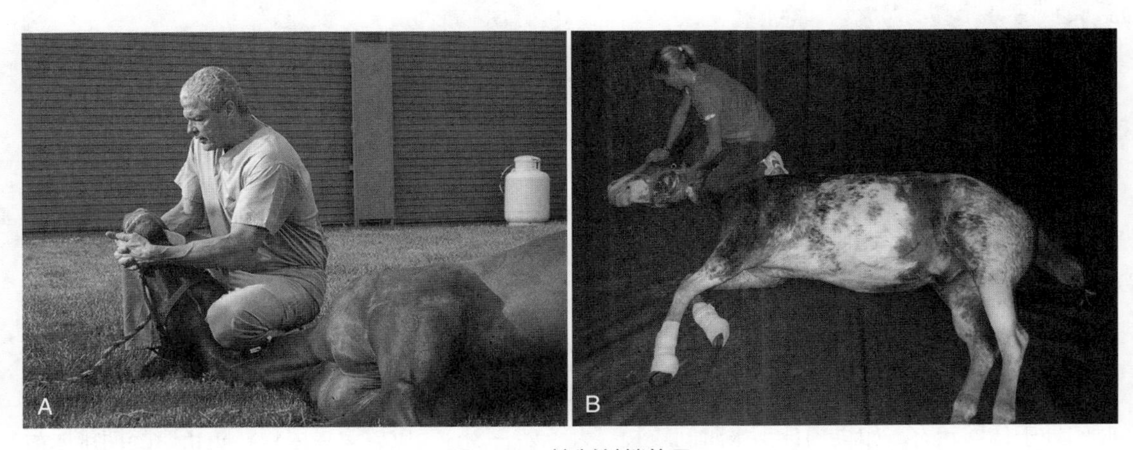

图 21-2　控制斜躺的马

应该始终控制马的头部。需要延长麻醉的马（A）或在麻醉苏醒期间无法站立的马（B）可以通过跪在其颈部并垂直提起口鼻来控制。

员，在马肌松时提供了适当的支撑，并且可控制，可预测性高。多数情况下，马表现出肌肉无力（肌肉震颤、共济失调），头部在低至胸骨之前卧下，则说明麻醉诱导药物开始生效。马一旦卧倒，应对其进行气管插管，应用润滑剂保护眼睛，调整马体位，以尽量减少肌肉受压缺血或神经损伤（参阅第14章）。还应保护其头部，前腿向下（侧卧位）向前拉伸，以减轻三头肌和桡神经的压力，将四肢绷上绷带并固定（图21-3）。

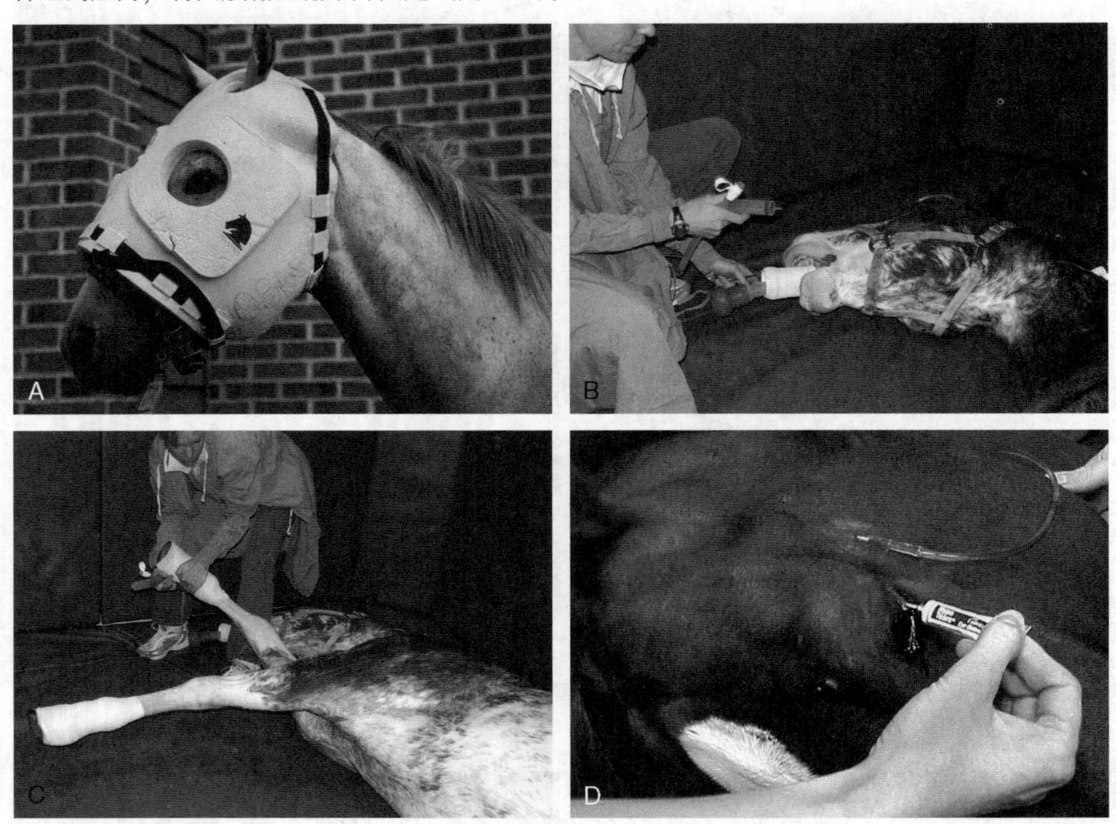

图 21-3　诱导麻醉过程中头部保护程序及设备

A. 带衬垫的头套　B. 置入带套囊的气管插管　C. 向前拉伸下面的前肢　D. 使用润滑剂（人工泪液）保护眼睛

二、维持麻醉

麻醉时间超过15～30min的马应放置在防水的保护垫上。头部应加以保护，如果马是仰卧（背侧卧位），应将鼻子略微抬高，头部、四肢和压力点（肩部、臀部）应适当放置、填充和保护（图21-4）。在维持麻醉阶段，应摘除笼头，以尽量减少发生面神经麻痹的可能，四肢不应长时间处于伸展状态。如果预计手术时间较长（大于2～3h），应放置导尿管，防止麻醉期排尿污染保护垫和手术部位，或防止苏醒期排尿污染创口。根据麻醉剂的要求使用适当的监测、辅助药物和通风（参阅第8章、第13章和第22章）。

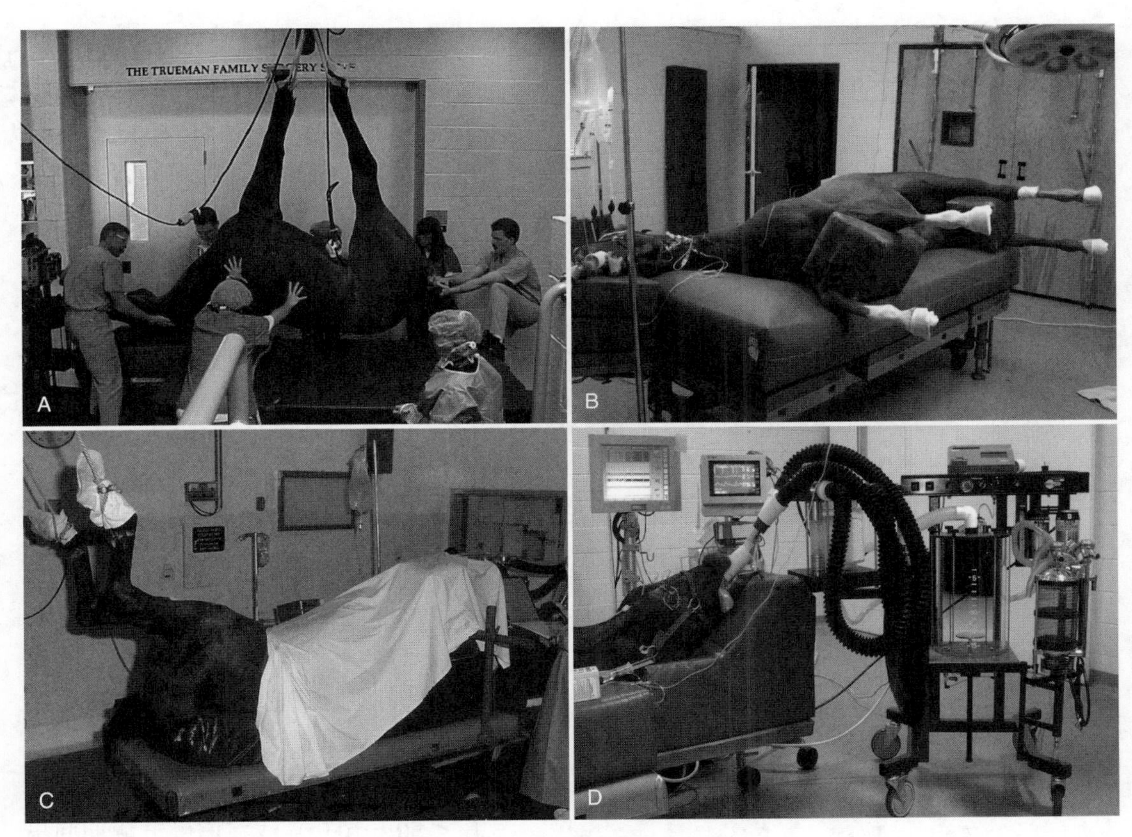

图 21-4 衬垫材料和放置位置

A. 应使用厚泡沫橡胶垫或气垫，以最大限度地均匀分布马的重量 B. 位于下方的前肢应向前伸展，并且当马处于侧卧位时，在两前腿间放置垫 C. 背部和肩部应有衬垫 D. 仰卧的马颈部略微弯曲

三、麻醉苏醒

正常的马长时间的卧倒不是一种自然状态，大多数马只有10%～20%的时间处于躺卧状态，当处于陌生环境时，在最初的24h甚至更长时间内马不会躺卧。由于马在受到威胁时具有逃跑的本性，马很少处于躺卧状态，这就导致许多马在麻醉药作用完全消除之前就试图站立。麻醉药作用可能需要数小时才能消除，尤其在长时间麻醉后。

马通常通过向前伸前腿，并收缩后肢伸肌来产生站立所需的力量（图21-5），从侧卧转为胸骨卧位。这个动作使马在起身时身体前倾。当将马保定在麻醉苏醒体位时，应慎重考虑马起身时的这种前倾以及马将要站立时的地面特性。麻醉苏醒的环境应该平静、安静、无应激。

1. 影响麻醉苏醒持续时间的因素

麻醉苏醒的质量和持续时间取决于多种因素，包括马的身体状况、脾性、麻醉药剂量、给

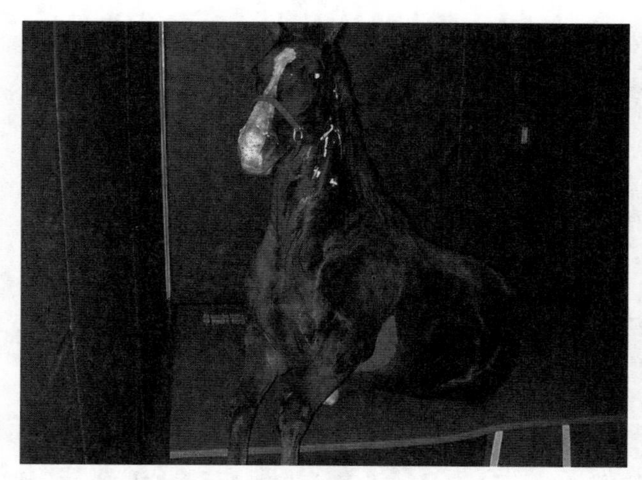

图 21-5　马通常首先从前腿开始站立，当试图站立时，它们自然地向前移动

框表21-2　影响麻醉苏醒的因素
• 年龄、品种、性别 • 脾性 • 个体大小、重量 • 身体状况 • 麻醉药（剂量、途径） • 侧躺期间保定和衬垫情况 • 外科手术（软组织、骨外科） • 手术时间 • 合并用药（抗生素） • 不良并发症（低血压、低氧血症、电解质异常） • 苏醒室（环境、大小、衬垫情况、地板、苏醒程序） • 在苏醒期间给予的镇静剂或颉颃剂情况 • 人员经验和培训

药途径、苏醒期的环境性质、躺卧期间使用的垫料是否适当、麻醉的持续时间、麻醉并发症的发生（出血、低血压）、手术类型（软组织、骨外科）以及苏醒期施用的镇静剂或麻药颉颃剂等（框表21-2），但也不完全局限于上述因素。

麻醉诱导不良以及因劳累或疾病而应激的马通常麻醉苏醒时间长，麻醉苏醒不良、极度疼痛（如绞痛、骨折）、生理上受损（如出血、脱水）或怀孕的马可能会出现精神状态差、虚弱和低血钙。分娩时间较长的情况尤其如此，因为分娩时间长，需要麻醉才能重新定位马驹或剖腹产。因疾病经常躺卧的马（绞痛、蹄叶炎、骨科损伤）通常麻醉苏醒时间较长，需要反复评估和精准监测（参阅第8章和第22章）。在麻醉维持期间发生低血压（平均动脉压＜50mmHg）或在麻醉苏醒期间出现低血压的马可能会出现肌病或者过度虚弱无法站立，需要支持性护理。应该在麻醉苏醒期做好后续治疗计划，如输氧、静脉输液和心血管兴奋剂（如多巴酚丁胺）（参阅第22章）。

麻醉时间长（大于3h）的马通常需要更长时间来代谢和消除药物作用，并从麻醉中苏醒（图21-6，参阅第9章）。然而，麻醉时间低于3h的马，在麻醉1h后就已经开始苏醒。传统观点认为，水合氯醛麻醉苏醒持续1.5～2h；但大多数研究表明，麻醉苏醒持续时间为60min或更短，与麻醉方法无关（表21-1）。加速麻醉苏醒过程必须考虑马的体力和协调性恢复状况。针对这一问题，传统解决方法主要是使马保持侧卧或使用镇静剂延长躺卧时间，从而延长吸入麻醉剂的呼出时间或消除注射麻醉药（图21-2）。对于不能适时麻醉苏醒并站立的马，可使用α_2-肾上腺能受体颉颃剂（表21-2）。多沙普仑能够使麻醉苏醒较长的马（“睡眠”大于60～90min）尽快苏醒，且马通常会在给药后3min内开始尝试站立。在麻醉期间，吗啡作为麻醉前给药（0.1～0.15mg/kg）以及维持麻醉输注0.1mg/（kg · h）可以缩短氟烷麻醉的马从苏醒时第一次移动到站立的时间，并减少试图站立的次数。在异氟醚或七氟醚麻醉后这种效果是否相似尚未得到证实。然而，停止异氟醚麻醉，同时使用静脉麻醉药物组合（赛拉嗪-氯胺酮）以延长镇静和躺卧时间，不会对麻醉苏醒产生明显影响。年龄较大、较平静、适当填充补垫材料和训练有素的马，由于它们不易兴奋且易于采取辅助措施，通常麻醉苏醒良好，但事实上麻醉苏醒的质量很难预测。麻醉苏醒期的意识恢复和活动反射（吞咽、眼睑）的恢复速度是可预测的，并且可由有经验的麻醉师预估。有效的苏醒迹象包括眼睑和眼球运动、耳朵活动、吞咽、抬头和肢体运动。如果存在气管插管，大多数马在尝试胸骨卧位之前就开始吞咽。快速眼球震颤或旋转眼球运动是麻醉苏醒不良的主要表现（神志错乱）（框表21-3）。表现出上述症状和其他苏醒不良迹象的马应该被限制在侧卧位，直到它们意识苏醒到较佳状态为止（图21-2）。或者可以用镇静剂使马安静并延长苏醒过程。许多使用低血气溶解度吸入麻醉剂麻醉的马（异氟醚、七氟醚、地氟醚）在苏醒前或苏醒期间立即使用小剂量的镇静剂或镇痛药有利于麻醉苏醒（表21-2）。镇静剂可使马侧卧时间延长，在此期间可以消除吸入麻醉剂，从而使尝试站立更加协调。在麻醉苏醒期使用镇痛药可以使马更舒适，从而更平静地过渡到有意识状态。胸骨卧位的血氧浓度比侧卧或背侧卧位高（参阅第2章）。动脉氧分压低、黏膜颜色差或呼吸困难的马应进行高流量充氧（>15L/min），调整成胸骨卧位，并支撑在该位置（参阅第22章）。在试图站立之前，应该允许马在必要时保持胸骨卧位。减少光照和安静的环境有利于马向清醒状态的过渡，并降低马的站立欲望。在室外苏醒的马，可以在其眼睛上放一块干净的毛巾。吸入麻醉的马苏醒时应进行充分通风，以清除其呼出的残留麻醉气体。

框表 21-3　麻醉苏醒不良症状

- 肢体运动不协调
- 伸展运动
- 划水运动
- 大量出汗
- 肌肉强直
- 战栗 / 震颤
- 呼吸急促
- 马嘶叫
- 快速或旋转性眼球震颤
- 头撞击
- 肌无力
- 不协调或立即（过早）企图站立

2. 麻醉苏醒室设计

在设计苏醒区域时，苏醒室尺寸、衬垫和地板是重点考虑因素。地面应该是干燥、防滑、有弹性的表面，并且即使潮湿也能够提供抓地力（框表21-4）。厚稻草或锯末垫料并不能改善湿滑地板的缺陷。适当时，可以让马在户外草地或土地上进行麻醉苏醒。草坪为麻醉苏醒提供了良好条件，并且在马摔倒时起到衬垫的作用。草坪应使用地面排水管以便于清洁和消毒。苏醒室尺寸应足够大，可容纳体重约500kg的一般成年马。通常边长4m的正方形苏醒室足够使用。过大的空间并不利于麻醉苏醒，因为马可能会在试图站立时利用多余的空间进行加速。苏醒室的墙壁应至少2.5m高，并加衬垫。

框表 21-4　用于麻醉苏醒的地表材料

- 草坪或沙子
- 稻草
- 木屑
- 复合材料
- 浇铸地面
- 颗粒状
- 体操垫或摔跤垫
- 橡胶垫

表21-1　马的麻醉苏醒特征

麻醉药（麻醉诱导）	麻醉药（麻醉维持）	马数量（匹）	麻醉持续时间（min）	胸卧位时间（min）	站立时间（min）	尝试次数	苏醒质量
乙酰丙嗪，愈创甘油醚，硫喷妥钠	甲氧氟烷	5	120	52	68	2	
乙酰丙嗪，愈创甘油醚，硫喷妥钠	恩氟烷	5	120	25	33	1	
乙酰丙嗪，愈创甘油醚，硫喷妥钠	异氟醚	5	120	18	37	1	
乙酰丙嗪，愈创甘油醚，硫喷妥钠	氟烷	5	120	30	42	1.75	
愈创甘油醚，赛拉嗪，氯胺酮	愈创甘油醚，赛拉嗪，氯胺酮	8	120		15～30		一般
赛拉嗪 ± 布托啡诺，喷他佐辛，乙酰丙嗪，氯胺酮 ± 愈创甘油醚	赛拉嗪，氯胺酮，±愈创甘油醚	60	34	30	31～55		五匹马不理想
赛拉嗪，愈创甘油醚，硫代巴比妥	异氟醚	6	105	19	22	1	
赛拉嗪，愈创甘油醚，硫代巴比妥	氟烷	6	128	28	43	2	
地托咪定，愈创甘油醚，氯胺酮	愈创甘油醚，氯胺酮，地托咪定	6	120	11	25		5 分 制，4～5 分，5 分最好
氟烷	氟烷	6	60		37	1.8	3 分制，2.8 分，3 分最好
氟烷	氟烷	6	180		44	2	3 分制，2.2 分，3 分最好
异氟醚	异氟醚	6	180		39	1.5	3 分制，2.2 分，3 分最好
乙酰丙嗪，赛拉嗪，氯胺酮	氯马唑仑，氯胺酮，沙马西尼拮抗	6	120		27	1～7	好 3，一般 1，兴奋 / 共济失调 2
赛拉嗪，氯胺酮	七氟醚	8	269	54	78	1～2	6 分 制，1～3 分，1 分最好
赛拉嗪，愈创甘油醚，氯胺酮	赛拉嗪，氯胺酮	6	75	36	45		好

（续）

麻醉药（麻醉诱导）	麻醉药（麻醉维持）	马数量（匹）	麻醉持续时间（min）	胸卧位时间（min）	站立时间（min）	尝试次数	苏醒质量
赛拉嗪，愈创甘油醚，异丙酚	赛拉嗪，异丙酚（低）	6	73	82	90		极好
赛拉嗪，愈创甘油醚，异丙酚	赛拉嗪，异丙酚（高）	6	73	73	80		极好
赛拉嗪，地西泮，氯胺酮	异氟醚	9	90	12.6	17.4	4	6 分制，2.9 分，1 分最好
赛拉嗪，地西泮，氯胺酮	七氟醚	9	90	10.3	13.9	2	6 分制，1.7 分，1 分最好
赛拉嗪，地西泮，氯胺酮	七氟醚与赛拉嗪苏醒	9	90	13.8	18	2	6 分制，1.7 分，1 分最好
赛拉嗪，愈创甘油醚，氯胺酮	七氟醚	4	90	6	12	2	4 分制，1 分，1 分最好
赛拉嗪，愈创甘油醚，氯胺酮	七氟醚与赛拉嗪	4	90	15	27	2	4 分制，1.5 分，1 分最好
赛拉嗪，愈创甘油醚，氯胺酮	异氟醚	4	90	11	16	2	4 分制，2 分，1 分最好
赛拉嗪，愈创甘油醚，氯胺酮	异氟醚与赛拉嗪	4	90	13	24	2	4 分制，1.5 分，1 分最好
赛拉嗪，愈创甘油醚，氯胺酮	氟烷	4	90	18	28	2	4 分制，1.5 分，1 分最好
赛拉嗪，愈创甘油醚，氯胺酮	氟烷与赛拉嗪	4	90	19	30	1	4 分制，1 分，1 分最好
赛拉嗪，愈创甘油醚，氯胺酮	氟烷	49	86	38	41	1 （1～4）	较好
赛拉嗪，愈创甘油醚，氯胺酮	异氟醚	50	87	25	28	1 （1～3）	较差
美托咪定，地西泮，氯胺酮	愈创甘油醚，氯胺酮，美托咪定，七氟醚	6	187	26	36	2.5	极好
美托咪定，地西泮，氯胺酮	七氟醚	6	171	31	48	2.7	极好
乙酰丙嗪，布托啡诺，地托咪定，氯胺酮	地托咪定，氯胺酮，愈创甘油醚	12	140		60		好

（续）

麻醉药（麻醉诱导）	麻醉药（麻醉维持）	马数量（匹）	麻醉持续时间（min）	胸卧位时间（min）	站立时间（min）	尝试次数	苏醒质量
异氟醚	异氟醚	6(马驹)	134		12.5		3 分制，1.7 分，1 分最好
七氟醚	七氟醚	6(马驹)	142		9.2		3 分制，1.3 分，1 分最好
赛拉嗪，硫喷妥钠		4	30	47	53	1～2	5 分制，3 分，5 分最好
赛拉嗪，氯胺酮		4	13	22	25	1	5 分 制，4 ～ 5 分，5 分最好
赛拉嗪，硫喷妥钠，异丙酚		12	17 ～ 24	36 ～ 39	43 ～ 46	1～2	5 分 制，4 ～ 5 分，5 分最好
赛拉嗪，氯胺酮，异丙酚		12	26 ～ 32	26 ～ 32	29 ～ 39	1	5 分 制，4 ～ 5 分，5 分最好
赛拉嗪，美沙酮，愈创甘油醚，氯胺酮	氟烷	14	92	20	31		可接受
	愈创甘油醚，氯胺酮，低剂量氟烷	14	92	23	32		可接受
赛拉嗪，布托啡诺，氯胺酮	异氟醚	6	120	7.7	14.5	4.2	52 分，分数越低越好
赛拉嗪，布托啡诺，氯胺酮	异氟醚加赛拉嗪	6	120	19.7	30	2.2	27 分，分数越低越好
赛拉嗪，布托啡诺，氯胺酮	异氟醚加地托咪定	6	120	25.3	38.7	1.2	25 分，分数越低越好
赛拉嗪，布托啡诺，氯胺酮	异氟醚加罗米非定	6	120	23.2	37.3	1.2	22 分，分数越低越好
美托咪定，地西泮，氯胺酮	美托咪定，异丙酚	50	111（46～225）	12	42	大多数 1～2	全部效果理想
赛拉嗪，愈创甘油醚，氯胺酮	赛拉嗪，氯胺酮	5	66 ～ 73	23 ～ 58	33 ～ 69		5 分制，4.3 ～ 5 分，5 分最好

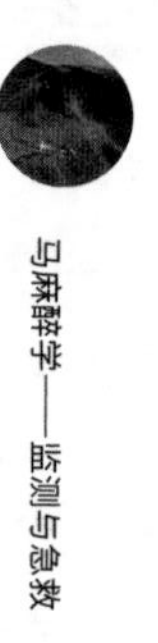

（续）

麻醉药（麻醉诱导）	麻醉药（麻醉维持）	马数量（匹）	麻醉持续时间（min）	胸卧位时间（min）	站立时间（min）	尝试次数	苏醒质量
赛拉嗪，咪达唑仑，氯胺酮	异氟醚，利多卡因	9	101	22	30		6 分制，3.9 分，1 分最好
赛拉嗪，咪达唑仑，氯胺酮	异氟醚，利多卡因 d/c 持续作用 30min	9	101	22	30		6 分制，3.7 分，1 分最好
赛拉嗪，咪达唑仑，氯胺酮	异氟醚	9	101	22	30		6 分制，3.2 分，1 分最好
赛拉嗪，咪达唑仑，氯胺酮	七氟醚	9	101	22	30		6 分制，3.2 分，1 分最好
赛拉嗪，咪达唑仑，氯胺酮	七氟醚，利多卡因 d/c 持续作用 30min	9	101	22	30		6 分制，2.7 分，1 分最好
赛拉嗪，咪达唑仑，氯胺酮	七氟醚，利多卡因	9	101	22	30		6 分制，4 分，1 分最好
罗米非定，地西泮，氯胺酮	氟烷	8	57		63	1.3	5 分制，1.3 分，1 分最好
罗米非定，地西泮，氯胺酮	异氟醚	8	83		56	1.9	5 分制，1.8 分，1 分最好
美托咪定，咪达唑仑，氯胺酮	异丙酚	6	120	59	87	2.2	
美托咪定，咪达唑仑，氯胺酮	氯胺酮，美托咪定，异丙酚	6	120	36	62	1.7	

在苏醒室至少三面墙壁上的最高点安装承重大于1 000kg的金属环（直径2～3cm）（图21-7）。头绳和尾绳可以穿过金属环以辅助麻醉苏醒，并使工作人员远离苏醒区。如果需要吊索，应在苏醒室中心上方安装一个至少能够承重1 000kg的吊钩，并额外安装一个悬挂的静脉输液钩。苏醒室还应设计观察区域（带有窗户或大型凸面镜），以便于工作人员观察和辅助麻醉苏醒（图21-8）。或者经验丰富的工作人员可以留在苏醒室内或使用安装的摄像头进行远程监控。

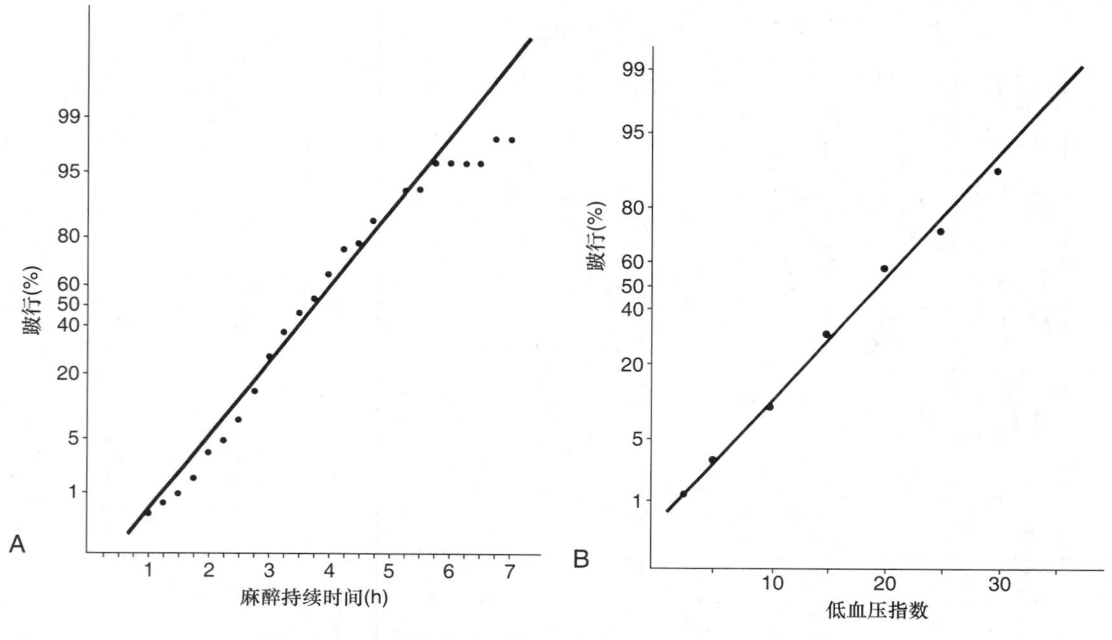

图21-6　长时间麻醉（A）和低血压（B）容易导致跛行

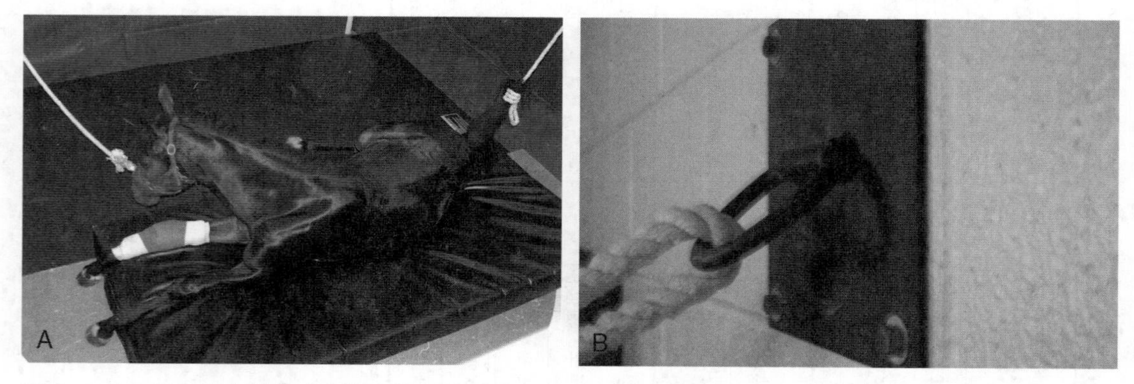

图21-7　A. 马匹应在衬垫或充气床垫上苏醒　B. 将固定头部和尾部绳子拴在墙壁铁环上可显著促进苏醒

地面的选择取决于成本预算、预期使用频率以及要执行的操作类型。如果需要进行腹部探查等有污染的操作，那么复合地板更容易清洁和消毒。在坚硬、光滑的人造材料表面（暗色橡胶垫子、混凝土）简单地应用稻草或木屑，效果并不理想，可以将3～5cm厚的沙层覆盖到地面。在沙层上再放置3～5cm厚的碎树皮并在上面铺上稻草层，以提供良好的抓地力和“清洁”的环境。稻草不应该堆得太高，因为它可能会使马在试图站立时被绊倒。马跌倒时，地面应该能够提供一定的缓冲。如果怀疑地面被传染病污染并需要消毒，则必须拆除并更换复合垫料。

表21-2　促进麻醉苏醒的药物

药物	剂量
改善、但减慢苏醒时间的药物	
乙酰丙嗪	0.01～0.02mg/kg；IV
赛拉嗪	0.2～0.4mg/kg；IV
地托咪定	0.01～0.05mg/kg；IV
改善、加速苏醒时间的药物	
吗啡	预前0.1～0.15mg/kg，IV，然后0.1［mg/（kg·h）］
加速苏醒时间的药物	
阿替美唑	0.05～0.1mg/kg
多沙普仑	0.1～0.2mg/kg

注：IV为静脉注射。

表21-3　马麻醉苏醒方法的适应证和效果

方法	适应证	优点	缺点
无辅助	短时麻醉；程序简单；顽固或难驾驭的马匹	工作人员危险最小	受伤或呼吸道阻塞潜在风险增大； 马可能会失足； 在提供辅助或进行镇静之前必须对马进行人工保定
有辅助的（头绳和尾绳）	任何麻醉程序	增加控制力；便于提供辅助或安静；一旦站立就能限制运动	工作人员存在风险，至少需要2名工作人员
吊索	麻醉程序复杂，有致命性损伤的风险	支撑马处于站立位置；减少达到站立需要力量；失误最小化	有些马可能抵抗吊带束缚（可通过预先使用而得到改进）；至少需要3名受过训练的工作人员
倾斜台	麻醉程序复杂，有致命性损伤的风险	将马置于有支撑站立的位置	设备成本高；需要空间（桌子应固定在地板上）；需要3~5名工作人员
泳池和皮筏	麻醉程序复杂，有致命性损伤的风险	减轻承重组织的压力	设备和维护成本高；需要空间； 马需要被重新保定或麻醉，以便移出泳池；需要4~6名工作人员

（续）

方法	适应证	优点	缺点
矩形水池	麻醉程序复杂、可能有致命性损伤的风险	减轻承重组织的压力，更容易从游泳池中移出（与游泳池和皮筏相比）	设备和维护成本高；需要空间；苏醒时间长；且有伴发肺水肿；需要3~5名工作人员

大多数地面是橡胶基的或由可压缩的合成材料制成。材料的表面必须是粗糙的或有弹性的，这样马蹄可以获得抓地力（图21-9），如在地面使用3～5cm厚的摔跤垫或体操垫。这种垫子重量轻，可压缩，便于移动和清洁。

框表21-5　马的麻醉苏醒方法

- 牧场苏醒
- 填充苏醒室地板
- ± 头部和尾部绳索
- 床垫和填充苏醒室
- ± 头尾绳索
- 空气枕头
- ± 头尾绳索
- 倾斜台苏醒
- 安德森吊索悬挂系统
- 泳池—皮筏系统
- 水池系统

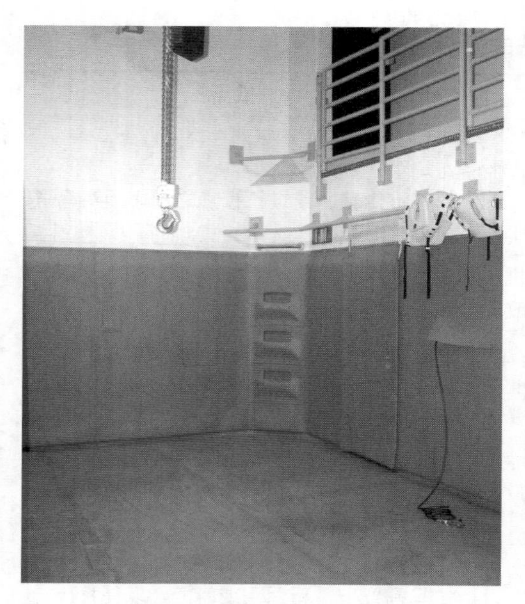

图21-8　理想苏醒室设计，有防滑弹性地板，一个升降机和一个观察区域

3. 辅助苏醒

尽管有许多改善麻醉苏醒的技术，但麻醉苏醒期的发病率和死亡率仍然相对较高（表21-3和框表21-5）。在有辅助的情况下，马的麻醉苏醒情况会得到改善。马可以在没有辅助的情况下进行麻醉苏醒，但应始终对其进行监测，必要时采取辅助措施。马麻醉苏醒的物理辅助方法和方案有很多（框表21-5），如有经口气管插管，可在马吞咽或站立时将其取出，并将马独自留在安静环境中。技术人员在马站立前不可离开，或设计可视化设施便于进行观察（窗户、镜子或相机）（图21-8）。无辅助措施的麻醉苏醒会使马苏醒风险增加，但人员风险最小。可根据有经验人员数量和可用设施选择最佳的麻醉苏醒辅助方法。在麻醉苏醒之前移除马掌和包裹马腿，可以增加安全性。

4. 设备

一些简单的基本设备对任何麻醉苏醒都很有用（框表21-6）。在马试图站立之前，应放置一个松紧适宜并牢固的笼头。头尾绳索也是一种有效的辅助方法，并且头尾绳索允许助手与马匹保持一定距离。将毛巾放在眼睛上并用棉花塞住耳朵可减少环境刺激。带衬垫的头罩有助于防止头部受伤，但它们偶尔会旋转错位并阻挡马的视线（图21-3）。经鼻或经口气管插管和输氧保障了气道畅通和血氧浓度（图21-10）。

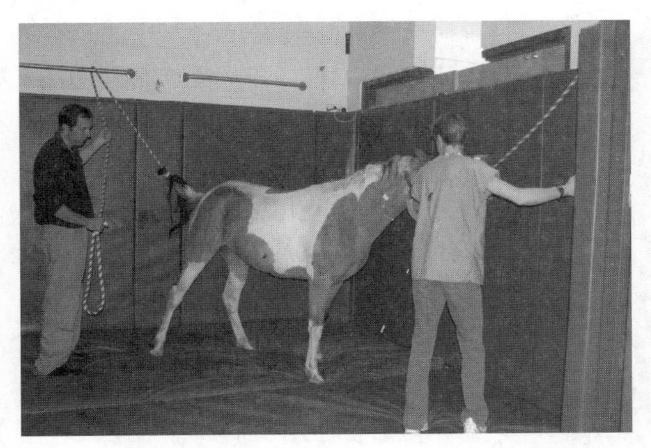

图 21-9　苏醒室地板应该是防滑、有弹性的，这样马蹄可以获得抓地力

框表 21-6　麻醉苏醒设备

- 牢固的笼头
- 牵绳
- 尾绳（软质材料直径 2.54cm、长 10m）
- 眼部润滑剂
- 遮眼毛巾
- 鼻气管导管（内径 12~14mm）
- 氧气源（吹气，按需供气阀）
- 紧急药物（肾上腺素、呋塞米；参阅第 22 章）

可选设备：

- 腿包裹
- 带衬垫头罩
- 耳塞

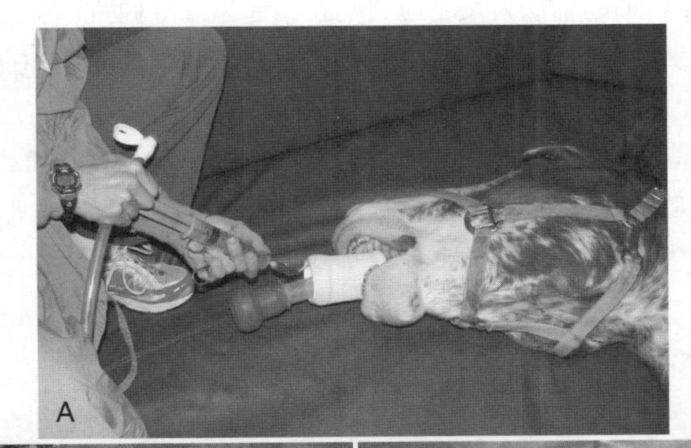

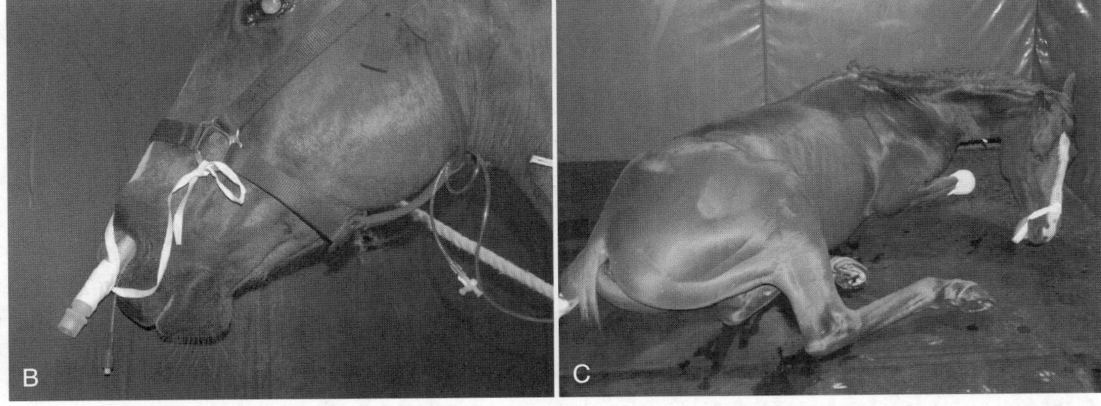

图 21-10　A. 当马开始吞咽时，应放气，取下鼻气管插管　B. 鼻气管插管　C. 无气囊的鼻气管插管为麻醉苏醒的马或有上呼吸道阻塞迹象（打鼾）的马提供了一种确保呼吸道畅通的方法

图21-11　当马起身站立时控制头部并且紧紧抓住马尾，并向后拉直可以促进苏醒

5. 户外的麻醉苏醒

户外短暂麻醉的麻醉苏醒通常较简单。在马站立前保证至少两名训练有素的技术人员在马身边。苏醒过程应给马安置笼头和牵引缰绳（最好是没有链条的绳索）。选择苏醒场地的基本要求是有良好的立足点。草坪是理想的苏醒场地，但也可以使用室内场地或畜栏。麻醉苏醒区域应无障碍物。需要注意大多数马匹站立时会向前移动（图21-5、图21-11）。应尽量保持环境安静、平静，并尽量减少刺激；应盖住马眼睛，堵塞耳朵。大多数马躺卧时是侧卧位，然后滚到胸骨卧位并试图站立。辅助人员应该保持马的侧卧位，直到马足够有力和协调，以便站立（图21-2）。负责握住牵引绳的辅助人员不应将马拉站起来，应握紧牵引绳但保持宽松距离，以便马可以使用其头部站立。一旦马站立，应拉紧头部，以限制其运动，直到马稳定和协调。在试图站立时，紧紧抓住马尾并向后拉直，有助于马匹站立（图21-11）。这个动作可能会提起一匹较小的马，但主要作用是减小向前的冲力并防止出现马起身时的笨拙动作。可以用棉绳（直径2.5cm、长7m）连接到尾部（参阅第5章）。尾绳的放置可提供稳定性，并且通过尾绳使辅助人员远离马的后腿，进而提高辅助人员的安全性。这种辅助苏醒方法很有用，但并非完全没有人员风险。

6. 专门设计的设施中麻醉苏醒

在苏醒室苏醒的马匹应放在垫子或充气床垫上。辅助人员应该使马保持侧卧位，直到马足够有力可以站立（图21-2）。厚垫或充气床垫可提供缓冲，并需要马进行有意识的、协调的努力才能获得胸骨卧位，进而减缓其站立尝试。铺盖有不透水材料的泡沫橡胶垫（25cm厚，2m×4m大小），可提供出色的填充功能（图21-7）。应将马放在垫上，其腿放在垫的边缘；在马尝试变成胸骨卧位时，它通常会从垫上滚下来，此时可以移除垫子。

7. 充气气垫麻醉苏醒

在麻醉苏醒过程中，可采用尺寸为4.3m×4.8m、厚度为45cm的大型充气气垫辅助。充气垫铺满苏醒室的整个地面（图21-12）。将马置于放气的充气垫上，放置鼻气管于适当的位置，使用风机系统对充气垫进行充气。在整个床垫膨胀期间，风机持续运转。在没有辅助的情况下，马必须通过有力、协调的尝试才能获得胸骨卧位 。一旦马已经做了3~4次的站立尝试，床垫就会迅速放气。使用充气床垫的马保持卧姿时间较长，但通常比没有气垫的马匹尝试站立的次数少。作者认为，将马限制在侧卧位，直到它可以有意识地协调有力地运动，可减少站立尝试和一旦站立时摔倒的可能性。

8. 倾斜台麻醉苏醒

对于高风险骨科手术后麻醉苏醒的马，建议采用倾斜台苏醒（图21-13）。马匹可在3m×2m的填充倾斜台上苏醒，倾斜台固定在地板上。马匹以水平位置放置在台上。在马头部放置一个定制的笼头和苏醒罩，并通过3个点固定在台上。放置尾绳并固定在台上。腹部和胸部环绕两个大的肚带，四肢各处都有保护性绷带。每个肢体独立固定在台上。根据需要应用镇静剂和镇痛剂以控制苏醒。一旦马出现3次以上有力的腿部移动尝试，就应移除腿绷带。头部和尾部绳索保持固定，但当台子移动到垂直位置时，应略松动头尾绳。作者统计了使用这种方法麻醉苏醒的54匹马，其中有39匹苏醒良好甚至极好，1匹马固定失败，6匹马无法适应该系统。

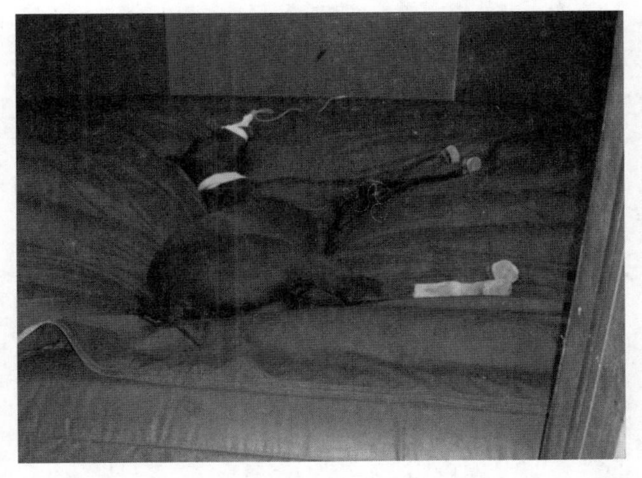

图21-12　在马麻醉苏醒过程中，可以使用大型充气床垫帮助马匹苏醒

9. 吊索麻醉苏醒

已开发的辅助马麻醉苏醒的吊索系统种类繁多（图21-14）。吊索设计用于辅助抢救、麻醉、物理治疗、保定、悬吊和减轻负重。专门设计用于辅助麻醉苏醒的系统包括带有保护壳的肚带，方便调整支撑力度和角度的四个小型起重机（图21-14）。壳体和肚带位于苏醒室内。马一出现抬头动作，就会被镇静并提升到站立姿势。据报道，使用该种方法曾分别使采用吸入麻醉的42匹马中的40匹，83匹马中的69匹成功地麻醉苏醒。另外，安德森吊索已被用于24匹马总计32次麻醉苏醒（图21-14）。吊索放置在手术台上马的背侧。它连接在金属框架上，马通过吊索被运送到苏醒室。金属框架固定在苏醒室的中间。头绳连接在墙上的环上，马被提升至它的蹄部刚刚接触地面。当马苏醒时被逐渐降落到地面。吊索辅助麻醉苏醒成功与否取决于工作人员的技术及经验、适当的设备、马匹的配合以及镇静剂的合理使用。起重机应固定在适当的位置，以保证马从麻醉中苏醒时不会横向移动。如果让马在麻醉之前习惯吊索，则其能更好地接受吊索。吊索经常用于辅助病弱的马或在没有支

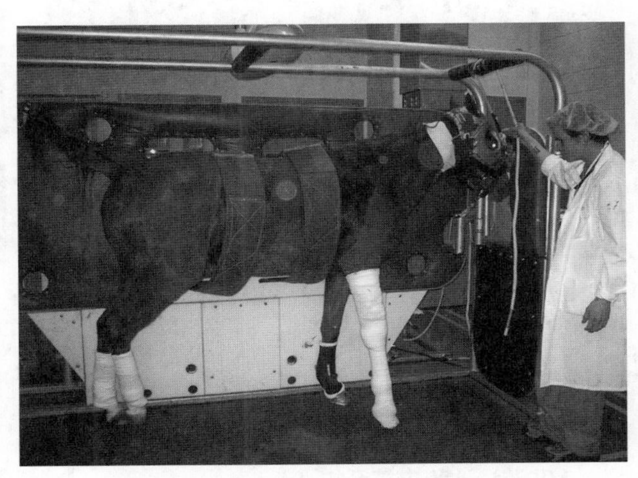

图21-13　进行骨科相关手术时，麻醉苏醒风险增加的马可采用倾斜台系统

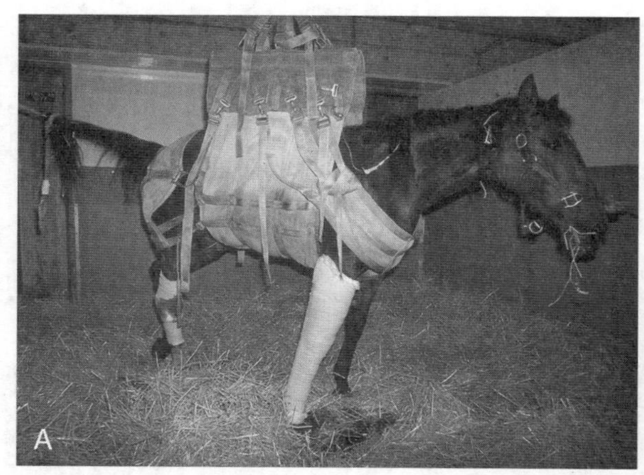

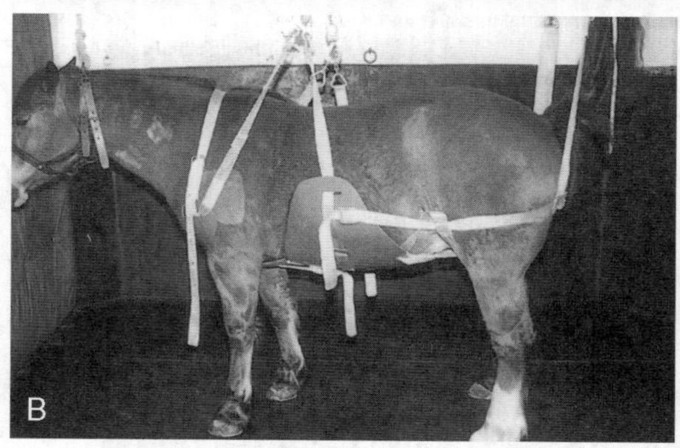

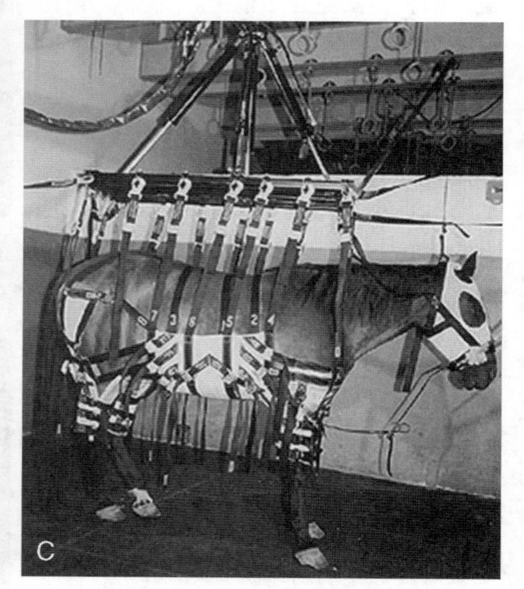

图 21-14　A. 吊索可用于帮助马匹苏醒　B. 吊带　C. 肚带（安德森吊索）系于起重机上，在马站立时减轻四肢负重

撑的情况下不能站立的马。

10. 游泳池和皮筏系统

游泳池和皮筏系统可用于辅助马的麻醉苏醒（图21-15）。马被放在一个吊索中，并被吊进一个特别设计的皮筏。皮筏由四个肢体套筒和额外的头部支撑组成。使用天花板轨道系统将马、吊索和皮筏放入游泳池，连接头绳和尾绳。一旦马麻醉苏醒完成，它就会被镇静，通过吊索从泳池中提升、运送到苏醒室。当马站在苏醒室时，可移除吊带，将头部和尾部的绳索连接到对面的墙壁上。水中苏醒相关的并发症主要有吸入水、肺水肿、擦伤和手术创口感染。

11. 矩形水池系统

专门设计一个约2.5m深的矩形水槽（4m×1.3m）用于辅助马匹麻醉苏醒（图21-16）。该水池的地板是一个不锈钢篦子板，当马苏醒时，地板可通过液压系统快速升起。马匹通过吊索降入水池，头部周围放置充气的车轮内胎。马的身体完全被淹没，头部由两根绳索悬挂。一旦麻醉马苏醒，钢篦子就会升起至马可以通过四肢承重的位置。当马具有支撑自身的能力时，钢篦子升高到地面，移除吊索和车轮内胎。值得关注的是由于浸没的胸外静水压影响，导致呼吸压力增加。这种影响可能是引起水池苏醒相关的肺水肿的原因。

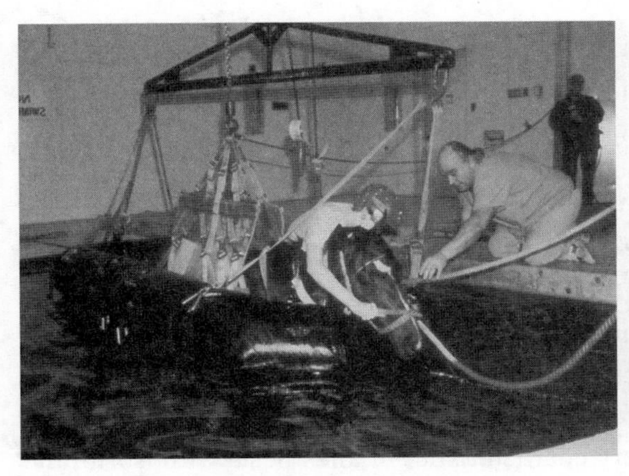

图 21-15　用于麻醉苏醒的水池和皮筏苏醒系统

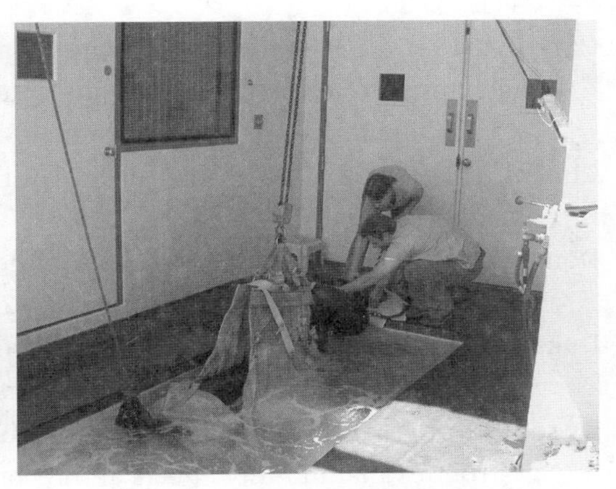

图 21-16　专为辅助马麻醉苏醒而设计的水池系统。当马苏醒并有力时，水池的地板升高到地面

四、结论

大多数马从麻醉中苏醒可在60min内站立。手术程序的长短和麻醉时间以及是否低血压是决定苏醒时间和发病率的主要因素。对于过早试图站立的马应对其保定或镇静（框表21-1）。麻醉苏醒的马应被持续观察、监测（脉搏力度和速率、黏膜颜色、呼吸频率，间隔10min监测一次），必要时在苏醒期间进行辅助。有些马在站立之前可能会出现“犬坐”（图21-5），出现这种情况应尽快评估其体况并采取相应措施。过早试图站立的马需要镇静，而在60min内无站立尝试的马则需要刺激。麻醉苏醒期是发现与麻醉及手术直接或间接相关的难以察觉的并发症的重要时期（参阅第22章）。

参考文献

Auer JA et al, 1978. Recovery from anaesthesia in ponies: a comparative study of the effects of isoflurane, enflurane, methoxyflurane, and halothane, Equine Vet J 10: 18-23.

Bettschart-Wolfensberger R et al, 1996. Physiologic effects of anesthesia induced and maintained by intravenous administration of a climazolam-ketamine combination in ponies premedicated with acepromazine and xylazine, Am J Vet Res 57: 1472-1477.

Bettschart-Wolfensberger R et al, 2005. Total intravenous anaesthesia in horses using medetomidine and propofol, Vet Anaesth Analg 32: 348-354.

Bidwell LA, Bramlage LR, Rood WA, 2007. Equine perioperative fatalities associated with general anaesthesia at a private practice—a retrospective case series, Vet Anaesth Analg 34 (1): 23-30.

Carroll GL et al, 1998. Maintenance of anaesthesia with sevoflurane and oxygen in mechanically ventilated horses subjected to exploratory laparotomy treated with intra- and post-operative anaesthetic adjuncts, Equine Vet J 30: 402-407.

Clark L et al, 2008. The effects of morphine on the recovery of horses from halothane anesthesia, Anaesth Analg 35: 22-29.

Donaldson LL et al, 2000. The recovery of horses from inhalant anesthesia: a comparison of halothane and isoflurane, Vet Surg 29: 92-101.

Duke T et al, 2006. Clinical observations surrounding an increased incidence of postanesthetic myopathy in halothane-anesthetized horses, Vet Anaesth Analg 33: 122-127.

Durongphongtorn S et al, 2006. Comparison of hemodynamic, clinicopathologic, and gastrointestinal motility effects and recovery characteristics of anesthesia with isoflurane and halothane in horses undergoing arthroscopic surgery, Am J Vet Res 67: 32-42.

Elmas CR, Cruz AM, Kerr CL, 2007. Tilt-table recovery of horses after orthopedic surgery: fifty-four cases (1994-2005), Vet Surg 36: 252-258.

Grandy JL et al, 1987. Arterial hypotension and the development of postanesthetic myopathy in halothane-anesthetized horses, Am J Vet Res 48: 192-197.

Greene SA et al, 1986. Cardiopulmonary effects of continuous intravenous infusion of guaifenesin, ketamine, and xylazine in ponies, Am J Vet Res 47: 2364-2367.

Grosenbaugh DA, Muir WW, 1998. Cardiorespiratory effects of sevoflurane, isoflurane, and halothane anesthesia in horses, Am J Vet Res 59: 101-106.

Hubbell JA, Muir WW, 2006. Antagonism of detomidine sedation in the horse using intravenous tolazoline or atipamezole, Equine Vet J 38 (3): 238-241.

Hubbell JAE, 1999. Recovery from anaesthesia in horses, Equine Vet Educ 11: 160-167.

Ishihara A et al, 2006. Full body support sling in horses. Part 1: Equipment, case selection and application procedure, Equine Vet Educ 8: 277-280.

Ishihara A et al, 2006. Full body support sling in horses. Part 2: Indications, Equine Vet Educ 8: 351-360.

Johnston GM, et al, 2002. The confidential enquiry into perioperative equine fatalities (CEPEF): mortality results of phases 1 and 2, Vet Anaesth Analg 29: 159-170.

Liechti J et al, 2003. Investigation into the assisted standing up procedure in horses during recovery phase after inhalation anesthesia, Pferdeheilkunde 19 (3): 271-276.

Mama KR et al, 1998. Comparison of two techniques for total intravenous anesthesia in horses, Am J Vet Res 59: 1292-1298.

Mama KR et al, 2005. Evaluation of xylazine and ketamine for total intravenous anesthesia in horses, Am J Vet Res 66: 1002-1007.

Mason DE, Muir WW, Wade A, 1987. Arterial blood gas tensions in the horse during recovery from anesthesia, J Am Vet Med Assoc 190: 989-994.

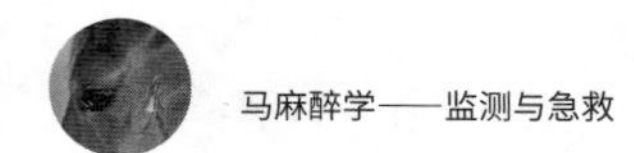

Matthews NS, Hartsfield SM, Mercer D, 1998. Recovery from sevoflurane anesthesia in horses: comparison to isoflurane and effect of postmedication with xylazine, Vet Surg 27: 480-485.
Matthews NS et al, 1992. Comparison of recoveries from halothane versus isoflurane anesthesia in horses, J Am Vet Med Assoc 201: 559-563.
McCarty JE, Trim CM, Ferguson D, 1990. Prolongation of anesthesia with xylazine, ketamine, and guaifenesin in horses: 64 cases (1986-1989), J Am Vet Med Assoc 197 (12): 1646-1650.
McGreevy P, Hahn CN, McLean AN, 1980. Equine behavior: a guide for veterinarians and equine scientists, London, 2004. Saunders. 6. Houpt KA: The characteristics of equine sleep, Equine Pract 2: 8-17.
Ray-Miller WM et al, 2006. Comparison of recoveries from anesthesia of horses placed on a rapidly inflating-deflating air pillow or the floor of a padded stall, J Am Vet Med Assoc 229: 711-716.
Read MR et al, 2002. Cardiopulmonary effects and induction and recovery characteristics of isoflurane and sevoflurane in foals, J Am Vet Med Assoc 221: 393-398.
Richey MT et al, 1990. Equine post-anesthetic lameness: a retrospective study, Vet Surg 19: 392-397.
Richter MC et al, 2001. Cardiopulmonary function in horses during anesthetic recovery in a hydropool, Am J Vet Res 62: 1903-1910.
Santos M et al, 2003. Effects of a 2 -adrenoceptor agonists during recovery from isoflurane anaesthesia in horses, Equine Vet J 35: 170-175.
Schatzmann U, 1998. Suspension (slinging) of horses: history, technique and indications, Equine Vet Educ 10: 219-223.
Schatzmann U et al, 1995. Historical aspects of equine suspension (slinging) and a description of a new system for controlled recovery from general anesthesia, Proc Am Assoc Equine Pract 41: 62-64.
Spadavecchia C et al, 2002. Anaesthesia in horses using halothane and intravenous ketamine-guaiphenesin: a clinical study, Vet Anaesth Analg 29: 20-28.
Sullivan EK et al, 2002. Use of a pool-raft system for recovery of horses from general anesthesia: 393 horses (1984-2000), J Am Vet Med Assoc 221: 1014-1018.
Taylor EL et al, 2005. Use of the Anderson sling suspension system for recovery of horses from general anesthesia, Vet Surg 34: 559-564.
Taylor PM, Watkins SB, 1992. Stress responses during total intravenous anaesthesia in ponies with detomidine-guaiphenesinketamine, J Vet Anaesth 19: 13-17.
Taylor PM et al, 2001. Intravenous anaesthesia using detomidine, ketamine, and guaiphenesin for laparotomy in pregnant pony mares, Vet Anaesth Analg 28: 119-125.
Tidwell SA et al, 2002. Use of a hydropool system to recover horses after general anesthesia: 60 cases, Vet Surg 31: 455-461.
Trim CM, Adams JG, Hovda LR, 1987. Failure of ketamine to induce anesthesia in two horses, J Am Vet Med Assoc 190 (2): 201-202.

Trim CM et al, 1989. A retrospective survey of anaesthesia in horses with colic, Equine Vet J 7: 84-90.

Umar MA et al, 2006. Evaluation of total intravenous anesthesia with propofol or ketamine-medetomidine-propofol combination in horses, J Am Vet Med Assoc 228: 1221-1227.

Valverde A et al, 2005. Effect of a constant rate infusion of lidocaine on the quality of recovery from sevoflurane or isoflurane general anaesthesia in horses, Equine Vet J 37: 559-564.

Wagner AE et al, 2002. Behavioral responses following eight anesthetic induction protocols in horses, Vet Anaesth Analg 29: 207-211.

Wagner AE et al, 2008. A comparison of equine recovery characteristics after isoflurane or isoflurane followed by a xylazineketamine infusion, Vet Anaesth Analg 35: 154-160.

Whitehair KJ et al, 1993. Recovery of horses from inhalation anesthesia, Am J Vet Res 54: 1693-1702.

Yamashita K et al, 2000. Combination of continuous intravenous infusion using a mixture of guaifenesin-ketamine-medetomidine and sevoflurane anesthesia in horses, J Vet Med Sci 62: 229-235.

Young SS, Taylor PM, 1993. Factors influencing the outcome of equine anaesthesia: a review of 1314 cases, Equine Vet J 25: 147-151.

第 22 章 麻醉并发症

没有安全的麻醉药物，没有安全的麻醉技术，只有安全的麻醉师。——Robert Smith

要点：

1. 与其他物种的常见麻醉相比，马在麻醉期间发病率和死亡率更高。
2. 导致死亡最常见的原因包括心脏骤停、骨折和肌病。
3. 大多数麻醉诱导或相关的并发症发生在维持期或恢复期。
4. 麻醉并发症发生率的增加，与麻醉时间和手术过程的复杂性有关。
5. 麻醉相关的发病率和死亡率与麻醉师的知识、技能和经验密切相关。

马麻醉存在风险。与马麻醉有关的发病率和死亡率调查结果表明，马发生麻醉以及与麻醉相关并发症的风险较高。对马麻醉的不良反应以及影响马麻醉效果因素的调查结果表明，马死于麻醉的可能性是犬、猫的10倍，是人类的5 000 ～ 8 000倍。如果马在麻醉和手术中出现紧急情况（1/6）或绞痛（1/3），死亡率可能更高。一项关于围手术期马死亡的调查表明，在6年内评估的超过40 000例案例中，麻醉在7d内总死亡率为1.9%。排除腹痛马后，死亡率降至0.9%。导致死亡的主要原因是心脏骤停或术后心血管衰竭、骨折和肌病。死亡风险增加与手术类型（骨折修复、绞痛）、麻醉持续时间（麻醉时间较长的风险更高）、手术时间（正常时间以外）、背侧卧位、术前不使用镇静剂以及年龄有关。年龄在2 ～ 7岁的马死亡风险较低，小于1月龄的小马驹死亡风险更大。使用吸入麻醉药可增加小马驹的死亡率。而乙酰丙嗪和其他注射麻醉剂为潜在的可降低风险的药物，与吸入麻醉相比，注射麻醉药的麻醉时间较短，因此死亡率降低。成年马匹使用氟烷与异氟醚的死亡率没有差异。

据报道，在专业手术机构或学术机构进行麻醉的马死亡率较低，为1/10 000~1/1000。根据麻醉相关判断标准，正常马麻醉相关并发症的发生率在1/5~1/50（框表22-1）。人为失误是导致麻醉并发症包括马死亡的最主要原因；一项对马死亡率的回顾性研究表明，高达2/3（＞ 60%）的马麻醉死亡是可以预防的。未来的研究应将发病率和死亡率与马的健康状况联系起来。

安全有效的麻醉需要对镇静、镇痛和催眠药物的药理学有全面的了解，并且提供的治疗方法容易实施。导致麻醉相关高发病率和高死亡率最主要的原因是马的外形大小、健康状况和生理情况，但其他密切相关的因素包括麻醉师的知识、技术、经验、手术时间和类型、监测技术，以及紧急治疗技术。

麻醉并发症可发生在麻醉诱导期、维持期或麻醉恢复期。在麻醉的各个阶段，应始终保持警惕并采用麻醉监测技术以减少并发症的发生（参阅第8章）。

框表 22-1　麻醉并发症

A. 诱导阶段
1. 马或人员受伤
2. 镇静不完全或不充分
3. 兴奋或惊吓反应
4. 血管周围或动脉内注射
5. 静脉空气给药（空气栓塞）
6. 无法放置气管插管和喉部创伤
7. 通气不足 / 呼吸暂停 / 低氧血症
8. 低血压 / 灌注不良
9. 心律失常
10. 麻醉不完全或不充分
11. 药物反应

B. 维持阶段
1. 低通气 / 呼吸暂停 / 低氧血症
2. 低血压 / 灌注不良
3. 心律失常
4. 泪液量减少
5. 疼痛 / 止血带引起的高血压
6. 麻醉不足或轻度、深度期麻醉交替
7. 空气栓塞
8. 胃反流
9. 麻醉设备故障
10. 恶性高热反应

C. 恢复阶段
1. 低氧血症 / 高碳酸血症
2. 鼻水肿或出血（呼吸困难，“打鼾”）
3. 急性气道阻塞（喉麻痹）
4. 低血压 / 灌注不良
5. 心律失常
6. 精神错乱或兴奋
7. 疼痛
8. 低钙血症
9. 恢复延迟
10. 肌病、肌炎（“捆缚”）
11. 虚弱、瘫痪、麻痹（面部、桡骨、股部、神经、脊髓）病
12. “窒息”
13. 绞痛
14. 急性、高钾性、周期性麻痹
15. 胸膜炎
16. 腹泻
17. 暂时失明
18. 脑坏死

一、诱导阶段

1. 药物管理

训练有素和经验丰富的人员、适当的设施和良好的设备是提供安全麻醉的关键因素。缺乏经验的助手进行马保定时可能对本人、兽医和马造成伤害。如果使用高质量的设备且设备维护良好，可避免因吊带、缰绳和笼头损坏造成的事故。与使用镇静剂相关的并发症包括针头断裂、注射到血管周围或动脉内、给药剂量不足，以及药物本身的不良反应。血管周围和动脉内注射

比较少见，但一般后果严重（参阅第7章）。血管周围（血管外）给药的第一个指征是药物缺乏效果（图22-1）。应预先放置静脉导管，在静脉注射药物之前回抽可见静脉血液。如果回抽不成功，应将大量（500～1000mL）生理盐水或平衡电解质溶液注入血管周围组织，对注射到血管周围的药物进行稀释，使组织损伤降至最小。热敷也有助于消肿。动脉内注射镇静剂或镇静剂会导致肌肉僵硬，使马不受控制的运动、平卧、划水样运动和抽搐。治疗方法主要是对症治疗和支持疗法。控制癫痫和预防自发性损伤需要静脉注射地西泮（0.05～0.1mg/kg）或愈创木酚甘油醚（5%）和硫喷妥钠（0.4%）。如果在诱导麻醉期间药物注射动脉内，则应推迟手术。

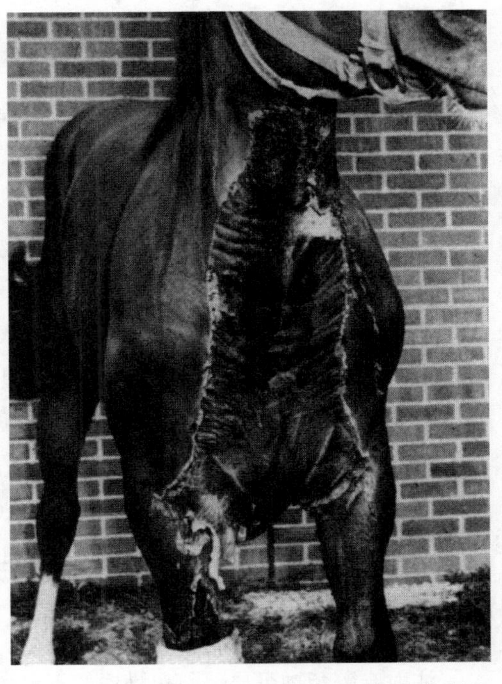

图22-1　由于意外的注射血管周围3g大剂量硫喷妥钠引起的马颈部腐烂

2. 镇静

适当的镇静是决定马诱导安全和麻醉平稳的最重要因素。单独或联合使用镇静剂、安定剂和阿片类药物可降低马的兴奋性以及马和人员受伤的可能性（参阅第10章）。在进行麻醉前，马应保持平静。除非在紧急情况下（例如，急性创伤、绞痛），否则兴奋、紧张的马不应给予麻醉药物。适当的镇静可显著降低进入深度麻醉状态所需的麻醉药物的量，从而降低不良反应（参阅第11章和第13章）。紧张、兴奋的马的麻醉需要加大用药量，但这会使其更容易发生心肺抑制。根据马的行为、身体状况、既往药物史选择麻醉前药物和给药途径。马低血压或出血量不详时不应服用乙酰丙嗪，除非充分补液。乙酰丙嗪更易引起低血压和马的“昏厥”（参阅第10章）。对于极度跛行或共济失调（骨折、“摇晃”）的马，在实施麻醉前应将其移动或运送到诱导地点，降低摔倒和自发性损伤的风险。仍处于兴奋状态的马可以增加赛拉嗪的使用剂量（0.1～0.4mg/kg，静脉注射）（效果参见第13章）。选择的麻醉方案和技术应该能够使马从站位迅速过渡到卧位。

种马使用吩噻嗪镇静剂的主要问题是阴茎异常勃起，因此吩噻嗪镇静剂一般应用繁殖母马（参阅第10章）。丙嗪和/丙酰丙嗪作为马镇静剂应用较普遍时，阴茎异常勃起也常发生。吩噻嗪决定麻醉药物作用的程度和持续时间，其使用的剂量与阴茎异常勃起发生的风险相关，但两者尚未建立直接关系（图10-5）。在成年马静脉注射低剂量乙酰丙嗪（5mg或更少）时可使马匹运输更加方便，并有利于繁殖种马阴茎和包皮腔的清洗。第三眼睑下垂是更敏感指标，如果没有观察到第三眼睑下垂，则该剂量一般不会引起阴茎异常勃起或持续性、弛缓性阴茎脱垂。但乙酰丙嗪在种马和阉割过程中仍有可能引起阴茎异常勃起或弛缓性麻痹。产生阴茎异常勃起的马应对症治疗，防止对阴茎造成不可逆损害。建议首选使用阴茎吊带、包扎和按摩疗法。阴茎异常勃起治疗的有效方法是用肝素化盐水冲洗阴茎海绵体并静脉给予甲磺酸苄托品（0.015mg/kg，中枢乙酰胆碱颉颃剂）。外科手术是治疗阴茎异常勃起的最后手段。

3. 麻醉

镇静不足时，注射推荐剂量的麻醉药（硫喷妥钠、氯胺酮）可能无法产生足够的效果。其他造成麻醉不足的原因包括静脉注射药物误注入血管外、剂量不足或药效丧失（图22-1和表22-1）。吸入麻醉的前10～20min，马一般处于轻度麻醉状态。给予注射麻醉剂后，通气不足或呼吸暂停的马可能无法快速达到吸入麻醉剂的肺泡有效浓度。在吸入麻醉建立之前，静脉注射药物的作用可能会减弱（参阅第9章、第13章和15章）。在此期间的手术刺激可能使马骚动，导致手术部位的污染或对马和助手造成伤害。快速给予小剂量的硫喷妥钠（0.5～1mg/kg，IV）或氯胺酮（0.2～0.4mg/kg，IV）可在30～90s内增加麻醉深度。在静脉注射药物生效之前，可进行保定（控制头部）（参阅第21章）。如果马的肌肉张力增加但没有骚动，可给予小剂量α_2-受体激动剂（赛拉嗪：0.1～0.3mg/kg, IV）或安定-氯胺酮药物组合［0.025/(0.5mg · kg)，IV］。

4. 呼吸

注射麻醉药物可显著引起马通气不足和呼吸暂停（参阅第12章）。药物引起的呼吸频率或潮气量的下降造成低氧血症（低PO_2）和高碳血症（高PCO_2），从而导致组织酸中毒（乳酸性酸中毒、呼吸性酸中毒）。通气不足连同肺血流减少（低心输出量），导致肺部通气-灌注失衡，影响动脉PO_2（PaO_2）和组织氧合。当马卧位时，尤其是平卧时，由于压迫和肺不张，通气-灌注失衡效果被放大。马呼吸暂停时，可通过外界伤害性刺激（耳部扭伤、颈部拍打、胸腔压迫）恢复呼吸，使脉搏恢复正常，麻醉深度至轻度麻醉。如果发生紫绀或未建立正常呼吸模式（4～6次/min），应使用呼吸辅助装置（通气阀、呼吸机）或使用多沙普仑（0.2～0.4mg/kg, IV）3～5min（参阅第17章）。通气阀可以连接到气管导管（如果有的话）或插入鼻侧腹侧的短导管上（直径10～15mm，长0.5m）(图22-2)。手动触发通气阀，同时阻塞两个鼻孔，使胸壁上升。胸部扩张后释放扳机和鼻孔使马呼气。或将鼻胃管经鼻气管放置并连接到压缩氧源。如前所述，阻塞鼻孔。应避免吸气压力和时间过长，特别是在马驹中。注氧（＞15L/min）

图 22-2　通气阀可以连接到气管插管用于成年马和马驹通气。吸气时间应短（≤ 2s），呼气时应移除需求阀，以免妨碍呼气

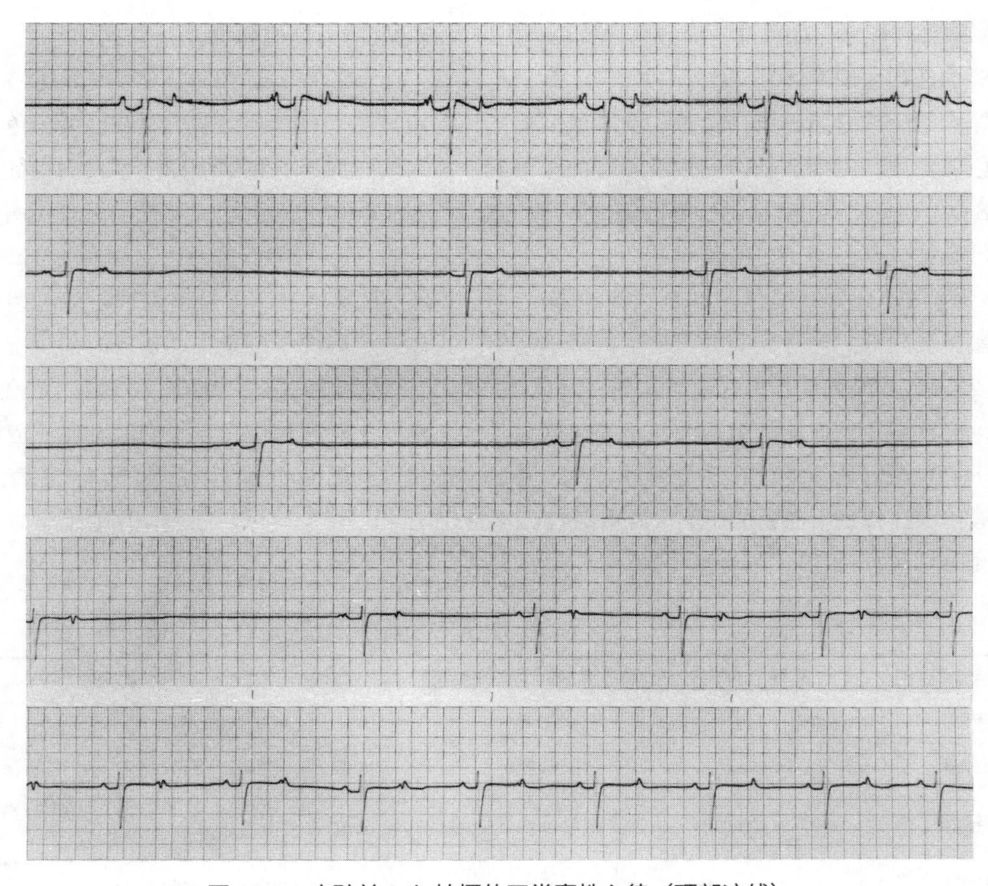

图 22-3　麻醉前 24h 拍摄的正常窦性心律（顶部迹线）

心率是 36 次 /min。在氟烷麻醉期间接下来的两个条带显示窦性心动过缓；心率 18 次 /min。底部的两个条带说明抗胆碱能药格隆溴铵（1.5mg，IV）对窦率的影响；心率 45 次 /min。走纸速度为 25mm/s。

（向气道中滴注氧气）可增加通气马的动脉氧张力，但在呼吸暂停期间无法提供充分的氧合作用。

大多数马气管插管可以盲插，因为食管直径比气管直径小，且食管对气管内插管的推进阻力较大。可通过马呼吸时导管末端的空气流动确定气管插管是否放置正确，若使用吸入麻醉机，则可通过储气囊的运动以及大小确定导管是否正确放置（参阅第8章）。气管插管的远端应到达胸腔入口前的中段颈部气管，气管插管过度充气会导致气管损伤或导管气套内塌陷（图14-9）。在成年马支气管内插管很少见，一般会发生在马驹和小型马，不会造成血气异常。在长时间呼吸暂停、无法放置气管插管的紧急情况下，应进行气管切开（参阅第14章）。最后，头颈部不应过度伸展（参阅第21章），头颈部的过度伸展与术后喉麻痹有关。气管内插管扭结（如头部过度屈曲）或部分阻塞（如黏液、血液）导致马产生过大的呼吸阻力造成肺水肿。

5. 血压和组织灌注

静脉给药或静脉麻醉药过量，会造成低血压和组织灌注不良。脉搏弱、黏膜呈淡粉色、粉红灰色或白色、毛细血管再充盈时间增加（＞3s）均为动脉血压低和组织灌注不良的指征（参阅第8章）。该临床症状是由心脏收缩力较差、血管扩张或两者共同引起，若先前患有疾病则更明显。心律失常，特别是心动过缓，是造成心输出量和血压显著降低的原因（参阅第3章和第8章，见图22-3）。α_2-受体激动剂（赛拉嗪、地托咪定、罗米非定）可引起窦性心动过缓和二级房室传导阻滞。阿片类药物可增加或降低心率，具体效果取决于剂量和动物麻醉前状况（疼痛、姿态）。乙酰丙嗪可引起血管扩张，降低动脉血压，导致低血压（参阅第10章）。无论何种原因，必须避免低血压和组织灌注不良时间过长，防止发生肌病和休克。平均动脉血压应保持在60～70mmHg以上。在诱导麻醉期间，若心率正常或升高而动脉血压急剧下降，治疗方法包括液体治疗和使用血管加压剂（麻黄碱）；当动脉血压和心率均降低时，应使用心血管兴奋剂（肾上腺素）（表22-1）。

表22-1　马的低血压的药理学治疗

药物	剂量（IV）	适应证	功效
液体	20mL/kg	补充体液	补充体液
麻黄素	0.03～0.06mg/kg	治疗低血压	增加心脏收缩力，收缩血管
多巴胺	1～5μg/（kg·min）	治疗低血压，治疗心动过缓	增加心脏收缩力，血管收缩剂，起效迅速
多巴酚丁胺	1～5μg/（kg·min）	治疗低血压	增加心脏收缩力
利多卡因	0.5～4mg/kg	治疗心律失常	抗心律失常
格隆溴铵	0.02～0.04mg/kg	治疗心动过缓	抗心律失常
肾上腺素	1～3μg/（kg·min）	治疗严重的低血压和心动过缓	强心药，血管收缩剂，起效迅速

二、维持阶段

麻醉维持阶段是将麻醉深度与维持正常心肺功能之间保持平衡。麻醉药物的过敏反应很少见。一些吸入麻醉药在接触过期的或失效的CO_2吸附剂时，由于吸附剂和吸入麻醉药的温度和含水率（参阅第15章），可产生其他毒物［CO（异氟醚）、化合物A（七氟醚）］。定期对CO_2吸附剂进行监测及更换，代谢物则不会达到具有临床危害的浓度（图22-4）。所有可注射和吸入麻醉药（氟烷、异氟烷、七氟醚、地氟醚）均可引起心率（HR）下降、心动过缓（窦性心动过缓、房室传导阻滞）和血管舒张，从而导致低血压（图22-3）。心率或心脏收缩力的下降会减少每搏输出量（SV）和心输出量（CO）（HR×SV = CO），进一步降低动脉血压（MAP = CO× 血管阻力）。注射和吸入麻醉剂可产生室上性和室性心律失常，包括房性或室性早搏、心房颤动和室性心动过速（图22-5和图22-6）。低血压和降血压剂（平均动脉血压＜50 ～ 60mmHg）是大多数马麻醉期间发生与药物相关并发症的原因。平均动脉压、组织血流量（CO）显著降低是导致或促进肌病、肌炎、横纹肌溶解症、“室间隔综合征”、脊髓缺血和退变、脊髓软化、脑坏死、短暂或永久性失明、急性心衰、从麻醉中恢复时间延长的原因。应在整个维持期间和麻醉恢复期间保持最佳心肺呼吸值（框表22-2）。

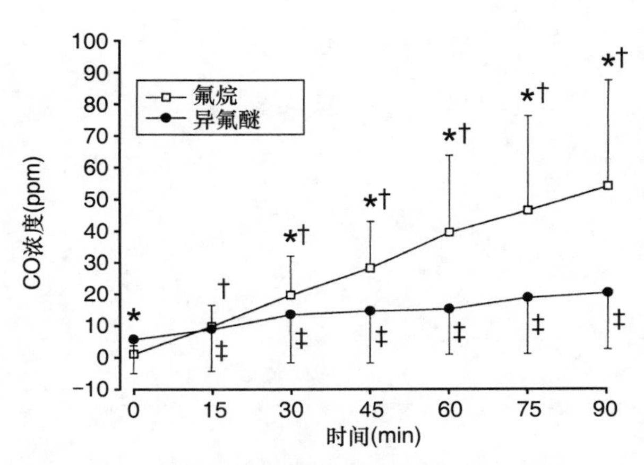

图 22-4　氟烷 - 异氟醚麻醉马的 CO 浓度（ppm）

组间差异显著（$P < 0.05$），麻醉时间差异显著（†，‡）$P < 0.05$）。

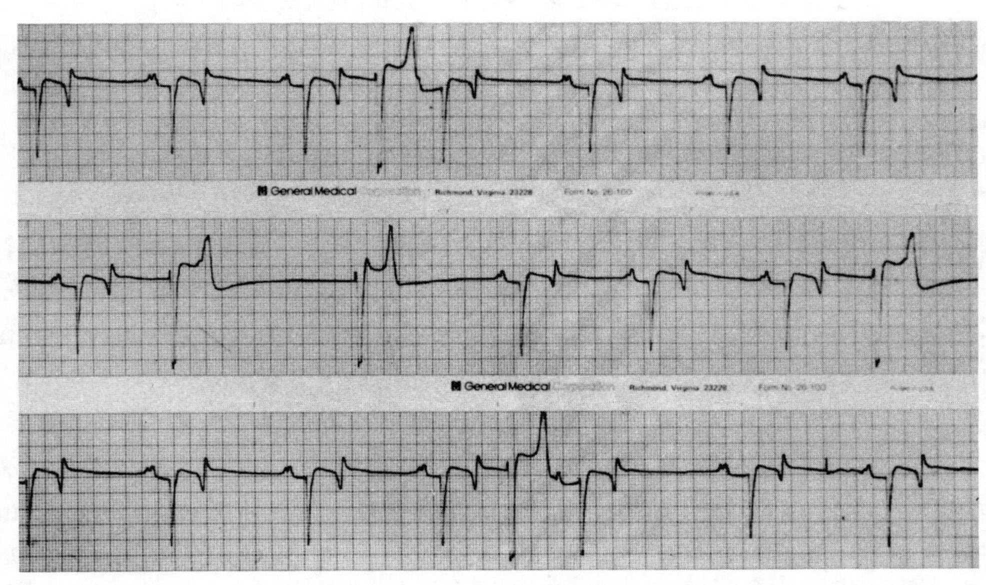

图 22-5　在绞痛手术中，体重为 510kg 的马使用氟烷麻醉提前出现的室性早搏（顶部和底部条带）

在中间条带中观察到三个心室去极化（第二、第三和最后一个复合体）。室性早搏去极化对利多卡因（0.5mg/kg，IV）或奎尼丁（0.5 ～ 1mg/kg，IV）非常敏感。走纸速度为 25mm/s。

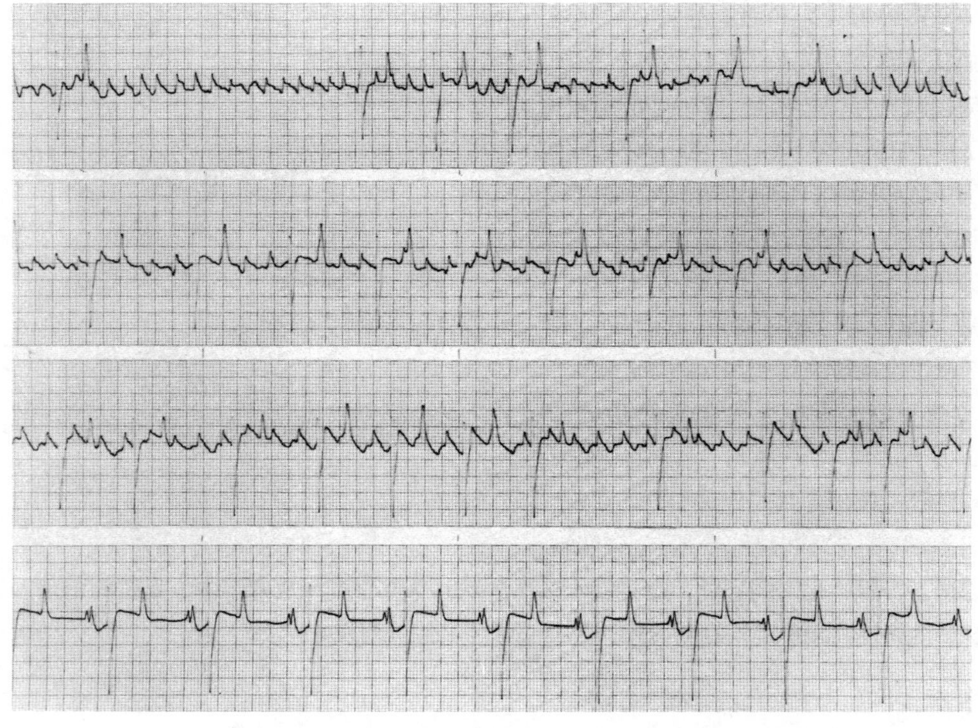

图 22-6 在氟烷麻醉和关节镜手术期间，518kg 纯种马心房颤心电图

注意颤振波（前 3 条）。心室率在每分钟 35~60 次变化。静脉注射葡萄糖酸奎宁 3 次，每次 200mg，产生正常窦性心律（最后一条）。心率为 55 次 /min，走纸速度为 25mm/s。

1. 呼吸

在麻醉时大多数自然呼吸的马通气不足，特别是使用吸入麻醉剂时。药物引起的呼吸频率或潮气量下降导致的动脉高碳酸血症（高 $PaCO_2$），严重时可形成低氧血症，是麻醉维持期常见的并发症，其次是动脉低血压。导致酸中毒（呼吸性酸中毒、乳酸性酸中毒）。大多数充分麻醉、自发性呼吸马的 $PaCO_2$ 通常在 50 ～ 70mmHg，但侧卧手术的小马在 30min 内 $PaCO_2$ 没有显著增加，仅 PaO_2 极小地下降，体现了呼吸的重要性和麻醉药物的抑制作用。在实施控制通气之前，允许 $PaCO_2$ 增加的最大值仍存在争议。尽管 70mmHg 在马的耐受范围内（参阅第 2 章和第 8 章），$PaCO_2$ 的升高可增加心输出量、升高动脉血压以及增加继发于交感神经激活的组织灌注。动脉 $PaCO_2$ 值大于 70mmHg 可激活中枢神经系统，难以维持麻醉稳定或误认为麻醉深度不足（肌肉紧张、眼球震颤、呼

框表 22-2 麻醉维持阶段的目标

- PaO_2 ＞ 200mmHg
- SpO_2 ＞ 90%
- $PaCO_2$ ＞ 35，＜ 70mmHg
- 平均动脉血压＞ 70mmHg，＜ 110mmHg
- pH ＞ 7.2，＜ 7.45
- 体温 37 ～ 39°C
- 心率＞ 30，＜ 45
- 呼吸频率＞ 4，＜ 15
- 毛细管再填充时间＜ 2.5s
- 淡粉红色黏膜
- 稳定的麻醉深度

吸改变）。

人工挤压麻醉机上的储气囊，可使麻醉的成年马的$PaCO_2$值恢复正常，但操作者易疲劳，难度较大。辅助通气可增加潮气量，但并不一定可使$PaCO_2$恢复到正常值。在麻醉维持早期阶段控制通气，可迅速过渡到吸入麻醉状态、预防高碳酸血症以及最大限度地增加PaO_2（见低氧血症部分）。控制通气可确保吸入麻醉剂的输送更加稳定，从而形成更稳定的麻醉深度。控制通气时呼吸不能作为麻醉深度的指标，如果控制通气操作不当，则会降低心输出量和动脉血压，增加胸内压，减少静脉回流。在实施正压通气之前应纠正低血容量和动脉低血压（参阅第17章）。

框表22-3 用于改善PaO_2值的方法

- 将FiO_2提高到100%
- 控制通气（f= 呼吸6～10次/min；补液=15 mL/kg）
- 增加心输出量（减少麻醉剂、液体补充、麻黄素、多巴酚丁胺）
- 改变马的体位
- 提供选择性机械通气和正压通气
- 需求阀或聚乙烯插管和＞15L/min供氧（手术设备或区域阻滞麻醉）

空气的正常PaO_2值范围为95～110mmHg。马站立呼吸，PaO_2值应约为吸入氧浓度的5倍。因此，麻醉马吸入95%氧气应该具有大于450mmHg的PaO_2值（$FiO_2[95] \times 5 = 475mmHg$）并且$SpO_2$值大于90%。在缺乏通气的情况下，吸入100%氧气的马PaO_2值较低的潜在原因包括扩散障碍、右向左血管分流和通气-灌注失衡（参阅第2章）。麻醉一般不会导致弥散性损伤和血管分流。大多数麻醉马的心输出量下降导致通气-灌注失衡。如果无法有效治疗低氧血症，则应增加心输出量［静脉输液，正性肌力药（肌醇）］。

无论是否给予O_2，几乎所有麻醉的成年马都会出现低于预期的PaO_2值（框表22-3）。通过使用供气阀以15L/min的速度给氧可改善PaO_2值。如前所述，通过放置气管内导管、封闭气道和附加氧气源，可最大限度地提高PaO_2值。传统的麻醉机可用于输送氧气。目前，机械呼吸机通过给予氧浓度超过90%的氧气可提供最高的肺泡氧张力。选择性支气管内插管和选择性呼气末正压（PEEP），肺泡复张术和支气管扩张剂的应用提供了增加PaO_2值的替代方法。常规PEEP可增加PaO_2值，减少肺不张，但对心输出量有负面作用。肺泡复张术可少量升高小马驹的PaO_2值；因此，它们在马身上的应用值得肯定。据报道，使用支气管扩张剂如沙丁胺醇（通过气管导管2mg/kg）可增加PaO_2。一些马只能通过背侧卧位改为侧卧位或从侧卧位到胸骨卧位的方法将PaO_2值提高或恢复到接近正常值。

2. 血压和组织灌注

低血压（平均动脉压＜60mmHg）是否通气不足是一个常见的问题，在麻醉马匹中可随时发生。低血压是麻醉、手术（失血量）和不同体位保定的直接反应，可通过间接方法进行定量评估，但是直接的方法（外周动脉插管）更准确可靠（参阅第7章和第8章，见表22-2）。导致低血压的其他因素包括先前存在的疾病状态（脱水、出血、休克）、酸中毒和电解质异常（高钾血症、低钙血症）和心律失常。成年马用氟烷麻醉3.5～4h，平均动脉血压在50～65mmHg，其乳酸和血清酶（肌酸激酶、天门冬氨酸转氨酶）显著升高，说明肌肉损伤严重和血乳酸堆积。这些数据表明，平均动脉血压维持在60mmHg以下，加上灌注无效或不良，可能是造成肌肉痉挛性肌病的原因。

麻醉维持期间出现低血压应立即治疗（表22-1至表22-3）。评估并尽可能减少麻醉剂量，增加液体给药速度或使用胶体溶液（5～10mL/kg，IV）、高渗盐水（7%生理盐水，4mL/kg，IV）或它们联合应用（参阅第7章）。如果液体疗法无效且麻醉剂不能中断，则应给予心血管兴奋剂（表22-3）。多巴酚丁胺起效快、可控性好，是提高动脉血压的首选药物。多巴酚丁胺可引起心输出量的剂量依赖性增加，动脉血压、肾、内脏、冠状动脉和骨骼肌血流增加（表22-4和图22-7）。而对于循环血容量正常或接近正常的马心率一般不会增加，当使用较低的输注率［＜1mg/（kg · min）］时，心率可能会下降。大剂量［＞3mg/（kg · min）］通常会显著增加血流动力学变量，包括心率。疼痛和血容量不足（如绞痛、外伤）的马可能会由于应激发生窦性心动过速，需要进行额外的镇痛和液体治疗。最后，大剂量［＞5mg/（kg · min）］多巴酚丁胺或对输注速率大于5mg/（kg · min）反应不佳的马，其长期预后一般较差。多巴酚丁胺应使用注射输液泵输入，以减少意外过量的可能性（图22-8、表22-4）。多巴酚丁胺可诱发室性心律失常，包括室性心动过速和室颤，但心律失常的发生概率低于肾上腺素。在一项研究中，对使用多巴酚丁胺治疗低血压的200匹马中，心律失常发生率为28%，包括窦性心动过缓、二度房室传导阻滞、室性早搏和心律分离失常。由于窦性心动过速和室性心律失常的风险增加，在给马服用抗胆碱能药物（阿托品、格氯罗酯）时应谨慎使用多巴酚丁胺。

表22-2　马麻醉期间低血压的原因及治疗

原因	治疗
循环效率低 1. 脱水 2. 出血 3. 血管舒张药	1. 平衡电解质溶液 a. 10mL/（kg·h）按需增加 b. 5～10mL/kg 6% 的羟乙基淀粉用于低血容量 c. 维护 TP ＞ 3.5g/dL d. 维持 PCV ＞ 20%
麻醉药物	1. 减少或终止麻醉用药 2. 增加体液管理（见前一节） 3. 1～5μg/（kg·min）多巴胺和多巴酚丁胺 4. 10mg，IV，麻黄碱 5. 4mL/kg，IV，7% NaCl，6% 右旋糖酐 70
酸碱和电解质异常 1. 代谢性酸中毒 2. 高钾血症 3. 低钙血症	1. 1mEq/kg $NaHCO_3$ 生效 2. 0.9% NaCl 生效；0.2mg/kg CaC_2 3. 5～10mL/100kg$CaCl_2$、20mL/100kg 葡萄糖酸钙、0.1～0.2g/kg 硼酸钙，IV

（续）

原因	治疗
心律失常 1. 心动过缓（< 25 次 /min） 2. 室上性心律失常 3. 室性心律失常	1. 0.005mg/kg，格隆溴铵，IV（重复 2 次） 2. 根据需要，1mg/kg，奎尼丁葡萄糖酸盐，IV，总剂量为 4mg/kg 3. 0.5 ～ 4mg/kg 利多卡因，IV；50μg/（kg·min），仅用于室性心律失常

注：IV，静脉注射；PCV，血细胞比容；TP，总蛋白质

表 22-3　用于增加血压的药物的血液动力学效应

药物	主要启动的受体	心输出量	动脉血压	心率	血管收缩	心律失常的可能性	利尿
肾上腺素	$\beta_1=\beta_2>\alpha$	↑↑	↑	↑↑	↑	↑↑↑	0
多巴酚丁胺	$\beta_1>\beta_2>\alpha$	↑↑	↑	0，↑	高剂量↑	↑↑	0
多巴胺	$D>\beta_2$，↑α 水平	↑↑	高剂量↑	↑	↑	高剂量↑	↑↑
麻黄素 *	$\alpha\geqslant\beta_2$	↑	↑	0，↑	↑	↑	↑
去甲肾上腺素	$\beta_1>\alpha>\beta_2$	0，↑	↑↑	↑	↑↑	↑	↑
去氧肾上腺素	α	0	↑↑↑	0	↑↑↑	0	↓
氨力农	磷酸二酯酶 III 抑制剂	↑	↓，0	0，↑	0	↑	0
米力农		↑	↓，0	0，↑	0	↑	0
多培沙明	$D>\beta_2>\alpha$	↑↑	↑	0，↑	0	↑↑	↑

注：D，多巴胺受体；↑ 增加；↓ 减少；0 没有变化。* 从突触前储存部位释放去甲肾上腺素。

表 22-4　多巴酚丁胺在马的用量 *

剂量［mg/（kg·min）］	体重（kg）								
	50	100	150	200	300	400	450	500	600
	输液速度（mL/h）								
0.5	1.5	3	4.5	6	9	12	13.5	15	18
1.0	3	6	9	12	18	24	27	30	36
2.0	6	12	18	24	36	48	54	60	72
3.0	9	18	27	36	54	72	81	90	108
5.0	15	30	45	60	90	120	135	150	180

注：* 这些注射速率（mL/h）假设多巴酚丁胺的浓度为 1mg/mL。
输液速率（mL/h）= 所需的注入速率 μg /min÷ 溶液浓度 μg /mL［例如，1μg /（kg·min）÷1mg（1 000μg/mL）= 0.001mL/（kg·min）×60 = 0.06mL/（kg·h）；0.06mL/（kg·h）×450 = 27mL/h］。

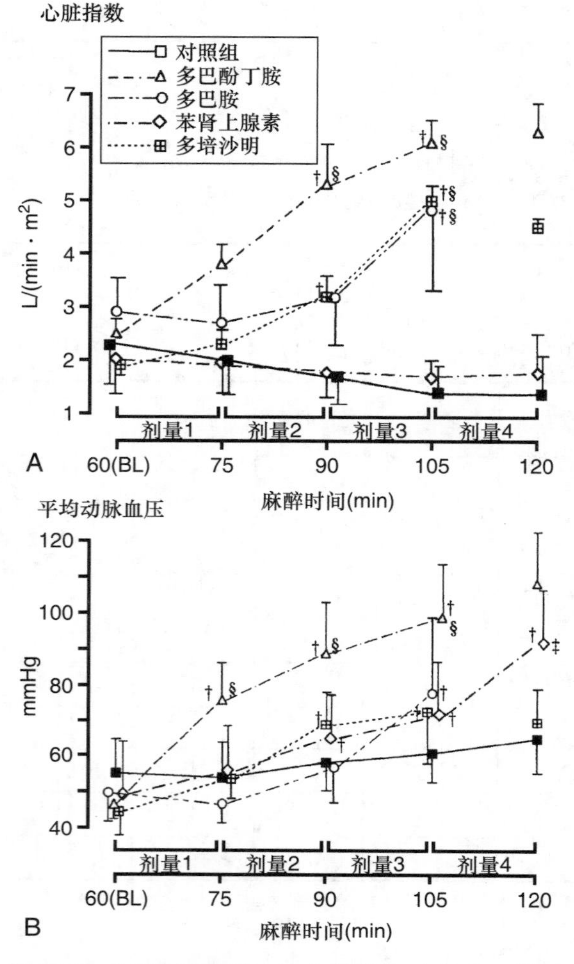

图 22-7　6 匹氟烷麻醉小马心脏指数（A）和平均动脉血压的变化（B）

苯肾上腺素、多巴胺、多巴酚丁胺和多培沙明的剂量分别为剂量 1:0.25、2.5、1、0.5μg/（kg·min）；剂量 2 为 0.5、5、2.5、1μg /（kg·min）；剂量 3 为 1、10、5、5μg/（kg·min）；剂量 4 为 2、20、10、10μg /（kg·min）。与基线（BL）（†）有极显著差异（$P < 0.01$）。同时间点（‡）与生理盐水（对照组）有显著差异（$P < 0.05$）。同时间点与盐水组有极显著差异（$P < 0.01$）。

在麻醉期间，治疗低血压的其他心血管刺激药物包括多巴胺、钙、麻黄素、肾上腺素、多培沙明、米力农、甲氧胺和苯肾上腺素（表22-1和表22-3）。由于多巴胺易诱发马的心动过速，已经被多巴酚丁胺取代。麻黄素可有效治疗轻度动脉低血压，但需要经过几分钟或反复给药才能产生预期的效果。麻黄素可提高心率、每搏输出量和动脉血压。其优点是可以静脉注射。麻黄素穿过血脑屏障，由于动脉血压升高和中枢神经系统刺激作用而降低麻醉深度。钙溶液（氯化钙、葡萄糖酸钙）通过增加心肌和血管细胞质钙离子浓度来改善心血管功能，但其效果不能立竿见影。多培沙明可增加动脉血压，但与多巴酚丁胺相比没有显著优势，且会造成大量出汗和心动过速。米力农和类似的药物是磷酸二酯酶III抑制剂，可抑制环磷酸腺苷的分解，从而增强心脏收缩力，使动脉和静脉血管扩张。在麻醉期间低血压的急性治疗中，与多巴酚丁胺相比，吲哚丁胺并没有表现出更大的优势，尽管较新的肌收缩酶（左西孟丹）效果有待进一步的研究。甲氧胺和苯肾上腺素可升高动脉血压，但不增加心输出量或肌肉血流，因此不建议使用（图22-7）。

动脉高压是麻醉维持期罕见但严重的并发症。麻醉不足、$PaCO_2$增加、低氧血症、疼痛和热疗单独或共同作用可激活交感神经系统，导致高血压。使用止血带控制出血可引起动脉高压。高血压会增加手术部位的出血，引发慢速心律失常，使马更难麻醉。应避免收缩压超过160mmHg。尽管低剂量的乙酰丙嗪（0.01mg/kg，IV）可在不引起低血压的情况下促进血压恢复正常（表22-5），但动脉高压的治疗应针对病因。

表22-5　马的高血压原因及治疗方法

原因	治疗
高碳酸血症（↑ $PaCO_2$）	辅助或控制通气，检查 CO_2 吸收剂
低氧血症（↓ PaO_2）	辅助或控制通气，增加 FiO_2 和心输出量
疼痛（止血带）	赛拉嗪 0.1～0.3mg/kg，IV；布托啡诺 0.01～0.03mg/kg，IV；芬太尼 0.01～0.03μg/kg，IV；施用局部麻醉剂
高热 / 应激	丹曲林 1～2mg/kg，IV；地西泮 0.02～0.05mg/kg，IV；美索巴莫 1～2mg/kg，IV；赛拉嗪 0.1～0.3mg/kg 或地托咪定 0.05～0.1μg/kg，IV；$NaHCO_3$ 1～2mEq/kg，IV；液体疗法

注：IV，静脉注射。

据报道，应激、吸入剂（特别是氟烷）和琥珀酰胆碱可能会引起麻醉马出现“发热”和恶性高热。马恶性高热表现为心跳加快、呼吸急促、大量出汗、肌肉僵硬，在血清和尿液中出现肌红蛋白，最终发展成严重的代谢和呼吸性酸中毒。死亡并发生急性尸僵。体温急剧升高的原因与一种基因突变有关，这种基因突变会导致细胞内骨骼肌膜缺陷，包括肌浆网与钙不适当地结合以及钙释放。钙的释放会引发一系列代谢反应，导致肌肉收缩和产生热量。治疗方法包括停止麻醉、等渗液体、外部冷却、非甾体抗炎药、肌肉松弛剂和丹曲林。丹曲林可降低肌浆网释放的钙量，但会导致过度虚弱和不能站立。

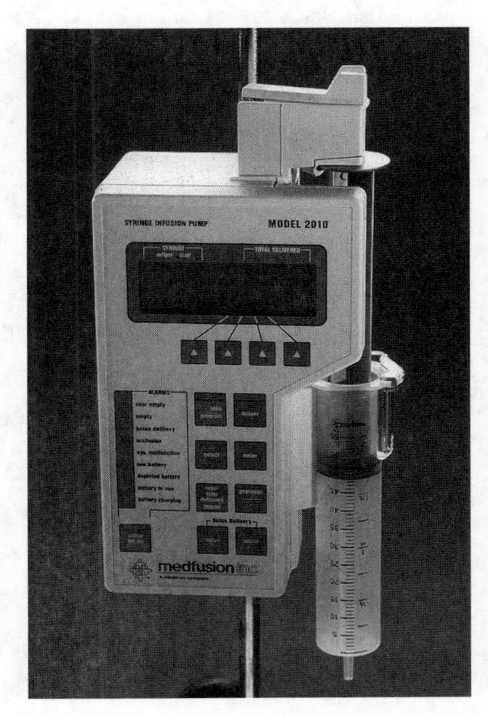

图 22-8　一旦机器根据动物的体重、剂量[μg/（kg·min）；μg/（kg·h）；mL/h]和溶液的浓度（μg/mL；mg/mL）进行编程，电池支持的注射泵就可以简化对少量药物的管理

高钾周期性麻痹（HYPP）是美国夸特马的遗传性疾病，由骨骼肌钾外排引起高钾血症。引起HYPP的原因包括应激、镇静和全身麻醉。据报道，HYPP发生在麻醉的维持和恢复阶段。可能会出现肌肉震颤和出汗。心率一般会增加但也可能降低或正常，与高钾血症（K^+＞6～7mEq/L）相关的心电图征象包括振幅降低或P波消失、PR间隔延长、QRS波增宽、ST段抬高。HYPP的鉴别包括恶性高热和横纹肌溶解。治疗的目的是降低血清钾浓度（碳酸氢钠、葡萄糖和胰岛素）和使用含钙溶液来抵消钾的心血管效应（葡萄糖酸钙，23%，0.2～0.4mL/kg，IV）。一般使用乙酰唑胺对患有HYPP的马进行长期治疗。麻醉前需要确定夸特马是否患有HYPP。正在服用乙酰唑胺的马匹可以安全麻醉，但仍有发生HYPP的风险。在给患有HYPP的马麻醉时，应该随时给予钙溶液。

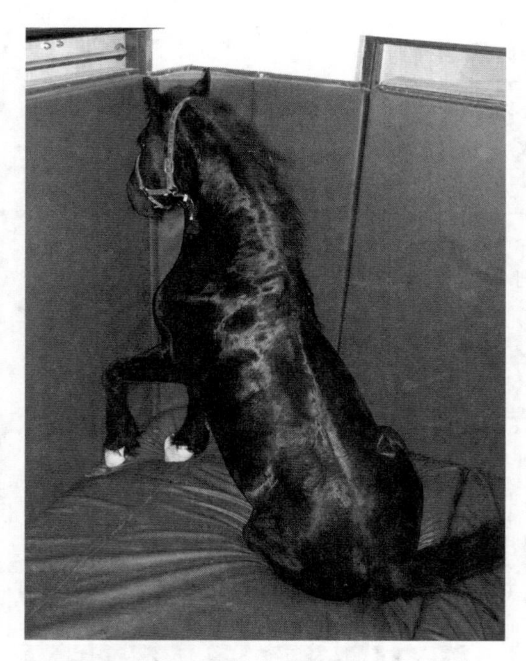

图 22-9 有些马在站立之前呈现"犬坐"姿势。可能会阻塞鼻孔（头部在角落），如果没有帮助其移动到其他位置，就可能会阻碍呼吸，导致出现缺氧、神经兴奋和应激

比较少见的与麻醉维持阶段相关的并发症包括心律失常、泪液生成减少（干角膜）和反流。也有报道显示有心室早搏房颤的发生，并可能加重低血压。利多卡因（1～2mg/kg，Ⅳ）是治疗室性心律失常的有效药物。心房颤动不需要治疗，除非平均动脉血压无法维持在60mmHg以上（参阅第3章）。在麻醉期间发生的房颤通常在麻醉恢复后24～48h内消失（参阅第3章）。泪液减少可使用泪液替代软膏来治疗（参阅第21章）。马的反流很少见，一般由胃胀引起，可通过放置鼻胃管来控制。

三、恢复阶段

麻醉的恢复阶段是马全身麻醉过程中最难控制的部分。静脉输液、输氧、辅助或控制通气及监测（心电图、动脉血压）都已停止。在无人帮助下康复的马需要密切观察（图22-9）。已经确定但前期不明显的问题，包括横纹肌溶解、麻痹或上呼吸道阻塞等也都变得明显。低通气（高碳酸血症）、低氧血症、低血压、组织灌注不良和心律失常是潜在的问题，在整个康复阶段需要进行密切观察，频繁进行身体监测（参阅第8章；表22-6）。在麻醉药物停用后，应随时观察患病动物的恢复情况，并应在弱光条件下以最少的外部刺激（噪声、外部操作）进行恢复（参阅第21章）。恢复室应配备电、氧气和氧气接口，并提供连续静脉输液的设备。紧急药品和设备应提前准备好，并放置在接近恢复室的地方。

呼吸

在恢复期可能发生通气不足和低氧血症，特别是马维持麻醉期间缺氧。在麻醉恢复期间，将马固定在麻醉机器上（如果使用）是不切实际的。大多数马在$PaCO_2$增加到60mmHg以上时就会开始有规律地呼吸。在将马移至恢复马厩之前，应先将马与呼吸机断开（如果使用）。氧输送系统可用于给恢复马厩中出现呼吸暂停或呼吸不足的马匹通气（参阅第14章和第17章）。氧气可以通过供氧阀或鼻或气管输氧（15L/min）给予。

拔除气管插管后出现鼻阻塞，可导致部分或完全气道阻塞（表22-7）。在康复过程中头部水肿可能是鼻塞和水肿指征。仰卧位的马更易发生鼻塞，恢复过程中使用α_2-受体激动剂会加重鼻塞。充血的严重程度取决于麻醉维持时间以及头部与身体的相对位置（头朝下更严重）。鼻塞的后果不可低估。部分气道梗阻马在麻醉恢复期或恢复后的任何时间均可发生进行性或急性上呼吸

表22-6　复苏过程中的并发症

并发症	检测	治疗	结果
兴奋、过早地尝试站立	摇摇欲坠 胡乱地尝试站立 眼球快速震颤 快速急促 发声	静脉镇静（小剂量，即赛拉嗪0.2mg/kg） 限制活动，直到镇静剂生效	恢复时间延长 后续的尝试站立通常更平静和可控
低血压	延迟苏醒或加深镇静水平 心率快 / 脉搏弱 低血压（如果测量）	静脉输液（5～10LRS） 血管活性物质（多巴酚丁胺、麻黄素）	恢复时间延长 站立后可能需要继续人工辅助站立
缺氧	皮肤颜色异常 呼吸速率加快	补充氧气 辅助通气 颉颃呼吸抑制剂	短期失明（可能不会出现长期后遗症） 可能失明（暂时或永久）
呼吸道梗阻	呼吸噪声增加 呼吸频率快 头部和颈部错位（极度屈曲） 兴奋	缓解梗阻 放置鼻气管或气管内插管 气管切开术（如上述方法无效） 纠正错位 补充氧气 协助通气 预防肺水肿	如果发病短，可能没有长期后遗症
肺水肿	呼吸频率加快 从鼻孔中流出液体 支气管水泡音增加	补充氧气 必要时给予利尿剂（速尿） 支气管扩张剂 必要时吸出气管内液体	轻度病例可通过利尿剂和支气管扩张剂治疗 出现大范围的肺水肿可能是致命的
骨折 / 错位	骨摩擦音 无法使用一条或多条腿 疼痛行为 肢体角度异常	必要时进行重新麻醉以进行评估 如果可能，将伤害固定下来 镇痛	取决于损伤和预后
肌无力	尽管肢体适当放置，但无法站立	增加心输出量（液体和肌醇） 考虑镇静剂的颉颃作用 检查电解质（低钙血症、高钾血症） 检查血糖 降低体温（必要时镇静）	恢复时间长 取决于马的症状（配合治疗的马预后更好）

（续）

并发症	检测	治疗	结果
横纹肌溶解症	无法或不愿站在一条腿或多条腿站立 出汗 腹部肌肉僵硬 短时间站立后疲劳（心动过速） 疼痛行为 咖啡色尿液	输注大量平衡电解质（产生稀释的尿液） 纠正酸碱异常 地西泮（0.02～0.04mg/kg，IV）用于肌肉松弛 乙酰丙嗪（0.01～0.03mg/kg）镇静 非甾体类抗炎药 使用吊带／支撑绷带	取决于临床症状 如果单个肢体受到影响情况会好些 通常在12～24h内会好转
神经麻痹	无法或不愿用一条腿或多条腿站立 无法伸展腿部或“固定”膝关节或肘部 表现焦虑	非甾体类抗炎药 支持绷带 使用吊带 乙酰丙嗪（0.01～0.03mg/kg）镇静 检查功能障碍的位置（应用二甲基亚砜）	取决于临床症状 如果单个肢体受到影响情况会好些 通常在12～24h会好转
高钾性周期性麻痹	夸特马 肌肉发达的马 颤抖、肌束无力 虚弱 侧躺 心动过速或心动过缓 高热 电解质改变（钾增加） 代谢性酸中毒	大量生理盐水（降低血清钾） 补充钙 纠正酸碱异常（碳酸氢钠） 纠正出现的心律失常 如果心搏徐缓，使用肾上腺素	无法治愈 有或无麻醉时可能复发 乙酰唑胺进行维护
脊髓变性	背侧卧位 弛缓性麻痹 角弓反张 无尾力、肛门收缩无力 病变部位痛觉消失 尿失禁 脊髓膜消失	支持性护理（液体、电解质异常纠正） 测量治疗反应 排除其他诊断结果	没有有效的治疗方法 尸检诊断

注:IV，静脉注射；LRS，乳酸林格液。

表22-7　马急性部分或完全气道阻塞的原因及治疗

致病原因	治疗方法
咽部、喉部、气管分泌物	抽吸
软腭移位	更换气管插管
鼻水肿	术中及恢复期抬高头部；保持气管插管直到站立；扩张鼻孔；1mg/kg 速尿；5 ～ 10mg 鼻内苯肾上腺素，用 10mL 无菌水稀释
软腭过长	保持气管插管至站立
部分或完全喉麻痹	建立气道、鼻腔或口腔气管插管造口术；对症和支持疗法；静脉注射：速尿 1mg/kg、地塞米松 1 ～ 3mg/kg、肾上腺素 2 ～ 5μg /kg 静脉注射：赛拉嗪 0.1 ～ 0.2mg/kg

注：IV: 静脉注射。

道梗阻。在马主动吞咽或站立之前，不应拔去气管插管，直至马会厌复位到软腭上方的正常位置。虽然喉麻痹或喉痉挛在麻醉恢复过程中相对少见，但若发生应立即进行处理。急性呼吸道梗阻的临床表现不一，这取决于拔管时麻醉的深度，吸气性呼吸困难（腹部极度提升）、鼻孔和面部肌肉收缩、心动过速可发展为出汗、剧烈抽搐。如果没有恢复足够的气流，在心血管衰竭和死亡之前可能会发生抽搐和肺水肿。如果放置鼻气管或气管插管失败，应进行气管切开。治疗方法包括放置气管插管或将内径12 ～ 14mm的插管（20 ～ 30cm长）插入一个或两个鼻孔，并给予氧气（参阅第14、17和21章）。鼻插管应通过阻塞区伸入腹侧鼻道（15 ～ 20cm），并固定在笼头上。插管可以在马站立后取下。在鼻甲骨上喷洒苯肾上腺素，以减少充血和促进空气流通，但其效果不一，也不充分。

在恢复期出现呼吸障碍的马可发生肺水肿。肺水肿的发展迅速，表现为呼吸急促、心动过速、低氧血症、高碳酸血症以及从鼻孔或气管内管排出粉红色液体或泡沫。发病机制尚不清楚，但最有可能的原因是在对气道阻塞进行通气时产生了显著的胸内负压。可通过鼻气管插管或气管切开立即解除阻塞。氧气和速尿（1mg/kg，IV）应分别用于增加PaO_2和重新分配肺外液体。需要镇静（乙酰丙嗪0.02 ～ 0.04mg/kg，IV）降低焦虑。胸片和动脉血气分析有助于确定水肿的严重程度和后果，以及治疗效果。

马麻醉后神经肌肉损伤是潜在并发症，表现为前肢轻度跛行，或者在严重肌病或双侧后肢瘫痪的康复过程中引起不协调的共济失调。导致神经肌肉发生异常的原因较多，包括麻醉时间、马的体重和营养状况、麻醉药物的选择、位置、衬垫材料、保定设备应用、脱水、出血、电解质失衡（低钙血症）、低氧血症、低血压和组织灌注不良。造成恢复期神经肌肉问题的主要原因是麻醉维持期低血压（参阅第21章和图21-6）。麻醉后横纹肌溶解的发生率尚不清楚，但与低血压有关，也可能发生于无低血压的情况下（图22-10）。此外，它的发生可能不会受到下面衬垫材料的过度影响（图22-11）。横纹肌溶解症和神经功能障碍可能很难区分，但两者都会造成马虚弱，使马不愿或无法用一条或多条腿支撑体重。横纹肌溶解导致肌肉硬化，极度疼痛，血浆

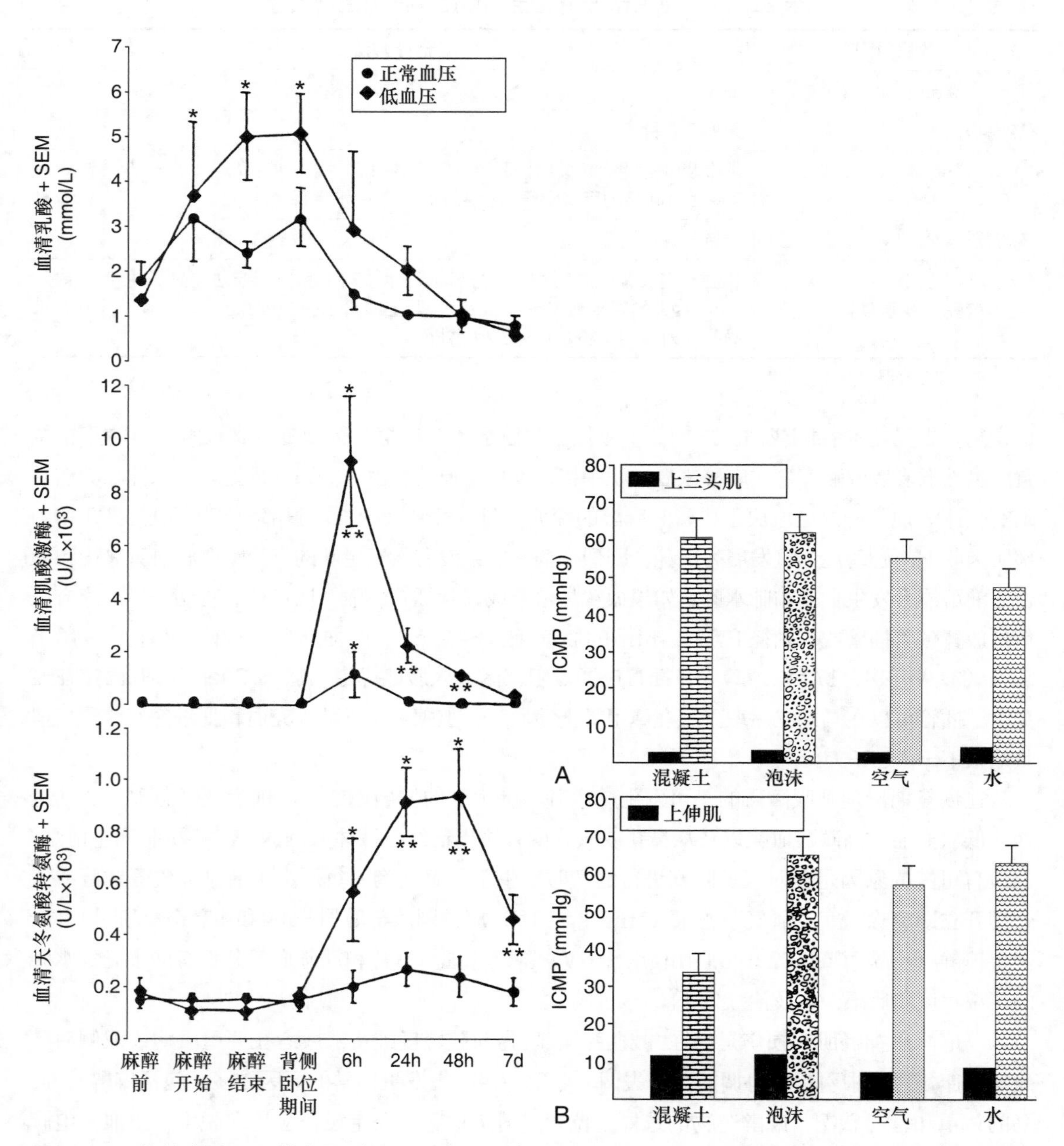

图 22-10　氟烷麻醉马正常血压（80 ～ 90mmHg）和低血压（50 ～ 55mmHg）下血清乳酸、血清肌酸激酶和血清天冬氨酸转氨酶的变化

* 表示与基线存在差异； ** 与正常血压存在差异；SEM: 标准误。

图 22-11　8 匹马的臂三头肌（A）长头上下部及腕桡侧伸肌（B）的肌间压力

肢体下部所有的压力，不考虑表面情况，都超过临界闭合压力（30mm Hg），肢体下部伸展和肢体上部的抬举都降低了肌间压力，有助于静脉回流。

和尿液（咖啡色尿液）中出现肌红蛋白。神经麻痹可导致支持肢体发生横纹肌溶解症。治疗主要是恢复骨骼肌供血。多巴酚丁胺、静脉输液、肌肉松弛剂、轻度血管扩张和尿液碱化有助于改善骨骼肌血流，促进利尿，限制肌红蛋白在肾小管中的沉淀（图22-12）。其他疗法包括使用镇静剂、镇痛药和使用吊索（参阅第21章）。低剂量的乙酰丙嗪（0.02～0.04mg/kg，IV）和液体疗法可用于镇静马和促进外围灌注。小剂量地西泮（0.04～0.05mg/kg，IV）有助于缓解肌肉痉挛。非甾体类抗炎药物（苯布他酮、氟尼辛）可减轻疼痛和炎症，但应谨慎使用，它们可造成胃肠道溃疡和肾小管损伤。丹曲林为一种减少细胞内钙释放的骨骼肌松弛剂，有助于松弛骨骼肌和改善骨骼肌血液流动，但可能导致肌无力，使马站立困难。

马麻醉后可发生面部、桡神经或股神经麻痹（图22-13）。桡神经和股神经麻痹，很难与横纹肌溶解症区分开来，最可能的原因是神经受到不该承担的压力。神经麻痹的马肌肉一般不会出现发热、发硬或肿胀。面部（脑神经VII）、前肢（臂丛神经和桡神经麻痹）、后肢（股神经或腓神经麻痹）伸肌萎缩也会发生，但随着定位诊断的进步和及时治疗，这种情况已不常见（图22-14）。患有单侧神经功能障碍的马通常在24～48h内开始恢复肢体功能，但可能会出现数天明显的跛行。治疗主要是支持疗法（补充液体、悬吊、镇痛剂、病情有效管控），旨在保持马匹舒适，直到功能恢复。局部应用二甲基亚砜凝胶可能有助于减轻炎症。

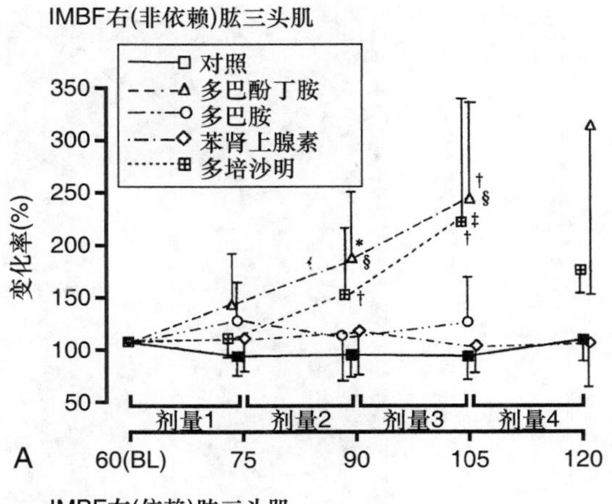

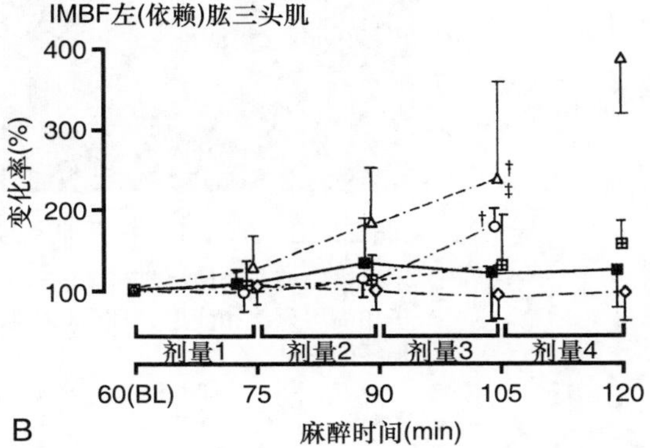

图22-12　6头氟烷麻醉小马肌内血流量（IMBF）改善

A. 右（非依赖）肱三头肌　B. 左（依赖）肱三头肌
注意：在临床相关剂量下，只有多巴酚丁胺能显著增加依赖肢体的IMBF。苯肾上腺素、多巴胺、多巴酚丁胺和多培沙明的剂量分别为剂量1组：0.25、2.5、1、0.5μg/（kg·min）；2组：0.5、5、2.5、1μg/（kg·min）；3组：1、10、5、5μg/（kg·min）；4组：2、20、10、10μg/（kg·min）。μ（$P<0.05$）与基线（BL）存在显著差异（*）。与基线存在显著差异（$P<0.05$）（$P=0.01$）（†）。在同一时间点（‡）与生理盐水（对照组）差异显著。与生理盐水组在同一时间点（$P<0.01$）差异极显著（§）。

据报道，马（特别是役用马匹）全身麻醉后脊髓退化。诊断依据为截瘫、后肢深度疼痛消失、肛门张力丧失。可通过尸检最终确诊，包括脊髓缺血神经元的变化，类似于脊髓灰质炎。这种损害可能是由于麻醉过程中脊髓灌注或氧合不良造成的，但具体原因尚未查明。该病发病率低，因此，目前尚无预防措施。

图 22-13　A 和 B 为右面神经的不同分支（耳、眼睑、颊）瘫痪

不适当的填充物或吊带带来的压力可能会损伤面神经的颊支，导致鼻子和嘴唇瘫痪和变形。耳朵和眼睑可能会因为分别压迫耳神经和眼睑神经而下垂。

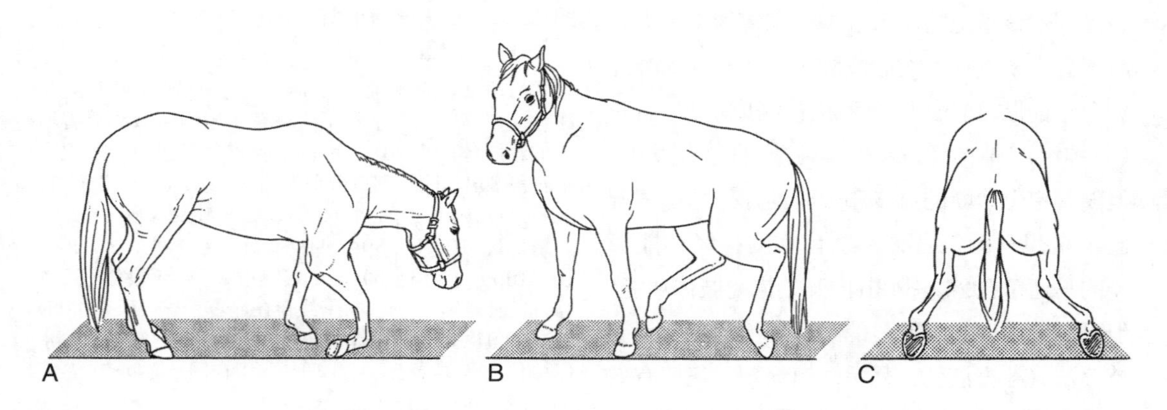

图 22-14　A 为臂丛及桡神经损伤或三头肌炎及部分桡神经损伤的马匹肘关节下垂。马可能无法承受重量，只能通过向前翻转整个臂区（臂丛或桡神经损伤）来推进四肢。在肱三头肌炎和保留部分桡神经传导过程中观察到部分负重。B 和 C 为马双侧股神经麻痹。飞节和球关节屈曲，膝关节不能固定。坐骨神经麻痹或腓神经麻痹的马也可能表现出类似的姿势

四、其他并发症

1. 设备

几乎所有用于马麻醉的设备都会导致与麻醉相关的并发症。皮下注射针头可导致意外皮下感染、肌肉纤维化、颈静脉血栓形成、静脉和动脉血肿、局部和全身感染以及静脉脓肿。血管内导管可引起血栓性静脉炎、颈静脉血栓形成、静脉和动脉血肿、局部和全身感染、动脉阻塞以及远端组织感染和坏死。气管内插管会导致会厌翻转及损伤，气管、咽、喉黏膜损伤及气管壁缺血性损伤，喉功能障碍和部分或完全双侧杓状软骨麻痹，导致急性或迟发性呼吸道梗阻。鼻气管插管或放置鼻胃管可引起大量出血、鼻咽黏膜刺激和喉部炎症。

吸入麻醉机有时可能无法正常工作。在高温并且流速超过其补偿限度的情况下，麻醉气体挥发罐可能会产生过高或过低的麻醉浓度。在寒冷环境中的麻醉气体挥发罐，其释放的浓度往往低于挥发罐刻度盘上标示的浓度。吸入麻醉时，单向呼气阀可能会卡在打开的位置，导致呼出气体的再吸入、高碳酸血症、腹部呼吸和严重的呼吸性酸中毒。马呼吸频率的增加和呼吸困难可能是麻醉深度不够的信号，可能会损害心血管功能。吸入麻醉剂与耗尽的CO_2吸收剂（钡石灰，钠石灰）的相互作用能够产生一氧化碳（异氟醚）或化合物A（七氟烷），两者都具有潜在的毒性（图22-4）。机械呼吸机的使用有可能降低心输出量和动脉血压，在吸气通气阶段胸腔内产生正压，从而限制静脉回流。当减压（弹出）阀关闭时，麻醉机不能保持正压或气管插管密封不严，可使环境中空气进入麻醉回路，稀释吸入麻醉剂浓度，使其难以维持稳定的麻醉浓度和深度。在呼吸器波纹管上卡住弹出阀和小孔可能会使麻醉回路压力或来自呼吸机的驱动气体压力产生过高的吸气压力，从而增加肺气压损伤的可能性（参阅第17章）。

2. 住院和手术

手术损伤和持续时间、疼痛的程度、失血量、手术技术（如关节切开术、关节镜、腹腔镜）以及手术类型（如眼部、生殖、胃肠道）等这些因素都可导致麻醉相关并发症（表22-9）。与时间较短和损伤较低的手术相比，损伤性和长时间的外科手术更易导致神经和肌肉损伤，需要更长的时间完成药物代谢和消除，与应激相关的代谢紊乱程度更高（如低血糖、低血钙、高乳酸血症）（图22-15）。单独或联合住院和/或手术可能使马匹易患肠梗阻和肠绞痛。注射利多卡因［50mg/（kg · min）］可预防术后肠梗阻。涉及生殖器官、膀胱或胃肠道的外科手术易增加副交感神经张力，导致窦性心动过缓、慢性心率失常和低血压。内脏和骨疼痛的患马在康复过程中

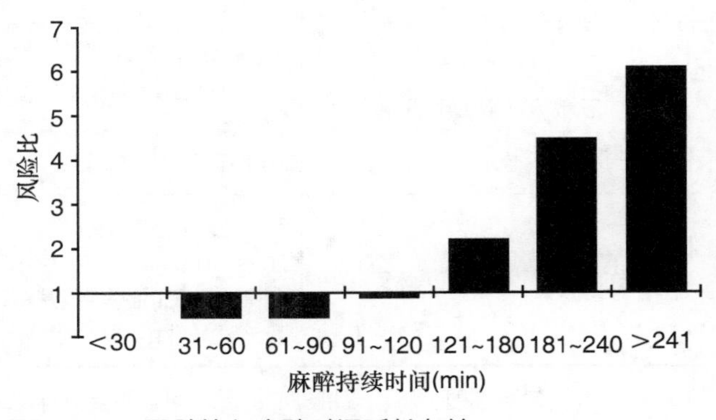

图22-15　风险比与麻醉时间延长有关

过早地多次尝试站立，疼痛激活交感神经系统，会导致呼吸急促、心动过速、焦虑和应激。手术引起的失血量（如咽喉窝、鼻窦）超过总血容量的20%（＞15mg/kg），易引起低血压、组织血流量减少和组织氧合减少，导致肌肉无力、肌肉病变、麻醉后恢复时间长且困难。失血过多时需要大量的液体来维持足够的组织灌注。大量的晶体（如生理盐水、乳酸林格液）进一步稀释红细胞和总蛋白，分别导致贫血和低蛋白血症。大量的晶体会导致水肿，如脑、肺、肠水肿，以及酸碱（非呼吸性酸中毒）和电解质紊乱（如低钾血症）。最后，该技术易发生多种术中及术后并发症。颈椎不稳定矫正手术（“wobbler”手术）可显著降低动脉PaO_2值，降低组织氧合，导致乳酸中毒和肌病。腹腔镜手术二氧化碳腹腔灌注时限制静脉回流或者通过限制膈肌运动和头部向下倾斜时的心、肺功能损害。眼部手术不会增加眼心反射的发生率，但是马在麻醉后恢复不佳的风险更大。外科手术治疗肠绞痛及肠梗阻、内毒素血症和蹄叶炎，会引起较多的并发症、极高的死亡率和极大的痛苦。

表22-8　马麻醉延迟恢复及肌病的治疗

问题	治疗 *
长期躺卧	物理治疗，按摩 改变姿势 吊绳 夹板
脱水 / 酸中毒 / 低钙血症	10～20mL/kg，IV，平衡电解质 1～2mEq/kg，IV，$NaHCO_3$ 5～10mL/100kg，IV，氯化钙（%）
肌肉损伤 / 僵硬 / 痉挛	0.01～0.2mg/kg，IV，地西泮 0.02～0.04mg/kg，IV，乙酰丙嗪 1～2mg/kg，IV，美索巴莫 1～2mg/kg，IV，丹曲林 5～10mg/kg，PO，丹曲林 5%葡萄糖中兑二甲基亚砜 1mg/kg，IV
应激 / 兴奋 / 疼痛	0.1～0.2mg/kg，IV，赛拉嗪 0.05～0.1μg/kg，IV，地托咪定 10mg/kg，IV，氟尼辛 5mg/kg，IV，保泰松
低血压 / 低氧血症 / 休克	见表 22-2 至表 22-4 20～40mL/kg，IV，平衡电解质 在 7% NaCl 溶液中溶解 6%右旋糖酐或羟乙基淀粉，以 4mL/kg，IV 1～3mg/kg，IV，地塞米松

注：IV，静脉注射；PO，口服。* 必要时可以重复治疗。

表22-9　麻醉相关并发症的治疗

并发症	用药	剂量
低血压	乳酸林格液（LRS）和/或6%的肝淀粉	10～20mL/kgLRS，IV；5mL/kg 6%的肝淀粉（如有必要可重复）
乙酰丙嗪	苯肾上腺素	0.2～0.4μg/（kg·min），IV
麻醉	多巴酚丁胺 麻黄素 钙	1～2μg/（kg·min），IV；0.5mg/mL，1～2mL/min 20～40μg/kg，IV稀释；5mg/mL 0.1～0.2meq/kg，IV或计算细胞外缺失 未稀释；缓慢注射不超过5～30min
脓毒症	去甲肾上腺素	0.1～0.2μg/（kg·min），稀释；4μg/mL，25～50mL/min
心脏骤停/停搏	肾上腺素	5～10μg/kg稀释后静脉注射
出血	乳酸林格液的解决方案 高渗生理盐水 羟乙基淀粉 血液	10～20mL/kg，IV 4mL/kg，IV 根据需要5～20mL/kg，IV
心律失常	阿托品	0.01～0.02mg/kg，IV
窦性心动过缓	胃长宁	0.005mg/kg
心房颤动	奎尼丁	4.0mg/kg，IV每10min给予1mg/kg直至总量不超过4mg/kg
室性心律失常	利多卡因	0.5mg/kg缓慢IV；50μg/（kg·min）
高血压	乙酰丙嗪 芬太尼	0.1mg/kg，IV 5～10μg/（kg·h）
血氧不足	氧气	每450kg 15L/min
肺换气不足	保持空气流通	潮气量10～15mL/kg；呼吸速率=6次/min
通气-灌注不匹配	多巴酚丁胺 呼气末正压（PEEP） 肺复张法	1～2μg/（kg·min）稀释；0.5mg/mL，1～2mL/min，临时调整至10～15cmH_2O　PEEP
呼吸暂停/高碳酸血症	多沙普仑 通风 按需供气阀	0.2mg/kg，IV 10～15mL/kg
喉麻痹	气管切开术	
鼻腔水肿	鼻咽管	
肺水肿	乙酰丙嗪 氧气 呋喃苯胺酸	0.1mg/kg，IV 每450kg 15L/min 0.2～0.5mg/kg，IV
肠梗阻	利多卡因 胃复安	2mg/kg，IV 50μg/（kg·min），IV 1mg/kg，IM

（续）

并发症	用药	剂量
术后疝气	α_2- 肾上腺素受体激动剂 矿物油 利多卡因	见下文 50mg/（kg·min），IV
术后臌胀	阿替美唑	100μg/kg，IV
肌病	乳酸林格液 乙酰丙嗪 安定 呋喃苯胺酸 丹曲林	10～20mL/（kg·min），IV 0.05mg/kg，IV 0.05～0.1mg/kg，IV 0.2～0.5mg/kg，IV 5～10mg/kg，PO
疼痛	赛拉嗪 地托咪定 美托咪定 罗米非定 吗啡 利多卡因	0.4～1mg/kg 0.01～0.02mg/kg 5～20μg/kg 0.08～0.12mg/kg 0.04～0.1mg/kg 1～2mg/kg 缓慢；50μg/（kg·min）
高热	乳酸林格液 胰岛素 / 血糖 丹曲林	10～20mL/（kg·min），IV 0.1 U/kg，IV，0.5～1g/kg，IV 1mg/kg，IV 直至体温和 HR 开始下降 以 2～3mg/kg，IV
阴茎异常勃起	苯托品	10～15μg/kg，IV
过敏反应	扑敏宁 麻黄素 肾上腺素	0.04mg/（kg·h） 20～40μg/kg，IV 0.05～1μg/kg，IV

注：HR，心率；IM，肌内注射；IV，静脉注射；PEEP，呼气末正压通气；PO，口服。

3. 人为失误

人为失误可能是导致不良事件最常见的原因，包括与马麻醉相关的死亡。人为失误是由于缺乏知识和经验、缺乏充分的沟通和监督、自满、工作量大以及个人疲劳造成的（参阅第1章）。药物选择、剂量和给药途径错误（如颈动脉内注射），加上监测不到位和对复苏程序的普遍不熟悉，都大大增加了与人为麻醉错误相关的并发症和死亡率。问题不在于人为失误是否会发生，而在于如何将其最小化。上述每一类都应单独评估，如果要减少麻醉相关并发症，则应制订相应计划。

参考文献

Abrahamsen EJ et al, 1989. Tourniquet-induced hypertension in a horse, J Am Vet Med Assoc 194: 386-388.

Abrahamsen EJ et al, 1990. Bilateral arytenoid cartilage paralysis after inhalation anesthesia in a horse, J Am Vet Med Assoc 10: 1363-1365.

Aleman M et al, 2004. Equine malignant hyperthermia, Proc Am Assoc Equine Pract 50: 51-54.

Aleman M et al, 2005. Malignant hyperthermia in a horse anesthetized with halothane, J Vet Intern Med 19: 363-366.

Bailey JE, Pable L, Hubbell JAE, 1996. Hyperkalemic periodic paralysis episode during halothane anesthesia in a horse, J Am Vet Med Assoc 208: 1-7.

Ballard S et al, 1982. The pharmacokinetics, pharmacological responses, and behavioral effects of acepromazine in the horse, J Vet Pharmacol Ther 5: 21-31.

Baxter GM, Adams JE, Johnson JJ, 1991. Severe hypercarbia resulting from inspiratory valve malfunction in two anesthetized horses, J Am Vet Med Assoc 198: 123-125.

Bidwell LA, Bramlage LR, Rood WA, 2007. Equine perioperative fatalities associated with general anaesthesia at a private practice—a retrospective case series, Vet Anaesth Analg 34: 23-30.

Bidwell LA, Bramlage LR, Wood WA, 2004. Fatality rates associated with equine general anesthesia, Proc Am Assoc Equine Pract 50: 492.

Blakemore WF et al, 1984. Spinal cord malacia following general anesthesia in the horse, Vet Rec 114: 569-570.

Blaze CA, Robinson NE, 1987. Apneic oxygenation in anesthetized ponies and horses, Vet Res Commun 11: 281-291.

Brightman AH et al, 1983. Decreased tear production associated with general anesthesia in the horse, J Am Vet Med Assoc 182: 243-244.

Carpenter I, Hall LW, 1981. Regurgitation in an anaesthetized horse, Vet Rec 28: 289.

Copland VS, Hildebrand SV, Hill T, 1989. Blood pressure response to tourniquet use in anesthetized horses, J Am Vet Med Assoc 195: 1097-1103.

Cornick JL, Seahorn TL, Hartsfield SM, 1994. Hyperthermia during isoflurane anaesthesia in a horse with suspected hyperkalemic periodic paralysis, Equine Vet J 26: 511-514.

Day TK et al, 1995. Blood gas values during intermittent positive pressure ventilation and spontaneous ventilation in 160 anesthetized horses positioned in lateral or dorsal recumbency, Vet Surg 24: 266-276.

Dickson LR et al, 1990. Jugular thrombophlebitis resulting from an anaesthetic induction technique in the horse, Equine Vet J 22: 177-179.

Dodam JR et al, 1993. Effects of clenbuterol hydrochloride on pulmonary gas exchange and hemodynamics in anesthetized horses, Am J Vet Res 54: 776-782.

Dodam JR et al, 1999. Inhaled carbon monoxide concentrations during halothane or isoflurane anesthesia in horses, Vet Surg 28: 506-512.

Dodman NH et al, 1988. Postanesthetic hind limb adductor myopathy in five horses, J Am Vet Med Assoc 193: 83-86.

Dolente BA et al, 2005. Evaluation of risk factors for development of catheter-associated jugular thrombophlebitis in horses: 50 cases (1993-1998), J Am Vet Med Assoc 227: 1134-1141.

Donaldson LL, 1988. Retrospective assessment of dobutamine therapy for hypotension in anesthetized horses, Vet Surg 17: 53-57.

Driessen B et al, 2002. Serum fluoride concentrations, biochemical and histopathological changes associated with prolonged sevoflurane anaesthesia in horses, J Vet Med A Physiol Pathol Clin Med 49: 337-347.

Duke T et al, 2006. Clinical observations surrounding an increased incidence of postanesthetic myopathy in halothane-anesthetized horses, Vet Anesth Analg 33: 122-127.

Dunigan CE, Ragle CA, Schneider RK, 1996. Equine postanesthetic myelopathy, Proc Am Assoc Equine Pract 42: 178.

Dunkel B, Dolente B, Boston RC, 2005. Acute lung injury/acute respiratory distress syndrome in 15 foals, Equine Vet J 37: 435-440.

Dyson DH, Pascoe PJ, 1990. Influence of preinduction methoxamine, lactated Ringer solution, or hypertonic saline solution infusion or postinduction dobutamine infusion on anesthetic-induced hypotension in horses, Am J Vet Res 51: 17-21.

Dyson S, Taylor P, Whitwell K, 1988. Femoral nerve paralysis after general anaesthesia, Equine Vet J 20: 376-380.

Edner A, Essen-Gustavsson B, Nyman G, 2005. Muscle metabolic changes associated with long term inhalation anaesthesia in the horse analyzed by muscle biopsy and microdialysis techniques, J Vet Med A Physiol Pathol Clin Med 52: 99-107.

Edwards JG et al, 2003. The efficacy of dantrolene sodium in controlling exertional rhabdomyolysis in the Thoroughbred Racehorse, Equine Vet J 35: 707-711.

Fischer AT, 1997. Advances in diagnostic techniques for horses with colic, Vet Clin North Am (Equine Pract) 13: 203-219.

Fischer AT, Vachon AM, 1998. Laparoscopic intraabdominal ligation and removal of cryptorchid testes in horses, Equine Vet J 30: 105-108.

Franci P, Leece EA, Brearly JC, 2006. Post anesthetic myopathy/neuropathy in horses undergoing magnetic resonance imaging compared to horses undergoing surgery, Equine Vet J 38: 497-501.

Garber JL et al, 1992. Postsurgical ventricular tachycardia in a horse, J Am Vet Med Assoc 201: 1038-1039.

Gasthuys F, DeMoor A, Parmentier D, 1991. Influence of dopamine and dobutamine on the cardiovascular depression during a standard halothane anaesthesia in dorsally recumbent, ventilated ponies, J Vet Med 38: 494-500.

Gehlen H et al, 2006. Effects of two different dosages of dobutamine on pulmonary artery wedge pressure, systemic blood pressure, and heart rate in anaesthetized horses, J Vet Med 53:

476-480.
Gerring EL, 1981. Priapism after ACP in the horse, Vet Rec 109: 64.
Grandy JL et al, 1987. Arterial hypotension and the development of postanesthetic myopathy in halothane-anesthetized horses, Am J Vet Res 48: 192-197.
Grandy JL et al, 1989. Cardiopulmonary effects of ephedrine in halothane-anesthetized horses, J Vet Pharmacol Ther 12: 389-396.
Grubb TL et al, 1999. Hemodynamic effects of ionized calcium in horses anesthetized with halothane or isoflurane, Am J Vet Res 60: 1430-1435.
Hall LW, 1984. Cardiovascular and pulmonary effects of recumbency in two conscious ponies, Equine Vet J 16: 89-92.
Hallowell GD, Corley KTT, 2006. Preoperative administration of hydroxyethyl starch or hypertonic saline to horses with colic, J Vet Intern Med 20: 980-986.
Hardy J, Bednarski RM, Biller DS, 1994. Effect of phenylephrine on hemodynamics and splenic dimensions in horses, Am J Vet Res 55: 1570-1578.
Hardy J et al, 1992. Complications of nasogastric intubation in horses: nine cases (1987-1989), J Am Vet Med Assoc 201: 483-486.
Hellyer PW et al, 1998. The effects of dobutamine and ephedrine on packed cell volume, total protein, heart rate, and blood pressure in anaesthetized horses, J Vet Pharmacol Ther 21: 497-499.
Hildebrand SV, Howitt GA, 1983. Succinylcholine infusion associated with hyperthermia in ponies anesthetized with halothane, Am J Vet Res 44: 2280-2283.
Hodgson DS et al, 1986. Effects of spontaneous, assisted, and controlled ventilatory modes in halothane-anesthetized geldings, Am J Vet Res 47: 992-996.
Holland M et al, 1986. Laryngotracheal injury associated with nasotracheal intubation in the horse, J Am Vet Med Assoc 189: 1447-1450.
Hubbell JAE, Muir WW, 1985. Rate of rise of arterial carbon dioxide tension in the halothane-anesthetized horse, J Am Vet Med Assoc 186: 374-376.
Hubbell JAE, Muir WW, Bednarski RM, 1986. Atrial fibrillation associated with anesthesia a Standardbred Gelding, Vet Surg 15: 450-452.
Johnston GM et al, 2002. The confidential enquiry into perioperative equine fatalities (CEPEF): mortality results of phases 1 and 2, Vet Anaesth Analg 29: 159-170.
Johnston GM et al, 2004. Is isoflurane safer than halothane in equine anesthesia? Results from a prospective multicentre randomized controlled trial, Equine Vet J 36: 64-71.
Jones RS, 2001. Comparative mortality in anaesthesia, Br J Anaesth 87: 813-815.
Jouber KE, Duncan N, Murray SE, 2005. Post-anaesthetic myelomalacia in a horse, J S Afr Vet Assoc 76: 36-39.
Khanna AK et al, 1995. Cardiopulmonary effects of hypercapnia during controlled intermittent positive-pressure ventilation in the horse, Can J Vet Res 59: 213-221.
Klein L, 1990. Anesthetic complications in the horse, Vet Clin North Am (Equine Pract) 6: 665-692.

Klein L, 1975. Case report: a hot horse, Vet Anesth 2: 41-42.

Kollias-Baker CA et al, 1993. Pulmonary edema associated with transient airway obstruction in three horses, J Am Vet Med Assoc 202: 1116-1118.

Lavoie JP, Pascoe JR, Kurperschoek CJ, 1992. Effect of head and neck position on respiratory mechanics in horses sedated with xylazine, Am J Vet Res 53: 1652-1657.

Lee YL et al, 1998. Effects of dopamine, dobutamine, dopexamine, phenylephrine, and saline solution on intramuscular blood flow and other cardiopulmonary variables in halothaneanesthetized ponies, Am J Vet Res 59: 1462-1472.

Lee YL et al, 2002. The effects of ephedrine on intramuscular blood flow and cardiopulmonary parameters in halothane-anesthetized ponies, Vet Anaesth Analg 29: 171-181.

Light GS, Hellyer PW, Swanson CR, 1992. Parasympathetic influence on the arrhythmogenicity of graded dobutamine infusions in halothane-anesthetized horses, Am J Vet Res 53: 1154-1160.

Lukasik V M et al, 1997. Intranasal phenylephrine reduces post anesthetic upper airway obstruction in horses, Equine Vet J 29: 236-238.

MacLeay JM et al, 1996. Heritable basis of recurrent exertional rhabdomyolysis in Thoroughbred Racehorses, Am J Vet Res 60: 250-256.

Mair TS, Smith LJ, 2005. Survival and complication rates in 300 horses undergoing surgical treatment of colic. Part 1: Shortterm survival following a single laparotomy, Equine Vet J 37: 296-302.

Malone E et al, 2006. Intravenous continuous infusion of lidocaine for treatment of equine ileus, Vet Surg 35: 60-66.

Manley SV, Kelly AB, Hodgson D, 1983. Malignant hyperthermialike reactions in three anesthetized horses, J Am Vet Med Assoc 183: 85-89.

Mason DE, Muir WW, Wade A, 1987. Arterial blood gas tensions in the horse during recovery from anesthesia, J Am Vet Med Assoc 190: 989-994.

McGoldrick TM, Bowen IM, Clarke KW, 1998. Sudden cardiac arrest in an anaesthetized horse associated with low venous oxygen tensions, Vet Rec 142: 610-611.

Mee AM, Cripps PJ, Jones RS, 1998. A retrospective study of mortality associated with general anaesthesia in horses: elective procedures, Vet Rec 142: 275-276.

Mee AM, Cripps PJ, Jones RS, 1998. A retrospective study of mortality associated with general anaesthesia in horses: emergency procedures, Vet Rec 142: 307-309.

Moens Y, Gootjes P, Lagerweij E, 1992. A tracheal tube-in-tube technique for functional separation of the lungs in the horse, Equine Vet J 24: 103-106.

Moens Y et al, 1998. Influence of tidal volume and positive endexpiratory pressure on inspiratory gas distribution and gas exchange during mechanical ventilation in horses positioned in lateral recumbency, Am J Vet Res 59: 307-312.

Muir WW, 1992. Inotropic mechanisms of dopexamine hydrochloride in horses, Am J Vet Res 53: 1343-1346.

Muir WW, Reed SM, McGuirk SM, 1990. Treatment of atrial fibrillation in horses by

intravenous administration of quinidine, J Am Vet Med Assoc 197: 1607-1610.
Muir WW, 2005. Pain therapy in horses, Equine Vet J 37: 98-100.
Nie GJ, Pope KC, 1997. Persistent penile prolapse associated with acute blood loss and acepromazine maleate administration in a horse, Am J Vet Med Assoc 211: 587-589.
Nyman G et al, 1987. Selective mechanical ventilation of dependent lung regions in the anaesthetized horse in dorsal recumbency, Br J Anaesth 59: 1027-1034.
Parviainen AKJ, Trin CM, 2000. Complications associated with anaesthesia for ocular surgery: a retrospective study 1989-1996, Equine Vet J 32: 555-559.
Pascoe PJ et al, 1983. Mortality rates and associated factors in equine colic operations—a retrospective study of 341 operations, Can Vet J 24: 76-85.
Proudman CJ et al, 2006. Pre-operative and anaesthesia-related risk factors for mortality in equine colic cases, Vet J 171: 89-97.
Rasis AL, 2005. Skeletal muscle blood flow in anaesthetized horses. Part II: Effects of anaesthetics and vasoactive agents, Vet Anaesth Analg 32: 331-337.
Richey MT et al, 1990. Equine post-anesthetic lameness: a retrospective study, Vet Surg 19: 392-397.
Ripoll S et al, 2002. Postanaesthetic cerebral necrosis in five horses, Vet Rec 23: 387-388.
Robertson SA, Bailey JE, 2002. Aerosolized salbutamol (albuterol) improves PaO_2 in hypoxaemic anaesthetized horses—a prospective clinical trial in 81 horses, Vet Anaesth Analg 29: 212-221.
Robertson SA et al, 1992. Postanesthetic recumbency associated with hyperkalemic periodic paralysis in a Quarter Horse, J Am Vet Med Assoc 201: 1209-1212.
Robertson SA et al, 1996. Metabolic, hormonal, and hemodynamic changes during dopamine infusions in halothane-anesthetized horses, Vet Surg 25: 88-97.
Schumacker J, Hardin DK, 1987. Surgical treatment of priapism in a stallion, Vet Surg 16: 193-196.
Senior JM et al, 2006. Post anaesthetic colic in horses: a preventable complication? Equine Vet J 38: 479-484.
Senoir M, 2005. Postanaesthetic pulmonary oedema in horses: a review, Vet Anaesth Analg 32: 193-200.
Sharrock AG, 1982. Reversal of drug-induced priapism in a gelding by medication, Aust Vet J 58: 39-40.
Smale K, Butler PJ, 1994. Temperature and pH effects on the oxygen equilibrium curve of the Thoroughbred Horse, Respir Physiol 97: 293-299.
Spier SJ et al, 1990. Hyperkalemic periodic paralysis in horses, J Am Vet Med Assoc 197: 1009-1017.
Swanson CR, Muir WW, 1986. Dobutamine-induced augmentation of cardiac output does not enhance respiratory gas exchange in anesthetized recumbent healthy horses, Am J Vet Res 47: 1573-1576.
Swanson CR, Muir WW, 1988. Hemodynamic and respiratory responses in halothane-

anesthetized horses exposed to positive end-expiratory pressure alone and with dobutamine, Am J Vet Res 49: 539-542.

Swanson CR et al, 1985. Hemodynamic responses in halothaneanesthetized horses given infusions of dopamine or dobutamine, Am J Vet Res 46: 365-370.

Taylor PM, 2005. Pain and analgesia in horses, Vet Anaesth Analg 30: 121-123.

Trim CM, 1984. Complications associated with the use of the cuffless endotracheal tube in the horse, J Am Vet Med Assoc 185: 541-542.

Trim CM, 1997. Postanesthetic hemorrhagic myelopathy or myelomalacia, Vet Clin North Am (Equine Pract) 13: 74-77.

Trim CM, Adams JG, Houda LR, 1987. Failure of ketamine to induce anesthesia in two horses, J Am Vet Med Assoc 190: 201-202.

Trim CM, Eaton SA, Parks AH, 1997. Severe nasal hemorrhage in an anesthetized horse, J Am Vet Med Assoc 210: 1324-1327.

Tute AS et al, 1996. Negative pressure pulmonary edema as a post-anesthetic complication associated with upper airway obstruction in a horse, Vet Surg 25: 519-523.

Valverde A et al, 1990. Prophylactic use of dantrolene associated with prolonged postanesthetic recumbency in a horse, J Am Vet Med Assoc 197: 1051-1053.

Wagner AE, Bednarski RM, Muir WW, 1990. Hemodynamic effects of carbon dioxide during intermittent positive-pressure ventilation in horses, Am J Vet Res 51: 1922-1929.

Waldron-Mease E, Klein LV, Rosenberg H, 1981. Malignant hyperthermia in a halothane-anesthetized horse, J Am Vet Med Assoc 179: 896-898.

Ward TL et al, 2000. Calcium regulation by skeletal muscle membranes of horses with recurrent exertional rhabdomyolysis, Am J Vet Res 61: 242.

Wettstein D et al, 2006. Effects of an alveolar recruitment maneuver on cardiovascular and respiratory parameters during total intravenous anesthesia in ponies, Am J Vet Res 67: 152-159.

White NA, Suarex M, 1986. Change in triceps muscle intracompartmental pressure with positioning and padding of the lowermost thoracic limb of the horse, Am J Vet Res 47: 2257-2260.

Whitton DL, Trim CM, 1985. Use of dopamine hydrochloride during general anesthesia in the treatment of advanced atrioventricular heart block in four foals, J Am Vet Med Assoc 187: 1357-1361.

Wilson DV, McFeely AM, 1991. Positive end-expiratory pressure during colic surgery in horses: 74 cases (1986-1988), J Am Vet Med Assoc 199: 917-921.

Wilson DV, Nickels FA, Williams MA, 1991. Pharmacologic treatment of priapism in two horses, J Am Vet Med Assoc 199: 1183-1184.

Wright BD, Hildebrand SV, 2001. An evaluation of apnea or spontaneous ventilation in early recovery following mechanical ventilation in the anesthetized horse, Vet Anaesth Analg 28: 26.

Young LE, Blissitt KJ, Clutton RE, 1997. Temporal effects of an infusion of dopexamine

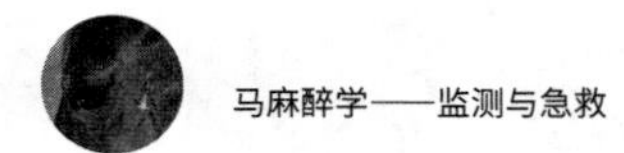

hydrochloride in horses anesthetized with halothane, Am J Vet Res 58: 516-523.
Young LE et al., 1998. Haemodynamic effects of a sixty-minute infusion of dopamine hydrochloride in horses anaesthetized with halothane, Equine Vet J 30: 310-316.
Young LE et al., 1998. Temporal effects of an infusion of dobutamine hydrochloride in horses anesthetized with halothane, Am J Vet Res 59: 1027-1032.
Young SS, Taylor PM, 1993. Factors influencing the outcome of equine anaesthesia: a review of 1314 cases, Equine Vet J 25: 147-151.
Yovich JV et al., 1986. Postanesthetic hemorrhagic myelopathy in a horse, J Am Vet Med Assoc 188: 300-301.

第 23 章 心肺复苏术

要点：

1. 早期识别、及时干预和稳定血管通路是心肺复苏成功的关键。

2. 在麻醉期间和麻醉恢复期间，必须随时提供紧急药品、静脉导管、注射器、输液设备和适当的手术器械。

3. 在马外科医疗设备中，急救箱或推车、氧气源和控制通气呼吸机都应该是必备的。

4. 如果要将紧急情况的风险降到最低程度，则在麻醉过程中和麻醉恢复期间应始终保持警惕和准确的监测。

5. 所有人员应熟悉急救程序和心肺复苏的方法。

大多数与麻醉相关的危及生命的急性并发症包括肺和心血管系统的衰竭（参阅第 2 章和第 3 章）。由于正常通气、组织灌注的干扰或中断，或两者兼有，都会发生心肺衰竭。组织灌注异常可直接与低血容量、失血、心肌收缩力抑制、心律失常或血管张力调节紊乱有关。麻醉药物与侧卧相结合必然导致心输出量减少和心血管低血压效应。大多数麻醉马的心脏输出量通常少于正常站立马的一半［≤40mL/（kg · min），70 ～ 80mL/（kg · min）］。较低的心输出量直接与中枢神经系统和大多数麻醉药的心血管抑制作用有关。另一个复杂因素是由腹部内脏在后腔静脉上的重力作用引起的静脉回流减少。

心肺复苏（CPR）是一种操作难度大、费用高且不易成功的方法。监测技术不成熟、不熟悉复苏程序、过度依赖药物治疗以及缺乏临床有用的研究是成功率低的重要原因。关于马体外心脏按压的有效性、最佳的胸外按压速度和方法以及胸外按压时最佳的通气策略等问题尚未得到解答。

一、心肺衰竭的原因

心肺衰竭是一种可能危及生命的过程，它会干扰氧合血进入外周组织。马出现心肺衰竭情况的最常见原因包括严重衰弱性疾病、绞痛、内毒素血症、胸膜炎、肺炎、心力衰竭（先天性或后天性）、室上和室性心律失常、严重脱水、出血和麻醉（框表23-1）。严重的酸碱和电解质紊乱可能导致心血管损害，常与其他疾病过程同时发生或作为其结果出现。与麻醉相关的因素包括麻醉前给药、麻醉药物使用不当、体位、气道阻塞、通气辅助设备使用不当、监测技术差、设备故障和人为错误（参阅第1章和第22章）。任何一个或多个因素的组合都可能导致通气不良或心血管衰竭，最终造成动物死亡。镇静剂、镇痛剂、肌肉松弛剂和静脉注射或吸入麻醉药都有可能造成心肺急症（表3-11，参阅第4、10~13和第15章，图23-1）。

框表23-1　马发生心肺衰竭的原因

1. 药物和医源性反应
   a. 吩噻嗪类：低血压
   b. α_2- 肾上腺素受体激动剂：心动过缓
   c. 硫代巴比妥酸盐类：肺换气不足 / 呼吸暂停
   d. 吸入麻醉药：低血压
   e. 霉菌素类抗生素：神经肌肉麻痹、肺换气不足
2. 颈静脉注射
   a. 生理盐水
   b. 药物
3. 麻醉位置影响
   a. 仰卧
4. 气道相关因素
   a. 气道阻塞（软腭、喉异常）
   b. 气管插管弯曲或阻塞
   c. 食管或支气管内插管
   d. 气管插管气囊过度充气
   e. 鼻腔水肿
   f. 部分或完全喉麻痹
5. 肺和胸
   a. 肺炎
   b. 支气管炎、细支气管炎
   c. 胸膜炎
   d. 膈疝
   e. 保定绳使用不当
6. 血容量降低
   a. 脱水
   b. 出血
   c. 第三体腔积液（胸水、腹水）
7. 心血管异常
   a. 低血压
   b. 心脏衰竭
   c. 心律失常
   d. 无脉冲电活动
   e. 心搏停止
   f. 心室纤维性颤动
8. 酸碱平衡紊乱
   a. 低血钾
   b. 高血钾
   c. 低血钙
   d. 代谢性酸中毒
9. 设备故障
   a. 蒸发罐不精确
   b. 吸入 / 呼气阀门卡住
   c. 波纹管漏水
10. 人为错误
   a. 药物过量
   b. 使用错误的药物或液体
   c. 监测不到位
   d. 缺乏对警告标志的识别

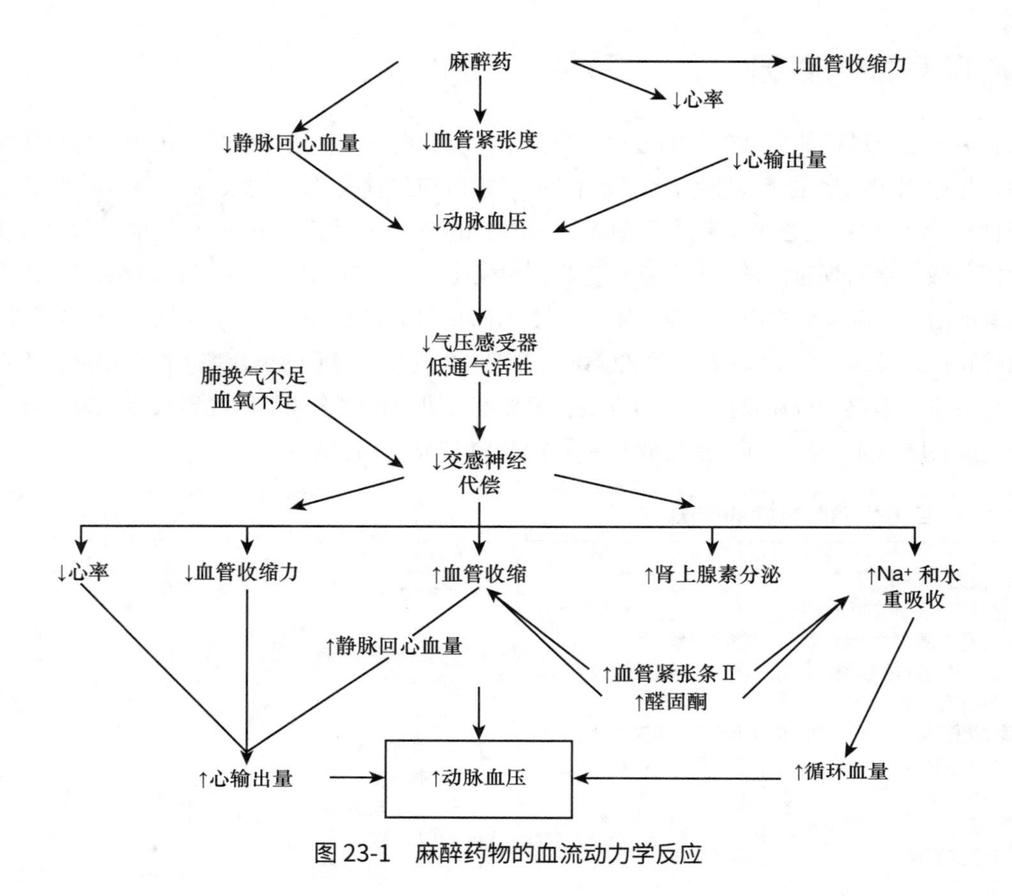

图 23-1　麻醉药物的血流动力学反应

二、心肺衰竭的诊断

通过熟悉药物和麻醉技术，随时监护，识别与心肺抑制相关的症状，可以最大限度地减少心肺衰竭发生（标准化麻醉方案；参阅第22章）。低通气、呼吸暂停和低血压表现为呼吸次数减少或缺乏，外周脉搏虚弱或不规则（框表23-2）。

大多数刚被麻醉的马黏膜呈粉色或淡粉色。硫代巴比妥类药物和吸入麻醉药（异氟醚、七氟醚）则由于血管舒张致毛细血管充血速度正常或加快，黏膜呈粉红色。分离麻醉剂（氯胺酮、替来他明）因为轻微的末梢血管收缩，黏膜呈淡粉色，可能会增强麻醉前使用或共同使用的α_2-肾上腺受体激动剂的效果。无论使用何种麻醉药物，大多数马在长时间的麻醉过程中，由于交感神经张力的逐渐增加、外周血管收缩以及血液从皮肤流出后的重新分布，都会导致黏膜呈淡粉色至白粉色。黏膜发绀或浅蓝则提示低氧血症。贫血时，低氧血症非常明显，但是血红蛋白减少在临床上很难诊断。例如，循环血红蛋白降低（＜5g/dL）时结膜不会发绀（参阅第8章）。

结膜颜色呈红色则提示麻醉马有内毒素血症或高碳酸血症（二氧化碳潴留）。

在诱导麻醉后出现持续30～90s的短暂呼吸暂停是常见现象，但在麻醉维持或恢复阶段不应发生。一般认为呼吸暂停（吸气时屏气）和毕奥（间歇）呼吸模式表现是不正常的；它们是呼吸中枢抑郁的表现，可能与麻醉药物的使用有关。氯胺酮或替来他明和10%愈创木酚甘油醚溶液的快速输注可产生呼吸暂停或毕奥式呼吸（表23-1）。静脉注射或吸入麻醉的深度麻醉和正常深度麻醉经常诱发间歇性或毕奥式呼吸。但在吸入麻醉的轻度麻醉期间偶尔会观察到毕奥式呼吸，特别是在健康的马匹中。偶尔发生的以及逐渐增加然后减少的潮气量（陈-施二氏呼吸）的呼吸是呼吸中枢明显抑制和脑血流减少的标志。无论使用何种麻醉药，明显的陈-施二氏呼吸和长时间呼吸暂停（＞90s）都是异常现象。其他更明显但不常见的呼吸抑制症状包括呼吸急促、呼吸困难和喘息。此时应终止麻醉药的使用，并控制通气。

框表23-2　心肺并发症的症状和体征

- 神经系统
  - 失去知觉
  - 眼睑反射丧失
  - 角膜反射丧失
  - 肛门收缩反射丧失
  - 胸压反射丧失
  - 瞳孔扩大
- 呼吸
  - 换气不足（＜4次/min）
  - 呼吸暂停
  - 呼吸急促（＞20次/min）
  - 呼吸困难
  - 不正常的呼吸模式（呼吸暂停，毕奥式呼吸，陈-施二氏呼吸）
  - 大喘息
- 心脏和循环
  - 黏膜颜色发绀、潮红、灰色或白色
  - 毛细血管再充盈时间延长（＞2.5s）
  - 外周脉搏细弱或不规则
  - 无出血
  - 心率快（＞60次/min）或心率慢（＜25次/min）
  - 心音低沉或消失
  - 低血压（MAP＜70mmHg）
  - 心电图异常（ST-T段压低、QRS增宽、T波增大）
  - 心律失常，心搏停止

仅由呼吸异常引起的心肺衰竭并不常见，但有可能是隐性的：马表现为处于麻醉和自发呼吸的稳定状态，但可能出现明显的高碳酸血症和低氧血症。评估气体交换的唯一准确方法是血气值的常规测量。监测动脉和静脉血气（pCO_2、PO_2）在循环衰竭期间特别有用，持续评估SpO_2和$ETCO_2$可作为无创性判断血流趋势的方法（参阅第8章）。$ETCO_2$和$PaCO_2$值分别表示肺血流量和心输出量，可作为有效心肺复苏的预测指标（参阅第8章）。

毛细血管再充盈时间的变化经常被用来评估组织灌注。毛细血管再充盈时间延长，可能是由于低血容量、心功能不全和血管收缩等原因造成的。通过监测和记录外周脉搏波来评估周围脉搏，可以提供重要的血流动力学信息。大多数马通过触摸面部或跖背动脉可以有效监测脉搏的变化和变化规律。脉搏频率的增加预示在麻醉、疼痛、低氧血症或严重低血压时，由于意识水平的提高而引起交感神经激活。心率下降表明麻醉药物过度抑制、副交感神经张力增加或毒性增大。不规则脉冲表示心律失常，应进行心电图评估。下面五种异常因素可引起触及的动脉脉搏或波形的消失：①低血压，②深度心动过缓，③其他心律失常，④心脏性早搏（停止），⑤无脉冲电活动（心电图正常但平均动脉血压＜40mmHg）。

表23-1　呼吸模式描述

呼吸模式	描述	潜在原因
呼吸急促	呼吸频率增加	普通马；兴奋；发热；缺氧；高碳酸血症；低血压；高热；气道阻塞；肺炎；中枢神经系统呼吸中枢损伤
呼吸徐缓	缓慢但有规律的呼吸	睡觉；麻醉；α_2- 肾上腺素受体激动剂；体温过低；中枢神经系统肿瘤；呼吸失代偿
浅呼吸	有规律的呼吸，每分潮气量变小	药物抑制（巴比妥类、吸入麻醉药）；昏迷
呼吸暂停	缺乏呼吸；可能呈周期性	100%O_2（瞬时）；药物抑制（巴比妥类）；肌肉麻痹；过度通气；脑血压升高；脑震荡
高碳酸血症或库斯莫呼吸	大呼吸（潮气量增加），呼吸速率正常或增加	疼痛；高碳酸血症；手术刺激；肺炎；代谢性酸中毒；尿毒症；缺氧；高热；脑脊液压力升高；脓毒症；脑震荡
陈 - 施二氏呼吸	随着潮气量增加、呼吸变得更快，然后随着潮气体积的减少而变慢，然后停止呼吸	颅内压增高；用药过量；严重缺氧；低血压；心力衰竭；肾功能衰竭；脑膜炎
毕奥式呼吸或聚类	呼吸比正常呼吸更快更深，期间突然停顿，每次呼吸的潮气量大致相同	一些正常马和马驹低血压；麻醉药物延髓抑制（CNS）
长吸式呼吸	以吸气保持和快速呼气期特征呼吸	环己胺类［氯胺酮、替来他明愈创木酚甘油醚（大剂量）］；缺氧症
终末濒死呼吸	呼吸不频繁，以迅速吸气和呼气为特征；胸壁和腹部用力过大	濒死期 脑缺氧

麻醉马侧卧特别是背侧卧位时的心音消沉是常见的表现，是由心脏的位置变化引起的。在麻醉期间心音强度的逐渐降低表明心脏收缩性能逐渐降低，心输出量降低，如果尚未出现低血压的话，则有可能发展为低血压。心音的缺失可能意味着心力衰竭、心脏骤停或心室颤动。在进行复苏治疗之前，应评估其他心跳停止迹象。（如毛细血管再灌注时间延长，脉搏缺失，瞳孔扩张），并强调使用更多信息的（动脉血压）监测技术。

组织切割不出血，表明低血压和组织灌注不良。平均动脉血压低于50～60mmHg可能无法提供维持所有组织灌注所需的驱动压力。短暂或长期的低血压和组织灌注不良可导致心律失常，包括由心肌缺血和缺氧引起的心动过缓或心脏骤停（图23-2）。

心电图对确定心率和心律异常非常有用（参阅第8章）。心电图可以提供心功能不佳的信息（如QRS波增宽），但不能用于评估血流动力学。许多马死于正常的心电图（无脉搏的电活动；机电分离）。心电图能够提供心率、节律、心房和心室电活动的时间和模式。例如，单纯性窦性心动过缓致QRS波增宽，与慢的特发性室性心律有很大的不同，这两者都能通过外周脉搏触及。麻醉后马常见的心电图异常包括游走心律（指心脏起搏点位置不固定）、窦性心动过缓、窦性停搏、二度房室传导阻滞和干扰解离（参阅第3章）。这些节律通常与正常的动脉血压有关，仅在心室率低于25次/min或平均动脉血压低于50～60mmHg时才需治疗，窦性心动过速、心房颤动、房性或室性早搏被认为是异常的，但可能不必治疗，这取决于心室率和血流动力学。室性心率＞6次/min或低血压提示治疗是可行的。频繁的心室去极化和室性心动过速被认为是异常的，提示心电不稳定，应予以改善（图23-3）。其他提示血流动力学不良的心电图异常包括心肌缺血引起的ST-T段明显偏离或QRS增宽；高钾血症引起的T波和短QT间期；以及持续不规则电示踪提示心室颤振。最后，心率的变化趋势可以用来支持改变麻醉剂给药或液体治疗的决定，并启动血流动力学支持。

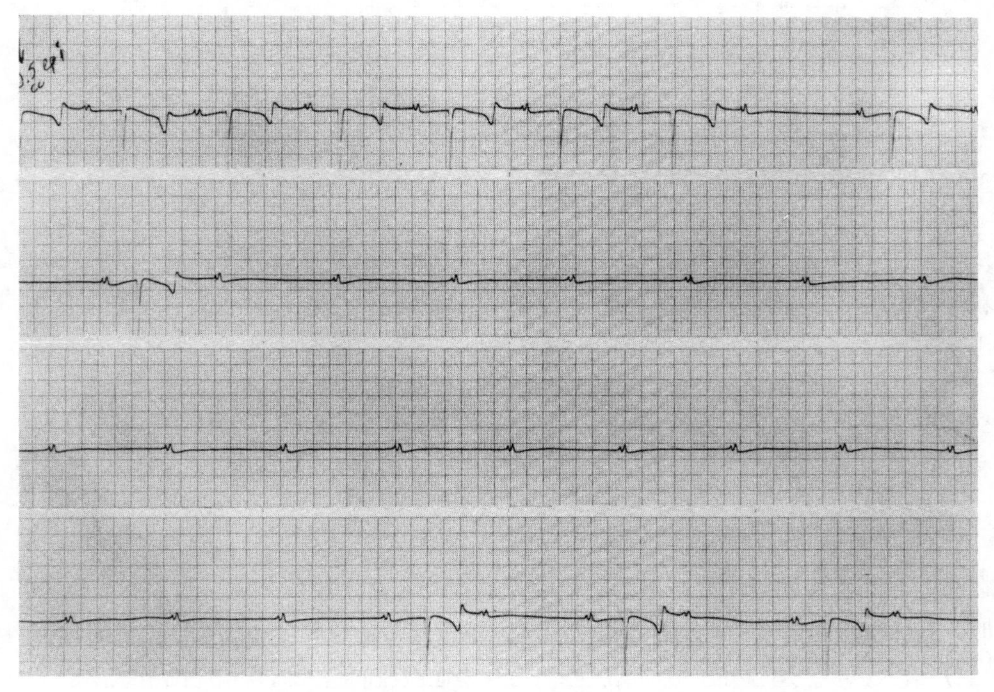

图23-2　3岁马在氟烷麻醉下，完全房室传导阻滞，无心室逃逸

注意P波的规律性。平均动脉血压瞬间降至15mmHg。马对肾上腺素反应良好（1μg/kg, IV），其次是多巴胺［3μg /（kg·min）］（25mm/s纸速）。

测量动脉血压和评估动脉血压波形可提供有关心脏收缩性能和血管张力的间接信息（参阅第8章）。动脉血压曲线上升速度的斜率表示心脏收缩能力的增加或下降。同样，由于血管收缩或血管扩张而引起的动脉血压的逐渐增加或下降，通常与动脉波形形态的变化有关（框表8-5）。血管张力的轻微下降（外周血管扩张）可以增加心输出量，反之亦然。这就是为什么如果动脉血压可以维持的话，外周血管扩张可能比外周血管收缩更好。然而，在一些马平均动脉灌注压

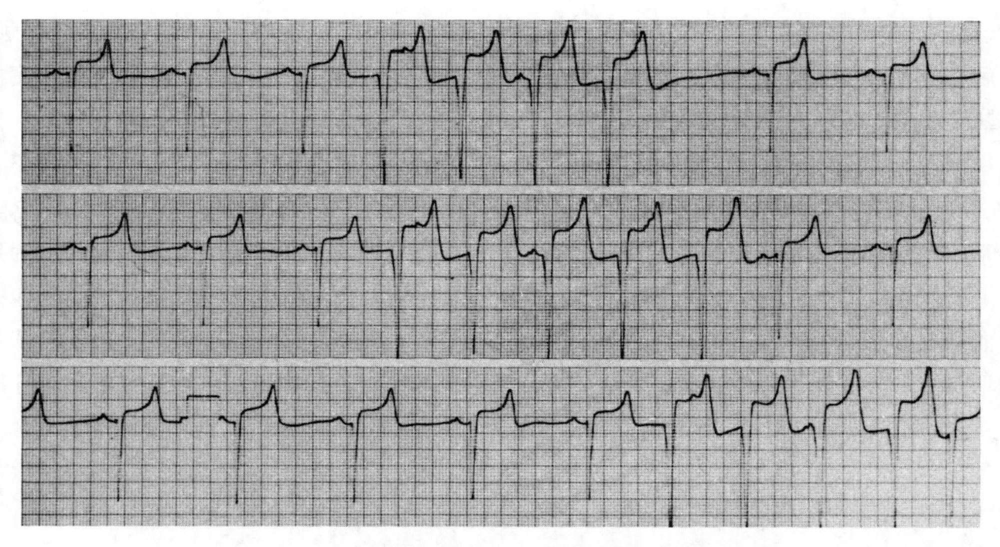

图 23-3　在氟烷麻醉期间，5 岁的纯种马的室性早搏

在室性心动过速发作期间，平均动脉血压从 94mmHg 降至 62mmHg。马对奎尼丁的反应（0.5mg/kg，IV）（25mm/s 纸速）

低于50mmHg时可能产生骨骼肌或肠缺血。不当使用辅助或控制通气可以减少静脉回流、心输出量和动脉血压（参阅第17章）。胸膜压（Ppl）的增加通过增加对血液正向流动的阻力而减少心输出量。持续的胸腔内低压静脉塌陷会降低静脉回流。当肺容量越大，吸气时间越长，呼吸频率越高时，Ppl的影响和相应的心排血量的减少通常越大。

三、马胸部按压

在马匹心肺骤停期间，传统上公认的维持血流的方法是按压胸壁。对犬和人类进行的研究表明，胸部按压通过多种机制产生血液流动，但直接按压心脏（心脏泵）和增加胸腔内压力（胸腔泵）最为重要。胸腔外压增加胸腔内压力，为血液流向胸外血管和周围组织创造了一个压力梯度。逆行血流被心脏瓣膜、静脉瓣膜和大静脉塌陷最小化（图23-4）。这一理论支持同时进行通气和胸部按压，如果应用得当，可以最大限度地提高胸内压，尽管还没有对照研究显示同时进行通气和胸部按压对马或小马驹有益之处。对体重在410 ～ 530kg安乐死成年马进行的研究表明，由胸壁按压引起的胸腔内压力增加对维持血液流动是有效的（表23-2）。心输出量可达25mL/（kg · min）以上，足以维持生命直至恢复正常心脏活动。马的最佳按压速率在60 ～ 80次/min，每次压缩时施加的力很重要。此外，同时通气和胸部按压显著减少马血液流动，因此不被推荐。无论是在释压阶段还是任意施加腹部按压均不能改善结果，这表明马并不像犬或人类那样对改良的CPR技术做出反应（表23-2）。造成这些差异的原因很可能与马充分通气所需的肺膨胀压力和吸气时间以及它们对肺血流量的影响（数量和分布）有关。胸内压升高或吸气时间延长会增加肺血管阻力，阻碍周围的血液通过肺。马心脏骤停后腹腔脏器内血液淤积的速度和程度尚不清楚，这可能会限制这一技术和其他改善静脉回流技术的潜在价值。类似的论点可以用来解释腹部按压不能增加血流的原因。腹部脏器按压可增加腹主动脉内压力，降低驱动压力和胸主动脉血流。增加腹部压力也可以按压腹部静脉，从而使血液滞留在腹部器官中。胸部按压的好处和选择改善心输出量的技术在较小的马、矮种马和小马驹身上效果更好，因为它们的胸壁顺应性更强。对大马的血液流动是否有额外的益处值得怀疑。

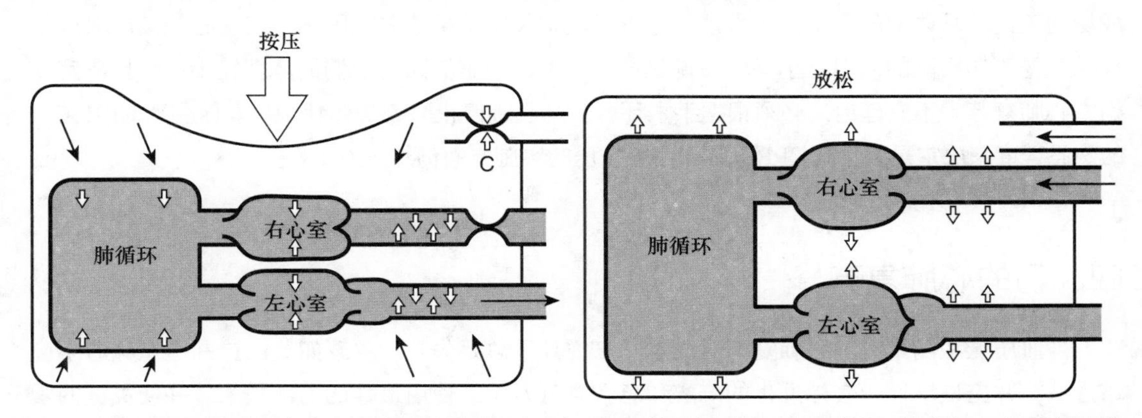

图 23-4 心肺复苏过程中产生血流量的胸腔泵机制。胸腔内压力增加时，胸部压（上图），压缩低压静脉和小气道（C）在胸腔内。放松时胸腔内静脉和心腔充满（下图）。心脏中的单向瓣膜引导血液向前流动。小马驹的血流量可能是由心脏直接按压和胸腔泵机制引起。

表 23-2 胸部压缩率、相位性胸腹加压和腹压对马心输出量的影响

身体状况	心输出量
有意识站立状态	65～80mL/（kg·min）
麻醉状态	30～50mL/（kg·min）
心跳停止状态	0mL/（kg·min）
胸部按压过程中心跳停止	
40 CPM	10～15mL/（kg·min）
60 CPM	15～20mL/（kg·min）
80 CPM	15～25mL/（kg·min）
在通气 - 胸部按压期间，心跳停止（60 CPM）	10～15mL/（kg·min）
在胸部按压结合间隙性腹部按压期间，心跳停止时（60 CPM）	15～20mL/（kg·min）

注：CPM- 每分钟按压次数。

心脏按压

心脏直接按压比胸壁按压更能增加血流量。犬和人的研究表明：心脏直接按压会产生至少

两倍于胸壁按压的血流量。其原因主要与心室更彻底的排空有关。一旦打开胸腔由肺胀引起的胸腔内压力变化的影响就可以忽略。有报道称一匹150kg的小马和450kg的成年马通过心脏直接按压成功地获得了复苏。其速率30～40次/min，最后小马因肠套叠并发症而被安乐死。作者通过对三匹体重分别为123kg、355kg和460kg的马用心脏直接按压成功复苏。心脏骤停后5min内打开胸腔，每分钟压缩心脏约30次。355kg马复苏后由于血液动力学指标差和休克而被安乐死。其余两匹马痊愈，但手术侧严重跛行，并发胸膜炎，治疗成功。出于人道原因，这匹重达460kg的马在7d后被安乐死。这些案例表明直接心脏按压是可能的。早期诊断心脏骤停是成功的关键，马体型的大小、手术创伤轻重是决定长期结果的关键因素。直接心脏按压对成年马来说是不切实际的，但对小马驹来说是一个可考虑因素，因为它们的体型较小。一旦决定开始，心肺复苏术不应延迟，必须根据手术环境、马心跳停止时的身体状况以及医生对CPR技术的熟悉程度来决定是否实施CPR。临床心脏按压的实施方面仍然令人生畏。

四、马的心肺复苏

当血压无法测量时，心肺复苏对成年马来说几乎总是失败。尽管如此，这并不意味着不应该尝试，并应该制订一套标准化的麻醉和急救复苏方案，使用最佳的监测技术，并使关键的紧急药品和设备随时可用。马的心肺复苏方法与其他物种相似，以缩写ABCD为基础，ABCD分别代表气道、呼吸、循环、药物（框表23-3和框表23-4；图23-5）。

1. 气道和呼吸

包括特制的用于动物复苏的口罩（图23-6；www.mcculloch-Medical.com）可用于新生马驹和小马驹的通气。大型马匹很容易通过鼻气管插管进入气管、放置口腔或鼻内气管或进行气管切开术来建立气道（参阅第14章）。内直径为2cm，长为10inc的泰贡油管可以适应E型氧气瓶的流量调节器。然后，插管通过鼻孔进入鼻咽或气管。调整氧流量，使胸部在2～3s内适度扩张。2～4次/min呼吸次数可维持接近正常PaO_2值。另一种方法是，适当尺寸的无气囊导管（Cole导管）或带折口的气管内插管（参阅第14章）可以放置在气管内，如前面所述方式输送氧气，或附加现场复苏器或需求阀（参阅第22章）。由于两种吸入器都具有很高的抵抗力，因此不允许马对需求阀进行自动触发或呼气。当气管内不能放置插管或出现上气道阻塞（喉麻痹、纤维化）时，可行气管切开术（参阅第1章）。

框表23-3　马心肺复苏技术
A. 保持气道通畅 1. 放置鼻气管插管 2. 经鼻气管插管 3. 经口气管插管 4. 气管切开术

（续）

B. 进行呼吸［100% 氧气（O_2）］ 1. 在氧气通气过程中，鼻孔和嘴交替咬合和开张（见正文），保持 4 ～ 6 次 /min 2. 需求阀或类似装置（参阅第 17 章） 3. 麻醉机 4. 肺通气（体重＜ 200kg；马驹） 5. 多沙普仑 0.5 ～ 1mg/kg，IV
C. 建立循环 1. 如有可能，终止麻醉给药 2. 胸部按压和 3 ～ 5μg /kg，IV 肾上腺素；0.2 ～ 0.5U/kg 加压素（马驹） a：60 ～ 80 次 /min 按压 3. 胸内心脏按压（马驹）1 ～ 5μg /kg 静脉注射肾上腺素（小马驹；小型马）* 4. 最大限度地提高给药速度 a：20mL/kg 5. 1 ～ 5μg/（kg·min）静脉注射多巴酚丁胺治疗低血压 6. 应用 0.005mg/kg 的格隆溴铵静脉滴注治疗慢速心律失常 7. 静脉注射利多卡因 0.5 ～ 1.0mg/kg 治疗室性心律失常 8. 0.5 ～ 1mEq/kg 静脉注射 $NaHCO_3$ 治疗代谢性酸中毒（pH ＜ 7.2） 9. 0.5 ～ 1mg/kg 速尿治疗肺水肿 10. 5 ～ 10mg/kg 地塞米松治疗休克（？）
注：IV：静脉注射；*：胸部按压无效。

放置气管插管后，可使用大型动物麻醉机，手动或机械地压缩呼吸囊，使马匹或马驹正压呼吸，4 ～ 8次/min，压力20 ～ 30cmHg。静脉回流减少引起心输出量减少致低血压是这一技术的潜在缺点，注意监测吸气峰压、吸气时间和适当的液体治疗。肺通气和高频喷射通气，为麻醉期间提供有效气体交换和动脉氧合的替代疗法（参阅第17章）。用于输送气体的管道直径不超过1cm是这两种技术的潜在优势。当气管插管被阻止（严重的上气道阻塞）或可以通过一个小的气管切开或喉切开术，这样小的管子很容易进入气管。在肺通气（无氧）期间，需要极高的气体流量（30mL/kg）才能促进扩散气体交换，而且可能只在短时间内（不到10min）有效。肺气肿不能维持大型马动脉$PaCO_2$和PaO_2值。高频喷射通风是一种通过一个小直径的管道在很高的呼吸频率下输送相对较小体积气体的技术（3次/s）。高频喷射通气的优点是气道压力一般不超过

框表23-4　马麻醉急诊常用药物及器材

- 开口器；
- 三种规格的气管插管（成年马用 22、30mm；小马驹 8~16mm）；
- E- 型氧气瓶或 O_2 泄压阀；便携式呼吸设备；
- 手术刀；10# 一次性手术刀；
- 注射器：10mL、25mL、60mL；
- 注射针：20G、18G、16G 和 14G；
- 规格为 5L/ 袋电解质溶液；
- 手术包（缝合线）；
- 注射用药物（表 20-4）：
  肾上腺素 1mg/mL；多巴酚丁胺 25mg/mL；氯化钙 100mg/mL；格隆溴铵 0.3mg/mL；多沙普仑 20mg/mL；利多卡因 20mg/mL；速尿 50mg/mL；地塞米松 2mg/mL

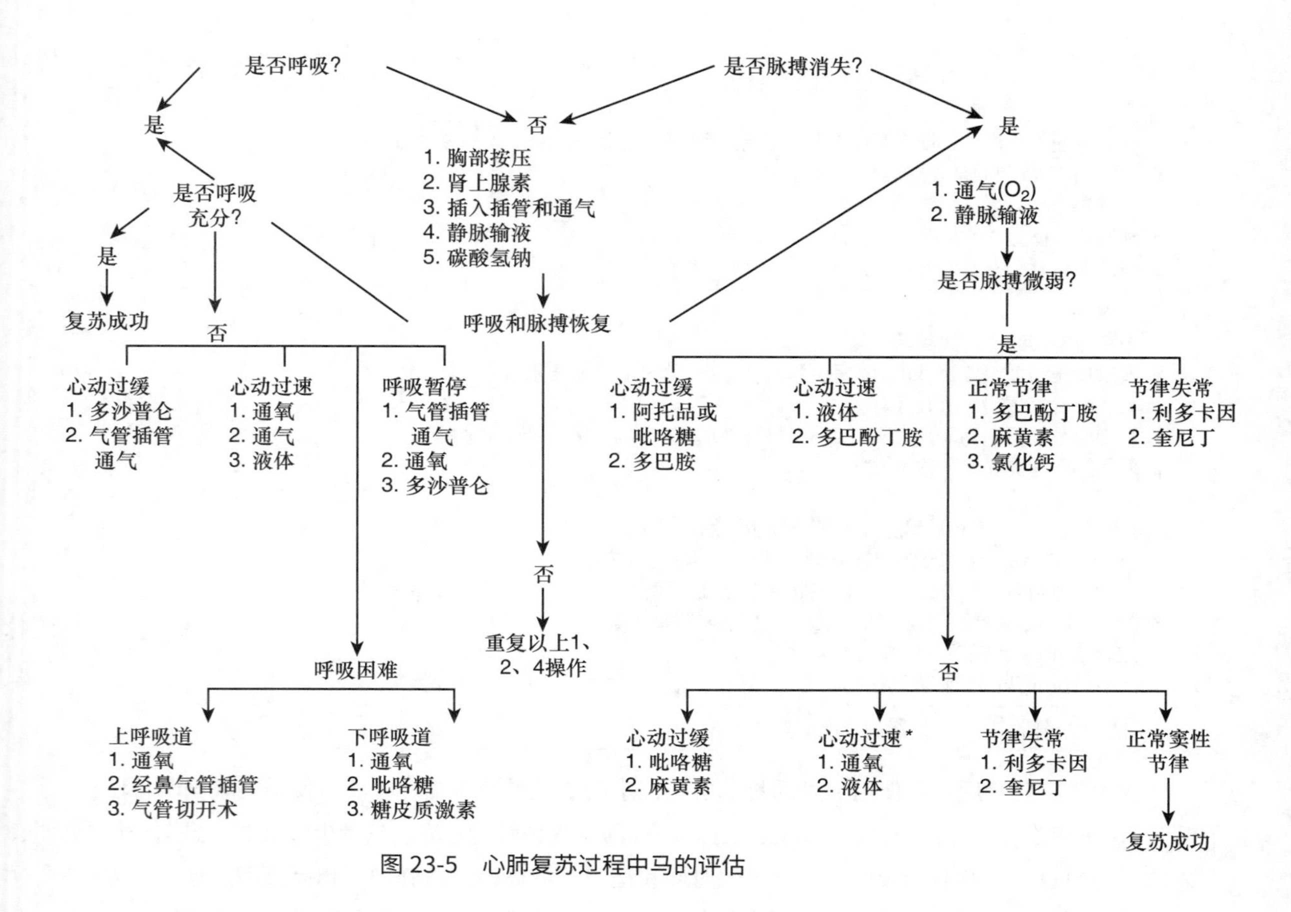

图 23-5　心肺复苏过程中马的评估

图 23-6　使用恒流复苏器使马驹成功复苏

5cmH_2O（开放气道），比常规通气（即20～30cmH_2O）小得多，不会影响静脉回流和心脏输出。这种技术的可得性和实用性使它在成年马上应用有限。

呼吸兴奋剂被认为是最后的手段。对改善动脉氧合的通气技术没有反应的马通常对呼吸刺激也没有反应。当血液动力学被正常化时，当PCO_2被允许增加到60～70mmHg，或者当呼吸暂停时，多沙普仑是马的首选呼吸兴奋剂。当马被麻醉了很长一段时间，并使用了吸入麻醉剂，多沙普仑还可用于支持马匹的呼吸努力，灌注过程中动脉PCO_2降低，pH升高。动脉血压升高，脉搏、心电图、PaO_2无变化，麻醉可能减轻，必要时调高蒸发罐参数设置，以防止唤醒。多沙普仑在恢复期给药有争议，可能会引起一段时间的过度通气，降低$PaCO_2$，导致通气不足。在极少数情况下，重复剂量的多沙普仑可能导致心动过速、肌肉僵硬和癫痫。

2. 循环

血压和血流量的恢复是心肺复苏的主要目标。不管原因是什么，外周脉搏丧失、平均动脉血压低于50mmHg、心电图追踪显示严重心动过缓、室性心动过速、室颤时需要立即实施心肺复苏，恢复血流技术有胸壁按压和注射肾上腺素（表23-3）。麻醉药品应停止使用。加大输液量，胸壁按压以侧卧（最好是右侧卧）的方式完成，方法是将膝盖放在马肘部后面的胸部并用力、快速地按压。所需的力量取决于胸壁的硬度和马体型大小。一只手的手掌可以放在另一只手的背面。同样的技术也适用于小马（体重不足150kg，小马或马驹）。胸部按压会增加胸内压力，按压胸部内部的血管结构导致血液流动（图23-4）。成年马的按压频率为40 ～ 60次/min，马驹为60 ～ 80次/min，心输出量明显升高。虽然胸部按压不太可能支持长时间足够的组织氧，但它会增加血液流动，并促进静脉注射药物（肾上腺素）的分配，通过右心室和肺进入冠状动脉循环。如上所述，同时通气和腹部按压产生更大血流量的好处仍有待证明。在成年马匹或马驹中，也可能通过减少静脉回流而减少血流。如果尝试心脏直接按压，则在第五肋骨水平垂直于左胸壁脊柱切口，第五至第六肋骨间隙进入，并开始手动压迫左心室。以40 ～ 60次/min按压，直到恢复正常的跳动（表23-2）。虽然可能成功，但胸腔内心脏按压，术后并发症发生率高，包括气胸、感染和严重跛行。

3. 药物

所有药物均应注入中心静脉（颈静脉、前腔静脉）（表23-3、表23-4）。如果没有其他支持通气的方法，多沙普仑可以用于治疗呼吸暂停。肾上腺素是治疗大多数心血管病的首选药物。肾上腺素是一种混合的α和β受体激动剂，能刺激心率和心脏收缩力（表22-3）。室性心动过速并不总是导致心室功能的完全丧失。在这种情况下使用肾上腺素经常会诱发心室颤动，这是因为在低灌注时心室兴奋性增高。同样，肾上腺素也不太可能在心室颤动期间产生正常的心律或恢复动脉血压。如果可以的话，对于马驹，在室性心动过速和室颤时也可选择的治疗方法是成年马利用利多卡因和去纤颤（2 ～ 4J/kg）的治疗方法。电除颤器已成功地应用于350kg的马，但这对成年马来说并不是一种临床实用的技术。如果心率恢复正常，多巴酚丁胺可以维持心脏收缩力、心输出量和动脉血压的增加（参阅第22章）。马的心室颤动很少在应用肾上腺素或抗心律失常药物后转变为窦性心律。肾上腺素只会使电活动变得不规则。一旦恢复正常节律，多巴酚丁胺是维持心脏排量和动脉血压的首选药物（参阅第22章）。另外，血管加压素是一种非肾上腺素能内源性应激激素，可单独或与肾上腺素联合静脉注射（0.4 ～ 0.6U/kg），以增强心脏收缩功能，提高动脉血压，改善冠状动脉灌注压，恢复外周组织灌注。加压素是已知最有效的血管收缩因子之一，它作用于加压素V_1、V_2受体，刺激肾上腺髓质嗜铬细胞分泌儿茶酚胺，有助于肾上腺素能受体的“敏化”，改善对内源性和外源性儿茶酚胺的反应。此外，加压素可能在止血中发挥作用。其他物种的研究表明，加压素治疗后可能会使自然循环得到改善。重复剂量是不必要的。血管加压素在成年马心肺复苏中的应用和临床益处尚未确定。钙可能有助于对抗低钙血症、高钾血症和吸入麻醉剂的影响。

利多卡因用于治疗室性心律失常，包括成年马和马驹的室性心动过速，且产生多种潜在的有益作用，包括轻微的镇静、镇痛作用，但能抑制交感神经张力，导致血管扩张和低血压；因此，输液需要密切监测。硫酸镁，20～30mg/kg，缓慢稀释于5%葡萄糖溶液中，偶尔用于治疗马室性心动过速，但其临床疗效不佳，其有效性尚未得到证实，且可能引起低血压。

表23-3　与马的可触压脉搏丧失有关的心电图模式及治疗方案

节律	心电图特征	治疗
窦性、交界性或室性心动过缓（可产生无脉性电活动）	不常见	0.005mg/kg，IV 格隆溴铵；3～5μg/（kg·min）多巴胺；1～5μg/kg，静脉注射肾上腺素
心搏停止	波呈直线	1～5μg/kg，静脉注射肾上腺素
无脉性电活动	正常或接近正常心电图	10mL IV 10% $CaCl_2$ 1～5μg/kg，静脉注射肾上腺素
室颤	无序、混乱	电除颤 0.5～1mg/kg，静脉注射利多卡因
均一、多形性心室心动过速	快速心室复合波，锯齿状外观	0.5～1mg/kg，静脉注射奎尼丁 0.5～1mg/kg，静脉注射利多卡因

任何马心肺复苏过程积极的液体治疗是基本组成部分（参阅第7章）。成年马麻醉期间维持平均循环充盈压力所需的液体量为5～10mL/（kg·h），复苏时应增加至少20mL/kg。用于替换出血期间丢失的液体的电解质溶液应至少以失血量的3倍量计算。大量的平衡电解质可导致血液稀释，导致血细胞比容、总蛋白降低，组织水肿（参阅第7章），应尽可能避免血细胞比容不小于20%，蛋白质总量不小于3.5g/dL。使用7%高渗盐水、6%右旋糖酐70兑7%高渗盐水，或6%羟乙基淀粉会对出血马产生有益的血流动力学效应。与常规液体疗法相结合，高渗盐水可改善组织血流量，减少液体在肠道中的滞留，而不过度稀释血液（表23-4）。

表23-4　用于治疗马匹并发症的药物

商品名	规格（含量）	推荐使用	静脉注射剂量	不良反应
心血管兴奋剂				
肾上腺素	1mg/mL	增加心率、升高动脉血压、增强心脏收缩力	1～5μg/kg	心动过速、心率失常、低血压、高血压
多巴胺	40mg/mL	增加心率、升高动脉血压、增强心脏收缩力	1～5μg/（kg·min*）	心律失常、高血压
多巴酚丁胺	12.5mg/mL	升高动脉血压、增强心脏收缩力	1～5μg/（kg·min*）	心律失常、高血压
麻黄碱	25mg/mL	升高动脉血压	0.01～0.2mg/kg，每支10mg	心率失常

（续）

商品名	规格（含量）	推荐使用	静脉注射剂量	不良反应
去氧肾上腺素	10mg/mL	升高动脉血压	0.01mg/kg 直至起效	心动过缓、心律失常
氯化钙	10%	增加心脏收缩力	5～10mL（以100kg计）、（0.2mg/kg）	心律失常
高渗盐水	7%	增加心输出量和血压	4mL/kg	血浆渗透压升高、低血钾
抗心律失常				
阿托品	15mg/mL	增加心率	0.01～0.2mg/kg	心动过速、心律失常
格隆溴铵	0.2mg/mL	增加心率	0.005mg/kg	心动过速、心律失常
奎尼丁	80mg/mL	室上性或室性心律失常	4～5mg/kg（每10min 1mg/kg）	低血压、心动过速
利多卡因	20mg/mL	室性心率失常	0.5mg/kg，总给药量2mg/kg	抽搐
呼吸兴奋剂				
多沙普仑	20mg/mL	兴奋呼吸中枢，呼吸频率加快	0.2mg/kg	呼吸性碱中毒、低血钾、抽搐
其他				
碳酸氢钠		代谢性酸中毒（pH＜7.2）	按要求10～15min间隔0.5mEq/kg	代谢性碱中毒、低血钾、高渗血症、异相CSF酸中毒
呋塞米（速尿）	50mg/mL	利尿、消除水肿	1mg/kg	脱水、心输出量减少、低血钾、代谢性酸中毒
琥珀酸钠泼尼松龙	10mg/mL	休克、缺血	1～2mg/kg	
地塞米松	2mg/mL	休克、缺血	2～4mg/kg	
氟尼辛葡甲胺	50mg/mL	镇痛、抗炎	0.5～1.1mg/kg，IV或IM	胃溃疡（少见）、厌食、总蛋白减少

注：CSF：脑脊液；IV：静脉注射；IM：肌内注射。

*：静脉注射最大剂量15μg/kg，用于严重心血管抑制。

在心肺复苏过程中应用碳酸氢钠（$NaHCO_3$；1mEq/kg，IV）治疗代谢性酸中毒，并对抗组织缺氧和缺血所致的高钾血症。如果血液动力学可以在短时间内恢复，无须碳酸氢钠治疗，大量使用可能有害。碳酸氢钠可引起高渗性、高钠血症、低钙血症、低钾血症，降低血红蛋白对氧的亲和力。速尿用于治疗肺水肿，非甾体类抗炎药物和糖皮质激素可能有助于治疗休克。

4. 心肺复苏及预后评估

心肺复苏成功的表现是恢复正常呼吸，外周脉搏有力。角膜和眼睑反射敏感，对听觉和物理刺激有反应，以及其他意识增强。这些在急救成功后的短时间内会出现，可能需要轻度镇静（赛拉嗪、地托咪定）防止挣扎和兴奋。这些体征恢复的速度是长期预后的可靠指标。如果能恢复正常的通气和循环（＜3～5min），大多数马都不会发生明显的并发症。复苏时间超过5min意味着预后差，长时间复苏后，因为大脑和周围组织缺血和缺氧最终导致细胞死亡和溶解，神经缺陷和癫痫发作的可能性会增加。人类临床研究表明，预防脑水肿的治疗（甘露醇、利尿剂、非甾体抗炎药物、抗惊厥药）在复苏后无效，使用7%高渗盐水可显著降低脑脊髓压力，减轻心脏骤停后的脑肿胀（表23-4）。这对成年马和马驹的潜在益处尚未得到证实。

总之，治疗马匹心肺急症的最好方法是预防。在给予麻醉药前，必须有详细的病史调查和体格检查（参阅第6章）。必须警觉和准确地监测，监测技术应实用（参阅第8章）。马的多项研究结果表明，决定放弃心肺复苏取决于复苏持续的时间、马的反应和实际考虑。最后，所有人员都应该熟悉急救药物和技术，在心肺急救发生时做好准备尤为重要。

参考文献

Aung K, Htay T, 2005. Vasopressin for cardiac arrest, Arch Intern Med 165: 17-24.

Blaze C A, Robinson N E, 1987. Apneic oxygenation in anesthetized ponies and horses, Vet Res Commun 11: 281-291.

Cooper J A, Cooper J D, Cooper J M, 2006. Cardiopulmonary resuscitation: history, current practice, and future direction, Circulation 114: 2839-2849.

DeMoor A et al, 1972. Intrathoracic cardiac resuscitation in the horse, Equine Vet J 4: 31-33.

Edner A, Nyman G, Essen-Gustavsson B, 2005. The effects of spontaneous and mechanical ventilation on central cardiovascular function and peripheral perfusion during isoflurane anaesthesia in horses, Anaesth Analg 32: 136-146.

Frauenfelder H C et al., 1981. External cardiovascular resuscitation of the anesthetized pony, J Am Vet Med Assoc 179: 673-676.

Gazmuri R J et al., 1989. Arterial $PaCO_2$ as an indicator of systemic perfusion during cardiopulmonary resuscitation, Crit Care Med 17: 237-240.

Goldstein M A et al., 1981. Cardiopulmonary resuscitation in the horse, Cornell Vet 71: 225-268.

Grubb T L et al, 1996. Hemodynamic effects of calcium gluconate administered to conscious horses, J Vet Intern Med 10 (6): 401-404.

Grubb T L et al., 1999. Hemodynamic effects of ionized calcium in horses anesthetized with halothane or isoflurane, Am J Vet Res 60 (11): 1430-1435.

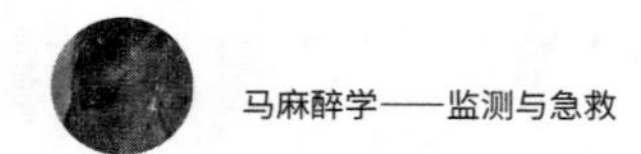

Hallowell G D, Corley K T T, 2006. Preoperative administration of hydroxyethyl starch or hypertonic saline to horses with colic, J Vet Intern Med 20: 980-986.

Hatlestad D, 2004. Capnography as a predictor of the return of spontaneous circulation, Emerg Med Serv 33 (8): 75-80.

Hodgson D S, Steffey E P, 1993. Intra-operative cardiac arrest routes to recovery, Equine Vet J 25 (4): 259-260.

Hubbell H A E, Muir W W, Gaynor J S, 1993. Cardiovascular effects of thoracic compression in horses subjected to euthanasia, Equine Vet J 25: 282-284.

Kellagher R E B, Watney G C G, 1986. Cardiac arrest during anaesthesia in two horses, Vet Rec 119: 347-349.

Levy W, Gillespie J R, 1972. Emergency ventilator for resuscitating apneic horses, J Am Vet Med Assoc 161: 57-60.

McGuirk S M, Muir W W, 1985. Diagnosis and treatment of cardiac arrhythmias, Vet Clin North Am (Equine Pract) 1: 353-370.

Moon P F et al., 1991. Effects of a highly concentrated hypertonic saline-dextran volume expander on cardiopulmonary function in anesthetized normovolemic horses, Am J Vet Res 52 (10): 1611-1618.

Muir W W, McGuirk S M, 1985. Pharmacology and pharmacokinetics of drugs used to treat cardiac disease in horses, Vet Clin North Am (Equine Pract) 1: 335-352.

Palmer J E, 2007. Neonatal foal resuscitation, Vet Clin North Am (Equine Pract) 23 (1): 159-182.

Radhakrishnan R S et al., 2006. Hypertonic saline resuscitation prevents hydrostatically induced intestinal edema and ileus, Crit Care Med 34 (6): 1713-1718.

Schleien C L et al., 1989. Controversial issues in cardiopulmonary resuscitation, Anesthesiology 71: 133-149.

Short C E, Cloyd G D, Ward J W, 1970. The use of doxapram hydrochloride with intravenous anesthetics in horses — Part I, Vet Med Small Anim Clin 65: 157-160.

Swanson C R, Muir W W, 1986. Dobutamine-induced augmentation of cardiac output does not enhance respiratory gas exchange in anesthetized recumbent healthy horses, Am J Vet Res 47: 1573-1576.

Takasu A, Sakamoto T, Okada Y, 2007. Arterial base excess after CPR: the relationship to CPR duration and the characteristics related to outcome, Resuscitation 73: 394-399.

Taylor P M, 1990. Doxapram infusion during halothane anaesthesia in ponies, Equine Vet J 22: 329-332.

Tyagi R et al., 2007. Hypertonic saline: a clinical review, Neurosurg Rev 30 (4): 277-289.

Watney G C G, Watkins S B, Hall L W, 1985. Effects of a demand valve on pulmonary ventilation in spontaneously breathing, anaesthetised horses, Vet Rec 117: 358-362.

Wernette K M et al., 1986. Doxapram: cardiopulmonary effects in the horse, Am J Vet Res 47: 1360-1362.

Witzel D A et al., 1968. Electrical defibrillation of the equine heart, Am J Vet Res 29 (6): 1279-1285.

Young L E et al., 1998. Temporal effects of an infusion of dobutamine hydrochloride in horses anesthetized with halothane, Am J Vet Res 59: 1027-1032.
Young S S, 1989. Jet anaesthesia in horses, Equine Vet J 21: 319-320.
Ziai W C, Toung T J, Bhardwaj A, 2007. Hypertonic saline: first-line therapy for cerebral edema, J Neurol Sci 261 (1-2): 157-166.

第 24 章
手术的麻醉用药方案及操作技术

要点：

1. 制订用于马麻醉的常规用药方案。

2. 根据马的病史、年龄、全身状况、手术操作需要以及疼痛的严重程度对麻醉用药方案进行调整。

3. 常备可以对手术中意外苏醒或需延长全身麻醉时间的马进行继续麻醉的注射用麻醉剂。

4. 对每匹施术的马进行监测并做好记录。

5. 对施术时间较长、操作复杂的手术要采取监护措施。

6. 成年马麻醉后的测定值为：心率＞25次/min，平均动脉血压＞70mmHg，呼吸频率＞4次/min，血氧饱和度（SpO_2）＞90%，呼吸末CO_2分压（$ETCO_2$）＜60mmHg。

新的麻醉药和麻醉技术的不断发展，为马临床麻醉的改进提供了基础。本章描述的是常用的麻醉方案，同时可为常见手术麻醉方案的选择提供参考。所描述的每个麻醉方案在具体应用时，均应根据施术马个体的不同而做相应调整。在每个病例中，指出了马麻醉期间常见的麻醉意外，并提供相应的解决方案。

一、去势术（表 24-1）

2岁、体重400kg的标准竞赛用马，施行去势术。手术当日禁食不禁水。麻醉前体格检查和血液检查（血常规、纤维蛋白原）结果正常。两侧睾丸均在阴囊内且可触及。手术场地选在一个草地围场，手术时间预计需要20min。用2%利多卡因2mL局部浸润麻醉后，将14G导管经皮置入左颈静脉并与皮肤缝合固定。通过导管给予麻醉药物，直到马麻醉苏醒后再将其移除。

将施术马牵至手术场地，按1mg/kg剂量静脉注射赛拉嗪400mg。约3min后，马驹对周围环境反应迟钝、不愿走动，表现共济失调、头部下垂、鼻子低于膝盖位置。用水冲洗口腔以去除异物，用注射器先抽取900mg氯胺酮（约2.2mg/kg），再抽取40mg地西泮（约0.1mg/kg），总体积17mL，快速静脉注射（参阅第12章和第13章）。握紧缰绳并尽力抬高马的头部，尽量使马驹卧倒时后躯先着地。注射氯胺酮/地西泮50s后马驹倒地，将其由胸卧位转至右侧卧位。在左后肢的踝关节处系保定绳，将左后肢抬起，暴露出阴囊。整个手术过程中持续监测马的眼征（麻醉深度）、心率、呼吸频率、黏膜颜色以及毛细血管再充盈时间。阴囊部清洗并消毒，每侧睾丸和精索的基底部注射2%利多卡因20mL，以降低钳夹和贯穿结扎精索时的反应。整个手术在10min内完成（从麻醉诱导开始算大约是15min）。30min后，去势马驹转至胸卧位，7min后站立。术后连续5d给予1g保泰松糊剂（口服，2次/d）。

问题1：马驹对麻醉前给药不敏感。

解决方案1：静脉追加注射赛拉嗪（0.3～0.5mg/kg），观察动物反应。

解决方案2：给予5%或10%的愈创木酚甘油醚溶液，出现麻醉迹象后（如精神沉郁、共济失调、无法支撑身体等），进行诱导麻醉。

问题2：手术时间比预期长。

解决方案1：静脉追加注射3mL体积比为2：1的氯胺酮（100mg/mL）与赛拉嗪（100mg/mL）混合液。

解决方案2：用5%葡萄糖液配制5%愈创甘油醚溶液500mL，其中加入500mg氯胺酮和250mg赛拉嗪，静脉注射。

表24-1　去势术的麻醉方案

镇静	赛拉嗪（1mg/kg，IV）
麻醉	地西泮（0.1mg/kg，IV）配合使用氯胺酮（2.2mg/kg，IV） 利多卡因（2%，20mL，精索局部注射）
术后镇痛	保泰松（2mg/kg，2次/d，口服）

二、关节镜检查（表24-2）

3岁纯种雌性赛马，体重450kg，手术治疗双侧桡骨远端骨折。麻醉前体格检查及血液检查（血常规、纤维蛋白原）结果均在正常范围内。预计手术时间为75min。术前8h禁食但不禁水，用水冲洗口腔以去除异物。麻醉诱导前30min肌内注射10mg地托咪定（约20μg/kg），以利于完成术部除毛。用2%利多卡因2mL局部浸润麻醉后，将给予麻醉药物和等渗液体所需要的14G导管经皮置入左颈静脉并与皮肤缝合固定，以防止手术过程中意外滑脱。麻醉前20min静脉注射保泰松2g。

将施术马带到诱导区，后肢置于角落，身体靠墙。经静脉追加注射3mg地托咪定，4min

后，用注射器先抽取1g氯胺酮（约2.2mg/kg），再抽取45mg地西泮（0.1mg/kg），总体积共17mL，快速静脉注射。在给药40s后，当马后躯着地呈胸卧位时，将其头部抬高到正常位置，随后转为侧卧位。口腔放置牙垫（5cm PVC管，参阅第14章），将内径为26mm带气囊的气管插管插入气管。将气囊充气并将气管插管连接到大动物密闭式吸入麻醉机。初始氧流量设置为10L/min，异氟醚挥发罐设置为3%。施术马仰卧在25cm厚的泡沫橡胶垫上。整个手术过程中持续监测和记录马的眼征（麻醉深度）、心率、呼吸频率、黏膜颜色以及毛细血管再充盈时间。将21G导管插入面部动脉，持续测定动脉血压，定期无氧采集动脉血进行pH值和血气分析。以10mL/（kg · h）的速度静脉滴注乳酸林格氏液（LRS），麻醉诱导15min后出现眼睑反射减弱、自主眨眼停止、眼球震颤消失时，将氧流量降至3L/min，异氟醚浓度降至2%。麻醉诱导20min后动脉压为112/58/76mmHg（收缩压/舒张压/平均值），整个手术过程中平均动脉压变化范围不超过7mmHg。在麻醉诱导30min至麻醉形成前采集的动脉血气样本显示：pH为7.28，动脉血中的二氧化碳分压（$PaCO_2$）是65mmHg，动脉血中的氧分压（PaO_2）为175mmHg，表现为原发性呼吸性酸中毒（0.25×0.05=0.125；7.40－0.125 = 7.28；参阅第8章）；在潮气量为7L时（吸气时间1.3s）控制通气，呼吸频率为6次/min，产生24cmH_2O的吸气压力，用于后续麻醉。停止控制通气前采集的动脉血气样本检测显示pH为7.38，$PaCO_2$为45mmHg，PaO_2为225mmHg。手术结束时给施术马打好绷带，然后转移到苏醒区，静脉注射2mg地托咪定。用保定绳将马头和马尾吊起辅助其苏醒（参阅第21章）。在苏醒区30min后，将马调整为胸卧位，维持10min后，此马开始第一次尝试站立。术后5d连续给予1g保泰松糊剂，每日2次。

表24-2　关节镜检查的麻醉方案

镇静	地托咪定（22μg/kg，IM）（T-30min） 地托咪定（6.6μg/kg，IV）（T-3min）
麻醉	地西泮（0.1mg/kg，IV）配合使用氯胺酮（2.2mg/kg，IV） 氧气中异氟醚浓度从 3% 降至 2%，控制通气
苏醒	地托咪定（4.4μg/kg，IV）
术前和术后镇痛	术前：保泰松（2mg/kg，IV） 术后：保泰松（2mg/kg，2 次 /d，口服）

问题1：施术马在过渡到吸入麻醉时麻醉过浅。

解决方案1：追加4mL体积比为1 ： 1的氯胺酮（100mg/mL）和地西泮（5mg/mL）混合液。

解决方案2：静脉注射0.5～1mg/kg的硫喷妥钠以增强催眠、肌松和制动。硫喷妥钠是一种很好的催眠和肌肉松弛剂，非常有利于氯胺酮-地西泮麻醉的马的气管插管。

解决方案3：通过关闭压力安全阀、在Y形管的末端放置胶塞、将异氟醚挥发罐调至2%以及氧流量控制在6～10L/min，即可使吸入麻醉回路的异氟醚浓度维持在2%。在呼吸气囊充满时，即可关闭氧流量。马进入麻醉后，立即移除Y形接管上的胶塞，并与气管插管连接。这样做可以从吸入麻醉开始就使用维持浓度的异氟醚来麻醉马，并避免了用氧气和吸入麻醉剂平衡麻醉回路所需的10～20min的延长时间。

问题2：当麻醉停止时，马不能开始自主呼吸。

解决方案1：将呼吸频率降至2次/min，使马脱离呼吸机。当麻醉减轻，并且$PaCO_2$＞50～55mmHg或$ETCO_2$＞55～60mmHg时，大多数马开始自主呼吸。

解决方案2：静脉注射0.05～0.1mg/kg的多沙普仑。多沙普仑能够帮助马从轻度麻醉过程中苏醒并开始自主呼吸。

三、关节固定术（表24-3）

一匹用于障碍赛的美国夸特马，6岁，体重425kg，右前肢施行关节固定术。麻醉前体格检查及血液检查（血常规、纤维蛋白原、化学成分）结果均在正常范围内。这匹马在术前7个月已连续给予保泰松（1g，2次/d）。术前6h禁食但不禁水。用水冲洗口腔以去除异物。将14G导管经皮置入左颈静脉，便于给予麻醉药物和等渗液体。预计手术所需麻醉时间为180min。

麻醉诱导前30min肌内注射地托咪定10mg（约20μg/kg），便于完成术部除毛和外科准备。将马牵至麻醉诱导区，静脉注射地托咪定2mg以增强镇静作用。用注射器先抽取氯胺酮1g（约2.2mg/kg），再抽取地西泮50mg（约0.1mg/kg），总体积共20mL，快速静脉注射形成麻醉。将张开器（PVC管）置于上下门齿之间，用内径为26mm带气囊的气管插管插入气管并连接到大动物密闭式吸入麻醉机。整个手术过程中持续监测并记录马的眼征（麻醉深度）、心率、呼吸频率、黏膜颜色以及毛细血管再充盈时间。施术马右侧卧在25cm厚的泡沫橡胶垫上。右（下侧）前肢向前拉，在前后肢之间放置保护垫。初始氧流量设置为10L/min，异氟醚挥发罐设置为3%。将21G导管插入面部动脉，持续测定动脉血压，定期无氧采集动脉血进行pH和血气分析。初始平均动脉压为85mmHg。以10mL/（kg·h）的速度静脉滴注乳酸林格液（LRS），控制通气为潮气量7L（吸气时间1.2s）；呼吸速率为6次/min，吸气压力为26cmH_2O。在麻醉诱导15min后，将氧流量降至3L/min。当眼睑反射减慢，自主眨眼停止，眼球震颤消失时，将异氟醚挥发罐的设置降至2%。用不少于10min的时间静脉推注利多卡因850mg（2mg/kg），在手术过程中按照3mg/（kg·h）的速率持续静脉输注（参阅第13章）。在手术开始前立即肌内注射吗啡45mg（0.1mg/kg），并在整个手术过程中以0.1mg/（kg·h）的速度持续输注（参阅第13章）。在输注吗啡15min后将异氟醚挥发罐设置降至1.25%。在异氟醚挥发罐设置降至1.25%后15min，动脉血压稳定在107/58/77mmHg（收缩压/舒张压/均值），整个手术过程中变化范围不超过9mmHg。启动控制通气30min后，动脉血气分析数据为：pH7.38，$PaCO_2$

45mmHg，PaO_2 325mmHg。

手术顺利完成后，将马移至苏醒区，并静脉注射地托咪定2mg，以促进吸入麻醉剂的清除并使苏醒过程趋于平稳。自动供气阀有助于通气和增氧，用保定绳将马头和马尾吊起辅助马的站立。在苏醒区55min后，施术马再次尝试站立，静脉注射2mg/kg保泰松和0.1mg/kg吗啡用于术后镇痛。

问题：制订不易造成低血压的可靠的麻醉方案。在完成一些像骨科、腹部等大手术时，吸入麻醉剂的使用浓度常导致许多马出现低血压（平均动脉血压＜ 60mmHg）。减小吸入麻醉剂的浓度可以提高动脉血压，但通常会导致麻醉过浅和马在术中不能保持安静的情况。

解决方案：止痛药或麻醉镇痛剂的使用可改善镇痛效果，且不会产生明显的心血管抑制。大多数马的吸入麻醉剂浓度可减少25%～ 50%，从而显著升高动脉血压和血流量。无论是单独给予利多卡因、美托咪定、地托咪定、布托啡诺和吗啡，还是将吗啡-利多卡因-氯胺酮复配使用，均可增强吸入麻醉的效果（参阅第13章）。吗啡-利多卡因-氯胺酮复配使用能够有效降低吸入麻醉的剂量,并能够改善马的血流动力学指标。3h后停止输注。

将60mL利多卡因、3mL吗啡和7mL氯胺酮加入5LLRS中，并以每小时10mL/kg的速度输注。这种输注速度每小时可将吗啡浓度维持在0.1mg/kg、利多卡因为3mg/kg、氯胺酮为1.5mg/kg。

表24-3　关节固定手术麻醉方案

镇静	地托咪定（22μg/kg，IM）（T-30min） 地托咪定（96.6μg/kg，IV）（T-3min）
麻醉	地西泮（0.1mg/kg，IV）配合使用氯胺酮（2.2mg/kg，IV） 氧气中异氟醚浓度从3%降至2%，然后降至1.25%，控制通气
1.25%异氟醚维持术中麻醉	静脉快速推注2mg/kg利多卡因，15min后每小时输注3mg/kg 静脉注射0.1mg/kg吗啡
苏醒	地托咪定（4.5μg/kg，IV）
术后镇痛	保泰松（2mg/kg，2次/d，连续5 d，口服） 吗啡（0.1mg/kg，IM，2次/d，连续3d）

四、鼻中隔切除术（表24-4）

10岁已阉割的温血马，体重650kg，因肿瘤需切除鼻中隔。麻醉前体格检查及血液检查（血常规、纤维蛋白原、化学成分）结果除血细胞比容是24%，低于参考值（35%～45%）外，其他均在正常范围内。通过主侧和次侧配血，确定一匹供血马，共采集了8L全血。术前8h禁食但不禁水，清水冲洗口腔以去除残渣。2%利多卡因2mL局部浸润麻醉后，将14G导管经皮置入一侧颈静脉，便于给予麻醉药物、等渗液体、胶体液以及血液。颈部腹侧面除毛以便实施气管切开术。预计总麻醉时间为90min。

将马牵至诱导区，按照0.5mg/kg静脉注射赛拉嗪325mg。马开始变得安静后，静脉追加注射150mg赛拉嗪以达到最佳镇静状态。快速静脉注射1.3g氯胺酮（约2mg/kg）和50mg地西泮（约0.1mg/kg）混合液23mL，以达到麻醉。将张开器（PVC管）置于上下门齿之间，将内径为26mm带气囊的气管插管插入气管。气囊充气后，将气管插管连接到大动物密闭式吸入麻醉机。通过关闭压力安全阀、在Y形管的末端放置胶塞、将异氟醚（七氟醚兼用）挥发罐调至3%以及氧流量设置在6L/min，即可使吸入麻醉回路中七氟醚的浓度维持在3%。在呼吸气囊充满时，即可关闭氧流量。初始新鲜气体流量设置为3L/min，七氟醚挥发罐初始设置为3%。整个手术过程中持续监测并记录马的眼征（麻醉深度）、心率、呼吸频率、黏膜颜色以及毛细血管再充盈时间。马仰卧保定，实施颈胸段气管造口术。取出气管内导管，将内径为24mm的气管插管插入气管内，手术期间通过该气道维持麻醉。施术马右侧卧在25cm厚的泡沫橡胶垫上，向前拉右侧（下方）前肢，在前后肢之间放置保护垫。以10mL（kg · hr）的速度静脉滴注乳酸林氏格液。将21G导管插入左后肢跖骨背侧动脉，持续测定动脉血压，定期无氧采集动脉血进行pH和血气分析，初始平均动脉血压为75mmHg。七氟醚挥发罐维持在2% ～ 3%，并根据眼睑和角膜反射以及眼球震颤情况将氧流速控制在3L，自主呼吸频率在8次/min。马鼻中隔切除术的失血量大约为15L，出血期间平均动脉血压降至55mmHg。将七氟醚浓度降至2.25%，静脉给药流速增至30mL/（kg · h），15min内静脉注射6%羟乙基淀粉2L（用7%高渗盐水配制）。在完成补液后，静脉输血8L。此后手术和麻醉过程中平均动脉压升高并保持在（79±5）mmHg。用纱布填塞鼻腔，闭合切口。不拔除气管插管，将马转移至苏醒区，用保定绳将马头和马尾吊起辅助马的站立。在苏醒区35min后，马翻滚至胸卧位，并开始尝试站立。将马牵至马厩后，去除气管插管，放置标准的J形气管造口管。

问题1：很多外科手术中都会出现失血。成年马的血容量约为70mL/kg（本病例马体重650kg，总血容量为45.5L）。在急性失血过程中，马的血细胞比容和总蛋白变化不明显，但在麻醉期、晶体液补给以及低血压的情况下会出现PCV和TP降低（参阅第3章）。失血量超过预估总血容量的15% ～ 20%时，机体会出现心动过速或血管收缩等代偿反应，而麻醉剂会减弱代偿反应。这匹马的失血量占总血量的33%（15/45.5，23mL/kg），属于中度失血。中度失血可导致肠和骨骼肌缺血，使马易患肌病、腹泻以及内毒素血症。

解决方案：在麻醉前和麻醉中，应监测并记录所有预计会大量失血或正在大量失血的马的血细胞比容和总蛋白。对术前PCV和TP值在正常范围内，术中急剧下降至PCV＜20%且TP＜3.5g/dL的马应该立即输血，如果没有合适的血源，可用白蛋白或其他胶体液来代替。由于晶体液（LRS；0.9%NaCl）在血管中的存留时间短，因而对改善因失血或吸入麻醉剂引起的低血压无明显效果。晶体液不具有胶体渗透压，可很快重新分布到间质液中（参阅第7章）。当快速静脉补充晶体液［＞ 20mL/（kg · h）］时，动脉血压可能会上升，但一旦流速减慢或停止，动脉血压就会降低到初始值或更低。此外，晶体液还会稀释PCV、TP、电解质（如K +）以及H+缓冲液（稀释性酸中毒）。与血浆相比，高渗盐水（7%，3～4mL/kg，Ⅳ）具有高渗性，以小剂量静脉注射（3mL/kg）会产生有益的血液动力学效应。溶解于生理盐水或LRS（人造血浆溶液）的6%羟乙基淀粉，5mL/kg（20mL/kg总剂量）产生的胶体渗透压大约是血浆的2倍。两种液体都能立即持续增加血容量，造成动脉血压的升高和血流量的增加。

问题2：通过气管造口术将气管插管插入患马气管以促进其苏醒。施行气管内插管以及麻醉期间由于血液稀释（LRS输注造成）、大失血、低血压等导致的PCV和TP降低均可增加患马出现鼻水肿和上呼吸道阻塞的概率。一旦拔除气管插管，一系列鼻水肿的症状就会出现，包括用力呼吸（腹部提升）、减少用鼻呼吸、打鼾以及应激反应（不安、恐惧）。

解决方案：装置鼻咽管或鼻气管并将其固定在马笼头上。一旦有迹象表明气流可以通过另一侧鼻孔，就可以将其取下（参阅第22章）。

表24-4　鼻中隔切除手术麻醉方案

镇静	赛拉嗪（0.5mg/kg，IV） 赛拉嗪（0.2mg/kg，IV）
麻醉	地西泮（0.07mg/kg，IV）配合使用氯胺酮（1.8mg/kg，IV） 气管造口术 氧气中七氟醚浓度先设置为3%然后根据需要降至2%～3%
失血的输液疗法	乳酸林格氏溶液中加入羟乙基淀粉（人造血浆） 6%羟乙基淀粉中加入高渗盐水（7%）：3mL/kg，IV 6%羟乙基淀粉中加入1mL 23.4%的NaCl，3mL/kg 全血（8L，IV）
术后镇痛	保泰松（2mg/kg，2次/d，IV）

五、腹部探查术治疗急腹痛（表24-5）

18岁已阉割的阿拉伯马，体重475kg，腹痛已持续至少4h。主诉上午8点钟发现这匹马躺在马厩里，进行治疗后仍持续腹痛而就诊。在农场时给患马插入鼻胃管并排出了大量绿色液体，就诊前已将鼻胃管拔除。术前检查发现马能够站立但精神沉郁，脉率70次/min，呼吸频率为30次/min；腹部膨胀，直肠检查可触及多个小肠襻。再次插入鼻胃管，排出大约5L的绿色液体后将鼻胃管留在原位。血液学检查提示血液浓缩（PCV为65）和白细胞增多。用2%利多卡因2mL局部浸润麻醉后，将14G导管经皮置入一侧颈静脉，随后快速静脉注射10L乳酸林格氏液，静脉注射赛拉嗪250mg（约0.5mg/kg）并按计划进行剖腹探查术。整个手术和麻醉时间预计为180min。

将马牵至诱导区，静脉追加注射赛拉嗪200mg。患马在给药后2min内开始镇静。用5%愈创甘油醚（溶在5%葡萄糖中）20g静脉推注，直至患马头下垂至膝盖以下，表现出无力（膝盖弯曲）和共济失调。然后静脉注射725mg氯胺酮（约1.5mg/kg），马在45s后倒地侧卧。将内径为26mm带气囊的气管插管经口腔张开器（PVC管）插入气管。将马仰卧保定并连接到带有呼吸机的密闭式吸入麻醉机。整个手术过程中持续监测并记录马的眼征（麻醉深度）、心率、呼吸频率、黏膜颜色以及毛细血管再充盈时间。初始氧流量设置为10L/min，七氟醚挥发罐设置为4%。在手术打开腹腔或可测量动脉血压后，将呼吸机设置为每分钟呼吸2次，吸气压力为30cmH_2O。将21G导管插入面动脉中以连续测定动脉血压并定期无氧采集动脉血样品用于检测pH和血气分析。初始心率为62次/min，动脉血压为75/30/45mmHg（收缩压/舒张压/平均值）。呼吸机每次循环时（吸气），收缩压升高8mmHg以上，然后比75mmHg的平均收缩压回落5mmHg（这是由呼吸机停止循环决定的）。在随后的30min内，先注射LRS（20mL/kg）10L和6%羟乙基淀粉5L（10mL/kg），然后按1g/（kg · min）的速度推注多巴酚丁胺。5min后动物的平均血压升到73mmHg。打开腹腔时，呼吸频率增加到6次/min，潮气量增至6L。静脉快速推注1g（2mg/kg）利多卡因［5min，3mg/（kg · h）］，将七氟醚浓度降至2%，氧流速降至3L/min。输注利多卡因5min后，平均动脉压降至62mmHg。动脉血气分析（pH7.26、Pa$CO_2$59mmHg，Pa$O_2$75mmHg，BE－7mEq/L）提示低氧张力混合酸中毒。将潮气量增至7L，以降低动脉二氧化碳分压。多巴酚丁胺输注量增加到2g/（kg · min），以改善动脉血压、肺血流以及降低通气灌注不良，从而增加氧气的输送。平均动脉压增至76mmHg，动脉血气分析结果为pH7.31、PaCO_2 42mmHg、PaO_2 80mmHg。在之后的手术和麻醉过程中，静脉注射1g/（kg · min）的多巴酚丁胺将平均动脉压维持在71～76mmHg。由于绞窄性肠梗阻，切除了约15ft的小肠。多黏菌素B（每450kg 1L LRS中含300万单位）用于治疗内毒素血症。将马移至苏醒区，患马开始表现焦虑，前5min内试图站起来，但身体受限。静脉注射赛拉嗪100mg帮助缓慢苏醒，静脉注射氟尼辛葡甲胺1mg/kg用于止痛。

问题1：收缩压的周期性变化与机械通气的吸气阶段有关，与机械通气相关的收缩压变化（SPV）是心肺功能不良的表现，更常见的是血容量不足（图17-11）。

解决方案1：当SPV大于10mmHg时，提示需要进行液体治疗，但液体的选择至关重要。由于晶体能迅速重新分布到血管外（胞间质），因而晶体产生的动脉血压升高幅度最小且是暂时的；6%羟乙基淀粉（5～10mL/kg）和7%高渗盐水（3mL/kg）分别具有胶体渗透压和高张作用，均可迅速且持续地增加血管容积，并将液体从间隙转移至血管腔（自体输血）。

解决方案2：多巴酚丁胺可用来提高麻醉马的动脉血压。正常马和中度病马在麻醉时出现低血压，多巴酚丁胺呈剂量依赖性地增加血压、心输出量及肠道和骨骼肌血流量，而不会引起心率增加。如果给药过快［＞ 3～5μg/（kg · min）］或患马严重应激和明显低血压（休克），多巴酚丁胺可能会引起窦性心动过速或室性心律失常，提示需要通过补液来恢复血管容量以及心肌和组织灌注。当多巴酚丁胺剂量超过3～5μg/（kg · min)时，患马反应迟钝或丧失反应，预后不良。

解决方案3：通过静脉推注麻黄碱（0.03～0.06mg/kg）以增加动脉血压和心输出量。动脉血压逐渐升高，通常有延迟。麻黄碱最好用于预防平均值低于正常值（60～70mmHg）的马的低血压，或预期因手术（如摘除眼球、关节融合术）麻醉深度增加而导致的动脉血压降低。

问题2：过早尝试站立。马在完全从麻醉中苏醒并且能够支撑自身体重之前，常见其呈胸卧姿势并尝试站立。在持续时间3h以上的手术或麻醉后，大多数马需要30～40min来消除吸入麻醉剂的影响。在苏醒期间处于疼痛状态的马更有可能试图过早站立。然而，过早地站立尝试可能导致多次站立失败，产生过度兴奋和恐惧，并使马出现应激、擦伤甚至骨折。

解决方案1：α_2-肾上腺素受体激动剂（例如，赛拉嗪，0.1～0.2mg/kg，IV）可平稳苏醒过程的所有阶段，为消除吸入麻醉剂和注射药物提供了额外的时间。

解决方案2：肌内注射0.1mg/kg的硫酸吗啡具有镇痛作用，并可缩短苏醒时间。

表24-5　腹部探查术麻醉方案

镇静	赛拉嗪（0.5mg/kg，IV） 赛拉嗪（0.4mg/kg，IV）
麻醉	愈创甘油醚（40mg/kg，IV）然后是氯胺酮（1.5mg/kg，IV） 七氟醚（先是4%然后2%）；控制通气
术中镇痛	利多卡因（2mg/kg，15min内快速推注），3mg/（kg·h）输注
低血压液体疗法	乳酸林格氏溶液中加入羟乙基淀粉（Hextend）：5L（10mL/kg，IV） 多巴酚丁胺［1～2μg/（kg·min），IV］
苏醒	赛拉嗪（2μg/kg，IV）
术后镇痛	氟胺烟酸（1mg/kg，1次/d）

六、眼科手术（表24-6）

阿帕鲁萨马驹，1岁，体重350kg，应用超声乳化术治疗右眼白内障。麻醉前体格检查及血液检查（血常规、纤维蛋白原和化学成分）结果均在正常范围内。预计麻醉持续时间需要45～60min，完成该手术需要眼部肌肉的完全松弛。麻醉诱导前20min肌内注射地托咪定7mg（约20μg/kg），以便完成静脉导管装置和清洗口腔。

将马驹牵至诱导区，静脉注射5%愈创甘油醚15g后出现肌无力、共济失调。在出现完全肌松时，快速静脉推注1g硫喷妥钠（约3mg/kg）。在20s内，马驹倒地，将其放平呈侧卧位。上下切齿间放置PVC开口器，并将内径为22mm带气囊的气管插管经口插入气管。将气管插管连接到带有呼吸机的标准大动物麻醉机上。马驹左侧卧于手术台上，将头部保定置于保护垫上，向前拉左前肢，护垫置于前后肢之间。打开挥发罐并将异氟醚初始浓度设置为3%，氧流量设置为10L/min。整个手术过程中持续监测并记录马的眼征（麻醉深度）、心率、呼吸频率、黏膜颜色以及毛细血管再充盈时间。当呼吸频率为6次/min，潮气量为5L时，开始控制通气。将21G导管插入右后肢跖骨背侧动脉，持续测定动脉血压，定期无氧采取动脉血进行pH和血气分析。初始平均动脉血压为63mmHg，在麻醉开始后的15min内逐渐升高至78mmHg。此时，异氟醚挥发罐浓度调整为2%，氧流量相应调整为3L/min。

静脉注射阿曲库铵35mg（约0.1mg/kg）以放松眼部肌肉，便于固定眼球。白内障摘除术（超声乳化术）在25min内完成，术后5min肛门括约肌张力和角膜反射开始恢复正常。动脉血气分析显示pH 7.38、$PaCO_2$ 42mmHg、PaO_2 463mmHg。将呼吸频率降至2次/min，胸腹部自主呼吸在6min内恢复。将马驹移至苏醒区，静脉注射赛拉嗪50mg以产生镇静作用，延长苏醒时间。断开麻醉机45min后，在没有协助的情况下马驹第一次尝试并成功站立。

问题：当呼吸频率降至2次/min时，马驹无法恢复自主呼吸。神经肌肉阻滞药物（NMBDs）导致骨骼肌麻痹（参阅第19章）。注射和吸入麻醉药、氨基糖苷类抗生素以及低血压、低温和酸血症均可增强和延长NMBDs的药效。阿曲库铵是首选的非去极化NMBDs，因为它具有剂量依赖性，且药效是可逆的，作用持续时间是可预判的（表19-1）。

解决方案1：持续保持控制通气，直到马驹开始自主呼吸。监测马驹的呼吸速率、潮气量以及$PaCO_2$和PaO_2，对确保充分通气和防止低氧血症是非常重要的。

解决方案2：所有非去极化的NMBDs都可以通过给予乙酰胆碱酯酶抑制剂来颉颃（逆转）（表19-1）。该马驹可通过静脉注射0.02～0.04mg/kg的新斯的明或0.3～0.5mg/kg的氯化腾喜龙来颉颃阿曲库铵的作用和加速恢复自主呼吸。应在使用乙酰胆碱酯酶抑制剂之前给予抗胆碱能药［格隆溴铵（0.005mg/kg，IV）］，以阻止乙酰胆碱酯酶抑制胆碱能（迷走神经）的效应。

表24-6　眼科手术的麻醉方案

镇静	地托咪定（20μg/kg，IM）（T-20min）
麻醉	愈创木酚甘油醚（42mg/kg，IV），然后是硫喷妥钠（3mg/kg，IV） 异氟醚（2%～3%）控制通气
外周骨骼肌松弛（麻痹）	阿曲库铵（0.05mg/kg，IV）阿曲库铵颉颃剂（如果需要）：格隆溴铵（5μg/kg，IV） 新斯的明（0.05mg/kg，IV）或氯化腾喜龙（0.5mg/kg，IV）
苏醒	赛拉嗪（1.5μg/kg，IV）
术后镇痛	术前给予保泰松（2mg/kg，IV）

七、役用马的麻醉（表 24-7）

5岁克莱兹代尔阉马，体重900kg，手术治疗左侧喉偏瘫（喘鸣症）。患马在休息时呼吸正

常，但在运动时出现呼吸杂音。体格检查及血液检查（血常规和纤维蛋白原）结果均在正常范围内。术前6h禁食不禁水，清水冲洗口腔以去除异物。在麻醉诱导前30min肌内注射赛拉嗪900mg（1mg/kg），以便完成术部除毛和插入静脉导管。该剂量的赛拉嗪可导致患马头部下垂并开始出现共济失调。用2%利多卡因2mL局部浸润麻醉后，将14G导管经皮置入右颈静脉，便于给予麻醉药物和等渗液体。预计麻醉时间为90min。

将马牵至诱导区，静脉追加注射赛拉嗪300mg（约0.3mg/kg）深度镇静（低头、不愿运动、共济失调、步履蹒跚）。随后静脉注射地西泮50mg（约0.05mg/kg）和氯胺酮1 500mg（约1.5mg/kg）的混合液（共计25mL）以产生麻醉作用。给药后50s内患马先后躯倒地，随即取胸卧位，将其取右侧卧姿势并经口插入30mm带气囊的气管插管。起初以5%七氟醚、氧流量为10L/min来维持麻醉，并以10mL/（kg · h）的速度静脉注射乳酸林格氏液。整个手术过程中持续监测并记录马的眼征（麻醉深度）、心率、呼吸频率、黏膜颜色以及毛细血管再充盈时间。将21G导管插入左后肢跖背动脉，持续测定动脉血压，无氧动脉血进行pH和血气分析。将七氟醚浓度降至3%，氧流量降至5L/min，平均动脉血压为67mmHg，通过静脉注射多巴酚丁胺1μg/（kg · min），将动脉压稳定在75mmHg或以上。本手术是为患马植入假喉（人工喉）以治疗左侧喉偏瘫。假喉植入后，将患马翻转呈仰卧姿势，排出气管插管气囊内的气体，将气管插管向外拔出至咽部。经环甲膜施行喉切除术，重新将气管插管插入。将马移至苏醒区并静脉注射赛拉嗪100mg（约0.1mg/kg）。将一根绳子系在笼头上，用于苏醒时给予其帮助，但不必要在尾部装置绳子。断开麻醉机15min后，将患马翻转至胸卧位，在4min后尝试站立。

问题：在停止吸入麻醉后，是否有足够的时间来完成其他的手术操作。新型的吸入麻醉剂（异氟醚、七氟醚、地氟醚）与氟烷相比更安全，且血气分配系数更低（参阅第15章）。血气分配系数较低的麻醉剂因其麻醉诱导和麻醉苏醒较快，更有利于控制麻醉深度。七氟醚比氟烷和异氟醚的血气分配系数低，因此，使用七氟醚麻醉能更好地控制麻醉深度和达到快速苏醒，尤其是役用马在进行麻醉时。在用七氟醚给马全身麻醉时，如果还要进行其他手术操作（比如喉室切除术、石膏固定），可能需要一些替代方法来维持麻醉。

解决方案1：静脉注射麻醉可用于吸入麻醉的补充。将2.2g氯胺酮和500mg赛拉嗪加入1L 10%愈创甘油醚中，静脉注射，直到手术结束。

解决方案2：将0.4mg/kg氯胺酮和0.2mg/kg赛拉嗪联合静脉注射，可以延长5～15min麻醉时间。

解决方案3：根据需要，增加硫喷妥钠（0.4mg/kg）的静脉推注量，可以延长5～10min麻醉时间。

表24-7 役用马的麻醉方案

镇静	赛拉嗪（1mg/kg，IM）（T-30min） 赛拉嗪（0.3mg/kg，IV），诱导期
麻醉	地西泮（0.05mg/kg，IV）配合使用氯胺酮（1.7mg/kg，IV）； O_2 中七氟醚的浓度（先 5%，后 3%）
治疗低血压	多巴酚丁胺［1～2μg/（kg·min）］，IV
苏醒	赛拉嗪（0.1mg/kg，IV）
术后镇痛	保泰松（2mg/kg，IV）

八、马驹的麻醉（表 24-8）

3周龄安达卢西亚马驹，体重75kg，手术提升双侧跖骨远端骨膜治疗后肢外翻畸形。麻醉前体格检查及血液检查（血常规、纤维蛋白原、化学成分）结果除了双侧支气管肺泡呼吸音增高、血浆纤维蛋白原升高之外，其他均在正常范围内。整个手术过程和麻醉时间预计为45min。清水冲洗口腔去除异物之前可以哺乳。将18G导管置入左颈静脉，以便给予抗生素、麻醉药物和等渗液体。使用标准的小动物麻醉机来输送异氟醚和氧气。

马驹在母马（500kg）的陪伴下进入诱导区。给母马静脉注射赛拉嗪250mg（约0.5mg/kg）和乙酰丙嗪10mg（约0.02mg/kg）的混合液，以减轻与马驹分离所产生的应激反应。马驹静脉注射赛拉嗪35mg（约0.5mg/kg）镇静，然后静脉注射氯胺酮150mg（约2mg/kg）进行麻醉诱导。将14mm内径带气囊的气管插管经4cm内径的PVC张开器插入气管中，将气管插管与小动物麻醉机相连接。整个手术过程中持续监测并记录马的眼征（麻醉深度）、心率、呼吸频率、黏膜颜色以及毛细血管再充盈时间。异氟醚挥发罐麻醉剂浓度调整为3%，氧流量设置为3L/min，术中马驹呈仰卧姿势。10min后，异氟醚浓度降至2%，氧流量调整为1.5L/min。马驹心率为52次/min,脉搏规整且易触及。以10mL/（kg·h）的速度静脉注射乳酸林格氏液。在马驹尝试站立时，术者用一只胳膊抱住其颈部，另一只手抓住其尾部以帮助马驹苏醒。在苏醒区15min后，马驹可以自主站立。

问题：动脉血压的测定。从技术上讲，由于马驹的血管很细，马驹的动脉插管很困难。另外，由于手术和麻醉时间短，通常认为不需要动脉插管。不过，可能会出现低血压，并导致体温过低，延长苏醒时间。

解决方案：将大小合适的（可）充气臂带（尾部周长的0.4～0.5倍）套在尾部末端，进行无创间接血压测定。用示波法测定马驹的收缩压是可靠且准确的。收缩压应保持大于90mmHg（参阅第8章）。

表24-8　母马/马驹的麻醉方案

镇静	母马：赛拉嗪（0.5mg/kg，IV） 然后是乙酰丙嗪（0.02mg/kg，IV） 马驹：赛拉嗪（0.5mg/kg，IV）
麻醉	氯胺酮（2mg/kg，IV） 在小动物麻醉机 O_2 中异氟醚的浓度（先是3%，后降至2%）
苏醒	人工辅助
术后镇痛	布托啡诺（0.05mg/kg，IM，3次/d）

九、马驹膀胱破裂手术的麻醉（表24-9）

3日龄雄性密苏里狐步小马，体重45kg，因腹部膨胀准备施行手术。小马出生时表现正常，且被护理的很好。两天后，马驹出现食欲不振、精神沉郁，腹部逐渐增大，呼吸急促且心动过速。超声诊断显示腹腔内有游离液体，推测是膀胱破裂。血常规检测结果提示血细胞比容增加，白细胞轻度增多。血清学分析提示低氯血症（80mEq/L）、低钠血症（115mEq/L）和高钾血症（6.3mEq /L）。血清肌酐浓度为4.1mg/dL，血尿素氮浓度为66mg/dL。腹腔穿刺时流出大量黄色液体。将导管留在原位。除心动过速外（心率70次/min），心电图无明显异常。将18G导管置入左颈静脉，给予2L 0.9%生理盐水葡萄糖（5%）。采用腹部探查术治疗膀胱破裂。马驹在被带到麻醉诱导区之前可以哺乳，到达诱导区后，用清水冲洗口腔以去除异物。整个手术和麻醉时间预计为90min。

多次血清学检测结果显示血钠浓度为125mEq/L，血钾浓度为5.5mEq/L。马驹精神好转，但仍排尿困难。马驹静脉注射赛拉嗪20mg（约0.05mg/kg），用8mm内径带套囊的气管插管进行鼻气管插管，并将其连接到小动物麻醉机。初始氧流量调整为3L/min，七氟醚挥发罐设置为4%，采用人工辅助通气。马驹仰卧保定，用直径12mm的口腔气管插管替换鼻气管插管。整个手术过程中持续监测并记录马的眼征（麻醉深度）、心率、呼吸频率、黏膜色泽以及毛细血管再充盈时间。将21G特氟隆导管插入到眼下方尾端的面横动脉，测定初始收缩压和平均动脉压分别为78mmHg和50mmHg。将七氟醚浓度降至2.5%，静脉注射10%氯化钙（0.2mL/kg）。心电图监测显示窦性心动过缓，P波变平或消失，QRS波群增宽以及T波高尖伴随QT间期缩短，提示有高钾血症迹象。手术修复膀胱破裂，马驹顺利康复。

问题：代谢性酸中毒和高钾血症是马驹膀胱破裂常见的问题。动脉pH低于7.20，血清 K^+ 浓度高于6mEq /L时即可增强麻醉药的药效，导致心肌收缩力减弱，血管扩张，血管低反应性，最终导致休克和心血管衰竭。

解决方案1：针对病因来治疗代谢性（非呼吸）酸中毒。通过外科手术修复膀胱破裂，恢复血压、血流量以及组织灌注，迅速调节酸碱平衡和电解质异常。

解决方案2：静脉注射1mEq/kg的碳酸氢钠治疗代谢性酸中毒（pH ＜7.20）。

解决方案3：氯化钙或葡萄糖酸钙可改善心血管功能（10% $CaCl_2$ 0.2mL/kg，Ⅳ）。在紧急情况下可以给予肾上腺素（参阅第23章）。

解决方案4：以4～5mg/（kg · min）的速度输注葡萄糖，同时监测血液葡萄糖浓度。

表24-9　马驹膀胱破裂手术麻醉方案

镇静	赛拉嗪（0.4mg/kg，IV）
麻醉	鼻插管 在小动物麻醉机 O_2 中七氟醚的浓度（先4%，后降至2.5%）
治疗高血压	氯化钙或葡萄糖酸钙（20mg/kg，IV） 碳酸氢钠（1mEq/kg，IV） 葡萄糖［4～5mg/（kg·min）］；监测血糖
苏醒	人工辅助
术后镇痛	根据需要肌内注射布托啡诺（0.05mg/kg）

第 25 章 麻醉风险与安乐死

要点：

1. 马的麻醉发病率与死亡率较其他动物要高。

2. 需要一位观察能力强、学历高、受过良好训练且有经验的麻醉医生去完成麻醉和监护。

3. 进一步提高操作和流程标准化，精确和翔实记录数据、良好的交流能力，是降低不良反应发生概率的关键。

4. 安乐死意味着“舒适地”或无痛苦地死亡。

5. 安乐死理论上包含致死过程减少应激、镇痛和意识丧失。

6. 在北美地区进行安乐死时，偏好超量静脉注射戊巴比妥钠。击晕枪和手枪也适用于安乐死，但是需要由经过训练且有经验的操作人员完成。

7. 鉴于麻醉因素，安乐死需要两步，即诱导麻醉和致死。

8. 由于可能会被野生动物吃掉，快速和恰当地对戊巴比妥钠安乐死马匹进行处理至关重要。

9. 在实施安乐死之前，需要有监管部门文件、法律批准、证明材料，以及公共部门、个人或福利部门的许可。

框表 25-1　马麻醉期发病率

发病率

6.4%	1990
1.4% ～ 1.8%	1990
13.7%	2007

并发症

麻醉苏醒时间延长，苏醒过程不顺畅
苏醒期发生创伤
跛行、肌病、神经疾病
血栓性静脉炎
发热、精神沉郁、白细胞减少症
疝痛
术后肠梗阻
结肠炎、腹泻
呼吸障碍
骨折

导致发病的因素

人为失误
美国麻醉医师协会：年龄评级
麻醉 / 手术持续时间：肌病
体位
　仰卧：鼻腔水肿
　侧位：肌肉疾病
疼痛严重
低血压
血细胞比容增加
低血氧
环境改变：疝痛
小肠病变：术后肠梗阻

一、麻醉风险

框表25-2　马的麻醉死亡率	
死亡率	
0.3%	1961（水合氯醛）
5.0%	1969
5.1%	1973
1.18%	1982
2.2%	1983，麻醉死亡率仅有0.08%
31.4%	1981，急症总体死亡率（非腹部疾病死亡率15.3%），手术/麻醉死亡率：腹部疾病4.3%，非腹部疾病2%
0.08%	1999，（非急症、非腹部疾病）
0.9%	2002，总体死亡率1.6%
0.12%~0.24%	2007
0.12%	2007
疝痛	
35.3%	1983
35.5%	1998
7.9%	2002
16.9%~29.7%	2005（麻醉结束至药物清除）
12%	2006
死亡/安乐死的病因	
心脏骤停	32.8%
骨折	25.6%
腹部疾病（疝痛、结肠炎）	13.1%
术后肌病	7.1%
中枢神经系统疾病	5.5%
呼吸系统并发症	3.7%
导致死亡的因素	
人为失误因素	
美国麻醉医师协会：年龄评级	
麻醉与手术持续时间	
侵袭性/粗放性手术操作	
疝痛	
心率（增加/降低）	
血细胞比容（增加/降低）	
马失去疼痛	
年龄太大	

兽医临床，常会发生由麻醉药物造成意外和不良反应，其中30%的不良反应是由全身麻醉药物导致的。有报道表明，马的全身麻醉发病率与死亡率高于其他物种（框表25-1和框表25-2）。大量研究表明，麻醉导致马的意外和不良反应的概率为2%～4%，健康马有0.5%～2%会由于全身麻醉出现死亡。这些马的麻醉死亡病例来自个人操作、动物医院和科研报告，这些麻醉操作既有来自正规的兽医，也有来自非正规的兽医。据权威性机构报道，在手术前使用乙酰丙嗪，然后用全静脉麻醉（TIVA）可以降低麻醉死亡的风险。在所有的麻醉并发症中，疝痛（13.7%）最常见，麻醉与怀孕母马组织缺氧有关，进而导致流产或分娩严重受损的幼驹死亡。疝痛和其他急症的马进行麻醉和手术后，可出现30%～35%的死亡率。导致死亡最常见的病因有心脏停搏、肌病、神经疾病、麻醉苏醒期骨折和麻醉加重本身疾病过程等（框表25-2）。增加死亡风险的因素有：突发的急症及没有注射麻前药物（如仅使用吸入麻醉剂）。应激也是麻醉潜在风险之一（参阅第4章）。

最近一项研究在一个私人机构进行，分析了关于马紧急情况下的麻醉死亡情况，报告得出在全身麻醉下马的死亡率为0.12%，较其他早期研究死亡率要低很多。死亡率降低的原因是当地农场管理者认识到急症早期的临床特点，幼年马驹和健康马麻醉后的状态，熟悉麻醉方案及具有一定经验兽医人员和训练有素的麻醉师的定期监护。在没有麻醉设备的情况下，将1L愈创木酚甘油醚（50g）、赛拉嗪（500mg）和氯胺酮（1g）混合，对450kg马进行TIVA静脉注射，可维持麻醉1h，不会发生麻醉死亡。这

一发现很可能是因为这种药物联合应用于健康马的选择性手术，而且大多数手术在不到1h内就完成了。超过2h的关节融合术或截骨手术的死亡率最高（66.7/1000）。尽管马会出现大面积肌肉肿胀，并因此而导致神经疾病、肌炎和胸腔心肺复苏的风险，但是合理的麻醉管理可以有效地降低马的全麻风险。所有的疾病发生过程，马的身体素质起到了决定性作用。

二、安乐死

马的安乐死并不容易，安乐死的抉择取决于马的预后判断，并受其经济价值影响。其抉择取决于马主在与兽医咨询后的决定，并与保险公司的确认有关联。美国马兽医从业者协会曾制定过是否进行安乐死的标准（框表25-3）。除了这些标准外，兽医需要与马主在对马实施安乐死之前进行确认：①马主是否能够承受治疗费用或手术费用，并是否会造成马主的经济负担？②马是否上了保险，是否与保险公司在手术前取得联系？安乐死的决定是否经过规范化和专业化的兽医进行确认，是否经过了人道主义考量（框表25-4）？

框表25-3　美国马兽医从业者协会推荐的安乐死标准

- 疾病是否是慢性的或无法治愈的？操作是否对马产生过多的或非人道的疼痛和痛苦？
- 当前的条件是否无法提供有希望的预后？
- 对马自身或训练人员是否有伤害？
- 马是否在其余生中需要持续治疗从而减轻疼痛？

出于人道主义因素对马进行安乐死，需要根据医疗条件、经济条件决定，判定标准适宜于所有马，无论年龄、性别或潜在价值。

兽医与马主在做出决定前需要与保险公司进行沟通。除非马正在经受难以控制的疼痛，后续工作中尸体需要保存，直至保险公司进行剖解。在进行安乐死之前，除非考虑到人道主义因素，保险公司会咨询第二名兽医以核实医疗结果。安乐死的细节因保险公司而异，由马主负责，与保险公司代表或代理人的合作有助于确保满意的结算。在美国，所有的屠宰和尸体处理环节均受到监管，否则数以千计的未监管的马将会被非正规地处置。尽管有些马未能够采取人道主义安乐死，但是幸运的是营救组织会帮助照料和进行人道安乐死。

人道主义安乐死的目的是尽可能地快速且无痛地使马丧失意识。一旦马进入意识丧失状态，可以进行致死的静脉注射或物理致死。安乐死的视觉感官感受也很重要，尤其是马主在场的情况下。兽医会努力达到一个可以接受的态度和效果。这些努力可以提升客户的信任，并赢得对兽医的尊重。

框表25-4　安乐死前的注意事项

- 专业角度：反馈意见；与马主交流和接触
- 准许：口头与书面上的同意书
- 福利：生活质量，福利机构
- 法律文件：国家与地方权威性规定，内容有措施、埋葬或尸体处理、保险、证明、第二意见、许可
- 安乐死技术：化学、物理
- 记录：签字、登记日期、存档
- 死亡确认：具体措施
- 尸体处理：埋葬、焚化、熔炼、其他

马的安乐死需经过两步或三步程序（框表25-5）。第一步是镇静或安定，因此可以减少应激并易于对马进行管理。第二步是使马产生快速和无痛的无意识状态。第三步（致死）是超量注射药或采用物理方法，从而造成意识丧失。

框表25-5　马安乐死的步骤、药物和方法
第一步 镇静
1. 乙酰丙嗪：0.08mg/kg，IV
2. 赛拉嗪：1.1mg/kg，IV
3. 地托咪定：5~10μg/kg，IV
第二步 意识丧失（麻醉）和 / 或死亡
1. 巴比妥类药物（高剂量可导致安乐死）
a. 戊巴比妥钠：＞ 50mg/kg，IV，可导致安乐死
b. 硫喷妥钠：＞ 20~30mg/kg，IV，可导致安乐死
意识丧失（第一步后）
1. 愈创木酚甘油醚：5% 或 10% 加巴比妥类药物（3mg/kg IV 至起效）（躺卧）
2. 氯胺酮：2~3mg/kg，IV
3. 替来他明：1~2mg/kg，IV
4. 水合氯醛 - 硫酸镁 - 戊巴比妥钠：IV 至起效
第三步 仅在通过第二步产生意识丧失后
诱导产生呼吸抑制和 / 或心脏骤停及死亡
1. 琥珀酰胆碱：100~200mg/kg，IV
2. 氯化钾：50mL 饱和溶液
3. 击晕枪
4. 枪击
5. 放血
6. 电击

三、美国兽医协会安乐死指南

美国兽医协会（AVMA）安乐死委员会（2007年6月）制定了适用的马匹安乐死管理指导文件。这个指导文件规范了安乐死程序、人员要求和培训内容，解释了安乐死的神经学和情感性因素，并提供了合适的安乐死方法和每种方法的机制（框表25-6）。

AVMA规定了兽医须知的安乐死方法的责任和风险。国家与地方规定要与当地条例相符合。在选择安乐死方法前，要求确保马死亡前能够快速、无痛地诱导至无意识状态。

框表25-6　安乐死方法的注意事项
1. 在没有疼痛、痛苦、焦虑或恐惧前提下，产生意识丧失和死亡
2. 能够兼容不同的品种、年龄和健康状态
3. 能够满足不同的需求和目的
4. 药物的可行性和滥用性
5. 造成意识丧失和死亡的时间
6. 可靠性
7. 人员安全性
8. 不可逆转的性能
9. 对旁观者或操作者的精神作用
10. 能够满足随后的评估、检查或组织的利用
11. 设备维护至满足正常工作要求的能力
12. 保证猎食者 / 食腐动物吃掉尸体后的安全性
13. 环境和人类安全
数据修正于美国兽医协会（AVMA）关于安乐死的指导意见（2007 年 6 月）

四、用于安乐死的药物作用机制

安乐死可以通过以下方式产生：①直接或间接性血氧不足；②与生命有关的重要神经部位受到抑制；③脑组织受到物理性损伤（表25-1）。无论某一特定方法属于哪一类，通向重要组织的氧合血流受到阻滞后即可导致死亡。意识丧失往往在脑组织供血受阻之前发生，但并不一定在肌肉活动受阻之前表现出来。在麻醉早期（麻醉分期2级和3级阶段）会有兴奋反应（如不自主地肌张力增加）发生，此时往往会被外行或非专业人士误认为主观活动。此外，过度地呼吸可能会被描述为濒死反应，且被误认为是一种极度痛苦的反应。

马在安乐死过程中会出现不自主的活动，这种活动会被误认为是痛苦。反之，如果没有出

表 25-1　马安乐死方案

	起效位点	分类	评论
低氧药物			
毒箭药物、马钱子、琥珀酰胆碱、阿曲库铵	呼吸肌麻痹；血液缺氧	组织缺氧、低血氧、高碳酸血症	意识丧失前先出现焦虑和恐惧，意识丧失发生过程较慢（注意：必须在马麻醉后使用）
直接神经单元抑制剂			
巴比妥类药物衍生剂	对大脑皮层、下皮质结构、生命中枢产生直接抑制；对心肌产生直接抑制	导致死亡的最终原因是对生命中枢抑制造成的低血氧	意识丧失发生较快；没有焦虑；没有兴奋期；最好进行静脉注射或心脏注射
水合氯醛和水合氯醛结合物	对大脑皮层、下皮质结构、生命中枢产生直接抑制；对心肌产生直接抑制	导致死亡的最终原因是对生命中枢抑制造成的低血氧	短暂的焦虑反应；意识丧失发生较快；肌活动丧失（注意：必须在马麻醉后使用）
T-61*（在美国不再使用）	对大脑皮层、下皮质结构、生命中枢产生直接抑制；对心肌产生直接抑制	导致死亡的最终原因是对生命中枢抑制造成的低血氧	如果给药过快，在意识丧失之前会出现短暂的焦虑反应和挣扎，并会出现组织损伤；必须静脉注射，并按照推荐的剂量和速率给药
物理方法（注意：必须在马麻醉后使用）			
对脑组织采取击晕枪法或枪击法	对脑组织产生直接震荡作用	导致死亡的最终原因是对生命中枢抑制造成的低血氧	瞬间的意识丧失；会在意识丧失后出现肌活动
放血法*	对脑组织产生直接抑制	导致死亡的最终原因是低血氧	如果实施此法前出现意识丧失，将不会出现挣扎和肌肉收缩
对脑组织电击	对脑组织产生直接抑制	导致死亡的最终原因是低血氧	在意识丧失的同时出现强烈的肌肉收缩

注：*在美国不可以单独用于马的安乐死。数据修正于美国兽医协会（AVMA）关于安乐死的指导意见（2007 年 6 月）。

现活动，尤其是安乐死过程中使用了肌松剂，并不能代表意识丧失。例如，给马注射大剂量外周性肌松剂（如琥珀酰胆碱，参阅第19章），可快速致马出现骨骼肌麻痹并安静下来，尽管马处于有意识状态，但是无法活动或呼吸。虽然肌肉松弛可作为安乐死的一个特征，但外周性肌松剂（如琥珀酰胆碱、加拉明、泮库溴铵、阿曲库铵）和可以产生肌松作用的药物（如硫酸镁、愈创木酚甘油醚、地西泮），或制动剂（如士的宁、氯化钾、硫酸烟碱）并不会产生麻醉作用，所以并不推荐作为安乐死药物单独使用。这种观点已有案例证实，即所有肌松剂（包括制动剂）不会产生无意识丧失作用和镇痛作用。仅仅使用肌松剂作为安乐死唯一药物，马会处于意识清醒状态，并在缺氧的病理状态下感到疼痛，但不能自主活动。

瞬间快速对脑组织进行破坏或采取电击法可应用于马的人道主义安乐死。脑组织的破坏使用方法最多的是枪击法或电击法。但是以上方法需要对马进行合理保定，并由训练有素的兽医操作执行。

五、化学安乐死方法

对马进行安乐死，使用的化学药物有巴比妥类、水合氯醛（有条件性选择）。有条件性可选方法有时并不能产生预期的人道主义死亡，或者未被足够的科研文献（如枪击法、电击法）所支持。水合氯醛可通过抑制呼吸中枢，从而引起组织缺氧导致死亡，所以首先要进行大剂量镇静或麻醉。尽管从人道主义角度考虑，击晕枪、手枪和电击可以用于安乐死，但是仍然不被推荐，主要是因为外行缺乏相关了解，而且此法需要足够的技术支持。

六、吸入麻醉剂

吸入麻醉剂可与注射性麻醉药物联合使用用于安乐死。但吸入麻醉剂价格较高，且需要专业设备，单一使用时并不具备快速高效的特点。

七、注射性药物

多种注射性麻醉药物可用于马的安乐死，但也有部分药物已经不再使用，如T-61、非巴比妥药、非麻醉性混合药物；一些药物已经被法律禁止单独使用（如尼古丁生物碱和琥珀酰胆碱）。一些有争议的安乐死药物限于巴比妥酸衍生物、水合氯醛、氯化钾、水合氯醛-硫酸镁-戊巴比妥钠。分离麻醉剂（如氯胺酮、替来他明）可以用于马的制动和诱导麻醉，但是极少用于致死。赛拉嗪和其他α_2-肾上腺素能受体激动剂可以用于镇静（参阅第10章）。不推荐单独使用琥珀酰胆碱或氯化钾，因为每种药物都可产生呼吸和心跳抑制，尤其是在全身麻醉后。

1. 巴比妥酸衍生物

巴比妥酸衍生物是管控药物，需登记使用记录。即使是小剂量的此类药物也可以抑制中枢神经系统，高级中枢首先受到影响。随着剂量增加，此类药物对中枢神经系统的抑制呈下降趋势，并产生意识丧失和全身麻醉效果。在呼吸抑制和心肌缺氧后可出现死亡。呼吸抑制后死亡的速率有一个较大范围，取决于呼吸抑制状态时马的缺氧情况。例如，在有氧环境下马的心脏抑制发生速度比室内环境要慢。尽管大多数巴比妥类药物可以用于安乐死，但戊巴比妥钠是使用最多且最有效的。马在注射巴比妥类药物之前使用镇静剂或安定类药物（乙酰丙嗪、赛拉嗪、地托咪定、罗米非定），可使急躁的、兴奋的或具有攻击性的马变得安静，进而使马由站立转为躺卧的过程变得容易。对450kg体重马进行安乐死需要20%浓度100mL溶液。在美国对450kg体重马推荐剂量为39%浓度溶液100mL（390mg/kg），即使用剂量为86.7mg/kg。如果用硫喷妥钠替换戊巴比妥钠，需要将其发挥至最大效能才能致死。马安乐死时使用硫喷妥的剂量取决于马的死前情况，剂量通常为30～50mg/kg，尤其是在静脉注射琥珀酰胆碱后（100～200mg）。对幼年马和健康马使用硫喷妥时需要加大剂量。研究表明，高浓度（每10～20mL水溶液含2.5～5g）硫喷妥钠动脉注射效果显著且人道。在5min内会表现出制动效果，兽医需要做好快速撤离的准备以防止发生危险。可预先注射安定剂或镇静剂，以防止马突然和意外的躁动。

巴比妥酸衍生物具有起效快、诱导平稳和不良反应小的优点。在安乐死过程中可适当补充，使巴比妥类药物和其他注射型麻醉剂增加效力。例如，琥珀酰胆碱（静脉注射100～200mg）可引起呼吸抑制并有效制动和消除濒死性呼吸。氯化钾（50～100mL，饱和溶液）可以造成心脏骤停。不推荐注射琥珀酰胆碱与氯化钾混合液，因为药物会出现颉颃和意外效果。

巴比妥酸衍生物也有一些缺点。例如，药物只有通过静脉给药才能产生满意效果。马注射药物后不能供人或动物食用。如果捕食动物或食腐动物食用马的尸体，会出现致命或严重的问题。安乐死时如果没有做合理的保定和镇静，马可能由站立体位向身后转为躺卧体位或突然摔倒至地面。使用戊巴比妥钠对马进行安乐死，在意识丧失后，由于呼吸系统缺少血流供应，马可能出现呼吸停止。

2. 水合氯醛

水合氯醛是一种管控药物，要求登记其使用记录。它可以作为一种镇静剂/麻醉剂用于麻醉。目前并不推荐水合氯醛单一地用于安乐死，但是可提前注射一种镇静剂，从而使水合氯醛发挥更好作用。静脉缓慢注射水合氯醛可产生催眠作用。持续以较巴比妥类药物更慢的速度静脉注射可使马意识丧失并躺卧。但速度比巴比妥酸盐产生的要慢，部分原因可能是水合氯醛在生效前必须将其代谢转化为相应的醇（三氯乙醇）（参阅第12章）。在马出现躺卧和保定前，会有严重的共济失调、难以控制和精神错乱。可以在注射水合氯醛之前，先注射α_2-肾上腺素能受体激动剂或乙酰丙嗪产生麻醉作用，降低以上这些问题的发生。如果用于安乐死，可注射3～5

倍剂量（300～500mg/kg）从而催眠。可能会发生濒死性呼吸（终末呼吸），并会引起现场人员的反感。水合氯醛与巴比妥类药物合用效果明显。

3. 硫酸镁

硫酸镁不能单独注射用于安乐死。硫酸镁不是麻醉剂，但可产生神经肌肉阻滞作用，从而导致呼吸肌麻痹和心脏骤停。在呼吸停止前，脑皮质活动存在且只受到轻微抑制。由于组织缺氧可以导致死亡，饱和硫酸镁溶液可以与其他麻醉药物（如水合氯醛和巴比妥类药物）合用促进呼吸抑制加快。

4. 氯化钾

氯化钾不会产生麻醉或镇痛作用，不应单一应用于安乐死。静脉注射50～100mL的KCl饱和溶液可迅速引起心脏骤停，血液流动立即停止，组织缺氧导致死亡。对于失去知觉或麻醉的马进行安乐死时，KCl是有效的、经济的且人道的。琥珀酰胆碱或其他外周神经松弛剂可以用在KCl之前，以防止发生呼吸困难。

4. 水合氯醛 - 硫酸镁 - 戊巴比妥钠

水合氯醛、硫酸镁、戊巴比妥钠三种药物合用对马实施全身麻醉，此种方案已经应用多年。尽管此法如今极少应用，但仍具有可行性。药物合用（水合氯醛30g、硫酸镁15g、戊巴比妥钠6.6g溶于1L水中）可以使马进入诱导麻醉状态，并随着剂量增加可发生中枢神经系统抑制和肌肉松弛。持续给药导致呼吸抑制和心脏骤停死亡。一旦马失去知觉，可迅速静脉注射50～100mL饱和KCl溶液，以确保因心脏骤停而迅速死亡。

5. 外周性肌松剂

外周性肌松剂绝对禁止单独用于安乐死，因为此类药物不能产生麻醉或镇痛。此类药物包括筒箭毒碱、琥珀酰胆碱、没食子酸、潘库溴铵、维库溴铵、阿曲库铵（参阅第19章）。只有在与全身麻醉相结合的情况下，它们才被批准用于马的人道安乐死。当暴躁的马不能安全地进行安乐死时，可以使用一定剂量的肌松剂如琥珀酰胆碱进行制动，然后再静脉注射麻醉剂，并最终导致马进入无意识状态。

6. 士的宁

美国兽医协会（AVMA）强调不得应用士的宁进行安乐死。士的宁可竞争性地阻断中枢神经递质甘氨酸对运动神经元的抑制作用，从而激活横纹肌群。伸肌群都倾向于同时收缩，导致弥漫性和无法控制的肌肉痉挛。此法的死亡是由呼吸停止和窒息造成的。士的宁的毒性作用导致的体征变化让人难以接受，使得此法成为最不人道的安乐死方法。

7. 硫酸尼古丁

美国兽医协会不推荐硫酸尼古丁作为安乐死的药物，而且美国马从业者协会的安乐死研究委员会报告指出："鉴于食品与药品管理局的最新规定，硫酸尼古丁和/或琥珀酰胆碱用于安乐死，既没有药理学支持，也不合法"。无论是何种形式的浓缩硫酸尼古丁都是危险的。静脉注射可以刺激中枢神经系统，产生短期兴奋反应，随后随着剂量增加产生自主神经阻滞和骨骼肌松弛，呼吸肌麻痹，缺氧导致死亡。一些品种马会在死亡前出现流涎、呕吐、排便和抽搐。

八、物理学方法安乐死

以下的物理方法可在特殊环境下作为化学安乐死方法的替代。目前获得许可的，可用于安乐死的物理方法仅有击晕枪，以及在条件允许下使用枪击法和电击法。

1. 击晕枪

击晕枪是一种具有击晕功能的设备，可用于大动物和小动物的安乐死。此法用于马的安乐死是有争议的。从耳根做一基点，绕过额部划线至对侧眼的内眼角，击晕枪的瞄准器大约要对着此线。击晕枪的冲击作用可产生15s的肌肉强制性痉挛，接着是频率增加的缓慢后肢运动。尽管击晕枪可以破坏大脑半球并导致大脑组织立即破坏和崩溃，但判定是否出现意识丧失还是困难的。一项对犬和兔子使用击晕枪实施安乐死的研究中，借助听觉诱发电位测量（AEP）和脑电波图（EEG）去确定意识丧失开始的时间。这项研究表明，在枪射击后的15s内，在延髓上方不能检测到有组织的A印活动，脑电图活动变成等电位。对站立马，钢珠穿透头盖骨可能会导致头部在落地前突然向上移动。射出的钢珠进入马的颅腔内，很难取出。操作者必须准备迅速松开手枪的手柄，以避免人身伤害。击晕枪击晕的特征不符合审美学要求。击晕枪法可结合断髓法或放血法。通过将手术刀穿过枕骨大孔插入脊髓水平，并来回移动，直到脊髓完全切断。如后所述，放血可能更合适。

2. 枪击法

在某些情况下，用自由子弹（手枪、步枪或散弹枪）射击可能是对马实施安乐死的唯一实用方法。射击需要技巧，应该由受过训练的人进行，因为子弹必须击中并损伤大脑。其他的动物和旁观者需要离开中心区域以防止子弹反弹引起的伤害。需选用猎杀鹿的手枪子弹，或32口径手枪及更大的手枪，这样可以轻易地使子弹进入马的脑组织。瞄准镜要对着预定的路线，如果可能，枪击法可采取断髓法、放血法和电击法等补充方法。

3. 放血法

放血法只能在动物通过其他方法造成意识丧失后进行，通常是切断一侧或双侧颈动脉。对一些体型大的马也可以在后主动脉上放血，这个动脉可通过直肠检查定位。操作时可手持手术刀进入直肠，当沿着背侧脊柱触摸到动脉搏动时，用手术刀切断。血液会溢出并流入腹腔，从视觉接受角度来说，此法较切断颈动脉来说更能让人接受。对有意识的马进行放血，一旦低血压和低血氧严重时，马会出现濒死性呼吸和肢蹄滑动。这种表现不美观且对马来说很痛苦。作为单一安乐死方法来说，此法不够人道，不推荐用于有意识的马。

4. 电击法

在马使用麻醉剂后进入意识丧失状态时，电击可诱发心室震颤，是一种高效、人道和经济的安乐死方法。通过放置电极使电流从前肢流向后肢或者从颈部流向前肢，此种方法是不人道的，因为心脏骤停（心室纤维颤动）先于意识丧失。电击设备由很长的延长线构成，连接和夹住马的电极类似于汽车蓄电池跨接电上使用的夹子。电极必须放在头骨上，这样电流就能直接通过大脑，瞬间引起意识不清。电流是否有效可通过以下症状判断：肢蹄伸展、角弓反张、眼球向下旋转、由强制性痉挛变成阵发性痉挛，最后出现肌肉松弛。建议在电击后进行放血或其他适当的方法，以确保心脏骤停和死亡。

电击法的缺点有：①电击法对操作者可能会造成危险；②电流需要持续数分钟，因此此法对凶猛的和不易驾驭的马更危险；③马会出现严重的身体扭曲，肢蹄、头、颈会出现剧烈伸展和僵直，这些从视觉美学角度是不可以接受的；④对站立的马采取电击时，当马卧倒于地面时，一侧或双侧电极会出现脱落。

麻醉和安乐死必须使用适当的设备来确保人员安全。电极附件必须接触良好，不得轻易脱落。尽管电击死是一种被接受的安乐死方法，但在大多数的情况下，弊大于利。

九、证实死亡的方法

需要采取多种措施以确保死亡，包括角膜反射消失、5 ～ 10min内无法呼吸、触诊脉搏消失、听诊心率消失。早期这些检查做完后，需要等5 ～ 10min再一次确认。如果能够使用心电图，需要在死亡后没有心率10 ～ 15min后再次检查确认。

十、安乐死的马用于食用

如果安乐死的马打算供人类或动物食用，肉质中需保证无药物残留。使用过巴比妥类药物或其他注射性药物（如水合氯醛）马的尸体需要处理掉。如果野生的和家养的食肉动物食用了大量药物残留的肉容易出现死亡。只有采取击晕、枪击和电击，然后放血或二氧化碳吸入这些符合人道要求的方法杀死的动物的肉才可以被食用。

参考文献

Austin F H, 1973. Chemical agents for use in the humane destruction of horses, Irish Vet J 27: 45-48.

Barkley J E, 1982. Euthanasia—two sides of the story, Equine Pract Mod Vet Pract, 63(8): 662-664.

Barocio L D, 1983. Review of literature on use of T-61 as an euthanasic agent, Inst Anim Prob 4:

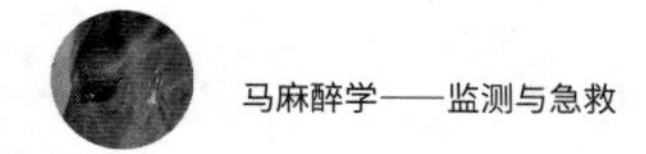

336-342.
Bidwell L A, Bramlage L R, Rood W A, 2007. Equine perioperative fatalities associated with general anaesthesia at a private practice—a retrospective case series, Vet Anaesth Analg 34: 23-30.
Blackmore D K, 1985. Energy requirements for the penetration of heads of domestic stock and the development of a multiple projectile, V et Rec 116 (2): 36-40.
Brewer N R, 1982. The history of euthanasia, Lab Anim 11: 17-19.
Buelke D L, 1990. There' s no good way to euthanize a horse, J Am Vet Med Assoc 196: 1942-1944.
Dennis M B et al., 1988. Use of captive bolt as a method of euthanasia in large laboratory animal species, Lab Anim Sci 38: 459-462.
Dodd K, 1985. Humane euthanasia. 1. Shooting a horse, Irish Vet J 39: 150-151.
Hoffman P E, 1979. Report: euthanasia study committee, AAEP Newsl 1: 48-49.
House C J, 2000. Euthanasia of horses, Vet Rec 147: 83.
Johnston G M et al., 2002. The confidential enquiry into perioperative equine fatalities (CEPEF): mortality results of phases 1 and 2, Vet Anaesth Analg 29: 159-170.
Johnston G M et al., 2004. Is isoflurane safer than halothane in equine anesthesia? Results from a prospective mulitcentre randomized controlled trial, Equine Vet J 36: 64-71.
Jones R S, 2001. Comparative mortality in anaesthesia, Br J Anaesth 87: 813-815.
Lenz T R, 2004. An overview of acceptable euthanasia procedures, carcass disposal options, and equine slaughter legislation, Proc Am Assoc Equine Pract 50: 191-195.
Littlejohn A, Marnewich J J, 1980. Euthanasia of horses, Vet Rec 6: 420.
Longair J et al., 1991. Guidelines for euthanasia of domestic animals by firearms, Can Vet J 32: 724-726.
Lumb W V, Jones E W, 1973. Veterinary anaesthesia, ed 2, Philadelphia, Lea & Febiger, pp 611-629.
Mair T S, Smith L J, 2005. Survival and complication rates in 300 horses undergoing surgical treatment of colic. Part 1: shortterm survival following a single laparotomy, Equine Vet J 37: 296-302.
Mee A M, Cripps P J, Jones RS, 1998. A retrospective study of mortality associated with general anaesthesia in horses: elective procedures, Vet Rec 142: 275-276.
Mee A M, Cripps P J, Jones RS, 1998. A retrospective study of mortality associated with general anaesthesia in horses: emergency procedures, Vet Rec 142: 307-309.
Millar G I, Mills D S, 2000. Observations on the trajectory of the bullet in 15 horses euthanised by free bullet, Vet Rec 146: 754-757.
Mitchell B, 1969. Equine anaesthesia: an assessment of techniques used in clinical practice, Equine Vet J 1: 261-274.
Muir W W et al, 1999. Unpublished data, Columbus, Oh, The Ohio State University.
Ndiritu C G, Enos L R, 1977. Adverse reactions to drugs in a veterinary hospital, J Am Vet Med Assoc 171: 335-339.

Nuallian T O, 1985. Euthanasia of horses, Irish Vet J 30: 51.
Oliver D F, 1979. Euthanasia of horses, Vet Rec 105: 224-225.
Otten D R, 2001. Advisory on proper disposal of euthanatized animals (Letter), J Am Vet Med Assoc 219: 1677-1678.
Pascoe P J et al., 1983. Mortality rates and associated factors in equine colic operations—a retrospective study of 341 operations, Can Vet J 24: 76-85.
Perkens D, Heath R B, Lumb W V, 1982. Unpublished data Fort Collins, Co, Colorado State University.
Proudman C J et al., 2006. Pre-operative and anaesthesia-related risk factors for mortality in equine colic cases, Vet J 171: 89-97.
Richey M T et al., 1990. Equine post-anesthetic lameness: a retrospective study, Vet Surg 19 (5): 392-397.
Santschi E M et al., 1991. Types of colic and frequency of postcolic abortion in pregnant mares: 105 cases: (1984-1988), J Am Vet Med Assoc 199: 374-377.
Senoir J M et al., 2007. Reported morbidities following 861 anaesthetics given at four equine hospitals, Vet Rec 160: 407-408.
Tevik A, 1983. The role of anaesthesia in surgical mortality in horses, Nord Vet Med 35: 175-179.
Wright J G, Hall L W, 1961. Veterinary anaesthesia and analgesia, ed 5, London, Baillière Tindall & Cox, p 161.
Young S S, Taylor P M, 1993. Factors influencing the outcome of equine anaesthesia: a review of 1314 cases, Equine Vet J 25: 147-151.

附录 A 缩略语

A

A （alveolar）肺泡的

ACD （acid-citratedextrose）柠檬酸葡萄糖

ACTH ［adrenocorticotropic hormone（corticotrophin）］促肾上腺皮质激素

AF （atrial fibrillation）心房颤动

Art （systemic arterial pressure）体循环动脉压

AST （aspartate aminotransferase）天冬氨酸转氨酶

ATP （adenosine triphosphate）三磷酸腺苷（ATP）

AV （atrioventricular）房室

AVeP （arginine vasopressin）精氨酸加压素

B

BDNF （brain-derived neurotrophic factor）脑源性神经营养因子

BUN （blood urea nitrogen ）血尿素氮

C

C （content of gas in blood, or when appropriate, Compliance）（V/P）血气含量，或在特定当情况下，代表肺顺应性（V/P）

CaO_2 （arterial blood oxygen concentration）动脉血氧含量

$Ca\text{-}vO_2$ （arteriovenous oxygen difference）动静脉氧差

CBF （cerebral blood flow）脑血流量

CBC （complete blood count）全血细胞计数

Cdyn （dynamic compliance）动态顺应性

CNS （central nervous system）中枢神经系统

CO （cardiac output）心输出量

COPD （chronic obstructive pulmonary disease）慢性阻塞性肺疾病

COX （cyclooxygenase）环氧化酶

Cp （plasma concetration）药物的血浆浓度

CPK （creatine phosphokinase）肌酸磷酸激酶

CPD （citrate-phosphate-dextrose）柠檬酸-磷酸-葡萄糖

CPDA-1 （citrate-phosphate-dextrose-adenine）柠檬酸-磷酸-右旋-腺嘌呤

CRP （C-reactive protein）C反应蛋白

CRH （corticotropin-releasing hormone）促肾上腺皮质激素释放激素

CRT （capillary refill time）毛细血管充盈时间

CSF （cerebrospinal fluid）脑脊液

Cstat （static compliance）静态顺应性

CTG （cervicothoracic ganglion）颈胸神经节

CvO_2 （venous oxygen content）静脉氧含量

CVP （central venous pressure）中心静脉压

D

D （difusing capacity）扩散能力

DAP （diastolic blood pressure）舒张压

DADs （delayed afterdepolarizations）延迟后去极化

DO_2 ［the oxygen delivery（or supply）to the tissues］氧气输送（或供给）到组织

DPG （diphosphoglycerate）二磷酸甘油酯

dp/dt （right ventricular rate of change of pressure）右心室压变化率

$-dp/dt_{max}$ ［the time constant of isovolumetric relaxation（tau）and the maximum rate of negative pressure change during the isovolumetric relaxation phase］等容舒张期的时间常数和负压最大变化率

dV/dt （the rate of change of the membrane potential）膜电位变化率

dV/dP （change in ventricular volume produced by a change in ventricular filling pressure）心室充盈压变化引起的心室容积变化

E

EADs （early afterdepolarizations）早期后去极化

ECF （extracellular fluid）细胞外液

ECFV （extracellular fluid volume）细胞外液体积

ED_{50} （median effective dose）半数有效剂量

EF （ejection fraction）射血分数

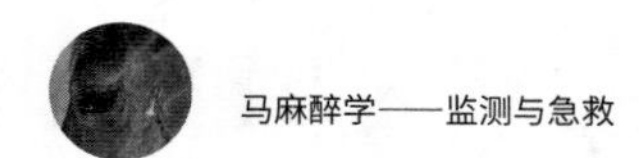

EHV-1 （equine herpes virus）马疱疹病毒（EHV-1）

EMD （electromechanical dissociation）机电分离

EO_2 （oxygen extraction）氧摄取

ERO_2 （the oxygen extraction ratio）氧摄取率

ESPVR （end-systolic pressure volume relationship）收缩压容积关系

$ETCO_2$ （end-tidal pressure of carbon dioxide）呼气末二氧化碳分压

F

F （fractional concentration of gas）气体浓度分数

f （frequency of respiration）呼吸频率

$FACO_2$ （alveolar fraction of carbon dioxide）二氧化碳肺泡分数

FiO_2 （fraction of oxygen）吸入空气中的氧气分数

FRC （functional residual capacity）功能性余气量

FSH （follicle-stimulating hormone）促卵泡激素

G

GABA （gammaaminobutyric acid）γ- 氨基丁酸

GH （growth hormone）生长激素

H

Hb （hemoglobin）血红蛋白

HBOC （hemoglobin-based oxygen carrier）血红蛋白氧载体

HPV （hypoxic pulmonary vasoconstriction）缺氧性肺血管收缩

HR （heart rate）心率

5-HT （hydroxytryptamine）5-羟基色胺

HYPP （hyperkalemic periodic paralysis）高钾周期性麻痹

I

ICa （ionized Calcium）离子化钙

ICFV （intracellular fluid volume）细胞内液体体积

ICP （intracranial pressure）颅内压

L

LDH （lactate dehydrogenase）乳酸脱氢酶

LH （luteinizing hormone）黄体生成素

LVEDP （end-diastolic pressure）舒张压

M

M_2 （muscarinic type-2）毒蕈碱型 -2

MAC （minimum alveolar concentration）最低肺泡有效浓度

MAP （mean arterial blood pressure）平均动脉血压

MDO_2 （myocardial oxygen delivery）心肌氧输送

MVO_2 （myocardial oxygen uptake）心肌氧耗量

N

NCX （through the sodium-calcium exchanger）钠钙交换器

NEFAs （the nonesterified fatty acids）非酯化脂肪酸

NMDA （N-Methylaspartate）N -甲基-D-天冬氨酸

NPPE （negative-pressure pulmonary edema）负压性肺水肿

NSAID （nonsteroidal antiinflammatory drug）非甾体抗炎药

O

OTN （over-the-needle）针上导管

OTW （over-the-wire）导线导管

P

P （pressure, tension or partial pressure of gas，NOTE: 1kPa = 7.5mmHg = 10.2cm H_2O，1mmHg = 1.36cm H_2O）气体的压力、张力或分压。1kPa=7.5mmHg=10.2 cmH_2O，1mmHg = 1.36cmH_2O

PA （pulmonary arterial pressure）肺动脉压

PAO_2 （alveolar oxygen partial pressure）肺泡氧分压

$PA\text{-}aO_2$ （alveolar-arterial oxygen difference）肺泡气-动脉血氧分压差

PaO_2 （the partial pressure of oxygen in the arterial blood）动脉血氧分压

$PACO_2$ （alveolar partial pressure of oxygen）肺泡二氧化碳分压

$PaCO_2$ （arterial carbon dioxide tension）动脉血二氧化碳分压

PB （barometric pressure）大气压

PCO_2 （partial pressure of carbon dioxide）二氧化碳分压

PCV（packed cell volume）血细胞比容，旧称细胞压积

PC （partition coefficient）分配系数

PCWP （pulmonary capillary wedge pressure）肺毛细血管楔压

PDA （patent ductus arteriosus）动脉导管未闭

PEA （pulseless electrical activity）无脉冲电活动

PEEP （positive endexpiratory pressure）呼气末正压

PIP （the peak inspiratory pressure）吸气峰值压力（胸膜压）

PL （transpulmonary pressure）肺动脉压力

PLA （left atrial pressure）左心房动脉压

$\triangle Ppl_{max}$ （maximal change and pleural pressure during tidal breathing）潮式呼吸

时胸膜压力的最大变化

Pmv （microvascular hydrostatic pressure ）微血管静水压

PO （orally）口服

PO_2 （partial pressure of oxygen）氧分压

Ppl （pressure in the pleural cavity）胸膜腔内压力

PPA （mean pulmonary arterial pressure）平均肺动脉压

PPV （positive-pressure ventilation）正压通气

PPA （mean pulmonary arterial pressure）平均肺动脉血压

PvO_2 （venous partial pressure of oxygen）静脉氧分压

PVR （pulmonary vascular resistance）肺血管阻力

Q

Q （volume of blood、cardiac output）血液体积（心输出量）

Qf （the amount of fluid flowing per minute）每分钟的流体流量

R

R ［pulmonary（airway）resistance］肺（气道）阻力

R ［respiratory exchange ratio（RQ）］呼吸交换率（RQ）

RA （right atrial pressure）右心房压

RR （respiratory rate）呼吸频率

RQ （respiratory exchange ratio）呼吸交换率

RV （residual volume）残气量

RVP （right ventricular pressure）右心室压

RyR （ryanodine receptor）兰尼碱受体

S

S ［saturation of hemoglobin（Hb）with oxygen］血红蛋白氧饱和度（Hb）

SA （the specialized cardiac tissues consist of the sinoatrial node）窦房结

SAP （systolic arterial pressure）动脉收缩压

SaO_2（arterial blood with oxygen）动脉血氧饱和度

SaO_2 （the saturation of hemoglobin in arterial blood）动脉血血红蛋白饱和度

SER （sarcoendoplasmatic reticulum）肌浆网

SIG （strong ion gap）强离子隙

SpO_2 （percent saturation of blood）脉搏血氧饱和度

SQ （subcutaneous injections）皮下注射

SR （sarcoplasmatic reticulum）肌浆网

SV （stroke Volume）每搏输出量

SVR （systemic vascular resistance）全身血管阻力

SvO_2 （venous oxygen saturation）静脉血氧饱和度

T

TEE （transesophageal echocardiography）经食管超声心动图

TLC （total lung capacity）总肺活量

TTN （through-the-needle）穿刺针

TN-C （troponin-C）肌钙蛋白 -C

TN-I （troponin-I）肌钙蛋白 - I

TNF-α （tumor necrosis factor）肿瘤坏死因子

TIVA （total intravenous anesthesia）全静脉麻醉

TP （plasma protein）血浆总蛋白

TrkB （tyrosine kinase）酪氨酸激酶 B

TSH （thyroid-stimulating hormone）促甲状腺激素

V

V （volume of gas）气体容积

V （venous）静脉的

VA （alveolar ventilation）肺泡通气

VC （vital capacity）肺活量

VCO_2 （CO_2 production）CO_2产生

Vmin ［minute ventilation（MV）］每分通气量（MV）

VO_2 ［the oxygen uptake（demand, consumption）of the tissues］组织的摄氧量（需氧量、耗氧量）

V/Q （ventilation-perfusion）通气 - 血流灌注比值

VSDs （ventricular septal defects）室间隔缺损

VT （tidal volume）潮气量

W

WBC（white blood cell）白细胞

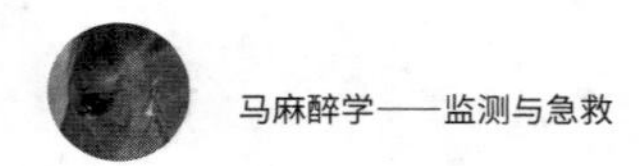

附录 B
药物说明

计划药物	批准药物及等级	说明书	举例药品
I	C-I	没有批准使用的药物；具有极高的滥用可能	海洛因、二氢吗啡
II	C-II	美国批准使用药物（但有严格限制）；滥用的可能性很高，可能导致严重的心理或生理依赖性	吗啡、哌替啶、氧吗啡酮、依托啡、戊巴比妥
III	C-III	美国批准使用药物，滥用可能性低于 C-II，可能导致中度或轻度的身体依赖或高度的心理依赖	硫喷妥钠、替来他明 / 唑拉西泮、丁丙诺啡
IV	C-IV	美国批准使用药物，相对于 C-III，滥用的可能性较低，可能导致有限的身体或心理依赖（相对于 C-III）	水合氯醛、地西泮、喷他佐辛（镇痛新）
V	C-V	美国批准使用药物，相对于 C-IV，滥用的可能性较低，可能导致有限的身体或心理依赖（相对于 C-IV）。这类非处方药（由“联邦食品、药品和化妆品法”规定）可以在无处方的情况下进行配发，但必须遵守有关买方所在州法规和规定	

注：所有参考资料和法律参见俄亥俄州的药品法律手册。

管制药物是通过处方获得的。它们必须用于合法的医疗目的，并且必须有一个有效的兽医-客户/病人关系。开具处方只有在处方者得到有关法律当局（通常是总检察长）的授权时，才能开出管制药物。务必检查州和其他地方法规。

一类药物和二类药物

I类（C-I）和II类（C-II）药物必须通过填写正式订购表格从批发商处订购，该表格是通过联系禁毒署（DEA）获得的。授权委托书也可以交给一个或多个人员获取和使用表格；任何盗窃或丢失的表格必须报告。

如果开处方者注册过期，则必须退回所有未使用的表格。如果通知买方和供应商，则可以取消全部或部分订单。

对于所有管制药物，处方必须在签发之日注明日期并签字（作为任何法律文件）。患者的全名和地址以及开处方者的姓名、地址和DEA编号必须在书面处方上。

二类药物

这些药物可以由从业者分配或施用（根据前述规则）。

在紧急情况下允许口服C-Ⅱ类药物，但仅限于紧急期间所需的数量；口服药物后，必须在7d内向提供药房发放书面、签署的处方，说明所所分派的紧急数量。紧急配药的口头命令和授权日期必须写在后续处方上。如果不这样做，就会导致取消所有“在没有书面处方的情况下配药”的权利。

在非紧急情况下，口头命令是不允许的。使用不可磨灭的铅笔、墨水或打字机；处方应手工签署。处方可以由秘书或代理人编制，但处方者负责处方的所有方面和信息。

第二类药物不得追加剂量。每次配药都需要一张新处方。

三类药物

III类（C-III）、IV类（C-IV）和V类（C-V）药物可以通过书面或口服处方开处方，也可以由医生分发或给予。

机构处方医师只有在以下情况时才可以直接管理或分发（但不开处方）C-III、C-IV或C-V药物：

1. 写下并签署处方。
2. 给予口头命令并让药剂师将其写成书面订单。
3. 命令对最终用户进行即时管理。

补充：

C-III和C-IV药物不得在原处方开具日期后6个月内追加或再次给药。它们不得反复用药超过5次。

追加给药可以在原始处方或其他适当文件（药物记录或计算机）的背面输入。

检索处方号时，应提供以下信息：患者姓名、剂型、填写或补药日期、配发药数量、注册药剂师每次补药的首字母缩写以及迄今为止该处方的给药总数。

书面和口头追加（C-III、C-IV和C-V）

允许的再追加（数量）总数，包括原数量，不得超过5次或自原日期起6个月。每次重新追加的数量必须小于或等于授权的原始数量。

超过5次或超过6个月必须开具新的单独处方。处方不能提前。

所有上述信息都可以保存在计算机上。医生的姓名、电话号码、DEA号码以及患者的姓名和地址也必须保存在计算机上。

部分（C-III、C-IV和C-V）药物

这些部分（C-III、C-IV和C-V）必须以同样的方式记录，部分总数不得超过规定的总量。

C-III、C-IV和C-V类药物在原处方日期后6个月内不得配发。

标签

所有管制药物的标签必须标明药房名称和地址、序号和初次给药日期、病人和医生的姓名、使用指南和任何警告说明。所有向客户分发的含有受管制药物的处方药瓶必须包含以下声明:

警告: 联邦法律禁止将这种药物转让给病人以外的任何人。

处置

与您当地的DEA办公室联系，以获得对过期或无法使用的药物的适当处置要求。他们可能会寄给你适当的表格，用于处置，并说明如何处理。有些州允许返给分销商。具体查看所处州的规定。

附录 C
马麻醉及恢复情况记录

日期	床位号	外科医生： 麻醉师：
程序 1.		麻醉前诊断 警觉 □ 卧位 □ 兴奋 □ 不良反应 □ 抑郁 □ 其他 □ 疼痛指数（0~10）：______
2.		
3.		

麻醉前测量	H.R.	R.R.	黏膜颜色	体温	PCV	TP

Na^+	K^+	Cl^-	BUN	水合作用	身体状态 1 2 3 4 5 E	体重kg
其他 PE/LAB		ICa	Creat			

麻醉记录

麻醉前用药			
药物	剂量	给药途径	时间

麻醉诱导			
药物	剂量	给药途径	时间

时间		00	15	30	45	00	15	30	45	00	15	30	45	00	15	30	45
七氟醚 氟烷 异氟醚 其他	蒸发罐气体设置 5.0 4.0 3.0 2.5 2.0 1.5 1.0 0.0																
N_2O （L/M）																	
O_2 （L/M）																	

麻醉维持：

回路 □ 非回路 □ 通气 □

潮气量________mL/L

吸气峰值压______cmH_2O

方法：

面罩 □ 口服 □

插管 □ 经鼻插管 □

插管直径________mm

监测：

动脉压零界值 □ 二氧化碳测定 □

NIBP □ ECG □

脉搏波形 □

马苏醒记录表（附麻醉记录）

日期	马匹		麻醉前给药	途径	剂量	时间
体重	年龄	品种	苏醒前给药	途径	剂量	时间
品种定量指标			观察	定量变化（评分）		分数
观察	记录时间	时间（min）				
麻醉结束			整体状态（1~10）	1- 平静　5- 焦虑 / 无目的地运动　10- 狂躁 / 具有攻击性		
首次活动：头、颈部、肢体			侧卧时活力（1~10）	1- 安静、偶尔伸展四肢、抬头　3- 紧张、过度活跃 / 敏感　5- 摆动		
耳朵摆动			转换至胸卧位阶段活动（1~10）	1- 流畅、有条不紊　5- 不协调但受控　10- 竭尽全力、翻倒 / 失控		
四肢活动			胸卧位时活动（1~10）	1- 有计划地停顿　3- 延长（>10min）　6- 多次尝试　10- 继续挣扎（无法达到）		
吞咽			转换至站立（1~10）	1- 有条不紊（无辅助）　3- 有计划地爬（有一些帮助）　6- 使用墙壁进行支撑（需要支撑）　10- 由于虚弱而重复尝试（需要支持）		
拔管			力量（1~10）	1- 强　3- 轻度虚弱和共济失调　6- 站立前呈现犬坐姿势　10- 因虚弱而反复尝试		
抬头			平衡和协调性（1~10）	1- 好　3- 中等不协调（表现醉酒状态）　5- 摇摇晃晃　8- 倾斜　10- 倒地		
第一次尝试俯卧姿势			关节屈曲（1~4）	1- 没有　2- 后肢或前肢轻微　3- 后肢或前肢有表现　4- 全部四个中度的表现		
尝试俯卧姿势	#		总分（最高 70 分）			
尝试站立的次数	#		评估人：______ 复苏延迟及类型：______ 头部和尾部是否有绳索：是____否____ 麻醉前处理：______ 阿替美唑（100μg/kg）______mL　计时：____ 注释：			
第一次站立						
保持站立						

疼痛管理计划

“疼痛评估被视为认为是每个患者评估的一部分，无论目前症状如何。”

患者卡片　　　　日期:　　　　　　　　科室:

脉搏:	体温:　　°C / °F	
呼吸频率:	体重:　　lbs/kg	姿势:

入院时疼痛是否存在？□是　□否　是否仅仅触诊时疼痛？□是　□否　描述：

疼痛症状（检查所有适用项）：

行为：正常□　抑郁□　兴奋□　激动□　防御□　攻击□

发声：　无□　偶尔□　连续□　其他□

姿势：正常□　紧张□　僵直□　弓背□　躺卧□　不愿移动□

步态：正常□　跛行承重□　跛行不承重□　不动□

其他疼痛迹象：

既往镇痛史：

描述（画圈标记）：

不安	恐惧
激动	反应迟钝
颤抖	食欲不振
紧张	咬或舔痛区

疼痛分类（检查）：

急性 □
急性复发 □
慢性（多于数周） □
慢性进展 □

浅表痛 □
深度痛 □
内脏痛 □

炎性 □
神经性 □
两者（Infl/neuro） □
癌症 □

原发性痛觉过敏 □
继发性痛觉过敏 □
中枢镇痛 □

疼痛解剖位置（画圈标记）：

腹侧　背侧

左

右

注释：

诊断：

疼痛程度　　　　直观类比标度

VAS 指示图标　　无痛 ———————————————— 最痛

事件	时间（HH：MM）	日期	注释
1			
2			
3			
4			

（续）

疼痛治疗 （药理 / 辅助治疗）	日期	剂量 / 给药途径	效果 / 持续时间	注释	额外治疗
目前					手术□ 化疗□ 放疗□ 物理疗法□
规定					

治疗反应	视觉模拟评分法
VAS 指示图标	无镇痛 ├──────────┤ 完全镇痛

事件	时间（HH：MM）	日期	注释
1			
2			
3			
4			

临床医生：____________________　　　　签字日期：______________

图书在版编目（CIP）数据

马麻醉学：第2版：监测与急救 / (美) 威廉 · W.缪尔（William W. Muir），（美）约翰 · A.E.哈贝尔（John A. E. Hubbell）编著；高利，肖建华，张建涛主译. —北京：中国农业出版社，2020.1

现代马业出版工程 国家出版基金项目

ISBN 978-7-109-26407-6

Ⅰ. ①马… Ⅱ. ①威… ②约… ③高… ④肖… ⑤张… Ⅲ. ①马病—麻醉学②马病—急救 Ⅳ. ①S858.21

中国版本图书馆CIP数据核字（2020）第003450号

合同登记号：图字01-2019-3005

中国农业出版社出版
地址：北京市朝阳区麦子店街18号楼
邮编：100125
责任编辑：张艳晶 神翠翠 王金环
版式设计：杨 婧 责任校对：周丽芳
印刷：北京通州皇家印刷厂
版次：2020年1月第1版
印次：2020年1月北京第1次印刷
发行：新华书店北京发行所
开本：787mm × 1092mm 1/16
印张：43
字数：900 千字
定价：498.00元